Springer-Lehrbuch

Springer-Verlag Berlin Heidelberg GmbH

Otfried Georg

Elektromagnetische Felder und Netzwerke

Anwendungen in Mathcad und PSpice

Mit 518 Abbildungen

Professor Dr.-Ing. Otfried Georg
Fachhochschule Trier
Fachbereich Elektrotechnik
Schneidershof
54293 Trier

Die Deutsche Bibliothek - CIP-Einheitsaufnahme
Georg, Otfried:
Elektromagnetische Felder und Netzwerke:
Anwendungen in Mathcad und PSpice / Otfried Georg
Berlin; Heidelberg; NewYork; Barcelona; Hongkong;
London; Mailand; Paris; Singapur; Tokio: Springer, 1999
(Springer-Lehrbuch)

ISBN 978-3-540-65587-9 ISBN 978-3-642-58420-6 (eBook)
DOI 10.1007/978-3-642-58420-6

Umschlagentwurf: design & production GmbH, Heidelberg
Satz: Reproduktionsfertige Vorlage des Autors
SPIN: 10709680 62/3020 - 5 4 3 2 1 0 - Gedruckt auf säurefreiem Papier

Vorwort

Dieses Lehr- und Übungsbuch stellt umfassend die Grundlagen der Elektrotechnik zur Feld- und Netzwerkanalyse unter besonderer Berücksichtigung neuerer Techno-Softwareentwicklungen dar. Dazu gehört der Einsatz des PCs mit Programmen, die sich mittlerweile zu Industriestandards entwickelt haben:

- PSPICE-Programmpaket zur Netzwerksimulation und Vorbereitung des Schaltungslayouts,
- MATHCAD als numerisch und symbolisch umformendem Mathematikprogramm zur Analyse und Simulation elektromagnetischer Felder und Netzwerke.

Ingenieurtechnische Probleme können i.allg. bzgl. des Ablaufs von der Problemstellung bis zur Lösung in vier Schritte unterteilt werden:

1. **Physikalische Erfassung** des Problems, d.h. man muß sich unter der Problemstellung, den gegebenen, den als Hilfsgrößen benötigten, und als Ausgabe zu erzeugenden Größen etwas Anschauliches vorstellen können. In diesem Buch sollen hierzu die wichtigen Größen der Elektrizität und des Magnetismus vorgestellt werden.
2. **Mathematische Formulierung** des nun physikalisch verstandenen Problems. Dieses muß in Form einer DGL, eines Oberflächenintegrals, usw., gebracht werden.
3. **Mathematische Lösung** des Problems, d.h. der DGL, des Oberflächenintegrals usw. Hier war es im Prä-PC-Zeitalter notwendig, Lehrbeispiele auf einfachem Niveau zu halten. Für etwas kompliziertere Probleme artete dies oft in eine umfangreiche Rechnerei aus und der zeitmäßige Anteil an der Gesamtlösung wurde hierauf verschwendet. So wie der Taschenrechner seit mehr als 25 Jahren die elementarsten Rechenaufgaben abnimmt, tun dies seit Anfang der neunziger Jahre auch für Privatpersonen erstehbare Programme, auf die hier zurückgegriffen wird, um die kaum abänderbare Gesamtzeit zum Lernen für die übrigen drei Punkte zu optimieren.
4. **Physikalische Interpretation** des Ergebnisses und Weiterverwertung.

In diesem Sinne soll das Buch für Fachhochschulen und Universitäten gleichermaßen geeignet sein, in Form eines Grundlagenkurses muß jedoch die Mathematik auf mittlerem Niveau gehalten werden können, dafür ist die Physik klar herauszuarbeiten. Daher die Zielsetzung: soviel physikalisches und daraus resultierendes technisch, d.h. praktisch nutzbringendes Verständnis wie möglich, sowenig Mathematik wie nötig. Somit folgt, daß ein grundlegendes Verständnis der Vektoralgebra, Differential- und Integralrechnung, daraus resultierend der Vektoranalysis mit den Operatoren rot, div, grad und aus allem resultierend der Umgang mit den MAXWELLgleichungen unabdingbar ist.

Dazu ist das Buch in sechs Kapitel unterteilt. Eine kurze Einführung rekapituliert das Wesen der Physik als Fundament aller Ingenieurdisziplinen aus Mathematik, Historie und Eigenschaften der Materie.

- Kapitel 1 der **Elektrostatik**, gebildet auf dem Fundament des COULOMBschen Kraftgesetzes mit ruhenden Ladungsträgern.
- Kapitel 2 der **Elektrodynamik** läßt die Ladungsträger fließen und so Ströme darstellen und elektrische Energie transportieren.
- Kapitel 3 des **AMPÈREschen Magnetismus** veranschaulicht den Aufbau von Magnetfeldern aus Stromfluß und Permanentmagneten, und so die Erzeugung magnetischer Energie. Die zentrale Aussage ist das Durchflutungsgesetz, das die Entstehung magnetischer Felder aus elektrischen beschreibt.
- Kapitel 4 der **Magnetodynamik** veranschaulicht die Erzeugung elektrischer Spannungen und Ströme aus relativ zeitveränderlichen Magnetfeldern. Die zentrale Aussage ist das Induktionsgesetz, das die Entstehung elektrischer Felder aus magnetischen beschreibt.
- Kapitel 5 der **FOURIER- und LAPLACEanalyse** erlaubt für Netzwerke, aber auch für Felder die Analyse einer Anregung mit periodischen, nichtsinusförmigen Schwingungen, beliebigen Zeitfunktionen sowie die Lösung linearer DGLn.
- Kapitel 6 stellt die wesentlichen Einsatzmöglichkeiten des **PSPICE**-Programmpakets dar, von dem in den Kapiteln davor ausgiebig Gebrauch gemacht wird.

Mein besonderer Dank gilt meinen Kollegen Prof. Dr.-Ing. K.-W. Iselborn und Prof. Dipl.-Ing. U. Schindel, die Teile des Manuskripts durchgesehen und zahlreiche Verbesserungsvorschläge unterbreitet haben. Jedwede Unzulänglichkeit, die bei Drucklegung noch nicht ausgemerzt ist, geht zu Lasten des Autors.

Weiterhin bedanke ich mich beim Springer-Verlag, namentlich Herrn Dr. D. Merkle, für das entgegenbrachte Interesse und die zügige Abwicklung der Herausgabe des Buchs.

Trier, im Februar 1999 Otfried Georg

Inhaltsverzeichnis

MATHCAD-Anwendungen

Darstellungskonventionen

Im nachfolgenden Symbolverzeichnis sind alle Symbole von universeller Bedeutung in diesem Buch angegeben. Folgende Regeln werden dabei weitgehend eingehalten:

Konstanten in Normalschrift, z.B.	e (EULERsche Zahl), j ($\sqrt{-1}$), π (3,1415...)
Einheiten in Normalschrift, z.B.	Hz (Hertz), Wb (Weber), V (Volt)
Skalare Variablen in *normaler Kursivschrift*	x, X
Vektorielle Variablen in ***fetter Kursivschrift***	$\boldsymbol{x}, \boldsymbol{X}$
Komplexe Variablen *unterstrichen kursiv*	$\underline{x}, \underline{X}$
Amplituden als überdachte Buchstaben	$\hat{x}, \hat{X}$

Werden Produkte in Nennern von Brüchen ohne Multiplikationszeichen dargestellt, impliziert dies eine Klammer. Beispiele: $1/xy = 1/(x{\cdot}y)$; $1/x{\cdot}y = y/x$.

Zusammengesetzte Argumente transzendenter Funktionen (sin, cos, log etc.) werden nur geklammert, sofern Operatoren (+, −, ·, /) explizit vorkommen. Beispiele: $\sin 2xy = \sin(2{\cdot}x{\cdot}y)$; $\sin 2{\cdot}x{\cdot}y = x{\cdot}y{\cdot}\sin(2)$.

Ausdrücke mit Backslash \ stellen den ganzzahligen Anteil eines Quotienten dar, z.B. 8\4 = 9\4 = 2.

BOOLEsche Ausdrücke erhalten den arithmetischen Wert 1, wenn wahr, sonst 0. Beispielsweise ist für $x = y$: $2^{x=y} = 2$; für $x \neq y$: $2^{x=y} = 1$.

Macht für skalare Größen eine Unterscheidung in zeitkonstante und zeitabhängige Darstellung einen Sinn, so ist der zeitabhängige Skalar in *kleinbuchstaben*, der zeitkonstante Skalar in *GROßBUCHSTABEN* dargestellt. Bei Vektoren wird keine Unterscheidung in diesem Sinne gemacht.

Einige Größen kommen in Form sog. *Hüllgrößen* vor, d.h. sie stellen einen Wert integriert über eine geschlossenen Hülle oder einen geschlossenen Umlauf dar. Diese werden mit einem Kringel über dem Symbol dargestellt: $\mathring{x}$.

Eigennamen und Gesetze oder Regeln, die nach ihren Entdeckern benannt sind, werden in KAPITÄLCHEN dargestellt, außer wenn sie mit Einheiten identisch sind (z.B. Coulomb = As).

Werden Größen ohne Einheiten angegeben, sind sie implizit ohne weitere Kennzeichnung auf ihre SI-Einheiten normiert.

Werden in Aufgaben Materialgrößen μ und ε benötigt, gelten ohne weitere Angabe die Freiraumwerte.

Wenn geometrische Winkel φ und Kreisfrequenzen ω als Vektoren vorkommen, zeigt der zugehörige Einheitsvektor in Richtung der Drehachse.

Verweise auf Formeln ohne Abschnittsnummer sind im selben Abschnitt zu finden.

Bei den **Aufgaben** sind solche mit erhöhten Anforderungen mit einem Stern (*) versehen und extrapolieren den Stoff auf allgemeinere Betrachtungen. Sie erfordern, daß das dazugehörige Gebiet gut verstanden wurde und stellen einige Erfordernisse an das Abstraktionsvermögen.

Symbolverzeichnis

In der folgenden Symboltabelle sind von Größen, die vektoriell auftreten können, entsprechend der Regel nur die zeitabhängigen und zeitkonstanten Vektordarstellungen angegeben. Die Beträge sind implizit definiert. Vektorkomponenten als skalare - ggfls. komplexe - Variablen, indiziert mit kartesischen, zylindrischen oder Kugelkoordinatenindizes, sind implizit definiert.

...	In dieser Tabelle Platzhalter für einen Operanden
*	bedeutet bei einer komplexen Zahl die konjugiert komplexe
a	allgemeiner Radius; mit Zählindex: FOURIERkoeffizient
$\boldsymbol{a}$	Beschleunigung
$\boldsymbol{A}$	Flächennormalenvektor
$\boldsymbol{A}_\mathrm{m}$	(magnetisches) Vektorpotential
b	mit Zählindex: FOURIERkoeffizient
B	Blindleitwert (Suszeptanz); Bandbreite; Transistor-Stromverstärkung
$\boldsymbol{B}$	magnetische Flußdichte, veraltet: magnetische Induktion
c; c_0	Lichtgeschwindigkeit allgemein; im Freiraum (299 792 km/s)
c	mit Zählindex: FOURIERkoeffizient
C; C'	Kapazität; Kapazitätsbelag
d	Dämpfungsfaktor (beim Schwingkreis); Abstandsgröße
$\underline{d}$	mit Zählindex: komplexer Amplituden-FOURIERkoeffizient
D	Diffusionskonstante
$\boldsymbol{D}$	elektrische Flußdichte, auch elektrische Verschiebung(sdichte)
d...	gewöhnliches oder totales Ableitungssymbol
∂...	allgemeines Symbol für partielle Ableitungen
e	EULERsche Zahl (2,718 ...)
e	Elementarladung ($1{,}602 \cdot 10^{-19}$ C)
$\vec{e}_i$	Einheitsvektor in die Richtung, die durch den Index angegeben wird
$\boldsymbol{E}$	elektrische Feldstärke, $\boldsymbol{E}_\mathrm{i}$: induzierte elektrische Feldstärke
f	Frequenz; allgemeine Zeitfunktion $f(t)$ bei der LAPLACEtransformation
f_l; f_V	Linienkraftdichte; Volumenkraftdichte
$\underline{F}(s)$	LAPLACEtransformierte von $f(t)$
$\boldsymbol{F}$	Kraft, $\boldsymbol{F}_\mathrm{C}$: COULOMBkraft; $\boldsymbol{F}_\mathrm{L}$: LORENTZkraft
$\mathcal{F}\{...\}$	FOURIERtransformierte
g	differentieller Leitwert; Generationsrate
$\boldsymbol{g}$	Erdbeschleunigung (9,81 m/s^2)
G; G'	Leitwert bzw. Wirkleitwert (Konduktanz); Ableitungsbelag
$\boldsymbol{G}$	Allgemeines Vektorfeld; Gewicht(skraft)
h, $\hbar$	PLANCKsches Wirkungsquantum ($6{,}626 \cdot 10^{-34}$ Ws/Hz), $h/2\pi$
$\boldsymbol{H}$	magnetische Feldstärke

i, I	Stromstärke
$\Im\{\ldots\}$	Imaginärteil-Operator
j	imaginäre Einheit ($\sqrt{-1}$)
j	magnetisches Dipolmoment
$\boldsymbol{J}$	magnetische Polarisation
k	(magnetischer) Kopplungsfaktor; BOLTZMANN-Konstante; Anzahl der Knoten im Netzwerk; k_k: Klirrfaktor
$\boldsymbol{K}$	Strombelag, auch Oberflächenstromdichte
l	Bahndrehimpulsquantenzahl
$\boldsymbol{l}$	allgemeine Länge
L	beim FET: Kanallänge
L; L'	(Selbst-)Induktivität; Induktivitätsbelag
L_p, L_n	Diffusionslängen
$\boldsymbol{L}$; $\boldsymbol{L}_B$	Drehimpuls; atomarer Bahndrehimpuls
$\mathscr{L}\{\ldots\}$	LAPLACEtransformierte
m	Masse; Magnetquantenzahl; Anzahl unabhängiger Maschen im Netzwerk
$\boldsymbol{m}$	magnetisches (Flächen-)Moment (immer Kleinbuchstabe)
M	Gegeninduktivität
n	Ladungsträgerdichte; spez. Halbleiter: Elektronendichte; Hauptquantenzahl; Anzahl unabhängiger Knoten im Netzwerk
n_n, n_p	Elektronendichte im n-/p-dotierten Halbleiter
N	Ladungsträgeranzahl; Windungszahl
N_A; N_D	Akzeptordichte; Donatordichte
p; P	Momentanwert der Leistung; Wirkleistung
p	Druck; p_e, p_m: des elektrostatischen bzw. magnetischen Felds; Polpaarzahl
p_n, p_p	Löcherdichte im n-/p-dotierten Halbleiter
p_V	Volumenleistungsdichte
$\boldsymbol{p}$	Elektrisches Dipolmoment
$\boldsymbol{P}$	Elektrische Polarisation
q, Q	(elektrische) Ladung; $Q^{(m)}$: magnetische Ersatzladung
Q	Blindleistung; Güte
r, φ, z	Radial-, Azimutal- und Longitudinalkoordinate im Zylinderkoordinatensystem
r, ϑ, φ	Radial-, Azimutallängen- und -breitenkoordinaten im Kugelkoordinatensyst.
r	differentieller Widerstand; Residuum
R; R'	Widerstand oder Wirkwiderstand (Resistanz); Widerstandsbelag
R_m	Magnetischer Widerstand (Reluktanz)
$\boldsymbol{R}$	Abstandsvektor zwischen Feldverursacher und Ort der Wirkung
$\Re\{\ldots\}$	Realteil-Operator
s	Spinquantenzahl; Schlupf; LAPLACEvariable
$s(t)$	allgemeine Zeitfunktion bei der FOURIERtransformation
$\boldsymbol{s}$	Weg
S	Steilheit
$\underline{S}$; S	Komplexe Leistung; Scheinleistung
$\underline{S}(f)$	FOURIERtransformierte von $s(t)$
$\boldsymbol{S}$	Stromdichte
t	Zeit
T	Periodendauer; thermodynamische (absolute) Temperatur [K]

T	Drehmoment (Torsion)
u, U	Spannung; U_{th}: Schwell-, U_D: Diffusions-, U_T: Temperatur-, U_p: Abschnür-
$ü$	Transformator-Übersetzungsverhältnis
v	Normierte Verstimmung (beim Schwingkreis)
v; v_D	Geschwindigkeit; Ladungsträgerdriftgeschwindigkeit
V	Volumen
V_m	Magnetische Spannung
w	Wiedervereinigungsrate
w, W	Energie, W_e, w_s, W_m: des elektrostatischen, Strömungs-, magnet. Felds
W	beim FET: Kanalweite
x, y, z	kartesische Ortskoordinaten
X	Blindwiderstand (Reaktanz)
$\underline{Y}$, Y	komplexer Leitwert (Admittanz); Scheinleitwert
z	Anzahl der Zweige im Netzwerk
Z	Ordnungszahl (Atome)
$\underline{Z}$; Z	komplexer Widerstand (Impedanz); Scheinwiderstand

Griechische Buchstaben:

α	Winkel; Temperaturbeiwert 1. Ordnung; Polbedeckungsfaktor
β	Temperaturbeiwert 2. Ordnung
χ	Ladungsträgerbeweglichkeit; χ_e, χ_m: elektrische, magnetische Suszeptibilität
δ	Luftspaltbreite; δ-Impuls bzw. KRONECKERsymbol
ε	Permittivität oder Dielektrizitätszahl (ε_0: des Freiraums, ε_r: relative)
ϕ, Φ	zeitveränderlicher magnetischer Fluß, magnetischer Gleichfluß
$\Phi(...)$	HEAVISIDE-Sprungfunktion
γ	Gravitationskonstante
η	Wirkungsgrad
φ	Azimutalkoordinate im Zylinder- und Kugelkoordinatensystem, Nullphasenwinkel, φ_e, φ_m: elektrisches/magnetisches Potential
κ	elektrische Leitfähigkeit (Konduktivität)
λ	Ladungsbelag, auch Linienladung(sdichte) oder allg. Ladung pro Länge; Leistungsfaktor
μ	Permeabilität oder Induktionszahl (μ_0: des Freiraums, μ_r: relative)
μ_B	BOHR-Magneton
π	Verhältnis von Kreisumfang zu Durchmesser (3,1415 ...)
ϑ	azimutale Längenkoordinate im Kugelkoordinatensystem; Temperatur [°C]
ρ	Raumladungsdichte; spezifischer elektrischer Widerstand (Resistivität)
σ	Ladungsbedeckung, auch Flächenladung(sdichte); Streufaktor
τ	Zeitkonstante, Laufzeit
ϖ	Volumenenergiedichte, ϖ_e, ϖ_s, ϖ_m: wie Energie W
ω	Kreisfrequenz
ξ	LORENTZfaktor (bei relativistischen Umrechnungen)
ψ	(magnetischer) Spulenfluß, magnetische Durchflutung oder Verkettungsfluß
ζ	Längskoordinate
Δ...	LAPLACEoperator

Δ...	differentiell kleines Stück
Ω	Normierte (Kreis-)Frequenz
Γ	Gammafunktion (verallgemeinerte Fakultät)
Λ	magnetischer Leitwert (Permeanz)
θ	Brechungswinkel; zeitveränderliche elektrische Durchflutung,
θ, Θ	elektrische Durchflutung, auch magnetische Quellspannung
Ψ	elektrischer Fluß
∇...	Nabla-Operator (Gradient, Divergenz oder Rotor)

0 Einführung

Eine Beschreibung elektromagnetischer Felder und Netzwerke muß im wesentlichen zu drei Fundamenten unseres Weltbildes in Bezug gesetzt werden:

- Zur **Mathematik**, die über ihren Selbstzweck hinaus als allgemeines Beschreibungsinstrumentarium technischer Sachverhalte dient.
- Zum **Aufbau der Materie**, die die unabänderlichen physikalischen Gegebenheiten als Korsett vorgibt, innerhalb dessen sich unsere Technik bewegen muß. Fortschritt bedeutet in diesem Sinne das Annähern an die Grenzen dieses Korsetts.
- Zur **Historie** der technischen Entwicklung, die mit der Historie der Physik als Fundament in Parallelität verläuft. Hieraus resultiert die heutige Beschreibungssprache, die den Feldbegriff gegenüber dem materiellen Objekt in den Vordergrund stellt.

Darüberhinaus bietet die Computertechnik seit einigen Jahren auch auf erschwinglicher PC-Ebene Unterstützung bei der Lösung der anstehenden Probleme:

- **Computerprogramme**, die Feld- und Netzwerkanalysen mit graphischer Eingabe und symbolischer und graphischer Ausgabe massiv unterstützen. Als Industriestandards entwickeln sich hier MATHCAD und das PSPICE-Programmpaket.

Um diese einführenden Themengebiete soll es in diesem Fundamentalkapitel gehen, um in den darauffolgenden Kapiteln die einzelnen Unterdisziplinen zu behandeln.

0.1 Die Schnittstelle zwischen Mathematik und Physik

Die Elektrizitätslehre ist ein Teilgebiet der Physik, sicherlich heute das technisch bedeutendste. Grundlegende Beziehungen zwischen elektromagnetischen Größen müssen in ihrer mathematischen Beschreibung Forderungen erfüllen, die für die ganze Physik einheitlich sind, weshalb die wesentlichen Aspekte dieser Abbildung aus universeller Sicht zunächst zusammengefaßt werden sollen.

Eine exakte Physik ist ohne exakte Mathematik nicht denkbar, sie bedient sich ihrer, wie alle Naturwissenschaftszweige. Die Abbildung der Mathematik auf die Physik ist jedoch immer eine menschengemachte, die strengen Regeln unterliegt. Würde das Universum heute verschwinden (was immer das bedeuten mag), verschwände mit ihm die Physik - seine Physik - die Mathematik ist jedoch ohne dieses gültig, es wäre lediglich niemand da, der sie verifizieren könnte. In der Geschichte der Naturwissenschaft sind immer wieder fundamentale und schwierig zu überwindende Irrtümer durch die Nichtbeachtung der korrekten Abbildung der Mathematik auf die Physik aufgetreten. So ist für Kernphysiker und Kosmologen an vorderster Front eine wesentliche Herausforderung die eigene Veranschaulichung ihrer komplexen Berechnungen.

Wir wollen zunächst die Grundbegriffe festhalten, die die Mathematik auf die Physik abbilden, das sind also solche, die zur Konstruktion von Formeln benötigt werden. Im Fortgang des Textes der folgenden Kapitel geht es dann darum, berechnete Formeln auf unser Naturverständnis, d.h. so weit wie möglich auf die Umgangssprache abzubilden.

0.1.1 Größenarten und Größen

Die Beschreibungsparameter physikalischer Objekte lassen sich grundsätzlich in meßbare (Stromstärke in einem Leiter, Geschwindigkeit eines Elektrons, Kapazität einer Plattenanordnung) und nicht meßbare (glänzend, rauh, verbogen) unterteilen. Ist eine Eigenschaft meßbar, ist mit der Messung eine qualitative Aussage über die Größenart (Stromstärke, Geschwindigkeit, Kapazität), als auch eine quantitative über die Größe (3 A, 10 mm/h, 10 nF) gemacht.

Von einer Größenart können beliebig viele Größen existieren, die durch Formelzeichen definiert werden: $I_1 = 3$ A, $I_2 = 12$ mA, $I_4 = -5$ A. I_1, I_2 und I_4 sind also hier drei Größen der Größenart Stromstärke, sie werden immer *kursiv* dargestellt. Zwischen Größenart, Größe und Formelzeichen besteht eine vergleichbare Beziehung wie zwischen Daten in einem modernen Computerprogramm. Daten verfügen über einen der Größenart entsprechenden Typ (Integer, Real, Boolean), und die Größen haben Formelzeichen entsprechende Namen (a, b, x).

Größen sind immer eindeutig, Formelzeichen hingegen nicht unbedingt. So werden wir ρ einmal als eine Größe der Größenart Raumladungsdichte kennenlernen, oder auch als spezifischen Widerstand - ρ ist aber auch in der Literatur als Radialkoordinate von Zylinder- und Kugelkoordinatensystemen in Gebrauch. Die Bedeutung eines Formelzeichens ist zuweilen nur aus dem Kontext zu erkennen. Der Grund hierfür liegt darin, daß es mehr nützliche Größenarten als Buchstaben des Alphabets gibt. Die Verwendung griechischer Buchstaben schafft hier einen deutlichen Erweiterungsraum, aber auch der ist irgendwann aufgebraucht.

Formelzeichen müssen einheitlich festgelegt sein, damit eine allseitige Verständigung mit minimalem zusätzlichem Erklärungsaufwand möglich ist. Dies geschieht in der BRD in der DIN 1304 Allgemeine Formelzeichen, DIN 1344 Formelzeichen der elektrischen Nachrichtentechnik und DIN 4897 Elektrische Energieversorgung - Formelzeichen.

0.1.2 Einheiten

Die Einheit ist der Schlüssel, anhand derer sich die Mathematik von der Physik unterscheidet, d.h. sie macht eine Größe zum physikalischen Objekt. Beispielsweise ist 3 eine Zahl, drei Äpfel ein umgangssprachlicher Ausdruck für die physikalische Aussage 3·Apfel. Diese wiederum ist ihrem Wesen nach von der Struktur: drei Ampère, physikalisch ausgedrückt 3·A oder kurz 3A, d.h. das Malzeichen wird, wie in der Mathematik üblich, wenn möglich weggelassen.

Jede Größe ist folglich auf ein absolutes Meßnormal zu beziehen, weshalb ein Formelzeichen, das den Wert einer bestimmten Größe repräsentieren soll, grundsätzlich zu

$$\text{Formelzeichen} = \text{Zahlenwert} \cdot \text{Einheit} \qquad (I_1 = 3 \cdot \text{A})$$

darzustellen ist. Einheiten haben Namen, deren Abkürzungen ebenfalls als Formelzeichen dargestellt werden, zur Unterscheidung von Größen in Normalschrift. Zur Illustration ist das Ampère mit dem Formelzeichen A die Einheit der Stromstärke I. A hingegen ist das Formelzeichen für eine Größe der Größenart Fläche (Area), z.B. $A = 5\,\mathrm{m}^2$.

Um den Bezug zwischen Formelzeichen, Zahlenwert und Einheit selbst durch Formeln darzustellen, sind zwei Klammeroperatoren definiert:

- [Formelzeichen] = Einheit. Bsp.: $[I] = \mathrm{A}$, $[A] = \mathrm{m}^2$.
- {Formelzeichen} = Zahlenwert. Bsp.: $\{I_1\} = 3$, $\{A\} = 5$.

Folglich gilt: $I = \{I\}\cdot[I]$. Meßnormale haben meist eine historische Entwicklung durchgemacht und wurden in der Regel mit wachsender technischer Beherrschung der jeweils genauesten Meßmethode angepaßt. Dies manifestiert sich z.B. beim Ampère durch seine frühere Festlegung nach einer Abscheiderate von stromdurchflossenem Silbernitrat, also über die Chemie, heute jedoch durch die Festlegung über die genauer meßbare magnetische Kraft zweier stromdurchflossener Leiter, also die Physik.

Eine Größenart kann jedoch mehrere historische Wurzeln haben, weshalb es Einheitensysteme gibt, die durch gebrochene oder irrationale Zahlen in Beziehung stehen. Beispielsweise wurde die Kraft früher in kp (Kilopond) gemessen, heute auf der Basis des SI jedoch in N (Newton), wobei 1 kp = 9,81 N. Erstere Darstellung hat den Vorteil, daß eine Masse von 1 kg auf der Erde 1 kp wiegt, letztere die volle Kompatibilität zum SI. Eine Größe gehört also immer zu einer Größenart, es sind jedoch grundsätzlich beliebig viele Einheiten dieser Größenart zulässig.

Einheiten sind in der DIN 1301 Einheiten standardisiert. Schreibweisen physikalischer Gleichungen in der DIN 1338 Buchstaben, Ziffern und Zeichen im Formelsatz.

0.1.3 Zahlenwert- und Einheitenfaktoren

Zahlenwerte physikalischer Größen können sich über viele Zehnerpotenzen erstrecken, z.B. liegen optische Frequenzen grob im Bereich von $f = 3\cdot10^{14}$ Hz, zugehörige Wellenlängen bei $\lambda = 10^{-6}$ m. Hier ist es nützlich, den Zehnerpotenzfaktor (10^{14}, 10^{-6}) von der Zahl zur Einheit hinüberzuziehen, so daß die sichtbare Zahl im Bereich von typ. 0,1 ... 999 liegt. Im Beispiel können wir auch sagen: $f = 300$ THz, $\lambda = 1$ µm. T (Tera) und µ (mikro) sind dann Zahlenwertfaktoren, die einheitenneutral wie in der folgenden Tabelle festgelegt sind:

Faktor	Name	Formelzeichen	Faktor	Name	Formelzeichen	Faktor	Name	Formelzeichen
10^{-24}	Yocto	y	10^{-3}	Milli	m	10^{6}	Mega	M
10^{-21}	Zepto	z	10^{-2}	Centi	c	10^{9}	Giga	G
10^{-18}	Atto	a	10^{-1}	Dezi	d	10^{12}	Tera	T
10^{-15}	Femto	f	$10^{(1)}$	Deka	da	10^{15}	Peta	P
10^{-12}	Piko	p	10^{2}	Hekto	h	10^{18}	Exa	E
10^{-9}	Nano	n	10^{3}	Kilo	k	10^{21}	Zetta	Z
10^{-6}	Mikro	µ				10^{24}	Yotta	Y

Grundsätzlich lassen sich die Formelzeichen der Zahlenwertfaktoren überall verwenden, wir können z.B. Kilometer oder Kilogramm sagen. Von einem Zeitraum einer Kilosekunde, die etwas länger als eine Viertelstunde dauert, zu reden ist jedoch unüblich, da die Zeit im menschlich erfahrbaren Bereich des Alltagslebens tlw. durch historische Gegebenheiten, tlw. durch periodische Naturabläufe (Mondumlauf um die Erde, Erdumlauf um die Sonne) nach anderen Faktoren als 10 (60, 24, 365) umgerechnet wird.

Verlassen wir jedoch den Bereich naturgegebener Periodizitäten, kommt das Zehnersystem wieder in Betracht: wir rechnen in Millisekunden und Jahrzehnten. Aber auch jemand, dessen Auto schon 250 000 km gelaufen ist, wird wohl als Snob betrachtet werden, wenn er den Wert zu 250 Mm (Megameter) oder gar einem Viertel Gm (Gigameter) angibt.

0.1.4 Rechenregeln für Formeln

Größen, d.h. ihre Formelzeichen, lassen sich durch mathematische Verknüpfungsoperatoren verknüpfen. Dabei gilt:

- **Addition** und **Subtraktion** sind nur bei Größen gleicher Art erlaubt. Das Ergebnis ist eine Größe derselben Größenart und Einheit. Man darf also z.B. nicht einen Strom zu einer Kapazität addieren, das Ergebnis stellt keine physikalisch sinnvolle neue Größe dar.
- **Multiplikation** und **Division** sind immer erlaubt und ergeben i.allg. eine Größe einer neuen Größenart mit der Einheit als Potenzprodukt der Einheiten der Komponenten, aus denen eine solche Formel aufgebaut ist. Speziell bei der Verknüpfung mit einem größenartenlosen Faktor, also einer mathematischen Zahl, ist das Ergebnis von der gleichen Größenart und Einheit. (Bsp.: doppelte Stromstärke ist mathematisch die Multiplikation einer gegebenen Stromstärke mit der Zahl 2, um hieraus eine neue Größe derselben Größenart Stromstärke zu erhalten).
- **Potenzieren** und **Radizieren** läßt sich auf die vorigen Verknüpfungen zurückführen und ist damit ebenfalls beliebig erlaubt.
- **Transzendente Funktionen** (exp, sin, cos, lg, BESSELfunktionen ...) dürfen in ihren Argumenten nur Zahlen führen. Aufgrund der Tatsache, daß sich transzendente Funktionen in Potenzreihen elementarer Funktionen entwickeln lassen, macht z.B. $\exp I = 1 + I/1! + I^2/2! + \ldots$ wegen des ersten Verbots keinen Sinn, wohl aber $\exp(I_1/I_2)$. Das Verhältnis der Ströme ist eine rein mathematische Zahl.

Aber auch die Addition oder Subtraktion von Verhältnissen verschiedener Größenarten - z.B. die Summe zweier Strom- und Kapazitätsverhältnisse $I_1/I_2 + C_1/C_2$ macht meist physikalisch keinen Sinn, obwohl mathematisch erlaubt. Diese Quotienten führen sozusagen virtuell noch ihre Größenart mit.

Unter gewissen Bedingungen müssen diesen Verhältnissen Kunsteinheiten mitgegeben werden, da sie auf verschiedene Weisen gebildet werden können. Ein typisches Beispiel ist der Winkel φ, der im Bogenmaß z.B. von 0 ... 2π, oder im Gradmaß von 0 ... 360 gemessen werden kann. Wenn nun irgendwo eine Gleichung wie $\varphi = 3$ steht, muß man wissen, welches Maßsystem zugrundegelegt wurde. Hierzu dient die Kunsteinheit rad für das Bogen- ,° für das Gradmaß. Darüberhinaus gilt als vereinbart, daß im Fall fehlender Einheit automatisch das Bogenmaß gemeint ist. Damit hat $\varphi = 3$ die gleiche Bedeutung wie $\varphi = 3$ rad.

0.1.5 Physikalische Grundgleichungen und Definitionsgleichungen

Grundgleichungen sind direkt auf beobachtbare Naturphänome zurückführbar. Hiervon gibt es nur sehr wenige und es ist das Bestreben der Physik, deren Minimalanzahl zu finden und wie sie aussehen. Eine physikalische Grundgleichung entspricht in etwa dem, was in der Mathematik ein Axiom darstellt. Axiome sollen zweierlei erfüllen:

- Axiome müssen vollständig sein, d.h. es darf keine Beziehung geben, die nicht auf eines oder mehrere Axiome zurückführbar ist, sonst stellt sie selbst ein Axiom dar. Dies würde in der Physik dem entsprechen, daß alle Grundgleichungen bekannt sind. Ob dies aktuell schon der Fall ist, wissen wir nicht.
- Axiome müssen widerspruchsfrei sein, d.h. es darf unter korrekter Verwendung eines bestimmten Satzes von Axiomen zum Erzielen eines Ergebnisses kein anderer Wert herauskommen als unter korrekter Verwendung anderer Axiome. Analog dürfen in der Physik keine verschiedenen Rechengänge auf der Basis der Grundgleichungen verschiedene Ergebnisse erzeugen.

Am liebsten wäre es den Physikern, wenn es eine einzige Gleichung mit nur einer einzigen vorgebbaren Größe gäbe - z.B. der Anfangsenergie des Universums - um dann hieraus alle anderen Größen und Beziehungen abzuleiten. Vollkommen wäre das System, wenn man diese Energie auch noch berechnen und somit mathematisch die Existenz der Welt herleiten könnte.

Das ist natürlich pure Spekulation und auf dem Boden der harten Tatsachen sind noch einige Grundgleichungen vorhanden. Für die Elektrotechnik ist dies das COULOMBgesetz, mit dem in Kapitel 1 der Elektrostatik der Einstieg in das Thema erfolgt:

$$\boldsymbol{F}_C := \frac{Q_1 Q_2}{4\pi\varepsilon r^2}\vec{e}_F.$$

Q_1 und Q_2 sind dabei zwei Punktladungen im Abstand r in einem Medium der elektrostatischen Leitfähigkeit ε, und $\boldsymbol{F}_C$ beschreibt ihre gegenseitige Abstoßung. Eine vergleichbare Formel gilt für die magnetische Kraft und man glaubte bis zur Anwendung der Relativitätstheorie von ALBERT EINSTEIN (1879 - 1955; 1905) durch LEIGH PAGE (1912), daß sie ebenfalls eine Grundformel sei. Sie läßt sich jedoch, wie in Abschnitt 3.2.1.1 gezeigt, als Modifikation der COULOMBkraft in relativ zueinander bewegten Systemen unter Berücksichtigung der Endlichkeit der Lichtgeschwindigkeit herleiten, so daß deren Wert (z.Zt.) eine Grundgröße darstellt.

COULOMBkraft, Endlichkeit der Lichtgeschwindigkeit und Nichtexistenz magnetischer Monopole stellen gemeinsam mit den Erhaltungssätzen (insbes. Energie, Ladung), mechanischen Grundbeziehungen und der Existenz des dreidimensionalen Raums und der Zeit ein vollständiges und widerspruchsfreies System dar, mit der sich prinzipiell die heute bekannten makroskopischen elektrischen und magnetischen Phänomene unter Zugrundelegung der Kontinuumstheorie analysieren lassen.

Genausowenig, wie es in der Mathematik praktisch ist, jede Berechnung auf ihre Axiome zurückzuführen, gilt dies in der Physik. Vielmehr werden aus praktischen Gründen zahlreiche Größenarten und Größen über Definitionsgleichungen festgelegt, die eine anschauliche Interpretation physikalischer Sachverhalte erlauben, z.B. elektrische Feldstärke $\boldsymbol{E}$, Widerstand R oder magnetischer Fluß Φ. Die Beherrschung eines Gebiets der Physik und damit der Technik besteht im wesentlichen darin, die Definitionsgrößen und deren Querbezüge in Form der Definitionsgleichungen zu kennen, mit ihnen eine anschauliche Assoziation zu haben und sie in der Praxis anwenden zu können.

Zum Erzeugen von Definitionsgleichungen muß es ggfls. unter Zuhilfenahme nichtelektrischer Grundgleichungen (z.B. das dynamische Grundgesetz oder das Gravitationsgesetz, den beiden einzigen Grundgleichungen der Mechanik) lückenlos möglich sein, diese über weitere Definitionsgleichungen zu verketten, z.B.:

$$\boldsymbol{E} := \frac{\boldsymbol{F}_{\mathrm{C}}}{Q} \quad \begin{array}{l} \Rightarrow \quad U := \int \boldsymbol{E} \cdot \mathrm{d}\boldsymbol{s} \\ \Rightarrow \quad I := \dfrac{Q}{t} \end{array} \quad \Rightarrow \quad R := \frac{U}{I}.$$

Der Weg s und die Zeit t sind hier Größen, die nicht spezifisch für die Elektrotechnik, sondern die Mechanik sind. Bei allen Rechnungen wird davon ausgegangen, daß alle nichtelektrischen Größen implizit definiert sind.

0.1.6 Proportionalitätsfaktoren und Materialkonstanten

So wie es in der Mathematik natürliche Konstanten gibt, wie die Zahlen $\pi = 3{,}1415 \ldots$ oder die EULERsche Zahl $\mathrm{e} = 2{,}7182 \ldots$, kennen wir in der Physik Proportionalitätsfaktoren, die Größen unterschiedlicher Größenarten zahlen- und einheitenmäßig ineinander überführen. Ein solcher Faktor ist z.B. die Naturkonstante

$$\varepsilon_0 = 8{,}854\ldots \cdot 10^{-12}\,\frac{\mathrm{As}}{\mathrm{Vm}}$$

im COULOMBgesetz, die zum einen eine rein numerische Anpassung an die über die mechanischen Einheiten Kilogramm, Meter und Sekunde festgelegte mechanische Kraft durchführt, zum anderen dafür sorgt, daß die Einheit der mechanischen Kraft gleich der der elektrischen ist.

Materialkonstanten erlauben die Einbeziehung von Materialeigenschaften auf bestimmte physikalische Verhaltensweisen. $\varepsilon = \varepsilon_0 \varepsilon_r$ beschreibt z.B. im Gegensatz zum Freiraum über die einheitenlose relative Permittivität ε_r die Modifikation der COULOMBkraft unter dem Einfluß von Materie. Materie mit $\varepsilon_r = 10$ schwächt die Anziehung oder Abstoßungen zweier Ladungen auf 1/10 des Freiraums.

0.1.7 Das SI-Maß- und Einheitensystem

Dieses international festgelegte Système International d'Unités definiert Basisgrößenarten, Formelzeichen der Größen, Einheiten und Formelzeichen der Einheiten nach untenstehender Tabelle. Die Dimension einer Größenart ist dann ihre Zerlegung in ihre Basisgrößenarten, z.B. Kraft = Masse·Länge/Zeit^2, abgekürzt $\mathrm{F} = \mathrm{MLT}^{-2}$. Analog läßt sich jede Einheit in ihre Basiseinheiten zerlegen, z.B. Newton = Kilogramm·Meter/Sekunde^2 bzw. $\mathrm{N} = \mathrm{kg{\cdot}m/s^2}$. Basisgrößenarten sind daher mit ihren Dimensionen identisch. Dimensionen sind allerdings nicht immer eindeutig, so weisen Energie und Drehmoment die gleiche Dimension auf. Mithilfe der Kunsteinheit rad kann eine Unterscheidung erfolgen.

Basisgröße			Basiseinheit	
Größenart	Formelzeichen	Dimension	Name	Formelzeichen
Länge	s, l	L	Meter	m
Masse	m	M	Kilogramm	kg
Zeit	t	T	Sekunde	s
elektrische Stromstärke	I, i	I	Ampère	A
thermodyn. Temperatur	T		Kelvin	K
Stoffmenge	n		Mol	mol
Lichtstärke	I_v		Candela	cd

In der Elektrotechnik sind Masse, Lichtstärke und Stoffmenge von untergeordneter Bedeutung, für die Masse muß allerdings ein Energieäquivalent bereitgestellt werden. Dieses ist zur Spannung U, gemessen in Volt (V), festgelegt. Daher ist praktisch in allen elektrotechnischen Einheiten das Kilogramm durch das Volt ersetzt, so daß sich für uns die Tabelle wie folgt modifiziert:

Basisgröße			Basiseinheit	
Größenart	Formelzeichen	Dimension	Name	Formelzeichen
elektrische Stromstärke	I, i	I	Ampère	A
elektrische Spannung	U, u	U	Volt	V
Länge	s, l	L	Meter	m
Zeit	t	T	Sekunde	s
thermodyn. Temperatur	T		Kelvin	K

Dabei gelten die Festlegungen:

- Der **Meter** ist die Länge der Strecke, die das Licht im Vakuum während der Dauer von 1/299 792 458 Sekunden durchläuft (Inversion der Lichtgeschwindigkeit; diese ist eine wahre Naturkonstante).
- Die **Sekunde** ist das 9 192 631 770fache der Periodendauer der dem Übergang zwischen den beiden Hyperfeinstrukturniveaus des Grundzustands von Atomen des Nuklids ^{133}Cs entsprechenden Strahlung.
- Das **Ampère** ist die Stärke eines konstanten elektrischen Stroms, der, durch zwei parallele, geradlinige, unendlich lange und im Vakuum im Abstand von einem Meter voneinander angeordnete Leiter von vernachlässigbar kleinem, kreisförmigem Querschnitt fließend, zwischen diesen Leitern auf je einem Meter Leiterlänge die Kraft von $2 \cdot 10^{-7}$ Newton hervorrufen würde.
- Das **Kelvin** ist der 273,16. Teil der thermodynamischen Temperatur des Tripelpunktes des Wassers.
- Für das **Volt** gilt über die mechanische und elektrische Energieäquivalenz: $1\ \mathrm{V} = 1\ \mathrm{kg \cdot m^2/(A \cdot s^3)}$, wobei das **Kilogramm** gleich der Masse des internationalen Kilogrammprototyps ist, der im internationalen Büro für Maß und Gewicht in Sèvres, Frankreich, aufbewahrt wird.

Die Wahl der Basisgrößenarten ist in gewissem Rahmen frei möglich, so wurde in älteren Maßsystemen statt der praktisch wichtigeren Stromstärke die physikalisch angebrachtere Ladung als solche festgelegt.

0.2 Eine kurze Geschichte der Elektrizitätslehre

Menschen kennen seit undenkbaren Zeiten die folgenden vier Kraftwirkungen:

- **Trägheits-** oder **Beschleunigungskräfte,**
  die sich darin äußern, daß ein Objekt, dessen Geschwindigkeitsvektor sich ändert, hierdurch i.allg. in eine andere Richtung abgelenkt wird. Sie wirken z.B. bei Kurvenfahrten als Zentrifugalkräfte der trägen Massen.
- **Gewichts-** oder **Gravitationskräfte,**
  die sich darin äußern, daß wir nicht über dem Boden schweben, daß der Apfel vom Baum zur Erde und nicht zum Himmel fällt, daß die Erde die Sonne umrundet. Sie stellen Zentripetalkräfte der schweren Massen dar.
- **Elektrische Kräfte,**
  die sich darin äußern, daß ein Bernstein (gr.: *ηλεκτρον*, der aufgrund dieses früh bekannten Effekts der Elektrotechnik seinen Namen gab) am Katzenfell gerieben dazu führt, daß sich beide aufladen und danach anziehen. Ein am Leder geriebener Hartgummistab hingegen stößt Holundermarkkügelchen ab.
- **Magnetische Kräfte,**
  hervorgerufen durch Magnetite (Magneteisensteine), erstmals berichtet in Magnesia, Kleinasien, gefunden worden zu sein.

Die Fähigkeit physikalischer Objekte, Kräfte auszuüben, macht sie erst zu solchen. Nehmen wir an, es gäbe ein Objekt, das auf andere keine Kräfte ausüben könnte. Dann könnte es deren Position nicht verändern und wir hätten keine Möglichkeit, von seiner Existenz je etwas zu erfahren. Diese Aussage ist gleichbedeutend mit derjenigen, daß es das Objekt nicht gibt.

Während die Gewichtskraft in Form der Anziehungswechselwirkung zwischen der Erde und Massen, wie eine Person eine darstellt, den Menschen der Antike und des Mittelalters derart selbstverständlich erschien, daß über dieses Phänomen bis zum Genius eines ISAAC NEWTON (1642 - 1727) im 17. Jahrhundert außer KOPERNIKUS, KEPLER und GALILEI nur wenige ernsthaft nachgedacht hatten, wurden die elektrischen und magnetischen Kraftformen von den Menschen immer wieder als Kuriosa vorgeführt, da sie doch eben nicht alltäglich waren; eine weitere Nützlichkeit konnte man sich kaum vorstellen. Die Alltäglichkeit und nicht andersartige Denkbarkeit der Massenanziehung hingegen verhinderte wohl indes lange Zeit ihre tiefere Erforschung.

Das 18. Jahrhundert brachte Forscher wie COULOMB, VOLTA und GALVANI hervor, die mit teilweise obskuren Versuchen dem Wesen der Elektrizität näherkamen. Sie brachten die ruhenden Ladungen der Bernstein/Katzenfell-Versuche zum Fließen und entdeckten damit den elektrischen Strom als nutzbare Form der Elektrizität.

Der Magnetismus wurde im Mittelalter indes schon für Kompasse genutzt, der Zusammenhang mit der Elektrizität blieb jedoch lange verborgen. Erst das aufkeimende 19. Jahrhundert brachte Forscher wie OERSTEDT, AMPÈRE, FARADAY, BIOT und SAVART hervor, die nachweisen konnten, daß ein elektrischer Strom ein magnetisches Feld hervorruft. Da der bis dato bekannte Magnetismus jedoch von Permanentmagneten herrührte, mit denen kein elektrischer Strom assoziiert ist, brauchte es schon einige Überlegungen, hier eine gemeinsame Ursache feststellen zu können.

Erst die sich im späten 19. Jahrhundert zögernd entwickelnde Atomphysik konnte diese Form des Magnetismus (Magnetostatik) mit der schon frühen AMPÈREschen Hypothese als mikroskopisch kleine Kreisströme rotierender Elementarteilchen erklären und so Elektrizität und Magnetismus auf ein gemeinsames Fundament stellen. Das strömende Fundamentalobjekt, das von B. FRANKLIN postulierte Elektron, das den Bernsteineffekt hervorruft, ist gut 100 Jahre alt. Es wurde 1897 von J. J. THOMSON entdeckt.

FARADAY beschritt darüberhinaus noch einen anderen Weg und wies die Induktionswirkung nach, die nun noch beschrieb, wie durch Magnetismus auch Ströme und damit Elektrizität entstehen können. Nach jahrelangen mühevollen Versuchen erkannte er, daß es auf Änderungen des Magnetfelds ankommt, um diese Effekte hervorzurufen.

Die Mitte des vorigen Jahrhunderts fand nun jede Menge von Zusammenhängen zwischen Elektrizität und Magnetismus vor, indes - eine Theorie, die diese Zusammenhänge mathematisch geschlossen beschrieb, fehlte noch. Dies hatte nicht nur damit zu tun, daß die Forscher sie physikalisch nicht einheitlich unter Dach und Fach brachten, sondern gleichzeitig damit, daß die benötigte Mathematik erst parallel dazu evolvierte.

Während Differential- und Integralrechnung bereits mehr als hundert Jahre zuvor von eben demselben NEWTON und dem ihm neidenden LEIBNIZ unabhängig entwickelt worden waren, fehlten zu Anfang des Jahrhunderts noch Fundamentalsätze der Vektoranalysis, die der Geniusse von GAUß, STOKES, LAPLACE und LAGRANGE bedurften, um das mathematische Rüstzeug zu schaffen. (Das Infinitesimalkalkül geht wohl auf P. DE FERMAT [1601 - 1665] zurück, dessen wohl berühmtestes Problem der Mathematik, die Nichtexistenz ganzzahliger Lösungen des erweiterten PYTHAGORASsatzes $x^n + y^n = z^n$ für $n > 2$ erst 1993/94 von A. WILES gelöst wurde).

Um nochmals einen Abstecher zur Evolution der mechanischen Trägheits- und Gewichtskräfte zu machen, kann man sagen, daß vor und nach NEWTON bis zu dieser Zeit praktisch nichts wesentliches mehr geschehen war. Beschleunigungs- und Gravitationskräfte galten als erklärt, aber eigenständig, weshalb sie durch zwei NEWTONsche Fundamentalgesetze der Mechanik, das Gravitationsgesetz und das dynamische Grundgesetz (Trägheit, Dynamik, actio est reactio), beschrieben wurden. Nachdem bis zum Mittelalter über Elektrizität und Magnetismus mehr Kenntnisse vorhanden waren als über die Gravitation, dieses sich mit NEWTON umkehrte, hatten nun die Erkenntnisse über das Wesen der Elektrizität diejenigen über die Grundlagen der Mechanik wieder überholt.

Dies insbes. durch JAMES CLERK MAXWELL (1831 - 1879), der ab ca. 1861 als erster Mensch soviel von sämtlichen elektromagnetischen Effekten und der Mathematik verstand, daß er seine berühmten vier Gleichungen aufstellte, die jedem, der sich etwas mit ihnen beschäftigt, auch heute noch Ehrfurcht vor ihrer mathematischen und physikalischen Ästhetik einflößen. Ein zweiter NEWTON war geboren. Wenn man so etwas sagt, muß als Kriterium herhalten, wieviel Neues mit der Theorie vorausgesagt werden kann. Und MAXWELL sagte voraus, daß elektromagnetische Wellen existieren sollten.

Damit schlug er auch eine Brücke zu NEWTON, der auch auf dem Gebiete der Elektrizität gewirkt hatte, indem er nämlich über das Licht und seine Wirkungen sinnierte und insbesondere die Frage aufwarf, ob Licht aus Wellen oder aus Korpuskeln bestehe. Nach MAXWELLs Erkenntnissen waren die Wellenbevorzuger, deren Anschauungen auf den Niederländer und Zeitgenossen NEWTONS, CHRISTIAN HUYGENS (1629 - 1695), zurückgingen, nun am Zug. Elektrizität, Magnetismus und Optik waren vereinigt. 1887 wies HEINRICH HERTZ (1857 - 1894) elektromagnetische Wellen nach und erweiterte MAXWELLs Theorien.

Das aufkeimende 20. Jahrhundert brachte mit ALBERT EINSTEIN den dritten NEWTON hervor, der ebenfalls auf allen Gebieten zu Gange war. Zum einen erklärte seine Spezielle Relativitätstheorie die zwingende Existenz des Magnetismus, die durch die MAXWELLgleichungen lediglich phänomenologisch beschrieben wurde. Weiterhin entschied er den Streit um die Natur des Lichts, indem er eindeutig nachwies, daß es beide Eigenschaften hat. Und er dachte auch wieder über die Gravitation nach und brachte die klassische NEWTONsche Mechanik in dem Sinne zum Einsturz, daß sich ihre Gültigkeit auf den allerdings alltäglichen Spezialfall von Massen mit Geschwindigkeiten (weit) unter der Lichtgeschwindigkeit beschränkt.

Er machte sich über den möglichen Unterschied zwischen träger und schwerer Masse Gedanken, d.h., daß deren Reaktion auf eine Ablenkung von ihrer geradlinigen Bewegung etwas anderes sein könnte als die Reaktion auf ein Gravitationsfeld. Aus der Postulation der Identität dieser beiden Effekte resultierte die Allgemeine Relativitätstheorie. Von den vier Fundamentalkräften waren noch zwei übriggeblieben.

Dann versuchte er, auch diese Kräfte noch zu vereinigen. Hieran mußte er allerdings scheitern. Zum einen, weil zu seiner Zeit die atomaren Kernkräfte noch nicht hinreichend erforscht waren, zum anderen, weil er den Indeterminismus der Quantenphysik, deren Mitbegründer er war, zeitlebens und sehr genial, innerlich ablehnte, die aber benötigt wird, um den Kreis zu schließen. Er ist heute noch immer offen und die Anzahl der Fundamentalkräfte ist mit der starken Kraft und der schwachen Kraft wieder vier.

Die wesentlichen Gesetze, die die Strukturierung der klassischen Elektrizitätslehre erlauben, waren nun zu Anfang des Jahrhunderts bekannt und erlauben ein Unterteilung in folgende Grundgebiete:

1. **Elektrostatik**:

   Ruhende Ladungen - keine Ströme, keine Magnetfelder. Ruhende elektrische Felder haben ihre Quellen und Senken in ruhenden Ladungen. Es findet kein Energietransport statt. Hierzu muß allerdings erwähnt werden, daß man zur Erläuterung etlicher Aspekte der Elektrostatik schon etwas zu Ladungsbewegungen sagen muß, denn jede statische Anordnung muß durch einen Energieaufwand einmal hervorgerufen worden sein.

2. **Magnetostatik**:

   keine nach außen meßbaren elektrischen Felder, keine nach außen meßbaren Ströme, zeitkonstante Magnetfelder, die den Innen- und Außenraum von Magneten durchdringen. Magnetische Ladungen sind nicht identifizierbar. Es besteht kein nach außen meßbarer Zusammenhang zur Elektrostatik. Es findet kein Energietransport statt.

3. **Stationäre Felder**:

   zeitkonstante elektrische und magnetische Felder. Mit konstanter Geschwindigkeit fließende Ladungen rufen um sie herum rotierende Magnetfelder hervor. Diese Magnetfelder können aber ihrerseits keine elektrischen Felder hervorrufen. Es findet Energietransport mit konstanter Geschwindigkeit statt.

4. **Quasistationäre Felder**:

   langsam zeitveränderliche elektrische und magnetische Felder. Die Magnetfelder werden wie oben von elektrischen Feldern hervorgerufen. Gleichwohl können zeitveränderliche Magnetfelder elektrische Felder erzeugen (Induktion). Diese Sekundärfelder erzeugen jedoch nicht in nennenswertem Maß Tertiärfelder. Es findet Energietransport mit zeitveränderlicher Geschwindigkeit statt.

5. **Hochfrequenzfelder**:

   durch das gegenseitige Hervorrufen elektrischer ⇒ magnetischer ⇒ elektrischer ⇒ magnetischer usw. Felder entstehen elektromagnetische Wellen bis in den optischen Bereich und darüber hinaus. Es findet Energietransport mit zeitveränderlicher Geschwindigkeit statt, dabei transformiert sich diese Energie i.allg. unter JOULEschen Verlusten dauernd von elektrischer in magnetische usw.

Thema dieses Buches sind die Unterteilungen 1 - 4; 5 wird in [GEORG] abgehandelt.

In den vorstehenden Unterteilungen ist nun von Feldern die Rede. Sie werden von den materiellen Objekten hervorgerufen und versetzen den umgebenden Raum in einen besonderen Zustand - das Massepartikel anziehende Gravitationsfeld, das auch ruhende Ladungspartikel anziehende oder abstoßende COULOMBfeld, das nur relativ zu ihm bewegte Ladungspartikel anziehende oder abstoßende Magnetfeld.

Die historische Entwicklung nahm ihren Weg vom materiellen Objekt (NEWTON) zum Feld (FARADAY), heute steht das Feld in der physikalischen Anschauung am Anfang und erlaubt durch seine Beschreibung ihre technische Beherrschung. Die Feldbeschreibungsgrößenarten werden als Zustandsgrößen bezeichnet, da das Feld einen Raumzustand kennzeichnet, eine physikalische Eigenschaft, die selbsttragend ist und daher z.B. in den MAXWELLgleichungen als Fundamentalsystem ihren Anfang nimmt. In diesem Sinn sei die DIN 1324, Teil 1 zitiert:

> Als Feld bezeichnet man einen Zustand des Raumes, dem man Impuls und Energie zuschreibt. Quellen für elektrische und magnetische Felder sind ruhende und bewegte Ladungen. Letztere werden als Ströme bezeichnet. Die elektrische Ladung Q, auch Elektrizitätsmenge genannt, wird als Grunderscheinung der Elektrizität betrachtet; sie ist eine skalare Größe.
>
> Als Quellengrößen des elektromagnetischen Felds werden hier die Raumladungsdichte ρ und Stromdichte $\boldsymbol{J}$ betrachtet (Anm.: in diesem Buch Stromdichte = $\boldsymbol{S}$).
>
> Das durch die Quellen hervorgerufene Feld wird durch Feldgrößen beschrieben. Zusammen mit den Quellengrößen und abgeleiteten Größen bilden sie das System der Zustandsgrößen. Es wird die Kontinuumstheorie zugrunde gelegt.

Am Ende der Kapitel 1 - 4 finden wir jeweils einen kurzen Abschnitt mit einer graphischen Zusammenfassung der Gesetze dieses Kapitels. Es eröffnet sich ein auf den ersten Blick bizarres Geflecht von Querbezügen, die tlw. die historische Entwicklung widerspiegeln, tlw. die Art der Definition von Größen, tlw. auch aus der Nützlichkeit der Größen entspringen. Die jeweilige Abbildung ist so aufgebaut, daß man von jeder Größe zu irgendeiner anderen einen oder mehrere Pfade findet, von denen für das gegebene Problem ggfls. der optimale Pfad zu finden ist, was man durch Üben erreicht, weshalb jeder Abschnitt mit entsprechenden Übungsaufgaben versehen ist.

Felder haben ihre Ursache in materiellen Objekten, den Molekülen, Atomen und Elementarteilchen. Um das Wesen dieser Felder zu verstehen, muß etwas über den grundsätzlichen Aufbau der Materie bekannt sein. Diesem Thema wollen wir uns als nächstes zuwenden.

0.3 Grundaufbau der Materie und elektromagnetische Erscheinungen

Der Materie liegt eine geschichtete Struktur zugrunde, die bereits die alten Griechen zu ergründen suchten. Heute präsentiert sie sich in folgender Form:

- **Moleküle** sind die kleinsten Strukturen, die die chemischen Eigenschaften eines Stoffes aufweisen. Die Chemie ist die Wissenschaft von ihrem Aufbau. Werden Moleküle aufgebrochen, weisen die neuen Stoffe andere chemische Eigenschaften als der ursprüngliche auf.
- **Atome** sind die Grundbausteine der Moleküle und die Physik, speziell die Atomphysik, ist die Wissenschaft, die sich mit ihren Strukturen befaßt. Atomos kommt vom griechischen unteilbar, was wir heute so interpretieren müssen, daß bei einer Teilung durch Kernspaltung andere Atome entstehen, die andere physikalische Eigenschaften als das ursprüngliche aufweisen. JOHN DALTON (1766 - 1844), der Begründer der modernen Atomlehre, faßte die Ergebnisse seiner quantitativen Untersuchungen (1802 - 1808) so zusammen:
  - Atome sind die kleinsten Teile der Elemente; sie können durch gewöhnliche chemische Verfahren nicht zerlegt werden.
  - Es gibt ebensoviele Atomarten wie Elemente.
  - Die Atome eines Elements sind unter sich gleich, ihre Masse und ihre Eigenschaften sind aber verschieden von denen der anderen Elemente.
  - Bei der Bildung von Verbindungen vereinigen sich die beteiligten Elemente miteinander.
- Atome bestehen ähnlich wie das Sonnensystem aus einem Kern (gr.: Nucleus - entsprechend der Sonne) und einer diesen umgebenden Elektronenwolke (entsprechend Planeten). Die Elementarteilchenphysik ist die zugehörige Teilwissenschaft. Atome bestehen im wesentlichen aus:
  - **Protonen**, mit der (RUTHERFORD, 1902) — Ruhemasse $m_p = 1{,}6726 \cdot 10^{-27}$ kg; Ladung $Q_p = 1{,}6020^{-19}$ C (oulomb) $=: e$
  - **Neutronen**, mit der (BOTHE/BECKER, 1930 CHADWICK, 1932) — Ruhemasse $m_n = 1{,}6749 \cdot 10^{-27}$ kg $\approx m_p$; Ladung $Q_n = 0$

  Protonen und Neutronen bilden Nukleonen.
  - **Elektronen**, mit der (THOMSON, 1897) — Ruhemasse $m_e = 9{,}1094 \cdot 10^{-31}$ kg $\approx m_p/1836$; Ladung $Q_e = -1{,}6020^{-19}$ C (oulomb) $= -e$

  Der minimale klassische Atomradius liegt bei $a_0 = 52{,}9$ pm, der klassische Elektronenradius bei $r_e = 2{,}82$ fm $= 5{,}33 \cdot 10^{-5} a_0$.
- **Quarks** gelten heute als Grundbestandteile von Protonen und Neutronen, mit Eigenschaften, die u.a. durch die Quantenchromodynamik (QCD) beschrieben werden. Sie haben keine Bedeutung in der Elektrotechnik.

Ein elektrisch neutrales Atom hat gleichviele Elektronen wie Protonen. Ionen hingegen sind Atome oder Moleküle, bei denen die Elektronen- geringer als die Protonenanzahl ist (Kationen) oder diese überwiegt (Anionen). Die wichtigsten elektrotechnischen Wechselwirkungen sind daher aus der Atomphysik in folgenden Formen erwarten:

- **Elektrische Wechselwirkungen**:
  - **Elektrostatische Aufladung**: Ionen in Festkörpern bilden elektrische Felder und reagieren auf äußere elektrische Felder.
  - **Influenz**: an freien Elektronen angreifende elektrische Felder führen zu Ladungsverschiebungen zu den Oberflächen.
  - **Piezo-Elektrizität**: mechanische Kräfte auf bestimmte kristalline Stoffe führen zu Lageverschiebungen der Atomkerne und damit zum Aufbau elektrischer Felder und umgekehrt.
  - **Elektrostatische Polarisation**: an neutralen Atomen oder Ionen angreifende elektrische Felder verzerren die (gebundene) Elektronenwolke und führen zu Speicherung elektrischer Energie.
  - **Elektrolyse, Galvanisierung**: Frei bewegliche Ionen in Flüssigkeiten stellen unter dem Einfluß elektrischer Felder einen Stromfluß mit Materietransport und chemischen Reaktionen dar (GALVANI, VOLTA).
  - **Transport elektrischer Energie**: An freien Elektronen angreifende elektrische Felder führen bei geschlossenem Stromkreis zu Stromfluß.
  - **Batterie**: Stoffe mit unterschiedlichen Potentialverhältnissen in ihrer Atomschale führen zu elektrochemischen Spannungen an den Grenzflächen.
  - **Erwärmung**: Freie Elektronen nehmen kinetische Energie aus dem Feld auf und stoßen damit öfter mit Atomrümpfen zusammen, was sich in Erhitzung manifestiert.
  - **Photoelektrischer Effekt:** Metalle und bestimmte Halbleiter setzen unter Photoneneinfall Ladungsträger (LENARD, EINSTEIN) frei. Umkehrung: bestimmte Halbleiter emittieren Licht beim Stromfluß.
  - **Thermoelektrischer Effekt:** Kontaktieren verschiedener Metalle oder zweier Halbleiter unterschiedlicher Dotierung mit einem Wärmeleiter führt zu Potentialunterschieden der jeweils anderen Enden, die bei Kontaktierung Strom erzeugen (SEEBECK). Umkehrung: Stromfluß durch unterschiedliche Leiter oder Halbleiter erzeugt eine Temperatursenkung, die zur Kühlung verwendet werden kann (PELTIER).
- **Magnetische Wechselwirkungen:**
  - Um den Atomkern rotierende gebundene Elektronen führen zu magnetischer Polarisation und bauen ein (insgesamt schwaches) Magnetfeld auf.
  - Um den Atomkern rotierende gebundene Elektronen rotieren um die eigene Achse, führen zu magnetischer Polarisation und bauen ein Magnetfeld auf, das sich bei bestimmten Stoffen einfach und remanent ausrichten läßt (Speicherung magnetischer Energie).
  - Freie Elektronen in Form des Stromflusses bauen ein Magnetfeld auf.
  - Freie Elektronen rotieren um die eigene Achse und bauen ein Magnetfeld auf, das bei bestimmten Stoffen und niederen Temperaturen zur Supraleitung führt.
  - **Bewegungsinduktion**: bewegte freie Elektronen werden im (auch ruhenden) Magnetfeld abgelenkt.
  - **Transformatorische Induktion**: (auch ruhende) freie Elektronen werden im zeitveränderlichen Magnetfeld abgelenkt.
  - Zeitveränderliche Magnetfelder rufen allgemein elektrische Felder hervor.

Die Kleinheit der Grundbestandteile rechtfertigt die in der oben zitierten DIN 1324 zugrundegelegte Kontinuumstheorie für den Aufbau des Elektromagnetismus auf der Grundlage der MAXWELLgleichungen. Hier kommen keine Quantengrößen, wie die Elementarladung e oder das PLANCKsche Wirkungsquantum h vor. Auf dieser Basis handelt es sich um eine in sich abgeschlossene klassische und relativistisch korrekte Theorie.

Sollen hingegen subatomare Vorgänge korrekt beschrieben werden, bedarf es der Quantenelektrodynamik (QED; RICHARD FEYNMAN, 1918 - 1988, NOBELpreis 1965), die elektromagnetische Eigenschaften der Materie einerseits aus der Punktmechanik über die Quantenmechanik als Elektronen/Positronen-Feld auf der Basis von $\pm e$ ableitet, andererseits die durch die MAXWELLgleichungen beschriebenen Energiefelder als Photonenfeld der Frequenz f und der Energiequanten hf veranschaulicht. Die QED ist i.allg. kein Gegenstand der Ingenieursdisziplinen und damit auch nicht dieses Buchs, sondern obliegt der Physik.

0.4 Computerprogramme

Computerprogramme unterstützen seit Anbeginn der Computertechnik in den fünfziger Jahren Ingenieure und Physiker bei der Berechnung ihrer numerischen Probleme. Während bis in die achtziger Jahre Großrechenanlagen mit **FORTRAN**-Programmen vorherrschten, verlagert sich diese Anwendung mit der Entwicklung des Mikroprozessors durch die Fa. Intel (1971: Typ 4004 mit 60 kHz Taktfrequenz; 2300 Transistoren) und dem darauf basierenden PC (1998: Pentium Pro II mit 500 MHz Taktfrequenz; 7,5 Mio. Transistoren) seit den späten achtziger Jahren mit der Verbreitung des noch textorientierten Betriebssystems **DOS** der Fa. Microsoft mit gleicher Ein- und Ausgabeoberfläche zum PC hin.

Mit dem Aufkommen der graphischen Benutzeroberfläche der **WINDOWS**-Ära der Fa. Microsoft in den frühen neunziger Jahren sind grundsätzlich für Formeln Eingabemöglichkeiten wie auf dem Blatt Papier geschaffen worden, für elektrische Netzwerke stehen graphische Editoren zur direkten CAD-Eingabe, wie sie bereits seit den siebziger Jahren auf damals sündhaft teueren Workstations möglich war, bereit. Ausgaben können gleichwohl in Form symbolischer Formeln, graphischen Kurvendarstellungen - auch mehrdimensional, farbig und animiert, d.h. bewegt - erzeugt werden.

Damit diese Möglichkeiten verbreitet angewendet werden können, bedarf es zumindest dreierlei:

- Verbreitung eines Industriestandard-Betriebssystems. Dieses liegt in den **WINDOWS NT/95/98** Betriebssystemen - im folgenden einfach als **WINDOWS** bezeichnet - vor.
- Verbreitung von Industriestandard-Anwendungsprogrammen unter diesem Betriebssystem. Diese liegen für die Mathematik in **MATHCAD** der Fa. Mathsoft in der Version 7, sowie dem **PSPICE**-Programmpaket zur Netzwerksimulation der Fa. OrCAD/MicroSim in der Version 8, vor. Diese werden hier erläutert.
- Erschwinglichkeit von PC, Betriebssystem und Anwendungsprogrammen für den Hochschulen und auch Privatanwender. Auch hier kann gesagt werden, daß dieser Standard mittlerweile erreicht ist.

Ein vierter Aspekt wird durch die explosionsartige Ausdehnung der Telekommunikation an zunehmender Bedeutung gewinnen. Vor allem mit der Verbreitung des Internet und graphischer Browser-Benutzeroberflächen wie dem **NAVIGATOR 4** der Fa. Netscape oder **INTERNET EXPLORER** der Fa. Microsoft werden

- Kommunikationsmöglichkeiten zwischen den Anwendern geschaffen, die es um ein Vielfaches gegenüber der Schneckenpost erleichtern, Probleme miteinander zu diskutieren und Lösungen auszutauschen. Dazu gehören die personenbezogene E-Mail-Kommunikation, die Foren zu solchen Themen, die Möglichkeit des Filetransfers zum Herunterladen von Software vom Programmhersteller oder anderen Institutionen, wie Hochschulen.

Ziel dieses Buchs ist nicht, diese Programme umfassend vorzustellen, denn dies würde den Rahmen bei weitem sprengen. Die Erreichbarkeit der (elektronischen) Handbücher wird vorausgesetzt. Hauptaufgabe des Buchs ist immer noch die gründliche Vorstellung der Grundlagen elektromagnetischer Felder und Netzwerke und des Umfelds - und die Computerprogramme sind ein wichtiges Hilfsmittel dazu. Es sei auch der Phantasie des Lesers überlassen, hier nicht mit **MATHCAD/PSPICE** durchgerechnete Stellen im Lehrtext und Aufgaben hierauf zu übertragen.

Es wird somit vorausgesetzt, daß der Benutzer mit der allgemeinen Benutzung von **WINDOWS** vertraut ist. Da sich für die hier besprochenen Anwendungen die **WINDOWS**-Versionen nur in Nuancen unterscheiden, werden die Beschreibungen so gehalten, daß sie unter allen Betriebsystemen anwendbar sind (z.B. der Doppelklick). Daher werden Funktionen der Bedienung einer Benutzeroberfläche, die in praktisch allen gängigen **WINDOWS**-Programmen einheitlich sind, nicht weiter erläutert (Dateikreation, Abspeichern, Drucken, Hilfe aufrufen, Blättern zwischen den Fenstern etc.).

Insbesondere werden bei den besprochenen Menüs die Funktionen von Window/Fenster und Help/? (F1) nicht weiter erläutert. Sie sind grundsätzlich so aktivierbar wie bei allen heutigen professionellen **WINDOWS**-Programmen, woher ja das Betriebssystem auch seinen Namen hat. Das heißt, Fenster können durch Tile Horizontal/Untereinander, Tile Vertical/Nebeneinander, sowie durch Cascade/Überlappend wie Karteikarten schräg hintereinander angeordnet werden. Darunter werden die aktuell geöffneten Dateien angezeigt und können durch 🖰 in den Vordergrund geholt werden. Die Help-Funktion bietet die üblichen zahlreichen Zugriffsmöglichkeiten und Datenmengen.

Folgende Darstellungssyntax wird, soweit angebracht, eingehalten:

- **MATHCAD, PSPICE**: Programm- und Programmpaketnamen.
- Datei, File ggfls. mit Unterstreichung des Alt-Buchstabens: Menübefehle, Buttons.
- **Evaluation Style, Auswertungsformat, DC Sweep**: Dialogbox.
- Horizontal, Value: ggfls. mit Unterstreichung des Alt-Buchstabens: Felder in Dialogboxen.
- Einfaches Anklicken wird mit 🖰, Doppelklicks mit 🖰🖰 dargestellt.
- Eingaben der Art Strg G aktivieren Shortcuts und bedeuten: Drücke Strg- und G-Taste gemeinsam, gleichfalls für Alt- und AltGr-Tasten; das hinter einer solchen Taste stehende Zeichen (Buchstabe, Ziffer, Sonderzeichen) ist also mit einzugeben. ⇧ ist die Umschalttaste, mit der üblicherweise die Großbuchstaben erreicht werden, □ repräsentiert die Leertaste.

0.4.1 MATHCAD

MATHCAD soll in dem Umfang vorgestellt werden, wie es für den Elektroingenieur im Zusammenhang mit der an erster Stelle stehenden Thematik, den Grundlagen der Feldberechnung, benötigt wird. Denn trotz umfangreicher Funktionalitäten ist MATHCAD noch keineswegs für diesen Themenbereich optimiert. So stehen zunächst die Grundfunktionen der Vektoranalysis, wie Gradient, Divergenz und Rotation, aber auch die zugehörigen Integralformen, wie Linien-, Ring-, Oberflächen-, Fluß- und Volumenintegral nicht zur Verfügung und müssen aus den vorhandenen Mitteln generiert werden.

Daher sei grundsätzlich empfohlen, das mitgelieferte Handbuch oder/und eines der in der Literaturliste angegebenen weiterführenden Werke zur Hand zu haben, wobei sich die Erläuterungen primär auf die englische Version 7 für Profis beziehen. Schlüsselwörter englisch/deutsch finden sich im Anhang. Bestimmte passive symbolische Berechnungen - insbes. Integrale - lassen sich in der Version 6 einfacher oder ausschließlich realisieren. Wenn dies einen Vorteil darstellt, wird diese Lösung angegeben.

In diesem Sinne sollen die Beispiele verstanden werden, die immer so vorgestellt werden, daß sie das Umfeld eines für die Feldtheorie oder Netzwerkanalyse charakteristischen Problems erläutern. Für spezielle Darstellungsformen und Erweiterungen sei ebenfalls auf das Handbuch verwiesen. Dazu gehören z.B. die Elimination von Tippfehlern in einer Formel, auf welche Weise eine MATHCAD-Konfiguration zu speichern ist, wie Verknüpfungen zu anderen Programmen oder zum Internet realisierbar sind.

MATHCAD-Anwendungen werden im Text kontextbezogen in separaten Zonen mit kleinerer Schrift dargestellt, die durch horizontale Trennstriche vom Haupttext getrennt sind. Alle Formeln einer Anwendung befinden sich im selben *mcd*-Dokument. Naturkonstanten, wie μ_0, ε_0 usw. seien immer bekannt. Ein separates Inhaltsverzeichnis der MATHCAD-Anwendungen findet sich auf den Seiten XV/XVI.

Innerhalb dieser Zonen finden sich Felder der Art

$$F_c := \frac{Q_1 \cdot Q_2}{4 \cdot \pi \cdot \varepsilon_0 \cdot r^2}$$

Hierbei handelt es sich um Kopien aus dem MATHCAD-Formeleditor oder aus darstellungstechnischen Gründen um Nachbildungen des Formeleditors des Textverarbeitungssystems. Die Erläuterungen erfolgen jeweils darunter. Wenn es notwendig ist, dazugehörige MATHCAD-Tastatureingaben zu erklären, sind diese in der Schriftart Arial dargestellt, z.B. für obere Formel in der Art F.c:Q.1*Q.2□/4*[Strg]P*e[Strg]G.0*r^2. Hierbei ist jedes Zeichen genauso einzugeben.

Viele Funktionen lassen sich mit der Maus über die Symbolleisten aktivieren, mit deren Anklicken sich dann eine weitere Symbolschaltfläche öffnet. Solche Eingaben werden im Text in der Form charakterisiert. Das bedeutet: klicke links an und in der sich öffnenden Symbolschaltfläche . Meist werden für eine Eingabe die Maus/Tastatur-Alternativen in der Form /~ angegeben. Falls keine von beiden existiert, wird der Menübefehl in der Schriftart Arial Narrow in der Reihenfolge <Menüleistenbefehl> <Pull-Down-Menübefehl(e)>, z.B. Insert Graph ▸ Vector Field Plot (Einfügen Diagramm ▸ Vektorfelddiagramm) angegeben.

Schlüsselbegriffe, die MATHCAD-spezifisch eine wohldefinierte Bedeutung haben, werden in Arial Narrow dargestellt, z.B. Range Variables (Bereichsvariablen).

MATHCAD kennt Steuerbefehle, mit denen die Darstellungsform des Ergebnisses bei symbolischen Berechnungen beeinflußt wird. Sie werden in *Kursivschrift* dargestellt, z.B. *assume* (*annehmen*). Da **MATHCAD** letztendlich Funktionalitäten ausführt, die man bereits von normalen Programmiersprachen – z.B. **BASIC** - kennt, wird, falls ein Vergleich angebracht ist, kurz ein geklammerter Hinweis in der Form (Programm: FOR ... NEXT-Schleife) angegeben.

0.4.2 PSPICE-Programmpaket und Vergleich mit MATHCAD

Das Programm **PSPICE** (PC Simulation Program with Integrated Circuits Emphasis; z. dt. etwa: Personal Computer-Simulationsprogramm mit Betonung auf integrierte Schaltkreise) dient als Bestandteil des komplexen EDA-Programmpakets (Electronic Design Automation) der Fa. OrCAD/MicroSim zur Simulation analoger und digitaler Schaltungen. Die folgende Abbildung möge als Überblick über die wesentlichen gemeinsamen und disjunkten Funktionalitäten von **MATHCAD** und **PSPICE** dienen:

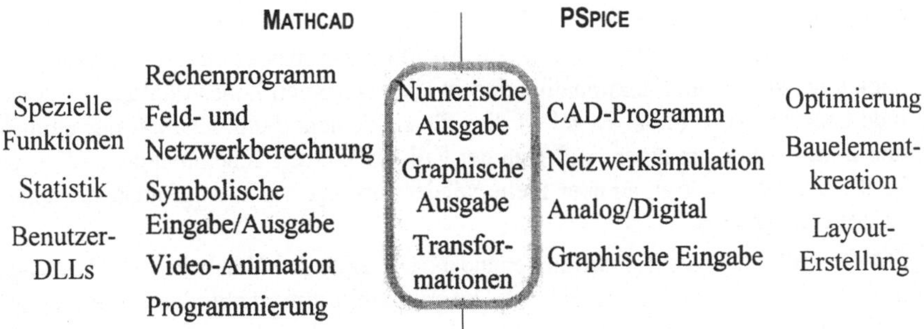

In der mittleren umrahmten Zone finden wir Funktionalitäten, die von beiden Programmpaketen abgedeckt werden: numerische Ausgaben von Berechnungen bzw. Simulationen, sowie graphische Ausgaben, d.h. Kurvenverläufe von Feld- und Netzwerkberechnungen bei **MATHCAD**, und von Netzwerksimulationen bei **PSPICE**. Zur Feldberechnung ist nur **MATHCAD** komfortabel verwendbar, rudimentär auch **PSPICE**. Zur Netzwerkanalyse sind beide verwendbar, wobei für **MATHCAD** die Bestimmungsgleichungen - am besten in Matrizenform - manuell zu erstellen sind. In **PSPICE** erfolgt die Netzwerkeingabe graphisch, d.h. durch zeichnen des Schaltplans, woraus **PSPICE** intern Matrizengleichungen nach dem Knotenpotentialverfahren selbsttätig erstellt.

Historisch fußen beide Programme bzgl. der Eingabe auf klassischen zeilenorientierten Texteditoren. Während **MATHCAD** den Weg hin zur vom Benutzer gewohnten natürlichen Formeleingabe gegangen ist und sich damit die universelle Anwendbarkeit für die gesamte Mathematik bewahrt hat, wurden ursprünglich **PSPICE**-Netzwerke ebenfalls zeilenorientiert eingegeben, nämlich über einen eigenen Makro-Editor mit textlicher (ASCII-)Beschreibung der Netzwerkkonfiguration. Sie ist heute noch in *.net*-Dateien (Netzliste) lesbar, wird jedoch zur Eingabe nicht mehr benötigt. Von hier hat sich diese Eingabeform ebenfalls zum Natürlichen wegentwickelt, nämlich zur CAD-Schaltplaneingabe. Dies hat den Vorteil, daß sich der Benutzer keine Gedanken mehr über Bestimmungsgleichungen zur Netzwerkanalyse machen muß, aber auch den

Nachteil, daß die Anwendung auf Netzwerke beschränkt ist, und Felder nicht analysiert werden können.

MATHCAD bietet darüberhinaus alternativ symbolische Ausgaben, d.h. Formeln statt Zahlen - eine Funktionalität, die klassische zeilenorientierte Programmiersprachen nicht bieten, da sie ja bereits über keine derartigen Eingabemöglichkeiten verfügen. Symbolische Ausgaben wären mit **PSPICE**-Funktionalität prinzipiell ebenfalls möglich, sind aber nicht Stand der Technik. Sie werden vermutlich nicht integriert werden, da **PSPICE** vor allem reale, nicht nur akademische Probleme lösen soll, und hier eine symbolische Ausgabe, wie im Text an Beispielen gezeigt wird, schon für einfache Probleme rasch zu unübersichtlichen und nicht mehr handhabbaren Ergebnissen führt.

In den Außenbereichen der Abbildung sind dann Funktionalitäten aufgeführt, die von den Programmpaketen weiterhin angeboten werden, aber entweder für die Grundlagen der Elektrotechnik oder für die Elektrotechnik überhaupt von untergeordneter Bedeutung sind, und daher hier nicht weiterverfolgt werden.

Die Funktionalität des **PSPICE**-Programmpakets liegt deutlich über der von **MATHCAD**, weshalb im Buch auch zwei unterschiedliche Konzepte zur Einbindung der Programme in die Erläuterungen angewendet werden:

- **MATHCAD** wird online entsprechend den Ausführungen des vorigen Unterabschnitts bzgl. einer speziellen Funktionalität dort in einer separaten Zone erläutert, wo es gerade benötigt wird. In der Regel ist dies für eine solche Funktionalität nur einmal, und zwar beim erstmaligen Auftreten der Fall - z.B. Oberflächenintegrale. Wird die Funktionalität später an anderer Stelle wieder benötigt, wird i.allg. nicht nochmals darauf eingegangen.
- **PSPICE** wird auf zweierlei Art eingebunden. Die erste Art ähnelt der von **MATHCAD**, nur daß ihm hier jeweils ein eigener Unterabschnitt zur graphischen oder numerischen Darstellung eines Problems, das meist vorher schon theoretisch gelöst wurde, gewidmet wird. Dies hat seinen Grund darin, daß zum Erhalt z.B. eines **PROBE**-Plots mit allen Varianten komplexere Sequenzen notwendig sind. Bestehen hier wesentliche Berührungspunkte zu Aspekten der Behandlung des gleichen Problems mit **MATHCAD**, werden diese wie oben eingebunden.

  Zweitens wird wegen dieser Komplexität **PSPICE** ein eigenes Kapitel 6 gewidmet, in dem die grundsätzliche Arbeitsweise weitgehend unabhängig von einer speziellen Problemstellung aus dem Text erklärt wird. Das bedeutet, daß für Erläuterungen im Text ein Querverweis zu dem jeweiligen Abschnitt im Kap. 6 gegeben wird, so daß der interessierte Leser sich in das Umfeld vertiefen kann. Aber auch hier sei deutlich gemacht, daß Kapitel 6 nur eine Einführung, soweit sie für die Grundlagen der Elektrotechnik von Belang sind, in das komplexe Programmpaket darstellt. Ausgespart hiervon sind durchweg

  - digitale Simulationen mit eigener Syntax der Modellierung digitaler Zeitverläufe,
  - Einsatz der gesamten Palette digitaler 74er TTL- und CMOS-Gatter,
  - Kreation eigener Quellzeitverläufe mit dem **STIMULUS EDITOR**,
  - Graphische Modellierung komplexer Bauelemente mit **PARTS** aus Kennlinien,
  - Parametrische Optimierung funktionierender Schaltkreise mit dem **OPTIMIZER**,
  - Layouterstellung ganzer Schaltkreise, Test und Einfluß parasitärer Leiterplatteneigenschaften.

1 Elektrostatik

1.1 Polarität, Elementarladung und Ladungserhaltung

Die Ursache dessen, was man allumfassend mit Elektrizität bezeichnen kann, ist die Existenz der ***Elementarladung*** e, deren Wert erstmals 1910 von ROBERT A. MILLIKAN (NOBELpreis 1923) angegeben wurde und heute festgelegt ist zu:

$$e := 1{,}602\,177\,33 \cdot 10^{-19}\ \mathrm{C(oulomb)}. \qquad (1.1\text{-}1)$$

(***Elektrische***) ***Ladungen*** Q sind quantisiert und uns in ganzzahligen Vielfachen N der Elementarladung technisch zugänglich:

$$Q := \pm Ne; \qquad [Q] = \mathrm{As} =: \mathrm{C(oulomb)}. \qquad (1.1\text{-}2)$$

Verursacher dieser Ladungen sind Protonen positiver Polarität ($+e$; Identifikation als Bestandteile der Kanalstrahlen durch ERNEST RUTHERFORD um 1902 - NOBELpreis 1908) und Elektronen negativer Polarität ($-e$; Identifikation als Bestandteile der Kathodenstrahlen durch JOHN JOSEPH THOMSON 1897 - NOBELpreis 1906). Die Existenz zweier Ladungsarten unterschiedlicher Polarität wurde erstmals von dem amerikanischen Erfinder und Staatsmann BENJAMIN FRANKLIN (1706 - 1790) postuliert. Bruchteilgeladene Grundbestandteile - Quarks (u{p}[$\frac{2}{3}e$] und d{own} [$-\frac{1}{3}e$]; MURRAY GELL-MANN 1963 - NOBELpreis 1969) - von Protonen (uud) und Neutronen (udd) sind uns technisch nicht zugänglich, weshalb wir e als Elementarladung bezeichnen und betrachten wollen. Elektronen hingegen scheinen bereits elementar zu sein.

Ursprünglich wurden die Polaritäten der Elektrizität von dem französischen Chemiker CISTERNAY DU FAY als gläsern und harzig bezeichnet. Er beobachtete 1733, daß sich mit einem Katzenfell geriebene Bernstein- und Glasstäbe gegenseitig anzogen, Stäbe derselben Sorte jedoch abstießen. FRANKLIN vermutete dahinter ein einheitliches elektrisches Fluidum und ließ sich den Glasstab mit positiver Elektrizität vollsaugen, während sie vom Bernstein abfloß und dieser sich negativ auflud. In Umkehrung dessen sind heute Elektronen als negativ definiert; sie fließen bei Berührung vom Bernstein zum Glasstab und beide sind danach ungeladen.

Daraus postulierte FRANKLIN die wichtige Eigenschaft der Ladungserhaltung, nach der kein physikalischer oder chemischer Prozeß (der immer auf einen physikalischen zurückführbar ist) bekannt ist, bei dem Ladungen in dem Sinne erzeugt oder vernichtet werden, daß sich die Gesamtladung in einem abgeschlossenen System - z.B. im Universum - ändert. Vielmehr kennen wir nur Vorgänge, bei denen Ladungen beider Polaritäten paarweise entstehen oder verschwinden, so daß wir davon ausgehen müssen, daß die Gesamtladung des Universums immer Null war, ist, und sein wird.

Der Ladungserhaltungssatz ist eines der Fundamentalaxiome der Physik und gehört neben der Erhaltung von Gesamtenergie, -impuls, -drehimpuls im abgeschlossenen System und weiteren, die in der unmittelbaren Anwendung der Elektrotechnik von geringerer Bedeutung sind, zu insgesamt 14 bis dato bekannten Erhaltungssätzen. Wir werden die Ladungserhaltung in Abschnitt 2.10.2 mathematisch formulieren. Sie führt in der gesamten Elektrotechnik zu wichtigen Anwendungsformeln, wie der KIRCHHOFFschen Knotenregel, die grundlegende Feld- und Netzwerkanalysen erst ermöglichen.

Jeder physikalische Vorgang läßt sich auf Wechselwirkungen zurückführen, mit der Kräfte assoziiert sind. Mit der Wechselwirkung zwischen Ladungen wollen wir uns zunächst befassen, da die gesamte Elektrotechnik hierauf basierend ihren Lauf nimmt.

1.2 Die COULOMBkraft F_C

„Kräfte wirken offenbar aus der Ferne; ihre physikalische Natur ist uns unverständlich. Trotzdem können wir viel Wahres und Sicheres über sie erfahren, unter anderem über die Eigenschaften des Raumes zwischen dem Körper, der wirkt, und dem, auf den gewirkt wird."

MICHAEL FARADAY, Experimental Researches in Electricity, 1839

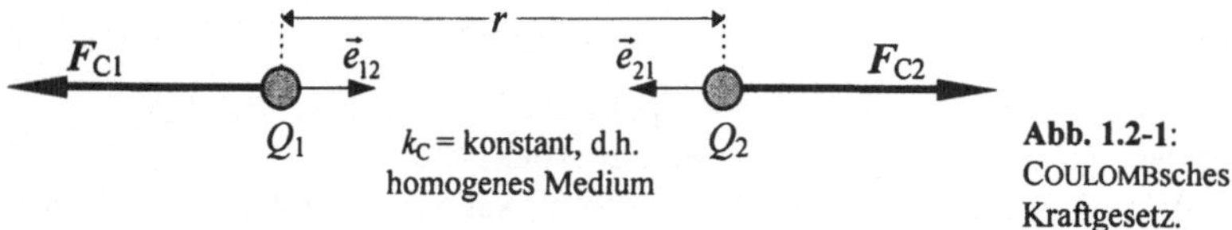

Abb. 1.2-1: COULOMBsches Kraftgesetz.

Zwei ruhende punktförmige Ladungen Q_1 und Q_2 (z.B. Protonen) im Abstand r im Freiraum oder innerhalb eines homogenen Mediums üben gemäß Abb. 1.2-1 betragsmäßig gleiche ***COULOMBkräfte*** F_C (Kraft engl.: force) aufeinander aus, die durch das COULOMBgesetz (CHARLES AUGUSTIN DE COULOMB; 1785) beschrieben werden:

$$\vec{F}_{Cw} := k_C \frac{Q_1 Q_2}{r^2} \vec{e}_{uw}; \qquad [F_C] = \mathrm{kg}\frac{\mathrm{m}}{\mathrm{s}^2} =: \mathrm{N\,(ewton)}. \qquad (1.2\text{-}1)$$

Die Beschränkung auf die Punktform kann fallengelassen werden, wenn es sich nach wie vor um Kugeln mit beliebigen, auch unterschiedlichen, Radien handelt, bei denen sich die Ladungsverteilung im Innern einer Kugel allenfalls radial ändert, und r den Mittelpunktsabstand darstellt. Die dann nach wie vor exakte Gültigkeit des COULOMBgesetzes wird in Abschnitt 1.7.3 begründet.

k_C ist eine Umrechnungskonstante, die die zahlen- und einheitenmäßige Adaption an das jeweilige Maß- und Einheitensystem durchführt. $\vec{e}_{uw}$ stellt einen Einheitsvektor in Ursache- $_u$ ⇒ Wirkungsrichtung $_w$ dar, im Beispiel mit den Indizes $_{12}$ bzw. $_{21}$. Den Wirkungsindex bei der COULOMBkraft lassen wir in der Folge weg, wenn das Wirkungsobjekt offensichtlich ist. Die Kraft ist ein Vektor und die Vektorrichtungen entlang der Verbindungslinie zwischen den beiden Ladungen stellen für gleichnamige Ladungen eine Abstoßung, für ungleichnamige eine Anziehung dar.

Prinzipiell könnte man im Freiraum $k_C = 1$ setzen, womit dann die Ladung aber die exotische SI-Einheit $\sqrt{\mathrm{kg\,m}^3}\,/\,\mathrm{s}$ hätte. Die Existenz der Ladung stellt jedoch ein physikalisches Phänomen dar, das durch keine anderen bekannten Grundgrößenarten sinnvoll beschreibbar ist, weshalb eine eigene Einheit - eben das Coulomb - angebracht ist. In diesem Fall hätte jedoch für einheitenloses k_C die Kraft die SI-Einheit $(C/m)^2$.

Früher wurde das dazugehörige Elektrostatische Maßsystem mit der sog. elektrostatischen Ladungseinheit und der Krafteinheit dyn verwendet. Bereits seit ISAAC NEWTON (1687) ist die Kraft jedoch zu dem Produkt aus Masse und Beschleunigung definiert und der daraus resultierende Zahlenwert ist durch die Festlegungen des Kilogramms, des Meters und der Sekunde bestimmt, und die Einheit resultiert zu kg m/s^2 (MKS-System oder heute: SI = Système International d' Unités). (Anm.: die Kraft ist heute als zeitliche Impulsänderung festgelegt; eine Unterscheidung ist erst bei nichtkonstanten Massen, also solchen mit relativistischen Geschwindigkeiten, notwendig). Die aus unterschiedlichen Ursachen resultierenden Kräfte müssen auf einer gemeinsamen Basis stehen, da sie miteinander wechselwirken. So ist die Bahn eines Elektrons durch ein COULOMBfeld nur durch beide Eigenschaften: Ladung und Masse zu erklären. Sie sind untrennbar miteinander verbunden.

Wenn wir Q_1 an einem bestimmten Ort betrachten, müssen, wie z.B. in Abb. 1.2-2 dargestellt, für r = const. alle gleichgroßen Ladungen Q_2 aus Symmetriegründen die gleiche Kraft F_C erfahren, sofern k_C überall denselben Wert hat, was wir für die Gültigkeit des COULOMBgesetzes voraussetzen. r = const. stellt die Gleichung einer Kugel mit Radius r um den Mittelpunkt von Q_1 dar. Eine Kugelsphäre ist folglich auch eine Niveaufläche gleicher potentieller Energie - eine Äquipotentialfläche - um eine punkt- aber auch allgemein selbst kugelförmige Ladung. Durch die Normierung der COULOMBschen Kraftgleichung auf eine Kugeloberfläche $4\pi r^2$ gewinnen wir später die MAXWELLgleichungen frei von dem lästigen Faktor 4π.

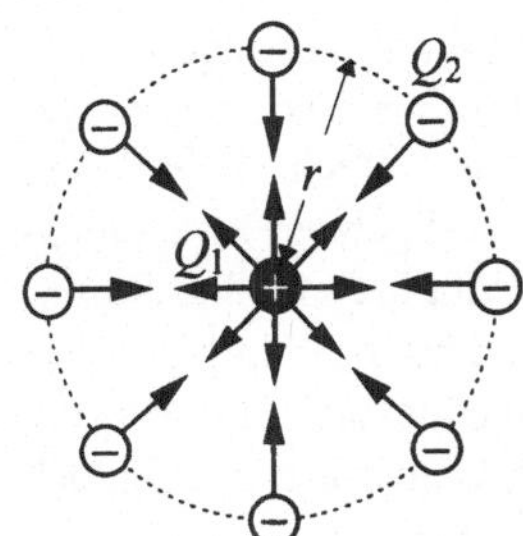

Abb. 1.2-2:
Kraftwirkungen zwischen positiver Ladung Q_1 im Zentrum und negativen Ladungen Q_2 im Abstand r.

Wenn wir die positive Ladung im Zentrum der Abbildung als Protonenanhäufung und die negativen Ladungen als darum kreisende Elektronen ansehen, haben wir schon ein (allerdings stark vereinfachtes) Modell des Atomaufbaus. Damit das Atom nicht augenblicklich kollabiert, müssen die Elektronen in steter Bewegung sein, um durch die mit ihren Massen assoziierten Fliehkräfte den COULOMBkräften die Waage zu halten.

Mit dem Faktor 4π können wir statt k_C eine andere Normierungskonstante - die Dielektrizitätszahl ε - einführen, die wir auch noch zusätzlich in den Nenner statt in den Zähler der Kraftgleichung schreiben. Dies wiederum hat seinen Grund in dem typischen Verhalten von dielektrischer Materie (Isolator), ein solches COULOMBsches Kraftfeld, dessen Feldlinien durch sie hindurchgehen (gr.: dia - durch), aufgrund von Polarisierung zu schwächen. Dies ist durch einen Faktor beschreibbar, der für Materie, die das Kraftfeld stärker schwächt als andere, auch größer ist:

$$\vec{F}_C = \frac{Q_1 Q_2}{4\pi \varepsilon r^2}\vec{e}_{uw}. \tag{1.2-2}$$

Auf die genauen physikalischen Implikationen der Dielektrizitätszahl ε wird erst in Abschnitt 1.8 weiter eingegangen. Fürs Erste soll sie als rein mathematischer Proportionalitätsfaktor dienen. Im Freiraum gilt $\varepsilon = \varepsilon_0 = 8{,}854 \cdot 10^{-12}$ As/Vm.

Dieses COULOMBsche Gesetz beschreibt nach allem, was wir heute wissen, neben den Gesetzen der schwachen Kraft (radioaktiver β-Zerfall), der starken Kraft (Stabilität des Atomkerns trotz abstoßender COULOMBkraft der Protonen) und Gravitationskraft (Massenanziehung) eine der vier fundamentalen Wechselwirkungen der Natur und kann nicht aus anderen Gesetzen zwingend abgeleitet werden. Eine Vereinheitlichung von Coulombkraft und schwacher Kraft zur elektroschwachen Kraft wurde nach zähem Ringen von STEVEN WEINBERG, ABDUS SALAM und SHELDON GLASHOW Ende der sechziger Jahre durchgeführt, wofür sie 1979 den NOBELpreis erhielten. Das Verhalten der Ladungen - ihre Anziehungen bzw. Abstoßungen - sind jedoch letztendlich von uns nicht weiter begründbar. Es kann nur experimentell nachgewiesen werden, genauso wie z.B. das von NEWTON selbst entdeckte Gravitationsgesetz, das die gleiche Grundstruktur für die Gewichtskraft

$$\vec{F}_G = \gamma \frac{m_1 m_2}{r^2}\vec{e}_{wu} \tag{1.2-3}$$

mit der k_C entsprechenden Gravitationskonstanten γ aufweist; wir kennen allerdings keinen Massenabstoßungseffekt, weshalb der dazugehörige Vektorpfeil entsprechend der $_{wu}$-Indizierung des Einheitsvektors entgegengesetzt zum COULOMBkraftvektor zur jeweils anderen Masse hinweist.

Das Gravitationsgesetz entzieht sich im übrigen unserem wahren Verständnis von der Funktionsweise der Natur noch stärker als das COULOMBgesetz und von einem wesentlichen Ziel einer vereinheitlichten Theorie der fundamentalen Wechselwirkungen sind wir trotz der umwälzenden und gar nicht hoch genug zu würdigenden Erkenntnisse eines ALBERT EINSTEIN (1915) über die Erklärung der Gravitation als eine Raumzeitkrümmung durch Massen noch Lichtjahre entfernt. Relativistisch erklärbare Gravitation, die die Struktur des Universums bestimmt, und Quantenmechanik, die die Struktur des Mikrokosmos beschreibt, bilden fundamentale Gegensätze, und doch müssen sie beim Urknall eine Einheit gebildet haben (Quantengravitation).

EINSTEIN erhielt 1921 den NOBELpreis, allerdings nicht für die Relativitätstheorie - diese war dem NOBELkomitee damals noch zu suspekt - sondern für die quantentheoretische Erklärung des photoelektrischen Effekts, der zuvor von P. LENARD (NOBELpreis 1905) entdeckt worden war. Der arische LENARD lehnte EINSTEINs Arbeiten auf unsägliche Weise als jüdische Physik ab. Der photoelektrische Effekt ist wiederum für elektromagnetische Felder von tiefer Bedeutung, als sich hiermit der Dualismus elektromagnetischer Energie als Welle und Teilchen offenbarte.

Indes - die COULOMBkraft ist verantwortlich für die Morphologie (Gestaltgebung) unserer Welt in Form der chemischen Bindungskräfte. Sie sorgt dafür, daß wie nicht in die Erde fallen, oder daß es ungünstig ist, mit dem Auto gegen eine Hauswand zu fahren, indem sich nämlich die daran beteiligten Elektronen der Hüllen der einander zuerst berührenden Atome massiv abstoßen.

MATHCAD-Anwendung 1.2-1: Crash-Kurs Bearbeitung von Formeln

Zur grundsätzlichen Vorgehensweise beim Arbeiten mit **MATHCAD** sei dargelegt, daß man immer versuchen sollte, eine Eingabe so zu tätigen, wie man sie normal mit der Tastatur eingeben möchte. **MATHCAD** wird dann i.allg. die Formel in ihrer Normalstruktur aufbauen. Für alle Eingaben gilt, daß sie im **MATHCAD**-Dokument rechts und unterhalb bekannt sind, d.h. in der Weise, in der man normalerweise einen Text liest. Bei der Auswertung von Formeln sind zwei Ergebnisdarstellungen möglich, auf die zukünftig unter **numerisch** und **symbolisch** referenziert wird:

- **numerisch**: das Ergebnis ist wie in einem Programm ein Wert, im einfachsten Fall eine Zahl:

$$\varepsilon_0 \equiv 8.854 \cdot \frac{\mathrm{pF}}{\mathrm{m}} \qquad e \equiv 1.602 \cdot 10^{-19} \cdot \mathrm{C} \qquad Q_1 := 300 \cdot e \qquad Q_2 := -10^{-13} \cdot \mathrm{C} \qquad r := 10^{-10} \cdot \mathrm{m}$$

$$F_c := \frac{Q_1 \cdot Q_2}{4 \cdot \pi \cdot \varepsilon_0 \cdot r^2} \qquad F_c = -4.320 \cdot \mathrm{kg} \cdot \mathrm{m} \cdot \mathrm{s}^{-2} \qquad F_c = -4.320 \cdot N \qquad \frac{Q_1 \cdot Q_2}{4 \cdot \pi \cdot \varepsilon_0 \cdot r^2} = -4.320 \cdot \mathrm{N}$$

Die volle Genauigkeit eines markierten Ergebnisses wird mit Strg ⇧N in der Statuszeile angezeigt.

Wir erkennen zunächst drei Typen von Gleichheitszeichen:

$\equiv$ ~ definiert die linke Größe global für das gesamte Dokument. Man sollte so alle benötigten Konstanten am Anfang des Dokuments einmal definieren.

$:=$: definiert im Sinne des klassischen Zuweisungszeichens die linke Größe lokal bis sie ggfls. von einer anderen Definition überschrieben wird.

$=$ = gibt den Wert des links stehenden Ausdrucks rechts davon aus. Er stellt das Ergebnis dar (Programm: PRINT).

- *Kursiv-Schriftartattribute* werden über [Variables | Times New Roman | 10 | B I U] festgelegt. Sie lassen sich nicht ganz kompatibel zur DIN-Formeldarstellung einstellen.
- **Vordefiniert** sind π = 3,1415 ... (/ Strg P) und die EULERsche Zahl e = 2,7182... . Sie sind zunächst schriftartunabhängig. Wird über *e* die Elementarladung definiert, kann über das mit Constants formatierte e die EULERsche Zahl erreicht werden.
- **Griechische Buchstaben** erreicht man über αβ / <Buchstabe> Strg G, Shortcuts also gerade umgekehrt wie z.B. im **WINWORD**-Formeleditor. Die über .0 erreichbare $_0$ von ε_0 ist hier kein Feldindex, sondern starrer Namensbestandteil der Variablen (Skalare) und heißt Literalindex. Kleiner geschriebene, zählende, Feldindizes werden für Vektoren und Matrizen verwendet und in Anwendung 1.3-2 erläutert.
- **Einheiten** werden wie Variablen eingegeben und sind wie vordefinierte Variablen zunächst schriftartunabhängig. Werden Variablennamen, die **MATHCAD** für Einheiten verwendet - z.B. *s* - benutzt, kann auf die Einheit weiterhin mit anderen Schriftarten zugegriffen werden - z.B. s für Sekunde. Gültige Einheiten sind unter / Strg U abrufbar, oder direkt über die eingebbar. Mit Math Options... Unit System ist z.B. das SI einstellbar, das in der Folge grundsätzlich vorausgesetzt wird.
- **Einheitenplatzhalter**: ein Ergebnis erscheint zunächst in SI-Basiseinheiten. Soll F_C z.B. in N (ewton) ausgegeben werden, findet sich hinter der kg·m·s^{-2}-Ausgabe ein ■, der Einheitenplatzhalter, in den wir, wie rechts daneben dargestellt, N eingeben können, das unter Elimination von kg·m·s^{-2} in *N* umgewandelt wird. War die Rechnung einheitenmäßig korrekt, wird dies so übernommen, andernfalls wird eine nicht kursive Korrektureinheit eingefügt, so daß die Gesamteinheit immer korrekt ist. Bei Ergebnissen öffnet sich durch auf ■ die **Insert Unit**-Dialogbox mit den aktuell verwendbaren Einheiten. In der Folge werden Ergebnisse mit der in der Elektrotechnik jeweils üblichen Einheit angegeben.

  Darüberhinaus kann hier auch irgendeine Zahl (e, π, 12.5 ...) eingegeben werden, woraufhin das Gesamtergebnis so umgerechnet wird, daß diese separat mit einbezogen wird
- **Formeleditor**: Eingabe am Bsp. von F_C: F.c:Q.1*Q.2□/4* Strg P*e Strg G.0*r^2, dann nachformatieren von *π* auf π mit Schriftartattribut Constants. Ganz rechts wird ein ganzer Ausdruck berechnet. Formelteile können durch Ziehen mit der markiert und auf übliche Weise kopiert, ausgeschnitten oder gelöscht werden. Die komplette Formel wird durch Ziehen mit der von einem gestrichelten Rahmen umgeben und kann unter Gedrückthalten der linken taste gelöscht werden. Durch Loslassen

der linken taste wird der Rahmen durchgezogen und die Formel kann editiert werden. Positionieren des zeigers auf dem Rand wandelt diesen in eine , und die Formel kann verschoben werden.

$$F_c(r) := \frac{Q_1 \cdot Q_2}{4 \cdot \pi \cdot \varepsilon_0 \cdot r^2} \qquad F_c(r) = -4.320 \cdot \mathrm{N} \qquad F_c(2 \cdot \mathrm{mm}) = -1.080 \cdot 10^{-14} \cdot \mathrm{N}$$

- **Funktionen**: $F_C(r)$ stellt eine Funktion (Programm: FUNCTION) dar, die einen Formalparameter r führt, der entweder vorher besetzt wurde und dann bei der =-Zuweisung eingesetzt wird, oder er steht wie im rechten Beispiel, direkt als Aktualwert auf Parameterposition. Funktionen können auch von mehreren Variablen abhängen. Während bei einer Variablendefinition alle rechten Größen bekannt sein müssen, ist dies bei Parametern von Funktionen erst beim Funktionsaufruf der Fall.
- **Vordefinierte Funktionen** (integrierte Funktionen) sind unter f(x) abrufbar oder direkt über die eingebbar. Dazu gehören die trigonometrischen (sin, cos ...), hyperbolischen (sinh, cosh ...) und weitere transzendente Funktionen.
- **symbolisch:** das Ergebnis ist eine Formel, i.allg. mit Variablen. Hiervon gibt es zwei Formen: **passive Symbolik** und **aktive Symbolik**, einführend anhand der Auflösung von F_C nach Q_2 demonstriert:

$$F_c = \frac{Q_1 \cdot |Q_2}{4 \cdot \pi \cdot \varepsilon_0 \cdot r^2} \quad \text{äquivalent} \quad F_c - \frac{Q_1 \cdot |Q_2}{4 \cdot \pi \cdot \varepsilon_0 \cdot r^2} \qquad \text{Symbolics Variable ▸ Solve (Alt SVS)} \qquad 4 \cdot \frac{F_c}{Q_1} \cdot \pi \cdot \varepsilon_0 \cdot r^2$$

- **Passive Symbolik** wertet einen Ausdruck mittels des Menübefehls Symbolics isoliert vom übrigen Dokument aus. Das linke Beispiel verwendet nach ≡, := und = soz. als viertes Gleichheitszeichen das **fette** BOOLEsche Äquivalenzzeichen (/Strg+), das verhindert, daß **MATHCAD** Zahlen in die Formel einsetzt. Wir plazieren die Einfügemarke auf $|Q_2$ und aktivieren Symbolics Variable ▸ Solve, worauf die rechte Formel erscheint. Nicht immer hat diese auf Anhieb die gewünschte Form. Symbolics Simplify kann hier - muß aber nicht - Abhilfe schaffen. Man versuche, nach r aufzulösen. Fehlt in der Formel **=**, wird der Ausdruck zu 0 gesetzt, wie im äquivalenten zweiten Ausdruck angegeben.

Da nach einer passiven Umformung anhand der Formeln nicht mehr zu erkennen ist, durch welchen Vorgang sie entstanden sind, empfiehlt sich Symbolics Evaluation Style... • Show Comments, wodurch ein Klartext eingefügt wird, der die Beziehungen erläutert.

$$F_c = \frac{Q_1 \cdot Q_2}{4 \cdot \pi \cdot \varepsilon_0 \cdot r^2} \; solve, Q_2 \rightarrow 4 \cdot \frac{F_c}{Q_1} \cdot \pi \cdot \varepsilon_0 \cdot r^2 \quad \text{bzw.} \quad F_c - \frac{Q_1 \cdot Q_2}{4 \cdot \pi \cdot \varepsilon_0 \cdot r^2} \; solve, Q_2 \rightarrow 4 \cdot \frac{F_c}{Q_1} \cdot \pi \cdot \varepsilon_0 \cdot r^2$$

- **Aktive Symbolik** mit dem symbolischen Zuweisungsoperator /Strg⇧. soz. als fünftem Gleichheitszeichen, bei dem im 1. Platzhalter ■ die Formel eingetragen wird, und im 2. ■ ein Steuerbefehl (*solve*), ggfls. gefolgt von Parametern (Q_2), die von diesem abhängen. Hier: *Löse die linke Formel nach Q_2 auf und schreibe das Ergebnis rechts von →*. Zu praktisch jedem Befehl der passiven Symbolik gibt es so einen adäquaten aktiven Befehl. Unterschied zur passiven Symbolik: alle Berechnungen, die im **MATHCAD**-Dokument vor der Zuweisung ausgeführt wurden, werden mit einbezogen und jede dortige Änderung führt zu erneuter Auswertung. So wird das obige Ergebnis der aktiven Symbolik, das im Beispiel identisch mit dem der passiven ist, z.B. erreicht, indem es vor allen Definitionen steht. Andernfalls werden bereits zugewiesene Werte eingesetzt, und das Ergebnis ist u.U. eine numerisch/symbolische Mischung. Weitere Ausführungen erfolgen in den nachfolgenden Anwendungen.
- **Sonstiges:** folgende Zusatzfunktionen sind oft hilfreich:
- View ✓Regions macht die Formelzonen durch Graufärbung des Hintergrunds sichtbar.
- Format Separate Regions trennt einander überlagernde Formeln.
- Undefinierte Variablen werden in rot angezeigt.
- Math Calculate Worksheet berechnet Formeln neu, die z.B. durch zu rasches Blättern im Dokument rot angezeigt sind.
- Window Untitled: hier sollte man kritische Rechnungen zunächst ausprobieren.
- Kommentartexte lassen sich wie Formeln eingeben; das erste □ wandelt die Eingabe in das Textformat um. Falls es sich nur um ein einziges Wort handelt, mit □ abschließen.

Aufgabe 1.2-1: Was ist nach der COULOMBschen Kraftformel von freien Ladungsüberschüssen zu erwarten, die sich in einem leitfähigen Material befinden?
Aufgabe 1.2-2: Was ist zu erwarten, wenn zwei Zylinderleiter mit Ladungsüberschüssen gleicher oder verschiedener Polariät dicht nebeneinander gelegt werden?
Aufgabe 1.2-3: Wie reagiert ein Isolator, der von einem COULOMBschen Kraftfeld durchdrungen wird?
***Aufgabe 1.2-4**: Auf einen geraden Faden der Länge $l = 2$ werden N Ladungen Q wie Perlen frei beweglich aufgereiht. Danach werden die Enden verdickt, so daß keine Ladung herausfallen kann. Man gebe die jeweiligen Orte der Ladungen an (**MATHCAD**-Anwendung *find* bzw. *suchen*).

1.3 Der Feldbegriff

Denken wir uns die Elementarladung Q_1 an irgendeinem Ort im Universum, so können wir formal nach der Kraftformel an jedem anderen Ort deren Kraftwirkung durch eine weitere Ladung Q_2 meßbar machen. Die Ladungen versetzen offenbar den umgebenden Raum in einen besonderen Zustand, nämlich den, durch ihr Vorhandensein Kraftwirkungen ausüben zu können. Gleichwohl tun dies die NEWTONschen Massen, nur daß hier die Kraft nicht an der Ladungs- sondern an der Masseeigenschaft angreift.

1.3.1 Amplituden- und Richtungseigenschaften von Vektorfeldern

Wir ordnen der Eigenschaft des Raums, in diesem besonderen Zustand zu sein, den Feldbegriff zu. Der Raum führt also ein Feld, das verschiedene Attribute hat - im konkreten Beispiel führt der Raum ein COULOMBsches Kraftfeld. Ein Attribut dieses Feldes ist seine Vektoreigenschaft, d.h. das Feld hat Amplitude bzw. Betrag F und Richtung $\vec{e}_F$. $\vec{e}_F$ ist ein dimensionsloser Einheitsvektor in oder genau entgegen der Feldrichtung:

$$\boldsymbol{F} = F\vec{e}_F; \qquad |\vec{e}_F| = 1. \tag{1.3-1}$$

Für Amplitude, die positiv oder negativ sein kann, könnte man auch Stärke sagen. Da mit dem Feldstärkebegriff aber ein wohldefiniertes und mit dem Kraftfeld eng verwandtes Feld, das wir gleich kennenlernen werden, assoziiert ist, bleiben wir bei Amplitude. Ein anderer Name für Amplitude ist Größe mit jedoch ebenfalls spezifischer Bedeutung. So ist F_C eine Größe der Größenart Kraft; Q_1, Q_2 und Q_3 sind Größen der Größenart Ladung.

Wollen wir jedoch mit $F > 0$ Ladungsabstoßung und $F < 0$ Ladungsanziehung mit positivem bzw. negativem Vorzeichen beschreiben, kann für letzteres der Betragsbegriff nicht herhalten. Zerlegen wir also einen Vektor in Amplitude und Richtung, kann erstere eine positive oder negative Größe sein; zerlegen wir ihn in Betrag und Richtung, ist der Betrag immer positiv. Bei negativen Größen sind die mit Amplitude und Betrag assoziierten Richtungen - im Beispiel $\vec{e}_F$ - dann natürlich entgegengesetzt, so daß die Gesamtvektorbeschreibung in beiden Fällen gleich ist.

Interessieren wir uns für Amplitude (links) oder Betrag (rechts) des Kraftfelds, können wir anschreiben:

$$F_C = \lceil \boldsymbol{F}_C \rceil = \frac{Q_1 Q_2}{4\pi\varepsilon r^2} \qquad \text{bzw.} \qquad F_C = |\boldsymbol{F}_C| = \frac{|Q_1 Q_2|}{4\pi\varepsilon r^2}. \tag{1.3-2}$$

Sie werden üblicherweise nicht mit unterschiedlichen Symbolen dargestellt. Bei der geometrischen Vektordarstellung durch Pfeile ist die Pfeillänge ein Maß für Amplitude oder Betrag; ein doppeltlanger Pfeil kennzeichnet z.B. eine doppelt so starke Kraft.

Damit wissen wir, wie stark Ladungen im Abstand r einander abstoßen oder anziehen, nicht jedoch die zugeordnete Richtung. Wir könnten uns auf den Standpunkt stellen, mehr bräuchten wir nicht zu wissen, denn die Richtungseigenschaft beim COULOMBgesetz werde entspr. Abb. 1.2-1 durch die einfache Regel beschrieben, daß die Kraft immer entlang der Verbindungslinie zwischen den beiden Ladungen wirke und mit dem Amplitudenbegriff haben wir beide Optionen der möglichen Richtungen auf der Kraftlinie - zur anderen Ladung hin oder um 180° gedreht von jener weg - erschlagen. Das funktioniert allerdings nur, solange es sich um zwei Ladungen handelt.

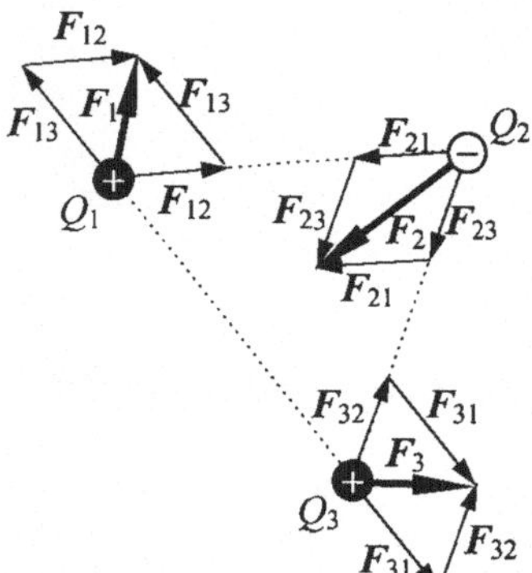

Abb. 1.3-1:
Typische Kräfteverteilung bei drei Ladungen.

Kommt entspr. Abb. 1.3-1 wenigstens eine dritte Ladung ins Spiel, ist es mit der alleinigen Aussagekraft des Betrags vorbei. Im allgemeinen Fall können wir dann erwarten, daß auf jede der drei Ladungen eine Kraft wirkt, die nur über geometrische Betrags- und Richtungsbetrachtungen angebbar sein kann. Im Fall der Abb. 1.2-2 sind demgegenüber aufgrund der gleichen Abstände die Kraftamplituden überall gleich, lediglich die Richtungen sind verschieden.

Zur Indizierung von Größen, die an einem Ort wirken und deren Ursachen von einem anderen Ort herrühren, wollen wir ab nun folgende Vereinbarung treffen: Der erste Index ist der Ort der Wirkung, ein ggf. zweiter der Ort der Ursache. Im Beispiel greift $\boldsymbol{F}_{32}$ an Q_3 an und rührt von Q_2 her, $\boldsymbol{F}_3$ hingegen ist die resultierende Kraft auf Q_3 mit mehreren Ursachen (1 und 2), weshalb der zweite Index unterbleibt.

Möchten wir die resultierende Kraft auf eine Ladung berechnen, brauchen wir die einzelnen Kräfte lediglich linear vektoriell zu überlagern, d.h. die Kraftvektorpfeile geometrisch zu addieren. Im Beispiel der Abb. 1.2-2 hat dies zur Folge, daß auf die kompakte Ladung des Zentrums resultierend keine Kraft wirkt, an den einzelnen Protonen aber sehr wohl Kräfte zerren. Die starke Kraft verhindert, wie bereits dargelegt, die Explosion des Kerns.

Aufgabe 1.3.1-1: Zwei Punktladungen Q hängen an isolierenden Fäden entspr. Abb. 1.3-2a) über der Erdoberfläche. Welchen Wert hat Q und wie groß ist die Seilkraft F in den Fäden?

Aufgabe 1.3.1-2: Vier Punktladungen sind entspr. Abb. 1.3-2b) im Raum angeordnet. Man berechne die Kraft auf die Ladung Q_x.

Aufgabe 1.3.1-3: Zwei Punktladungen befinden sich entspr. Abb. 1.3-2c) frei beweglich auf einem isolierenden Faden. Man bestimme die Lage der oberen Ladung.

***Aufgabe 1.3.1-4**: Drei Punktladungen von Q = 1nC und Massen m = 100 mg hängen an drei Fäden der Länge l = 15 cm, die am jeweiligen anderen Ende verknüpft sind, über der Erde. Man bestimme mithilfe von MATHCAD den Abstand r der Ladungen, sowie die an jeder Ladung angreifende COULOMBkraft F_C.

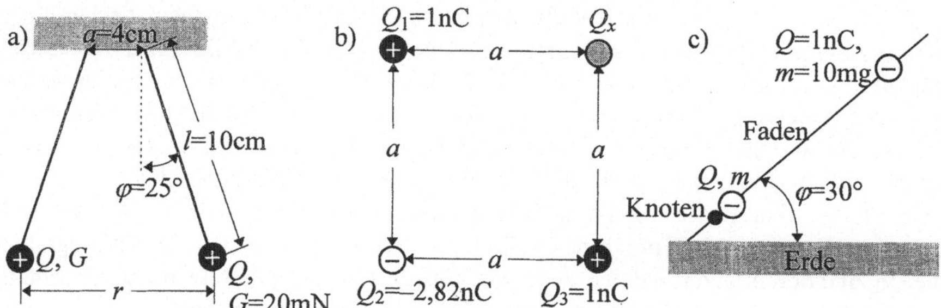

Abb. 1.3-2: Zu Aufgaben 1.3.1. Alle Ladungen seien punktförmig.

1.3.2 Koordinatensysteme und Differentialelemente

Aus Abb. 1.3-1 erkennen wir, daß wir im allgemeinen Fall ein Orientierungssystem - genannt: Koordinatensystem - benötigen, in dem wir die Kraftrichtungen beschreiben. Die Aufgaben des vorigen Abschnitts ließen sich zwar aufgrund von Symmetrieeigenschaften der Geometrie noch ohne Koordinatensystem lösen, bei allgemeiner Ladungsanordnung kommt man jedoch ohne ein solches nicht mehr aus.

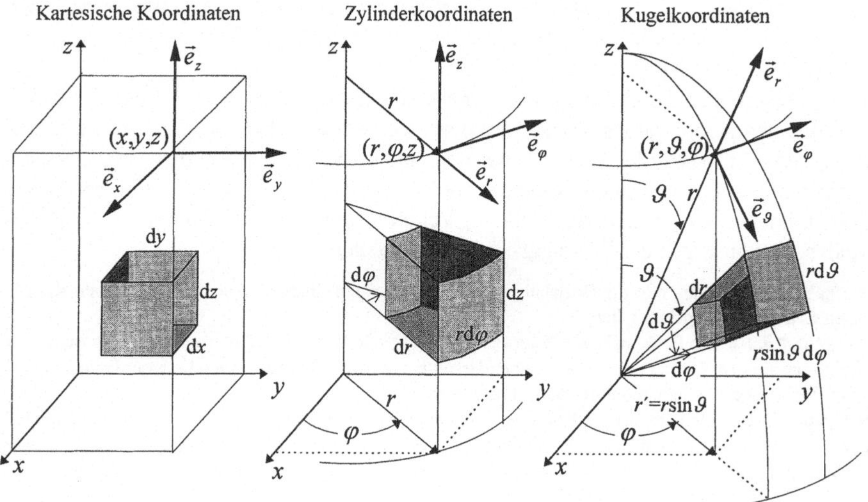

Abb. 1.3-3: Kartesisches, Zylinder- und Kugelkoordinatensystem, Orientierung eines Punktes im jeweiligen Koordinatensystem und Richtungen der Einheitsvektoren an diesem Punkt, sowie Differentialelemente.

In der Physik und Technik sind die verbreitetsten Koordinatensysteme entsprechend Abb. 1.3-3 das kartesische, das zylindrische und das Kugelkoordinatensystem. Sie werden verwendet, wenn ein Feldproblem eine dieser Symmetrieeigenschaften aufweist, d.h.

wenn es möglichst einfach in dem Koordinatensystem darstellbar ist. Besonders einfach ist eine Lösung, wenn sie nur von einer Koordinaten abhängt. Dann können die zugehörigen Vektoroperationen skalar ausgeführt werden.

Die Umrechnung einzelner Koordinaten ist im Anhang in der mathematischen Formelsammlung dargestellt. Eine charakteristische Eigenschaft ist ihre Orthogonalität, d.h. alle Koordinatenachsen stehen an jeder Stelle senkrecht aufeinander. Es gibt weitere orthogonale Koordinatensysteme, wie das elliptische, und auch nichtorthogonale Koordinatensysteme, die jedoch in der Feldtheorie außer für spezielle Strukturen von untergeordneter Bedeutung sind und daher hier nicht weiterverfolgt werden.

Weiterhin sind in der Abbildung Differentialelemente (Beispiele.: dx, dr, dϑ) eingetragen, die später als Grundlage von Linien-, Oberflächen- und Volumenintegralen dienen, und dort erläutert werden. Jedes von ihnen ist als unendlich klein zu betrachten und aus ihnen gebildete Volumina nehmen die Form eines Quaders an.

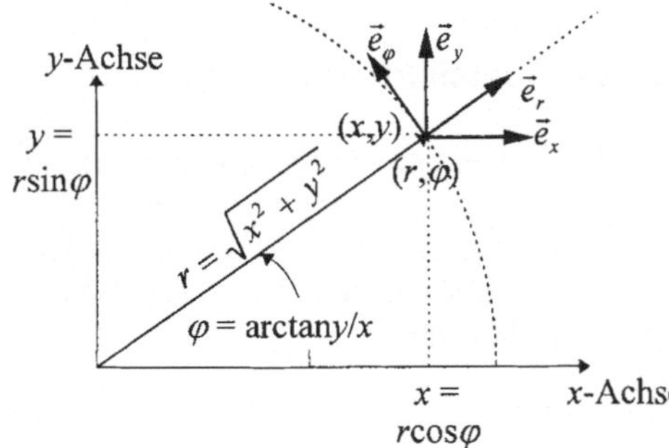

Abb. 1.3-4: Kartesisches und Polarkoordinatensystem mit Umrechnung der Koordinaten und Lage der Einheitsvektoren.

Häufig lassen sich Probleme in der Ebene beschreiben, wobei man mit einem zweidimensionalen Koordinatensystem auskommt. Die verbreitetsten sind das kartesische und das Polarkoordinatensystem. Beide entstehen entspr. Abb. 1.3-4 aus dem dreidimensionalen kartesischen und zylindrischen Koordinatensystem unter Weglassung der dritten z-Koordinaten. Es ist dann auch üblich, Vektoren mit nur zwei Komponenten darzustellen, wovon wir in der Folge ggf. Gebrauch machen.

Aufgabe 1.3.2-1: Man leite die Beziehung zwischen Kugelkoordinaten r, ϑ, φ und kartesischen Koordinaten x,y,z, sowie umgekehrt, her.

Aufgabe 1.3.2-2: Ein Punkt habe die Koordinaten $(x, y) = (4, 4)$ cm. Das Koordinatensystem werde nun nach links um den Winkel $\alpha = 30°$ um seinen Ursprung gedreht. Man bestimme die Koordinaten (x', y') desselben Punktes in dem gedrehten Koordinatensystem.

Aufgabe 1.3.2-3: Ein kartesisches Koordinatensystem werde, wie in der vorigen Aufgabe, um den Winkel α um die z-Achse, und dann um den Winkel β um die y-Achse gedreht. Hat ein Punkt in diesem Koordinatensystem dieselben Koordinaten wie in einem, bei dem die Drehreihenfolge vertauscht ist?

1.3.3 Feldkoordinaten und -komponenten

Nach der Definition der gebräuchlichen Koordinatensysteme läßt sich nun auch einfach die Frage klären, was das Vektorfeld vom einfachen Vektor, wie wir ihn aus der Mathematik kennen, unterscheidet: das Vektorfeld beschreibt eine Menge von Vektoren, die in einem ganzen Raumgebiet existieren und an verschiedenen Orten dieses Gebiets verschiedene Beträge und Richtungen einnehmen können. In der mathematischen Darstellung sind die Vektorkomponenten Funktionen der Koordinaten.

Wir definieren den Ortsvektor $\boldsymbol{x}$ vom Aufpunkt eines kartesischen Koordinatensystems zu dem Punkt, an dem uns die Feldgröße interessiert; hat unser Feld nicht nur Raum-, sondern auch Zeitabhängigkeit, definieren wir den Zustandsvektor $\boldsymbol{X}$:

$$\boldsymbol{x} = (x,y,z), \qquad \boldsymbol{X} = (\boldsymbol{x},t) = (x,y,z,t). \tag{1.3-3}$$

Dies wäre im Beispiel der Fall, denn wenigstens eine der Ladungen zeitlich bewegt würde - z.B. oszilliert - und damit der Kraftvektor, der von den anderen Ladungen auf sie wirkt, und auch die Kraftwirkungen auf die anderen Ladungen, sich zeitlich ändern.

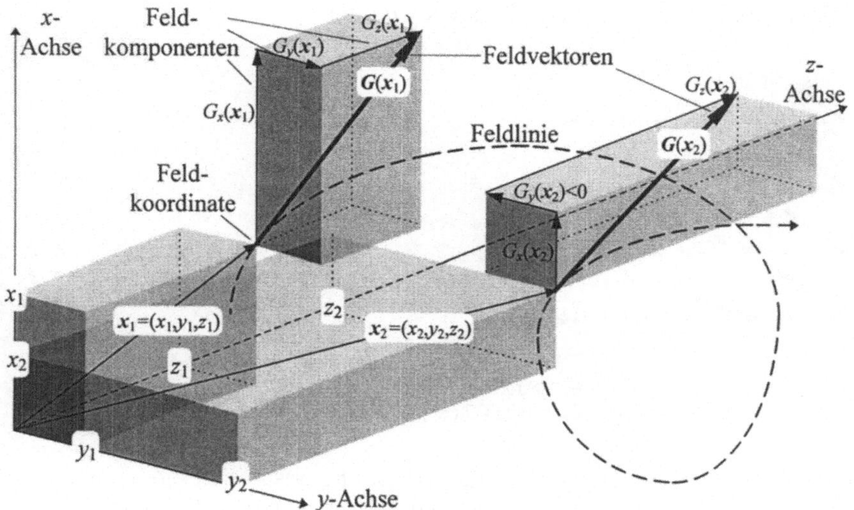

Abb. 1.3-5: Illustration der Vektordarstellung als Tangente an eine Feldlinie des Vektorfeldes $\boldsymbol{G}(\boldsymbol{x})$ an zwei Stellen $\boldsymbol{x}_1 = (x_1,y_1,z_1)$ und $\boldsymbol{x}_2 = (x_2,y_2,z_2)$ zu einem festen Zeitpunkt t.

Ein allgemeines, raum- und zeitabhängiges, Vektorfeld $\boldsymbol{G}(\boldsymbol{X})$ können wir damit entspr. Abb. 1.3-5 in kartesischen Koordinaten in seine kartesischen Komponenten zerlegen:

$$\boldsymbol{G} = \begin{pmatrix} G_x \\ G_y \\ G_z \end{pmatrix} = \boldsymbol{G}(x,y,z,t) = \boldsymbol{G}(\boldsymbol{x},t) = \boldsymbol{G}(\boldsymbol{X}) = \begin{pmatrix} G_x(x,y,z,t) \\ G_y(x,y,z,t) \\ G_z(x,y,z,t) \end{pmatrix} = \begin{pmatrix} G_x(\boldsymbol{x},t) \\ G_y(\boldsymbol{x},t) \\ G_z(\boldsymbol{x},t) \end{pmatrix} = \begin{pmatrix} G_x(\boldsymbol{X}) \\ G_y(\boldsymbol{X}) \\ G_z(\boldsymbol{X}) \end{pmatrix}. \tag{1.3-4}$$

Die jeweiligen Orts- und Zeitkoordinaten geben wir jedoch nur dann an, wenn sie für das Verständnis und/oder physikalische Verhalten einer Beschreibung von wesentlicher Bedeutung sind.

Vektorfelder haben also die Attribute Koordinaten, repräsentiert durch den Koordinatenvektor zum Punkt, d.h. Ort $\boldsymbol{x} = (x,y,z)$, an dem die Feldgröße existiert, und Komponenten, repräsentiert durch den Feld(komponenten)vektor $\boldsymbol{G} = (G_x, G_y, G_z)$ selbst, die das Feld am Ort des Koordinatenvektors darstellen. Eine simple Veranschaulichung der Unterschiede stellt ein Stück Kreide dar, das man in einem Raum in der Hand hält. Legen wir ausgehend von einer unteren Raumecke auf die dort beginnenden Kanten die Koordinatenachsen, so daß der Schnittpunkt den Ursprung des Koordinatensystems darstellt, so wird der Ort der Kreide (genauer: ihr Schwerpunkt), in diesem Koordinatensystem durch die (x,y,z)-Koordinaten in diesem Raum beschrieben. Sie sind gleich den Abständen zu den beiden zugehörigen Wänden und zum Boden.

An diesem Ort kann die Kreide als Feldrepräsentant unter Beibehaltung der Schwerpunktkoordinaten in jede Richtung gedreht werden. Die Zerlegung der Kreiderichtung in die Richtungen der Koordinatenachsen stellen die Feldkomponenten dar.

Wir müssen uns darüber im klaren sein, daß wir zur vollständigen Darstellung eines solchen Vektorfeldes ein sechsdimensionales Koordinatensystem benötigen: drei für die Ortskoordinaten x,y,z und drei weitere für die Vektorkomponenten G_x,G_y,G_z. Ist das Feld zeitveränderlich, kommt eine siebte t-Koordinate hinzu.

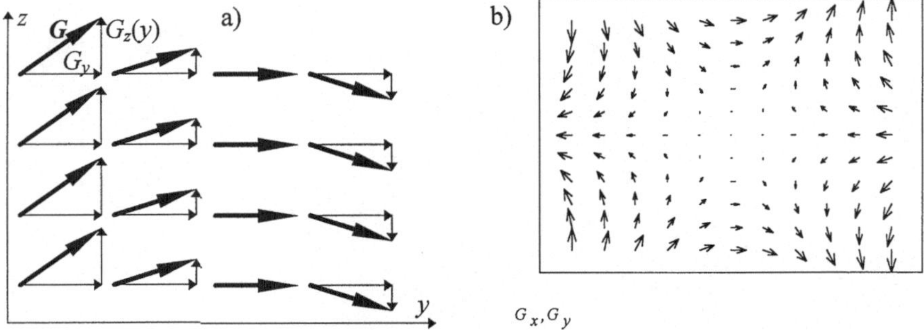

Abb. 1.3-6: a) Pfeildarstellung eines Vektorfelds $\boldsymbol{G} = (0,G_y,G_z(y))$.
b) MATHCAD-Vektorfelddiagramm $G_x(x,y)$, $G_y(x,y)$.

Das einfache Kreidemodell kann als Repräsentant für einen Vektor dienen. Betrachten wir in Abb. 1.3-6a) zur Verdeutlichung des Vektorfelds, dessen Repräsentant analog eine Menge von Ähren auf einem Weizenfeld sein kann, den noch recht einfachen Fall eines Felds, das nur y- und z-Komponenten aufweist, und von dem nur die z-Komponente von der y-Koordinaten abhängt.

Offenbar läßt sich das hierzu gehörende Feld durch $\boldsymbol{G} = (0, G_y, G_z(y))$ beschreiben. x-Komponenten sind nicht vorhanden, die y-Komponente ist immer gleich lang und die z-Komponente wird mit wachsenden y-Werten kleiner und gar negativ. Man könnte sich vorstellen, daß das Feldlinienbild außerhalb des betrachteten Gebiets mit der Drehung des Feldvektors fortfährt und so ein rotierendes oder Wirbelfeld beschreibt.

Dieses hat dann offenbar andere Eigenschaften, als das Feld in Abb. 1.2-2, das wohl an den Ladungen entspringt oder endet, also ein Quellenfeld darstellt (s. auch Abb. 1.3-9). Auch wird ein rotierendes Feld aufgrund der Rotationssymmetrie besser in einem Zylinder- oder ggf. Kugelkoordinatensystem statt in einem kartesischen Koordinatensystem beschrieben.

 **MATHCAD-Anwendung 1.3-2: Vektorfelddiagramm und Bereichsvariablen** 

Anweisungen zum Erstellen von Abb. 1.3-6b):

$ORIGIN := -5 \qquad x := -5..5 \qquad y := -5..5 \qquad Gx_{x,y} := \dfrac{y^2 - x^2}{1+\sqrt{x^2+y^2}} \qquad Gy_{x,y} := \dfrac{2\cdot x\cdot y}{1+\sqrt{x^2+y^2}}$

- x und y sind Bereichsvariablen (/x:-5;5) (Programm: FOR x = -5 to 5 (STEP 1)) und definieren den Bereich - hier für jeweils elf diskrete Feldpunkte als Koordinaten - an denen ein Feldvektor, dessen Länge die Stärke des Felds repräsentiert, dargestellt wird. $_{x,y}$ sind Feldindizes der hier als Matrizen dargestellten Feldkomponenten G_x und G_y. Alternativ würde ein Befehl der Form x := -5, -3 .. 5 eine Schrittweite von +2 als Differenz des zweiten vom ersten Elements spezifizieren.
- *ORIGIN* (ORIGIN:-5) läßt die Felddarstellung bei –5 beginnen, da MATHCAD-Feldindizes standardmäßig bei 0 anfangen.
- $G_{x_{x,y}}$ (G.x x,y oder G.x[x,y) ist die hier benötigte MATHCAD-Syntax für $G_x(x,y)$, wobei die Buchstaben einander der Reihenfolge nach entsprechen. Diese Matrix mit diskreten Indizes ist von der kontinuierlichen Funktion zu unterscheiden, die in MATHCAD als $G_x(x,y)$ darzustellen wäre, mit der jedoch keine Vektorfelddiagramme möglich sind.

  Wir geben G_x, G_y (G.x,G.y) ein und plaziert das zugehörige Vektorfelddiagramm (Vector Field Plot). in das Diagramm öffnet die **3D-Plot Format**-Dialogbox für Darstellungsänderungen.

MATHCAD-Anwendung 1.3-3: Video-Animation

Die Anschaulichkeit jedweder graphischer, aber auch numerischer Darstellung wird durch die Möglichkeit der Generation einer Ablaufsequenz - soz. eines Videoclips - die durch eine Variable gesteuert wird, wesentlich erhöht. Alle hier und in der Folge betrachteten MATHCAD-Anwendungen und daher alle Aspekte der Technik können von einem Parameter, z.B. der Zeit t abhängen, in Abhängigkeit dessen ein animierter Verlauf interessiert.

$$X_x := FRAME \cdot x \qquad G_{x_{x,y}} := \frac{y^2 - (X_x)^2}{1 + \sqrt{(X_x)^2 + y^2}} \qquad G_{y_{x,y}} := \frac{2 \cdot X_x \cdot y}{1 + \sqrt{(X_x)^2 + y^2}}$$

Der zu animierende Ausdruck muß dabei von einer Steuervariablen *FRAME* für den Ablauf der Videosequenz abhängen. Sie kann im Prinzip jeden beliebigen Skalar in einer Formel ersetzen. Zur Veranschaulichung fügen wir im vorigen MATHCAD-Dokument die obigen Befehle am Ende hinzu und erstellen wieder mit G_x, G_y das vorige Vektorfelddiagramm. Dieses erscheint wie in Abb. 1.3-6b), nur mit X_x (Eingabe: $X[x) = FRAME = 0$.

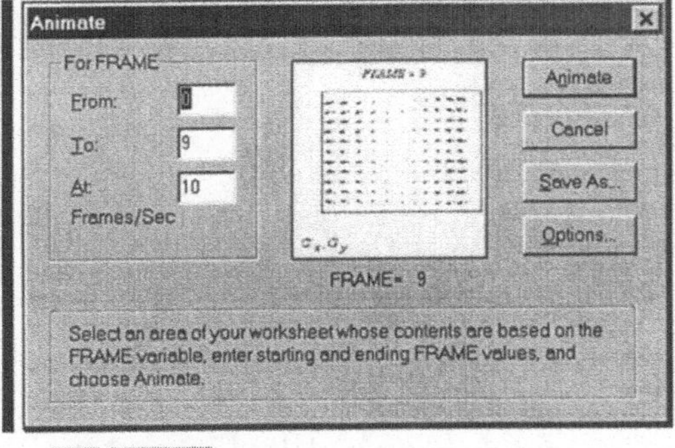

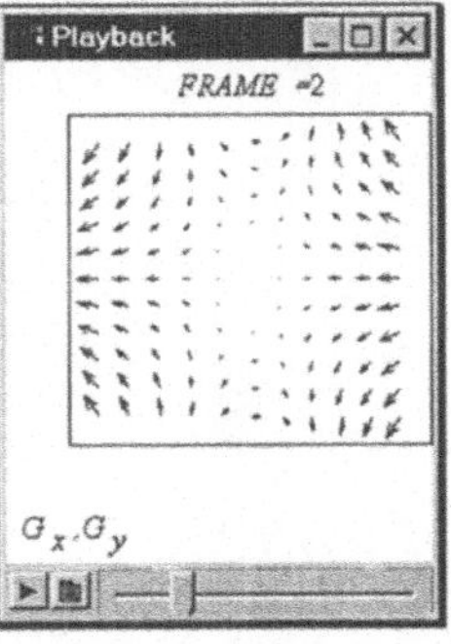

Mit View Animate... wird obige **Animate**-Dialogbox mit zunächst leerem FRAME=-Fenster aufgerufen. In der linken For FRAME-Spalte kann nun in From: und To: der Bereich (in 1er Schritten), den *FRAME* durchlaufen soll, sowie für den späteren Animationsablauf mit At: Frames/Sec deren Anzahl ggfls. gegenüber der Voreinstellung 0, 9, 10, geändert werden. Nach Einrahmen des oben erstellten G_x, G_y-Vektorfelddiagramms wird die Animation durch auf die nun freigegebene Animate-Schaltfläche gestartet.

Dabei zählt FRAME=, hier von 0 bis 9, durch, und im darüberliegenden Vorschaufenster wird die Darstellung online aktualisiert. Nach Generation der Videosequenz bleibt das in der Abbildung dargestellte letzte Bild mit FRAME= 9 erhalten und es baut sich automatisch das rechts daneben dargestellte **Playback**-Fenster in der Grundstellung, also hier mit $FRAME = 0$, auf.

Durch [Maus-Symbol] [▶] wird der Animationsablauf gestartet, wobei sich der Schieberegler rechts davon mit der durch Frames/Sec eingestellten Geschwindigkeit nach rechts bewegt und im darüberliegenden Fenster die Animation abläuft. Ist er am Ende angekommen, ist die Variable *FRAME*, deren aktueller Wert beim Ablauf leider nicht angezeigt wird, bei ihrem Endwert, hier also 9. Gleichwohl kann der Schieberegler jederzeit mit der [Maus-Symbol] hin- und herbewegt und so der Animationslauf vor- und rückgespult werden. Um den aktuellen *FRAME*-Wert dennoch der Schiebereglerstellung zuordnen zu können, wurde oberhalb des Diagramms *FRAME*= plaziert und in die Animation mit eingebunden.

In diesem Zusammenhang ist die Vorgabe von Frames/Sec für das hier dargestellte Beispiel nicht wirklich von Bedeutung, sondern eher für Zeitsimulationen, d.h. wenn $FRAME = t$. Bei allen anderen Animationen kann nach Aufbau des **Playback**-Fensters gleich der Schieberegler sinnvoll benutzt werden.

Die Erzeugung der Videosequenz beim Animationslauf erfordert normalerweise etwas Zeit, weshalb es sich empfiehlt, eine einmal abgeschlossene und für gut befunden Animation zu speichern. Dazu wird in der **Animate**-Dialogbox mit der Save as...-Schaltfläche die zugehörige Dialogbox geöffnet und die Animation kann in einer *.avi*-Datei gespeichert werden. Wieder abspielen läßt sie sich durch View Playback..., woraufhin das **Playback**-Fenster zunächst ohne Bild erscheint. Durch [Maus-Symbol] [Menü] Open... erscheint die **Open AVI**-Dialogbox, mit der die zuvor gespeicherte - aber auch jede andere - *.avi*-Datei geöffnet werden kann. Die weiteren Funktionen im [Menü]-Menü sind im wesentlichen selbsterklärend.

Aufgabe 1.3.3-1: Man skizziere typische Vertreter von Kraftfeldern mit folgenden Eigenschaften als Pfeilbilder: a) $\boldsymbol{F} = (F_x(z), 0, F_z(x))$, b) $\boldsymbol{F} = (F_r{=}0, F_\varphi(r), F_z{=}0)$.

Aufgabe 1.3.3-2: Man stelle ein allseitig radialsymmetrisches Feld $\boldsymbol{G}$, das quadratisch mit dem Radius vom Koordinatenursprung abfällt, mit Kugelkomponenten in Kugelkoordinaten, Kugelkomponenten in kartesischen Koordinaten, kartesischen Komponenten in kartesischen Koordinaten, sowie kartesischen Komponenten in Kugelkoordinaten dar.

***Aufgabe 1.3.3-3**: Am Ort $(x, y) = (2, 2)$ cm herrsche ein COULOMBscher Kraftvektor $\boldsymbol{F} = (F_r, F_\varphi) = (5{,}66; -1{,}41)$ N. Man berechne zunächst allgemein dessen kartesischen Komponenten $\boldsymbol{F} = (F_x, F_y)$ in Abhängigkeit der Polarkoordinaten (r, φ), und dann die konkreten Zahlenwerte. Weiterhin stelle man umgekehrt $\boldsymbol{F} = (F_r, F_\varphi)$ in Abhängigkeit von (F_x, F_y) dar, und überprüfe die Eingabewerte.

1.3.4 Feldlinien

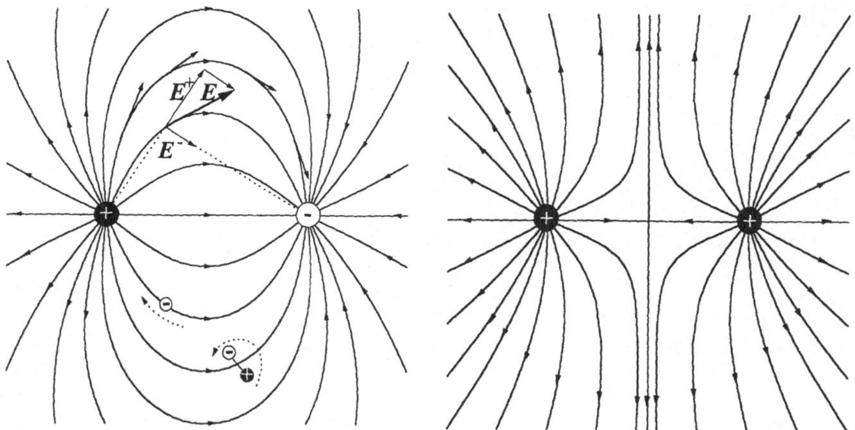

Abb. 1.3-7: Feldlinienbilder des COULOMBschen Dipols und des Doppelmonopols; Vektorüberlagerung der Felder und Probeladungen.

Die nächste Frage, die bereits aus Abb. 1.3-5 resultiert, ist, wie das Feld außer formelmäßig auch geometrisch repräsentiert werden kann. Hierzu gibt es verschiedene Möglichkeiten. Die verbreitetste ist die Feldliniendarstellung, für die dort bereits ein Beispiel dargestellt ist. Die Fragen hierbei sind:

- Was repräsentiert die Feldlinie physikalisch?

  Bringen wir entspr. Abb. 1.3-7 eine Probeladung in das Kraftfeld der Ladung(en), wandert sie entlang der Feldlinie in die Richtung, die durch die Polaritäten festgelegt ist. Bringen wir einen kleinen Dipol, bestehend aus zwei starr und isolierend verbundenen gegenpoligen Elementarladungen in das Feld, drehen sie sich so, daß ihre Achse auf der Feldlinie liegt, sofern der Drehpunkt auf der Feldlinie fixiert ist.
- Wie erhalten wir bei gegebener Feldformel die Feldlinie mathematisch?

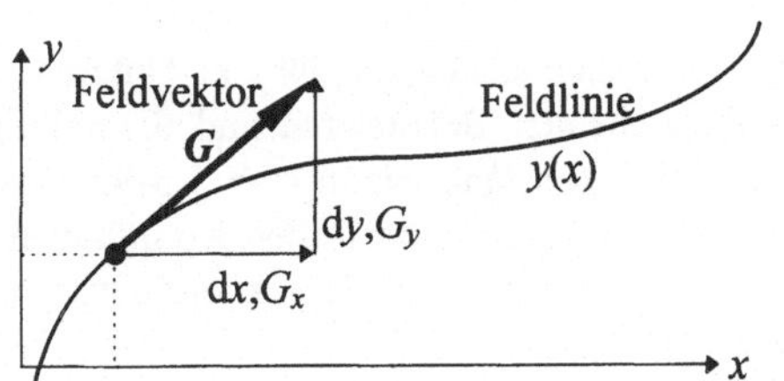

Abb. 1.3-8: Geometrische Feldrepräsentation durch eine Feldlinie und Tangentenvektor an einem Punkt.

Mit dem allgemeinen Vektorfeld $\boldsymbol{G} = (G_x, G_y, G_z)$ muß entspr. Abb. 1.3-8 der Feldvektor an einer bestimmten Stelle der zugehörigen Feldlinie deren Steigung repräsentieren, d.h. er bildet hier die Tangente. Damit muß z.B. in der xy-Ebene gelten:

$$\frac{\mathrm{d}y}{\mathrm{d}x} = \frac{G_y}{G_x} \quad \Rightarrow \quad \frac{\mathrm{d}z}{\mathrm{d}y} = \frac{G_z}{G_y}, \quad \frac{\mathrm{d}x}{\mathrm{d}z} = \frac{G_x}{G_z} \quad \text{oder} \quad \mathrm{d}x{:}\mathrm{d}y{:}\mathrm{d}z = G_x{:}G_y{:}G_z. \tag{1.3-5}$$

Diese Gleichungen repräsentieren Differentialgleichungen (DGLn), die durch Integration aufgelöst werden können. Eine Integrationskonstante C kann im Rahmen der physikalischen Randbedingungen frei gewählt werden und dient dazu, die gewünschten Feldlinien zu selektieren. Die DGLn lassen sich wie folgt umformen:

$$G_x\mathrm{d}y - G_y\mathrm{d}x = 0 \quad \Rightarrow \quad \boldsymbol{G} \times \mathrm{d}\boldsymbol{s} = \boldsymbol{0} \quad \Rightarrow \quad \int \boldsymbol{G} \times \mathrm{d}\boldsymbol{s} = \boldsymbol{C}. \tag{1.3-6}$$

Die rechte Seite bezieht nun die anderen beiden Ebenen (xz, yz) ebenfalls mit ein und erlaubt so die Darstellung in jeder Ebene, als Projektion auf eine beliebige Fläche oder auch im Raum. $\mathrm{d}\boldsymbol{s} = (\mathrm{d}x, \mathrm{d}y, \mathrm{d}z)$ ist ein differentiell kleines Wegelement entlang einer dreidimensionalen Feldlinie, dessen Bedeutung in Abschnitt 1.4.3 mit Abb. 1.4-5 genauer erläutert wird.

Anschaulich läßt sich das Endergebnis auch so formulieren: ein Kreuzprodukt beschreibt einen Vektor, der senkrecht auf den beiden das Kreuzprodukt bildenden Vektoren steht, seine Länge ist gleich der eingeschlossenen Parallelogrammfläche. Da das Ergebnis verschwindet, müssen $\boldsymbol{G}$ und $\mathrm{d}\boldsymbol{s}$ immer in die gleiche Richtung zeigen, was nichts anderes ist, als die mathematische Beschreibung der Eingabe.

Die konkrete Anwendung der Feldlinienkonstruktion zur Berechnung der Abb. 1.3-7 lernen wir in Abschnitt 1.4.6 kennen, nachdem das COULOMBsche Kraftfeld in Ursachen- und Wirkungsanteil zerlegt ist.

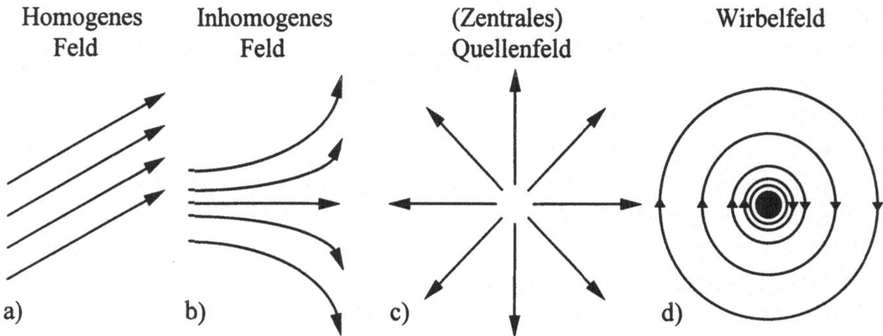

Abb. 1.3-9: Verschiedene Ausprägungen von Feldern.

In welcher Weise die Feldlinien von den Koordinaten abhängen, läßt eine Unterteilung in homogene und inhomogene Felder sinnvoll erscheinen. Bei ersteren sind alle Feldlinien gerade und parallel und die Komponenten sind konstant, wie in Abb. 1.3-9a) dargestellt. Es ist dann immer möglich, dieses Feld in einem kartesischen Koordinatensystem so darzustellen, daß nur eine Komponente auftritt, und diese koordinatenunabhängig ist, z.B. $\boldsymbol{G} = (G_x, 0, 0)$.

Das für einzelne Punkt- bzw. Linienladungen charakteristische inhomogene Quellenfeld ist in Kugel- bzw. Zylinderkoordinatensystemen einfach beschreibbar; es tritt nur eine Komponente in radialer r-Richtung auf. Das inhomogene Wirbelfeld in d) ist als Azimutal-(φ)-Komponente in einem Zylinderkoordinatensystem einfach beschreibbar. Die Dipolfeldlinienbilder nach Abb. 1.3-7 sind in der dargestellten Ebene offenbar schon recht inhomogen, jedoch bzgl. ihrer Verbindungsachse rotationssymmetrisch.

Aufgabe 1.3.4-1: Ist auf einer Feldlinie Betrag oder Amplitude des Feldes zwingend konstant? Wenn nicht - sind Felder denkbar, bei denen Betrag oder Amplitude auf der Feldlinie konstant sind?
Aufgabe 1.3.4-2: Ist eine Ladungsanordnung denkbar, die sich überkreuzende Feldlinien hervorruft? Man diskutiere eine solche Eigenschaft.
Aufgabe 1.3.4-3: Ist eine ruhende Ladungsanordnung denkbar, die geschlossene Feldlinien hervorruft, die nicht an Ladungen beginnen oder enden? Man diskutiere eine solche Eigenschaft.
Aufgabe 1.3.4-4: Man verifiziere $\boldsymbol{G} \times \mathrm{d}\boldsymbol{s} = \boldsymbol{0}$.

1.3.5 Skalar- und Vektorfelder

Bisher haben wir Vektorfelder behandelt, für welche das Kraftfeld ein Repräsentant ist. Die nächste Frage ist: gibt es auch Skalarfelder und wenn ja, wie können wir von einem Feld wissen, welcher Art es ist?

Da die Vektoreigenschaft durch den Ortsvektor vom Ausgangspunkt eines räumlichen Koordinatensystems zu einem Punkt (x,y,z) gegeben ist, sind folglich Felder, die proportional einem Ortsvektor oder seinen Ableitungen (z.B. nach der Zeit) sind, ebenfalls Vektorfelder, sofern diese Eigenschaft nicht wieder durch eine Skalarproduktbildung neutralisiert wird. Auch Ableitungen eines Skalars nach dem Ortsvektor (Gradient; s.u.) realisieren wieder Vektoren.

Da die (nichtrelativistische) Kraft als Produkt von Masse und Beschleunigung ($\boldsymbol{F} = m\boldsymbol{a}$) definiert ist, und letztere als zweite Ableitung des Ortes nach der Zeit ($\boldsymbol{a} = \mathrm{d}^2\boldsymbol{s}/\mathrm{d}t^2$) ebenfalls ein Vektor ist, muß die Kraft ebenfalls Vektor sein. Arbeit und damit Energie hingegen sind Skalare, da sie das Skalarprodukt von Kraft und Weg ($W = \boldsymbol{F}\cdot\boldsymbol{s}$) bzw. Wegintegral ($W = \int \boldsymbol{F}\cdot d\boldsymbol{s}$) darstellen. Spezifische Skalarfelder der Elektrotechnik, denen wir in der Folge begegnen werden, sind z.B. das elektrische Potential φ_e, der elektrische Fluß Ψ, später der magnetische Fluß Φ oder die Permittivität ε eines inhomogenen Mediums. Auch die Komponenten sowie Amplituden und Beträge von Vektorfeldern sind Skalarfelder.

Feldeigenschaft kann ein solcher Skalar dennoch haben. Betrachten wir als Beispiel hierfür die skalare Temperaturverteilung $\vartheta(\boldsymbol{x}) = \vartheta(x,y,z)$. An jedem Ort (x,y,z) in einem Raum kann eine unterschiedliche Temperatur herrschen. Sie hat jedoch keine Richtung. Man kann aber einen Vektor definieren, der an diesem Ort die Änderung der Temperatur definiert. So wird in einem Raum mit normaler Raumtemperatur, in dem sich Personen aufhalten, in der Nähe von deren Hautoberfläche dieser Temperaturänderungsvektor, der in weitem Abstand von den Personen diffus und sich zeitlich ändernd in irgendwelche Richtungen zeigt, sich normal in Richtung zur Hautoberfläche ergeben, je mehr man sich dieser nähert. Wir werden diesen Vektor gleich als Änderungsvektor, genannt Gradient, kennenlernen.

In Abb. 1.3-10 ist ein solches Skalarfeld beispielhaft dargestellt, allerdings nur in Abhängigkeit zweier Koordinaten, z.B. in einer Ebene z = const. Wollten wir hier eine komplette Darstellung der Funktion $\vartheta(x,y,z)$ angeben, würden vier Dimensionen benötigt werden. Auf dem zweidimensionalen Blatt könnte man für die verschiedenen Ebenen z = const. die zugehörigen Bilder übereinanderzeichnen, um so einen Eindruck der gesamten Temperaturverteilung zu geben.

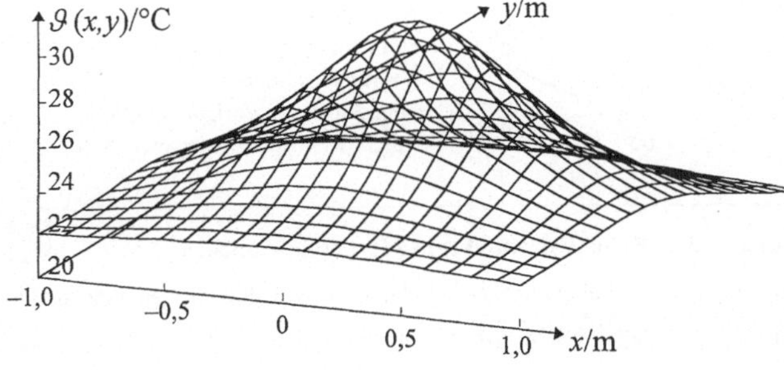

Abb. 1.3-10: Darstellung eines Skalarfelds am Beispiel der zweidimensionalen Temperaturverteilung $\vartheta(x,y)$.

MATHCAD-Anwendung 1.3-4: Flächendiagramm (Surface Plot)

Anweisungen zum Erstellen von Abb. 1.3-10:

$n := 20 \quad i := 0..n \quad j := 0..n \quad x_i := \frac{2\cdot i}{n} - 1 \quad y_j := \frac{2\cdot j}{n} - 1 \quad \vartheta_{i,j} := \frac{50}{15\cdot(x_i)^2 + 30\cdot(y_j)^2 + 5} + 20$

Im Gegensatz zur **MATHCAD**-Anwendung 1.3-2 des Vektorfelddiagramms machen wir uns bei dieser Darstellung unabhängig von den Koordinaten und führen Zählindizes i und j ebenfalls in Form der bereits bekannten Feldindizes mit [ein, um ein 20 × 20-Gitternetz zu erstellen. Die x_i laufen nun von –1 bis +1 mit der Schrittweite 0,1. Gegebenenfalls muß *ORIGIN* zuvor auf 0 zurückgesetzt werden.

Mit ϑ Strg 2 erscheint das Flächendiagramm. Durch in das Diagramm können in der **3D-Plot Format**-Dialogbox wieder Änderungen an der Darstellung vorgenommen werden.

Eine Attribut, das Skalarfelder aufweisen, ist das Vorhandensein von Niveauflächen. Auf ihnen hat das Skalarfeld einen konstanten Wert:

$$G(x,y,z) = \text{const.} \qquad (1.3\text{-}7)$$

Sie ist das Pendant zu Gl. 6 und muß immer senkrecht zu der durch deren Lösung bestimmten zugehörigen Linie verlaufen. Da der Gradient die Änderung des skalaren Werts angibt, muß er folglich senkrecht auf den Niveauflächen stehen. So kann man bei dem Temperaturbeispiel eine Temperatur, die irgendwo im Raum herrscht, vorgeben, und die Fläche der Punktmenge derselben Temperatur wird i.allg. eine kompliziert gewölbte Form aufweisen. In erster Näherung wird die Hautoberfläche einer Person ebenfalls solch ein Gebiet sein.

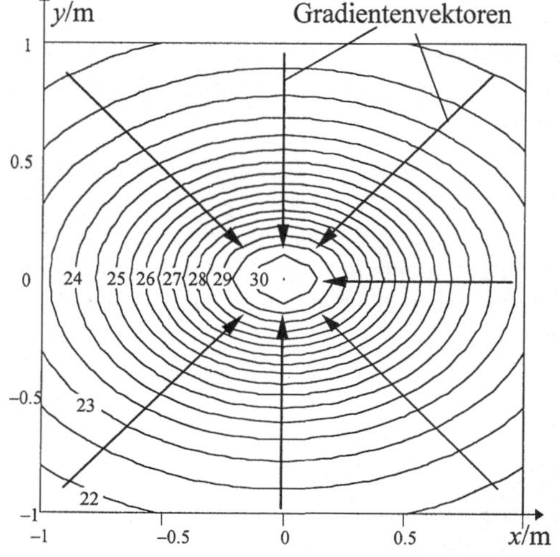

ϑ =

	8	9	10	11	12
6	25.814	26.494	26.757	26.494	25.814
7	26.623	27.519	27.874	27.519	26.623
8	27.353	28.475	28.929	28.475	27.353
9	27.874	29.174	29.709	29.174	27.874
10	28.065	29.434	30.000	29.434	28.065
11	27.874	29.174	29.709	29.174	27.874
12	27.353	28.475	28.929	28.475	27.353
13	26.623	27.519	27.874	27.519	26.623
14	25.814	26.494	26.757	26.494	25.814

Abb. 1.3-11: Höhenlinien (Isothermen) der zweidimensionalen Temperaturverteilung $\vartheta(x,y)$ der vorigen Abbildung; rollende MATHCAD-Ausgabetabelle.

 **MATHCAD-Anwendung 1.3-5: Höhenlinien und rollende Ausgabetabellen** 

Die Grafik in Abb. 1.3-11 ist eine direkte Weiterverarbeitung der Eingaben des vorigen Flächendiagramms der Anwendung 1.3-4. Mit |ϑ / Strg 5 werden die Höhenlinien (MATHCAD: Contour Plot; Umrißdiagramm) dargestellt.

Rechts daneben ist eine rollende Ausgabetabelle für die ϑ-Matrix dargestellt. Sie entsteht durch Eingabe von ϑ = und durch irgendwo in der Tabelle bilden sich bei großen Feldern, wie hier, die WINDOWS-typischen Bildlaufleisten, mit denen die Tabelle in beide Dimensionen gerollt werden kann. Auch das übliche Ziehen der Ecken und Kanten ermöglicht ein Vergrößern oder Verkleinern. Im Beispiel wurde die Tabelle auf das Temperaturmaximum zentriert. in die Tabelle öffnet die **Number Format**-Dialogbox, mit der Parameter eingestellt werden können. Eingabe von $\vartheta_{i,j}$ = stellt die Elemente als Spaltenvektor dar. Bei kleineren Matrizen werden diese komplett dargestellt.

Im zweidimensionalen Fall werden z.B. entspr. Abb. 1.3-11 aus den Niveauflächen Niveaulinien, wie wir sie von Landkarten als Höhenlinien kennen. Sie lassen sich gemäß

$$G(x,y) = \text{const.} \qquad \Rightarrow \qquad y = f(x) \qquad (1.3\text{-}8)$$

darstellen, wobei $y = f(x)$ eine konkrete Funktion beschreibt, die die Niveaulinien graphisch darstellbar macht.

Eng verwandt mit dem Niveaubegriff ist das Potential. Für COULOMBsche Kraftfelder können sie als Synonyme verwendet werden. Auf den genauen Unterschied wird im nächsten Abschnitt bei der Erläuterung des Energiebegriffs eingegangen.

Aufgabe 1.3.5-1: Man gebe die Gleichung des Gebiets an, auf dem die Elektronen um einen Wasserstoffatomkern im Zentrum des Koordinatensystems die Kraft von 80 nN erfahren.
Aufgabe 1.3.5-2: Welche geometrische Form hat die Niveaufläche eines homogenen Vektorfelds? Man gebe weitere Feldformen an, die die gleiche Niveauflächenform aufweisen.
Aufgabe 1.3.5-3: Ein Vektorfeld $\boldsymbol{G} = (G_x, G_y, G_z)$ verändert sich zeitlich gemäß $\boldsymbol{G} \cdot f(t)$. Wie werden die Niveauflächen hierdurch beeinflußt, und wie der Gradient?

1.4 Feldstärkeassoziierte Größenarten

Bei einem Vektorfeld sind zwei integrale skalare Eigenschaften von Interesse:

- die Feldmenge entlang eines beliebigen Wegs $\boldsymbol{s}$ durch das Feld. Dazu gehören für das COULOMBsche Kraftfeld Potential φ_e, Potentialunterschied oder Spannung U und Umlaufspannung $\overset{\circ}{U}$. Sie werden durch den Energieerhaltungssatz bestimmt und in diesem Abschnitt behandelt.
- die Feldmenge der Feldlinien, die eine Fläche $\boldsymbol{A}$ quer zu den Feldlinien durchsetzt. Dazu gehören Fluß Ψ und Hüllenfluß $\overset{\circ}{\Psi}$. Sie werden durch den Ladungserhaltungssatz bestimmt und in Abschnitt 1.6 behandelt.

1.4.1 Elektrische Feldstärke *E*

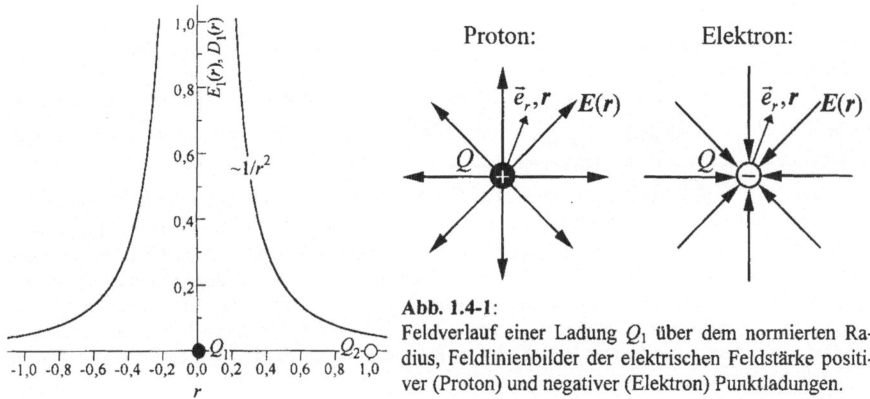

Abb. 1.4-1:
Feldverlauf einer Ladung Q_1 über dem normierten Radius, Feldlinienbilder der elektrischen Feldstärke positiver (Proton) und negativer (Elektron) Punktladungen.

Wir können das COULOMBsche Kraftgesetz in einen Ursachen- und Wirkungsanteil zerlegen. Als Ursache betrachten wir z.B. die Ladung Q_1, die am Ort der Ladung Q_2 ein Feld hervorruft, auch wenn Q_2 sich nicht dort befindet. Q_2 ist somit nur ein Test- oder Meßobjekt, das wir benötigen, um das dort vorhandene Feld von Q_1 nachzuweisen. Dazu dividieren wir die COULOMBkraft F_C durch das Wirkungsobjekt Q_2, und definieren die neue Größenart als ***elektrische Feldstärke E***:

$$\boldsymbol{E} := \frac{\boldsymbol{F}_{\mathrm{C}}}{Q_{\mathrm{w}}}; \qquad \boldsymbol{F}_{\mathrm{C}} = Q_{\mathrm{w}}\boldsymbol{E}. \qquad [E] = \frac{\mathrm{N}}{\mathrm{C}} = \frac{\mathrm{kg}\cdot\mathrm{m}}{\mathrm{A}\cdot\mathrm{s}^3} = \frac{\mathrm{V\,(olt)}}{\mathrm{m}} \tag{1.4-1}$$

Im Fall des Außenraums der Punktladung, aber auch einer Kugel mit allenfalls radialinhomogener Ladungsdichte, wie in Abb. 1.4-1 dargestellt, heißt das:

$$\boldsymbol{E} = \frac{Q_{\mathrm{u}}}{4\pi\varepsilon r^2}\vec{e}_r. \tag{1.4-2}$$

In Analogie zur Kraftgleichung sind die Ladungen mit allgemeinen Ursachen- und Wirkungsindizes versehen. Elektrostatische Feldlinien beginnen per Definition an positiven Ladungen und enden an negativen. Die hier dargestellten Feldlinienbilder dieser sog. Zentralfelder können wieder aus der Zerlegung der Bilder von Abb. 1.3-7 generiert werden. Das elektrische Feld weist positiv oder negativ in Richtung der am Ort der Wirkungsladung gedachten COULOMBkraft. Diese Richtung ist bei einer Punktladung aus Symmetriegründen die radiale Kugelkoordinate ($\vec{e}_{\mathrm{uw}} = \vec{e}_r$).

MATHCAD-Anwendung 1.4-1: X-Y-Diagramm (X-Y Plot), *if*-(*wenn*)-Funktion

Anweisungen zum Erstellen des linken Feldverlaufs von Abb. 1.4-1:

$$n := 100 \qquad i := 0\,..\,n \qquad r_i := \frac{2\cdot i}{n} - 1 \qquad E_i := if\left[r_i, \frac{1}{(r_i)^2}, \infty\right]$$

E ist hier wegen des Indexes ein Vektor mit 101 Elementen, der als solcher mit dem dreidimensionalen Feldvektorbegriff im Text nicht zu verwechseln ist, sondern es handelt sich um eine eindimensionale Matrix gegenüber den zweidimensionalen bisher zur Flächendarstellung verwendeten. In **MATHCAD** wird allgemein die Obermenge von Vektoren und Matrizen als Datenfeld (Array) bezeichnet.

Einfacher ist alternativ eine Funktions- statt einer Vektordarstellung, was bei den Flächendiagrammen nicht möglich war:

$$r := -1,-.98\,..\,1 \qquad E(r) := if\left(r, \frac{1}{r^2}, \infty\right)$$

Formelmäßig wird der Feldverlauf also ähnlich wie in den vorigen Beispielen erzeugt. Probleme bereitet die Singularität bei $r = 0$, die durch die *if*-Funktion umgangen wird. Die drei Argumente sind selbsterklärend: *if*(<Bedingung>,<erfüllt>,<nicht erfüllt>) wobei ggfls. <Bedingung> $\neq 0$ gesetzt wird. $\neq$ erhalten wir bei Bedarf über Strg 3, ∞ mit Strg Z. Bei mehrfach stückweise stetiger Funktion kann *if* auch auf Parameterposition von sich selbst, also rekursiv, auftreten.

In den durch @ aktivierten Grafik-Rahmen mit sechs Eingabefeldern geben wir in der Mitte unten *r*[*i* bzw. *r*, in der Mitte links *E*[*i* bzw. *E*(*r*) und oben links *50* als obere Feldgrenze ein. Durch Doppelklick in das Diagramm erscheint die Dialogbox **Formatting Currently Selected X-Y Plot** zur Darstellungsänderung. Mehrere Vektoren/Funktionen können so in einem X-Y-Diagramm - auch gemischt - durch mit Kommas getrennte Variablen dargestellt werden. Wird nur eine *x*-Variable verwendet, werden alle *y*-Kurven gegen diese aufgetragen. Alternativ kann jede *y*-Variable gegen genau eine andere *x*-Variable aufgetragen sein. Zueinander gehörige *xy*-Paare müssen durch die gleichen Bereichsvariablen beschrieben werden.

Öffnet für ein markiertes Diagramm die Dialogbox **X-Y-Trace**. Der dabei auftretende Fadencursor kann mit der Maus bewegt werden, alternativ mit ←,→ auf einer Kurve und ggfls. mit ↑,↓ von Kurve zu Kurve. **Formatting Currently Selected X-Y Plot** X-Y-Axes ☑ Show Markers erzeugt je zwei ■ an beiden Achsen, in die Koordinaten eingetragen werden können, die als rote Fadencursor im Diagramm erscheinen. Mit kann das Diagramm gezoomt werden.

Beim Erzeugen einer in Anwendung 1.3-3 beschriebenen Video-Animation aus einem X-Y-Diagramm empfiehlt sich die Deaktivierung der automatischen Skalierung und die Eingabe fester Grenzen im Diagramm, da sonst ein Mitwandern dieser Grenzen beim Abspielen wahrscheinlich ist.

Aufgrund der Kugelsymmetrie der Punktladung läßt sich deren Feldstärke und auch das im nächsten Abschnitt beschriebene Potential im Kugelkoordinatensystem mit $\boldsymbol{r} = (r, \vartheta, \varphi) \mathrel{\hat{=}} (x,y,z)$ einfach beschreiben:

$$\boldsymbol{E}(\boldsymbol{r}) = \begin{pmatrix} E_r(\boldsymbol{r}) \\ E_\vartheta(\boldsymbol{r}) \\ E_\varphi(\boldsymbol{r}) \end{pmatrix} = \begin{pmatrix} E_r(\boldsymbol{r}) \\ 0 \\ 0 \end{pmatrix} = \begin{pmatrix} Q/4\pi\varepsilon r^2 \\ 0 \\ 0 \end{pmatrix} = \frac{Q}{4\pi\varepsilon r^2} \begin{pmatrix} 1 \\ 0 \\ 0 \end{pmatrix} = \frac{Q}{4\pi\varepsilon r^2} \vec{e}_r,$$

also:

$$E_r(\boldsymbol{r}) = E_r(r) = \frac{Q}{4\pi\varepsilon r^2}, \qquad E_\vartheta(\boldsymbol{r}) = 0, \qquad E_\varphi(\boldsymbol{r}) = 0. \tag{1.4-3}$$

Um hier entsprechend den Ausführungen in Abschnitt 1.3.3, insbes. Aufgabe 1.3.3-2 die Unterschiede von Feldkoordinaten und -komponenten deutlich zu machen, besagt entspr. Abb. 1.4-2 der $_r$-Index von $E_r(r)$, daß es sich hier um die (einzige) in r-Richtung zeigende Komponente des Felds handelt, (r) hingegen gibt an, daß diese Komponente auch nur von der r-Koordinaten ($\sim 1/r^2$) abhängt.

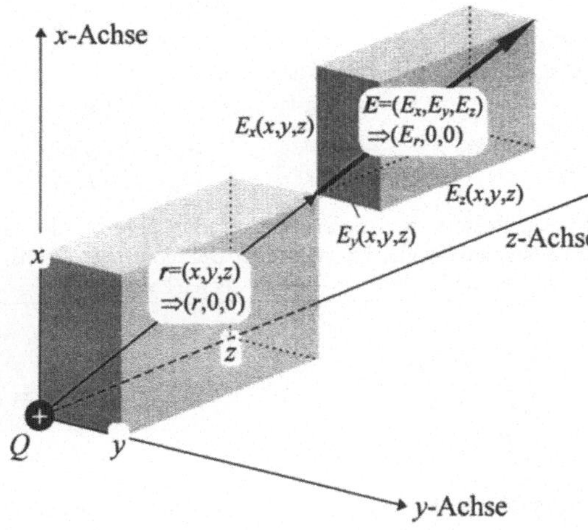

Abb. 1.4-2:
E-Feld einer Ladung *Q* im kartesischen Koordinatensystem (*x*,*y*,*z*), zerlegt in seine Komponenten.

Soll das Gesamtfeld mehrerer Ladungen angegeben werden, ist die Kugelsymmetrie i.allg. nicht mehr gegeben und eine Darstellung in kartesischen Koordinaten mit $\boldsymbol{x} = (x,y,z)$ mit $r = \sqrt{x^2 + y^2 + z^2}$ ist wieder sinnvoll. Diese erhalten wir entspr. Abb. 1.4-2 für eine Ladung Q auf einfache Weise mit der Beziehung $\vec{e}_r = \boldsymbol{r}/r = \boldsymbol{x}/r$, da jeder Einheitsvektor als Quotient eines beliebigen Vektors durch seine Länge darstellbar ist:

$$\boldsymbol{E}(\boldsymbol{r}) = \begin{pmatrix} E_x(\boldsymbol{r}) \\ E_y(\boldsymbol{r}) \\ E_z(\boldsymbol{r}) \end{pmatrix} = \frac{Q\boldsymbol{r}}{4\pi\varepsilon r^3} = \begin{pmatrix} E_x(x,y,z) \\ E_y(x,y,z) \\ E_z(x,y,z) \end{pmatrix} = \frac{Q}{4\pi\varepsilon(x^2+y^2+z^2)^{3/2}} \begin{pmatrix} x \\ y \\ z \end{pmatrix}. \tag{1.4-4}$$

Ist ein elektrisches Feld so beschrieben, ergibt sich aufgrund der einfachen Proportionalbeziehung zwischen Feldstärke und Kraft folgende einfache Komponentenbilanz:

MATHCAD-Anwendung 1.4-2: Vektordarstellung

Vektoren können in der gewohnten Spalten- und Zeilenform eingegeben werden:

$$\begin{bmatrix} \blacksquare \\ \blacksquare \\ \blacksquare \end{bmatrix} \qquad ORIGIN := 1 \qquad \boldsymbol{E} := \begin{bmatrix} 3 \\ -2 \\ 5 \end{bmatrix} \cdot \frac{\mathrm{V}}{\mathrm{m}} \qquad \boldsymbol{E}_1 = 3 \cdot \frac{\mathrm{V}}{\mathrm{m}} \qquad |\boldsymbol{E}| = 6.164 \cdot \frac{\mathrm{V}}{\mathrm{m}} \qquad \boldsymbol{E}^T = (3 \ \ -2 \ \ 5) \cdot \frac{\mathrm{V}}{\mathrm{m}}$$

Mittels ⊞⊞/Strg M wird hinter $\boldsymbol{E}$:= die **Insert Matrix**-Dialogbox geöffnet, wo wir mit Rows *3* und Columns *1* den links dargestellten Spaltenvektor-Platzhalter erstellen, in den wir durch die Maus oder TAB Zahlenwerte und Einheit fortschreitend eintragen. Die ***fettkursive*** Darstellung erzeugen wir durch Umbenennen in der durch Format Equation... geöffneten **Equation Format**-Dialogbox von User 1 in Vektoren. Dies hat keine semantischen, sondern lediglich syntaktisch darstellungstechnische Gründe. In der Folge muß auf diesen Vektor und seine Komponenten in ***Fettkursivdarstellung*** zugegriffen werden.

ORIGIN := 1 wurde gesetzt, da sonst bei 0 oder einem vorher im Dokument eingestellten Wert begonnen wird. Auf die Komponenten kann nun wieder mit Index 1, 2 oder 3 zugegriffen werden, der Betrag kann mit ⊞|x|/|, die Zeilenvektordarstellung mit ⊞M^T/Strg 1 erreicht werden.

$$\boldsymbol{E}(x,y,z) := \frac{e}{4\cdot\pi\cdot\varepsilon_0\cdot\left(x^2+y^2+z^2\right)^{\frac{3}{2}}}\cdot\begin{pmatrix} x \\ y \\ z \end{pmatrix} \qquad \boldsymbol{E}(1\cdot\mathrm{mm},-2\cdot\mathrm{mm},3\cdot\mathrm{mm}) = \begin{pmatrix} 0.027 \\ -0.055 \\ 0.082 \end{pmatrix}\cdot\frac{\mathrm{mV}}{\mathrm{m}}$$

Obige Darstellung zeigt für Gl. 4 die Verwendung eines Vektors als Funktion skalarer Variablen.

$$\boldsymbol{x} := \begin{pmatrix} 1 \\ -2 \\ 3 \end{pmatrix}\cdot\mathrm{mm} \qquad \boldsymbol{E}\left(\boldsymbol{x}_1,\boldsymbol{x}_2,\boldsymbol{x}_3\right) = \begin{pmatrix} 0.027 \\ -0.055 \\ 0.082 \end{pmatrix}\cdot\frac{\mathrm{mV}}{\mathrm{m}} \qquad \boldsymbol{E}(\boldsymbol{x}) := \frac{e\cdot\boldsymbol{x}}{4\cdot\pi\cdot\varepsilon_0\cdot\left(|\boldsymbol{x}|\right)^3} \qquad \boldsymbol{E}(\boldsymbol{x}) = \begin{pmatrix} 0.027 \\ -0.055 \\ 0.082 \end{pmatrix}\cdot\frac{\mathrm{mV}}{\mathrm{m}}$$

Die linke Darstellung zeigt die Verwendung des $\boldsymbol{E}$-Vektors als Funktion der Vektorkomponenten des $\boldsymbol{x}$-Ortsvektors. Die Parameterstruktur der Berechnung muß die gleiche wie bei der Definition sein. Rechts ist dargestellt, wie auf Parameterposition auch der Ortsvektor direkt angegeben werden kann.

$$\boldsymbol{F}_{\mathrm{C}} = Q_{\mathrm{w}}\boldsymbol{E}_{\mathrm{u}} = \begin{pmatrix} F_{\mathrm{C}x}(x,y,z) \\ F_{\mathrm{C}y}(x,y,z) \\ F_{\mathrm{C}z}(x,y,z) \end{pmatrix} = \begin{pmatrix} Q_{\mathrm{w}}E_{\mathrm{u}x}(x,y,z) \\ Q_{\mathrm{w}}E_{\mathrm{u}y}(x,y,z) \\ Q_{\mathrm{w}}E_{\mathrm{u}z}(x,y,z) \end{pmatrix}. \tag{1.4-5}$$

Dabei ist $\boldsymbol{E}_{\mathrm{u}}$ das von Q im Ursprung verursachte Feld und Q_{w} eine Ladung am Ort (x,y,z).

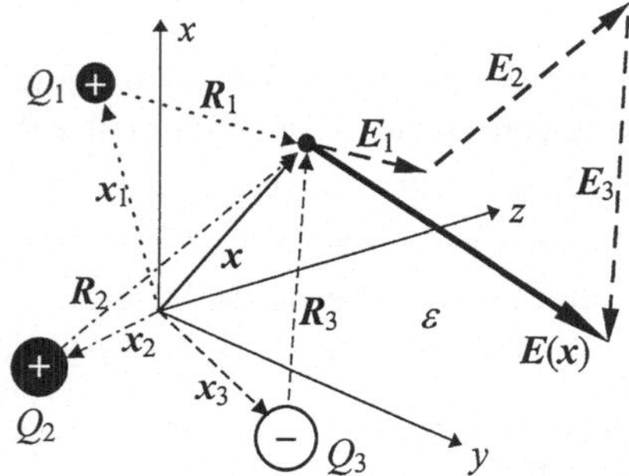

Abb. 1.4-3:
Vektorielle Überlagerung von Einzelfeldern zur Konstruktion der Gesamtfeldstärke $\boldsymbol{E}$.

Ist also die Feldstärke einer gegebenen diskreten Punktladungsverteilung Q_i gefragt, erhalten wir diese, wie die Kräfte, nach dem Superpositionsprinzip. Das COULOMBgesetz muß für jede Einzelladung angewendet und alle Kräfte auf eine Meßladung vektoriell überlagert werden. Für diskrete Ladungsverteilungen Q_i zeigt i.allg. jeder Einheitsvektor in eine diskrete i. Richtung: $\vec{e}_{Ri} = \boldsymbol{R}_i \,/\, R_i$. Die Feldformel für punktförmige Ladungen erweitert sich entsprechend dem Beispiel in Abb. 1.4-3 zu:

$$\boldsymbol{E}(\boldsymbol{x}) = \sum_i \boldsymbol{E}_i(\boldsymbol{x}) = \frac{1}{Q_\mathrm{w}} \sum_i \boldsymbol{F}_{\mathrm{C}i}(\boldsymbol{x}) = \frac{1}{4\pi\varepsilon} \sum_i \frac{Q_{\mathrm{u}i}}{R_i^{\,2}} \vec{e}_{Ri} = \frac{1}{4\pi\varepsilon} \sum_i \frac{Q_{\mathrm{u}i}}{R_i^3} \boldsymbol{R}_i. \qquad (1.4\text{-}6)$$

Hierbei wurde $\boldsymbol{r} \Rightarrow \boldsymbol{R}$ umbenannt, da r weiterhin für die wohldefinierten Zylinder- und Kugelkoordinaten verwendet werden soll, $\boldsymbol{R}$ hingegen nun ein Vektor ist, der beliebig und koordinatenunabhängig von einem Verursachungsort zu dem Ort, an dem die Feldgröße interessiert, weist. Im Kugelkoordinatensystem mit genau einer Ladung im Ursprung, fallen $\boldsymbol{r}$ und $\boldsymbol{R}$ wieder zusammen.

$\boldsymbol{x}$ ist der Ortsvektor zu dem Punkt (der Wirkung), an dem $\boldsymbol{E}(\boldsymbol{x})$ interessiert, $\boldsymbol{x}_i$ der Ortsvektor zu dem Punkt (der Ursache), an der sich die gerade betrachtete Ladung Q_i, die den Feldanteil $\boldsymbol{E}_i$ hervorruft, befindet. $\boldsymbol{R}_i = \boldsymbol{x} - \boldsymbol{x}_i$ ist dann der Ortsvektor vom Ort der Erregung $\boldsymbol{x}_i$ zum Ort der Wirkung $\boldsymbol{x}$, $R_i = |\boldsymbol{x} - \boldsymbol{x}_i|$ dessen Betrag.

MATHCAD-Anwendung 1.4-3: Summation und Produktbildung

$ORIGIN := 1 \qquad Q := -10^{-18} \cdot \mathrm{C} \qquad Q := \left(3 \cdot e \quad 10^{-18} \cdot \mathrm{C} \quad -4 \cdot Q\right)^T \qquad x_0 := \begin{bmatrix} 1 \\ -2 \\ 3 \end{bmatrix} \cdot \mathrm{mm}$

$x^{<1>} := \begin{bmatrix} -1 \\ -2 \\ 3 \end{bmatrix} \cdot \mathrm{mm} \qquad x_{3,2} := -3 \cdot \mathrm{mm} \qquad x^{<3>} := x^{<1>} - x^{<2>} \qquad x = \begin{bmatrix} -1 & 0 & -1 \\ -2 & 0 & -2 \\ 3 & -3 & 6 \end{bmatrix} \cdot \mathrm{mm}$

Die Summation soll hier anhand von Vektoren auf der Basis von Abb. 1.4-3 erläutert werden; skalare Summation läßt sich analog durchführen. $\boldsymbol{x_0}$ sei der Ort, an dem $\boldsymbol{E}(\boldsymbol{x_0})$ interessiert, $\boldsymbol{x}^{<i>}$ für i = 1, 2, 3 die Orte der Ladungen Q_i, die als MATHCAD-Vektor Q definiert sind, wobei hier die Variablen- nicht die ***fette*** Vektoren-Definition verwendet wurde, um zu erinnern, daß dies keinen physikalischen Vektor darstellt.

Die über [Maus] [Symbol]/[Tastatur] Strg 6 aktivierten hochgestellte Indizes $^{<i>}$ erlauben das Durchzählen der $\boldsymbol{x}^{<i>}$-Vektoren, die nebeneinandergeschrieben die rechts dargestellte $\boldsymbol{x} = (\boldsymbol{x}^{<1>}\ \boldsymbol{x}^{<2>}\ \boldsymbol{x}^{<3>})$-Matrix bilden. Man könnte sie auch auf diese Weise eingeben. $\boldsymbol{x}^{<2>}$ wird gebildet, indem seine dritte Komponente mit $x_{3,2}$:= –3·mm definiert wird; die anderen Komponenten setzt MATHCAD dann automatisch zu Null.

$$E\left(x_0\right) := \frac{1}{4 \cdot \pi \cdot \varepsilon_0} \cdot \sum_{i=1}^{3} \frac{Q_i \cdot \left(x_0 - x^{<i>}\right)}{\left(\left|x_0 - x^{<i>}\right|\right)^3} \qquad E\left(x_0\right) = \begin{pmatrix} 2.648 \\ -0.068 \\ -2.096 \end{pmatrix} \cdot \frac{\mathrm{mV}}{\mathrm{m}}$$

Den links dargestellten Summenoperator geben wir mit [Maus] [Symbol]/[Tastatur] Strg ⇧4 ein und füllen die selbsterklärenden Eingabefelder aus. Mit [Maus] [Symbol]/[Tastatur] Strg ⇧3 können mit dem rechts dargestellten Produktoperator auf analoge Weise Produkte berechnet werden.

Aufgabe 1.4.1-1: Man zerlege das Gravitationsgesetz analog zum COULOMBgesetz in einen Ursachen- und Wirkungsanteil. Welcher Natur ist die zugehörige Gravitationsfeldstärke?

Aufgabe 1.4.1-2: Zwei Punktladungen Q_1 = 1 nC und $Q_2 = -3Q_1$ befinden sich an den Orten $\boldsymbol{x}_1$ = (1,–2, 4) cm und $\boldsymbol{x}_2$ = (–5,8,–4) cm. Man berechne die Feldstärke am Ort $\boldsymbol{x}$ = (1,2,4) cm.

***Aufgabe 1.4.1-3**: Zwei Punktladungen Q befinden sich an den Orten $\boldsymbol{x}_1$ = (1,–2,4) cm und $\boldsymbol{x}_2$ = (–5,8, –4) cm. Man berechne die Koordinaten des Gebiets verschwindender Feldstärkekomponenten parallel zu ihrer Verbindungslinie.

1.4.2 Elektrisches Potential φ_e

Der Begriff des Äquipotentials als Niveaufläche des Orts der Probeladungen, auf die von einer Ursachenladung Q_u überall die gleiche Kraft wirkt, wurde bereits erläutert. Für die Punktladung ist dieser Ort entspr. Abb. 1.2-2 eine Kugelsphäre. Normal zur Äquipotentialfläche zeigt die Potentialänderung, aber auch die COULOMBkraft und damit die elektrische Feldstärke. Daher ist es naheliegend, das eine über das andere zu definieren. Da das einfache elektrische Feld der Punktladung $\boldsymbol{E}(r)$ nur von einer, der r-Koordinaten, abhängt, können wir hierfür festlegen:

$$\boldsymbol{E}(r) = -\frac{\mathrm{d}\varphi_e(r)}{\mathrm{d}r}\vec{e}_r \qquad \text{mit} \qquad E(r) = E_r(r) = -\frac{\mathrm{d}\varphi_e(r)}{\mathrm{d}r}. \tag{1.4-7}$$

Links steht die Vektor-, rechts die Amplitudenbeschreibung. Der elektrische Feldstärkevektor zeigt von + ⇒ –, das Potential, mit dem die stärkere Kraft assoziiert ist - sei es Anziehung oder Abstoßung - wächst aber zu kleineren Abständen r hin, woraus das Minuszeichen resultiert. Der Index $_e$ beim (COULOMB-)Potential φ_e dient zur formelmäßigen Unterscheidung von der φ-Koordinaten in Zylinder- und Kugelkoordinatensystemen, die zuweilen gemeinsam vorkommen.

Bei einer komplizierteren Ladungsanordnung, z.B. bereits beim Dipol, wird die Äquipotentialfläche i.allg. nicht mehr mit einer Fläche, auf der ein Koordinatenwert konstant ist, zusammenfallen. Stattdessen wird es unterschiedliche Abhängigkeiten der Potentialänderung geben, je nachdem, in welcher Richtung wir den gerade betrachteten Punkt verlassen. Betrachten wir ein solches Verhalten in kartesischen Koordinaten, so wird das elektrische Feld jetzt durch $\boldsymbol{E}(\boldsymbol{x})$ beschrieben und es muß eine Assoziation zu der jeweiligen Richtungsänderung entspr. $\mathrm{d}\varphi_e/\mathrm{d}x$, $\mathrm{d}\varphi_e/\mathrm{d}y$, $\mathrm{d}\varphi_e/\mathrm{d}z$ hergestellt werden.

MATHCAD-Anwendung 1.4-4: Ableitung(en), Symbolik

- **numerisch:**

$\frac{d}{d\blacksquare}\blacksquare$ $\quad x := 2 \quad \frac{d}{dx}\ln(\cos(x)) = 2.185 \quad g(x) := \ln(\cos(x)) \quad \frac{d}{dx}g(x) = 2.185$

Mittels ⌥/⌨? erhalten wir das linke Symbol für die erste Ableitung. Zur Berechnung einer Ableitung muß zunächst der Punkt ($x := 2$) spezifiziert werden, an dem diese gesucht ist. Im Ableitungssymbol geben wir im Nenner die Ableitungsvariable - hier: x - und im Zähler die abzuleitende Funktion - im Beispiel ln(cos(x)) - ein. Alternativ kann eine Funktion z.B. $g(x)$ spezifiziert werden, die dann mit dem gleichen Resultat abgeleitet wird. Die vordefinierten ln- und cos-Funktionen wurden manuell mit dem Schriftartattribut Constants zwecks Kompatibilität zur DIN-Schreibweise formatiert.

$\frac{d^\blacksquare}{d\blacksquare^\blacksquare}\blacksquare$ $\quad \frac{d^2}{dx^2}\ln(\cos(x)) = -5.774 \quad \frac{d^2}{dx^2}g(x) = -5.774$

Mittels ⌥/⌨ Strg ⇧# erhalten wir das links dargestellte Symbol für die n. Ableitung. Der Wert für n (hier: 2) ist in dem höheren Eingabefeld im Nenner einzutragen. Ansonsten s. erste Ableitung. Maximal kann eine fünfte Ableitung unter jeweiliger Verschlechterung des Ergebnisses um eine Stelle pro Ableitungsgrad berechnet werden.

- Für **symbolische** Ableitungen stehen drei Möglichkeiten zur Verfügung:

$\frac{d}{dx}\ln(\cos(x))$ Symbolics Simplify $\frac{-\sin(x)}{\cos(x)}$ $\qquad \frac{d^2}{dx^2}\ln(\cos(x))$ Symbolics Simplify $\frac{-1}{\cos(x)^2}$

Passive symbolische Auswertung mit Symbolics Evaluate ▸ Symbolically/⌨⇧F9. In der Regel bietet dies jedoch keinen Vorteil gegenüber Symbolics Simplify (AltSS), um gleich das kompakteste Ergebnis zu erhalten. Im Beispiel wird allerdings die Vereinfachungsmöglichkeit der ersten Ableitung zu $-tan(x)$ nicht erkannt. Rechts ist die zweite Ableitung berechnet und vereinfacht.

$\ln(\cos(x|))$ Symbolics Variable ▸ Differentiate $\frac{-\sin(x)}{\cos(x)}$

Passive symbolische Auswertung mit Symbolics Variable ▸ Differentiate. Hier wird entsprechend der Darstellung wie bei Symbolics Variable ▸ Solve (Anwendung 1.2-1) der zu differenzierende Ausdruck ln(cos(x)) hingeschrieben, die Einfügemarke bei $x|$ plaziert und das Ergebnis erscheint wie rechts dargestellt.

$x := x \quad a := 5 \quad \frac{d}{dx}\ln(\cos(a\cdot x)) \rightarrow -5\cdot\frac{\sin(5\cdot x)}{\cos(5\cdot x)} \qquad \frac{d^2}{dx^2}\ln(\cos(a\cdot x)) \rightarrow -25 - 25\cdot\frac{\sin(5\cdot x)^2}{\cos(5\cdot x)^2}$

Aktive symbolische Auswertung mit dem symbolischen Zuweisungsoperator → über 🖰 [→]/⌨Strg., worauf das Ergebnis rechts daneben erscheint. Zum ignorieren eines zuvor einer Variable zugewiesenen Werts (Bsp.: $x := 2$) kann diese danach, aber vor der Verwendung in einer aktiven symbolischen Auswertung rekursiv ($x := x$), oder als Bereichsvariable definiert werden. Andernfalls wird, wie für a, deren aktueller Wert eingesetzt, und das Ergebnis ist eine numerisch/symbolische Mischung.

$a := a \qquad \frac{d}{dx}\ln(\cos(a\cdot x)) \rightarrow -\sin(a\cdot x)\cdot\frac{a}{\cos(a\cdot x)} \qquad \frac{d^2}{dx^2}\ln(\cos(a\cdot x))\ simplify \rightarrow \frac{-a^2}{\cos(a\cdot x)^2}$

Um auch a zu ignorieren, wird $a := a$ rekursiv definiert. Wird nach Funktionseingabe 🖰 [▪▪→]/⌨Strg⇧. plaziert und in ■ das Schlüsselwort *simplify* eingetragen, wird in Analogie zu Symbolics Simplify der passiven Auswertung sofort das einfachste Ergebnis erzeugt.

$\frac{d^2}{dx^2}\ln(\cos(a\cdot x))\ simplify \rightarrow \frac{-a^2}{\cos(a\cdot x)^2} = -35.509$

Wurden zuvor alle Variablen bereits einmal definiert, kann durch Anhängen von = an die symbolische Auswertung der hier zu $x := 2$ und $a := 5$ zugehörige numerische Wert –35.509 mit ausgegeben werden.

$g := \ln(\cos(a\cdot x)) \qquad \frac{d}{dx}g \rightarrow -\sin(a\cdot x)\cdot\frac{a}{\cos(a\cdot x)} \qquad \frac{d^2}{dx^2}g\ simplify \rightarrow \frac{-a^2}{\cos(a\cdot x)^2}$

Ist x undefiniert, kann alternativ, wie bei der numerischen Auswertung, eine Funktion g – wie hier parameterlos, oder als $g(x)$ – definiert sein und dann mit dem gleichen Ergebnis wie oben abgeleitet werden.

1.4.2.1 Der Gradient des Potentials gradφ_e

Als neues und vielfach verwendbares mathematisches Werkzeug zur Behandlung der örtlichen Änderung von Skalar- und Vektorfeldern führen wir dazu zunächst den Nabla-Operator - auch Nabla-Vektor - ∇, hier in seiner kartesischen Darstellung, ein (Nabla ist ein althebräisches Harfeninstrument der Dreiecksform des Symbols):

$$\nabla := \begin{pmatrix} \frac{\partial}{\partial x} \\ \frac{\partial}{\partial y} \\ \frac{\partial}{\partial z} \end{pmatrix} = \vec{e}_x\frac{\partial}{\partial x} + \vec{e}_y\frac{\partial}{\partial y} + \vec{e}_z\frac{\partial}{\partial z}. \tag{1.4-8}$$

Die drei Ecken sollen daran erinnern, daß es sich hierbei immer um drei einzelne Ableitungen handelt. Allgemein wird der Zweig der Mathematik, der Vektoren im dreidimensionalen Raum als Funktionen von Variablen (hier: x, y, z) mit den Mitteln der Differential- und Integralrechnung manipuliert, als Vektoranalysis bezeichnet. ∇ ist in diesem Sinne ein symbolischer Vektor, der auf ein solches Feld wirken kann und hierauf partielle Ableitungen ausführt, er stellt also die Vektorisierung der Ableitung dar. Wirken bedeutet hier, daß das Feld als Operand nach der jeweiligen Ortskoordinaten abgeleitet wird. Ausdrücke der Form $\partial/\partial x$ heißen partielle Differentiale oder partielle Ableitungen, was nichts anderes bedeutet, als daß für eine Funktion $\varphi_e(x,y,z)$ die Variablen, nach denen gerade nicht abgeleitet wird, wie Konstanten behandelt werden:

$$\frac{\partial}{\partial x} := \left.\frac{\mathrm{d}}{\mathrm{d}x}\right|_{\substack{y,\,z\,=\\ \text{const.}}} \tag{1.4-9}$$

Der Nabla-Operator macht für sich alleine geschrieben keinen Sinn, weshalb der Operatorbegriff mit Vektoreigenschaft wichtig ist. Der Operand, auf den er wirkt, muß daher auch immer rechts von ihm stehen. Genauso, wie d/dx für sich alleine geschrieben nutzlos ist, sondern einen Ausdruck braucht, auf den es wirken kann, stellt ∇ dessen Expansion auf alle Raumkoordinaten dar. Eine zuweilen benutzte Kurzschreibweise ist $\nabla = \mathrm{d}/\mathrm{d}\boldsymbol{x}$, wobei hier natürlich nicht durch einen Vektor dividiert wird, sondern die Symbolik der Gleichung abgekürzt erscheint.

Wesentliche Vorteile der Verwendung des ∇-Symbols sind, daß bekannte eindimensionale Ableitungsregeln mittels seiner Hilfe elegant auf vergleichbare Vektorableitungen anwendbar und Produktbildungsregeln für Vektoren mit Skalaren und anderen Vektoren rechentechnisch auf Vektorableitungen übertragbar sind.

Aus rein mathematischer Sicht ist in diesem Sinne der allgemeine Begriff des Potentials φ_e eines allgemeinen mathematischen Vektorfelds $\boldsymbol{E}$ definiert über

$$\boldsymbol{E} =: -\nabla\varphi_e = -\mathrm{grad}\varphi_e = -\begin{pmatrix} \frac{\partial}{\partial x} \\ \frac{\partial}{\partial y} \\ \frac{\partial}{\partial z} \end{pmatrix}\varphi_e = -\begin{pmatrix} \frac{\partial \varphi_e}{\partial x} \\ \frac{\partial \varphi_e}{\partial y} \\ \frac{\partial \varphi_e}{\partial z} \end{pmatrix} = -\begin{pmatrix} \mathrm{grad}_x\varphi_e \\ \mathrm{grad}_y\varphi_e \\ \mathrm{grad}_z\varphi_e \end{pmatrix}, \tag{1.4-10}$$

also:

$$E_x = -\frac{\partial \varphi_e}{\partial x}, \quad E_y = -\frac{\partial \varphi_e}{\partial y}, \quad E_z = -\frac{\partial \varphi_e}{\partial z}. \qquad [\varphi_e] = \frac{\mathrm{kg\,m^2}}{\mathrm{A\,s^3}} = \frac{\mathrm{Nm}}{\mathrm{As}} =: \mathrm{V\,(olt)}$$

Das Volt geht zurück auf ALESSANDRO GRAF VON VOLTA (1745 - 1827), der 1800 erstmals nachweislich mit der multiplen Schichtenfolge Silber - salzwassergetränkte Pappe - Zink - der sog. VOLTAschen Säule - eine funktionsfähige Batterie herstellte.

Stellt $\boldsymbol{E}$ die elektr(ostat)ische Feldstärke dar, ist φ_e das dazugehörige ***elektrische Potential***. Hier haben wir den Nabla-Operator in Form des in Abschnitt 1.3.5 bereits erwähnten Gradienten eingeführt, der uns später auch in den Ausprägungsformen Divergenz (div) als Skalarprodukt und Rotor (rot) als Vektorprodukt begegnen wird. In Zylinder- bzw. Kugelkoordinaten nimmt der Gradient folgende Formen an:

$$\mathrm{grad}_{\text{Zylinder}} = \vec{e}_r\frac{\partial}{\partial r} + \vec{e}_\varphi\frac{1}{r}\frac{\partial}{\partial \varphi} + \vec{e}_z\frac{\partial}{\partial z},$$

$$\operatorname{grad}_{\text{Kugel}} = \vec{e}_r \frac{\partial}{\partial r} + \vec{e}_\vartheta \frac{1}{r}\frac{\partial}{\partial \vartheta} + \vec{e}_\varphi \frac{1}{r \sin\vartheta}\frac{\partial}{\partial \varphi}. \tag{1.4-11}$$

Im Gegensatz zur kartesischen Darstellung sind diese beiden Formen für div und rot nicht verwendbar. Da ∇ ein Vektor und φ_e ein Skalar ist, und beide symbolisch wie ein Produkt behandelt werden, ist das Ergebnis, der Gradient des Skalarfelds, ein Vektor, der in Richtung des am stärksten (zu positiven Werten, also nichtnegativen Ladungen) wachsenden Potentials zeigt und dessen Betrag gleich der Änderung in diese Richtung ist. Der Vollständigkeit halber sei hier noch die allgemeine, d.h. koordinatenfreie Definition des Gradienten angegeben, von der wir in der Folge keinen Gebrauch machen. Hier kommt ein sog. Oberflächenintegral, das später besprochen wird, vor:

$$\operatorname{grad} \therefore := \lim_{V\to 0} \frac{1}{V} \oiint_{A \text{ um } V} \therefore \, d\vec{A}. \tag{1.4-12}$$

$\therefore$ ist dabei Platzhalter für ein beliebiges Skalarfeld. Das Potential ist bis auf einen konstanten Summanden φ_{e0} eindeutig. Dieser kann im Rahmen sinnvoller physikalischer Randbedingungen beliebig plaziert und so z.B. zur Festlegung eines Potentialnullpunkts verwendet werden. Wegen der Ableitungen im Gradienten fällt φ_{e0} wieder heraus und die Feldstärke ist eindeutig.

Senkrecht zu dem Gradientenvektor liegen die Äquipotentialflächen. Sind Felder nur in einer Raumrichtung inhomogen oder gar konstant, kann der Gradient, wie anfangs dargestellt, durch eine normale eindimensionale Ableitung in diese Richtung durch die zugehörige Komponente ersetzt werden.

MATHCAD-Anwendung 1.4-5: Gradient, Simultandefinition

- **numerisch:**

$$\operatorname{grd}(g,x,y,z) \equiv \begin{bmatrix} \frac{d}{dx} g(x,y,z) \\ \frac{d}{dy} g(x,y,z) \\ \frac{d}{dz} g(x,y,z) \end{bmatrix} \qquad (a \;\; b \;\; c) := (15 \;\; 30 \;\; 5) \qquad (x \;\; y \;\; z) := (-.5 \;\; .2 \;\; 5)$$

$$\varphi_e(x,y,z) := \frac{50}{a\cdot x^2 + b\cdot y^2 + c} + 20 \qquad \operatorname{grd}(\varphi_e,x,y,z) = \begin{bmatrix} 7.576 \\ -6.060 \\ 0.000 \end{bmatrix}$$

Den Vektor der globalen Gradientendefinition erhalten wir über die schon zuvor besprochenen Ableitungs- und Vektorsymbole, dem Wort grd wurde das Schriftartattribut Constants zugewiesen. Das Wort grad führt zu Problemen bei der symbolischen Auswertung. g, x, y, z sind allgemeine Formalparameter, die beim konkreten Aufruf durch passend strukturierte, aber ansonsten beliebige, andere Aktualparameter ersetzt werden, im Beispiel g durch φ_e. $(a \;\; b \;\; c) := (15 \;\; 30 \;\; 5)$ und $(x \;\; y \;\; z) := (-.5 \;\; .2 \;\; 5)$ heißen Simultane Definitionen (Simultaneous Definitions) und erlauben die Spezifikation skalarer Größen mittels einer komponentenweisen Vektordarstellung auf beiden Seiten einer Gleichung. Beim Auswerten von grd(φ_e, x, y, z) wird $a := 15$, $b := 30$ und $c := 5$ in φ_e eingesetzt. grd(φ_e, -.5, .2, 5) = liefert das gleiche Ergebnis.

- **symbolisch:**

$$\operatorname{grd}(\varphi_e,x,y,z) \rightarrow \begin{bmatrix} \frac{-100}{(a\cdot x^2 + b\cdot y^2 + c)^2}\cdot a\cdot x \\ \frac{-100}{(a\cdot x^2 + b\cdot y^2 + c)^2}\cdot b\cdot y \\ 0 \end{bmatrix} = \begin{bmatrix} 7.576 \\ -6.060 \\ 0.000 \end{bmatrix}$$

Die bei der numerischen Auswertung erstellte Simultandefinition wird ignoriert, nicht hingegen Einzeldefinitionen der Form $a := 15 \quad b := 30 \quad c := 5$. Um diese wiederum zu ignorieren, können einzelne Rekursivdefinitionen $a := a \quad b := b \quad c := c$ oder eine Simultan-Rekursivdefinition $(a \ b \ c) := (a \ b \ c)$ verwendet werden. Durch unmittelbares Anhängen eines = werden auch hier dieselben Zahlenwerte wie bei der numerischen Analyse ausgegeben.

1.4.2.2 Potential φ_e und Arbeit W

Aus physikalischer Sicht kann der Begriff des Potentials in einem Kraftfeld festgelegt werden über das Verhältnis der Energie W (Arbeit engl.: work), die aufgewendet werden muß, um ein Objekt durch das Kraftfeld vom Ort des Nullpotentials zu einem Punkt höheren Potentials zu bewegen, zu den Objekteigenschaften, auf die das Kraftfeld zugreifen kann:

$$\varphi_e = \frac{W_p}{Q}. \tag{1.4-13}$$

W_p stellt dann dessen potentielle Energie in Bezug auf den Nullpunkt dar. Der Potentialbegriff gilt streng für alle konservativen Kraftfelder, bei denen die bei der Bewegung verrichtete Arbeit vom Weg selbst unabhängig ist und die Energie beim Rücklauf wieder freigegeben wird. Unter dieser Bedingung ist ein Skalarfeld ein Potentialfeld und seine Niveauflächen sind Äquipotentialflächen. Auf diesen kann sich eine Ladung bewegen, ohne Energie aufzunehmen oder abzugeben.

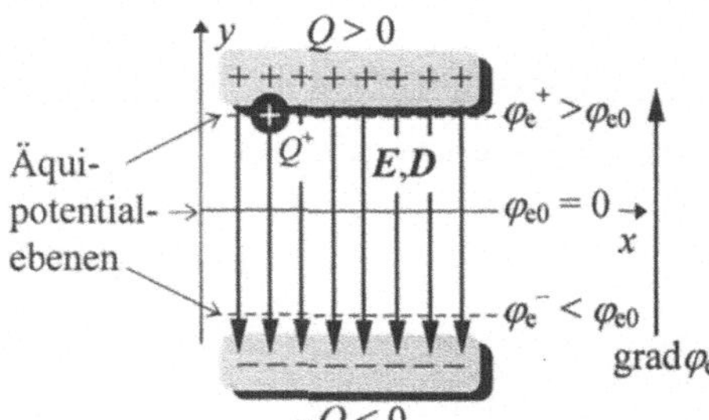

Abb. 1.4-4:
Homogenes elektrisches Feld, Gradient des Potentials und Äquipotentialflächen.

Zur Erläuterung wollen wir zunächst in Abb. 1.4-4 den Fall des homogenen elektrischen Felds betrachten. Zum Verständnis sollen die +- und −-Zeichen bedeuten, daß da irgendwelche Ladungen sind, die das homogene Feld erzeugen, während ⊕ eine Punktladung im Einfluß dieses Felds darstellt. Ihr Eigenfeld soll vernachlässigbar gegenüber dem äußeren Feld sein. Da dessen Feldstärke überall konstant und die Feldlinien parallel gerichtet sind, ist die Frage nach der Funktion, deren Änderung dieses Feld darstellt, einfach zu beantworten. Ist das Potential auf einer Ebene konstant, muß es sich senkrecht dazu ändern. Folglich zeigen Gradient und damit Feldstärke in Richtung bzw. in Gegenrichtung des Normalenvektors. Formulieren wir dies mathematisch anhand des Beispiels eines Feld vom Feldstärkebetrag E:

$$\boldsymbol{E} = \begin{pmatrix} E_x \\ E_y \\ E_z \end{pmatrix} = \begin{pmatrix} 0 \\ -E \\ 0 \end{pmatrix} = -\begin{pmatrix} \partial\varphi_e/\partial x \\ \partial\varphi_e/\partial y \\ \partial\varphi_e/\partial z \end{pmatrix} \quad \Rightarrow \quad \begin{matrix} \varphi_e(x) = \text{const.} \\ \varphi_e(y) = E \cdot y + \varphi_{e0}. \\ \varphi_e(z) = \text{const.} \end{matrix} \tag{1.4-14}$$

Die Aussage dieser einfachen Rechnung ist: φ_e hängt nicht von x und z ab; φ_e wächst proportional zur konstanten Feldstärke in positive y-Richtung. Im Beispiel ist das Nullpotential φ_{e0} zu Null gesetzt und auf der x-Achse plaziert.

Die Ladung Q^+ befindet sich in diesem Feld auf einem gewissen energetischen Niveau W_p^+, deren Quotient entsprechend den Ausführungen den Wert des von den anderen Ladungen erzeugten Potentials am Ort von Q^+ physikalisch bestimmt. Vergleiche dazu das Erdgravitationsfeld: über (und unter) der eben gedachten Erdoberfläche als (Null-)Äquipotentialfläche sind in nicht zu großer Umgebung alle parallelen Ebenen dazu ebenfalls Äquipotentialflächen.

Aufgrund der Tatsache, daß dem elektrischen Volt das mechanische Kilogramm mit der dazugehörigen Masse entspricht, muß sich das Gravitationspotential φ_G einer über dem Erdboden in der Höhe h gehaltenen Masse m analog aus dem Verhältnis potentieller Energie W_G und Masse m berechnen lassen: $\varphi_G = W_G/m = mgh/m = gh$. Die Masse m schlägt umso fester auf, von je höher h sie fällt und umso höher die Gravitationsbeschleunigung g ist.

Extrapolieren wir $\boldsymbol{E} = -\text{grad}\varphi_e$ auf die Beziehung zwischen Kraft $\boldsymbol{F}$ und potentieller Energie W_p, so muß folgen:

$$\boldsymbol{F} = -\text{grad}W_p \qquad (\text{hier: } Q\boldsymbol{E} = -\text{grad}Q\varphi_e = -Q\text{grad}\varphi_e). \qquad (1.4\text{-}15)$$

Diese somit universell, d.h. nicht nur für die Elektrostatik oder Elektrotechnik gültige Formel besagt, daß Kräfte immer in Richtung negativer Energieänderungen, d.h. Energieabnahme, wirken. Damit geht das universelle Prinzip einher, daß ein physikalisches System immer bestrebt ist, sein Energieminimum anzustreben.

Aufgabe 1.4.2-1: Man berechne die zum Potentialverlauf $\varphi_e(r) = -1\,\text{Vm}/r$ zugehörige elektrische Feldstärke $E(r)$ sowohl in Kugel- als auch kartesischen Koordinaten. Welche Ladungsanordnung gehört dazu und welchen Wert hat diese Ladung Q?

Aufgabe 1.4.2-2: Man berechne den Gradienten der Funktion $a(x) = e^{xy/z}$ und stelle das Ergebnis als Produkt mit $a(x)$ dar. Die Ortskoordinaten seien normiert.

Aufgabe 1.4.2-3: Man berechne grad($(a(x)b(x))$) und vergleiche das Ergebnis mit der Produktregel.

***Aufgabe 1.4.2-4**: Man berechne das elektrische Feld zu einer ebenen Potentialverteilung, deren Äquipotentialflächen durch $y^2 = xy + C$ gegeben sind. Dabei gelte $E_x(2\text{m},5\text{m}) = 20$ V/m.

1.4.3 Elektrische Spannung U

Die Rechnungen des vorigen Abschnitts sind vor allem dienlich, wenn ein Potentialverlauf $\varphi_e(x)$ gegeben ist und die dazugehörige Feldstärke $\boldsymbol{E}(x)$ als dessen Raumableitung im allgemeinen Fall gesucht wird. Nun interessieren wir uns für den umgekehrten Fall, daß bei gegebener Feldstärke das zugehörige Potential zu finden ist. Wir können mathematisch nichts anderes erwarten, als daß dazu die zur Ableitung gehörige Umkehrfunktion - die Integration - gehört.

Seitens der Logik der Verkettung der physikalischen Größen, sollte dieser Abschnitt vor dem vorangegangenen stehen ($e \Rightarrow Q \Rightarrow \boldsymbol{F}_C \Rightarrow \boldsymbol{E} \Rightarrow \varphi_e$), seitens der mathematischen Behandlung ist jedoch der hier eingeschlagene Weg praktischer: Ableitungen sind einfachere Operationen als Integrationen. Darüberhinaus ist, wie bereits dargelegt, das Potential über seinen Gradienten definiert.

Beginnen wir wie im vorigen Abschnitt mit der gleichen eindimensionalen Überlegung bezüglich eines Potentials im radialsymmetrischen Feld der Punktladung, so muß zu der dort initialiserenden Gleichung 7 eine Umkehrung folgender Art gehören:

$$\varphi_e(r) = -\int E_r(r)\mathrm{d}r. \tag{1.4-16}$$

 **MATHCAD-Anwendung 1.4-6: Integration** 

- **numerisch** können nur Bestimmte Integrale gelöst werden:

$\int_{\blacksquare}^{\blacksquare} \blacksquare d\blacksquare$ $\quad (a\ b\ c) := (15\ 30\ 5) \quad y := -.1 \quad \int_{-.5}^{1} \frac{100 \cdot a \cdot x}{(a \cdot x^2 + b \cdot y^2 + c)^2} dx = 3.062$

Mittels 🖱/⌨& erhalten wir das links dargestellte selbsterklärende Symbol für das Bestimmte Integral. Wir verwenden zur Demonstration E_x der vorigen Gradientenbildung als Integranden.

$E_x(x,y) := \frac{100 \cdot a \cdot x}{(a \cdot x^2 + b \cdot y^2 + c)^2} \quad \int_{-.5}^{1} E_x(x,y)\, dx = 3.062 \quad \int_{a}^{c} E_x(b,y)\, dy = -1.654 \cdot 10^{-3}$

Alternativ wurde hier die Funktion $E_x(x,y)$ extern spezifiziert und dann wird über x integriert. Rechts erfolgt eine Integration über y, wobei $x = b$ und die Integrationsgrenzen extern festgelegt sind.

- **symbolisch** können sowohl Unbestimmte als auch Bestimmte Integrale gelöst werden; die Möglichkeiten der Integration über einen extern spezifizierten Integranden sind wie beim Bestimmten Integral bzw. analog zur Ableitung:

$\int \blacksquare d\blacksquare \quad a := 15 \quad b := 30 \quad c := 5 \quad \int \frac{100 \cdot a \cdot x}{(a \cdot x^2 + b \cdot y^2 + c)^2} dx \rightarrow \frac{-500.}{(150. \cdot x^2 + 53.)}$

Mittels 🖱/⌨ Strg I erhalten wir das links dargestellte selbsterklärende Symbol für das Unbestimmte Integral. Bei der aktiven Auswertung setzt MATHCAD die einzeln zu spezifizierenden Werte von a, b, c und y ein; bei deren Rekursivdefinition sieht das Ergebnis wie folgt aus:

$(a\ b\ c\ y) := (a\ b\ c\ y) \quad \int \frac{100 \cdot a \cdot x}{(a \cdot x^2 + b \cdot y^2 + c)^2} dx \text{ simplify} \rightarrow \frac{-50}{(a \cdot x^2 + b \cdot y^2 + c)}$

Nach Eingabe des Integrals wurde 🖱/⌨ Strg ⇧. plaziert und in ■ *simplify* eingetragen.

$\frac{100 \cdot a \cdot x}{(a \cdot x^2 + b \cdot y^2 + c)^2}$ Symbolics Variable ▸ Integrate (Alt SVI) $\quad 25 \cdot \frac{(-2 \cdot b \cdot y^2 - 2 \cdot c)}{[(b \cdot y^2 + c) \cdot (a \cdot x^2 + b \cdot y^2 + c)]}$

Analog zur Ableitung besteht über Eingabe des Unbestimmten Integrals und ⇧ F9 die Möglichkeit der passiven Auswertung, oder, wie oben dargestellt, über Eingabe des Integranden und Symbolics Variable ▸ Integrate. Symbolics Simplify wandelt das rechte Ergebnis in die darüberstehende Form um.

$a := 15 \quad b := 30 \quad c := 5 \quad y := -.1 \quad \int_{-.5}^{1} \frac{100 \cdot a \cdot x}{(a \cdot x^2 + b \cdot y^2 + c)^2} dx \text{ float}, 5 \rightarrow 3.0618$

Lösen wir ein Bestimmtes Integral der obenstehenden Art, bei dem sämtliche Parameter fest sind, aktiv symbolisch, erhalten wir ein numerisches Ergebnis. Das optionale Schlüsselwort *float,5* steuert die Anzahl der Nachkommastellen. Fehlt es, werden 20 Stellen ausgegeben, MATHCAD arbeitet intern jedoch immer mit 15 Stellen Genauigkeit.

$$(a\ b\ c\ y) := (a\ b\ c\ y) \qquad \int_{-.5}^{1} \frac{100 \cdot a \cdot x}{\left(a \cdot x^2 + b \cdot y^2 + c\right)^2}\, dx \rightarrow \frac{-50}{\left(a + b \cdot y^2 + c\right)} + \frac{50.}{\left(.25 \cdot a + b \cdot y^2 + c\right)}$$

Rekursivdefinition ermöglicht wieder die Formelausgabe.

$$\int_{a}^{c} \frac{100 \cdot a \cdot x}{\left(a \cdot x^2 + b \cdot y^2 + c\right)^2}\, dy \rightarrow \ldots \qquad \int_{a}^{c} \frac{100 \cdot a \cdot x}{\left(a \cdot x^2 + b \cdot y^2 + c\right)^2}\, dy\ ⇧\text{F9}\ \ldots$$

Geben wir schließlich ein Integral, wie oben links oder rechts dargestellt, ein, kommen die Fähigkeiten von **MATHCAD** voll zur Entfaltung. In bestimmten Fällen, bei denen das Ergebnis im Zuge der aktiven symbolischen Auswertung unter Einbeziehung komplexer Variablen von Vorzeichen abhängt (*csgn*-Funktion), kann es sinnvoll sein, *simplify,assume=RealRange*(0,∞)→ einzugeben. Hierdurch wird erzwungen, daß **MATHCAD** alle Variablen als reell und > 0 betrachtet.

1.4.3.1 Das totale Differential des Potentials $d\varphi_e$

Die nächste Überlegung kann dann nur sein, die integrale Umkehrung zur Gradientenbildung zu finden, und damit Potentialdifferenzen auch über gekrümmte Integrationswege im Feld berechnen zu können.

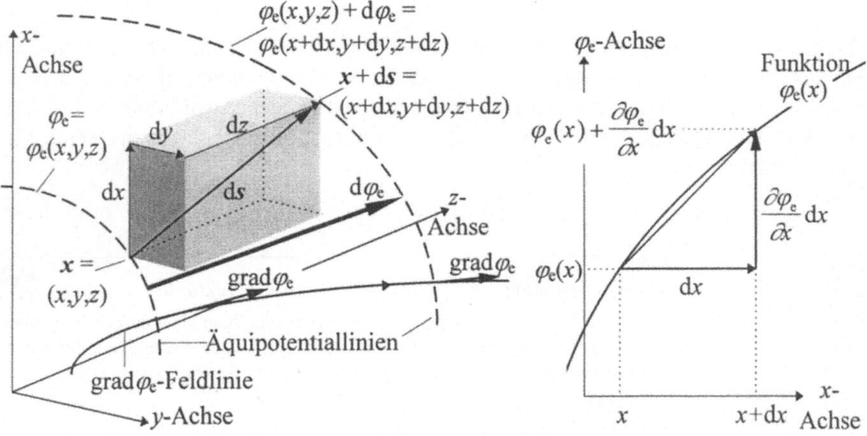

Abb. 1.4-5: Differentiell kleiner Quader im elektrischen Feld benachbarter Äquipotentiallinien; inhomogener eindimensionaler Potentialverlauf.

Um den Übergang zwischen dieser eindimensionalen Betrachtung und der Potentialberechnung bei gegebenem inhomogenem Feldstärkeverlauf schrittweise zu veranschaulichen, betrachten wir entspr. Abb. 1.4-5 zwei dicht benachbarte Äquipotentiallinien bzw. -flächen. Überall auf der einen habe das Potential denselben Wert wie am Ort (x,y,z): $\varphi_e = \varphi_e(x,y,z)$ und im (vektoriell) differentiell kleinen Abstand $d\boldsymbol{s} = (dx, dy, dz)$ ist auch das Potential etwas verändert auf $\varphi_e + d\varphi_e = \varphi_e(x+dx, y+dy, z+dz)$.

Dann kann der Potentialunterschied $d\varphi_e$ zwischen diesen Punkten linearisiert werden und er läßt sich sinnvollerweise in die Summe der Einzelpotentialunterschiede in die jeweiligen Koordinatenrichtungen zerlegen, wie auf der rechten Seite der Abbildung für die x-Koordinate gezeigt. Wir erhalten also als Gesamtpotentialdifferenz zwischen $\varphi_e + d\varphi_e$ und φ_e das sog. totale Differential:

$$d\varphi_e = \frac{\partial\varphi_e}{\partial x}dx + \frac{\partial\varphi_e}{\partial y}dy + \frac{\partial\varphi_e}{\partial z}dz = \begin{pmatrix} \partial\varphi_e/\partial x \\ \partial\varphi_e/\partial y \\ \partial\varphi_e/\partial z \end{pmatrix} \cdot \begin{pmatrix} dx \\ dy \\ dz \end{pmatrix} = \text{grad}\varphi_e \cdot d\boldsymbol{s}. \qquad (1.4\text{-}17)$$

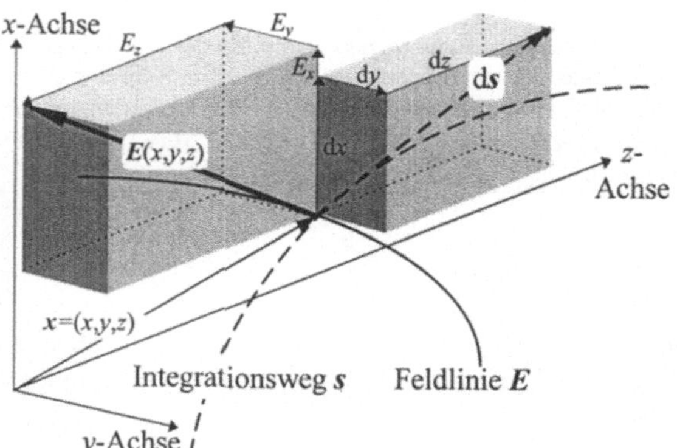

Abb. 1.4-6: Kleiner Ausschnitt aus beliebig inhomogenem elektrischem Feld (E_x,E_y,E_z) und Integrationsweg schräg durch dieses Feld.

Die gesamte Potentialänderung zwischen einem Punkt $\boldsymbol{x}$ und einem dicht benachbarten Punkt $\boldsymbol{x} + d\boldsymbol{s}$ ergibt sich bei gegebener Feldstärke, die also auf dem differentiell kleinen Stück als konstant betrachtet werden kann, entsprechend den Ausführungen des vorigen Abschnitts gemäß Abb. 1.4-6 zu dem (negativen) Skalarprodukt aus Feldstärke und Distanzvektor:

$$d\varphi_e = -(E_x dx + E_y dy + E_z dz) = -\boldsymbol{E}\cdot d\boldsymbol{s}. \qquad (1.4\text{-}18)$$

MATHCAD-Anwendung 1.4-7: Skalarprodukt zweier Vektoren

Im Prinzip bietet diese Funktionalität nichts Neues, sondern lediglich eine Kombination bereits erarbeiteter Einsatzmöglichkeiten – hier von Vektoren und Verwendung des normalen Multiplikationszeichens (*). Das Ergebnis kann numerisch und symbolisch ausgewertet werden; Vektorkomponenten können Funktionen sein:

$$\begin{bmatrix}5\\3\\8\end{bmatrix}\cdot\begin{bmatrix}1\\2\\3\end{bmatrix} = 35 \quad \boldsymbol{E} := \begin{bmatrix}5\\3\\8\end{bmatrix}\cdot\frac{V}{m} \quad \boldsymbol{ds} := \begin{bmatrix}1\\2\\3\end{bmatrix}\cdot mm \quad \boldsymbol{E}\cdot\boldsymbol{ds} = 35 \cdot mV \quad \begin{bmatrix}E_x\\E_y\\E_z\end{bmatrix}\cdot\begin{bmatrix}dx\\dy\\dz\end{bmatrix} \rightarrow E_x\cdot dx + E_y\cdot dy + E_z\cdot dz$$

1.4.3.2 Spannung U und Arbeit W

Legen wir nun entspr. Abb. 1.4-7 einen endlichen Weg $\boldsymbol{s}$ im Feld zurück, ist die Summe aller Feldstärkewerte $\boldsymbol{E} = (E_x, E_y, E_z)$ entlang dieses Weges, jeweils multipliziert mit den dazugehörigen differentiell kleinen Wegstücken $d\boldsymbol{s} = (dx, dy, dz)$ gleich der ***Spannung*** U bzw. dem ***Potentialunterschied*** $\Delta\varphi_e$ zwischen dessen Endpunkten. Dies illustriert Abb. 1.4-11 am Beispiel der Punktladung. Allgemein gilt für U_{12}:

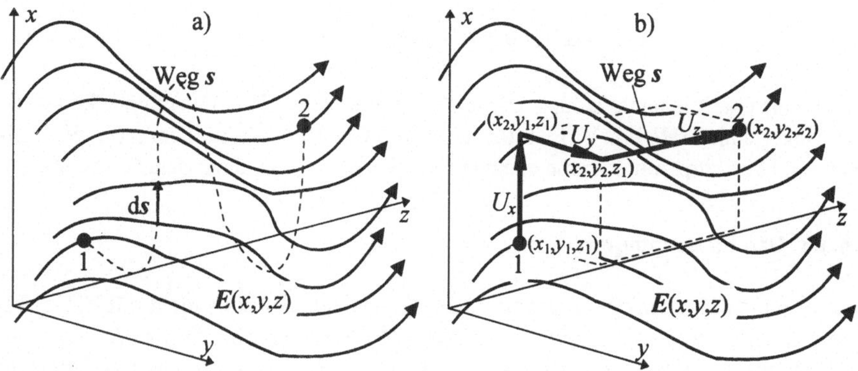

Abb. 1.4-7: Inhomogenes elektrisches Feld (E_x,E_y,E_z) mit endlichem Integrationsweg durch dieses Feld;
a) Integrationsweg beliebig gekrümmt,
b) Integrationsweg parallel zu den Koordinatenachsen.

$$U_{12} = -\int_1^2 \mathrm{d}\varphi_\mathrm{e} = \Delta\varphi_\mathrm{e} = \varphi_{\mathrm{e}1} - \varphi_{\mathrm{e}2} = \int_1^2 \boldsymbol{E}\cdot\mathrm{d}\boldsymbol{s}\,; \qquad [U] = [\varphi_\mathrm{e}] = \mathrm{V}. \qquad (1.4\text{-}19)$$

Über diese Gleichung kann also gleichwohl das Potential definiert werden. Die soeben benutzte Vorgehensweise wird in der Folge universell bei der Herleitung vektorieller integraler aus differentiellen Beziehungen angewendet: wir schneiden aus einem inhomogenen Objekt ein differentiell kleines Stück heraus, auf dem alle Eigenschaften als homogen und linear betrachtet werden können, um dann durch eine entsprechende Integration auf das Ergebnis für ein endliches Gebiet zu schließen.

Im vorigen Abschnitt wurde bereits auf den engen Querbezug zwischen Energie und Potential und damit Spannung hingewiesen. ***Energie** W* ist allgemein definiert als die Fähigkeit, ***Arbeit** W* zu verrichten. Konkret bedeutet dies, ein Kraftfeld greift an einem Objekt an und verschiebt es um ein Stück Weg: Verrichtete Arbeit = Kräfte aufaddiert entlang des von dem Objekt zurückgelegten Wegs, und dabei multipliziert mit den jeweiligen differentiell kleinen Wegstücken:

$$\mathrm{d}W = \boldsymbol{F}\cdot\mathrm{d}\boldsymbol{s} \qquad \Rightarrow \quad W_{12} := \int_1^2 \boldsymbol{F}\cdot\mathrm{d}\boldsymbol{s} = \int_1^2 Q\boldsymbol{E}\cdot\mathrm{d}\boldsymbol{s} = Q\int_1^2 \boldsymbol{E}\cdot\mathrm{d}\boldsymbol{s} = QU_{12} \qquad (1.4\text{-}20)$$

$$\Rightarrow \quad U = \frac{W}{Q}, \qquad \text{vgl.: } \boldsymbol{E} = \frac{\boldsymbol{F}}{Q}; \qquad [W] = \mathrm{kg}\frac{\mathrm{m}^2}{\mathrm{s}^2} = \mathrm{Nm} = $$
$$=: \mathrm{J\,(oule)} = \mathrm{VAs} = \mathrm{Ws}.$$

Links steht die für jedes Kraftfeld universell gültige Formel, rechts die Ausführung für ein COULOMBfeld. 1 und 2 sind dabei zwei beliebige Punkte im Kraftfeld, gegeben durch die dazugehörigen Ortsvektoren (x_1, y_1, z_1) und (x_2, y_2, z_2). Das Ergebnis der Integration wird, wie bereits ausgeführt, aufgrund der Konservativität des Kraftfelds nicht von dem Integrationsweg, sondern nur von den Endpunkten bestimmt.

Da mit der Ladung auch immer eine Masse assoziiert ist, wird bei der Bewegung der Ladung im Feld kinetische Energie aufgenommen:

$$W_{\text{kin}} = \int \boldsymbol{F} \cdot \mathrm{d}\boldsymbol{s} = \int m\boldsymbol{a} \cdot \mathrm{d}\boldsymbol{s} = \int m \frac{\mathrm{d}v}{\mathrm{d}t} \cdot v\mathrm{d}t = \frac{1}{2} m v^2. \tag{1.4-21}$$

Durchläuft eine Elementarladung $\pm e$ die Potentialdifferenz $U = 1\text{V}$, nimmt die kinetische Energie um $e \cdot 1\text{V} = 1\text{eV}$ (Elektronenvolt) $= 1{,}602 \cdot 10^{-19}$ Ws zu. Dies ist in der Teilchen- und Festkörperphysik eine gängige Energieeinheit (und keine Spannungseinheit).

1.4.3.3 Das Linienintegral

Hier ist nun ein Integraltyp aufgetaucht, der demjenigen, der noch nicht mit Vektorfeldern gearbeitet hat, neu sein dürfte: das Linienintegral, auch Kurvenintegral genannt - hier in der Form des allgemeinen Linienintegrals. Es ist dadurch charakterisiert, daß sowohl Integrand $\boldsymbol{E}$ als auch Integrationsvariable $\mathrm{d}\boldsymbol{s}$ Vektoren darstellen und diese beiden entspr. Abb. 1.4-6 skalarmultipliziert ($\boldsymbol{E} \cdot \mathrm{d}\boldsymbol{s}$) werden. So wie eine normale Integration die Umkehrfunktion zur normalen Ableitung darstellt, ist also entspr. den Ausführungen dieses Linienintegral die Umkehrung zum Gradienten. Zur Auswertung bilden wir:

$$U_{12} = \int_1^2 \begin{pmatrix} E_x \\ E_y \\ E_z \end{pmatrix} \cdot \mathrm{d} \begin{pmatrix} x \\ y \\ z \end{pmatrix} = \int_1^2 \begin{pmatrix} E_x \\ E_y \\ E_z \end{pmatrix} \cdot \begin{pmatrix} \mathrm{d}x \\ \mathrm{d}y \\ \mathrm{d}z \end{pmatrix} = \int_1^2 (E_x \mathrm{d}x + E_y \mathrm{d}y + E_z \mathrm{d}z). \tag{1.4-22}$$

Das Ergebnis ist erwartungsgemäß eine skalare Größe. So wie das totale Differential $\mathrm{d}\varphi_\mathrm{e}$ auf drei partielle Anteile parallel zu den Koordinatenachsen zurückgeführt wurde, liefert das allgemeine Linienintegral drei Linienintegrale erster Art, bei denen die Integranden Skalare sind, aber ein Integrationsweg spezifiziert werden muß. Der Kreis zum Gradienten schließt sich durch folgende Beziehung:

$$U_{12} = -\int_1^2 \begin{pmatrix} \frac{\partial \varphi_\mathrm{e}}{\partial x} \\ \frac{\partial \varphi_\mathrm{e}}{\partial y} \\ \frac{\partial \varphi_\mathrm{e}}{\partial z} \end{pmatrix} \cdot \mathrm{d} \begin{pmatrix} x \\ y \\ z \end{pmatrix} = -\int_1^2 \left(\frac{\partial \varphi_\mathrm{e}}{\partial x} \mathrm{d}x + \frac{\partial \varphi_\mathrm{e}}{\partial y} \mathrm{d}y + \frac{\partial \varphi_\mathrm{e}}{\partial z} \mathrm{d}z \right) = -\int_1^2 \mathrm{d}\varphi_\mathrm{e} = \varphi_{\mathrm{e}1} - \varphi_{\mathrm{e}2}. \tag{1.4-23}$$

Wie bereits dargelegt, kann der Integrationsweg im COULOMBfeld beliebig gewählt werden. Daher können, wie bei der Gradientenbildung, entspr. Abb. 1.4-7b) bei jeder Einzelintegration die Variablen, über die gerade nicht integriert wird, als Konstanten behandelt werden. Dies entspricht wie bei Abb. 1.4-5 der Wahl eines Integrationswegs parallel zu den Koordinatenachsen, nur daß jetzt ein endlicher Integrationsweg vorliegt:

$$U_{12} = U_x + U_y + U_z = \int_{x_1}^{x_2} E_x(x, \mathrm{y}_1, \mathrm{z}_1) \cdot \mathrm{d}x + \int_{y_1}^{y_2} E_y(\mathrm{x}_2, y, \mathrm{z}_1) \cdot \mathrm{d}y + \int_{z_1}^{z_2} E_z(\mathrm{x}_2, \mathrm{y}_2, z) \cdot \mathrm{d}z. \tag{1.4-24}$$

Dies ist in der Gleichung dadurch spezifiziert, daß die Koordinaten, über die gerade nicht integriert wird, in Normalschrift statt *kursiv* dargestellt sind. Bevor über eine Koordinate integriert wird, ist ihr Index als Konstante auf 1, danach auf 2 zu setzen.

Eine andere Möglichkeit ist die Festlegung des Integrationswegs durch Parametrisierung. Wird eine Integrationslinie $\boldsymbol{s}$ über einen Parameter - nennen wir ihn τ, also $\boldsymbol{s} = (x(\tau), y(\tau), z(\tau))$ - spezifiziert, so läßt sich das Linienintegral ebenfalls parametrisieren:

$$U_{12} = \int_1^2 \boldsymbol{E} \cdot \mathrm{d}\boldsymbol{s} = \int_1^2 \boldsymbol{E} \cdot \frac{\mathrm{d}\boldsymbol{s}}{\mathrm{d}\tau} \mathrm{d}\tau = \int_{\tau_1}^{\tau_2} (E_x(\tau)\frac{\mathrm{d}x}{\mathrm{d}\tau} + E_y(\tau)\frac{\mathrm{d}y}{\mathrm{d}\tau} + E_z(\tau)\frac{\mathrm{d}z}{\mathrm{d}\tau})\mathrm{d}\tau. \quad (1.4\text{-}25)$$

Dieser Parameter kann auch eine der Koordinaten selbst sein. Ein Vergleich der Methoden sei an einem Beispiel in der xy-Ebene illustriert. Gegeben ist ein Feld $\boldsymbol{E} = (E_x, E_y) = 2(y,x)$ V/m^2. Es sei auf verschiedene Arten die Arbeit W zu berechnen, die aufzuwenden ist, um eine Ladung von $Q = 5$ C von $\boldsymbol{x}_1 = (x_1, y_1) = (4,2)$ m nach $\boldsymbol{x}_2 = (x_2, y_2) = (1,1)$ m zu verschieben. Wir berechnen jeweils zunächst die Spannung:

Direkter Integrationsweg parallel zu den Koordinatenachsen:

$$U_{12} = \int_1^2 E_x(x,y_1) \cdot \mathrm{d}x + \int_1^2 E_y(x_2,y) \cdot \mathrm{d}y = \frac{2\mathrm{V}}{\mathrm{m}^2}(\int_{x_1}^{x_2} y_1 \mathrm{d}x + \int_{y_1}^{y_2} x_2 \mathrm{d}y) =$$

$$= \frac{2\mathrm{V}}{\mathrm{m}^2}(x_2 y_2 - x_1 y_1) = \frac{2\mathrm{V}}{\mathrm{m}^2}(1 \cdot 1 - 4 \cdot 2)\mathrm{m}^2 = -14\,\mathrm{V}. \quad (1.4\text{-}26)$$

Direkter Integrationsweg entlang der Geraden durch $\boldsymbol{x}_1$ und $\boldsymbol{x}_2$: $3y = x + 2\mathrm{m}$:

$$U_{12} = \int_1^2 E_x(x,y) \cdot \mathrm{d}x + \int_1^2 E_y(x,y) \cdot \mathrm{d}y = \frac{2\mathrm{V}}{\mathrm{m}^2}(\int_1^2 y\mathrm{d}x + \int_1^2 x\mathrm{d}y) =$$

$$= \frac{2\mathrm{V}}{\mathrm{m}^2}\left(\int_{x_1}^{x_2}(\frac{x}{3} + \frac{2}{3}\mathrm{m})\mathrm{d}x + \int_{y_1}^{y_2}(3y - 2\mathrm{m})\mathrm{d}y\right) = \frac{2\mathrm{V}}{\mathrm{m}^2}\left(\frac{x^2}{6} + \frac{2x}{3}\mathrm{m}\Bigg|_{4\mathrm{m}}^{1\mathrm{m}} + \frac{3y^2}{2} - 2y\mathrm{m}\Bigg|_{2\mathrm{m}}^{1\mathrm{m}}\right)$$

$$= \frac{2\mathrm{V}}{\mathrm{m}^2}(\frac{1}{6} + \frac{2}{3} - \frac{16}{6} - \frac{8}{3} + \frac{3}{2} - 2 - \frac{12}{2} + 4)\mathrm{m}^2 = -14\,\mathrm{V}. \quad (1.4\text{-}27)$$

Indirekter Integrationsweg durch Parametrisierung mit $\tau = x$ entlang $3y = x + 2\mathrm{m}$:

$$\frac{\mathrm{d}\boldsymbol{s}}{\mathrm{d}\tau} = \frac{\mathrm{d}\boldsymbol{s}}{\mathrm{d}x} = \frac{\mathrm{d}}{\mathrm{d}x}\begin{pmatrix} x \\ y \end{pmatrix} = \begin{pmatrix} \mathrm{d}x/\mathrm{d}x \\ \mathrm{d}y/\mathrm{d}x \end{pmatrix} = \begin{pmatrix} 1 \\ \frac{1}{3} \end{pmatrix} \quad \Rightarrow$$

$$U_{12} = \int_1^2 E_x(x,y) \cdot \mathrm{d}x + \int_1^2 E_y(x,y) \cdot \mathrm{d}y = \int_{x_1}^{x_2} \left(E_x(x,y(x)) + \frac{1}{3}E_y(x,y(x))\right)\mathrm{d}x =$$

$$= \frac{2\mathrm{V}}{\mathrm{m}^2}\int_{x_1}^{x_2}(y(x) + \frac{x}{3})\mathrm{d}x = \frac{2\mathrm{V}}{\mathrm{m}^2}\int_{x_1}^{x_2}(\frac{x}{3} + \frac{2}{3}\mathrm{m} + \frac{x}{3})\mathrm{d}x = \frac{4\mathrm{V}}{3\mathrm{m}^2}\int_{x_1}^{x_2}(x + 1\mathrm{m})\mathrm{d}x =$$

$$= \frac{4\mathrm{V}}{3\mathrm{m}^2}(\frac{x^2}{2} + x\mathrm{m})\Bigg|_{4\mathrm{m}}^{1\mathrm{m}} = \frac{4\mathrm{V}}{3\mathrm{m}^2}(\frac{1}{2} + 1 - \frac{16}{2} - 4)\mathrm{m}^2 = -14\mathrm{V}. \quad (1.4\text{-}28)$$

Der Potentialunterschied ist negativ, womit $\boldsymbol{x}_1$ das niedrigere Potential hat. Da $Q > 0$ nach $\boldsymbol{x}_2$ mit dem höheren Potential verschoben wird, ist das Minuszeichen bei der Arbeit $W = QU_{12} = -70$ Ws so zu interpretieren, daß Q eine Energie von 70 Ws aufnimmt.

Die Rechenaufwände sind unterschiedlich, für andere Konfigurationen kann die eine oder die andere Methode vorteilhafter sein. Es sei auch nochmals betont, daß bei nichtkonservativen Feldern die Ergebnisse auf verschiedenen Integrationswegen i.allg. voneinander abweichen.

Im Beispiel wurde das Problem in kartesischen Koordinaten gelöst. Für Zylinder- und Kugelfelder wird eine Rechnung in den jeweiligen Koordinatensystemen einfacher sein, wozu das jeweils zugehörige Wegelement d$\boldsymbol{s}$ zu verwenden ist. Diese finden wir entspr. Abb. 1.3-3 in den folgenden Formeln zusammengefaßt:

$$\mathrm{d}\boldsymbol{s}_{\text{kartesisch}} = \vec{e}_x \mathrm{d}x + \vec{e}_y \mathrm{d}y + \vec{e}_z \mathrm{d}z. \qquad \mathrm{d}\boldsymbol{s}_{\text{Zylinder}} = \vec{e}_r \mathrm{d}r + \vec{e}_\varphi r \mathrm{d}\varphi + \vec{e}_z \mathrm{d}z.$$

$$\mathrm{d}\boldsymbol{s}_{\text{Kugel}} = \vec{e}_r \mathrm{d}r + \vec{e}_\vartheta r \mathrm{d}\vartheta + \vec{e}_\varphi r \sin\vartheta \mathrm{d}\varphi. \tag{1.4-29}$$

MATHCAD-Anwendung 1.4-8: Allgemeines Linienintegral

Aus MATHCAD-Sicht unterscheidet sich das Linienintegral nicht prinzipiell vom normalen Integral; es muß vom Benutzer, wie in obigen Beispielen angegeben, so manuell vorbereitet werden, daß es mit den bereits besprochenen Integrationsmethoden gelöst werden kann. Wir wollen die drei Beispiele hier ebenfalls berechnen:

$$ORIGIN := 1 \qquad \begin{bmatrix} x_1 \\ y_1 \end{bmatrix} := \begin{bmatrix} 4 \\ 2 \end{bmatrix} \cdot \mathrm{m} \qquad \begin{bmatrix} x_2 \\ y_2 \end{bmatrix} := \begin{bmatrix} 1 \\ 1 \end{bmatrix} \cdot \mathrm{m} \qquad \boldsymbol{E}(x,y) := 2 \cdot \begin{bmatrix} y \\ x \end{bmatrix} \cdot \frac{\mathrm{V}}{\mathrm{m}^2}$$

Man beachte, daß es sich bei den obigen Indizes um Literalindizes handelt.

Direkter Integrationsweg numerisch parallel zu den Koordinatenachsen:

$$U_{12} := \int_{x_1}^{x_2} \boldsymbol{E}(x,y_1)_1 \, dx + \int_{y_1}^{y_2} \boldsymbol{E}(x_2,y)_2 \, dy \qquad U_{12} = -14 \cdot \mathrm{V}$$

Direkter Integrationsweg aktiv symbolisch parallel zu den Koordinatenachsen:

$$\int_{x_1}^{x_2} \boldsymbol{E}(x,y_1)_1 \, dx + \int_{y_1}^{y_2} \boldsymbol{E}(x_2,y)_2 \, dy \text{ simplify } \rightarrow -2 \cdot \mathrm{V} \cdot \frac{(y_1 \cdot x_1 - x_2 \cdot y_2)}{\mathrm{m}^2}$$

Direkter Integrationsweg numerisch entlang der Geraden durch $\boldsymbol{x}_1$ und $\boldsymbol{x}_2$: $3y = x + 2\mathrm{m}$:

$$y(x) := \frac{x}{3} + \frac{2}{3} \cdot \mathrm{m} \qquad x(y) := 3 \cdot y - 2 \cdot \mathrm{m} \qquad \int_{x_1}^{x_2} \boldsymbol{E}(x,y(x))_1 \, dx + \int_{y_1}^{y_2} \boldsymbol{E}(x(y),y)_2 \, dy = -14 \cdot \mathrm{V}$$

Direkter Integrationsweg numerisch durch Parametrisierung mit $\tau = x$ entlang $3y = x + 2\mathrm{m}$:

$$x(\tau) := \tau \qquad y(\tau) := \frac{\tau}{3} + \frac{2}{3} \cdot \mathrm{m}$$

$$E(\tau) := \boldsymbol{E}(x(\tau),y(\tau))$$

$$\int_{x_1}^{x_2} E(\tau)_1 \cdot \frac{d}{d\tau} x(\tau) + E(\tau)_2 \cdot \frac{d}{d\tau} y(\tau) \, d\tau = -14 \cdot \mathrm{V}$$

1.4.3.4 Auswertung des Linienintegrals für verschiedene Geometrien

Die Auswertung eines Linienintegrals über einen endlichen Weg kann in verschiedenen Schwierigkeitsgraden erfolgen, die bei der einfachen skalaren Produktbildung beginnt und sich über die skalare Integration bis zur Linienintegration über einen gekrümmtem Weg schräg zu den Feldlinien eines inhomogenen Felds fortsetzt. Man sollte sich daher vor der Wahl der Analysemethode über die einfachste Vorgehensweise im klaren sein; wir wollen die verschiedenen Methoden, die deutlich einfacher, aber auch deutlich komplexer sein können als im vorigen Beispiel, nun vergleichen.

1. Feld homogen, Weg gerade, Integrationswegendpunkte auf einer Feldlinie:

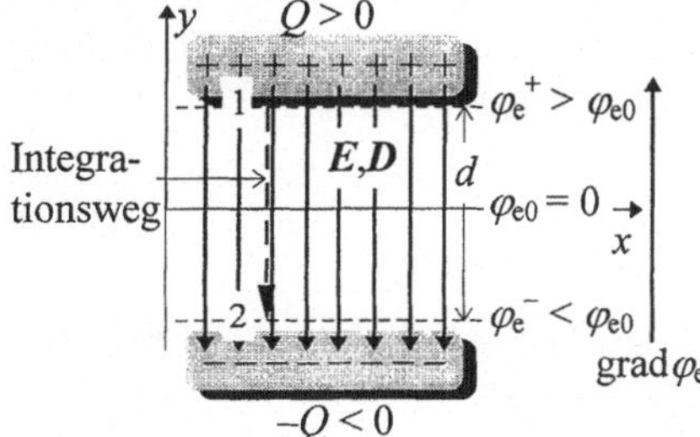

Abb. 1.4-8: Integrationsweg im homogenen Feld entlang einer Feldlinie.

Wegen der Konstanz der Größen degeneriert die Integration zur Produktbildung und entspr. Abb. 1.4-8 das Skalarprodukt wegen des Winkels von 0° zwischen Feld und Integrationsweg zum Produkt der beiden Skalare:

$$U = Ed \qquad \text{bzw.} \qquad E = \frac{U}{d}. \tag{1.4-30}$$

2. Feld homogen, Weg gerade, Integrationswegendpunkte nicht auf einer Feldlinie:

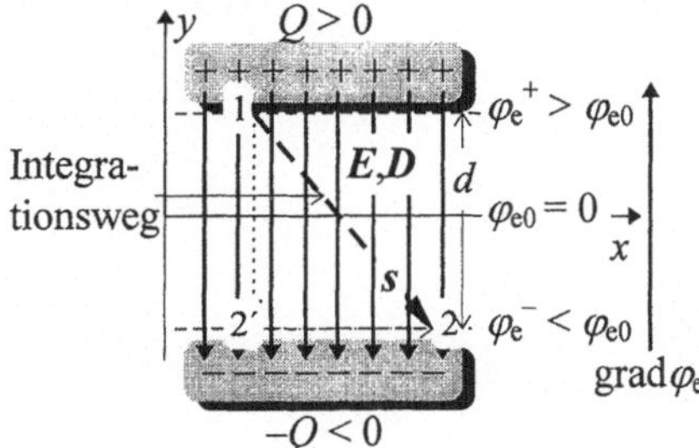

Abb. 1.4-9: Gerader Integrationsweg ***s*** im homogenen Feld schräg zu einer Feldlinie.

Wir brauchen nach wie vor nicht zu integrieren, müssen aber eine Skalarproduktauswertung vornehmen:

$$U = \boldsymbol{E}\cdot\boldsymbol{s} = Es\cos\angle\boldsymbol{E},\boldsymbol{s} = Ed + Es_{2'2}\cos 90° = Ed. \tag{1.4-31}$$

Zerlegen wir in Abb. 1.4-9 den Weg $1 \Rightarrow 2$ in $1 \Rightarrow 2' \Rightarrow 2$, so stehen auf dem zweiten, unteren, Teil Weg- und Feldrichtung senkrecht aufeinander, und das dazugehörige Skalarprodukt verschwindet. Bei der Bewegung einer Ladung auf der Äquipotentiallinie wird keine Arbeit verrichtet. Wir erhalten folglich das gleiche Ergebnis, wie zuvor.

3. Feld homogen, Weg gekrümmt:

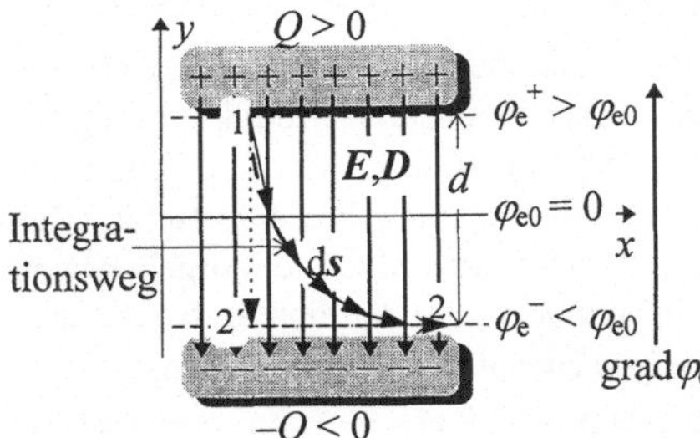

Abb. 1.4-10: Gekrümmter Integrationsweg im homogenen Feld schräg zu einer Feldlinie.

Wir müssen integrieren und eine Skalarproduktauswertung vornehmen. Da die Feldstärke konstant ist, kann sie jedoch vor das Integral gezogen werden:

$$U = \boldsymbol{E} \cdot \int_1^2 \mathrm{d}\boldsymbol{s} = E \int_1^2 \cos\angle\boldsymbol{E},\mathrm{d}\boldsymbol{s} \cdot \mathrm{d}s = Ed. \tag{1.4-32}$$

Der Winkel variiert entlang des Integrationswegs. Zerlegen wir in Abb. 1.4-10 den Weg 1 ⇒ 2 in lauter differentiell kleine rechtwinklige Treppenstufen, wie es im vorigen Fall genau eine von 1 ⇒ 2′ ⇒ 2 gab, so entfallen mit der gleiche Argumentation wie dort die Weganteile auf den Äquipotentialflächen parallel zur x-Achse.

$\int_1^2 \mathrm{d}s$ erlaubt die Berechnung eines Linienintegrals mit 1-Integrand und stellt somit die Weglänge eines gekrümmten Wegs selbst dar.

4. Feld inhomogen, Feldlinien gerade, Weg entlang einer Feldlinie:

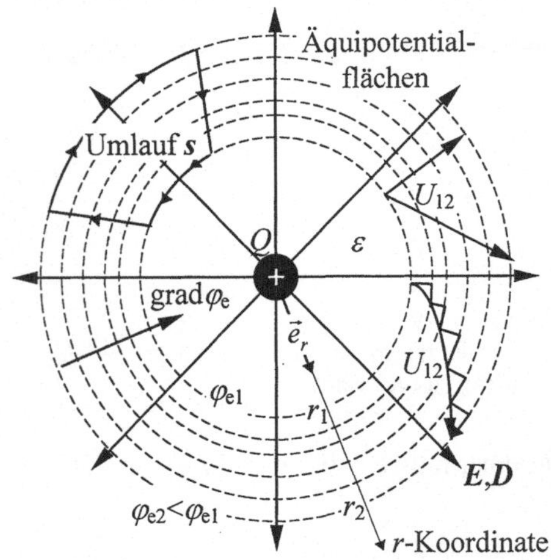

Abb. 1.4-11: Elektrisches Feld, Gradient des Potentials, Äquipotentialflächen und Spannung in der Umgebung einer positiv geladenen Kugel.

Dies ist z.B. beim Feld der Punkt- oder Kugelladung gegeben, so daß dieser Fall genau demjenigen entspricht, mit dem dieser Abschnitt 1.4.3 begann. Wir müssen integrieren, aber Integrand und Integrationsvariable brauchen nicht in Vektorform dargestellt zu werden. Für den vorliegenden Fall ist der Potentialnullpunkt sinnvollerweise ins Unendliche zu legen und wir erhalten für das Potential und damit gleichzeitig als Spannung zum Unendlichen an einer beliebigen Stelle im Abstand r vom Kugelmittelpunkt:

$$\varphi_e(r) = \int_r^\infty E_r(r')\mathrm{d}r' = \frac{Q}{4\pi\varepsilon}\int_r^\infty \frac{\mathrm{d}r'}{r'^2} = \frac{Q}{4\pi\varepsilon r}. \qquad (1.4\text{-}33)$$

Für die in Abb. 1.4-11 eingetragene(n) Spannung(en) U_{12} ergibt sich mit gleicher Rechnung:

$$U_{12} = \frac{Q}{4\pi\varepsilon}\left(\frac{1}{r_1} - \frac{1}{r_2}\right). \qquad (1.4\text{-}34)$$

Bewegen wir uns dazu, wie in der Abbildung dargestellt, schräg durch dieses Feld, gelten dieselben Argumente wie in den Fällen 2 und 3, d.h. das Ergebnis verändert sich nicht.

5. Feld inhomogen, Feldlinien gekrümmt:

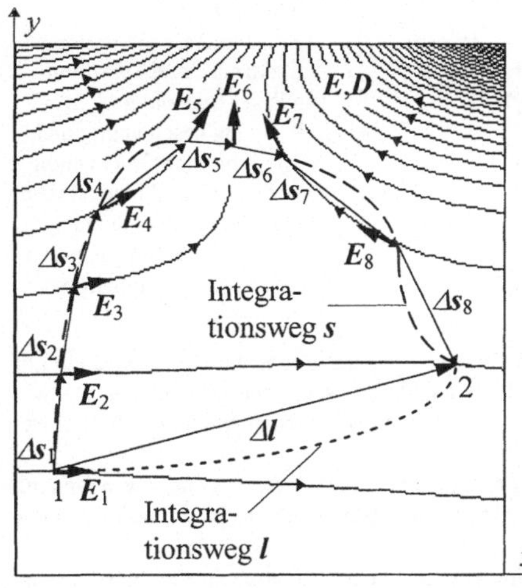

Abb. 1.4-12:
Inhomogenes elektrisches Feld mit beliebig gekrümmten Integrationswegen zwischen den Punkten 1 und 2.

In Abb. 1.4-12 sind zwei Integrationswege $\boldsymbol{s}$ und $\boldsymbol{l}$ zwischen 1 und 2 eingetragen, von denen wir zunächst nur $\boldsymbol{s}$ betrachten. Für diesen Fall muß die volle Linienintegration durchgeführt werden, für ein Feld wie dieses meist numerisch, vor allem wenn bereits eine analytische Beschreibung für Feld und Integrationsweg nicht vorliegt. Wir erkennen, daß die Feldlinien bei hinreichender Darstellungsdichte durchaus als lokal homogen betrachtet werden können.

An den Schnittpunkten von Feldlinie und Integrationsweg verhält sich die Produktbildung wie im Fall 2 bzw. 3. Wir können die Gesamtspannung zwischen 1 und 2 aus lauter lokalen Spannungen $\Delta U_i \approx E_i \Delta s_i \cos \angle \boldsymbol{E}_i, \Delta \boldsymbol{s}_i$ zusammensetzen, wobei der Integrationsweg durch einen Polygonzug angenähert wird. An Stellen, an denen der Polygonpfeil wesentlich von der Integrationswegrichtung abweicht, ist die Approximation schlecht. Wir können sie verbessern, indem wir uns entsprechend dem Wesen des Integrals weitere Feldlinien dazwischen denken, bis ihre Dichte unendlich wird:

$$U \approx \sum_i \Delta U_i = \sum_i E_i \Delta s_i \cos \angle \boldsymbol{E}_i, \Delta \boldsymbol{s}_i = \sum_i \boldsymbol{E}_i \cdot \Delta \boldsymbol{s}_i$$

$$\Rightarrow \quad U = \lim_{\Delta s_i \to 0} \sum_i \boldsymbol{E}_i \cdot \Delta \boldsymbol{s}_i = \int_1^2 \boldsymbol{E} \cdot \mathrm{d}\boldsymbol{s} = \int_1^2 \boldsymbol{E} \cdot \mathrm{d}\boldsymbol{l}. \tag{1.4-35}$$

Aus den Analysen all dieser Fälle ist ersichtlich, daß die Spannung unabhängig vom Integrationsweg ist. Da sich dieser komplexeste Fall auf vorangegangene zurückführen läßt, muß dies auch hier gelten. Im konkreten Fall ist entspr. der rechten Identität daher egal, ob wir den Weg $\boldsymbol{s}$ oder $\boldsymbol{l}$ oder irgend einen anderen zwischen 1 und 2 wählen.

In diesem Sinne ist auch in Abb. 1.4-11 der Wert aller eingezeichneten Spannungen U_{12} immer gleich. Der dort gekrümmte Weg ist in Anteile tangential und normal zu den Äquipotentialflächen zerlegt, wovon nur letztere einen Beitrag liefern. Auf die weiteren Implikationen dieser Wegunabhängigkeit wollen wir als nächstes eingehen.

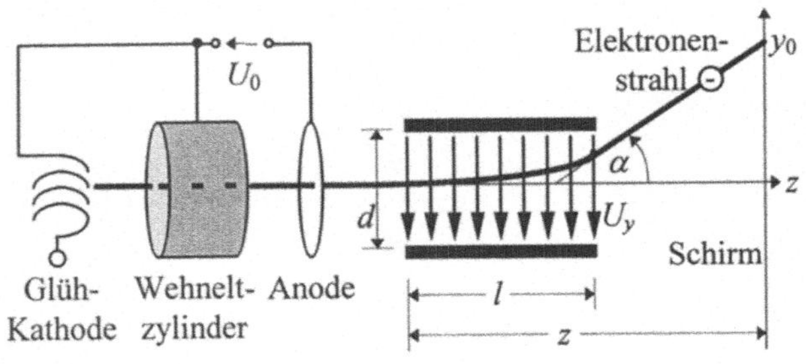

Abb. 1.4-13: Zu Aufgabe 1.4.3-4: der Elektronenstrahl wird mittels der Spannung U_0 in z-Richtung beschleunigt und dringt mit der Geschwindigkeit v_{z0} in das Ablenksystem ein. Die Ablenkspannung U_y plaziert ihn an der richtigen Stelle y_0 auf dem Schirm.

Aufgabe 1.4.3-1: Beim MILLIKAN-Versuch zum Ermitteln des Werts der Elementarladung wird ein mit $Q < 0$ geladenes Öltröpfchen der Masse m in einem Feld, wie in Abb. 1.4-4, über der Erde zum Schweben gebracht. Der Abstand der äußeren felderzeugenden Ladungen sei d. Man bestimme die Schwebespannung U.

Aufgabe 1.4.3-2: Man berechne für ein Proton im Ursprung eines Koordinatensystems die Spannung zwischen den Punkten $\boldsymbol{x}_1 = (1,2,3)$ µm und $\boldsymbol{x}_2 = (-1,2,-3)$ µm. Wie ändert sich der Wert, wenn sich das Proton am Ort $\boldsymbol{x}_0 = (1,-2,3)$ µm befindet?

Aufgabe 1.4.3-3: Zwischen Anode und Glühkathode im Abstand d einer Elektronenröhre herrscht eine Spannung von $U_0 = 500$ V, die hoch genug ist, um Elektronen aus der Kathode abzusaugen und zur Anode zu beschleunigen. Man berechne den Geschwindigkeitsverlauf $v(x)$ eines Elektrons über dem Ort x. Mit welcher Geschwindigkeit v trifft das Elektron auf die Anode?

***Aufgabe 1.4.3-4**: Man berechne für ein Oszilloskop entspr. Abb. 1.4-13 den Auftreffort y_0 des Elektronenstrahls in Abhängigkeit der Parameter U_0, U_y, d, l und z.

1.4.4 KIRCHHOFFsche Maschenregel, Ringintegral

Die vorangegangene Gleichung können wir wie folgt anschreiben:

$$\int_1^2 \boldsymbol{E} \cdot \mathrm{d}\boldsymbol{s} - \int_1^2 \boldsymbol{E} \cdot \mathrm{d}\boldsymbol{l} = 0 \qquad \text{oder} \qquad \int_1^2 \boldsymbol{E} \cdot \mathrm{d}\boldsymbol{s} + \int_2^1 \boldsymbol{E} \cdot \mathrm{d}\boldsymbol{l} = 0. \tag{1.4-36}$$

Dann ist der Gesamtintegrationsweg eine geschlossenen Kurve, im Beispiel beginnend und endend bei 1. Gleichwohl könnten wir bei 2 beginnen und enden. Desweiteren könnten wir andere Integrationswege zwischen diesen Punkten wählen oder irgendeinen anderen vollständigen Umlauf in irgendeinem anderen elektrostatischen Feld: das Ergebnis der Integration ist immer Null.

Wir können diesen vollständig geschlossenen Weg mit einem einzigen Integral beschreiben, wozu das konventionelle Integralsymbol allerdings nicht mehr taugt, denn obere und untere Grenze sind gleich und es muß symbolisch dargestellt werden, daß wir natürlich nicht auf dem Punkt integrieren, sondern uns von ihm nach irgendwohin entfernen und wieder zu ihm zurückfinden. Dazu führen wir das Ringintegral als geschlossenes Linienintegral ein.

Bewegen wir uns auf einem geschlossenen Umlauf $\boldsymbol{s}$, wie z.B. links oben in Abb. 1.4-11 dargestellt, muß die ***Umlaufspannung*** $\overset{\circ}{U}$, die nun durch das folgende Integral beschrieben wird, verschwinden:

$$\boxed{\overset{\circ}{U} := \oint_{\text{immer}} \boldsymbol{E} \cdot \mathrm{d}\boldsymbol{s} = 0}. \tag{1.4-37}$$

Dies ist eine Fundamentalbeziehung und entsprechend den Ausführungen der beiden vorigen Abschnitte die elektrotechnische Schreibweise des Energieerhaltungssatzes. Denn führen wir eine Probeladung Q_w auf einem solchen vollständigen Umlauf mit, heißt das für die an ihr verrichtetet Arbeit $\overset{\circ}{W}$, daß sie verschwinden muß:

$$Q_\mathrm{w} \overset{\circ}{U} = Q_\mathrm{w} \oint_{\text{immer}} \boldsymbol{E} \cdot \mathrm{d}\boldsymbol{s} = 0. \qquad \text{oder einfach} \qquad \overset{\circ}{W} = 0. \tag{1.4-38}$$

Dies ist die Formulierung für ein konservatives Kraftfeld, wie es von jedem Feld der vier Grundkräfte der Natur repräsentiert wird. Wenn Kraftfelder nichtkonservativ erscheinen, liegt dies an der Transformation einer Energieform in eine andere, z.B. Reibung, wie im nächsten Kapitel über Stromwärmeverluste betrachtet, womit jedoch die Voraussetzung der Abwesenheit anderer Kräfte verletzt ist. Mikroskopisch stellt Reibung wieder eine Transformation in konservative Energieformen dar.

Die mit dem Potentialunterschied assoziierte potentielle Energie, die wir z.B. im COULOMBfeld beim Hochlauf von $\varphi_{\mathrm{e}2}$ nach $\varphi_{\mathrm{e}1}$ gewinnen, verlieren wir wieder vollständig beim Rücklauf. Die Weganteile auf den Äquipotentialflächen werden ohne Zugewinn oder Verlust an Energie bzw. Potential ausgeführt. Aus dieser Überlegung ist damit der Unterschied zwischen Niveau- und Potential zu erklären. Ein Skalarfeld ist dann und nur dann ein Potentialfeld, wenn dieses Integral für jeden beliebigen Umlauf verschwindet.

Gl. 37 stellt nichts anderes als den zweiten KIRCHHOFFschen Satz (GUSTAV ROBERT KIRCHHOFF, 1847) - die Maschenregel - dar, die besagt, daß entlang eines vollständigen Umlaufs die Summe aller Spannungen gleich Null ist:

$$\sum_i \pm U_i = 0. \tag{1.4-39}$$

Jeweils eines der Vorzeichen ist auszuwählen, je nachdem, ob der Spannungszählpfeil in Richtung (+) oder in Gegenrichtung (–) zu der frei vorgebbaren Umlaufzählrichtung weist.

Insbesondere stellen die letzten Gleichungen nochmals anschaulich dar, daß es sich beim elektrostatischen Feld um ein Quellenfeld handelt. Quellen COULOMBscher Feldlinien sind Protonen, Senken Elektronen. Sie bilden keine Wirbel, d.h. sie sind nicht in sich geschlossen. Das elektrostatische Feld ist somit ein wirbelfreies Quellenfeld. Alle Gleichungen müssen i.allg. bei Anwesenheit zeitveränderlicher Magnetfelder (Magnetodynamik) modifiziert werden, was aber an sich selbstverständlich ist, da wir ja hier bei der Elektrostatik mit ruhenden Ladungen sind. In diesem Sinn ist die Einrahmung als 2. MAXWELLgleichung, die für die Elektrostatik degenerierte Form des Induktionsgesetzes zu verstehen, wie in Abschnitt 4.1 weiter ausgeführt.

Aufgabe 1.4.4-1: Man berechne die Gesamtenergieaufnahme der Ladung aus dem Beispiel von Abschnitt 1.4.3.3, indem diese über eine Parabel mit der Gleichung $y^2 = x\mathrm{m}$ von 1 nach 2 hin- und über eine Hyperbel der Gleichung $x\cdot(7\mathrm{m}-3y) = 4\mathrm{m}^2$ von 2 nach 1 zurückläuft.

Aufgabe 1.4.4-2: Man berechne die Einzelspannungen längs eines geschlossenen Wegs von den Punkten $(x,y)/\mathrm{m} = (1,0) \Rightarrow (1,1) \Rightarrow (0,1) \Rightarrow (1,0)$ in einem elektrischen Zylinderfeld mit $E_r(r) = 1\mathrm{V}/r$.

***Aufgabe 1.4.4-3**: Man gebe eine Methode an, mit der man für die gegebenen Vektorkomponenten G_x, G_y eines allgemeinen ebenen Vektorfelds $\boldsymbol{G}$ eindeutig feststellen kann, ob jedes beliebige Ringintegral im Feld verschwindet. Hinweis: Dieses muß dann ein Potential φ_e besitzen, dessen zweite gemischten partiellen Ableitungen stetig sind: $\partial^2\varphi_e/\partial x\partial y = \partial^2\varphi_e/\partial y\partial x$. Man extrapoliere das Ergebnis auf ein räumliches Vektorfeld $\boldsymbol{G} = (G_x, G_y, G_z)$.

1.4.5 Potential diskreter Ladungsverteilungen

In Gl. 33 wurde das Potential einer Punktladung berechnet, mit der Darstellungsform von Gl. 4 erhalten wir in kartesischen Koordinaten:

$$\varphi_e(\boldsymbol{r}) = \frac{Q}{4\pi\varepsilon r} = \frac{Q}{4\pi\varepsilon\sqrt{x^2+y^2+z^2}}. \tag{1.4-40}$$

Wir überprüfen, ob wir über die Gradientenbildung dasselbe Ergebnis für die Feldstärke wie über die direkte Herleitung erhalten:

$$E_x(\boldsymbol{r}) = -\mathrm{grad}_x\varphi_e(\boldsymbol{r}) = -\frac{\partial\varphi_e}{\partial x} = \frac{Qx}{4\pi\varepsilon(x^2+y^2+z^2)^{3/2}}. \tag{1.4-41}$$

Die anderen Feldkomponenten ergeben sich analog, womit der umgekehrte Weg gezeigt ist. Alternativ ist wegen der Kugelsymmetrie die direkte Gradientenbildung in Kugelkoordinaten sinnvoll und kann als normale skalare Ableitung berechnet werden:

$$\boldsymbol{E}(\boldsymbol{r}) = -\mathrm{grad}\varphi_e(\boldsymbol{r}) = -\frac{\partial\varphi_e}{\partial r}\vec{e}_r = -\frac{\partial}{\partial r}\frac{Q}{4\pi\varepsilon r}\vec{e}_r = \frac{Q}{4\pi\varepsilon r^2}\vec{e}_r. \tag{1.4-42}$$

Zur Berechnung des Potentials der diskreten Ladungsverteilung kann analog zur überlagerten Feldstärkeberechnung Gl. 6 auf jeden Summanden angewendet werden und wir erhalten:

$$\varphi_e(\boldsymbol{x}) = \sum_i \varphi_{e_i}(\boldsymbol{x}) = \frac{1}{4\pi\varepsilon}\sum_i \frac{Q_{ui}}{R_i} = \frac{1}{4\pi\varepsilon}\sum_i \frac{Q_{ui}}{|\boldsymbol{x}-\boldsymbol{x}_i|}. \tag{1.4-43}$$

Entsprechend den Berechnungen des vorigen Abschnitts wird somit auch ein Umlauf auf beliebigem Weg um und durch eine beliebige Ladungsverteilung die Umlaufspannung und Umlaufenergie Null ergeben.

Aufgabe 1.4.5-1: Man berechne die Arbeit W, die nötig ist, um drei Punktladungen Q aus dem Unendlichen in gleichem Abstand auf einem Kreis mit Radius a anzuordnen.
Aufgabe 1.4.5-2: Um welches Stück r müssen die Ladungen aus Aufgabe 1 zusammengerückt werden, damit die gleiche Arbeit verrichtet wird wie beim Hinführen nach a?
***Aufgabe 1.4.5-3**: Man berechne die Arbeit W, die nötig ist, um n (unterschiedliche) Punktladungen Q_i aus dem Unendlichen an Orten $\boldsymbol{x}_i = (x_i, y_i, z_i)$ zu plazieren.

1.4.6 Konstruktion elektrischer Feldlinien- und Potentialbilder

Zu den Elementarladungen gehören die in Abb. 1.4-1 dargestellten Feldlinienbilder, die man aus Gl. 1.2-1 unmittelbar nachvollziehen kann. In Abschnitt 1.3.4 wurde die Grundformel zur Konstruktion von Feldlinien $\boldsymbol{E} \times \mathrm{d}\boldsymbol{s} = \boldsymbol{0}$ angegeben. Als erste einfache Anwendung wollen wir daher zunächst in der xy-Ebene nachweisen, daß das Feld der Punktladung durch Geraden darstellbar sein muß:

$$\frac{\mathrm{d}y}{\mathrm{d}x} = \frac{E_y}{E_x} = \frac{Qy/4\pi\varepsilon r^3}{Qx/4\pi\varepsilon r^3} = \frac{y}{x}. \tag{1.4-44}$$

Diese sehr einfache DGL können wir zum einen durch unsere Kenntnis, daß die Feldlinien Geraden sein müssen, lösen. Dann muß $y = Cx$ gelten, was wir direkt durch Einsatz in die Gleichung verifizieren können, oder wir tun so, als würden wir die Lösung nicht kennen und erhalten mit:

$$\frac{\mathrm{d}y}{y} = \frac{\mathrm{d}x}{x} \quad \Rightarrow \int\frac{\mathrm{d}y}{y} = \int\frac{\mathrm{d}x}{x} + C' \quad \Rightarrow \quad \ln y = \ln x + C' \quad \Rightarrow \quad y = Cx. \tag{1.4-45}$$

Wegen der Logarithmen betrachten wir die Ortskoordinaten als auf ihre Einheiten normiert. Die Steigung C kann beliebig gewählt werden und sorgt so dafür, daß die Feldlinien ausgehend von der Ladung Q im Ursprung in jede Richtung der xy-Ebene weisen können. Für die yz- und zx-Ebenen erhalten wir $z = Cy$ und $x = Cz$ und so den charakteristischen stacheligen Feldverlauf der Punktladung. Insbesondere wird dieser Verlauf natürlich nicht vom Wert von Q bestimmt.

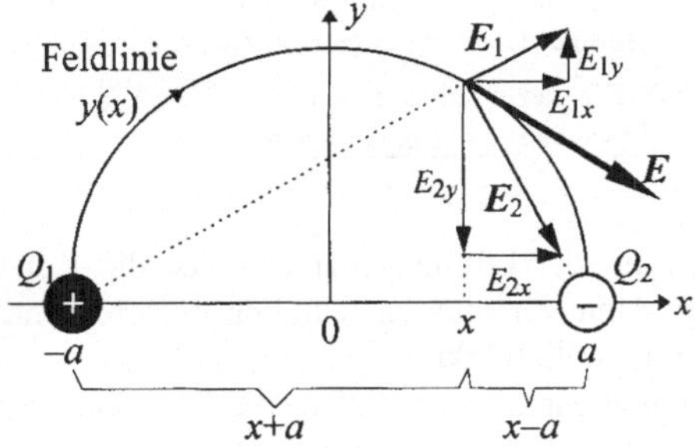

Abb. 1.4-14:
Feldlinie im Dipol und Zerlegung der Feldkomponenten in die Koordinatenrichtungen.

Entsprechend den vorstehenden Ausführungen ist das Kraftfeld und damit das Gesamtfeld der elektrischen Feldstärke einer Ladungsanordnung gleich der linearen Superposition der Einzelfelder. Wir wollen dies nun entspr. Abb. 1.4-14 für das Gesamtfeld des noch sehr einfachen Falls zweier Ladungen Q_1 und Q_2 im Abstand $2a$ der elektrischen Feldlinien in der xy-Ebene durchführen. Den Nullpunkt des Koordinatensystems legen wir in die Mitte zwischen den Ladungen, womit sich für einem beliebigen Ort x,y ergibt:

$$\frac{\mathrm{d}y}{\mathrm{d}x}=\frac{E_y}{E_x}=\frac{\dfrac{Q_1 y/4\pi\varepsilon}{\left((x+a)^2+y^2\right)^{3/2}}+\dfrac{Q_2 y/4\pi\varepsilon}{\left((x-a)^2+y^2\right)^{3/2}}}{\dfrac{Q_1(x+a)/4\pi\varepsilon}{\left((x+a)^2+y^2\right)^{3/2}}+\dfrac{Q_2(x-a)/4\pi\varepsilon}{\left((x-a)^2+y^2\right)^{3/2}}} \tag{1.4-46}$$

Ein effizientes Verfahren zur Lösung auch solcher nichtlinearer DGLn ist das RUNGE-KUTTA-Verfahren vierter Ordnung mit Schrittweitenanpassung [Stöcker], das sich auch mit wenigen BASIC-Zeilen programmieren läßt.

MATHCAD-Anwendung 1.4-9: Differentialgleichung (DGL) erster Ordnung

Speziell interessiert der bereits in Abb. 1.3-7 skizzierte Fall, daß $Q_2 = \pm Q_1 = \pm Q$. Bereits hierfür entsteht eine nichtlineare DGL, die sich nur numerisch lösen läßt. MATHCAD bietet mehrere problemorientierte Lösungsverfahren an, von denen hier die RUNGE-KUTTA-Funktion mit fester Schrittweite $rkfixed(y,x_a,x_e,n,d)$ mit der schnellsten Konvergenz für $Q_2 = Q_1 = Q$ gewählt wurde:

$$dy_{dx}(x,y):=\frac{\dfrac{y_0}{\left[(x+a)^2+(y_0)^2\right]^{\frac{3}{2}}}+\dfrac{y_0}{\left[(x-a)^2+(y_0)^2\right]^{\frac{3}{2}}}}{\dfrac{x+a}{\left[(x+a)^2+(y_0)^2\right]^{\frac{3}{2}}}+\dfrac{x-a}{\left[(x-a)^2+(y_0)^2\right]^{\frac{3}{2}}}}$$

$a:=1 \quad n:=100 \quad x_e:=1 \quad y_0:=1 \quad i:=0..n$

$G(x):=rkfixed(y,x,x_e,n,dy_{dx})$

$g:=G(.02) \quad x_1:=g^{<0>} \quad y_1:=g^{<1>}$

$g:=G(.1) \quad x_2:=g^{<0>} \quad y_2:=g^{<1>}$

$g:=G(.2) \quad x_3:=g^{<0>} \quad y_3:=g^{<1>}$

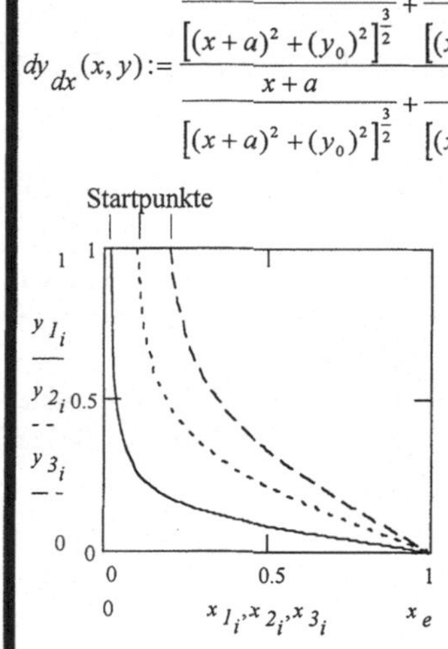

Bedeutung der Formalparameter:

- y: Anfangswert; hierfür ist extern y_0 (y[0) = $y(x_a)$ als Vektorkomponente vorzugeben.
- x_a, x_e: Intervallgrenzen des Lösungsgebiets.
- n: Anzahl der Lösungspunkte.
- d: $\mathrm{d}y(x,y)/\mathrm{d}x$ = Ableitungsfunktion der Form $d(x,y)$, wobei y in der DGL als y_0 auftritt.

Das Ergebnis ist eine $n \times 2$-Matrix mit n x-Werten in der $^{<0>}$-Spalte und den gesuchten y-Werten in der $^{<1>}$-Spalte, der im Beispiel $G(x = x_a)$ zugewiesen wird. Die Grafik als X-Y-Diagramm erhalten wir mit @, wie in Anwendung 1.4-1 beschrieben.

Gegenüber der Konstruktion der Feldlinien aus der Lösung einer DGL ist die Konstruktion der Äquipotentiallinien einfacher, denn wir müssen lediglich entsprechend den Ausführungen in Abschnitt 1.3.5 die Potentialfunktion angeben, für eine gewünschte Linie den Potentialwert vorgeben, und entspr. Abb. 1.4-16 die Funktion $y(x)$ bilden. Beispielsweise für zwei betragsgleiche Ladungen heißt das:

$$\frac{4\pi\varepsilon\varphi_e(x,y)}{Q}=\frac{1}{\sqrt{(x+a)^2+y^2}}\pm\frac{1}{\sqrt{(x-a)^2+y^2}}=C. \tag{1.4-47}$$

Hierfür genügt ein einfaches Nullstellenprogramm, z.B. nach dem NEWTON-Verfahren.

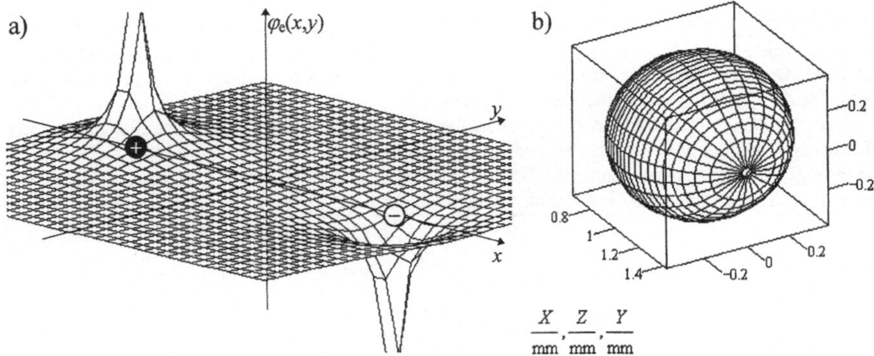

Abb. 1.4-15: a) MATHCAD-Flächendiagramm Potentialverlauf in der Umgebung eines COULOMBschen Dipols, b) MATHCAD-Parameterflächendiagramm einer Äquipotentialfläche.

MATHCAD-Anwendung 1.4-10: Nullstellen einer allgemeinen Funktion mit *root* (*wurzel*)

$[Q \;\; a \;\; \varphi_e] := [10^{-13}\cdot\mathrm{C} \;\; \mathrm{mm} \;\; \mathrm{V}] \qquad (x \;\; y) := (.5 \;\; .2)\cdot\mathrm{mm}$

$$root\left[\frac{4\cdot\pi\cdot\varepsilon_0\cdot\varphi_e}{Q} - \left[\frac{1}{\sqrt{(a-x)^2+y^2}} - \frac{1}{\sqrt{(a+x)^2+y^2}}\right], y\right] = 0.264\cdot\mathrm{mm}$$

Die numerische Bestimmung der Funktion $y(x)$ einer Äquipotentiallinie kann in MATHCAD mit der o.a. *root*-Funktion erfolgen. Dazu suchen wir im Beispiel für zwei Ladungen $\pm Q = \pm 10^{-13}$ C mit Mittenabstand $a = 1$ mm für $\varphi_e = 1$V den y-Wert der Äquipotentiallinie durch $x = 0{,}5$ mm. Dazu ist für y ein Schätzwert - hier 0,2 mm - vorzugeben. Bei schlecht konvergenten Gleichungen kann das Ergebnis hiervon abhängen. Dann rufen wir die Funktion *root*($g(y)$,y) auf, die die Nullstelle von $g(y)$ ausgibt.

Prinzipiell lassen sich Nullstellen mit Symbolics Variable ▸ Solve passiv oder <Formel> *solve*, <Variable> → auch aktiv symbolisch berechnen. Für nichtlineare Gleichungen, wie diese, sind die Ausdrücke jedoch i.allg. zu komplex oder es kann keine vernünftig darstellbare Lösung angegeben werden.

MATHCAD-Anwendung 1.4-11: Parameterflächendiagramm (Surface Plot)

Als Erweiterung der in Anwendung 1.3-4 beschriebenen Flächendiagrammdarstellung, mit der die zweidimensionale Funktion $\varphi_e(x,y)$ in Abb. 1.4-15a) erzeugt wurde, repräsentiert eine Äquipotentialfläche eine dreidimensional geschlossene Struktur, die i.allg. einfacher durch die Abhängigkeit von zwei Zählindizes $_{i,j}$ in der Art $x_{i,j}$, $y_{i,j}$, $z_{i,j}$ darstellbar ist.

Wir betrachten eine Konfiguration wie in der vorigen Anwendung, ändern sie aber dahingehend, daß $Q^- = -3Q$, die Ladungen auf der z-Achse eines Zylinderkoordinatensystems positioniert seien, und die Äquipotentiallinie gemäß $r(z)$ statt $y(x)$ verlaufe. Wegen der Rotationssymmetrie hängt ihre Lage nicht vom Winkel φ ab und wir können wie in der folgenden MATHCAD-Eingabe transformieren:

$n := 25 \qquad [z_a \;\; z_e] := (.658 \;\; 1.425)\cdot\mathrm{mm} \qquad i := 0..n \qquad z_i := z_a + i\cdot\frac{z_e - z_a}{n}$

$$r := .5\cdot\mathrm{mm} \qquad r_i := root\left[\frac{4\cdot\pi\cdot\varepsilon_0\cdot\varphi_e}{Q} - \left[\frac{1}{\sqrt{(a-z_i)^2+r^2}} - \frac{3}{\sqrt{(a+z_i)^2+r^2}}\right], r\right]$$

$j := 0..n \qquad \varphi_j := \frac{2\cdot\pi\cdot j}{n} \qquad [X_{i,j} \;\; Y_{i,j} \;\; Z_{i,j}] := [r_i\cdot\cos(\varphi_j) \;\; r_i\cdot\sin(\varphi_j) \;\; z_i]$

Mit n wird die Gitterdichte bestimmt, z_a und z_e sind die zuvor mit *root* bei $r = 0$ bestimmten Anfangs- und Endwerte der $\varphi_e = 1$ V-Äquipotentialfläche auf der z-Achse. Dann werden die Stützwerte z_i berechnet, $r = 0{,}5$ mm universell als Schätzwert vorgegeben und die r_i mit *root* bestimmt. Der zweite Zählindex j erzeugt die Winkelstützwerte φ_j, um hieraus die x- und y-Werte zu erhalten. Das dann mit

/ Strg 2 aufgerufene Flächendiagramm erwartet einen Eintrag von drei zweidimensionalen Matrizennamen, weshalb $Z_{i,j}$ gebildet wird, das aber wegen der Rotationsymmetrie nicht wirklich von j abhängt. Das Ergebnis finden wir in Abb. 1.4-15b), wobei y- und z-Achsen vertauscht wurden, da MATHCAD die z-Achse grundsätzlich vertikal darstellt.

Zur räumlichen Darstellung der Äquipotentialflächen komplizierterer Ladungsverteilungen ist diese Rechnung allerdings nur begrenzt verwendbar, da sich dann die Äquipotentiallinien i.allg. nicht mehr als eindeutige Funktionen darstellen lassen. Stattdessen muß eine bereichsweise Ermittlung der Werte erfolgen. Außerdem ist dann auch die Rotationssymmetrie nicht mehr gegeben.

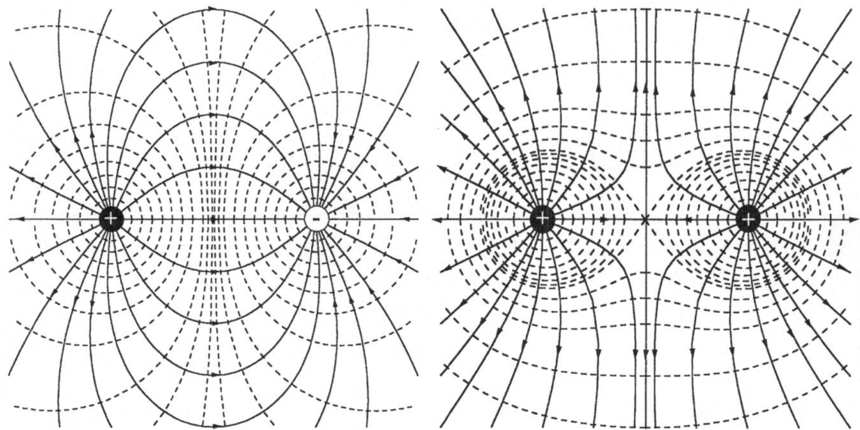

Abb. 1.4-16: Feld- und Äquipotentiallinien in der Umgebung des COULOMBschen Dipols der vorigen Abbildung a), sowie zweier positiver Punktladungen.

Aufgabe 1.4.6-1: Man überlege aus der Anschauung, wie das elektrische Feld und die Äquipotentialflächen von auf der z-Achse sehr dicht aufgereihten Ladungen gleicher Polarität aussehen.
***Aufgabe 1.4.6-2**: Man stelle die elektrischen Feldlinien folgender Ladungsanordnung dar: $Q_1 = -3Q$ bei $\boldsymbol{x}_1 = (x_1, y_1) = (-1{,}0)$ und $Q_2 = Q$ bei $\boldsymbol{x}_2 = (x_2, y_2) = (1{,}0)$. Bis zu welcher Stelle $x > 1$ können sich Feldlinien von Q_2 von Q_1 entfernen?
***Aufgabe 1.4.6-3**: Man stelle die Äquipotentiallinien zur vorigen Aufgabe dar, identifiziere die Nullpotentiallinie, und gebe ihre Gleichung an. Wo schneidet diese die x-Achse? Wie verhalten sich die Äquipotentiallinien bzgl. des in der vorigen Aufgabe berechneten x-Werts?

1.5 COULOMBscher Dipol

Wir wollen uns nun von der Betrachtung punktförmiger Einzelladungen oder Ladungsanordnungen ohne weiteren Bezug zueinander lösen und dipolare Konfigurationen betrachten, die im Verbund auf äußere Felder reagieren.

1.5.1 Mechanisches Drehmonent T

Aus der Mechanik ist eng mit dem Kraft- der Drehmomentbegriff $\boldsymbol{T}$ (engl.: torque) verwandt. Das Drehmoment entsteht, wenn eine Kraft $\boldsymbol{F}$ normal an einem Hebelarm $\boldsymbol{l}$ angreift, i.allg. mit der Folge einer Drehbewegung:

$$T := l \times F \qquad [T] = \text{Nm}. \qquad (1.5\text{-}1)$$

Stehen Hebelarm und Kraft senkrecht zueinander, ergibt sich für den Drehmomentbetrag $T = Fl \sin 90° = Fl$. Zeigen sie in die gleiche Richtung, erhalten wir $T = Fl \sin 0° = 0$ und es kann keine Drehbewegung stattfinden. Die Drehung selbst ist wieder eine gerichtete Größe, weshalb das Vektorprodukt - auch Kreuzprodukt, das auch die gerade genannten Betragsrandbedingungen erfüllt, die adäquate Beschreibung darstellt.

Der Ergebnisvektor eines Vektorprodukts zeigt normal zur von den beiden Vektoren aufgespannten Drehebene und sein Betrag ist gleich der von ihnen eingeschlossenen Parallelogrammfläche. Die Normale zu $\boldsymbol{l}$ und $\boldsymbol{F}$ ist jedoch alles andere als die Drehrichtung, denn diese muß ja normal zur Hebelarmrichtung und damit in der Drehebene liegen. Die Hebelarmrichtung als Richtung des Drehmomentvektors zu definieren macht jedoch wenig Sinn, denn sie ändert sich ja dauernd, weshalb per Definition die starre Richtung der Drehachse als Drehmomentvektorrichtung festgelegt ist, womit das Vektorprodukt seine volle Gültigkeit hat.

Allgemein ist daher der Drehmomentvektor $\boldsymbol{T}$ als Vektorprodukt von Hebelarm und Kraft definiert - in dieser Reihenfolge, damit die Rechte-Hand-Regel angewendet werden kann: zeigen die Finger der rechten Hand in Drehrichtung, gibt der Daumen die Drehmomentvektorrichtung an. Oder: zeigt der Daumen der rechten Hand in Hebelarmrichtung $\boldsymbol{l}$ und der Zeigefinger in Richtung der Kraft $\boldsymbol{F}$, so zeigt der Mittelfinger in Drehmomentrichtung $\boldsymbol{T}$. Die Fingerreihenfolge entspricht also der Gleichung $\boldsymbol{l} \times \boldsymbol{F} = \boldsymbol{T}$.

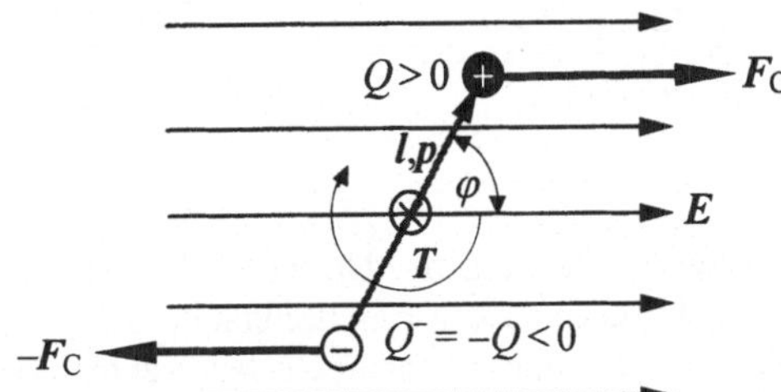

Abb. 1.5-1:
COULOMBscher Elementardipol mit Drehung im äußeren Feld.

Ein solches Drehmoment können wir mit einem elektrischen Dipol erzeugen. Als einfaches Modell können wir uns diesen entspr. Abb. 1.5-1 als Ladungspaar vorstellen, das durch eine starre isolierende Achse verbunden ist. Unter dem Einfluß eines äußeren - hier homogenen - elektrischen Felds in beliebiger Richtung zur Achse wird aufgrund der COULOMBkräfte $\boldsymbol{F}_C$ und $-\boldsymbol{F}_C$ und des Hebelarms $\boldsymbol{l}$ (bzw. $2 \cdot \frac{1}{2}\boldsymbol{l}$) das mechanische ***Drehmoment T*** entstehen. Die Hebelarmrichtung $\boldsymbol{l}$ ist per Definition so festgelegt, daß sie in Richtung des äußeren Felds zeigt, wenn das Drehmoment verschwindet, also bezüglich der Ladungsanordnung von – nach +. Dies ist für $\varphi = 0$ der Fall.

Man könnte sich nun grundsätzlich vorstellen, auf diese Art einen elektrostatischen Motor zu bauen, indem man das äußere elektrische Feld dauernd umpolt - z.B. durch eine Wechselspannung - wodurch dem Dipol als Läufer eine Rotationsbewegung aufgezwungen wird. Die dabei entstehenden Drehmomente sind jedoch für praktisch alle technisch ökonomisch realisierbaren Anordnungen so gering, daß ihre Bedeutung vernachlässigbar ist, weshalb Motoren grundsätzlich magnetisch funktionieren.

In Aufgabe 1.2-3 wurde gleich zu Anfang der Kraftbetrachtungen die Auseinandersetzung mit der Frage angeregt, wie ein Isolator auf die Durchdringung mit einem elektrischen Feld reagiert. Seine Atome bestehen aus feststehenden Protonen im Kern und beweglichen Elektronen der Hülle. Durch das äußere Feld werden sie derart verzerrt, daß eine solche Dipolkonfiguration als Ersatzmodell verwendet werden kann. Wir werden diesen Effekt später als Polarisation kennenlernen und seine enge Verwandtschaft mit dem Drehmoment begreifen. Der HERTZsche Dipol (HEINRICH HERTZ, 1857 - 1894) bildet als schwingender COULOMBscher Elementardipol in Form einer verzerrten Atom- oder Molekülladungsstruktur die Quelle der wellenförmigen Ausbreitung elektromagnetischer Felder in Materie.

MATHCAD-Anwendung 1.5-1: Vektorprodukt zweier Vektoren

Die Anwendung ist ähnlich der bereits in 1.4-7 zum Skalarprodukt beschriebenen. Wir erhalten das Vektorproduktsymbol über [Maus] [Palette] [x×y] / [Tastatur] Strg 8:

$$\begin{bmatrix}5\\3\\8\end{bmatrix}\times\begin{bmatrix}1\\2\\3\end{bmatrix}=\begin{bmatrix}-7\\-7\\7\end{bmatrix}\quad l:=\begin{bmatrix}5\\3\\8\end{bmatrix}\cdot m\quad F:=\begin{bmatrix}1\\2\\3\end{bmatrix}\cdot N\quad l\times F=\begin{bmatrix}-7\\-7\\7\end{bmatrix}\cdot N\cdot m\quad \begin{bmatrix}l_x\\l_y\\l_z\end{bmatrix}\times\begin{bmatrix}F_x\\F_y\\F_z\end{bmatrix}\rightarrow\begin{bmatrix}l_y\cdot F_z-l_z\cdot F_y\\l_z\cdot F_x-l_x\cdot F_z\\l_x\cdot F_y-l_y\cdot F_x\end{bmatrix}$$

Aufgabe 1.5.1-1: Unter welchen Bedingungen wirkt auf den Dipol im beliebigen elektrischen Feld keine resultierende Kraft.

Aufgabe 1.5.1-2: Wieviel Lagen mit verschwindendem Drehmoment können wir für den Dipol im homogenen Feld der Abb. 1.5-1 erwarten? Wie unterscheiden sich diese?

Aufgabe 1.5.1-3: Man skizziere ein Modell, das für die gegebenen Kraftrichtungen in Abb. 1.5-1 den effektiv wirksamen Hebelarm veranschaulicht, sowie für die gegebene Hebelarmrichtung die effektiv wirksamen Kraftrichtungen, und begründe daraus das Vektorprodukt.

1.5.2 Elektrisches Dipolmoment *p*

In der Elektrotechnik sind wir an Feldgrößen interessiert, die Ursache/Wirkungszerlegungen repräsentieren. Wir ersetzen zur elektrotechnischen Beschreibung des Dipoldrehmoments $\boldsymbol{T}_C$ den Kraftvektor $\boldsymbol{F}_C$ wieder sinnvollerweise durch den Vektor der elektrischen Feldstärke $\boldsymbol{E}$:

$$\boldsymbol{T}_C := \boldsymbol{l}\times\boldsymbol{F}_C=\boldsymbol{l}\times Q\boldsymbol{E}=Q\boldsymbol{l}\times\boldsymbol{E}=\boldsymbol{p}\times\boldsymbol{E}. \tag{1.5-2}$$

Dazu gehört die Betragsgleichung:

$$T_C=F_C l\sin\varphi=QlE\sin\varphi=pE\sin\varphi. \tag{1.5-3}$$

$\boldsymbol{p}$ definieren wir als ***elektrisches Dipolmoment***:

$$\boldsymbol{p} := Q\boldsymbol{l}; \qquad [p]=\mathrm{Asm}=\mathrm{Cm}. \tag{1.5-4}$$

Man kann sagen, daß das Dipolmoment den elektrostatischen Hebelarm darstellt. Er weist dementsprechend bei verschwindendem Moment ebenfalls in Richtung des äußeren Felds, bzgl. der Dipol-Ladungsanordnung von – nach +.

Da der Dipol ein eigenes Feld aufbaut, erkennen wir, daß er sich grundsätzlich so ausrichtet, daß er versucht, das äußere Feld zu schwächen. Übertragen wir dies auf unser oben betrachtetes Isolatoratom, wird dieses unabhängig von der Richtung des äußeren Felds immer so polarisiert, daß es dieses schwächt. Als Maß für diese Schwächungsfähigkeit werden wir die bereits angesprochene Permittivität ε kennenlernen.

Aufgrund dieser Dreheigenschaften ist der COULOMBsche Dipol auch der Repräsentant der Feld(linien)richtung. Hängen wir sehr viele Dipole in einem Gebiet frei drehbar auf und lassen dieses von einem äußeren elektrischen Feld durchdringen, werden wir eine Feldlinie durch eine Kettung sich aneinander anschließender COULOMBscher Dipole identifizieren können.

Aufgabe 1.5.2-1: Eine Punktladung Q befinde sich am Ort $\boldsymbol{x}_1 = (x_1, y_1, z_1)$, und eine mit ihr starr verbundene Punktladung $-Q$ am Ort $\boldsymbol{x}_2 = (x_2, y_2, z_2)$. Man berechne die Komponenten des Dipolmoments $\boldsymbol{p}$ und des Drehmoments $\boldsymbol{T}$ des Dipols in einem äußeren elektrischen Feld $\boldsymbol{E} = (E_x, E_y, E_z)$.

Aufgabe 1.5.2-2: Ein Dipolmoment ist zu $\boldsymbol{p} = (p_x, p_y, p_z) = (1,-2,3)$ Cm gegeben. Man berechne die Komponenten eines elektrischen Felds $\boldsymbol{E} = (E_x, E_y, E_z)$ mit dem Betrag $E = 1$ V/cm, für das das Drehmoment stabil verschwindet.

***Aufgabe 1.5.2-3**: Der Mittelpunkt der Dipolachse der festen Länge l eines Elementardipols befinde sich entsprechend der Abbildung im Abstand r von einem weiteren Proton. Man berechne das Drehmoment T. Für welches Verhältnis l/r wird T maximal und wie groß ist T_{max} dann?

1.5.3 Drehmoment und Arbeit

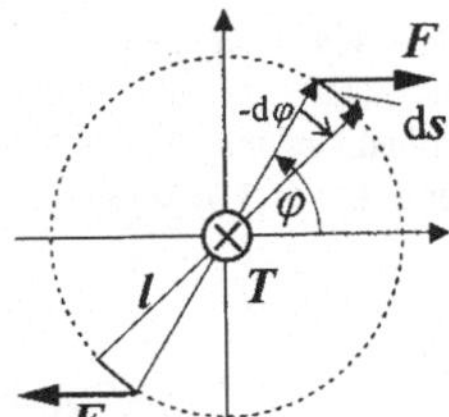

Abb. 1.5-2:
Zur Beziehung zwischen Kraft, Drehmoment und Arbeit.

Wir wollen nun berechnen, welche Arbeit bei Drehungen verrichtet wird, d.h., wie aus gegebenem Drehmoment auf die bei der Bewegung zu erbringende Arbeit geschlossen werden kann. Führen wir entspr. Abb. 1.5-2 mithilfe der Kraft $\boldsymbol{F}$ eine differentiell kleine Drehung um den Winkel $-\mathrm{d}\varphi$ aus, wird der Angriffspunkt der Kraft um das differentiell kleine Wegstück $\mathrm{d}\boldsymbol{s}$ verschoben. Dabei zeigt der $\mathrm{d}\varphi$-Vektor entgegen der Richtung der Drehachse, und es wird die differentiell kleine Arbeit

$$\mathrm{d}W = \boldsymbol{F}\cdot\mathrm{d}\boldsymbol{s} = F\sin\varphi\, l\,\mathrm{d}\varphi = -\boldsymbol{T}\cdot\mathrm{d}\boldsymbol{\varphi}, \qquad \text{woraus} \qquad T = -\frac{\mathrm{d}W}{\mathrm{d}\varphi} = \frac{\mathrm{d}W_\mathrm{p}}{\mathrm{d}\varphi}, \quad (1.5\text{-}5)$$

verrichtet. Hier ist entsprechend Aufg. 1.5.1-1 $F\sin\varphi$ der in Drehrichtung $\mathrm{d}\boldsymbol{s}$ wirksame Kraftanteil, und $\frac{1}{2}l\varphi$, mit φ im Bogenmaß, die Länge des Bogensegments auf dem Kreis mit Radius $\frac{1}{2}l$. Da die Kraft doppelt vorhanden ist, ergibt sich die Formel. Damit ist auch begründet, daß Arbeit und Drehmoment die gleiche Einheit aufweisen.

Bei einer Drehung vom Anfangswinkel φ_1 zum Endwinkel φ_2 ergibt sich die geleistete Arbeit zu:

$$W = -\int_{\varphi_1}^{\varphi_2} \boldsymbol{T}\cdot\mathrm{d}\boldsymbol{\varphi} = -lF\int_{\varphi_1}^{\varphi_2} \sin\varphi\,\mathrm{d}\varphi = lF(\cos\varphi_2 - \cos\varphi_1) = (\boldsymbol{l}_2 - \boldsymbol{l}_1)\cdot\boldsymbol{F}. \qquad (1.5\text{-}6)$$

Diese universell gültige Beziehung wollen wir wieder auf den COULOMBSCHen Dipol übertragen. Wir erhalten mit Gl. 3 für die vom Feld am Dipol verrichtete Arbeit:

$$W_D = pE(\cos\varphi_2 - \cos\varphi_1) = (\boldsymbol{p}_2 - \boldsymbol{p}_1)\cdot\boldsymbol{E} = Q(\boldsymbol{l}_2 - \boldsymbol{l}_1)\cdot\boldsymbol{E} = Q(U_2 - U_1). \quad (1.5\text{-}7)$$

Drehen wir mit einer äußeren Kraft von $\varphi_1 = 0$ bis zu einem bestimmten Winkel φ, so muß mit $U = El$ als Spannung entlang $\boldsymbol{l}$ parallel zum Feld

$$W_{Dp}(\varphi) = -\,W_D(\varphi) = pE(1 - \cos\varphi) = pE - \boldsymbol{p}\cdot\boldsymbol{E} = QU(1 - \cos\varphi) \quad (1.5\text{-}8)$$

die dabei gespeicherte potentielle Energie des Dipols sein. Er verhält sich wie ein gespannte Feder, die beim Loslassen zurückschnellt und bei Dämpfung nach einiger Zeit wieder die drehmomentfreie Lage parallel zum Feld einnimmt. Die potentielle Energie ist maximal für $\varphi_2 = \pi$:

$$W_{Dpmax} = 2pE = 2QU. \quad (1.5\text{-}9)$$

Dies ist erwartungsgemäß das doppelte der potentiellen Energie einer Einzelladung. Das Unbestimmte Integral liefert folgenden Ausdruck, der als potentielle Energie in Bezug auf einen Energienullpunkt bei $\varphi_1 = \frac{\pi}{2}$ interpretiert werden kann:

$$W_{Dp} = \int T\mathrm{d}\varphi = lF\int\sin\varphi\mathrm{d}\varphi = -\,lF\cos\varphi = -\,\boldsymbol{l}\cdot\boldsymbol{F} = -\boldsymbol{p}\cdot\boldsymbol{E} = -\,Q\boldsymbol{l}\cdot\boldsymbol{E}. \quad (1.5\text{-}10)$$

Aufgabe 1.5.3-1: Welche Arbeit W wird verrichtet, wenn der Dipol aus beliebiger Winkelstellung φ eine halbe Kreisdrehung, welche, wenn er eine vollständige Kreisdrehung durchgeführt hat?
Aufgabe 1.5.3-2: Man skizziere mithilfe von **MATHCAD** $W_{Dp}(\varphi)$ während einer vollen Drehung.
Aufgabe 1.5.3-3: Welche potentielle Energie hat der Dipol mit $\boldsymbol{p} = (1,-3,5)$ Cm in $\boldsymbol{E} = (1,3,5)$ V/m?

1.5.4 Potential und Feldstärke des Dipols im Fernfeld

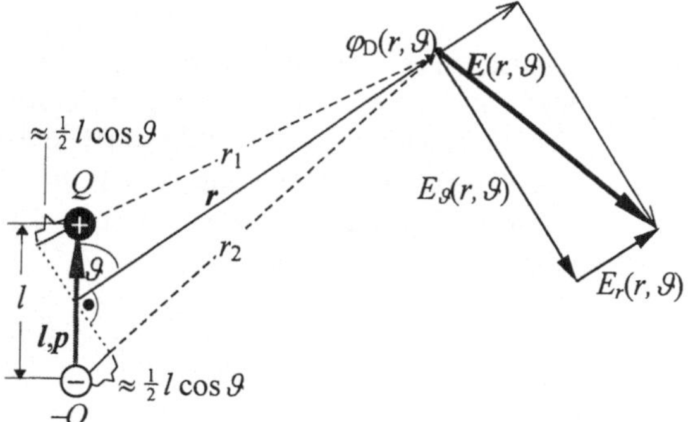

Abb. 1.5-3:
Konstruktion des Feldvektors im Fernfeld des COULOMBschen Elementardipols.

Als nächstes wollen wir für den Dipol in Abb. 1.5-3 das elektrische Fernfeld ($r \gg l$) im Kugelkoordinatenpunkt (r,ϑ,φ), zerlegt in die Kugelkomponenten $E_r(r,\vartheta)$, $E_\vartheta(r,\vartheta)$ berechnen. Wegen der Rotationssymmetrie hängt $\boldsymbol{E}$ natürlich nicht von der φ-Koordinaten ab, und weist auch keine φ-Komponente auf. Wir berechnen dazu zunächst das Dipolpotential φ_D, drücken die Abstände zu den Ladungen näherungsweise durch r, l und ϑ aus, vernachlässigen l^2 und bilden den Gradient in Kugelkoordinaten:

Aus der Abbildung folgt für große r: $\quad r_{1,2} \approx r \mp \frac{1}{2} l \cos\vartheta$.

Für das Dipolpotential φ_D ergibt sich gemäß Abschnitt 1.4.3.4 durch lineare Überlagerung:

$$\varphi_\mathrm{D}(r,\vartheta)=\frac{Q}{4\pi\varepsilon}\left(\frac{1}{r_1}-\frac{1}{r_2}\right)\approx\frac{Q}{4\pi\varepsilon}\left(\frac{1}{r-\frac{1}{2}l\cos\vartheta}-\frac{1}{r+\frac{1}{2}l\cos\vartheta}\right)$$

$$=\frac{Q}{4\pi\varepsilon}\frac{l\cos\vartheta}{r^2-(\frac{1}{2}l\cos\vartheta)^2}\approx\frac{Ql\cos\vartheta}{4\pi\varepsilon r^2}=\frac{p\cos\vartheta}{4\pi\varepsilon r^2}. \tag{1.5-11}$$

Ordnen wir der Richtung vom Dipolschwerpunkt zum Ort (r,ϑ) den Vektor $\boldsymbol{r}$ zu, können wir diese Gleichung zu

$$\varphi_\mathrm{D}(r,\vartheta)\approx\frac{Qlr\cos\vartheta}{4\pi\varepsilon r^3}=\frac{Q\boldsymbol{l}\cdot\boldsymbol{r}}{4\pi\varepsilon r^3}=\frac{\boldsymbol{p}\cdot\boldsymbol{r}}{4\pi\varepsilon r^3}. \tag{1.5-12}$$

angeben, womit der Querbezug zum Dipolmoment $\boldsymbol{p}$ hergestellt ist. Das $\approx$-Zeichen können wir durch ein =-Zeichen ersetzen, wenn wir $l\to 0$ und $Q\to\infty$ gehen lassen, so daß $\boldsymbol{p}$ konstant bleibt. Wir erkennen, daß das Dipolpotential statt mit der linearen Hyperbel der Einzelladung quadratisch mit r abfällt, was dadurch begründbar ist, daß sich die unterschiedlichen Polaritäten in zunehmendem Abstand rascher neutralisieren. Es verschwindet normal zur Dipolachse, denn hier befinden wir uns ja genau in der Mitte zwischen + und –; in Achsenrichtung ist der Betrag maximal. Die elektrische Feldstärke erhalten wir durch Gradientenbildung:

$$\boldsymbol{E}(r,\vartheta)=\begin{pmatrix}E_r(r,\vartheta)\\E_\vartheta(r,\vartheta)\end{pmatrix}=-\operatorname{grad}\varphi_\mathrm{D}=-\begin{pmatrix}\partial\varphi_\mathrm{D}/\partial r\\\partial\varphi_\mathrm{D}/r\partial\vartheta\end{pmatrix}\approx\frac{Ql}{4\pi\varepsilon r^3}\begin{pmatrix}2\cos\vartheta\\\sin\vartheta\end{pmatrix}. \tag{1.5-13}$$

$\boldsymbol{E}$ weist entsprechend der Abbildung in r- und ϑ-Richtung. Für ϑ = 90° normal zur Dipolachse zeigt $\boldsymbol{E}$ in ϑ-, also (anti)parallel zur Dipolrichtung. Die zugehörigen Feldlinienbilder sind links in Abb. 1.3-7 dargestellt. Die Formel repräsentiert somit lediglich deren Darstellung in Kugel- statt in kartesischen Koordinaten. Auch der um eine Potenz höhere r^3-Abfall der Feldstärke gegenüber dem Monopol repräsentiert wie beim Potentialvergleich die zunehmende Neutralisierung der Ladungen im fernen Abstand.

Dieser Aspekt ist ebenfalls wichtig für die Physik der atomaren Bindungen. Aus diesem Grund sind Atome und Moleküle wegen ihrer Dipoleigenschaften von Kern und Hülle in der Lage, benachbarte Atome und Moleküle mit ebensolchen Eigenschaften an sich zu binden, nicht jedoch in größeren Entfernungen. Mit abnehmendem Atomabstand wachsen also die COULOMBschen Dipolbindungskräfte, mit wachsendem neutralisieren sie sich und die Materie wird zunehmend durch die Gravitation zusammengehalten. Diese ist jedoch monopolar und neutralisiert sich daher nicht. Ihr wirken großräumig die kosmischen Trägheitskräfte der Bewegungen entgegen.

Aufgabe 1.5.4-1: Man deute den Wert des elektrischen Dipolfeldstärkevektors für ϑ = 0° physikalisch.

Aufgabe 1.5.4-2: Man stelle den elektrischen Dipolfeldstärkebetrag in kartesischen Koordinaten dar.

***Aufgabe 1.5.4-3**: Zwei gleiche Dipole der Länge l und der Ladungen $\pm Q$ seien entsprechend der Abbildung im sonst feldfreien Raum im Abstand d der parallelen Dipolachsen angeordnet. Man berechne in weitem Abstand $r \gg l, d$ für ϑ = 90° die Feldstärke $\boldsymbol{E}$ nach Betrag und Richtung.

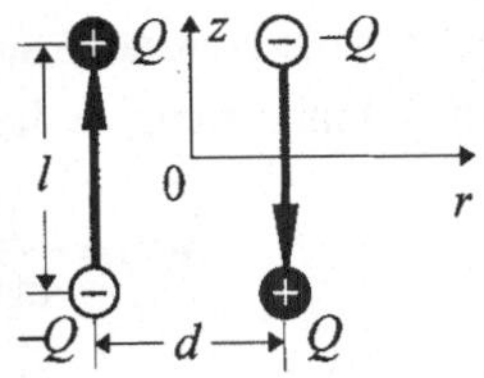

1.6 Erregungsassoziierte Größenarten

Zu Anfang von Abschnitt 1.4 wurde die Behandlung von Feldmengen in solche entlang eines Wegs $\boldsymbol{s}$ durch das Feld und solche über eine Fläche $\boldsymbol{A}$ quer zum Feld unterschieden. Letzterer wollen wir uns nun zuwenden. Dazu gehören elektrischer Hüllenfluß $\overset{\circ}{\Psi}$, elektrischer Fluß Ψ, und elektrische Flußdichte, auch Elektrische Erregung, $\boldsymbol{D}$. Sie werden durch den Ladungserhaltungssatz bestimmt.

1.6.1 Diskussion der Definition geeigneter Erregungsgrößenarten

Wir fangen zur Berechnung dieser Feldmenge wie bei der elektrischen Feldstärke mit dem einfachsten Modell an, nämlich einer Punktladung Q, z.B. einer Elementarladung, mit ihrem mittlerweile hinlänglich und aus allen Blickwinkeln bekannten Feldverlauf im homogenen Medium, speziell im Freiraum. Wir stellen uns in Analogie zu den Feldstärkebetrachtungen drei Fragen:

1. Welche Menge an Feldlinien - genannt elektrischer Hüllenfluß $\overset{\circ}{\Psi}$ - durchsetzt eine um die Punktladung Q konzentrische Kugelfläche $\overset{\circ}{A}(r)$ mit Radius r? $\overset{\circ}{\Psi}$ entspricht in dieser Terminologie der Umlaufspannung $\overset{\circ}{U}$. Unabhängig von den Eigenschaften der Ladung Q und des diese Ladung umgebenden Mediums erhielten wir aufgrund des Energieerhaltungssatzes $\overset{\circ}{U} = 0$; folglich fordern wir, daß das Ergebnis unserer Hüllenflußberechnung ebenfalls medienunabhängig ist. Daß dementsprechend der Hüllenfluß nicht von Q abhängt, wird uns schwerlich gelingen, denn auf der Kugeloberfläche zeigen im Gegensatz zum Umlauf ja alle Feldlinien in die gleiche Richtung und können folglich entsprechend dem Ladungserhaltungssatz nicht neutralisiert werden.
2. Welche Konzentration der Feldlinien - genannt elektrische Flußdichte $\boldsymbol{D}$ - finden wir auf dieser Kugelfläche mit dem Radius r? $\boldsymbol{D}$ entspricht in dieser Terminologie der Feldstärke $\boldsymbol{E}$, wobei zunächst die Frage zu klären ist, ob wir diese nicht gleich als Flußdichte verwenden können.
3. Welche Teilmenge an Feldlinien - genannt elektrischer Fluß Ψ - durchsetzt einen Teil der Fläche $A(r)$ mit Radius r? Ψ entspricht in dieser Terminologie der Spannung U.

Aus Symmetriegründen können wir zunächst annehmen, daß die Feldgröße auf der Kugel überall den gleichen Wert hat. Dies finden wir sofort bestätigt, wenn wir für diese die elektrische Feldstärke einsetzen, die ja auf konstantem Radius r konstantes Potential φ_e aufweist. Insofern könnte man zunächst geneigt sein, zu argumentieren, einfach die Feldstärke auf der Fläche mit Radius r mit dem Flächenbetrag $\overset{\circ}{A}(r) = 4\pi r^2$ zu multiplizieren, um die Feldmenge, die diese Fläche durchsetzt, zu erhalten:

$$E(r)\,\overset{\circ}{A}(r) = \frac{Q}{4\pi\varepsilon r^2}4\pi r^2 = \frac{Q}{\varepsilon}. \tag{1.6-1}$$

Wir erkennen zweierlei:

- Jede Hülle wird von der gleichen Feldmenge durchsetzt, da diese nicht vom Radius r abhängt. Das ist plausibel, wenn wir uns die einfache Modellvorstellung zu eigen machen, daß kontinuierlich von der Ladung Q etwas nur von ihr bestimmtes wegfließt, was ja irgendwann alle konzentrischen Hüllen durchsetzen muß. Dieser den Radius r durchsetzende elektrische Hüllenfluß wird auch irgendeinen anderen (kleineren oder größeren) Radius r' durchsetzen. Wären die Hüllenflüsse durch r und r' verschieden, könnte dies auf zweierlei Arten sein; wir betrachten den Fall $r' > r$:
  - Der Hüllenfluß durch $r' > r$ ist kleiner als durch r: dann müßte sich dazwischen ein Objekt befinden, das diesen entweder absorbiert oder einen Fluß mit entgegengesetztem Vorzeichen generiert. Da mit dem Fluß Energie assoziiert sein muß, würde dies im ersten Fall Energieabsorption bedeuten. Solche Objekte sind nicht bekannt. Der zweite Fall ist durchaus denkbar, denn es gibt ja Ladungen verschiedener Polarität, jedoch wäre damit die Voraussetzung verletzt, daß sich innerhalb der Kugel nur diese eine flußerzeugende Ladung Q befindet.
  - Der Fluß durch $r' > r$ ist größer als durch r: dann müßte sich dazwischen ein Objekt befinden, das diesen Fluß generiert. Dies könnte durch weitere Ladungen gleicher Polarität im betrachteten Gebiet geschehen, womit ebenfalls die Voraussetzungen verletzt wären.
- Die so berechnete Feldmenge hängt von der bis jetzt noch etwas ominösen Größe ε ab. Von ihr haben wir zunächst gesagt, daß wir sie als Maßsystem- und Einheitenanpasser verwenden. Im vorigen Abschnitt über Dreh- und Dipolmomente wurde bereits dargelegt, daß sie eng mit den Dipoleigenschaften der Materie verbunden ist, also eine Materialgröße darstellt, und folglich durch sie die Feldmenge durch die Hülle von dem die Ladung Q umgebenden Material bestimmt würde.

  Das bedeutet aus der Anschauung nichts anderes, als daß die umgebenden Dipole sich entgegen der ursprünglichen Feldstärke ausrichten werden und diese so tlw. gegenüber dem Fall vernichten, daß die Ladung vom Freiraum mit $\varepsilon_0 < \varepsilon$ umgeben ist. Vielmehr bemühen wir uns, einen Hüllenfluß zu finden, der allein durch den Wert der Ladung Q, nicht jedoch durch das umgebende Medium bestimmt wird.

  Damit ist die unmittelbare Verwendung der Feldstärke für dieses Unterfangen nur bedingt geeignet, obwohl wir natürlich erwarten können, daß zwischen der Flußdichte und der Feldstärke ein enger Zusammenhang besteht. Um die Flußdichte zu finden müssen wir uns folgendes klarmachen:

Statt des Quotienten Q/ε kann durch Multiplikation mit ε, also Herausnormierung der Materialeigenschaften, die Ladung Q selbst direkt als ***elektrischer Hüllenfluß*** $\overset{\circ}{\Psi}$ interpretiert werden, der von der Ladung ausgeht. Charakteristisch für jedwede Art diesen (Hüllen-)Flusses ist jedoch, daß nichts wirklich fließt. Man muß sich in diesem Zusammenhang klarmachen, daß nicht das Proton oder Elektron als gedachtes Kügelchen, sondern der umgebende Raum - praktisch der Rest der Welt - Träger der Ladung - des Flusses, und damit der zugehörigen Energie - ist, allerdings nur in der unmittelbaren Umgebung dicht konzentriert, aber überall vorhanden (FARADAYsche Nahewirkungstheorie). In diesem Sinne stellt das Ladungsobjekt lediglich eine Singularität im Feld dar.

Das Partikel sendet in unserer einfachen Modellvorstellung der klassischen Physik Strahlen in der Menge der Ladung aus, womit aber kein Energietransport weg von ihm verbunden ist, sondern die Energie ruht um das Kügelchen, sofern dieses selbst ruht. Man unterscheide in diesem Zusammenhang also deutlich zwischen den Begriffen Träger, wie hier dargestellt, und Verursacher, wie zu Anfang des Kapitels festgelegt.

Anders gesagt: die Existenz eines Ladungskügelchens, wie eines Elektrons, über das wir sehr wenig wirklich wissen - nicht einmal seinen (wahren) Durchmesser und ob es überhaupt einen solchen hat oder ob dies ein Begriff ist, den wir ihm überhaupt sinnvoll zubilligen können (Unschärferelation) - versetzt den Raum in einen besonderen physikalischen Zustand - nämlich den, ein Feld zu führen, mit dem wir recht gut umgehen können, und von dem wir gerade dabei sind, es in seinen einzelnen Eigenschaften zu beschreiben.

Als Fazit können wir festhalten, daß letztendlich weder eine Unterscheidungsmöglichkeit noch -notwendigkeit zwischen Q und $\overset{\circ}{\Psi}$ besteht. Im Prinzip könnte man eine der Größen streichen. Für unsere NEWTONsch-materiell geprägte (verbogene) Denkweise kann die Unterscheidung in Q als materielles Punktobjekt und umgebenden Hüllenfluß $\overset{\circ}{\Psi}$ hilfreich sein und wird auch in diesem Sinne weitergeführt, entbehrt jedoch jeder physikalischen Realität. Die Festlegung des Hüllenflusses $\overset{\circ}{\Psi}$ auf einer beliebigen konzentrischen Kugelfläche um Q erfolgt also mit dieser Argumentation materialunabhängig aus Gl. 1 zu:

$$\overset{\circ}{\Psi} = \frac{Q}{4\pi r^2} 4\pi r^2 = Q. \qquad [\overset{\circ}{\Psi}] = [Q] = \mathrm{As} = \mathrm{C\,(oulomb)} \tag{1.6-2}$$

Nun wollen wir die der Feldstärke E adäquate Flußdichte D finden. Sie ergibt sich konsequent aus der vorstehenden Gleichung zu:

$$D = \frac{\overset{\circ}{\Psi}}{\overset{\circ}{A}(r)} = \frac{Q}{4\pi r^2}. \qquad [D] = \frac{\mathrm{As}}{\mathrm{m}^2} = \frac{\mathrm{C}}{\mathrm{m}^2} \tag{1.6-3}$$

In der Physik werden Größenarten, die Konzentrationen von Größenarten auf Flächen und Volumina, tlw. auch Längen, beschreiben, als deren Dichten bezeichnet. So ist z.B. der Druck die als Kraft pro Fläche eine Kraftdichte. In diesem Sinne heißt D ***elektrische Flußdichte***. Sie verfügt weder über einen dem Druck vergleichbaren eigenen Namen für die Größenart (Flußdichte), noch über eine eigene Einheit (vgl. später Magnetfeld: die magnetische Flußdichte, gemessen in $\mathrm{Wb/m^2}$ hat den Einheitennamen T(esla)).

Verbleibt noch den der Spannung U adäquaten (***elektrischen***) ***Fluß*** Ψ zu finden. Konsequenterweise schneiden wir einen Teil A aus der Kugelfläche $\overset{\circ}{A}(r)$ und erhalten:

$$\Psi = DA \qquad \text{bzw.} \qquad D = \frac{\Psi}{A}. \tag{1.6-4}$$

Die rechte Fortsetzung der Flußfestlegung besagt, daß damit natürlich die Flußdichte wegen der homogenen Verteilung des Flusses auf der Kugeloberfläche statt über das Verhältnis von Hüllenfluß zu Kugeloberfläche auch durch Fluß zu Kugelsegmentfläche berechenbar ist.

Aufgabe 1.6.1-1: Man berechne den Fluß Ψ eines Protons im Koordinatensystemursprung, der den Anteil des Koordinatensystems durchsetzt, in dem alle Koordinaten negativ sind.

Aufgabe 1.6.1-2: Der Fluß Ψ durchsetzt auf einer Kugel mit Radius R einen Kugelabschnitt mit dem Durchmesser R. Welche Ladung Q befindet sich im Zentrum?
Aufgabe 1.6.1-3: Welchen Wert kann der Flußbetrag Ψ durch ein kreisrundes Kugelsegment mit dem Kegelöffnungswinkel $\alpha = 30°$ minimal annehmen, wenn sich eine Ladung im Zentrum befindet?

1.6.2 Flußberechnung für verschiedene Geometrien

Die Flußberechnung über eine endliche Fläche kann wie bei der Spannungsberechnung über das Linienintegral in Abschnitt 1.4.3.4 in verschiedenen Schwierigkeitsgraden erfolgen, die bei der einfachen skalaren Produktbildung beginnt, und sich über die skalare Integration bis zur Oberflächenintegration über eine gekrümmte Fläche schräg zu den Feldlinien eines inhomogenen Felds fortsetzt. Man sollte sich daher auch hier vor der Wahl der Analysemethode über die einfachste Vorgehensweise im klaren sein, wozu wir die Methoden wie dort vergleichen.

1. Feld homogen, Fläche eben, Feld durchsetzt Ebene normal:

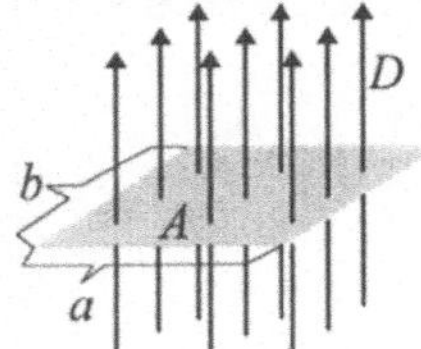

Abb. 1.6-1:
Homogenes Flußdichtefeld D durchsetzt ebene Fläche A normal.

Dies wäre der Fall, wenn wir eine von der Ladung sehr weit entfernte Kugel betrachten. Ein endliches Segment aus der Kugeloberfläche ist dann praktisch eben und der Fluß ergibt sich entspr. Abb. 1.6-1 einfach durch Produktbildung $\Psi = DA$. Ist diese Fläche ein Rechteck der Kantenlängen a und b, wie in der Abbildung dargestellt, heißt das $\Psi = Dab$. Aber auch andere Formen, wie Kreise und Ellipsen bilden keine Schwierigkeiten, die Forderung ist lediglich, daß die Fläche eben ist.

2. Feld homogen, Fläche eben, aber gegenüber dem Feld um einen Winkel α verdreht.

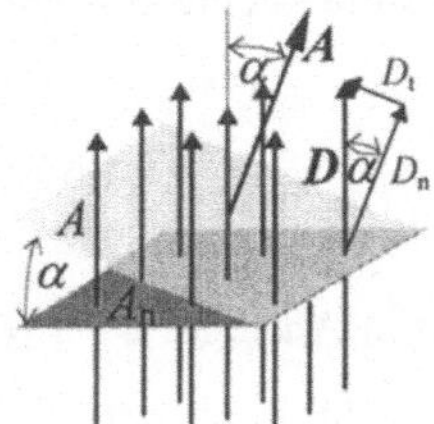

Abb. 1.6-2:
Homogenes Flußdichtefeld $\boldsymbol{D}$ durchsetzt ebene Fläche $\boldsymbol{A}$ im Winkel α.

Die Flußdichte D läßt sich entspr. Abb. 1.6-2 relativ zur Fläche A in einen Normalanteil $D_n = D\cos\alpha$ und Tangentialanteil $D_t = D\sin\alpha$ zerlegen. Letzterer streicht über A hinweg und trägt nicht zum die Fläche durchsetzenden Fluß Ψ bei. Alternativ können wir argumentieren, daß der volle Fluß Ψ die normal zur Feldrichtung liegende Fläche $A_n = A\cos\alpha$ durchsetzt. $\cos\alpha$ tritt bei Skalarproduktbildungen zwischen Vektorbeträgen auf. Diese Methode können wir folglich anwenden, wenn wir Feld und Fläche Vektorcharakter zubilligen.

Zunächst betrachten wir die der Feldstärke $\boldsymbol{E}$ adäquate Vektorrichtung der Flußdichte $\boldsymbol{D}$. Im Freiraum besteht kein Grund, beide nicht gleich anzunehmen. Wenn wir in Materie davon ausgehen, daß sich die Elementardipole ohne weitere Zwänge frei ausrichten lassen, gilt dies auch hier. Einen solchen Stoff nennt man isotrop, d.h. die besprochene Eigenschaft ist richtungsunabhängig. Ist dies nicht der Fall, wie es z.B. bei anisotropen Kristallen der Fall sein kann, müssen wir diese unterschiedlich annehmen, was hier nicht weiter verfolgt werden soll.

Den Vektorcharakter der Fläche $\boldsymbol{A} = (A_x, A_y, A_z)$ legen wir wie beim Drehmoment als Normalenrichtung zur Fläche fest. Der Betrag von $\boldsymbol{A}$ ist gleich dem Flächenbetrag. Sind die Kantenlängen des Rechtecks A a und b, so gilt $\boldsymbol{A} = A\vec{e}_A = ab\vec{e}_A$ mit $\vec{e}_A$ als Normaleneinheitsvektor. Wir erhalten für den Fluß:

$$\Psi = D_n A = D\cos\alpha \cdot A = DA_n = DA\cos\alpha = \boldsymbol{D}\cdot\boldsymbol{A} = D_xA_x + D_yA_y + D_zA_z. \qquad (1.6\text{-}5)$$

3. Feld homogen, Fläche gekrümmt

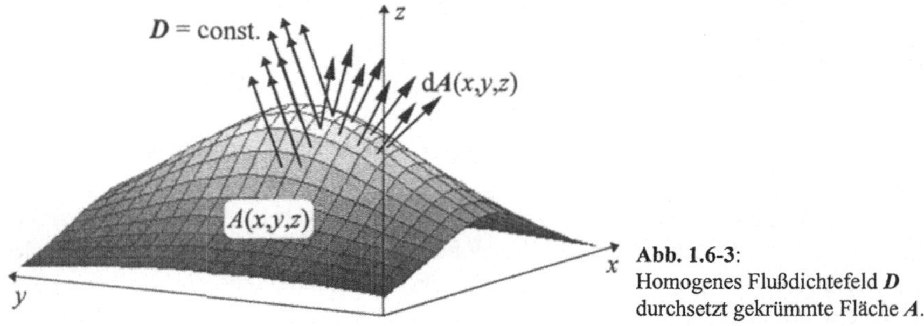

Abb. 1.6-3: Homogenes Flußdichtefeld $\boldsymbol{D}$ durchsetzt gekrümmte Fläche $\boldsymbol{A}$.

Wir erkennen in Abb. 1.6-3 die gekrümmte Fläche, beschrieben in einem kartesischen Koordinatensystem, durch den jetzt vom Ort $\boldsymbol{x} = (x,y,z)$ auf der Fläche abhängigen Flächennormalenvektor $\mathrm{d}\boldsymbol{A}(\boldsymbol{x})$. Wir müssen integrieren, wie im nächsten Abschnitt genauer erläutert, und eine Skalarproduktauswertung vornehmen. Da die Flußdichte konstant ist, kann sie jedoch vor das Integral gezogen werden:

$$\Psi = \boldsymbol{D}\cdot\int_A \mathrm{d}\boldsymbol{A} = D\int_A \cos\underline{/\,\boldsymbol{D},\mathrm{d}\boldsymbol{A}}\cdot \mathrm{d}A = DA_n. \qquad (1.6\text{-}6)$$

Der Winkel variiert entlang der Fläche. Das Integral $\int_A \mathrm{d}A$ erlaubt in Analogie zu $\int_s \mathrm{d}s$ die Berechnung eines Oberflächenintegrals mit 1-Integrand und stellt somit den Flächenwert einer gekrümmten Fläche selbst dar. A_n bedeutet, daß an jeder Stelle der Normalenvektor zu nehmen ist, so daß D die Fläche senkrecht durchsetzt. A_n stellt die Projektion der Fläche auf die Normalenebene zum Feld dar.

4. Feld inhomogen, Fläche gekrümmt, aber normal zu den Feldlinien orientiert.

Dies ist z.B. beim Feld der Punkt- oder Kugelladung gegeben, so daß dieser Fall genau demjenigen entspricht, den wir im vorigen Abschnitt behandelt hatten. Ein allgemeineres Beispiel zeigt Abb. 1.6-4 Wir müssen integrieren, aber Integrand und Integrationsvariable brauchen nicht in Vektorform dargestellt zu werden:

$$\Psi = \int_A D\mathrm{d}A. \tag{1.6-7}$$

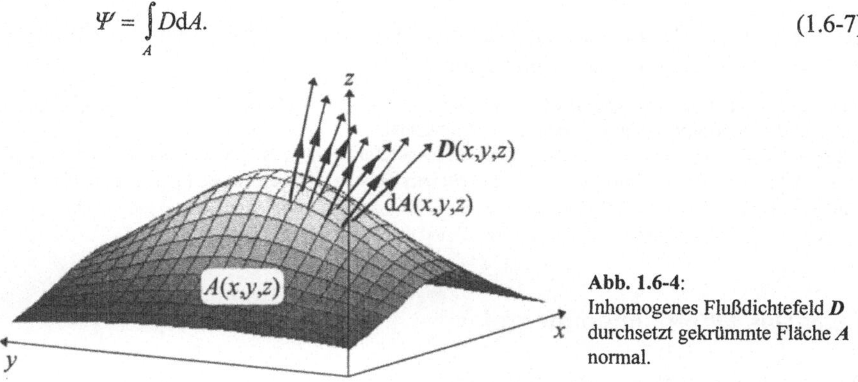

Abb. 1.6-4: Inhomogenes Flußdichtefeld ***D*** durchsetzt gekrümmte Fläche ***A*** normal.

5. Feld inhomogen, Fläche gekrümmt, beide beliebig zueinander orientiert

Wir erkennen in Abb. 1.6-5 neben der wie bisher gekrümmten Fläche das inhomogene ***D***-Feld, beschrieben durch die Feldlinien, die überall verschieden und unter beliebigem Winkel die Fläche durchsetzen, sowie die dazugehörigen Feldvektoren $\boldsymbol{D}(\boldsymbol{x})$ an zwei Stellen, an denen auch die Flächennormalenvektoren $\mathrm{d}\boldsymbol{A}(\boldsymbol{x})$ dargestellt sind. Sie bilden einen von $\boldsymbol{x}$ abhängigen variablen Winkel $\alpha(\boldsymbol{x})$.

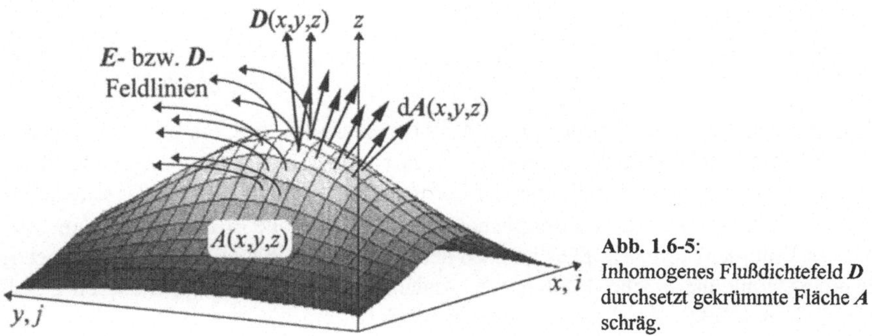

Abb. 1.6-5: Inhomogenes Flußdichtefeld ***D*** durchsetzt gekrümmte Fläche ***A*** schräg.

Betrachten wir die Fläche als in finite Elemente zerlegt, können wir kleine Rechtecke ΔA_{ij} identifizieren, wobei i bzw. j die Segmente in x- bzw. y-Richtung bis zu einem Maximalwert m bzw. n durchnumerieren, im Beispiel jeweils bis $m = n = 20$. Jedes Flächenelement wird entsprechend den Ausführungen des vorigen Falls von einem Flüßchen $\Delta\Psi_{ij} = \boldsymbol{D}_{ij}\cdot\Delta\boldsymbol{A}_{ij}$ durchsetzt, wobei $\boldsymbol{D}_{ij}$ den Vektor der Flußdichte durch $\Delta\boldsymbol{A}_{ij}$ darstellt. Der Gesamtfluß durch die Fläche ergibt sich folglich zu:

$$\Psi \approx \sum_{i=1}^{m}\sum_{j=1}^{n}\Delta\Psi_{ij} = \sum_{i,j}\Delta\Psi_{ij} = \sum_{i=1}^{m}\sum_{j=1}^{n}\boldsymbol{D}_{ij}\cdot\Delta\boldsymbol{A}_{ij} = \sum_{i,j}\boldsymbol{D}_{ij}\cdot\Delta\boldsymbol{A}_{ij}$$

$$\Rightarrow \quad \Psi = \lim_{\substack{\Delta A_{ij}\to 0\\ m,n\to\infty}} \sum_{i=1}^{m}\sum_{j=1}^{n} \boldsymbol{D}_{ij}\cdot\Delta \boldsymbol{A}_{ij} = \iint_A \boldsymbol{D}(\boldsymbol{x})\cdot \mathrm{d}\boldsymbol{A}(\boldsymbol{x}) = \int_A \boldsymbol{D}\cdot\mathrm{d}\boldsymbol{A}. \qquad (1.6\text{-}8)$$

Die Schreibweise der Einzelsumme mit dem Doppelindex $_{i,j}$ sowie dem Einzelintegral ist dabei eine reine Abkürzungskonvention.

Aufgabe 1.6.2-1: Man berechne den Fluß Ψ des Feldes $\boldsymbol{D} = (-1,3,-2)\ \mathrm{nC/m^2}$, der das Dreieck durchsetzt, das die Koordinatenachsen jeweils bei 1 m schneidet.
Aufgabe 1.6.2-2: Aus welchen die Koordinatenabschnitte unterhalb des Dreiecks der vorigen Aufgabe normal durchsetzenden Flußanteilen Ψ_x, Ψ_y und Ψ_z setzt sich der dort berechnete Fluß zusammen?
***Aufgabe 1.6.2-3**: Der Fluß $\Psi = 2\ \mathrm{nC}$ der Flußdichte $D = 5\ \mathrm{nC/m^2}$ durchsetzt normal zur y-Achse das in Aufgabe 1 angegebene Dreieck. Man bestimme $\boldsymbol{D}$ und den Winkel α zwischen $\boldsymbol{D}$ und $\boldsymbol{A}$.

1.6.3 Das Oberflächenintegral

Durchsetzt also im allgemeinen Fall ein inhomogenes Feld eine beliebig zu ihm orientierte gekrümmte Fläche, bildet ein ***elektrischer Fluß*** Ψ entspr. Abb. 1.6-6 die Summe aller Flußdichtelinien über ein bestimmtes, auch nichtgeschlossenes, Teilgebiet A:

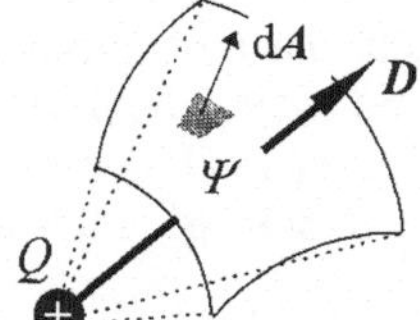

Abb. 1.6-6:
Von der Ladung Q hervorgerufener elektrischer Fluß Ψ auf einem beliebig geformten Teilgebiet.

$$\Psi := \iint_A \boldsymbol{D}\cdot\mathrm{d}\boldsymbol{A} \qquad \text{bzw.} \qquad D = \frac{\mathrm{d}\Psi}{\mathrm{d}A\cos\angle\boldsymbol{D},\mathrm{d}\boldsymbol{A}}. \qquad (1.6\text{-}9)$$

Diese Betrachtung entspricht der Frage nach der Wassermenge, die eine beliebig orientierte Reuse in einen Bach, in dem das Wasser unregelmäßig über die Steine fließt, durchsetzt, woraus auch der Flußbegriff herrührt. $\boldsymbol{D}$ entspricht hier der Geschwindigkeit $\boldsymbol{v}$, das Integral über die Reusenfläche A liefert eine Größe $\iint \boldsymbol{v}\cdot\mathrm{d}\boldsymbol{A}$ mit der Dimension eines Volumens pro Zeit. Dies ist auch anschaulich der Wasserfluß im Kubikmeter, der pro Sekunde die Fläche A durchsetzt. Andersherum ist die Geschwindigkeit gleich dem Fluß pro effektiv durchsetzte Fläche, gemessen in $(\mathrm{m^3/s})/\mathrm{m^2}$.

Nun ist in Analogie zum Linienintegral entlang eines Wegs in Abschn. 1.4.3.3 wieder ein Integraltyp aufgetaucht, der demjenigen, der noch nicht mit Vektorfeldern gearbeitet hat, ebenfalls neu sein dürfte: das Oberflächenintegral, auch Flußintegral genannt, hier in der Form des allgemeinen Oberflächenintegrals. Hier sind ebenfalls Integrand $\boldsymbol{D}$ als auch Integrationsvariable $\mathrm{d}\boldsymbol{A}$ Vektoren, die entspr. Abb. 1.4-6 skalarmultipliziert (hier: $\boldsymbol{D}\cdot\mathrm{d}\boldsymbol{A}$) werden. Wegen der Flächeneigenschaft von $\mathrm{d}\boldsymbol{A}$ handelt es sich jedoch um ein Doppelintegral, d.h. ein Integral über ein Integral. Zur Auswertung bilden wir:

$$\Psi = \iint_A \begin{pmatrix} D_x \\ D_y \\ D_z \end{pmatrix} \cdot \mathrm{d}\begin{pmatrix} A_x \\ A_y \\ A_z \end{pmatrix} = \iint_A \begin{pmatrix} D_x \\ D_y \\ D_z \end{pmatrix} \cdot \begin{pmatrix} \mathrm{d}A_x \\ \mathrm{d}A_y \\ \mathrm{d}A_z \end{pmatrix} = \Psi_x + \Psi_y + \Psi_z =$$

$$= \iint_A (D_x \mathrm{d}A_x + D_y \mathrm{d}A_y + D_z \mathrm{d}A_z) = \iint_A (D_x \mathrm{d}y\mathrm{d}z + D_y \mathrm{d}z\mathrm{d}x + D_z \mathrm{d}x\mathrm{d}y) =$$

$$= \int_{z_1}^{z_2} (\int_{y_1(z)}^{y_2(z)} D_x \mathrm{d}y)\mathrm{d}z + \int_{x_1}^{x_2} (\int_{z_1(x)}^{z_2(x)} D_y \mathrm{d}z)\mathrm{d}x + \int_{y_1}^{y_2} (\int_{x_1(y)}^{x_2(y)} D_z \mathrm{d}x)\mathrm{d}y. \qquad (1.6\text{-}10)$$

Das Ergebnis ist erwartungsgemäß ein Skalarfeld, der Fluß Ψ. So wie das allgemeine Linienintegral auf drei Linienintegrale erster Art zurückgeführt wurde, liefert das allgemeine Oberflächenintegral drei Oberflächenintegrale erster Art ab, bei denen die Integranden Skalare sind, aber geeignete Integrationsgrenzen spezifiziert werden müssenZur praktischen Auswertung gibt es wie beim Linienintegral verschiedene Möglichkeiten, von denen eine skizziert wurde. Das Ergebnis besteht aus drei Doppelintegralen als skalare Oberflächenintegrale erster Art, die formal gleich behandelt werden können, was wir am Beispiel des ersten betrachten:

Der Integrand ergibt sich aus dem Produkt $D_x\mathrm{d}A_x$. $\mathrm{d}A_x$ weist entsprechend dem Koordinatenindex in x-Richtung und ist gemäß den Ausführungen des vorigen Abschnitts vom Betrage gleich dem normal dazu liegenden Flächenelement $\mathrm{d}y\mathrm{d}z$. Damit stehen im Gegensatz zum Linienintegral zwei Integrationsvariablen $\mathrm{d}y$ und $\mathrm{d}z$ zur Verfügung, die nacheinander abgearbeitet werden müssen. Die Reihenfolge ist dabei unwichtig, praktische Gründe der Vereinfachung der Integrationstechnik werden in der Regel jedoch einer bestimmten den Vorzug geben.

Dies führt hier zunächst zu einem inneren Integral über $D_x(x,y,z)\mathrm{d}y$. $x(y,z)$ ist aus der Flächenbeschreibung als Funktion von y und z zu bestimmen, und y wiederum als $y(z)$. Die Integrationsgrenzen $y_1(z)$ und $y_2(z)$ folgen aus der Flächenberandung. Nachdem diese Integration ausgeführt ist, steht der äußere Integrand als reine Funktion von z zur Verfügung und kann mit konventioneller Integration gelöst werden. Mit zyklisch vertauschten Koordinaten kann dies auf die anderen beiden Integrale übertragen werden.

In der Praxis führt häufig effizienter zum Ziel, A als Niveaufläche eines Skalarfelds $A(x,y,z)$ aufzufassen. Der Vektor $\mathrm{grad}A$ steht dann wie $\mathrm{d}\boldsymbol{A}$ normal zur Fläche, also $\mathrm{d}\boldsymbol{A} \sim \mathrm{grad}A$. $\mathrm{d}\boldsymbol{A}$ besteht aus den Komponenten $\mathrm{d}A_i$, $i = (x,y,z)$, womit dann für jede mit dem gleichen Proportionalitätsfaktor $\mathrm{d}A_i \sim \mathrm{grad}_i A$ gilt. Daraus folgt die Verhältnisgleichung:

$$\frac{\mathrm{d}A}{\mathrm{d}A_i} = \frac{\mathrm{grad}A}{\mathrm{grad}_i A}, \qquad \text{insbes.} \qquad \frac{\mathrm{d}A}{\mathrm{d}A_z} = \frac{\mathrm{grad}A}{\mathrm{grad}_z A}.$$

Dies lösen wir nach $\mathrm{d}A$ auf und setzen es mit $\mathrm{d}A_z = \mathrm{d}y\mathrm{d}x$ in das Flußintegral ein:

$$\Psi = \int_{A_z} \boldsymbol{D} \cdot \frac{\mathrm{grad}A}{\mathrm{grad}_z A} \mathrm{d}y\mathrm{d}x = \int_{x_1}^{x_2} (\int_{y_1(x)}^{y_2(x)} \boldsymbol{D} \cdot \frac{\mathrm{grad}A}{\partial A/\partial z} \mathrm{d}y)\mathrm{d}x. \qquad (1.6\text{-}11)$$

Es handelt sich hier also um eine Integration auf der Projektion der $\boldsymbol{A}$-Fläche auf die xy-Ebene. Alternativ, wenn diese Projektion z.B. verschwindet, kann die Formel natürlich auch analog auf yz- oder zx-Projektionen angewendet werden.

Wir wollen dies am Beispiel des Feldes $\boldsymbol{D} = (D_x,D_y,D_z) = (y,x,z)$ nC/m^3 demonstrieren, das die in der Abb. 1.6-7 dargestellte grau schraffierten ebene Fläche durchsetze. $\mathrm{d}\boldsymbol{A}$ weist für diese Ebene koordinatenunabhängig überall in die gleiche Richtung:

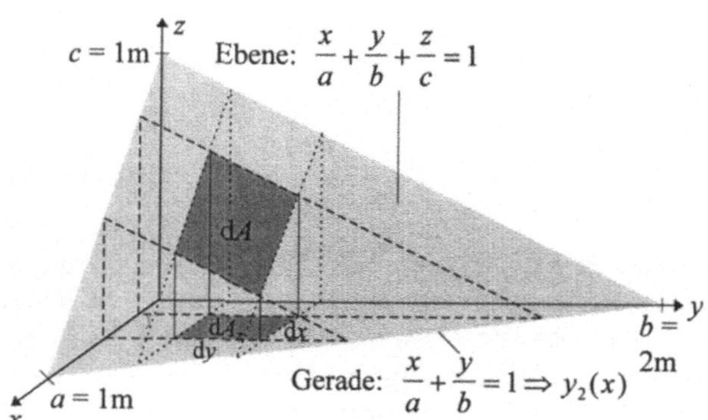

Abb. 1.6-7: Flußdichtefeld $\boldsymbol{D}$ durchsetzt schiefe Ebene $\boldsymbol{A}$.

$$A(x,y,z)=\frac{x}{a}+\frac{y}{b}+\frac{z}{c} \quad \Rightarrow \quad \operatorname{grad}A=\frac{\vec{e}_x}{a}+\frac{\vec{e}_y}{b}+\frac{\vec{e}_z}{c}, \quad \operatorname{grad}_z A=\frac{\partial A}{\partial z}=\frac{1}{c}$$

$$\Rightarrow \quad \boldsymbol{D}\cdot \mathrm{d}\boldsymbol{A}=\begin{pmatrix} y \\ x \\ z \end{pmatrix}\frac{\mathrm{nC}}{\mathrm{m}^3}\cdot c\begin{pmatrix} 1/a \\ 1/b \\ 1/c \end{pmatrix}\mathrm{d}y\mathrm{d}x=c(\frac{y}{a}+\frac{x}{b}+\frac{z}{c})\frac{\mathrm{nC}}{\mathrm{m}^3}\mathrm{d}y\mathrm{d}x.$$

Als nächstes ist wegen der Integration über dydx die z-Koordinate zu eliminieren, die sich aus der Ebenengleichung $z/c = 1 - x/a - y/b$ ergibt. Setzen wir nun zur Vereinfachung der Rechnung die Werte für a, b und c ein, resultiert daraus der Integrand:

$$\boldsymbol{D}\cdot \mathrm{d}\boldsymbol{A}=c(\frac{y}{a}+\frac{x}{b}+1-\frac{x}{a}-\frac{y}{b})\frac{\mathrm{nC}}{\mathrm{m}^3}\mathrm{d}y\mathrm{d}x=(\frac{y}{2}-\frac{x}{2}+1\mathrm{m})\frac{\mathrm{nC}}{\mathrm{m}^3}\mathrm{d}y\mathrm{d}x.$$

Wir werten das innere Integral $\lambda(x)$ bzgl. y aus, wobei wir x als konstant betrachten:

$$\lambda(x)=\frac{\mathrm{nC}}{\mathrm{m}^3}\int_{y_1(x)}^{y_2(x)}(\frac{y}{2}-\frac{x}{2}+1\mathrm{m})\mathrm{d}y=y\left(\frac{y}{4}-\frac{x}{2}+1\mathrm{m}\right)\Bigg|_{y_1(x)}^{y_2(x)}\frac{\mathrm{nC}}{\mathrm{m}^3}.$$

$\lambda(x)$ hat die Dimension einer Ladung pro Länge, die wir später als Linienladung bezeichnen werden. Die Grenzfunktionen $y_1(x)$ und $y_2(x)$ erhalten wir aus der Abbildung gemäß der Projektion der schiefen Ebene auf die xy-Ebene, also für $z = 0$. Die untere Grenze bildet die x-Achse mit der Gleichung $y_1(x) = 0$, die obere Grenze die Gerade $y_2(x) = b(1 - x/a) = 2(1\mathrm{m} - x)$, woraus folgt:

$$\lambda(x)=(1\mathrm{m}-x)(1\mathrm{m}-x-x+2\mathrm{m})\frac{\mathrm{nC}}{\mathrm{m}^3}=(2x^2-5x\mathrm{m}+3\mathrm{m}^2)\frac{\mathrm{nC}}{\mathrm{m}^3}.$$

$\lambda(x)$ ist der Integrand des äußeren Integrals, für das wir als Ergebnis erhalten:

$$\Psi=\int_0^{a=1\mathrm{m}}\lambda(x)\mathrm{d}x=\frac{\mathrm{nC}}{\mathrm{m}^3}\int_0^{1\mathrm{m}}(2x^2-5x\mathrm{m}+3\mathrm{m}^2)\mathrm{d}x=\frac{7}{6}\mathrm{nC}. \tag{1.6-12}$$

 **MATHCAD-Anwendung 1.6-1: Allgemeines Oberflächenintegral** 

Auf dem Weg vom in Anwendung 1.4-6 besprochenen einfachen Integral zum Oberflächenintegral behandeln wir das skalare Doppelintegral nicht separat, da das allgemeine Oberflächenintegral alle Eigenschaften bereits einschließt. Aber auch dieses setzt sich nunmehr unter Einbezug des Skalarprodukts von Vektoren nur noch aus Eingabesequenzen zusammen, die wir bereits kennen, so daß wir uns gleich die symbolische Auswertung des aktuellen Beispiels vornehmen wollen:

$$\int_0^a \int_0^{b\cdot\left(1-\frac{x}{a}\right)} \begin{bmatrix} y \\ x \\ c\cdot\left(1-\frac{x}{a}-\frac{y}{b}\right) \end{bmatrix} \cdot \begin{bmatrix} \frac{c}{a} \\ \frac{c}{b} \\ 1 \end{bmatrix} dy\,dx \cdot 10^{-9} \cdot \frac{\mathrm{C}}{\mathrm{m}^3} \rightarrow \frac{1}{6}\cdot c\cdot(b^2+a\cdot b+a^2)\cdot 10^{-9}\cdot\frac{\mathrm{C}}{\mathrm{m}^3} \quad = \frac{7}{6}\cdot 10^{-9}\cdot \mathrm{C}$$

Mittels /&& erhalten wir das Doppelintegral, das wir wie gehabt bestücken, wobei im Integranden das Skalarprodukt z.B. über die **Insert Matrix**-Dialogbox eingegeben wird.

Im Beispiel wurde in kartesischen Koordinaten gerechnet. Für Zylinder- und Kugelfelder wird wie beim Linienintegral die Verwendung der zugehörigen Koordinatensysteme mit entsprechenden Flächenelementen dA nach Abb. 1.3-3 einfacher sein:

$$\mathrm{d}A_{\text{kartesisch}} = \vec{e}_x \mathrm{d}y\mathrm{d}z + \vec{e}_y \mathrm{d}z\mathrm{d}x + \vec{e}_z \mathrm{d}x\mathrm{d}y.$$

$$\mathrm{d}A_{\text{Zylinder}} = \vec{e}_r r\mathrm{d}\varphi\mathrm{d}z + \vec{e}_\varphi \mathrm{d}r\mathrm{d}z + \vec{e}_z r\mathrm{d}r\mathrm{d}\varphi.$$

$$\mathrm{d}A_{\text{Kugel}} = \vec{e}_r r^2 \sin\vartheta\mathrm{d}\vartheta\mathrm{d}\varphi + \vec{e}_\vartheta r\sin\vartheta\mathrm{d}r\mathrm{d}\varphi + \vec{e}_\varphi r\mathrm{d}r\mathrm{d}\vartheta. \qquad (1.6\text{-}13)$$

Zuweilen wird statt dA auch d^2A geschrieben, was die Flächeneigenschaft als Produkt zweier Differentialelemente zum Ausdruck bringen soll.

Weiterhin ist für das Vorzeichen des Flusses darauf hinzuweisen, daß die Flächenorientierung von Bedeutung ist. Dies resultiert aus den zwei Möglichkeiten, einen Normalenvektor zu orientieren. Demgegenüber ist die Vektorrichtung des Feldes immer eindeutig. Ein positiver Fluß ist positiv in Richtung das Flächennormalenvektors, wenn der Feldvektor eine positive Komponente in diese Richtung hat (+·+) oder wenn diese Komponente negativ ist und in Gegenrichtung zum Flächenvektor weist (–·–). Andernfalls ist der Fluß negativ. Ergibt sich bei einer bestimmten Wahl der Flächenrichtung ein bestimmter Flußwert, ist dessen Vorzeichen entweder bei Flächenrichtungsumkehr oder bei Feldrichtungsumkehr invertiert.

Außerdem sei darauf hingewiesen, daß es Flächen gibt, die nicht orientierbar sind. Hierzu gehört das MÖBIUSband, das man erhält, indem man z.B. ein Flachband an einem Ende um 180° dreht und dann mit dem anderen verklebt. Bewegt man sich auf einer Seite längs des Bandes, ist man nach einem Umlauf auf der anderen Seite, ohne über den Rand zu wandern. Hierfür ist keine Flußberechnung sinnvoll durchführbar.

Aufgabe 1.6.3-1: Man berechne Aufgabe 1.6.1-1 mittels eines geeigneten Oberflächenintegrals.

***Aufgabe 1.6.3-2**: Man berechne den Fluß des Beispiels im Text mittels Gl. 10.

***Aufgabe 1.6.3-3**: Man berechne den Fluß des Beispiels im Text, der die von der schiefen Ebene mit den drei Koordinatenebenen gegen den Ursprung abgeschnittenen Dreiecke durchsetzt und schließe daraus auf den Gesamtfluß durch das dadurch gebildete Tetraeder.

1.6.4 Das Hüllenintegral, KIRCHHOFFsche Flußknotenregel

Wir wollen nun den Übergang vom allgemeinen Fluß, wie vorstehend beschrieben, zum allgemeinen Hüllenfluß durchführen. Dazu schließen wir die Fläche und lassen zu, daß Ladungen in der Hülle beliebig verteilt sein dürfen und die Hülle abweichend von der Kugelform beliebig deformiert sein darf. Wir verwenden zur Begründung der dadurch entstehenden Verhältnisse ähnliche Argumente wie bei der Spannungsberechnung entlang gekrümmter Wege durch ein inhomogenes elektrisches Feld. Dann können wir aufgrund der Tatsache, daß sich jede beliebige Hülle aus lauter differentiell kleinen Kugelsegmenten von Kugeln verschiedener Radien zusammensetzen läßt und da der Hüllenfluß nicht vom Kugelradius abhängt, argumentieren, daß die Forderung der Beschränkung der Hülle auf die Kugelform gänzlich fallengelassen werden kann.

Daraus resultiert als nächstes, daß durch die Deformation das Feld die Hüllfläche nicht mehr normal, sondern an unterschiedlichen Stellen unter verschiedenen Winkeln durchsetzt. Jedoch nur der jeweilige Normalanteil trägt zum Fluß durch die Hülle bei. Das Ergebnis ist das Hüllenintegral, dessen Symbolik konsequent vom Ringintegral übernommen wird. Daher ist das Flußintegral $\overset{\circ}{\Psi}$ eines allgemeinen mathematischen Vektorfeldes $\boldsymbol{D}$ über die beliebige geschlossene Oberfläche $\overset{\circ}{A}$ eines Raumgebiets definiert als die Menge aller diese Fläche normal durchsetzenden Feldlinien:

$$\boxed{Q = \overset{\circ}{\Psi} =: \oiint_{Q \text{ in Hülle}} \boldsymbol{D} \cdot \mathrm{d}\boldsymbol{A};} \qquad \overset{\circ}{\Psi} = 0 = \oiint_{\substack{\text{Kein } Q \\ \text{in Hülle}}} \boldsymbol{D} \cdot \mathrm{d}\boldsymbol{A}. \tag{1.6-14}$$

Ein anderer Name ist Ergiebigkeit. Er stammt wieder aus der Hydromechanik und besagt, daß sich innerhalb des Volumens, das von A umschlossen wird, eine Quelle der Stärke $\overset{\circ}{\Psi}$ befindet. $\overset{\circ}{\Psi}$ kann positiv, Null oder negativ sein.

Ist $\overset{\circ}{\Psi}$ positiv, befindet sich in der Hülle ein positiver Ladungsüberschuß. Es können sehr wohl auch Elektronen vorhanden sein, aber weniger als Protonen. Im Beispiel des vorigen Abschnitts konnte mithilfe der Übungsaufgaben $\overset{\circ}{\Psi} = \frac{1}{3}\text{nC}$ berechnet werden, also können wir daraus schließen, daß sich Nettoladungen in dieser Größe im Innern befinden müssen, um diesen Nettofluß zu erzeugen. Ist $\overset{\circ}{\Psi}$ negativ, sind die Verhältnisse umgekehrt.

Befindet sich keine Ladung in der Hülle, muß dieses Integral immer verschwinden. Das bedeutet nicht, daß in der Hülle kein Fluß vorhanden wäre, sondern die Ladung kann sich ja neben der Hülle befinden, was die rechte Gleichung zum Ausdruck bringt. Der Fluß der eintritt, ist dabei auch gleich demjenigen, der austritt. Gleichwohl ist dies der Fall, wenn die Ladungsanzahl in der Hülle nicht verschwindet, diese aber gleichviel Protonen und Elektronen enthält, also einen elektrisch neutralen Stoff.

Sind die einzelnen Flüsse durch ein solches Volumen diskret gegeben oder berechenbar, läßt sich diese Beziehung zur KIRCHHOFFschen Flußknotenregel modifizieren, die besagt, daß in einem abgeschlossenen Volumen die Summe aller Flüsse gleich der darin befindlichen Gesamtladung Q ist:

$$\overset{\circ}{\Psi} = \sum_i \Psi_i = Q. \tag{1.6-15}$$

Auch hier soll auf die Anmerkung der Orientierbarkeit der Fläche zum Ende des vorigen Abschnitts hingewiesen werden. Sie ist im Gegensatz zu dort eindeutig zu bezeichnen: der Flächennormalenvektor zeigt entweder nach außen oder nach innen. Es gilt die Konvention, daß der Fluß bei nach außen gerichtetem Normalenvektor zu berechnen ist. Dann gelten die zuvor gemachten Aussagen zum Flußvorzeichen.

So ist der Fluß bei einem Elektronenüberschuß in der Hülle positiv, wenn der Flächennormalenvektor dementgegen nach innen orientiert wird. Dies ist logisch, denn dies sagt aus, daß der Fluß in dessen Richtung weist, was ja genau den physikalischen Sachverhalt ausdrückt, daß Feldlinien an Elektronen enden.

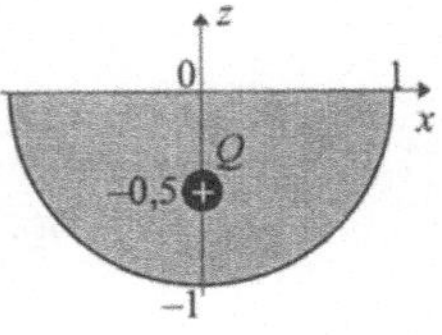

Aufgabe 1.6.4-1: Auf einer Metallkugel mit Radius a = 1 m um den Ursprung befinden sich sechs Ladungen Q, von denen eine bei $\boldsymbol{x}$ = (1,0,0) m fixiert ist. Welcher Hüllenfluß durchsetzt eine Kugelsphäre mit Radius R_1 = 1,4 m bzw. R_2 = 1,5 m und jeweiligem Mittelpunkt bei $\boldsymbol{x}$ = (0,0,1) m?

***Aufgabe 1.6.4-2**: Am Ort $\boldsymbol{x}$ = (0,0,−1/2) m befinde sich entsprechend der Abbildung die Ladung Q. Welcher Fluß Ψ durchsetzt die Halbkugel mit Radius a = 1 m um den Ursprung und $z < 0$? Man verwende zur Berechnung ein geeignetes Oberflächenintegral in Kugelkoordinaten.

***Aufgabe 1.6.4-3**: Man löse die vorige Aufgabe, indem man in kartesischen Koordinaten zunächst den Fluß Ψ' berechnet, der den Deckel der Halbkugel in der xy-Ebene durchsetzt.

1.7 Kontinuierliche Ladungsverteilungen

Ladungen können über bestimmte geometrische Formationen angeordnet sein. Die Gesamtladung ist dann grundsätzlich über

$$Q = (N^+ - N^-)e \tag{1.7-1}$$

angebbar, wobei N^+ bzw. N^- die Anzahl von Protonen bzw. Elektronen entlang, auf oder im betrachteten Objekt ist. Die Werte der N sind i.allg. sehr groß, weshalb eine Beschreibung der Gesamtladung in Form einer kontinuierlichen Verteilung, im Gegensatz zu diskreten Anordnungen, die wir bisher praktisch ausschließlich betrachtet hatten, angebracht ist. Ladungsüberschüsse, um die es hier geht, können positiv, Null oder negativ sein, je nachdem ob und ggf. welcher Ladungstyp im Gebiet überwiegt.

Bei der Berechnung von Feldstärken und Potentialen diskreter Ladungsanordnungen konnten die Verläufe mittels linearer Superposition durch Summenformeln über die entsprechenden Einzelfelder der Ladungen berechnet werden. Wann immer in einem solchen Fall die Diskretheit zum Kontinuum wird, werden aus den Summe Integrale, von denen uns gleich wieder die bereits bekannten Linien- und Oberflächenintegrale, aber auch ein neues, das Volumenintegral begegnen werden.

In diesem Kontext ist die bisher betrachtete Punktladung ein nulldimensionales Problem, die gleich betrachteten Linienladungen sind ein-, die Flächenladung zwei- und die Raumladung dreidimensionale Probleme. Die in den Gleichungen 1.4-6 und 1.4-43 dargestellten Ergebnisse lassen sich entspr. Abb. 1.7-1 nun auf den kontinuierlichen Fall extrapolieren:

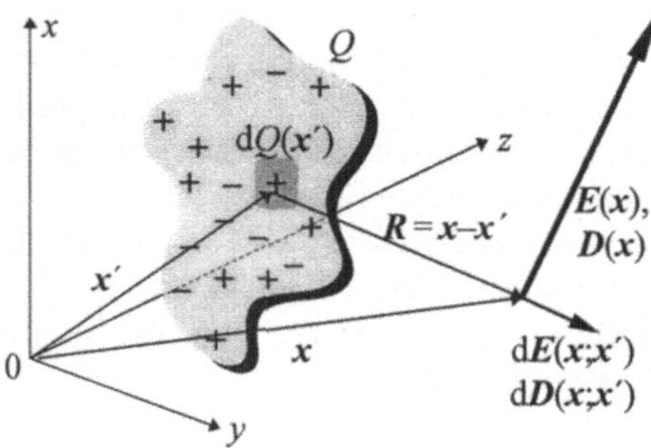

Abb. 1.7-1: Felderzeugung durch kontinuierliche Ladungsverteilung. $\mathrm{d}\boldsymbol{E}(\boldsymbol{x};\boldsymbol{x}')$ rührt von $\mathrm{d}Q(\boldsymbol{x}')$ her, $\boldsymbol{E}(\boldsymbol{x})$ von der Gesamtladung Q.

$$\boldsymbol{E}(\boldsymbol{x})=\frac{1}{4\pi\varepsilon}\sum_i\frac{Q_{ui}}{R_i^3}\boldsymbol{R}_i \quad\rightarrow\quad \boldsymbol{E}(\boldsymbol{x})=\int\mathrm{d}\boldsymbol{E}(\boldsymbol{x};\boldsymbol{x}')=\frac{1}{4\pi\varepsilon}\int_Q\frac{\mathrm{d}Q(\boldsymbol{x}')}{R^3}\boldsymbol{R};$$

$$\Rightarrow\quad \boldsymbol{D}(\boldsymbol{x})=\frac{1}{4\pi}\int_Q\frac{\mathrm{d}Q(\boldsymbol{x}')}{R^3}\boldsymbol{R}.$$

$$\varphi_\mathrm{e}(\boldsymbol{x})=\frac{1}{4\pi\varepsilon}\sum_i\frac{Q_{ui}}{R_i} \quad\rightarrow\quad \varphi_\mathrm{e}(\boldsymbol{x})=\int\mathrm{d}\varphi_\mathrm{e}(\boldsymbol{x};\boldsymbol{x}')=\frac{1}{4\pi\varepsilon}\int_Q\frac{\mathrm{d}Q(\boldsymbol{x}')}{R}. \qquad (1.7\text{-}2)$$

$\boldsymbol{x}$ ist der Ortsvektor zu dem Punkt (der Wirkung), an dem $\boldsymbol{E}(\boldsymbol{x})$, $\boldsymbol{D}(\boldsymbol{x})$ und $\varphi_\mathrm{e}(\boldsymbol{x})$ interessieren, $\boldsymbol{x}'$ der Ortsvektor zu dem Punkt (der Ursache), an der sich das gerade betrachtete Ladungselement $\mathrm{d}Q(\boldsymbol{x}')$ befindet, das den differentiell kleinen Feldanteil (Feldchen) $\mathrm{d}\boldsymbol{E}(\boldsymbol{x};\boldsymbol{x}')$ und das zugehörige Potentialchen $\mathrm{d}\varphi_\mathrm{e}(\boldsymbol{x};\boldsymbol{x}')$ hervorruft. $\boldsymbol{R}=\boldsymbol{x}-\boldsymbol{x}'$ ist dann der Ortsvektor vom Ort der Erregung $\boldsymbol{x}'$, an dem sich $\mathrm{d}Q(\boldsymbol{x}')$, wo gerade integriert wird, befindet, zum Ort der Wirkung; $R=|\boldsymbol{x}-\boldsymbol{x}'|$ dessen Betrag. Bei der Ausführung der Rechnung ist also zu beachten, daß $\vec{e}_R=\boldsymbol{R}/R$ jetzt in Abhängigkeit des Ortes der Integration variiert, d.h. eine kontinuierliche Verteilung darstellt.

1.7.1 Linienladung λ

Sind Ladungen entlang eines Wegs s linien- oder fadenförmig angeordnet, z.B. auf der Oberfläche einer Litzenleitung der Länge l, ist die Beschreibung als kontinuierliche Verteilung sinnvoll. Wir definieren als ***Linienladungsdichte*** oder ***Ladungsbelag*** λ:

$$\lambda:=\frac{\mathrm{d}Q}{\mathrm{d}s}\quad\text{bzw.}\quad Q=\int_l\lambda\mathrm{d}s;\qquad\qquad [\lambda]=\frac{\mathrm{C}}{\mathrm{m}}. \qquad (1.7\text{-}3)$$

Alternativ benutzen wir ebenfalls λ, wenn der Träger der Ladungen zwar ein endliches Volumen hat, aber die Ladung pro Länge interessiert, z.B. beim zylindrischen Draht. Ist bei beliebiger Geometrie der Linienladung λ die elektrische Feldstärke gefragt, müssen wir praktisch für jede verursachende Punktladung $\mathrm{d}Q=\lambda\mathrm{d}s$ die zugehörige Feldstärke $\mathrm{d}\boldsymbol{E}$ berechnen und entsprechend den obigen Formeln alle vektoriell korrekt aufaddieren - sprich: integrieren:

$$\boldsymbol{E} = \frac{1}{4\pi\varepsilon} \int_l \frac{\lambda \mathrm{d}s}{R^3} \boldsymbol{R}, \qquad \boldsymbol{D} = \frac{1}{4\pi} \int_l \frac{\lambda \mathrm{d}s}{R^3} \boldsymbol{R}, \qquad \varphi_e = \frac{1}{4\pi\varepsilon} \int_l \frac{\lambda \mathrm{d}s}{R}. \quad (1.7\text{-}4)$$

Ist die Linie eine Gerade, kann das Integral in Gl. 3 durch ein Produkt ersetzt werden und die Äquipotentialflächen bilden koaxiale Zylinder zur Linienladung. Demnach folgt mit Gl. 1.6-4 in der Umgebung des Ladungsbelags:

$$\boldsymbol{E} = \frac{Q}{2\pi\varepsilon r l}\vec{e}_r = \frac{\lambda}{2\pi\varepsilon r}\vec{e}_r \quad \text{und} \quad \boldsymbol{D} = \frac{Q}{2\pi r l}\vec{e}_r = \frac{\lambda}{2\pi r}\vec{e}_r. \quad (1.7\text{-}5)$$

Diese Formeln sind für $l \to \infty$ anwendbar, nicht jedoch für kurze Längen oder in der Nähe der Enden. Das Potential φ_e in der Umgebung eines Ladungsstabes endlicher, auch beliebig kleiner, Länge kann mithilfe des o.a. Linienintegrals ermittelt werden:

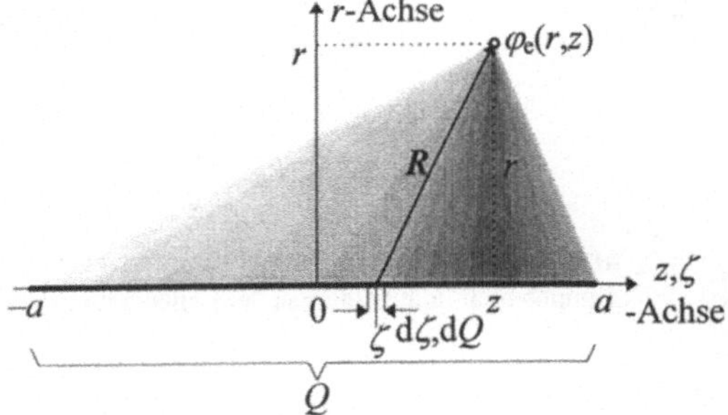

Abb. 1.7-2: Zur Berechnung des Potentials einer Linienladung. Die schwächer werdende Schattierung deutet die Abnahme des Einflusses auf das Feld am Ort r,z an.

Entspr. Abb. 1.7-2 trage der Stab entlang der Länge $l = 2a$ gleichmäßig verteilt die Ladung Q und damit die Linienladung $\lambda = Q/2a$. Aus Symmetriegründen ist das Zylinderkoordinatensystem geeignet, wobei keine Abhängigkeit von der Azimutalkoordinaten φ besteht, also $\varphi_e(r,z)$. Die Vorgehensweise bei solchen verteilten Objekten ist immer die gleiche: das Potential $\mathrm{d}\varphi_e$ der Punktladung $\mathrm{d}Q$ ist bekannt, alle Punktladungen entlang des Stabs werden aufgesammelt, d.h. das Linienintegral darüber gebildet.

Wir benötigen dazu die Längskoordinate doppelt: einmal für den Ort z, an dem wir das Potential $\varphi_e(r,z)$ kennen möchten, zum anderen in Form der von $-a$ bis $+a$ freilaufenden ζ-Koordinaten als Integrationsvariable, entlang derer die zu den differentiell kleinen $\mathrm{d}\zeta$-Stücken gehörenden Ladungsanteile (Punktladungen) $\mathrm{d}Q(\zeta)$ entsprechend der Sättigung der Schattierung aufgesammelt werden, die jede für sich am Ort r,z mit einem Potentialchen $\mathrm{d}\varphi_e(r,z;\zeta)$ beiträgt:

$$\mathrm{d}Q = Q\frac{\mathrm{d}\zeta}{2a}; \qquad \mathrm{d}\varphi_e(r,z;\zeta) = \frac{\mathrm{d}Q}{4\pi\varepsilon R} \qquad \text{mit} \quad R = \sqrt{r^2 + (z-\zeta)^2}$$

$$\Rightarrow \quad \varphi_e(r,z) = \int \mathrm{d}\varphi_e(r,z;\zeta) = \frac{Q}{4\pi\varepsilon}\frac{1}{2a}\int_{-a}^{a} \frac{\mathrm{d}\zeta}{\sqrt{r^2 + (z-\zeta)^2}}. \quad (1.7\text{-}6)$$

Die durch das Semikolon bei $r,z;\zeta$ getrennten Koordinaten geben wieder an, daß links davon Wirkungskoordinaten, also diejenigen, an denen das Feld interessiert, stehen, und rechts Ursachekoordinaten, an denen sich das Objekt befindet, das diesen Feldanteil verursacht. Dies entspricht der früheren Darstellung mit den $_{\mathrm{wu}}$-Indizes. Wir substituieren $\xi := z-\zeta \Rightarrow \mathrm{d}\xi = -\mathrm{d}\zeta$. Grenzen: $\zeta=-a \Rightarrow \xi = z+a$; $\zeta = a \Rightarrow \xi = z-a$:

$$\varphi_{\mathrm{e}}(r,z) = \frac{Q}{8\pi\varepsilon a}\int\limits_{z-a}^{z+a}\frac{\mathrm{d}\xi}{\sqrt{r^2+\xi^2}} = \frac{\lambda}{4\pi\varepsilon}\ln\frac{z+a+\sqrt{r^2+(z+a)^2}}{z-a+\sqrt{r^2+(z-a)^2}}. \qquad (1.7\text{-}7)$$

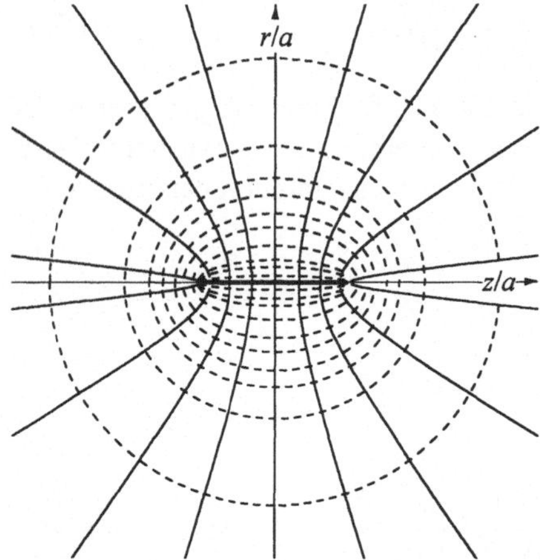

Abb. 1.7-3:
Äquipotential- und Feldlinien der Linienladung.

Die zugehörigen Äquipotentialflächen stellen entspr. Abb. 1.7-3 Rotationsellipsoide dar, die darauf senkrecht stehenden elektrischen Feldlinien Hyperbeln mit gleichem Brennpunkt. Je näher wir zum Stab kommen, umso zylindrischer werden die Äquipotentialflächen, aus weiter Entfernung wirkt die Ladungsverteilung wie eine Punktladung und die Äquipotentialflächen wandeln sich zu Kugeln.

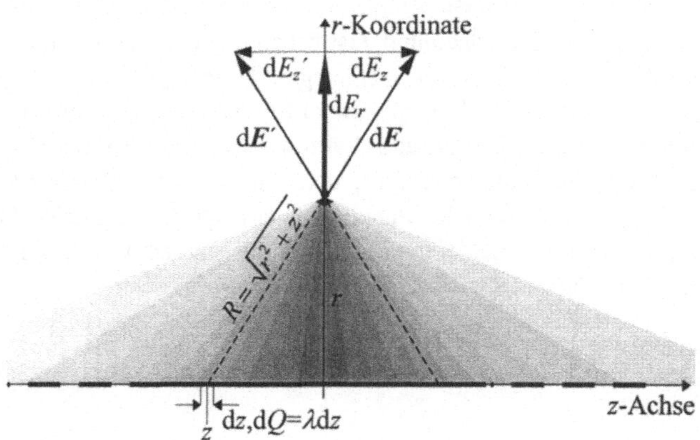

Abb. 1.7-4:
Berechnung der Feldstärke einer sehr langen Linienladung.

Wir wollen nun noch die zugehörige Feldstärke berechnen. Dies kann, wie in der 3. Aufgabe gefragt, durch Gradientenbildung über das nun bekannte Potential geschehen, oder unmittelbar. Wir wollen uns hier auf den einfacheren Spezialfall beschränken, daß der Stab sehr lang ist. Dann muß entspr. Abb. 1.7-4 aus Symmetriegründen eine rein radiale Feldstärke auftreten, die auch nur vom Radius r abhängt: $\boldsymbol{E}(r) = E_r(r)\vec{e}_r$.

Entsprechend den Überlegungen bei der Potentialberechnung erzeugt die Punktladung bei z der Größe $\mathrm{d}Q = \lambda \mathrm{d}z$ am Ort r, an dem die Feldstärke interessiert, den Anteil

$$\mathrm{d}E(r;z) = \frac{\mathrm{d}Q}{4\pi\varepsilon(r^2+z^2)}, \tag{1.7-8}$$

dessen Vektorrichtung $\mathrm{d}\boldsymbol{E}$ in der Abbildung dargestellt ist. Ein vom Betrage gleichgroßer Anteil $\mathrm{d}E'(r;z)$ von der gespiegelten Seite kompensiert den z-Anteil und läßt nach dem Strahlensatz nur noch den Radialanteil

$$\mathrm{d}E_r(r;z) = \frac{\mathrm{d}E(r;z)\cdot r}{\sqrt{r^2+z^2}} = \frac{\lambda \mathrm{d}z}{4\pi\varepsilon(r^2+z^2)}\frac{r}{\sqrt{r^2+z^2}} = \frac{\lambda r \mathrm{d}z}{4\pi\varepsilon(r^2+z^2)^{3/2}} \tag{1.7-9}$$

übrig. Das Gesamtfeld ergibt sich wieder durch Integration über die gesamte Linie zum selben Ergebnis wie in Gl. 5:

$$E_r(r) = \frac{\lambda r}{4\pi\varepsilon}\int_{-\infty}^{+\infty}\frac{\mathrm{d}z}{(r^2+z^2)^{3/2}} = \frac{\lambda}{2\pi\varepsilon r} \sim \frac{1}{r}. \tag{1.7-10}$$

Das Feld fällt also linear mit der Radialkoordinaten, statt quadratisch, wie bei der Punktladung, ab. Normal auf einer äquipotentialen Zylinderoberfläche, also in r-Richtung zeigend, stehen die elektrischen Feldlinien. Durch Multiplikation mit ε ergibt sich die Flußdichte D, wie in Gl. 5 unmittelbar aus der Anschauung angegeben: Verhältnis von Ladung Q zu Zylinderoberfläche $2\pi rl$.

Möchten wir hieraus die Kraft berechnen, mit der sich zwei lange parallele Linienladungen λ_1 und λ_2 der Längen l und im Abstand r abstoßen, bietet sich analog zur Definition der Linienladungsdichte λ die Definition einer ***Linienkraftdichte*** f_l an:

$$f_l := \frac{\mathrm{d}F}{\mathrm{d}s} = \lambda E \quad \text{bzw.} \quad F = \int_l f_l \mathrm{d}s; \qquad [f_l] = \frac{\mathrm{N}}{\mathrm{m}}. \tag{1.7-11}$$

Im konkreten Fall wirkt auf λ_2, herrührend von λ_1, und umgekehrt die COULOMBkraft

$$F_C = \int_{Q_2} E\mathrm{d}Q = E_1\int_l \lambda_2 \mathrm{d}z = \frac{\lambda_1\lambda_2 l}{2\pi\varepsilon r} = \frac{Q_1 Q_2}{2\pi\varepsilon r l} \quad \Rightarrow \quad f_{Cl} = \frac{\lambda_1\lambda_2}{2\pi\varepsilon r} \tag{1.7-12}$$

als Extrapolation des COULOMBschen Gesetzes auf parallele Linienladungen, z.B. für die elektrostatische Anziehung oder Abstoßung geladener Leiter. Im nächsten Kapitel berechnen wir, daß solche Oberflächenladungen bei stromdurchflossenen Leitern auftreten. Die Kräfte sind allerdings im Vergleich zu den magnetischen Kräften gering, die einer völlig analogen Beziehung gehorchen, so daß die Bedeutung der Formel eigentlich mehr darin liegt, den Weg dorthin aus der Sicht der Elektrostatik zu ebnen.

Aufgabe 1.7.1-1: Ein dünner Drahtring mit Radius a trage entsprechend der Abbildung gleichmäßig verteilt die Ladung Q. Man berechne und skizziere den Potentialverlauf $\varphi_e(z)$ und den Feldstärkeverlauf $\boldsymbol{E}(z)$. Wo liegt das Feldstärkemaximum und welchen Wert hat dieses?

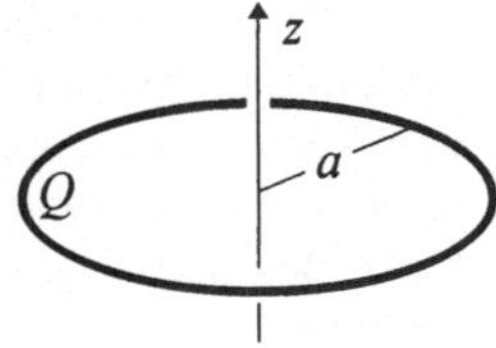

***Aufgabe 1.7.1-2**: Man gebe die Gleichung der Äquipotentialflächen der Linienladung aus Gl. 1.7-7 in der einfachsten Form an.

***Aufgabe 1.7.1-3**: Man berechne den Potential- und daraus den Feldstärkeverlauf der Linienladung für $a \to \infty$.

1.7.2 Flächenladung σ, Leiter im elektrischen Feld, Influenz

Eine Linienladung läßt sich praktisch nur erzeugen, indem man dem geometrischen Objekt, das diese tragen soll, selbst Linienform gibt, z.B. ein dünnes Stück Draht. In diesem Sinne ist zunächst zu vermuten, daß zur Erzeugung einer Flächenladung auch eine Fläche notwendig ist, beispielsweise ein dünnes Stück Blech. Aufgrund der Tatsache jedoch, daß auf einem voluminösen metallischen Leiter Ladungen aufgebracht werden können, diese frei beweglich sind und sich damit abstoßen, werden Flächenladungen auch auf solchen Objekten zu finden sein.

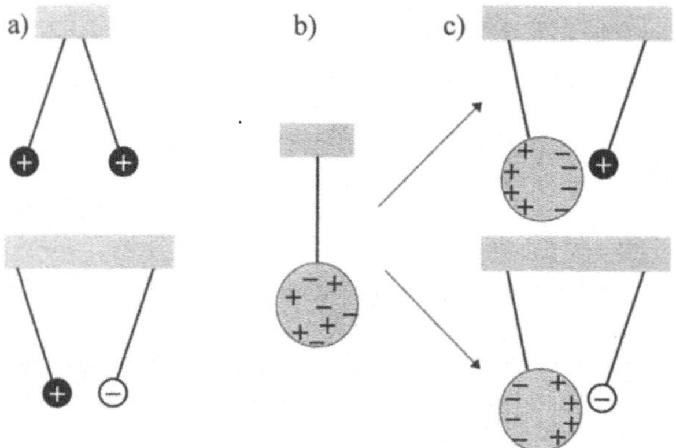

Abb. 1.7-5: Vergleich isolierter und influenzierter Ladungskonfigurationen.

In den Aufgaben zu Abschnitt 1.2 wurde die Beschäftigung mit dem Thema bereits angeregt. Wird der Leiter einem äußeren Feld ausgesetzt, treten sog. Influenz-Effekte auf, die in Abb. 1.7-5 im Vergleich zu bisherigen Konstellationen dargestellt sind. In a) ist das Verhalten vorgegebener Ladungsüberschüsse nach dem COULOMBgesetz abgebildet, in b) liegt ein elektrisch neutraler metallischer Körper vor, bei dem positive und negative Ladungen gleichmäßig verteilt sind. Dies ändert sich in c) unter dem Einfluß eines äußeren elektrischen Felds. Unabhängig von seiner Polarität zieht es den Körper zur jeweiligen Erregung hin, wobei eine Polarisierung durch Influenz stattfindet. Frei bewegliche Elektronen werden oben zur positiven Erregung hingezogen und unten von der negativen Erregung abgestoßen, womit rechts ionisierte Atomrümpfe übrigbleiben. Wegen des dadurch immer geringeren Abstands der umgekehrten Polarität zur Erregung findet auch immer eine Anziehung statt.

Aus dieser Betrachtung können wir einige einfache grundsätzliche Folgerungen für das Verhalten von Leitern unter dem Einfluß eines äußeren elektrischen Feldes ziehen:

1. Das Innere eines Leiters, der nicht mit der Feld(Spannungs)quelle zum geschlossenen Stromkreis verbunden wurde, ist grundsätzlich feldfrei: $\boldsymbol{E}_\mathrm{i} = \boldsymbol{D}_\mathrm{i} = 0$; $\varphi_{\mathrm{e,i}} = \mathrm{const.}$ Andernfalls müßten sich die freien Ladungen unter dem Einfluß der COULOMBkraft bewegen, bis dieser Zustand wieder hergestellt wäre. Anders gesagt: ändert sich das Feld, müssen sich die Ladungen entsprechend umgruppieren. In dieser Zeit, die extrem kurz ist, wie später berechnet, fließt ein Ausgleichsstrom, der diesen Zustand sofort wieder herstellt. Wir sprechen vom hinlänglich bekannten FARADAYschen Käfig, der unabhängig davon existiert, ob der Leiter massiv oder hohl (Auto, Flugzeug) ist.

2. Ladungen wandern zur Oberfläche und bilden dort Oberflächenladungen. Dann ist die Beschreibung einer ***Flächenladungsdichte*** oder ***Ladungsbedeckung*** σ sinnvoll:

$$\sigma := \frac{\mathrm{d}Q}{\mathrm{d}A} \quad \text{bzw.} \quad Q = \iint_A \sigma \mathrm{d}A'; \qquad [\sigma] = [D] = \frac{\mathrm{C}}{\mathrm{m}^2}. \quad (1.7\text{-}13)$$

Speziell unmittelbar oberhalb einer Ladungsbedeckung muß aus den Überlegungen des Abschnitts 1.6 folgen, daß für das von ihr hervorgerufene Flußdichtefeld gilt:

$$\sigma = D_\mathrm{n}. \qquad (1.7\text{-}14)$$

Dies läßt eine weitere anschauliche Interpretation der Flußdichte zu: sie ist diejenige Ladungsmenge pro Flächeneinheit, die sich unter dem Einfluß eines elektrischen Felds an einer bestimmten Stelle auf der Oberfläche eines Leiters ansammelt.

Aus dieser Sicht sind auch die von MAXWELL eingeführten Begriffe der Verschiebung (engl.: displacement), Verschiebungsdichte und des Verschiebungsflusses zu verstehen. Er stellte sich Jahre, bevor die atomistische Grundstruktur der Materie hinreichend deutlich erkannt wurde, bereits vor, daß unter dem Einfluß des Feldes Verschiebungen solcher Elementarladungen zur Oberfläche stattfänden.

3. Da das Innere des Leiters feldfrei ist, müssen Feldlinien im Außenraum auf der Leiteroberfläche in Zonen positiven Ladungsüberschusses beginnen und an Zonen negativen Ladungsüberschusses enden. Zerlegen wir dort eine Feldlinie in ihre Normalanteile E_n, D_n und Tangentialanteile E_t, D_t zur Oberfläche, müssen letztere verschwinden, also $\sigma = D_\mathrm{n}$. Die Argumentation ist ähnlich der der Feldfreiheit im Innern: es würde ein Oberflächenstrom bis zum Ausgleich fließen.

4. Da das elektrische Feld senkrecht auf der Oberfläche steht, muß diese eine Äquipotentialfläche darstellen, oder man könnte sagen, der ganze Leiter ist ein Äquipotentialvolumen. Dies ist auch bereits an dem Beispiel der Linienladung in Abb. 1.7-3 ersichtlich. Entfernen wir uns langsam von der Oberfläche eines endlich ausgedehnten Objekts, werden diese Äquipotentialflächen, die in dessen Nähe seine Geometrie wiedergeben, mit wachsendem Abstand immer unabhängiger davon und in großer Entfernung in jedem Fall Kugelform annehmen.

5. Bringen wir eine dünne Metallfolie derart in ein Feld, daß sie mit einer Äquipotentialfläche zusammenfällt, wird dadurch die Feldform nicht verändert. Dies kann bei komplizierten Feldgeometrien für Ersatzladungsmodelle verwendet werden.

Eng mit diesen Betrachtungen ist der MAXWELLsche Doppelplattenversuch verwandt, der in Abb. 1.7-6 dargestellt ist:

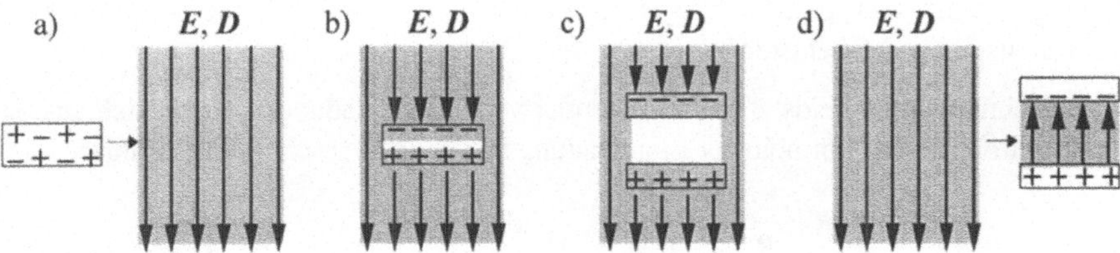

Abb. 1.7-6: MAXWELLscher Doppelplattenversuch.

In a) wird eine aus zwei Hälften bestehende ungeladene Metallplatte in ein elektrisches Feld gebracht, in b) werden die Ladungen durch Influenz getrennt, wodurch das Innere feldfrei wird. In c) werden die Hälften im Feld manuell getrennt, womit beide geladen sind. Im Zwischenraum heben sich das äußere und das durch Influenz hervorgerufene innere Feld bis auf die Randzonen auf. Dabei ist ein an den Platten beginnendes und endendes Gegenfeld entstanden. In d) werden die Platten aus dem Feld entnommen, wobei sie geladen bleiben. Damit hat das ursprüngliche Feld wieder seine Ausgangskonfiguration, das Zwischenraumfeld zwischen den Platten bleibt erhalten.

Bisher hatten wir in diesem Unterabschnitt ungeladene Leiter betrachtet. Durch den Doppelplattenversuch bleiben die Leiter geladen. In beiden Fällen versuchen sich die Ladungsüberschüsse, die ja nun auch ohne bleibende Einwirkung des äußeren Felds übrig geblieben sind, möglichst weit voneinander zu den jeweiligen Oberflächen zu entfernen, was letztlich zu den gleichen fünf wie zuvor beim ungeladenen Leiter im Feld beschriebenen Effekten führt, mit dem einzigen Unterschied: dort blieb $\overset{\circ}{\Psi} = 0$, hier gilt für eine Hülle um jeweils nur eine Hälfte: $\overset{\circ}{\Psi} = \pm Q$, wobei Q derjenige Ladungsbetrag ist, der durch die Influenz separiert wurde.

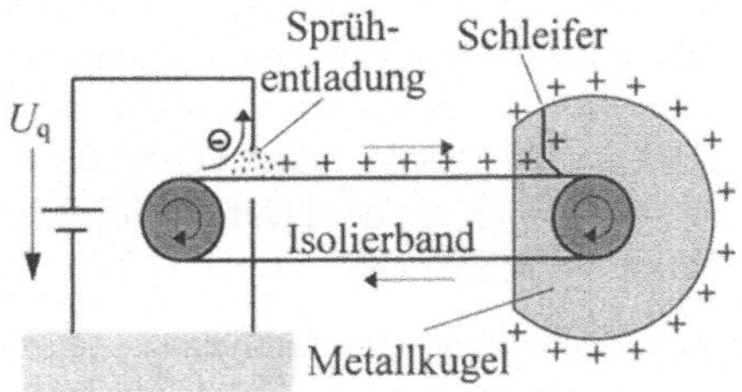

Abb. 1.7-7:
Prinzip des VAN DE GRAAFF-Generators.

Es sollte möglich sein, auf diese Weise Ladungen permanent zu separieren und wegzutransportieren, um so Hochspannungen zu erzeugen. Der in Abb. 1.7-7 dargestellte VAN DE GRAAF-Generator ist ein solches Gerät. Hier rotiert ein breites Isolierband tlw. im Innern einer einige dm dicken Hohlkugel und ist mit dieser über einen Metallschleifer verbunden. Am anderen Ende des Bands wird eine positiv vorgespannte Metallspitze so nahe an das Band gehalten, daß die bei ca. 10 kV/cm liegende Durchschlagsfeldstärke der Luft überwunden wird und es zu einem Sprühvorgang kommt, der Elektronen vom Band springen läßt, die über diese Quelle als Strom abgeführt werden.

Mit diesem Sprühvorgang selbst ist eine Raumladungsströmung assoziiert, die wir als Objekt des Strömungsfelds in Abschnitt 2.4 noch genauer untersuchen. Das Band lädt sich positiv auf und wird auf der anderen Seite von der Metallkugel mit Elektronen versorgt, womit sich die Metallkugel ebenfalls positiv auflädt. Hierbei können Spannungen bis einige MV entstehen.

Berechnungen zu Feldstärke und Potential von Flächenladungen lassen sich analog zu den einführenden Formeln der Linienladung im vorigen Abschnitt durchführen:

$$\boldsymbol{E} = \frac{1}{4\pi\varepsilon}\iint_A \frac{\sigma \mathrm{d}A'}{R^3}\boldsymbol{R}, \qquad \boldsymbol{D} = \frac{1}{4\pi}\iint_A \frac{\sigma \mathrm{d}A'}{R^3}\boldsymbol{R}, \qquad \varphi_e = \frac{1}{4\pi\varepsilon}\iint_A \frac{\sigma \mathrm{d}A'}{R}. \quad (1.7\text{-}15)$$

Möchten wir in Analogie zur Linienladung die Kraft berechnen, mit der sich zwei großflächig ebene parallele Flächenladungen σ_1 und σ_2 der Fläche A und im Abstand r abstoßen, bietet sich analog zur Definition der Flächenladungsdichte σ die Definition einer Flächenkraftdichte, eher unter dem Namen ***Druck*** p (engl.: pressure) bekannt, an:

$$p := \frac{\mathrm{d}F}{\mathrm{d}A} = \sigma E \quad \text{bzw.} \quad F = \iint_A p \mathrm{d}A' ; \qquad [p] = \frac{\mathrm{N}}{\mathrm{m}^2} . \tag{1.7-16}$$

Bei einer sehr großen ebenen Fläche wird in nicht allzuweiter Entfernung oberhalb und unterhalb dieser die Flußdichte $D = \varepsilon E = \frac{1}{2}\sigma$ herrschen. Dann wirkt auf σ_2, herrührend von σ_1, und umgekehrt die COULOMBkraft

$$F_\mathrm{C} = \int_{Q_2} E \mathrm{d}Q = E_1 \iint_A \sigma_2 \mathrm{d}A' = \frac{\sigma_1\sigma_2 A}{2\varepsilon} = \frac{Q_1 Q_2}{2\varepsilon A} \quad \Rightarrow \quad p_\mathrm{C} = \frac{\sigma_1\sigma_2}{2\varepsilon} \tag{1.7-17}$$

als Extrapolation des COULOMBschen Gesetzes auf parallele Flächenladungen. Das Ergebnis hat Bedeutung zur Berechnung von Kräften zwischen Kondensatorplatten und wird aus der Sicht der Energie in Abschnitt 1.10.3 nochmals betrachtet.

Aufgabe 1.7.2-1: Man berechne Aufgabe 1.7.1-1, wenn der Drahtring durch eine Kreisfläche mit homogen verteilter Ladung ersetzt wird.

Aufgabe 1.7.2-2: In der vorigen Aufgabe komme nun dieselbe Kreisfläche mit Abstand d, aber negativer Ladung $-Q$ parallel unterhalb der ersten hinzu. Man gebe $\varphi_e(z)$ und $\boldsymbol{E}(z)$ an, wobei der Nullpunkt der z-Achse in der Mitte zwischen den Flächen liege.

Aufgabe 1.7.2-3: Man berechne die Flächenladungsdichte σ einer metallischen Kugel mit Radius a, für die im Abstand x von der Kugeloberfläche das Potential zu φ_e bekannt ist.

1.7.3 Raumladung ρ

In einem Dielektrikum, aber auch in Übergangszonen verschieden dotierter Halbleiter, können Ladungen über ein Volumen V konzentriert verteilt vorkommen. Die ***Raumladungsdichte*** oder einfach ***Raumladung*** ρ gibt die Konzentration der Ladung über dem Volumen an. Die Integration dieser Ladung über das betrachtete Volumen ergibt die darin befindliche Nettoladung:

$$\rho := \frac{\mathrm{d}Q}{\mathrm{d}V} \quad \text{bzw.} \quad Q = \iiint_V \rho \mathrm{d}V'; \qquad [\rho] = \frac{\mathrm{C}}{\mathrm{m}^3} . \tag{1.7-18}$$

Gemeinsam mit Gl. 1.6-14 stellt die vorstehende Gleichung eine integrale Beziehung zwischen zwei Feldgrößen her: der skalaren Raumladungsdichte ρ und der von ihr hervorgerufenen und sie umgebenden vektoriellen elektrischen Flußdichte $\boldsymbol{D}$:

$$\boxed{Q = \oiint_{\substack{\text{Bel. geschl.}\\ \text{Hülle um } V}} \boldsymbol{D} \cdot \mathrm{d}\boldsymbol{A} = \iiint_V \rho \mathrm{d}V'} . \tag{1.7-19}$$

Diese Gleichung wird auch als GAUßscher Satz der Elektrostatik (C. F. GAUß, 1777 - 1855; 1813) bezeichnet und stellt die 3. MAXWELLgleichung in integraler Form dar.

Hier ist nun nach dem eindimensionalen Linien/Ringintegral und dem zweidimensionalen Oberflächen/Hüllenintegral, der bereits angekündigte dritte Integraltyp, das dreidimensionale Volumenintegral aufgetaucht. Es stellt eine Summe über alle Dimensionen dar und läßt sich in den verschiedenen Koordinatensystemen gemäß Abb. 1.3-3 über folgende Formeln berechnen:

$$\mathrm{d}V_{\text{kartesisch}} = \mathrm{d}x\mathrm{d}y\mathrm{d}z, \quad \mathrm{d}V_{\text{Zylinder}} = r\mathrm{d}r\mathrm{d}\varphi\mathrm{d}z, \quad \mathrm{d}V_{\text{Kugel}} = r^2\mathrm{d}r\sin\vartheta\mathrm{d}\vartheta\mathrm{d}\varphi. \tag{1.7-20}$$

Berechnungen zu Feldstärke und Potential lassen sich analog zu den einführenden Formeln der Linienladung und der Flächenladung durchführen:

$$\boldsymbol{E} = \frac{1}{4\pi\varepsilon}\iiint_V \frac{\rho\mathrm{d}V'}{R^3}\boldsymbol{R}, \qquad \boldsymbol{D} = \frac{1}{4\pi}\iiint_V \frac{\rho\mathrm{d}V'}{R^3}\boldsymbol{R}, \qquad \varphi_{\mathrm{e}} = \frac{1}{4\pi\varepsilon}\iiint_V \frac{\rho\mathrm{d}V'}{R}. \tag{1.7-21}$$

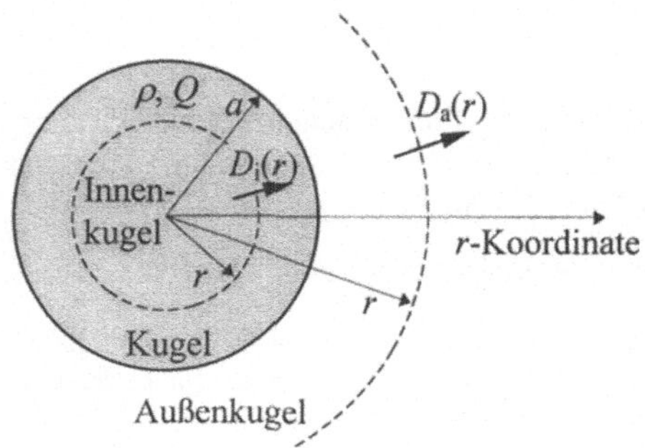

Abb. 1.7-8:
Beschreibungsparameter der Raumladungskugel.

Wir wollen zur Illustration für eine Kugel mit Radius a und homogener Raumladung ρ_0 entspr. Abb. 1.7-8, also mit der Gesamtladung $Q = \rho_0 \frac{4}{3}\pi a^3$ das in Abb. 1.7-9a) dargestellte innere und äußere Feld berechnen. Aus Symmetriegründen muß dieses wie bei der Punktladung radialsymmetrisch sein: $\boldsymbol{D}(r) = D_r(r)\vec{e}_r$. Wir benötigen als allgemeine Formeln für eine Kugel mit Radius r die Oberfläche $A(r) = 4\pi r^2$ und das Volumen $V(r) = \frac{4}{3}\pi r^3$.

Feld $D_{\mathrm{ir}}(r)$ im Innern der Kugel:

Aus der Anschauung muß sich von der Gesamtladung Q innerhalb des Radius' r der Anteil $q(r)$ befinden:

$$\frac{q(r)}{Q} = \frac{\frac{4}{3}\pi r^3}{\frac{4}{3}\pi a^3} \qquad \Rightarrow \quad q(r) = Q\frac{r^3}{a^3}$$

$$\Rightarrow \quad D_{\mathrm{ir}}(r) = \frac{q(r)}{4\pi r^2} = \frac{Q}{4\pi r^2}\frac{r^3}{a^3} = \frac{Qr}{4\pi a^3} = \frac{\rho_0 r}{3}. \tag{1.7-22}$$

Das Feld wächst im Kugelinnern also linear mit dem Abstand zum Mittelpunkt. Das gleiche Ergebnis erhalten wir mit dem GAUßschen Satz:

$$q(r) = \oint\!\!\oint_{\substack{\text{Innen-}\\\text{kugel}}} \boldsymbol{D}\cdot\mathrm{d}\boldsymbol{A} = \iiint_{\substack{\text{Innen-}\\\text{kugel}}} \rho\mathrm{d}V \quad = \quad D_{\mathrm{ir}}(r)\oint\!\!\oint_{\substack{\text{Innen-}\\\text{kugel}}} \mathrm{d}A(r) = \rho_0 \iiint_{\substack{\text{Innen-}\\\text{kugel}}} \mathrm{d}V(r).$$

Hier haben wir $\boldsymbol{D}$, da es auf einer Kugeloberfläche konstant ist, vor das Integral gezogen, und da es in die gleiche Richtung wie der Flächennormalenvektor zeigt, skalar dargestellt. Die Integrale über A und V können wir durch unsere o.a. Formeln ersetzen und es ergibt sich das bekannte Ergebnis. Der Vollständigkeit halber bietet es sich hier an, die Formeln für Kugeloberfläche und -volumen nachzurechnen:

$$\oiint_{\text{Kugel}} \mathrm{d}A(r) = \int_0^{2\pi}\int_0^{\pi} r^2 \sin\vartheta \mathrm{d}\vartheta \mathrm{d}\varphi = r^2 \int_0^{\pi} \sin\vartheta \mathrm{d}\vartheta \cdot \int_0^{2\pi} \mathrm{d}\varphi = -r^2 2\pi \cos\vartheta \Big|_0^{\pi} = 4\pi r^2. \tag{1.7-23}$$

$$\iiint_{\text{Kugel}} \mathrm{d}V(r) = \int_0^{2\pi}\int_0^{\pi}\int_0^{r} r'^2 \mathrm{d}r' \sin\vartheta \mathrm{d}\vartheta \mathrm{d}\varphi = \int_0^{\pi} \sin\vartheta \mathrm{d}\vartheta \cdot \int_0^{2\pi} \mathrm{d}\varphi \cdot \int_0^{r} r'^2 \mathrm{d}r' = 2 \cdot 2\pi \frac{r^3}{3} = \frac{4\pi r^3}{3}. \tag{1.7-24}$$

Feld $D_{ar}(r)$ außerhalb der Kugel:

Aus der Anschauung befindet sich die Gesamtladung Q innerhalb des Radius' a. Das Ergebnis erhalten wir mit wieder dem GAUßschen Satz:

$$Q = \oiint_{\substack{\text{Außen-}\\\text{kugel}}} \boldsymbol{D} \cdot \mathrm{d}\boldsymbol{A} = \iiint_{\substack{\text{Kugel}\\\text{bis } r=a}} \rho \mathrm{d}V = D_{ar}(r) \oiint_{\substack{\text{Außen-}\\\text{kugel}}} \mathrm{d}A(r) = \rho_0 \iiint_{\substack{\text{Kugel}\\\text{bis } r=a}} \mathrm{d}V(r) =$$

$$= D_{ar}(r) 4\pi r^2 = \rho_0 \frac{4}{3}\pi a^3 \quad \Rightarrow \quad D_{ar}(r) = \frac{\rho_0 a^3}{3r^2} = \frac{Q}{4\pi r^2}. \tag{1.7-25}$$

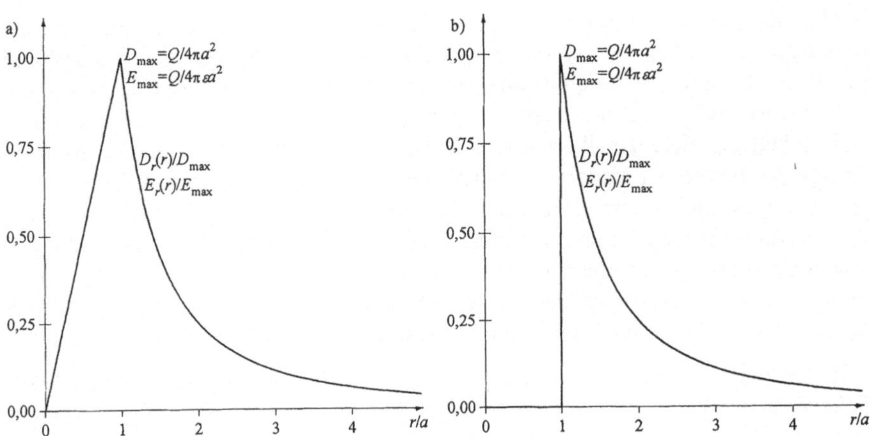

Abb. 1.7-9: Feldstärke- und Flußdichteverlauf a) im Innen- und Außenbereich einer Raumladungskugel, sowie b) einer Metallkugel mit gleicher Oberflächenladung.

Letztendlich hätten wir uns den GAUßschen Satz für den Außenbereich sparen können, da das Problem ja bereits über das Hüllenintegral gelöst wird. Dieses letzte Ergebnis sollte uns nicht überraschen, sagt es doch aus, daß außerhalb des Kugelradius a nicht mehr unterscheidbar ist, ob das Feld von einer Punktladung Q, einer kugelhomogenen

Raumladung desselben Werts, oder auch einer Oberflächenladung $\sigma = Q/4\pi a^2$ entspr. Abb. 1.7-9b) hervorgerufen wird. Aus diesem Grund wurde auch in Abschnitt 1.2 dargelegt, daß das COULOMBgesetz unter diesen allgemeineren Bedingungen gilt. In einer Aufgabe kann dies für einen einfachen Fall nachgewiesen werden. Für allgemeinere Radialverteilungen ist die Rechnung lediglich etwas komplizierter. Nie vermeidbare Influenzeffekte, aufgrundderer sich gegenseitige unsymmetrische Beeinflussungen der Ladungsverteilungen in Abhängigkeit der jeweils anderen Kugel ergeben, machen die Forderung nach möglichst kleinen Kugeln dennoch sinnvoll.

Aus dem Kugelproblem erkennen wir allgemein anschaulich eine Eigenschaft gekrümmter Objekte. Eine Metallspitze ist bei hinreichender Auflösung in erster Näherung durch eine Kugel darstellbar und in unmittelbarer Nähe ist diese Form unabhängig von der Gegenelektrode dominant für den Feldverlauf maßgebend. Unmittelbar an der Spitzenoberfläche hat das Feld immer sein Betragsmaximum, welches quadratisch mit dem Inversen des Radius ansteigt. Je kleiner also der Krümmungsradius der Spitze - je feiner sie somit ausgeführt ist - umso größer die Feldstärke und umso eher ist dort die Durchbruchfeldstärke erreicht. Dies erkennt man auch bei Blitzentladungen, die sich von solche Spitzen fortpflanzen.

Diese Betrachtung finden wir anschaulich auch bei der Gravitation. So würde man die gleiche Erdanziehungskraft am Ort der jetzigen Erdoberfläche und darüber spüren, wenn die Erdmasse zu einem konzentrischen Punkt schrumpfen würde. Der Unterschied besteht lediglich darin, daß in diesem Fall der Gegendruck der Erdoberfläche fehlt und man weiter zum Zentrum hingezogen würde. So sind z.B. auch die Verhältnisse bei einem Schwarzen Loch im Weltraum. Durch die Kontraktion der Materie wird ihre Masse und damit ihre Gesamtanziehungskraft ja nicht größer. Somit erfährt externe Materie die enorme Beschleunigung zum Zentrum und den Druck erst, wenn sie den ursprünglichen Radius der kontrahierten Masse überwindet (besser: unterwindet) und hier die Kräfte aufgrund der größeren Gravitationsfeldstärke über alle Maßen wachsen.

Wir sehen, daß durch eine Integration ganz allgemein Information verlorengeht, gibt es doch beliebig viele radialhomogene Ladungsverteilungen, die das gleiche Integrationsergebnis liefern. Ist jedoch die Raumladungskugel in irgendeiner Weise inhomogen, wird dies sofort Auswirkungen auf die Flußdichte und den Fluß sowohl im Innen- als auch im Außenbereich haben. Lediglich der Hüllenfluß bleibt bei fester Ladung Q davon unberührt. Als Vergleich möge bei der Massenanziehung die leichten Gravitationsschwankungen auf der Erdoberfläche herhalten, die von der inhomogenen inneren Masseverteilung, Rotationselliptizität und Gebirgigkeit der Erdoberfläche herrühren.

In Analogie zu Linien- und Flächenladung ist die Definition einer ***Volumenkraftdichte*** $\boldsymbol{f_V}$ sinnvoll:

$$f_V := \frac{\mathrm{d}\boldsymbol{F}}{\mathrm{d}V} = \rho \boldsymbol{E} \quad \text{bzw.} \quad \boldsymbol{F} = \iiint_V f_V \mathrm{d}V'; \qquad [f_V] = \frac{\mathrm{N}}{\mathrm{m}^3}. \tag{1.7-26}$$

Im Gegensatz zu jenen kann f_V als Vektor spezifiziert werden, da V eine skalare Größe ist. Für die Kraft $\boldsymbol{F}$ auf eine Raumladung ρ infolge eines externen Felds $\boldsymbol{E}$ ergibt sich dann als Extrapolation des COULOMBschen Gesetzes:

$$\boldsymbol{F}_\mathrm{C} = \int_{Q_2} \boldsymbol{E}\mathrm{d}Q = \iiint_{V_2} \boldsymbol{E}\rho \mathrm{d}V. \tag{1.7-27}$$

MATHCAD-Anwendung 1.7-2: Volumenintegral 

Auch hier handelt es sich lediglich um eine konsequente Fortführung der normalen Integration. Im Vorgriff auf die Lösung der Aufgabe 1.7.3-4 lautet der Integralansatz:

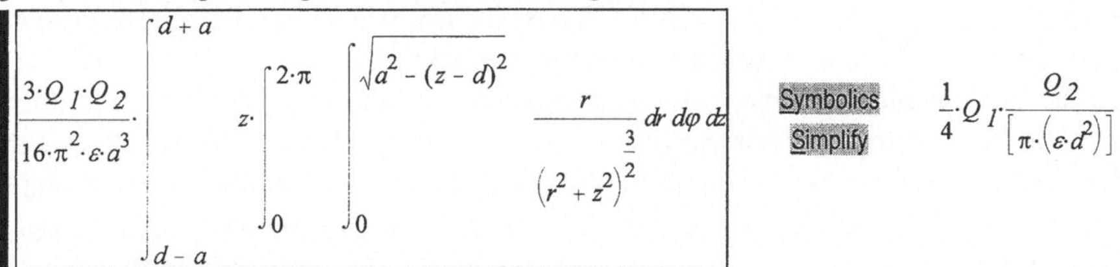

Mittels /&&& erhalten wir das Volumenintegral und in **Mathcad 6** nach Symbolics Simplify unmittelbar die rechte COULOMBsche Kraftformel. Ab Version **7** wird mittels der Vorzeichenfunktion *csgn* in Betracht gezogen, daß das Ergebnis von den Vorzeichen und Größenverhältnissen von *d* und *a* abhängt, was etwas manuelle Nacharbeit erfordert, um das gleiche Ergebnis zu erhalten.

Aufgabe 1.7.3-1: Man berechne für einen sehr langen Zylinder mit Radius a und homogener Raumladung ρ_0 überall den Verlauf von $\boldsymbol{D}(r)$ und $\varphi_e(r)$ für $\varphi_e(a) \overset{\circ}{=} 0$.

Aufgabe 1.7.3-2: Man berechne den Verlauf von $\boldsymbol{D}(r)$, $\overset{\circ}{\Psi}(r)$ und $\varphi_e(r)$ für das Beispiel im Text, wenn statt der homogenen Raumladung diese einen Verlauf von $\rho(r) = \rho_a r/a$ aufweist.

Aufgabe 1.7.3-3: Eine Kugel mit Radius a und homogener Raumladung $Q > 0$ werde von einer metallischen Hohlkugel mit Innenradius $b = 2a$ und Außenradius $c = 3a$ konzentrisch umgeben. Man berechne und skizziere überall den Verlauf von $\boldsymbol{D}(r)$, $\overset{\circ}{\Psi}(r)$ und $\varphi_e(r)$. Was ergibt sich bei Erdung der Hohlkugel?

***Aufgabe 1.7.3-4**: Man berechne die COULOMBkraft zwischen zwei homogenen Kugelraumladungen Q_1 und Q_2 mit Radien a und Abstand d der Mittelpunkte, und vergleiche das Ergebnis mit der COULOMBkraft für Punktladungen, also $a \to 0$.

1.7.4 GAUßscher Satz der Elektrostatik, Divergenz

Flußdichte D und Flächenladungsdichte σ entsprechen einander am selben Ort direkt. Da sowohl Flußdichte $\boldsymbol{D}$ als auch Raumladungsdichte ρ Größen sind, die punktuell Bedeutung haben, sollte es ebenfalls möglich sein, zwischen ihnen eine direkte Beziehung, statt nur über die integrale Form des GAUßschen Satzes anzugeben; wir wollen die gesuchte Beziehung die lokale oder differentielle Form des GAUßschen Satzes nennen. Sie sagt etwas über die Quellen und Senken dieser Felder aus.

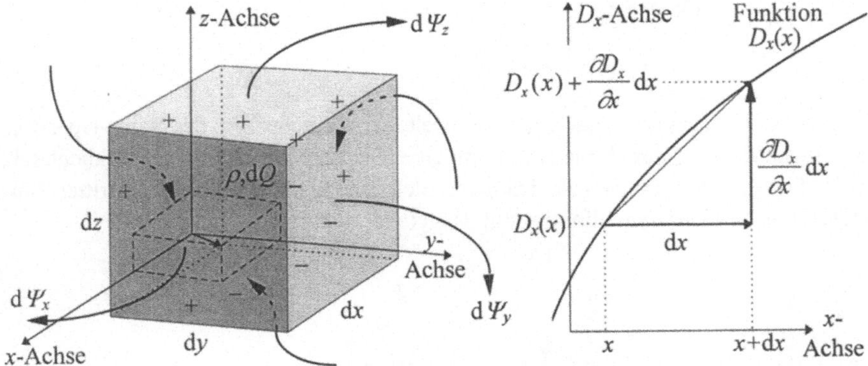

Abb. 1.7-10: Differentiell kleiner Quader zum Berechnen der Divergenz.

Integrale Formen sind, wie bereits erläutert, nur bedingt geeignet, aus gegebenen Raumladungen Flußdichten und umgekehrt zu berechnen. Vielmehr stellt die integrale Form ja eine Flußgröße dar und gestattet dessen Berechnung aus gegebener Raumladung oder Flußdichte, der umgekehrte Weg ist jedoch, wie an den Beispielen gezeigt, meist nur bei hochsymmetrischen Konfigurationen möglich.

Zur Umwandlung der Integralform des GAUßschen Satzes in die zugehörige differentielle Form betrachten wir entspr. Abb. 1.7-10 einen differentiell kleinen Quader des Volumens $\mathrm{d}V = \mathrm{d}x\mathrm{d}y\mathrm{d}z$. In diesem kann sich eine differentiell kleine Ladung $\mathrm{d}Q = \rho\mathrm{d}V$ befinden, deren Fluß $\mathrm{d}\overset{\circ}{\Psi} = \mathrm{d}Q$ aus dem Quader austritt (bzw. eintritt, wenn $\mathrm{d}Q < 0$). Feldlinien von Ladungen außerhalb des Quaders können ebenfalls den Quader durchdringen.

Das Oberflächenintegral zerfällt in sechs Anteile für die sechs Quaderflächen. Betrachten wir zunächst die dunkelgraue vordere Frontfläche $\mathrm{d}y\mathrm{d}z$ gemeinsam mit der parallel dazu liegenden hinteren, so zeigen deren Normalenvektoren in positive bzw. negative x-Richtung. Von dem hier (schräg) austretenden Fluß zählt wegen des Skalarprodukts im Oberflächenintegral nur der in positive bzw. negative x-Richtung zeigende Normalanteil der über $\mathrm{d}y\mathrm{d}z$ gemittelten Flußdichte D_x:

$$\mathrm{d}\Psi_x = \left(\frac{\partial D_x}{\partial x}\mathrm{d}x\right)\mathrm{d}y\mathrm{d}z = \frac{\partial D_x}{\partial x}\mathrm{d}V \tag{1.7-28}$$

ist dabei genau der Flußanteil, der innen verursacht wird zuzüglich dem Anteil, der von außen über die vier anderen Grenzflächen eindringt und über genau diese beiden Flächenanteile austritt. Führen wir denselben Gedankengang für die anderen beiden Flächenpaare weiter, muß für den Gesamtfluß gelten:

$$\mathrm{d}\overset{\circ}{\Psi} = \mathrm{d}\Psi_x + \mathrm{d}\Psi_y + \mathrm{d}\Psi_z = \frac{\partial D_x}{\partial x}\mathrm{d}V + \frac{\partial D_y}{\partial y}\mathrm{d}V + \frac{\partial D_z}{\partial z}\mathrm{d}V = \rho\mathrm{d}V\,. \tag{1.7-29}$$

Wir dividieren diese Gleichung durch das Volumenelement $\mathrm{d}V$ und erhalten:

$$\frac{\partial D_x}{\partial x} + \frac{\partial D_y}{\partial y} + \frac{\partial D_z}{\partial z} = \begin{pmatrix} \frac{\partial}{\partial x} \\ \frac{\partial}{\partial y} \\ \frac{\partial}{\partial z} \end{pmatrix} \cdot \begin{pmatrix} D_x \\ D_y \\ D_z \end{pmatrix} = \rho. \tag{1.7-30}$$

Hier haben wir nach dem Gradienten als zweite Ausführungsform des Nabla-Operators die Divergenz eingeführt, der jetzt in Form eines Skalarprodukts auf das Flußdichtefeld wirkt. In Kurzschreibweise läßt sich diese Gleichung als lokale Form der dritten Maxwellgleichung in Differentialform somit darstellen:

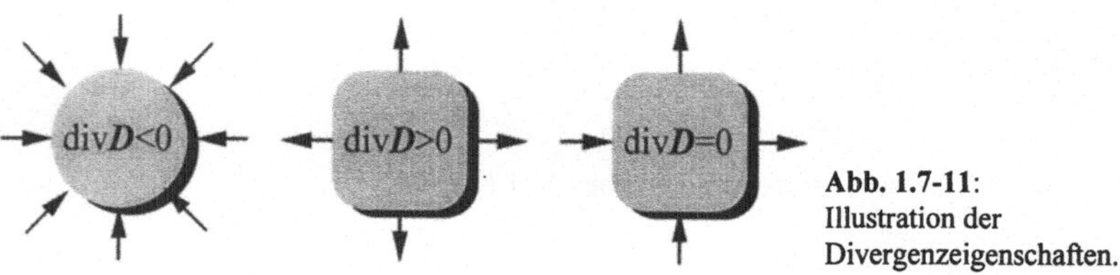

Abb. 1.7-11: Illustration der Divergenzeigenschaften.

$$\boxed{\nabla \cdot \boldsymbol{D} = \mathrm{div}\boldsymbol{D} = \rho}. \qquad (1.7\text{-}31)$$

Wie der Name Divergenz entspr. Abb. 1.7-11 anschaulich macht, divergiert - will sagen: quillt - hier etwas. Man kann direkt div ersetzen durch Die Quelldichte von. Im Klartext kann man diese Gleichung damit lesen:

Die Quelldichte der elektrischen Flußdichte ist die Raumladung.

Diese zunächst aus der COULOMBkraft abgeleitete Beziehung ist das eigentliche Fundament der Elektrostatik, denn sie beschränkt sich nicht auf einzelne Punktladungen, sondern erlaubt für jede Verteilung von ρ eine Extrapolation auf eine erste Vektorfeldgröße: $\boldsymbol{D}$! Befindet sich im Quader keine Raumladung (ρ = 0), muß sämtlicher Fluß, der in das Gebiet eintritt auch wieder austreten:

$$\nabla \cdot \boldsymbol{D} = \mathrm{div}\boldsymbol{D} = 0. \qquad (1.7\text{-}32)$$

Der Begriff der Quelle muß hier sorgfältig betrachtet werden und ist rein mathematischer, nicht physikalischer Natur. Wenn wir von einem Proton als COULOMBfeldquelle reden, meinen wir als mathematisches Modell, daß es den Verschiebungsfluß aussendet. Wenn wir von dem Elektron als Senke reden, meinen wir, daß es einen genauso großen Verschiebungsfluß aussendet, nur mit negativem Vorzeichen.

Dies wird zum einen sofort einsichtig, wenn wir bedenken, daß die negative numerische Festlegung der Elektronenladung reine Willkür darstellt. Man hätte genausogut die Protonenladung negativ definieren können. B. FRANKLIN hat jedoch diese Festlegung in Unkenntnis des wahren Fluidums anders getroffen. Er glaubte, von einem zuvor geriebenen Glasstab fließen positive Ladungen zum Bernstein, stattdessen fließen Elektronen in umgekehrter Richtung.

Manches wäre mathematisch mit positiven Elektronen einfacher, z.B. die Nichtnotwendigkeit der Unterscheidung zwischen Elektronenflußrichtung und technischer Stromrichtung. Es ist sogar so, daß die Physik erhebliche Anstrengungen unternehmen mußte, um überhaupt nachweisbar werden zu lassen, daß nicht letzte Nacht sämtliche Ladungsträger im Universum umgepolt wurden oder alles um uns herum aus Antimaterie statt aus dem, was wir als Materie wahrnehmen, besteht. Auch kann z.B. nicht zwingend ausgeschlossen werden, daß vielleicht ganze andere Galaxien aus Antimaterie bestehen (Elektronen $\Rightarrow$ Positronen). Alleinige Betrachtungen der elektromagnetischen Wechselwirkungen erlauben eine solche Feststellung nicht, erst seit 1956 (T. D. LEE, C. N. YANG; NOBELpreis 1957) bekannte Zerfallsvorgänge der schwachen Wechselwirkung lösen dieses Problem.

Beide Ladungsträgertypen verursachen ihr Feld selbst. Daran ändert auch das bekannte Feldlinienbild einer positiven und einer negativen Ladung nichts, bei dem die Feldlinien beim Proton beginnen und beim Elektron enden. Dies ist ein rein mathematisches (sehr zweckmäßiges) Superpositionskonstrukt. Beim Auseinandernehmen der Ladungen bleiben beide Feldlinienbilder für sich übrig.

Demgegenüber steht ein Senkschacht, in dem sich Regenwasser sammelt und abfließt, als Modell einer wirklich physikalischen Senke atmosphärischen Niederschlags, wobei im Gegensatz zum COULOMBfeld der Senkschacht das Wasser, das er verschluckt, nicht selbst erzeugt - das Elektron das Feld, das es mit sich führt, aber sehr wohl selbst hervorruft. Wenn wir daher von austretenden Flüssen reden, ist lediglich ein mathematisch zu verstehender Zählpfeil gemeint. Tritt ein Fluß irgendwo ein, weil sich dahinter Elektronen verbergen, ist dies einfach ein negatives Austreten.

Der GAUßsche Satz hat über diese Anwendung hinaus mathematisch weitreichende Bedeutung. Er stellt eine Beziehung her zwischen der Kenntnis des Feldverlaufs über einer geschlossenen Oberfläche und der Kenntnis des Quellenverhaltens im Integrationsvolumen. Dazu setzen wir die differentielle Form in das rechte Integral ein:

$$\overset{\circ}{\Psi} = Q = \underset{\substack{\text{Bel. geschl.}\\ \text{Hülle um } V}}{\oiint} \boldsymbol{D} \cdot \mathrm{d}\boldsymbol{A} = \iiint_V \operatorname{div}\boldsymbol{D} \cdot \mathrm{d}V. \tag{1.7-33}$$

Der GAUßsche Satz gibt Auskunft über die (mathematische) Emission eines Volumens, indem nur die Hülle betrachtet wird. Er besagt etwa, daß es in einem Gefängnis genügt, statt jedem Gefangenen einen permanenten Aufpasser beizugeben, sämtliche möglichen Ausgänge zu bewachen.

Aus dieser Integralformel resultiert mit ·.· als Platzhalter für ein beliebiges Vektorfeld ähnlich der Gradientendefintion die allgemeine, d.h. koordinatenfreie, Definition der Divergenz:

$$\operatorname{div} \cdot\!\!\cdot := \lim_{V \to 0} \frac{1}{V} \underset{A \text{ um } V}{\oiint} \cdot\!\!\cdot \, \mathrm{d}\boldsymbol{A}. \tag{1.7-34}$$

In Zylinder- und Kugelkoordinaten lautet die Divergenz:

$$\operatorname{div}\boldsymbol{D}_{\text{Zylinder}} = \frac{1}{r}\frac{\partial r D_r}{\partial r} + \frac{1}{r}\frac{\partial D_\varphi}{\partial \varphi} + \frac{\partial D_z}{\partial z},$$

$$\operatorname{div}\boldsymbol{D}_{\text{Kugel}} = \frac{1}{r^2}\frac{\partial r^2 D_r}{\partial r} + \frac{1}{r \sin\vartheta}\frac{\partial(\sin\vartheta \cdot D_\vartheta)}{\partial \vartheta} + \frac{1}{r \sin\vartheta}\frac{\partial D_\varphi}{\partial \varphi}. \tag{1.7-35}$$

MATHCAD-Anwendung 1.7-3: Divergenz, Umbruch

- **numerisch:**

$ORIGIN := 1$ $\quad (a\ b\ c) := (15\ 30\ 5) \quad (x\ y\ z) := (-.5\ .2\ 5)$

$$\operatorname{div}(G,x,y,z) := \frac{d}{dx}G(x,y,z)_1 \ldots + \frac{d}{dy}G(x,y,z)_2 \ldots + \frac{d}{dz}G(x,y,z)_3$$

$$D(x,y,z) := \frac{100}{\left(a \cdot x^2 + b \cdot y^2 + c\right)^2} \cdot \begin{bmatrix} a \cdot x \\ b \cdot y \\ 0 \end{bmatrix}$$

$\operatorname{div}(D,-.5,.2,5) = 7.994 \qquad \operatorname{div}(D,x,y,z) = 7.994$

Die $G(x,y,z)_i$, $i = 1,2,3$ stellen die Komponenten eines Formalparameter-Vektors G als Funktionen der Koordinaten x,y,z dar. Beim Aufruf wird dieser durch den aktuellen Vektor - im Beispiel D - ersetzt, der wieder die gleiche Parameterstruktur wie G haben muß. Für längere Summenformeln besteht nach dem Markieren hier der ersten beiden $G(x,y,z)_i$ mit Strg ↵ die Möglichkeit eines Umbruchs zum nächsten Summanden.

- **symbolisch** aktiv:

$$\operatorname{div}(D,x,y,z)\ simplify \to 100 \cdot \frac{\left(-3 \cdot a^2 \cdot x^2 + a \cdot b \cdot y^2 + a \cdot c + b \cdot a \cdot x^2 - 3 \cdot b^2 \cdot y^2 + b \cdot c\right)}{\left(a \cdot x^2 + b \cdot y^2 + c\right)^3} = 7.994$$

Aufgabe 1.7.4-1: Man berechne die Raumladungsdichte ρ, die das in Abschnitt 1.6.3 behandelte Beispielfeld $D = (y,x,z)$ nC/m³ erzeugt, sowie die Gesamtladung Q im Tetraeder der Abb. 1.6-7.

Aufgabe 1.7.4-2: Man rechne aus dem bekannten Verlauf des Felds $D(r)$ im Innen- und Außenraum der kugelhomogenen Raumladung auf ρ sowohl in Kugel-, als auch in kartesischen Koordinaten zurück.
Aufgabe 1.7.4-3: Ein Potentialverlauf sei zu $\varphi_e(x)$ gegeben. Man bestimme den zugehörigen Raumladungsverlauf $\rho(x)$.

1.8 Dielektrika im elektrischen Feld

In allen Betrachtungen, die wir bisher angestellt haben, waren Feldstärke $\boldsymbol{E}$ und Flußdichte $\boldsymbol{D}$ letztendlich immer noch austauschbare Größen, unterschieden lediglich durch den Faktor ε, dem wir im wesentlichen mathematische, nicht physikalische, Bedeutung zugeordnet hatten. Dies wird sich nun ändern, indem gezeigt wird, daß ε bedeutende physikalische Eigenschaften beschreibt und bei Stoffkombinationen mit verschiedenen ε-Werten sorgfältig überlegt werden muß, auf welche Weise $\boldsymbol{E}$ und $\boldsymbol{D}$ beeinflußt werden.

Dielektrika (Isolatoren, Nichtleiter) sind im Gegensatz zu Leitern (z.B. Metallen) Stoffe, die durchlässig - daher ihr Name - für das elektrische Feld sind. Während bei

- Leitern, die keinen galvanischen Kontakt zur Quelle haben, die hohe Anzahl freier Ladungsträger spontan mit zugehörigen Oberflächenladungen zur Influenz führt,
- bei Leitern, die galvanischen Kontakt zur Quelle haben, die hohe Anzahl freier Ladungsträger zu Stromfluß führt,
- tritt bei Dielektrika ohne nennenswerte Anzahl freier Ladungsträger und nicht exzessiven Feldstärken Polarisation auf, was bedeutet, daß das äußere Feld nun an den an die Atomrümpfe gebundenen Ladungsträgern - den Elektronen, tlw. auch an den Atomrümpfen - selbst angreift, und versucht diese zu trennen. Ein Maß für die Polarisationsfähigkeit des Dielektrikums ist die Permittivität ε.
- Bei sehr hoher Feldstärke gelingt diese Trennung - z.B. bei Luft bei ca. 10 kV/cm - spontan in Form eines Durchschlags - also ein kurzzeitiger hoher Stromfluß, wobei sich das Dielektrikum unter Geräuschentwicklung meist chemisch verändert - es verkohlt. Beispiele hierfür sind auch Blitz und Donner. Der Blitz entsteht durch die damit verbundene Erhitzung, das Geräusch durch die daraus resultierende extrem rasche Ausdehnung.

1.8.1 Permittivität ε

Elektrische Flußdichte $\boldsymbol{D}$ und elektrische Feldstärke $\boldsymbol{E}$ existieren in Form eines Wirkungs/Ursachepaares gleichzeitig im Raum an jeder Stelle - im Vakuum, als auch im Medium - und zeigen für dielektrisch isotrope Medien in die gleiche Richtung. Im Freiraum ist ihr Betragsverhältnis durch die Naturkonstante ***elektrische Feldkonstante***

$$\varepsilon_0 := \frac{1}{\mu_0 c_0^2} = 8{,}854\,187\,817...\cdot 10^{-12}\,\frac{\mathrm{As}}{\mathrm{Vm}} = \frac{D_0}{E_0} \qquad (1.8\text{-}1)$$

festgelegt. Der Index $_0$ kennzeichnet hier, wie in der Folge, sofern nicht anders vereinbart, Größen im Freiraum. c_0 ist die Freiraumlichtgeschwindigkeit, μ_0 die magnetische Feldkonstante, die in den Abschnitten 3.2.1 und 3.7.1 angegeben sind. Aus praktischen

Erwägungen, die mit der Definition der Basiseinheit A (mpère) zu tun haben, wird ε_0 auf diese Weise soz. rückdefiniert.

Die einheitenlose ***relative Permittivität*** ε_r eines Materials gibt den Faktor an, um den ein elektrisches Feld $\boldsymbol{E}$ bei konstanter äußerer Ladungsverteilung und folglich konstanter Flußdichte $\boldsymbol{D} = \boldsymbol{D}_0$ infolge der Polarisation in der Materie zu $\boldsymbol{E}_\varepsilon$ gegenüber dem Freiraum mit $\boldsymbol{E}_0$ geschwächt wird, was dann auch für die zugehörigen Spannungen gilt:

$$\varepsilon_r := \frac{E_0}{E_\varepsilon} = \frac{U_0}{U_\varepsilon} \geq 1. \tag{1.8-2}$$

Damit folgt für die ***Dielektrizitätszahl*** oder ***Permittivität*** ε:

$$\varepsilon := \varepsilon_0 \varepsilon_r \geq \varepsilon_0. \qquad [\varepsilon] = [\varepsilon_0] = \frac{\text{As}}{\text{Vm}} = \frac{\text{F (arad)}}{\text{m}} \tag{1.8-3}$$

Die allgemeine Vektorbeziehung zwischen $\boldsymbol{D}$ und $\boldsymbol{E}$ lautet somit:

$$\boldsymbol{D} = \varepsilon \boldsymbol{E} = \varepsilon_0 \varepsilon_r \boldsymbol{E}. \tag{1.8-4}$$

Wie bereits dargelegt, gilt das COULOMBsche Gesetz in der angegebenen Form nur für konstantes ε, was wir zunächst weiter voraussetzen. Ist das Medium inhomogen, müssen entsprechend Abschnitt 1.8.5 Brechungsgesetze berücksichtigt werden. Anschaulich wird der Zusammenhang z.B. an dem Vergleich der beiden Größenarten wieder für das COULOMBfeld einer Punktladung:

$$\boldsymbol{D} = \varepsilon \boldsymbol{E} = \frac{Q}{4\pi r^2} \vec{e}_r, \tag{1.8-5}$$

also das gleiche Ergebnis wie aus der Quotientenbildung von Hüllenfluß und Oberfläche. Umgeben wir also die kugelförmige Ladung Q im Vakuum mit einem Medium mit $\varepsilon_r > 1$, wird das elektrische Feld $\boldsymbol{E}$ hierdurch geschwächt, das Flußdichtefeld $\boldsymbol{D}$ ist jedoch unabhängig davon. Damit ist es aus dieser Sicht auch gerechtfertigt, zu sagen, daß $\boldsymbol{D}$ eine Ursachengröße ist, und $\boldsymbol{E}$ eine Wirkungsgröße.

Aufgabe 1.8.1-1: Man gebe die Einheit der Permittivität im SI an.

Aufgabe 1.8.1-2: Ein Zylinderloch der Länge l = 10 mm und des Durchmessers d = 1 mm, und parallel dazu ein anderes der Länge l = 1 mm und des Durchmessers d = 10 mm, werden in ein Dielektrikum der Permittivität ε_r = 3 eingebracht. Ein elektrisches Feld durchsetzt das Medium in Richtung von l. Das Feld möge durch die kleinen Löcher nicht deformiert werden. Wie verändern sich in den Löchern gegenüber der Umgebung näherungsweise E und D?

Aufgabe 1.8.1-3: Ein Elektron ist am Ort $\boldsymbol{x}_e$ = (−1,0,0) m in ein Medium mit ε_r = 3 eingebettet. Welcher Fluß Ψ_e durchsetzt die Ebene x = 0? Wie groß ist dort der Fluß Ψ_{ep}, wenn sich am Ort $\boldsymbol{x}_p$ = (1,0,0) m noch ein Proton befindet? Wie groß ist der Fluß Ψ_{ee}, wenn sich am Ort $\boldsymbol{x}_p$ noch ein Elektron befindet?

1.8.2 Elektrische Polarisation *P* und Elektrisierung *P*/ε_0

Materie kann auf verschiedene Art mit elektrischen (und magnetischen) Feldern wechselwirken. Da diese Felder ja letztendlich immer selbst von Materie verursacht werden, wird diese entsprechend der Art der Wechselwirkung verändert und richtet ihre Feldvektoren in bestimmte Richtungen - das äußere Feld verstärkend oder schwächend -

aus. Dies hat Einfluß auf den Durchmarsch elektromagnetischer Felder, als sich eine Überlagerung der äußeren Ursache und der Rückwirkung der Materie ergibt.

Die Wechselwirkung hängt u.a. vom Aggregatzustand, Druck, Temperatur und auch vom Ionisationszustand der Materie ab. Wir wollen hier nur Wechselwirkungen für das Vakuum, unionisierte Gase bei normalen Drücken und Temperatur mit mit dem Vakuum vergleichbaren Eigenschaften (typ.: Luft), sowie Festkörper bei normalen Drücken und Temperaturen betrachten.

Materie wird insgesamt durch einen Satz von Materialgrößen beschrieben, die die Wechselwirkungen mit elektromagnetischen Feldern kennzeichnen. Für die Elektrostatik ist das, wie o.a. $\varepsilon_r \rightarrow \varepsilon = \varepsilon_0\varepsilon_r$. Doch was bedeutet ein bestimmter Wert von ε_r physikalisch anschaulich?

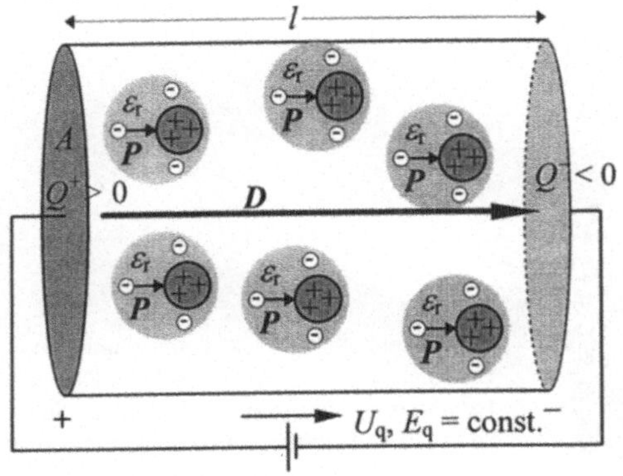

Abb. 1.8-1: Reaktionen eines Dielektrikums auf ein von außen angelegtes elektrisches Feld.

Betrachten wir dazu zunächst den Fall, daß wir eine Quellspannung U_q, d.h. eine feste belastungsunabhängige eingeprägte Spannung mit zugehöriger elektrischer Feldstärke $\boldsymbol{E} = \boldsymbol{E}_q$ entspr. Abb. 1.8-1 an zwei metallische Elektroden zwischen einem festen dielektrischen Materiestück - eine Anordnung, die wir später als Kondensator bezeichnen werden - anlegen. Die an die Atomrümpfe gebundene Elektronenwolke deformiert sich durch die angelegte Spannung derart, daß ihr negativer Ladungsschwerpunkt näher beim positiven Pol der Spannungsquelle zu liegen kommt. Der dadurch bewirkte Polarisierungseffekt führt zu einem Gegenfeld $-\boldsymbol{P}$, welches versucht, das äußere $\boldsymbol{E}_q$-Feld zu schwächen.

Da wir dieses jedoch als eingeprägt definiert haben, müssen zusätzliche Polarisationsladungen Q_P gegenüber dem Freiraumfall auf den Elektroden aufgebracht werden, die die Schwächung neutralisieren. Dies geht solange, bis an den Elektronen ein Kräftegleichgewicht zwischen dem Pluspol der Spannungsquelle und der Kernanziehungskraft herrscht. Mehr Ladungen bedeutet aber eine größere Flußdichte $\boldsymbol{D} > \boldsymbol{D}_0$. Der zusätzliche Anteil bildet:

- additiv zu $\boldsymbol{D}_0$ die Gegenerregung oder ***elektrische Polarisation P*** bzw.
- additiv zu dem $\boldsymbol{E}$, das sich einstellen würde, wenn die Quelle keine weiteren Ladungen zur Flußdichteerhöhung zur Verfügung stellen würde, die ***Elektrisierung*** $\boldsymbol{P}/\varepsilon_0$,

die daher auch in Bezug auf die Deformation der Elektronenhüllkurve von $- \Rightarrow +$ weisen, in Bezug auf die zusätzlich aufgebrachten Ladungen aber wieder von $+ \Rightarrow -$.

Ein Maß für diese Polarisierung ist die relative Dielektrizitätszahl ε_r bzw. die ***elektrische Suszeptibilität*** χ_e (für χ sprich: chi):

$$\chi_e := \varepsilon_r - 1 = \frac{\varepsilon - \varepsilon_0}{\varepsilon_0}, \tag{1.8-6}$$

$$\boldsymbol{P} := \boldsymbol{D} - \boldsymbol{D}_0 = \boldsymbol{D} - \varepsilon_0 \boldsymbol{E} = (\varepsilon_r - 1)\varepsilon_0 \boldsymbol{E} = \chi_e \varepsilon_0 \boldsymbol{E} \qquad \text{oder}$$

$$\boldsymbol{D} = \boldsymbol{D}_0 + \boldsymbol{P} = \varepsilon_0 \boldsymbol{E} + \boldsymbol{P} = (1 + \chi_e)\varepsilon_0 \boldsymbol{E} = \varepsilon_r \varepsilon_0 \boldsymbol{E}. \qquad [\boldsymbol{P}] = [\boldsymbol{D}] = \frac{\text{As}}{\text{m}^2} \tag{1.8-7}$$

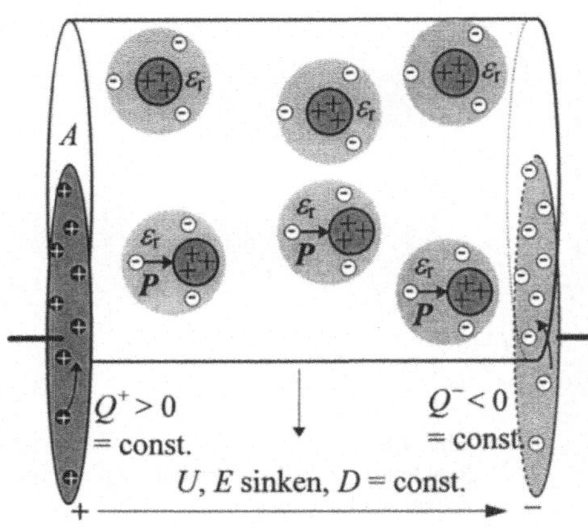

Abb. 1.8-2: Polarisation eines Dielektrikums durch Hineinschieben in ein elektrisches Feld. Die Ladungsträgermenge auf einer Platte bleibt konstant, Ladungsträger verteilen sich jedoch zu den Zonen neben der Materie um.

Nehmen wir dementgegengesetzt an, es befände sich zunächst keine Materie zwischen den Platten, diese seien auf eine bestimmte Spannung U aufgeladen und danach sei die Spannungsquelle abgeklemmt worden. Wir schieben nun gemäß Abb. 1.8-2 ein Dielektrikum zwischen die Platten. Da in diesem Fall die Ladung Q auf den Platten konstant bleiben muß, ist auch das D-Feld unter der Voraussetzung daß es in seiner Richtung normal zu den Elektroden erhalten bleibt, in der Materie konstant, da $D_\varepsilon = Q/A = D_0 = D$. Folglich muß das E-Feld infolge der Polarisierung nachgeben: $E_\varepsilon = D/\varepsilon_0\varepsilon_r < D/\varepsilon_0 = E_0$, und die Spannung U absinken.

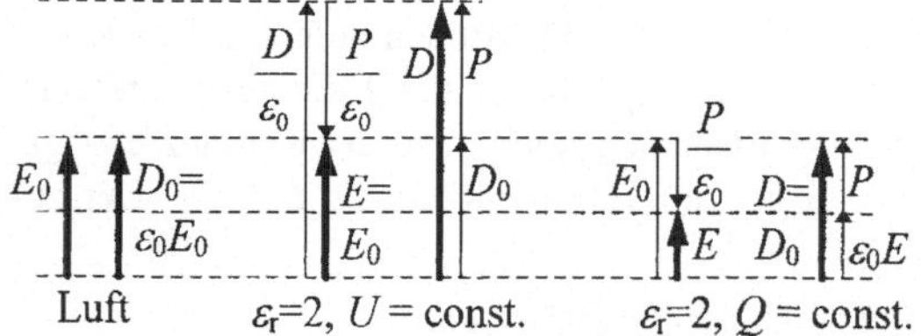

Abb. 1.8-3: Veränderung der Feldgrößen bei Einbringen eines Dielektrikums mit $\varepsilon_r = 2$ in ein elektrisches Feld, einmal bei konstanter Spannung U, ein andermal bei konstanter Ladung Q.

Die für U = const und Q = const. dargestellten Verhältnisse sind in Abb. 1.8-3 am Beispiel eines Dielektrikums mit $\varepsilon_r = 2$ veranschaulicht. Die dabei fett ausgezogenen Vektoren stellen sich resultierend ein.

Aus den beiden vorangehenden Betrachtungen können wir die Permittivität physikalisch interpretieren als das Verhältnis von sich einstellender dielektrischer Flußdichte zur elektrischen Feldstärke. Die Einheit, die hier ein besseres physikalisches Verständnis gewährleistet, kann man zu

$$[\varepsilon]=\frac{\mathrm{C/m^2}}{\mathrm{V/m}} \quad (=\frac{\mathrm{F\,(arad)}}{\mathrm{m}}=\frac{\mathrm{As}}{\mathrm{Vm}}) \tag{1.8-8}$$

angeben. Man kann damit auch allgemein für die Reaktion von Materie auf ein Feldpaar angeben, daß die zugehörige Materialeigenschaft das Verhältnis von Wirkung (die mit der Verschiebungsdichte D getrennten Ladungen) zu Ursache (das trennende elektrische Feld E) angibt. Nach diesem Prinzip sollen auch die anderen elektromagnetischen Materialeigenschaften definiert werden.

Liegt nun im zuerst betrachteten Fall statt eines Gleichfeldes ein Wechselfeld an, so muß die an den Atomrumpf gebundene Elektronenwolke dieser Oszillation folgen, d.h. nach einer Halbschwingung sieht das dazugehörige Bild praktisch um die vertikale Mittelachse gespiegelt aus.

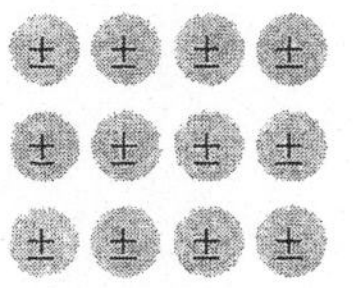

Atome mit Fähigkeit zur Verschiebungspolarisation

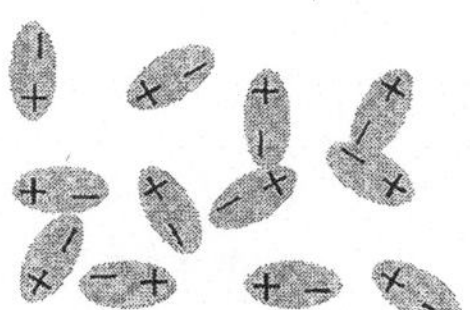

Atome mit Fähigkeit zur Orientierungspolarisation

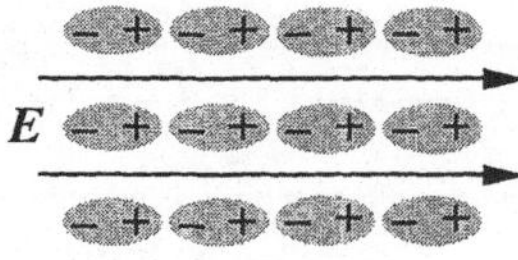

Atome nach Ausrichtung durch äußeres elektrisches Feld

Abb. 1.8-4: Die Polarisationsarten im Vergleich.

Dieses Hin- und Herschütteln der Elektronenwolke geschieht aufgrund der Elektronenmassen, des Atom- und Molekülaufbaus stoff- und frequenzabhängig nicht trägheitslos. Vor allem in Bezug auf den Atom- und Molekülaufbau muß entspr. Abb. 1.8-4 noch unterschieden werden, ob die Elektronenbahnen ohne äußeres Feld keine oder eine Eigenpolarisierung aufweisen. Im ersten Fall, der sog. ***Verschiebungs***- oder ***Verzerrungspolarisation***, wird die Energie nur temporär aufgenommen und nach Abschalten der Wechselquelle wieder an diese zurückgegeben.

Im zweiten Fall, der sog. ***Orientierungspolarisation***, erfolgt neben der Weiterpolarisierung eine Drehung derselben, was in einer Energieaufnahme und Trägheit resultiert, die nicht mehr an das erzeugende Feld zurückgegeben wird. Trägheit bedeutet für Wechselerregung ein Nachhinken der Phase, d.h. das D-Feld als Wirkung hinkt dem durch die vorgegebene Spannung erzwungenen E-Feld hinterher. Wasser ist z.B. ein Stoff, der diese letztgenannte Eigenschaft aufweist. Hier bilden die beiden Wasserstoffatome (H_2O) mit dem Sauerstoffatom einen Winkel von 117°, was zu einer Unsymmetrie des Molekülaufbaus führt.

Aufgabe 1.8.2-1: Welchem Grenzwert muß ε_r zustreben, damit sich im Dielektrikum ein der Influenz vergleichbarer Vorgang abspielt?

Aufgabe 1.8.2-2: Ein Dielektrikum mit ε_r werde zwischen zwei Metallplatten bei fester Spannung eingebracht. Man drücke ε_r und χ_e durch die ursprünglich vorhandenen Ladungen Q_0, sowie die zusätzlichen Polarisationsladungen Q_p aus.

Aufgabe 1.8.2-3: Ein Dielektrikum mit ε_r werde zwischen zwei Metallplatten bei fester Ladung Q_0 eingebracht. Man drücke ε_r und χ_e durch Q_0 sowie die Polarisationsladungen Q_p aus, die durch das Dielektrikum neutralisiert werden.

1.8.3 Atomare Polarisation und Dipolmoment

Als brauchbares Modell zur Berechnung von Dipolmoment, Polarisation und Permittivität aus dem Atomaufbau hat sich in der Praxis entspr. Abb. 1.8-5 auf der Grundlage des BOHRschen Atommodells (NIELS BOHR, NOBELpreis 1922) bewährt, die Hüllelektronenwolke $Q^- = -\Delta Ne$ in ihrem Zentrum als Ladungsschwerpunkt konzentriert zu denken. Dabei ist ΔN die Elektronenanzahl, die beim neutralen Atom auch gleich der Protonenanzahl im Kern ist.

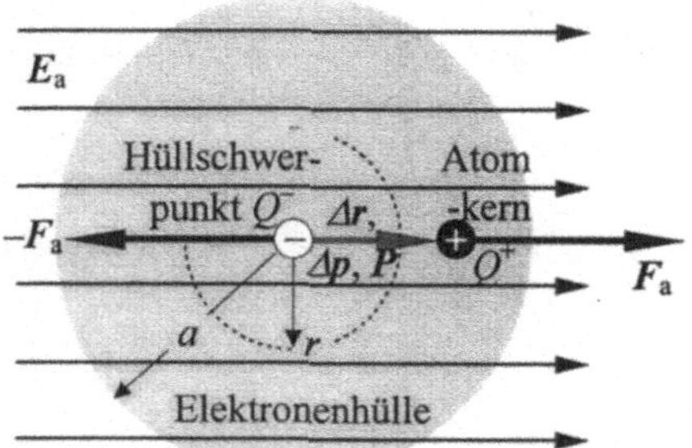

Abb. 1.8-5:
Atom unter dem Einfluß eines äußeren elektrischen Feldes $\boldsymbol{E}_a$.

Wird infolge einer äußeren Kraft $-\boldsymbol{F}_a$, hervorgerufen durch ein äußeres elektrisches Feld $\boldsymbol{E}_a$, die negativ geladene Hülle um ein Stück $-\Delta\boldsymbol{r}$ ausgelenkt, so müssen sich analog am Atomkern mit der Ladung $Q^+ = \Delta Ne$ $\boldsymbol{F}_a$ und die COULOMBsche Rückstellkraft $-\boldsymbol{F}_C$ durch den Hüllelektronenladungsschwerpunkt aufheben. Die Anordnung können wir als COULOMBschen Elementardipol ansehen, wie wir ihn grundsätzlich schon in Abschnitt 1.5 betrachtet haben.

Wird das äußere elektrische Feld gedreht, wird sich die exzentrierte Elektronenhülle unter gleicher Auslenkung Δr mitdrehen. Dazu gehört ein mechanisches Drehmoment $\boldsymbol{T}$, das wir durch seinen elektrischen Hebelarm, das elektrische Dipolmoment $\boldsymbol{p}$, vorgestellt haben. $\Delta\boldsymbol{p}$ als atomares Dipolmoment nimmt hier folgende Form an:

$$\Delta\boldsymbol{p} = Q^+ \Delta\boldsymbol{r}, \qquad (1.8\text{-}9)$$

und weist in Richtung des Polarisationsvektors $\boldsymbol{P}$, also von − nach + des Atoms. Wir suchen den Zusammenhang zwischen dem Gesamtdipolmoment $\boldsymbol{p}$ in einem endlichen Volumen V und $\boldsymbol{P}$. Der Geamtfluß von Kern zu Hüllschwerpunkt muß gerade gleich Q^+, also dem Hüllenfluß des Kerns und damit gleich dem Polarisationsfluß sein, denn er ist ja durch das äußere Feld erst hervorgerufen worden. Diesen können wir mit ΔA als Atomquerschnittsfläche normal zur Flußrichtung sowohl durch $\Delta\boldsymbol{p}$ als auch durch $\boldsymbol{P}$ darstellen:

$$Q^+ = \frac{\Delta p}{\Delta r} = P\Delta A \qquad \Rightarrow \quad \boldsymbol{P} = \frac{\Delta\boldsymbol{p}}{\Delta A \Delta r} = \frac{\Delta\boldsymbol{p}}{\Delta V}. \qquad (1.8\text{-}10)$$

Mit N als sehr großer Gesamtanzahl der Atome im Volumen $V = N\Delta V$ ist wieder eine kontinuierliche Ausformulierung angebracht:

$$\boldsymbol{P} = \frac{\mathrm{d}\boldsymbol{p}}{\mathrm{d}V} \qquad \Rightarrow \quad \boldsymbol{p} = \iiint \boldsymbol{P}\mathrm{d}V. \tag{1.8-11}$$

Die elektrische Polarisation $\boldsymbol{P}$ ist also gleich der räumlichen Dichte des elektrischen Moments atomarer oder molekularer Dipole.

Betrachten wir das Elementardipolvolumen der Elektronenhülle ΔV als kugelhomogene Raumladung ρ der Gesamtelektronenladung $Q^-/\Delta V = Q^-/\frac{4}{3}\pi a^3$. Entsprechend dem in Abschnitt 1.7.4 hergeleiteten GAUßschen Satz der Elektrostatik muß für eine beliebige konzentrische Hülle mit Radius r um den Hüllschwerpunkt im Innern der Elektronenwolke für die hiervon verursachte Flußbilanz gelten (s. auch Gl. 1.7-22):

$$D_r^-(r)\cdot A(r) = \rho\cdot V(r) \;=\; \varepsilon_0 E_r^-(r)\cdot 4\pi r^2 = \frac{Q^-}{\frac{4}{3}\pi a^3}\cdot\frac{4}{3}\pi r^3 = Q^-\cdot\frac{r^3}{a^3}$$

$$\Rightarrow \quad E_r^-(r) = \frac{Q^- r}{4\pi\varepsilon_0 a^3} < 0. \tag{1.8-12}$$

Ihre Feldstärke steigt also linear mit dem Radius r an, während sie im Außenraum gemäß dem normalen COULOMBgesetz quadratisch abfällt. Dort wird sie über einer beliebigen geschlossenen Hülle exakt vom Atomkern kompensiert. Liegt diese Hülle exzentriert um den Atomkern, können wir im Bild links einen größeren negativen, rechts einen größeren positiven Fluß identifizieren, deren Unsymmetrie letztendlich für chemische Molekülbindungen verantwortlich ist, denn das äußere Feld kann von einem anderen Atom, das seinerseits verzerrt ist, hervorgerufen werden.

Hingegen verschwindet die Ladungstrennung für eine Hülle in großem Abstand, sodaß wir hier an jeder Stelle dieser Hülle elektrische Neutralität wahrnehmen. Daraus resultiert, daß sich der Einzugsbereich der beiden unterschiedlichen Elementarladungen in der Ferne neutralisiert. Demgegenüber addiert sich die monopolare Gravitation immer weiter auf und hält so das Universum zusammen. Damit dieses jedoch nicht augenblicklich zusammenbricht, liegt zwischen COULOMBkraft und Gravitationskraft ein Betragsverhältnis von $\approx 2{,}27\cdot 10^{39}$ (!)

Nehmen wir als einfachstes Beispiel das Wasserstoffatom mit dem Radius in der Größenordnung von $a \approx 1$Å (ngstrøm) $= 10^{-10}$ m, so gilt nach Aufgabe 1.8.1-3 $Q^- = -e$. Das Kräftegleichgewicht stellt sich für $\boldsymbol{E}_\mathrm{a} = -\boldsymbol{E}_r^-(\Delta\boldsymbol{r})$ ein, womit sich aus der vorigen Gleichung ergibt:

$$\Delta\boldsymbol{r} = \frac{4\pi\varepsilon_0 a^3}{e}\boldsymbol{E}_\mathrm{a} \qquad \Rightarrow \quad \Delta\boldsymbol{p} = e\Delta\boldsymbol{r} = 4\pi\varepsilon_0 a^3\boldsymbol{E}_\mathrm{a}. \tag{1.8-13}$$

Mit der im vorangegangenen Abschnitt angegebenen Definition der Polarisation folgt mit $n = 1/\Delta V$ als räumliche Ladungsträgerdichte:

$$\boldsymbol{P} = (\varepsilon_\mathrm{r} - 1)\varepsilon_0\boldsymbol{E}_\mathrm{a} = n4\pi\varepsilon_0 a^3\boldsymbol{E}_\mathrm{a} \quad \Rightarrow \quad \varepsilon_\mathrm{r} - 1 = \chi_\mathrm{e} = n4\pi a^3, \tag{1.8-14}$$

womit bekannt ist, wie sich die Permittivität prinzipiell aus der Atomgeometrie berechnet. Diese Gleichung stellt i.allg. eine Näherung dar, da das Kugelmodell des

Atoms doch recht einfach ist. Außerdem schließen sich Atome, wie auch der Wasserstoff, meist zu Molekülen zusammen, die in ihrer Gesamtheit betrachtet werden müssen. Weiterhin ist die Deformation der Hüllkurve nichtlinear, d.h. feldstärkeabhängig.

Wird das äußere elektrische Feld abgeschaltet, versucht sich die exzentrierte Elektronenwolke wieder zu zentrieren, d.h. in den Zustand zu gelangen, daß Atomkern und negativer Ladungsschwerpunkt wieder koinzidieren. Aufgrund der endlichen Elektronenmassen von $m_e = 9{,}1 \cdot 10^{-31}$ kg und der daraus resultierenden NEWTONschen Trägheitskraft (Masse mal Beschleunigung)

$$m_e \frac{d^2 r}{dt^2} = -\frac{e^2}{4\pi\varepsilon_0 a^3} r \tag{1.8-15}$$

wird die Hülle jedoch zur anderen Seite mit der gleichen Auslenkung Δr überschwingen. Wenn wir, wie hier geschehen, in erster Näherung Reibungskräfte vernachlässigen, wird diese Schwingung mit der Amplitude Δr immer weitergehen - das Atom stellt dann einen HERTZschen Dipol dar.

Diese Differentialgleichung ist eine klassische Schwingungsdifferentialgleichung mit Cosinusfunktion als Lösung. Daraus ist ersichtlich, daß ein entsprechend angeregtes Atom mit einer Oszillation antworten wird, was wiederum bedeutet, daß es Zentrum und Verursacher einer elektromagnetischen Welle darstellt.

Aufgabe 1.8.3-1: Ein Wasserstoffatom stehe unter dem Einfluß eines Feldes E. Diesem werde ein zusätzliches Feld gleicher Stärke zugeschaltet, aber gegenüber dem ersten um den Winkel $\varphi = 90°$ verdreht. Welches Drehmoment T wirkt unmittelbar danach auf das Atom und welches Dipolmoment p stellt sich später ein.

Aufgabe 1.8.3-2: Man berechne das Dipolmoment p des Kondensators in Abb. 1.8-2 mit geg. ε_r, l und Q.

Aufgabe 1.8.3-3: Man berechne aus Gl. 1.8-15 mithilfe des Ansatzes $r(t) = \Delta r \cdot \sin(2\pi f_0 t)$ die Schwingfrequenz f_0.

1.8.4 Geschichtete Dielektrika und Polarisationsbedeckung σ_P

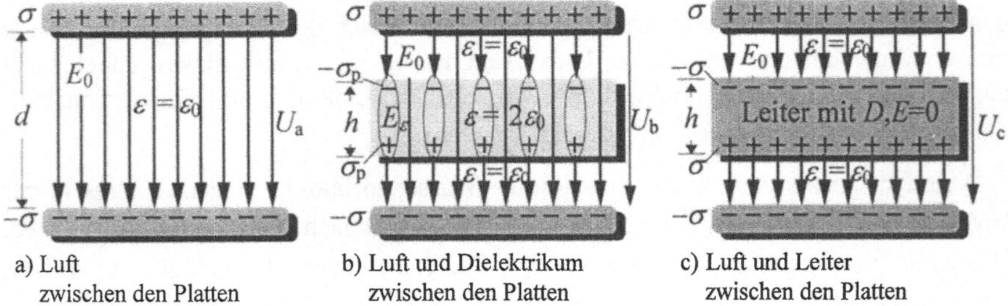

Abb. 1.8-6: Vergleich der Feldstärken bei Permittivitäts- und Leiter/Nichtleiterübergängen für $\varepsilon_r = 2$.

Wir wollen nun ein einfaches Modell mithilfe eines erweiterten Oberflächenladungsbegriffs aufstellen, mittels dessen Hilfe wir das Verhalten der Felder an Übergängen zwischen verschiedenen Dielektrika veranschaulichen können. Dies vergleichen wir mit einem Leiter/Nichtleiter-Übergang. Wir betrachten dazu in Abb. 1.8-6 zwei Metallplatten, die einmal mit Luft, einmal teilweise mit einem Dielektrikum, und zum anderen teilweise mit einem Metall gefüllt sind.

In allen Fällen möge die Oberflächenladung σ der äußeren Platten konstant sein. Damit bleibt auch unter Vernachlässigung von Randeffekten die Flußdichte $D = \sigma$ außer im Leiter konstant. Wir berechnen die einzelnen Feldstärken und Spannungen:

a) $$E_0 = \frac{D}{\varepsilon_0}, \qquad U_\mathrm{a} = E_0 d = \frac{Dd}{\varepsilon_0} \tag{1.8-16}$$

b) $$E_0 = \frac{D}{\varepsilon_0}, \qquad E_\varepsilon = \frac{D}{\varepsilon_0 \varepsilon_\mathrm{r}} = \frac{E_0}{\varepsilon_\mathrm{r}} < E_0$$

$$U_\mathrm{b} = E_0(d-h) + E_\varepsilon h = E_0\left(d - h + \frac{h}{\varepsilon_\mathrm{r}}\right) = \underbrace{E_0 d}_{U_\mathrm{a}} - \underbrace{E_0 h\left(1 - \frac{1}{\varepsilon_\mathrm{r}}\right)}_{>0,\ \text{da}\ \varepsilon_\mathrm{r}>1} < U_\mathrm{a}. \tag{1.8-17}$$

c) $$E_0 = \frac{D}{\varepsilon_0}, \qquad E_\mathrm{Leiter} = 0 < E_0$$

$$U_\mathrm{c} = E_0(d-h) = \underbrace{E_0 d}_{U_\mathrm{a}} - \underbrace{E_0 h}_{>E_0 h(1-\varepsilon_\mathrm{r}^{-1})} < U_\mathrm{b} < U_\mathrm{a}. \tag{1.8-18}$$

Wir verwenden dazu folgendes Modell: Im Fall c) sammeln sich immer genauso viele Ladungen an der Oberfläche des in das Feld eingebrachten Leiters an, daß das resultierende Feld im Leiterinnern gerade verschwindet, d.h. das äußere Feld aufhebt. An dieser Oberfläche gilt gerade $D = \sigma$.

Im Fall b) wird durch das Einbringen des Dielektrikums in das Feld dessen Feldstärke im Dielektrikum zwar geschwächt, aber nicht vernichtetet. Damit kann man ersatzweise Ladungen annehmen, deren Flächendichte gerade gleich der Polarisation ist und die wir daher als ***Polarisationsbedeckung*** $\sigma_\mathrm{p} = P < \sigma$ bezeichnen wollen. Im Dielektrikum können wir D somit wieder in die innere Erregung $D_\mathrm{i} = \varepsilon_0 E_\varepsilon$ und die Polarisation P zerlegen:

$$D = D_\mathrm{i} + P \qquad \text{entspr. } \sigma = (\sigma - \sigma_\mathrm{p}) + \sigma_\mathrm{p}. \tag{1.8-19}$$

$\boldsymbol{P}$ weist von negativen zu positiven Polarisationsladungen.

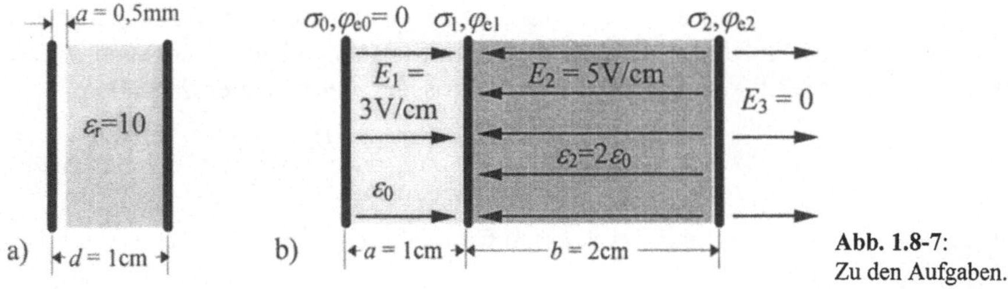

Abb. 1.8-7: Zu den Aufgaben.

Aufgabe 1.8.4-1: Die Raumladungskugel aus Abschnitt 1.7.3 habe nun $\varepsilon_\mathrm{r} = 2$, während die Umgebung nach wie vor der Freiraum sei. Man berechne und skizziere $D(r)$, $\Psi(r)$, $E(r)$ und $\varphi_\mathrm{e}(r)$.

Aufgabe 1.8.4-2: Ein Plattenkondensator gemäß Abb. 1.8-7a) mit Plattenabstand $d = 1$ cm sei mit einem Dielektrikum mit $\varepsilon_\mathrm{r} = 10$ gefüllt. Durch unsaubere Fertigung bilde sich parallel zu den Platten im Gebiet des Dielektrikums ein Lufteinschluß der Dicke $a = 0{,}5$ mm aus. Die Durchschlagsfeldstärke der Luft betrage E_{Lmax} = 1 kV/mm, die des Dielektrikums $E_{\varepsilon max}$ = 10 kV/mm. Welche Maximalspannung kann an den Kondensator ohne Lufteinschluß U_0 und mit Lufteinschluß U_L angelegt werden?

Aufgabe 1.8.4-3: Man berechne für die aus drei parallelen und geladenen Metallplatten bestehende Anordnung in Abb. 1.8-7b) alle unbekannten Potentiale und Flächenladungsdichten. Welche Polarisationsbedeckungen treten auf?

1.8.5 Brechungsgesetze an Grenzflächen der Permittivität

Die in den vorstehenden Abschnitten hergeleiteten Formeln sind in der angegebenen Form vielfach nur für konstantes ε gültig. Variiert ε stückweise oder weist es einen kontinuierlichen inhomogenen Verlauf $\varepsilon(x,y,z)$ auf, müssen Brechungsgesetze angewendet werden. Dies führt bei stückweise konstanten Medien zu abgeknickten Feldlinien und bei inhomogenen Medien zu kontinuierlich gebogenen Feldlinien.

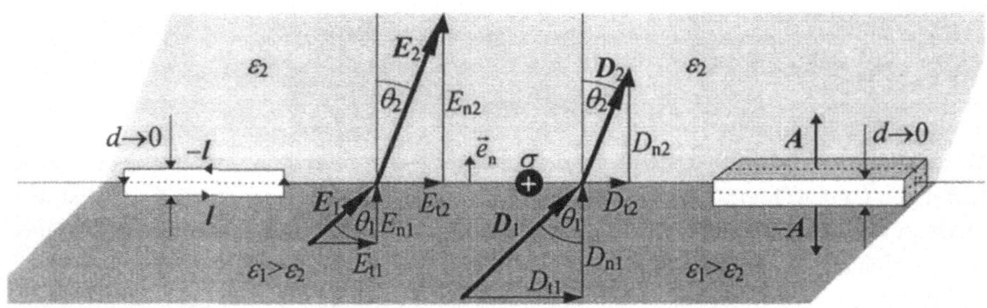

Abb. 1.8-8: Brechungsgesetze an dielektrischen Grenzflächen für $\sigma = 0$.

Von Interesse sind die Winkelunterschiede, unter denen die Feldlinien bei einem Übergang von einem Medium ε_1 zu einem Medium ε_2 weiterlaufen. Davon hängen reflektierte und transmittierte Energieanteile ab. Dazu betrachten wir das Modell in Abb. 1.8-8. Der Spannungsumlauf für das links skizzierte in der Dicke d gegen Null gehende Rechteck ergibt:

$$\overset{\circ}{U} = \boldsymbol{E}_1 \cdot \boldsymbol{l} - \boldsymbol{E}_2 \cdot \boldsymbol{l} = 0 = E_1 l \sin\theta_1 - E_2 l \sin\theta_2 \quad \Rightarrow \quad E_1 \sin\theta_1 = E_2 \sin\theta_2 . \quad (1.8\text{-}20)$$

Das bedeutet, daß die Tangentialkomponenten der elektrischen Feldstärke stetig sind und diejenigen der Flußdichte sich wie die Permittivitäten verhalten, die somit erwartungsgemäß ein Maß für die Leitfähigkeit dielektrischer Flußfeldlinien darstellen:

$$E_{t1} = E_{t2} \qquad \text{bzw.} \quad (\boldsymbol{E}_2 - \boldsymbol{E}_1) \times \vec{e}_n = \boldsymbol{0} \qquad \Rightarrow \quad \frac{D_{t2}}{D_{t1}} = \frac{\varepsilon_2}{\varepsilon_1} . \qquad (1.8\text{-}21)$$

Dabei ist $\vec{e}_n$ der Normaleneinheitsvektor zur Grenzfläche.

Der Hüllenfluß über den in der Dicke d gegen Null gehenden rechts dargestellten Quader ergibt unter der Bedingung, daß sich in der Grenzfläche Ladungsbedeckungen σ befinden können:

$$\overset{\circ}{\Psi} = \boldsymbol{D}_2 \cdot \boldsymbol{A} - \boldsymbol{D}_1 \cdot \boldsymbol{A} = \sigma A = D_2 A \cos\theta_2 - D_1 A \cos\theta_1 . \qquad (1.8\text{-}22)$$

Wir eliminieren die Fläche A:

$$D_{n2} - D_{n1} = \sigma \qquad \text{bzw.} \qquad (\boldsymbol{D}_2 - \boldsymbol{D}_1)\cdot\vec{e}_n = \sigma \qquad (1.8\text{-}23)$$

Das bedeutet für Feldlinien, die nicht von σ erzeugt werden ($\sigma = 0$), daß die Normalkomponenten der elektrischen Flußdichte stetig sind und damit die Normalkomponente der elektrischen Feldstärke in Zonen hoher Permittivität wegen der zuvor erläuterten Polarisierung zusammenbricht:

$$D_{n1} = D_{n2} \qquad \Rightarrow \qquad E_{n2} = \frac{\varepsilon_1}{\varepsilon_2} E_{n1} > E_{n1}. \qquad (1.8\text{-}24)$$

Zur Berechnung der Winkelbeziehung zwischen θ_1 und θ_2 bilden wir die Quotienten:

$$\frac{E_1 \sin\theta_1}{\varepsilon_1 E_1 \cos\theta_1} = \frac{E_2 \sin\theta_2}{\varepsilon_2 E_2 \cos\theta_2} \qquad \Rightarrow \qquad \frac{\tan\theta_1}{\tan\theta_2} = \frac{\varepsilon_1}{\varepsilon_2}, \qquad (1.8\text{-}25)$$

woraus sich bei Bedarf ein Winkel durch den anderen ausdrücken läßt. Das Ergebnis ist erwartungsgemäß unabhängig von den absoluten Feldwerten. Es gilt auch für die in Kap. 4 besprochenen magnetisch induzierten elektrischen Feldstärken.

Aufgabe 1.8.5-1: Ein in x-Richtung weisendes elektrisches Feld treffe aus dem Freiraum auf ein Medium mit $\varepsilon_r = 2$. Die Grenzfläche werde durch die Gleichung $y = 2x$ beschrieben. Unter welchem Winkel α relativ zur x-Achse laufen die Feldlinien weiter?

Aufgabe 1.8.5-2: Ein elektrisches Feld $\boldsymbol{E}_1 = (1,-2,3)$ V/m treffe aus Luft auf ein Medium mit $\varepsilon_r = 10$. Die Grenzfläche sei die xy-Ebene $z = 0$. Man bestimme θ_1, θ_2 und den Feldstärkevektor im Medium $\boldsymbol{E}_2$.

***Aufgabe 1.8.5-3:** Ein Feld mit $D_1 = 0{,}2$ nC/m^2 und $E_1 = 2$ V/m werde aus dem Medium 1 in ein Medium 2 mit $D_2 = 0{,}529$ nC/m^2 und $E_2 = 1{,}058$ V/m gebrochen. Man bestimme ε_1, ε_2, θ_1, θ_2 sowie sämtliche acht Normal- und Transversal-Feldkomponenten.

1.8.6 Die elektrostatische Quelldichte der elektrischen Feldstärke

Mit dem GAUßschen Satz div$\boldsymbol{D} = \rho$ kennen wir die Quelldichte von $\boldsymbol{D}$. Durch aneinandergrenzende Dielektrika unterschiedlicher Permittivität entstehen infolge der Polarisation zusätzliche Quellen von $\boldsymbol{E}$, die sich gemäß den im vorigen Abschnitt betrachteten Brechungsgesetzen in der Unstetigkeit des Normalanteils der elektrischen Feldstärke manifestieren. Denn wenn ober- und unterhalb einer Trennfläche ein unterschiedlich starkes Feld herrscht, muß die Differenz in der Trennfläche entstanden sein.

Wir können bei der Divergenzbildung das Produkt $\varepsilon\boldsymbol{E}$ gemäß der Produktregel der Differentiation auflösen. Das Ergebnis hängt davon ab, ob sich in dem Gebiet Raumladungen aufhalten und ε homogen oder inhomogen ist. Im homogenen Fall können wir ε vor den Nabla-Operator ziehen:

$$\mathrm{div}\boldsymbol{D} = \mathrm{div}(\varepsilon\boldsymbol{E}) = \varepsilon\,\mathrm{div}\boldsymbol{E} = \rho, \qquad \text{woraus} \qquad \mathrm{div}\boldsymbol{E} = \frac{\rho}{\varepsilon}. \qquad (1.8\text{-}26)$$

Diese Gleichung besagt, daß in diesem Fall elektrische Feldlinien ebenfalls (erwartungsgemäß) an Raumladungen entspringen (oder enden), sofern sie denn da sind. Betrachten wir demgegenüber den Fall inhomogenen $\varepsilon(x,y,z)$, folgt:

$$\nabla\cdot(\varepsilon\boldsymbol{E}) = \varepsilon\nabla\cdot\boldsymbol{E} + \boldsymbol{E}\cdot\nabla\varepsilon = \varepsilon\,\mathrm{div}\boldsymbol{E} + \boldsymbol{E}\cdot\mathrm{grad}\varepsilon = \rho, \qquad (1.8\text{-}27)$$

woraus wieder für Gebiete, in denen keine Raumladungen vorkommen, folgt:

$$\mathrm{div}\boldsymbol{E} = -\boldsymbol{E}\cdot\frac{\mathrm{grad}\varepsilon}{\varepsilon} = -E_{\mathrm{n}}\frac{|\mathrm{grad}\varepsilon|}{\varepsilon} = -\mathrm{div}\frac{\boldsymbol{P}}{\varepsilon_0} \quad\Rightarrow\quad \mathrm{div}\boldsymbol{P} = \boldsymbol{E}\cdot\frac{\mathrm{grad}\varepsilon}{\varepsilon_{\mathrm{r}}} =: -\rho_{\mathrm{p}}. \tag{1.8-28}$$

Diese Gleichung besagt, daß außer an Raumladungen elektrische Feldlinien auch dort entstehen (oder verschwinden) können, wo ε inhomogen ist, also z.B. am Übergang zwischen zwei Gebieten homogenen ε. Dies ist physikalisch einsichtig, da unterschiedliches ε unterschiedliche Polarisierungsfähigkeit der Materie beschreibt und folglich das elektrische Feld in Gebieten schwächeren ε weniger geschwächt wird.

In diesem Sinne ist auch das Minuszeichen zu verstehen: der Gradient zeigt ja in Richtung wachsender Permittivität, dort bricht aber das elektrische Feld zusammen, d.h. Feldlinien aus Gebieten niederer Permittivität müssen an der Grenze enden. In Gebieten hoher Permittivität werden die Feldlinien durch die Gegenerregung aufgefressen. Dies bedeutet, daß aus Richtung niederer Permittivität eine Grenzfläche eine Senke (soz. eine Konvergenz) elektrischer Feldlinien darstellt. ρ_{p} kann als ***Polarisationsraumladung*** analog zu $\mathrm{div}\boldsymbol{D} = \rho$ interpretiert werden, die bei abruptem Übergang wieder in die in Gl. 19 dargestellte Polarisationsbedeckung σ_{p} übergeht.

Wegen des Skalarprodukts zwischen $\boldsymbol{E}$ und $\mathrm{grad}\varepsilon$ hat nur der normal zur Trennfläche liegende Anteil von $\boldsymbol{E}$ Einfluß auf das Entstehen (oder Verschwinden) von Feldlinien an der Trennfläche - genau dies sagen auch wieder die Brechungsgesetze aus, so daß dies insgesamt nur eine andere Formulierung derselben darstellt. Im rein eindimensionalen Fall also, wenn wir das Feld als skalare Größe - z.B. $E_x(x)$ - beschreiben können und ε allenfalls von x abhängt, sind Divergenz und Gradient nicht mehr unterscheidbar, und wir können folgende Verhältnisbeziehung aufstellen:

$$\frac{1}{E_x}\frac{\mathrm{d}E_x}{\mathrm{d}x} = -\frac{1}{\varepsilon}\frac{\mathrm{d}\varepsilon}{\mathrm{d}x}. \tag{1.8-29}$$

Aufgabe 1.8.6-1: Man bestimme $\mathrm{div}\boldsymbol{E}$ an der Grenzfläche zwischen Luft und einem Medium mit $\varepsilon_{\mathrm{r}} > 1$.
Aufgabe 1.8.6-2: Welche Beziehung muß in einem Medium $\varepsilon(x,y,z)$ mit Raumladung $\rho(x,y,z)$ zwischen ε, ρ und $\boldsymbol{E}$ gelten, damit $\mathrm{div}\boldsymbol{E} = 0$?
Aufgabe 1.8.6-3: Man berechne $\mathrm{div}\boldsymbol{E}$ auf der x-Achse der Abbildung, wenn Q eine kugelhomogene Raumladung im Freiraum darstellt, und ε im Bereich von $1 < x/\mathrm{cm} < 1{,}1$ linear auf den Endwert ansteigt

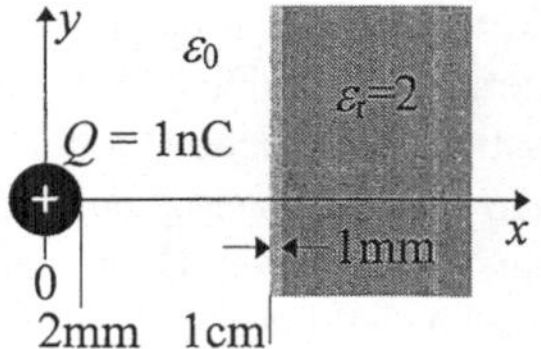

1.8.7 POISSON/LAPLACEgleichung der Elektrostatik

Setzen wir in $\mathrm{div}\boldsymbol{E}$ die Beziehung $\boldsymbol{E} = -\mathrm{grad}\varphi_{\mathrm{e}}$ ein, erhalten wir für homogene Medien mit $\varepsilon = \mathrm{const.}$ die ***POISSONgleichung*** (S. D. POISSON, 1781 - 1840), für $\rho = 0$ als homogene POISSONgleichung die ***LAPLACEgleichung***:

$$-\mathrm{div}\boldsymbol{E} = \mathrm{div}\,\mathrm{grad}\varphi_{\mathrm{e}} = \nabla\cdot\nabla\varphi_{\mathrm{e}} = \nabla^2\varphi_{\mathrm{e}} =: \Delta\varphi_{\mathrm{e}}$$

$$\Rightarrow\quad \Delta\varphi_{\mathrm{e}} = -\frac{\rho}{\varepsilon} \qquad \text{bzw.} \qquad \Delta\varphi_{\mathrm{e}} = 0. \tag{1.8-30}$$

Für inhomogene Medien $\varepsilon(\boldsymbol{x})$ läßt sich die POISSONgleichung entspr. Gl. 28 um den Term $-\boldsymbol{E}\cdot\text{grad}\varepsilon/\varepsilon$ erweitern, wir wollen in der Folge hiervon jedoch keinen Gebrauch machen. Δ ist der in kartesischen Koordinaten wie folgt darstellbare LAPLACEoperator:

$$\Delta := \nabla^2 = \begin{pmatrix} \frac{\partial}{\partial x} \\ \frac{\partial}{\partial y} \\ \frac{\partial}{\partial z} \end{pmatrix}^2 = \frac{\partial^2}{\partial x^2} + \frac{\partial^2}{\partial y^2} + \frac{\partial^2}{\partial z^2}. \tag{1.8-31}$$

In Zylinder- und Kugelkoordinaten nimmt er andere Formen (s. Anhang) an. Speziell für kartesisch eindimensionale Problemstellungen liest sich die POISSONgleichung:

$$\frac{\partial^2 \varphi_e}{\partial x^2} = -\frac{\rho}{\varepsilon}. \tag{1.8-32}$$

Diese Beziehung war bereits in einer Aufgabe herzuleiten. Die Lösung der mehrdimensionalen POISSONgleichung ist im homogenen Medium hingegen Gl. 1.7-21. Oft kann es sinnvoll sein, das elektrische Feld in einem Gebiet über die Gradientenbildung des zuvor bestimmten Potentials zu ermitteln, wie wir es in Beispielen schon getan haben.

MATHCAD-Anwendung 1.8-1: LAPLACEoperator

Auf den LAPLACEoperator läßt sich wie auf die Divergenz nach Anwendung 1.7-3 zugreifen. Wir legen wie dort als Beispiel die gleiche normierte Potentialfunktion aus Anwendung 1.4-5 zugrunde, womit die Ergebnisse mit umgekehrtem Vorzeichen mit jenen übereinstimmen sollten. Wird der LAPLACEoperator nur zweidimensional benötigt, genügt die Spezifikation von $g(x,y)$ mit Operator $\Delta(g,x,y)$ und der Elimination der letzten Ableitung nach z:

- **numerisch**:

$ORIGIN := 1$ $\quad (a\ b\ c) := (15\ 30\ 5)$ $\quad (x\ y\ z) := (-.5\ .2\ 5)$

$$\Delta(g,x,y,z) := \frac{d^2}{dx^2}g(x,y,z) + \frac{d^2}{dy^2}g(x,y,z) + \frac{d^2}{dz^2}g(x,y,z) \qquad \varphi_e(x,y,z) := \frac{50}{a\cdot x^2 + b\cdot y^2 + c} + 20$$

$\Delta(\varphi_e, -.5, .2, 5) = -7.994$ $\quad \Delta(\varphi_e, x, y, z) = -7.994$

- **symbolisch** aktiv:

$$\Delta(\varphi_e, x, y, z)\ simplify \rightarrow 100\cdot\frac{\left(3\cdot a^2\cdot x^2 - a\cdot b\cdot y^2 - a\cdot c + 3\cdot b^2\cdot y^2 - b\cdot a\cdot x^2 - b\cdot c\right)}{\left(a\cdot x^2 + b\cdot y^2 + c\right)^3}$$

Eine bedeutende und intuitiv unmittelbar nachvollziehbare Eigenschaft der LAPLACEgleichung ist ihre Mittelwertbildung. Das Problem der Potentialkonstruktion ist in den überwiegenden Fällen auf homogene Gebiete ohne Raumladungen - also Außenbereiche - beschränkt. Dabei ergibt sich häufig die Frage nach einem inhomogenen zweidimensionalen Potentialverlauf, wie er in verschiedenen Teilen dieses Buchs in Form der Feldlinien dargestellt ist. Insbesondere wenn die Äquipotentiallinien nicht durch geschlossene Gleichungen angegeben werden können, ist folgender numerisch rasch anwendbare Algorithmus für die zweidimensionale LAPLACEgleichung nützlich:

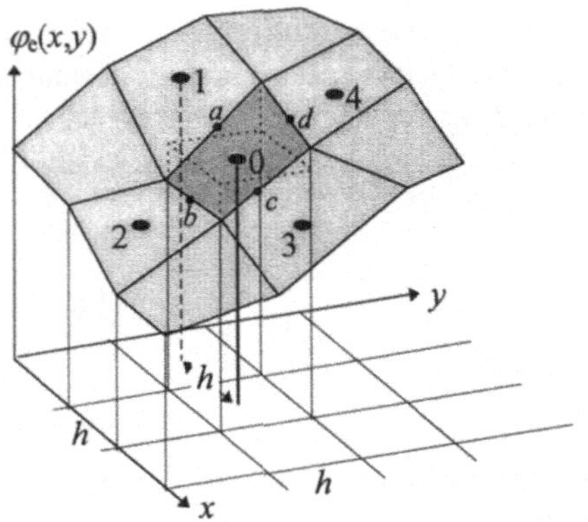

Abb. 1.8-9:
Zur Mittelwerteigenschaft der LAPLACEgleichung.

$$\frac{\partial^2 \varphi_e}{\partial x^2} + \frac{\partial^2 \varphi_e}{\partial y^2} = 0. \tag{1.8-33}$$

Diese Differentialgleichung wandeln wir entspr. Abb. 1.8-9 zur Bestimmung des Potentials φ_{e0} im Zentrum in eine Näherung, eine Differenzengleichung, um:

$$\left.\frac{\partial \varphi_e}{\partial x}\right|_a \approx \frac{\varphi_{e0} - \varphi_{e1}}{h}; \qquad \left.\frac{\partial \varphi_e}{\partial x}\right|_c \approx \frac{\varphi_{e3} - \varphi_{e0}}{h}$$

$$\Rightarrow \quad \left.\frac{\partial^2 \varphi_e}{\partial x^2}\right|_0 \approx \frac{\left.\frac{\partial \varphi_e}{\partial x}\right|_c - \left.\frac{\partial \varphi_e}{\partial x}\right|_a}{h} \approx \frac{\varphi_{e3} - \varphi_{e0} - \varphi_{e0} + \varphi_{e1}}{h^2}$$

$$\Rightarrow \quad \left.\frac{\partial^2 \varphi_e}{\partial y^2}\right|_0 \approx \frac{\left.\frac{\partial \varphi_e}{\partial y}\right|_d - \left.\frac{\partial \varphi_e}{\partial y}\right|_b}{h} \approx \frac{\varphi_{e4} - \varphi_{e0} - \varphi_{e0} + \varphi_{e2}}{h^2}$$

$$\Rightarrow \quad \left.\frac{\partial^2 \varphi_e}{\partial x^2} + \frac{\partial^2 \varphi_e}{\partial y^2}\right|_0 \approx \frac{\varphi_{e1} + \varphi_{e2} + \varphi_{e3} + \varphi_{e4} - 4\varphi_{e0}}{h^2} = 0,$$

woraus schließlich das einfache Ergebnis für $h \to 0$ folgt:

$$\varphi_{e0} = \frac{1}{4}\sum_{i=1}^{4} \varphi_{ei}. \tag{1.8-34}$$

Der dann exakte Ausdruck ist mit einem einfachen Rechnerprogramm realisierbar. Die intuitiv einfache Verständlichkeit liegt darin begründet, daß wir auf einer gekrümmten Fläche nichts anderes erwarten können, als daß der Mittelpunkt vierer benachbarter Punkte im gleichen Abstand $\to 0$ gleich deren arithmetischem Mittelwert ist. Ein schönes Beispiel für die anschauliche Interpretierbarkeit zunächst scheinbar komplizierter Rechnungen.

Das Haupteinsatzgebiet der Potentialberechnung mit dieser Methode liegt in der Analyse von Randwertproblemen, bei denen das Potential überall auf dem Rand eines Gebiets und/oder punktweise fest vorgegeben ist, und das daraus resultierende Potential im Gebiet interessiert. Dieser Rand kann für praktische Probleme durch numerische Tabellen beschrieben sein.

Besonders einfach ist der Lösungsweg, wenn die Problemstellung in der Form eines quadratischen Gitternetzes darstellbar ist. Ist die Anzahl der Punkte nicht zu hoch, können Matrizengleichungen aufgestellt und mit Standardmethoden gelöst werden, bei vielen Punkten ist ein iterativer Lösungsansatz (Relaxationsmethode) möglich, der von frei wählbaren Anfangswerten ausgehend das Resultat sukzessiv verbessert.

MATHCAD-Anwendung 1.8-2: *multigrid* und *relax*

Wegen der Bedeutung der LAPLACE- und POISSONgleichung in der gesamten auch über die Elektrotechnik hinausgehenden Potentialtheorie wurden zwei Routinen für bekannte Potentialwerte auf dem Rand eines quadratischen Gebiets in MATHCAD eingebunden. In Gebieten mit Raumladungen läßt sich Gl. 34 auf der Basis von Gl. 32 zu $\sum_{i=1}^{4} \varphi_{ei} - 4\varphi_{e0} = -\frac{h^2 \rho_0}{\varepsilon} =: -\varphi_{eq}$ erweitern und mit folgenden integrierten Funktionen lösen:

- *multigrid*(φ_{eq}, n) bei Nullpotentialwerten am Rand mit

φ_{eq} als quadratischer Matrix mit $1 + 2^m$ Zeilen der Werte von $h^2\rho_0/\varepsilon$ an den Orten ij, also den (normierten) Ladungen an den einzelnen Positionen,

n als Anzahl der Durchläufe auf jeder Iterationsstufe; empfohlen: $n = 2$.

- *relax*(A_1, A_2, A_3, A_4, A_0, φ_{eq}, φ_{eRand}, k) bei endlichen Potentialwerten am Rand mit

A_i als quadratischen Koeffizientenmatrizen der φ_{ei} in Gl. 34, also

$A_1 = A_2 = A_3 = A_4 = \mathbf{1} =: A, \qquad A_0 = -4 =: \boldsymbol{B}$

φ_{eq} als quadratischer Matrix der Werte von $h^2\rho_0/\varepsilon$ an den Orten ij, also den (normierten) Ladungen an den einzelnen Positionen (ähnlich *multigrid*),

φ_{eRand} als vorgegebenen Potentialwerten am Rand,

k als Konvergenzparameter ($0 < k < 1$), der problemabhängig eingestellt werden muß.

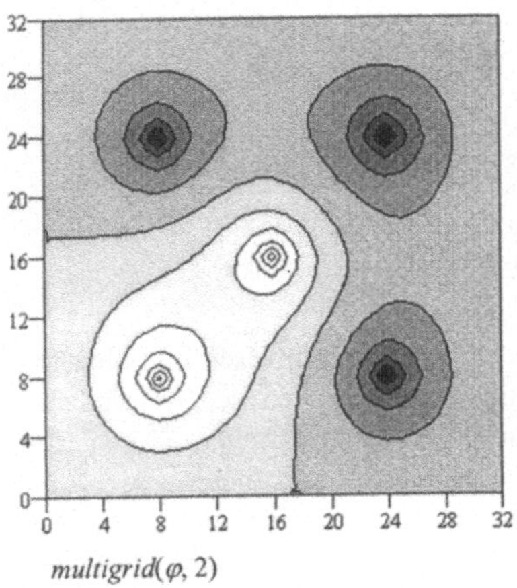

multigrid(φ, 2)

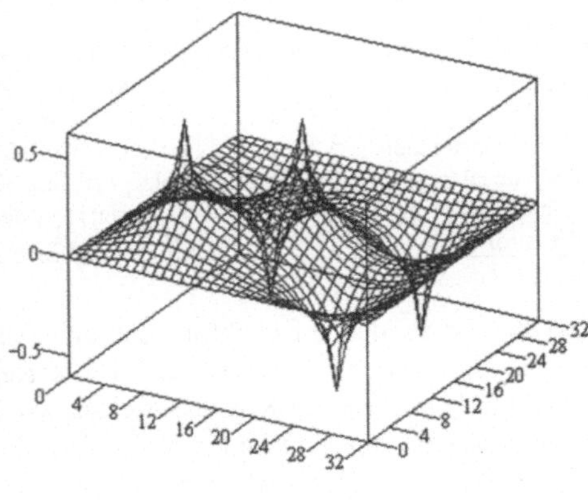

multigrid($1000 \cdot \varphi$, 2)

Wir wollen *multigrid* und *relax* entsprechend Abb. 1.8-9 am Beispiel eines 32 × 32-Gitters mit Nullpotential am Rand und fünf Ladungen entsprechend folgenden Angaben demonstrieren:

$i := 2^5 \qquad \left(\varphi_{i,i} \;\; \varphi_{\frac{i}{4},\frac{i}{4}} \;\; \varphi_{\frac{3 \cdot i}{4},\frac{i}{4}} \;\; \varphi_{\frac{i}{2},\frac{i}{2}} \;\; \varphi_{\frac{i}{4},\frac{3 \cdot i}{4}} \;\; \varphi_{\frac{3 \cdot i}{4},\frac{3 \cdot i}{4}}\right) := (0\;\; -1\;\; 1\;\; -1\;\; 1\;\; 1)$

Mittels [icons]/Strg 2 aktivieren wir sodann o.a. Umriß- und Flächendiagramme für *multigrid*. Das gleiche Ergebnis erhalten wir mit

$j := 0..32 \qquad k := 0..32 \qquad \left(A_{j,k} \;\; B_{j,k} \;\; \varphi R_{i,i}\right) := (1\;\; -4\;\; 0)$

und Eingabe von $relax(A, A, A, A, B, \varphi, \varphi_R, .1)$ in den Diagrammen.

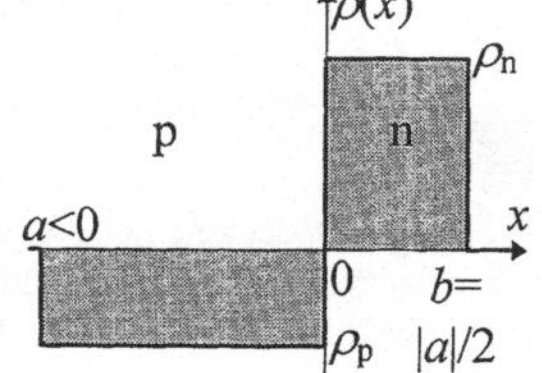

Aufgabe 1.8.7-1: Man gebe die allgemeine Lösung $\varphi_e(x)$ der kartesisch eindimensionalen POISSONgleichung für gegebenes konstantes ρ und ε an.

Aufgabe 1.8.7-2: Welchen Verlauf kann das Potential als weiteres Ergebnis der vorigen Aufgabe in einem homogenen raumladungsfreien Gebiet im kartesisch eindimensionalen Fall nur aufweisen?

Aufgabe 1.8.7-3: Welche Lösung der dreidimensionalen LAPLACEgleichung können wir in Analogie zu Gl. 1.8-34 erwarten?

***Aufgabe 1.8.7-4**: Am pn-Übergang einer Diode bilden sich infolge Diffusion freier Ladungsträger entsprechend der Abbildung näherungsweise homogene Raumladungszonen. Im p-Gebiet ist diese negativ mit Breite a, im n-Gebiet positiv, wobei der Kristall elektrisch neutral bleibt. Man berechne und skizziere für gegebenes a, $b = |a|/2$ und ρ_n den Verlauf von $E(x)$ und $\varphi_e(x)$ für $\varphi_e(0) = 0$.

1.8.8 Technische Eigenschaften von Dielektrika

Stoff	ε_r	Wichtige Anwendungsgebiete
Luft	1,0006	
Destilliertes Wasser	81	Elektrolyse
Glimmer	4 ... 8	Träger für Heizwiderstände, MOSFET-Isolation, Kondensator
Quarzglas	2,25 ... 9	Isolatoren, Röhren, Lichtwellenleiter
Hartporzellan	5 ... 6,5	HS-Isolatoren
Steatit	5,5 ... 6,5	Schaltereinsätze
Bariumtitanat	... 20 000	HF-Kondensatoren
Hartgummi	3 ... 3,5	Platten, Griffe, Formteile
Weichgummi	2,2 ... 2,8	Leiterisolation, Isoliermatten
Hartpapier	4 ... 6	Transformatorisolation
Hartgewebe	5 ... 8	Kabelisolation
Transformatorenöl	2 ... 2,5	Isolation und Kühlung
Polyvinylchlorid	5 ... 5,8	Rohre, Gehäuse, Kabelisolation
Polyäthylen/propylen	2,25	Preßteile, HF-Kabel, Folien
Polystrol	2,5	HF-Spulenkörper, Kondensatoren

Tab. 1.8-1: Wichtige in der Elektrotechnik eingesetzte Dielektrika.

Um die verschiedenen Dielektrika nützlich einsetzen zu können, müssen ihre physikalischen Eigenschaften bekannt sein. Diese Kenntnisse ermöglichen den im nächsten Abschnitt beschriebenen Kondensatorbau, wo es neben der Geometrie darum geht, das richtige Isolationsmaterial in Bezug auf diese Parameter wählen zu können.

Die wenigsten Dielektrika werden unter Gleichspannung betrieben, die ja das Wesen der Elektrostatik ausmacht. Da Dielektrika jedoch hier geschlossen nur einmal behandelt werden sollen, werden im Vorgriff auf Verschiebungsströme des Abschnitts 2.10 auch Aspekte unter dem Einfluß zeitabhängiger - vor allem Wechselfelder - beschrieben. Für wichtige Dielektrika, für die sich ε durch eine skalare Konstante beschreiben läßt, sind typische Permittivitäten und Einsatzbereiche in Tab. 1.8-1 angegeben.

Durchbruchfeldstärke

Jedes Dielektrikum hat eine Feldstärke E_D, bei der es kurzzeitig leitend wird und, wie in der Einführung angegeben, praktisch verbrennt. E_D muß bei der Belastung des Dielektrikums mit elektrischen Feldern, z.B. zur Spannungsfestigkeit beim Kondensatorbau, bekannt sein. Besonders in der Mikroelektronik führt dies beim Bau von MOS-Feldeffekttransistoren (MOS-FETs; Abschnitt 2.9.5.2) zu Problemen. Da die Abmessungen immer kleiner werden, sinken die absoluten Dicken von Isolationsschichten, z.B. bei der Oxidzone zwischen Gate und Substrat auf einige (10) nm, d.h. nur noch 10 - 100 Atomlagen. Bei einer Durchbruchfeldstärke von 500V/µm sind dies Spannungen im Volt-Bereich, die zum einen bei der Wahl der Versorgungsspannung zu berücksichtigen sind, zum andern auch beim Hantieren mit MOS-Bauelementen, da diese Spannungswerte unterhalb der Berührungsspannung mit der menschlichen Haut liegen müssen. Die Personen sind zu erden oder die MOS-Bauteile anderswie zu schützen.

Anisotropie und Doppelbrechung

Wenn ε wie bisher als Skalar darstellbar ist, zeigen $\boldsymbol{D}$ und $\boldsymbol{E}$ in die gleiche Richtung. Gitterförmige Atomanordnungen von Kristallen polarisieren sich je nach der Richtung, in der sie vom Feld durchdrungen werden, unterschiedlich. Dies führt entsprechend der Skizze zu Anisotropie, d.h. Richtungsabhängigkeit, die sich durch einen 3×3-ε-Tensor zweiter Stufe, also eine Matrix, beschreiben läßt:

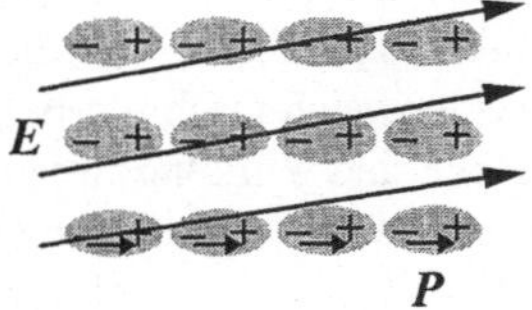

$$\begin{pmatrix} D_x \\ D_y \\ D_z \end{pmatrix} = \begin{pmatrix} \varepsilon_{xx} & \varepsilon_{xy} & \varepsilon_{xz} \\ \varepsilon_{yx} & \varepsilon_{yy} & \varepsilon_{yz} \\ \varepsilon_{zx} & \varepsilon_{zy} & \varepsilon_{zz} \end{pmatrix} \cdot \begin{pmatrix} E_x \\ E_y \\ E_z \end{pmatrix} = \begin{pmatrix} \varepsilon_{xx}E_x + \varepsilon_{xy}E_y + \varepsilon_{xz}E_z \\ \varepsilon_{yx}E_x + \varepsilon_{yy}E_y + \varepsilon_{yz}E_z \\ \varepsilon_{zx}E_x + \varepsilon_{zy}E_y + \varepsilon_{zz}E_z \end{pmatrix}. \qquad (1.8\text{-}35)$$

Multipliziert man eine Matrix mit einem Vektor, entsteht ein neuer Vektor, der i.allg. eine andere Richtung wie der Multiplikand hat. Die ε_{ij} sind symmetrisch, d.h. $\varepsilon_{ij} = \varepsilon_{ji}$, was einer Feldrichtungsumkehr oder Drehung des Kristalls um 180° in allen Ebenen entspricht. ε_{yz} z.B. gibt an, wie stark D_y von E_z polarisiert wird.

Kalkspat hat z.B. die Eigenschaft, Licht, das durch ein schwingendes elektromagnetisches Feld dargestellt werden kann, doppelt zu brechen, d.h. in seiner Polarisationsrichtung zu drehen. Man sieht einen Gegenstand hierdurch zweimal. Anwendungen findet man für Flüssigkristalle zur Anzeige von Buchstaben und Ziffern, da in Abhängigkeit der Polarisationsrichtung der Stoff durchlässig oder undurchlässig ist.

Ferroelektrizität, Elektrete

Stoffe, bei denen ε_r keine Konstante ist, sind z.B. $Pb(Zr,Ti)O_3$ mit Nd_2O_3-Zusatz. Bei ihnen ist ε_r eine nichtlineare Funktion der Feldstärke selbst: $\varepsilon_r(E)$. Sie verfügen darüberhinaus entsprechend der Skizze i.allg. über Hystereseeigenschaften mit zugehörigen Hysteresekurven, wie sie bei Magneten bekannter sind, weshalb deren grundlegenden Eigenschaften auch nicht hier, sondern dort in Abschnitt 3.7.6.2 erläutert werden.

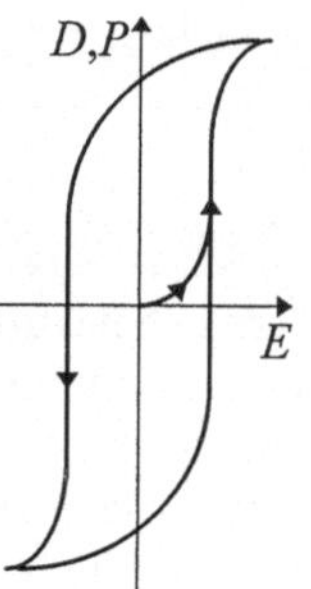

In Analogie zu Magneten heißen sie Elektrete, die daneben auch i.allg. wie oben beschrieben, anisotrop sind. Der Begriff Ferroelektrizität kehrt lediglich diese Analogie zum Ferromagnetismus heraus, wobei hier im Gegensatz zu dort kein Eisen (lat.: ferrum) im Spiel ist.

Im Gegensatz zu Magneten weisen Elektrete jedoch keine dielektrische Sättigung auf, sondern die Maximalfeldstärke ist gleich der Durchbruchfeldstärke des Materials. Warum ein vergleichbarer Effekt beim Magneten nicht auftreten kann, wird verständlich wenn die Ursache des Magnetismus durch den Eigendrehimpuls der Elektronen dort erläutert wird. Eine Folge dieser Hystereseeigenschaften sind:

Dielektrische Verluste

In Abschnitt 1.8.2 wurde der physikalische Unterschied zwischen Verzerrungs- und Orientierungspolarisation dargelegt. Im feldfreien Zustand fallen bei der Verzerrungspolarisation positive und negative Schwerpunkte der Ladungen zusammen. Anders ausgedrückt: der Ladungsschwerpunkt der Elektronenwolke liegt im Atomkern.

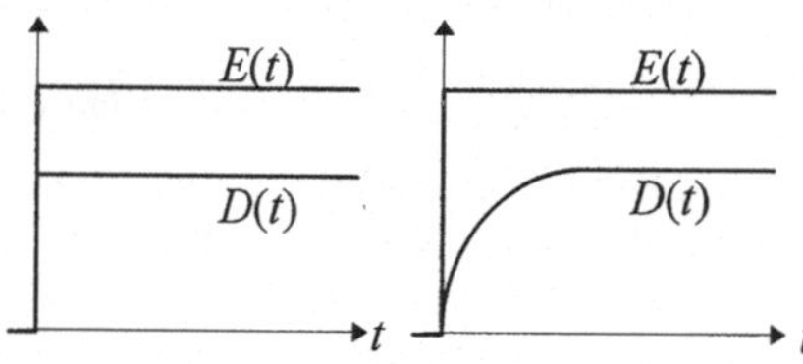

Wird ein eingeprägter Spannungssprung auf ein solches Medium gegeben, folgt das Polarisationsfeld entsprechend der Skizze dem eingeprägten elektrischen Feld praktisch trägheitslos, d.h. die Elektronenhülle verzerrt sich rasch entspr. dem ε-Wert. Ursache und Wirkung treten gleichzeitig auf, das Flußdichtefeld jedoch zur Erfüllung der von der Permittivität benötigten Polarisation verstärkt. Beispiele für Materialien mit dominanter Verzerrungspolarisation sind Polyäthylen, Styroflex und Teflon. Wird auf das Medium eine Wechselspannung gegeben, folgt die Flußdichte der Feldstärke unmittelbar, d.h. E und D sind in Phase.

Bei der Orientierungspolarisation existiert bereits im feldfreien Zustand ein Dipolmoment. Die Elektronenwolke ist schon verzerrt, ohne daß ein äußeres Feld anliegt, was durch den Atom- bzw. Molekülaufbau der Stoffe mit diesen Eigenschaften begründbar ist. Die Dipole richten sich bei Anlegen eines Sprungs entsprechend der vorgegebenen Feldrichtung neu aus, was eine bestimmte Zeit dauert und außerdem Feldenergie aufnimmt. Daraus resultiert eine Trägheitseffekt, wie in der Skizze rechts dargestellt. Die oben dargestellte Hystereseeigenschaft beschreibt diese Trägheit.

Da sich der Zusammenhang zwischen E- und D-Feld bei Elektreten über eine Hysteresekurve beschreiben läßt, resultiert darin, daß auch bei sinusförmiger Erregung in der Reaktion Oberschwingungen auftreten. Insbesondere hat die Trägheit noch zur Folge, daß die Flußdichte dem elektrischen Feld permanent hinterherhinkt. Physikalisch heißt das, daß die verzerrte Elektronenwolke dauernd dem stärker und wieder schwächer werdenden elektrischen Feld hinterherläuft, ähnlich wie bei einem Asynchronmotor der Anker dem Drehfeld des Ständers hinterherrennt.

Wir haben es dann mit einer Phasenverschiebung zu tun, bei der das D-Feld dem eingeprägten E-Feld in der Phase nachhinkt. Zur Beschreibung von Phasenverschiebungen werden in der Wechselstromtechnik komplexe Zahlen mit Real- und Imaginärteil gemäß Abschnitt 2.11.3 verwendet. Ein Imaginärteil von ε kennzeichnet dann diese Trägheit und eine Folge ist die Aufnahme des Materials von Wirkenergie, die proportional der Hysteresefläche ist: der Stoff erhitzt sich. Dieser Effekt ist i.allg. unerwünscht, denn er führt zu Felddämpfung, er kann aber auch technisch genutzt werden, wie beim dielektrischen Erhitzen im Mikrowellenherd.

Materialdispersion

Bei zeitveränderlichen Feldanregungen kann $\varepsilon = \varepsilon(f)$ eine Funktion der Frequenz f des Feldes sein, was zu Laufzeitunterschieden von Feldwellen und Phasenverschiebungen führt. Hierdurch werden den Feldern aufgeprägte Signalverläufe verzerrt, was schlechten Störabstand und Bitfehler zur Folge hat.

Zusätzlich ist bei orientierungspolarisierten Medien zu berücksichtigen, daß Real- und Imaginärteil von ε in unterschiedlicher Weise von der Frequenz abhängen können, d.h. die Elektronenwolke folgt in Abhängigkeit der Oszillationsfrequenz der Quelle dem sich damit dauernd umpolenden Feld unterschiedlich rasch.

Die Materialdispersion ist die Ursache für die Entstehung des Regenbogens und führt bei den rein dielektrischen Lichtwellenleitern zu Bandbreitebegrenzungen bei Anregung mit polychromatischem Licht, weshalb man für hochqualitative Übertragungen schmalbandige Laser-Dioden als Lichtquellen bevorzugt.

Temperaturdrift

Alle materiellen Eigenschaften sind mehr oder weniger temperaturabhängig, so auch die Permittivität $\varepsilon(\vartheta)$. Diese muß für den gewünschten Temperatureinsatzbereich bekannt sein und berücksichtigt werden. Gegebenenfalls muß eine Kompensation durchgeführt werden. Wie in Abschnitt 2.5.5 bei Konduktivitäten genauer beschrieben, lassen sich lineare und quadratische Temperaturbeiwerte angeben, mit denen ein gemessener Temperaturverlauf approximiert werden kann. Linearität ist bei den meisten Dielektrika zwischen –20°C und 70°C gegeben.

Neben dem direkten Einfluß der Temperatur auf die momentane Dielektrizitätszahl ist dessen Reversibilität von Bedeutung, d.h. ob ein einmal erhitzter Stoff sich bei Abkühlung wieder auf dieselben Materialeigenschaften wie vor der Erhitzung einstellt. Ist dies nicht der Fall, ist die Beschreibung in einer Hysteresekennlinie $\varepsilon(\vartheta)$ notwendig. Glimmer ist z.B. ein Naturwerkstoff mit nur geringer Temperaturabhängigkeit.

Piezoelektrizität

Dipolbildung im atomaren Bereich wurde bisher auf Polarisationseffekte von Elektronenhüllen zurückgeführt. Bei bestimmten Kristallen, wie z.B. Quarz, Turmalin oder Seignettesalz kommt es durch mechanischen Druck oder Zug (gr.: piezein = drücken) zu einer räumlichen Verlagerung der Atomrümpfe, welches sich entsprechend der Darstellung in Abb. 1.8-10 ebenfalls in einer Polarisation äußert (PIERRE CURIE, 1880).

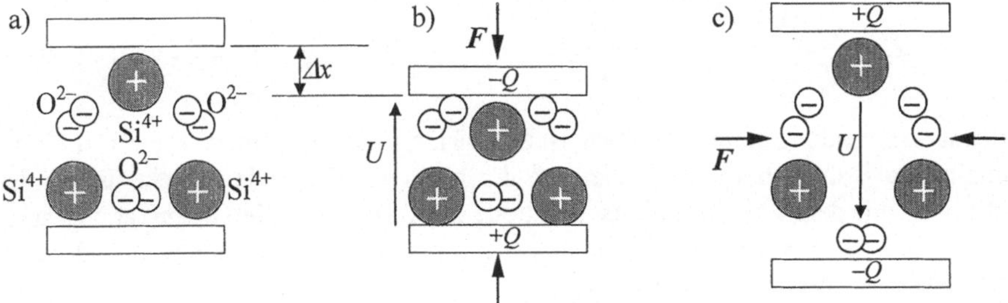

Abb. 1.8-10: Piezoelektrischer Effekt am Beispiel des kristallinen Quarzes (SiO_2): a) ohne Belastung, b) Längsdruck (d_{33}), c) Querdruck (d_{31}).

Die dabei erbrachte mechanische Arbeit wird in elektrische Energie umgewandelt:

$$F\Delta x = QU = Q\Delta x\, d_{mn}. \qquad [d_{mn}] = \frac{\mathrm{V}}{\mathrm{nm}} \qquad (1.8\text{-}36)$$

Die d_{mn} heißen ***Piezomodule*** und geben an, wieviel Volt Spannung pro nm Längenänderung (typ. 1 ... 100) durch Druck (oder Zug) erzeugt werden. Da die Richtung der Spannung und die der Belastung i.allg. voneinander abweichen, werden die Indizes *mn* zur Kennzeichnung der Querbeziehung der dazu gehörenden Komponenten verwendet. Damit lassen sich die Piezomodule zu einem 3 × 6-Tensor anordnen, mit dem sich z.B. auch Schereffekte beschreiben lassen.

Der hier beschriebene direkte piezoelektrische Effekt wird in der Meßtechnik für Kraftsensoren, Feuerzeugzünder, Gasherde, Tonabnehmer für Analogschallplatten und Mikrofone eingesetzt. Einsatz finden auch Bariumtitanat und Blei-Zirkonat-Titanat.

Die Elektrostriktion als inverser piezoelektrischer Effekt tritt beim Anlegen einer Spannung an einen piezoelektrischen Kristall auf, indem sich dieser elastisch verformt. Er wird eingesetzt für Hochtonlautsprecher (moderne Telefone, singende Glückwunschkarten), Ultraschall zur Reinigung, aber auch zur U-Boot-Ortung (SONAR), Fernsteuerungen. Quarz-Oszillatoren basieren auf dem Prinzip, daß der Quarz nach Anlegen der Spannung mechanisch zurückschwingt und so z.B. durch Einschleifen in eine Verstärker-Rückkoppelschleife als hochgenauer Oszillator eingesetzt werden kann. Die zum Aufrechterhalten der Schwingung benötigte Energie ist gering und kann für lange Zeit einer Batterie entnommen werden (z.B. für Armbanduhren).

1.9 Kapazität C

Der von B. FRANKLIN erfundene Kondensator ist das Bauelement des elektrostatischen Feldes und wird durch Geometrie und Material bestimmt. Analog zur Materialgröße - hier der Permittivität ε - wird ein Bauelement allgemein über ein Wirkungs/Ursachenverhältnis integraler Größen definiert. Im vorliegenden Fall heißt das: ein Kondensator hat dann eine große ***Kapazität*** *C*, wenn man mit wenig Spannung U eine große Ladungstrennung Q und damit einen großen elektrischen Hüllenfluß $\overset{o}{\Psi}$ erreicht; der Kondensator stellt eine elektrostatischen Leitwert dar:

$$C := \frac{Q}{U} = \frac{\overset{o}{\Psi}}{U}; \qquad [C] = \frac{\mathrm{As}}{\mathrm{V}} = \frac{\mathrm{C}}{\mathrm{V}} =: \mathrm{F\ (arad)}. \qquad (1.9\text{-}1)$$

Q | C, U →

Bei der Anwendung dieser Gleichung ist zu beachten, daß mit Q bzw. $\overset{o}{\Psi}$ per Definition immer die Ladung bzw. der Hüllenfluß der positiven Elektrode gemeint ist. Er ist identisch mit dem Fluß von dieser Elektrode zur negativen. Die Gesamtladung auch eines geladenen Kondensators ist ja nach wie vor noch Null; die Ladungen sind durch die angelegte Spannung lediglich separiert.

Einen einfachen Kondensator stellt entsprechend Abb. 1.9-1 der bereits betrachtete Plattenkondensator dar, von dem auch das neben der obigen Definitionsformel angegebene Symbol stammt. Für ihn kann entsprechend der links dargestellten Skizze die Kapazität C für nicht zu großen Plattenabstand d in guter Näherung angegeben werden:

$$C \approx \frac{DA}{Ed} = \frac{\varepsilon EA}{Ed} = \varepsilon \frac{A}{d}. \tag{1.9-2}$$

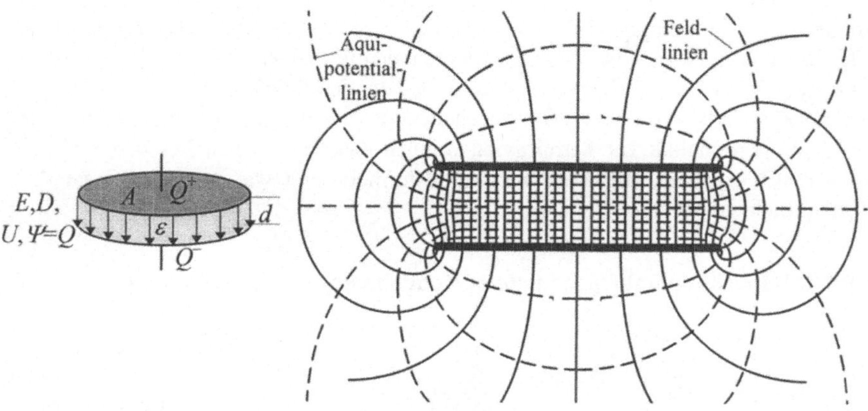

Abb. 1.9-1: Plattenkondensator mit idealem und realem Feldverlauf.

Bei größerem Plattenabstand werden Feldlinien entsprechend der rechten Darstellung am Rand herausquellen, und diese Näherungsformel, die davon ausgeht, daß das Feld homogen und normal zu den Platten auf den Plattenzwischenraum begrenzt ist, wird mit einem größeren Fehler behaftet sein. Sie gilt bei gegebenem Plattenabstand umso besser, je größer ε ist, da hierdurch der Fluß besser geführt wird.

Damit steht die Forderung nach einer großen Kapazität seitens der Geometrie fest. Wir erhalten sie bei großer Dielektrizitätszahl ε, großer Oberfläche A und kleinem Elektrodenabstand d. In der Praxis liegen Kapazitätswerte typisch im pF - µF-Bereich. Damit kann für einen Kondensator mit homogen gefülltem Dielektrikum ε_r auch über das Verhältnis der Kapaziät mit Dielektrikum C_ε zu derjenigen ohne Dielektrikum C_0 angegeben werden:

$$\varepsilon_r = \frac{C_\varepsilon}{C_0}. \tag{1.9-3}$$

Leitungen der Länge l, mit deren Richtung wir eine z-Achse assoziieren, stellen ebenfalls Kapazitäten dar. Bei ihnen weist die Fläche A zum einen in l-Richtung eine sehr große Ausdehnung im Vergleich zu den übrigen Abmessungen auf, zum anderen ist die Geometrie in dieser Richtung meist homogen, auch wenn die Feldverläufe normal dazu inhomogen sind. Eine wichtige Beschreibungsgröße für die Leitungstheorie ist die Kapazität pro Längeneinheit, der ***Kapazitätsbelag*** C':

$$C' = \frac{\mathrm{d}C}{\mathrm{d}z} = \frac{C}{l} = \frac{Q}{Ul} = \frac{\lambda}{U}. \qquad [C'] = [\varepsilon] = \frac{\mathrm{F}}{\mathrm{m}} \tag{1.9-4}$$

1.9.1 Zusammenschalten von Kondensatoren

Kondensatoren können im Netzwerk auf mannigfaltige Art und Weise mit ihresgleichen und anderen Bauelementen zusammengeschaltet werden, z.B. parallel oder in Reihe, aber auch komplizierter, z.B. als Stern/Dreieckschaltungen. Gefragt ist dann die Gesamt- sprich: Ersatzkapazität einer solchen Zusammenschaltung. Parallel- und Reihenschaltung sind hierbei die Grundschaltungen. Wenn deren Verhalten bekannt ist, können auch die komplizierteren Schaltungen berechnet werden. Wer diese aus der Gleichstromtechnik (wie in Abschnitt 2.6 erläutert) für Widerstände bereits beherrscht, ist in der Lage, Kapazitätsberechnungen einfach durchzuführen.

Was können wir von Seiten der Anschauung erwarten? Da der Kondensator wegen seiner Proportionalität zur Permittivität ε einen elektrostatischen Leitwert realisiert, können wir erwarten, daß Gesamtkapazitätsformeln sich wie OHMsche Gesamtleitwertsformeln ergeben.

1.9.1.1 Kapazität parallelgeschalteter Kondensatoren, Flußteilerregel

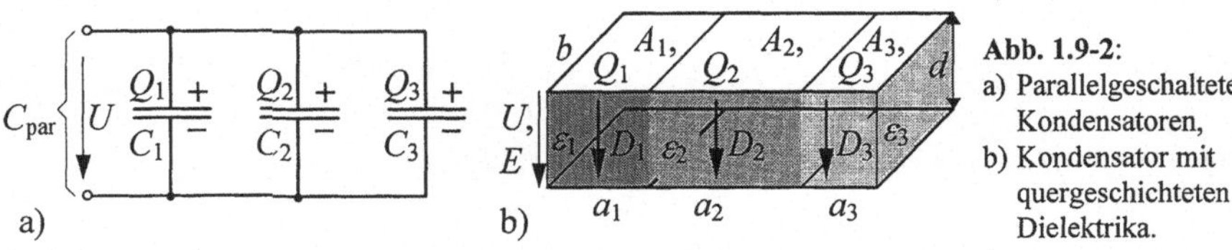

Abb. 1.9-2: a) Parallelgeschaltete Kondensatoren, b) Kondensator mit quergeschichteten Dielektrika.

Benötigen wir entspr. Abb. 1.9-2a) die Gesamtkapazität C_{par} einer Parallelschaltung mehrerer Einzelkapazitäten C_i (hier: i = 1,2,3) können wir durch die einfache Überlegung, daß an allen die gleiche Spannung U anliegt, die Ladungen Q_i sich jedoch addieren, folgern, daß sich auch die Einzelkapazitäten C_i zur Gesamtkapazität C_{par} addieren:

$$C_{par} = \frac{Q}{U} = \sum_i \frac{Q_i}{U} = \sum_i C_i \,. \tag{1.9-5}$$

Daraus resultiert die Flußteilerregel, die ähnlich der Stromteilerregel bei Leitwerten besagt, daß sich die Flüsse von Kondensatoren an gleicher Spannung wie deren Kapazitäten verhalten:

$$U = \frac{Q_i}{C_i} = \frac{Q_j}{C_j} \qquad \Rightarrow \qquad \frac{Q_i}{Q_j} = \frac{C_i}{C_j}. \tag{1.9-6}$$

Dabei sind C_i und C_j die Kapazitäten zweier beliebiger Kondensatoren aus der Parallelschaltung, im Beispiel $i,j \in [1,2,3]$. Wenn wir im nächsten Kapitel Verschiebungsströme als zeitliche Flußänderungen betrachten, gilt diese Regel auch hierfür.

Vergleichen wir dazu den Kondensator in Abb. 1.9-2b) mit drei parallelgeschalteten Dielektrika, so besteht kein prinzipieller Unterschied zur linken Darstellung, d.h. jene könnte eine Ersatzschaltung für die rechte sein. Bei b) muß die Feldstärke E überall gleich, d.h. stetig sein, da sie tangential zur Grenzfläche verläuft. Dafür verteilen sich die Ladungen Q_i unterschiedlich entsprechend den verschiedenen Dielektrizitätszahlen ε_i, womit die Flußdichte D_i in den einzelnen Gebieten unterschiedlich ist:

$$C = \frac{Q}{U} = \frac{1}{U}\sum_i Q_i = \frac{1}{U}\sum_i D_i A_i = \frac{Eb}{U}\sum_i \varepsilon_i a_i = \frac{b}{d}\sum_i \varepsilon_i a_i = \sum_i C_i . \tag{1.9-7}$$

Dieses Prinzip des Herausklammerns der permittivitätsunabhängigen Feldstärke zur Kapazitätsberechnung bei parallelgeschalteten Dielektrika ist auch anwendbar, wenn die Felder inhomogen sind, aber nach wie vor parallel zu den Grenzflächen verlaufen.

1.9.1.2 Kapazität reihengeschalteter Kondensatoren, Spannungsteilerregel

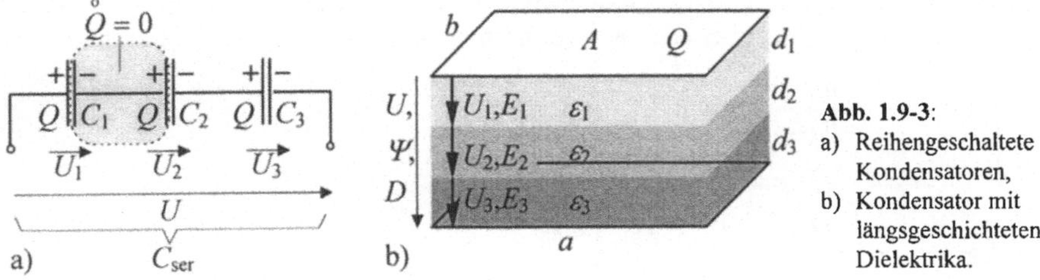

Abb. 1.9-3:
a) Reihengeschaltete Kondensatoren,
b) Kondensator mit längsgeschichteten Dielektrika.

Bei einer Serienschaltung hingegen trägt entspr. Abb. 1.9-3a) jeder Kondensator die gleiche Ladung Q, da er ja permanent elektrisch neutral sein muß. Betrachten wir die negative Elektrode von C_1, die positive Elektrode von C_2 sowie das dazwischenliegende leitende Verbindungsstück, so ist dieses zu jedem Zeitpunkt von der Außenwelt, also auch von der Spannungsquelle, isoliert, womit die darin befindliche Ladung $\overset{\circ}{Q}$ unabhängig von Ladezustand und Kapazitäten der Kondensatoren verschwinden muß.

Dadurch führt bei unterschiedlichen Kapazitäten C_i jeder Kondensator die Spannung U_i, so daß sich folgende Verhältnisse einstellen:

$$\frac{1}{C_{ser}} = \frac{U}{Q} = \sum_i \frac{U_i}{Q} = \sum_i \frac{1}{C_i} \quad \Rightarrow \quad C_{ser} = \frac{1}{\sum_i 1/C_i} . \tag{1.9-8}$$

Speziell für die Reihenschaltung zweier Kondensatoren C_1 und C_2 gilt:

$$C_{ser2} = \frac{C_1 C_2}{C_1 + C_2} . \tag{1.9-9}$$

Daraus resultiert die Spannungsteilerregel, die analog derjenigen bei OHMschen Leitwerten besagt, daß sich Spannungen bei Kapazitäten mit gleicher Ladung umgekehrt wie die Kapazitäten verhalten:

$$Q_i = Q_j = C_i U_i = C_j U_j \quad \Rightarrow \quad \frac{U_i}{U_j} = \frac{C_j}{C_i} . \tag{1.9-10}$$

Dabei sind C_i und C_j wie oben die Kapazitäten zweier beliebiger Kondensatoren aus der Reihenschaltung.

Vergleichen wir dazu den Kondensator in Abb. 1.9-3b) mit drei reihengeschalteten Dielektrika, so besteht ebenfalls kein prinzipieller Unterschied zur linken Darstellung. Wenn man Metallfolien zwischen die Dielektrika legt, ändern sich die Potentialverhältnisse nicht, da diese Flächen vorher und hinterher Äquipotentialflächen darstellen.

Bei b) muß die Flußdichte D überall gleich, d.h. stetig, sein, da sie normal zur Grenzfläche verläuft. Dafür verteilen sich die Spannungen U_i unterschiedlich entsprechend den verschiedenen Dielektrizitätszahlen ε_i, womit die Feldstärke E_i in den einzelnen Gebieten unterschiedlich ist:

$$\frac{1}{C}=\frac{U}{Q}=\frac{1}{Q}\sum_i U_i=\frac{1}{Q}\sum_i E_i d_i=\frac{D}{Q}\sum_i \frac{d_i}{\varepsilon_i}=\frac{1}{A}\sum_i \frac{d_i}{\varepsilon_i}=\sum_i \frac{1}{C_i}. \qquad (1.9\text{-}11)$$

Dieses Prinzip des Herausklammerns der permittivitätsunabhängigen Flußdichte zur Kapazitätsberechnung bei reihengeschalteten Dielektrika ist auch anwendbar, wenn die Felder inhomogen sind, aber nach wie vor normal zu den Grenzflächen verlaufen.

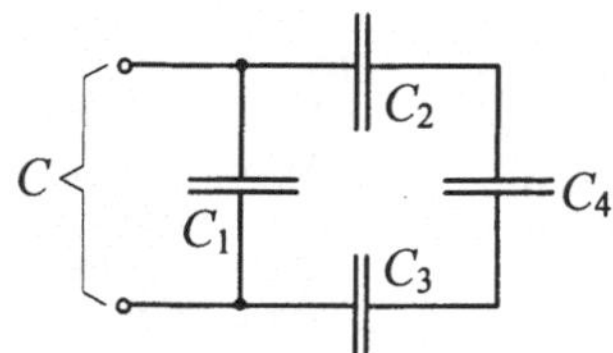

Abb. 1.9-4: Mischschaltung von Kondensatoren.

Aus den Überlegungen der beiden Abschnitte folgt, daß wir bekannte Zusammenschaltungsregeln von Widerständen anwenden können, wenn wir einen Kondensator wie einen Widerstand $1/C$ behandeln. Wir erhalten dann z.B. für die Gesamtkapazität der Schaltung in Abb. 1.9-4:

$$C=C_1+\frac{1}{\frac{1}{C_2}+\frac{1}{C_3}+\frac{1}{C_4}}=\frac{C_1C_2(C_3+C_4)+C_3C_4(C_1+C_2)}{C_2(C_3+C_4)+C_3C_4}. \qquad (1.9\text{-}12)$$

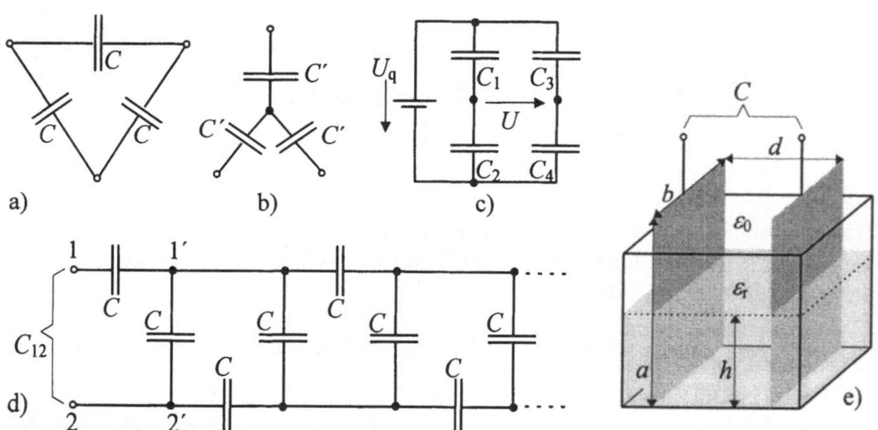

Abb. 1.9-5: Zu den Aufgaben.

Aufgabe 1.9.1-1: Gegeben sind die Kapazitäten C der Abb. 1.9-5a). Welchen Wert müssen die Kapazitäten C' der Abb. 1.9-5b) haben, damit beide Netzwerke zu allen äußeren Klemmenpaaren die gleiche Gesamtkapazität aufweisen?

Aufgabe 1.9.1-2: Man bestimme für das Netzwerk in Abb. 1.9-5c) die Spannung U sowie die Ladungen der (positiven Elektroden) der Kondensatoren $Q_1 \dots Q_4$. Unter welchen Bedingungen verschwindet U?

Aufgabe 1.9.1-3: Zur Füllstandsmessung der Höhe h des Flüssigkeitsinhalts eines Behälters werden entspr. Abb. 1.9-5e) zwei Metallelektroden in die Flüssigkeit der Permittivität ε_r eingetaucht. Durch eine Kapazitätsmeßbrücke wird die Kapazität C gemessen. Man bestimme h.

***Aufgabe 1.9.1-4**: Man bestimme für das Netzwerk in Abb. 1.9-5d), das sich in der dargestellten Weise immer weiter fortsetzt, die Gesamtkapazität C_{12}.

1.9.2 Kapazitätsberechnungen bei inhomogenem Feldverlauf

Für den Netzwerkpraktiker, z.B. den Elektroniker, ist der Kondensator die Verkörperung der Elektrostatik. Er sieht letztendlich nur noch Spannung und Ladung bzw. bei zeitlich veränderlicher Erregung, wie im nächsten Kapitel dargestellt, die Stromstärke an ihm. Daher ist es wichtig, aus den wichtigsten Standardgeometrien die Kapazität berechnen zu können.

Der zuvor erwähnte einfach berechenbare Plattenkondensator ist hierbei von geringer Bedeutung, da das Problem die Baugröße darstellt. Diskrete Kondensatoren sollen im mm - cm-Bereich herstellbar sein und dennoch große Ladungsmengen speichern können. Daher ist eine häufige Problemstellung, eine große Oberfläche bei kleinem Bauvolumen zu erreichen.

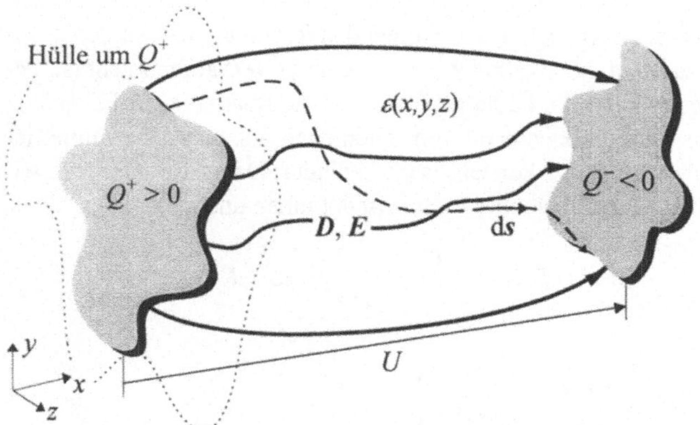

Abb. 1.9-6: Allgemeine Kapazität. Feldlinien entspringen und enden senkrecht auf Oberflächen.

Liegt eine Konfiguration wie in Abb. 1.9-6 vor, muß eine Berechnung mithilfe zuvor ermittelter Feldverläufe erfolgen. Um die allgemeine Kapazitätsgleichung auszuwerten, wenden wir z.B. Gl. 1.4-19 an:

$$C = \frac{Q}{\int_{+}^{-} \boldsymbol{E} \cdot \mathrm{d}\boldsymbol{s}} = \frac{Q}{\int_{+}^{-} \frac{\boldsymbol{D}(Q)}{\varepsilon} \cdot \mathrm{d}\boldsymbol{s}}. \qquad (1.9\text{-}13)$$

Besorgen wir uns die Abhängigkeit $\boldsymbol{D}(Q)$, bilden $\boldsymbol{E} = \boldsymbol{D}(Q)/\varepsilon$, werten das Integral über einen beliebigen, aber möglichst einfachen Weg $\boldsymbol{s}$ zwischen den Elektroden - typisch entlang der Feldlinien - aus und kürzen Q weg, so erhalten wir die Kapazität C. Dies wollen wir nun an einigen praktisch wichtigen Beispielen demonstrieren:

1.9.2.1 Zylinderkondensator

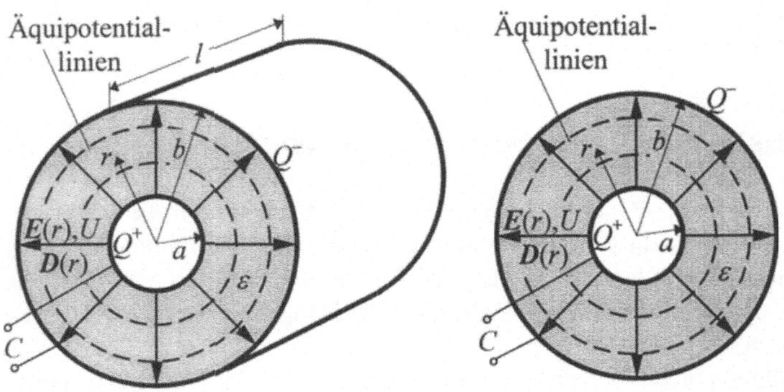

Abb. 1.9-7: Zylinder-, Kugelkondensator.

Die Vorteile der Zylinderbauweise entspr. Abb. 1.9-7a) liegen in den Abschirmungseigenschaften, d.h. der Geschlossenheit der Bauweise. Elektrostatisch gesehen ist das in der HF-Technik weit verbreitete Koaxialkabel ein langer Zylinderkondensator und seine kapazitiven Eigenschaften lassen sich aus der folgenden Rechnung bestimmen.

Unterstellen wir, daß auf dem Innenzylinder eine Ladung $Q^+ > 0$ aufgebracht ist, befindet sich auf dem Außenzylinder die Ladung $Q^- < 0$ und die Spannung U, Feldstärke $\boldsymbol{E}(r)$ und Flußdichte $\boldsymbol{D}(r)$ weisen abnehmend von innen nach außen. Aus Symmetriegründen sind die Äquipotentialflächen konzentrische Zylinder. Daher ist das Feld zwischen den Elektroden radialsymmetrisch und verschwindet innen und außen:

$$\boldsymbol{D} = D_r(r)\vec{e}_r \qquad \text{mit} \qquad D_r(r) = \frac{Q}{A(r)} = \frac{Q}{2\pi r l} \quad \Rightarrow \quad E_r(r) = \frac{Q}{2\pi\varepsilon r l}.$$

$$U = \varphi_e(a) - \varphi_e(b) = \int_a^b E_r(r)\mathrm{d}r = \frac{Q}{2\pi\varepsilon l}\int_a^b \frac{\mathrm{d}r}{r} = \frac{Q}{2\pi\varepsilon l}\ln\frac{b}{a}$$

$$\Rightarrow \quad C = \frac{Q}{U} = \frac{2\pi\varepsilon l}{\ln b/a} \qquad \Rightarrow \quad C' = \frac{C}{l} = \frac{2\pi\varepsilon}{\ln b/a}. \tag{1.9-14}$$

1.9.2.2 Kugelkondensator

Die Vorteile der Kugelbauweise entspr. Abb. 1.9-7b) liegen in den optimalen Abschirmungseigenschaften. Gestört wird die Struktur immer dadurch, daß die Innenelektrode von der Außenelektrode vollständig umhüllt ist, so daß hier ein Durchgang durch das Dielektrikum geschaffen werden muß. Unter Vernachlässigung dieser Störung sind aus Symmetriegründen die Äquipotentialflächen konzentrische Kugelsphären. Daher ist das Feld zwischen den Elektroden radialsymmetrisch und verschwindet innen und außen. Mit gleicher Argumentation wie beim Zylinderkondensator ergibt sich:

$$\boldsymbol{D} = D_r(r)\vec{e}_r \qquad \text{mit} \qquad D_r(r) = \frac{Q}{A(r)} = \frac{Q}{4\pi r^2} \quad \Rightarrow \quad E_r(r) = \frac{Q}{4\pi\varepsilon r^2}.$$

$$U = \varphi_e(a) - \varphi_e(b) = \int_a^b E_r(r)\mathrm{d}r = \frac{Q}{4\pi\varepsilon}\int_a^b \frac{\mathrm{d}r}{r^2} = \frac{Q}{4\pi\varepsilon}\left(\frac{1}{a} - \frac{1}{b}\right)$$

$$\Rightarrow \quad C = \frac{Q}{U} = \frac{4\pi\varepsilon}{\frac{1}{a} - \frac{1}{b}} = \frac{4\pi\varepsilon a}{1 - \frac{a}{b}} = \varepsilon\frac{4\pi ba}{b-a} = \varepsilon\frac{\sqrt{A_1 A_2}}{d}. \tag{1.9-15}$$

d ist dabei der Kugelabstand analog zu d beim Plattenkondensator. $4\pi ba$ ist das geometrische Mittel der beiden Kugelflächen A_1 und A_2, die ja doch schon deutlich von den Ebenen des Plattenkondensators abweichen, weshalb für viele Anwendungen, bei der die Elektrodenflächen zwar unterschiedlich, aber einigermaßen parallel sind, dieser geometrische Flächenmittelwert der Plattenkondensatorformel verwendet werden kann. Ein Kapazitätsbelag ist hier nicht sinnvoll angebbar.

1.9.2.3 Kapazität der Doppelleitung

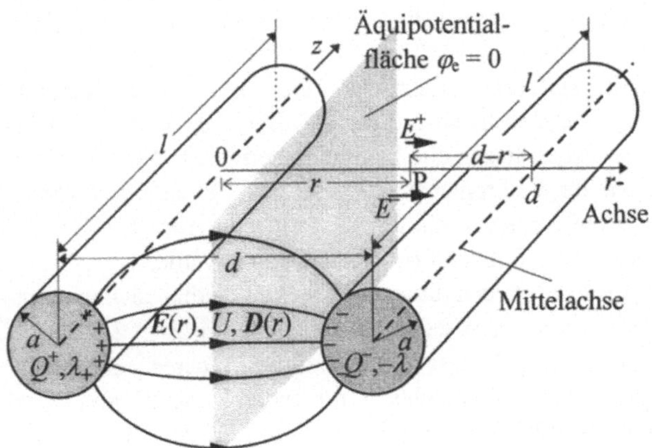

Abb. 1.9-8: Zur Kapazitätsberechnung der Doppelleitung.

Die Doppel- oder Zweidrahtleitung entsprechend Abb. 1.9-8 stellt die einfachste Verlegung von Leitungen dar und ist in der Energietechnik (Hochspannungskabel) und auch Nachrichtentechnik (Telegrafenleitungen) weit verbreitet. Alle Verlegungen von Überlandkabeln müssen diese Kapazitäten berücksichtigen und sollen möglichst so verlegt werden, daß sich Kapazitätsbrücken abgleichen.

Die Struktur ist komplizierter als die von Koaxial- und Kugelkondensator, da die Äquipotentialflächen nicht konzentrisch zu den Leitern liegen. Hinzu kommt der Proximity-Effekt, der dafür sorgt, daß sich aufgrund der COULOMBkraft die Ladungsüberschüsse auf den Innenseiten des Leiters ansammeln, d.h. die Ladungsdichte an der Oberfläche im Gegensatz zu allen bisher betrachteten Fällen nicht konstant ist. Die dortige genaue Verteilung ist kompliziert, da sich die Ladungen auf einer Seite ja wieder untereinander abstoßen.

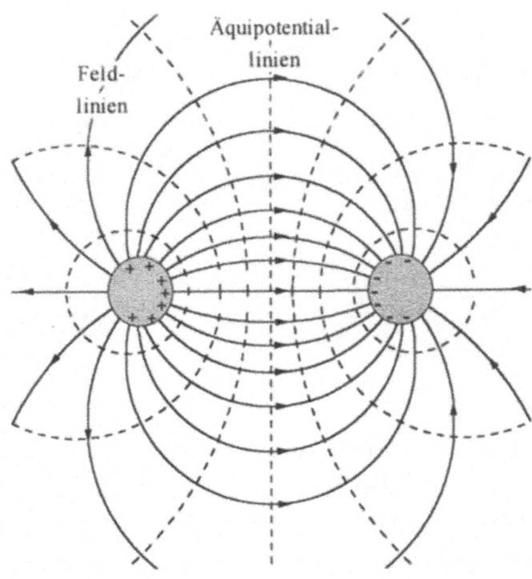

Abb. 1.9-9:
Feldlinien- und Potentialbild der Doppelleitung.

In Abb. 1.9-9 sind Feld- und Äquipotentiallinien des Liniendipols veranschaulicht. Sie sehen erwartungsgemäß in einer Ebene ähnlich denen des Punktdipols aus, beide Gleichungen können jedoch analytisch angegeben werden und beschreiben (APPOLLONIUS)-Kreise. Beim stromdurchflossenen Leiter werden uns in Abschnitt 3.3.3 magnetische Niveau- und Feldlinien (vertauscht) gegenüber diesen wieder begegnen und die Gleichungen können dort berechnet werden.

Zur Berechnung der Kapazität sei vorausgesetzt, daß $l \gg d \gg a$, womit Randeffekte vernachlässigbar sind. Aus Symmetriegründen müssen Feldlinien dann in der Querschnittsebene der Leiter liegen, insbes. liegen alle Feldlinien normal zu den gestrichelten Mittenachsen der Leiter, wie für die Frontebene eingezeichnet. Ebenfalls aus Symmetriegründen ist das Feldlinienbild spiegelsymmetrisch zu der in Abb. 1.9-8 eingezeichneten grauen Trennebene, der das Potential $\varphi_e = 0$ zugeordnet wurde.

Es muß mit Näherungen gerechnet werden. In erster Näherung verhält sich eine Ladungsanordnung auf einer Leiterinnenseite wie eine Linienladung mit $\lambda^+ = \lambda$ bei $r = a$ und $\lambda^- = -\lambda$ bei $r = d - a$, deren Felder bereits in Abschnitt 1.7.1 berechnet wurden. Am Ort P unterstützen sich die von links und rechts herrührenden Felder E^+ und E^-, so daß mit der Näherung, daß die Linienladungen auf der jeweiligen Mittelachse konzentriert seien, wegen $d \gg a$ gilt:

$$E_r(r) = E^+(r) + E^-(r) \approx \frac{\lambda}{2\pi\varepsilon r} + \frac{\lambda}{2\pi\varepsilon(d-r)} = \frac{\lambda}{2\pi\varepsilon}\left(\frac{1}{r} + \frac{1}{d-r}\right). \tag{1.9-16}$$

Aufgrund des o.a. Proximityeffekts darf bei der Spannungsberechnung jedoch nur von und zu den Leiteroberflächen bei $r = a$ und $r = d - a$ integriert werden:

$$U = \int_a^{d-a} E_r(r)\mathrm{d}r \approx \frac{\lambda}{2\pi\varepsilon}\int_a^{d-a}\left(\frac{1}{r} + \frac{1}{d-r}\right)\mathrm{d}r = \frac{\lambda}{2\pi\varepsilon}\left(\ln r - \ln(d-r)\right)\Big|_a^{d-a} =$$

$$= \frac{\lambda}{2\pi\varepsilon}\left(\ln\frac{d-a}{a} - \ln\frac{a}{d-a}\right) = \frac{\lambda}{2\pi\varepsilon}\ln\left(\frac{d-a}{a}\right)^2 = \frac{\lambda}{\pi\varepsilon}\ln\frac{d-a}{a}.$$

$$\Rightarrow \quad C' = \frac{C}{l} = \frac{\lambda}{U} \approx \frac{\pi\varepsilon}{\ln\frac{d-a}{a}} \approx \frac{\pi\varepsilon}{\ln\frac{d}{a}}. \qquad (1.9\text{-}17)$$

Die Kapazität ist also etwa halb so groß wie die eines Koaxialleiters mit $b = d$.

1.9.2.4 Kapazität der Einfachleitung gegen Erde, Spiegelungsmethode

Von vergleichbarer Bedeutung wie die Zweidrahtleitungskapazitäten untereinander sind Kapazitäten zwischen einer solchen Leitung und der Erde. Die Berechnung erscheint zunächst kompliziert, da die Asymmetrie stark ist und eine genaue Bestimmung des Feldverlaufs schwierig. Unter der vielfach näherungsweise gut erfüllten Randbedingung, daß die Erde eben ist und der Leiter parallel dazu verläuft, erlaubt die in der Feldtheorie häufig anwendbare Spiegelungsmethode unter Ausnutzung von Symmetrien dennoch eine einfache Berechnung.

Diese modifiziert das Ergebnis der Kapazität der Zweidrahtleitung unter folgendem Aspekt: aufgrund der endlichen Leitfähigkeit der Erde muß diese eine Äquipotentialfläche darstellen, denn wäre sie dies nicht, müßte, wie früher schon allgemein für Leiter dargelegt, unter dem Einfluß des elektrischen Felds ein Strom fließen, bis dieser Zustand doch hergestellt wäre.

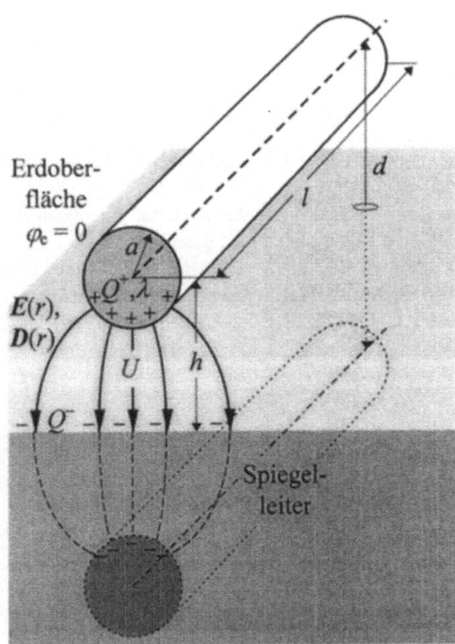

Abb. 1.9-10: Zur Kapazitätsberechnung der Einfachleitung gegen Erde.

Andererseits muß die in Abb. 1.9-8 grau schattierte vertikale Mittelebene parallel zu den Leitern ebenfalls eine Äquipotentialfläche sein, der wir z.B. das Potential $\varphi_e = 0$ zuordnen können. Wenn wir die Erde und diese Äquipotentialfläche gleich setzen, können wir entspr. Abb. 1.9-10 die Erde durch einen virtuellen Spiegelleiter ersetzen, der sich im Abstand $h = \frac{1}{2}d$ unter der Erdoberfläche befindet und so die Kapazität zwischen dem realen Leiter und der Erde berechnen.

Der einzige wesentliche Unterschied besteht darin, daß zwischen realem Leiter und Erde bis zur Erdoberfläche nur die Hälfte der Spannung wie zwischen den Doppeldrahtleitungen anliegt. Folglich errechnet sich der Kapazitätsbelag direkt aus dem Ergebnis des vorigen Abschnitts zu:

$$U \approx \frac{\lambda}{2\pi\varepsilon} \ln \frac{2h-a}{a} \qquad \Rightarrow \quad C' = \frac{C}{l} = \frac{\lambda}{U} \approx \frac{2\pi\varepsilon}{\ln \frac{2h-a}{a}} \approx \frac{2\pi\varepsilon}{\ln \frac{2h}{a}}. \quad (1.9\text{-}18)$$

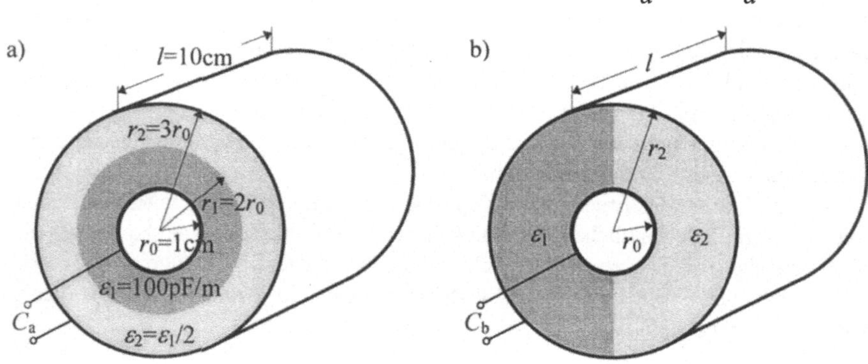

Abb. 1.9-11: Zu Aufgabe 1.9.2-3.

Aufgabe 1.9.2-1: Welche Kapazität hat die Erdkugel?
Aufgabe 1.9.2-2: Man berechne exakt die Kapazität der Anordnung nach Aufgabe 1.7.2-2, sowie mithilfe einer TAYLORreihenentwicklung einen Näherungswert für $d \ll a$.
***Aufgabe 1.9.2-3**: Man berechne die Kapazitäten C_a und C_b der beiden in Abb. 1.9-11 dargestellten Zylinderkondensatoren aus den Feldverläufen.
***Aufgabe 1.9.2-4**: Wie ist beim Zylinderkondensator für b = const. a zu wählen, so daß die maximale Feldstärke E_{max} bei fester Spannung U minimal wird? Welchen Wert nimmt E_{max} dann an?
***Aufgabe 1.9.2-5**: Zur Reduktion der Maximalfeldstärke wird ein Kugelkondensator ähnlich Abb. 1.9-11a) mit zwei Dielektrika gleicher Dicke ε_1 und ε_2 in Reihe gefüllt. Welchen Wert muß $\varepsilon_1/\varepsilon_2$ aufweisen, damit die Feldstärkespitzen gleich sind? Man bestimme $\varepsilon_1/\varepsilon_2$ bei gleichen Spannungen an den Dielektrika. Man skizziere beide Fälle bei vorgegebener Spannung im Vergleich zur homogenen Füllung mit ε_1.

1.9.3 Bauarten von Kondensatoren

Das Einsatzgebiet von Kondensatoren ist vielfältig. Dementsprechend sind auch die Bauformen und der Einsatz der in Abschnitt 1.8.8 besprochenen Dielektrika sehr variabel. Zum praktischen Einsatz sollten die wichtigsten Kondensatortypen und ihre Eigenschaften bekannt sein:

Wickelkondensatoren

Wickelt man entspr. Abb. 1.9-12a) die Schichtenfolge Metallfolie - Isolatorfolie - Metallfolie - Isolatorfolie mehrfach umeinander, entsteht der für den Großteil der technischen Bedürfnisse ausreichende Wickelkondensator. Die Isolatorfolie kann entweder aus Papier oder Kunststoff ausgeführt sein. Kunststoff-Dielektrika weisen große Dielektrizitätskonstanten und hinreichende Durchschlagsfestigkeit auf. Die Bauform befriedigt die Forderung nach großer Oberfläche bei geringem Volumen.

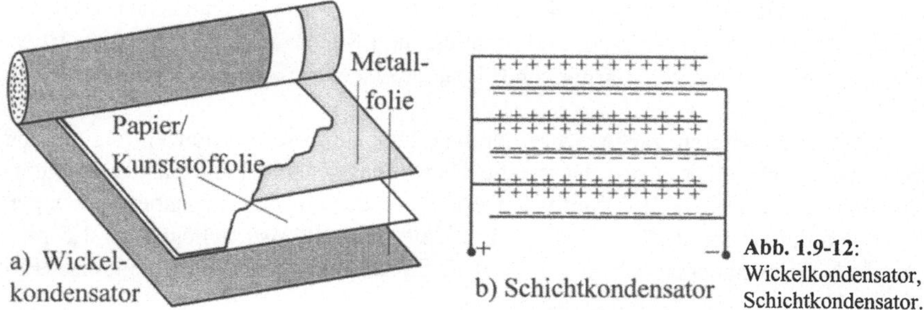

Abb. 1.9-12: Wickelkondensator, Schichtkondensator.

Beim MP-Kondensator und MK-Kondensator wird Aluminium auf den Isolator aufgedampft und sie sind bei Durchschlag selbstheilend. Nachteile der Bauform sind die hohe Eigeninduktivität und wegen der langen Belagfolien der hohe OHMsche Widerstand. Beiden Übeln kann man durch Mittenkontaktierung begegnen, womit sich die Teilinduktivitäten praktisch aufheben und der OHMsche Widerstand halbiert. Kapazitätswerte liegen in der Größenordnung von 100 pF - 1 μF, Spannungsfestigkeit bei 1250 $V_{=}$/600 $V_{\sim}$.

Schichtkondensatoren,

auch Scheiben- oder Blockkondensatoren, sind entspr. Abb. 1.9-12b) mehrlagige Plattenkondensatoren und haben wie Wickelkondensatoren den Vorteil der guten Ausnutzung der Plattenfläche, da diese außer bei den Außenplatten beidseitig genutzt werden. Vorteile sind die aufgrund der Bauform geringere Eigeninduktivität. Die Bezeichnung sagt zunächst nur etwas über die Bauform aus. Die Eigenschaften werden dann durch das Dielektrikum bestimmt, so daß hier weiter zu unterscheiden ist in:

Drehkondensatoren

Bei Luftfüllung läßt sich der Schichtkondensator als Drehkondensator mit mechanisch einstellbarer Kapazität verwenden. Sie ist dann etwa proportional der überdeckten Plattenflächen. Er kann z.B. zum Abstimmen von Schwingkreisen verwendet werden, wobei die drehbare Elektrode zu einem Potentiometer herausgeführt wird. Derart wurden bei den früheren Röhren-Rundfunkempfängern die Bandpässe für den gewünschten Sender eingestellt. Die Verluste sind vernachlässigbar, die Bauform ist allerdings groß.

Glimmerkondensatoren

Dielektrika für feste Schichtkondensatoren sind neben Kunststoffen und Keramik der Naturstoff Glimmer. Dieses klare Mineral zeichnet sich durch hohe Wärmebeständigkeit und geringe Verluste aus und wird in Form dünner Folien und Plättchen von einigen μm Dicke eingesetzt. Einsatzgebiete sind Referenzkapazitäten sowie Schwing- und Hochspannungsschaltkreise. Kapazitätswerte liegen dann bei ca. 10 pF - 10 nF, Spannungsfestigkeit bei ca. 20 kV. Der Preis ist allerdings hoch.

Keramikkondensatoren

gibt es in vielen Variationen und die Eigenschaften werden durch die verwendete Keramikmasse bestimmt. Die Klassen NDK (Typ I; niedrige Dielektrizitätskonstanten mit $\varepsilon_r < 200$) und HDK (Typ 2; hohe DK mit ε_r bis 100 000) sind zu unterscheiden. Mineralische Dielektrika wie Silizium-, Aluminium- und Magnesiumoxide mit $\varepsilon_r \approx 10$ erhalten Beimengungen von Barium und Titan, welches zu deutlich vergrößertem ε_r führt.

NDK-Kondensatoren zeichnen sich durch geringe Verluste, Toleranzen (< 1 %) und Spannungsunabhängigkeit aus. Durch die Herstellungstechnik kann das Temperaturverhalten (NTC und PTC) definitiv eingestellt werden. In den Typenbezeichnungen findet sich dieses unmittelbar wieder, z.B. N750. Kapazitätswerte liegen bei 1,5 pF - 390 pF; Nennspannungen bei 30 V - 1000 V, Einsatzgebiete sind Schwingkreise (Filter) und Koppelkondensatoren in der HF-Technik.

HDK (z.B. Typ DK4000) sind im Bereich von 190 pF - 15 nF gebräuchlich, mit dem Vorteil geringeren Platzbedarfs, aber schlechterem Verlust-, Toleranz-, Temperatur- und Spannungsverhaltens. Ausführungsformen beider Typen sind auch Rohr-, also Zylinderkondensatoren.

Elektrolyt-Kondensatoren

- kurz Elkos - entstehen in Form einer Metalloxid-Sperrschicht beim Aufbringen einer Elektrolytkathode (z.B. wäßrige Borlösung) auf eine Metallanode (Aluminiumoxid mit $\varepsilon_r = 7{,}5$, Tantalpentoxid mit $\varepsilon_r = 26$) - z.B. als Wickelkondensatoren. Da der Elektrolyt flüssig ist, benötigt er als mechanischen Träger Papier, das mit ihm getränkt ist. Die Oxidschicht bildet sich erst durch die elektrochemische Formierung aus, indem der Kondensator für eine bestimmte Zeit an eine Gleichspannung gelegt wird. Die 4 nm - 1 µm dicke Oxidschicht ist mechanisch recht stabil, kann allerdings bei Alu-Elkos mit der Zeit abnehmen. Dünne Schichten führen zu großen Kapazitätswerten, senken allerdings die Durchschlagsfestigkeit, was natürlich für den Kondensator als solchen überhaupt gilt.

Den Standard-Elko unterscheidet von den bisher betrachteten Kondensatoren die Vorgabe der Polung der angelegten Spannung mit auf dem Gehäuse gekennzeichneten Pluspol für die Metallanode und Minuspol für die Elektrolytkathode. Wird der Elko mit Spannungen von über 2 - 3 V verpolt - z.B. durch Anlegen einer Wechselspannung - baut sich die Oxidschicht rasch ab. Dies führt zu Kurzschluß, Erwärmung und u.U. Explosion.

Demgegenüber gibt es aber auch unipolare Alu-Elkos mit ebenfalls formierter zweiter Metallelektrode, die bei halbierter Kapazität wechselspannungsfähig ist. Zur Kapazitätssteigerung können - auch allgemein - die Metalloberflächen durch Ätzen aufgerauht werden, die sich dadurch vergrößern. Kapazitätswerte von Alu-Elkos liegen in der Größenordnung von 1 µF - 25 mF, Spannungsfestigkeit bei 6 $V_=$ - 450 $V_=$, Anwendungsgebiete sind Ein- und Auskopplungen in der NF-Technik, Versorgungsspannungsstabilisierung in der Analog- und Digitalelektronik.

Kapazitätswerte von Tantal-Elkos liegen in der Größenordnung von 100 nF - 2,5 mF, Spannungsfestigkeit bei 6 $V_=$ - 600 $V_=$, Anwendungsgebiete wie bei Alu-Elkos mit besseren elektrischen Eigenschaften und geringeren Temperaturtoleranzen, dafür teurer.

Sperrschicht-Kondensatoren, Kapazitäts/Varaktordiode

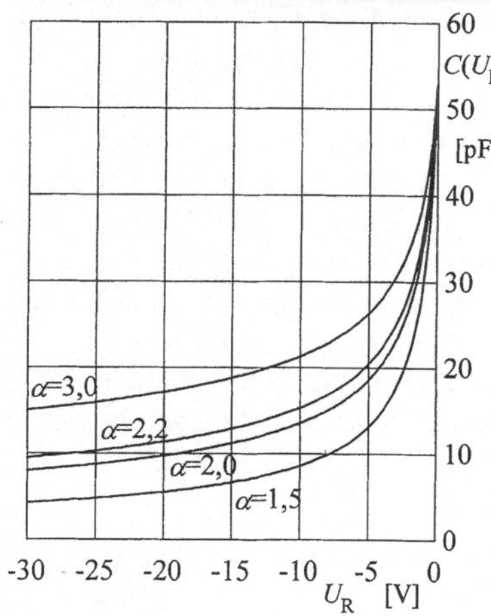

Abb. 1.9-13: Sperrschichtkapazität für verschiedene Werte des Kurvenparameters α.

Jeder in Sperrichtung gepolte Halbleiter-pn-Übergang (z.B. Phosphor/Bor-dotiertes Silizium) bildet eine Kapazität, da sich aufgrund der verstärkten Majoritätsladungsträgerverarmung beidseits Raumladungszonen ausbilden. Die Kapazitätswerte sind stark spannungsabhängig, da die Raumladungszone mit wachsender Sperrspannung ebenfalls wächst. Die Kapazität folgt der Sperrspannung entsprechend Abb. 1.9-13 nach einem Wurzelgesetz:

$$\frac{C(U_R)}{C(0)} = \left(\frac{U_R}{U_D} + 1\right)^{-\frac{1}{\alpha}} \qquad \text{Symbol: } U_R \qquad (1.9\text{-}19)$$

mit U_D als Diffusionsspannung (Si: 0,6 - 0,7 V), $U_R < 0$ als Sperrspannung ($|U_R|_{max} \approx$ 30 V) und α als Typexponent, der von der Kontinuität des pn-Übergangs abhängt, und in der Größenordnung von 3 ... < 2 liegt. Die mögliche Kapazitätsvariation liegt etwa im Bereich von 1:3 ... 1:30. Damit kann dieser Kondensator ebenfalls nur in Sperrichtung betrieben werden.

Hier ist die Spannungsabhängigkeit erwünscht, denn auf diese Weise lassen sich *LC*-Schwingkreise, deren Resonanzfrequenz durch den Kapazitätswert unmittelbar bestimmt wird, mit spannungsgesteuerter Resonanzfrequenz herstellen (VCO = Voltage Controlled Oscillator). Dies wird in HF-Modulatoren und -demodulatoren, z.B. zur UKW-Frequenz(de)modulation eingesetzt (PLL = Phase Locked Loop-Schaltungen).

Integrierte Kondensatoren

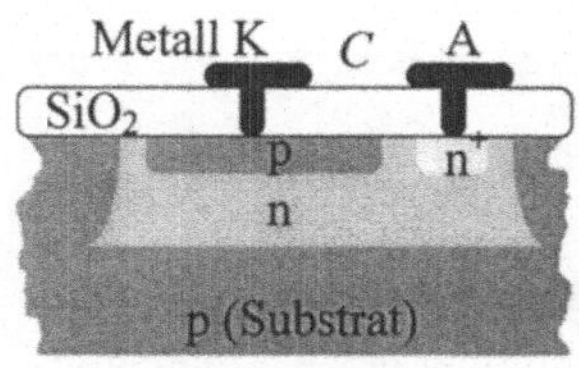

a) Sperrschichtkondensator

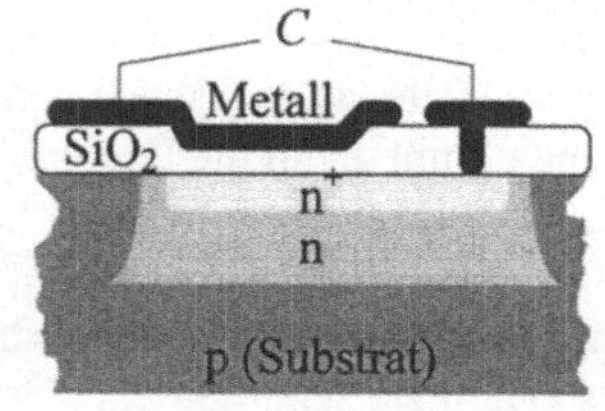

b) MOS-Kondensator

Abb. 1.9-14: Sperrschichtkondensator, MOS-Kondensator.

finden entsprechend den Schnittbildern in Abb. 1.9-14 ihr Hauptanwendungsgebiet in monolithischen - im Gegensatz zur bisher betrachteten diskreten - vor allem digital(mikro)elektronischen Schaltkreisen. Sie werden soz. als Abfallprodukt auf dem Chip mit erzeugt, indem Prozeßschritte der Transistorherstellung ausgelassen werden.

Der in a) dargestellte Sperrschichtkondensator darf wie sein o.a. diskreter Kollege ebenfalls nur in Sperrichtung betrieben werden. Absolute Kapazitätstoleranzen liegen bei 20 %, relative benachbarter Kondensatoren auf dem Chip bei 2 %. Die hier zwar unerwünschte Spannungsabhängigkeit ist in der Digitalelektronik, die ja nur zwei binäre Zustände mit i.allg. großen Toleranzen kennt, i.allg. kein Problem. Kapazitätswerte liegen bei < 100 pF, darüber wächst der Flächenbedarf auf für ICs zu große Werte.

Der in b) dargestellte in der in der Mikroelektronik ebenfalls weit verbreitete MOS (metal-oxid-semiconductor)-Kondensator kann in beide Polaritätsrichtungen betrieben werden und es sind Kapazitätswerte < 200 pF sinnvoll.

Aufgabe 1.9.3-1: Welche Kapazität hat ein Schichtkondensator mit n Platten und bekannter Geometrie?
Aufgabe 1.9.3-2: Man gebe die Kapazität der Scheiben in Abb. a) in Abhängigkeit vom Drehwinkel φ an. Welche Minimal- und Maximalwerte sind erreichbar?
***Aufgabe 1.9.3-3**: Man berechne in Abb. b) für gegebenes d und ε $a(\varphi)$, so daß $C(\varphi) = C_0\sin^2\varphi/2$. Welchen Wert hat die Gesamtfläche A?

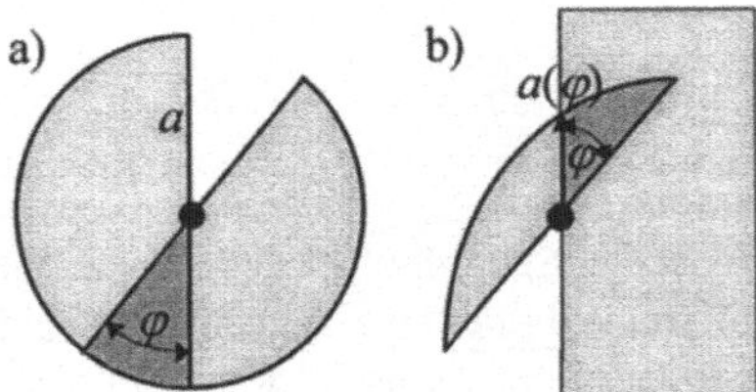

1.10 Energieinhalt des elektrostatischen Felds

In Abschnitt 1.4.2.2 wurde der enge Zusammenhang zwischen der Arbeit $W = Q\varphi_e$, die verrichtet werden muß, um eine Ladung Q aus dem Unendlichen auf das Potential φ_e zu bringen, erläutert. Damit ist jedoch nicht bekannt, welchen Energieinhalt W_e eine Ladung(smenge) Q in einem endlichen Volumen V zur Verfügung stellt. W_e können wir aus Feldgrößen dieser Ladung angeben, wie sie $\boldsymbol{E}$ und $\boldsymbol{D}$ repräsentieren, oder aus integralen Größen, wie sie Q, U und C durch Linien- oder Flächenintegrale über diese Felder bilden, darstellen.

1.10.1 Energieinhalt des Kondensators W_C

Legen wir an einem Kondensator mit linearem Dielektrikum und beliebiger Geometrie $\varepsilon(x,y,z)$ z.B. entspr. Abb. 1.9-6 eine Spannung U an, wird über die Zuleitungen für jede der negativen Elektrode zugeführte differentielle Ladungsmenge dQ (Elektronen) die Potentialdifferenz zwischen den Elektroden um dU = dQ/C erhöht. Jedes dQ durchläuft das vollständige Feld der Quelle, da es (virtuell) von der einen Elektrode zur anderen gebracht werden muß, und nimmt damit die Energie

$$\mathrm{d}W_C = U\mathrm{d}Q = UC\mathrm{d}U = CU\mathrm{d}U \tag{1.10-1}$$

auf. Mit virtuell ist hier gemeint, daß i.allg. nicht wirklich die Ladungen zur gegenüberliegenden Platte wandern, sondern sie schubsen einander aufgrund der Abstoßung gegenseitig weiter, was aufgrund der Impulserhaltung und energetisch gesehen bei ideal leitenden Zuleitungen den gleichen Effekt hervorruft. Dazu gehört eine elektromagnetische Welle, die sich mit Lichtgeschwindigkeit entlang, aber außerhalb, des Leiters zu den Platten fortbewegt. Für die Gesamtenergie W_C bis zum vollständigen Aufladen auf U erhalten wir:

$$W_C = \int \mathrm{d}W_C = C\int U\mathrm{d}U = \frac{1}{2}CU^2 = \frac{Q^2}{2C} = \frac{1}{2}QU = \frac{1}{2}\overset{\circ}{\Psi}U. \qquad (1.10\text{-}2)$$

Alternativ können wir zur Herleitung einen auf U aufgeladenen Kondensator über einen Widerstand R entladen und berechnen, welche Energie dabei in Wärme umgesetzt wird. Aufgrund des Energieerhaltungssatzes muß dies gerade die im Kondensator gespeicherte Energie sein. Der Rechengang mit vergleichbarem Aufwand wird bei der magnetischen Energie vorgestellt. Der Entladevorgang ist darüberhinaus auch ein Objekt des elektrischen Strömungsfelds, das wir erst im Folgekapitel besprechen.

Aufgabe 1.10.1-1: Ein Kugelkondensator nach Abb. 1.9-7b) ist auf die Energie W_C aufgeladen. Welchen Wert hat die maximale Feldstärke E_{max}?
Aufgabe 1.10.1-2: Man berechne den Energieinhalt der Anordnung in Aufgabe 1.9.1-2 bei Abgleich.
Aufgabe 1.10.1-3: Ein luftgefüllter Kondensator sei auf die Energie W_0 aufgeladen. Er werde nun mit einem homogenen Dielektrikum mit ε_r gefüllt. Auf welchen Wert ändert sich die gespeicherte Energie W_{1U} bei konstanter Spannung U bzw. W_{1Q} bei konstanter Ladung Q?

1.10.2 Elektrische Feldenergie W_e

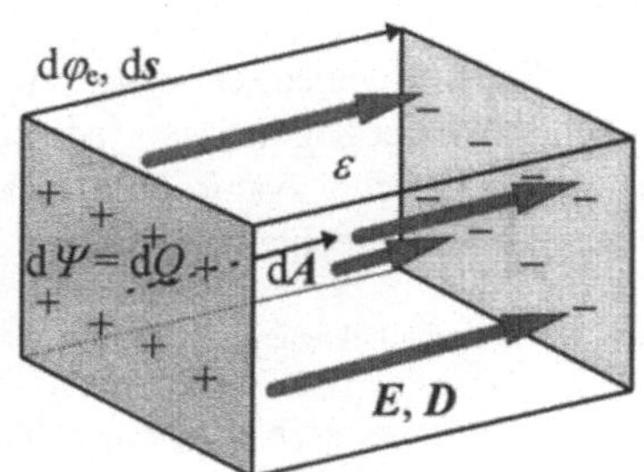

Abb. 1.10-1:
Differentiell kleines Volumenelement zur Berechnung der Energiedichte.

Wie in Abschnitt 1.6.1 dargelegt, ist der Träger dieser Energie das Feld zwischen den Elektroden. Dazu betrachten wir entspr. Abb. 1.10-1 ein differentiell kleines quaderförmiges Volumen irgendwo in diesem durchaus inhomogenen Feld. Von der zwischen den entfernten Elektroden angelegten Spannung U liegt am Volumen, das wegen seiner differentiellen Kleinheit innen nur homogene Feldgrößen führen kann, der Anteil $\mathrm{d}\varphi_e = \boldsymbol{E}\cdot\mathrm{d}\boldsymbol{s}$. Von dem Hüllenfluß $\overset{\circ}{\Psi}$ durchsetzt der Anteil $\mathrm{d}\Psi = \boldsymbol{D}\cdot\mathrm{d}\boldsymbol{A}$ dieses Volumen.

Wenn wir die Ebenen $\mathrm{d}\boldsymbol{A}$ mit Metallfolien auskleiden, ändert sich entsprechend den Überlegungen in Abschnitt 1.9.1.2 feldmäßig und energetisch nichts, womit das Gebiet einen kleinen Plattenkondensator darstellt und folglich die dafür gültigen Energieformeln anwendbar sind:

$$\mathrm{d}W_e = \tfrac{1}{2}\mathrm{d}\Psi\mathrm{d}\varphi_e = \tfrac{1}{2}\boldsymbol{D}\cdot\mathrm{d}\boldsymbol{A}\,\boldsymbol{E}\cdot\mathrm{d}\boldsymbol{s} = \tfrac{1}{2}\boldsymbol{D}\cdot\boldsymbol{E}\mathrm{d}V. \qquad (1.10\text{-}3)$$

Für isotrope Medien, bei denen $\boldsymbol{E}$ und $\boldsymbol{D}$ in die gleiche Richtung zeigen, können sie durch Skalare ersetzt werden. Damit können wir die ***elektrostatische Volumenenergiedichte*** ϖ_e definieren, die bei inhomogenem Feld von Ort zu Ort variiert:

$$\varpi_e := \frac{\mathrm{d}W_e}{\mathrm{d}V} = \frac{1}{2}DE = \frac{1}{2}\varepsilon E^2 = \frac{D^2}{2\varepsilon}; \qquad [\varpi] = \frac{\mathrm{VAs}}{\mathrm{m}^3}. \qquad (1.10\text{-}4)$$

Die im Volumen V gespeicherte ***elektrostatische Feldenergie*** W_e berechnen wir durch Integration:

$$W_e = \int \mathrm{d}W_e = \iiint \varpi_e \mathrm{d}V = \tfrac{1}{2}\iiint DE\mathrm{d}V. \qquad (1.10\text{-}5)$$

Ist das Feld homogen, wie z.B. zwischen den Platten eines Plattenkondensators, kann man die Integrale wieder durch Produkte ersetzen und bei Bedarf wieder auf die Formeln, die die Kapazität C enthalten, zurückrechnen.

Handelt es sich um ein anisotropes und nichtlineares Medium mit $\varepsilon_r(\boldsymbol{E})$, müssen $\boldsymbol{E}$ und $\boldsymbol{D}$ als Vektoren beibehalten werden und die Energiedichte modifiziert sich zu

$$\varpi_e = \int \boldsymbol{E} \cdot \mathrm{d}\boldsymbol{D}. \qquad (1.10\text{-}6)$$

Diese Formel ist so zu interpretieren, daß eine Kurve $\boldsymbol{E}(\boldsymbol{D})$ gegeben sein muß, über die das Integral ausgeführt werden kann. Dies ist die Hysteresekurve des Mediums, für die in Abschnitt 1.8.8 ein typisches Beispiel angegeben wurde. Für isotropes und lineares Medium ergibt sich hieraus ebenfalls wieder die darüberstehende Formel. Wegen der größeren technischen Bedeutung und der vergleichbaren Ausführung wird dieser Aspekt in Abschnitt 4.3 beim Magnetismus abgehandelt.

Das Aufladen des Kondensators ist mit einem Stromfluß verbunden, der schon zur im folgenden Kapitel besprochenen Elektrodynamik gehört. Ist der Kondensator jedoch aufgeladen, ist seine Energie natürlich wieder rein elektrostatischer Natur. Wird der Kondensator entladen, wird diese Energie vollständig an das Entladeobjekt abgegeben.

Aufgabe 1.10.2-1: Man leite die im Volumen V gespeicherte elektrostatische Feldenergie W_e in Abhängigkeit des Potentials φ_e her.
Aufgabe 1.10.2-2: Eine Kugel mit Radius a trage die Ladung Q. Man berechne ihren Energieinhalt W_A für den Fall, daß Q eine Oberflächenladung darstellt, sowie W_V für den Fall, daß Q homogen verteilt ist.
Aufgabe 1.10.2-3: Man berechne Aufgabe 1.10.1-1 über die Feldenergie.
***Aufgabe 1.10.2-4**: Man berechne in Abb. 1.6-7 für $\boldsymbol{D} = (y,x,z)\,\mathrm{nC/m^3}$ den Energieinhalt des Volumens unterhalb der schiefen Ebene bis zu den Koordinatenebenen.

1.10.3 Kraft und Energie

Wir schließen nun den Kreis zum Anfang des Kapitels, wo als Grundnaturbeobachtung die COULOMBkraft zwischen Punktladungen vorgestellt wurde. Im Laufe der Zeit waren wir in der Lage, Felder verteilter Ladungsstrukturen zu analysieren, so daß wir jetzt mithilfe der Energie auf die wirkenden Kräfte zurückrechnen können, da eine Kraft durch Energieänderungen infolge von Bewegungen, also Wegänderungen, beschrieben werden kann: $\boldsymbol{F} = -\mathrm{grad}W_p$. Berechnen wir zunächst die Anziehungskraft zwischen den Platten des Plattenkondensators, wobei folgende grundsätzliche Energiebilanz gilt:

$$\mathrm{d}W_\mathrm{q} = \mathrm{d}W_C + \mathrm{d}W_\mathrm{mech} \quad = \mathrm{d}(QU) = \tfrac{1}{2}\mathrm{d}(QU) + \boldsymbol{F}\cdot\mathrm{d}\boldsymbol{s} \quad = \tfrac{1}{2}\mathrm{d}(QU) + F\,\mathrm{d}d. \tag{1.10-7}$$

Diese Formel besagt, daß wegen des Energieerhaltungssatzes beim Auseinanderziehen der Platten die Änderung des Energieinhalts einer möglichen Quelle $\mathrm{d}W_\mathrm{q}$ gleich der Summe der Änderung der im Kondensator gespeicherten COULOMBenergie $\mathrm{d}W_C$ zuzüglich der Änderung der mechanischen Energie $\mathrm{d}W_\mathrm{mech}$ ist.

Betrachten wir zunächst einen mit Q = const. und von der Quelle abgeklemmten geladenen Kondensator, so gilt:

$$0 = \mathrm{d}W_C + \mathrm{d}W_\mathrm{mech} = \tfrac{1}{2}Q\mathrm{d}U + F\,\mathrm{d}d \qquad \Rightarrow \quad F\,\mathrm{d}d = -\tfrac{1}{2}U\mathrm{d}Q = -\mathrm{d}W_C. \tag{1.10-8}$$

Wenn die Kondensatorplatten isoliert sehr dicht mit $d \to 0$ aufeinanderliegen, ist der Energieinhalt dieses Kondensators Null unabhängig von Q! Dies können wir aus der Feldenergie wg. $V \to 0$ begründen, aus der Kondensatorenergie wg. $C \to \infty$, oder auch $E = D/\varepsilon = Q/A\varepsilon$ endlich $\Rightarrow U = Ed \to 0$. Wir ziehen die Platten auf den Abstand d auseinander und müssen dabei mechanische Arbeit W_mech gegen deren Anziehungskraft verrichten, die sich in gespeicherte elektrostatische Energie W_C transformiert. $-\boldsymbol{F}_C$ = gradW_C ergibt sich in Übereinstimmung mit obiger Gleichung zu

$$-F_C\big|_Q = \frac{\mathrm{d}W_C}{\mathrm{d}d} = \frac{DE}{2}\frac{\mathrm{d}V}{\mathrm{d}d} = \frac{DEA}{2} = \frac{W_C}{d} =$$

$$= \frac{D^2A}{2\varepsilon} = \frac{Q^2}{2\varepsilon A} = \frac{Q^2}{2Cd} = \frac{QE}{2} = \frac{\varepsilon E^2 A}{2} = \frac{\varepsilon U^2 A}{2d^2} = \frac{CU^2}{2d}. \tag{1.10-9}$$

Das Minuszeichen interpretieren wir als Anziehung, die entgegen der Richtung der auseinandergezogenen Platten wirkt. Bei Q = const. nimmt für wachsendes d W_C zu ($\mathrm{d}W_C > 0$) und W_mech wird der mechanischen Kraftquelle entnommen ($\mathrm{d}W_\mathrm{mech} < 0$).

Alternativ können wir uns den Kondensator an eine Spannungsquelle mit U = const. angeschlossen denken, wofür die Energiebilanz

$$\mathrm{d}W_\mathrm{q} = \mathrm{d}W_C + \mathrm{d}W_\mathrm{mech} \qquad = U\mathrm{d}Q = \tfrac{1}{2}U\mathrm{d}Q + F\,\mathrm{d}d$$

$$\Rightarrow \quad F\,\mathrm{d}d = \tfrac{1}{2}U\mathrm{d}Q = +\mathrm{d}W_C \tag{1.10-10}$$

gilt. Führen wir das gleiche Auseinanderziehen der Platten durch, ergibt sich:

$$F_C\big|_U = \frac{\mathrm{d}W_C}{\mathrm{d}d} = \frac{U^2}{2}\frac{\mathrm{d}C}{\mathrm{d}d} = \frac{U^2\varepsilon A}{2}\frac{\mathrm{d}\,1/d}{\mathrm{d}d} = -\frac{U^2\varepsilon A}{2d^2} = -\frac{CU^2}{2d} = F_C\big|_Q. \tag{1.10-11}$$

Wir erhalten also das gleiche Ergebnis wie zuvor. Für $U = Ed$ = const. nehmen D, E, Q, C und W_C von beliebig großen Werten (Stromfluß) ab ($\mathrm{d}W_\mathrm{q} = 2\mathrm{d}W_C = 2\mathrm{d}W_\mathrm{mech} < 0$).

Alle diese Ausdrücke sind praktisch Ergebnisformeln. Welche zu nehmen ist, hängt davon ab, welche Kombination der folgenden Größen gegeben ist: D, E, Q, U, C, ε, A, d. Insbesondere hängt die in Abschnitt 1.7.2 bereits über die Flächenladung σ hergeleitete die Anziehungskraft zwischen den Platten mit homogenem Feld wegen $|F_C| = Q^2/2\varepsilon A$ nicht wirklich vom Plattenabstand d ab. In Formeln, in denen d vorkommt, kürzt es sich wieder heraus. Wenn ein Experiment suggeriert, daß die Anziehungskraft beim Auseinandernehmen abnimmt, ist dies eine Folge der Tatsache, daß hierbei die Randfeldlinien nach außen wegquellen und damit die einfache Kapazitätsformel nicht mehr gilt. Mithilfe dieser Überlegungen lassen sich dann auch umgekehrt aus der Kraft die obigen Energieformeln herleiten.

Möchten wir den elektrostatischen Druck p_e, also die Kraft pro Fläche, kennen, können wir dies einfach durch Division durch A erreichen:

$$p_e = \frac{\mathrm{d}F_C}{\mathrm{d}A} = \frac{\varepsilon E^2}{2} = \frac{D^2}{2\varepsilon} = \varpi_e = \frac{\mathrm{d}W_e}{\mathrm{d}V}. \qquad [p_e] = \frac{\mathrm{N}}{\mathrm{m}^2}. \qquad (1.10\text{-}12)$$

Druck p_e und Volumenenergiedichte ϖ_e, wie im vorigen Abschnitt berechnet, sind also physikalisch völlig identische Größen. Wir können folglich die Energiedichte an einer Elektrode als den Druck, der auf diese wirkt, interpretieren.

Wir wollen nun noch überprüfen, in welcher Weise alternativ die Urformel $F_C = QE$ zur Kraftberechnung des Plattenkondensators herangezogen werden kann. Grundsätzlich sollte die Anwendung natürlich auch hier möglich sein, wir müssen aber den Faktor ½ unterbringen. Hierzu erinnern wir uns, daß diese Formel einmal in der Weise $F_C = Q_w E_u$ angegeben wurde. Dies ist hier lediglich sorgfältig zu beachten. Betrachten wir z.B. die Ladungen der positiven Elektrode Q^+ als Wirkungsobjekte Q_w, auf welche das elektrische Feld E^- der betragsmäßig gleichgroßen Ladungen $Q^- = -Q^+ = -Q_w$ der negativen Elektrode wirkt, so muß dort gelten $F_C^+ = Q^+ E^-$.

Nun erinnern wir uns weiterhin an die Feststellung aus Abschnitt 1.7.4, daß jede Elementarladung, positive wie negative, ihr Feld selbst erzeugt. Insofern ist die Größe Q eines Kondensators zwar als positive Ladung der positiven Elektrode und gleichzeitig als der von dort zur negativen Elektrode ausgehende Hüllenfluß interpretierbar, physikalisch korrekt ist jedoch, wie man sich bereits in einer Aufgabe klarmachen sollte, daß sich $Q = \frac{1}{2}(Q^+ + |Q^-|)$ in Wirklichkeit aus zwei aktiven gleichgroßen Flußanteilen der beiden Elektroden zusammensetzt: $Q^+ = |Q^-| = Q$. Auch $Q^- < 0$ ist hier positiv zu zählen, da sich die Flußrichtungen im Kondensatorinneren unterstützen.

Damit erzeugt auch jede Elektrode die Hälfte der Flußdichte D, die Hälfte der Feldstärke E und die Hälfte der Spannung U. Wenn man dies genau beachtet, ist die Grundformel der Elektrostatik $F_C^+ = Q^+ E^-$ anwendbar, indem für $E^- = \frac{1}{2}E$ gesetzt wird, und wir folglich erhalten:

$$F_C = \tfrac{1}{2}QE, \qquad (1.10\text{-}13)$$

also exakt die gleiche Formel wie zuvor, ohne auf Energie bzw. Arbeit zurückzugreifen. Das Ergebnis wurde im Prinzip schon in Gl. 1.7-17 berechnet. Würde der Faktor ½ fehlen, würde dies bedeuten, daß sich mit dem zweiten Anteil $E^+ = \frac{1}{2}E$ die Ladungen der positiven Elektrode selbst wegdrücken könnten, was grundsätzlich merkwürdig wäre und einem Perpetuum Mobile entspräche und wegen der Radialsymmetrie des Felds der Punktladung, aus denen ja die gesamte Ladungsmenge besteht, unmöglich ist. Zum selben Ergebnis kommen wir natürlich durch den Ansatz $F_C^- = Q^- E^+$.

Ist der Feldverlauf inhomogen, wie z.B. bei den zuvor berechneten Zylinder-, Kugel- und Doppeldrahtkapazitäten, muß die Kraftformel wieder auf die Grundbeziehung $F_C = -\mathrm{grad}\, W_p$ zurückgeführt werden:

$$F_C\big|_Q = -\text{grad}\frac{Q^2}{2C} = -\frac{Q^2}{2}\text{grad}\frac{1}{C} \qquad \Rightarrow \quad F_C\big|_Q = -\frac{Q^2}{2}\frac{\text{d}1/C}{\text{d}d}.$$

$$F_C\big|_U = \text{grad}\frac{U^2C}{2} = \frac{U^2}{2}\text{grad}C \qquad \Rightarrow \quad F_C\big|_U = \frac{U^2}{2}\frac{\text{d}C}{\text{d}d}. \qquad (1.10\text{-}14)$$

Die Kraftberechnung durch Gradientenbildung der Energie wird als Methode der virtuellen Verschiebung bezeichnet, indem man sich das Objekt um ein differentiell kleines Stück d*s* verschoben denkt, die Energiedifferenz in dem zugehörigen Volumen betrachtet und diese wieder auf d*s* - hier: d*d* - bezieht. Es kann direkt nach $1/C$ abgeleitet werden, da $1/C$ die Richtungskoordinate ja im Zähler führt (homogen: $d/\varepsilon A$). Die Darstellung ist eine Folge der historischen Entwicklung, daß im Gegensatz zum OHMschen Widerstand kein eigenes Symbol für den Kapazitätswiderstand $1/C$ definiert ist. Die letzte Formel wurde bereits angewendet.

Gleichwohl läßt sich mit diesen Überlegungen auch die Energie unmittelbar aus der Grundformel $W_\text{p} = QU$ berechnen, denn sie stellt ja das Potential dar, Arbeit über Kräfte zu verrichten. Mit der Argumentation von oben liest sich die Energiegleichung: $W_\text{e}^+ = Q^+U^-$, also

$$W_C = Q\frac{U}{2}, \qquad (1.10\text{-}2)$$

dieselbe Formel, wie oben mit der gleichen Nummer. Dieselbe Argumentation läßt sich unmittelbar auf die Feldenergie übertragen. Wir kommen also völlig ohne Integration bei sorgfältiger Interpretation der an sich einfachen Zusammenhänge der elektrostatischen Feldgrundgrößen zum gleichen Ergebnis wie mit Integration.

Aufgabe 1.10.3-1: Um welchen Faktor ändert sich der Druck p_e bei einen luftgefüllten Kondensator auf eine Kondensatorplatte, wenn ein Dielektrikum ε_r eingebracht wird. Dabei sei einmal die Ladung Q, ein andermal die Spannung U konstant.

Aufgabe 1.10.3-2: Mit welcher Kraft pro Länge ziehen sich zwei 400 kV-Hochspannungsleitungen mit 3 cm Durchmesser im Abstand von 1 m an? Man berechne das Ergebnis direkt und über die Energie.

Aufgabe 1.10.3-3: Welche Energie hat ein Zylinderkondensator mit a = 1 mm, b = 2 mm, l = 1 cm und einem Druck von $p_{\text{e,i}}$ = 1 N/m² auf die Innenelektrode gespeichert?

1.10.4 Kräfte auf Grenzflächen

Die im vorigen Abschnitt begründete Identität zwischen Volumenenergiedichte ϖ_e und Druck p_e kann als einfache Transformationsformel zur Berechnung der Kräfte auf Grenzflächen unterschiedlicher Dielektrika ε_1 und ε_2 angewendet werden. Der resultierende Druck p_e als mechanische Spannung in eine bestimmte Richtung ist nichts anderes als die Differenz der beidseitigen Energiedichten $\varpi_{\text{e}1}$ und $\varpi_{\text{e}2}$:

$$p_\text{e} = \varpi_{\text{e,groß}} - \varpi_{\text{e,klein}}. \qquad (1.10\text{-}15)$$

In welchem der Medien $\varpi_{\text{e,groß}}$ und $\varpi_{\text{e,klein}}$ herrscht, d.h. wo die Energiedichte größer oder kleiner ist, hängt von der Orientierung der Grenzfläche zum Feld ab. Die resultierende Kraftrichtung wirkt immer normal zur Grenzfläche zum Medium mit der geringeren Dielektrizitätszahl. Wir wollen dies an den beiden Sonderfällen in Bezug auf die

Feldrichtung reihen- und parallelgeschichteter Dielektrika konkretisieren. Trifft das Feld schräg auf die Grenzfläche, kann der Feldvektor in Normal- und Tangentialanteil zerlegt, und so die Gesamtkraft berechnet werden.

1.10.4.1 Reihengeschichtetes Dielektrikum

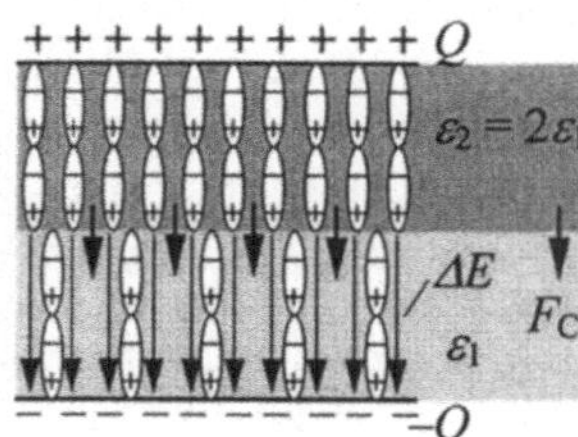

Abb. 1.10-2:
Zur Berechnung der Kraftwirkung auf Grenzflächen bei reihengeschichteten Dielektrika.

Das Dielektrikum entspr. Abb. 1.10-2 wird vom gleichen Fluß und folglich der gleichen Flußdichte $D = D_1 = D_2$ durchsetzt, so daß gelten muß:

$$p_{e,ser} = \frac{F_C}{A} = \varpi_{e1} - \varpi_{e2} = \frac{D^2}{2}\left(\frac{1}{\varepsilon_1} - \frac{1}{\varepsilon_2}\right). \tag{1.10-16}$$

Die Energiedichte ist im Medium 1 wegen $E_1 > E_2$ höher. Wir können die Formel auch aus der Sicht zweier reihengeschalteter Kondensatoren begründen. Betrachten wir den zweischichtigen Kondensator mit $\varepsilon_2 > \varepsilon_1$, z.B. $\varepsilon_2 = 2\varepsilon_1$, und belegen die Grenzschicht mit einer (elektrisch neutralen) Metallfolie, so wird diese nach oben mit $-Q$ und unten mit $+Q$ influenziert. An den Kapazitäts-, Kraft-, und Energieverhältnissen ändert sich hierdurch nichts: an ihr zieht nun $F_{C1} = \frac{1}{2}QE_1$ nach unten und $F_{C2} = \frac{1}{2}QE_2$ nach oben. Netto wird die Differenz der elektrischen Feldstärke zwischen den beiden Zonen $\Delta E = E_1 - E_2$ wirksam. Dies sind die unteren Feldlinien in der Abbildung.

Damit ergibt sich für den Betrag der Kraft F_C auf die Grenzfläche A mit der in beiden Gebieten normal zur Trennfläche gerichteten konstanten Flußdichte $D = \varepsilon_1 E_1 = \varepsilon_2 E_2$:

$$F_{C,ser} = \frac{Q\Delta E}{2} = \frac{Q}{2}(E_1 - E_2) = \frac{DA}{2}\left(\frac{D}{\varepsilon_1} - \frac{D}{\varepsilon_2}\right) = \frac{D^2 A}{2}\left(\frac{1}{\varepsilon_1} - \frac{1}{\varepsilon_2}\right), \tag{1.10-17}$$

womit sich die o.a. Formel aus der Volumenenergiedichte ergibt. In dem speziellen Fall, daß sich z.B. im Gebiet 1 Luft befindet, und im anderen Gebiet ein Dielektrikum mit $\varepsilon_{r2} \gg 1$, gilt:

$$p_{e,ser} \approx \frac{D^2}{2\varepsilon_0} = \frac{\varepsilon_0 E_0^2}{2}. \tag{1.10-18}$$

Dies kann häufig als Näherung für die Berechnung der Kräfte auf Luftblasen im Kondensator verwendet werden.

Im Innern eines homogenen Mediums wirkt der Druck natürlich ebenfalls, nur in entgegengesetzte Richtungen von gleichem Betrag. An einem einzelnen polarisierten Ladungsträger kann die dazugehörige Kraft jedoch wieder beobachtet werden.

1.10.4.2 Parallelgeschichtetes Dielektrikum

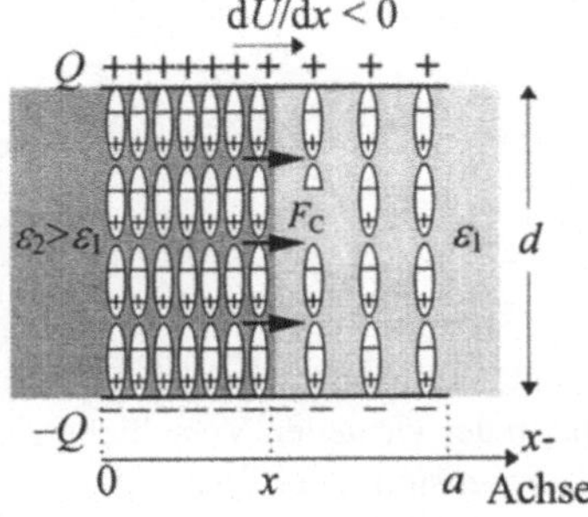

Abb. 1.10-3:
Zur Berechnung der Kraftwirkung auf Grenzflächen bei parallelgeschichteten Dielektrika der Tiefe *b*.

Am Dielektrikum entspr. Abb. 1.10-3 liegt die gleiche Spannung und wird folglich überall von der gleichen Feldstärke $E = E_1 = E_2$ durchsetzt, so daß gelten muß:

$$p_{\mathrm{e,par}} = \frac{F_{\mathrm{C}}}{A_{\mathrm{T}}} = \varpi_{\mathrm{e}2} - \varpi_{\mathrm{e}1} = \frac{E^2}{2}(\varepsilon_2 - \varepsilon_1). \tag{1.10-19}$$

A_{T} ist hier nicht die Plattenfläche, sondern die normal dazu liegende Trennfläche der beiden Medien. Die Energiedichte ist im Medium 2 wegen der $D_2 > D_1$ höher.

Wir wollen dies aus der direkten physikalischen Betrachtung begründen. Die Argumentation muß im Vergleich zum vorigen Fall modifiziert werden, da Kraft- und Feldstärkerichtung normal zueinander weisen, was nicht von der unmittelbaren Anschauung der COULOMBkraft, die ja in Feldstärkerichtung zeigt, abgedeckt wird. Nun konfigurieren sich bei einem von der Seite eingebrachten Dielektrikum mit parallel zur Feldstärke liegender Grenzfläche die Ladungen auf den Elektroden derart um, daß wegen $E_1 = E_2 = D_1/\varepsilon_1 = D_2/\varepsilon_2 \Rightarrow D_2 = \varepsilon_2 D_1/\varepsilon_1 > D_1$.

Auf die Ladungsträger Q_1 rechts nahe der Grenzschicht wirkt eine Kraft in negative x-Richtung, die die höhere Ladungskonzentration $\sigma_2 = D_2$ bewirkt, verursacht durch das höhere Polarisierungsbestreben der Elementardipole im Medium 2. Nach NEWTONS actio est reactio muß folglich eine gleichgroße Gegenkraft F_{C} an der Grenzschicht in x-Richtung angreifen.

Dazu gehört bei fester Ladung Q ein in negative x-Richtung zeigender Feldstärkegradient $\mathrm{d}E/\mathrm{d}x$ mit zugehörigem Spannungsgradient $\mathrm{d}U/\mathrm{d}x$, der anfängt, sich auszubilden, wenn die Grenzschicht von links in x-Richtung herangefahren wird. War anfangs die Feldstärke $E = Q/A\varepsilon_1$, so ist sie nach dem vollständigen Eindringen von Medium 2 in den Kondensator auf $E = Q/A\varepsilon_2$ gesunken, bleibt also bei diesem Vorgang räumlich beidseits der Grenzflächen konstant, nimmt jedoch zeitlich insgesamt ab.

Halten wir das Materiestück fest, spüren wir F_{C}; kann sich die Materie zwischen den Elektroden freischwebend bewegen und lassen wir sie los, wird sie solange in den Plattenzwischenraum gezogen, bis die Grenzschicht am rechten Rand bei $x = a$ angekommen ist. Dazu gehört auch das Bedürfnis der äußeren Ladungen $\pm Q$, sich gleichmäßig zu verteilen, da sie sich ja abstoßen. Solange sich jedoch die Trennfläche noch zwischen den Elektroden befindet, ist die Konzentrationsdichte der Ladungsträger entsprechend der Abbildung unterschiedlich.

Zu dem Spannungsgradient $\mathrm{d}U/\mathrm{d}x$ gehört eine ebenso gerichtete Energieabnahme $\mathrm{d}W_C = \frac{1}{2}Q\mathrm{d}U = \frac{1}{2}Qd\mathrm{d}E < 0$. Die aus dieser Argumentation folgende Kraftberechnung lautet:

$$Q = D_1A_1 + D_2A_2 = \varepsilon_1 E(a-x)b + \varepsilon_2 Exb \qquad \Rightarrow \quad E = \frac{Q/b}{\varepsilon_1(a-x)+\varepsilon_2 x}$$

$$F_C\big|_Q = -\frac{\mathrm{d}W_C}{\mathrm{d}x} = -\frac{Qd}{2}\frac{\mathrm{d}E}{\mathrm{d}x} = \frac{Q^2 d}{2b}\frac{\varepsilon_2-\varepsilon_1}{(Q/Eb)^2} = \frac{E^2 bd}{2}(\varepsilon_2-\varepsilon_1), \qquad (1.10\text{-}20)$$

womit sich die o.a. Formel aus der Volumenenergiedichte ergibt. Letztendlich ist dies wieder eine Rechnung auf dem bereits erläuterten Prinzip der virtuellen Verschiebung. Es soll hier noch betont werden, daß $\mathrm{d}U/\mathrm{d}x$ zwar die Dimension einer Feldstärke hat, aber dem physikalischen Inhalt nach keine Feldstärke darstellt. Der zu U gehörige Feldstärkevektor $\boldsymbol{E}$ zeigt normal zur x-Richtung wie U selbst nach unten, während $\mathrm{d}U/\mathrm{d}x$ die Spannungsänderung bei der (virtuellen) Verschiebung der Mediengrenze in x-Richtung angibt.

Wir kommen mit einfacherer Argumentation zum gleichen Ergebnis, wenn wir bei der Verschiebung statt der Ladung Q die Spannung U und damit die Feldstärke E konstant halten und sich folglich die Energiezunahme $\mathrm{d}W_C = \frac{1}{2}U\mathrm{d}Q = \frac{1}{2}Ed\mathrm{d}Q > 0$ einstellt. Die aus dieser Argumentation folgende Rechnung lautet:

$$Q = D_1A_1 + D_2A_2 = \varepsilon_1 E(a-x)b + \varepsilon_2 Exb,$$

$$F_C\big|_U = \frac{\mathrm{d}W_C}{\mathrm{d}x} = \frac{Ed}{2}\frac{\mathrm{d}Q}{\mathrm{d}x} = \frac{E^2 bd}{2}(\varepsilon_2-\varepsilon_1). \qquad (1.10\text{-}21)$$

$\mathrm{d}Q/\mathrm{d}x$ ist hier als die Ladungsmenge zu interpretieren, die aufgrund des Einbringens von ε_2 in x-Richtung der zum Konstanthalten von U nun vorhandenen Spannungsquelle entnommen wird.

In dem bereits bei der Reihenschaltung betrachteten Spezialfall, daß im Gebiet 1 Luft ist und im anderen ein gut polarisierbarer Stoff mit $\varepsilon_{r2} \gg 1$, gilt:

$$p_{\mathrm{e,par}} \approx \tfrac{1}{2}\varepsilon_2 E^2. \qquad (1.10\text{-}22)$$

Aufgabe 1.10.4-1: Ein elektrisches Feld der Stärke E_0 = 1 V/m treffe aus dem Freiraum unter dem Winkel von α = 60° zur Oberfläche auf ein Medium der relativen Permittivität ε_r = 2. Man berechne den Druck p_e auf die Grenzfläche.

Aufgabe 1.10.4-2: Welche Spannung U liegt am Kondensator in Abb. 1.9-11a), wenn der Druck auf die Trennfläche der Permittivitäten p_e = 1 µN/m² beträgt?

Aufgabe 1.10.4-3: Man leite die Kraftformel bei Parallelschichtung aus der Kapazitätsänderung ab.

1.11 Zusammenfassung der Gesetze der Elektrostatik

In den vorangegangenen Abschnitten wurden beginnend bei der

- Erfahrung der Existenz der Elementarladungen $\pm e$ aufgrund von
- dem COULOMBgesetz gehorchenden Kräften,

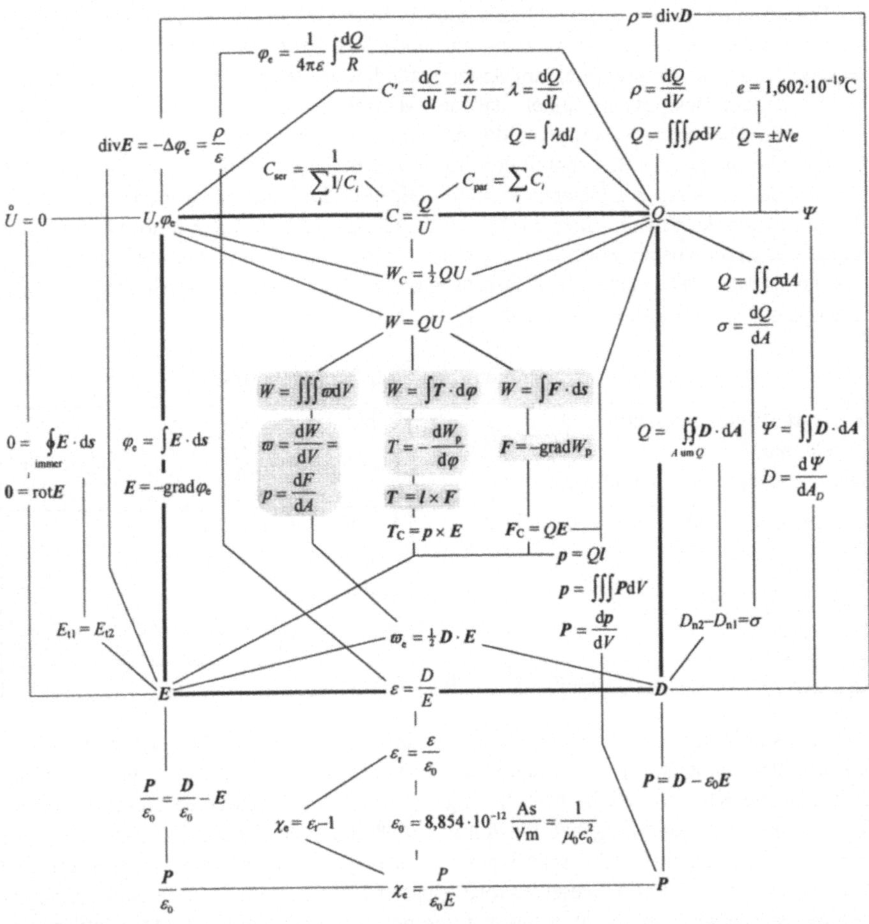

Abb. 1.11-1: Querbezüge zwischen den wichtigen Größen der Elektrostatik. Zählpfeile von $\boldsymbol{T}$ und φ sind gleichgerichtet.

- Definition der elektrischen Feldstärke $\boldsymbol{E}$ und deren Wegintegral Potential φ_e/Spannung U und Beschreibung ihrer Eigenschaften aus der Energieerhaltung,
- parallel dazu Definition der elektrischen Erregung $\boldsymbol{D}$ und deren Flächenintegral Fluß Ψ/Ladung Q und Beschreibung ihrer Eigenschaften aus der Ladungserhaltung

ein Komplettsystem aller wichtigen Größen zur Darstellung der Elektrostatik entspr. Abb. 1.11-1 aufgebaut, wobei die grau schattierten Felder die Schnittstelle zu den mechanischen Größen Kraft, Energie und Drehmoment darstellen. Diese Beziehungen sind universell unabhängig von der Elektrotechnik gültig. Sodann wurde im wesentlichen der historische logisch ableitbare Weg beschritten. Nachdem dieser bzgl. seiner Grundlagen vervollständigt ist, stellt sich dar, daß die zentrale Eigenschaft das Feld $\boldsymbol{E}$ entsprechend der Nahewirkungstheorie (FARADAY), und nicht das materielle Objekt, das Protonen- oder Elektronenkügelchen $\pm e$ entsprechend der Fernwirkungstheorie (NEWTON) ist.

Damit bietet es sich an, die Querbezüge in ihrer Gesamtheit zu sehen und Feldgrößen, die scheinbar abgeleitet wurden, an den Anfang bzw. ins Zentrum zu stellen, und Materiegrößen, die ursprünglich am Anfang standen, in den Hintergrund zu rücken. Dies geht mit dem Bewußtsein einher, daß der Mensch an die Natur durch Beobachtung herangeht. Die zentrale Wirkung, die entsprechend der Einführung in Kapitel 0 ein Objekt überhaupt zum Bestandteil der Physik erhebt, ist die Kraft, hier die COULOMBkraft.

Von der Wirkung zur Ursache kommen wir über die Feldbeschreibung, die auf den Fundamenten der Physik - hier Energie- und Ladungserhaltung ruhen muß. Folglich sind deren elektrotechnische Formulierungen ins Zentrum zu rücken. Dies sind nichts anderes die MAXWELLgleichungen: das Induktionsgesetz ⇒ KIRCHHOFFsche Maschenregel und der Gaußsche Satz der Elektrostatik ⇒ KIRCHHOFFsche Knotenregel.

MAXWELLgleichungen der Elektrostatik:

1. Durchflutungsgesetz: irrelevant, da alle Integranden verschwinden.	2. Induktionsgesetz: $\overset{\circ}{U} = \oint_{\text{immer}} \boldsymbol{E} \cdot d\boldsymbol{s} = 0 \qquad \operatorname{rot}\boldsymbol{E} = \boldsymbol{0}$
3. GAUßscher Satz der Elektrostatik: $Q = \oiint_{\substack{\text{Bel. geschl.}\\ \text{Hülle um } V}} \boldsymbol{D} \cdot d\boldsymbol{A} = \iiint_V \rho \, dV' \qquad \rho = \operatorname{div}\boldsymbol{D}$	4. Quellenfreiheit des magnetischen Flusses: irrelevant, da der Integrand verschwindet
Materialbeziehung:	$\boldsymbol{D} = \varepsilon \boldsymbol{E}$

Wem das Induktionsgesetz als Objekt mit tiefem Querbezug zum Magnetismus bei der Elektrostatik ohne Bezug zum Magnetismus fremdartig anmutet, der sei darauf verwiesen, daß die KIRCHHOFFsche Maschenregel der Elektrostatik dessen elektrostatisches Derivat darstellt, nämlich genau für den Fall, daß eben keine Induktion stattfindet. Die tiefere Bedeutung dieser Aussage kann erst in Kap. 4 genauer erläutert werden. Die lokale Form des Induktionsgesetzes $\operatorname{rot}\boldsymbol{E} = 0$, auf die bisher im Text bewußt verzichtet wurde, ist hier soz. nur als Information aufgeführt. Sie taugt bei der Elektrostatik nur in geringem Maße zur Feldberechnung.

Alle in der Abbildung aufgeführten Gesetze sind universell für die Elektrostatik, d.h. hängen nicht von irgendwelchen speziellen Ladungsanordnungen, Geometrien, Koordinaten oder Koordinatensystemen ab. Einschränkungen sind lediglich insofern zu beachten, wie sie in dem Abschnitt, in dem das jeweilige Gesetz beschrieben ist, angegeben sind. Daher sei dieser zur Anwendung immer zu konsultieren.

Erweiterungen für detailliertere Analysen, wie für inhomogenes ε, wurden weggelassen. Die Grundgrößen der Mechanik - hier der Weg (mit Fläche, Volumen) - seien implizit definiert. Dazu gehören strenggenommen auch Masse und Zeit, die allerdings in der reinen Elektrostatik keine Bedeutung haben, da keine Bewegungen stattfinden und folglich die Zeit und damit auch die Massenträgheit keine Rolle spielt, und die daher auch nirgendwo aufgeführt sind. Insgesamt gilt: Verstößt das Ergebnis einer Rechnung im gegebenen Kontext gegen irgendeine der Beziehungen, ist es falsch!

2 Elektrodynamik

Unter Elektrodynamik sollen in diesem Kontext im Gegensatz zur im vorigen Kapitel behandelten Elektrostatik die Effekte verstanden werden, die im Zusammenhang mit unter dem unmittelbaren Einfluß eines elektrischen Feldes bewegten Ladungen auftreten. Ausgeschlossen davon sind magnetische Effekte, die in den Folgekapiteln analysiert werden. Auf diese Vereinbarung sei hier besonders hingewiesen, da unter Elektrodynamik in der Literatur üblicherweise das ganze in diesem Buch abgedeckte Gebiet und das weitere Umfeld verstanden wird.

Wenn in der Folge für Skalargrößen *kleinbuchstaben* verwendet werden, wird zum Ausdruck gebracht, daß hier die Zeitveränderlichkeit in dem Sinne von Bedeutung ist, daß die zugehörige Beziehung gegenüber der zeitlichen Unabhängigkeit abweicht.

Zwei wesentliche Eigenschaften der Elektrodynamik sind zu unterscheiden:

- Das **elektrische Strömungsfeld** $\boldsymbol{S}$,

  wobei ein elektrischer Strom I infolge der Bewegung von Ladungsträgern entweder durch ein leitfähiges Material (fest, flüssig oder gasförmig) oder im Vakuum durch hohe Spannungen auftritt. Den Strom I kann man als das eigentliche Zentrum der ganzen Elektrotechnik ansehen, denn er stellt das Transportmedium elektr(omagnet)ischer Energie dar. Seine Bedeutung manifestiert sich in der Festlegung des Ampère statt des Coulomb als Basiseinheit im SI.

- Das **zeitveränderliche Flußdichtefeld** $\partial \boldsymbol{D}/\partial t$

  erhalten wir beim Durchdringen eines Dielektrikums von zeitveränderlichen Feldlinien und kann als Verschiebungsstromdichte $\boldsymbol{S}_\mathrm{V}$ betrachtet werden, im Gegensatz zur o.a. Leitungsstromdichte. Dieses Modell erlaubt das Fortsetzen des Stroms zu geschlossenen Kreisen auch mit galvanischen Unterbrechungen.

2.1 Leitungsmechanismen in Materie

Um Vorgänge in Stoffen endlicher Leitfähigkeit zu verstehen, ist es notwendig, über Grundkenntnisse des Atomaufbaus, vor allem der Energie- und Potentialverhältnisse der äußeren Schale zu verfügen, die alleine in Wechselwirkung mit anderen Atomen tritt. Nach den bahnbrechenden Forschungsarbeiten von ERNEST RUTHERFORD und später NIELS BOHR zu Anfang des Jahrhunderts weist der Atomaufbau mit dem aus positiv geladenen Protonen bestehenden Atomkern und der aus negativen Elektronen bestehenden Hülle gewisse Ähnlichkeit mit der Struktur des Sonnensystems auf.

Die verschiedenen Atomarten heißen Elemente, die sich in einem Periodensystem (D. I. MENDELJEW, J. L. MEYER; 1869) anordnen lassen. Nach dessen Aufbauprinzip kann jedes Atom aus dem vorhergehenden konstruiert werden, indem die Kernladung um e

erhöht wird und ein Elektron im nächstniedrig möglichen Energiezustand hinzugefügt wird. Die Protonenanzahl heißt Ordnungszahl Z.

2.1.1 Nichtleiter, Leiter, Halbleiter

Die chemischen Elemente können aus der Sicht der Elektrotechnik grundsätzlich unterschieden werden in

- **Dielektrika** oder **Isolatoren**

  des vorigen Kapitels, die durchgängig für das elektrische Feld sind, ohne eine nennenswerte Ladungsträgeranzahl freizusetzen.

- **Leiter**,

  das sind hauptsächlich Metalle, aber auch einige andere Verbindungen, wie die Kohlenstofform Graphit, die in der Lage sind, einen elektrischen Strom I zu führen. Metalle sind Kaltleiter (NTC = Negative Temperature Coefficient), da bei 0 K bereits alle freisetzbaren Elektronen freigesetzt sind und sie sich bei steigender Temperatur wegen ihrer rascheren Bewegung gegenseitig behindern. In der Elektrotechnik sind vor allem von Bedeutung Kupfer (Cu) und Aluminium (Al), aber auch alle anderen. Eisen (Fe) wird weniger wegen seiner elektrischen, sondern magnetischen Eigenschaften eingesetzt.

  Flüssige Leiter sind wässrige Lösungen von Basen, Salzen und Säuren. Diese zerfallen durch Dissoziation zu Ionen (gr.: Ion - das Wandernde), das sind Atome mit Elektronenüberschuß (Anionen) oder Elektronenmangel (Kationen). Gase sind i.allg. Nichtleiter, bei hohen Temperaturen zerfallen jedoch Moleküle und Atome und bilden ionisierte Plasmen.

- **Halbleiter**,

  auch: Halbmetalle, da sie metallisch aussehen und ähnlich fest und schwer sind - verhalten sich bei tiefen Temperaturen wie Isolatoren, bei höheren wie Leiter. Ihre Leitfähigkeit steigt mit der Temperatur an (Eigenleitung; PTC = Positive Temperature Coefficient), da Elektronen, die beim absoluten Nullpunkt an die Atomrümpfe gebunden sind, mit wachsender Temperatur freigesetzt werden.

  Wichtige Halbleiter sind Silizium (Si, IV), Germanium (Ge, IV) und Selen (Se, VI), sowie Bor (B, III), Phosphor (P, V) und Tellur (Te, VI). Die römischen Zahlen geben die (positive) Wertigkeit, d.h. die Anzahl der Elektronen in der äußeren Schale des neutralen Atoms, an. Neben diesen zeigen auch einige Verbindungen ähnliche Eigenschaften, z.B. der III/V-Verbundhalbleiter Gallium-Arsenid (GaAs). Halbleiter weisen i.allg. für alle Parameter ein (stark) nichtlineares Verhalten auf, das in der Elektrotechnik vielfach nutzbar gemacht wird (Gleichrichtung, Verstärkung).

  Eigentlich ist das nichtlineare thermische Verhalten der Halbleiter jedoch ein unerwünschter Effekt, vielmehr besteht die Möglichkeit, durch gezieltes schwaches Verunreinigen (Dotieren) eines Grundstoffs - typ. Si - mit Bor (p-Dotierung mit Akzeptor, d.h.: Elektronenfänger) oder Phosphor (n-Dotierung mit Donator, d.h.: Elektronenspender) die Leitfähigkeitseigenschaften gezielt zu verändern und so Bauelemente mit ggfls. mehreren pn-Übergängen, wie Diode, Transistor oder Thyristor, zu ermöglichen. Die Lehre der Halbleiterschaltungstechnik ist die Elektronik.

2.1.2 Klassische Elektronenbahn um den Atomkern

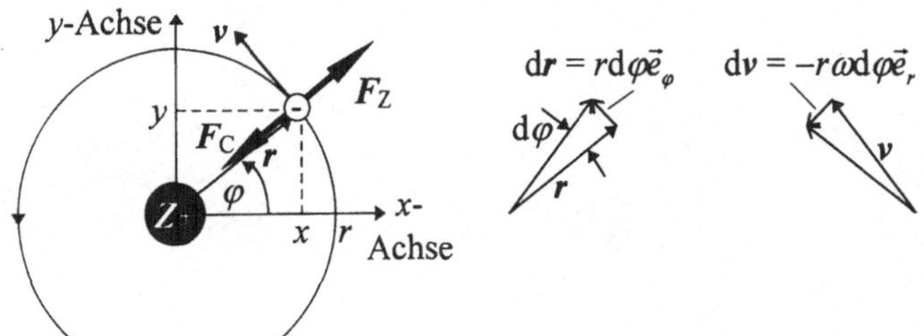

Abb. 2.1-1: Kräftebilanz am an den Atomrumpf gebundenen Elektron; Bildung von d$\boldsymbol{r}$ und d$\boldsymbol{v}$.

Das unterschiedliche elektrische Leitfähigkeitsverhalten der Stoffe ist im Atomaufbau begründet. Ein elektrisch neutrales Atom der Ordnungszahl Z besteht aus einem positiv geladenen Atomkern mit Z Protonen, ggfls. Neutronen, und Z Elektronen. Die Bindungskräfte lassen sich prinzipiell entsprechend Abb. 2.1-1 mithilfe der Elektrostatik berechnen:

Damit das Elektron aufgrund der COULOMBkraft $\boldsymbol{F}_\mathrm{C}$ nicht augenblicklich auf den Kern stürzt, muß ihr eine diametral entgegengesetzte zentrifugale Fliehkraft $\boldsymbol{F}_\mathrm{Z}$ die Waage halten, indem sich das Elektron mit der Geschwindigkeit $\boldsymbol{v}$ normal zu diesen Kräften um den Kern bewegt. Fliehkräfte sind beschleunigungsproportionale Trägheitskräfte entgegen der sich einstellenden Radialbeschleunigung:

$$\frac{\mathrm{d}^2\boldsymbol{r}}{\mathrm{d}t^2} = \frac{\mathrm{d}^2}{\mathrm{d}t^2}\begin{pmatrix} x \\ y \end{pmatrix} = r\frac{\mathrm{d}^2}{\mathrm{d}t^2}\begin{pmatrix} \cos\varphi \\ \sin\varphi \end{pmatrix} = -r\begin{pmatrix} \cos\varphi \\ \sin\varphi \end{pmatrix}\left(\frac{\mathrm{d}\varphi}{\mathrm{d}t}\right)^2 = -\boldsymbol{r}\omega^2. \tag{2.1-1}$$

Das Minuszeichen besagt, daß die Beschleunigung entgegen $\boldsymbol{r}$ zum Einhalten der Kreisbahn nach innen weist. Die zeitliche Änderung des Winkels dφ/dt ist die ***Winkelgeschwindigkeit***, auch ***Kreisfrequenz*** ω, woraus

$$-\boldsymbol{F}_\mathrm{C} = \frac{Ze^2}{4\pi\varepsilon_0 r^2}\vec{e}_r = \boldsymbol{F}_\mathrm{Z} = -m_\mathrm{e}\frac{\mathrm{d}^2\boldsymbol{r}}{\mathrm{d}t^2} = m_\mathrm{e} r\omega^2\vec{e}_r\,. \tag{2.1-2}$$

Die Bahngeschwindigkeit $\boldsymbol{v}$ erhalten wir z.B. entsprechend der rechten Skizze durch

$$\boldsymbol{v} = \frac{\mathrm{d}\boldsymbol{r}}{\mathrm{d}t} = r\frac{\mathrm{d}\varphi}{\mathrm{d}t}\vec{e}_\varphi = r\omega\vec{e}_\varphi \qquad \Rightarrow \qquad \frac{Ze^2}{4\pi\varepsilon_0 r^2} = m_\mathrm{e} r\omega^2 = \frac{m_\mathrm{e} v^2}{r} \tag{2.1-3}$$

ist die Gleichung, aus der sich nach der klassischen Elektrodynamik kontinuierliche Bahnradien r berechnen ließen. Dieses Ergebnis unterscheidet sich nicht von einer Berechnung des Umlaufs der Erde um die Sonne oder eines Satelliten um die Erde. Wir brauchen lediglich das linke COULOMBsche Kraftgesetz, wie in Abschnitt 1.2 angegeben, durch das Gravitationsgesetz mit den zugehörigen Massen und $1/4\pi\varepsilon_0$ durch die Gravitationskonstante γ zu ersetzen.

Die Voraussetzung zur Gültigkeit der Annahme kontinuierlich möglicher Elektronenbahnen ist jedoch im atomaren Bereich nicht mehr gegeben, weshalb wir uns nun den Implikationen gequantelter Bahneigenschaften und zunächst deren Folgerungen für die Elektrodynamik und die Leitfähigkeitseigenschaften der Stoffe zuwenden wollen.

2.1.3 Schalen und Orbitale der Atomhülle

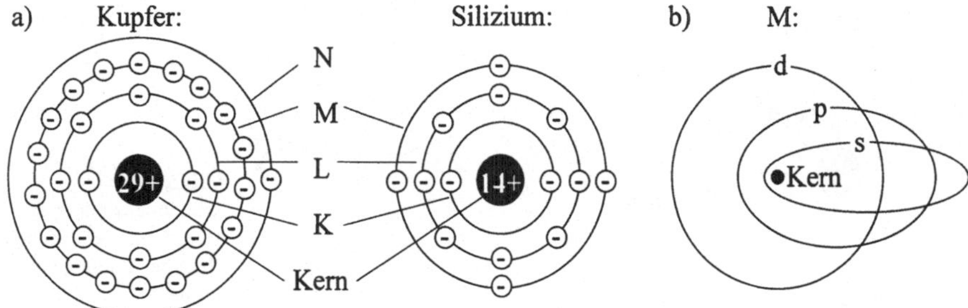

Abb. 2.1-2: a) Schematisierter Schalenaufbau von Kupfer und Silizium, b) Orbitale der M-Schale.

Elektronen sind nicht einfach diskrete Objekte, sondern Quanten mit Ladung $-e$ und Masse m_e, mit einer gewissen Aufenthaltswahrscheinlichkeit in einem definierten Bereich in der Kernumgebung. Sie stellen sowohl Teilchen mit Bahnradius r als auch Welle der Frequenz f bzw. Wellenlänge λ dar. Dies manifestiert sich in vier ganzzahligen Quantenzahlen für Bahnradius, Bahnelliptizität, Bahnlage im Raum, und Eigenrotation relativ zur Bahnlage:

- **Hauptquantenzahl** $n = 2\pi r/\lambda = 1, 2, 3 \ldots 7$ bzw. n = K, L, M, N, O, P, Q

  Die Elektronenhülle besteht entspr. Abb. 2.1-2a) aus Schalen mit bestimmten Energieniveaus, bei denen λ ganzzahlig auf eine Umlaufbahn passen muß, um diese durch konstruktive Interferenz zu ermöglichen. Hierin manifestiert sich der von LOUIS DE BROGLIE (NOBELpreis 1929) auf Materie extrapolierte Welle/Teilchen-Dualismus. Elektronenbahnen mit niedrigen Energiezuständen sind näher am Atomkern, mit steigender Energie vergrößert sich ihr Abstand.

  Ein Element läßt sich im Periodensystem einer Periode von $P = 1 \ldots 7$ zuordnen, die die Anzahl P der Schalen angibt, die dem Atom zu eigen, und die von jeweils max. $2n^2$ Elektronen besetzt sind. Dieses von WOLFGANG PAULI (1900 - 1958, NOBELpreis 1945) zunächst empirisch entdeckte PAULI-Prinzip konnte er zusammen mit P.A.M DIRAC auf den u.a. diskreten Elektronenspin zurückführen. Beispielsweise verfügt der Hauptwerkstoff der Elektrotechnik, das einwertige Kupfer in der 4. Periode mit $Z = 29$, über die Schalen K, L, M, N mit den Elektronenbesetzungen 2, 8, 18, 1 - in der Summe also 29.

- **Bahndrehimpulsquantenzahl** $l = L_B/\hbar = 0, 1, 2 \ldots \max(n-1, 3)$ bzw. l = s, p, d, f

  Die Schalen sind analog zur Planeten- oder Satellitenbewegung in Orbitale stehender Wellen, die aber im Gegensatz zu jenen diskret sind, unterteilt. l bestimmt die Elliptizität mit Bahndrehimpuls L_B. $h = 6{,}626 \cdot 10^{-34}$ Ws/Hz ist die 1900 von MAX PLANCK (1858 - 1947, NOBELpreis 1918) entdeckte Naturkonstante PLANCKsches Wirkungsquantum; $\hbar = h/2\pi$. In Abb. 2.1-2b) sind die M-Orbitale schematisch dargestellt.

  Eine Schale kann also über höchstens vier der o.a. Orbitale verfügen, die mit s, p, d, f bezeichnet werden und maximal 2, 6, 10, 14 Elektronen aufnehmen können. Konkret gilt die Zuordnung von n zu s, p, d, f: K,Q(s), L,P(s,p), M,O(s,p,d), N(s,p,d,f). Die einfachste Form haben die jeweils höchsten kugelförmig um den Atomkern angeordneten Orbitale.

- **Magnetquantenzahl** $m = 0, \pm 1, \pm 2 \ldots \pm l$
  gibt die räumliche Lage der Bahnebenen an und ermöglicht zu jedem l-Wert $2l+1$ Magnetquantenzustände, z.B. für $l = 2$(d): 0, ±1, ±2, also fünf in der Summe.
- **Spinquantenzahl** $s = \pm\frac{1}{2}$
  Jede $n/l/m$-Kombination ist mit max. zwei Elektronen besetzbar und s bestimmt die parallele (+) oder antiparallele (–) Lage des jeweiligen Elektronen-Eigendrehimpulses $s\hbar$ (Spin) relativ zum o.a. Bahndrehimpuls $\Rightarrow \sum_{l=0}^{n-1} 2(2l+1) = 2n^2$.

Insgesamt ergibt sich:

- Die innerste K-Schale besteht immer aus dem s-Orbital mit $m = 0$ für ein Elektron bei Wasserstoff, zwei bei den anderen Elementen. Wasserstoff (e) und Helium (2e) entsprechend der ersten Zeile des Periodensystems verfügen nur über die K-Schale.
- Auf der L-Schale treten neben dem s- zusätzlich drei p-Orbitale auf. Bei deren Auffüllen entstehen die acht Elemente der zweiten Periode (Li, Be, B, C, N, O, F, Ne).
- Die M-Schale bietet in der dritten Periode ebenfalls einem s- und drei p-Orbitalen Platz. Folglich besteht auch sie aus acht Elementen (Na, Mg, Al, Si, P, S, Cl, Ar).
- In der vierten Periode treten in der M-Schale zusätzlich fünf d-Orbitale auf und die N-Schale verfügt über ein s- und drei p-Orbitale. So entstehen bei deren Auffüllen 18 Elemente, beginnend mit Kalium (K) und endend mit Krypton (Kr).
- Ab der fünften Periode entstehen weitere Unregelmäßigkeiten beim Auffüllen. Ab der sechsten treten in höheren Schalen noch f-Orbitale auf.

Während das Verhalten der Isolatoren des vorigen Kapitels durch die an die Atomrümpfe gebundenen Atome auch der inneren Schalen bestimmt wird, ist nur die äußere Schale chemisch aktiv und bestimmt das Leitfähigkeitsverhalten der Stoffe.

2.1.4 Die äußere Atomschale und das Bändermodell

Auch bei der Verbindung von Atomen zu Molekülen treten nur die jeweils äußeren Elektronenschalen - von denen in der Folge ausschließlich die Rede sein soll - in eine Wechselbeziehung und bestimmen somit das chemische und elektrische Verhalten. Elemente mit unvollständig besetzten s-, d- oder f-Orbitalen sind Metalle; Elemente, bei denen die p-Orbitale unvollständig besetzt sind, umfassen alle Nichtmetalle (Ausnahme H und He), aber auch einige Metalle und die Halbleiter, die zwischen den beiden Gruppen liegen. Eine Sonderstellung nehmen die Edelgase mit voll besetzten äußeren Schalen ein. Sie gehen keine chemische Verbindung ein und sind Dielektrika.

Beim Molekülaufbau unterscheidet man unterschiedliche Bindungsarten zwischen den Atomen. Bei den Nichtmetallen ist jedes Atom als Molekülbindung an eine geringe Zahl örtlich benachbarter Atome geknüpft, bei Metallen hingegen mit einer Vielzahl anderer liiert. Man spricht dann auch von einem die Atomrümpfe umgebenden Elektronengas. Halbleiterbindungen nehmen eine Mittelstellung zwischen diesen beiden Bindungsarten ein.

Als Beispiel für die Molekülbindung eines Dielektrikums sei der Sauerstoff mit $Z = 8$ (O, VI) mit seinen acht Elektronen betrachtet: zwei Elektronen besetzen das s-Orbital der K-Schale (wie [He]), zwei das s-Orbital der L-Schale ($2s^2$), und die restlichen vier verteilen sich auf die dort noch vorhandenen drei p-Orbitale ([He]$2s^2 2p^4$). Entweder sind dann zwei p-Orbitale voll besetzt, oder ein p-Orbital ist voll besetzt und zwei p-Orbitale sind mit je einem Elektron halb besetzt. Diese beiden sind in der Lage, mit einem ebenso besetzten anderen O-Atom in Wechselwirkung zu treten. Aus den vier halbbesetzten Orbitalen entstehen bei einer Bindung von zwei O-Atomen zu einem O_2-Molekül zwei voll besetzte Orbitale, die keine Zugehörigkeit zu nur einem der Atome mehr besitzen, sondern die Bindung der beiden Atome zu einem Molekül bewirken.

Bei der Metallbindung hingegen besteht eine Wechselwirkung zwischen einer Vielzahl von Atomen. Praktisch ordnen sich die Metallatome kristallin dreidimensional an und die Elektronen der i.allg. schwach besetzten äußeren Schale (Cu und Edelmetalle: ein Elektron) sind soz. dauernd alle auf der Suche nach einem Atom, dessen äußere Schale sie füllen könnten. Ein solcher Metallkristall besteht daher aus einem Gitter positiv ionisierter Atomrümpfe und einer alles durchdringenden, negativ geladenen Elektronenwolke, die zusätzlich das Kristallgefüge zusammenhalten, was die mechanische Festigkeit von Metallen erklärt.

Die freie Beweglichkeit der äußeren Elektronen erklärt dann auch die Fähigkeit der Metalle, einen Strom zu leiten, da bei Anlegen eines elektrischen Feldes der immer vorhandenen thermischen Zick-Zack-Bewegung nun eine allerdings viel kleinere einheitlich gerichtete Bewegungskomponente überlagert wird.

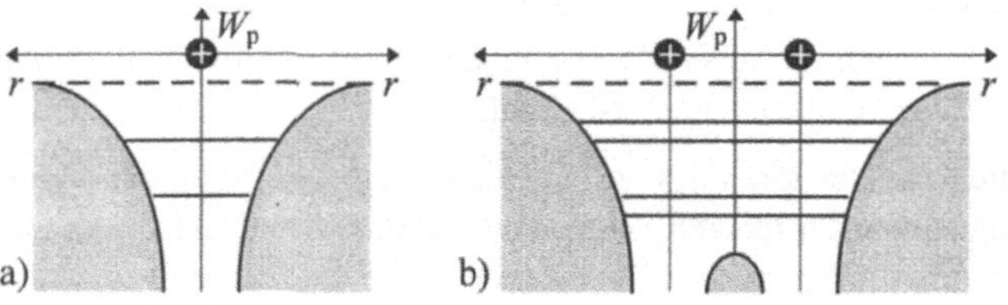

Abb. 2.1-3: Energieniveaus der Elektronen bei Atomen mit (je) zwei Elektronen.

Abb. 2.1-3a) zeigt die potentielle Energie $W_p = -Ze^2/4\pi\varepsilon_0 r$ der Elektronen der Ladung $-e$ in Abhängigkeit vom Abstand r vom Atomkern der Ladung Ze. Die gestrichelte Linie gibt die Ablöseenergie des Elektrons aus dem Atomgefüge an. Von den möglichen Energieniveaus sind durch die beiden waagrechten Linien diejenigen angegeben, die bei dem speziellen Atom von zwei Elektronen eingenommen werden können. Bei der Bildung eines Moleküls vervielfältigen sich die zulässigen Energiezustandslinien, da sich die Orbitale unter dem Einfluß benachbarter Atomkerne und Elektronen verändern. Für ein zweiatomiges Molekül ergeben sich entspr. Abb. 2.1-3b) dann vier mögliche Energiezustände.

Die möglichen Energiezustände vervielfachen sich, wenn, wie für Festkörper charakteristisch, eine Vielzahl von N Atomen in Wechselwirkung tritt. Die diskreten Energieniveau-Linien verschmelzen zu Bändern, wie in Abb. 2.1-4 für ein Element der Gruppe IV mit gleichem Kristallaufbau (C als Diamant, Si, Ge) dargestellt. Sie alle verfügen über je zwei Elektronen im s- und p-Orbital der äußeren (C:L-, Si:M-, Ge:N-) Schale. Für weit voneinander entfernte Atome gibt es $8N$ mögliche Energiezustände, die der Einfachheit halber in 2 Linien (s, p) zusammengefaßt sind.

Bei Annäherung der Atomkerne - in der Abbildung nach links - spalten sich zunächst die Energieniveaus der p- und dann der s-Orbitale in 2 Energiebänder, die jeweils mit $2N$ Elektronen besetzt sind, auf. Es folgt einen Bereich, in dem beide Energiebänder zu einem kontinuierlichen Band verschmelzen, das in $8N$ Energiezuständen mit $4N$ Elektronen relativ schwach besetzt ist. Anschließend spaltet sich dieses wieder in zwei Bänder auf, jetzt jedoch mit $4N$ Energiezuständen und $4N$ Elektronen im unteren Valenzband (VB), und $4N$ Energiezuständen im oberen Leitungsband (LB) , die bei tiefen Temperaturen nicht besetzt sind. Zwischen diesen beiden Energiebändern besteht ein Bereich, den kein Elektron stationär einnehmen kann - die verbotene Zone. Man spricht auch von der Energielücke zwischen den Bändern.

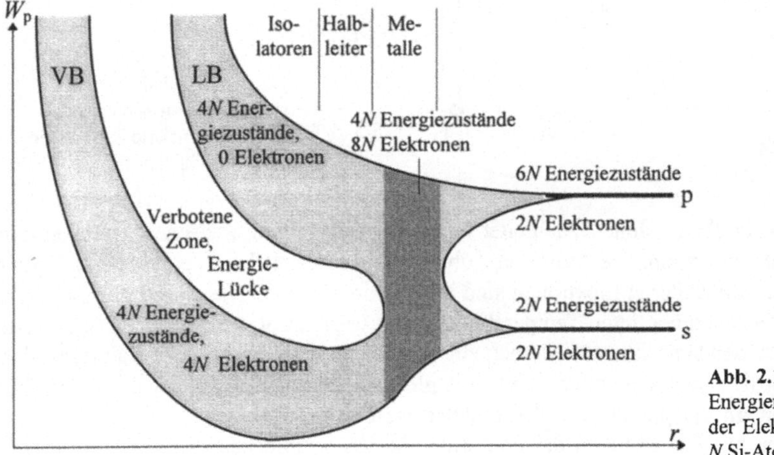

Abb. 2.1-4: Energieniveaus der Elektronen bei N Si-Atomen.

Die Abbildung kann mit ggf. geänderten Elektronenzahlen auch als Energiedarstellung von Metall, Halbleiter und Isolator interpretiert werden. Ein Metall liegt in dem dunkelschattierten Bereich des Diagramms, in dem das nicht vollständig durchgängig besetzte Energieband existiert, ein Isolator weit links davon und ein Halbleiter dazwischen.

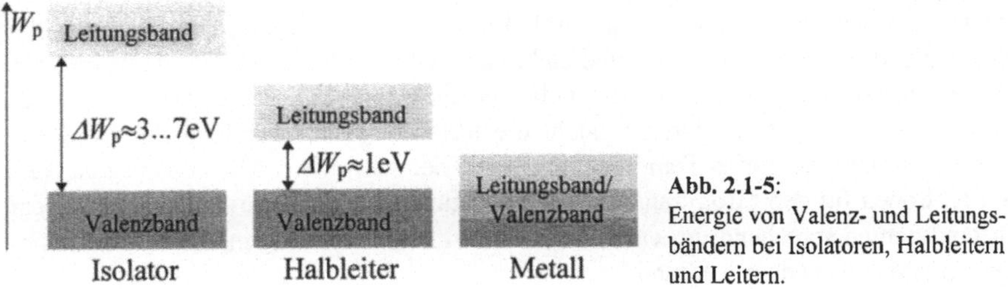

Abb. 2.1-5: Energie von Valenz- und Leitungsbändern bei Isolatoren, Halbleitern und Leitern.

Die äußere Schale läßt sich also allgemein entsprechend Abb. 2.1-5 in energetisch diskrete Bänder unterteilen, von deren Potentialabstand es abhängt, ob eine Stoff Isolator, Halbleiter oder Leiter darstellt. Elektronen im Valenzband sind an Atomrümpfe gebunden, solche im Leitungsband nicht. Bei Metallen bilden Leitungs- und Valenzband eine Einheit, bei Isolatoren ist der Energieabstand mit $\Delta W_p \approx 3...7$eV so groß, daß, bevor durch ein starkes elektrisches Feld eine hinreichende Menge von Elektronen angehoben wird, der Stoff durchschlägt. Nur bei Halbleitern mit $\Delta W_p \approx 1$eV erreicht man, entweder thermisch oder durch ein äußeres elektrisches Feld, eine nennenswerte Leitfähigkeit, die allerdings i.allg. noch um Zehnerpotenzen unter der von Metallen liegt.

2.1.5 Halbleitung

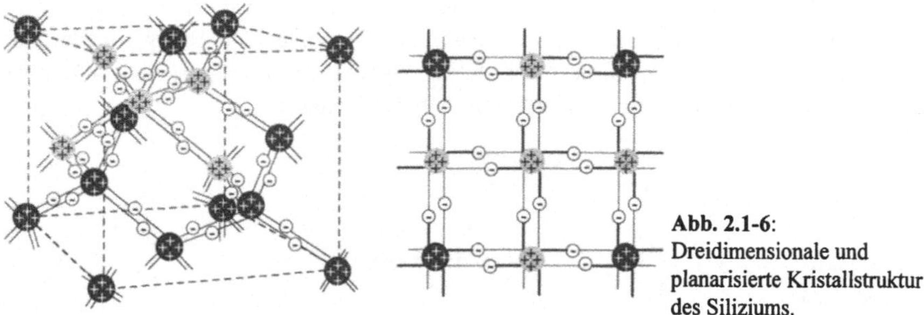

Abb. 2.1-6: Dreidimensionale und planarisierte Kristallstruktur des Siliziums.

Im Molekülaufbau nehmen Halbleiter eine Zwischenstellung zwischen Metallen und den Nichtmetallen ein. Die Atome sind ähnlich wie bei Metallen in einem Kristallgitter angeordnet, die äußeren Elektronen sind jedoch nicht wie bei Metallen frei beweglich, sondern sie gehen bei tiefen Temperaturen (exakt beim absoluten Nullpunkt) eine feste Bindung zu den benachbarten Atomen ein. Die beiden wohl wichtigsten Halbleiter sind Silizium (Si) und Germanium (Ge), mit gleicher Kristallstruktur, weshalb der Kristallaufbau am Beispiel des Si näher erläutert werden soll.

Silizium mit $Z = 14$ in der dritten Periode besitzt entsprechend Abb. 2.1-2a) in seiner äußeren Schale mit einem s- und drei p-Orbitalen vier Elektronen. Da in dieser Schale theoretisch acht Elektronen Platz hätten, kommt der Kristallaufbau des Siliziums entsprechend Abb. 2.1-6 zustande. Hier tritt jedes Atom durch seine vier Valenzelektronen in Wechselbeziehung zu vier Nachbaratomen, die räumlich zu einem Tetraeder angeordnet sind.

Durch diese gitterförmige Anordnung der Si-Atome tritt jeder Atomrumpf mit der Ladung $+4e$ in Wechselbeziehung zu vier mit 8 Elektronen voll besetzten Orbitalen in der äußeren Schale. Der Atomrumpf umfaßt hierbei per Definition den Kern und die Elektronen der inneren, chemisch und elektrisch inaktiven Schalen. Die Elektronen der äußeren Schale umschließen jedoch nicht nur ein Atom, sondern gehören auch vier benachbarten Atomen. Dadurch entsteht die feste chemische Bindung des Silizium-Kristalls, in dem bei tiefen Temperaturen wegen der schwachen Wärmebewegung keine Elektronen für den Stromtransport zur Verfügung stehen. Es handelt sich in diesem Zustand dementsprechend um einen Isolator. Ein Erhöhen der Temperatur löst hingegen Elektronen aus dem Verbund.

Verläßt das Elektron die Atomstruktur, ist es zwischen den Atomrümpfen frei beweglich. Energetisch wird es dabei vom Valenz- ins Leitungsband angehoben. Dieser Vorgang heißt Paarbildung oder Generation - der ebenfalls mögliche Rückfall Wiedervereinigung oder Rekombination. Bei der Paarbildung entsteht ein freier Platz im Valenzband, den ein dort verbliebenes anderes Elektron einnehmen kann. Dieses hinterläßt hier wieder einen freien Platz, den wieder ein anderes Valenzelektron einnehmen kann.

Dies verhält sich so, als würde ein positives Elektron, genannt: Defektelektron oder Loch (engl.: hole) in Gegenelektronenrichtung springen. Genau dies geschieht beim Anlegen einer Spannung an den Kristall: die Elektronen des Leitungsbands wandern zum Plus-, die Löcher des Valenzbands zum Minuspol. Im Gegensatz zu den Metallen haben wir es hier also mit zwei Stromkomponenten zu tun.

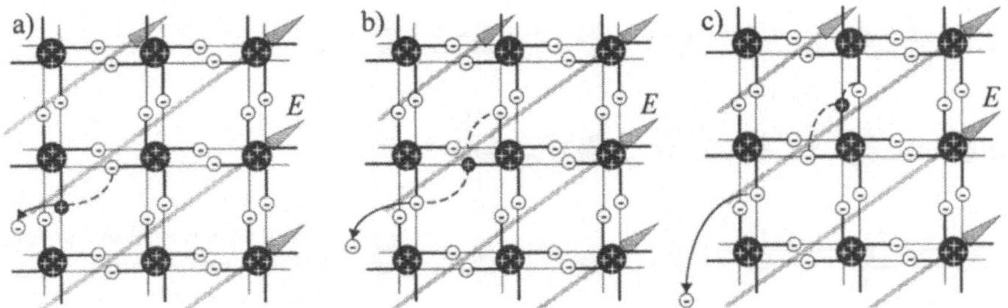

Abb. 2.1-7: Anheben eines Elektrons in das Leitungsband und Wandern gegen das elektrische Feld. Dabei Wandern eines Lochs im Valenzband in Richtung des elektrischen Felds.

Im Beispiel in Abb. 2.1-7 hat in a) ein Elektron den Verbund verlassen und darunter wird das Loch für die anderen Valenzelektronen sichtbar. In b) ist das Elektron weitergewandert und ein Valenzelektron in Feldrichtung hat dies erkannt und füllt das Loch, d.h. dieses ist zum Minuspol der Quelle fortgeschritten. In c) sind sowohl das erste Elektron als auch das Loch noch weiter gewandert. Wir erkennen, daß auf diese Weise Elektronen im Leitungs- und Löcher im Valenzband in gleicher Anzahl entstehen. Energetisch verhält sich dies wie in Abb. 2.1-8a):

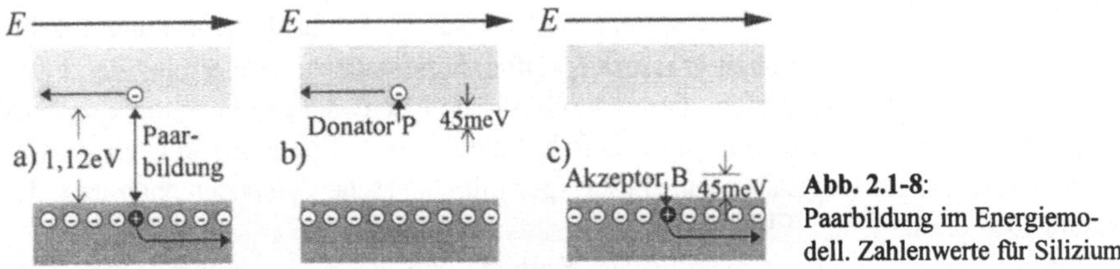

Abb. 2.1-8: Paarbildung im Energiemodell. Zahlenwerte für Silizium

Wird Silizium mit fünfwertigen Phosphoratomen dotiert, entsteht entsprechend b) ein überschüssiges Elektron als Majoritätsladungsträger, das energetisch in der verbotenen Zone knapp unterhalb des Si-Leitungsbands liegt und damit eine deutlich größere Wahrscheinlichkeit des Anhebens in das Si-Leitungsband als die Si-Valenzelektronen hat. Bei Zimmertemperatur sind wie bei Metallen praktisch alle Donatorelektronen angehoben, ohne daß jedoch ein Loch entstanden ist, da wegen der deutlich niedrigeren P-Dotierungsdichte das nächste P-Atom zu weit entfernt ist, als daß eine nennenswerte Löcherwanderung stattfinden könnte. Dem überlagert sich nach wie vor die thermische Generation des Substrats, so daß die dabei erzeugten Löcher im Valenzband Minoritätsladungsträger darstellen. Damit sind immer noch zwei Stromkomponenten vorhanden, von denen die der Majoritätsladungsträger im Leitungsband dominiert.

Wird Silizium mit dreiwertigen Boratomen dotiert, entsteht entsprechend c) ein überschüssiges Loch als Majoritätsladungsträger, das energetisch in der verbotenen Zone knapp oberhalb des Valenzbands von Silizium liegt und damit eine deutlich größere Wahrscheinlichkeit des Absenkens in das Si-Valenzband als das Anheben der Si-Valenzelektronen in das Leitungsband hat. Physikalisch wird dabei ein Si-Valenzelektron auf das leicht erhöhte B-Niveau angehoben. Auch hier überlagert sich die thermische Generation von jetzt Elektronen als Minoritätsladungsträger im Leitungsband mit ebenfalls zwei unterschiedlich starken Stromkomponenten; s. auch Abb. 2.1-9.

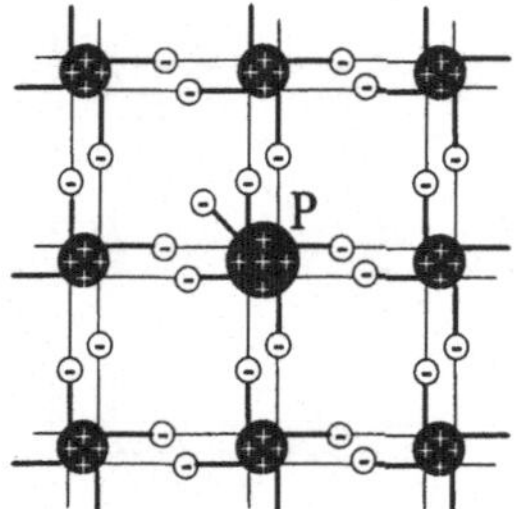

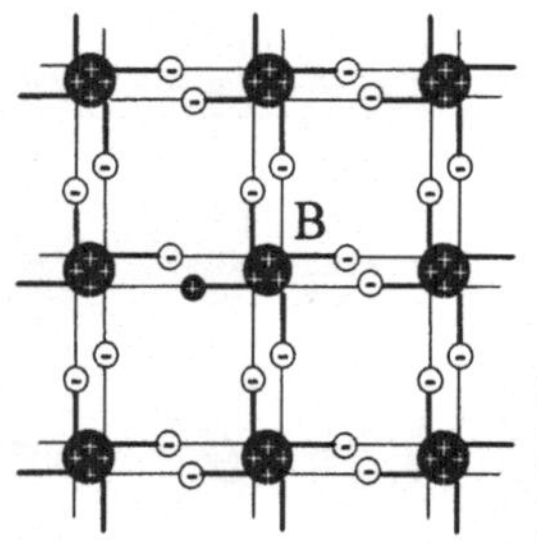

Abb. 2.1-9: Planarisierte Kristallstruktur des Siliziums bei Dotierung mit Phosphor bzw. Bor.

2.1.6 Ionenleitung in Flüssigkeiten

Wenn Flüssigkeiten Leitfähigkeitseigenschaften aufweisen, handelt es sich i.allg. statt der für Festkörper charakteristischen Elektronenleitung um eine Ionenleitung. Ionisierte Atome mit entweder überschüssigen Elektronen oder Elektronenmangel der äußeren Schale sind frei beweglich, was ja das Wesen der Flüssigkeit ausmacht. Destilliertes Wasser ist ein Nichtleiter. Geben wir Kochsalz (Natriumchlorid = NaCl) hinzu, beobachten wir einen Zerfall - eine Dissoziation. Es entsteht ein Elektrolyt mit Na^+-Kationen und Cl^--Anionen.

Natrium als unedles Metall mit einem Elektron in der M-Schale und Chlor mit sieben Elektronen in der M-Schale gehen an Luft die stabile Kochsalzverbindung ein. Im wg. $\varepsilon_r = 81$ stark polarisierbaren Wasser verlaufen die elektrischen Feldlinien der äußeren NaCl-Moleküle tlw. durch dieses hindurch und schwächen die Molekularbindungskräfte, was zur Auflösung führt. Durch Anlegen einer Spannung entstehen zwei Ionenströme, die im Gegensatz zum Festkörper mit chemischen Veränderungen und Materietransport einhergehen (Elektrolyse).

Das Na^+-Ion wandert zur metallischen Kathode und lagert sich neutral unter Aufnahme eines Elektrons dort an (Galvanisierung), das Chlor wandert zur Anode und gibt sein äußeres Elektron ab, wobei auch eine Gasentwicklung aus der Flüssigkeit zu beobachten ist. Im äußeren Stromkreis fließt ein Elektronenstrom.

In Festkörpern können in bestimmtem Maße allerdings auch Ionen wandern. Sie sind die Ursache für bestimmte Alterungsprozesse von Bauelementen. Insgesamt haben Ionenströme als Objekte der Chemie in der Elektrotechnik weit geringere Bedeutung als Elektronenströme in Festkörpern, weshalb wir Ionenströme in der Folge i.allg. nicht weiter betrachten.

2.1.7 Ladungsträgerdichten

Zur Berechnung von Strömungsfeldern ist als Fazit dieses Abschnitts von Bedeutung, die ***Ladungsträgerdichte*** n zu kennen, die angibt, wieviel freie Ladungsträger pro Volumen zum Stromfluß zur Verfügung stehen. Die ***Volumenladungsdichte*** freier Ladungen $\mathrm{d}Q/\mathrm{d}V$ ist dann nichts anderes als das Produkt $\rho^{\pm} = \pm ne$, das wir prinzipiell entspr. Gl. 1.7-18 als eine Raumladung auffassen können, nur daß es dort primär um einen Ladungsüberschuß ging und hier in einem elektrisch neutralen Leiter z.B. das ρ^- der Elektronen durch ein gleich großes ρ^+ der ionisierten Atomrümpfe kompensiert wird.

Für einwertige Metalle, wie die Edelmetalle und Kupfer, die praktisch alle ihr einziges Elektron der äußeren Schale bei Zimmertemperatur abgegeben haben, liegt dieser Wert in der Größenordnung der Volumenpackungsdichte der Atome N:

$$N \approx n \approx \frac{10^{22} \ldots 10^{23}}{\mathrm{cm}^3}. \qquad (2.1\text{-}4)$$

Für Halbleiter ist die Ladungsträgerdichte je nach Dotierung für Valenz- und Leitungsband unterschiedlich. Zusätzlich müssen wir noch zwischen den Ladungsdichten infolge Eigen- und Störstellenleitung unterscheiden. Dazu lassen sich folgende einfachen Überlegungen anstellen:

- **Undotierter Halbleiter**:

  Für die ***Eigenleitungsdichte***, auch ***Intrinsic-Dichte*** n_i gilt bei vergleichbarer atomarer Packungsdichte wie bei Metallen mit n_0 als Anzahl der Elektronen im Leitungs- und p_0 als Anzahl der damit immer gleichzeitig generierten Löcher im Valenzband:

$$n_i = n_0 = p_0 \qquad \Rightarrow \quad n_0 p_0 = n_i^2; \qquad n_{iSi} = \frac{6{,}8 \cdot 10^{10}}{\mathrm{cm}^3}, \quad n_{iGe} = \frac{2{,}5 \cdot 10^{13}}{\mathrm{cm}^3}. \qquad (2.1\text{-}5)$$

  Sie sind nur eine Funktion der Temperatur T, d.h. mit dieser nach folgendem Exponentialgesetz mit einer materialspezifischen Konstanten c ansteigend:

$$n_i^2(T) = n_i^2(T')\mathrm{e}^{c(T-T')} \qquad \text{mit } c_{Si} = \frac{0{,}06}{\mathrm{K}}, \quad c_{Ge} = \frac{0{,}085}{\mathrm{K}}. \qquad (2.1\text{-}6)$$

  Der Index $_0$ kennzeichnet dabei das thermische Gleichgewicht, in dem die ***Generationsrate*** g gleich der ***Wiedervereinigungsrate*** w ist:

$$g = w \qquad \text{im thermischen Gleichgewicht;} \qquad [g, w] = \frac{1}{\mathrm{cm}^3\mathrm{s}}. \qquad (2.1\text{-}7)$$

  g und w geben also allgemein an, wieviel Ladungsträger pro Volumen und Zeiteinheit generiert bzw. wiedervereinigt werden.

- **Dotierter Halbleiter**:

  eine Donatordotierungsdichte N_D bzw. Akzeptordotierungsdichte N_A liegt typ. um einige Zehnerpotenzen unter der Si-Substratdichte, aber auch einige Zehnerpotenzen oberhalb von n_i, z.B. $n_{iSi} = 6{,}8 \cdot 10^{10}/\mathrm{cm}^3 \ll N_D, N_A = 10^{17}/\mathrm{cm}^3 \ll N_{Si} = 5 \cdot 10^{22}/\mathrm{cm}^3$. Bei diesen Verhältnissen sind bei Zimmertemperatur unter Berücksichtigung der energetischen Lage des Dotierungsniveaus ähnlich wie bei Metallen sämtliche fünften Donatorelektronen bzw. Akzeptorlöcher frei beweglich. Für die ***Donatorelektronendichte*** n_n bzw. die ***Akzeptorlöcherdichte*** p_p gilt somit in guter Näherung:

$$n_{n0} \approx N_D \qquad \text{und} \qquad p_{p0} \approx N_A. \qquad (2.1\text{-}8)$$

  Darüberhinaus laufen die thermischen Paarerzeugungs- und Wiedervereinigungsprozesse mit $g = w$ - aber auf höherem Niveau als beim undotierten Halbleiter - ab, weshalb nach wie vor $n_0 p_0 = n_{n0} p_{n0} = n_{p0} p_{p0} = n_i^2$, denn die durch die Dotierung deutlich höhere Majoritätsladungsträgerdichte erlaubt eine höhere Wiedervereinigungsrate. Da sowohl n_i als auch N_D, N_A bekannt sind, sind die gegenüber n_i deutlich reduzierten Minoritätsladungsträgerdichten nun angebbar zu:

$$p_{n0} \approx \frac{n_i^2}{N_D} \qquad \text{bzw.} \qquad n_{p0} \approx \frac{n_i^2}{N_A}. \tag{2.1-9}$$

2.2 Feldstärkeassoziierte Größen

Die in der Elektrostatik in Abschnitt 1.4 hergeleiteten grundlegenden Querbezüge zwischen der elektrischen Feldstärke, Potential und Spannung behalten hier ihre volle Gültigkeit. Insbesondere sind dies die Formeln

$$\boldsymbol{E} = -\text{grad}\,\varphi_e, \tag{1.4-10}$$

$$U_{12} = -\int_1^2 \mathrm{d}\varphi_e = \Delta\varphi_e = \varphi_{e1} - \varphi_{e2} = \int_1^2 \boldsymbol{E}\cdot\mathrm{d}\boldsymbol{s}, \tag{1.4-19}$$

$$\boxed{\overset{\circ}{U} := \oint_{\text{immer}} \boldsymbol{E}\cdot\mathrm{d}\boldsymbol{s} = 0} \qquad \text{bzw.} \qquad \sum_i \pm U_i = 0. \tag{1.4-37/9}$$

Diese KIRCHHOFFsche Maschenregel bildet gemeinsam mit der gleich für Ströme angegebenen KIRCHHOFFschen Knotenregel die Grundlage der Netzwerkanalyse.

Das elektrische Feld durchdringt einen Leiter in Form eines OHMschen Widerstands und wegen des galvanischen Kontakts mündet die Influenzierung der Ladungen in einen Stromfluß I, der nun auch die Quelle - z.B. eine Batterie - durchfließt. Oder aber eine hohe Feldstärke durchdringt ein Vakuum mit der Folge einer Raumladungsströmung. Bei der Ionenströmung im Elektrolyten greift das Feld an ionisierten Atomrümpfen an und verändert ihn chemisch. Auch in allen diesen und weiteren Fällen der Ladungsbewegung behalten die COULOMBschen Kraftformeln zunächst ihre Gültigkeit, sie müssen jedoch nun der Bewegung der Ladungsträger und der damit aufgenommenen kinetischen Energie Rechnung tragen.

Bewegt sich der Ladungsträger im physikalisch realen Leiter, muß er gegen dessen Widerstand Arbeit verrichten, d.h. er verliert Energie mit der Folge der Erwärmung. Der Widerstand ist die elektrotechnische Repräsentation des dauernden Anstoßes der Ladungsträger an der Atomstruktur, die hierdurch in die Wärme repräsentierende diffuse Schwingungen versetzt wird. Diese Energie muß ihm aus dem elektrischen Feld der Spannungsquelle wieder zugeführt werden. Da diese sich ihrerseits die Energie wieder irgendwoher besorgen muß, laufen in ihr physikalische (Dynamo) oder chemische (Batterie) Prozesse ab, die die Energieerhaltung gewährleisten. Beim vollständigen Umlauf im geschlossenen Leiter mit Quelle ist also die Umlaufenergie wieder Null.

Vergleichen wir demgegenüber das influenzierte Aufladen eines Kondensators des vorigen Kapitels, so muß die Quelle zwar ebenfalls diese Energie $\frac{1}{2}CU^2$ zunächst bereitstellen, sie liegt jedoch nach wie vor in elektrischer und nicht in thermischer Form vor. Sie ist also im Gegensatz zum Leiter gespeichert und steht dort zur Verfügung, um entweder wieder an die Quelle zurückgegeben zu werden (z.B. LC-Schwingkreis), oder dann doch anderswo verbraucht zu werden (RC-Entladung).

Insgesamt ist es daher empfehlenswert, Berechnungen zum Strömungsfeld aus bereits bekannten Analogien in der Elektrostatik abzuleiten.

2.2.1 Größenordnung von Spannungen

Energietechnik und Nachrichtentechnik sind die klassischen Disziplinen der Elektrotechnik. In der Energietechnik sollen im wesentlichen große Energiemengen möglichst effizient erzeugt, verlustarm übertragen, und transformiert werden. Verlustarme Übertragung ist nur mit hohen Spannungen möglich, da, wie in Abschnitt 2.7 beschrieben, bei gegebener Leistung die zur Verlustwärme des Leiters führenden Ströme gering sind.

Verbraucher benötigen jedoch deutlich niedrigere Spannungen, weshalb es möglich sein muß, diese effizient zu transformieren. Dies ist praktisch nur für Wechselspannungen realisierbar, da dann der in Kap. 4 beschriebene Induktionseffekt mittels Transformatoren ausgenutzt werden kann. Die Frequenzen dürfen jedoch nicht zu hoch sein, da dies zur Energieabstrahlung führt, woraus z.B. die 50 Hz-Netzfrequenz resultiert.

Daran schließt sich etwa nahtlos die Nachrichtentechnik an, und zwar bzgl. der Spannungen und Leistungen nach unten, und der Frequenzen nach oben. Hier geht es dann auch nicht mehr um einzelne, feste Frequenzen, sondern um Frequenzgemische bis in den GHz-Bereich. Insgesamt ergibt sich für den von der Elektrotechnik abgedeckten Spannungsbereich etwa folgendes Bild:

- Blitzentladung: $> 10^6$ V = 1 MV
- Energieübertragung: Hochspannungen: 110 - 400 kV, Mittelspannungen: 10 - 30 kV
- Niederspannung (Haushalt): 400/230 V
- Autobatterie: heute 12 V, früher 6V
- Elektronische Schaltungen: 1 ... 40 V (z.B. TTL, CMOS: 5 V)
- Nachrichtenleiterspannungen: $\approx$ 1 V (z.B. ISDN-Leitungen: 750 mV-Signalpegel)
- Nachrichtenübertragungstechnik: $\geq 10^{-6}$ V = 1 µV (z.B. am Rundfunkempfänger).

2.2.2 Spannungserzeugung

Da in der Elektrodynamik mit dem spannungsassoziierten Stromfluß eine Verlustleistung verbunden ist, sollten die wichtigsten Verfahren zur Spannungserzeugung bekannt sein:

- **Magnetische Spannungserzeugung**

  Wie eben beschrieben, werden zur Energieversorgung Hochspannungen benötigt, was nach dem Dynamo-Prinzip nur über Induktions-Generatoren entsprechend großer Bauform möglich ist (z.B. 1300 MVA). Es werden Wechselspannungen erzeugt.
- **Chemische Gleichspannungserzeugung** (GALVANIsche Effekte)

  in Batterien durch chemische Reaktionen mindestens zweier Stoffe an unterschiedlichen Positionen der elektrochemischen Spannungsreihe in Elektrolyten.
- **Thermische Gleichspannungserzeugung** (SEEBECK-Effekt)

  Wird ein an den Enden sperrschichtfrei kontaktiertes dotiertes Halbleiterstäbchen dort erhitzt, tritt zwischen den Anschlüssen eine Thermospannung auf. Die Umkehrung kann zum Kühlen elektronischer Bauteile verwendet werden (Peltier-Element).
- **Optische Spannungserzeugung**

  Durch Bestrahlung fotosensitiver Halbleiter mit Licht werden Ladungsträger freigesetzt, die in einem äußeren Stromkreis zur Verfügung stehen. Einsatzgebiete finden Si-, Ge- und (In)GaAs(P)-Photodioden in der optischen Übertragungstechnik.

Aufgabe 2.2-1: Welche Veränderung des Feldstärkeverlaufs ist zu erwarten, wenn bei einem Kondensator bei fester Spannung U das Dielektrikum gegen ein leitfähiges Material ausgetauscht wird?
Aufgabe 2.2-2: Was ist bei der vorigen Aufgabe während des Austauschs zu erwarten, wenn der Kondensator zuvor auf U aufgeladen und dann von der Quelle abgeklemmt wurde?
***Aufgabe 2.2-3**: Der Mast einer Hochspannungsleitung werde durch einen metallischen massiven Halbkugelfuß mit Radius a = 1 m geerdet. Durch einen Isolationsbruch fließt ein Strom über den Mast ab, wobei sich eine Spannung von U = 1200 V zwischen diesem Mast und einem d = 150 m entfernten Mast ausbildet. Man berechne die Schrittspannung zwischen den Füßen eines Menschen im Abstand von s = 80 cm in der Umgebung des Kurzschlußmasts im ungünstigsten Fall.

2.3 Stromassoziierte Größenarten

Wie in der Elektrostatik ist eine Unterteilung von Feldmengen in solche entlang eines Wegs durch das Feld und solche über eine Fläche quer zum Feld zu unterscheiden. Erstere ist auch hier, wie im vorigen Abschnitt betrachtet, die elektrische Feldstärke $\boldsymbol{E}$ mit zugehöriger Spannung U, letztere sind entspr. Abschnitt 1.6 in Analogie zum elektrischen Fluß Ψ der elektrische Strom I und in Analogie zur elektrischen Flußdichte $\boldsymbol{D}$ die elektrische Stromdichte $\boldsymbol{S}$.

2.3.1 Stromstärke *I* und Ladung *Q*

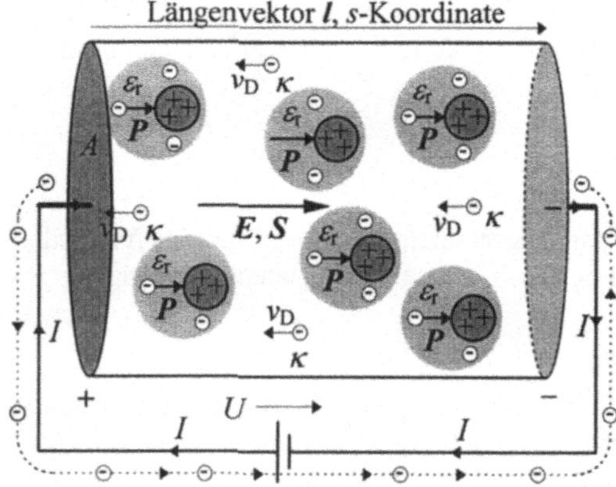

Abb. 2.3-1: Reaktion freier und gebundener Ladungen auf ein von außen angelegtes elektrisches Feld.

Befindet sich entspr. Abb. 2.3-1 zwischen zwei Polen COULOMBscher Ladungen statt eines Dielektrikums ein Medium mit freien Ladungen, z.B. ein Metall oder ein Halbleiter, so können sich diese Ladungen unter dem Einfluß des elektrischen Feldes bewegen - hier Elektronen zum Pluspol der Quelle wandern. Alternativ kann z.B. im Vakuum bei hinreichend hoher Spannung eine Raumladungsströmung auftreten. Wir sprechen dann von einem elektrischen Strömungsfeld. Ein Maß für die Stärke dieser Bewegung ist die zeitliche Änderung der Ladung in Form der ***Stromstärke*** I, im Falle eines zeitveränderlichen Feldes i:

$$I := \frac{Q}{t}; \qquad Q = It \qquad \text{bzw.}$$

$$i := \frac{\mathrm{d}q}{\mathrm{d}t}; \qquad q = \int i\mathrm{d}t \qquad [I,i] =: \mathrm{A\,(mpère)} = \frac{\mathrm{C}}{\mathrm{s}}. \qquad (2.3\text{-}1)$$

Die Einheit der Stromstärke - das Ampère - ist aus Praxisgründen statt des physikalisch angebrachteren Coulomb als Basiseinheit des SI für die Elektrizität festgelegt, d.h. alle elektrischen Größen führen das Ampère bei einer Zerlegung in ihre Dimensionen.

Der vorstehende Ausdruck kann als die Ladungsmenge dQ betrachtet werden, die im Zeitintervall dt z.B. den Übergang von einem Ende des Mediums zur Zuleitung durchführt. Das leitfähige Medium läßt eine Bewegung der Ladungen zu und man kann diese mittels ihrer (i.allg. geringen) ***Driftgeschwindigkeit*** v_D durch dieses Medium ausdrücken. Demgegenüber ist die unterlagerte deutlich höheren thermische Geschwindigkeit diffus und neutralisiert sich bzgl. des Netto-Stromflusses. Da die folgenden Beziehungen auch für die Raumladungsströmungen mit ihren deutlich höheren Geschwindigkeiten gelten, verwenden wir für diese das allgemeine Literal v:

$$I = \frac{\mathrm{d}Q}{\mathrm{d}s}\frac{\mathrm{d}s}{\mathrm{d}t} = \lambda v, \qquad \lambda = \frac{\mathrm{d}Q}{\mathrm{d}V}\frac{\mathrm{d}V}{\mathrm{d}s} = \pm neA. \qquad (2.3\text{-}2)$$

$\lambda = \mathrm{d}Q/\mathrm{d}s$ stellt damit die in s-Richtung eines gedachten Koordinatensystems erfolgende örtliche Änderung positiver bzw. hier in Gegen-s-Richtung negativer Ladungen im Volumen $V = lA$ dar. Betrachten wir die Bewegung dieses ganzen Ladungsvolumens, können wir λ wie rechts darstellen. Das Minuszeichen trägt der Tatsache Rechnung, daß beim Elektronenfluß deren Richtung entgegengesetzt der definierten technischen Stromrichtung in Bewegungsrichtung positiver Ladungsträger erfolgt.

Die bereits besprochene Volumenladungsdichte freier Ladungen $\rho^\pm = \mathrm{d}Q/\mathrm{d}V$ ist gleich $\pm ne$, und die Änderung des Volumens entlang des Wegs in Ausbreitungsrichtung dV/dl ist gleich der Querschnittsfläche A. Somit ergibt sich für den Stromfluß in einem homogenen leitfähigen Medium mit einer Ladungsträgersorte:

$$I = \rho^\pm vA = \pm envA. \qquad (2.3\text{-}3)$$

In Halbleitern mit Elektronen und Löchern unterschiedlicher Ladungsträgerdichten n und p und Driftgeschwindigkeiten v_n und v_p, aber auch in Elektrolyten, heißt das:

$$I = I_\mathrm{n} + I_\mathrm{p} = (\rho_\mathrm{n}v_\mathrm{n} + \rho_\mathrm{p}v_\mathrm{p})A = (-nv_\mathrm{n} + pv_\mathrm{p})eA. \qquad (2.3\text{-}4)$$

Man beachte, daß hier v_n entgegen v_p gerichtet ist, weshalb sich die Stromkomponenten unterstützen.

In Abb. 2.3-2 sind Zeitverläufe von Gleichstrom I und zeitveränderlichem Strom $i(t)$ mit den jeweils zugehörigen Ladungszeitverläufen $Q(t)$ bzw. $q(t)$ dargestellt. Entsprechend dem Wesen der Ableitung ist die Stromstärke allgemein zu jedem Zeitpunkt zu dem Grenzwert $i = \Delta q/\Delta t$ mit $\Delta t \to 0$ gegeben. Dies läßt sich an der q-Kurve durch das Steigungsdreieck darstellen. Für den Gleichstrom I steigt die Ladungsmenge Q, die in der Zeit t einen Querschnitt durchströmt, linear mit t an, weshalb das Steigungsdreieck überall gleich ist. Im Fall des zeitveränderlichen Stroms $i(t)$ ändert sich das Steigungsdreieck mit der Zeit t und damit ist die über die Fläche A transportierte Ladungsmenge Δq in verschiedenen Zeitintervallen unterschiedlich (Δq_1, Δq_2).

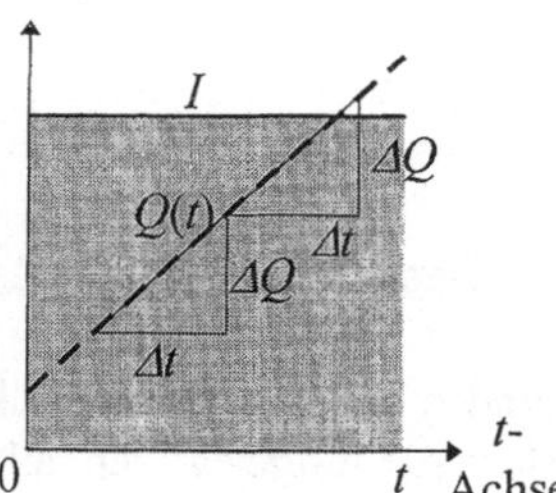

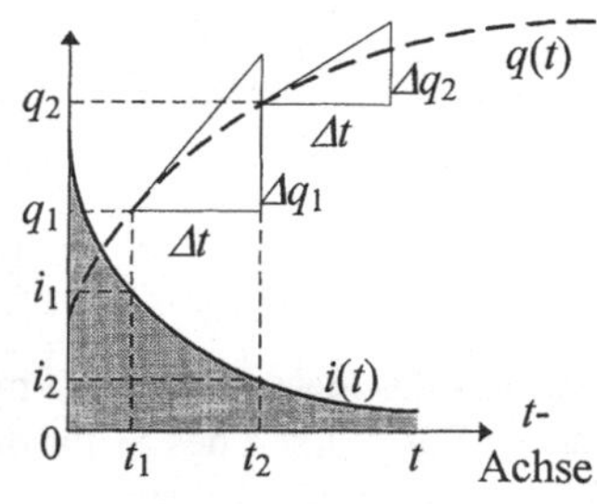

Abb. 2.3-2: Gleichstrom I und zeitveränderlicher Strom $i(t)$.

Entsprechend dem Wesen der Integration ist die Ladung bis zum Zeitpunkt t zu der grau schattierten Fläche unter dem Strom gegeben. Im Fall des zeitveränderlichen Stroms $i(t)$ nimmt die Fläche im Beispiel mit der Zeit t zwar zu, aber immer langsamer, woraus sich das Sättigungsverhalten der Ladung $q(t)$ ergibt. Möchten wir die Ladungsmenge q_i kennen, die bis zum Zeitpunkt t_i den Querschnitt durchströmt, erhalten wir diese über:

$$\Delta q = q(t_2) - q(t_1) = q_2 - q_1 = \int_{t_1}^{t_2} i(t)\mathrm{d}t \qquad \Rightarrow \qquad q_2 = q_1 + \int_{t_1}^{t_2} i(t)\mathrm{d}t,$$

wobei in dieser Konsequenz

$$q_1 = \int_{-\infty}^{t_1} i(t)\mathrm{d}t, \qquad \text{also auch} \qquad q_2 = \int_{-\infty}^{t_2} i(t)\mathrm{d}t. \qquad (2.3\text{-}5)$$

Aufgabe 2.3.1-1: Der Strom in einem Kupferdraht mit A = 1 mm^2 und n = $8{,}4\cdot 10^{28}/\mathrm{m}^3$ steige mit der Zeit $t \geq 0$ gemäß $i(t) = kt^3$ mit k = 2A/s^3 an. Man berechne die Ladungsmenge q, die im Zeitintervall $0 < t < 2$s durch den Draht transportiert wird. Wie groß ist die Stromänderungsgeschwindigkeit di/dt z.Zt. t_1 = 0,5 s? Welchen Wert hat v_D z.Zt. t_2 = 1 s?
Aufgabe 2.3.1-2: Wenn man die rechte Kurve als Ladungszeitverlauf $q(t)$/C interpretiert, berechne man den zugehörigen Stromzeitverlauf $i(t)$.
Aufgabe 2.3.1-3: Wenn man die rechte Kurve als Stromzeitverlauf $i(t)$/A interpretiert, berechne man den zugehörigen Ladungszeitverlauf $q(t)$.

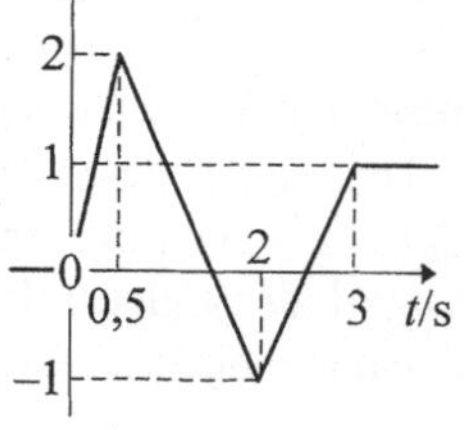

2.3.2 Stromdichte *S* und Strombelag *K*

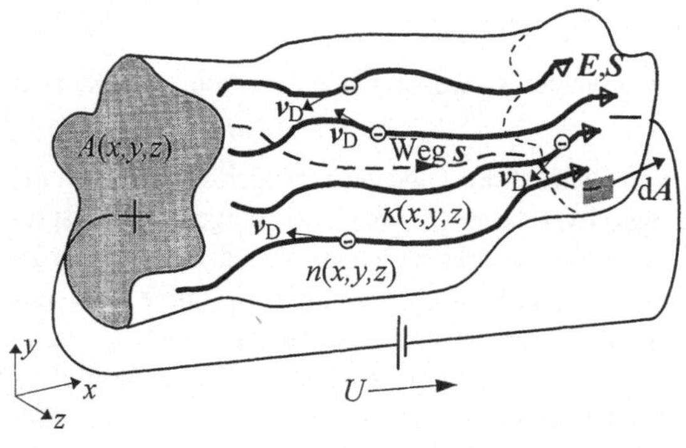

Abb. 2.3-3: Inhomogenes Strömungsfeld durch inhomogenes Medium.

Die vorstehenden Gleichungen können für ein inhomogenes Strömungsfeld, wie es in Abb. 2.3-3 dargestellt ist, nicht ohne weiteres verwendet werden. Hier ist i.allg. die Ladungsträgerdichte n eine inhomogene Verteilungsfunktion des Ortes: $n(x,y,z)$, die Driftgeschwindigkeit kann über dem Ort und in der Richtung variieren: $v \Rightarrow \boldsymbol{v}(x,y,z)$, und der einfache Flächenausdruck A verliert für unebene Oberflächen seinen Sinn. Das bedeutet, daß die Verteilung der Stromstärke I für diesen allgemeinen Fall analog zum elektrischen Fluß Ψ über ein Feld beschrieben werden muß.

Aus dem verursachenden elektrischen Feld beschreibt die ***Stromdichte S*** als Pendant zur in Coulomb pro Quadratmeter gemessenen elektrischen Flußdichte $\boldsymbol{D}$ des Abschnitts 1.6 die Konzentration des Stromflusses über der Fläche. Die logische Konsequenz ist für bewegte Ladungen dann ein Feld, das wir in Coulomb pro Sekunde pro Quadratmeter - also A (mpère)/m², ebenfalls bezogen auf die Querschnittsfläche $A(x,y,z)$ - messen. Dividieren wir Gl. 3 durch die Fläche A und assoziieren mit der Richtung des Geschwindigkeitsvektors $\boldsymbol{v}$ für positive Ladungen die Richtung der Stromdichte, ergibt sich unmittelbar deren Definitionsgleichung:

$$\boldsymbol{S} := \rho \boldsymbol{v} = \pm n e \boldsymbol{v} = \frac{\mathrm{d}}{\mathrm{d}V} \sum_{i=1}^{m} Q_i \boldsymbol{v}_i; \qquad [\boldsymbol{S}] = \frac{\mathrm{A}}{\mathrm{m}^2}. \qquad (2.3\text{-}6)$$

Für die Stromdichte gelten somit auch die in Abschnitt 1.3 grundlegend besprochenen Feldeigenschaften. Ziehen wir die Diskretheit für m Ladungsträger in Betracht, ergibt sich die rechte Darstellung. In Analogie zu den Darlegungen bei der Stromstärke bzgl. verschiedener Ladungsträgersorten in Halbleitern oder Elektrolyten gilt:

$$\boldsymbol{S} = \boldsymbol{S}_{\mathrm{n}} + \boldsymbol{S}_{\mathrm{p}} = \rho_{\mathrm{n}} \boldsymbol{v}_{\mathrm{n}} + \rho_{\mathrm{p}} \boldsymbol{v}_{\mathrm{p}} = (-n \boldsymbol{v}_{\mathrm{n}} + p \boldsymbol{v}_{\mathrm{p}}) e. \qquad (2.3\text{-}7)$$

Eine weiter modifizierte Darstellung aufgrund von Ladungsträgerdichtegradienten werden wir als Diffusionsstrom in Halbleitern kennenlernen.

Ist die Stromdichte gegeben, läßt sich daraus für den allgemeinen Fall des inhomogenen Mediums in Analogie zu Gl. 1.6-9 die zugehörige Stromstärke bestimmen:

$$I = \iint \boldsymbol{S} \cdot \mathrm{d}\boldsymbol{A} = \pm e \iint n \boldsymbol{v} \cdot \mathrm{d}\boldsymbol{A} \qquad \text{bzw.} \qquad \Psi = \iint \boldsymbol{D} \cdot \mathrm{d}\boldsymbol{A}$$

(2.3-8)

$$S = \frac{\mathrm{d}I}{\mathrm{d}A \cos \angle \boldsymbol{S}, \mathrm{d}\boldsymbol{A}}. \qquad D = \frac{\mathrm{d}Q}{\mathrm{d}A \cos \angle \boldsymbol{D}, \mathrm{d}\boldsymbol{A}}$$

Für die einfache Geometrie des homogenen Widerstands gilt somit:

$$I = SA; \qquad S = \frac{I}{A}. \qquad (2.3\text{-}9)$$

Als Berechnungsbeispiel, das von der Analogie zur Elektrostatik profitiert, überlegen wir uns, wie der Stromdichteverlauf $\boldsymbol{S}(\boldsymbol{x})$ in einem sehr großen ebenen Metallblock aussieht, an dem an einer Stelle $x = -a$ ein Strom I eingebracht wird, der bei $x = a$ wieder austritt. Diese Problemstellung entspricht der Frage nach dem Feld zweier entgegengesetzt geladener COULOMBscher Punktladungen, lediglich mit dem Unterschied, daß in einem Halbraum kein Feld vorhanden wäre.

Betrachten wir nur eine solche Ladung Q, so wäre das Flußdichtefeld im elektrostatisch leitenden Halbraum $D_r(r) = Q/2\pi r^2$, folglich ergibt sich das Stromdichtefeld für einen Einlaßpunkt zu $S_r(r) = I/2\pi r^2$. Durch lineare Superposition folgt $\boldsymbol{S}(\boldsymbol{x})$ entspr. Gln. 1.4-4 und 1.4-46 zu:

$$\boldsymbol{S}(\boldsymbol{x}) = \frac{I/2\pi}{\left((x+a)^2+y^2+z^2\right)^{3/2}}\begin{pmatrix} x+a \\ y \\ z \end{pmatrix} - \frac{I/2\pi}{\left((x-a)^2+y^2+z^2\right)^{3/2}}\begin{pmatrix} x-a \\ y \\ z \end{pmatrix}. \quad (2.3\text{-}10)$$

Wollen wir uns die Feld- und Potentiallinien graphisch veranschaulichen, finden wir sie in der linken Abb. 1.4-16 als Draufsicht: + ist der Stromeinlaß-, – der -auslaßpunkt. Als Schnittbild ist z.B. die untere Hälfte des Bilds interpretierbar.

Bei einem rohrförmigen Leiter, einer dünngewickelten Spule oder bei hochfrequenten Wechselströmen, auch im massiven Leiter, fließen Ströme nur auf einer dünnen Oberfläche. Dann ist die Beschreibung durch einen ***Strombelag*** oder ***Oberflächenstromdichte*** als fließender Ladungsbedeckung σ sinnvoll:

$$\boldsymbol{K} := \sigma \boldsymbol{v} = \frac{\mathrm{d}}{\mathrm{d}A_\mathrm{O}}\sum_{i=1}^{m} Q_i \boldsymbol{v}_i, \qquad I = \int_{s_t} \boldsymbol{K}\cdot(\vec{e}_{A\mathrm{O}} \times \mathrm{d}\boldsymbol{s}_t); \qquad [\boldsymbol{K}] = \frac{\mathrm{A}}{\mathrm{m}}. \quad (2.3\text{-}11)$$

$\mathrm{d}A_\mathrm{O}$ ist hier ein Leiteroberflächenelement, $\vec{e}_{A\mathrm{O}}$ der Einheitsvektor in Richtung $\boldsymbol{A}_\mathrm{O}$ und $\mathrm{d}\boldsymbol{s}_t$ ein Wegelement tangential in A_O. Während sich die m^2 in $[\boldsymbol{S}]$ auf die durchflossene Querschnittsfläche beziehen, liegen die m in $[\boldsymbol{K}]$ quer zur Stromflußrichtung.

Aufgabe 2.3.2-1: Wie groß sind die Abmessungen a, b und c der drei linken Querschnitte zu wählen, damit in allen Leitern die Stromdichte $S = 6\,\mathrm{A/cm^2}$ bei einem Strom von $I = 3$ A beträgt?

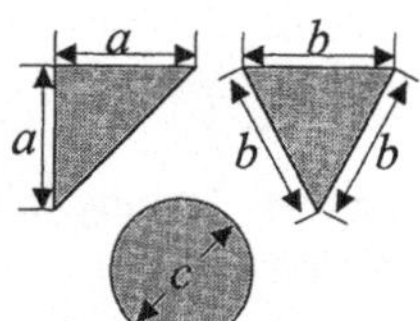

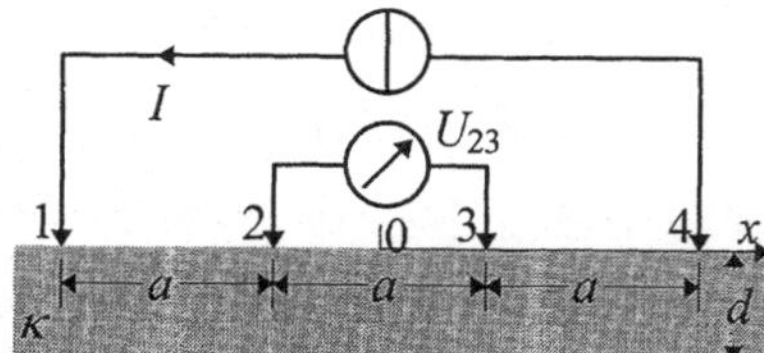

Aufgabe 2.3.2-2: Infolge des sog. Skineffekts verteilt sich die Stromdichte über einen homogenen rotationssymmetrischen Leiter mit Radius a bei höheren Frequenzen näherungsweise nach einer Funktion $S(r) = S_0 e^{kr/a}$. Man berechne die zugehörige Stromstärke I.

Aufgabe 2.3.2-3: In eine unendlich ausgedehnte metallische Platte entsprechend dem rechten Schnittbild fließt durch 1 und 4 ein Strom I. Man bestimme $S(x)$ zwischen 1 und 4 für $d \to \infty$, sowie für $d \to 0$, aber endlich.

2.3.3 KIRCHHOFFsche Stromknotenregel

Allgemein ist wie bei der dielektrischen Erregung in Abschnitt 1.6.4 die Frage von Interesse, wie der Hüllenstrom für eine beliebige geschlossenen Hülle aussieht. Wenn wir voraussetzen, daß es innerhalb dieser Hülle nicht zu einer Ladungsspeicherung kommt (Ladungsträger inkompressibel), müssen alle Elektronen, die in die geschlossene Hülle eintreten, diese auch wieder verlassen, was sich mathematisch gemäß der Herleitung in Abschnitt 1.7.4 mit

$$\overset{\circ}{I} = 0 = \underset{\text{immer}}{\oiint} \boldsymbol{S}\cdot\mathrm{d}\boldsymbol{A} \qquad \text{bzw.} \qquad \overset{\circ}{\Psi} = Q = \underset{Q\ \text{in Hülle}}{\oint} \boldsymbol{D}\cdot\mathrm{d}\boldsymbol{A} \quad (2.3\text{-}12)$$

$$\nabla\cdot\boldsymbol{S} = \mathrm{div}\boldsymbol{S} = 0 \qquad \mathrm{div}\boldsymbol{D} = \rho \quad (2.3\text{-}13)$$

beschreiben läßt, d.h.: der Strom ist im Gegensatz zum Fluß grundsätzlich quellenfrei. Dies ist nichts anderes als die Aussage des ersten KIRCHHOFFschen Satzes - der Knotenregel: Die Summe aller in einen Knoten eintretenden Ströme ist gleich der Summe der austretenden:

$$\sum_i \pm I_i = 0 . \qquad \sum_i \pm \Psi_i = Q \quad (2.3\text{-}14)$$

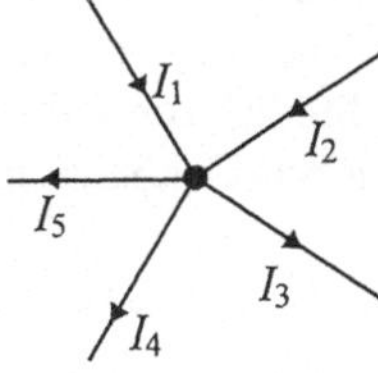

Jeweils eines der Vorzeichen ist auszuwählen, je nachdem, ob der Stromzählpfeil in Richtung (+) oder in Gegenrichtung (–) zu der frei vorgebbaren Knotenzu- oder -abflußrichtung weist. Im Beispiel der linken Skizze heißt das: $I_1 + I_2 - I_3 - I_4 - I_5 = 0$. Alle Formeln dieses Abschnitts gelten sowohl im Fall von Gleich- als auch zeitveränderlichen Strömen.

Aufgabe 2.3.3-1: Man überprüfe, ob ein Stromdichtefeld gemäß $\boldsymbol{S} = (y,x,z)$ A/m^3 verlaufen kann.
Aufgabe 2.3.3-2: Man überlege, wie die Knotenregel für eine Hülle um eine Elektrode eines Kondensators beim Ladevorgang erfüllt werden kann.
Aufgabe 2.3.3-3: Man berechne für den dargestellten Netzwerkausschnitt die unbekannten Ströme. Ist die Lösung eindeutig?

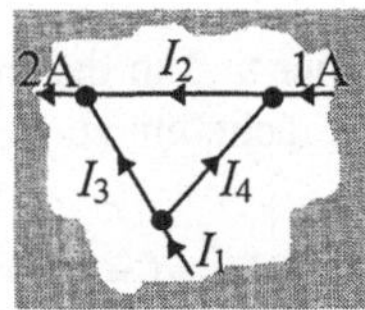

2.4 Raumladungsströmung im Vakuum

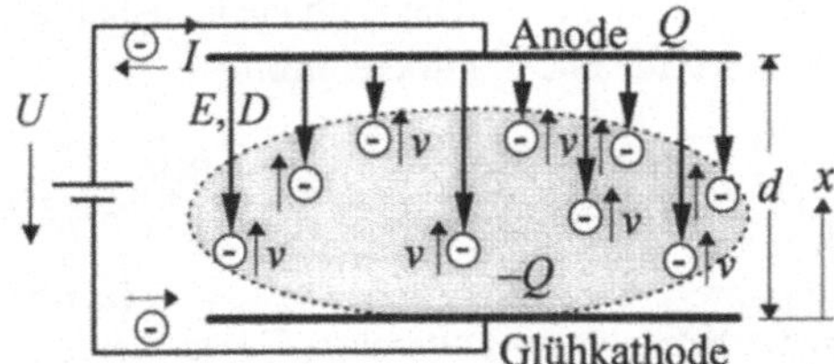

Abb. 2.4-1: Raumladungsströmung zwischen den Elektroden eines Plattenkondensators.

Bevor wir im nächsten Abschnitt den mit Abstand wichtigsten Teil des Strömungsfelds in Materie der Leitfähigkeit κ abhandeln, soll zunächst das Raumladungsgesetz hergeleitet werden, mithilfe dessen beschrieben werden kann, wie im Gegensatz zum Durchschlag ein kontrollierter Stromfluß infolge einer hinreichend hohen Feldstärke im an sich nicht leitfähigen Medium erreicht werden kann. Die praktische Bedeutung der Raumladungsströmung liegt im wesentlichen im Bau von Hochvakuum-Elektronenröhren, z.B. für Fernseh- und Computermonitore, Oszilloskope, Senderöhren und Verstärker > 100 W. Für letztere werden sie allerdings seit den fünfziger Jahren massiv durch Halbleiterdiode und Transistor, wie in Abschnitt 2.9 beschrieben, verdrängt.

Während beim Durchschlag mit Blitzentladung typisch eine massive Bauelementeveränderung (Zerstörung) auftritt, bei der getrennte Ladungen sich einmalig ausgleichen, sorgt bei der Raumladungsströmung ein Generatorprozeß (Batterie, Dynamo) wie auch beim materiellen Stromfluß dafür, daß fortlaufend Ladungen nachgeliefert werden, bzw. diese letztendlich durch Quelle und Entladeobjekt zirkulieren.

Um diesen Vorgang bei technisch vertretbaren Spannungen und Feldstärken zu realisieren, wird der Elektronenemitter, die Kathode, erhitzt, so daß wegen der thermischen kinetischen Energie der Elektronen eine geringere Austrittsarbeit und damit Feldstärke benötigt wird, um die Elektronen dazu zu bewegen, die Kathode zu verlassen und durch den Zwischenraum zur Anode zu fliegen.

Wir betrachten dazu das einfache Modell eines Plattenkondensators nach Abb. 2.4-1. Solange U so niedrig ist, daß noch keine Elektronen aus der Kathode abgesaugt werden, gilt $E = U/d$. Beim Elektronenfluß infolge höherer Spannung U enden jedoch nicht mehr alle von der Anode ausgehenden E- und D-Feldlinien auf der Kathode, sondern zumindest tlw. unterwegs auf den Elektronen im Flug. Daraus folgt eine zur Kathode abnehmende Feldstärke $E(x)$. Behalten wir jedoch das vereinfachte Modell konstanter Feldstärke bei, ergibt sich für die Kräftebilanz an einem Elektron zu jedem Zeitpunkt t:

$$eE = m_e a = m_e \frac{v(t)}{t} \quad \Rightarrow \quad v(t) = \frac{dx}{dt} = \frac{eEt}{m_e} = \frac{eUt}{m_e d}. \tag{2.4-1}$$

Hier und in der Folge werden nur Beträge betrachtet. Für die Zeit τ, die ein Elektron braucht, um zur Anode zu gelangen, gilt mit:

$$d = x(\tau) = \int_0^\tau v(t)dt = \int_0^\tau \frac{eUt}{m_e d}dt = \frac{eU\tau^2}{2m_e d} \quad \Rightarrow \quad \tau = d\sqrt{\frac{2m_e}{eU}}. \tag{2.4-2}$$

Vergleiche dazu auch Aufgabe 1.4.3-3. Im stationären Zustand verlassen alle Elektronen, die über die untere Zuleitung die Kathode erreichen, diese sofort und die negative Elektrode wird nun praktisch von dem fliegenden Raumladungsvolumen $Q < 0$ gebildet, das soz. im Intervall τ einmal komplett ausgetauscht ist. Die Kathode ist dabei fast feldfrei. Dazu gehört mit der Kapazität $C = \varepsilon_0 A/d$ folgender mittlere Strom:

$$I = \frac{Q}{\tau} = \frac{CU}{d}\sqrt{\frac{eU}{2m_e}} = \frac{\varepsilon_0 A}{d^2}\sqrt{\frac{e}{2m_e}}U^{\frac{3}{2}} \quad \Rightarrow \quad S = \frac{\varepsilon_0}{d^2}\sqrt{\frac{e}{2m_e}}U^{\frac{3}{2}} \approx \frac{2{,}6\,\mu\text{A}}{d^2}\left(\frac{U}{\text{V}}\right)^{\frac{3}{2}}. \tag{2.4-3}$$

Wir erkennen, daß im Gegensatz zum später betrachteten OHMschen Gesetz keine lineare Beziehung zwischen Stromstärke und Spannung besteht, sondern $I \sim U^{3/2}$ gilt. Dieses auch für andere, z.B. zylindrische Kombinationen, gültige Raumladungsgesetz wurde 1913 von W. SCHOTTKY entdeckt (engl. Literatur: CHILD-LANGMUIR-Gesetz).

Auf die Tatsache, daß das Ergebnis eine Näherung ist, wurde bereits hingewiesen. Zum einen wird die wahre Flugzeit wegen der zur Kathode abnehmenden Feldstärke > τ sein, zum andern ist der durch das fliegende Raumladungsvolumen gebildete virtuelle Plattenabstand < d, die als Produkt in $CU/\tau = \varepsilon_0 AU/d\tau$ auftreten und sich daher großteils aufheben. Diese Einflüsse lassen sich erfassen, wenn wir die im vorigen Kapitel besprochene POISSONgleichung als Lösungsgrundlage verwenden, was man in den Aufgaben nachvollziehen kann. Das Ergebnis ändert sich nicht wesentlich; der Strom beträgt nur etwa 8/9 des o.a. Darüberhinaus können wir eine Feldverzerrung durch das Eigenfeld der fliegenden Elektronen, die sich ja gegenseitig abstoßen, erwarten.

Bei niedrigen Spannungen besitzen noch viele Elektronen eine diffuse thermische Energie, die verzögert, daß sie sich sofort unter dem Einfluß des Feldes geradlinig in Richtung Anode bewegen. Dazu gehört ein Anlaufstrom mit geringerem Anstieg, an den sich erst der o.a. Bereich normalen Betriebs anschließt.

Stellt demgegenüber die Kathode bei extrem hoher Spannung keine hinreichende Elektronenmenge mehr zur Verfügung, verhindert dieser Sättigungseffekt einen weiteren Stromanstieg. Sind die Elektronengeschwindigkeiten sehr hoch, ist ihre relativistische Massenzunahme um den Faktor $1/\sqrt{1-v^2/c_0^2}$ zu berücksichtigen, d.h. auch dann muß das Gesetz modifiziert werden.

Wird an die Glühkathode eine positive Spannung relativ zur Anode angelegt, tritt kein nennenswerter Raumladungsstrom auf, d.h. die Anordnung sperrt. Dies ist eine klassische Ventilfunktion, in der Elektrotechnik eine Diode, hier typisch mit konzentrischen Zylinderelektroden mit Innenkathode und darin einem axialen Heizstab realisiert. Wird zwischen Anode und Kathode eine dritte gitterförmige Steuerelektrode eingebracht, kann durch die Wahl der dort angelegten Spannung der Elektronenfluß gesteuert werden, wodurch ein Verstärker realisierbar ist. Diese Hochvakuumtriode wird in Abschnitt 2.9.5.1 über den Halbleiter-Bipolartransistor kurz vorgestellt, da beide Bauelemente vergleichbare Funktionsweisen auf allerdings unterschiedlichen physikalischen Grundlagen aufweisen.

Aufgabe 2.4-1: Man stelle für gegebene Stromstärke $I = -\rho(x)v(x)A$ die exakte Differentialgleichung für den Potentialverlauf $\varphi_e(x)$ auf, indem man die POISSONgleichung und die Energiebilanz von kinetischer und COULOMBenergie der Elektronen verknüpft.

Aufgabe 2.4-2: Man überprüfe, ob die Differentialgleichung der vorigen Aufgabe durch einen Ansatz der Form $\varphi_e(x) = U(x/d)^{4/3}$ gelöst werden kann und bestimme daraus $I(U)$.

Aufgabe 2.4-3: Man bestimme aus den vorigen Aufgaben die Raumladungsverteilung $\rho(x,U)$.

2.5 Strömung durch leitfähige Materie

In Analogie zur Permittivität ε des Abschnitts 1.8 beschreibt die Konduktivität κ bzw. die Beweglichkeit χ die Qualität der Leitfähigkeitseigenschaften eines Materials. Beim Übergang zwischen Materialien verschiedener Konduktivität werden Brechungsgesetze ähnlich denen der Dielektrika zu erwarten sein. Leitwert G bzw. Widerstand R beschreiben daraus unter Einschluß der Geometrie analog zur Kapazität C das Strom/Spannungsverhalten am Bauelement.

2.5.1 Elektrische Leitfähigkeit κ

Nun muß in Analogie zu Abschnitt 1.8.1 noch der Bezug zur Ursache des Stromflusses, dem elektrischen Feld $\boldsymbol{E}$, hergestellt werden. $\boldsymbol{E}$, $\boldsymbol{S}$ und $-\boldsymbol{v}_D$ zeigen für Elektronen in die gleiche Richtung, da die freien Ladungen den elektrischen Feldlinien folgen. Als Materialverknüpfungsfaktor zwischen $\boldsymbol{E}$ und $\boldsymbol{S}$ setzt in Analogie zu ε die ***elektrische Leitfähigkeit*** oder ***Konduktivität*** κ, bzw. deren Kehrwert, der ***spezifische (elektrische) Widerstand*** oder die ***Resistivität*** ρ (nicht zu verwechseln mit der Raumladung mit gleichem Symbol), die beiden ins Verhältnis:

$$\kappa := \frac{S}{E} = en\frac{v_D}{E} =: \frac{1}{\rho}; \qquad [\kappa] = \frac{\mathrm{A/m^2}}{\mathrm{V/m}} \; (= \frac{\mathrm{A}}{\mathrm{Vm}} = \frac{\mathrm{S\,(iemens)}}{\mathrm{m}}); \qquad [\rho] = \frac{\mathrm{V/m}}{\mathrm{A/m^2}} \; (= \frac{\mathrm{Vm}}{\mathrm{A}} = \Omega\mathrm{m}). \tag{2.5-1}$$

Dabei finden wir keine Unterscheidung zwischen einem Freiraum-κ_0 und einem κ im Medium - und damit auch kein κ_r, wie dies bei ε, ε_0 und ε_r der Fall ist. Der Freiraum besitzt für den elektrischen Strom keine lineare Leitfähigkeit, die derjenigen für den elektrischen (und später auch magnetischen) Fluß vergleichbar ist, sondern lediglich eine Fähigkeit zur Raumladungsströmung, wie im vorigen Abschnitt beschrieben.

Erfolgt bei hohen Spannungen ein OHMscher Durchschlag in einem Dielektrikum, ist dies ein nichtlinearer Effekt, die nicht mit einer Proportionalität wie zwischen $\boldsymbol{D}$ und $\boldsymbol{E}$ im Dielektrikum vergleichbar sind. Weiterhin ist folglich auch eine Zerlegung der Stromdichte in einen Freiraumanteil $\boldsymbol{S}_0$ und einen $\boldsymbol{P}$ vergleichbaren Polarisationsanteil nicht sinnvoll. Freie Elektronen polarisieren sich nicht mit einer Art Rückstellung, sondern dem Wesen des Leiters nach werden sie ja dauerhaft von ihrer momentanen Ort irreversibel wegbewegt, womit wir eine Energieaufnahme erwarten können, die wir später berechnen werden.

Für die vektorielle Beziehung gilt somit in Analogie zu Gl. 1.8-4 das OHMsche Gesetz in Vektorform:

$$\boldsymbol{S} = \kappa\boldsymbol{E}; \qquad \boldsymbol{E} = \rho\boldsymbol{S}. \qquad \boldsymbol{D}=\varepsilon\boldsymbol{E} \qquad (2.5\text{-}2)$$

Ist neben einem passiven Spannungsabfall noch eine ***eingeprägte elektrische Feldstärke*** $\boldsymbol{E}_q$ (interne Spannungsquelle), wie z.B. bei einem chemischen Prozeß infolge des Zusammentreffens von Stoffen an unterschiedlicher Position der elektrochemischen Spannungsreihe in einer Batterie zu berücksichtigen, ist die Gleichung um den zu dieser Feldstärke gehörigen Stromdichteanteil zu erweitern:

$$\boldsymbol{S} = \kappa(\boldsymbol{E} + \boldsymbol{E}_q). \qquad (2.5\text{-}3)$$

Zur physikalischen Interpretation repräsentiert κ das Wirkungs/Ursachenverhältnis der durch das elektrische Feld verursachten Konzentration der Stromdichtefeldlinien zu der verursachenden elektrischen Feldstärke.

Tab. 2.5-1 führt die Konduktivitäten κ_{20} bei 20°C verschiedener in der Elektrotechnik wichtiger Metalle auf. Deren Leitfähigkeiten liegen also grob in der Größenordnung von 10 Sm/mm^2, diejenigen von Halbleitern bei 10^{-2} ... 10^{-9} Sm/mm^2, und von Isolatoren bei < 10^{-14} Sm/mm^2.

Aufgabe 2.5.1-1: Man bestimme in Aufgabe 2.3.2-3 U_{23} für $d \to \infty$. Wie ließe sich daraus κ bestimmen?

Aufgabe 2.5.1-2: Mit der metallischen Massivkugel mit Radius r_0 soll bei einer Durchschlagsfestigkeit der Luft von E_D = 10 kV/cm eine Sprühentladung erzeugt werden. Welchen Wert muß r_0 für $a \to \infty$ haben?

***Aufgabe 2.5.1-3**: Welchen Wert hat r_0 für a = 5 m? Zur näherungsweisen Berechnung verwende man die in der Elektrostatik besprochene Spiegelungsmethode. Man skizziere das Ergebnis.

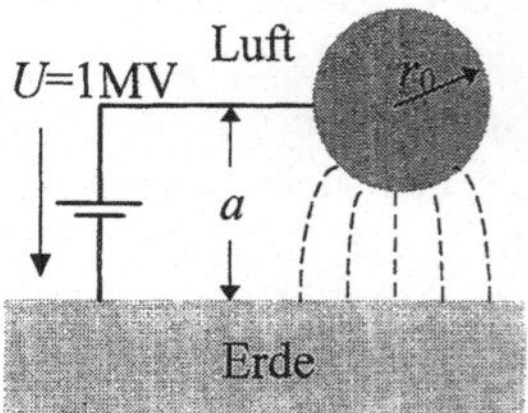

2.5.2 Beweglichkeit χ

Die ***Beweglichkeit*** χ der freien Ladungsträger ist der Quotient von Ladungsträgergeschwindigkeit v und verursachender elektrischer Feldstärke E, und damit als Maß dafür, wie gut sich diese durch das elektrische Feld zwischen den Atomrümpfen hindurchmanövrieren lassen, eine weitere nützliche Beschreibungsgröße:

$$\chi := \frac{v}{E} = \frac{\kappa}{en} = \frac{1}{\rho en}; \qquad [\chi] = \frac{\frac{m}{s}}{\frac{V}{m}} \quad (= \frac{m^2}{Vs}). \qquad (2.5\text{-}4)$$

Wir haben sie mit dem selten verwendeten χ gekennzeichnet, damit das hierfür in der Literatur übliche μ nicht mit dem hier und in der Literatur verwendeten μ für die Permeabilität verwechselt wird. χ beschreibt als Wirkung die Geschwindigkeit freier Ladungsträger zur verursachenden elektrischen Feldstärke.

Während κ die wesentliche Beschreibungsgröße für die Leitfähigkeit von Leitern, insbes. Metallen, ist, dominiert χ bei dotierten Halbleitern. Um hier den Vergleich zwischen Dielektrika, Halbleitern und Leitern darzustellen, sei dargelegt, daß bei der Elektrostatik ε_r die mit Abstand dominante Materialgröße darstellt, κ und χ sind wenig brauchbare Größen, da ja keine nennenswerten Anzahlen freier Ladungsträger vorhanden sind.

Bei Metallen kommen demgegenüber als einzige Ladungsträgersorte Elektronen vor und κ ist das Maß für deren extrem hohe Dichte. Aus diesem Grund behindern sie sich gegenseitig in ihrem Fortkommen durch den Leiter, weshalb die Beweglichkeit in mittleren Größenordnungen von (10 ... 100) cm^2/Vs im Vergleich zur entspr. Tab. 2.5-1 typisch mehr als zehnfachen bei Halbleitern liegt. Da die Ladungsträgerdichte bei Metallen aber typ. um viele Zehnerpotenzen darüber liegt, ergeben sich für jene dennoch deutlich niedrigere Widerstände.

Den Stromfluß bestimmt bei Metallen also die Ladungsträgermenge, bei Halbleitern ihre Geschwindigkeit. Daher versucht man vielfach z.B. Silizium durch Gallium-Arsenid zu ersetzen, denn die ca. sechsfach höhere Ladungsträgerbeweglichkeit geht unmittelbar in die realisierbaren Taktfrequenzen mit ein. Die deutlich schwierigere technologische Handhabbarkeit, z.B. die Nichtausbildung eines thermischen Oxids, verhindert den zu Silizium vergleichbaren Einsatz.

Darüberhinaus sind bei Halbleitern i.allg. die Beweglichkeiten der Elektronen im Leitungs- und der Löcher im Valenzband noch unterschiedlich, wie in Tab. 2.5-1 angegeben. Sie werden bei normalen Dotierungen von dieser nicht nennenswert beeinflußt, d.h. die Beweglichkeit des Substrats kann weiterhin angenommen werden.

Aufgabe 2.5.2-1: Man bestimme für undotierte und dotierte Halbleiter den Zusammenhang zwischen κ, Ladungsträgerdichten und Beweglichkeiten. Man gebe κ für reines und für mit $N = 10^{15}/cm^3$ dotiertes Silizium an.

Aufgabe 2.5.2-2: Man berechne für eine Stromdichte von 1 A/mm^2 die Ladungsträgergeschwindigkeit in Kupfer, mit $N_D = 10^{15}/cm^3$ dotiertem Silizium, und an der Anode einer Raumladungsströmung mit einem Elektrodenabstand von $d = 1mm$.

Aufgabe 2.5.2-3: Man rechne die vorige Aufgabe für eine Feldstärke von $E = 1$ V/mm.

2.5.3 Brechungsgesetze an Grenzflächen der Leitfähigkeit

Dieser Abschnitt korrespondiert so eng mit Abschnitt 1.8.5 über die Brechungsgesetze beim Durchgang von elektrischen Feldern durch ein Dielektrikum, so daß keinerlei Verständnisschwierigkeit besteht, wenn dargelegt wird, daß die Ergebnisse übernommen werden können, wenn wir in diesem ganzen Abschnitt die elektrische Flußdichte $\boldsymbol{D}$ durch die Stromdichte $\boldsymbol{S}$ und die Permittivität ε durch die spezifische Leitfähigkeit κ ersetzen. Als Ergebnisse erhalten wir:

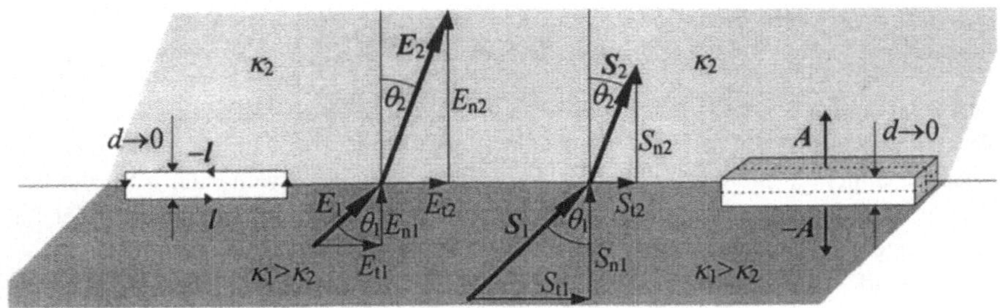

Abb. 2.5-1: Brechungsgesetze an OHMschen Grenzflächen.

$$E_{t1} = E_{t2}, \qquad S_{n1} = S_{n2}, \qquad \frac{\tan\theta_1}{\tan\theta_2} = \frac{\kappa_1}{\kappa_2}. \qquad E_{t1} = E_{t2}, D_{n1} = D_{n2}, \frac{\tan\theta_1}{\tan\theta_2} = \frac{\varepsilon_1}{\varepsilon_2} \tag{2.5-5}$$

Zur Erinnerung seien in Abb. 2.5-1 die Verhältnisse von Abb. 1.8-8 direkt auf die Stromdichte übertragen. Für das elektrische Feld wird wie dort links mit dem Umlaufintegral der Spannung argumentiert, für die Stromdichte rechts die Kontinuitätsgleichung des Strömungsfelds div$\boldsymbol{S} = 0$ zugrundegelegt.

Im Gegensatz zu dielektrischen Grenzflächen ist hier der Fall von Bedeutung, daß ein Medium mit endlicher Leitfähigkeit κ_1 an eines ohne jegliche Leitfähigkeit $\kappa_2 \to 0$ anstößt, was bei jenen in diesen Maße nicht zu beobachten ist. Dieser Fall wird wegen der Leitfähigkeit des Freiraums für Flußfeldlinien nur näherungsweise erreicht, ist aber für isolierte Leiter, die ja den Normalfall des Stromtransports darstellen, von Interesse.

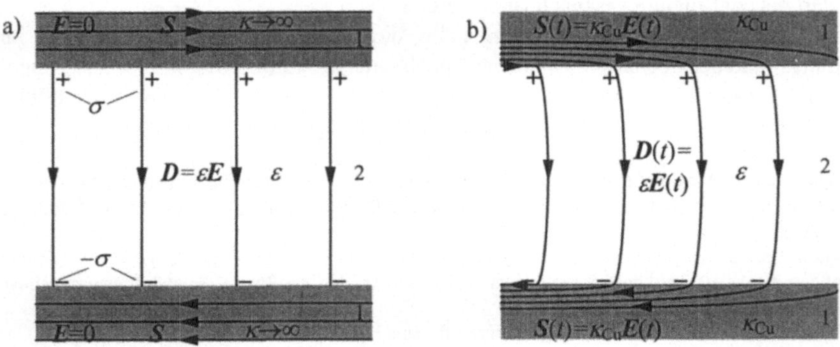

Abb. 2.5-2: Feldlinienverläufe am Rand eines Leiters und zwischen Hin- und Rückleiter, a) bei Gleichgrößen und idealem Leiter, b) bei zeitveränderlichen Größen und realem Leiter.

Grundsätzlich können hier folgende Fallunterscheidungen getroffen werden:

- Idealfall des Gleichstroms und $\kappa_1 \to \infty$:

  Die Feldlinienverläufe sind in Abb. 2.5-2a) dargestellt und werden unten begründet.

- Gleichstrom und κ_1 endlich:

  Die Feldlinienverläufe sind in einer Aufgabe zu überlegen und werden unten begründet.

- Zeitveränderlicher Strom und κ_1 endlich:

  Die Feldlinienverläufe sind in Abb. 2.5-2b) dargestellt und können erst mithilfe des später dargestellten Verschiebungsstroms und für hohe Frequenzen mithilfe des Skineffekts begründet werden. Sie werden daher nicht weiter verfolgt.

Nehmen wir als Beispiel den Übergang zwischen Kupfer mit $\kappa_1 = 58$ Sm/mm^2 und einem Nichtleiter mit $\kappa_2 \to 0$, so gilt praktisch unabhängig von θ_1 $\theta_2 \to 0°$. Für beide sei $\varepsilon = \varepsilon_0$. Es sind die Querbezüge zwischen den folgenden acht Feldkomponenten zu bestimmen:

im Leiter: $E_{n1}, E_{t1}, S_{n1}, S_{t1}$ und im Isolator: $E_{n2}, E_{t2}, S_{n2}, S_{t2}$.

Stetigkeit von S_n bedeutet: $S_{n1} = S_{n2} = S_n$. Es gilt aber wegen $\kappa_2 = 0$: $S_{n2} = \kappa_2 E_{n2} = 0$, da E_{n2} sicher endlich, folglich ist auch $S_{n1} = 0$. Weiterhin gilt wegen $\kappa_2 = 0$: $S_{t2} = S_{t1}\kappa_2/\kappa_1 = 0$, da S_{t1} natürlich ebenfalls endlich sein muß. Von den vier grundsätzlich möglichen Stromdichtekomponenten bleibt also erwartungsgemäß nur die Tangentialkomponente im Leiter S_{t1} übrig.

Stetigkeit von E_t bedeutet: $E_{t1} = E_{t2} = E_t = S_{t1}/\kappa_1$ endlich, wir messen also im Leiterinnern dieselbe Spannung wie außen entlang des Leiters. $E_{n1} = S_{n1}/\kappa_1 = 0$, da $S_{n1} = 0$; $E_{n2} = S_{n2}/\kappa_2$ ist so nicht weiter auswertbar, da ein Quotient 0/0 vorliegt. Andererseits sind wir nun in einem Dielektrikum, wo ja $E_{n2} = D_{n2}/\varepsilon_2$, also $E_{n2} = D_{n2}/\varepsilon_0$ gelten muß.

D_{n2} könnte grundsätzlich entweder aus einem D_{n1} oder von Ladungsbedeckungen σ herrühren. Da im ersten Fall $D_{n2} = D_{n1} = \varepsilon_1 E_{n1} = 0$ wg. $E_{n1} = 0$ gilt, bleibt nur noch die zweite Möglichkeit. Das heißt, daß sich auf einem stromdurchflossenen Leiter Ladungsbedeckungen σ bilden. Deren Quantifizierung ist erst bei Spezifikation der Leitergeometrie angebbar. Dieser Effekt sollte uns nicht wundern, denn letztendlich haben Objekte, an die eine Spannung angelegt wird, nach den Ausführungen der Elektrostatik auch eine Kapazität C.

Als Fazit ist für das elektrische Feld und die Stromdichte in und um ideal isolierte Leiter endlicher Leitfähigkeit κ_1 bei gegebener Tangentialfeldstärke E_t festzuhalten:

Im realen Leiter mit κ_1 endlich:		Auf der Leiteroberfläche:		
$E_{t1} = E_t,$	$E_{n1} = 0$	$E_{t2} = E_t,$	$E_{n2} = \sigma/\varepsilon_2$	
$S_{t1} = \kappa_1 E_t,$	$S_{n1} = 0$	$S_{t2} = 0,$	$S_{n2} = 0.$	(2.5-6)

Ist der Leiter mit $\kappa_1 \to \infty$ ideal, wie dies z.B. bei einem Supraleiter praktisch gegeben ist, können wir E_t endlich nicht vorgeben, denn dieses hätte eine unendliche Stromstärke zur Folge, weshalb $E_t = 0$ sein muß. Stattdessen können wir dort die Stromdichte S_{t1} endlich vorgeben, so daß sich folgende Verhältnisse gemäß Abb. 2.5-2a) einstellen:

Im idealen Leiter mit $\kappa_1 \to \infty$:		Auf der Leiteroberfläche:		
$E_{t1} = 0,$	$E_{n1} = 0$	$E_{t2} = 0,$	$E_{n2} = \sigma/\varepsilon_2$	
$S_{t1} \neq 0,$	$S_{n1} = 0$	$S_{t2} = 0,$	$S_{n2} = 0.$	(2.5-7)

Hier sind also Tangentialstromdichte im Leiter und Normalfeldstärke im Zwischenraum formal entkoppelt.

Aufgabe 2.5.3-1: Man weise nach, daß im allgemeinen Fall auf der Grenzfläche zwischen zwei gleichstromdurchflossenen Leitern zwingend eine Ladungsbedeckung σ auftritt. Gibt es spezielle Bedingungen, unter denen σ verschwindet?
Aufgabe 2.5.3-2: Man skizziere die Feldverhältnisse analog zu Abb. 2.5-2 bei Gleichstrom für den realen Leiter mit κ_1 endlich.
***Aufgabe 2.5.3-3**: Ein Stromdichtefeld trifft entsprechend der Abbildung unter dem Winkel θ_1 = 30° auf ein Medium der Dicke d = 1 cm und $\kappa_2 = \kappa_1/2$, hinter dem wieder ein Medium mit κ_1 folgt. Um welches Stück a sind dort die Feldlinien gegenüber dem ersten Medium parallelverschoben?

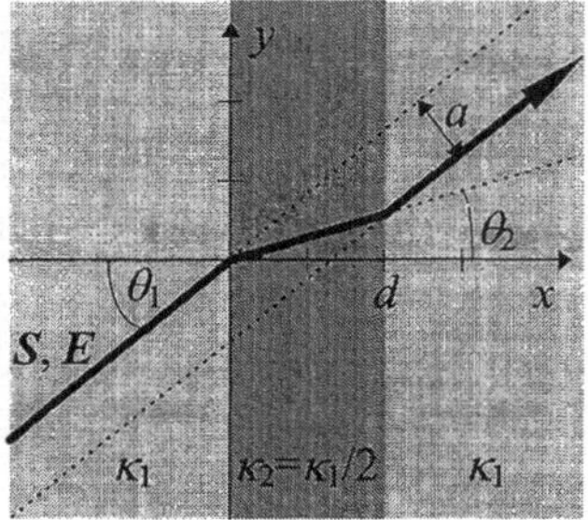

2.5.4 Die Quelldichte der elektrischen Feldstärke im Strömungsfeld

In Abschnitt 1.8.6 wurde dargelegt, daß elektrische Feldlinien im Dielektrikum an Orten entstehen oder verschwinden, an denen dieses inhomogen ist. Die gleiche Argumentation mit denselben Schlußfolgerungen können wir auf ein inhomogenes leitfähiges Medium $\kappa(x)$ übertragen:

$$\nabla\cdot\boldsymbol{S} = \nabla\cdot(\kappa\boldsymbol{E}) = \kappa\nabla\cdot\boldsymbol{E} + \boldsymbol{E}\cdot\nabla\kappa = \kappa\,\mathrm{div}\boldsymbol{E} + \boldsymbol{E}\cdot\mathrm{grad}\kappa = 0, \qquad (2.5\text{-}8)$$

woraus folgt:

$$\mathrm{div}\boldsymbol{E} = -\boldsymbol{E}\cdot\frac{\mathrm{grad}\kappa}{\kappa} = -E_\mathrm{n}\frac{|\mathrm{grad}\kappa|}{\kappa}. \qquad \boxed{\mathrm{div}\boldsymbol{E} = -\boldsymbol{E}\cdot\frac{\mathrm{grad}\varepsilon}{\varepsilon}} \qquad (2.5\text{-}9)$$

Der Gradient zeigt in Richtung wachsender Konduktivität, dort bricht aber das elektrische Feld zusammen, d.h. Feldlinien aus Gebieten niederer Konduktivität müssen an der Grenze enden. In Gebieten hoher Konduktivität werden die Feldlinien nicht benötigt, um die Stromdichte aufrechtzuerhalten. Die Ladungsträger rutschen soz. durch das Material. Dies bedeutet, daß aus Richtung niederer Konduktivität eine Grenzfläche eine Senke (soz. eine Konvergenz) elektrischer Feldlinien darstellt.

Wegen des Skalarprodukts zwischen $\boldsymbol{E}$ und gradκ hat nur der zur Trennfläche liegende Normalanteil von $\boldsymbol{E}$ Einfluß auf das Entstehen (oder Verschwinden) von Feldlinien an der Trennfläche - genau dies sagen auch hier die Brechungsgesetze aus, so daß dies ebenfalls nur eine andere Formulierung derselben darstellt.

Aufgabe 2.5.4-1: Man stelle div$\boldsymbol{E}$ für $\boldsymbol{E} = E_r(r)\vec{e}_r$ und $\kappa(r)$ in Kugelkoordinaten dar.
Aufgabe 2.5.4-2: Auf welche Weise ließe sich aus div$\boldsymbol{E}$ das Potential φ_e bestimmen?
Aufgabe 2.5.4-3: Man leite $E_{n1}/E_{n2} = \kappa_2/\kappa_1$ aus div$\boldsymbol{E}$ her.

2.5.5 Technische Eigenschaften von Leitern

Wie bei den Dielektrika in Abschnitt 1.8.8 besprochen, ist es für den nützlichen Einsatz von Leitermaterialien wichtig, ihre physikalischen Eigenschaften zu kennen. Diese Kenntnisse ermöglichen den im nächsten Abschnitt beschriebenen Bau von Widerständen, wo es neben der Geometrie darum geht, das richtige Leitermaterial in Bezug auf diese Parameter wählen zu können.

Stoff	Materialdaten		
Metalle	κ_{20}[Sm/mm^2]	α_{20}[10^{-3}/K]	β_{20}[10^{-6}/K^2]
Aluminium (Al)	35,7	4,1	1,3
Blei (Pb)	4,8	4	2
Chromnickel (CrNi)	0,92	0,1	≈ 0
Eisen (Fe)	7 ... 10	4,5 ... 6	6
Konstantan (CuNi)	2	0,01	≈ 0
Kupfer (Cu)	58	3,95	0,6
Manganin (CuNiMn)	2,4	0,04	≈ 0
Messing (CuZn40)	≥ 15	2	≈ 0
Platin (Pt)	9 ... 7	2 ... 3	0,6
Quecksilber (Hg)	1,04	0,99	1,2
Silber (Ag)	62,5	4,1	0,7
Wolfram (W)	18	4,1	1
Zink (Zk)	16,7	4,2	0,2
Halbleiter	χ_n[cm^2/Vs]	χ_p[cm^2/Vs]	ε_r
Silizium (Si)	1350	480	11,7
Germanium (Ge)	3900	1900	16,3
Gallium-Arsenid (GaAs)	8500	450	11,1
Indium-Phosphid (InP)	5300	100	10,7

Tab. 2.5-1: Wichtige in der Elektrotechnik eingesetzte Leiter und Halbleiter und deren Materialdaten.

Temperaturabhängigkeit

Eine wesentliche Eigenschaft der Materialgrößen ist die Temperaturabhängigkeit $\kappa(T)$ bzw. $\rho(T)$, die durch ***Temperaturkoeffizienten***, auch ***Temperaturbeiwerte***, α und β z.B. bei Raumtemperatur mit $\Delta T := T - 293\,\text{K} = \vartheta - 20°\text{C}$ approximiert werden können:

$$\rho(T) \approx 1/\kappa_{20} \cdot (1 + \alpha_{20}\Delta T + \beta_{20}\Delta T^2). \qquad [\alpha] = \text{K}^{-1}, [\beta] = \text{K}^{-2} \quad (2.5\text{-}10)$$

Tab. 2.5-1 führt neben den Konduktivitäten κ_{20} die Temperaturkoeffizienten verschiedener in der Elektrotechnik wichtiger Metalle auf. Diese Koeffizienten entstehen aus einer TAYLORreihenentwicklung 2. Ordnung, die beschreibt, wie eine Meßkurve $\rho(T)$ für kleine Temperaturbereiche mit $\beta = 0$ linearisiert werden kann und für größere Bereiche oder/und bei starken Krümmungen ein quadratischer Korrekturfaktor $\beta \neq 0$ die Kurvenkrümmung beschreibt. Die lineare Approximation ist bei flachen Kurven in weiten Bereichen anwendbar. Gültigkeitsbereiche erstrecken sich meist über einige hundert Kelvin. Für die TAYLORreihen gilt allgemein:

$$\rho(T) \approx \sum_{i=0}^{n} \frac{(T - T_0)^i}{i!} \cdot \left.\frac{\mathrm{d}^i \rho}{\mathrm{d}T^i}\right|_{T_0}, \qquad (2.5\text{-}11)$$

und für $n = \infty$ exakt. In der vorigen Formel ist $\vartheta_0 = 20\,°\text{C}$ bzw. $T_0 = 293\,\text{K}$.

Das Auffinden der korrekten Werte von α und β kann nach verschiedenen Kriterien erfolgen, die hier nicht im Detail diskutiert werden sollen. Sie sind mehr ein mathematisches als physikalisches Problem. Zunächst muß festgelegt werden, welche Abweichung - z.B. 5 % - zulässig ist. Dadurch wird der Temperaturgültigkeitsbereich festgelegt. Dann kann mit einer Variationsanalyse die Fläche zwischen der Meß- und Approximationskurve minimiert werden. Sie wird durch Integration berechnet, das Integral nach α und β differenziert, nullgesetzt und das Ergebnis nach den Koeffizienten aufgelöst. Dabei kann als Zusatzkriterium vorgegeben werden, daß bei der Solltemperatur die Approximation optimal ist und zu den Rändern weiter abweichen kann, oder daß über den ganzen Bereich die mittlere Approximation gut ist.

Konstantan, Manganin, Nickelin und AuCr sind Werkstoffe mit geringem Temperaturkoeffizienten.

Anisotropie

Wie bei den Dielektrika treten bei bestimmten Leitermaterialien Richtungsabhängigkeiten der Leitfähigkeiten auf. Dies ist weniger bei Metallen als z.B. beim Graphit der Fall, bei dem die Atome in Schichten liegen, in denen sie zu regelmäßigen Sechsecken angeordnet sind. Innerhalb der Schichten leitet der Graphit gut, von Schicht zu Schicht dagegen schlecht. Dennoch ist jedes Graphitstück ein Leiter, da seine kleinen Kristalle unregelmäßig verteilt sind und sich so die Richtungsabhängigkeit im Mittel nach außen aufhebt. κ wird für einen kleinen Graphitkristall wie ε durch einen Tensor beschrieben.

Nichtlinearität

zwischen Feldstärke und Stromdichte, d.h. $\kappa(E)$ und mündet letztendlich in eine Spannungsabhängigkeit von Widerständen. Sie ist vor allem bei Halbleitern von Bedeutung.

Aufgabe 2.5.5-1: Um wieviel % ändert sich ρ_{Cu}, wenn sich die Temperatur von 20°C auf 40°C erhöht?
Aufgabe 2.5.5-2: Bei welcher Temperatur hat sich die Konduktivität von Kupfer halbiert?
Aufgabe 2.5.5-3: Man bestimme α_{20} und β_{20} für einen Temperaturverlauf $\rho(\vartheta) = \rho_{20} \cdot e^{\vartheta/20°C-1}$.

2.6 OHMscher Leitwert *G* und Widerstand *R*, OHMsches Gesetz

Der (elektrische oder OHMsche) ***Leitwert*** *G* ist in Analogie zum Kondensator des Abschnitts 1.9 das Bauelement des elektrischen Strömungsfeldes und wird durch Geometrie und Material bestimmt. Seine Inversion ist der (elektrische oder OHMsche) ***Widerstand*** *R*. Analog zur Materialgröße - hier der spezifischen Leitfähigkeit κ - wird auch dieses Bauelement über ein allgemeines Wirkungs/Ursachenverhältnis definiert. Im vorliegenden Fall heißt das: ein Leitwert *G* ist dann groß, wenn man mit wenig Spannung *U* eine große Stromstärke *I* erreicht:

$$G := \frac{I}{U}; \qquad I = GU; \qquad U = \frac{I}{G}.$$

I G, R

U

$$C = \frac{Q}{U}$$

$$[G] = \frac{\text{A}}{\text{V}} =: \text{S (iemens)}; \qquad \text{engl.: mhO} \quad \text{oder} \quad \mho \qquad (2.6\text{-}1)$$

Gebräuchlicher, aber invers im Sinne der Definition eines Bauelements, ist der OHMsche Widerstand *R*:

$$R := \frac{U}{I}; \qquad U = RI; \qquad I = \frac{U}{R}. \qquad [R] = \frac{\text{V}}{\text{A}} =: \Omega \text{ (Ohm)} \qquad (2.6\text{-}2)$$

Die vorstehenden Gleichungen stellen das OHMsche Gesetz dar (GEORG SIMON OHM, 1827). Es wird vielfach als die zentrale Formel der gesamten Elektrotechnik betrachtet, weshalb sie in allen Variationen dargestellt ist.

Einen einfachen Widerstand realisiert eine Geometrie wie in Abb. 2.3-1. Für ihn kann praktisch exakt der Leitwert *G* angegeben werden:

$$G = \frac{SA}{El} = \frac{\kappa EA}{El} = \kappa\frac{A}{l} \qquad \text{bzw.} \qquad R = \rho\frac{l}{A}. \qquad C \approx \varepsilon\frac{A}{l} \tag{2.6-3}$$

Damit steht auch die Forderung für große Leitwerte seitens der Geometrie fest. Wir erhalten sie bei großer Konduktivität, großer Querschnittsfläche und kleiner Bautiefe. In der Praxis liegen Widerstandswerte typisch im (mΩ ...) Ω - MΩ (... GΩ)-Bereich.

Leiter der Länge l entspr. Abb. 1.9-8 stellen ebenfalls Widerstände dar. Für sie ist charakteristisch, daß l eine sehr große Ausdehnung im Vergleich zum Leiterradius a und damit zur Leiterquerschnittsfläche A hat. Zum anderen ist die Geometrie in dieser Richtung meist homogen, auch wenn die Feldverläufe normal dazu inhomogen sind. Eine wichtige Beschreibungsgröße für die Leitungstheorie ist daher der Widerstand des Leitermaterials pro Längeneinheit, der ***Widerstandsbelag*** R':

$$R' = \frac{\mathrm{d}R}{\mathrm{d}z} = \frac{R}{l} = \frac{U}{Il} = \frac{E}{I}. \qquad [R'] = [\rho] = \frac{\Omega}{\mathrm{m}} \tag{2.6-4}$$

U ist dann im Gegensatz zur Abbildung der Längsspannungsabfall entlang der Leitung und E die zugehörige Tangentialfeldstärke.

Weiterhin ist bei Leitungen der Leitwert des nie idealen Dielektrikums zwischen Hin- und Rückleiter von Bedeutung. Denn hier fließt auch ein Querstrom I unterwegs tlw. bereits zum Rückleiter, bevor er am entfernten Abschlußwiderstand ankommt. Daher geht die Leiterlänge l in die Fläche mit ein und der Leiterabstand d wird zur Längengröße. Es liegen mit U als Querspannung praktisch die Verhältnisse wie beim Kapazitätsbelag vor - nun in Form des ***Ableitungsbelags*** G':

$$G' = \frac{\mathrm{d}G}{\mathrm{d}z} = \frac{G}{l} = \frac{I}{Ul} = \frac{K}{U}. \qquad [G'] = [\kappa] = \frac{\mathrm{S}}{\mathrm{m}} \tag{2.6-5}$$

R' und G' sind aufgrund der dargelegten physikalisch unterschiedlichen Sachverhalte nicht invers zueinander, was sich auch in den nicht inversen Einheiten manifestiert.

2.6.1 Zusammenschalten von Widerständen

Widerstände können wie Kondensatoren im Netzwerk auf mannigfaltige Art mit ihresgleichen und anderen Bauelementen zusammengeschaltet werden, z.B. parallel oder in Reihe, aber auch komplizierter, z.B. als Stern/Dreieckschaltungen. Gefragt ist wieder der Gesamt- sprich: Ersatzleitwert oder -widerstand einer solchen Zusammenschaltung. Parallel- und Reihenschaltung sind auch hierbei die Grundschaltungen. Wenn deren Verhalten bekannt ist, können auch die komplizierteren Schaltungen berechnet werden.

2.6.1.1 Gesamtwiderstand parallelgeschalteter Widerstände, Stromteilerregel

Benötigen wir entsprechend Abb. 2.6-1a) den Gesamtleitwert G_{par} einer Parallelschaltung mehrerer Einzelleitwerte G_i, können wir analog zur Kapazität aus der einfachen Überlegung, daß an allen die gleiche Spannung U anliegt, sich die Ströme I_i jedoch nach der Knotenregel zum Gesamtstrom I aufsummieren, folgern, daß sich auch die Einzelleitwerte G_i zum Gesamtleitwert G_{par} addieren:

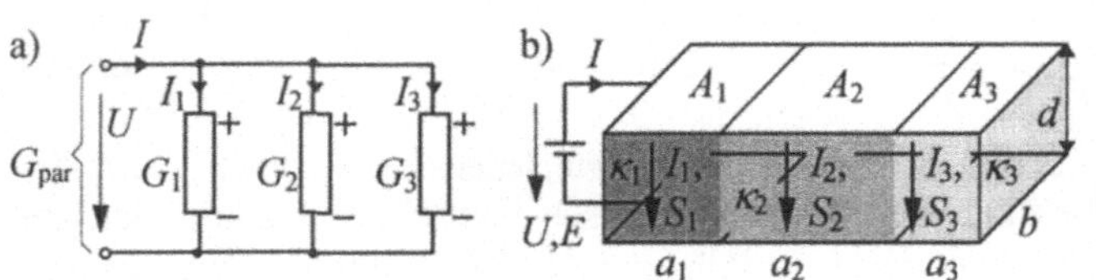

Abb. 2.6-1:
a) Parallelgeschaltete Leitwerte,
b) Leitwert mit quergeschichteten Konduktivitäten.

$$G_{\text{par}} = \frac{I}{U} = \sum_i \frac{I_i}{U} = \sum_i G_i = \sum_i \frac{1}{R_i}. \qquad C_{\text{par}} = \sum_i C_i \quad (2.6\text{-}6)$$

Speziell für die Parallelschaltung zweier Widerstände R_1 und R_2 gilt:

$$R_{\text{par2}} = \frac{R_1 R_2}{R_1 + R_2}. \quad (2.6\text{-}7)$$

Daraus resultiert die Stromteilerregel, die besagt, daß sich Ströme bei Leitwerten mit gleicher Spannung wie die Leitwerte, und umgekehrt wie die Widerstände verhalten:

$$U = \frac{I_i}{G_i} = \frac{I_j}{G_j} \quad \Rightarrow \quad \frac{I_i}{I_j} = \frac{G_i}{G_j} = \frac{R_j}{R_i}. \qquad \frac{Q_i}{Q_j} = \frac{C_i}{C_j} \quad (2.6\text{-}8)$$

Dabei sind G_i und G_j zwei beliebige Leitwerte der Parallelschaltung, im Beispiel $i,j \in [1,2,3]$.

Vergleichen wir dazu den Leitwert in Abb. 2.6-1b) mit drei parallelgeschalteten Konduktivitäten, so besteht kein prinzipieller Unterschied zur linken Darstellung, d.h. jene könnte eine Ersatzschaltung für die rechte sein. Bei b) muß die Feldstärke E überall gleich, d.h. stetig sein, da sie tangential zur Grenzfläche verläuft. Dafür verteilen sich die Ströme I_i unterschiedlich entsprechend den verschiedenen Konduktivitäten κ_i, womit die Stromdichte S_i in den einzelnen Gebieten unterschiedlich ist:

$$G = \frac{I}{U} = \frac{1}{U}\sum_i I_i = \frac{1}{U}\sum_i S_i A_i = \frac{Eb}{U}\sum_i \kappa_i a_i = \frac{b}{d}\sum_i \kappa_i a_i = \sum_i G_i. \quad (2.6\text{-}9)$$

Dieses Prinzip des Herausklammerns der konduktivitätsunabhängigen Feldstärke zur Leitwertberechnung bei parallelgeschalteten Konduktivitäten ist auch anwendbar, wenn die Felder inhomogen, aber nach wie vor parallel zu den Grenzflächen verlaufen.

2.6.1.2 Gesamtwiderstand reihengeschalteter Widerstände, Spannungsteilerregel

Bei einer Serienschaltung hingegen muß entspr. Abb. 2.6-2a) jeder Widerstand den gleichen Strom I führen. Dadurch führt jeder Widerstand R_i die Spannung U_i:

$$R_{\text{ser}} = \frac{U}{I} = \sum_i \frac{U_i}{I} = \sum_i R_i = \sum_i \frac{1}{G_i}. \quad (2.6\text{-}10)$$

Daraus resultiert die Spannungsteilerregel, die besagt, daß sich Spannungen bei Widerständen, die den gleichen Strom führen, wie die Widerstandswerte verhalten:

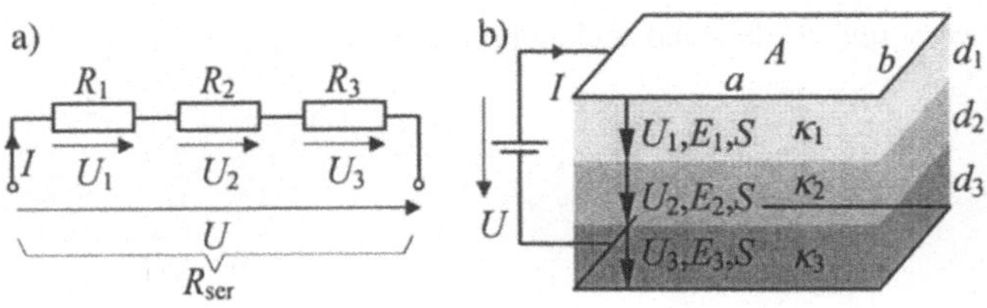

Abb. 2.6-2:
a) Reihengeschaltete Widerstände,
b) Widerstand mit längsgeschichteten Konduktivitäten.

$$I = G_i U_i = G_j U_j \qquad \Rightarrow \qquad \frac{U_i}{U_j} = \frac{R_i}{R_j} = \frac{G_j}{G_i}. \qquad \frac{U_i}{U_j} = \frac{C_j}{C_i} \tag{2.6-11}$$

Dabei sind R_i und R_j wie oben zwei beliebige Widerstände aus der Reihenschaltung.

Vergleichen wir dazu den Widerstand in Abb. 2.6-2b) mit drei reihengeschalteten Konduktivitäten, so besteht ebenfalls kein prinzipieller Unterschied zur linken Darstellung. Hier muß die Stromdichte S überall gleich, d.h. stetig sein, da sie normal zur Grenzfläche verläuft. Dafür verteilen sich die Spannungen U_i unterschiedlich entsprechend den verschiedenen Konduktivitäten κ_i, womit die Feldstärke E_i in den einzelnen Gebieten unterschiedlich ist:

$$R = \frac{U}{I} = \frac{1}{I}\sum_i U_i = \frac{1}{I}\sum_i E_i d_i = \frac{S}{I}\sum_i \frac{d_i}{\kappa_i} = \frac{1}{A}\sum_i \frac{d_i}{\kappa_i} = \sum_i R_i . \tag{2.6-12}$$

Dieses Prinzip des Ausklammerns der konduktivitätsunabhängigen Stromdichte zur Widerstandsberechnung bei reihengeschalteten Konduktivitäten ist auch anwendbar, wenn die Felder inhomogen, aber nach wie vor normal zu den Grenzflächen verlaufen.

Gesamtwiderstände zwischen zwei Klemmen in Netzwerken mit beliebiger Zusammenschaltung von Widerständen lassen sich messen, indem man z.B. an den Klemmen eine Spannungsquelle U anschließt, den Strom durch die Quelle mißt und den Quotienten $R = U/I$ bildet.

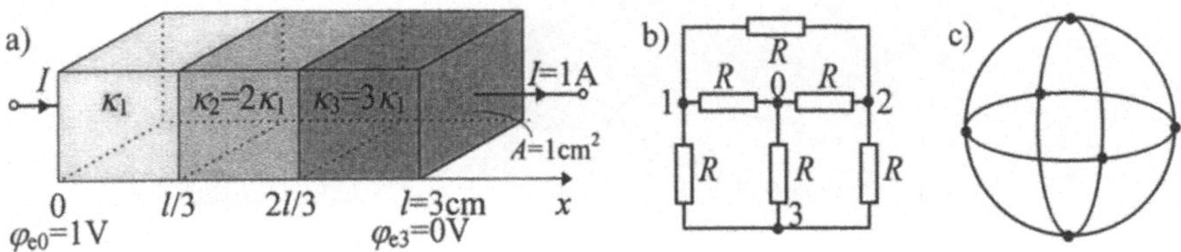

Aufgabe 2.6.1-1: Man stelle für die Schichtenfolge in Abb. a) graphisch $S(x)$, $E(x)$ und $\varphi_e(x)$ dar. Welchen Wert hat der Gesamtwiderstand R? Wie groß sind die Spannungen in den einzelnen Zonen?
Aufgabe 2.6.1-2: Man bestimme in Abb. b) den Gesamtwiderstand R_G zwischen den Klemmen 0 und 3.
***Aufgabe 2.6.1-3**: Drei Drahtkreise mit dem Viertelwiderstand R sind gemäß Abb. c) ineinandergeschoben. Man bestimme den Gesamtwiderstand R_G zwischen zwei beliebigen Klemmen.

2.6.2 Widerstandsberechnungen bei inhomogenem Feldverlauf

Liegt nun eine Konfiguration, wie in Abb. 2.3-3 vor, muß in Analogie zu Abschnitt 1.9.2 eine Berechnung mithilfe zuvor ermittelter Feldverläufe erfolgen. Um die vorstehende allgemeine Leitwert- und Widerstandsgleichung auszuwerten, wenden wir z.B. Gl. 1.4-19 an:

$$G = \frac{I}{\int_{+}^{-} \boldsymbol{E} \cdot \mathrm{d}\boldsymbol{s}} \qquad \text{bzw.} \qquad R = \frac{1}{I}\int_{+}^{-} \boldsymbol{E} \cdot \mathrm{d}\boldsymbol{s} \qquad C = \frac{Q}{\int_{+}^{-} \boldsymbol{E} \cdot \mathrm{d}\boldsymbol{s}} \tag{2.6-13}$$

Besorgen wir uns die Abhängigkeit $\boldsymbol{S}(I)$, bilden $\boldsymbol{E} = \boldsymbol{S}(I)/\kappa$, werten das Integral über einen beliebigen, aber möglichst einfachen Weg $\boldsymbol{s}$ zwischen den Elektroden aus und kürzen I weg, so erhalten wir den Leitwert G bzw. Widerstand R.

Bei gleicher Geometrie und Materialverlauf ist es möglich, aus einer bereits durchgeführten Kapazitätsberechnung auf den Leitwert und umgekehrt zu schließen. Füllen wir einen gegebenen Kondensator statt mit ε nun mit $\kappa \sim \varepsilon$, besteht zwischen ihnen die Beziehung:

$$G = \frac{1}{U}\int \boldsymbol{S} \cdot \mathrm{d}\boldsymbol{A} = \frac{1}{U}\int \kappa\boldsymbol{E} \cdot \mathrm{d}\boldsymbol{A} = \frac{\kappa/\varepsilon}{U}\int \varepsilon\boldsymbol{E} \cdot \mathrm{d}\boldsymbol{A} = \frac{\kappa}{\varepsilon}C$$

$$\Rightarrow \quad \frac{G}{C} = \frac{\kappa}{\varepsilon} = \frac{I}{Q} = \frac{1}{\tau} \qquad \text{bzw.} \qquad RC = \rho\varepsilon = \frac{Q}{I} =: \tau \,. \tag{2.6-14}$$

τ werden wir in Abschnitt 2.10.2 als Relaxationszeit kennenlernen. Wir erhalten z.B. unmittelbar aus Abschnitt 1.9.2.1 bei Ersatz von ε durch κ den Koaxialleitwert zu

$$G = \frac{2\pi\kappa l}{\ln b/a}. \tag{2.6-15}$$

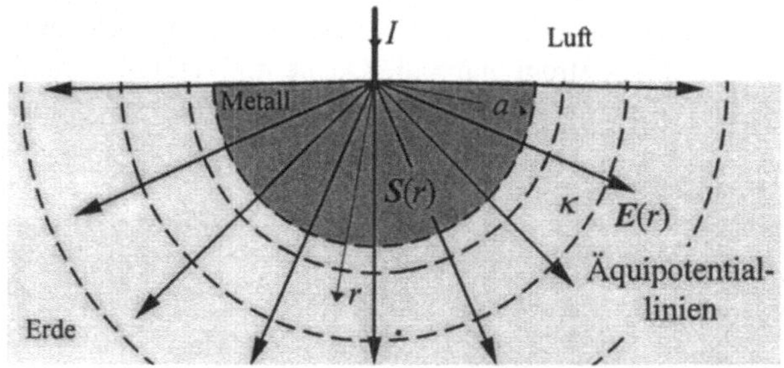

Abb. 2.6-3: Halbkugelerder.

Wie wollen als unmittelbares Anwendungsbeispiel entspr. Abb. 2.6-3 den Leitwert eines metallischen Halbkugelerders mit Radius a berechnen, der z.B. als Fuß eines Masts in die Erde mit gegebenem κ eingelassen ist. Die Leitfähigkeit der Erde ist um Zehnerpotenzen schlechter als die des Metalls, aber nicht Null. Wenn ein Strom I in den Erder eingebracht wird, nehmen wir an, daß der Auslaßpunkt weit entfernt sei, so daß das Stromdichtefeld in der Umgebung des Erders von dort nicht beeinflußt werde.

Dann können wir davon ausgehen, daß die Stromdichte überall radial von Einlaßpunkt wegweist und die Metallkugel ein Äquipotentialvolumen darstellt. Wir brauchen also die Rechnung für die Kapazität einer Kugel nach Abschnitt 1.9.2.2 nur leicht zu modifizieren und sehen, daß wir das Ergebnis auch gleich direkt übernehmen können, wenn wir wegen der Halbkugel dort durch zwei dividieren und $b \to \infty$ gehen lassen:

$$\boldsymbol{S} = S_r(r)\vec{e}_r \qquad \text{mit} \quad S_r(r) = \frac{I}{A(r)} = \frac{I}{2\pi r^2} \qquad \Rightarrow \quad E_r(r) = \frac{I}{2\pi\kappa r^2}.$$

$$U = \varphi_e(a) = \int_a^\infty E_r(r)\mathrm{d}r = \frac{I}{2\pi\kappa}\int_a^\infty \frac{\mathrm{d}r}{r^2} = \frac{I}{2\pi\kappa a} \qquad \Rightarrow \quad G = \frac{I}{U} = 2\pi\kappa a. \quad (2.6\text{-}16)$$

Die Feldstärke hat ihr Maximum wie bei entsprechenden Kapazitätsanordnungen in der unmittelbaren Umgebung des Erders, folglich ist auch dort der Potentialunterschied zwischen einem Punkt der Erderoberfläche zu einem normal entfernten Punkt am größten, wie in einer Aufgabe bereits nachzurechnen war. Er ist umso größer, je kleiner der Radius a des Erders bei gegebener Gesamtspannung U ist. Dazu gehört auch ein kleinerer Leitwert, der einen Stromabfluß begrenzt. Allgemein kann mit diesen Überlegungen begründet werden, daß bei inhomogenen Geometrien an Spitzen, die sich im Kleinen kugelförmig modellieren lassen, die höchsten Feldstärken auftreten und Hochspannungsüberschläge von dort ausgehen. Dieser Aspekt wurde bereits in Abschnitt 1.7.3 diskutiert.

Aus diesem Grund wird bei Gebäudeinstallationen ein möglichst langer Ringerder in das Fundament um das Gebäude eingebettet, damit Stromdichte und Feldstärke beim Übergang ins Erdreich bestimmte Werte nicht überschreiten. Auf diese Weise sollen die Metallteile eines Gebäudes (mit der grüngelben Leitung) geerdet sein, damit im Fall eines Kontakts der Stromzuführung (Phase) der hier abfließende Fehlerstrom möglichst groß ist und früh von einem Fehlerstromschutzschalter erkannt wird. Dieser spricht dann typisch bei 30 mA an.

Aufgabe 2.6.2-1: Man berechne für gegebenes Medium κ den Widerstand der Koaxialanordnung in Abb. 1.9-7a), wenn die Kontaktflächen statt der Zylinder die vordere und hintere Endfläche sind.

Aufgabe 2.6.2-2: Man berechne den Ableitungsbelag G' zwischen zwei Leitern nach Abb. 1.9.8, wenn das nicht ideale Dielektrikum dazwischen die Leitfähigkeit κ aufweist.

Aufgabe 2.6.2-3: Man berechne den Widerstand R zwischen zwei konzentrischen Kugelelektroden mit Radien a und b, zwischen denen die Konduktivität gemäß $\kappa(r) = \kappa_a r/a$ verläuft.

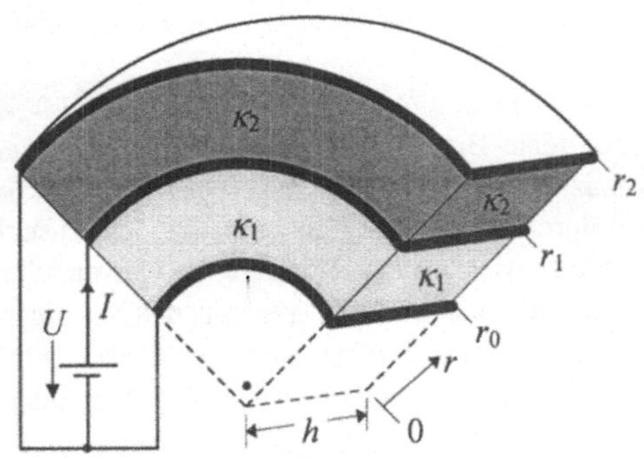

***Aufgabe 2.6.2-4**: Für die zu einem Viertelzylinder der Länge h gebogene Schichtenfolge mit metallischen Elektroden (schwarz) sind die Konduktivitäten κ_1 und κ_2, sowie r_0, r_1, r_2 und U gegeben. Man bestimme $S(r)$ und $E(r)$ im Material, sowie den Gesamtleitwert G, den die Spannungsquelle sieht.

2.6.3 Eigenschaften und Bauarten von Widerständen

Die Einsatzgebiete von Widerständen sind in Analogie zu den Kondensatoren des Abschnitts 1.9.3 vielfältig und dementsprechend auch die Bauformen und die in Abschnitt 2.5.5 besprochenen Konduktivitäten variabel. Zum praktischen Einsatz sollten die wichtigsten Widerstandstypen und ihre Eigenschaften bekannt sein.

Temperaturabhängigkeit

Die in Abschnitt 2.5.5 beschriebene Temperaturabhängigkeit der Resistivität transformiert sich unmittelbar auf die Widerstandstemperaturabhängigkeit, wenn wir die Geometriegrößen hinzufügen:

$$R(T) \approx R_{20} \cdot (1 + \alpha_{20} \Delta T + \beta_{20} \Delta T^2). \tag{2.6-17}$$

Dabei ist vorausgesetzt, daß die infolge der Temperaturänderung stattfindende Geometrieänderung geringen Einfluß auf die Widerstandsänderung hat.

Rauschen

- thermisches Rauschen,

  verursacht durch Gitterschwingungen, die die freien Ladungsträger beim Durchlauf durch das Medium verursachen. Diese Schwingungen sind bei allen Frequenzen f zu finden. Die thermische Rauschleistung P_R und die daraus resultierende Rauschspannung U_R berechnet sich nach NYQUIST (1889 - 1943) für ein Frequenzintervall der Breite Δf:

  $$P_R = 4kT\Delta f \qquad \Rightarrow \qquad U_R = \sqrt{P_R R} = 2\sqrt{kTR\Delta f} \tag{2.6-18}$$

  mit der BOLTZMANN-Konstanten $k = 1{,}380658 \cdot 10^{-23}$ Ws/K (LUDWIG BOLTZMANN, 1844 - 1906) und T als absoluter Temperatur. Der Leistungsbegriff wird im nächsten Abschnitt genauer erläutert.

- Stromrauschen

  mit $P_R \sim 1/f$ beim Durchlaufen der Elektronen durch inhomogene Widerstandsschichten, z.B. bei Kohleschichtwiderständen und Halbleitern.

Frequenzabhängigkeit

Jedes reale Bauelement hat auch Eigenschaften anderer Bauelemente, hier auch der Kapazität und der später besprochenen Induktivität. Kapazitive Eigenschaften entstehen durch die Kapazitäten zwischen den Anschlußkappen und bei gewickelten Widerständen zwischen den Windungen. Gewendelte Drahtwiderstände weisen Induktivitäten auf, die man durch Bifliarwicklungen verringern kann. Kapazitäten und Induktivitäten weisen mit der Frequenz abnehmende bzw. zunehmende Widerstandswerte auf, womit der Gesamtwiderstand des realen Bauelements frequenzabhängig wird.

Drahtwiderstände

Analog zu Kapazitäten besteht häufig das Problem der kleinen Bauform hier bei großer Länge l. Drahtwiderstände bestehen aus auf Keramik- oder Glasfiber bifilar aufgewikkeltem Draht. Bifilar heißt, daß nach der Hälfte der Wicklung in eine Richtung in Gegenrichtung zurückgewickelt wird, damit sich zwecks geringer Induktivität Magnetfelder gegenseitig aufheben.

Bei der Wahl des Drahtmaterials ist auf Temperaturbeständigkeit zu achten, weshalb Werkstofflegierungen mit gegenläufigen Temperaturkoeffizienten (PTC + NTC) verwendet werden. Diese sind CuNi (Konstantan), CuNiMn (Manganin), NiCr (Nickelin) und AuCr. Außenisolierung wird z.B. durch Lackieren erreicht. Kompakte hochbelastbare Widerstände werden metallisch umgeben und auf Kühlkörper aufgebracht. Einsatzgebiete sind die Nachrichten-, Meß- und Starkstromtechnik.

Schichtwiderstände

bestehen aus auf Keramikkörpern aufgebrachten Kohle- oder Metallschichten, z.B. CrNi, SnO_2 oder edle AuPt. Metallschichtwiderstände sind am weitesten verbreitet und preiswert erhältlich. Der Widerstandsbereich liegt bei ca. 1 Ω ... 22 MΩ, Toleranzen bei 0,1 % ... 2 %. Einsatzgebiete sind u.a. die Unterhaltungselektronik, Industrieelektronik und Rechnertechnik.

Metallglasurwiderstände,

auch Dickschicht- oder Cermetwiderstände, bestehen aus einer als mäanderförmiges Muster auf ein Keramiksubstrat in Dickschichttechnik aufgebrachten Glasurpaste mit eingelagerten Metallteilen (Cermet; Tantal, Tantalkarbid, Titan). Ein verbreitetes Einsatzgebiet ist die Chipform in SMD-(Surface Mounted Device)-Technik.

Nichtlineare Widerstände

weisen eine Abhängigkeit von einer weiteren physikalischen Größe, wie Temperatur ($\pm T$; PTC, NTC), Spannung (U; Varistor = VDR = Voltage Dependent Resistor), Magnetfeld (Magnetische Flußdichte B; s. Abschnitt 3.4.3; Feldplatte), und Lichtleistung (LDR = Light Dependent Resistor) auf. Sie werden vielfach in der Meß- und Steuerungstechnik eingesetzt, VDRs zu Spannungsstabilisierung und als Schutzwiderstände, LDRs in der Optoelektronik. Feldeffekttransistoren nach Abschnitt 2.9.5 eignen sich für VDRs im OHMschen Bereich. Solche Widerstände werden durch ▭̸ symbolisiert, wobei ein Buchstabe links unten ($+T$, $-T$, U, B) die Steuergröße angibt.

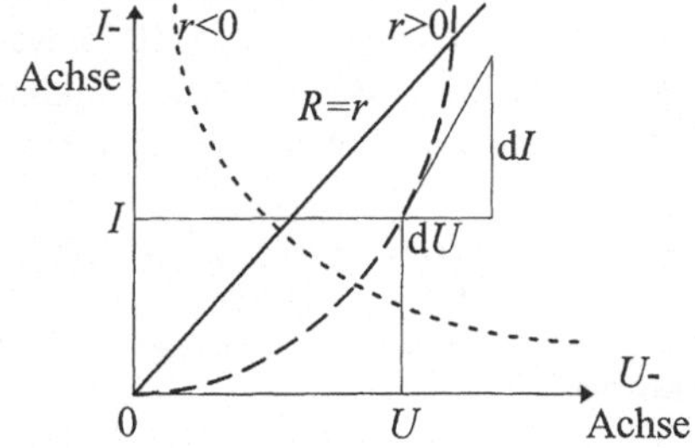

Abb. 2.6-4: Typische Kennlinien linearer und nichtlinearer Widerstände.

Bei diesen Widerständen sind weitere Beschreibungsparameter von Bedeutung, z.B. bei VDRs der ***differentielle Widerstand*** r und der ***differentielle Leitwert*** g:

$$r = \frac{dU}{dI}; \qquad g = \frac{1}{r} = \frac{dI}{dU}. \tag{2.6-19}$$

Sie geben entspr. Abb. 2.6-4 die Steigung des Widerstands oder Leitwertverlaufs an einer bestimmten Stelle an. Bei linearen Widerständen unterscheiden sich absolute und differentielle Größen nicht, bei nichtlinearen Widerständen kann entspr. Abschnitt 2.9 $r > 0$ (z.B. Diode), aber auch < 0 (z.B. Thyristor unmittelbar nach dem Zünden) sein.

Potentiometer

sind im Gegensatz zu den vorstehenden manuell einstellbare Widerstände. Sie finden ihr Einsatzgebiet in variablen Spannungsteilern oder variablen Widerständen. Die Einstellung kann linear, positiv oder negativ logarithmisch erfolgen. Logarithmische Dreh- oder Schiebepotentiometer finden z.B. Einsatz zur Lautstärkeregelung, da das menschliche Ohr die Lautstärkeänderung dann näherungsweise als linear empfindet.

Herstellungsmethoden sind die zuvor bei den Festwiderständen genannten. Die Variabilität wird erreicht durch die Bauformen Draht-Dreh-, Schiebe-, Spindel- und Trimmer-Potentiometer. Letztere sind dazu gedacht, mit einem Schraubenzieher nur einmal oder sehr selten eingestellt zu werden und dienen in elektronischen Schaltungen z.B. zur manuellen Arbeitspunkteinstellung.

Integrierte Widerstände

finden wie integrierte Kondensatoren entsprechend dem Schnittbild in Abb. 2.6-5 ihr Hauptanwendungsgebiet in monolithischen - im Gegensatz zur bisher betrachteten diskreten - vor allem digital(mikro)elektronischen Schaltkreisen. Sie werden ebenfalls als Abfallprodukt auf dem Chip mit erzeugt, indem Prozeßschritte der Transistorherstellung ausgelassen werden.

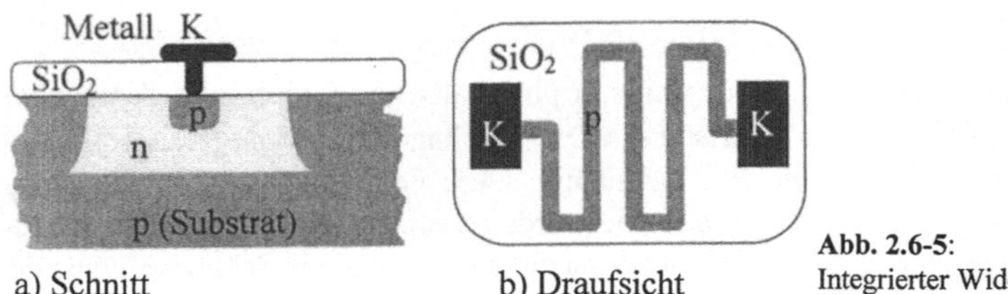

Abb. 2.6-5: Integrierter Widerstand.

Konkret werden p-Typ-Widerstände (100 Ω ... 20 kΩ) bei der p-Basisdiffusion eines npn-Transistors, oder für niederohmige Widerstände (einige Ω) die typ. um den Faktor 100 höher dotierte Emitterzone verwendet. Absoluttoleranzen liegen bei ca. 10 %, Relativtoleranzen benachbarter Widerstände bei 1 ... 2 %. Ein 1 kΩ-Widerstand nimmt etwa soviel Platz wie ein Transistor ein, weshalb Widerstandswerte über ca. 20 kΩ unökonomisch sind.

Aufgabe 2.6.3-1: Zwei linear mit der Temperatur veränderliche Widerstände - NTC R_1 mit α_1 und PTC R_2 mit α_2 - werden in Reihe geschaltet. Welcher Gesamttemperaturkoeffizient α ergibt sich?
Aufgabe 2.6.3-2: Der Temperaturkoeffizient α läßt sich allgemein über $\alpha = (\mathrm{d}R/\mathrm{d}T)/R$ angeben. Man bestimme $\alpha\,(a,b,T)$ für einen gegebenen Strom/Spannungsverlauf $I = U\mathrm{e}^{-b/T}/a$.
Aufgabe 2.6.3-3: Man bestimme R und r für eine Diode mit der Kennlinie $I = I_s(\mathrm{e}^{eU/kT} - 1)$ bei $\vartheta = 70°\mathrm{C}$, $U = 0{,}62$ V und $I_s = 1$nA.

2.7 Verlustenergie W_s und -leistung P des Strömungsfelds

Da im Strömungsfeld die Massen der Elektronen $N^- m_e$ bewegt werden, ist in Analogie zu Abschnitt 1.10 mit ihrer Driftgeschwindigkeit eine kinetische Energie

$$w_{\mathrm{kin}} = \int \boldsymbol{F} \cdot \mathrm{d}\boldsymbol{s} = \int N^- m_e \frac{\mathrm{d}\boldsymbol{v}}{\mathrm{d}t} \cdot \boldsymbol{v}\mathrm{d}t = \frac{1}{2} N^- m_e v^2 \tag{2.7-1}$$

assoziiert, die sie dem elektrischen Feld entziehen und in Wärme umwandeln. Da sich hierbei die Energie zeitlich ändert, ist es sinnvoll, den Differentialquotienten von Arbeit und Zeit als ***Leistung*** p zu definieren:

$$p := \frac{\mathrm{d}w}{\mathrm{d}t} = \boldsymbol{F} \cdot \frac{\mathrm{d}\boldsymbol{s}}{\mathrm{d}t} = \boldsymbol{F} \cdot \boldsymbol{v}. \qquad [p] = \frac{\mathrm{J}}{\mathrm{s}} \tag{2.7-2}$$

Die Leistung p, die ein mit der Geschwindigkeit $\boldsymbol{v}$ bewegter Ladungsträger q aufnimmt, ist also gleich dem Skalarprodukt der auf ihn wirkenden Kraft $\boldsymbol{F}$ - im elektrischen Feld also der COULOMBkraft $q\boldsymbol{E}$ - und $\boldsymbol{v}$. Setzen wir wieder Isotropie voraus, so bewegt sich der Ladungsträger in Kraftrichtung und die Formel vereinfacht sich zu:

$$p = Fv. \tag{2.7-3}$$

2.7.1 Verlustenergie und -leistung im Widerstand

Mit $\mathrm{d}q = i\mathrm{d}t$ modifiziert sich die allgemeine Energieformel 1.4-20 gemäß

$$\mathrm{d}w_s = u\mathrm{d}q = ui\mathrm{d}t. \tag{2.7-4}$$

Dabei ist $\mathrm{d}w_s$ die differentiell kleine Energieaufnahme des Strömungsfelds im Zeitintervall $\mathrm{d}t$. Mit der allgemeinen Definition der Leistung und weiter mit dem OHMschen Gesetz erhalten wir für die ***elektrische Leistung***:

$$p = \frac{\mathrm{d}w_s}{\mathrm{d}t} = ui = u^2G = \frac{u^2}{R} = i^2R = \frac{i^2}{G}; \qquad [p] = \mathrm{VA} =: \mathrm{W}\ (\mathrm{att}). \tag{2.7-5}$$

Angegeben sind nun die in der Elektrotechnik üblichen Einheiten, während die zuvor verwendeten der Thermodynamik entstammen. Sie sind natürlich identisch.

Integrieren wie über ein vorgegebenes Zeitintervall, erhalten wir die in diesem Intervall dem Feld der Spannungsquelle entzogene ***Strömungsfeldenergie*** w_s:

$$w_s = \int p\mathrm{d}t = \int ui\mathrm{d}t = G\int u^2\mathrm{d}t = \frac{1}{R}\int u^2\mathrm{d}t = R\int i^2\mathrm{d}t = \frac{1}{G}\int i^2\mathrm{d}t. \tag{2.7-6}$$

Bei Gleichspannung können wir die Integrale durch Produkte ersetzen:

$$W_s = Pt = UIt = U^2Gt = \frac{U^2t}{R} = I^2Rt = \frac{I^2t}{G}. \qquad W_e = \tfrac{1}{2}QU \tag{2.7-7}$$

Wegen des Auftretens des Zeitfaktors ist zu erkennen, daß das elektrische Strömungsfeld im Gegensatz zum elektrostatischen, aber auch dem später besprochenen magnetischen Feld keine Energie speichern kann.

Bei zeitveränderlichen Größen ist häufig die ***mittlere Leistung*** $\overline{p}$ in einem bestimmten Zeitintervall τ, also ihr Gleichanteil, von Interesse. Viele - z.B. thermische Systeme - integrieren bei hinreichend raschen zeitlichen Änderungen über den allgemeinen Zeitverlauf und reagieren auf den Gleichanteil. Hiermit kann dann eine effektive Spannung U bzw. ein effektiver Strom I assoziiert werden, die sich so verhalten, als würden Gleichwerte dieser Größen anliegen.

Wir definieren für eine allgemeine Zeitfunktion $a(t)$ (auch: Momentanwert; z.B. $u(t)$, $i(t)$ oder $p(t)$) den Gleichanteil $\overline{a}$ - auch ***arithmetischer Mittelwert*** oder ***Gleichrichtwert*** - und den ***Effektivwert*** A, auch ***quadratischer Mittelwert*** = ***Root Mean Square Value*** (***RMS***, hier U oder I):

$$\overline{a} = \frac{1}{\tau}\int_0^\tau a(t)\mathrm{d}t, \qquad A = \sqrt{\frac{1}{\tau}\int_0^\tau a^2(t)\mathrm{d}t}. \tag{2.7-8}$$

$$\Rightarrow \quad \overline{p} = \frac{W_s}{\tau} = \frac{1}{\tau}\int_0^\tau p\mathrm{d}t = GU^2 = \frac{G}{\tau}\int_0^\tau u^2\mathrm{d}t = RI^2 = \frac{R}{\tau}\int_0^\tau i^2\mathrm{d}t. \tag{2.7-9}$$

Aufgabe 2.7.1-1: Welche Gleichspannung U verursacht die gleichen Wärmeverluste wie eine Wechselspannung $u(t) = 10\text{V}\cdot\sin(2\pi t/T)$ der Periode T?

Aufgabe 2.7.1-2: Eine Spannungsquelle U_q, ihr Innenwiderstand R_i und ein variabler Verbraucher R seien in Reihe geschaltet. Wie ist R zu wählen, damit er maximale Leistung P_{max} erhält? Welchen Wert hat dann P_{max}?

Aufgabe 2.7.1-3: Man berechne die vorige Aufgabe für eine Stromquelle I_q und parallele Bauelemente.

2.7.2 Elektrische Feldleistung

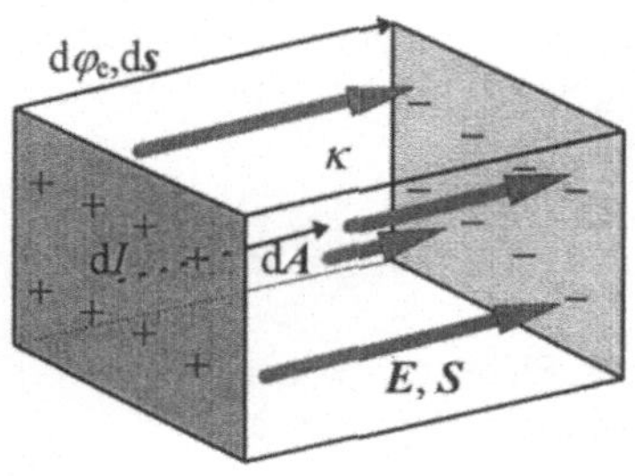

Abb. 2.7-1:
Differentiell kleines Volumenelement zur Berechnung der Leistungsdichte.

Von Interesse ist auch hier die Berechnung der Feldenergie bzw. -leistung aus den Feldgrößen $\boldsymbol{E}$ und $\boldsymbol{S}$. Dazu betrachten wir wieder entsprechend Abb. 2.7-1 ein differentiell kleines quaderförmiges Volumen irgendwo in diesem durchaus inhomogenen Feld, z.B. wie in Abb. 2.3-3. Von dem Gesamtstrom I durchsetzt der Anteil $\mathrm{d}I = \boldsymbol{S}\cdot\mathrm{d}\boldsymbol{A}$ dieses Volumen, das wegen seiner differentiellen Kleinheit innen nur homogene Feldgrößen führen kann. Der zugehörige Spannungsabfall beträgt $\mathrm{d}\varphi_e = \boldsymbol{E}\cdot\mathrm{d}\boldsymbol{s}$. Folglich ist sein Leistungsinhalt

$$\mathrm{d}P = \mathrm{d}\varphi_e\mathrm{d}I = \boldsymbol{E}\cdot\mathrm{d}\boldsymbol{s}\,\boldsymbol{S}\cdot\mathrm{d}\boldsymbol{A} = \boldsymbol{E}\cdot\boldsymbol{S}\mathrm{d}V. \qquad \mathrm{d}W_e = \tfrac{1}{2}DE\mathrm{d}V \tag{2.7-10}$$

Wir können alle Vektor- durch Skalargrößen ersetzen, wenn Feldstärke und Stromdichte für ein isotropes Medium in die gleiche Richtung zeigen. Damit können wir die ***Volumenleistungsdichte*** p_V definieren, die bei inhomogenem Feld von Ort zu Ort variiert:

$$p_V := \frac{\mathrm{d}P}{\mathrm{d}V} = \boldsymbol{E}\cdot\boldsymbol{S} = \kappa E^2 = \frac{S^2}{\kappa}; \qquad [p_V] = \frac{\text{W}}{\text{m}^3}. \qquad \varpi_e = \tfrac{1}{2}DE \tag{2.7-11}$$

Die dem Feld entnommene elektrische Leistung P berechnen wir wieder durch Integration:

$$P = \int\mathrm{d}P = \iiint p_V\mathrm{d}V = \iiint ES\mathrm{d}V. \qquad W_e = \tfrac{1}{2}\iiint DE\mathrm{d}V \tag{2.7-12}$$

Integrieren wir diesen Ausdruck über der Zeit, erhalten wir die Energie in Abhängigkeit der Feldgrößen, eine Multiplikation mit der Zeit ist wieder für Gleichfelder angebracht. Ist das Feld homogen, z.B. in einem homogenen OHMschen Widerstand, kann man die Integrale wieder durch Produkte ersetzen und bei Bedarf auf die Formeln, die z.B. den Leitwert G enthalten, zurückrechnen.

Aufgabe 2.7.2-1: Man leite die Formel für die Volumenleistungsdichte p_V direkt aus der COULOMBkraft her.

Aufgabe 2.7.2-2: Ein mit κ gefüllter Zylinderwiderstand nach Abb. 1.9.7a) liege an der Spannung U. Man bestimme $p_V(r)$.

Aufgabe 2.7.2-2: Man berechne mit der vorigen Aufgabe aus der Gesamtleistungsaufnahme den Widerstandswert R.

2.8 Widerstandsnetzwerkanalyse

Die Netzwerkanalyse ist die Aufgabenstellung, in die für den Großteil der praktischen Anwendung die Feldtheorie mündet. Sie ist daher für sich gesehen ein eigenständiges Themengebiet und in der Art der Fragestellung schon recht weit von ihren feldtheoretischen Ursachen entfernt. Die neue Fragestellung beschäftigt sich nicht mehr mit Feldgrößen $\boldsymbol{E}$-, $\boldsymbol{S}$- oder auch $\boldsymbol{D}$-Feld, sondern mit den daraus resultierenden integralen Größen U, I und Bauelementen R und später C und Induktivität L.

Demgegenüber stehen topologische Fragen, d.h. solche der Netzwerkstruktur, sowie Lösungsalgorithmen zum Auffinden unbekannter Ströme und Spannungen im Vordergrund. Realisierbar ist der Brückenschlag von der Feldtheorie zur Netzwerkanalyse durch die Konzentriert- und Diskretheit der Bauelemente, d.h. wenn, wie im vorigen Abschnitt demonstriert, aus Feldverläufen Bauelemente berechnet werden, die allein durch ihr Strom/Spannungsverhalten charakterisiert sind.

Hierfür wurden reichlich Methoden und Modelle entwickelt. Dazu gehören die Zweipoltheorie mit Ersatzspannungs- und Ersatzstromquellen, HELMHOLTZscher Überlagerungssatz (HERMANN V. HELMHOLTZ, 1821 - 1892) bei linearen Netzwerken mit mehreren Quellen, Stern/Dreieckumwandlungen usw. Grundlegend besprochen werden sollen neben der Zweipoltheorie die wesentlichen der heutigen Zeit der Rechner und professionellen Analyseprogramme angepaßten systematischen Methoden Maschenstromverfahren und Knotenpotentialverfahren, die für jedes Netzwerk mit kalkulierbarem Aufwand zum Ziel führen. Insbesondere machen sie praktisch alle anderen Analyseverfahren überflüssig.

2.8.1 Netzwerk-Ersatzschaltbild

Bei der Netzwerkanalyse sollte nie vergessen werden, daß das Modell, das man sich macht, eine Ersatzschaltung darstellt, das für bestimmte Ergebnisse nur eine Näherung repräsentiert. Beispielsweise werden die Zuleitungen als ideal widerstandslos betrachtet, was sie in der Praxis nicht sind. Für große Zuleitungslängen muß ihr Eigenwiderstand ggfls. als konzentriertes Bauelement berücksichtigt werden.

Ein anderes damit verbundenes Problem ist die Änderung eines Zustands im Netzwerk. Wird z.B. eine Gleichspannungsquelle zu einem bestimmten Zeitpunkt eingeschaltet, ist an weit von der Quelle entfernten Bauelementen dies wegen der Endlichkeit der Lichtgeschwindigkeit erst zu einem späteren Zeitpunkt bekannt. Für unsere Netzwerke seien diese Laufzeiten ohne Bedeutung, d.h. es handelt sich um konzentrierte Netzwerke.

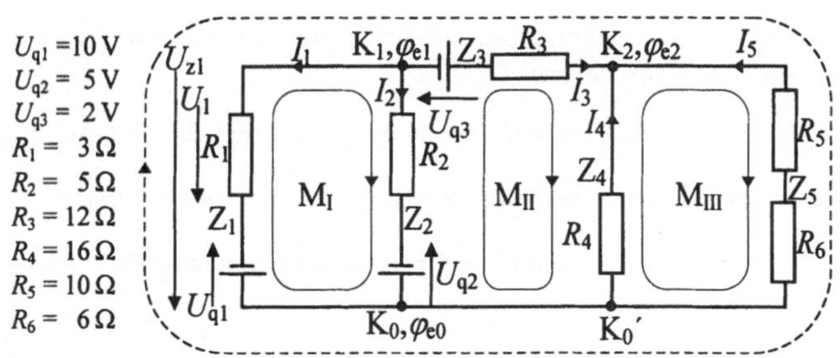

Abb. 2.8-1: Beispielnetzwerk.

In Abb. 2.8-1 ist eine solche Ersatzschaltung skizziert, anhand derer wir unsere Analysen vornehmen werden. Ein solches Netzwerk besteht aus aktiven (Quellen mit Index $_q$) und passiven (Verbraucher mit Index $_v$) Bauelementen in Form von **Zweipolen**, da sie über zwei Klemmen elektrisch zugänglich sind. Das sind Spannungsquellen U_{qi} und Widerstände R_i, die über die idealisierten Zuleitungen miteinander verbunden sind. Jedes Bauelement kann einem

- **Zweig** Z_i ($i = 1 \dots z$; hier: $z = 5$)

  mit z als Zweiganzahl zugeordnet werden. Ein Zweig enthält mindestens ein Bauelement und in jedem Zweig fließt ein **Zweigstrom** I_i und herrscht die Zweigspannung

  $$U_{zi} = \pm U_{qi} \pm R_i I_i. \tag{2.8-1}$$

  Diese Größen sind im Zweig 1 beispielhaft eingetragen. Passive Bauelemente gehorchen dabei dem OHMschen Gesetz $U_i = R_i I_i$. Zweige beginnen und enden an

- **Knoten** K_i ($i = 0 \dots n$; hier: $n = 2$)

  mit n als Anzahl **unabhängiger Knoten**. An einem Knoten sind mindestens **drei** Zweige angeschlossen. Jedem Knoten kann ein **Knotenpotential** φ_{ei} zugeordnet werden und jeder Knoten muß die KIRCHHOFFsche Knotenregel erfüllen:

  $$\sum_i \pm I_i = 0 \qquad \text{oder} \qquad \sum_i \pm I_{qi} = \sum_i \pm I_{vi}. \tag{2.3-14}$$

  Ein vollständiger Umlauf im Netzwerk bildet eine

- **Masche** M_i,

  jeder Maschenumlauf muß die KIRCHHOFFsche Maschenregel erfüllen:

  $$\sum_i \pm U_i = 0 \qquad \text{oder} \qquad \sum_i \pm U_{qi} = \sum_i \pm U_{vi} = \sum_i \pm R_i I_i. \tag{1.4-39}$$

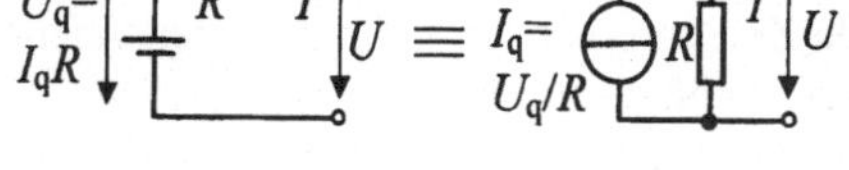

$U_q = I_q R$; R ; I ; U $\equiv$ $I_q = U_q / R$; R ; I ; U

Abb. 2.8-2: Umrechnung von Spannungsquellen in Stromquellen und umgekehrt.

Im Beispiel wurden ideale Gleichspannungsquellen mit der Eigenschaft, die Spannung unter jedem Belastungsfall konstant zu halten, verwendet. Unter Umständen kann es günstiger sein, mit (Konstant-)Stromquellen zu arbeiten. Sie können näherungsweise durch geeignete Transistorschaltungen realisiert werden, und wie in Abb. 2.8-2 für allgemeine Quellen dargestellt, umgerechnet werden. Dieses Ergebnis der Zweipoltheorie wird in Abschnitt 2.8.7 begründet.

Darüberhinaus ist es aufgrund der Energieerhaltung selbstverständlich, daß die Summe aller Quelleistungen immer gleich der Summe aller Verbraucherleistungen ist:

$$\sum_i \pm P_i = 0 \quad \text{oder} \quad \sum_i \pm P_{qi} = \sum_i \pm P_{vi} = \sum_i \pm U_{qi} I_i = \sum_i R_i I_i^2 . \quad (2.8\text{-}2)$$

Errechnet sich bei einem Zweipol mit gleichgerichteten Strom- und Spannungspfeilen der numerische Leistungswert positiv, liegt ein Verbraucher vor, andernfalls ein Erzeuger. Die Gleichung hat weniger Bedeutung als Eingangsgröße in die Netzwerkanalyse, denn diese ist durch das OHMsche und die KIRCHHOFFschen Gesetze vollständig bestimmt. Vielmehr kann mit einer Gleichung die Korrektheit der Rechnung überprüft und die Gesamtleistungsaufnahme der passiven Netzwerkanteile berechnet werden.

Aufgabe 2.8.1-1: Man stelle sämtliche Knotengleichungen auf und vergleiche die Summe dreier beliebiger mit der vierten.
Aufgabe 2.8.1-2: Man stelle die Maschengleichungen für M_1, M_2 und M_3 auf.
Aufgabe 2.8.1-3: Man stelle sämtliche Ströme durch die Knotenpotentiale, Widerstände und Spannungsquellen dar.

Sofern nicht anders angegeben, beziehen sich die Aufgaben in diesem Abschnitt auf das folgende Netzwerk:

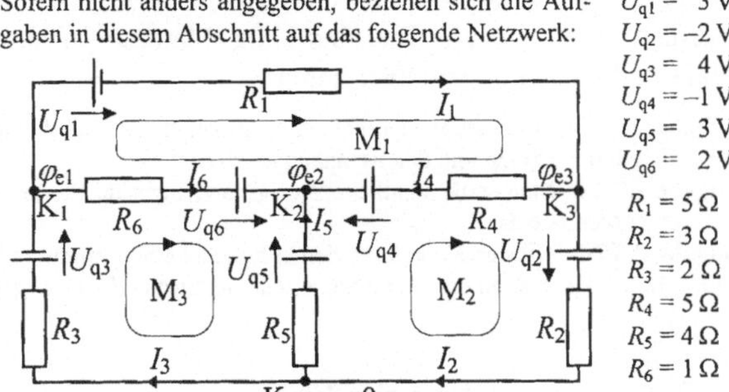

$U_{q1} = 3\,\text{V}$
$U_{q2} = -2\,\text{V}$
$U_{q3} = 4\,\text{V}$
$U_{q4} = -1\,\text{V}$
$U_{q5} = 3\,\text{V}$
$U_{q6} = 2\,\text{V}$
$R_1 = 5\,\Omega$
$R_2 = 3\,\Omega$
$R_3 = 2\,\Omega$
$R_4 = 5\,\Omega$
$R_5 = 4\,\Omega$
$R_6 = 1\,\Omega$

2.8.2 Zählpfeile und Anzahl der Unbekannten im Netzwerk

Diese aus Material- und Geometriegrößen, Ladungserhaltung und Energieerhaltung gebildeten Grundformeln bilden die Grundlage der Netzwerkanalyse. Die typische Fragestellung ist dabei, daß alle Bauelemente gegeben und einzelne oder alle Zweigströme gesucht sind. Dann sind auch die zugehörigen Spannungen im Netzwerk über das OHMsche Gesetz bekannt. Dazu müssen die Zweigströme im Netzwerk eingetragen werden, d.h. ihnen muß eine Richtung zugeordnet werden.

Die ±-Vorzeichen in obigen Formeln kennzeichnen, daß zur vollständigen Beschreibung Zählpfeile frei gewählt werden können, aus denen sich das richtige Vorzeichen im jeweils konkreten Fall ergibt. Für eine Quelle ist charakteristisch, daß der Strom in Gegenrichtung zur Spannung fließt (Erzeugerzählpfeilsystem), für einen Widerstand in die gleiche Richtung (Verbraucherzählpfeilsystem). Kommt im Netzwerk nur eine Quelle vor, sind die Stromzählpfeile eindeutig angebbar und sollten auch so gewählt werden.

Handelt es sich hingegen um mehrere Quellen, wie im Beispielnetzwerk, sind die Stromflußrichtungen i.allg. nicht mehr eindeutig angebbar. Sie sind erst bekannt, nachdem den Bauelementen Werte zugeordnet worden sind. Daher werden in einem solchen Fall die Stromzählpfeile frei vorgegeben und Spannungszählpfeile am Verbraucher in die gleiche Richtung. Ergibt sich bei der numerischen Analyse ein positiver Wert, war der Zählpfeil richtig angenommen worden, andernfalls nicht.

Dasselbe gilt für die Maschenumlaufzählpfeile. Sie werden ebenfalls frei vorgegeben und die Ergebnisse orientieren sich in ihrem Vorzeichen an den gewählten Zählpfeilen. Im Beispiel sind alle Maschen im Uhrzeigersinn rechtsdrehend. Dies hat für das unten beschriebene Maschenstromverfahren Vorteile und man sollte diese Wahl für planare Netzwerke, für die dies immer möglich ist, treffen.

Als nächstes ist zu klären, wieviel Unbekannten von einem Typ im Netzwerk vorhanden sind und wieviel Gleichungen damit zur Netzwerkanalyse aufgestellt werden müssen. Sind alle Zweigströme bekannt, sind über das OHMsche Gesetz die Spannungen berechenbar und das Netzwerk ist vollständig analysiert. Daher ist das Auffinden der z (= 5) Zweigströme aus z Gleichungen die Grundfrage der Netzwerkanalyse.

Diese z Gleichungen müssen sich aus den Knoten- und Maschengleichungen ergeben, so daß die nächste Frage ist: welche Knotengleichungen und welche Maschengleichungen tragen zur Analyse bei. Dabei können wir erwarten, daß diese Gleichungen zumindest tlw. verkoppelt sind und folglich Analyseverfahren effizient sind, die diese systematisch entkoppeln. Das sind i.allg. Matrizenverfahren - hier, wie o.a., Maschenstrom- und Knotenpotentialverfahren.

Aufgabe 2.8.2-1: Man stelle sämtliche Zweigspannungen für die jeweiligen Stromflußrichtungen in Abhängigkeit der Ströme und Quellspannungen dar.

Aufgabe 2.8.2-2: Man stelle sämtliche Zweigspannungen für die jeweiligen Stromflußrichtungen durch die Knotenpotentiale dar.

Aufgabe 2.8.2-3: Gibt es Knoten, an denen mit Sicherheit mindestens ein Strom in die Gegenrichtung fließt? Gibt es Knoten, an denen mit Sicherheit alle Ströme in die angegebenen Richtungen fließen?

2.8.3 Die KIRCHHOFFsche Knotenregel in der Netzwerk-Analyse

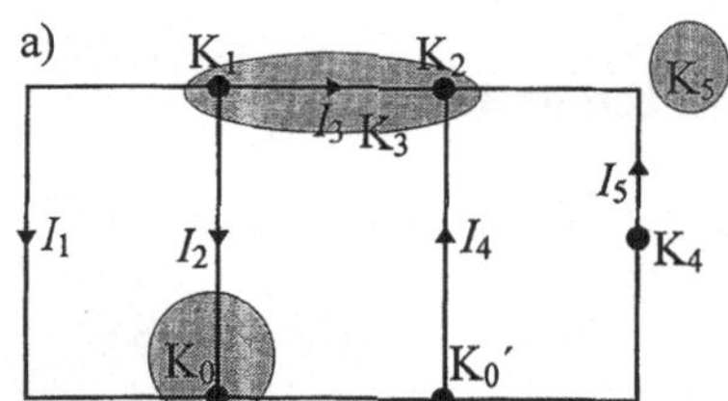

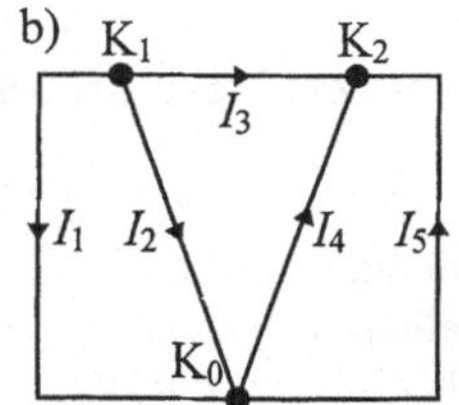

Abb. 2.8-3: Zur KIRCHHOFFschen Knotenregel.

In Abb. 2.8-3 ist der Netzwerkgraph des Beispielnetzwerks dargestellt. Er repräsentiert das Gerippe oder Skelett, bei dem alle Bauelemente durch Kurzschlüsse ersetzt wurden. Er besteht aus den $z = 5$ Zweigen, in denen die unbekannten Ströme I_1 - I_5 fließen, und $k = 3$ (konzentrierten) Knoten, an denen das Netzwerk verzweigt und für die alle die Knotenregel gelten muß. Folgende Knotengleichungen lesen wir in der Form Summe aller zufließenden Ströme = 0 ab:

$$\mathrm{K}_0\colon\quad I_1 + I_2 - I_4 - I_5 = 0 \qquad \mathrm{K}_1\colon\quad -I_1 - I_2 - I_3 = 0 \qquad \mathrm{K}_2\colon\quad I_3 + I_4 + I_5 = 0. \tag{2.8-3}$$

Addieren wir irgend zwei dieser drei Gleichungen, ergibt sich die dritte als Komplement. Daraus resultiert das folgende für jedes Netzwerk gültige Gesetz:

Enthält ein Netzwerk k Knoten,
so ist die Anzahl der zur Netzwerkanalyse benötigten unabhängigen Knoten $n = k - 1$.

Die Begründung für die Allgemeingültigkeit dieser Aussage ist, daß beim Durchzählen der Knoten mit jedem Knoten außer dem letzten immer mindestens ein weiterer (unbekannter) Strom hinzukommt. Zur Bestimmung der fünf unbekannten Ströme tragen also zwei Knotengleichungen bei, die übrigen drei sind aus der unten besprochenen KIRCHHOFFschen Maschenregel mit dem OHMschen Gesetz zu bestimmen.

An K_1 und K_2 sind alle Stromzählpfeile gleichgerichtet, weshalb es sich hier nicht um eine physikalisch realisierbare Stromverteilung handeln kann. Mindestens einer, höchstens zwei der jeweiligen Ströme müssen real entgegen ihren angenommenen Zählpfeilen fließen. Damit gilt, daß die Knotenregel sowohl von Zählpfeil-Strömen, als auch von den real fließenden Strömen erfüllt werden muß.

K_0, K_1 und K_2 sind konzentrierte, d.h. punktförmige Knoten. Für die Gültigkeit der Knotenregel ist es wegen der Allgemeingültigkeit von div$\boldsymbol{S} = 0$ allerdings unerheblich, ob es sich um konzentrierte oder offene Knoten, wie bei K_3 mit $-I_1 - I_2 + I_4 + I_5 = 0$ handelt, der im Beispiel letztendlich das Komplement zu K_0 darstellt. K_0 und K_0' sind in Wirklichkeit ein Knoten, da ihre Verbindung keinen Zweig darstellt, d.h. durch Umzeichnen des Netzwerks wie in Abb. b) verschwindet K_0'. In der Netzwerkanalyse sind die offenen Knoten jedoch von untergeordneter Bedeutung. Vielmehr ist die typische Fragestellung, wieviel (konzentrierte) Knoten zur vollständigen Netzwerkanalyse benötigt werden.

An K_4 zwischen R_5 und R_6 gilt $I_5 - I_5 = 0$. K_4 muß natürlich ebenfalls die Knotenregel erfüllen, bietet aber offensichtlich, da hier nur zwei Zweige enden, nur triviale Information und wird daher zur Netzwerkanalyse nicht benötigt. K_5 wäre in diesem Sinne ein supertrivialer Knoten, der natürlich ebenfalls die Knotengleichung erfüllt. Ein nichttrivialer Knoten verfügt also über mindestens drei Zweige. Daher ist die Frage, wieviel konzentrierte nichttriviale Knoten zur Netzwerkanalyse benötigt werden. Wir werden in der Folge nur noch nichttriviale Knoten überhaupt als Knoten bezeichnen.

2.8.4 Die KIRCHHOFFsche Maschenregel in der Netzwerk-Analyse

Allein aufgrunddessen, daß von z Gleichungen für die z gesuchten Zweigströme lediglich $n = k - 1$ seitens der Knotenregel bereitgestellt werden, können wir argumentieren, daß aufgrund der Tatsache, daß uns außer den Maschengleichungen keine weiteren zur Verfügung stehen, die KIRCHHOFFsche Maschenregel für die Netzwerkanalyse folgende Aussage hat:

Enthält ein Netzwerk z Zweige und k Knoten und damit $n = k - 1$ unabhängige Knoten, so ist die Anzahl der zur Netzwerkanalyse benötigten unabhängigen Maschen $m = z - (k - 1)$.

Im Beispiel muß also $m = 3$ sein. So wie es unabhängige Knoten gibt, gibt es auch unabhängige Maschen. So wie es verschiedene Möglichkeiten der Wahl dieser Knoten gibt, gibt es verschiedene Möglichkeiten der Wahl der unabhängigen Maschen.

Wenn ein Netzwerk planar ist - und das sind die meisten - ist es in der Regel am einfachsten, wie im Beispielnetzwerk dargestellt, die inneren Maschen als unabhängige Maschen zur Analyse zu verwenden. Planar ist das Netzwerk dann, wenn eine Möglichkeit besteht, es so zu zeichnen, daß sich keine Leitungen überkreuzen.

Wie bei dem Vergleich mit konzentrierten und offenen Knoten können die Maschenumläufe aber auch beliebig quer durch das Netzwerk gewählt werden, z.B. auch außen um K_3. Auch hier ist wieder die sinnvolle Einschränkung zu machen, daß wir die Pfade nur entlang der Zweige, also durch Bauelemente, wählen. Ein Beispiel ist der gestrichelte Umlauf um Abb. 2.8-1. Wählen wir diesen, kann einer der inneren Umläufe entfallen.

Legen es welche Gründe auch immer dennoch nahe, nicht ausschließlich innere Maschen zu verwenden, können die unabhängigen Maschen durch das Auftrennverfahren gewonnen werden. Dazu gibt man sich eine beliebige erste Masche vor, trennt sie an einer beliebigen Stelle auf, wählt eine neue geschlossene Masche usw. bis kein geschlossener Umlauf mehr gefunden werden kann. Die bei jedem Schritt aufgeschriebenen Maschengleichungen sind dann vollständig.

Damit ist auch ein vollständiges System unabhängiger Ströme im Netzwerk assoziiert. Keiner dieser Ströme läßt sich ohne Kenntnis der Bauelemente aus den anderen berechnen, aus ihnen aber unmittelbar alle noch fehlenden Ströme des Netzwerks. Andernfalls ist das System über- bzw. unterbestimmt und damit ggfls. nicht widerspruchsfrei, z.B. wenn an einem Knoten alle Ströme vorgegeben sind.

Wir wollen uns jedoch auf die inneren Maschen beschränken und für das Beispielnetzwerk anschreiben. Dabei wenden wir sofort das OHMsche Gesetz an, so daß die Maschen- wie die Knotengleichungen nur unbekannte Ströme enthalten:

$$\mathrm{M_I}: \quad U_{q1} - R_1 I_1 + R_2 I_2 - U_{q2} = 0 \qquad \mathrm{K_1}: \quad -I_1 - I_2 - I_3 = 0$$

$$\mathrm{M_{II}}: \quad U_{q2} - R_2 I_2 - U_{q3} + R_3 I_3 - R_4 I_4 = 0 \qquad \mathrm{K_2}: \quad I_3 + I_4 + I_5 = 0.$$

$$\mathrm{M_{III}}: \quad R_4 I_4 - (R_5 + R_6) I_5 = 0 \tag{2.8-4}$$

Zur Vervollständigung wurden von den drei Knotengleichungen des vorigen Abschnitts zwei beliebige ausgewählt, womit fünf Gleichungen für die fünf unbekannten Zweigströme I_1 ... I_5 vorliegen. Ein solches Gleichungssystem ist grundsätzlich lösbar, entweder durch das Einsetzungs- oder ein Matrizenverfahren. Letzteres führt auf eine $z \times z$-(5×5)-Matrix und ist mit den gängigen Lösungsverfahren mit recht viel Rechnerei lösbar.

Wir wollen dies daher erst gar nicht versuchen, sondern überlegen, auf welche Weise wir das Gleichungssystem vereinfachen können. Das Problem des Lösungsaufwands liegt in der Verkopplung, woraus die Matrizengröße resultiert. Eine Vereinfachung der Rechenmethode kann daher natürlich nicht die Anzahl der Gleichungen reduzieren, denn die ist ja durch die Anzahl der gesuchten Ströme gegeben. Stattdessen ist es das Ziel, den Verkopplungsgrad und damit die Matrizengröße zu reduzieren. Dazu dienen das Maschenstrom- und das Knotenpotentialverfahren.

Aufgabe 2.8.4-1: Man ermittle für die drei Netzwerke m, n und z.

Aufgabe 2.8.4-2: Man überprüfe, ob I_1, I_2 und I_3 jeweils ein vollständiges System unabhängiger Zweigströme bilden.

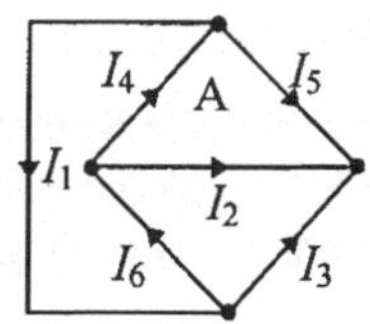

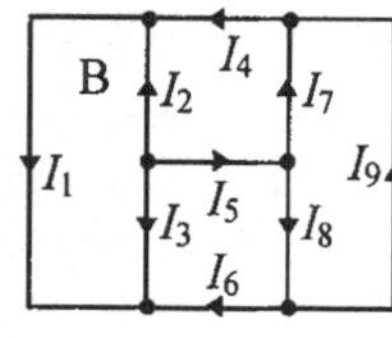

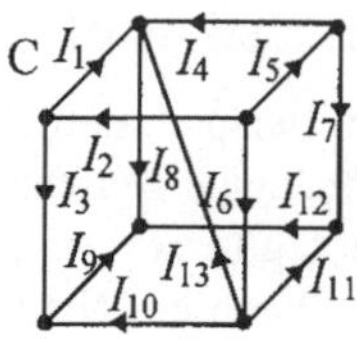

Aufgabe 2.8.4-3: Man berechne die restlichen Zweigströme aus den Zweigströmen $I_1 = 1$ A, $I_2 = -1$ A und $I_3 = 2$ A, falls dies möglich ist.

Aufgabe 2.8.4-4: Wie groß muß für ein beliebiges Netzwerk m mindestens sein, damit $n > m$ möglich ist? Wie groß ist dann z?

Aufgabe 2.8.4-5: Wieviel unabhängige Knoten kann ein beliebiges m-maschiges Netzwerk maximal aufweisen. Welchem Grenzwert strebt dann n/m für $m \to \infty$ zu ?

2.8.5 Das Maschenstromverfahren

In der Folge wird zunächst das bereits von MAXWELL aufgestellte OHMsche Gesetz in Maschenstromform als Matrixgleichung aus den Maschengleichungen hergeleitet, dann gezeigt, wie man dieses ohne diese Herleitung unmittelbar aus dem Netzwerk ablesen kann, und nach erfolgter Lösung aus Maschenströmen die Zweigströme bestimmt. Daraufhin werden verschiedene Lösungsmethoden zum Auflösen der Matrixgleichung nach den zunächst gesuchten Maschenströmen vorgestellt.

2.8.5.1 Herleitung des OHMschen Gesetzes in Maschenstromform

Hier wird statt mit Zweigströmen mit Maschenströmen gearbeitet, die, wie der Name sagt, entlang der eingezeichneten Maschen kreisen. Deren gewählten Richtungen sind zunächst völlig unabhängig von den zuvor gewählten Richtungen der Zweigströme. Um sie von jenen zu unterscheiden, werden sie wie die jeweils zugehörige Masche römisch indiziert. Sind die Maschenströme berechnet, wird auf die Zweigströme umgerechnet. Wir schreiben das Gleichungssystem für das Beispielnetzwerk an:

$$\begin{aligned}
&\mathrm{M_I}: && U_{q1} + R_1 I_I + R_2(I_I - I_{II}) - U_{q2} = 0\\
&\mathrm{M_{II}}: && U_{q2} + R_2(I_{II} - I_I) - U_{q3} + R_3 I_{II} + R_4(I_{II} - I_{III}) = 0\\
&\mathrm{M_{III}}: && R_4(I_{III} - I_{II}) + (R_5 + R_6) I_{III} = 0.
\end{aligned} \qquad (2.8\text{-}5)$$

Dies multiplizieren wir aus und sortieren es neu:

$$\begin{aligned}
&\mathrm{M_I}: && (R_1 + R_2) I_I && - R_2 I_{II} && - 0\cdot I_{III} = -U_{q1} + U_{q2}\\
&\mathrm{M_{II}}: && - R_2 I_I + (R_2 + R_3 + R_4) I_{II} && && - R_4 I_{III} = -U_{q2} + U_{q3}\\
&\mathrm{M_{III}}: && - 0\cdot I_I && - R_4 I_{II} + (R_4 + R_5 + R_6) I_{III} && = 0.
\end{aligned} \qquad (2.8\text{-}6)$$

Als Matrizengleichung liest sich dies:

$$\underbrace{\begin{pmatrix} R_1 + R_2 & -R_2 & -0 \\ -R_2 & R_2 + R_3 + R_4 & -R_4 \\ -0 & -R_4 & R_4 + R_5 + R_6 \end{pmatrix}}_{\boldsymbol{R}} \cdot \underbrace{\begin{pmatrix} I_I \\ I_{II} \\ I_{III} \end{pmatrix}}_{\boldsymbol{I}} = \underbrace{\begin{pmatrix} -U_{q1} + U_{q2} \\ -U_{q2} + U_{q3} \\ 0 \end{pmatrix}}_{\boldsymbol{U}_q}. \qquad (2.8\text{-}7)$$

Offenbar finden wir hier eine Matrixform des OHMschen Gesetzes, welches das komplette Netzwerk beschreibt: die Widerstandsmatrix $\boldsymbol{R}$ - auch Maschenimpedanzmatrix (MIM) - multipliziert mit dem Maschenstromvektor $\boldsymbol{I}$ ist gleich dem Quellspannungsvektor $\boldsymbol{U}_q$. Das bedeutet natürlich nicht, daß neuerdings Strom und Spannung Vektoren wie z.B. das elektrische Feld seien, sondern es handelt sich hier statt um physikalische um rein mathematische Vektoren aus Gründen der strukturierten Darstellung. Die Anzahl der verkoppelten Unbekannten hat sich offenbar von $z = 5$ auf $m = 3$ - von der Zweiganzahl auf die Anzahl der unabhängigen Maschen - reduziert.

2.8.5.2 Unmittelbares Ablesen der MIM-Gleichung aus dem Netzwerk

Bevor wir die Gleichung lösen, wollen wir untersuchen, ob die Möglichkeit besteht, die Matrixgleichung unmittelbar aus dem Netzwerk ohne den Umweg über die Zwischengleichungen abzulesen. Zunächst fällt die Symmetrie der Matrix mit $R_{ij} = R_{ji}$ auf, wobei i und j die (römischen) Zeilen- und Spaltenindizes darstellen. Beispielsweise gilt $R_{\mathrm{I,II}} = R_{\mathrm{II,I}} = -R_2$. Betrachten wir nun im Netzwerk noch die Maschenumläufe I und II, so erkennen wir, daß R_2 der Schnittmengenwiderstand beider darstellt.

Dieses Prinzip läßt sich auf alle anderen Widerstände ausdehnen, womit auch klar ist, warum die Matrix symmetrisch ist: M_i und M_j haben natürlich dieselbe Schnittmenge wie M_j und M_i. Dies läßt sich auch auf die Hauptdiagonalelemente extrapolieren, wo $i = j$. Man kann sie als Schnittmenge mit sich selbst interpretieren. Finden wir Nullen, wie bei I,III, haben diese Maschen keine Schnittmengen.

Ist noch das Vorzeichen zu klären, das bei allen Hauptdiagonalelementen positiv, bei anderen negativ ist. Letzteres hat seine Ursache in der Drehrichtung der Maschenschnitte im jeweiligen Zweig. Ist die Drehrichtung im Zweig gleich, ist das Vorzeichen positiv, wie es ja bei den Hauptdiagonalelementen folglich immer der Fall sein muß, da keine Masche gegen sich selbst drehen kann. Bei der Wahl der gleichsinnig drehenden Maschen drehen diese in den Schnittzweigen natürlich gegenläufig, so daß in diesem Fall alle Nebendiagonalelemente negativ sind. Daher rührt auch die zunächst skurril erscheinende Wahl des negativen Vorzeichens vor der Null. Somit ist das Bildungsgesetz der MIM vollständig bekannt.

Der Quellspannungsvektor wird gebildet, indem das j. Element gleich der Summe der Quellspannungen im j. Maschenumlauf darstellt. Dabei ist das Vorzeichen positiv, wenn die Quellspannung den Maschenstrom erzeugen würde, d.h. gegenläufig zu ihm ist, andernfalls negativ.

Zur mathematischen Beschreibung des Bildungsgesetzes führen wir einen Richtungsoperator r_{ij} für ein allgemeines Zählpfeilpaar i, j ein:

$$r_{ij} := \begin{array}{rl} 1 & \text{bei gleichsinniger Richtung am Bauelement} \\ -1 & \text{bei gegensinniger Richtung am Bauelement.} \end{array}$$

Dann gilt mit k als Zählindex für das k. Bauelement in der i. bzw. j. Masche:

$$R_{ij} = R_{ji} = r_{ij} \sum_k R_k^{(i)} \cap \sum_k R_k^{(j)}; \qquad U_{qi} = -\sum_k r_{ik} U_{qk}^{(i)}. \tag{2.8-8}$$

Auf etliche Aspekte, die bei Variationen für dieses Verfahren zu beachten sind, soll hier nicht weiter eingegangen werden, da das primäre Thema die Feldtheorie ist. Dazu gehört die Behandlung innenwiderstandsloser Stromquellen, in deren Zweigen die Ströme ja vorgegeben und damit bekannt sind. Mit ihnen kann ein vereinfachtes Gleichungssystem aufgestellt werden. Gesteuerten Quellen (z.B. Operationsverstärker) gestalten das Aufstellen der Matrixgleichungen schwieriger, weil sie zu Unsymmetrien in der MIM führen. Dasselbe gilt für das unten vorgestellte Knotenpotentialverfahren.

Wie unmittelbar sich dieser Algorithmus auf das OHMsche Gesetz zurückführen läßt, zeigt das rechts dargestellte einmaschige Netzwerk. Die 1×1-MIM degeneriert hier zu R, der Quellspannungsvektor zu U und die ganze Matrixgleichung liest sich $RI = U$.

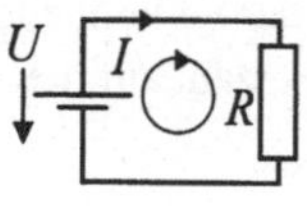

2.8.5.3 Berechnung der Zweigströme aus den Maschenströmen

Das Maschenimpedanz-Gleichungssystem läßt sich manuell oder mit einem Rechnerprogramm, selbstgeschrieben oder professionell (MATHCAD), symbolisch oder numerisch lösen. Diese Methoden wollen wir gleich betrachten.

Zuvor soll jedoch noch dargestellt werden, wie, nachdem mit einer dieser Methoden die Maschenströme zu $I_{\mathrm{I}} = -0{,}8$ A, $I_{\mathrm{II}} = -0{,}28$ A und $I_{\mathrm{III}} = -0{,}14$ A berechnet wurden, auf die Zweigströme zurückgeschlossen werden kann. Unmittelbar aus dem Netzwerk lesen wir dann für den Zusammenhang zwischen Zweig- und Maschenströmen ab:

$$I_1 = -I_{\mathrm{I}} \quad = \quad 0{,}8\ \mathrm{A}, \qquad I_2 = I_{\mathrm{I}} - I_{\mathrm{II}} = -0{,}52\ \mathrm{A}, \qquad I_3 = I_{\mathrm{II}} = -0{,}28\ \mathrm{A},$$

$$I_4 = -I_{\mathrm{II}} + I_{\mathrm{III}} = \ 0{,}14\ \mathrm{A}, \qquad I_5 = -I_{\mathrm{III}} \quad = \quad 0{,}14\ \mathrm{A}.$$

Wir überprüfen die Richtigkeit durch die Leistungsbilanz:

$$\sum_{i=1}^{3} U_{\mathrm{q}i} I_i = \sum_{i=1}^{5} R_i I_i^2 + R_6 I_5^2 = 4{,}84\,\mathrm{W}. \tag{2.8-9}$$

Die Überprüfung kann natürlich gleichwohl einzeln mit den Maschen- oder Knotengleichungen erfolgen.

2.8.5.4 Manuelle Determinantenanalyse nach der CRAMERschen Regel

Zur Berechnung eines Maschenstroms I_j wird in der aus der MIM $\boldsymbol{R}$ gebildeten Maschenimpedanzdeterminante (MID) $|\boldsymbol{R}|$ die j. Spalte durch den Quellspannungsvektor $\boldsymbol{U}_{\mathrm{q}}$ ersetzt und die so entstandene Determinante $|\boldsymbol{R}_j|$ durch $|\boldsymbol{R}|$ dividiert. Dabei braucht $|\boldsymbol{R}|$ für jeden Maschenstrom I_j nur einmal berechnet zu werden. Sie ist eine Invariante des Netzwerks und hängt nicht von der gesuchten Größe, sondern nur von der Topologie der passiven Bauelemente ab. Beispielsweise für I_{I} heißt das:

$$I_{\mathrm{I}} = \frac{|\boldsymbol{R}_{\mathrm{I}}|}{|\boldsymbol{R}|} = \frac{\begin{vmatrix} -U_{\mathrm{q}1} + U_{\mathrm{q}2} & -R_2 & 0 \\ -U_{\mathrm{q}2} + U_{\mathrm{q}3} & R_2 + R_3 + R_4 & -R_4 \\ 0 & -R_4 & R_4 + R_5 + R_6 \end{vmatrix}}{\begin{vmatrix} R_1 + R_2 & -R_2 & 0 \\ -R_2 & R_2 + R_3 + R_4 & -R_4 \\ 0 & -R_4 & R_4 + R_5 + R_6 \end{vmatrix}} = \tag{2.8-10}$$

$$= \frac{(-U_{\mathrm{q}1} + U_{\mathrm{q}2})\big((R_2 + R_3 + R_4)(R_4 + R_5 + R_6) - R_4^2\big) + (-U_{\mathrm{q}2} + U_{\mathrm{q}3})R_2(R_4 + R_5 + R_6)}{(R_1 + R_2)\big((R_2 + R_3 + R_4)(R_4 + R_5 + R_6) - R_4^2\big) - R_2^2(R_4 + R_5 + R_6)}.$$

Im Nenner darf nach Ausmultiplikation kein Minuszeichen mehr vorkommen. Hier wurde die im Anhang erläuterte SARRUSsche Regel angewendet. Für die numerische Analyse lautet diese Gleichung:

$$I_{\mathrm{I}}=\frac{\begin{vmatrix}-5 & -5 & 0\\ -3 & 33 & -16\\ 0 & -16 & 32\end{vmatrix}\mathrm{V}\Omega^2}{\begin{vmatrix}8 & -5 & 0\\ -5 & 33 & -16\\ 0 & -16 & 32\end{vmatrix}\Omega^3}=\frac{-4480\ \mathrm{V}}{5600\ \Omega}=-0{,}8\ \mathrm{A}. \qquad (2.8\text{-}11)$$

Diese (manuelle) Analyseform ist normalerweise bis 4 × 4-Matrizen effizient.

2.8.5.5 Analyse mit dem GAUß-SEIDEL-Algorithmus

Hier handelt es sich um einen modifizierten iterierenden GAUß-Algorithmus, der auf einfache Weise in wenigen Zeilen in einer gängigen Programmiersprache selbst programmiert werden kann. Die Iterationsvorschrift lautet:

$$I_i^{(k+1)}=\frac{1}{R_{ii}}\left(U_{\mathrm{q}i}-\sum_{j=1}^{i-1}R_{ij}I_j^{(k+1)}-\sum_{j=i+1}^{m}R_{ij}I_j^{(k)}\right),\qquad i=1\ldots m. \qquad (2.8\text{-}12)$$

Man kann einfach $I_i^{(0)} = U_{\mathrm{q}i}/R_{ii}$ vorbesetzen und dann das Gleichungssystem iterativ unter Verwendung der dabei immer besseren sukzessiven Näherungen bis zu einer vorgegebenen Fehlerschranke (z.B. 10^{-6}) zyklisch abarbeiten, wobei k hier der Zählindex für die k. Näherung ist. Das folgende **BASIC**-Programm berechnet unser Beispiel und stellt das Ergebnis etwa in der darunterstehenden Form dar:

```
m=3:DATA 8,–5,0,–5,33,–16,–3,32,0
FOR i=1 TO m:FOR j=i TO m:READ R(i, j):R(j, i)=R(i, j):NEXT:READ U(i):X(i)=U(i)/R(i,i):NEXT
S=1:WHILE ABS(1–X/S)>1e-6:FOR i=1 TO m:X=X(i):S=U(i)/R(i, i)
FOR j=1 TO m:S=S+(i<>j)*R(i, j)/R(i, i)*X(j):NEXT:X(i)=S:NEXT:WEND
k=7:PRINT " R";TAB(k);:FOR j=1 TO m: PRINT j;SPC(k);:NEXT:PRINT "I";SPC(14);"Uq"
FOR i=1 TO m: PRINT i;TAB(k–3);:FOR j=1 TO m:PRINT USING "####.#### ";R(i, j);:NEXT
PRINT USING" #.#####^^^^ ####.####";X(i);U(i):NEXT:END
```

R	1	2	3	I	Uq
1	8	–5	0	–0.80	–5
2	–5	33	–16	–0.28	–3
3	0	–16	32	–0.14	0

(2.8-13)

Zur Erläuterung wird in der ersten Zeile die Matrixgröße m vorgegeben. Die DATA-Anweisung führt zeilenweise die obere Dreiecksmatrix der MIM auf; hinter jeder Matrixzeile steht der Wert der zugehörigen Quellspannung. Zur Verdeutlichung sind die nicht benötigten Eingabewerte in der Ergebnisdarstellung grau schattiert. Im Prinzip müssen nur diese Eingaben bei einem anderen Netzwerk geändert werden.

Die zweite Zeile liest die DATA-Anweisung, erzeugt wegen der Symmetrie die untere Dreiecksmatrix und besetzt den Ausgabevektor vor (X(i) = I_i). Zeilen 3 und 4 stellen mit der Fehlerschranke (10^{-6}) den kompletten GAUß-SEIDEL-Algorithmus selbst dar. Die restlichen drei Zeilen erzeugen das Ergebnis, das zur Kontrolle der Eingabewerte die ursprüngliche Matrixgleichung widerspiegelt und im schwarzen Feld die gesuchten Maschenströme enthält.

 **MATHCAD-Anwendung 2.8-1: Maschenstromverfahren; Matrizen und Determinanten** 

- **numerisch:**

$ORIGIN := 1 \qquad R := (3\ \ 5\ \ 12\ \ 16\ \ 10\ \ 6)^T \cdot \Omega \qquad U_q := (10\ \ 5\ \ 2)^T \cdot V$

Zunächst wird ein R-Vektor mit den vorgegebenen Widerstandswerten und ein U_q-Vektor mit den Quellspannungen definiert.

$$\boldsymbol{I} := \begin{bmatrix} R_1+R_2 & -R_2 & 0 \\ -R_2 & R_2+R_3+R_4 & -R_4 \\ 0 & -R_4 & R_4+R_5+R_6 \end{bmatrix}^{-1} \cdot \begin{bmatrix} -U_{q_1}+U_{q_2} \\ -U_{q_2}+U_{q_3} \\ 0 \end{bmatrix} \qquad \boldsymbol{I} = \begin{bmatrix} -0.80 \\ -0.28 \\ -0.14 \end{bmatrix} \cdot A$$

Daraufhin wird die linke Matrixgleichung der Form $\boldsymbol{I} := \boldsymbol{R}^{-1} \cdot \boldsymbol{U}_q$ mit [Maus]/[Tastatur] Strg M erzeugt und der rechte Maschenstromvektor $\boldsymbol{I}$ ausgegeben.

$$I := \begin{bmatrix} -1 & 0 & 0 \\ 1 & -1 & 0 \\ 0 & 1 & 0 \\ 0 & -1 & 1 \\ 0 & 0 & -1 \end{bmatrix} \cdot \boldsymbol{I} \qquad I = \begin{bmatrix} 0.80 \\ -0.52 \\ -0.28 \\ 0.14 \\ 0.14 \end{bmatrix} \cdot A \qquad \begin{vmatrix} R_1+R_2 & -R_2 & 0 \\ -R_2 & R_2+R_3+R_4 & -R_4 \\ 0 & -R_4 & R_4+R_5+R_6 \end{vmatrix} = 5600 \cdot \Omega^3$$

Die hier in *normalkursiver* Schrift dargestellten Zweigströme I erhalten wir durch die linke Transformationsmatrix. Ganz rechts wird mit [Maus]/[Tastatur] Strg | der Wert der MID ausgegeben, der hier allerdings nicht benötigt wird, da **MATHCAD** die anstehenden Rechnungen bequem unmittelbar auf Matrizenebene ausführen kann. Wird in den Zählerdeterminanten der Quellspannungsvektor mit Einheiten eingesetzt, erscheinen u.U. inkorrekte Determinanteneinheiten oder eine Fehlermeldung. Matrizen erhalten insgesamt die Einheit der ersten Spalte. Abhilfe schafft hier die einheitenlose Definition aller Größen. Hiervon wird in der Folge ohne expliziten Hinweis zuweilen Gebrauch gemacht.

- **symbolisch** besteht wieder die Möglichkeit passiver oder aktiver Auswertung:

$$\begin{vmatrix} R_1+R_2 & -R_2 & 0 \\ -R_2 & R_2+R_3+R_4 & -R_4 \\ 0 & -R_4 & R_4+R_5+R_6 \end{vmatrix} \qquad \Uparrow \text{F9}$$

$$R_1 \cdot R_2 \cdot R_4 + R_1 \cdot R_2 \cdot R_5 + R_1 \cdot R_2 \cdot R_6 + R_1 \cdot R_3 \cdot R_4 + R_1 \cdot R_3 \cdot R_5 + R_1 \cdot R_3 \cdot R_6 + R_1 \cdot R_4 \cdot R_5 + R_1 \cdot R_4 \cdot R_6 + \ldots$$
$$+ \blacksquare + R_2 \cdot R_3 \cdot R_4 + R_2 \cdot R_3 \cdot R_5 + R_2 \cdot R_3 \cdot R_6 + R_2 \cdot R_4 \cdot R_5 + R_2 \cdot R_4 \cdot R_6 \qquad \text{Strg} \hookleftarrow$$

Markieren wir zur passiven Auswertung die Determinante, erscheint mit ⇧F9 (Symbolics Evaluate ▸ Symbolically) der darunterstehende Ausdruck zunächst in einer Zeile. Er wurde hier nach Markieren von R_6, wie in Anwendung 1.7-3 beschrieben, mit Strg↵ umgebrochen, sofern er über die Arbeitsblattbreite hinausragt. Der Operandenplatzhalter ■, der grundsätzlich das Einfügen weiterer Summanden ermöglicht, kann gelöscht werden, da diese Funktion hier nicht benötigt wird. Wäre bei einem Minuszeichen umgebrochen worden, könnte eine 0 eingefügt werden. Danach wurde die ganze obere Zeile zwecks Ausklammern von R_1 markiert und nach Symbolics Factor ergibt sich:

$$R_1 \cdot \left(R_2 \cdot R_4 + R_2 \cdot R_5 + R_2 \cdot R_6 + R_3 \cdot R_4 + R_3 \cdot R_5 + R_3 \cdot R_6 + R_4 \cdot R_5 + R_4 \cdot R_6\right) \ldots$$
$$+ R_2 \cdot R_3 \cdot R_4 + R_2 \cdot R_3 \cdot R_5 + R_2 \cdot R_3 \cdot R_6 + R_2 \cdot R_4 \cdot R_5 + R_2 \cdot R_4 \cdot R_6 \qquad \text{Symbolics Factor}$$

Vom Benutzer muß also manuell erkannt werden, daß R_1 ausgeklammert werden kann. In diesem Sinne ist hier bereits das nächste Auswahlfeld gezogen, um zur folgenden Zeile zu faktorisieren:

$$R_1 \cdot \left[(R_2+R_3) \cdot (R_4+R_5+R_6) + R_4 \cdot R_5 + R_4 \cdot R_6\right] \ldots$$
$$+ R_2 \cdot R_3 \cdot R_4 + R_2 \cdot R_3 \cdot R_5 + R_2 \cdot R_3 \cdot R_6 + R_2 \cdot R_4 \cdot R_5 + R_2 \cdot R_4 \cdot R_6 \qquad \text{Symbolics Factor}$$

$$R_1 \cdot \left[(R_2+R_3) \cdot (R_4+R_5+R_6) + R_4(R_5+R_6)\right] + R_2 \cdot \left[R_3 \cdot (R_4+R_5+R_6) + R_4 \cdot (R_5+R_6)\right]$$

Wird auch der untere Teil so faktorisiert, entsteht der letzte Ausdruck. Da er wieder recht kompakt ist, wurde der Umbruch wieder rückgängig gemacht. Da nach jedem Schritt die vorangehende Formel nicht mehr benötigt wird, kann sie zu Beginn durch Markieren von Symbolics Evaluation Style.. ☑ Evaluate in Place (An Stelle auswerten) automatisch vom neuen Ergebnis überschrieben werden. Alternativ kann nach Einzelgliedern, wie R_1, nach Markieren derselben mit Symbolics Collect faktorisiert werden.

$$\begin{bmatrix} R_1+R_2 & -R_2 & 0 \\ -R_2 & R_2+R_3+R_4 & -R_4 \\ 0 & -R_4 & R_4+R_5+R_6 \end{bmatrix} collect, R_1, R_2, R_3, R_4 \rightarrow$$

$$\left[(R_4+R_5+R_6)\cdot R_2+(R_4+R_5+R_6)\cdot R_3+(R_5+R_6)\cdot R_4\right]\cdot R_1+\left[(R_4+R_5+R_6)\cdot R_3+(R_5+R_6)\cdot R_4\right]\cdot R_2$$

Obige aktive symbolische Auswertung stellt mittels des Schlüsselworts *collect* die aktive Alternative zu Symbolics Collect dar. Hinter *collect* sind die Glieder aufgeführt, die in abnehmender Wichtung ausgeklammert werden sollen. Das Ergebnis ist nicht ganz so kompakt wie zuvor, und erstreckt sich im Original über eine einzige Zeile, erfordert jedoch einen geringeren Aufwand.

Auf diese Weise kann auch die bei der numerischen Auswertung dargestellte komplette Matrixgleichung $\boldsymbol{R}^{-1}\cdot\boldsymbol{U}_q$ symbolisch gelöst werden. Das Ergebnis ist allerdings unhandlich und die Faktorisierung erfordert etwas Zeit, wobei Zerlegungen der Art wie in Gl. 10 nicht erreicht werden. Hieraus lassen sich grundsätzliche darstellungstechnische Grenzen symbolischer Rechnungen erkennen.

Aufgabe 2.8.5-1: Man stelle die Maschenstrom-Matrixgleichung für die eingezeichneten Maschen durch unmittelbares Ablesen aus dem Netzwerk auf.
Aufgabe 2.8.5-2: Man gebe die Formel für die MID $|\boldsymbol{R}|$ und ihren Wert an.
Aufgabe 2.8.5-3: Man gebe die Formel für die Zählerdeterminante des Stroms I_2 an, und bestimme alle Ströme nach der CRAMERschen Regel.
Aufgabe 2.8.5-4: Man bestimme aus der vorigen Aufgabe die Knotenpotentiale.
Aufgabe 2.8.5-5: Man gebe die nach den Maschenströmen aufgelöste Matrixgleichung in MATHCAD ein und stelle das Ergebnis sowohl symbolisch als auch numerisch dar.
Aufgabe 2.8.5-6: Man berechne die Maschenströme nach dem GAUß-SEIDEL-Algorithmus.
Aufgabe 2.8.5-7: Welche Einheit hat die MID eines allgemeinen Netzwerks mit m Maschen, welche die Zählerdeterminanten?

2.8.6 Das Knotenpotentialverfahren

Im Beispielnetzwerk mit $z = 5$ Zweigen und $m = 3$ unabhängigen Maschen wurde die Berechnung der Maschenströme über eine $m \times m = 3 \times 3$-Matrix durchgeführt. Gleichwohl sind alle unbekannten Größen im Netzwerk über die Kenntnis der n unabhängigen Knotenpotentiale über eine $n \times n$ (hier: 2×2)-Matrix berechenbar. Ein wesentliches Kriterium bei der Auswahl des einen oder anderen Verfahrens wird also sein, ob mehr oder weniger unabhängige Knoten oder Maschen vorhanden sind.

Im vorliegenden Fall ist daher das Knotenpotentialverfahren zu bevorzugen. Andere Netzwerke können, wie in Aufgaben gezeigt, genausogut weniger unabhängige Maschen als Knoten aufweisen. In hier nicht weiter besprochenen Netzwerken mit gesteuerten Quellen kommen häufig Operationsverstärker vor. Solche Netzwerke mit spannungsgesteuerten Spannungsquellen sind unabhängig von m oder n i.allg. günstiger mit dem Knotenpotentialverfahren zu lösen.

In der Folge wird zunächst wie beim Maschenstromverfahren das OHMsche Gesetz in Knotenpotentialform als Matrixgleichung aus den Knotengleichungen hergeleitet, dann gezeigt, wie man dieses ohne die Herleitung unmittelbar aus dem Netzwerk ablesen kann, und nach erfolgter Lösung aus Knotenpotentialen die Zweigströme bestimmt. Daraufhin werden die schon zuvor besprochenen Lösungsmethoden zum Auflösen der

Matrixgleichung nach den zunächst gesuchten Knotenpotentialen vorgestellt, allerdings nur in dem Umfang, in dem sie sich vom Maschenstromverfahren unterscheiden.

2.8.6.1 Herleitung des OHMschen Gesetzes in Knotenpotentialform

Hier wird statt mit Maschenströmen mit Knotenpotentialen (K_1, K_2) gearbeitet. Dazu wird zunächst ein Knoten als Nullpotential (K_0) definiert. Dann wird an jedem Knoten auch hier wieder unabhängig von der Wahl der Richtungen der Zweigströme die Summe aller wegfließenden Ströme zu Null gesetzt. Dabei kann an jedem Widerstand R_i folgende Struktur verwendet werden:

$$I_i = \frac{\varphi_{ei}^+ - \varphi_{ei}^-}{R_i} \qquad (2.8\text{-}14)$$

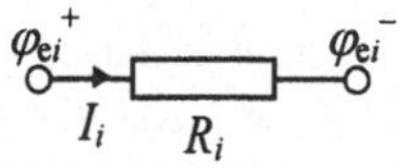

Wir schreiben das Gleichungssystem für das Beispielnetzwerk an:

$$K_1: \quad I_1 + I_2 + I_3 = \frac{\varphi_{e1} + U_{q1}}{R_1} + \frac{\varphi_{e1} + U_{q2}}{R_2} + \frac{\varphi_{e1} - \varphi_{e2} + U_{q3}}{R_3} = 0$$

$$K_2: \quad -I_3 - I_4 - I_5 = \frac{\varphi_{e2} - \varphi_{e1} - U_{q3}}{R_3} + \frac{\varphi_{e2}}{R_4} + \frac{\varphi_{e2}}{R_5 + R_6} = 0. \qquad (2.8\text{-}15)$$

Dies multiplizieren wir aus und sortieren es neu:

$$K_1: \quad (\frac{1}{R_1} + \frac{1}{R_2} + \frac{1}{R_3})\varphi_{e1} \qquad - \frac{1}{R_3}\varphi_{e2} = -\frac{U_{q1}}{R_1} - \frac{U_{q2}}{R_2} - \frac{U_{q3}}{R_3}$$

$$K_2: \quad -\frac{1}{R_3}\varphi_{e1} + (\frac{1}{R_3} + \frac{1}{R_4} + \frac{1}{R_5 + R_6})\varphi_{e2} = \frac{U_{q3}}{R_3}. \qquad (2.8\text{-}16)$$

Als Matrizengleichung liest sich dies:

$$\underbrace{\begin{pmatrix} \frac{1}{R_1} + \frac{1}{R_2} + \frac{1}{R_3} & -\frac{1}{R_3} \\ -\frac{1}{R_3} & \frac{1}{R_3} + \frac{1}{R_4} + \frac{1}{R_5 + R_6} \end{pmatrix}}_{\boldsymbol{G}} \cdot \underbrace{\begin{pmatrix} \varphi_{e1} \\ \varphi_{e2} \end{pmatrix}}_{\boldsymbol{\varphi}_e} = \underbrace{\begin{pmatrix} -\frac{U_{q1}}{R_1} - \frac{U_{q2}}{R_2} - \frac{U_{q3}}{R_3} \\ \frac{U_{q3}}{R_3} \end{pmatrix}}_{\boldsymbol{I}_q}. \qquad (2.8\text{-}17)$$

Offenbar finden wir hier eine weitere Matrixform des OHMschen Gesetzes, welche das komplette Netzwerk beschreibt: die Leitwertmatrix $\boldsymbol{G}$ - auch Knotenadmittanzmatrix (KAM) - multipliziert mit dem Knotenpotentialvektor $\boldsymbol{\varphi}_e$ ist gleich dem Quellstromvektor $\boldsymbol{I}_q$. Die Anzahl der verkoppelten Unbekannten hat sich also von $z = 5$ auf $n = 2$ - von der Zweiganzahl auf die Anzahl der unabhängigen Knoten - reduziert.

Die Matrix ist zwar kleiner geworden, dafür finden wir Brüche, die sich hier auch nicht durch die Wahl von Leitwerten statt Widerständen wegen $1/(R_5 + R_6)$ unmittelbar eliminieren lassen. Durch die Hilfsdefinition $R_{56} := R_5 + R_6$ kann hier natürlich Abhilfe geschaffen werden. Der Grund für das Auftreten solcher Brüche, die so beim Maschenstromverfahren unmittelbar nicht vorkommen, liegt an Zweigen mit mehr als einem Widerstand. Würden wir den Verbindungspunkt von R_5 und R_6 zum Knoten erheben, wäre das Problem für den Preis einer ansonsten unnötigen 3 × 3-Matrix beseitigt.

2.8.6.2 Unmittelbares Ablesen der KAM-Gleichung aus dem Netzwerk

Auch hier sollte es möglich sein, die Gleichungsstruktur direkt aus dem Netzwerk abzulesen. Wie die MIM $\boldsymbol{R}$ ist die KAM $\boldsymbol{G}$ mit $G_{ij} = G_{ji}$ symmetrisch. Betrachten wir im Netzwerk die Knoten K_1 und K_2, erkennen wir, daß $|G_{12}| = G_3$ den Leitwert zwischen beiden darstellt. Dieses Prinzip läßt sich auf alle anderen Leitwerte ausdehnen, womit ebenfalls klar ist, warum die Matrix symmetrisch ist: ein Leitwert zwischen K_i und K_j, liegt auch zwischen K_j und K_i. Dies läßt sich wieder auf die Hauptdiagonalelemente extrapolieren, wo $i = j$. Man kann sie als Schnittmenge mit sich selbst interpretieren.

Ist noch das Vorzeichen zu klären, das bei allen Hauptdiagonalelementen positiv, bei anderen negativ ist. Die Festlegung ist hier einfacher als beim Maschenstromverfahren, denn dies ist immer so aufgrund der Tatsache, daß Schnittmengen-Zweige einmal von einem Knoten und dann von dem anderen Knoten betrachtet werden.

Der Quellstromvektor $\boldsymbol{I}_q$ wird gebildet, indem das i. Element gleich der Summe der Quellströme zum i. Knoten als Quotienten von Quellspannungen und jeweiligem Zweigwiderstand zum i. Knoten darstellt. Das Vorzeichen ist positiv, wenn der Quellstrom zum Knoten hinfließt bzw. der Pluspol der Spannungsquelle zum Knoten weist, sonst negativ. Man kann zuvor natürlich die realen Spannungsquellen mit idealen Spannungsquellen U_{qi} und Innenwiderständen R_i in Reihe, wie in Abschnitt 2.8.1 dargestellt, in Ersatzstromquellen U_{qi}/R_i mit parallelgeschalteten Innenwiderständen umwandeln. Noch günstiger ist es, wenn die Aufgabenstellung bereits mit Stromquellen vorliegt.

Zur mathematischen Beschreibung des Bildungsgesetzes führen wir einen Richtungsoperator für ein allgemeines Zählpfeilpaar i, k ein:

$$r_{k,l}^{(i)} := \begin{matrix} 1 & \text{wenn der } l\text{. Pfeil im } k\text{. Zweig vom } i\text{. Knoten wegweist} \\ -1 & \text{wenn der } l\text{. Pfeil im } k\text{. Zweig zum } i\text{. Knoten hinweist.} \end{matrix}$$

Dann gilt mit k als Zählindex für den k. Zweig zum i. Knoten und l als Zählindex für das l. Bauelement im k. Zweig mit

$$G_k^{(i)} := \frac{1}{\sum_l R_{k,l}^{(i)}} \qquad \text{und} \qquad U_{qk}^{(i)} := \sum_l r_{k,l}^{(i)} U_{qk,l}^{(i)};$$

$$G_{ij} = G_{ji} = (-1)^{i \neq j} \sum_k G_k^{(i)} \cap \sum_k G_k^{(j)}; \qquad I_{qi} = \sum_k U_{qk}^{(i)} G_k^{(i)}. \quad (2.8\text{-}18)$$

2.8.6.3 Berechnung der Zweigströme aus den Knotenpotentialen

Dieses System läßt sich mit denselben Methoden wie beim Maschenstromverfahren lösen. Zuvor soll jedoch noch dargestellt werden, wie auf die Zweigströme zurückgeschlossen werden kann, nachdem mit einer dieser Methoden die Knotenpotentiale zu $\varphi_{e1} = -7{,}6$ V und $\varphi_{e2} = -2{,}24$ V berechnet wurden. Wir brauchen uns lediglich die initiierenden Knotenpotentialgleichungen 15 nochmals vorzunehmen:

$$I_1 = \frac{\varphi_{e1} + U_{q1}}{R_1} = 0{,}8\text{ A}, \qquad I_2 = \frac{\varphi_{e1} + U_{q2}}{R_2} = -0{,}52\text{ A},$$

$$I_3 = \frac{\varphi_{e1} - \varphi_{e2} + U_{q3}}{R_3} = -0{,}28\text{ A}, \qquad I_4 = -\frac{\varphi_{e2}}{R_4} = 0{,}14\text{ A},$$

$$I_5 = \frac{-\varphi_{e2}}{R_5 + R_6} = 0{,}14\text{ A}. \qquad (2.8\text{-}19)$$

2.8.6.4 Manuelle Determinantenanalyse nach der CRAMERschen Regel

Zur Berechnung eines Knotenpotentials φ_{ej} wird in der aus der KAM gebildeten Knotenadmittanzdeterminante (KAD) die j. Spalte durch den Quellstromvektor $\boldsymbol{I}_q$ ersetzt und die so entstandene Determinante durch die KAD dividiert. Auch hier braucht die KAD nur einmal berechnet zu werden und hängt nicht von der gesuchten Größe, sondern nur von der Topologie der passiven Bauelemente ab. Beispielsweise für φ_{e1} heißt das:

$$\varphi_{e1} = \frac{\begin{vmatrix} -\frac{U_{q1}}{R_1} - \frac{U_{q2}}{R_2} - \frac{U_{q3}}{R_3} & -\frac{1}{R_3} \\ \frac{U_{q3}}{R_3} & \frac{1}{R_3} + \frac{1}{R_4} + \frac{1}{R_5 + R_6} \end{vmatrix}}{\begin{vmatrix} \frac{1}{R_1} + \frac{1}{R_2} + \frac{1}{R_3} & -\frac{1}{R_3} \\ -\frac{1}{R_3} & \frac{1}{R_3} + \frac{1}{R_4} + \frac{1}{R_5 + R_6} \end{vmatrix}} =$$

$$= \frac{(-\frac{U_{q1}}{R_1} - \frac{U_{q2}}{R_2} - \frac{U_{q3}}{R_3})(\frac{1}{R_3} + \frac{1}{R_4} + \frac{1}{R_5 + R_6}) + \frac{U_{q3}}{R_3^2}}{(\frac{1}{R_1} + \frac{1}{R_2} + \frac{1}{R_3})(\frac{1}{R_3} + \frac{1}{R_4} + \frac{1}{R_5 + R_6}) - \frac{1}{R_3^2}}. \qquad (2.8\text{-}20)$$

Auch hier darf im Nenner nach Ausmultiplikation kein Minuszeichen mehr vorkommen. Für die numerische Analyse lautet diese Gleichung:

$$\varphi_{e1} = \frac{\begin{vmatrix} -4{,}5 & -0{,}08\bar{3} \\ 0{,}1\bar{6} & 0{,}208\bar{3} \end{vmatrix} \text{AS}}{\begin{vmatrix} 0{,}61\bar{6} & -0{,}08\bar{3} \\ -0{,}08\bar{3} & 0{,}208\bar{3} \end{vmatrix} \text{S}^2} = \frac{-0{,}9236}{0{,}1215}\frac{\text{A}}{\text{S}} = -7{,}6\,\text{V}. \qquad (2.8\text{-}21)$$

Da sowohl MID als auch KAD ein Netzwerk gleichermaßen kennzeichnen, sollte eine Umrechnungsmöglichkeit bestehen. Sie lautet:

$$|\boldsymbol{R}| = |\boldsymbol{G}| \cdot \prod_{i=1}^{z} \sum_{k} R_{ik}. \tag{2.8-22}$$

Dabei zählt i die Zweige und k die Widerstände im i. Zweig.

2.8.6.5 Analyse mit dem GAUß-SEIDEL-Algorithmus

Für unser Beispiel wird gegenüber dem Maschenstromverfahren die erste Zeile geändert und in der Ausgabezeile R durch G, I durch U, und Uq durch Iq ersetzt:

```
m=2:DATA 0.6167,–0.0833,–4.5,0.2083,0.1667
```

Wir erhalten als Ausgabe mit U als gesuchtem Ergebnis:

G	1	2	U	Iq
1	0.6167	–0.0833	–7.60	–4.5000
2	–0.0833	0.2083	–2.24	0.1667

(2.8-23)

MATHCAD-Anwendung 2.8-2: Knotenpotentialverfahren; Vektorisieren

$ORIGIN := 1$ $\quad R := (3\ \ 5\ \ 12\ \ 16\ \ 10\ \ 6)^T \cdot \Omega$ $\quad U_q := (10\ \ 5\ \ 2)^T \cdot \mathrm{V}$

$$\varphi_e := \begin{bmatrix} \frac{1}{R_1}+\frac{1}{R_2}+\frac{1}{R_3} & -\frac{1}{R_3} \\ -\frac{1}{R_3} & \frac{1}{R_3}+\frac{1}{R_4}+\frac{1}{R_5+R_6} \end{bmatrix}^{-1} \cdot \begin{bmatrix} -\frac{U_{q_1}}{R_1}-\frac{U_{q_2}}{R_2}-\frac{U_{q_3}}{R_3} \\ \frac{U_{q_3}}{R_3} \end{bmatrix} \qquad \varphi_e = \begin{bmatrix} -7.60 \\ -2.24 \end{bmatrix} \cdot \mathrm{V}$$

Oben ist in Analogie zum Maschenstromverfahren die numerische Standardanalyse dargestellt.

$$G := \overrightarrow{\frac{1}{R}} \qquad G^T = [\ 0.3333\ \ 0.2000\ \ 0.0833\ \ 0.0625\ \ 0.1000\ \ 0.1667\ ] \cdot \mathrm{S}$$

$$\varphi_e := \begin{bmatrix} G_1+G_2+G_3 & -G_3 \\ -G_3 & G_3+G_4+\frac{G_5 \cdot G_6}{G_5+G_6} \end{bmatrix}^{-1} \begin{bmatrix} -U_{q_1}G_1 - U_{q_2}G_2 - U_{q_3}G_3 \\ U_{q_3}G_3 \end{bmatrix} \qquad \varphi_e = \begin{bmatrix} -7.60 \\ -2.24 \end{bmatrix} \cdot \mathrm{V}$$

Im Beispiel wurde mittels der MATHCAD-Funktion Vektorisieren über 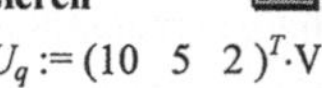 / Strg – aus dem R- ein G-Vektor erzeugt. Vektorisieren erzeugt allgemein eine neue Matrix, indem die unter dem → stehende Operation für jede Komponente der ursprünglichen Matrix ausgeführt wird. Im Beispiel wird vom R-Vektor jede Komponente R_i zu $G_i = 1/R_i$; $i = 1...6$ invertiert und so dem G-Vektor zugewiesen.

Aufgabe 2.8.6-1: Man stelle die Knotenpotential-Matrixgleichung für die eingezeichneten Knoten durch unmittelbares Ablesen aus dem Netzwerk auf.
Aufgabe 2.8.6-2: Man gebe die Formel für die KAD $|G|$ und ihren Wert an.
Aufgabe 2.8.6-3: Man gebe die Formel für die Zählerdeterminante des Potentials φ_{e3} an, und bestimme die Knotenpotentiale nach der CRAMERschen Regel.
Aufgabe 2.8.6-4: Man bestimme aus der vorigen Aufgabe alle Zweigströme.
Aufgabe 2.8.6-5: Man gebe die nach den Knotenpotentialen aufgelöste Matrixgleichung in MATHCAD ein und stelle das Ergebnis sowohl symbolisch als auch numerisch dar.
Aufgabe 2.8.6-6: Man berechne die Knotenpotentiale nach dem GAUß-SEIDEL-Algorithmus.
Aufgabe 2.8.6-7: Man berechne numerisch die KAD $|G|$ aus der MID $|\boldsymbol{R}|$.
Aufgabe 2.8.6-8: Welche Einheit hat die KAD eines allgemeinen Netzwerks mit n unabhängigen Knoten, welche die Zählerdeterminanten?

2.8.7 Zweipoltheorie

Ein Zweipol ist ein abgeschlossenes System, das über zwei Klemmen elektrisch zugänglich ist und hier ausschließlich durch Klemmenstrom und Klemmenspannung beschrieben wird. Dabei ist es unerheblich, wie die Quell/Widerstandskombination hinter diesen Klemmen aussieht. Damit läßt sich ein beliebiges Netzwerk bzgl. zweier beliebiger Klemmen als Ersatzspannungsquelle oder Ersatzstromquelle modellieren. Wo immer dieses jetzt als Teil eines größeren Netzwerks verwendet wird, ist es gegen seine Ersatzquelle austauschbar.

Die Bestimmungsparameter der Ersatzspannungsquelle sind U_0 und R_i, die der Ersatzstromquelle I_0 und R_i, und für ein gegebenes Netzwerk mit Klemmenpaar sind diese Größen in Abhängigkeit der Bauelemente des Netzwerks zu bestimmen.

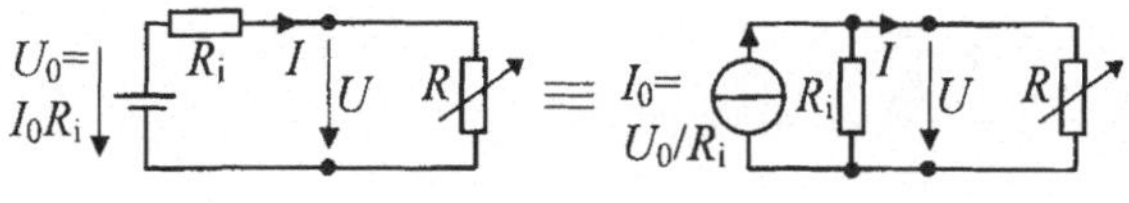

$U_0 = I_0 R_i$, R_i, I, U, R $\equiv$ $I_0 = U_0/R_i$, R_i, I, U, R

Abb. 2.8-4: Umrechnung von Spannungs- in Stromquellen und umgekehrt.

Wir belasten die in Abb. 2.8-4 dargestellte Ersatzspannungs- und Ersatzstromquelle mit einem Potentiometer R und führen Kurzschluß- und Leerlaufversuch durch, d.h. wir setzen $R = 0$ bzw. ∞ und stellen I und U für diese Belastung in Abhängigkeit der Bauelemente dar:

	Ersatzspannungsquelle	**Ersatzstromquelle**
Kurzschluß-versuch $R = R_K = 0$	$U_K = 0, \quad I_K = \frac{U_0}{R_i} = \frac{U_L}{R_i}$	$U_K = 0, \quad I_K = I_0$
Beliebige endliche Lasten $R = R_1$ bzw. R_2	$U_1 = U_0 - I_1 R_i, \quad U_2 = U_0 - I_2 R_i$ $R_i = \frac{U_2 - U_1}{I_1 - I_2}, \quad U_0 = \frac{U_2 I_1 - U_1 I_2}{I_1 - I_2}$	$I_1 = I_0 - \frac{U_1}{R_i}, \quad I_2 = I_0 - \frac{U_2}{R_i}$ $R_i = \frac{U_2 - U_1}{I_1 - I_2}, \quad I_0 = \frac{U_2 I_1 - U_1 I_2}{U_2 - U_1}$
Leerlaufvers. $R = R_L = \infty$	$U_L = U_0, \quad I_L = 0$	$U_L = I_0 R_i = I_K R_i, \ I_L = 0$

$$\Rightarrow \quad U_0 = U_L, \qquad I_0 = I_K, \qquad R_i = \frac{U_L}{I_K} = \frac{U_0}{I_0}. \tag{2.8-24}$$

Die mittlere Zeile der Tabelle erlaubt die Berechnung der Ersatzparameter aus der Messung bei zwei endlichen Potentiometerstellungen $R = R_1$ bzw. R_2, so wie es bei einer praktischen Verifizierung im Labor angebracht ist. Spannungsquellen soll man nicht kurzschließen, Stromquellen nicht leerlaufen lassen. Im theoretischen Gedankenmodell erhalten wir also die Quellspannung zur Leerlaufspannung, den Quellstrom zum Kurzschlußstrom und den Innenwiderstand als Quotient der beiden.

Einen dieser Versuche können wir einsparen, wenn wir zur Bestimmung des Innenwiderstands R_i alle idealen Spannungsquellen kurzschließen und alle idealen Stromquellen leerlaufen lassen. Der Eingangswiderstand am Klemmenpaar ist dann gleich dem Innenwiderstand. Wir wollen dies nun auf unser Beispielnetzwerk anwenden:

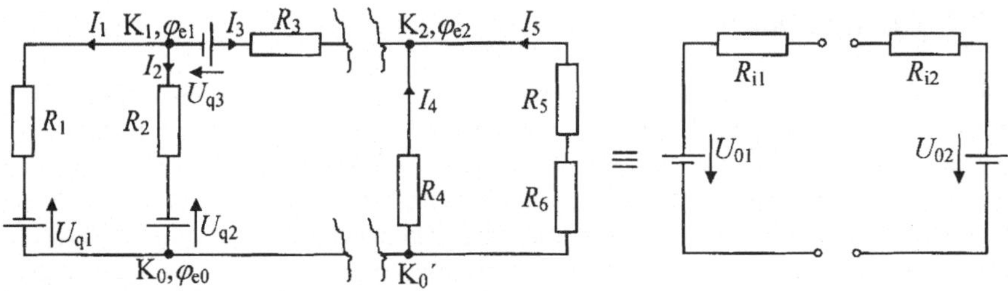

Abb. 2.8-5: Aufteilen des Beispielnetzwerks links der Knoten K_2/K_0' und Darstellung der beiden Hälften als Ersatzspannungsquellen.

Teilen wir das Beispielnetzwerk entspr. Abb. 2.8-5, ergibt sich für die Teilnetzwerke:

$$U_{01} = U_{q3} + \varphi_{e1} = U_{q3} - \frac{\frac{U_{q1}}{R_1} + \frac{U_{q2}}{R_2}}{\frac{1}{R_1} + \frac{1}{R_2}} = -6{,}125 \text{ V}, \qquad U_{02} = 0,$$

$$R_{i1} = R_3 + \frac{R_1 R_2}{R_1 + R_2} = 13{,}875\,\Omega, \qquad R_{i2} = \frac{R_4(R_5 + R_6)}{R_4 + R_5 + R_6} = 8\,\Omega. \tag{2.8-25}$$

U_{01} wurde nach dem Knotenpotentialverfahren bestimmt, wobei zu berücksichtigen ist, daß wegen der Auftrennung R_3 stromlos ist. φ_{e1} ist natürlich nicht mehr der zuvor berechnete Wert, sondern ergibt sich nur aus den Bauelementen im linken Teil.

Möchten wir nun den Strom I_3 kennen, fügen wir die Teile wieder zusammen und erhalten aus dem rechten Ersatzbild den bekannten Wert:

$$I_3 = \frac{U_{01} - U_{02}}{R_{i1} + R_{i2}} = \frac{-6{,}125 \text{ V}}{21{,}875\,\Omega} = -0{,}28 \text{ A}. \tag{2.8-26}$$

Machen wir alternativ für die linke Seite den Kurzschlußversuch:

$$I_{3K} = \frac{1}{R_3}\left(U_{q3} - \frac{\frac{U_{q1}}{R_1} + \frac{U_{q2}}{R_2} + \frac{U_{q3}}{R_3}}{\frac{1}{R_1} + \frac{1}{R_2} + \frac{1}{R_3}}\right) = -0{,}\overline{441} \text{ A} \quad \Rightarrow \quad R_{i1} = \frac{U_{01}}{I_{3K}} = 13{,}875\,\Omega. \tag{2.8-27}$$

Diese Berechnungsmethode ist also zumindest für dieses Beispiel aufwendiger. Mit der Zweipoltheorie ist natürlich kein Wert im Innern der Quelle berechenbar, sondern in diesem Fall ist an der entsprechenden Stelle neu aufzutrennen, was die Berechnung mehrerer Netzwerkgrößen gegenüber den anderen Verfahren aufwendiger macht.

Aufgabe 2.8.7-1: Man bestimme R_i, U_0 und I_0 aus der mittleren Zeile der Tabelle, wenn I_1, I_2, R_1 und R_2 bekannt sind.

***Aufgabe 2.8.7-2**: Man berechne und skizziere die Ersatzzweipole (U_0, I_0, R_i) des Netzwerks zwischen K_1 und K_0 unter Verwendung von Ergebnissen der bereits durchgeführten Knotenpotentialanalyse.

Aufgabe 2.8.7-3: Man lege einen Widerstand $R_p = 1{,}1785\ \Omega$ parallel zu Zweig 3, und berechne das sich dann an K_1 einstellende Potential φ'_{e1} mithilfe der vorigen Aufgabe, sowie über die Matrixgleichung mittels **MATHCAD**.

2.8.8 Schaltungssimulation und -analyse mit PSPICE

Das **PSPICE**-Programmpaket der Fa. OrCAD/MicroSim ermöglicht die Netzwerksimulation nach Schaltungseingabe in den integrierten graphischen Schaltplaneditor **SCHEMATICS**, wie einführend an unserem Beispiel entsprechend Abb. 2.8-6 verifiziert werden soll. Die Simulationsausführung erfolgt mittels des Programms **PSPICE** mit Textausgabe auf dem **SCHEMATICS**-Arbeitsblatt, in einer Output-Datei, und ggfls. graphischer Ausgabe mit dem Software-Oszilloskop **PROBE**. Da das Programmpaket in Kap. 6 für die Belange der Grundlagen der Elektrotechnik ausführlicher beschrieben wird, werden hier nur die für die aktuelle Behandlung der Schaltung notwendigen Angaben gemacht. Dies gilt auch für Folgeabschnitte, die **PSPICE**-Simulationen beschreiben.

2.8.8.1 Schaltplaneingabe in SCHEMATICS und Arbeitspunktanalyse

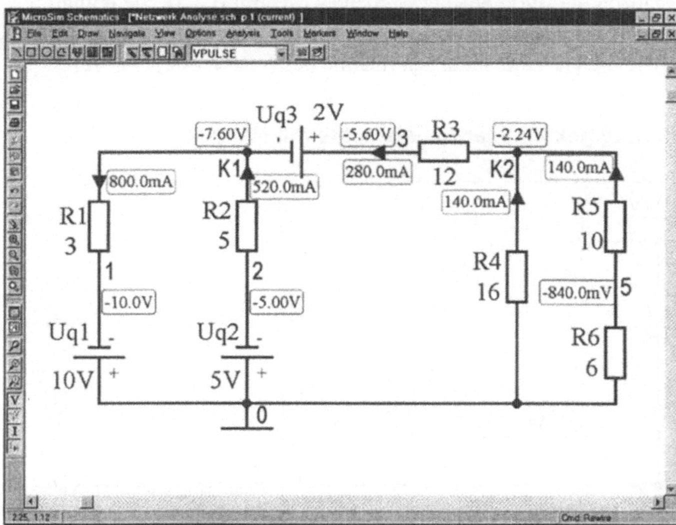

Abb. 2.8-6: Eingabe in den Schaltplaneditor **SCHEMATICS** zur Analyse des Beispielnetzwerks mit **PSPICE**. Ausgabe der Ströme und Knotenpotentiale.

Zur Schaltplaneingabe werden gemäß Abschnitt 6.2.2 nach dem Start von **SCHEMATICS**

- mit / Strg G (Draw Get New Part...) oder über das Bauelementfenster R die Widerstände *R* plaziert, ggfls. neu durchnumeriert und nach mit Werten versehen,
- die Spannungsquellen *VDC* plaziert und mit neuen Namen und Werten versehen,
- Analog Ground *AGND* unten als Nullpotential plaziert,
- mit / Strg W (Draw Wire) die Verbindungen gezogen.
- Durch auf die Verbindungen kann jedem eindeutigen Potentialpunkt eine Nummer (LABEL) zugeordnet werden, die in der Ausgabedatei erscheint. Für die Ströme wurden hier die Zweigstromindizes verwendet, für die Knoten *K1* und *K2*.

- Mit 🖰/⌨ F11 (Analysis Simulate; Abschnitt 6.2.3) wird die Simulation mittels des Simulationsprogramms **PSPICE** gestartet. Beim Simulationslauf erscheint kurz das Simulations-Statusfenster, das Auskunft über den Fortgang der Simulation gibt.
- Zur Anzeige der Ergebnisse auf dem **SCHEMATICS**-Arbeitsblatt (Abschnitt 6.2.3.8) werden die Kippschalter V und I gedrückt und es erscheinen alle Spannungen und Ströme an den Bauteilen. Die den Strömen zugeordnete Richtung kann durch 🖰 der Werte sichtbar gemacht werden.
- Da z.B. reihengeschaltete Widerstände den gleichen Strom führen, erscheint dieser entspr. ihrer Anzahl in einem Zweig mehrfach. Er kann durch 🖰 markiert und durch gelöscht (oder auch wieder reaktiviert) werden; dsgl. mit für Potentiale. Die verbleibenden Anzeigen können bei Bedarf an andere Positionen gezogen werden.

Sind weitere Informationen zum Simulationslauf gewünscht, kann mit Analysis Examine Output die Ausgabedatei (*.out*) geöffnet werden (Abschnitt 6.2.5). Sie enthält u.a. die *.net*-Datei mit der Kodierung des Netzwerks (Netzliste) und zum Ende nochmals Potentiale, Ströme sowie die Gesamtleistungsaufnahme des Netzwerks.

2.8.8.2 Parametrisierung gekoppelter Bauelemente mit *PARAM*

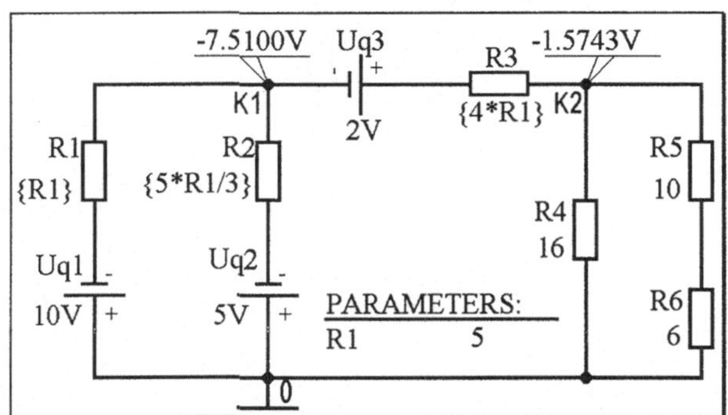

Abb. 2.8-7: Parametrisierung der Widerstände *R1* ... *R3* des Beispiels.

Sollen die Werte von Bauelementen aneinander gekoppelt werden, kann dies entsprechend dem Beispiel in Abb. 2.8-7 mit dem Pseudobauelement *PARAM* (Abschnitt 6.2.2.6) geschehen. Dazu wird *PARAM* im Bauelementfenster eingegeben und plaziert. Durch 🖰🖰 auf *PARAMETERS* wird die zugehörige Dialogbox geöffnet und bis zu drei Bauelement-*NAMEn* mit jeweils zugehörigen Werten *VALUE* können eingegeben werden.

Im Beispiel seien die Werte von *R1* = *{R1}*, *R2* = *{5*R1/3}* und *R3* = *{4*R1}* an *R1* = *5*(Ω) gekoppelt. Dazu werden die ursprünglichen *VALUE*s dieser drei Bauelemente durch die Ausdrücke in geschweiften Klammern *{ }* ersetzt. Nach dem Start des Simulationslaufs erscheinen die geänderten Ergebnisse. Als Alternative zu V und I wurden an *K1* und *K2* zwei *VIEWPOINT*s (Abschnitt 6.2.3.8) plaziert. Hier erscheinen nach dem Simulationslauf die Potentiale φ_{e1} und φ_{e2}.

2.8.8.3 Variation von Bauelementen und grafische Darstellung mit PROBE

Wirklich komfortabel wird die Analyse erst durch die Aktivierung des Software-Oszilloskops **PROBE** (Abschnitt 6.3) zur Darstellung von Ergebnissen in Abhängigkeit variierter Parameter. In Abb. 2.8-8 wurde das vorhergehende Beispiel dahingehend erweitert, daß der Widerstand R_1 jetzt im Bereich $0 < R_1 \leq 10\ \Omega$ verändert wird. Gesucht seien die Potentiale φ_{e1} an *K1* und φ_{e2} an *K2* sowie die Spannung U_{35}.

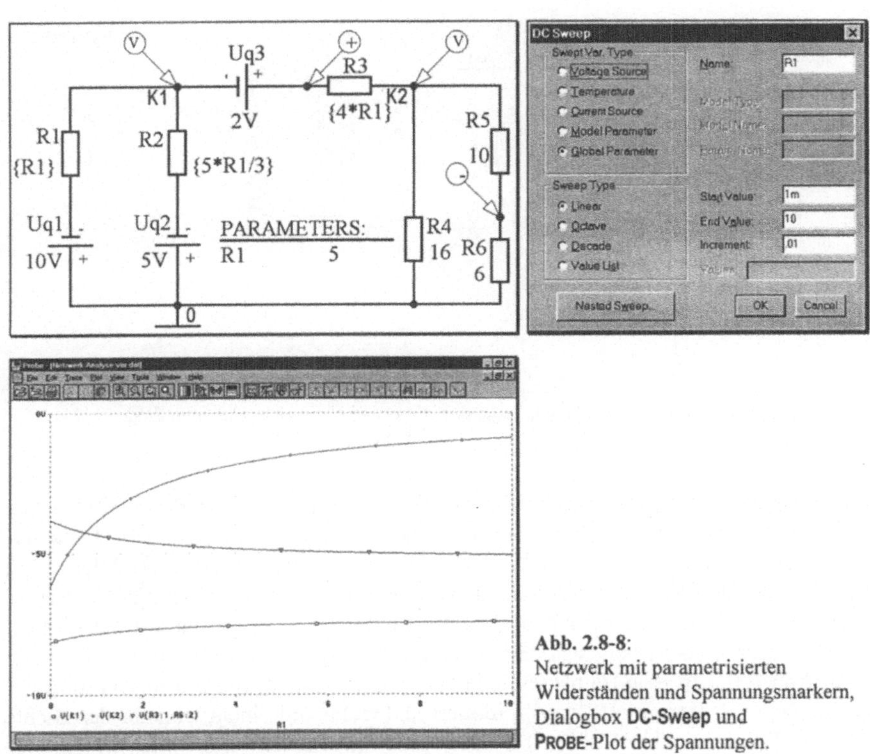

Abb. 2.8-8:
Netzwerk mit parametrisierten Widerständen und Spannungsmarkern, Dialogbox **DC-Sweep** und **PROBE**-Plot der Spannungen.

Hierzu werden Strg M (Markers Mark Voltage/Level) bzw. Mark Voltage Differential (Abschnitt 6.2.1.4) plaziert, in (Analysis Setup; Abschnitt 6.2.3) die **DC Sweep**-Dialogbox (Abschnitt 6.2.3.2) geöffnet und mit • Global Parameter parametrisiert.

Dabei darf ein Wert von 0 Ω nicht vorkommen. Der nach wie vor im Netzwerk stehende Wert von *R1* = 5 (Ω) bei *PARAMETERS* ist ein Dummy-Wert und wird ignoriert, darf aber nicht fehlen. Auch wenn nur ein Bauelement zu variieren ist, muß dies so über die Spezifikation mit *PARAMETERS* erfolgen. Das Ergebnis finden wir in der **PROBE**-Grafik, wo U_{35} in Bezug auf die Widerstandsklemmen mit *V(R3:1,R6:2)* auftritt. Durch Einfg (Trace Add; Abschnitt 6.3.2.3) können weitere Netzwerkgrößen, wie z.B. die Ströme, in einem anderen Plot oder Diagramm dargestellt werden. Dies kann alternativ im **SCHEMATICS**-Schaltplan mit (Markers Mark Current into Pin) voreingestellt werden.

Aufgabe 2.8.8-1: Man simuliere das Netzwerk und verifiziere die zuvor berechneten Ergebnisse.
Aufgabe 2.8.8-2: Man simuliere das Netzwerk für $R_1 = 5\ \Omega$, $R_2 = 0{,}6R_1$, $R_3 = 0{,}4R_1$ und $U_{q1} = U_{q3} = 4U_{q2}$ unter Beibehaltung der übrigen Werte.
Aufgabe 2.8.8-3: Man variiere in Aufgabe 1: $0 < R_l/\Omega \leq 10$, und stelle alle Ströme in PROBE dar.

2.9 Halbleiter-pn-Übergänge

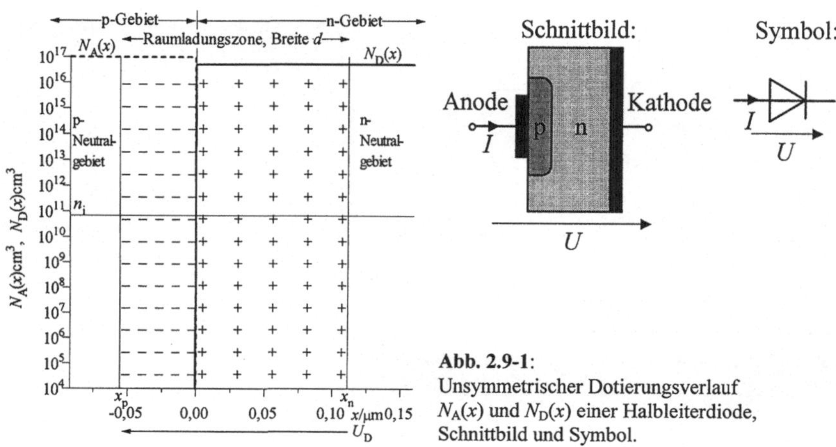

Abb. 2.9-1:
Unsymmetrischer Dotierungsverlauf $N_A(x)$ und $N_D(x)$ einer Halbleiterdiode, Schnittbild und Symbol.

Nachdem wir nun die wesentlichen Kenngrößen zur allgemeinen Beschreibung von Strömungsfeldern kennengelernt haben, wollen wir die Grundlagen von Halbleiterübergängen betrachten. Die grundsätzlichen Leitungsmechanismen in Halbleitern in den Formen der Eigen- und Störstellenleitung wurden bereits in Abschnitt 2.1 besprochen. Die Wirkungsweise der meisten Halbleiterbauelemente beruht auf den elektrischen Vorgängen am Übergang einer p- und einer n-leitenden Halbleiterzone.

In Abb. 2.9-1 ist eine Halbleiterdiode dargestellt, die links mit einem Akzeptor der Dichte N_A (z.B. Bor mit $10^{17}/\text{cm}^3$) p-dotiert und rechts mit einem Donator der Dichte N_D (z.B. Phosphor mit $5\cdot10^{16}/\text{cm}^3$) n-dotiert ist. Diese Zahlenwerte wollen wir im Folgenden und bei den Aufgaben zugrunde legen. Mit der (thermischen) Intrinsic-Dichte n_i (z.B. Si mit $6{,}8\cdot10^{10}/\text{cm}^3$) des Substrats ergeben sich vier Ladungsträgerdichten:

$p_{p0} \approx N_A$: Majoritätsladungsträgerdichte (Löcher p) im linken $_p$-Gebiet

$n_{n0} \approx N_D$: Majoritätsladungsträgerdichte (Elektronen n) im rechten $_n$-Gebiet

$p_{n0} = n_i^2/n_{n0}$: Minoritätsladungsträgerdichte (Löcher p) im rechten $_n$-Gebiet

$n_{p0} = n_i^2/p_{p0}$: Minoritätsladungsträgerdichte (Elektronen n) im linken $_p$-Gebiet.

Der Index $_0$ kennzeichnet dabei den Neutralzustand, wenn beide Halbleiter sich gegenseitig nicht beeinflussen. Bringen wir zwei solche unterschiedlich dotierten Halbleiter zusammen, finden wir unmittelbar davor im p-Material im Valenzband einen Löcherüberschuß p_{p0} und im Leitungsband nur wenige Elektronen n_{p0}, im n-Material ist es genau umgekehrt. Eine x-Koordinate habe ihren Nullpunkt an der Kontaktstelle.

2.9.1 Diffusionsströme und Feldströme

Aufgrund der COULOMBkraft versuchen sich Ladungsträger gleicher Polarität abzustoßen, was im homogenen Medium zu einer homogenen Verteilung führt. Dies ist auch der Fall, solange die beiden Hälften nicht zusammengebracht wurden. Danach, konkret also bereits bei der Herstellung, besteht jedoch im ersten Moment an der Kontaktstelle ein starker ***Konzentrationsgradient*** $\mathrm{d}n(x)/\mathrm{d}x > 0$ von Elektronen zur p-Seite und $\mathrm{d}p(x)/\mathrm{d}x < 0$ von Löchern zur n-Seite hin, d.h. die Elektronen im Leitungsband wollen sich unter Abnahme ihrer Dichte im n-Gebiet bis zur Gleichverteilung in das Leitungsband des p-Gebiets ausdehnen, und bei den Löchern ist es umgekehrt.

Sobald sich Ladungsträger von einem Ort zu einem anderen bewegen, ist damit ein Stromfluß assoziiert. Hier handelt es sich um ***Diffusionsströme*** I_{nDiff} mit ***Diffusionsstromdichten*** S_{nDiff}, beide ~ $\mathrm{d}n/\mathrm{d}x$ bzw. I_{pDiff}, $S_{\mathrm{pDiff}} \sim -\mathrm{d}p/\mathrm{d}x$ und alle nach rechts zu positiven x-Werten gerichtet, wie wir sie in dieser Weise noch nicht kennengelernt haben. Die ***Diffusionskonstanten*** D genannten Proportionalitätskonstanten lassen sich allgemein über die Beweglichkeit χ nach der hier nicht weiter hergeleiteten EINSTEINgleichung angeben:

$$D := \chi \frac{kT}{e} = \chi U_T \qquad \text{mit } U_T = \frac{kT}{e} = \frac{25{,}85\,\mathrm{mV}}{T/300\mathrm{K}}. \quad [D] = \frac{\mathrm{cm}^2}{\mathrm{s}} \tag{2.9-1}$$

U_T heißt ***Temperaturspannung*** und tritt in diesem Sinne nicht unmittelbar als meßbare Größe auf. Sie stellt ein energetisches Spannungsäquivalent für die thermische Energie $kT = eU_T$ dar. Sie wird häufig wie angegeben normiert dargestellt, denn für eine typische gerundete Umgebungstemperatur von $T = 300$ K entspr. ca. 27° C stellen sich ca. 25,85 mV Temperaturspannung ein. Diesen Wert nehmen wir ebenfalls in der Folge, sofern nicht anders angegeben, an. Die dazugehörigen Stromdichten ergeben sich mit

$$D_{\mathrm{p}} = \chi_{\mathrm{p}} U_T \quad \Rightarrow \quad S_{\mathrm{pDiff}} = -eD_{\mathrm{p}} \frac{\mathrm{d}p}{\mathrm{d}x} > 0, \qquad \text{mit } D_{\mathrm{pSi}} = 12{,}4 \frac{\mathrm{cm}^2}{\mathrm{s}},$$

$$D_{\mathrm{n}} = \chi_{\mathrm{n}} U_T \quad \Rightarrow \quad S_{\mathrm{nDiff}} = eD_{\mathrm{n}} \frac{\mathrm{d}n}{\mathrm{d}x} > 0, \qquad \text{mit } D_{\mathrm{nSi}} = 34{,}9 \frac{\mathrm{cm}^2}{\mathrm{s}}. \tag{2.9-2}$$

Die Stromdichte läßt sich hier wegen der Wahl der einzigen Diffusions-x-Richtung skalar angeben. Liegt eine beliebig gerichtete Diffusion vor, ergibt sich die vektorielle Diffusionsstromdichte zu:

$$\boldsymbol{S}_{\mathrm{pDiff}} = -eD_{\mathrm{p}}\,\mathrm{grad}\,p \qquad \text{und} \qquad \boldsymbol{S}_{\mathrm{nDiff}} = eD_{\mathrm{n}}\,\mathrm{grad}\,n. \tag{2.9-3}$$

Diffusionsströme sind also neben ihrer eigentlichen Ursache, dem Konzentrationsgradienten, umso stärker, je höher die Temperatur, denn umso größer ist die kinetische Energie der Ladungsträger, und umso größer deren Beweglichkeit im Medium ist.

Demgegenüber sind die bisherigen (Drift-)Ströme ***Feldströme*** mit ***Feldstromdichten*** $S_{\mathrm{Feld}} = \kappa E = -\kappa \mathrm{d}\varphi_e/\mathrm{d}x$, da sie durch ein von außen angelegtes elektrisches Feld E verursacht werden, also von einem Potential- statt Ladungsträgerdichtegefälle. Der Diffusionsstrom tritt jedoch auf, ohne daß ein äußeres Feld anliegt, sondern eben nur durch eine unterschiedliche Ladungsträgerhäufung auf verschiedenen Energieniveaus aufgrund des Materialaufbaus. Er fließt, ohne daß einer weiteren Quelle bedarf.

Eine solche Konfiguration muß natürlich ebenfalls die Grundgesetze der Physik erfüllen, d.h. dieser Strom darf nicht dazu führen, daß er in einem Außenkreis zugänglich ist, denn sonst läge ein Perpetuum Mobile vor. Ein gleichgroßer Gegenfeldstrom wird ihn neutralisieren müssen. Dieser tritt dann auch infolge der Verarmung freier Ladungsträger in den Kontaktzonen auf

Denn mit der ursprünglichen Ladungsträgerverteilung waren diese ja elektrisch neutral, mit der Diffusion ist dies jedoch nicht mehr der Fall, d.h. es entsteht im p-Gebiet eine negativ geladene Raumladungszone $\rho^-(x)$ aufgrund des nun hier vorliegenden Elektronenüberschusses in Bezug auf die Atome, und im n-Gebiet eine positive $\rho^+(x)$ aufgrund des Elektronenmangels. Raumladungen sind jedoch Quellen der elektrischen Feldstärke E und verursachen eine Spannung - hier die sog. ***Diffusionsspannung*** U_D, beide mit der in Abb. 2.9-1 eingetragenen negativen x-Richtung - die den gegenläufigen Feldstrom $I_{Feld} = I_{nFeld} + I_{pFeld}$ verursacht. Die zugehörigen Feldstromdichten müssen sich durch die in Abschnitt 2.5.2 hergeleiteten allgemeingültigen Beziehungen berechnen lassen:

$$S_{pFeld} = \kappa_p E = e\chi_p pE \qquad \text{und} \qquad S_{nFeld} = \kappa_n E = e\chi_n nE. \tag{2.9-4}$$

Diese insgesamt vier Ströme erfüllen mit $E = -\,\mathrm{d}\varphi_e/\mathrm{d}x$ damit folgende Bedingungen:

$$S_p = S_{pDiff} + S_{pFeld} = -e\chi_p U_T \frac{\mathrm{d}p}{\mathrm{d}x} - e\chi_p p \frac{\mathrm{d}\varphi_e}{\mathrm{d}x} \overset{!}{=} 0 \quad \Rightarrow \quad \mathrm{d}\varphi_e = -U_T \frac{\mathrm{d}p}{p}.$$

$$S_n = S_{nDiff} + S_{nFeld} = e\chi_n U_T \frac{\mathrm{d}n}{\mathrm{d}x} - e\chi_n n \frac{\mathrm{d}\varphi_e}{\mathrm{d}x} \overset{!}{=} 0 \quad \Rightarrow \quad \mathrm{d}\varphi_e = U_T \frac{\mathrm{d}n}{n}. \tag{2.9-5}$$

Alle vier Stromarten existieren in beiden Gebieten, also S_p in n und p als auch S_n in n und p. Ihnen sind nach rechts, in positive x-Richtung, weisende Zählpfeile zugeordnet.

Aufgabe 2.9.1-1: Man berechne aus der genaueren Beziehung $p_{p0} = N_A + n_{p0}$ die Werte von p_{p0} und n_{p0} als Funktionen von N_A und n_i.
Aufgabe 2.9.1-2: Eine Elektronenkonzentration ändere sich linear von n_{p0} bei $x = 0$ auf n_{n0} bei $\Delta x = 170$ nm. Welcher Diffusionsstrom durchfließt eine Fläche von $A = 500\ \mu\text{m} \times 100\ \mu\text{m}$?
Aufgabe 2.9.1-3: Durch welchen Verlauf der elektrischen Feldstärke $E(x)$ muß der Strom der vorigen Aufgabe kompensiert werden?

2.9.2 Ladungsträgerdichten und Diffusionsspannung

Diese Raumladungszonen sind in Form einer Sperrschicht, also einer Kapazität, hochohmig frei von freien Ladungsträgern und können zunächst entspr. Abb. 2.9-1 auf die noch zu berechnende ***Sperrschichtbreite*** $d = x_n - x_p$ begrenzt werden, jenseits derer wieder Verhältnisse wie im homogen dotierten Kristall herrschen. Die Leitfähigkeit in diesen Neutralzonen ist dabei hinreichend hoch, so daß dort Spannungsabfälle vernachlässigbar sind. In der Sperrschicht ergibt sich dann mit der Festlegung $\varphi_e(x_p) := 0$ durch Integration folgender Potentialverlauf:

$$\int\limits_{\varphi_e(x_p)=0}^{\varphi_e(x)} \mathrm{d}\varphi_e = \varphi_e(x) = -\int\limits_{x_p}^{x} E\,\mathrm{d}x = -U_T \int\limits_{p_{p0}}^{p(x)} \frac{\mathrm{d}p}{p} = -U_T \ln\frac{p(x)}{p_{p0}}. \tag{2.9-6}$$

Daraus folgen mit $\varphi_e(x_n) = U_D$ die BOLTZMANNgleichungen, die die Ladungsträgerdichten in Abhängigkeit des Potentials angeben:

$$p(\varphi_e) = p_{p0} e^{-\frac{\varphi_e(x)}{U_T}}, \qquad \text{analog:} \quad n(\varphi_e) = n_{n0} e^{\frac{\varphi_e(x) - U_D}{U_T}}. \tag{2.9-7}$$

Während entspr. Abb. 2.9-3 der Verlauf der Löcherdichte $p(x)$ im p-Gebiet links von x_p auf dem Majoritätsladungsträgerniveau für Löcher im p-Gebiet $p_{p0} \approx N_A$ beginnt, endet er rechts von x_n auf dem Minoritätsladungsträgerniveau für Löcher im n-Gebiet p_{n0}. Demgegenüber beginnt der Verlauf von $n(x)$ im p-Gebiet links von x_p auf dem Minoritätsladungsträgerniveau für Elektronen im p-Gebiet n_{p0} und endet rechts von x_n auf dem Majoritätsladungsträgerniveau für Elektronen im n-Gebiet $n_{n0} \approx N_D$.

Aus dem Potentialverlauf errechnen wir die Diffusionsspannung U_D aus den beiden Anteilen in den beiden Raumladungszonen:

$$U_D = -\int_{x_p}^{x_n} E \mathrm{d}x = -U_T \int_{p_{p0}}^{p_{n0}} \frac{\mathrm{d}p}{p} = U_T \ln \frac{p_{p0}}{p_{n0}} = U_T \int_{n_{p0}}^{n_{n0}} \frac{\mathrm{d}n}{n} = U_T \ln \frac{n_{n0}}{n_{p0}}. \tag{2.9-8}$$

Da andererseits immer $p_{p0} n_{p0} = n_{n0} p_{n0} = n_i^2$, folgt unabhängig aus beiden Stromanteilen:

$$U_D = U_T \ln \frac{n_{n0} p_{p0}}{n_i^2} \approx U_T \ln \frac{N_A N_D}{n_i^2}. \tag{2.9-9}$$

Damit lassen sich auch die Minoritätsdichten in Abhängigkeit der Diffusionsspannung U_D angeben:

$$p_{n0} = p_{p0} e^{-\frac{U_D}{U_T}} \approx N_A e^{-\frac{U_D}{U_T}} \qquad \text{und} \qquad n_{p0} = n_{n0} e^{-\frac{U_D}{U_T}} \approx N_D e^{-\frac{U_D}{U_T}}. \tag{2.9-10}$$

Aufgabe 2.9.2-1: Man berechne U_D für Silizium und Germanium.
Aufgabe 2.9.2-2: Man leite die BOLTZMANNgleichung für $n(\varphi_e)$ her.
Aufgabe 2.9.2-3: Man bestimme U_D unmittelbar aus der BOLTZMANNgleichung für $n(\varphi_e)$.

2.9.3 Feldstärke- und Potentialverlauf, Sperrschichtbreite

Im vorigen Abschnitt sind die Ladungsträgerdichten nicht direkt in Abhängigkeit vom Ort gegeben, sondern als Funktion des Potentials φ_e, das wir zunächst selbst in seinem Ortsverlauf bestimmen müssen. Dies ist prinzipiell mit der in Abschnitt 1.8.7 hergeleiteten POISSONgleichung möglich, dazu müßten aber wieder $n(x)$ oder $p(x)$ bekannt sein. Diese können nach der SCHOTTKY-Näherung zur Potentialberechnung innerhalb der Sperrschicht d vernachlässigt werden:

$$x_p < x < 0: \quad \rho^- \approx -p_{p0} e \approx -N_A e, \qquad 0 < x < x_n: \quad \rho^+ \approx n_{n0} e \approx N_D e. \tag{2.9-11}$$

In der Raumladungszone wird also zur Felderzeugung nur der Beitrag der unkompensierten Störstellen betrachtet. Man kann durch eine exakte Analyse zeigen, daß die Abweichungen gering sind. $E(x) = E_x(x)$ erhalten wir aus dem GAUßschen Satz der Elektrostatik:

$$\operatorname{div}\boldsymbol{E} = \frac{\mathrm{d}E}{\mathrm{d}x} = \frac{\rho}{\varepsilon} \qquad \Rightarrow \quad E(x) = \frac{\rho}{\varepsilon}\int \mathrm{d}x + E(0) = \frac{\rho}{\varepsilon}x + E(0).$$

ρ ist dabei je nach Zone $-eN_A$ oder eN_D. $E(0)$ ist aus der Randbedingung zu bestimmen, daß das elektrische Feld an den Raumladungsgrenzen x_p und x_n verschwinden muß:

$$E_p(x) = \frac{-eN_A}{\varepsilon}(x - x_p), \qquad E_n(x) = \frac{eN_D}{\varepsilon}(x - x_n). \tag{2.9-12}$$

Den Potentialverlauf $\varphi_e(x)$ entwickeln wir mit $\varphi_{ep}(x_p) = 0$ und $\varphi_{en}(x_n) = U_D$ aus

$$\varphi_{ep}(x) = -\int_{x_p}^{x} E_p(x')\mathrm{d}x' = \frac{eN_A}{\varepsilon}\int_{x_p}^{x}(x' - x_p)\mathrm{d}x' = \frac{eN_A}{2\varepsilon}(x - x_p)^2. \tag{2.9-13}$$

$$U_D - \varphi_{en}(x) = -\int_{x}^{x_n} E_n(x')\mathrm{d}x'$$

$$\Rightarrow \quad \varphi_{en}(x) = U_D + \frac{eN_D}{\varepsilon}\int_{x}^{x_n}(x' - x_n)\mathrm{d}x' = U_D - \frac{eN_D}{2\varepsilon}(x_n - x)^2. \tag{2.9-14}$$

Raumladungsverlauf $\rho(x)$, Feldstärkeverlauf $E(x)$ und Potentialverlauf $\varphi_e(x)$ sind gemeinsam für den thermischen Neutralzustand in Abb. 2.9-2 eingetragen. Da $E(x) = E_x(x)$ als Zählpfeil nach rechts weist, gehört zu den Gleichungen und der Grafik das physikalisch nach links weisende elektrische Feld.

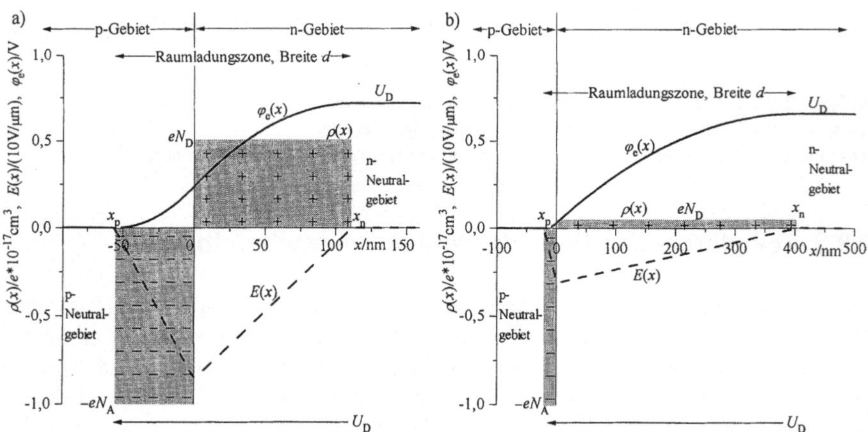

Abb. 2.9-2: a) unbelasteter Raumladungsverlauf $\rho(x)$, Feldstärkeverlauf $E(x)$ und Potentialverlauf $\varphi_e(x)$ zu Abb. 2.9-1, b) dito, aber $N_D = 5\cdot10^{15}/\mathrm{cm}^3 = N_A/20$.

Setzen wir die Potentialverläufe in die o.a. Ladungsträgerdichteverläufe $p(\varphi_e)$ und $n(\varphi_e)$ ein, erhalten wir $p(x)$ und $n(x)$ entspr. Abb. 2.9-3 als Verbesserungen erster Ordnung aus der SCHOTTKY-Näherung des Potentialverlaufs:

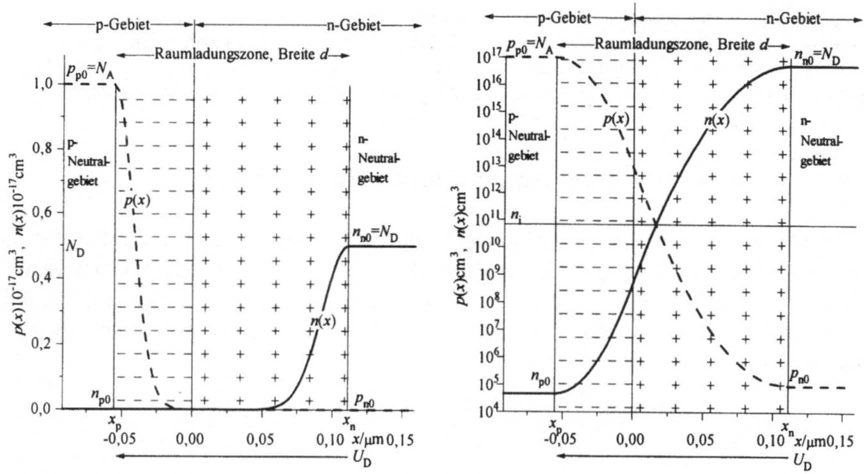

Abb. 2.9-3: Lineare und logarithmische Ladungsträgerdichteverläufe $p(x)$ und $n(x)$ zu Abb. 2.9-1 im thermischen Gleichgewicht in der SCHOTTKY-Näherung.

Zur Berechnung der Sperrschichtbreite d muß die Neutralitätsbedingung $-N_A x_p = N_D x_n$ gelten, d.h. die Sperrschichtbreiten der einzelnen Zonen müssen sich umgekehrt wie die Dotierungsdichten verhalten:

$$\varphi_{en}(0) = \varphi_{ep}(0) \qquad \Rightarrow \quad U_D = \frac{e}{2\varepsilon}(N_D x_n^2 + N_A x_p^2) = \frac{e}{2\varepsilon}\frac{N_A + N_D}{N_A} N_D x_n^2 .$$

Wir rechnen x_n auf d um:

$$x_n = d + x_p = d - \frac{N_D}{N_A} x_n \quad \Rightarrow \quad x_n = \frac{N_A}{N_A + N_D} d \quad \Rightarrow \quad U_D = \frac{e}{2\varepsilon}\frac{N_A N_D}{N_A + N_D} d^2$$

$$\Rightarrow \quad d = \sqrt{\frac{2\varepsilon U_D}{e}\frac{N_A + N_D}{N_A N_D}} = \sqrt{\frac{2\varepsilon U_D}{e}\left(\frac{1}{N_A} + \frac{1}{N_D}\right)}\Bigg|_{N_A = N_D = N} = 2\sqrt{\frac{\varepsilon U_D}{eN}} . \qquad (2.9\text{-}15)$$

Die rechte Variante gilt bei symmetrischer Dotierung $N_A = N_D =: N$. Um bestimmte Eigenschaften von pn-Übergängen zu erzeugen sind aber auch stark unsymmetrische Dotierungen, z.B. im Verhältnis 1:100 - oder, wie rechts in Abb. 2.9-2 für N_A/N_D = 1:20 dargestellt - üblich. Dann kann max(N_A, N_D) vernachlässigt werden und die Raumladungszone dehnt sich praktisch nur in den niedrig dotierten Teil aus. Einen Extremfall hierfür stellt die SCHOTTKY-Diode dar, bei der das p-Gebiet direkt durch den ebenfalls dreiwertigen Aluminium-Kontakt ersetzt wird. In Metallen können sich entsprechend den Darlegungen in der Elektrostatik nur Oberflächenladungen bilden, womit im n-Gebiet auch nur rund die Hälfte der Diffusionsspannung entsteht.

Die Kenntnis der Sperrschichtbreite d und ihr gleich betrachtetes Verhalten bei Anlegen einer externen Spannung U ist aber auch wichtig für mehrschichtige Bauelemente, wie den Bipolartransistor, bei dem zwei pn-Übergänge so nahe beieinander plaziert werden, daß sie sich auf bestimmte Art und Weise gegenseitig beeinflussen und so bei entsprechender Beschaltung Ströme verstärken.

Aufgabe 2.9.3-1: Man berechne x_p, x_n und d für Aufgabe 2.9.2-1.
Aufgabe 2.9.3-2: Man bestimme den maximalen Feldstärkebetrag E_{max} als Funktion von U_D und d und gebe die Werte für Silizium und Germanium an.
Aufgabe 2.9.3-3: Man stelle den Potentialverlauf $\varphi_e(x)$ unter der Randbedingung $\varphi_e(0) = 0$ dar.

2.9.4 pn-Übergang unter Spannung, Diodenkennlinie

Durch Anlegen einer äußeren Spannung U an den Halbleiter, deren Zählpfeil wir in positive x-Richtung entgegen U_D festlegen, überlagert sich diese der Diffusionsspannung. $U > 0$ stellt dabei eine Fluß-, $U < 0$ eine Sperrspannung dar. In allen Größen, die bisher von U_D abhingen, muß U_D nun für $U < U_D$ durch $U_D - U$ ersetzt werden. Die Sperrschichtbreite d ändert sich zu:

$$d(U) = \sqrt{\frac{2\varepsilon(U_D - U)}{e}\left(\frac{1}{N_A} + \frac{1}{N_D}\right)}. \qquad (2.9\text{-}16)$$

Sie wächst also mit wachsender Sperrspannung und die Strecke wird hochohmiger bzw. verringert sich mit der Flußspannung und wird niederohmiger. Für $U = U_D$ verschwindet die Raumladungszone und ein nennenswerter Strom I kann fließen.

Während die Majoritätsladungsträgerkonzentrationen an den Rändern unverändert auf der jeweiligen Dotierungsdichte verbleiben, müssen sich wegen der geänderten Potentialdifferenz die Minoritätsladungsträgerdichten mit Gl. 10 jetzt gemäß

$$p_n(x_n) = p_{p0}\mathrm{e}^{-\frac{U_D - U}{U_T}} = p_{n0}\mathrm{e}^{\frac{U}{U_T}} \quad \text{und} \quad n_p(x_p) = n_{n0}\mathrm{e}^{-\frac{U_D - U}{U_T}} = n_{p0}\mathrm{e}^{\frac{U}{U_T}} \qquad (2.9\text{-}17)$$

ergeben. Man kann nachrechnen, daß der Strom I im Außenkreis wesentlich kleiner als die nach wie vor fließenden internen Feld- und Diffusionsströme ist, und die Gültigkeit der BOLTZMANNgleichungen damit erhalten bleibt. Die Formeln drücken aus, daß bei Flußspannung $U > 0$ die Ladungsträgerdichten gegenüber den Minoritätsdichten an den aufeinander zugerückten Raumladungsgrenzen um e^{U/U_T} erhöht, andernfalls erniedrigt sind. Sie fallen bzw. steigen von dort in das jeweilige Neutralgebiet mit

$$p_n(x) - p_{n0} = (p_n(x_n) - p_{n0})\mathrm{e}^{-\frac{x - x_n}{L_p}} \qquad \text{für} \quad x \geq x_n,$$

und

$$n_p(x) - n_{p0} = (n_p(x_p) - n_{p0})\mathrm{e}^{\frac{x - x_p}{L_n}} \qquad \text{für} \quad x \leq x_p. \qquad (2.9\text{-}18)$$

Auf die Herleitung dieser Gleichungen sei hier verzichtet. L_p und L_n sind die sog. ***Diffusionslängen*** in Größenordnungen von 1 µm ... 100 µm, d.h. meist ist $L_p, L_n \gg d$. Hier ist $p_n(x{=}L_p) - p_{n0}$ auf 37 % von $p_n(x_n) - p_{n0}$ abgefallen bzw. angestiegen; analog $n(x)$.

Eine Zunahme von $p_n(x_n)$ und $n_p(x_p)$ bei Flußspannung verursacht eine Verringerung des Konzentrationsgefälles durch die Raumladungszone, wodurch die Beträge der Diffusionsstromdichten abnehmen. Da aber auch $U_D - U < U_D$, werden die Feldstromdichten noch stärker geschwächt, so daß ein Netto-Diffusionsstromüberschuß resultiert, der den Außenkreisstrom I darstellt. Er muß gerade gleich den Anteilen sein, die sich durch die Konzentrationsunterschiede an den Raumladungsgrenzen gegenüber $U = 0$ ergeben. Setzen wir $p_n(x)$ in $S_{pDiff}(x)$ ein, erhalten wir:

$$S_{\text{pDiff}}(x_n) = -eD_p \left.\frac{\mathrm{d}p}{\mathrm{d}x}\right|_{x_n} = eD_p \frac{p_n(x_n) - p_{n0}}{L_p} = \frac{eD_p}{L_p} p_{n0}(e^{\frac{U}{U_T}} - 1). \qquad (2.9\text{-}19)$$

Eine analoge Formel ergibt sich für $S_{\text{nDiff}}(x_p)$, die nun beide in der Summe mit der Querschnittsfläche A multipliziert in den Gesamtstrom I münden und so die bekannte Diodenkennlinie beschreiben:

$$I = I_s(e^{\frac{U}{U_T}} - 1). \qquad (2.9\text{-}20)$$

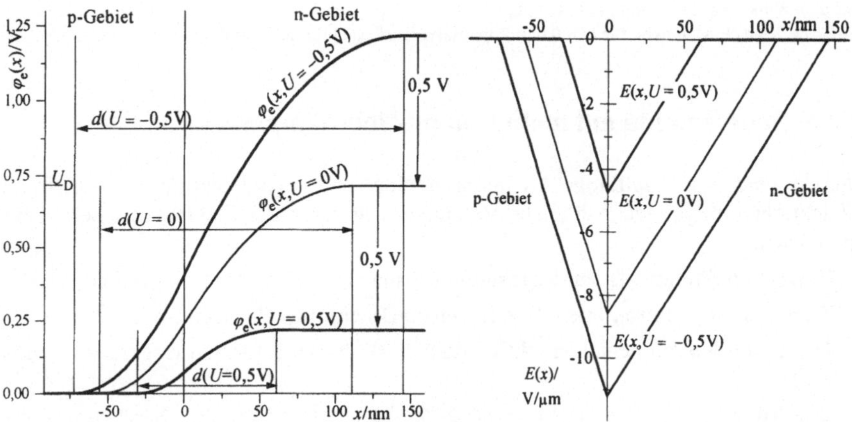

Abb. 2.9-4: Verläufe des Potentials $\varphi_e(x)$ und der elektrischen Feldstärke $E(x)$ für eine Flußspannung von $U = +0{,}5$ V, $U = 0$ V und eine Sperrspannung von $U = -0{,}5$ V.

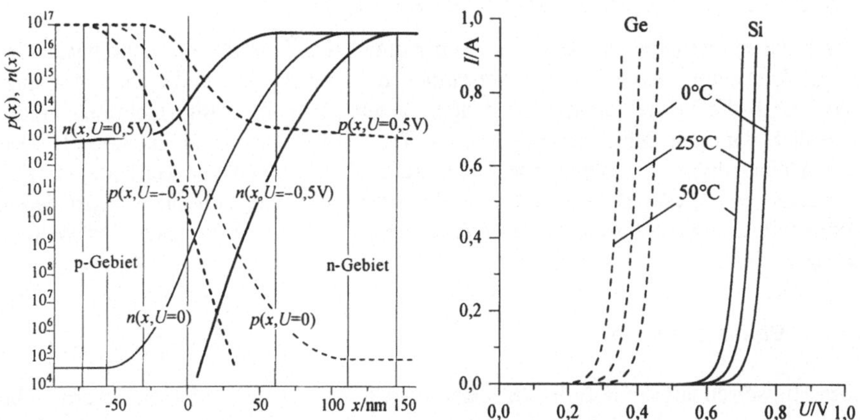

Abb. 2.9-5: Logarithmische Verläufe der Ladungsträgerdichten $p(x)$ und $n(x)$ für eine Flußspannung von $U = +0{,}5$ V, $U = 0$ V und eine Sperrspannung von $U = -0{,}5$ V passend zu Abb. 2.9-4. Stromspannungskennlinien (Diodenkennlinien) im Durchlaßbereich.

I_s ist dabei der Sperrstrom, der sich für eine Sperrspannung von $U = -\infty$ ergibt. Typische Werte liegen bei $I_{\text{sSi}} = 1$ nA ... 10 nA und $I_{\text{sGe}} = 1$ µA ... 10 µA. In Abb. 2.9-4 und Abb. 2.9-5 sind nochmals Feldstärkeverlauf $E(x)$, Potentialverlauf $\varphi_e(x)$ und Ladungsträgerdichten $p(x)$ und $n(x)$ für $U = \pm 0{,}5$ V gemeinsam im Vergleich zum thermischen Neutralzustand bei $U = 0$ aus Abb. 2.9-2a) und Abb. 2.9-3 eingetragen. Für $p(x)$ und $n(x)$ wurden für $U = +0{,}5$ V unrealistisch kurze Diffusionslängen von 100 nm eingetragen, damit der Effekt der Ladungserhöhung in der Neutralzone überhaupt sichtbar wird. Er macht sich in der logarithmischen Darstellung als abfallender Geradenverlauf bemerkbar.

Aufgabe 2.9.4-1: Man gebe die Formel für I_s an und bestimme für $L_p = 10$ µm, $L_n = 5$ µm und $A = 500$ µm × 100 µm die Werte für Silizium und Germanium.
Aufgabe 2.9.4-2: Auf welche Werte ändert sich I_s bei 70°C unter der Voraussetzung, daß D und L in gleicher Weise von der Temperatur abhängen?
Aufgabe 2.9.4-3: Man gebe für $U > 0$ den Potentialverlauf $\varphi_c(x)$ für $\varphi_c(x_p) = 0$ an.

2.9.5 Bauelemente mit mehreren pn-Übergängen

Dioden werden auf vielfältige Art in der Analog- und Digitalelektronik vor allem als Gleichrichter eingesetzt. Zahlreiche Varianten, wie die in der Elektrostatik bereits besprochenen

- **Kapazitätsdioden** z.B. zur Realisierung spannungsgesteuerter Kapazitäten,
- **Z-Dioden** mit kontrolliertem Sperrbereichs-Durchbruch als Begrenzer,
- **Tunneldioden** mit negativem differentiellen Widerstand zur Schwingkreisentdämpfung,
- **Leuchtdioden** (LED = Light Emitting Diode; LD = Laser-Diode) als Sendedioden der optischen Nachrichtentechnik mit tlw. sehr inhomogener mehrfacher Schichtenstruktur (GaAs, InGaAsP),
- **Photodioden** aus lichtempfindlichem Material als Empfangsdioden der optischen Nachrichtentechnik (Si, Ge, GaAs). Sie werden in Sperrichtung betrieben.

Wir haben hier lediglich das einfache Grundmodell - die pn-Diode - zum physikalischen Verständnis betrachtet. Die wesentlichen Elemente der modernen Elektronik sind jedoch die in der Folge vorgestellten Bauelemente mit i.allg. mehreren unterschiedlich dotierten Schichten, die z.B. als Verstärker in der Analogelektronik oder zum Aufbau digitaler Gatter verwendet werden. Auf die genauen Herleitungen der Wirkungsweise dieser Bauelemente aus der Elektrodynamik soll hier wegen deren Komplexität verzichtet werden. Sie würden den Rahmen dieses Buchs bei weitem sprengen.

2.9.5.1 Bipolartransistor

Nach Hinweisen auf die Möglichkeit der Entwicklung von Halbleiterverstärkern 1938 durch HILSCH und POHL führte der 1948 von BARDEEN, BRATTAIN und SHOCKLEY (NOBELpreis 1956) entwickelte Transistor (Transfer Resistor = Übertragungswiderstand) zur Revolutionierung der gesamten Elektrotechnik, und ist heute aus dem Alltagsleben nicht mehr wegzudenken. Sein Einsatzgebiete sind enorm vielfältig und reichen mit entsprechender Beschaltung von Verstärkung, Filterschaltungen, Vergleichern, Regelschaltungen über Rechenelemente bis zu komplexen digitalen (74er) Gattern.

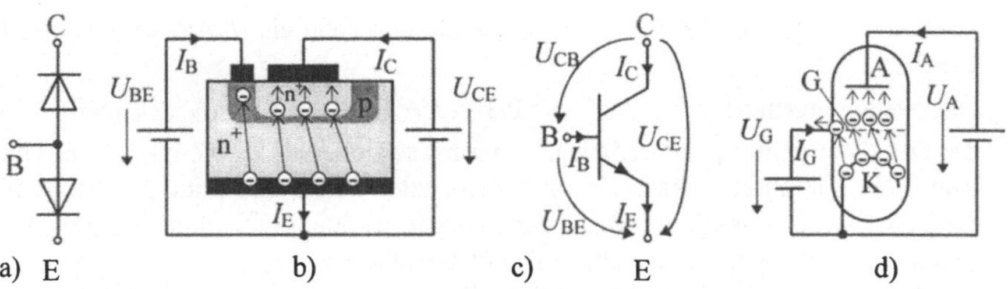

Abb. 2.9-6: Diodenmodell, prinzipieller Aufbau und Schaltsymbol des npn-Transistors. Im Vergleich dazu Aufbau der Hochvakuumtriode.

Der Transistor ist ein Dreischichtelement mit den Zonen Kollektor (C), Basis (B) und Emitter (E), bei dem entsprechend der Namensgebung der niederohmige Widerstand einer in Flußrichtung geschalteten Diode bzgl. des Stromflusses auf den hochohmigen Widerstand einer in Sperrichtung geschalteten Diode übertragen wird. Der npn-Transistor läßt sich wie in den Abb. 2.9-6 modellieren und auf ihn beziehen sich primär die folgenden Erläuterungen.

Werden zwei Dioden wie in a) in Reihe geschaltet und eine Spannung U_{CE} angelegt, wird unabhängig von deren Polarität nur ein vernachlässigbarer Diodensperrstrom fließen. In der Schichtenfolge in b) hingegen sind die Dioden zu einer Einheit integriert, wobei die Anoden die p-Basis bilden. Beim ebenfalls möglichen pnp-Transistor sind die Schichtenfolgen und damit die Diodenrichtungen vertauscht und im Symbol in c) ist die Emitterpfeilrichtung umgedreht. Wesentlich für die Funktionsweise ist nun, daß diese niedrig dotierte Basis sehr schmal - bei diskreten Transistoren ca. 10 µm, bei integrierten noch wesentlich geringer - ist. Hier bildet sich die Raumladungszone praktisch vollständig aus.

Spannungen und Ströme des Transistors müssen die KIRCHHOFFgleichungen erfüllen:

$$U_{CE} = U_{BE} + U_{CB}, \qquad I_E = I_B + I_C = I_B + BI_B = (B + 1)I_B. \qquad (2.9\text{-}21)$$

Für den Normalbetrieb lassen sich drei Bereiche identifizieren:

- **Sperrbereich** für typ. $U_{BE} < 0{,}6$ V:

  auch die untere Diode sperrt und der Transistor ist insgesamt mit $B_{sperr} \ll 1$ gesperrt.

- **Normalaktiver Betrieb** für typ. $0{,}6\,\text{V} < U_{BE} < 0{,}8\,\text{V}$, U_{CE} (z.B. 2V) $> U_{BE}$, $U_{CB} > 0$:

  Wird durch U_{BE} in der Größenordnung der Diodenflußspannung die untere Diode in Durchlaßrichtung geschaltet, werden Majoritätselektronen vom hochdotierten (n^+-) Emitter zur Basis geschwemmt. Bevor sie dort jedoch in nennenswerter Zahl durch die schmale p-Basis zum Basiskontakt abgesaugt werden können, erfahren sie durch die Wahl der Geometriegebung und des Dotierungsverlaufs auf breiter Front die durch U_{CE} erhöhte Diffusionssperrspannung der oberen Diode.

  Wegen der Niederohmigkeit der Emitter-Basisstrecke weisen sie eine hohe kinetische Energie auf und drängeln sich aufgrund ihrer Häufung im räumlich begrenzten Basisraum gegenseitig weg, d.h. sie diffundieren als Minoritätsladungsträger in Richtung Kollektor, bis sie von dessen Sperrspannung mit Pluspol im hochdotierten (n^+-)Kollektor in Form eines Majoritätsladungsträgerstroms abgesaugt werden.

  Der Transistoreffekt, mit einer ***Stromverstärkung*** von $B = I_C/I_B \gg 1$ (z.B. 100) und in erster Näherung konstant, ist wirksam. Es gilt $I_E = I_B + BI_B = (B + 1)I_B \approx BI_B$. Der

Transistor wirkt wie eine Konstantstromquelle und kann als Verstärker eingesetzt werden.

- **Übersteuerungsbetrieb** für typ. $U_{BE} > 0{,}8$ V, U_{CE} (z.B. 0,2 V) $< U_{BE}$, $U_{CB} < 0$: der Transistor gerät in die Sättigung, I_B wächst schneller als I_C, womit $B_ü < B$. Obwohl sich U_{CB} umdreht, fließt ein starker Kollektorstrom zum Emitter, da aufgrund der Elektronenhäufung in der Basis sich diese derart durch Diffusion abstoßen, daß sie das schwache entgegengerichtete Potentialgefälle von $U_{BC} > 0$ überwinden können. Gemeinsam mit dem Sperrfall mit kleiner Eingangs- (0) und großer Ausgangsspannung (1) und hier großer Eingangs- (1) und kleiner Ausgangsspannung (0) kann der Transistor in der Digitalelektronik als binärer Inverter eingesetzt werden.

Im Vergleich ist in Abb. 2.9-6d) die Hochvakuumtriode dargestellt, bei der zwischen Anode (A) und Glühkathode (K) eine Spannung U_A (z.B. 150 V), wie im Abschnitt 2.4 über Raumladungsströmungen dargestellt, Elektronen absaugt. Durch das dazwischen plazierte Steuergitter (G) kann mit der Gitterspannung U_G der Anteil der Elektronen, die zur Anode gelangen, geregelt werden. Dies ist hier für negative U_G praktisch leistungslos möglich ($I_G = 0$) und für positive U_G fließt entsprechend der Darstellung ein geringer Steuerstrom I_G.

Ohne detaillierte Herleitung lauten die Transistorkennlinien, von denen das Ausgangskennlinienfeld in Abb. 2.9-7 dargestellt ist:

$$\text{Eingangs(dioden)kennlinie:} \quad I_B = I_s(e^{\frac{U_{BE}}{U_T}} - 1).$$

$$\text{Ausgangskennlinie(nfeld):} \quad I_C(U_{CE}, I_B) = BI_B(1 - e^{-\frac{U_{CE}}{mU_T}}) + \frac{I_B}{\mu A}\frac{U_{CE}}{R_{CE}}. \tag{2.9-22}$$

m ist ein Typparameter (z.B. 1 ... 10), der Kollektor-Emitter-Bahnwiderstand R_{CE} liegt z.B. bei 500 kΩ.

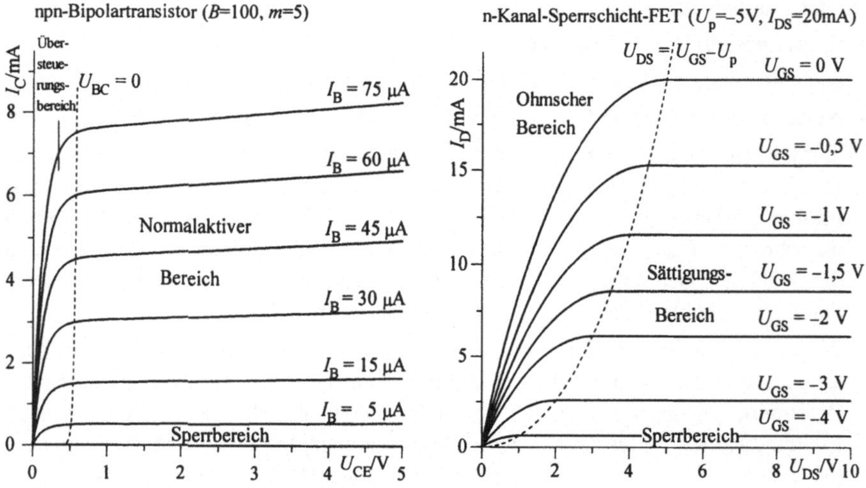

Abb. 2.9-7: Ausgangskennlinienfeld eines npn-Bipolartransistors $I_C(U_{CE}, I_B)$ und eines n-Kanal-Sperrschicht-Feldeffekttransistors $I_D(U_{DS}, U_{GS})$ im Vergleich.

2.9.5.2 Isolierschicht-Feldeffekttransistor (IG-FET)

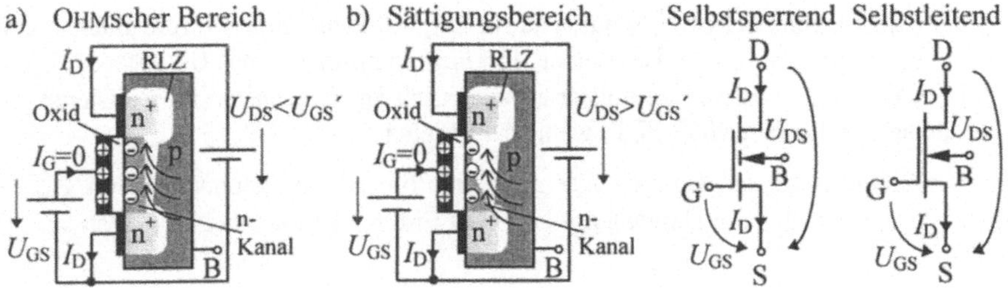

Abb. 2.9-8: Aufbau mit Beschaltung sowie Schaltsymbol des n-Kanal-Isolierschicht-FETs.

Beim Feldeffekttransistor (FET) wird eine halbleitende stromdurchflossene Elektrode (Kanal) zwischen zwei Anschlüssen Drain (D) und Source (S) in ihrer Leitfähigkeit durch das Potential einer Gate-Elektrode (G) gesteuert. D, G und S sind dabei äquivalent C, B und E des Bipolartransistors. Analog zu bipolaren npn- und pnp-Transistoren gibt es n- und p-Kanal-FETs und die folgenden Ausführungen gelten primär für erstere.

FETs unterscheiden sich von Bipolartransistoren durch ihre leistungslose Steuerung über das elektrische Feld der Gate-Source-Spannung U_{GS} mit Gate-Strom $I_G = 0$ (vgl. $I_B \neq 0$). Sie sind unipolar, d.h. nur eine Ladungsträgersorte - Elektronen oder Löcher - bewirkt den Stromfluß, statt wie beim Bipolartransistor beide. Wird zwischen D und S, die im Gegensatz zu C und E wegen der Symmetrie des Aufbaus vertauschbar sind, eine Spannung U_{DS} angelegt, werden bei entsprechender Einstellung von U_{GS} in den dazwischenliegenden n-Kanal als aktive Zone Elektronen influenziert und es kann ein reiner Elektronenstrom I_D von Drain zu Source fließen.

Die vorstehenden Ausführungen gelten für alle FETs, bei Isolierschicht-FETs (Insulated Gate FETs = IG-FETs; KHANG und ATALLA, 1960) bildet sich mit Minoritäts-Elektronen im p-Substrat ein n-Inversionskanal. Sie weisen entspr. Abb. 2.9-8 vom Gate zum Kanal eine Metall-Isolator-Halbleiter-(MIS)-Schichtenfolge auf. Ein vierter Bulk-(Substrat)-Anschluß wird i.allg. gemeinsam für alle n-FETs einer Schaltung auf Source-Potential und bei p-FETs zur D-Versorgungsspannung durchverbunden. Bei p-FETs sind die Schichtenfolgen vertauscht und im Symbol ist die Bulkpfeilrichtung umgedreht. Der verbreitetste Typ ist der MOS-FET (Metal Oxid Semiconductor) mit der typischen Schichtenfolge Al-SiO_2-Si(B,P). Wir finden die beiden Untertypen:

- **Selbstsperrend** (Anreicherungstyp, Enhancement-FET, Normally OFF)

  Das Oxid ist aus physikalischen Gründen am Kanalübergang positiv vorionisiert, hier aber nicht stark genug, um eine hinreichende Elektronenmenge zum Öffnen des Kanals anzuziehen. Für $U_{GS} = 0$ bildet sich kein Kanal aus und die DS-Strecke ist wie beim Bipolartransistor bei $U_{BE} = 0$ gesperrt. Für wachsendes U_{GS} muß erst die ***Schwellspannung*** U_{th} (Threshold Voltage entspr. $U_{BE} = 0{,}6$ V) überwunden werden, bis für $U_{DS} \neq 0$ ein Drainstrom fließen kann.

  Selbstsperrende nMOS-FETs werden daher vor allem wieder in der Digitalelektronik als Inverter eingesetzt, als VLSI-Gatter in der nMOS-Technik, sowie gemeinsam mit pMOS-FETs in der LSI- und VLSI-CMOS-Technik. Aus ihnen lassen sich alle anderen logischen Verknüpfungen erzeugen und die gesamte heutige Mikroprozessortechnik basiert auf MOS-Gattern.

- **Selbstleitend** (Verarmungstyp, Depletion-FET, Normally ON)

  Bei herstellungstechnisch starker positiver Vorionisierung des Gateoxids bildet sich der Kanal bereits bei $U_{GS} = 0$ aus, und für $U_{DS} \neq 0$ kann ein DS-Strom fließen. Um ihn zu sperren, bedarf es daher einer ***Abschnürspannung*** (Pinch Off Voltage) $U_{GS} = U_p < 0$. Da die positive Vorionisierung technisch am einfachsten zu realisieren ist, sind selbstleitende pMOS-FETs weniger verbreitet.

Der SiO_2-Isolator ist durchschlagsempfindlich für höhere Spannungen, typ. $E_{max} = 500$ V/μm, weshalb beim Umgang mit FETs auf Erdung der Personen zu achten ist.

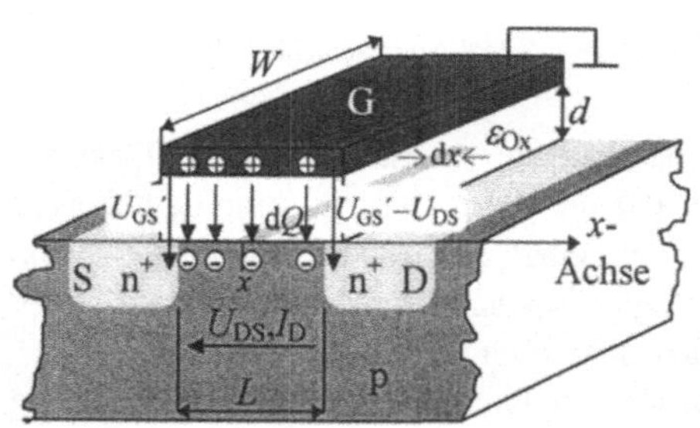

Abb. 2.9-9: Zur Herleitung der Strom/Spannungskennlinien beim IG-FET.

Zusammengefaßt ist der MOS-FET entspr. Abb. 2.9-9 mit der ***Kanallänge*** L (1 ... 7 μm), ***Kanalweite*** W (5 ... 50 ... 600 μm) und ***Oxiddicke*** d (10 ... 100 nm) ein Plattenkondensator der Gate-Kapazität $C_G = \varepsilon_{Ox}WL/d$ mit einer spannungsgesteuerten OHMschen Kanal-Elektrode. Wie beim Bipolartransistor lassen sich mit U_0 für U_{th} bzw. U_p die drei Bereiche identifizieren:

- **Sperrbereich** für $U_{GS} < U_0$ (z.B. ±1V):

  Das Gatepotential kann nicht genügend Elektronen in den Kanal ansaugen. Wie beim Bipolartransistor ist einer der in DS-Richtung in Reihe geschalteten pn-Übergänge gesperrt, d.h. $I_D = 0$.

- **Linearer** oder **OHMscher Bereich** für $0 \leq U_{DS} \leq U_{GS}' := U_{GS} - U_0$:

  Der FET verhält sich entspr. Abb. 2.9-8a) bei weit geöffnetem Kanal in erster Näherung wie ein steuerbarer OHMscher Widerstand und findet hier auch in dieser Funktion Einsatzbereiche. Zur Berechnung des Ausgangskennlinienfelds gilt mit Abb. 2.9-9 für die Ladung $\mathrm{d}Q < 0$ auf dem schmalen Streifen der Fläche $W\mathrm{d}x$:

$$\mathrm{d}Q = \mathrm{d}C_G\varphi_e(x) = \varepsilon_{Ox}\frac{W\mathrm{d}x}{d}\varphi_e(x). \tag{2.9-23}$$

Legen wir zur einfacheren Berechnung das Gate auf Masse, gilt $-U_{GS}' \leq \varphi_e(x) \leq U_{DS} - U_{GS}'$. Mit der Kanal-Ladungsträgerbeweglichkeit χ und -geschwindigkeit $v = \chi E = -\chi\mathrm{d}\varphi_e/\mathrm{d}x$ folgt für den Drainstrom:

$$I_D = \frac{\mathrm{d}Q}{\mathrm{d}t} = \frac{\mathrm{d}Q}{\mathrm{d}x}v = -\chi\varepsilon_{Ox}\frac{W}{d}\varphi_e(x)\frac{\mathrm{d}\varphi_e}{\mathrm{d}x} = -\chi\frac{C_G}{L}\varphi_e(x)\frac{\mathrm{d}\varphi_e}{\mathrm{d}x}. \tag{2.9-24}$$

Dieser Ausdruck darf letztendlich nicht von x abhängen, was wir durch Integration über die Kanallänge L verifizieren:

$$LI_D\int_0^L dx = -\chi C_G \int_{-U'_{GS}}^{U_{DS}-U'_{GS}} \varphi_e d\varphi_e \qquad = I_D L^2 = -\chi\frac{C_G}{2}\left((U_{DS}-U'_{GS})^2 - U'^2_{GS}\right)$$

$$\Rightarrow \quad I_D = \chi\frac{C_G}{2L^2}\left(2U'_{GS}U_{DS} - U^2_{DS}\right) = \frac{I_{DS}}{U_0^2}\left(2U'_{GS}U_{DS} - U^2_{DS}\right),$$

$$I_{DS} = I_D\big|_{U'_{GS}=U_{DS}=\pm U_0}. \tag{2.9-25}$$

Bei I_{DS} gilt das positive Vorzeichen vor U_0 für den selbstsperrenden, das negative für den selbstleitenden Transistor.

- **Sättigungs-** oder **Abschnürbereich** für $U_{DS} > U_{GS}' = U_{GS} - U_0$:

  der Kanal wird entspr. Abb. 2.9-8b) am Ende der positiven Polarität von U_{DS} abschnürt und I_D kann kaum weiter ansteigen. Setzen wir $U_{DS} = U_{GS}'$ in obige Gleichung für I_D ein, erhalten wir die Eingangskennlinie:

$$I_D = I_{DS}\frac{U'^2_{GS}}{U_0^2} = I_{DS}(1-\frac{U_{GS}}{U_0})^2. \tag{2.9-26}$$

Die Eingangskennlinien aller FET-Typen sind in Abb. 2.9-10 im Vergleich dargestellt. Die der Stromverstärkung B adäquate Größe ist die ***Steilheit*** S, ihrem Wesen nach ein Leitwert (z.B. 1 mS), der angibt, wie sich der Drainstrom mit der Gate-Source-Spannung ändert:

$$S := \frac{dI_D}{dU_{GS}} = \frac{2}{|U_0|}\sqrt{I_D I_{DS}}. \qquad [S] = \mathrm{S} \tag{2.9-27}$$

Wir erkennen, daß die letzten beiden Bereiche gegenüber dem Bipolartransistor vertauscht sind, aber das Ausgangskennlinienfeld entspr. Abb. 2.9-7 dennoch in seiner Grundstruktur das gleiche bleibt, weshalb FETs in den gleichen Funktionen wie jene eingesetzt werden können.

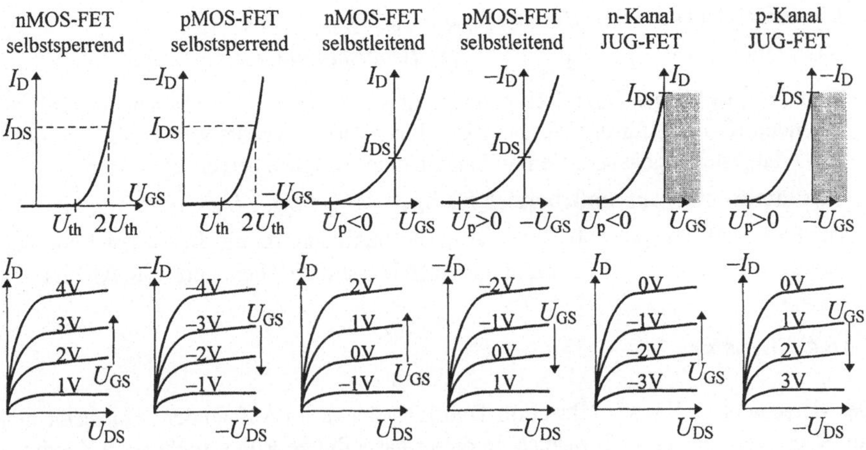

Abb. 2.9-10: Vergleich aller FET-Eingangskennlinien an der Sättigungsgrenze und Ausgangskennlinien.

2.9.5.3 Sperrschicht-Feldeffekttransistor (JUG-FET)

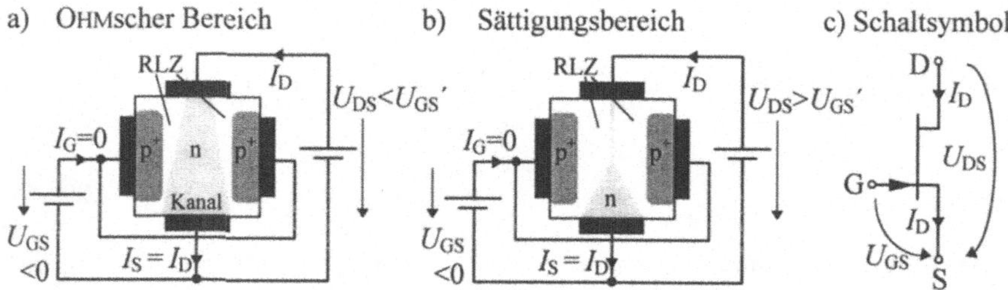

Abb. 2.9-11: Aufbau mit Grundbeschaltung sowie Schaltsymbol des n-Kanal-Sperrschicht-FETs.

Der immer selbstleitende n-Kanal-Sperrschicht-FET (Junction Gate FET = JUG-FET, auch pn-FET) läßt sich wie in den Abb. 2.9-11 modellieren und auf ihn beziehen sich primär die folgenden Erläuterungen. Weiterhin sei auf die Ausführungen des vorigen Abschnitts über den selbstleitenden IG-FET mit ähnlichen Eigenschaften verwiesen. Beim auch hier möglichen p-Kanal-Sperrschicht-FET sind die Schichtenfolgen vertauscht und im Schaltsymbol ist die Gatepfeilrichtung umgedreht.

Wird zwischen D und S eine Spannung U_{DS} angelegt, kann durch den dazwischenliegenden n-Kanal ein - im Gegensatz zum IG-FET - reiner Majoritätsladungsträger-Elektronenstrom fließen. Durch Anlegen von $U_{GS} < 0$ werden die beiden pn-Übergänge in Sperrichtung beansprucht und es vergrößern sich die hochohmigen Raumladungszonen (RLZ) im niedrig dotierten n-Kanal, womit sich die Kanalquerschnittsfläche verkleinert und der Widerstand steigt, d.h. der Drainstrom I_D sinkt. Im Gegensatz zum IG-FET muß $U_{GS} < 0$ sein, da sonst die pn-Übergänge in Flußrichtung beansprucht werden. Für die drei Bereiche gilt:

- **Sperrbereich** für $U_{GS} < U_p$ (z.B. –5V) < 0:
  Die Raumladungszone erfüllt sperrend den gesamten Kanal und unabhängig von U_{DS} gilt $I_D = 0$.
- **Linearer** oder **OHMscher Bereich** für $0 \le U_{DS} \le U_{GS}' = U_{GS} - U_p$:
  Interpretieren wir $I_{DS} = I_D\big|_{U_{GS}'=U_{DS}=-U_p}$ als ***Drainsättigungsstrom***, kann mit den in Abb. 2.9-11a) dargestellten Verhältnissen näherungsweise die Gleichung des selbstleitenden IG-FETs für das Ausgangskennlinienfeld verwendet werden. Der in Abb. 2.9-7 dargestellte genauere Verlauf kann in einer Aufgabe berechnet werden.
- **Sättigungs-** oder **Abschnürbereich** für $U_{DS} > U_{GS}' = U_{GS} - U_p$:
  der FET gerät entspr. Abb. 2.9-11b) in die Sättigung, da der Kanal am Ende der positiven Polarität von U_{DS} abschnürt. Auch hier gilt die Gleichung vom IG-FET.

2.9.5.4 Thyristor

Der vierschichtige Thyristor (Thyratron Transistor) ähnelt im Aufbau dem Transistor mit der Wirkungsweise eines Thyratrons. In dieser gasgefüllten Röhre fließt nach Zündung durch eine Gitterspannung ein Strom, dessen Fluß durch Stoßionisation des Gases aufrechterhalten wird. Beim Unterschreiten einer Mindestspannung wird er gelöscht.

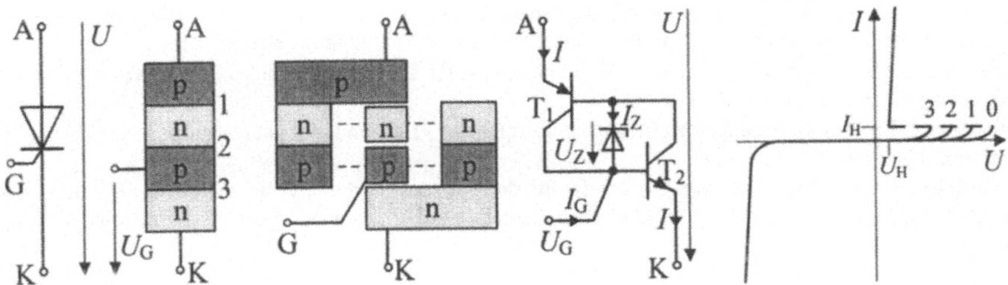

Abb. 2.9-12: Schaltsymbol, Schichtenaufbau, separierter Schichtenaufbau, Transistorersatzschaltbild und Strom-Spannungskennlinie des Thyristors.

Entsprechend sperrt der in Abb. 2.9-12 links dargestellte Thyristor für kleine und mittlere Spannungen $U < 0$, da dann die pn-Übergänge 1 und 3 gesperrt sind. Für größere negative Spannungen erfolgt wie bei einer normalen Diode ein Durchbruch, so daß sich sein Sperrverhalten von dieser nicht wesentlich unterscheidet. Für $U > 0$ hingegen ist nur pn-Übergang 2 gesperrt und zur Erläuterung diene das mittlere aus zwei Transistoren und einer Z-Diode bestehende Ersatzschaltbild.

Wird die Spannung U hochgefahren, kann zum einen bei einem hinreichend hohen Wert (0 in der Kennlinie rechts) für eine Gate-Spannung $U_G = 0$ ein Durchbruch an Übergang 2 erfolgen (Selbstzündung). Im Ersatzschaltbild öffnet die Z-Diode, sobald etwa $U > 2 \cdot 0{,}6\ \text{V} + U_Z$. Dann tritt eine Mitkopplung ein, bei der sich die Transistorströme gegenseitig so lange verstärken, bis die Strecke so niederohmig wird, daß U auf ca. 1 V zusammenbricht, I_Z sich umdreht und I steil ansteigt. Ab hier verhält sich der Thyristor wieder wie eine normale Diode. Im Moment des Zurückkippens weist er einen negativen differentiellen Widerstand auf.

Durch den dritten Gateanschluß, der auch am mittleren n-Kontakt kontaktiert sein kann, kann der Zündpunkt durch Überschwemmung des 2. pn-Übergangs mit Ladungsträgern wie in der Kennlinie in 1,2,3 dargestellt, durch externe Zündung vorverlegt werden. So finden Thyristoren ein weites Anwendungsfeld in der Leistungselektronik, Steuer- und Regelungstechnik für Gleich-, Wechsel- und Impulsspannungszündungen.

Weitere Varianten im Umfeld des Thyristors sind

- **GTO** (Gate Turn Off Thyristor),
  der mit negativem Steuerimpuls am Gate auch wieder löschbar ist.
- **Thyristor-Tetrode**
  mit Anschlüssen an beiden mittleren Zonen, die an beiden gezündet und gelöscht werden kann.
- **Triac** (Triode for Alternating Current)
  als Antiparallelschaltung zweier Thyristoren mit gemeinsamer Steuerung, der bei jeder Polarität gezündet werden kann und so für beide Halbschwingungen in Wechselspannungen einsetzbar ist.
- **Unijunction-Transistor**
  mit sehr viel einfacherem Aufbau, bei dem z.B. eine p-Zone (Emitter) in ein homogenes n-Substrat hineinragt und so den Stromfluß durch dieses gering hält. Durch Anlegen einer positiven Diodenflußspannung an den Emitter wird dieser niederohmig und der Strom steigt ähnlich wie beim Thyristor auf große Werte an.

Aufgabe 2.9.5-1: Man bestimme für Bipolartransistor und FET die in Abb. 2.9-7 eingetragenen Ausgangskennlinien, die jeweils den Normalbetriebsbereich vom Sättigungsbereich trennen.
Aufgabe 2.9.5-2: Man berechne die Steilheit des JUG-FET in Abhängigkeit von U_{GS}, normiert auf die maximale Steilheit S_{max}.
Aufgabe 2.9.5-3: Man gebe für den OHMschen Bereich des FET den Potentialverlauf $\varphi_c(x)$ in Abhängigkeit von U_{GS}' und $\dot{U}_{DS}$ an.
***Aufgabe 2.9.5-4**: Man leite aus Gl. 2.9-16 für die Sperrschichtbreite d für den JUG-FET das Ausgangskennlinienfeld $I_D(U_{DS},U_{GS})$ im OHMschen Bereich unter Vernachlässigung der Diffusionsspannung U_D her.

2.9.6 Schaltungsanalyse mit PSPICE und MATHCAD

Im Gegensatz zur Analyse linearer Netzwerke in Abschnitt 2.8.8 wird hier mithilfe der in **PSPICE** eingebauten Bibliotheken nichtlinearer Bauelemente deren Simulation an drei ausgewählten Beispielen demonstriert. Während lineare Bauteile, wie Widerstände und Kondensatoren, sehr einfach durch ihren Bauelementwert charakterisiert werden können, sind Halbleiterbauelemente typisiert und werden durch einen komplexen Modellparametersatz beschrieben.

Diese befinden sich in **PSPICE** in *.lib*-Dateien. Symbole finden wir für allgemeine Modelle in der *breakout.slb*. Ihre Namen enden auf *break* (Abschnitt 6.2.2.8) und sie sind mit einem voreingestellten Parametersatz, der dem Referenzhandbuch entnommen werden kann, im **PSPICE**-Programm spezifiziert. Spezifische, im Handel erhältliche genormte Typen finden wir in der *eval.slb*.

2.9.6.1 Arbeitspunkt einer Diodenschaltung

Wir wählen zur Simulation der Schaltung in Abb. 2.9-13 das Diodenmodell *Dbreak*:

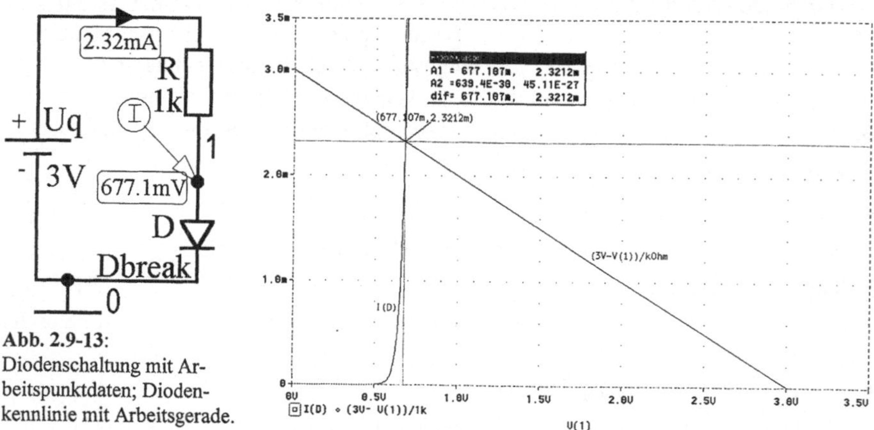

Abb. 2.9-13: Diodenschaltung mit Arbeitspunktdaten; Diodenkennlinie mit Arbeitsgerade.

Zunächst wird in **SCHEMATICS** die Schaltung anlog zu Abschnitt 2.8.8 eingegeben und simuliert, woraufhin die *I*/*U*-Arbeitspunktdaten wie dargestellt erscheinen.

Zur **PROBE**-Darstellung der Kennlinien wird in der in Abb. 2.8-8 dargestellten **DC Sweep**-Dialogbox • Voltage Source, Name *Uq*, Start Value *0*, End Value *5V* und Increment *10mV* eingegeben. Nach Aufbau des **PROBE**-Plots wird durch 🖰🖰 auf einen *x*-Achsenwert in der **X Axis Settings**-Dialogbox Data Range • User Defined *0* to *3.5V* (Abschnitt 6.3.2.4) eingegeben, Axis Variable... gedrückt und auf die Diodenspannung *V(1)* umgeschaltet. ⌖⌖ eines *y*-Achsenwerts erlaubt auf gleiche Weise die Festlegung des Strommaximums auf *3.5mA*. Damit entsteht die entspr. Abb. 2.9-5 dargestellte Diodenkennlinie.

Mit Einfg wird die **Add Traces**-Dialogbox geöffnet und die Arbeitsgeradengleichung des Widerstands für I(U) = I(V(1)) *(3V – V(1))/1k* eingegeben, die allerdings nur bis knapp hinter den Arbeitspunkt dargestellt wird, da im **PSPICE**-Lauf ja keine weiteren Daten berechnet wurden. Mit Tools Label... Line (Abschnitt 6.3.2.5) wurde die Linie durch die Punkte I(0) = 3 mA und I(3V) = 0 manuell erzeugt.

Der Schnittpunkt zwischen Diodenkennlinie und Arbeitsgerade stellt den Arbeitspunkt dar. Wir vergewissern uns, wie im selben Abschnitt beschrieben, durch Positionierung des Fadencursors auf den Schnittpunkt, daß die Daten die gleichen wie auf dem Arbeitsblatt sind.

Zum numerischen Auffinden des Arbeitspunkts bei $U_q = 3\text{V}$ ist die nichtlineare Gleichung

$$I = \frac{U_q - U}{R} = I_s(e^{\frac{U}{U_T}} - 1) \qquad (2.9\text{-}28)$$

nach der Diodenspannung U für die Standardvoreinstellung von **PSPICE**-Diodenmodellen mit $T = 27°\text{C}$ und $I_s = 10^{-14}$ A aufzulösen:

MATHCAD-Anwendung 2.9-1: Dioden-Arbeitspunkt

Dabei ist uns die in Anwendung 1.4-10 beschriebene *root*-Funktion behilflich:

$TOL := 10^{-4}$ $\quad I_S := 10^{-14}\cdot\text{A}$ $\quad U_T := 25.85\cdot\text{mV}$ $\quad \begin{bmatrix} U_q & U \end{bmatrix} := (3 \ \ .7)\cdot\text{V}$ $\quad R := \text{k}\Omega$

$U := root\left[\frac{U_q - U}{R} - I_S\cdot\left(e^{\frac{U}{U_T}} - 1\right), U\right]$ $\quad U = 0.677\cdot\text{V}$ $\quad \frac{U_q - U}{R} = 2.323\cdot\text{mA}$

TOL ist ein in **MATHCAD** auf 10^{-3} voreingestellter Toleranzparameter zur Steuerung der numerischen Konvergenz u.a. von *root*. Er wurde hier auf 10^{-4} zur genaueren Darstellung verbessert. Nach Vorgabe des Schätzwerts von 0,7 V erhalten wir die erwartete Diodenspannung und den Diodenstrom.

2.9.6.2 Arbeitspunkt einer Bipolartransistorschaltung

Zur Simulation der Schaltung in Abb. 2.9-14 wählen wir das Transistormodell *QBreakN*. Die Schaltung dient dazu, den Transistor, aus dessen Modellparametern wir eine Stromverstärkung von $B = 100$ und $I_s = 10^{-18}$A entnehmen, in einen statischen Arbeitspunkt zu fahren, bei dem er im normalaktiven Bereich mit $U_{BE} \approx 0{,}75$ V liegt. Hier kann der Transistor durch weitere Beschaltung, z.B. wie in Abb. 6.2-19, als Wechselstromverstärker dienen.

Zur Abschätzung der sich einstellenden Strom/Spannungsverhältnisse bilden wegen des geringen Basisstroms $I_B \approx 0$ R_1 und R_2 einen nahezu unbelasteten Spannungsteiler:

$$\varphi_{eB} \approx \frac{U_q R_2}{R_1 + R_2} = 1{,}35\,\text{V} \qquad \Rightarrow \qquad I_E \approx \frac{\varphi_{eB} - U_{BE}}{R_E} = 0{,}5\,\text{mA} \approx I_C \qquad (2.9\text{-}29)$$

$$U_{\mathrm{CE}} \approx U_{\mathrm{q}} - I_{\mathrm{E}}(R_{\mathrm{C}} + R_{\mathrm{E}}) = 4{,}3\,\mathrm{V} \qquad I_1 \approx \frac{U_{\mathrm{q}} - \varphi_{\mathrm{eB}}}{R_1} = 0{,}112\,\mathrm{mA} \approx I_2.$$

R_{E} würde bei hinreichender Temperaturstabilität nicht benötigt werden; er wirkt als Stromgegenkopplung: wenn bei wachsender Temperatur B und somit I_{C} steigt, vermindert der Spannungsabfall an R_{E} U_{BE}, damit I_{B} und folglich $I_{\mathrm{C}} = BI_{\mathrm{B}}$.

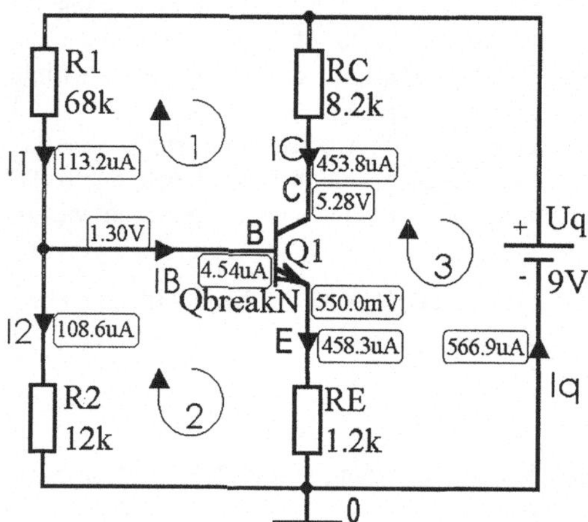

Abb. 2.9-14: **SCHEMATICS**-Transistorschaltung mit Arbeitspunktdaten.

In Analogie zur Diodenschaltung geben wir die Transistorschaltung in **SCHEMATICS** ein und erhalten nach Simulationslauf die dargestellten Ergebnisse auf dem Arbeitsblatt, woraus $U_{\mathrm{BE}} = (1{,}30 - 0{,}55)\,\mathrm{V} = 0{,}75\,\mathrm{V}$, also der vorausgesetzte Eingabewert, folgt.

Aus der Schaltung lassen sich die folgenden Maschengleichungen zum genaueren Bestimmen von U_{CE}, I_{B} und I_1 unter Einbezug von B ablesen:

$$\begin{aligned} &1: && U_{\mathrm{CE}} + R_{\mathrm{C}}BI_{\mathrm{B}} - R_1I_1 &&= U_{\mathrm{BE}} \\ &2: && R_2(I_{\mathrm{B}} - I_1) + R_{\mathrm{E}}(B+1)I_{\mathrm{B}} &&= -U_{\mathrm{BE}} \\ &3: && U_{\mathrm{CE}} + R_{\mathrm{C}}BI_{\mathrm{B}} + R_{\mathrm{E}}(B+1)I_{\mathrm{B}} &&= U_{\mathrm{q}} \end{aligned} \qquad (2.9\text{-}30)$$

Dabei wurde bereits $I_{\mathrm{C}} = BI_{\mathrm{B}}$ eingearbeitet. Zur Analyse mit **MATHCAD** geben wir ein:

MATHCAD-Anwendung 2.9-2: Transistor-Arbeitspunkt

- **numerisch:**

$$\begin{bmatrix} R_1 & R_2 & R_C & R_E \end{bmatrix} := (68 \;\; 12 \;\; 8.2 \;\; 1.2)\cdot 1000 \qquad \begin{bmatrix} U_q & U_{BE} \end{bmatrix} := (9 \;\; .75) \qquad B := 100$$

$$\begin{bmatrix} U_{CE} \\ I_B \\ I_1 \end{bmatrix} := \begin{bmatrix} 1 & B\cdot R_C & -R_1 \\ 0 & R_2 + (B+1)\cdot R_E & -R_2 \\ 1 & B\cdot R_C + (B+1)\cdot R_E & 0 \end{bmatrix}^{-1} \cdot \begin{bmatrix} U_{BE} \\ -U_{BE} \\ U_q \end{bmatrix} \qquad \begin{bmatrix} U_{CE} \\ I_B \\ I_1 \\ B\cdot I_B \end{bmatrix} = \begin{bmatrix} 4.702 \\ 4.566\cdot 10^{-6} \\ 1.132\cdot 10^{-4} \\ 4.566\cdot 10^{-4} \end{bmatrix}$$

Auf die Einheiten müssen wir verzichten, da die aktuelle **MATHCAD**-Version, wie bereits dargelegt, noch keine unterschiedlichen Einheiten in Matrizen verträgt. Die geringen Abweichungen resultieren aus dem verfeinerten Transistormodell in **PSPICE**.

- **symbolisch:**

$$\begin{bmatrix}1 & B\cdot R_C & -R_1\\ 0 & R_2+(B+1)\cdot R_E & -R_2\\ 1 & B\cdot R_C+(B+1)\cdot R_E & 0\end{bmatrix}^{-1}\cdot\begin{bmatrix}U_{BE}\\ -U_{BE}\\ U_q\end{bmatrix} \qquad ⇧\text{F9}$$

woraufhin sich nach einigen Faktorisierungen und Umbrüchen, wie in Anwendung 1.7-3 beschrieben, folgendes Ergebnis für den aus U_{CE}, I_B und I_1 gebildeten Vektor ergibt:

$$\frac{1}{R_2\cdot\left[(B+1)\cdot R_E+R_1\right]+R_1\cdot R_E\cdot(B+1)}\cdot\begin{bmatrix}U_{BE}\cdot\left(R_2+R_1\right)\cdot\left[B\cdot\left(R_C+R_E\right)+R_E\right]\ldots\\ +U_q\cdot\left[-R_2\cdot\left(B\cdot R_C-R_1\right)+R_1\cdot R_E\cdot(B+1)\right]\\ -U_{BE}\cdot\left(R_2+R_1\right)+R_2\cdot U_q\\ -R_2\cdot\left(U_{BE}-U_q\right)+U_q\cdot R_E\cdot(B+1)\end{bmatrix}$$

Anfügen eines normalen Gleichheitszeichens liefert zum Test auf Korrektheit der Umformung wieder das vorige numerische Ergebnis.

Prinzipiell besteht unter Einbezug der Gln. 22 bei bekannten R_{CE} und m mit **MATHCAD** die Möglichkeit, den Arbeitspunkt zu berechnen, ohne daß das sich einstellende U_{BE} bekannt sein muß. Dies ist insbesondere wichtig, wenn man damit rechnen muß, daß der Arbeitspunkt nicht im normalaktiven Bereich liegt. Hierdurch wird das gesamte Gleichungssystem nichtlinear und die in Anwendung 1.2-2 beschriebene *find*-Funktion kann verwendet werden.

2.9.6.3 CMOS-Inverter und CMOS-NAND-Gatter

Die auf den in Abschnitt 2.9.5.2 beschriebenen IG-FETs basierende CMOS-Technologie (complementary-MOS) verwendet entsprechend der Namensgebung zwei komplementär schaltende n- und pMOS-FETs zur Realisierung binärer logischer Funktionen. Die einfachste Schaltung ist der CMOS-Inverter nach Abb. 2.9-15, der den Eingang invertiert.

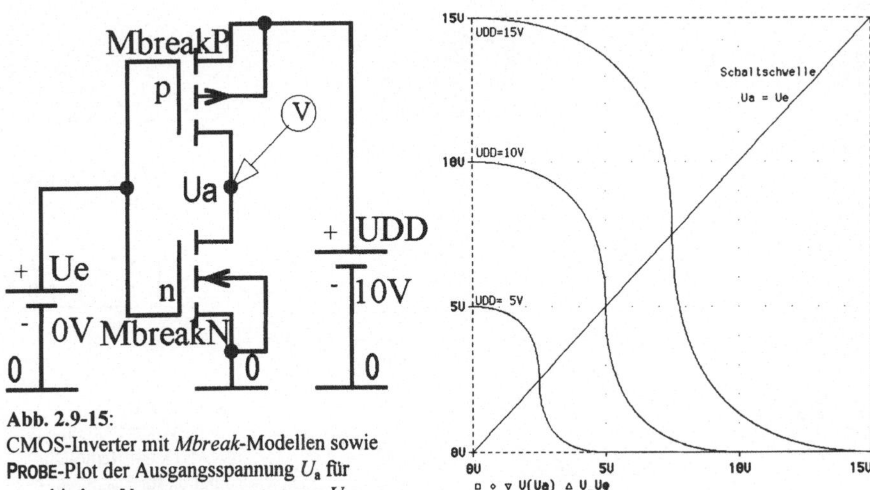

Abb. 2.9-15:
CMOS-Inverter mit *Mbreak*-Modellen sowie **PROBE**-Plot der Ausgangsspannung U_a für verschiedene Versorgungsspannungen U_{DD}.

Die Eingangsspannung U_e wird zwischen 0V (→0; L oder Low) und der Versorgungsspannung U_{DD} (→1; H oder High) ausgesteuert. Liegt U_e gut unterhalb der Schaltschwelle, wird Mn hochohmig und sperrt und Mp niederohmig und möchte leiten. Wegen der Reihenschaltung fließt nur ein geringer Sperrstrom, und $U_a \to U_{DD}$, also $U_a \to 1$. Für $U_e \to U_{DD}$ ist es umgekehrt, nach wie vor ist der Stromfluß jedoch vernachlässigbar, d.h. insgesamt nimmt die CMOS-Schaltung statisch keine nennenswerte Leistung auf. Während des Schaltvorgangs werden jedoch kurzzeitig beide FETs leitend, weshalb die Leistungsaufnahme mit der Taktfrequenz, die ja gleich der Anzahl der Schaltvorgänge pro Zeit ist, steigt.

Da die Leistungsaufnahme quadratisch mit U_{DD} wächst, ist man bemüht, U_{DD} niedrig zu halten, was bei den hier verwendeten diskreten Modellen wegen der recht hohen Werte der Schwellspannung Grenzen hat. Für in monolithischen VLSI-Gattern verwendete integrierte FETs lassen sich die Werte jedoch deutlich reduzieren. Zur **PROBE**-Darstellung der Kennlinien wird in der in Abb. 2.8-8 dargestellten **DC Sweep**-Dialogbox • Voltage Source, Name *Ue*, Start Value *0*, End Value *15V* und Increment *20mV* eingegeben. Weiterhin wurde mit Nested Sweep... - alternativ in der **Parametric**-Dialogbox (Abschnitt 6.2.3.5) • Voltage Source, Name *UDD*, Value List *5V 10V 15V* parametrisiert.

Die eigentliche Bedeutung der Grundschaltung kommt jedoch bei einer Zusammenschaltung zweier Inverter in der Form eines CMOS-NAND gemäß Abb. 2.9-16 zum tragen, denn mit der in der Tabelle aufgeführten NAND-Funktion lassen sich sämtliche logischen Funktionen realisieren. NAND bedeutet NOT AND und stellt die Inversion der AND-Funktion dar, die wiederum einer Multiplikation der logischen Eingabewerte zum Ergebnis hat. Da arithmetische Funktionen (Addition, Subtraktion, Multiplikation usw.) auf diese zurückgeführt werden können, ist dies eine sehr fundamentale Schaltung zum Rechneraufbau.

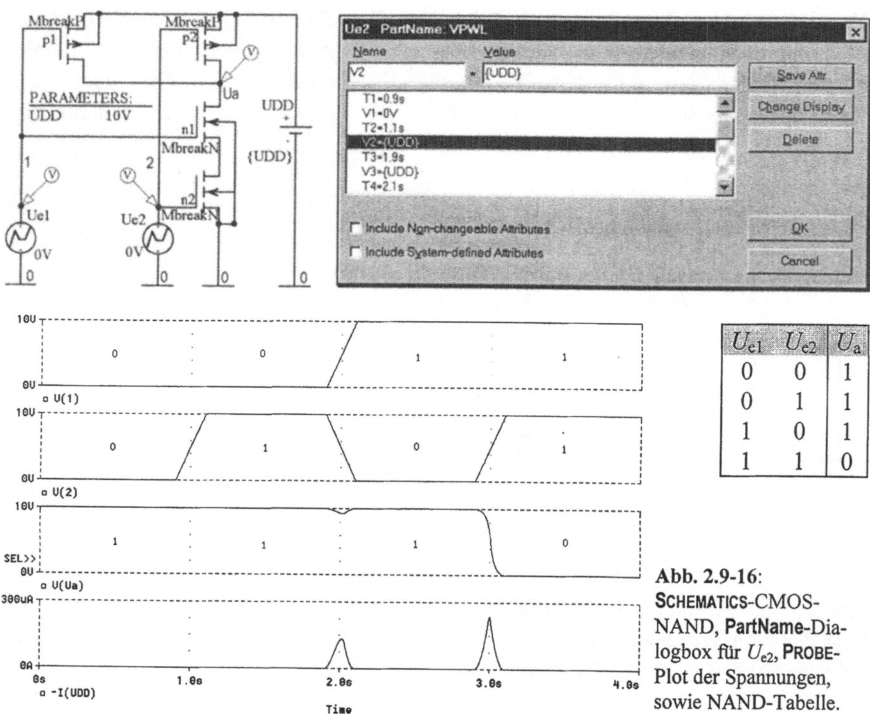

U_{e1}	U_{e2}	U_a
0	0	1
0	1	1
1	0	1
1	1	0

Abb. 2.9-16: **SCHEMATICS**-CMOS-NAND, **PartName**-Dialogbox für U_{e2}, **PROBE**-Plot der Spannungen, sowie NAND-Tabelle.

Als Quellen wurden die in Abschnitt 6.2.2.8 beschriebenen *VPWL*-Typen verwendet, von denen in der Abbildung die **PartName**-Dialogbox für U_{e2} mit den ersten Eingabewerten dargestellt ist. Würde dem als Parameter gehaltenen U_{DD} ein anderer Wert, z.B. 15V, zugewiesen werden, würden sich automatisch die Versorgungsspannung und die an dieser orientierten Pegel der Eingangsspannungen ändern.

Zur Funktionsweise sei dargelegt, daß nur für $U_{e1} = U_{e2} =$ High die reihengeschalteten n-FETs durchsteuern und den Ausgang auf 0 ziehen. Gleichzeitig sperren beide p-FETs und entkoppeln den Ausgang von U_{DD}. Ist U_{e1} oder U_{e2} auf Low, ist die Serienschaltung gesperrt und gleichzeitig zieht der durchsteuernde p-FET $U_a \rightarrow U_{DD}$. Dabei sind n-Bulk-Anschlüsse auf Masse zu legen, p-Bulk-Anschlüsse auf U_{DD}.

Zur **PROBE**-Darstellung der Kennlinien wird in der **Transient**-Dialogbox (Abb. 2.11-10; Abschnitte 2.11.4.2 und 6.2.3.4) Print Step *1ms* Final Time *4s* Step Ceiling *1ms* eingegeben. Nach Aufbau des **PROBE**-Plots werden durch Plot... Add Plot die vier dargestellten Plots erzeugt und jeweils mit Einfg **Add Traces** geöffnet und die darunterstehenden Funktionen eingegeben. Die oberen drei Plots verifizieren das in der Tabelle dargestellte logische Verhalten, der untere Plot zeigt das beim Inverter erläuterte Stromverhalten.

Aufgabe 2.9.6-1: Man realisiere mit **PSPICE** eine möglichst einfache Schaltung zur Darstellung des Ausgangskennlinienfelds nach Abb. 2.9-7 für der Bipolartransistor *Q2N2222*.

Aufgabe 2.9.6-2: Man verifiziere den Arbeitspunkt der Bipolartransistorschaltung mit der **MATHCAD**-*find*-(*suchen*)-Funktion, wie am Ende des Abschnitts 2.9.6.2 beschrieben.

***Aufgabe 2.9.6-3**: Man realisiere analog zum CMOS-NAND den Aufbau eines CMOS-NOR (NOT OR), bei dem sich der Ausgang in der Reihenfolge wie in der NAND-Tabelle zu 1 0 0 0 einstellt.

2.10 Verschiebungsströme

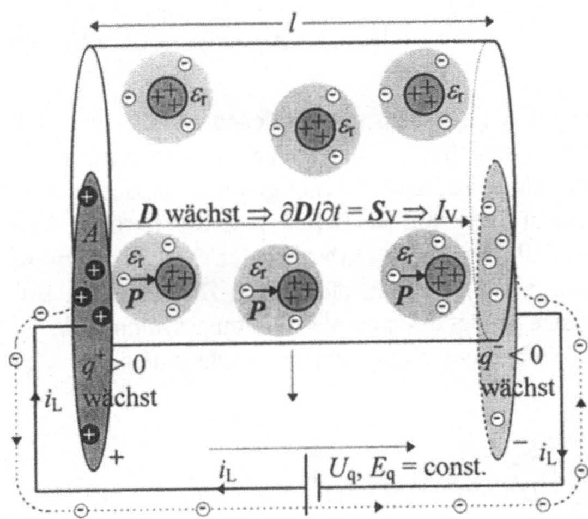

Abb. 2.10-1: Verschiebungsstrom I_V durch Hineinschieben eines Dielektrikums zwischen zwei metallische Platten.

Nachdem bei den Raumladungsströmungen und Feldeffekttransistoren bereits Wechselwirkungen des elektrostatischen und des Strömungsfelds betrachtet wurden, schließen wir nun vollständig den Kreis zur Elektrostatik. Beim Hineinschieben eines Dielektrikums entspr. Abb. 2.10-1 zwischen zwei (Kondensator-)Platten, an denen die

Spannung konstant gehalten wird, wird eine äußere Ladungszufuhr benötigt, die die zusätzlichen Feldlinien erzeugt, die von der Polarisierung der Materie wieder neutralisiert werden. Diese Ladungszufuhr muß über die hinreichend gut leitfähigen Zuleitungen zu den Elektroden erfolgen und resultiert dort in einen Stromfluß I mit entsprechend der Geometrie der Zuleitungen zugehöriger Stromdichte $\boldsymbol{S}$.

Prinzipiell gehört diese Thematik damit auch zur Elektrostatik, man könnte sagen, sie stellt die Dynamik der Elektrostatik dar. Wegen der engen Verknüpfung mit dem Strömungsfeld, Einbettung in dessen Begriffswelt und der klareren Logik der Erklärungsreihenfolge wird dieses Thema hier abgehandelt.

2.10.1 Verschiebungsstromstärke i_V und -dichte S_V

Da U_q = const. folgt $E_q = U_q/l$ = const., d.h. der von der Spannungsquelle erzeugte elektrische Fluß muß wachsen, um den Wert des elektrischen Felds E_q halten zu können. Aufgrund der isolierenden Eigenschaften des Dielektrikums können keine Ladungen durch dieses hindurch, so daß die Anhäufung der Ladungen auf den Platten während des Hereinschiebens in ein entsprechendes $\partial \boldsymbol{P}/\partial t \to \partial \boldsymbol{D}/\partial t$ resultiert, welches bei Beendigung der Bewegung wieder verschwindet. Dieses $\partial \boldsymbol{D}/\partial t$ können wir als eine weitere Art von Stromdichtetyp auffassen, den MAXWELL als ***Verschiebungsstromdichte*** $\boldsymbol{S}_V$ mit dazugehörigem ***Verschiebungsstrom*** i_V bezeichnete:

$$\boldsymbol{S}_V := \frac{\partial \boldsymbol{D}}{\partial t}; \qquad [\boldsymbol{S}_V, \boldsymbol{S}_L] = \frac{\text{A}}{\text{m}^2}, \tag{2.10-1}$$

$$i_V := \int \frac{\partial \boldsymbol{D}}{\partial t} \mathrm{d}\boldsymbol{A}; \qquad [i_V, i_L] = \text{A}. \tag{2.10-2}$$

Hier haben wir zur Differenzierung gegenüber dem gewöhnlichen Strom - genannt: Leitungsstrom mit Index $_L$ - den Index $_V$ eingeführt. $_L$ verwenden wir jedoch nur dann, wenn die Unterscheidung zwischen beiden Stromarten benötigt wird. Ansonsten nennen wir den normalen Leitungsstrom weiterhin einfach I und die normale Leitungsstromdichte einfach $\boldsymbol{S}$. Das Symbol für partielle Differentiation $\partial/\partial t$ wird verwendet, da auch gleich gemischte Formen mit partiellen räumlichen Differentialen auftreten. Für rein zeitabhängige Vorgänge genügt das normale Ableitungssymbol d/dt.

Die praktische Ausführung der Zeitableitung eines Vektors ist sehr einfach: er wird komponentenweise differenziert:

$$\boldsymbol{S}_V(\boldsymbol{x},t) = \begin{pmatrix} S_{Vx}(\boldsymbol{x},t) \\ S_{Vy}(\boldsymbol{x},t) \\ S_{Vz}(\boldsymbol{x},t) \end{pmatrix} = \frac{\partial}{\partial t} \begin{pmatrix} D_x(\boldsymbol{x},t) \\ D_y(\boldsymbol{x},t) \\ D_z(\boldsymbol{x},t) \end{pmatrix} = \begin{pmatrix} \partial D_x/\partial t \\ \partial D_y/\partial t \\ \partial D_z/\partial t \end{pmatrix}. \tag{2.10-3}$$

Auf diese Weise entsteht ein neuer Vektor, der sich bzgl. Linien- und Oberflächenintegralen oder Vektoroperatoren verhält wie jene der Elektrostatik oder die Leitungsstromdichte. Daher sei hier zur Übung im Umgang mit diesen auf die Aufgaben verwiesen.

Im Beispiel wird die zeitliche Änderung durch eine zeitabhängige Kapazität hervorgerufen. Ein i.allg. praktisch wichtigerer Fall ist bei konstanter Kapazität mit konstantem Dielektrikum eine zeitveränderliche Spannung $u(t)$, z.B. eine Wechselspannung. Dann ändert sich auch das zugehörige elektrische Feld zeitlich, und die beiden vorstehenden Gleichungen können wie folgt dargestellt werden:

$$\boldsymbol{S}_\mathrm{V} = \varepsilon \frac{\partial \boldsymbol{E}}{\partial t} \qquad \text{und} \qquad i_\mathrm{V} = \int \varepsilon \frac{\partial \boldsymbol{E}}{\partial t} \cdot \mathrm{d}\boldsymbol{A} . \tag{2.10-4}$$

Bei homogener Verteilung von ε kann dieses noch vor das Integral gezogen werden.

Die vorstehenden Überlegungen sind das primäre Verdienst von JAMES CLERK MAXWELL (1861, 1873), der damit aus rein praktischen Überlegungen eine physikalisch extrem nützliche Beschreibung einführte, die erst Jahrzehnte später durch die aufkeimende Atomphysik physikalisch erklärbar war. Insbesondere überlegte er, daß die Elektroden kilometerweit entfernt sein können und sagte damit in Verbindung mit dem Induktionsgesetz die Existenz (elektromagnetischer) Wellen voraus, die von dem praktisch genialen HEINRICH HERTZ 1887 gefunden wurden. Dieser hielt sie allerdings nicht für modulierbar und damit nicht als Informationsträger geeignet.

Da jedes Medium prinzipiell beide Stromarten führen kann, ergibt sich die ***Gesamtstromdichte*** $\boldsymbol{S}_\mathrm{tot}$ und der ***Gesamtstrom*** i_tot immer aus der Summe beider Arten:

$$\boldsymbol{S}_\mathrm{tot} := \boldsymbol{S} + \frac{\partial \boldsymbol{D}}{\partial t} ; \tag{2.10-5}$$

$$\boxed{i_\mathrm{tot} := i_\mathrm{L} + i_\mathrm{V} = \int \boldsymbol{S}_\mathrm{tot} \cdot \mathrm{d}\boldsymbol{A} = \int (\kappa \boldsymbol{E} + \varepsilon \frac{\partial \boldsymbol{E}}{\partial t}) \cdot \mathrm{d}\boldsymbol{A} = \int (\kappa + \varepsilon \frac{\partial}{\partial t}) \boldsymbol{E} \cdot \mathrm{d}\boldsymbol{A}} . \tag{2.10-6}$$

Bei normalen Temperaturen dominiert für einen Leiter oder auch Halbleiter mit Abstand die Leitungsstromdichte, bei einem Dielektrikum oder einer in Sperrichtung gepolten Halbleiterkombinationen die Verschiebungsstromdichte. Erstere tritt also sowohl bei Gleich- als auch bei zeitveränderlichen Spannungen - insbes. Wechselspannungen - auf, letztere nur, wenn mindestens einer der Parameter zeitveränderlich ist.

Dieses physikalische Verhalten unterscheidet also in einem solchen Gebiet zwischen einer Stromkomponente als Bewegung von Ladungen q und einer anderen Stromkomponente als zeitliche Veränderung eines elektrischen Flusses Ψ, der von Ladungen herrührt, die sich außerhalb dieses Gebiets aufhalten, aber sozusagen ihre Feldlinien hineinschicken, weil auf der anderen Seite Ladungen entgegengesetzter Polarität vorhanden sind:

$$i_\mathrm{tot} = \frac{\mathrm{d}(q + \Psi)}{\mathrm{d}t} = \frac{\mathrm{d}q}{\mathrm{d}t} + \frac{\mathrm{d}\Psi}{\mathrm{d}t} = -neAv + \frac{\mathrm{d}\Psi}{\mathrm{d}t} . \tag{2.10-7}$$

Ψ können wir i.allg. durch $\overset{\circ}{\Psi}$ ersetzen, wenn typisch alle Feldlinien einer Elektrode zur anderen übergehen. Der rechte Teil der Gleichung gilt wieder für den homogenen Fall.

Aufgabe 2.10.1-1: Man bestimme die Verschiebungsstromdichte der Flußdichte $\boldsymbol{D} = (D_x, D_y, D_z) = (y, x, z)$ nC/m³·sinωt.

Aufgabe 2.10.1-2: Man bestimme die Verschiebungsstromdichte der Flußdichte $\boldsymbol{D} = (D_x, D_y, D_z) = (y\sin\omega t, x\cos\omega t, z)$ nC/m³.

***Aufgabe 2.10.1-3**: Man berechne allgemein den Verschiebungsstrom des Felds der vorigen Aufgabe durch den schiefen Ebenenabschnitt in Abb. 1.6-7.

2.10.2 Kontinuitätsgleichung und Relaxationszeit τ

Wir müssen nun die KIRCHHOFFsche Knotenregel von Gl. 2.3-12/13 entsprechend diesen Gegebenheiten, bzw. mit den o.a. Variationen von i_{tot} modifizieren:

$$\overset{\circ}{i}_{\text{tot}} = 0 = \oiint_{\substack{\text{Bel. geschl.}\\ \text{Hülle um } V}} (\boldsymbol{S} + \frac{\partial \boldsymbol{D}}{\partial t}) \cdot \mathrm{d}\boldsymbol{A} = \iiint_V \operatorname{div}(\boldsymbol{S} + \frac{\partial \boldsymbol{D}}{\partial t}) \mathrm{d}V. \tag{2.10-8}$$

Diese Gleichung wird dann auch (integrale Form der) Kontinuitätsgleichung genannt. Sie ist praktisch die feldtheoretische Beschreibung des Ladungserhaltungssatzes. Da es sich wie bei der dritten MAXWELLgleichung um ein geschlossenes Oberflächenintegral handelt, wurde rechts der Satz von GAUß angewendet, woraus z.B. mit der koordinatenfreien Definition der Divergenz in Gl. 1.7-34 unmittelbar die differentielle Form der Kontinuitätsgleichung folgt:

$$\operatorname{div}(\boldsymbol{S} + \frac{\partial \boldsymbol{D}}{\partial t}) = 0. \tag{2.10-9}$$

Setzen wir die 3. MAXWELLgleichung $\operatorname{div}\boldsymbol{D} = \rho$ in die linke Seite der differentiellen Kontinuitätsgleichung ein, ergibt sich:

$$\operatorname{div}\boldsymbol{S} = -\operatorname{div}\frac{\partial \boldsymbol{D}}{\partial t} = -\frac{\partial \operatorname{div}\boldsymbol{D}}{\partial t} \qquad \Rightarrow \quad \nabla \cdot \boldsymbol{S} = \operatorname{div}\boldsymbol{S} = -\frac{\partial \rho}{\partial t}, \tag{2.10-10}$$

was besagt, daß die Quelldichte der Stromdichte gleich der zeitlichen Abnahme von Raumladungen ist. Diese Gleichung wird zuweilen als direkte Definition der Kontinuitätsgleichung bezeichnet und kann als 3. MAXWELLgleichung der Elektrodynamik angesehen werden. Auch die KIRCHHOFFsche Knotengleichung $\sum \pm I_i = 0$ gilt nun unter Einbezug von Verschiebungsströmen.

Aus der integralen Form der Kontinuitätsgleichung läßt sich nun berechnen, wie sich eine irgendwie erzeugte Raumladungsanhäufung verhält, nachdem sich selbst überlassen wurde, also z.B. ein bei den pn-Übergängen von Halbleitern bereits vorgestellter Diffusionsvorgang. Wenn solche Bauelemente getaktet betrieben werden, müssen Raumladungen, die sich hier gebildet haben, mit einer bestimmten Geschwindigkeit abbauen lassen, d.h. die pn-Übergänge ausgeräumt werden. Ist dies bis zur nächsten Taktflanke nicht hinreichend geschehen, ist die Spannung noch zu hoch und es entstehen Bitfehler.

Wie lange dauert es, bis sich Raumladungen als Diffusionsströme wieder abgebaut haben? Der Gesamtstrom muß beim Abbauvorgang aufgrund der Quellenfreiheit verschwinden, was bedeutet, daß sich Leitungs- und Verschiebungsstrom zu jedem Zeitpunkt die Waage halten müssen. Dies muß unabhängig von der ursprünglichen Ladungsverteilung $\rho(\boldsymbol{x})$, Materialverteilung $\varepsilon(\boldsymbol{x})$, $\kappa(\boldsymbol{x})$ sowie der Wahl der Oberfläche A gelten. Betrachten wir einen solchen Vorgang im homogenen Medium, folgt aus der Kontinuitätsgleichung mit $\boldsymbol{S} = \kappa\boldsymbol{E} = \kappa\boldsymbol{D}/\varepsilon$:

$$\operatorname{div}\boldsymbol{S} = \frac{\kappa}{\varepsilon}\operatorname{div}\boldsymbol{D} = \frac{\kappa}{\varepsilon}\rho = -\frac{\partial \rho}{\partial t} \qquad \Rightarrow \quad \frac{\mathrm{d}\rho}{\mathrm{d}t} + \frac{\kappa}{\varepsilon}\rho = 0. \tag{2.10-11}$$

Diese homogene DGL 1. Ordnung kann wie folgt umgeformt und durch Integration gelöst werden:

$$\frac{\mathrm{d}\rho}{\rho}=-\frac{\kappa}{\varepsilon}\mathrm{d}t \quad \Rightarrow \quad \int\limits_{\rho(0)}^{\rho(t)}\frac{\mathrm{d}\rho}{\rho}=-\frac{\kappa}{\varepsilon}\int\limits_{0}^{t}\mathrm{d}t' \quad = \quad \ln\frac{\rho(t)}{\rho(0)}=-\frac{\kappa}{\varepsilon}t\,. \tag{2.10-12}$$

Sie hat also ab dem Beginn des Abbaus folgende Exponentialfunktion zur Lösung:

$$\rho(t)=\rho(0)\mathrm{e}^{-\frac{\kappa}{\varepsilon}t} \qquad \text{mit} \quad \tau:=\frac{\varepsilon}{\kappa}, \qquad [\tau]=\mathrm{s} \tag{2.10-13}$$

womit auch sofort gilt:

$$\boldsymbol{D}=\tau\boldsymbol{S} \qquad \text{und} \quad q=\tau i. \tag{2.10-14}$$

Die Zeitkonstante τ wird als ***Relaxationszeit*** bezeichnet und gibt an, nach welcher Zeit die Raumladung auf 1/e (ca. 37 %) ihres Anfangswerts abgefallen ist. Dies gilt auch für alle anderen Größen, wie z.B. die Feldstärke, da sie zeitlich ladungsproportional sind. Wir erkennen, daß mit guter Leitfähigkeit die Relaxationszeit klein ist, bei guter Polarisationsfähigkeit ist sie groß.

Nehmen wir als Beispiel Kupfer mit einer spezifischen Leitfähigkeit von $\kappa_{\mathrm{Cu}} \approx 58$ Sm/mm^2 und $\varepsilon = \varepsilon_0 = 8{,}854$ pF/m, so erhalten wir $\tau_{\mathrm{Cu}} \approx 1{,}5\cdot10^{-19}$ s. Dieser Wert ist noch um viele Zehnerpotenzen kürzer als die freie Laufzeit der Elektronen bei ihrer thermischen Bewegung zwischen zwei Kollisionen. Auch für die gängigen Halbleiter liegt τ noch im Pikosekundenbereich.

Mittels der Relaxationszeit läßt sich auch das Auftreten von Ladungsbedeckungen an Grenzflächen zwischen normal stromdurchflossenen Leitern erklären, wie sie bereits in einer Aufgabe nachzurechnen waren. Bei unterschiedlichen Materialeigenschaften κ_1 und κ_2 der Leiter beiderseits der Grenzflächen treten auch verschiedene Relaxationszeiten τ_1 und τ_2 auf. Da die Normalstromdichte S_{n} gleich sein muß:

$$S_{\mathrm{n}}=\frac{D_{\mathrm{n}1}}{\tau_1}=\frac{D_{\mathrm{n}2}}{\tau_2}, \tag{2.10-15}$$

und somit die Flußdichte nicht gleich sein kann, muß entsprechend den Ausführungen in Abschnitt 1.8.5 der Elektrostatik eine Ladungsbedeckung σ die Differenzflußdichte hervorrufen. Dies ist physikalisch erklärbar, indem die Trägheit des Heranführens der Ladungen durch Medium 1 unterschiedlich von der des Abfließens in Medium 2 ist. Folglich bleibt im stationären Zustand permanent eine konstante Ladungsdifferenz in der Grenzfläche haften. Wir können uns dies wie Kohlensäurebläschen auf einer Mineralwasseroberfläche vorstellen, die zumindest für einige Zeit eine im Mittel feste Dichte aufweisen, aber permanent von unten nachgeliefert werden und nach oben entweichen.

Aufgabe 2.10.2-1: Man bestimme die Relaxationszeiten der p- und n-Gebiete des Abschnitts 2.9.

Aufgabe 2.10.2-2: Man bestimme für ε = const. die Ladungsbedeckungen in den Grenzschichten der Abb. 2.6-2b) und überprüfe, ob in der Summe sämtliche Grenzschichtladungen verschwinden.

***Aufgabe 2.10.2-3**: Man berechne für eine kugelförmige Leitungsstromdichte mit $S_{\mathrm{L}}(r,t{>}0) = \mathrm{e}^{-t/\mathrm{ns}}$A/rm die Leitungsströme $i_{\mathrm{L}}(r_1{=}1\mathrm{m})$ und $i_{\mathrm{L}}(r_2{=}2\mathrm{m})$. Wie verlaufen für ε_0 in Abhängigkeit von r und t S_{V}, D, E, u_{12}, ρ, q, v und χ? Welchen Wert hat κ?

2.10.3 Der Kondensator im zeitveränderlichen Feld

Mit der allgemeinen Kapazitätsdefinition in Gl. 1.9-1 läßt sich nun der Verschiebungsstrom durch einen Kondensator, der natürlich gleich dem über die Leitungen zugeführten Leitungsstrom sein muß, angeben:

$$i_V = \frac{dq}{dt} = \frac{d\Psi}{dt} = \frac{d(Cu)}{dt} = C\frac{du}{dt} + u\frac{dC}{dt}. \qquad (2.10\text{-}16)$$

Ein Verschiebungsstrom tritt also auf, wenn sich die Spannung am Kondensator oder die Kapazität ändert - oder natürlich beide gemeinsam, z.B. wenn eine Wechselspannung an einer nichtlinearen Kapazitätsdiode anliegt. Bei konstanter Kapazität an zeitveränderlicher Spannung folgt das OHMsche Gesetz des Kondensators:

$$i = C\frac{du}{dt} = C\dot{u} \qquad \text{bzw.} \qquad u = \frac{1}{C}\int i\,dt \qquad (2.10\text{-}17)$$

Ist der Kondensator zu einem Zeitpunkt $t = 0$ auf die Spannung U_0 aufgeladen und möchten wir diese zu einem späteren Zeitpunkt t kennen, gilt folglich:

$$u(t) = U_0 + \frac{1}{C}\int_0^t i(t')\,dt'. \qquad (2.10\text{-}18)$$

Durch einen Kondensator fester Kapazität fließt also bei angelegter Gleichspannung U_q erwartungsgemäß kein Gleichstrom, da $dI/dt = 0$. Im Falle der Abb. 2.10-1 gilt aber:

$$i = U_q \frac{dC}{dt}. \qquad (2.10\text{-}19)$$

Hier fließt also ein Gleichstrom I, wenn pro Zeiteinheit die Fläche über dem Dielektrikum um einen konstanten Betrag wächst und wir annehmen, daß die Feldverbiegung zu jedem Zeitpunkt vernachlässigbar ist. Das bedeutet, daß Ladungen auf den Elektroden mit konstanter Menge pro Zeiteinheit umgeladen werden, d.h. sich der Fluß der Polarisationsdichtefeldlinien konstant ändert und so im Kondensator den konstanten Verschiebungsstrom I_V darstellt.

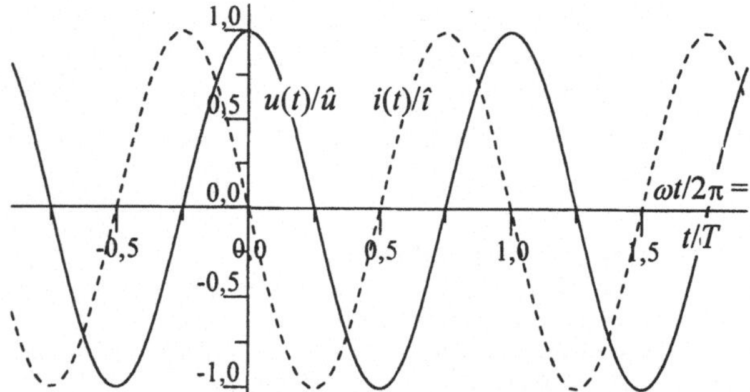

Abb. 2.10-2: Wechselstrom- und -spannungsverlauf am Kondensator.

Spezielles Interesse verdient das Verhalten des Kondensators im Wechselfeld. Sei

$f = \frac{1}{T} = \frac{\omega}{2\pi}$ die ***Frequenz*** als Anzahl der Schwingungen pro Sekunde, gemessen in Hertz (Hz),

$\omega := 2\pi f = \frac{2\pi}{T}$ die ***Kreisfrequenz*** als Anzahl der Phasendrehungen pro Sekunde, gemessen in 1/s - besser: rad/s,

$T := \frac{1}{f} = \frac{2\pi}{\omega}$ die ***Periodendauer*** einer vollständigen Schwingung, gemessen in s,

$\hat{u}, \hat{\imath}$ die ***Amplitude*** der jeweiligen Wechselgröße, gemessen in deren jeweiliger Einheit (V, A),

so gilt mit

$$u(t) = \hat{u}\cos\omega t \qquad \Rightarrow \qquad i(t) = -\underbrace{\omega C\hat{u}}_{\hat{\imath}}\sin\omega t. \tag{2.10-20}$$

Wir können den ***Wechselstromwiderstand*** Z_C des Kondensators festlegen:

$$Z_C := \frac{\hat{u}}{\hat{\imath}} = \frac{1}{\omega C}, \qquad \varphi_C = \varphi_u - \varphi_i = -\frac{\pi}{2}. \tag{2.10-21}$$

Je niedriger die Frequenz, umso größer der Widerstand, denn dann ist die zeitliche Änderung der Flußdichte gering und damit auch der Verschiebungsstrom. Bei $\omega = 0$ (Gleichspannung) ist der Widerstand erwartungsgemäß unendlich. Für $\omega = \infty$ bildet der Kondensator einen Verschiebungsstromkurzschluß.

Entspr. Abb. 2.10-2 eilt die Spannung dem Strom um 90° nach und eine vollständige Widerstandsbeschreibung muß diese ***Phasendrehung*** φ_C als Differenz von ***Spannungsphase*** φ_u (hier: 0, wenn man die Cosinusfunktion als Referenz nimmt) und ***Stromphase*** φ_i (hier: $\frac{1}{2}\pi$) mit einbeziehen. Demgegenüber sind beim OHMschen Widerstand Strom und Spannung immer in Phase. Das Widerstandsformelzeichen Z_C wurde bereits im Hinblick auf den unten definierten komplexen Widerstand verwendet.

Aufgabe 2.10.3-1: Man berechne den Strom $i(t)$, wenn die an eine Gleichspannung U_q gelegte Doppeldrahtleitung in Abb. 1.9-8 mit der konstanten Geschwindigkeit v auseinandergezogen wird.

***Aufgabe 2.10.3-2**: Der Kondensator aus Aufgabe 1.9.3-2 sei an eine Spannung U_q angeschlossen und eine Platte rotiere mit der Kreisfrequenz ω, während die andere stillsteht. Man berechne und skizziere unter den üblichen Annahmen des Feldverlaufs für Plattenkondensatoren $i(t)$ und $q(t)$.

***Aufgabe 2.10.3-3**: Ein mit κ verlustbehafteter Plattenkondensator gegebener Geometrie und Permittivität sei auf Q_0 aufgeladen, und werde dann sich selbst überlassen. Man bestimme die Entladefunktionen von $E(t)$, $D(t)$, $S(t)$, $\Psi(t)$, $i(t)$ und $u(t)$.

2.11 *RC*-Netzwerke im zeitveränderlichen Feld

Wir betrachten nun das Zusammenschalten von Widerständen, Kondensatoren und ggf. Quellen. Die wichtigsten Zeitveränderlichkeiten entstehen durch geschaltete Gleichgrößen, die z.B. in der Digitaltechnik binäre Impulse repräsentieren, oder Wechselgrößen, die natürlich ebenfalls geschaltet sein können, was wir allerdings hier nicht weiter verfolgen. Das Verhalten bei Schaltvorgängen muß unter Einbezug des Schaltzeitpunkts und des Ladezustands von elektrostatischen Energiespeichern betrachtet werden, denn ein solches Netzwerk wird in deren Abhängigkeit mit Umladevorgängen reagieren.

2.11.1 Entladen eines Kondensators über einen Widerstand

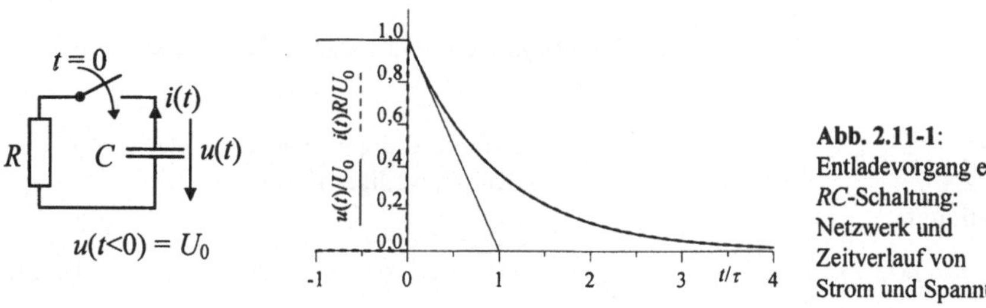

Abb. 2.11-1: Entladevorgang einer *RC*-Schaltung: Netzwerk und Zeitverlauf von Strom und Spannung.

Abb. 2.11-1 zeigt das einfache Beispiel eines auf U_0 aufgeladenen Kondensators C. Das OHMsche Gesetz für Kondensator und Widerstand in diesem Netzwerk lautet für $t > 0$:

$$i = \frac{u}{R} = -C\dot{u} \qquad \Rightarrow \qquad \dot{u} + \frac{u}{RC} = 0. \tag{2.11-1}$$

Diesen einfachen DGL-Typ erster Ordnung hatten wir bereits in Abschnitt 2.10.2 durch Integration aufgelöst. Das Ergebnis lautet für $t > 0$:

$$u(t) = u(0)\mathrm{e}^{-\frac{t}{RC}} = U_0\mathrm{e}^{-\frac{t}{RC}} \qquad \text{mit} \qquad \tau = RC \tag{2.11-2}$$

als Zeitkonstante. Diese entspricht ihrem Wesen nach der bereits betrachteten Relaxationszeitkonstanten. Wir können mit diesem Modell auch den in Aufgabe 2.10.3-3 analysierten inneren Entladevorgang eines verlustbehafteten Kondensators berechnen, denn an dessen permittivitiven und konduktiven Eigenschaften liegt wie hier dieselbe Spannung an und es handelt sich wie hier um zwei gegenläufige Ströme. Dann können wir entsprechend dem bereits betrachteten Wesen einer Kapazität und eines Widerstands mit gleicher Geometrie dort angeben $\tau = \varepsilon/\kappa = RC$.

Den Strom für $t > 0$ erhalten wir über die nun bekannte Spannung:

$$i(t) = \frac{u(t)}{R} = \frac{U_0}{R}\mathrm{e}^{-\frac{t}{RC}} \qquad = -C\dot{u} = -C\frac{U_0}{-RC}\mathrm{e}^{-\frac{t}{RC}} = \frac{U_0}{R}\mathrm{e}^{-\frac{t}{RC}}. \tag{2.11-3}$$

Alternativ können wir auch die DGL unmittelbar für den Strom aufstellen:

$$u = Ri = -\frac{1}{C}\int i\mathrm{d}t \qquad \Rightarrow \qquad \frac{\mathrm{d}i}{\mathrm{d}t} + \frac{i}{RC} = 0. \tag{2.11-4}$$

Es tritt also die gleiche DGL wie für die Spannung auf und es ist ein universell gültiges Gesetz, daß die linke Seite mit der gesuchten Größe für alle Größen eines Netzwerks gleich ist. Dies wiederum hat seine Begründung in der in Abschnitt 2.11.4.3 nochmals genauer untersuchten Tatsache, daß die DGL letztendlich eine codierte Form der MID oder KAD ist. Wir lösen diese DGL mit:

$$i(t) = i(0^+)\mathrm{e}^{-\frac{t}{RC}} = \frac{U_0}{R}\mathrm{e}^{-\frac{t}{RC}}. \tag{2.11-5}$$

Der Anfangswert $i(0)$ ist hier im Gegensatz zu $u(0)$ unstetig. Unmittelbar bevor der Schalter schließt, kann kein Strom $i(0^-)$ fließen, da der Stromkreis unterbrochen ist, unmittelbar danach liegt U_0 am Widerstand, woraus $i(0^+) = U_0/R$. u kann hingegen nicht unstetig sein, da sonst unter Verletzung der Maschenregel wegen $\mathrm{d}u/\mathrm{d}t$ ein unendlich großer Stromfluß mit unendlich hoher Spannung am Widerstand die Folge wäre.

Aufgabe 2.11.1-1: Man stelle für das rechts dargestellte Netzwerk die DGL für $i(t)$ auf.
Aufgabe 2.11.1-2: Man bestimme für $t > 0$ alle Zeitfunktionen der vorigen Aufgabe und stelle sie graphisch dar.
Aufgabe 2.11.1-3: Man bestimme die Energieinhalte der Kondensatoren für $t = 0$ und $t = \infty$, sowie die in diesem Zeitraum im Widerstand umgesetzte Wärmeenergie - einmal aus den Kondensatorenergien, sowie aus der elektrischen Verlustleistung.

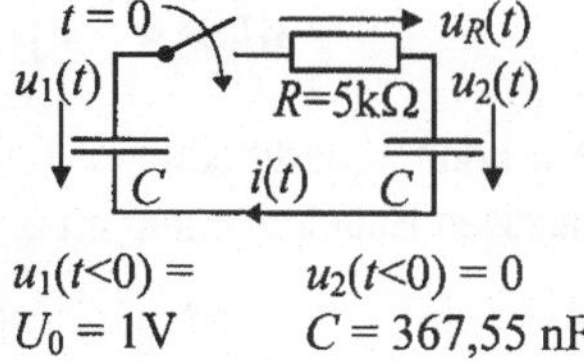

2.11.2 Ladevorgänge bei allgemeiner Anregung und Ladezustand

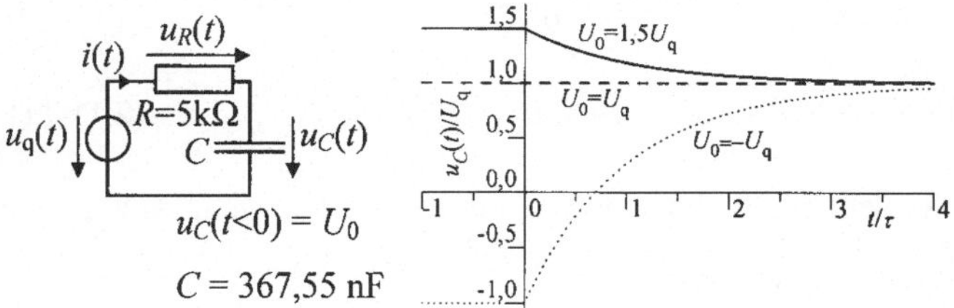

Abb. 2.11-2: Umladevorgang einer *RC*-Schaltung: Netzwerk und Spannungszeitverläufe für verschiedene Anfangsladezustände.

Wir wollen nun die Reaktion des in Abb. 2.11-2 dargestellten Netzwerks auf eine beliebige, zunächst nicht weiter spezifizierte, Quellspannung $u_q(t)$ betrachten. Können wir hierfür eine universelle Lösung angeben, lassen sich alle Reaktionen auf spezielle Fälle von Quellspannungszeitverläufen ermitteln. Aus dem Netzwerk lesen wir ab:

$$i = \frac{u_q - u_C}{R} = C\dot{u}_C \qquad \Rightarrow \qquad \dot{u}_C + \frac{u_C}{RC} = \frac{u_q}{RC}. \tag{2.11-6}$$

Diese nun inhomogene DGL 1. Ordnung ist vom Universaltyp:

$$\frac{\mathrm{d}f}{\mathrm{d}t} + \frac{f}{\tau} = g(t) \qquad \Rightarrow \qquad \frac{\mathrm{d}f}{\mathrm{d}t}\mathrm{e}^{\frac{t}{\tau}} + \frac{f}{\tau}\mathrm{e}^{\frac{t}{\tau}} = g\,\mathrm{e}^{\frac{t}{\tau}}$$

$$\Rightarrow \quad \int \frac{\mathrm{d}f}{\mathrm{d}t}\mathrm{e}^{\frac{t}{\tau}}\,\mathrm{d}t + \int \frac{f}{\tau}\mathrm{e}^{\frac{t}{\tau}}\,\mathrm{d}t = \int g\,\mathrm{e}^{\frac{t}{\tau}}\mathrm{d}t + K. \tag{2.11-7}$$

Hierbei wurde die DGL mit $\mathrm{e}^{t/\tau}$ durchmultipliziert und integriert, wobei die Integrationskonstante K aus Anfangsbedingungen zu bestimmen ist. Anwendung der Produktregel der Integrationsrechnung auf das erste Integral ergibt:

$$\int \frac{df}{dt} e^{\frac{t}{\tau}} dt = f\, e^{\frac{t}{\tau}} - \int \frac{f}{\tau} e^{\frac{t}{\tau}} dt. \tag{2.11-8}$$

Setzen wir dies in die davorstehende Gleichung ein und multiplizieren sie nach Wegkürzen des rechten Integrals mit $e^{-t/\tau}$ durch, ergibt sich die gesuchte universelle Lösung:

$$f(t) = e^{-\frac{t}{\tau}} \left(\int g(t) e^{\frac{t}{\tau}} dt + K \right)$$

$$\Rightarrow \quad u_C(t) = e^{-\frac{t}{RC}} \left(\int \frac{u_q(t)}{RC} e^{\frac{t}{RC}} dt + K \right). \tag{2.11-9}$$

Wir können darüberhinaus leicht nachrechnen, daß sich die Universallösung bei zeitabhängigen Bauelementen mit entsprechendem $\tau(t)$ (z.B. $R \cdot C(t)$) wie folgt modifiziert:

$$f(t) = e^{-\int \frac{dt}{\tau}} \left(\int g(t) e^{\int \frac{dt}{\tau}} dt + K \right), \tag{2.11-10}$$

was wir jedoch nicht weiterverfolgen wollen.

Handelt es sich bei $u_q(t) = U_q$ um eine zum Zeitpunkt $t = 0$ über einen zuvor offenen Schalter eingeschaltete Gleichspannungsquelle, folgt:

$$u_C(t) = e^{-\frac{t}{RC}} \left(\frac{U_q}{RC} \int e^{\frac{t}{RC}} dt + K \right) = U_q + K\, e^{-\frac{t}{RC}}. \tag{2.11-11}$$

War der Kondensator vor dem Einschalten von $u_q(t)$ auf $u_C(0) = U_0$, wie in Abb. 2.11-2 für $U_0 = 1{,}5U_q$, U_q und $-U_q$ beispielhaft dargestellt, aufgeladen, gilt:

$$u_C(0) = U_0 = U_q + K \qquad \Rightarrow \qquad K = U_0 - U_q$$

$$\Rightarrow \quad u_C(t) = (U_0 - U_q) e^{-\frac{t}{RC}} + U_q = u_{Cf}(t) + u_{Cs}(t). \tag{2.11-12}$$

Wir erkennen sofort, daß der Entladevorgang des vorigen Abschnitts in diesem Fall für $u_q(t) = 0$ erwartungsgemäß enthalten ist. Wir zerlegen das Ergebnis in zwei Anteile:

- **Flüchtiger Anteil** $u_{Cf}(t) = (U_0 - U_q) e^{-\frac{t}{RC}}$:

  beschreibt die Übergangsphase vom Anfangs- in den stationären Endzustand und stellt eine spezielle Lösung der homogenen DGL dar.

- **Stationärer Anteil** für $t \to \infty$: $u_C(\infty) = u_{Cs}(t) = U_q$:

  bildet die Partikulärlösung der inhomogenen DGL. Alle Auf-, Um- oder Entladevorgänge sind abgeschlossen. Die Kondensatorspannung ist unabhängig vom ursprünglichen Ladezustand gleich der Quellspannung. Damit verschwindet $u_R(\infty)$ und es fließt erwartungsgemäß kein Strom mehr.

Handelt es sich bei $u_q(t) = \hat{u}_q \cos\omega t$ - z.B. mit einer Frequenz von $f = 50$ Hz und einer Amplitude von $\hat{u}_q = \sqrt{2} \cdot 230\,\text{V}$, was wir in der Folge weiterhin annehmen - hingegen um eine ewig andauernde Wechselspannungsquelle, ist $K = 0$ anzusetzen, da es sich bereits um einen stationären (eingeschwungenen) Zustand handelt:

$$u_C(t) = \mathrm{e}^{-\frac{t}{RC}} \int \frac{u_\mathrm{q}(t)}{RC} \mathrm{e}^{\frac{t}{RC}} \mathrm{d}t = \mathrm{e}^{-\frac{t}{RC}} \frac{\hat{u}_\mathrm{q}}{RC} \int \mathrm{e}^{\frac{t}{RC}} \cos \omega t \mathrm{d}t =$$

$$= \mathrm{e}^{-\frac{t}{RC}} \frac{\hat{u}_\mathrm{q}}{RC} \frac{\mathrm{e}^{\frac{t}{RC}}}{\omega^2 + \frac{1}{R^2C^2}} \left(\frac{1}{RC} \cos \omega t + \omega \sin \omega t\right) = \tag{2.11-13}$$

$$= \frac{\hat{u}_\mathrm{q}}{1+(\omega RC)^2} (\cos \omega t + \omega RC \sin \omega t) = \frac{\hat{u}_\mathrm{q}}{\sqrt{1+(\omega RC)^2}} \cos(\omega t - \arctan \omega RC).$$

Dabei wurde bei der letzten Umformung der Cosinussatz angewendet. Das Ergebnis ist gemeinsam mit $u_R(t) = u_\mathrm{q}(t) - u_C(t)$ in Abb. 2.11-3 dargestellt. Wir erkennen, daß das Berechnen von Schwingungsvorgängen über DGLn und Integrationen recht mühsam ist, weshalb wir uns nun der Methode der komplexen Wechselstromrechnung, die diese Berechnungen wesentlich vereinfacht, zuwenden wollen.

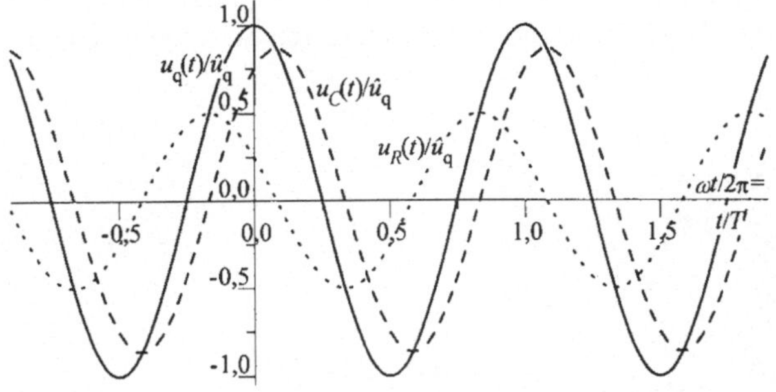

Abb. 2.11-3: Spannungszeitverläufe an der *RC*-Schaltung von Abb. 2.11-2 bei Anregung mit $u_\mathrm{q}(t) = \hat{u}_\mathrm{q}\cos\omega t$.

Aufgabe 2.11.2-1: Man stelle die DGL für $i(t)$ auf.
Aufgabe 2.11.2-2: Man berechne $i(t>0)$ für beide Anregungen aus $u_C(t)$.
Aufgabe 2.11.2-3: Man berechne $i(t)$ für die Wechselanregung aus der DGL aus Aufgabe 1.

2.11.3 Komplexe Wechselstromrechnung

Weist ein aus Widerständen R_i, Kondensatoren C_i (und/oder auch Spulen L_i des später betrachteten Magnetfelds) bestehendes Netzwerk nur Quellen einer festen Frequenz auf, müssen alle Ströme $i_i(t)$ und Spannungen $u_i(t)$ Schwingungen derselben Frequenz sein, da die Zusammenhänge sich entweder durch Proportionalität (R_i), Integration (C_i) oder Ableitung (L_i) ergeben, die wieder zu trigonometrischen Zeitfunktionen führen. Jedwede Überlagerung führt entspr. dem vorigen Beispiel z.B. mithilfe des Cosinussatzes ebenfalls zu einer trigonometrischen Zeitfunktion derselben Frequenz, aber anderer Amplitude und ***Nullphasenwinkel*** φ, sodaß sich jede Fragestellung bei sinusförmiger Anregung darauf reduzieren läßt, herauszufinden, wie sich diese transformieren:

$$\text{Geg.: } f_1(t) = \hat{f}_1 \cos(\omega t + \varphi_1) \qquad \text{Ges.: } f_2(t) = \hat{f}_2 \cos(\omega t + \varphi_2)$$

$$\hat{f}_1, \varphi_1 \qquad \hat{f}_2, \varphi_2 . \tag{2.11-14}$$

$f(t)$ (nicht mit der Frequenz f zu verwechseln) heißt als allgemeiner Vertreter von $u(t)$ oder $i(t)$ ***Momentanwert***.

Die überragende technische Bedeutung der effizienten Behandlung sinusförmiger Schwingungen liegt zum einen darin begründet, daß unsere Energieversorgung durch rotierende Generatoren diese automatisch im Idealfall monofrequent erzeugt und sie sich einfach transformieren lassen. Zum anderen basiert die polyfrequente Nachrichtentechnik auf vielen überlagerten Sinusschwingungen, die sich mithilfe von FOURIERreihe und -transformation (Kap. 5) auf monofrequente zurückführen lassen.

2.11.3.1 Zeiger

Projizieren wir den Sekundenzeiger einer Uhr seitlich mit parallelem Licht auf die vertikale 12-6 Uhr-Achse, entsteht ein cosinusförmiger Schattenzeitverlauf mit einer Frequenz von $\frac{1}{60}$ Hz. Analog verläuft die zugehörige Sinusfunktion bei der Projektion auf die horizontale 3-9 Uhr-Achse. Einen entspr. Abb. 2.11-5 linksdrehenden Zeiger mit der Interpretation der Horizontalen bzw. Vertikalen als reelle bzw. imaginäre Achse eines komplexen Koordinatensystems können wir zur Beschreibung von Schwingungen nutzen.

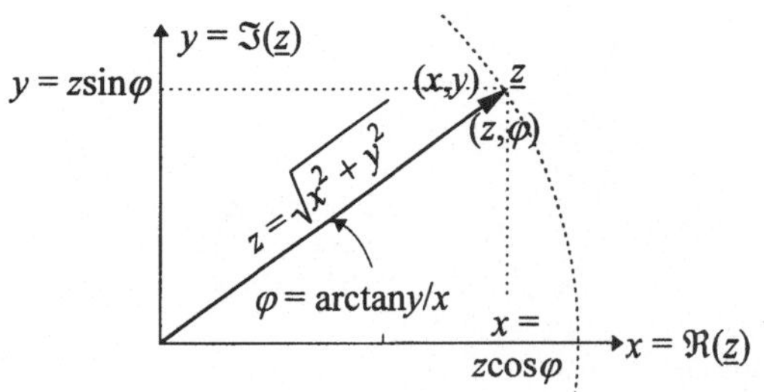

Abb. 2.11-4: Zeigerdarstellung in der GAUßschen Zahlenebene.

Wir führen dazu mit der ***imaginären Einheit***

$$\mathrm{j} := \sqrt{-1} \tag{2.11-15}$$

entspr. Abb. 2.11-4 den Begriff des Zeigers $\underline{z}$ in der GAUßschen Zahlenebene als Darstellung einer komplexen, vektorähnlichen, Größe

$$\underline{z} := x + \mathrm{j}y = z\mathrm{e}^{\mathrm{j}\varphi} = z\,\underline{/\varphi} \quad \text{mit} \quad \underline{z}^* := x - \mathrm{j}y = z\mathrm{e}^{-\mathrm{j}\varphi} \tag{2.11-16}$$

Realteil: $x = \Re\{\underline{z}\} = z\cos\varphi$, Imaginärteil: $y = \Im\{\underline{z}\} = z\sin\varphi$,

Betrag: $z = |\underline{z}| = \sqrt{x^2 + y^2}$, Phase: $\varphi = \arctan\frac{y}{x} \pm \pi \wedge (x < 0)$.

ein. Wir erkennen die enge Verwandtschaft der Darstellung mit dem zweidimensionalen Vektor in kartesischer und Polardarstellung aus Abb. 1.3-4, aber mit dem Unterschied, daß der Zeiger immer zweidimensional ist und ein Produkt oder Quotient zweier Zeiger wieder einen Zeiger ergibt.

$\underline{z}^*$ heißt konjugiert komplexer Zeiger zu $\underline{z}$. Er ergibt sich in der Grafik durch Spiegelung von $\underline{z}$ an der reellen Achse. Mittels der EULERschen Formel (L. EULER, 1707 - 1783) lassen sich entspr. Abb. 2.11-5 nun (co)sinusförmige Zeitfunktionen als Realteil einer rotierenden komplexen Exponentialfunktion $e^{j\omega t}$ auffassen:

$$f(t) = \hat{f}\cos(\omega t + \varphi) = \hat{f}\Re\left\{e^{j(\omega t+\varphi)}\right\} = \Re\left\{\hat{f}e^{j(\omega t+\varphi)}\right\} =$$

$$= \Re\left\{\hat{f}e^{j\varphi}e^{j\omega t}\right\} = \Re\left\{\underline{\hat{f}}e^{j\omega t}\right\} = \Re\left\{\underline{f}(t)\right\}. \qquad (2.11\text{-}17)$$

$\underline{\hat{f}} := \hat{f}e^{j\varphi} = \underline{f}(0)$ heißt ***komplexe Amplitude*** von $f(t)$,

$\underline{F} := \underline{\hat{f}}/\sqrt{2}$ heißt ***komplexer Effektivwert*** von $f(t)$,

$\underline{f}(t) = \hat{f}e^{j(\omega t+\varphi)} = \sqrt{2}\underline{F}e^{j(\omega t+\varphi)}$ heißt ***komplexer Momentanwert*** von $f(t)$.

Effektivwerte U bzw. I als Leistungsäquivalente zwischen Wechselgrößen der Amplituden $\hat{u}$ bzw. $\hat{\imath}$, und Gleichgrößen, gemessen an 1 Ω, wurden bereits bei den Leistungsbetrachtungen in Abschnitt 2.7.1 eingeführt und in einer Aufgabe war nachzurechnen, daß für sinusförmige Wechselgrößen $\hat{f} = \sqrt{2}F$ gilt. Dieser Zeiger $e^{j\omega t}$ rotiert also mit der Frequenz f im Gegenuhrzeigersinn - für $f = 50$ Hz also 50 mal pro Sekunde - und seine Projektion auf die reelle Achse stellt die real oszilloskopierbare Zeitfunktion $\cos\omega t$ dar. Alternativ lassen sich $e^{j\omega t}$ und sein konjugiert komplexer Zeiger $e^{-j\omega t}$ halbieren, addieren und so $\cos\omega t$ erzeugen. Die Projektion auf die imaginäre Achse liefert den Imaginärteil $\sin\omega t$.

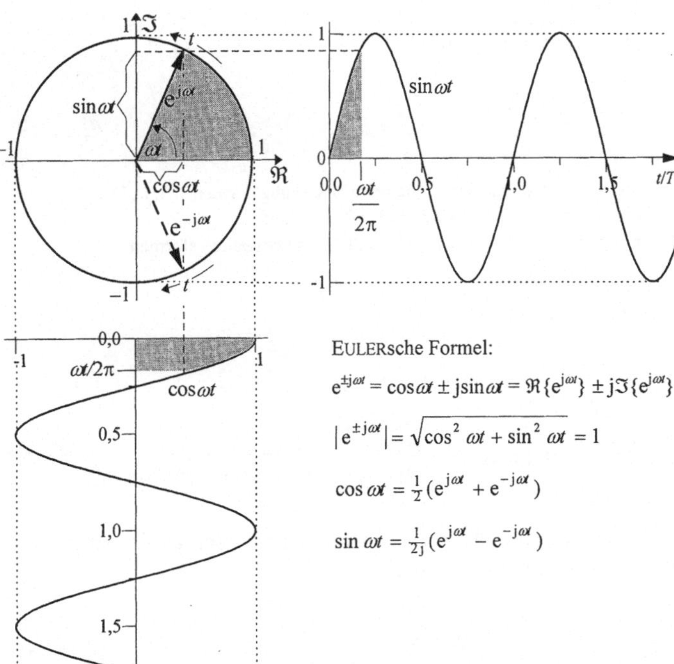

EULERsche Formel:

$$e^{\pm j\omega t} = \cos\omega t \pm j\sin\omega t = \Re\{e^{j\omega t}\} \pm j\Im\{e^{j\omega t}\}$$

$$|e^{\pm j\omega t}| = \sqrt{\cos^2\omega t + \sin^2\omega t} = 1$$

$$\cos\omega t = \tfrac{1}{2}(e^{j\omega t} + e^{-j\omega t})$$

$$\sin\omega t = \tfrac{1}{2j}(e^{j\omega t} - e^{-j\omega t})$$

Abb. 2.11-5: Rotierender Zeiger $e^{j\omega t}$, Zerlegung in Realteil $\cos\omega t$ und Imaginärteil $\sin\omega t$. Wichtige Umrechnungsformeln.

Da wir über die Imaginärteile frei verfügen können, lassen wir diese ebenfalls gleich sein, sodaß in einem Netzwerk mit Zeitverläufen $\hat{f}\cos(\omega t+\varphi)$ diese nun als $\underline{\hat{f}}\mathrm{e}^{\mathrm{j}\omega t}$ betrachtet werden und erst auf die reelle Zeitfunktion zurücktransformiert wird, wenn es unbedingt nötig ist. Das bedeutet, daß bei Eintrag der komplexen Momentanwerte aller Größen ($u_i(t)$, $i_i(t)$) eines Netzwerks in ein Zeigerdiagramm, alle gemeinsam mit der Winkelgeschwindigkeit ω rotieren, aber relativ zueinander ihre Lage beibehalten.

Dies wiederum erlaubt uns, ruhende Zeiger einzuführen, denn kennen wir deren Lage zu irgendeinem Zeitpunkt, ist jede Lage zu einem anderen Zeitpunkt extrahierbar und durch Realteilbildung die reelle Zeitfunktion bestimmbar. Hierfür bietet sich die komplexe Amplitude als Funktionswert des komplexen Momentanwerts $\underline{f}(t)$ zum Nullzeitpunkt an. Damit haben wir den ersten Schritt in Richtung der Anwendbarkeit der Regeln zur Berechnung von Gleichstromnetzwerken auf Wechselstromnetzwerke getan, und die in Gl. 14 angegebene Transformation lautet:

$$\text{Geg.: } \underline{\hat{f}}_1 \text{ bzw. } \underline{F}_1 \qquad \text{Ges.: } \underline{\hat{f}}_2 \text{ bzw. } \underline{F}_2. \tag{2.11-18}$$

Die KIRCHHOFFschen Regeln mit Additionen und Subtraktionen, Widerständen mit Quotienten und Leistungen mit Produkten von Spannungen und Strömen können unmittelbar auf die geometrischen Vektoreigenschaften der Zeiger übertragen werden, so daß die algebraischen Rechenregeln bekannt sein müssen. Die wichtigsten für zwei Zeiger $\underline{z}_1 = x_1 + \mathrm{j}y_1 = z_1\mathrm{e}^{\mathrm{j}\varphi_1}$ und $\underline{z}_2 = x_2 + \mathrm{j}y_2 = z_2\mathrm{e}^{\mathrm{j}\varphi_2}$ lauten:

$$\underline{z}_1 \pm \underline{z}_2 = x_1 \pm x_2 + \mathrm{j}(y_1 \pm y_2); \qquad \underline{z}_1\underline{z}_2 = x_1x_2 - y_1y_2 + \mathrm{j}(x_1y_2 + x_2y_1) = z_1z_2\mathrm{e}^{\mathrm{j}(\varphi_1+\varphi_2)};$$

$$\frac{\underline{z}_1}{\underline{z}_2} = \frac{\underline{z}_1\underline{z}_2^*}{\underline{z}_2\underline{z}_2^*} = \frac{(x_1+\mathrm{j}y_1)(x_2-\mathrm{j}y_2)}{(x_2+\mathrm{j}y_2)(x_2-\mathrm{j}y_2)} = \frac{x_1x_2+y_1y_2}{x_2^2+y_2^2} + \mathrm{j}\frac{y_1x_2-x_1y_2}{x_2^2+y_2^2} = \frac{z_1}{z_2}\mathrm{e}^{\mathrm{j}(\varphi_1-\varphi_2)};$$

$$\underline{z}+\underline{z}^* = 2x \qquad \underline{z}-\underline{z}^* = \mathrm{j}2y \qquad \underline{z}\underline{z}^* = z^2 \qquad \frac{\underline{z}}{\underline{z}^*} = \mathrm{e}^{\mathrm{j}2\varphi}. \tag{2.11-19}$$

Aufgabe 2.11.3.1-1: Man berechne folgende Zeiger in beiden Darstellungsformen: $1/\mathrm{j}, \mathrm{j}^3, \mathrm{j}^{1/2}, \mathrm{j}^{1/\mathrm{j}}$.
Aufgabe 2.11.3.1-2: Man berechne den zu $\underline{\hat{u}} = \mathrm{j}\,\mathrm{V}$ gehörenden Zeitverlauf.
Aufgabe 2.11.3.1-3: Man bestimme $\underline{I}$ für $-5\mathrm{A}\cdot\sin(\omega t - 60°)$ in beiden Darstellungsformen.

2.11.3.2 Impedanz und Admittanz

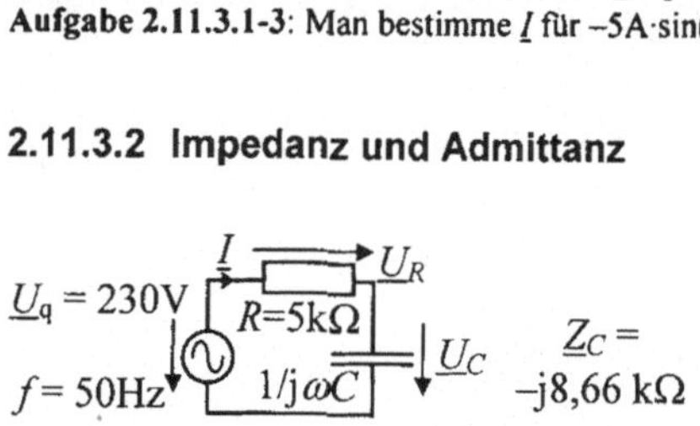

Abb. 2.11-6:
Komplexe Darstellung des Beispielnetzwerks aus Abb. 2.11-2 bei sinusförmiger Erregung.

Setzen wir zwei gleichfrequente komplexe Zeitfunktionen ins Verhältnis, ergibt sich eine neue, aber zeitunabhängige, komplexe Größe:

$$\frac{\underline{f}_2(t)}{\underline{f}_1(t)} = \frac{\hat{f}_2\mathrm{e}^{\mathrm{j}\varphi_2}\mathrm{e}^{\mathrm{j}\omega t}}{\hat{f}_1\mathrm{e}^{\mathrm{j}\varphi_1}\mathrm{e}^{\mathrm{j}\omega t}} = \frac{\hat{f}_2\mathrm{e}^{\mathrm{j}\varphi_2}}{\hat{f}_1\mathrm{e}^{\mathrm{j}\varphi_1}} = \frac{\underline{\hat{f}}_2}{\underline{\hat{f}}_1} = \frac{\hat{f}_2}{\hat{f}_1}\mathrm{e}^{\mathrm{j}(\varphi_2-\varphi_1)}. \tag{2.11-20}$$

Wenden wir die Überlegungen des vorigen Abschnitts auf den Kondensator an, so gilt:

$$i = C\frac{\mathrm{d}u}{\mathrm{d}t} \quad\Rightarrow\quad \underline{i} = C\frac{\mathrm{d}\underline{u}}{\mathrm{d}t} \;=\; \underline{\hat{i}}\mathrm{e}^{\mathrm{j}\omega t} = C\frac{\mathrm{d}\underline{\hat{u}}\mathrm{e}^{\mathrm{j}\omega t}}{\mathrm{d}t} = \mathrm{j}\omega C\underline{\hat{u}}\mathrm{e}^{\mathrm{j}\omega t} = \mathrm{j}\omega C\underline{u}. \qquad (2.11\text{-}21)$$

Mittels des ***komplexen Widerstands*** oder ***Impedanz*** $\underline{Z}$, bzw. des ***komplexen Leitwerts*** oder ***Admittanz*** $\underline{Y}$ gilt damit allgemein für das OHMsche Gesetz in komplexer Form:

$$\underline{Z} := \frac{\underline{u}}{\underline{i}} = \frac{\underline{\hat{u}}}{\underline{\hat{i}}} = \frac{\underline{U}}{\underline{I}}, \qquad [\underline{Z}] = [R] = \Omega$$

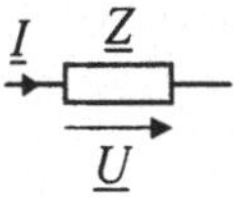

$$\underline{Y} := \frac{\underline{i}}{\underline{u}} = \frac{\underline{\hat{i}}}{\underline{\hat{u}}} = \frac{\underline{I}}{\underline{U}} = \frac{1}{\underline{Z}}, \qquad [\underline{Y}] = [G] = \mathrm{S}$$

$$\underline{U} = \underline{Z}\,\underline{I}, \qquad \underline{I} = \underline{Y}\,\underline{U}. \qquad (2.11\text{-}22)$$

Dargestellt ist das mit dem Symbol des OHMschen Widerstands identische allgemeine Impedanz-Symbol, weshalb aus dem Kontext einer Problemstellung herauszulesen ist, worum es sich konkret handelt. Für den Kondensator heißt das:

$$\underline{Z}_C = \frac{1}{\mathrm{j}\omega C} \qquad \underline{Y}_C = \mathrm{j}\omega C. \qquad (2.11\text{-}23)$$

Für die drei Faktoren des komplexen Kapazitäts-Leitwerts $\underline{Y}_C = \mathrm{j}\omega C$ bedeutet dies:

C: Der Leitwert wächst mit der Kapazität *C*, da dies heißt, daß mit wenig Spannung viele Ladungen angezogen werden und damit auch abfließen können.

ω: Eine hohe Frequenz bedeutet, daß sich das Flußdichtefeld rasch zeitlich ändert mit entsprechender Verschiebungsstromdichte- und -stärke.

j: $= \mathrm{e}^{\mathrm{j}\pi/2}$ $(= \cos\frac{\pi}{2} + \mathrm{j}\sin\frac{\pi}{2} = 0 + \mathrm{j})$ ist also ein Zeiger, der im Winkel von $\varphi_{YC} = 90°$ senkrecht zur reellen auf der imaginären Achse liegt und so die Phasendifferenz von Stromstärke *i* und Spannung *u* angibt.

Beim OHMschen Widerstand hingegen sind Strom und Spannung in Phase, womit

$$\underline{Z}_R = R, \qquad \underline{Y}_R = G. \qquad (2.11\text{-}24)$$

Diese Darstellung erlaubt uns nun endgültig, komplexe Wechselstromnetzwerke genauso wie Gleichstromnetzwerke darzustellen und die bekannten Analysemethoden auf Zeiger anzuwenden. Im Beispiel der Reihenschaltung aus Widerstand und Kondensator sieht das Netzwerk wie in Abb. 2.11-6 aus und die Gesamtimpedanz dieses oder eines beliebig strukturierten komplexen Wechselstromzweipols läßt sich allgemein zu:

$$\underline{Z} = R + \mathrm{j}X = Z\mathrm{e}^{\mathrm{j}\varphi_Z} = \sqrt{R^2 + X^2}\,\mathrm{e}^{\mathrm{j}\arctan\frac{X}{R}} = \frac{1}{\underline{Y}} = \frac{1}{G + \mathrm{j}B} = \frac{G}{G^2 + B^2} + \mathrm{j}\frac{-B}{G^2 + B^2},$$

$$(2.11\text{-}25)$$

$$\underline{Y} = G + \mathrm{j}B = Y\mathrm{e}^{\mathrm{j}\varphi_Y} = \sqrt{G^2 + B^2}\,\mathrm{e}^{\mathrm{j}\arctan\frac{B}{G}} = \frac{1}{\underline{Z}} = \frac{1}{R + \mathrm{j}X} = \frac{R}{R^2 + X^2} + \mathrm{j}\frac{-X}{R^2 + X^2}.$$

angeben und gegenseitig umformen. Dabei heißen:

Z: ***Scheinwiderstand***	Y: ***Scheinleitwert***
R: ***Wirkwiderstand*** oder ***Resistanz***	G: ***Wirkleitwert*** oder ***Konduktanz***
X: ***Blindwiderstand*** oder ***Reaktanz***	B: ***Blindleitwert*** oder ***Suszeptanz***.

$\varphi_Z = \varphi_u - \varphi_i$ wird meist einfach mit φ abgekürzt. Im Beispiel heißt das mit $X_C = -1/\omega C$, wie in den Zeigerdiagrammen der Abb. 2.11-7 dargestellt:

$$\underline{Z} = R - \mathrm{j}\frac{1}{\omega C} = (5 - \mathrm{j}8{,}66)\,\mathrm{k}\Omega = \sqrt{R^2 + \frac{1}{\omega^2 C^2}}\,\mathrm{e}^{-\mathrm{j}\arctan\frac{1}{\omega RC}} = 10\,\mathrm{e}^{-\mathrm{j}\frac{\pi}{3}}\mathrm{k}\Omega,$$

$$\underline{Y} = \frac{1}{R + \frac{1}{\mathrm{j}\omega C}} = \frac{\mathrm{j}\omega C}{1 + \mathrm{j}\omega RC} = \underbrace{\frac{\omega^2 RC^2}{1 + (\omega RC)^2}}_{G} + \mathrm{j}\underbrace{\frac{\omega C}{1 + (\omega RC)^2}}_{B} = (50 + \mathrm{j}86{,}6)\,\mu\mathrm{S} =$$

$$= \frac{\omega C\,\mathrm{e}^{\mathrm{j}(\frac{\pi}{2} - \arctan \omega RC)}}{\sqrt{1 + (\omega RC)^2}} = 100\,\mathrm{e}^{\mathrm{j}\frac{\pi}{3}}\mu\mathrm{S}. \qquad (2.11\text{-}26)$$

Bei R und G ist zu beachten, daß diese Formelzeichen wie die Schaltsymbole unangenehmerweise sowohl für den OHMschen Widerstand bzw. OHMschen Leitwert als auch ganz allgemein für die Realteile von Impedanz bzw. Admittanz verwendet werden. Diese sind aber nur in den einfachsten Fällen identisch. Im Beispiel ist das noch für R wegen der reinen Reihenschaltung der Fall, G jedoch hängt hier bereits genauso wie B von allen Bauelementen und der Frequenz ab. Bei einer reinen Parallelschaltung wäre dies gerade umgekehrt. Insbesondere gilt außer bei einem rein OHMschen Netzwerk für Impedanzen nie $G = 1/R$.

OHMsche Widerstände sind demnach reine Wirkwiderstände: sie entziehen dem elektrischen Feld reine Wirkleistung, d.h. wandeln sie in nicht-elektromagnetische - hier thermische - Leistung, also in Verluste um. Auch eine Umwandlung in mechanische Leistung, wie bei einem Motor, läßt sich OHMsch modellieren.

Kondensatoren sind wie die später betrachteten Spulen reine Blindwiderstände: sie nehmen die elektrische Leistung auf, wandeln sie aber nicht in eine andere Form um, sondern geben sie bei Bedarf als solche wieder ab. Mit ihnen kann keine Netto-Arbeit verrichtet werden. Diesen Leistungsaspekten, die wir ebenfalls elegant mit komplexen Größen beschreiben können, wollen wir uns nach einem MATHCAD-Exkurs zuwenden.

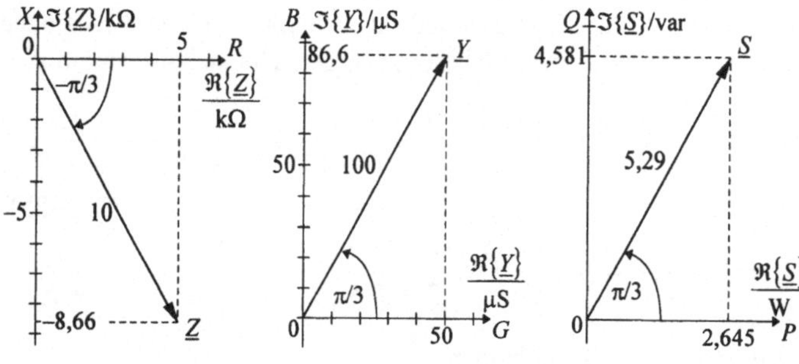

Abb. 2.11-7: Zeigerdarstellungen von komplexem Widerstand, komplexem Leitwert und komplexer Leistung in der GAUßschen Zahlenebene.

MATHCAD-Anwendung 2.11-1: Komplexe Zahlen

Alle wesentlichen Operationen mit komplexen Zahlen können in **MATHCAD** ausgeführt werden. Die Auswahl von j statt i als imaginäre Einheit erfolgt über die globale Festlegung in Format Number... •Imaginary. Formeleingabe erfolgt über 1j, damit **MATHCAD** weiß, daß es sich nicht um eine Variable *j* handelt. Die 1 wird von **MATHCAD** nach Verlassen der Formel automatisch entfernt und bei 🖰 wieder dargestellt. Bei numerischen Ausgaben schreibt **MATHCAD** j hinter den Imaginärteil; alles was dahinter steht - Einheiten und Faktoren - bezieht sich auf die ganze komplexe Zahl. Zur Unterstreichung komplexer Variablen wurde über Format Equation... User 2 in Komplex mit Unterstreichung umbenannt.

- **numerisch**:

$R := 5\cdot k\Omega \qquad f := 50\cdot Hz \qquad \omega := 2\cdot\pi\cdot f \qquad C := 376.55\cdot nF \qquad X := \frac{-1}{\omega\cdot C}$

$\underline{Z} := R + j\cdot X \qquad \underline{Z} = 5.00 - 8.66j\cdot k\Omega \qquad \underline{Y} := \frac{1}{\underline{Z}} \qquad \underline{Y} = 50.00 + 86.60j\cdot 10^{-6}\cdot S$

$G := Re(\underline{Y}) \qquad G = 5.00\cdot 10^{-5}\cdot S \qquad B := Im(\underline{Y}) \qquad B = 8.66\cdot 10^{-5}\cdot S$

$|\underline{Y}| = 1.00\cdot 10^{-4}\cdot S \qquad \varphi_Y := arg(\underline{Y}) \qquad \varphi_Y = 60.00\cdot deg \qquad \overline{\underline{Y}} = 50.00 - 86.60j\cdot 10^{-6}\cdot S$

In dem im wesentlichen selbsterklärenden Beispiel wurden die Werte aus dem Text verwendet. Der letzte Ausdruck $\overline{\underline{Y}}$ stellt $\underline{Y}^*$ dar und wird über $\underline{Y}''$ erreicht.

- **symbolisch** bestehen wieder zwei Möglichkeiten der Auswertung, die sich von der reellen symbolischen Auswertung, wie in Anwendung 1.4-4 und weiteren beschrieben, wie folgt etwas unterscheiden; ansonsten sei auf die dortigen Ausführungen verwiesen:

$\frac{1}{R+\frac{1}{j\cdot\omega\cdot C}}$ Symbolics Simplify (Alt SS) $\frac{1}{(R\cdot\omega\cdot C - j)}\cdot\omega\cdot C$

$\frac{1}{R+\frac{1}{j\cdot\omega\cdot C}}$ Symbolics Evaluate ▸ Complex (Alt SEC) $\frac{R}{\left[R^2+\frac{1}{(\omega^2\cdot C^2)}\right]} + \frac{j}{\left[\omega\cdot\left[C\cdot\left[R^2+\frac{1}{(\omega^2\cdot C^2)}\right]\right]\right]}$

$Re\left(\frac{1}{R+\frac{1}{j\cdot\omega\cdot C}}\right)$ Alt SEC ... Alt SS $R\cdot\omega^2\cdot\frac{C^2}{(R^2\cdot\omega^2\cdot C^2+1)}$ $\qquad Im\left(\frac{1}{R+\frac{1}{j\cdot\omega\cdot C}}\right)$ Alt SEC ... Alt SS $\omega\cdot\frac{C}{(R^2\cdot\omega^2\cdot C^2+1)}$

$\left|\frac{1}{R+\frac{1}{j\cdot\omega\cdot C}}\right|$ Alt SUK $\frac{1}{\sqrt{R^2+\frac{1}{(\omega^2\cdot C^2)}}}$ $\qquad arg\left(\frac{1}{R+\frac{1}{j\cdot\omega\cdot C}}\right)$ Alt SEC ... Alt SS $arg\left[\omega\cdot C\cdot\frac{(R\cdot\omega\cdot C+j)}{(R^2\cdot\omega^2\cdot C^2+1)}\right]$

Passive symbolische Auswertung mit Symbolics Evaluate ▸ Complex (Alt SEC) erzeugt ggfls. eine Zerlegung in Real- und Imaginärteil. Die arg-Winkelberechnung wird nicht weiter ausgeführt, da das Ergebnis von Vorzeichenverhältnissen abhängt.

$(\omega\ R\ C) := (\omega\ R\ C) \qquad X := \frac{-1}{\omega\cdot C} \qquad \underline{Z} := R + j\cdot X \qquad \underline{Y} := \frac{1}{\underline{Z}} \qquad G := Re(\underline{Y}) \qquad B := Im(\underline{Y})$

$\underline{Y} \rightarrow \frac{1}{\left[R - \frac{j}{(\omega\cdot C)}\right]} \qquad \underline{Y}\ simplify \rightarrow \frac{1}{(R\cdot\omega\cdot C - j)}\cdot\omega\cdot C$

$\underline{Y}\ \Big|\ \begin{matrix} simplify \\ complex \end{matrix} \rightarrow R\cdot\omega^2\cdot\frac{C^2}{(R^2\cdot\omega^2\cdot C^2+1)} + \frac{j}{(R^2\cdot\omega^2\cdot C^2+1)}\cdot\omega\cdot C \qquad |\underline{Y}| \rightarrow \frac{1}{\sqrt{R^2+\frac{1}{(\omega^2\cdot C^2)}}}$

$$G \left| \begin{matrix} simplify \\ complex \end{matrix} \right. \rightarrow R \cdot \omega^2 \cdot \frac{C^2}{\left(R^2 \cdot \omega^2 \cdot C^2 + 1\right)} \qquad B \left| \begin{matrix} simplify \\ complex \end{matrix} \right. \rightarrow \frac{1}{\left(R^2 \cdot \omega^2 \cdot C^2 + 1\right)} \cdot \omega \cdot C$$

Aktive symbolische Auswertung: durch mehrfache Eingabe von [Strg]⇧. nach Markieren des umzuformenden Ausdrucks und Eintragen der Schlüsselwörter - hier insbes. *complex* - lassen sich vergleichbare Zerlegungen wie bei der passiven Auswertung erreichen, aber eben, wie bereits dargelegt, unter (partieller) Einbeziehung der Vorgeschichte der Variablen.

Aufgabe 2.11.3.2-1: Man bestimme $\underline{Z}(G,B)$ und $\underline{Y}(R,X)$ in der Polardarstellung.
Aufgabe 2.11.3.2-2: Man bestimme $\underline{Z}$ und $\underline{Y}$ formelmäßig und numerisch für eine Parallelschaltung von R_p und C in beiden Darstellungsformen.
Aufgabe 2.11.3.2-3: Man bestimme $\underline{Z}$ für einen Zweipol mit $u(t) = 3\text{V}\cdot\sin(\omega t + \pi/3)$ und $i(t) = 2\text{A}\cdot\cos(\omega t - 2\pi/3)$. Ist dieses Bauelement durch eine *RC*-Schaltung realisierbar?

2.11.3.3 Wechselstromleistung

Aus dem vorigen Abschnitt haben wir gelernt, daß Spannungen und Ströme an den Klemmen eines komplexen Wechselstromzweipols, der aus einer beliebigen Zusammenschaltung von R, C (und L) bestehen kann, relativ zueinander beliebige Amplituden und Phasenverschiebungen aufweisen können. Entsprechend läßt sich der ***Momentanwert der Leistung*** $p(t)$ am Zweipol zu

$$p(t) = u(t)\cdot i(t) = \hat{u}\cos(\omega t + \varphi_u)\cdot\hat{\imath}\cos(\omega t + \varphi_i) = 2UI\cos(\omega t + \varphi_u)\cdot\cos(\omega t + \varphi_i) =$$

$$= UI[\cos(\varphi_u - \varphi_i) + \cos(2\omega t + \varphi_u + \varphi_i)] = P + p_\sim(t) \tag{2.11-27}$$

angeben und umformen. Dabei stellt mit dem Phasenwinkel der Impedanz $\varphi = \varphi_u - \varphi_i$ der erste Summand

$$P := UI\cos\varphi = UI\lambda \qquad [P] := \text{W (att)} \tag{2.11-28}$$

die ***Wirkleistung*** P als Gleichanteil mit Phasendifferenz, und der zweite den Wechselanteil $p_\sim(t)$ mit doppelter Frequenz und Phasensumme dar. $\lambda := \cos\varphi$ heißt ***Leistungsfaktor***. Mithilfe weiterer trigonometrischer Umformungen können wir $p(t)$ in die ***momentane Wirkleistung*** $p_\text{w}(t)$ mit Gleichanteil P und die ***momentane Blindleistung*** $p_\text{b}(t)$ ohne Gleichanteil zerlegen:

$$p(t) = p_\text{w}(t) + p_\text{b}(t) \qquad \begin{aligned} p_\text{w}(t) &= UI\cos\varphi[1 + \cos(2\omega t + 2\varphi_u)] \\ p_\text{b}(t) &= UI\sin\varphi\sin(2\omega t + 2\varphi_u). \end{aligned} \tag{2.11-29}$$

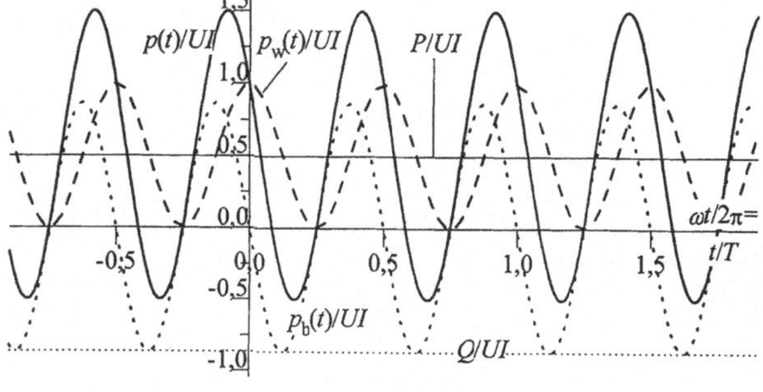

Abb. 2.11-8: Graphische Darstellung der verschiedenen Leistungsgrößen für $\varphi_u = 0°$ und $\varphi_i = 60°$.

Entsprechend Abb. 2.11-8 sind diese Größen wie folgt physikalisch interpretierbar:

- Die **Wirkleistung** P stellt einen Leistungsfluß dar, der permanent und zeitunabhängig von Erzeuger zum Verbraucher strömt.
- Die **momentane Wirkleistung** $p_w(t)$ stellt einen Leistungsfluß dar, der um die Wirkleistung schwingt und nie negativ ist, d.h. ebenfalls permanent vom Erzeuger zum Verbraucher gerichtet ist, aber nicht konstant. Damit läßt sich die Wirkleistung auch als Amplitude der momentanen Wirkleistung interpretieren.
- Die **momentane Blindleistung** $p_b(t)$ stellt einen Leistungsfluß dar, der in einer Viertelschwingung (in Bezug auf Spannung und Stromstärke) vom Erzeuger zum Verbraucher und in der nächsten Viertelschwingung vom Verbraucher zum Erzeuger zurückfließt. Die Amplitude der momentanen Blindleistung heißt ***Blindleistung*** Q:

$$Q := UI\sin\varphi; \qquad [Q] := \text{var (Volt Ampère reaktiv)}. \tag{2.11-30}$$

Wegen dieser Eigenschaft ist sie eine unerwünschte Größe und muß u.U. kompensiert werden, denn ein hin- und herpendelnder Energiefluß durch ein Netz bedeutet Verluste, da das Netz mit jeder Halbschwingung einen Teil dieser Energie ungenutzt in Verlustwärme umwandelt.

Mit Cosinus- und Sinusfunktionen in Wirk- und Blindleistung läßt sich analog zu komplexen Widerständen eine gemeinsame komplexe Beschreibung beider Größen angeben. Definieren wir dazu anlog zu $\underline{Z} = R + \mathrm{j}X$ die ***komplexe Leistung*** $\underline{S}$:

$$\underline{S} := P + \mathrm{j}Q = UI\cos\varphi + \mathrm{j}UI\sin\varphi = UI\mathrm{e}^{\mathrm{j}\varphi} = UI\mathrm{e}^{\mathrm{j}(\varphi_u - \varphi_i)} = U\mathrm{e}^{\mathrm{j}\varphi_u} I\mathrm{e}^{-\mathrm{j}\varphi_i} = \underline{U}\,\underline{I}^*. \tag{2.11-31}$$

Der Betrag der komplexen Leistung heißt ***Scheinleistung*** S:

$$S := |\underline{S}| = UI = \sqrt{P^2 + Q^2}. \qquad [S] := \text{VA (Volt Ampère)} \tag{2.11-32}$$

In Bezug auf komplexe Widerstände gilt folglich:

$$\begin{aligned} &\underline{S} = \underline{U}\,\underline{U}^*\underline{Y}^* = U^2(G - \mathrm{j}B), && P = U^2G, && Q = -U^2B, && S = U^2Y, \\ &\underline{S} = \underline{I}\,\underline{I}^*\underline{Z} \;\;= I^2(R + \mathrm{j}X), && P = I^2R, && Q = \;\; I^2X, && S = I^2Z. \end{aligned} \tag{2.11-33}$$

Für den OHMschen Widerstand, der als reines Wirkelement mit $\varphi_u = \varphi_i$, d.h. $\varphi = 0$, nur Wirkleistung aufnehmen kann, heißt das:

$$\begin{aligned} &\underline{S} = P = U^2G = I^2R = S, && Q = 0, \\ &p(t) = p_w(t) = UI[1 + \cos(2\omega t + 2\varphi_u)], && p_b(t) = 0. \end{aligned} \tag{2.11-34}$$

Für den Kondensator als reines Blindelement mit $\varphi = \varphi_u - \varphi_i = -\tfrac{1}{2}\pi$, das keine Leistung verbrauchen kann, heißt das:

$$\begin{aligned} &\underline{S} = -\mathrm{j}U^2B_C = -\mathrm{j}U^2\omega C = \mathrm{j}I^2X_C = -\mathrm{j}I^2/\omega C, && P = 0, \\ &S = \;\; U^2B_C = \;\; U^2\omega C = \;\; I^2X_C = \;\; I^2/\omega C, && Q = -S, \\ &p(t) = p_b(t) = -UI\sin(2\omega t + 2\varphi_u), && p_w(t) = 0. \end{aligned} \tag{2.11-35}$$

Wenden wir dies auf unser Beispielnetzwerk in Abb. 2.11-6 an, so gilt für die Leistungsabgabe der Quelle $u_q(t) = \sqrt{2} \cdot 230\,\mathrm{V} \cdot \cos 2\pi 50 t/\mathrm{s}$, also $\varphi_u = 0$:

$$\underline{S} = P + \mathrm{j}Q = U^2(G - \mathrm{j}B) = 230^2 \cdot (50\,\mu\mathrm{W} + \mathrm{j}86{,}6\,\mu\mathrm{var}) = 2{,}645\,\mathrm{W} + \mathrm{j}4{,}581\,\mathrm{var},$$

$$S = 230^2 \cdot 100\,\mu\mathrm{VA} = 5{,}29\,\mathrm{VA}. \qquad (2.11\text{-}36)$$

Der Zeiger ist in Abb. 2.11-7 neben den zugehörigen Impedanz- und Admittanzzeigern dargestellt. Bei der Netzwerkanalyse ist zu jedem Zeitpunkt die Summe aller Quelleistungsgrößen einer Art gleich der Summe aller Verbraucherleistungen derselben Art.

Aufgabe 2.11.3.3-1: Man stelle P und Q in Abhängigkeit von $\Re\{\underline{\hat{u}}\}$, $\Im\{\underline{\hat{u}}\}$, $\Re\{\underline{\hat{i}}\}$ und $\Im\{\underline{\hat{i}}\}$ dar.
Aufgabe 2.11.3.3-2: Man beschreibe mit Worten, wie ein Zeigerdiagramm für $p(t)$ aussehen würde.
***Aufgabe 2.11.3.3-3**: Man weise die Zerlegung von $p(t)$ in $p_w(t)$ und $p_b(t)$ nach, indem man die trigonometrischen Größen durch Exponentialfunktionen darstellt.

2.11.4 *RC*-Netzwerkanalyse im Frequenz- und Zeitbereich

Die KIRCHHOFFschen Regeln lauten nun für komplexe Effektivwerte:

$$\sum_i \pm \underline{I}_i = 0, \qquad \sum_i \pm \underline{U}_i = 0, \qquad \sum_i \pm \underline{S}_i = 0. \qquad (2.11\text{-}37)$$

Gleichwohl gilt dies für komplexe Momentanwerte und Amplituden. Wir wollen zunächst für unser Beispielnetzwerk in Abb. 2.11-6 $u_C(t)$ mithilfe der komplexen Wechselstromrechnung bestimmen. Mit $\underline{\hat{u}}_q = \hat{u}_q$ als reeller Größe, da als Basis die Cosinusfunktion gewählt wurde, ergibt sich $\underline{\hat{u}}_C$ mit der Spannungsteilerregel:

$$\underline{\hat{u}}_C = \frac{\underline{\hat{u}}_q \underline{Z}_C}{\underline{Z}_R + \underline{Z}_C} = \frac{\hat{u}_q / \mathrm{j}\omega C}{R + 1/\mathrm{j}\omega C} = \frac{\hat{u}_q}{1 + \mathrm{j}\omega RC} = \hat{u}_q \frac{1 - \mathrm{j}\omega RC}{1 + (\omega RC)^2} = \Re\{\underline{\hat{u}}_C\} + \mathrm{j}\Im\{\underline{\hat{u}}_C\}$$

$$\Rightarrow \quad u_C(t) = \Re\{\underline{\hat{u}}_C \mathrm{e}^{\mathrm{j}\omega t}\} = \Re\{(\Re\{\underline{\hat{u}}_C\} + \mathrm{j}\Im\{\underline{\hat{u}}_C\})(\cos\omega t + \mathrm{j}\sin\omega t)\} =$$

$$= \Re\{\underline{\hat{u}}_C\}\cos\omega t - \Im\{\underline{\hat{u}}_C\}\sin\omega t = \frac{\hat{u}_q}{1 + (\omega RC)^2}(\cos\omega t + \omega RC \sin\omega t). \qquad (2.11\text{-}38)$$

Eleganter ist wieder die Alternative mit einer Cosinusfunktion und Nullphasenwinkel:

$$\underline{\hat{u}}_C = \frac{\hat{u}_q}{1 + \mathrm{j}\omega RC} = \frac{\hat{u}_q}{\sqrt{1 + (\omega RC)^2}} \mathrm{e}^{-\mathrm{j}\arctan\omega RC} = \hat{u}_C \mathrm{e}^{\mathrm{j}\varphi_{uC}}$$

$$\Rightarrow \quad u_C(t) = \hat{u}_C \cos(\omega t + \varphi_{uC}) = \frac{\hat{u}_q}{\sqrt{1 + (\omega RC)^2}} \cos(\omega t - \arctan\omega RC). \qquad (2.11\text{-}39)$$

Wir erhalten also die gleichen beiden Ergebnisse wie mittels der Lösung der Netzwerk-DGL im Zeitbereich in Gln. 13 zu Ende von Abschnitt 2.11.2. Grundsätzlich sind zur Analyse komplizierterer Netzwerke wieder Maschenstrom- und Knotenpotentialverfahren entsprechend dem nächsten Unterabschnitt anwendbar. **MATHCAD** kann auf numerischer und symbolischer Ebene hilfreich sein. Der ebenfalls hier nicht nochmals betrachtete GAUß-SEIDEL-Algorithmus kann auch im Komplexen ausgeführt werden, sofern die jeweils eingesetzte Programmiersprache dies zuläßt. Das **PSPICE**-Programmpaket entsprechend dem darauffolgenden Unterabschnitt dient vor allem der raschen graphischen Darstellung jedweder Netzwerkvariablen.

Aufgabe 2.11.4-1: Man berechne $i(t)$ mittels komplexer Rechnung.
Aufgabe 2.11.4-2: Man skizziere das BODE-Diagramm $20\log(U_C/U_q)$ und φ_{uC} logarithmisch für $0{,}01 \le \omega RC \le 100$.
***Aufgabe 2.11.4-3**: Man berechne die Ortskurve $\Im(\underline{U}_C)$ als Funktion von $\Re(\underline{U}_C)$ und skizziere sie für $0 \le \omega RC < \infty$. Man interpretiere die Grafik.

2.11.4.1 Das Knotenpotentialverfahren im Komplexen

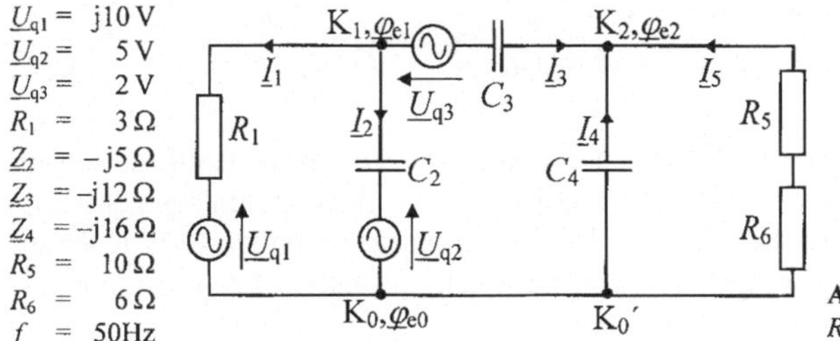

Abb. 2.11-9: *RC*-Beispielnetzwerk.

Um die Effizienz der Methode für kompliziertere Netzwerke aufzuzeigen, nehmen wir nochmals das Beispielnetzwerk der Gleichstromtechnik aus Abb. 2.8-1, ersetzen entspr. Abb. 2.11-9 drei Widerstände durch Kondensatoren und wenden die dort erarbeitete Methode zum unmittelbaren Ablesen der KAM-Gleichung aus dem Netzwerk an.

Als Abkürzung setzen wir $s := \mathrm{j}\omega$ und ersetzen die Widerstände durch Leitwerte. Die Matrizengleichung liest sich in Analogie zu Gl. 2.8-17:

$$\underbrace{\begin{pmatrix} G_1 + s(C_2 + C_3) & -sC_3 \\ -sC_3 & G_{56} + s(C_3 + C_4) \end{pmatrix}}_{\underline{Y}} \cdot \underbrace{\begin{pmatrix} \underline{\varphi}_{e1} \\ \underline{\varphi}_{e2} \end{pmatrix}}_{\underline{\varphi}_e} = \underbrace{\begin{pmatrix} -G_1\underline{U}_{q1} - s(C_2\underline{U}_{q2} + C_3\underline{U}_{q3}) \\ sC_3\underline{U}_{q3} \end{pmatrix}}_{\underline{I}_q}. \tag{2.11-40}$$

Wir berechnen wieder beispielhaft das nun komplexe Potential (Effektivwert) $\underline{\varphi}_{e1}$ mit zusammengefaßten Kapazitäten $C_i + C_j = C_{ij}$:

$$\underline{\varphi}_{e1} = \frac{\begin{vmatrix} -G_1\underline{U}_{q1} - s(C_2\underline{U}_{q2} + C_3\underline{U}_{q3}) & -sC_3 \\ sC_3\underline{U}_{q3} & G_{56} + sC_{34} \end{vmatrix}}{\begin{vmatrix} G_1 + sC_{23} & -sC_3 \\ -sC_3 & G_{56} + sC_{34} \end{vmatrix}} =$$

$$= \frac{-\left(G_1U_{q1} + s(C_2\underline{U}_{q2} + C_3\underline{U}_{q3})\right)\left(G_{56} + sC_{34}\right) + s^2C_3^2\underline{U}_{q3}}{\left(G_1 + sC_{23}\right)\left(G_{56} + sC_{34}\right) - s^2C_3^2} = \tag{2.11-41}$$

$$= -\frac{s^2(\underline{U}_{q2}C_2C_{34} + \underline{U}_{q3}C_3C_4) + s\left(\underline{U}_{q1}G_1C_{34} + (\underline{U}_{q2}C_2 + \underline{U}_{q3}C_3)G_{56}\right) + \underline{U}_{q1}G_1G_{56}}{s^2(C_2C_{34} + C_3C_4) + s\left(G_1C_{34} + G_{56}C_{23}\right) + G_1G_{56}}.$$

Alle geraden Potenzen von s sind reell, alle ungeraden imaginär. Wären alle Quellspannungen reell, könnten wir nun sofort Zähler und Nenner nach Real- und Imaginärteil sortieren und die Zeitfunktion angeben. Da aber $\underline{U}_{q1}$ rein imaginär ist, sind Mischterme mit geraden Potenzen von s imaginär und mit ungeraden reell, so daß sich der Zeitverlauf des Potentials $\varphi_{e1}(t)$ zu

$$\varphi_{e1}(t) = -\sqrt{\frac{\left(\omega^2(\hat{u}_{q2}C_2C_{34} + \hat{u}_{q3}C_3C_4) + \omega\hat{u}_{q1}G_1C_{34}\right)^2 + \left(\omega(\hat{u}_{q2}C_2 + \hat{u}_{q3}C_3)G_{56} + \hat{u}_{q1}G_1G_{56}\right)^2}{\left(G_1G_{56} - \omega^2(C_2C_{34} + C_3C_4)\right)^2 + \left(\omega(G_1C_{34} + G_{56}C_{23})\right)^2}} \bullet$$

$$\bullet \cos\left[\omega t - \arctan\frac{\omega(\hat{u}_{q2}C_2 + \hat{u}_{q3}C_3)G_{56} + \hat{u}_{q1}G_1G_{56}}{\omega^2(\hat{u}_{q2}C_2C_{34} + \hat{u}_{q3}C_3C_4) + \omega\hat{u}_{q1}G_1C_{34}} - \arctan\frac{\omega(G_1C_{34} + G_{56}C_{23})}{G_1G_{56} - \omega^2(C_2C_{34} + C_3C_4)}\right] \tag{2.11-42}$$

ergibt. Kämen Quellspannungen mit Real- und Imaginärteilen vor, hätten diese separat ausmultipliziert werden müssen und der Ausdruck wäre deutlich unübersichtlicher geworden. Wir erkennen auch hier wieder, daß die Effizienz symbolischer Berechnungen bereits bei kleinen Netzwerken Grenzen aufweist, weshalb wir uns der numerischen Analyse für die Beispielwerte zuwenden:

$$\begin{pmatrix} \underline{\varphi}_{e1} \\ \underline{\varphi}_{e2} \end{pmatrix} = \begin{pmatrix} 0,\bar{3} + \mathrm{j}0,28\bar{3} & -\mathrm{j}0,08\bar{3} \\ -\mathrm{j}0,08\bar{3} & 0,0625 + \mathrm{j}0,1458\bar{3} \end{pmatrix}^{-1} \cdot \begin{pmatrix} -\mathrm{j}4,50 \\ \mathrm{j}0,1\bar{6} \end{pmatrix} \mathrm{V} = -\begin{pmatrix} 5,970 + \mathrm{j}8,467 \\ 0,165 + \mathrm{j}4,909 \end{pmatrix} \mathrm{V}.$$

woraus z.B.:

$$\varphi_{e1}(t) = -\sqrt{2(5,97^2 + 8,467^2)}\mathrm{V} \cdot \cos(100\pi\frac{t}{\mathrm{s}} + \arctan\frac{8,467}{5,97}) =$$

$$= 14,65\mathrm{V} \cdot \cos(100\pi t/\mathrm{s} - 2,1849). \tag{2.11-43}$$

Aufgabe 2.11.4.1-1: Man bestimme die Formeln für $\underline{\varphi}_{e2}$ und $\varphi_{e2}(t)$.

Aufgabe 2.11.4.1-2: Man zeichne das Stromzeigerdiagramm und zeige, daß die Zeigersumme an jedem Knoten verschwindet.

Aufgabe 2.11.4.1-3: Man zeichne das Leistungszeigerdiagramm und zeige, daß die Zeigersumme aller Quelleistungen gleich der Zeigersumme aller Verbraucherleistungen ist.

2.11.4.2 Transienten- und Frequenzanalyse mit PSPICE und MATHCAD

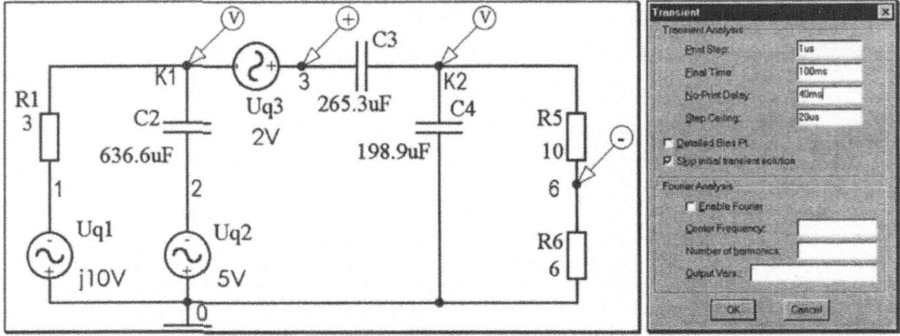

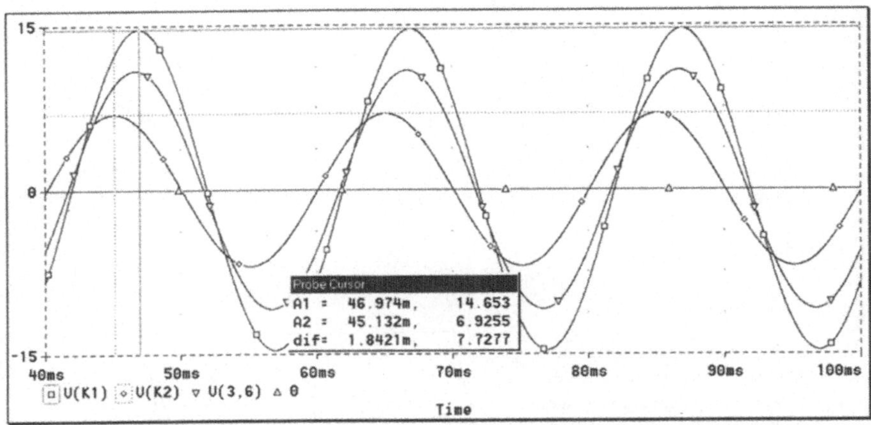

Abb. 2.11-10: SCHEMATICS-Netzwerk mit Spannungsmarkern, Dialogbox **Transient** und PROBE-Plot.

Geben wir das Netzwerk gemäß Abb. 2.11-10 in **SCHEMATICS** ein, so kann ähnlich wie in Abschnitt 2.9.6.3 zur Ansteuerung des CMOS-NAND eine Transienten- sprich: Zeitanalyse - hier mittels des in Abschnitt 6.2.2.8 näher erläuterten Quelltyps *VSIN* durchgeführt werden, der wie in der Dialogbox in Abb. 2.11-11 für U_{q2} beispielhaft dargestellt, parametrisiert werden muß:

- $VAMPL = \hat{u}_{q2} = \sqrt{2}\, U_{q2} = \sqrt{2} \cdot 5\ \mathrm{V}$
- *PHASE* gibt hier die Phasenlage in Bezug auf die Sinusfunktion (!) an, hier also 90°, da u_{q2} eine reine Cosinusquelle ist. Bei u_{q1} mit rein imaginärer Amplitude liegt eine Quelle mit negativer Sinusfunktion vor, so daß hier entweder *VAMPL = –14,14...V* bei *PHASE = 0°* oder *VAMPL = 14,14...V* bei *PHASE = ±180°* einzutragen ist.

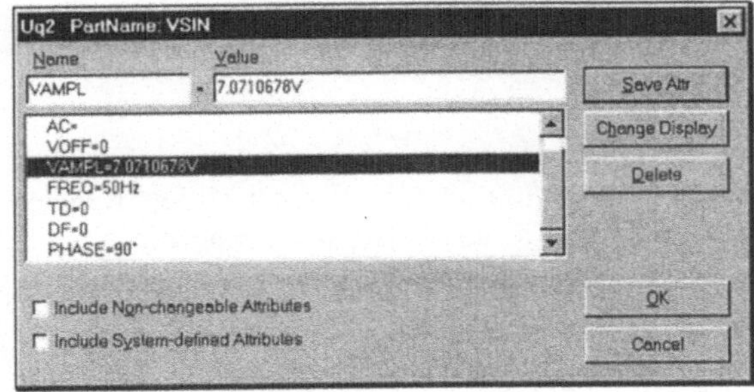

Abb. 2.11-11: **PartName**-Dialogbox zum Parametrisieren der Spannungsquelle $\underline{U}_{q2}$.

Im **PROBE**-Plot der Abb. 2.11-10 wurden mittels die beiden **PROBE**-Fadencursor aktiviert und auf die jeweils ersten Maxima der Knotenpotentiale gesetzt. Im Anzeigefeld werden deren Zeitkoordinaten (*46,974ms* bzw. *45,132ms*) sowie die Amplituden (*14,653V* bzw. *6,9255V*) angegeben, die sich im Rahmen der gerundeten Kapazitäten und des Einschwingvorgangs mit den von **MATHCAD** berechneten Werten decken.

MATHCAD-Anwendung 2.11-2: Zeitverlauf

$ORIGIN := 1$ $\qquad U_q := (j \cdot 10 \quad 5 \quad 2)^T \cdot \mathrm{V}$ $\qquad Z := (3 \quad -j \cdot 5 \quad -j \cdot 12 \quad -j \cdot 16 \quad 10 \quad 6)^T \cdot \Omega$

$$\begin{bmatrix} G_1 & G_{56} \end{bmatrix} := \begin{bmatrix} \dfrac{1}{Z_1} & \dfrac{1}{Z_5+Z_6} \end{bmatrix} \qquad \omega := 2\cdot\pi\cdot 50\cdot\text{Hz} \qquad s := j\cdot\omega \qquad C := \overrightarrow{\frac{1}{s\cdot Z}}$$

$$\varphi_e := \begin{bmatrix} G_1 + s\cdot(C_2+C_3) & -s\cdot C_3 \\ -s\cdot C_3 & G_{56}+s\cdot(C_3+C_4) \end{bmatrix}^{-1} \cdot \begin{bmatrix} -G_1\cdot U_{q_1} - s\cdot(C_2\cdot U_{q_2} + C_3\cdot U_{q_3}) \\ s\cdot C_3\cdot U_{q_3} \end{bmatrix}$$

$$t := 0, .1\cdot\text{ms} .. 60\cdot\text{ms}$$

$$\varphi_{e_3} := \varphi_{e_1} + U_{q_3} - \frac{Z_6}{Z_5+Z_6}\cdot\varphi_{e_2}$$

$$u(t) := \sqrt{2}\cdot\text{Re}\left(\varphi_e\cdot e^{s\cdot t}\right)$$

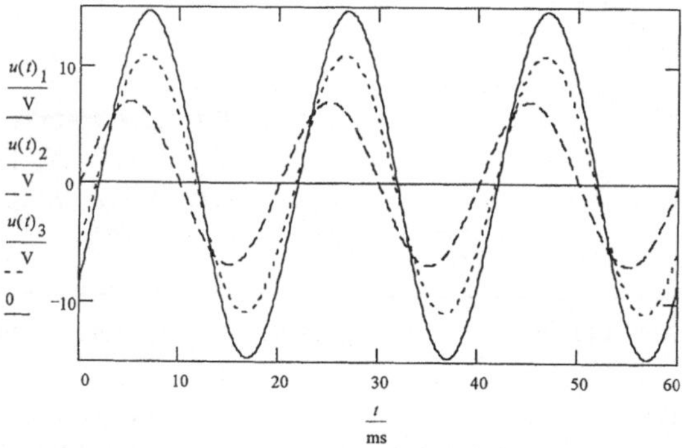

Aus φ_{e3} folgt $u_{36}(t)$ - hier $u(t)_3$ benannt. Da im Gegensatz zur **PSPICE**-Analyse keine Einschwingvorgänge berücksichtigt werden müssen, kann der eingeschwungene Zeitverlauf in jedem Intervall, also auch bei Null beginnend, dargestellt werden. Auf die Unterstreichung komplexer Variablen sei auch in der Folge verzichtet, da Literalindizes unschön mit unterstrichen werden.

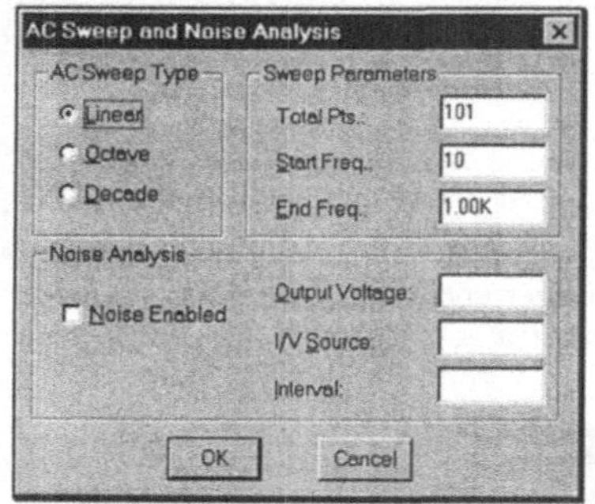

Abb. 2.11-12:
AC Sweep-Dialogbox.

Ausgleichsvorgänge, wie in Abschnitten 2.11.1/2 analysiert, können mit den in Abschnitt 6.2.2.8 beschriebenen Schaltern *Sw_tClose* und *Sw_tOpen* realisiert werden, wenn dem Kondensator mittels des Parameters *IC* ein Anfangswert zugewiesen wird. Sie werden in Abschnitt 4.5.5 bei Schaltvorgängen in Schwingkreisen näher erläutert.

Eine Frequenzganganalyse, wie sie bereits in Aufgaben 2.11.4-2/3 durchzuführen war, ist ebenfalls mit dem **PSPICE**-Programmpaket auf einfache Weise möglich. Hier geht es um die Frage, wie sich die Amplitude einer Netzwerkgröße bei festen Quellamplituden und variabler Frequenz verändert. Eine Funktion der Art *U(f)* wird nach Aktivierung von Analysis Setup... AC Sweep... (Abschnitt 6.2.3.3) durch die in Abb. 2.11-12 dargestellte Dialogbox parametrisiert. Das Ergebnis wird von **PROBE** mit der Frequenz als Abszisse automatisch für mit Markern gekennzeichnete Knoten dargestellt. *VAC/IAC* (*ACMAG* = Magnitude = Amplitude oder Effektivwert, *ACPHASE* = Phase in Bezug auf Cosinus) ist die hier benötigte Quelle. In **PROBE** können durch Anhängen der Buchstaben *r*, *i*, *p* oder *db* an den Quellnamen (z.B. *Vr(K1)*) Realteil, Imaginärteil, Phase und Magnitude in Dezibel dargestellt werden. *AC*-Realteil, -Imaginärteil und -Magnitude sind in der Folge immer Effektivwerte.

In **PROBE** kann die x-Achsenvariable wieder durch Plot X Axis Settings... Axis Variable... - alternativ 🖱🖱 auf eine Zahl der x-Achse - geändert werden. Beispielsweise ist eine Ortskurve wie in Aufgabe 2.11.4-3 hier durch Eingabe des Realteils einer Größe und des Imaginärteils über Trace Add (Einfg/▦) als y-Variable darstellbar.

MATHCAD-Anwendung 2.11-3: Symbolisches Sortieren

Bei der symbolischen Berechnung der Größen im Frequenzbereich treten, wie z.B. in Gl. 41, in Zähler und Nenner Polynome in s auf.

$$\left|\begin{bmatrix} G_1+s\cdot C_{23} & -s\cdot C_3 \\ -s\cdot C_3 & G_{56}+s\cdot C_{34} \end{bmatrix}\right|$$ ⇧F9

$$G_1\cdot G_{56}+G_1\cdot s\cdot C_{34}+s\cdot C_{23}\cdot G_{56}+s^2\cdot C_{23}\cdot C_{34}-s^2\cdot (C_3)^2$$ Alt SC

$$\left[C_{23}\cdot C_{34}-(C_3)^2\right]\cdot s^2+(G_1\cdot C_{34}+C_{23}\cdot G_{56})\cdot s+G_1\cdot G_{56}$$

Mit Symbolics Collect (Alt SC) wird die geordnete Polynomdarstellung, wie am Beispiel der Nennerdeterminante gezeigt, erreicht.

$$\left|\begin{bmatrix} G_1+s\cdot C_{23} & -s\cdot C_3 \\ -s\cdot C_3 & s\cdot C_{34}+G_{56} \end{bmatrix}\right| \text{collect}, s \rightarrow \left[C_{23}\cdot C_{34}-(C_3)^2\right]\cdot s^2+(G_1\cdot C_{34}+C_{23}\cdot G_{56})\cdot s+G_1\cdot G_{56}$$

Aktive Symbolik mit dem Schlüsselwort *collect,s* erlaubt im Gegensatz zur passiven unmittelbar die Umwandlung der Determinante in die geordnete Polynomdarstellung, sofern die Variablen undefiniert sind.

MATHCAD-Anwendung 2.11-4: Zeigerdiagramm

Wir verwenden als Beispiel das in Aufgabe 2.11.4.1-3 gesuchte Zeigerdiagramm für die Leistungen. Dabei mögen sich die folgenden Eingaben in derselben Datei wie Anwendung 2.11-2 befinden:

$$I := \left[(\varphi_{e_1}+U_{q_1})\cdot G_1 \quad (\varphi_{e_1}+U_{q_2})\cdot s\cdot C_2 \quad (\varphi_{e_1}-\varphi_{e_2}+U_{q_3})\cdot s\cdot C_3 \quad -\varphi_{e_2}\cdot s\cdot C_4 \quad -\varphi_{e_2}\cdot G_{56} \quad -\varphi_{e_2}\cdot G_{56}\right]^T$$

Nachdem an dieser Stelle alle Spannungen und Ströme des Netzwerks zur Verfügung stehen, werden unten zunächst die drei Quelleistungszeiger zu Σ_q, dann die sechs Verbraucherleistungszeiger zu Σ aneinandergesetzt. Die Zählung (i, j) muß um Eins versetzt werden, damit die Zeiger bei Null beginnen. Zur Kontrolle sind die Vektoren der Summenzeiger auch numerisch dargestellt:

$$i := 1..3 \qquad S_{q_i} := U_{q_i}\cdot \overline{I_i} \qquad \Sigma_{q_{i+1}} := \sum_{k=1}^{i} S_{q_k} \qquad j := 1..6 \qquad S_j := I_j\cdot \overline{I_j}\cdot Z_j \qquad \Sigma_{j+1} := \sum_{k=1}^{j} S_k$$

$$\Sigma_q = \begin{bmatrix} 0.000 \\ 5.110 - 19.899j \\ 13.577 - 18.929j \\ 14.170 - 18.295j \end{bmatrix}\cdot W \qquad i := 1..4 \qquad j := 1..7$$

$$\Sigma = \begin{bmatrix} 0.000 \\ 12.662 \\ 12.662 - 14.526j \\ 12.662 - 16.787j \\ 12.662 - 18.295j \\ 13.605 - 18.295j \\ 14.170 - 18.295j \end{bmatrix}\cdot W$$

MATHCAD-Anwendung 2.11-5: Ortskurven, Kreisdiagramm (Polar Plot)

Wir verwenden als Beispiel die in Aufgabe 2.11.4-3 gesuchte Ortskurve von $\underline{H} = \underline{U}_C/\underline{U}_q$ der Abb. 2.11-6:

- **numerisch**: In das durch Strg 7 rechts aktivierte Kreisdiagramm wird in das ■ unten der Winkel und links die Betragsfunktion eingetragen.

$C := 367.55\cdot\text{nF}$ $R := 5\cdot\text{k}\Omega$

$\omega := \frac{0}{s}, \frac{10}{s} .. \frac{10000}{s}$ $H(\omega) := \frac{1}{1 + j\cdot\omega\cdot R\cdot C}$

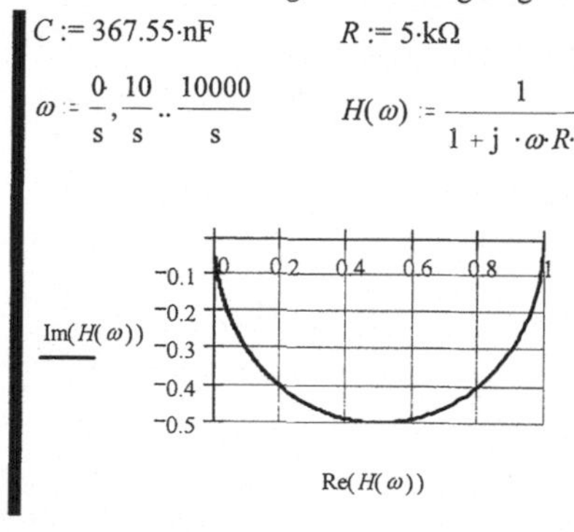

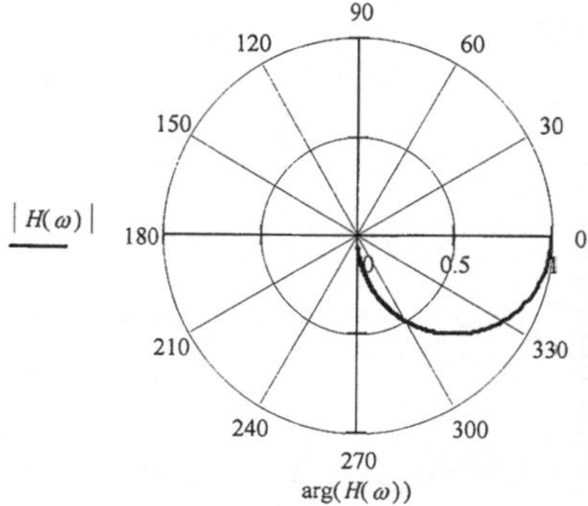

- **symbolisch**: hier sei die aktive Variante dargestellt. Im Beispiel soll ω eliminiert werden, so daß die unmittelbare Abhängigkeit $\Im(\Re)$ analog zu einer normalen Funktion $y(x)$ sichtbar wird:

$(x\ y\ \Omega\ ) := (0\ 0\ 0)$ $\underline{H} := \frac{1}{1 + j\cdot\Omega}$ $\text{Re}(\underline{H})\ complex \rightarrow \frac{1}{(1+\Omega^2)}$ $y := \text{Im}(\underline{H})$

Zur Vereinfachung verwenden wir die normierte (Kreis)Frequenz als Abkürzung $\Omega := \omega RC$.

$x = \frac{1}{(1+\Omega^2)}\ simplify, \Omega \rightarrow x = \frac{1}{(1+\Omega^2)}$ $y \begin{vmatrix} complex \\ substitute, \Omega = \frac{1}{x}\cdot\sqrt{-x\cdot(x-1)} \\ simplify \end{vmatrix} \rightarrow -\sqrt{-x^2 + x}$

$1/(1+\Omega^2)$ wurde von oben in die Zwischenablage kopiert und nun über = durch Einfügen x zugewiesen. *solve,Ω* ergibt die rechts von → dargestellte Funktion $\Omega(x)$, von der wir die obere in die Zwischenablage kopieren. Sodann wird rechts y *complex* ausgewertet. Das bisher noch nicht verwendete *substitute* ersetzt in einer Formel allgemein jedes Vorkommen des links von = stehenden Ausdrucks durch den rechten - im Beispiel Ω in $y := \text{Im}(\underline{H})$ durch den rechten Wurzelausdruck, den wir dazu aus der Zwischenablage hier abgelegt haben. Das Pendant zu *substitute* aus der passiven Symbolik wäre Symbolics Variable ▸ Substitute. *simplify* erbringt das rechts von → stehende einfache Ergebnis $y = -\sqrt{-x^2 + x}$.

Aufgabe 2.11.4.2-1: Man stelle alle Stromzeitverläufe in PROBE dar und zeige, daß die Knotensummen zu jedem Zeitpunkt verschwinden.

Aufgabe 2.11.4.2-2: Man stelle die Frequenzgänge der Potentiale in PROBE sowie mit MATHCAD logarithmisch im Intervall 10 Hz $\leq f \leq$ 10 kHz dar, und verifiziere jeweils mit dem Fadencursor die Knotenpotentiale bei 50 Hz.

Aufgabe 2.11.4.2-3: Man stelle die Ortskurve von $\underline{\varphi}_{e1}(f)$ in PROBE sowie mit MATHCAD dar.

2.11.4.3 Aufstellen der Differentialgleichung aus der komplexen Darstellung

Wir wollen nun die Brücke von der komplexen Darstellung zurück in den allgemeinen Zeitbereich schlagen und so den Kreis schließen. Versuchen wir z.B. für das eben behandelte Beispielnetzwerk aus Abb. 2.11-9 die DGL manuell für φ_{e1} aufzustellen, stellen wir fest, daß es rasch in eine ähnliche Rechnerei ausarten kann, wie wenn man versucht, ein solches komplexes Netzwerk ohne Matrizenverfahren zu analysieren.

Daher sollte es auf einfache Art möglich sein, aus der komplexen Darstellung auf die allgemeine DGL zurückschließen zu können, denn die komplexe Darstellung ist nichts anderes als eine spezielle DGL-Lösung bei sinusförmiger Anregung. Um dabei wieder Maschenstrom- oder Knotenpotentialverfahren anzuwenden, muß lediglich die bidirektional gültige Transformation der Art

$$\frac{\mathrm{d}^{(n)}}{\mathrm{d}t^{(n)}}\mathrm{e}^{st} = s^n\mathrm{e}^{st} \qquad \Rightarrow \qquad \frac{\mathrm{d}^{(n)}}{\mathrm{d}t^{(n)}} \quad \Leftrightarrow \quad s^n \tag{2.11-44}$$

von rechts nach links durchgeführt werden, denn die Transformation ins Komplexe ging ja von links nach rechts. Nehmen wir als Beispiel zunächst wieder das einfache *RC*-Reihennetzwerk der Abschnitte 2.11.2 und 2.11.3.2, so gilt nach Gl. 38 für u_C:

$$(sRC+1)\underline{\hat{u}}_C = \underline{\hat{u}}_\mathrm{q} \qquad \Rightarrow \quad (s+\frac{1}{RC})\underline{\hat{u}}_C = \frac{\underline{\hat{u}}_\mathrm{q}}{RC}$$

$$\Rightarrow \quad s\underline{\hat{u}}_C\mathrm{e}^{st} + \frac{\underline{\hat{u}}_C\mathrm{e}^{st}}{RC} = \frac{\underline{\hat{u}}_\mathrm{q}\mathrm{e}^{st}}{RC} \qquad = \quad \frac{\mathrm{d}}{\mathrm{d}t}\underline{\hat{u}}_C\mathrm{e}^{st} + \frac{\underline{\hat{u}}_C\mathrm{e}^{st}}{RC} = \frac{\underline{\hat{u}}_\mathrm{q}\mathrm{e}^{st}}{RC}$$

$$\Rightarrow \quad \dot{u}_C + \frac{u_C}{RC} = \frac{u_\mathrm{q}}{RC}. \tag{2.11-45}$$

Lösen wir Gl. 41 unseres Netzwerk von Abb. 2.11-9 nach $\underline{\varphi}_{\mathrm{e}1}$ auf, so folgt:

$$s^2\underline{\varphi}_{\mathrm{e}1}(C_2C_{34}+C_3C_4) + s\underline{\varphi}_{\mathrm{e}1}(G_1C_{34}+G_{56}C_{23}) + \underline{\varphi}_{\mathrm{e}1}G_1G_{56} =$$

$$= -s^2(\underline{U}_{\mathrm{q}2}C_2C_{34} + \underline{U}_{\mathrm{q}3}C_3C_4) - s(\underline{U}_{\mathrm{q}1}G_1C_{34} + (\underline{U}_{\mathrm{q}2}C_2 + \underline{U}_{\mathrm{q}3}C_3)G_{56}) - \underline{U}_{\mathrm{q}1}G_1G_{56}$$

$$\Rightarrow \quad \ddot{\varphi}_{\mathrm{e}1}(C_2C_{34}+C_3C_4) + \dot{\varphi}_{\mathrm{e}1}(G_1C_{34}+G_{56}C_{23}) + \varphi_{\mathrm{e}1}G_1G_{56} =$$

$$= -(\ddot{u}_{\mathrm{q}2}C_2 + \dot{u}_{\mathrm{q}1}G_1)C_{34} - \ddot{u}_{\mathrm{q}3}C_3C_4 - (\dot{u}_{\mathrm{q}2}C_2 + \dot{u}_{\mathrm{q}3}C_3 + u_{\mathrm{q}1}G_1)G_{56}. \tag{2.11-46}$$

Die Theorie von der direkten Berechnung der Lösung einer DGL über die Polynomdarstellung, und unter Vermeidung des Aufstellens der DGL selbst, ist die in Abschnitt 5.3 besprochene LAPLACEtransformation. Sie ist besonders geeignet für alle Exponentialanregungen, so wie sie mit *VSIN* im vorigen Unterabschnitt über **PSPICE** vorgestellt wurde.

Alternativ besteht natürlich auch die Möglichkeit, Gl. 41 direkt im Zeitbereich darzustellen, wobei im Beispiel gleich die KAD an die gesuchte Größe heranmultipliziert wurde:

$$\begin{vmatrix} G_1 + C_{23}\frac{\mathrm{d}}{\mathrm{d}t} & -C_3\frac{\mathrm{d}}{\mathrm{d}t} \\ -C_3\frac{\mathrm{d}}{\mathrm{d}t} & G_{56}+C_{34}\frac{\mathrm{d}}{\mathrm{d}t} \end{vmatrix} \varphi_{\mathrm{e}1} = \begin{vmatrix} -G_1u_{\mathrm{q}1} - C_2\frac{\mathrm{d}u_{\mathrm{q}2}}{\mathrm{d}t} - C_3\frac{\mathrm{d}u_{\mathrm{q}3}}{\mathrm{d}t} & -C_3\frac{\mathrm{d}}{\mathrm{d}t} \\ C_3\frac{\mathrm{d}u_{\mathrm{q}3}}{\mathrm{d}t} & G_{56}+C_{34}\frac{\mathrm{d}}{\mathrm{d}t} \end{vmatrix} \tag{2.11-47}$$

Dabei ist natürlich darauf zu achten, daß nach Ausmultiplikation der Ableitungsoperator immer vor der Zeitfunktion steht.

 **MATHCAD-Anwendung 2.11-6: Benutzerdefinierte Operatoren** 

Bei Netzwerkberechnungen kommen immer wieder Parallelschaltungen von (komplexen) Widerständen vor, z.B. $\underline{Z}_1$ parallel $\underline{Z}_2$, deren Gesamtimpedanz sich bekanntlich zu $\underline{Z}_1 \cdot \underline{Z}_2/(\underline{Z}_1 + \underline{Z}_2)$ ergibt. Analog mit der Reihenschaltung der dazugehörigen Leitwerte (Admittanzen) $\underline{Y}_1 \cdot \underline{Y}_2/(\underline{Y}_1 + \underline{Y}_2)$. Hierfür bietet sich an, einen eigenen Operator, z.B. das mit der Schriftart MS Line Draw erreichbare ‖ zu definieren.

Das Sonderzeichen ‖ kopieren wir z.B. aus **WINWORD** in die Zwischenablage. In **MATHCAD** aktivieren wir mit der rechten Maustaste **Paste Special... Unformatted Text as Number**, womit wo es z.B. unter Times New Roman als ° erscheint. Mit Format Equation... wandeln wir, wie in Anwendung 1.4-2 User 3 in Operatoren um, und weisen diesem dann die Schriftart MS Line Draw zu, woraufhin ° als ‖ erscheint. Wir definieren global

$$\|(x, y) \equiv \frac{x \cdot y}{x + y}$$

Den neuen Operator ‖ aktivieren wir, indem wir mit Maus das Platzhaltertripel ■ ■ ■ aufrufen, in das erste und dritte ■ die Operanden, z.B. Z_1 und Z_2 eintragen, und im mittleren ■ ‖ einfügen. Der nun $Z_1 \| Z_2$ zu lesende Ausdruck kann nun wie z.B. $Z_1 + Z_2$ oder $Z_1 \cdot Z_2$ in Formeln angewendet werden.

- **numerisch** wieder am Beispiel des Netzwerks in Abb. 2.11-10 in Anwendung 2.11-2:

$$Z_1 \| Z_2 = 2.206 - 1.324j \cdot \Omega \qquad Z_1 \| (Z_2 \| Z_3) = 1.742 - 1.480j \cdot \Omega$$

$$Z_1 + \left(\frac{1}{s \cdot C_2}\right) \| \left[\frac{1}{s \cdot C_3} + \left(\frac{1}{s \cdot C_4}\right) \| (Z_5 + Z_6)\right] = 3.290 - 4.093j \cdot \Omega$$

In der letzten Zeile wird z.B. die Gesamtimpedanz berechnet, die die Quelle U_{q1} sieht.

- **symbolisch**: auf den ‖-Operator kann nur mit aktiver Symbolik zugegriffen werden, da er wegen seiner benutzerdefinierten Eigenschaften passiv nicht bekannt ist:

$$(\omega \quad C \quad Z) := (\omega \quad C \quad Z) \qquad Z_1 \| (Z_2 \| Z_3) \; simplify \rightarrow Z_1 \cdot Z_2 \cdot \frac{Z_3}{(Z_1 \cdot Z_2 + Z_1 \cdot Z_3 + Z_2 \cdot Z_3)}$$

$$\left(\frac{1}{j \cdot \omega \cdot C_1}\right) \| Z_1 + \left(\frac{1}{j \cdot \omega \cdot C_2}\right) \| Z_2 \; simplify \rightarrow -j \cdot \frac{(-j \cdot Z_1 + Z_1 \cdot Z_2 \cdot \omega \cdot C_2 - j \cdot Z_2 + Z_2 \cdot Z_1 \cdot \omega \cdot C_1)}{[(-j + Z_1 \cdot \omega \cdot C_1) \cdot (-j + Z_2 \cdot \omega \cdot C_2)]}$$

Aufgabe 2.11.4.3-1: Man löse Aufgabe 2.11.2-1 mit der hier angegebenen Methode.
Aufgabe 2.11.4.3-2: Man stelle die DGL für $\varphi_{e2}(t)$ bei allgemeiner Anregung auf.
Aufgabe 2.11.4.3-3: Man stelle die DGL für $\varphi_{e2}(t)$ mit allen gegebenen Zahlenwerten auf.

2.12 Zusammenfassung der Gesetze der Elektrodynamik

In den vorangegangenen Abschnitten wurden beginnend bei den

- Leitungsmechanismen in Materie (Nichtleiter der Elektrostatik; Leiter und Halbleiter der Elektrodynamik),
- Rekapitulation der elektrische Feldstärke $\boldsymbol{E}$ und deren Wegintegral Potential φ_e/ Spannung U und Beschreibung ihrer Eigenschaften aus der Energieerhaltung,
- parallel dazu Definition der Leitungs(stromdichte) $\boldsymbol{S}$ und deren Flächenintegral Stromstärke I,
- parallel dazu Definition der Verschiebungsstromdichte $\partial \boldsymbol{D}/\partial t$ und deren Flächenintegral Verschiebungsstromstärke i_V und Beschreibung derer gemeinsamer Eigenschaften aus der Ladungserhaltung,

ein Komplettsystem aller wichtigen Größen zur Darstellung der Elektrodynamik entspr. Abb. 2.12-1 aufgebaut. Während das elektrische Strömungsfeld in der Materialeigenschaft der Konduktivität κ in Analogie zur Permittivität ε der Elektrostatik ein von dieser losgelöstes System der Beschreibung freier Ladungsströme bildet, finden wir über den Verschiebungsstrom als sich zeitlich änderndem Fluß den Brückenschlag zur Elektrostatik, mit neuen Bedeutungen ihrer Größenarten bei Zeitveränderlichkeit.

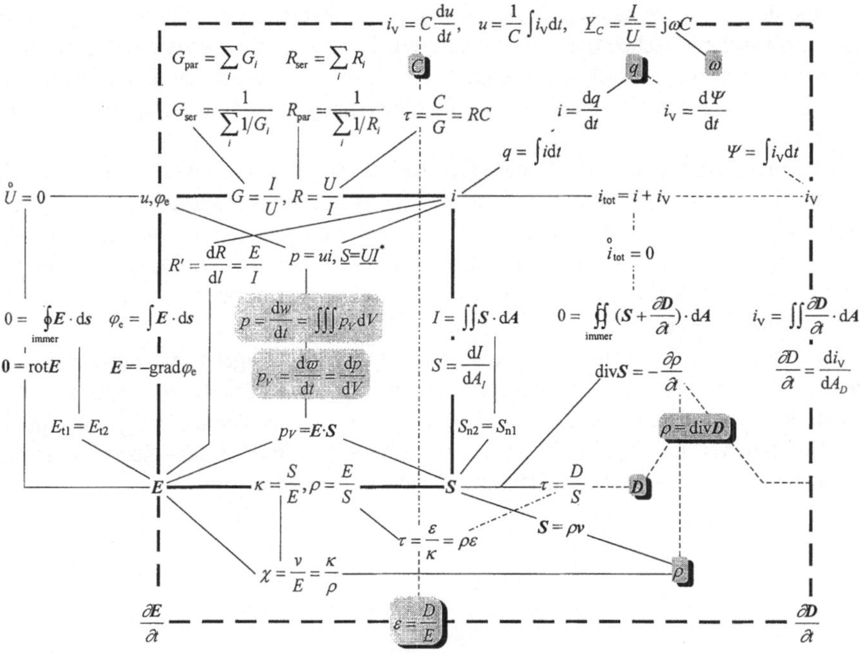

Abb. 2.12-1: Querbezüge zwischen allen wichtigen Größen der Elektrodynamik. Man beachte, daß ρ hier als Raumladung und als Resistivität auftritt.

MAXWELLgleichungen der Elektrodynamik:

1. Durchflutungsgesetz:	2. Induktionsgesetz:
$i_{tot} = \iint (\boldsymbol{S} + \frac{\partial \boldsymbol{D}}{\partial t}) \cdot d\boldsymbol{A}$	$\overset{\circ}{U} = \oint_{immer} \boldsymbol{E} \cdot d\boldsymbol{s} = 0$ $\mathrm{rot}\boldsymbol{E} = \boldsymbol{0}$
(3. Kontinuitätsgleichung)	4. Quellenfreiheit des magnetischen Flusses:
$\overset{\circ}{i}_{tot} = \oiint_{\text{Bel. geschl. Hülle um } V} (\boldsymbol{S} + \frac{\partial \boldsymbol{D}}{\partial t}) \cdot d\boldsymbol{A} = 0$ $\mathrm{div}\boldsymbol{S} = -\frac{\partial \rho}{\partial t} = -\mathrm{div}\frac{\partial \boldsymbol{D}}{\partial t}$	irrelevant, da der Integrand verschwindet
Materialbeziehungen:	$\boldsymbol{S} = \kappa \boldsymbol{E}$, $\frac{\partial \boldsymbol{D}}{\partial t} = \varepsilon \frac{\partial \boldsymbol{E}}{\partial t}$

In der Abbildung sind Größen des Strömungsfelds mit durchgezogenen Linien gekennzeichnet und solche des Verschiebungsstromfelds mit gestrichelten. Strichpunktierte Linien kennzeichnen Größen, die in beiden Systemen fußen. An einigen Stellen muß unmittelbar auf bereits in der Elektrostatik definierte Größen zurückgegriffen werden. Sie sind hier grau schattiert dargestellt und man kann an diesen Stellen Verknüpfungslinien zu Abb. 1.11-1 ziehen.

Aus der Energieerhaltung kommen wir unverändert zum Induktionsgesetz ⇒ KIRCHHOFFsche Maschenregel, der Ladungserhaltungssatz manifestiert sich hier allerdings in der KIRCHHOFFschen Stromknotenregel, die feldtheoretisch durch die Kontinuitätsgleichung beschrieben wird (vgl. Flußknotenregel/GAUßscher Satz der Elektrostatik).

Alle in der Abbildung aufgeführten Gesetze sind wie bei der Elektrostatik universell für die Elektrodynamik, d.h. hängen nicht von irgendwelchen speziellen Ladungsanordnungen, Geometrien, Koordinaten oder Koordinatensystemen ab. Einschränkungen sind lediglich wieder insofern zu beachten, wie sie in dem Abschnitt, in dem das jeweilige Gesetz beschrieben ist, angegeben sind. Daher sei dieser zur Anwendung immer zu konsultieren.

Erweiterungen für detailliertere Analysen, wie für inhomogenes κ, wurden weggelassen. Die Grundgrößen der Mechanik seien implizit definiert, im Gegensatz zur Elektrostatik wird man keine Größe finden, die nicht eine Zeitabhängigkeit explizit oder implizit verbirgt. Daher gilt auch hier: Verstößt das Ergebnis einer Rechnung im gegebenen Kontext gegen irgendeine der Beziehungen, ist es falsch!

3 AMPÈREscher Magnetismus

Unter AMPÈREschem Magnetismus soll verstanden werden, daß Ströme - allgemeiner: bewegte Ladungen zum Einschluß der Magnetostatik als der Lehre von Dauermagneten - Magnetfelder verursachen (HANS CHRISTIAN OERSTEDT, 1819; ANDRÉ MARIE AMPÈRE, 1820), nicht jedoch umgekehrt. Die Erzeugung von Spannungen oder/und Strömen durch Magnetfelder wird im Folgekapitel über die Magnetodynamik abgehandelt.

Die zentrale Formulierung dieses Kapitels ist die erste MAXWELLgleichung, das Durchflutungsgesetz, das die Stromdichte in Bezug zum Magnetfeld setzt. Es stellt die Verkettung der Elektrodynamik des vorigen Kapitels mit dem Magnetismus dar.

3.1 Magnetismus als Erfahrungswissenschaft

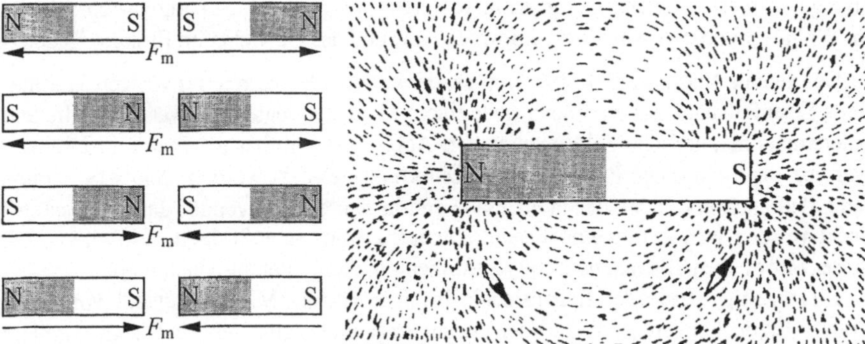

Abb. 3.1-1: Kraftrichtungen von Magneten, magnetische Feldlinien.

In der kleinasiatischen Landschaft Magnesia wurden im Altertum Magneteisensteine (Magnetite, das von Natur aus magnetische Eisenoxid Fe_3O_4) gefunden, wie erstmals von THALES VON MILET um 550 v. Chr. berichtet. Lange Zeit von der Menschheit als Kuriosum, als Laune der Natur kaum weiter beachtet, wurde 1269 von dem französischen Gelehrten P. PEREGRINUS der Einsatz des Kompaß beschrieben und Nord- und Südpol der Erde festgelegt. Mittlerweile hat man die Erfahrung gemacht, daß

- Eisen, Kobalt und Nickel magnetisierbare (ferromagnetische) Elemente sind.
- Magnete zwei Pole aufweisen, die sich bei frei aufgehängten Stabmagneten so ausrichten, daß sie mit einem Ende (näherungsweise) zum geographischen Nordpol und mit dem anderen zum geographischen Südpol der Erde zeigen, die Erde folglich selbst ein Magnet sein muß.

- sie sich entsprechend Abb. 3.1-1 relativ zueinander anordnen, d.h. magnetische Kräfte aufeinander ausüben, die wie in der Elektrostatik bei gleichnamigen Polen zu einer Abstoßung und ungleichnamigen zu einer Anziehung führen.
- im Gegensatz zu elektrostatischen Polen unteilbar sind, d.h. ein Magnetfeld grundsätzlich ein Dipolfeld ist. Teilen eines Magneten führt immer wieder zu Magneten.
- magnetisierbare Stoffe, die eine Zeitlang einem Magnetfeld ausgesetzt waren, danach in Abhängigkeit des Mediums und der Stärke und Dauer des Magnetfelds selbst für längere Zeit magnetisch werden.
- der Magnetismus von Magneten durch ein entgegengesetzt gerichtetes Feld oder durch mechanische Beanspruchung (behämmern, fallenlassen) verlorengeht.

W. GILBERT, Hofgelehrter der engl. Königin ELIZABETH I., veröffentlichte als erster in seinem Werk De Magnete (1600) die Hypothese, daß die Erde in ihrem Innern selbst einen riesigen Permanentmagneten berge und so die Kompaßnadel anziehe. Überraschenderweise ist diese Hypothese richtig und falsch zugleich. Richtig, weil der Kern der Erde, was heute als gesichert gilt, wirklich großteils aus den (ferro)magnetisierbaren Materialien Eisen und Nickel besteht. Falsch, weil die Temperaturen dort so hoch sind, daß das Eisen mindestens 1000 °C heiß sein muß, und es seine magnetischen Fähigkeiten bei der CURIEtemperatur (PIERRE CURIE, 1895) von ca. 770° C einbüßt. Wäre der Erdkern aus Gold, würde vermutlich der gleiche Effekt auftreten. Eisen ist aber das einzige schwere Element, das in nennenswerter Menge durch Supernova-Exposionen im Weltall produziert wird, weshalb wir es aufgrund des Gewichts im Erdkern finden.

Der geniale MICHAEL FARADAY war es, der in den 20er Jahren des vorigen Jahrhunderts Eisenfeilspäne auf ein Papier über einem Magneten legte, es etwas schüttelte und so erstmals magnetische Feldlinien entspr. Abb. 3.1-1 sichtbar machte. Sein Interesse war von dem dänischen Physiker H. C. OERSTEDT geweckt worden, der 1819 herausfand, daß auch ein Strom, der ja ebenfalls erst in den davorliegenden Jahrzehnten entdeckt worden war, eine Kompaßnadel ablenkt. Daraus schlußfolgerte FARADAY, daß dieser Strom ebenfalls magnetische Kraftlinien um den Leiter aufbauen müßte.

Gleichzeitig wurde der französische Physiker ANDRÉ MARIE AMPÈRE von OERSTEDTs Entdeckungen zu Experimenten angeregt und stellte fest, daß sich parallele stromführende Drähte mit gleichgerichteten Strömen anzogen und mit entgegengesetzten abstießen. Wickelte er einen Draht zu einer Spule, verhielt sich diese wie ein Permanentmagnet, d.h. baute ein ähnliches Feld auf. AMPÈRE postulierte auch erstmals, daß es im Gegensatz zu COULOMBschen Ladungen keine magnetischen Ladungen gäbe, sondern daß der Materie ebenfalls mikroskopisch kleine Kreisströme innewohnten, die den Magnetismus verursachen. Die Stromstärke wurde 1881 nach AMPÈRE benannt und die von ihm untersuchten Effekte sind das Thema dieses Kapitels.

Ströme sind also offenbar die Ursache von Magnetfeldern und man mußte sie folglich auch in der Erde suchen. Bezüglich des Erdmagnetismus gilt heute nach W. M ELSASSER als gesichert, daß infolge der Erdrotation der äußere glutflüssige Erdeisenkern aufgrund der CORIOLISkraft, die auch in der Erdatmosphäre zu Windwirbeln führt, langsam drehende Wirbelströme in Form von zur Erdachse parallelen Walzen erzeugt, die infolge der thermischen Ionisierung der Atome Ringströme parallel zum Äquator darstellen. Da die zugehörigen Kraftlinien um den Stromfluß rotieren, verlaufen entspr. Abb. 3.1-2 die Feldlinien an den Polen senkrecht, bei uns etwa im 65°-Winkel, und am

Äquator praktisch parallel zur Erdoberfläche. Sie verhalten sich also nicht nur bzgl. des felderzeugenden Mediums, sondern auch der Feldgeometrie tatsächlich so, als befände sich im Erdinnern ein riesiger Stabmagnet.

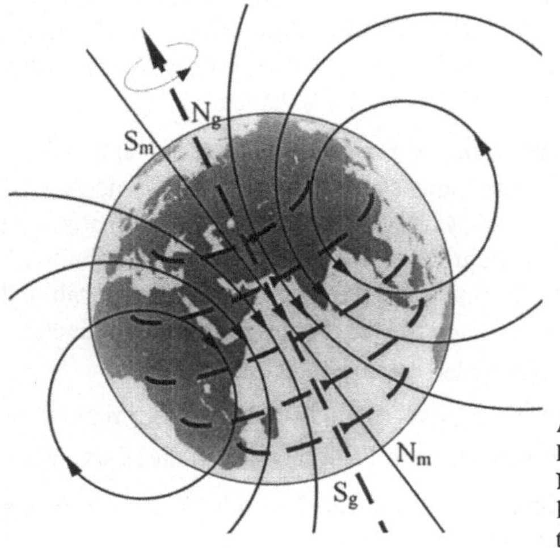

Abb. 3.1-2: Erde mit Rotationsachse mit geographischem Nord- und Südpol (N_g, S_g) sowie Prinzipverlauf der magnetischen Feldlinien und magnetische Pole (S_m, N_m).

Die über Milliarden von Jahren aufrechterhaltene Wärme rührt von radioaktiven Zerfallsprozessen (Thorium, Kalium) im Erdkern her, die das flüssige Metall erhitzen und nach oben treiben. Diese Wärme wird an den Erdmantel abgegeben und führt zu Absinken des Eisenflusses, wo er wieder erhitzt wird und dabei die Stromwirbel hervorruft. Darüberhinaus besteht zwischen Erdmantelrotation und innerem Erdkern, der aufgrund des extrem hohen Drucks praktisch wieder fest ist, ein Schlupf von einigen Metern pro Jahr, der zu weiterer Wirbelbildung führt. Das Magnetfeld wirkt seinerseits auf die elektrisch/mechanisch/thermische Wechselwirkung zurück und das Gesamtsystem bildet so durch Induktion einen homogenen, sich selbst erregenden Dynamo, wie er als Objekt der Magnetodynamik prinzipiell im nächsten Kapitel erläutert wird.

Die Feldlinien treten allerdings nicht exakt an den geographischen Polachsen aus, sondern versetzt (derzeit 14°), und wandern zudem jedes Jahr um einen bestimmten Betrag. Kurioserweise und bis heute im wesentlichen ungeklärt ist darüberhinaus die Tatsache, daß sich das Erdmagnetfeld im Lauf der Jahrmillionen tlw. regelmäßig spontan umpolt und auch sonst sehr wanderfreudig ist. Beispielsweise lag einer der Pole schon in Panama, wobei es hier wegen der Kontinentalverschiebung schwierig zu sagen ist, wer sich gegenüber wem verschiebt, da der ruhende Referenzpunkt fehlt.

Feststellbar sind diese Eigenschaften mittels des Paläomagnetismus, einem Wissenschaftszweig, der Altersdatierungen aufgrund der Ausrichtung magnetischer Partikel vornimmt. Eine Eichung erfolgt durch das Austreten von eisenhaltigem Magma aus dem Erdinnern, z.B. dem nordatlantischen Rücken, der die Kontinente von Europa und Amerika trennt. Unmittelbar, bevor das Magma im Wasser erkaltet, ist es heißer als die CURIEtemperatur, um unmittelbar danach die momentane Richtung des Erdmagnetfelds zu speichern. Nach der WEGENERschen Kontinentalverschiebung (ALFRED WEGENER, 1912), wird hier seit Jahrmillionen dauernd Magma nachgeliefert, das dann auseinanderdriftet, und wir so in beide Richtungen normal zum nordatlantischen Rücken wie ein Magnetband die gespeicherte Richtung des Erdmagnetfelds messen können.

Aber auch etruskische Vasen aus dem sechsten vorchristlichen Jahrhundert, die stehend gebrannt werden mußten, speichern die in diesem Moment eingeprägte Richtung des Magnetfelds in den Eisenoxideinschlüssen im Ton und lassen so einen Rückschluß auf die Richtung des Erdmagnetfelds zu jener Zeit zu. Darüberhinaus ist die Konzentration der Magnetlinien auf der Erdoberfläche unterschiedlich und ebenfalls dynamisch. Man kann davon ausgehen, daß in der Erde soz. ein geomagnetisches Wetter mit langjährigen Großwetterlagen herrscht, die dies zur Folge haben.

ALEXANDER VON HUMBOLDT gründete gemeinsam mit CARL FRIEDRICH GAUß (1777 - 1855) den Magnetischen Verein und sie untersuchten von 1836 bis 1841 intensiv das Erdmagnetfeld. GAUß entwickelte die sog. Kugelfunktionen, um dieses mathematisch zu beschreiben. Dabei ging es entspr. den ausführlichen Beschreibungen in Abschnitt 1.3 (Feldbegriff) um die Notwendigkeit, das Erdmagnetfeld in Bezug auf Kugelgestalt und Rotationsrichtung der Erde praktisch zu orientieren. Dazu benötigte er drei Parameter:

- **Horizontalintensität**, gemessen in Gauß oder Tesla
- **Deklination** als Mißweisung zwischen geographischem und magnetischem Nordpol
- **Inklination** als Neigungswinkel der magnetischen Feldlinien gegen die Horizontale.

Die Kugelfunktionen sind darüberhinaus sehr universell in der Feldbeschreibung verwendbar, beispielsweise auch für das Erdgravitationsfeld.

Auch die Sonne weist ein Magnetfeld von einigen Gauß, max. einigen tausend Gauß in den Sonnenflecken auf, da sie infolge der Kernfusion, bei der im wesentlichen Wasserstoff zu Helium verbrannt wird, eine Temperatur von mindestens 5500°C aufweist. Dieses Wasserstoff-Helium-Gemisch bildet ein Plasma, d.h. die Atome sind vollständig ionisiert und bilden aufgrund der Eigenrotation der Sonne ebenfalls Ströme. Wir werden später das Magnetfeld - genauer die magnetische Flußdichte - in Tesla (T), früher in Gauß (1 G = 10^{-4} T) messen. Dabei beträgt die Flußdichte des natürlichen Erdmagnetfelds ca. 30 ... 70 μT, die höchsten auf der Erde technisch herstellbaren Flußdichten liegen bei ca. 30 T in Zyklotronen. Sterne hingegen erreichen bis zu 10^9 T, die in der Lage sind, andere Sterne zu zerreißen.

Das Sonnenmagnetfeld hat unmittelbaren Einfluß auf unser Leben. Magnetische Stürme führen zu Störungen des Funkverkehrs. Wechselwirkungen mit der obersten Schicht der Atmosphäre - der Ionosphäre, in der Atome ionisiert sind - führen zu den wunderbaren Polarlichtern an den Polen der Erde, wo deren mit dem Sonnenmagnetfeld wechselwirkendes Magnetfeld besonders stark ist. Die etwa alle elf Jahre auftretenden Sonnenflecken stellen Zonen erhöhter magnetischer Feldstärke dar. Eruptionen auf der Sonnenoberfläche folgen den magnetischen Kraftlinien.

Der Mond hingegen weist kein meßbares Magnetfeld auf, denn erstens ist er vermutlich durchgehend erkaltet und weist folglich keine ionisierten und auch wohl keinen magnetisierten Eisenkern auf. Zweitens hat er keine Eigenrotation, womit, selbst wenn sein Kern flüssig wäre, keine Wirbel entstehen. Die genaue Begründung der Magnetfelder kosmischer Objekte ist bis heute noch nicht abgeschlossen.

Sicher ist jedoch, daß die magnetischen Effekte letztendlich auf Ströme zurückführbar sind, so daß wir uns bei einem Dauermagneten fragen müssen, wo diese versteckt sind. Fassen wir ihn an, spüren wir keinen Stromfluß (der sich auch aufgrund der Energieerhaltung verbietet), denn der Magnetisierungsstrom von Eisen, Kobalt und Nickel wird nicht von den freien, sondern von den gebundenen Elektronen hervorgerufen.

In Abschnitt 2.1.3 wurde das Schalen- und Orbitalmodell der Atome vorgestellt. Dabei charakterisieren zwei der vier das Atom kennzeichnenden Quantenzahlen - die Magnet- und die Spinquantenzahl - das magnetische Verhalten eines Stoffes, denn ein um den Atomkern kreisendes Elektron bildet einen Kreisstrom, ein um sich selbst rotierendes Elektron ebenso. Letzteres läßt sich bei diesen Stoffen und weiteren Legierungen durch ein äußeres Magnetfeld remanent ausrichten und bildet so den Magnetismus eines Permanentmagneten.

3.2 Magnetische Kraft F_m

Das Fazit des vorigen Abschnitts ist, daß sowohl beim Erdmagnetismus, elektrischen Stromfluß im Leiter, als auch bei Permanentmagneten die Bewegung elektrischer Ladungen die Ursache jedweden Magnetismus ist. Dies ist jedoch keineswegs eine physikalische Begründung, sondern lediglich eine phänomenologische, denn erforschen wir die Gleichungen der beiden vorigen Kapitel Elektrostatik und Elektrodynamik, so ist kein Aspekt feststellbar, der die OERSTEDTschen, FARADAYschen und AMPÈREschen Erkenntnisse rechtfertigt.

Bei der COULOMBkraft mußte erst explizit ohne weitere Begründbarkeit postuliert werden, daß Ladungen anziehende bzw. abstoßende Eigenschaften aufweisen. Dann konnte das COULOMBsche Kraftgesetz formuliert, eine elektrische Feldstärke $\boldsymbol{E}$ eingeführt und daraus alle elektrischen Größen definiert werden. Ein Ausstiegspunkt zum Magnetismus ist jedoch nirgendwo erkennbar, so daß man vermuten könnte, daß man ein dem COULOMBgesetz (und auch dem Gravitationsgesetz) analoges Magnetkraftgesetz axiomatisch postulieren muß, aus dem sich eine magnetische Feldstärke usw. ergibt.

Das hat man auch bis zu Anfang des Jahrhunderts im wesentlichen getan. Das COULOMBsche Gesetz gilt jedoch exakt nur für ruhende Punktladungen. Können wir zusätzliche Veränderungen des Raumzustands erwarten, wenn sich die Ladungen bewegen, d.h. einen Stromfluß repräsentieren?

3.2.1 Magnetische Kraft zwischen stromdurchflossenen Leitern

Wir stellen ab hier bewegte Ladungen mit *kleinbuchstaben* q dar, um daran zu erinnern, daß eine Voraussetzung für jedweden Magnetismus deren Bewegung ist. Wenn sich eine Ladung q_1 zu einem bestimmten Zeitpunkt zu bewegen beginnt, ist die Fundamentalfrage, ob eine andere Ladung q_2 unabhängig von ihrem Abstand zu q_1 sofort den neuen Aufenthaltsort von q_1 infolge der Kraftänderung durch die Abstandsänderung erfährt. Diese Frage ist ganz klar mit nein zu beantworten. Befindet sich q_2 z.B. im Abstand von einem Meter von q_1, so dauert es 3,3356 ns, bis q_2 dies bemerkt. Dazwischen liegt eine Totzeit - genannt: Retardierung - in der q_2 sich sozusagen einbildet, q_1 befände sich noch an ihrem Platz, obwohl dies nicht mehr der Fall ist.

3.2.1.1 Die endliche Lichtgeschwindigkeit als Ursache des Magnetismus

Der Zahlenwert wird durch die Endlichkeit der (Freiraum-)***Lichtgeschwindigkeit*** von

$$c_0 := 299\,792,458\ \frac{\text{km}}{\text{s}} \tag{3.2-1}$$

bestimmt, welche neben der COULOMBkraft die zweite hier benutzte Fundamentalgröße der Physik darstellt. c_0 wurde erstmals 1676 von dem Dänen O. RÖMER aus Positionsverschiebungen der Jupitermonde zu ca. 214 000 km/s abgeschätzt. Diese Endlichkeit der Lichtgeschwindigkeit ist die grundlegende Ursache des Magnetismus, wie unten skizziert wird. Wir werden in diesem Kapitel c_0 durch c - der Lichtgeschwindigkeit in einem beliebigen Medium ersetzen - da die hergeleiteten Formeln sich nicht auf den Freiraumfall beschränken.

Die Lichtgeschwindigkeit ist nichts anderes als die Ausbreitungsgeschwindigkeit der Information über den Raumzustand, der durch ein elektrisches Feld hervorgerufen wird. Aufgrund der Kugelsymmetrie der Punktladung breitet sich diese Information kugelförmig um die bewegte Ladung aus. Bevor nicht eine Sekunde vorüber ist, merken alle Ladungen im Abstand von mehr als ca. 300 000 km nichts von einer Bewegung der Ladung im Zentrum. Dies hätte z.B. auch zur Folge, daß wir erst nach ca. acht Minuten feststellen würden, wenn eine böse Macht schlagartig die ca. 150 Mio. km entfernte Sonne wegnähme. Dies resultiert daraus, daß das Sonnenlicht nichts anderes als eine hochfrequente elektromagnetische Welle darstellt, hervorgerufen durch die Wärmeoszillation der schwingenden Ladungen, aus denen die Sonne besteht.

Die Komplexität der exakten Begründung des Magnetismus läßt sich daran ermessen, daß es dazu der Speziellen Relativitätstheorie eines ALBERT EINSTEIN (1905) bedurfte (LEIGH PAGE, 1912). Glücklicherweise waren und sind die MAXWELLgleichungen bereits relativistisch korrekt, weshalb die Relativitätstheorie in diesem Sinne lediglich eine physikalische Erklärung der durch die MAXWELLgleichungen phänomenologisch beschriebenen Zusammenhänge lieferte. Im übrigen waren noch Anfang des Jahrhunderts MAXWELLs Erkenntnisse - vor allem in Deutschland - wenig verbreitet.

Bis 1912 glaubte man, daß die magnetische Kraftformel genauso elementar wäre, wie die COULOMBsche. Erst der MICHELSON-MORLEY-Versuch 1881/1887 (A. A. MICHELSON - NOBELpreis 1907) brachte die folgenschwere Gewißheit, daß die Lichtgeschwindigkeit eine Größe unabhängig vom Bewegungszustand des Körpers bzw. des Koordinatensystems ist, in dem sie gemessen wird, und somit eine physikalische Fundamentalgröße darstellt. Damit ist die Zeit keine absolute, allen Objekten gemeinsame Größe, sondern genauso individuell wie der Aufenthaltsort jedes einzelnen Objekts.

Es kann nicht Aufgabe eines einführenden Buches der Elektrizitätslehre sein, mithilfe der Speziellen Relativitätstheorie diesen Nachweis zu führen, dennoch sei in wenigen Zeilen die Beweisführung nachskizziert. Statt die relativen Kraftveränderungen einzelner bewegter Punktladungen zu berechnen, ist vordergründig eine Kraftberechnung stromdurchflossener Leiter vom praktischen Standpunkt nützlicher. Wir führen daher die Beweisskizze hier zunächst mittels einer entspr. Abb. 3.2-1 parallel zu einem dünnen stromdurchflossenen Leiter bewegten Ladung.

Diese dürfte nach den bisherigen Betrachtungen unabhängig von ihrem Bewegungszustand und dem Stromfluß im Leiter eigentlich keine Kraft erfahren, denn der Leiter führt bei jeder Stromstärke die gleiche Gesamtladung: Null. Dabei setzen wir noch gleichmäßige Verteilung voraus, wie z.B. in einem quellspannungslosen Supraleiter. Jedes bewegte Elektron wird in seiner Ladung zu jedem Zeitpunkt von einem positiv ionisierten Atomrumpf kompensiert, so daß der Leiter nach außen ungeladen erscheinen müßte.

3.2.1.2 Von der elektrischen Feldstärke zur magnetischen Kraft

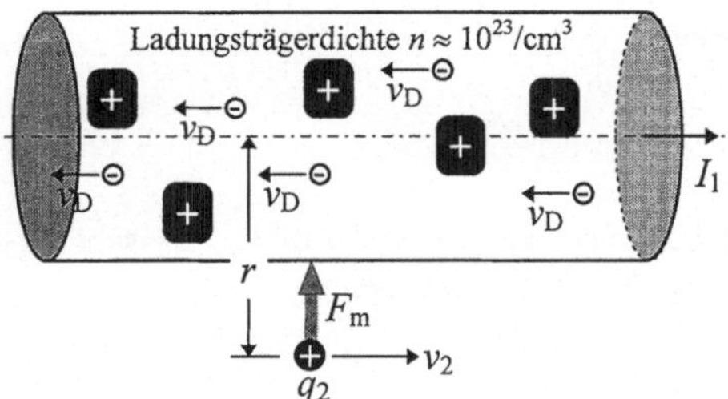

Abb. 3.2-1: Feststehende Atomrümpfe und nach links mit Driftgeschwindigkeit v_D bewegte Leiterelektronen verursachen eine Kraftwirkung F_m auf die nach rechts mit v_2 bewegte Ladung q_2.

Ein auf einem langen dünnen Stab der Länge l gleichmäßig verteilter Ladungsbelag $\lambda = Q/l$ verursacht nach Gl. 1.7-5 ein radiales elektrisches Feld:

$$E = \frac{Q}{2\pi\varepsilon r l} = \frac{\lambda}{2\pi\varepsilon r}. \tag{3.2-2}$$

In unserem Leiter in Abb. 3.2-1, der linienförmig sein soll, und nur deswegen dicker gezeichnet wurde, um alle an dem Vorgang beteiligten Objekte unterzubringen, kommen zwei Sorten von Ladungsbelägen vor: der der ionisierten Atomrümpfe mit λ^+, und derjenige der freien Elektronen mit $\lambda^- = -\lambda^+$.

Wir stellen uns nun vor, wir säßen wie der BARON MÜNCHHAUSEN auf der mit v_2 bewegten äußeren Ladung q_2, womit sich diese relativ zu uns in Ruhe befindet. Wir beobachten, daß sich sowohl Ionen als auch Elektronen nach links wegbewegen. Sei

$$\xi := \frac{1}{\sqrt{1-(v_2/c)^2}} \tag{3.2-3}$$

der hier sog. ***LORENTZfaktor***, so sieht ein Objekt q_2, das sich an einem ruhenden Objekt λ^+ mit der Geschwindigkeit v_2 vorbeibewegt, dieses infolge der LORENTZkontraktion (HENDRIK A. LORENTZ, 1853 - 1928; NOBELpreis 1902) um den Faktor $1/\xi$ relativistisch verkürzt - und umgekehrt. Dieser Faktor taucht immer wieder in relativistischen Formeln auf und hat seine Begründung in der LORENTZtransformation, die die Lichtgeschwindigkeit bei Relativbewegungen als absolute Obergrenze gegenüber der klassischen GALILEItransformation berücksichtigt. Ein anderes Beispiel ist die Massezunahme bewegter Massen, indem die Ruhemasse mit ξ zu multiplizieren ist.

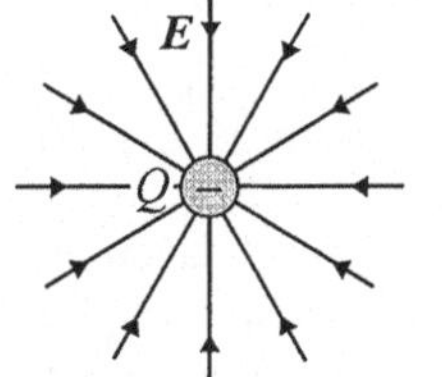

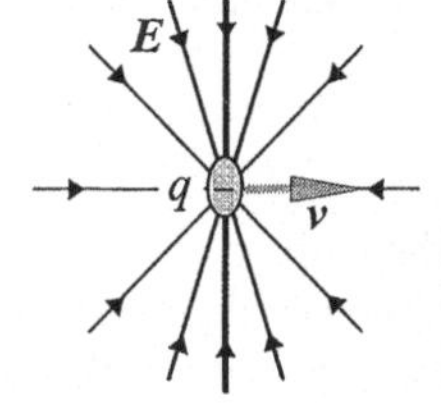

Abb. 3.2-2: Elektrisches Feld der ruhenden Ladung Q und Feldverzerrung einer gleichförmig mit v bewegten Ladung q.

Ein verkürztes Ladungsvolumen bedeutet aber eine Feldverzerrung entspr. Abb. 3.2-2. Da sich die Elektronen (λ^-) relativ zu q_2 aber mit größerer Geschwindigkeit als v_2 bewegen, ist deren Kontraktion größer, was relativistisch zu einem negativen Netto-

Ladungsüberschuß führt. Die Geschwindigkeiten v_2 und v_D müssen noch relativistisch korrekt addiert werden: $\Sigma(v_2,v_D) = (v_2 + v_D)/(1 + v_2 v_D/c^2)$ und wir erhalten für den effektiv von q_2 zu beobachtenden Ladungsbelag λ' den Wert

$$\lambda' = -\xi \frac{v_2 v_D}{c^2} \lambda^- = -\xi \frac{v_2 I_1}{c^2} \tag{3.2-4}$$

mit $\lambda^- v_D = -neAv_D = I_1$. Für die nun anziehende (magnetische) Kraft F_m' zwischen q_2 und dem Leiter gilt also mit obiger Gleichung für den Ladungsbelag:

$$F_m' = q_2 E' = q_2 \frac{-\lambda'}{2\pi\varepsilon r} = \xi \frac{1}{\varepsilon c^2} \frac{I_1}{2\pi r} q_2 v_2 \,. \tag{3.2-5}$$

Diese Kraft erfährt die bewegte Ladung q_2. Findet diese Bewegung in einem zweiten, relativ zu dem ersten ruhenden Leiter statt, muß von dem bewegten Koordinatensystem von q_2 auf das ruhende umgerechnet werden. Dabei entfällt der LORENTZfaktor ξ, womit sich als Endergebnis für die ***magnetische Kraft*** als Betrag der LORENTZkraft

$$F_m = \mu \frac{I_1}{2\pi r} q_2 v_2 \qquad \text{mit} \qquad \mu = \frac{1}{\varepsilon c^2} \,. \tag{3.2-6}$$

als ***Permeabilität*** einstellt. μ ist in Analogie zur Permittivität ε ein Maß für die Fähigkeit eines Mediums bzw. des Freiraums, magnetische Feldlinien zu leiten und sich magnetisch polarisieren zu lassen. Wir werden sie in Abschnitt 3.7.1 separat besprechen. Für unmagnetische Stoffe, also speziell im Freiraum und praktisch auch in Luft, gilt:

$$\mu = \mu_0 = 4\pi \cdot 10^{-7} \frac{\mathrm{Vs}}{\mathrm{Am}} . \tag{3.2-7}$$

3.2.1.3 Kraft paralleler Ströme, Ampèredefinition

Ein Ladungs-Geschwindigkeitsprodukt qv können wir allgemein wie folgt einem Strom-Längenprodukt Il gleichsetzen:

$$\frac{\mathrm{d}ql}{\mathrm{d}t} = q \frac{\mathrm{d}l}{\mathrm{d}t} = qv = \frac{\mathrm{d}q}{\mathrm{d}t} l = Il. \tag{3.2-8}$$

Ersetzen wir nun q_2 durch eine in einen Strom I_2 resultierende Elektronenwolke, die sich in einem zweiten Leiter parallel zum ersten bewegen möge, so modifiziert sich Gl. 6 in Analogie zur COULOMBkraft zwischen Linienladungen in Abschnitt 1.7.1 zu

$$F_m =: \mu \frac{I_1 I_2 l}{2\pi r} . \qquad F_C = \frac{\lambda_1 \lambda_2 l}{2\pi\varepsilon r} \tag{3.2-9}$$

Dabei ist vorausgesetzt, daß der Leiter theoretisch unendlich lang ist und l davon ein beliebiges endliches Stück repräsentiert. Dies ist dann auch heute die Definitionsgleichung für das Ampère, das ja, wie bereits dargelegt, im SI wegen der größeren praktischen Bedeutung als Basiseinheit statt des Coulomb verwendet wird:

Ein konstanter Gleichstrom von 1 Ampère (1 A) bewirkt zwischen zwei unendlich langen Leitern mit vernachlässigbarem Querschnitt, die geradlinig mit einem Meter Abstand im Vakuum parallel angeordnet sind, eine Kraft von $2 \cdot 10^{-7}$ kg m/s^2 (N ewton) pro Meter Länge.

Die Forderung nach dem vernachlässigbaren Querschnitt hat praktische Gründe, die in Abschnitt 3.6.4.3 näher erläutert werden. Die Formel gilt in Analogie zum COULOMBgesetz mit beliebig großen radialsymmetrischen Kugeln auch hier exakt bei zylindrischen Leitern beliebiger Durchmesser mit radialsymmetrischem Leitwertsverlauf. Der vernachlässigbare Querschnitt A ist jedoch letztendlich nicht realisierbar, da dann wegen $R = \rho l/A \rightarrow \infty$ strebt und folglich kein Strom fließen kann.

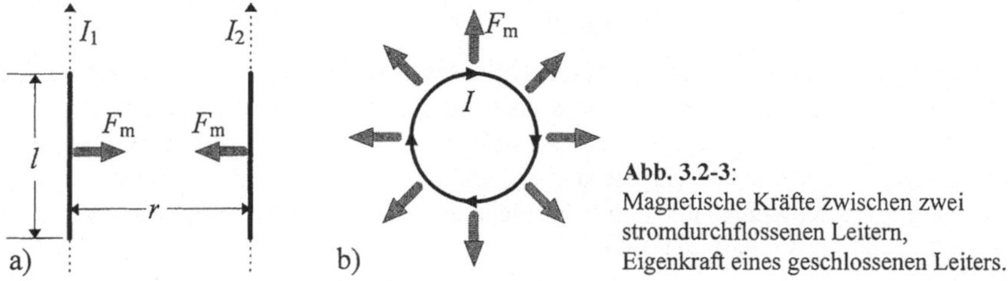

Abb. 3.2-3: Magnetische Kräfte zwischen zwei stromdurchflossenen Leitern, Eigenkraft eines geschlossenen Leiters.

Beträgt in Abb. 3.2-3a) der Leiterabstand r = 1 m, der Längenausschnitt l = 1 m und $I_1 = I_2$ = 1 A, so messen wir entsprechend obiger Gleichung $F_m = 2 \cdot 10^{-7}$ N. Man beachte, daß zu dieser Gleichung mit gleichgerichteten Strömen I_1 und I_2 und impliziertem positiven Vorzeichen Kraftpfeile gehören, die eine Anziehung beschreiben - im Gegensatz zum COULOMBgesetz, wo sich gleichnamige Ladungen abstoßen, und hier zum positiven Vorzeichen nach außen weisende Pfeile gehören.

Drehen wir einen der Ströme um, erfolgt eine Abstoßung, so wie beim COULOMBgesetz bei unterschiedlichen Ladungsvorzeichen eine Anziehung erfolgt. Dieser Fall liegt typisch bei gleichen Strombeträgen vor, wenn der eine Leiter den Rückleiter zum andern darstellt, so auch in Abb. 3.2-3b), wo der geschlossene Stromkreis kreisförmig angeordnet ist. Aufgrund der LORENTZkraft versucht er sich auszudehnen.

Liegt für diesen Fall ein Wechselstrom z.B. mit 50 Hz vor, wird die Kraft im Rhythmus der Schwingungen stärker und schwächer. In der zweiten Halbschwingung hat sich der Strom überall umgedreht, so daß auch hier wieder eine Abstoßung erfolgt. Damit tritt eine Kraft auf, die mit einer Frequenz von 100 Hz, also der Leistungsfrequenz, schwingt. Sind nun mehrere solcher Windungen in Form der später betrachteten Spule aufeinandergewickelt, führt dies zu mechanischen Reibungen, die sich in Form des typischen Trafobrummens bemerkbar machen.

In der Folge sei vereinbart, daß ⊗ einen in die Zeichenebene fließenden, ⊙ einen aus der Zeichenebene herausfließenden Strom kennzeichnet.

Aufgabe 3.2.1-1: Man berechne die Stromstärke I in einem 10 m langen Stromkabel mit einem Leiterabstand von 5 mm, zwischen denen eine Kraft von 1 mN herrscht.

Aufgabe 3.2.1-2: Zwei L = 200 m lange Stromleiter mit Strömen I hängen entsprechend a) an isolierenden Fäden über der Erdoberfläche. Welchen Wert hat I und wie groß ist die Seilkraft F in den Fäden?

Aufgabe 3.2.1-3: Vier lange linienförmige Leiter sind entsprechend b) im Raum angeordnet. Wie groß muß I_2 sein, damit I_4 kräftefrei ist?

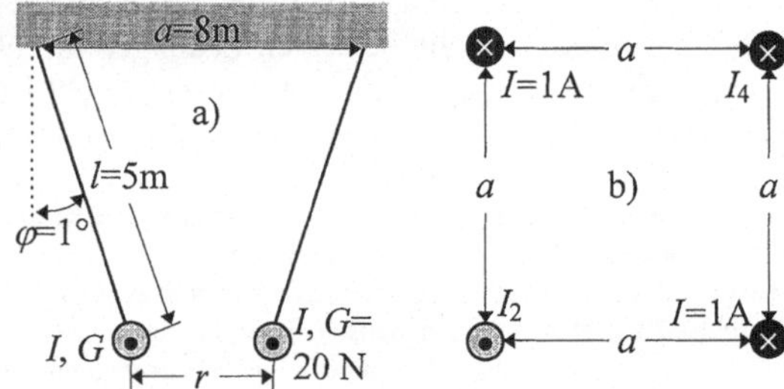

3.2.2 Magnetische Kraft F_m zwischen bewegten Punktladungen

Mit vergleichbarer Herleitung wie bei stromdurchflossenen Leitern können wir auch die magnetische Kraft zwischen zwei parallel im Abstand r mit der Geschwindigkeit v bewegten Punktladungen q_1 und q_2 über das klassische COULOMBgesetz angeben:

$$F_C' = \frac{q_1 q_2}{4\pi\varepsilon r^2}(1 - \frac{v^2}{c^2}) = \frac{q_1 q_2}{4\pi\varepsilon (r\xi)^2} = \frac{q_1 q_2}{4\pi\varepsilon r^2} - \frac{q_1 q_2}{4\pi\varepsilon r^2}\frac{v^2}{c^2} = F_C - F_m . \tag{3.2-10}$$

Hier findet im Gegensatz zu den stromdurchflossenen Leitern keine Kompensation des statischen COULOMBanteils statt. Um es auch hier nochmals deutlich darzustellen: es ist wegen des Minuszeichens eine die Abstoßung gleichnamiger Ladungen abschwächende Kraft, also eine überlagerte anziehende magnetische Kraft F_m senkrecht zur Ausbreitungsrichtung entstanden, die als solche den Magnetismus repräsentiert und mit der o.a. Formel für die Permeabilität μ gilt:

$$F_m = \mu \frac{q_1 q_2 v^2}{4\pi r^2} . \qquad F_C = \frac{Q_1 Q_2}{4\pi\varepsilon r^2} \tag{3.2-11}$$

Ordnen wir dem Zeitintervall dt die Bewegung der Ladung q_i über ein Stück der Länge dl zu, stellt der daraus gebildete Differentialquotient dq_i/dt wieder einen Strom I_i dar. dl betrachten wir als eine kleine Variation in Ausbreitungsrichtung: setze $dl \rightarrow \Delta l$. Damit läßt sich auch diese Kraftgleichung als Stromformel darstellen:

$$F_m = \mu \frac{I_1 I_2 \Delta l^2}{4\pi r^2} . \tag{3.2-12}$$

Der Übergang mag mathematisch nicht völlig sauber aussehen. Die Ladungen hätte man wegen ihrer vorausgesetzten Punktförmigkeit jedoch von vorneherein als differentielle Größen (dq_i statt q_i) betrachten können, womit die Exaktkeit des Formalismus gegeben wäre. Andererseits ist es in der Literatur unüblich, das COULOMBgesetz mit differentiellen Ladungen darzustellen, weshalb diese kleine Unreinheit erlaubt sei, die der Physik keinen Abbruch tut.

Weiterhin soll hier festgehalten werden, daß es in dieser und den folgenden Gleichungen zum Magnetismus unerheblich ist, ob der Strom ein Leitungs-, Verschiebungs- oder ein von beiden Anteilen gebildeter Strom ist. Darüberhinaus deuten die Betrachtungen an, daß keine absolute Unterscheidung zwischen elektrischen und magnetischen Kräften und damit Größen möglich ist. Diese lassen sich in Abhängigkeit der Bewegungszustände von Teilchen und Beobachtern dual transformieren - charakteristisch für ein relativistisches System.

Kräfte sind Vektoren und die Ergebnisgleichungen müssen nun so erweitert werden, daß die Ströme bzw. die bewegten Ladungen in beliebigen Beträgen und Richtungen relativ zueinander fließen können. Dieser Aspekt ist sinnvoll erst nach der im folgenden Abschnitt definierten magnetischen Flußdichte zu diskutieren.

Aufgabe 3.2.2-1: Man überprüfe, ob die magnetische Kraft die COULOMBkraft zweier gleich schnell parallelfliegender Ladungen überschreiten kann.

Aufgabe 3.2.2-2: Welcher Zusammenhang besteht zwischen Stromdichte $\boldsymbol{S}$ und qv?

Aufgabe 3.2.2-3: Welche magnetische Kraft herrscht nach Betrag und Richtung zwischen zwei Elektronen, die in gleichem Abstand einander gegenüberliegend mit der Frequenz f einen Atomkern umrunden?

3.3 Flußassoziierte Größenarten

In Analogie zur Elektrostatik und Elektrodynamik sind zwei integrale skalare Eigenschaften von Interesse:

- die Feldmenge der Feldlinien, die eine Fläche quer zu den Feldlinien durchsetzt. Dies ist in Analogie zum (elektrischen) Fluß Ψ und Strom I der (magnetische) Fluß Φ, dessen Eigenschaften $\mathring{\Phi} = 0$ in Analogie zu $\mathring{\Psi} = Q$ und $\mathring{I} = 0$ durch die Nichtexistenz magnetischer Ladungen bestimmt werden. Er wird in diesem Abschnitt behandelt.
- die Feldmenge entlang eines beliebigen Wegs durch das Feld. Dazu gehören in Analogie zum elektrischen Potential φ_e das magnetische Potential φ_m, zur elektrischen Spannung U die magnetische Spannung V_m und zur elektrischen Umlaufspannung $\mathring{U} = 0$ die nicht ohne weiteres verschwindende magnetische Umlaufspannung $\mathring{V}_m$. Sie werden durch den Ladungserhaltungssatz bestimmt und in Abschnitt 3.6 behandelt.

3.3.1 Magnetische Flußdichte *B*

Wir wollen in Analogie zu Gl. 1.4-1 eine Zerlegung in Ursache und Wirkung vornehmen und daraus nützliche magnetische Feldgrößen definieren. Wirkung sei nun $q_w v_w$ bzw. $I_w \Delta l_w$. Wir dividieren F_m durch diese Größen und definieren die neu entstandene Größenart als ***magnetische Flußdichte*** B oder ***magnetische Induktion*** (veraltet), für deren Betrag aus dem Fall zweier stromdurchflossener Leiter aus Gl. 3.2-9 folgt:

$$B := \frac{F_m}{I_w l_w} = \mu \frac{I_u}{2\pi r}; \qquad [B] = \frac{\text{Vs}}{\text{m}^2} =: \text{T (esla)}. \qquad E = \frac{F_c}{Q} \quad (3.3\text{-}1)$$

Diese Formel gilt auch, wie später beim Durchflutungsgesetz begründet, außerhalb des Leiters, wenn der Leiterdurchmesser endlich ist. Für bewegte Punktladungen entsprechend den Gleichungen im vorigen Abschnitt ergibt sich:

$$B := \frac{F_m}{q_w v_w} = \mu \frac{q_u v_u}{4\pi r^2} = \mu \frac{I_u \Delta l_u}{4\pi r^2}. \quad (3.3\text{-}2)$$

Die Einheit geht auf den kroatischen Ingenieur NIKOLA TESLA (1856 - 1943) zurück, der neben zahlreichen anderen Erfindungen 1887 den Drehstrommotor und das Mehrphasensystem erfand. Früher wurde die im ersten Abschnitt schon verwendete Einheit G(auß) mit $1\ \text{G} = 10^{-4}\ \text{T}$ verwendet. Für das Tesla gilt also:

Ein T (esla) magnetischer Flußdichte liegt vor, wenn auf einen Meßstab von 1 m Länge, der von einem Strom von 1 A durchflossen wird, eine Kraft von 1 N ausgeübt wird.

Der Begriff der Flußdichte steht in Analogie zur elektrischen Verschiebungs- oder Flußdichte D, die hier die Konzentration eines magnetischen Flusses Φ mit $[\Phi]$ = Vs = Weber (Wb) vergleichbar dem elektrischen Fluß $\Psi = Q$, gemessen in C (oulomb), über einer Fläche angibt. Auch hier fließt in Wirklichkeit nichts. In weiterer Analogie ist die elektrische Stromdichte S zu sehen, bei der wirklich etwas strömt, z.B. die Elektronen im Metall.

Wir erkennen aus der Einheit und dem Querbezug zur elektrischen Flußdichte statt zur elektrischen Feldstärke eine Asymmetrie in der Erzeugung einer ersten Feldgröße aus der Kraft im Vergleich zur Elektrostatik. Aus diesem Grund wurde früher B häufig als magnetische Feldstärke bezeichnet. In der angloamerikanischen Literatur ist dies heute noch durchgängig der Fall. Dies ist zu beachten, da wir später die bzgl. der Einheit duale wirkliche magnetische Feldstärke kennenlernen.

Aufgabe 3.3.1-1: Man verifiziere die Einheit der Flußdichte.
Aufgabe 3.3.1-2: Welche magnetische Flußdichte B herrscht in Aufgabe 3.2.1-2 am Ort eines Leiters?
Aufgabe 3.3.1-3: Welche magnetische Flußdichte B herrscht in Aufgabe 3.2.2-3 beim Wasserstoffatom am Ort eines Elektrons mit Bahnradius $r = 53$ pm? Welches Stromelement Idl und welche Stromstärke I repräsentiert ein Elektron?

3.3.2 Vektordarstellung der Flußdichte

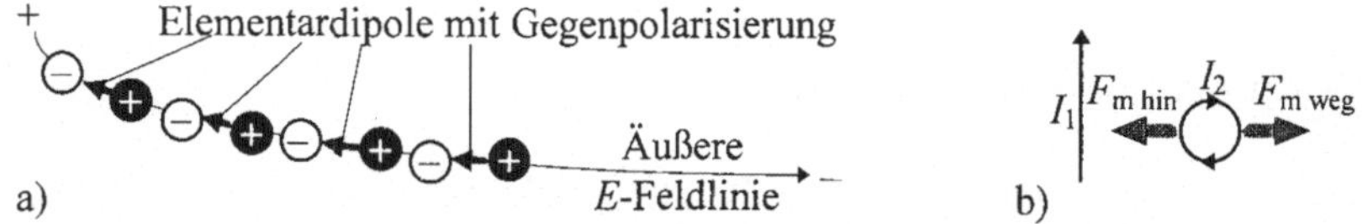

Abb. 3.3-1: a) Kettung COULOMBscher Elementardipole entlang einer E-Feldlinie, b) magnetischer Elementardipol in Form eines sehr kleinen Kreisstroms I_2.

Die Vektordarstellung des $\boldsymbol{B}$-Feldes ist etwas diffiziler als beim elektrischen Feld und seinen Reaktionsfeldern, bei denen Kraftvektor und Feldvektor sinnvoll durch die gleiche Richtung (oder Gegenrichtung) beschrieben waren. Wir können in den vorstehenden Gleichungen nicht einfach F_m, l_w und v_w durch Vektoren ersetzen. Dies verbietet sich zum einen mathematisch und ergibt auch physikalisch keinen Sinn. Was ist also eine sinnvolle Definition der Richtung von $\boldsymbol{B}$?

Dazu definieren wir analog zum COULOMBschen einen magnetischen Elementardipol. Ein Elementardipol soll folgendes Kriterium erfüllen: er muß sich praktisch punktförmig komprimieren lassen, so daß entspr. Abb. 3.3-1a) eine Aneinanderreihung sehr vieler Elementardipole in ihrer Kettung der Feldlinienrichtung, die der erste Dipol festlegt, folgt.

Ein magnetischer Elementardipol muß die Bewegung der Ladung mit einbeziehen, aber gleichzeitig an der Stelle verharren, um in seiner Richtung die Feldrichtung zu repräsentieren. Dies ist möglich, indem wir ihn als einen differentiell kleinen Kreisstrom identifizieren. Wie dieser sich entsprechend den vorangegangenen Darlegungen neben einem magnetfelderzeugenden Leiter ausrichtet, zeigt Abb. 3.3-1b).

Ein noch besserer magnetischer Elementardipol als ein Kreisstrom ist eine um ihre Achse rotierende punktförmige Ladung - ein Proton oder ein Elektron. Die Drehachse ist dabei die sinnvolle Festlegung der Dipolrichtung. Hier hat man genauso wie bei elektrischen Ladungen zwei Freiheitsgrade bzgl. der Festlegung von positivem und negativem Pol - besser: Nord- (N) und Südpol (S). Wir legen als Nordpol den Pol fest, zu dem der Daumen der rechten Hand bei einer in Richtung der gekrümmten Finger rechtsdrehenden positiven Ladung zeigt (Rechte-Hand-Regel).

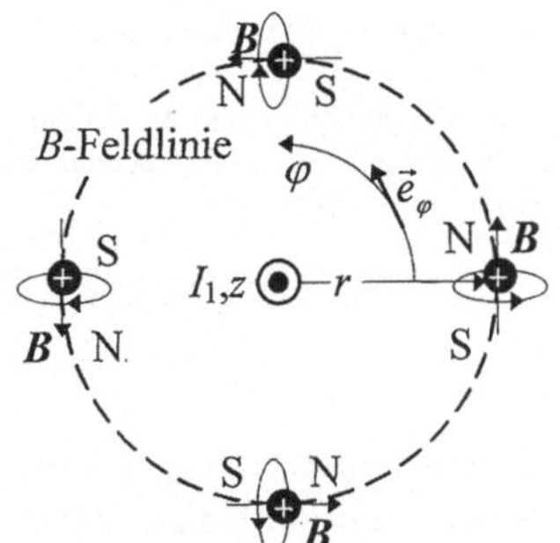

Abb. 3.3-2:
Rotierende punktförmige Ladungen bestimmen mit ihren Drehachsen die Richtung einer Magnetfeldlinie.

Wie sich die Dipolachsen entsprechend den vorangegangenen Überlegungen um den stromdurchflossenen Leiter ausrichten, zeigt Abb. 3.3-2 - und auch die daraus resultierende sinnvolle Ausrichtung der von I_1 hervorgerufenen **B**-Feldlinie. Sie kann nun einfach dadurch festgelegt werden, daß, wenn der Daumen der rechten Hand in Richtung des Stromflusses I_1 zeigt, die übrigen gekrümmten Finger dieser Hand der **B**-Feldlinie folgen. Die Aussage behält ihre Gültigkeit bei Vertauschung von Stromflußrichtung und **B**-Feldlinienrichtung. Die Namensgebung der Pole hat die in Abschnitt 3.1 dargelegten historischen Gründe.

Mit der Verwendung der rechten Hand statt der linken für diese Festlegung ist auch die noch offene Frage des Drehsinns des Feldes geklärt, denn mit der Kenntnis des Feldlinienverlaufs bestehen für den Drehsinn zwei Freiheitsgrade, von denen derjenige ausgewählt wird, bei dem die magnetischen Feldlinien am Nordpol eines Magneten aus- und am Südpol wieder eintreten. Im Außenbereich eines Magneten laufen die Feldlinien also von Norden nach Süden, innen von Süden nach Norden, so auch beim Erdmagneten in Abb. 3.1-2 (in Bezug auf die Magnetpole!).

Dies entspricht beim COULOMBschen Dipol der Feldrichtung von + nach –. Auch hier impliziert die Festlegung des Protons als positive Ladung nicht automatisch, daß die Feldlinien dort beginnen, sondern dies ist per Definition so festgelegt. Beim COULOMBschen Dipol ist die Betrachtung des Innenbereichs irrelevant, da er aufgrund der Quelleneigenschaften des Feldes diesen nicht aufweist.

Aufgrund der Zylindersymmetrie eines geradlinigen stromdurchflossenen Leiters läßt sich dessen Flußdichte im Zylinderkoordinatensystem mit $\boldsymbol{r} = (r,\varphi,z) \mathrel{\hat{=}} \boldsymbol{x} = (x,y,z)$ nun einfach beschreiben:

$$\boldsymbol{B}(\boldsymbol{r}) = \begin{pmatrix} B_r(\boldsymbol{r}) \\ B_\varphi(\boldsymbol{r}) \\ B_z(\boldsymbol{r}) \end{pmatrix} = \begin{pmatrix} 0 \\ B_\varphi(\boldsymbol{r}) \\ 0 \end{pmatrix} = \begin{pmatrix} 0 \\ \frac{\mu I}{2\pi r} \\ 0 \end{pmatrix} = \frac{\mu I}{2\pi r} \begin{pmatrix} 0 \\ 1 \\ 0 \end{pmatrix} = \frac{\mu I}{2\pi r} \vec{e}_\varphi, \qquad \boldsymbol{E}(\boldsymbol{r}) = \frac{\lambda}{2\pi\varepsilon r} \vec{e}_r$$

also

$$B_r(\boldsymbol{r}) = 0, \qquad B_\varphi(\boldsymbol{r}) = B_\varphi(r) = \frac{\mu I}{2\pi r}, \qquad B_z(\boldsymbol{r}) = 0. \tag{3.3-3}$$

Für die geradlinige Ladungsbewegung ist die Darstellung analog.

Aufgabe 3.3.2-1: Man bestimme in Aufgabe 3.2.1-2 $\boldsymbol{B}(\boldsymbol{r})$ am Ort des anderen Leiters, wenn der Mittelpunkt des kartesischen Koordinatensystems auf der Mittelachse des linken Leiters liegt.

Aufgabe 3.3.2-2: Man stelle in kartesischen als auch in Zylinderkoordinaten die Einheitsvektoren als Vektorprodukt jeweils zweier anderer Einheitsvektoren dar.
***Aufgabe 3.3.2-3:** Man stelle im Außenraum des mit I stromdurchflossenen geraden Leiters die magnetische Flußdichte mit Zylinderkomponenten in kartesischen Koordinaten, kartesischen Komponenten in kartesischen Koordinaten, und kartesischen Komponenten in Zylinderkoordinaten dar.

3.3.3 Magnetische Feldlinienbilder

In Analogie zur Konstruktion elektrischer Feldlinien COULOMBscher Ladungsanordnungen in Abschnitt 1.4.6 wollen wir die dortigen Erkenntnisse auf die Konstruktion magnetischer Feldlinienbilder anwenden. Rechnerisch ist dies natürlich nur wieder für hinreichend einfache Stromgeometrien und deren Überlagerungen möglich. Daraus schließen wir auf kompliziertere Anordnungen und Dauermagnete, deren Felder sich am einfachsten durch Eisenfeilspanversuche veranschaulichen lassen.

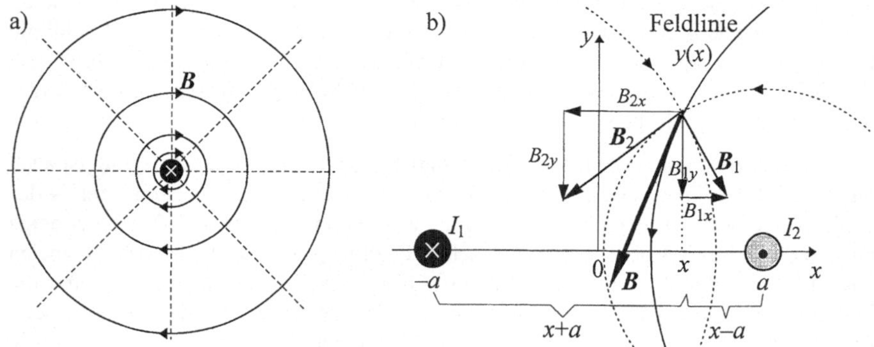

Abb. 3.3-3: a) Magnetische Feld- und Niveaulinien des Einzeldrahts,
b) Feldlinie zweier parallel entgegengesetzt stromdurchflossener Leiter und Zerlegung der Feldkomponenten in die Koordinatenrichtungen.

Beziehen wir uns auf Aufgabe 3.3.2-3, so wurde dort das Magnetfeld eines stromdurchflossenen Leiters in kartesischen Koordinaten dargestellt. Betrachten wir in Analogie zu Abb. 1.4-14 das Gesamtfeld zweier gegenläufig stromdurchflossener Leiter I_1 und I_2 gemäß Abb. 3.3-3b), so folgt in Analogie zu Gl. 1.4-46 für die Feldlinien-DGL:

$$\frac{\mathrm{d}y}{\mathrm{d}x}=\frac{B_y}{B_x}=-\frac{\dfrac{\mu I_1(x+a)/2\pi}{(x+a)^2+y^2}+\dfrac{\mu I_2(x-a)/2\pi}{(x-a)^2+y^2}}{\dfrac{\mu I_1 y/2\pi}{(x+a)^2+y^2}+\dfrac{\mu I_2 y/2\pi}{(x-a)^2+y^2}}. \tag{3.3-4}$$

Speziell interessieren wieder die in Abb. 3.3-4 skizzierte Fälle, daß $I_2=\pm I_1=\pm I$:

$$\frac{\mathrm{d}y}{\mathrm{d}x}=-\frac{\dfrac{x+a}{(x+a)^2+y^2}\pm\dfrac{x-a}{(x-a)^2+y^2}}{\dfrac{y}{(x+a)^2+y^2}\pm\dfrac{y}{(x-a)^2+y^2}}. \tag{3.3-5}$$

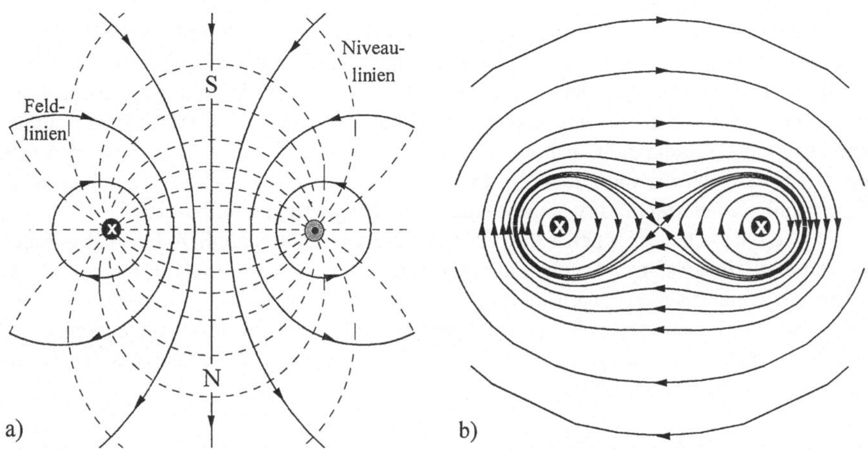

Abb. 3.3-4: a) Magnetische Feldlinien zweier parallel entgegengesetzt und
b) gleichgerichtet stromdurchflossener Leiter gleicher Stromstärke.

Der linke Fall wird typisch hervorgerufen durch einen Hin- und Rückleiter, wie bei der Kraftbetrachtung bereits angegeben. Niveaulinien stehen senkrecht auf Feldlinien und entsprechen ihrem geometrischen Wesen nach Äquipotentiallinien der Elektrostatik. Die physikalischen Äquivalenz ist jedoch nur bei Permanentmagneten gegeben, wie später begründet. Sie sind gegenüber den in Abb. 1.9-9 dargestellten elektrischen Feld- und Äquipotentiallinien zweier Linienladungen exakt vertauscht, d.h. magnetische Feldlinien koinzidieren mit elektrischen Äquipotentiallinien und magnetische Niveaulinien mit elektrischen Feldlinien, hier in Form der analytisch darstellbaren APPOLLONIUS-Kreise. Elektrische und magnetische Felder stehen senkrecht aufeinander.

In der linken Abbildung wurden die Feldlinien mittels des bei der Elektrostatik bereits angegebenen RUNGE-KUTTA-Verfahrens erzeugt. Lediglich die Startpunkte müssen neu festgelegt und das Unterprogramm mit der DGL entspr. obiger Gleichung modifiziert werden; eine **MATHCAD**-Analyse kann analog zu Anwendung 1.4-9 erfolgen.

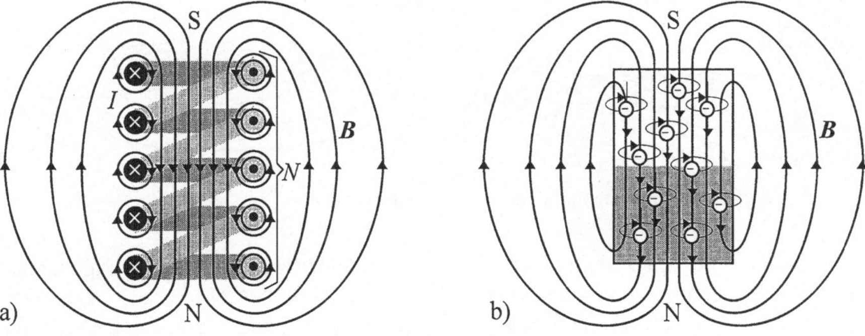

Abb. 3.3-5: a) Magnetische Feldlinien einer Spule mit *N* Windungen, sowie
b) eines Stabmagneten mit AMPÈREschen Elementarkreisströmen (beide vereinfacht).

Werden entspr. Abb. 3.3-5a) mehrere Windungen (isoliert) übereinandergewickelt, entsteht eine Spule, hier in Form eines Solenoiden (Zylinderspule). In Nähe zu den Einzelwindungen schließen sich die Feldlinien um diese, mit weiterem Abstand werden alle Windungen von den Feldlinien gemeinsam umschlungen. Während sich das Feld im Außenraum weiträumig schließt, finden wir vor allem bei Spulen mit großem Längen/Durchmesserverhältnis und dichter Wicklung das Feld im Innern praktisch homogen, was später die Feldberechnung deutlich vereinfacht. Insbesondere können wir erwarten, daß sich die Flußdichte im Innern mit der Windungszahl N gegenüber einer Einzelschleife ver$N$facht, d.h. hiermit sind starke Magnetfelder aufbaubar.

Das Feld des Dauermagneten in Abb. b) ist diesem nicht unähnlich, nur daß wir hier keinen expliziten Strom I angeben können. Eine diesem entsprechende Ersatzgröße in Form einer elektrischen Durchflutung, die durch in Gegenrichtung zum Strom rotierende Elektronen hervorgerufen wird, können wir später hierfür als Ursache identifizieren. Das Außenfeld einer Zylinderspule und eines Magneten gleicher massiver Zylindergeometrie sind praktisch gleich.

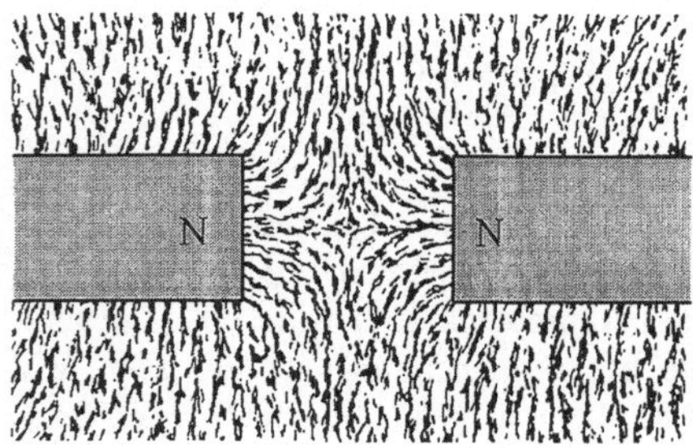

Abb. 3.3-6: Eisenfeilspanbild zweier Nordpole.

Abb. 3.3-6 zeigt die Ausrichtung von Eisenfeilspänen unter dem Einfluß zweier sich abstoßender Pole. Es entspricht in seiner Struktur erwartungsgemäß nach den Vorüberlegungen zur Analogie mit der Elektrostatik der rechten Abb. 1.3-7 zweier Protonen.

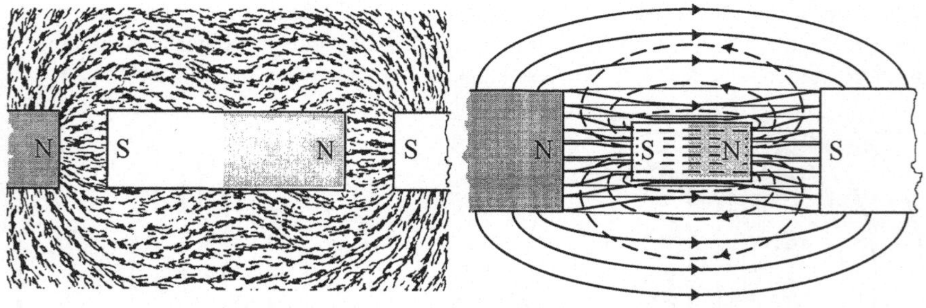

Abb. 3.3-7: Zwei Dauermagneten mit Eisen im Feld, Feldlinienbild als Überlagerung der Einzelfelder.

In der linken Abb. 3.3-7 zieht ein Eisenstab die Magnetfeldlinien zweier ungleichnamiger Pole zu sich hin, die ohne diesen ähnlich dem COULOMBfeld in der linken Abb. 1.3.7 verlaufen. Rechts ist die Überlagerung der Einzelfeldlinien zum Gesamtfeld mit etwas anderen Größenverhältnissen dargestellt. Feldlinien treten bei Permanentmagneten also nicht nur an den Enden, sondern überall entlang des Materials aus bzw. ein.

Aufgabe 3.3.3-1: Wo befinden sich Nord- und Südpol des Feldes in Abb. 3.3-3a).
Aufgabe 3.3.3-2: Man skizziere aus der Anschauung das Feldlinienbild eines Hufeisenmagneten.
Aufgabe 3.3.3-3: Man stelle die DGL auf, aus der sich die Feldlinien der Abb. 3.5-2 berechnen lassen.

3.3.4 Magnetischer Fluß Φ und Spulenfluß ψ

Der zur Flußdichte $\boldsymbol{B}$ gehörige ***magnetische Fluß*** Φ läßt sich nun über ein beliebiges, einfach zusammenhängendes Gebiet A in Analogie zu den Abschnitten 1.6 und 2.3 zu

$$\Phi := \iint \boldsymbol{B} \cdot \mathrm{d}\boldsymbol{A}; \qquad \Psi = \iint \boldsymbol{D} \cdot \mathrm{d}\boldsymbol{A}, \quad I = \iint \boldsymbol{S} \cdot \mathrm{d}\boldsymbol{A}$$

$$[\Phi] = \mathrm{Vs} =: \mathrm{Wb}\ (\mathrm{Weber}) \qquad (3.3\text{-}6)$$

$$B = \frac{\mathrm{d}\Phi}{\mathrm{d}A \cos \angle \boldsymbol{B}, \mathrm{d}\boldsymbol{A}} \qquad D = \frac{\mathrm{d}\Psi}{\mathrm{d}A \cos \angle \boldsymbol{D}, \mathrm{d}\boldsymbol{A}}, S = \frac{\mathrm{d}I}{\mathrm{d}A \cos \angle \boldsymbol{S}, \mathrm{d}\boldsymbol{A}}$$

angeben. Im heute nicht mehr gebräuchlichen cgs-System wurde der Fluß in Maxwell (M) mit 1 M = 10^{-8} Wb gemessen. Ist der Fluß im Gebiet A homogen, durchsetzt die Fläche senkrecht und ist diese eben, können wir die Beziehung wie beim elektrischen Feld für die elektrische Flußdichte und Stromdichte vereinfachen:

$$\Phi = BA \qquad \text{bzw.} \qquad B = \frac{\Phi}{A}. \qquad (3.3\text{-}7)$$

Die in der Elektrostatik in den Abschnitten 1.6.2/3 für verschiedene Geometrien ausführlich erläuterten Flußberechnungsmethoden lassen sich hier analog anwenden.

Im nächsten Unterabschnitt wird erläutert, daß und warum der Hüllenfluß $\overset{\circ}{\Phi} = 0$ immer verschwindet. Sozusagen als Ersatz hierfür ist dagegen der ***verkettete Fluß*** Φ_{v} von Bedeutung. Betrachten wir in Abb. 3.9-1b) die grau schattierte Windungsfläche des Stromkreises. Wir können beim Verlassen dieser Fläche im Außenraum immer Flächen beliebiger Form und Lage identifizieren, durch die alle diese graue Fläche durchsetzenden Feldlinien genau einmal hindurchgehen, die also alle den gleichen Fluß führen. Bei der späteren Induktivitätsdefinition darf der Fluß nur einmal gezählt werden, d.h. es ist dafür zu sorgen, daß genau alle Feldlinien über die Fläche integriert werden, jedoch ohne die Rücklinien. Dies ist der verkettete Fluß.

Eine weitere Größenart von Bedeutung ist in diesem Zusammenhang der ***Spulenfluß*** ψ, auch ***magnetische Durchflutung*** oder ***Verkettungsfluß***, der für einlagige Spulen identisch mit dem normalen Fluß ist, für mit N Windungen mehrlagige Spulen aber gleich dem Produkt aus Windungszahl N, ***Kopplungsfaktor*** k sowie Fluß Φ ist:

$$\psi := kN\Phi. \qquad (3.3\text{-}8)$$

Der Kopplungsfaktor ist dann < 1, wenn nicht alle Feldlinien alle Windungen der Spule durchsetzen. Dazu sei dargelegt, daß sich auch bei der Spule, wie in Abb. 3.3-5b) für den Permanentmagneten dargestellt, durchaus Feldlinien am inneren Rand zwischen den Windungen schließen können, bevor sie das Spulenende erreichen. Die Notwendigkeit des Spulenflusses kann erst nach der Besprechung des Induktionsgesetzes sinnvoll dargelegt werden.

Hier sei bereits erwähnt, daß die Flußmenge eines guten Permanentmagneten durch das Einbringen von Magnetika in seine Umgebung wenig beeinflußt wird und so ein durchaus äquivalentes Modell für einen von der Spannungsquelle abgeklemmten Kondensator bzgl. seiner elektrostatischen Belastung darstellt. Wir werden diese Äquivalenz im Gegensatz zu stromdurchflossenen Leitern, bei denen hierbei der Strom konstant bleiben soll, in Abschnitt 3.8 bei der Magnetostatik vertiefen. In Abschnitt 3.5.5

werden wir den magnetischen Fluß als Äquivalenz zum elektrischen Fluß als eine Form der Ersatzladungsinkarnation betrachten.

Aufgabe 3.3.4-1: Man berechne den Fluß Φ, der in Abb. 1.9-8 die grauschattierte Ebene ($\varphi_e = 0$) durchsetzt, wenn die beiden Hin- und Rückleiter eines Stromkabels darstellen.
Aufgabe 3.3.4-2: Man berechne den Fluß Φ zwischen Hin- und Rückleiter einer Zweidrahtleitung mit folgenden Daten: Kabellänge l = 10 m, Achsenabstand a = 1 m, Leiterdurchmesser d = 2 cm, I = 10 A.
Aufgabe 3.3.4-3: Entlang der y-Achse in Abb. 1.6-7 fließe ein Strom I = 3 A. Man berechne mittels MATHCAD symbolisch und numerisch den Fluß Φ, der die grau schattierte Dreiecksfläche durchsetzt, und interpretiere das Ergebnis aus der Anschauung.

3.3.5 Quellenfreiheit des Flusses

Suchen wir in Analogie zu Abschnitt 1.6.4 den magnetischen Hüllenfluß $\overset{\circ}{\Phi}$ innerhalb eines beliebigen geschlossenen Gebiets, werden wir ihn nicht finden: aufgrund der Tatsache, daß es keine magnetischen Monopole gibt, kann kein solches Gebiet existieren, aus dem Feldlinien austreten, die nicht anderswo eingetreten sind:

$$\boxed{\overset{\circ}{\Phi} = 0 = \oiint_{\text{immer}} \boldsymbol{B} \cdot \mathrm{d}\boldsymbol{A}}. \qquad \overset{\circ}{\Psi} = Q = \oiint_{\text{Hülle um } Q} \boldsymbol{D} \cdot \mathrm{d}\boldsymbol{A}; \quad \overset{\circ}{I} = 0 = \oiint_{\text{immer}} \boldsymbol{S}_{\text{tot}} \cdot \mathrm{d}\boldsymbol{A} \quad (3.3\text{-}9)$$

Diese Gleichung ist nichts anderes als die 4. MAXWELLgleichung in Integralform. Sie korrespondiert zur (Strom-)Knotenregel Gl. 2.3-12 und stellt die KIRCHHOFFsche Flußknotenregel dar, die mit der Aussage, daß die Summe aller Flüsse in einem Knoten verschwinden muß, neben dem später betrachteten Durchflutungsgesetz eine der beiden Grundlagen zur Analyse magnetischer Kreise darstellt. Wie beim Strom ist eines der Vorzeichen auszuwählen, je nachdem, ob der Flußzählpfeil in Richtung (+) oder in Gegenrichtung (–) zu der frei vorgebbaren Knotenzu- oder -abflußrichtung weist:

$$\sum_i \pm \Phi_i = 0. \qquad \sum_i \pm \Psi_i = Q; \quad \sum_i \pm I_i = 0 \quad (3.3\text{-}10)$$

Aus der integralen Form der 4. MAXWELLgleichung läßt sich mittels der Herleitung der differentiellen Form des GAUßschen Satzes der Elektrostatik in Abschnitt 1.7.4 rasch auf die differentielle schließen. Aufgrund der nicht vorhandenen magnetischen Monopole ($\rho_m = 0$) ersetzen wir dort in allen Gleichungen die elektrische durch die magnetische Flußdichte und die Raumladung zu Null:

$$\boxed{\nabla \cdot \boldsymbol{B} = \operatorname{div}\boldsymbol{B} = 0}. \qquad \operatorname{div}\boldsymbol{D} = \rho; \quad \operatorname{div}\boldsymbol{S} = -\frac{\mathrm{d}\rho}{\mathrm{d}t} \quad (3.3\text{-}11)$$

Wir erkennen, daß $\boldsymbol{B}$-Feldlinien niemals Quellen oder Senken aufweisen - im Gegensatz zum COULOMBfeld, bei dem die $\boldsymbol{D}$- und $\boldsymbol{E}$-Feldlinien Quellen bzw. Senken bei positiven bzw. negativen Ladungen haben. $\boldsymbol{B}$-Feldlinien bilden Wirbel um zeitveränderliche Ladungen bzw. um deren COULOMBfelder - das $\boldsymbol{B}$-Feld ist ein quellenfreies Wirbelfeld. Die Feldlinien zeigen senkrecht zum stromdurchflossenen Leiter, dessen vektorielle Richtung wir festlegen können, indem wir der Länge $\boldsymbol{l}$ Vektorcharakter in Stromrichtung geben. Die Stromstärke selbst ist, wie in Abschnitt 2.3 dargelegt, kein Vektor, sondern diese Eigenschaft müssen wir der Stromdichte zubilligen.

Die Nichtexistenz magnetischer Monopole ist genauso fundamental und mathematisch nicht herleitbar, wie die Existenz elektrischer Ladungen und die Endlichkeit der

Lichtgeschwindigkeit. Proton und Elektron sind COULOMBsche Monopole, allerdings mit der Einschränkung, daß aufgrunddessen, daß wir nur Vorgänge kennen, bei denen positive und negative Ladungen paarweise entstehen bzw. vernichtet werden, zu jedem COULOMBschen Monopol immer ein zugehöriger Gegenpol irgendwo existieren muß (Ladungserhaltungsgesetz). Da wir keine magnetischen Monopole kennen, gibt es keine Objekte, an denen magnetische Flußfeldlinien beginnen oder enden könnten. Dies ist bis auf exotische Fälle identisch mit der Aussage, daß sie in sich geschlossen sind.

Vermutlich gibt es auch keine magnetischen Monopole; bestimmte Hypothesen über den Ablauf des Urknalls lassen jedoch zumindest zu, daß es einmal welche gegeben hat. Frappierend ist allerdings, daß nach Berechnungen des NOBELpreisträgers P. A. M. DIRAC 1931 aus der Existenz magnetischer Monopole für alle elektrischen Ladungen wegen der Quantelung des Elementardrehimpulses zwingend folgt, daß sie ein ganzzahliges Vielfaches einer Elementarladung sein müssen. Nichts anderes beobachten wir, es ist bis heute jedoch strittig ob der Umkehrschluß genauso zwingend ist.

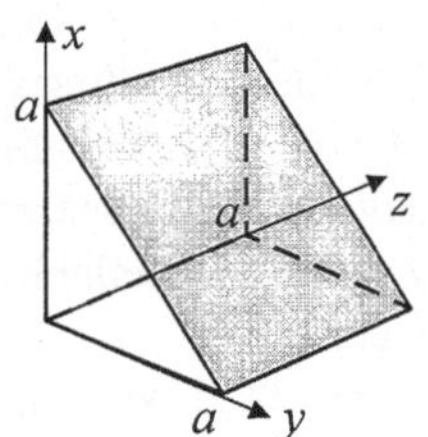

Aufgabe 3.3.5-1: Man überprüfe, ob es sich um mögliche Flußdichtefelder handelt: (1, 12, −5) T; $\vec{e}_r \mathrm{Vs}/r^2$; $B_0 \cdot (\cos y/a, \sin x/b, 1)$; $(B_1 \cos x/a, B_2 \sin y/b, 0)$, $B_0(\vec{e}_r \cos\varphi + \vec{e}_\varphi \sin\varphi)$. Das letzte Feld überprüfe man zusätzlich mit MATHCAD.
Aufgabe 3.3.5-2: Ein Magnetfeld ist mit seinen kartesischen Komponenten zu $\boldsymbol{B} = (4xyz \cdot \sin\omega t \cdot \mathrm{T/m^3}, -3z^3 \cdot \cos\omega t \cdot \mathrm{T/m^3}, B_z)$ gegeben. Man bestimme B_z.
***Aufgabe 3.3.5-3**: Man überprüfe die Divergenzfreiheit des Feldes $(0, -z, y)\mathrm{T}/\sqrt{y^2 + z^2}$, indem man die 4. MAXWELLgleichung in ihrer integralen Form am Beispiel des dargestellten Körpers verifiziert. Dazu beschreibe man das Feld zunächst mit Worten.

3.4 LORENTZkraft F_L

Mit der Vektordarstellung der Flußdichte und der Stromrichtung läßt sich die Kraft ebenfalls vektoriell beschreiben. Damit sind Bewegungen von Ladungen im beliebig orientierten Magnetfeld **B** berechenbar. Bei inhomogenem Strömungsfeld **S** läßt sich die Wechselwirkung mit einem beliebigen äußeren Magnetfeld **B** bestimmen und in Analogie zum COULOMBschen Dipol ist ein magnetischer Dipol definierbar, der sich unter dem Einfluß eines äußeren Magnetfelds **B** dreht.

3.4.1 Vektordarstellung der LORENTZkraft

Mit der Richtungsfestlegung der magnetischen Flußdichte **B** können wir die Richtung der magnetischen ***LORENTZkraft*** $\boldsymbol{F}_L$ als Vektordarstellung der magnetischen Kraft der Gln. 3.2-9/11 im Zusammenhang mit der Stromrichtung **l** festlegen. Anhand der Abb. 3.4-1 erkennen wir, daß die Kraftwirkung senkrecht zu der Magnetfeldlinie des verursachenden Leiters und senkrecht zu der Stromrichtung des Wirkungsleiters weist. Ein Vektor, der senkrecht zu zwei anderen steht, läßt sich durch ein Vektorprodukt ausdrükken, das wir schon in der Elektrostatik beim Drehmoment des COULOMBschen Dipols in Abschnitt 1.5.1 kennengelernt haben:

$$\boldsymbol{F}_L := q\boldsymbol{v} \times \boldsymbol{B} = I\boldsymbol{l} \times \boldsymbol{B}. \qquad \boldsymbol{F}_C = Q\boldsymbol{E} \quad (3.4\text{-}1)$$

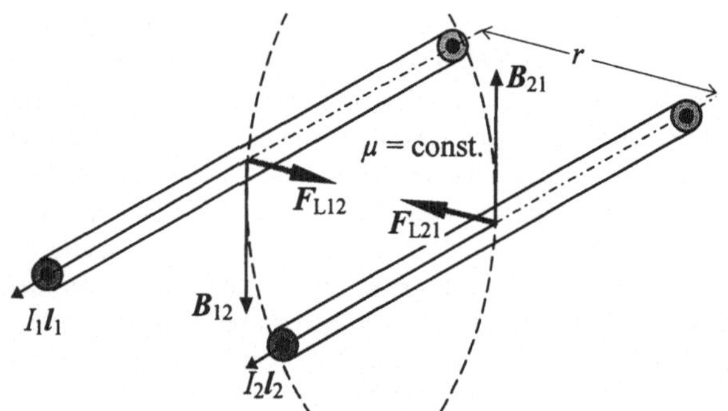

Abb. 3.4-1: LORENTZkraft zweier stromdurchflossener Linienleiter.

Zur Verifikation der Richtungen in einer geometrischen Anordnung kann wieder die rechte Hand dienen: Zeigt der Daumen in Stromrichtung $I\boldsymbol{l}$ oder in Richtung der bewegten positiven Ladung $q\boldsymbol{v}$, und der Zeigefinger in Richtung des Magnetfelds $\boldsymbol{B}$, so zeigt der Mittelfinger in Kraftrichtung $\boldsymbol{F}_\mathrm{L}$ bzw. bei einem Elektron entgegen der Kraftrichtung. Die Fingerreihenfolge entspricht also der Gleichung $I\boldsymbol{l} \times \boldsymbol{B} = \boldsymbol{F}_\mathrm{L}$. Alternativ läßt sich bei gemessener Kraftrichtung $\boldsymbol{F}_\mathrm{L}$ (Daumen) und Stromrichtung $I\boldsymbol{l}$ (Zeigefinger) die Magnetfeldrichtung $\boldsymbol{B}$ über den Mittelfinger entsprechend $\boldsymbol{F}_\mathrm{L} = I\boldsymbol{l} \times \boldsymbol{B}$ bestimmen.

Möchten wir den Betrag der LORENTZkraft kennen, so ist der Sinus des Winkels zwischen Stromrichtung und Feld mit einzubeziehen:

$$F_\mathrm{L} = qvB\sin\underline{\angle\, \boldsymbol{v},\boldsymbol{B}} = IlB\sin\underline{\angle\, \boldsymbol{l},\boldsymbol{B}}\,. \tag{3.4-2}$$

Speziell für den zuvor betrachteten Fall, daß Bewegungs- bzw. Stromrichtung und verursachendes Feld senkrecht aufeinander stehen, vereinfacht sich die Gleichung für den Kraftbetrag zu

$$F_\mathrm{L} = qvB = IlB, \tag{3.4-3}$$

und wir erhalten mit der Definition von B wieder die vorstehenden skalaren Kraftformeln für F_m. Speziell ist dies bei zwei parallelen Stromleitern entspr. Abb. 3.4-1 der Fall. Insbesondere gilt folglich für die Gesamtkraft als Vektor von Gl. 3.2-10 auf eine bewegte Ladung q bei nicht neutralisiertem COULOMBanteil als Summe von COULOMB- und LORENTZkraft die LORENTZbeziehung:

$$\boldsymbol{F}_\mathrm{CL} := q(\boldsymbol{E} + \boldsymbol{v} \times \boldsymbol{B}). \tag{3.4-4}$$

Der COULOMBanteil tritt also nur auf, wenn die verursachende Ladung nicht kompensiert wird, so wie bei den frei fliegenden Ladungen, z.B. ein Elektronenstrahl in einer BRAUNschen Röhre (1897; FERDINAND BRAUN, NOBELpreis 1909).

Bei diesen Kräften tritt also ein Vektorprodukt auf, charakteristisch für viele Beziehungen zwischen Vektoren des magnetischen Felds. Ein Vektorprodukt läßt sich mit einer 3×3 - Determinante universell in seine Komponenten zerlegen. Dazu ist die erste Spalte mit dem ersten, die zweite Spalte mit dem zweiten Vektor und die dritte aus den drei Einheitsvektoren des gewählten Koordinatensystems zu füllen (alternativ mit Zeilen). Am Beispiel kartesischer Koordinaten heißt das:

$$F_L = q\begin{vmatrix} v_x & B_x & \vec{e}_x \\ v_y & B_y & \vec{e}_y \\ v_z & B_z & \vec{e}_z \end{vmatrix} = \begin{pmatrix} q(v_yB_z - v_zB_y) \\ q(v_zB_x - v_xB_z) \\ q(v_xB_y - v_yB_x) \end{pmatrix} = \begin{pmatrix} F_{Lx} \\ F_{Ly} \\ F_{Lz} \end{pmatrix}. \tag{3.4-5}$$

Als eine erste Anwendung wollen wir den dynamischen Lautsprecher betrachten, bei dem eine aus N Windungen bestehende Schwingspule entsprechend der Darstellung in Abb. 3.4-2 frei beweglich um einen zylindrischen Pol eines Topfmagneten gewickelt ist. Im Luftspalt zwischen den Polen herrscht normal zum Stromfluß die konstante Flußdichte B. Hat eine Wicklungslage die Länge l und schwingt der Strom $i(t)$ im Rhythmus eines Musik- oder Sprachsignals, folgt die auf die Membran übertragene LORENTZkraft mit $F_L(t) = NlBi(t)$, in der dargestellten Momentaufnahme nach außen, in der nächsten Halbschwingung, da sich der Strom umdreht, nach innen.

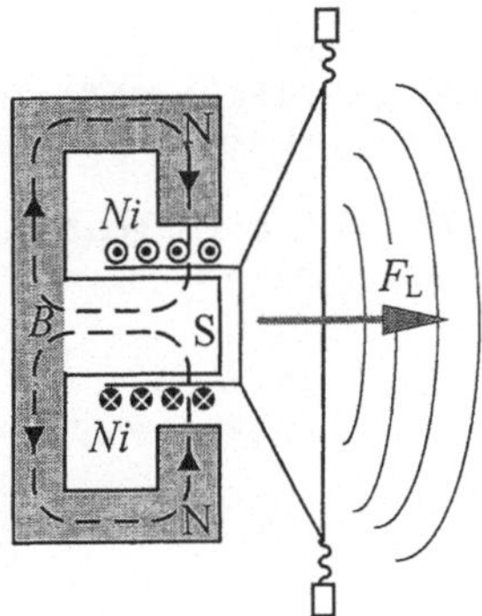

Abb. 3.4-2:
Prinzip des dynamischen Lautsprechers.

Das Prinzip läßt sich auch umkehren, indem ein extern erzeugter Schall die Membran bewegt und so in der Spule, wie im nächsten Kapitel beschrieben, Spannungen induziert werden. Mit kompakterer Bauform entsteht so ein Tauchspulenmikrofon.

Aufgabe 3.4.1-1: Ein gerader Leiter mit $I = 5$ A verlaufe in der xy-Ebene eines Koordinatensystems mit einer Steigung von $\varphi = 30°$ zur x-Achse. Welche Kraft $\boldsymbol{F}_L$, zerlegt nach Betrag und Einheitsvektor, wirkt auf eine Länge von $l = 8$ cm, wenn im Raum ein Flußdichtefeld $\boldsymbol{B} = (1, 2, -3)$ T herrscht?

Aufgabe 3.4.1-2: Ist die LORENTZkraft konservativ?

***Aufgabe 3.4.1-3:** Drei parallele gerade Leiter eines Drehstromsystems sind im Abstand a zu einem gleichseitigen Dreieck angeordnet, und werden von drei Wechselströmen mit gleicher Amplitude $\hat{i}$, aber jeweils $\varphi = 120°$ Phasenverschiebung durchflossen. Man berechne den Betrag des Zeitverlaufs der Kraft pro Länge $F_L(t)/l$ auf einen Leiter.

3.4.2 Volumenkraftdichte

Möchten wir die LORENTZkraft auf ein Volumengebiet innerhalb eines Leiters kennen, durch das ein Teil des Stroms hindurchfließt und das vielleicht noch dazu inhomogen in seiner Stromverteilung ist, so ist dies nur über die Kenntnis der Verteilung der Stromdichte $\boldsymbol{S}$ möglich. Wir betrachten entspr. der Definitionsgleichung für die LORENTZkraft zunächst den Anteil $\mathrm{d}\boldsymbol{F}_L$ auf ein differentiell kleines Volumenelement $\mathrm{d}V$ der Länge und Stromflußrichtung $\mathrm{d}\boldsymbol{l}$ sowie der Fläche $\mathrm{d}\boldsymbol{A}$, wobei auch der Flächennormalenvektor in Stromfluß- sprich: in $\boldsymbol{l}$-Richtung - zeigt: $\mathrm{d}V = \mathrm{d}\boldsymbol{A}\cdot\mathrm{d}\boldsymbol{l}$. Somit ergibt sich:

$$\mathrm{d}\boldsymbol{F}_\mathrm{L} = I\mathrm{d}\boldsymbol{l} \times \boldsymbol{B} = \boldsymbol{S}\cdot\mathrm{d}\boldsymbol{A}\ \mathrm{d}\boldsymbol{l} \times \boldsymbol{B} = \boldsymbol{S}\mathrm{d}V \times \boldsymbol{B} = \boldsymbol{S} \times \boldsymbol{B}\mathrm{d}V. \tag{3.4-6}$$

$$\boldsymbol{f}_{\mathrm{L}V} = \frac{\mathrm{d}\boldsymbol{F}_\mathrm{L}}{\mathrm{d}V} = \boldsymbol{S} \times \boldsymbol{B} \tag{3.4-7}$$

repräsentiert somit die in Abschnitt 1.7.3 bereits vorgestellte Volumenkraftdichte. Die LORENTZkraft auf ein endliches Volumen der Größe V errechnet sich durch Integration:

$$\boldsymbol{F}_\mathrm{L} = \iiint_V \boldsymbol{f}_{\mathrm{L}V}\mathrm{d}V = \iiint_V \boldsymbol{S} \times \boldsymbol{B}\mathrm{d}V. \tag{3.4-8}$$

Mit Gl. 4 erhalten wir für die Gesamtvolumenkraftdichte auf ein Gebiet mit bewegten Ladungen wegen $\boldsymbol{S} = \rho\boldsymbol{v}$:

$$\boldsymbol{f}_{\mathrm{CL}V} := \rho(\boldsymbol{E} + \boldsymbol{v} \times \boldsymbol{B}). \tag{3.4-9}$$

Aufgabe 3.4.2-1: Man überprüfe, ob die Umformung $(\boldsymbol{S}\cdot\mathrm{d}\boldsymbol{A})\mathrm{d}\boldsymbol{l} = \boldsymbol{S}\mathrm{d}V$ generell erlaubt ist.
Aufgabe 3.4.2-2: Welche Beziehung gilt zwischen Lorentzkraft $\boldsymbol{F}_\mathrm{L}$, Strombelag $\boldsymbol{K}$ und Flußdichte $\boldsymbol{B}$?
Aufgabe 3.4.2-3: Zwei lange Zylinderleiter mit Strömen I_1, I_2 und Radien a verlaufen parallel im Abstand d der Mittelachsen. Man berechne $\boldsymbol{f}_{\mathrm{L}V}(r)$ und $\boldsymbol{f}_{\mathrm{L}V}(x,y)$ in einem der Leiter.
***Aufgabe 3.4.2-4:** Man berechne aus der vorigen Aufgabe mithilfe von **MATHCAD** $\boldsymbol{F}_\mathrm{L}$ für eine gegebene Leiterlänge l, und vergleiche das Ergebnis mit der LORENTZkraft für Linienleiter, also $a \to 0$.

3.4.3 HALL-Effekt

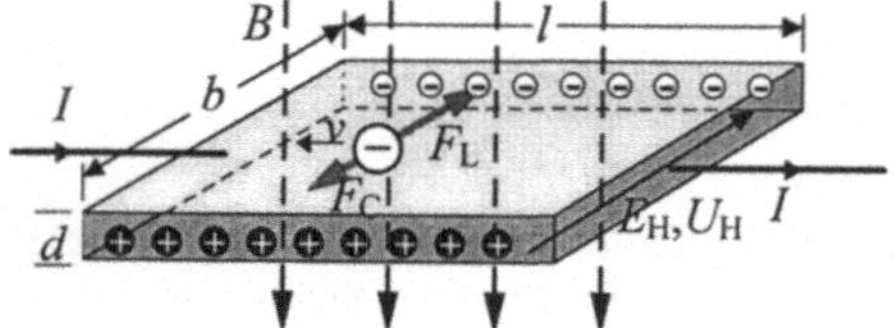

Abb. 3.4-3: HALLplättchen.

Ein wichtiges Einsatzgebiet der LORENTZkraft ist die Meßtechnik. Mittels eines entspr. Abb. 3.4-3 vom Strom I durchflossenen Halbleiter-HALLplättchens (E. H. HALL, 1880), das senkrecht von einem Magnetfeld der Stärke B durchsetzt wird, kann eine HALL-spannung U_H zwischen den gegenüberliegenden Enden gemessen werden. Dazu werden die Elektronen mit der LORENTZkraft $F_\mathrm{L} = evB$ nach hinten abgelenkt, wodurch vorne eine Elektronenverarmung auftritt, die positiv ionisierte Atomrümpfe hinterläßt.

Dies führt zum Aufbau eines elektrischen Felds E_H mit COULOMBkraft $F_\mathrm{C} = eE_\mathrm{H}$, wobei im Gleichgewicht $F_\mathrm{L} = F_\mathrm{C}$ gelten muß, d.h. $E_\mathrm{H} = vB$. Mit $I = nevA = nevbd$ und $U_\mathrm{H} = E_\mathrm{H}b = Bvb$ folgt für die ***HALLspannung*** U_H und den ***HALLwiderstand*** R_H:

$$U_\mathrm{H} = \frac{1}{ne}\frac{IB}{d} = c_\mathrm{H}\frac{IB}{d}, \quad R_\mathrm{H} := \frac{U_\mathrm{H}}{I} = \frac{1}{ne}\frac{B}{d} = c_\mathrm{H}\frac{B}{d}. \qquad [c_\mathrm{H}] = \frac{\mathrm{cm}^3}{\mathrm{C}}. \tag{3.4-10}$$

Die ***HALLkonstante*** $c_\mathrm{H} = 1/ne$ als inverse Raumladung freier Ladungsträger ist umgekehrt proportional zur Ladungsträgerdichte n. Wir erkennen anhand der Formel, daß nur Halbleiter als HALLplättchen geeignet sind. Wegen n im Nenner ist bei Metallen mit $n = N$ nach Gl. 2.1-4 die Spannung zu gering. Bei Isolatoren ist der Widerstand zu groß, als daß ein hinreichend hoher Strom I fließen könnte.

Im Prinzip ist auch dieser Effekt schon der im nächsten Kapitel betrachteten Magnetodynamik zuzurechnen, denn durch die beschriebene Anordnung wird eine elektrisches Feld aus einem magnetischen erzeugt. Um die LORENTZkraft und ihre wichtigen Anwendungen nur einmal geschlossen zu behandeln, sei der HALLeffekt hier beschrieben.

Geometrische Abmessungen liegen typisch im mm-Bereich. Einsatzgebiete findet das HALLplättchen u.a.

- als **HALLsonde** zur Messung magnetischer Felder: wenn der Strom I vorgegeben ist, kann ein B-Feld ausgemessen werden.
- als **Feldplatte** ebenfalls zur Messung magnetischer Felder, indem durch die Ladungsträgerablenkung der effektiv zur Verfügung stehende Querschnitt verjüngt wird und sich R_{H} erhöht. Durch Einbau in eine WHEATSTONE-Brücke und Abgleich läßt sich auf das Feld zurückschließen.
- als **Magnetscanner** zum lesen magnetischer Folien (Disketten, Tonbänder), indem die dort gespeicherte Information über einen Ferritkern der HALLsonde zugeführt wird, auch wenn diese ruhen.
- als **HALLmultiplizierer**: wenn das Magnetfeld von einem zweiten Strom herrührt und der Bezug zu diesem bekannt ist, ist die HALLspannung proportional dem Produkt der Ströme.
- zur **Dotierungskontrolle** bei der Halbleiterfertigung, d.h. zur Messung von n, wenn I und B bekannt sind.
- als **HALLgenerator** zur Messung von Flußänderungen bei bewegten Permanentmagneten, z.B. rotierend am Zündverteiler eines OTTOmotors. Die Spannung ändert sich pulsartig und kann zur Steuerung des Zündfunkens ausgewertet werden. Auch Geschwindigkeitsmessungen sind möglich (Fahrrad).

Für die HALLkonstanten von Kupfer mit $n_{\mathrm{Cu}} \approx 10^{23}/\mathrm{cm}^3$ und Germanium mit $n_{\mathrm{Ge}} \approx 2{,}5 \cdot 10^{13}/\mathrm{cm}^3$ gilt näherungsweise:

$$c_{\mathrm{HCu}} \approx 6 \cdot 10^{-4} \frac{\mathrm{cm}^3}{\mathrm{C}}, \qquad c_{\mathrm{HGe}} \approx 2{,}5 \cdot 10^5 \frac{\mathrm{cm}^3}{\mathrm{C}}. \tag{3.4-11}$$

HALLspannungen liegen bei Halbleitern in der Größenordnung von einigen 100 mV. Einsatz finden vor allem die sehr temperaturstabilen Verbundhalbleiter InAs ($c_{\mathrm{H}} \approx 100$ cm^3/C), InAsP ($c_{\mathrm{H}} \approx 180$ cm^3/C). Die Hallkonstante von InSb nimmt mit wachsender Temperatur stark ab.

Eine interessante physikalische Eigenschaft weist die dünne Elektronenschicht des Kanals unter dem isolierten Gate der in Abschnitt 2.9.5.2 vorgestellten MOSFETs auf. Bei Temperaturen nahe dem absoluten Nullpunkt und starkem Magnetfeld verläuft $R_{\mathrm{H}}(B)$ gequantelt gemäß

$$R_{\mathrm{H}k} = \frac{h}{ke^2} = \frac{25\,812{,}8}{k}\Omega, \qquad \text{insbes.} \quad R_{\mathrm{H}4} = 6\,453{,}2\Omega. \tag{3.4-12}$$

Dieser von KLAUS V. KLITZING 1980 entdeckte Quanten-HALLeffekt (NOBELpreis 1985) erlaubt u.a. die sehr genaue meßtechnische Erfassung der Einheit Ω, insbes. über $R_{\mathrm{H}4}$, da sie sich direkt über die sehr genau bekannten Naturkonstanten h und e erfassen läßt.

Aufgabe 3.4.3-1: Auf welche Weise kann mit einer HALLsonde festgestellt werden, ob ein Halbleiter n- oder p-dotiert ist.
Aufgabe 3.4.3-2: Ein n-leitendes Germaniumplättchen mit $N_D = 10^{14}/\text{cm}^3$ mit $l = 3$ mm, $b = 1{,}5$ mm und $d = 1$ mm werde senkrecht von $B = 0{,}25$ T durchsetzt. Der homogen verteilte Strom im Plättchen betrage $I = 15$ mA. Man berechne die LORENTZkraft F_L auf ein Elektron, sowie die HALLspannung U_H.
Aufgabe 3.4.3-3: Die o.a. HALLsonde sei mit ihrer Längskante im Abstand von $a = 1$ mm parallel zu einem mit I_0 stromdurchflossenen Leiter plaziert. Welchen Wert hat I_0, wenn B den Mittelwert der Flußdichte durch die Sonde repräsentiert?

3.4.4 Kraft auf ein bewegtes Elektron im Magnetfeld

Frei fliegende Elektronen haben wir bereits im Abschnitt 2.4 über Raumladungsströmungen mit Anwendungen in Elektronenröhren kennengelernt (Diode, Triode, Pentode). Ihre Steuerung erfolgte dort durch ein elektrisches Feld. Gleichwohl kann dies durch magnetische Felder geschehen, wobei die magnetischen Kräfte bei vorgegebenen Spannungsbereichen (Isolation, Durchbruch) i.allg. größer sind. Demgegenüber ist die magnetische Erzeugung der hier oft homogen benötigten Magnetfelder durch kompliziert gewickelte Spulen aufwendiger. Typische Anwendungen von Magnetfeldern zur Ablenkung freier Raumladungen sind:

- Im **Zyklotron** (LAWRENCE, 1931) werden Elektronen in einer zylindrischen Dose, die parallel zur Achse von einem homogenen Magnetfeld durchsetzt wird, durch eine zur unten berechneten Zyklotronfrequenz synchronisierten Wechselspannung auf eine sich öffnende Wendelbahn gezwungen, und erreichen dort relativistische Geschwindigkeiten, mit denen sich zahlreiche Erkenntnisse zur Atomphysik gewinnen lassen.

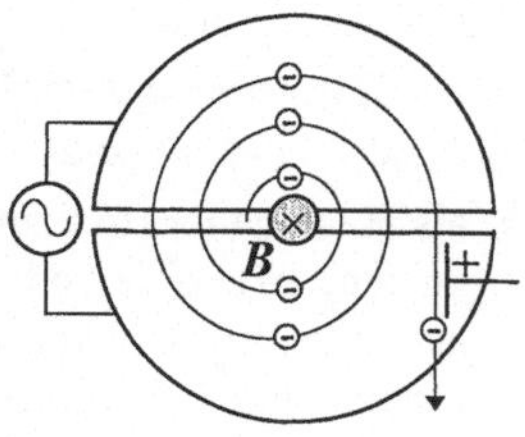

- Im **Magnetron** wirkt ein Magnetfeld entspr. Abschnitt 2.4 auf eine Raumladungsströmung in einer Vakuumröhre mit fadenförmiger Glühkathode K und koaxial dazu liegender kalter Anode A. Das von einer äußeren mit I stromdurchflossenen Spule ebenfalls axial gerichtete Magnetfeld $\boldsymbol{B}$ krümmt die Elektronenbahnen zur Anode, und bei hohen Flußdichten fliegen diese gar zur Kathode zurück. Auf diese Weise ist ein magnetisch gesteuerter Verstärkungseffekt ähnlich dem eines Gitters bei elektrischer Steuerung zu erreichen. Hiermit lassen sich HF-Schwingungen erzeugen.

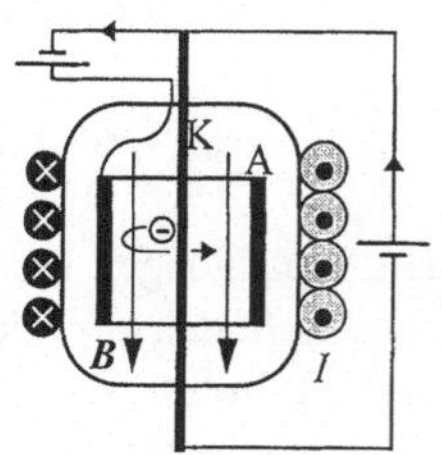

- **Magnetische Linsen** lassen sich analog zu optischen Linsen durch Magnetfelder parallel zur Strahlachse realisieren. Versuchen die Elektronen aufgrund ihrer elektrostatischen Abstoßung zur Seite wegzubrechen, werden sie vom Magnetfeld zurückgepfiffen.

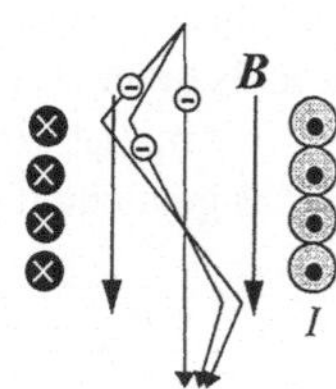

- In der **BRAUNschen Röhre** wirkt ein normal zur Flugrichtung der Elektronen homogenes Magnetfeld als Ablenkeinheit und bestimmt ihren Auftreffort im Fernseher auf dem Bildschirm, wo sie auf einer Zinksulfidschicht die Farben hervorrufen (s. Aufgabe).

Wir wollen nun zum grundsätzlichen Verständnis der Wechselwirkung zwischen einem äußeren homogenen Magnetfeld $\boldsymbol{B}_z$ und einer frei beweglichen Elementarladung $-e$ mit Masse m_e deren Bahn (Trajektorie) $\boldsymbol{x}(t)$ im Feld beschreiben. Dazu erhalte das Elektron entspr. Abb. 3.4-4 eine bestimmte Anfangsgeschwindigkeit $\boldsymbol{v}_0$.

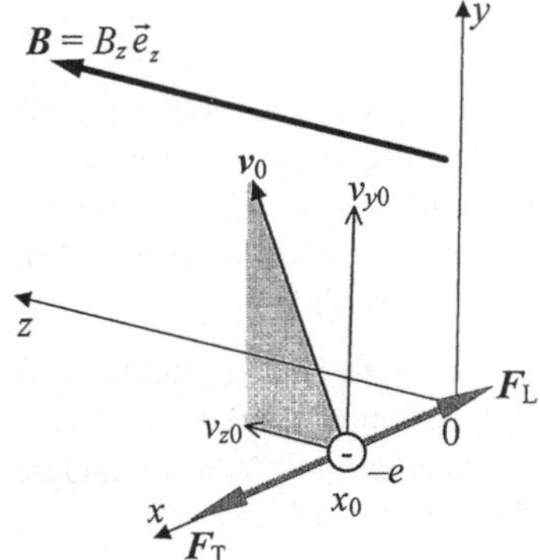

Abb. 3.4-4: Konfiguration bei Eintritt des Elektrons in das Magnetfeld.

3.4.4.1 Aufstellen der Geschwindigkeitsdifferentialgleichungen

Mathematisch seien die o.a. Vorgaben mit kartesischen Vektorkomponenten in kartesischen Koordinaten wie folgt beschrieben:

$$\boldsymbol{B} = \begin{pmatrix} 0 \\ 0 \\ B_z \end{pmatrix} = B_z \vec{e}_z, \qquad \boldsymbol{x}_0 = \begin{pmatrix} x_0 \\ 0 \\ 0 \end{pmatrix} = x_0 \vec{e}_x, \qquad \boldsymbol{v}_0 = \begin{pmatrix} 0 \\ v_{y0} \\ v_{z0} \end{pmatrix}. \quad (3.4\text{-}13)$$

Das Magnetfeld weist homogen und konstant in z-Richtung. Das Ladungsteilchen trete zum Zeitpunkt $t = 0$ am Ort x_0 auf der x-Achse mit den Anfangsgeschwindigkeitskomponenten v_{y0} und v_{z0}, also mit Normal- und Tangentialanteil zum Feld, in dieses ein. Die Bahn des Teilchens muß sich aus der Kräftebilanz zwischen Massenträgheitskraft $\boldsymbol{F}_\mathrm{T}$ und LORENTZkraft $\boldsymbol{F}_\mathrm{L}$ ergeben:

$$\underbrace{m_e \dot{\boldsymbol{v}}}_{-\boldsymbol{F}_\mathrm{T}} + \underbrace{e\boldsymbol{v} \times \boldsymbol{B}}_{-\boldsymbol{F}_\mathrm{L}} = 0 \quad \Rightarrow \quad m_e \begin{pmatrix} \dot{v}_x \\ \dot{v}_y \\ \dot{v}_z \end{pmatrix} = -e \begin{vmatrix} v_x & 0 & \vec{e}_x \\ v_y & 0 & \vec{e}_y \\ v_z & B_z & \vec{e}_z \end{vmatrix} = e \begin{pmatrix} -v_y B_z \\ v_x B_z \\ 0 \end{pmatrix}. \quad (3.4\text{-}14)$$

Man überprüfe die Korrektheit der Vorzeichen mittels der o.a. Rechte-Hand-Regel.

Dies sind drei möglicherweise verkoppelte DGLn bzw. eine Vektor-DGL für $\boldsymbol{v}(t)$. Von deren Lösung erwarten wir, daß wir uns einen Zeitpunkt t vorgeben können und dann die drei Geschwindigkeitskomponenten $v_x(t)$, $v_y(t)$ und $v_z(t)$ kennen. Wir formen die DGL in ihre Standarddarstellung mit den Ableitungen nach links um, wobei wir eine Kreisfrequenz ω einführen, deren physikalische Bedeutung unten erläutert wird.

$$\begin{pmatrix} \dot{v}_x \\ \dot{v}_y \\ \dot{v}_z \end{pmatrix} + \frac{eB_z}{m_e} \begin{pmatrix} v_y \\ -v_x \\ 0 \end{pmatrix} = 0, \qquad \omega := \frac{eB_z}{m_e}; \qquad \Rightarrow \begin{array}{ll} 1. & \dot{v}_x + \omega v_y = 0 \\ 2. & \dot{v}_y - \omega v_x = 0 \\ 3. & \dot{v}_z = 0. \end{array} \quad (3.4\text{-}15)$$

3.4.4.2 Lösen der Geschwindigkeitsdifferentialgleichungen

Wenden wir uns mit der Beschleunigung a zunächst der am einfachsten zu lösenden 3. Gleichung zu

$$\dot{v}_z(t) = a_z(t) = 0 \qquad \Rightarrow \quad v_z(t) = \text{const.} \overset{!}{=} v_z(\boldsymbol{x}_0) = v_{z0}. \tag{3.4-16}$$

Die Ladung erfährt bzgl. der z-Komponente ihrer Geschwindigkeit keine Änderung, da diese tangential zum Magnetfeld verläuft, und nur Normalanteile von diesem beeinflußt werden. Die Bahn des Teilchens in z-Richtung verläuft also so, als sei das Magnetfeld nicht vorhanden. Da der Ladung eine Anfangsgeschwindigkeit v_{z0} mitgegeben wurde, wird sie diese zumindest beibehalten, bis sie das Feld verläßt.

Wir erkennen, daß 1. und 2. verkoppelt sind, d.h. um $v_x(t)$ zu kennen, müßte $v_y(t)$ bekannt sein und umgekehrt; wir müssen sie zur Lösung entkoppeln. Eine universelle Vorgehensweise besteht darin, eine der Gleichungen abzuleiten und dann die andere einzusetzen. Wir leiten 2. ab, lösen sie nach $\dot{v}_x$ auf und setzen sie in 1. ein:

$$\ddot{v}_y - \omega\dot{v}_x = 0 \qquad \Rightarrow \quad \dot{v}_x = \frac{\ddot{v}_y}{\omega} \qquad \Rightarrow \quad \frac{\ddot{v}_y}{\omega} + \omega v_y = 0 \qquad \Rightarrow \quad \ddot{v}_y + \omega^2 v_y = 0. \tag{3.4-17}$$

Dies ist nun im Gegensatz zu den bisher bei Ausgleichsvorgängen und Schwingungen in RC-Netzwerken betrachteten DGLn eine DGL 2. Ordnung. Die Auflösung kann prinzipiell wieder durch Integration stattfinden. Ein pragmatischerer Ansatz besteht darin, nach einer Funktion zu suchen, die sich nach zweimaliger Ableitung auf sich selbst abbildet, denn setzen wir diese und ihre zweite Ableitung in die DGL ein, wird sich die Ansatzfunktion wegkürzen.

Prinzipiell weisen Exponential-, Sinus- und Cosinusfunktionen diese Eigenschaften auf, wobei sich die letzten beiden wieder aus ersterer zusammensetzen. Die geschickte Wahl aus dieser Gruppe durch etwas Vorüberlegung kann einige Rechenarbeit ersparen. Die gesuchte Funktion $v_y(t)$ muß den Anfangsbedingungen

$$v_y(0) \overset{!}{=} v_{y0} \neq 0 \qquad \text{und} \qquad \dot{v}_y(0) \overset{!}{=} \omega v_x(0) = 0 \tag{3.4-18}$$

genügen. Letztere Beziehung entstammt wieder 2. Damit ist die Wahl der Cosinusfunktion klar, denn nur sie weist die zu fordernden Eigenschaften auf:

$$v_y(t) = v_{y0}\cos\omega t \qquad \Rightarrow \quad \dot{v}_y = -v_{y0}\omega\sin\omega t \qquad \Rightarrow$$

$$\ddot{v}_y = -v_{y0}\omega^2\cos\omega t = -\omega^2 v_y \qquad \Rightarrow \quad f_Z = \frac{\omega}{2\pi} = \frac{eB_z}{2\pi m_e}. \tag{3.4-19}$$

Die ***Zyklotronfrequenz*** f_Z läßt sich also durch zweifache Ableitung des Ansatzes und Koeffizientenvergleich mit der DGL 2. Ordnung verifizieren. Sie hängt nicht von den Anfangsbedingungen ab.

Offenbar führt die Ladung in y-Richtung eine Schwingung mit ω aus. Den Verlauf von $v_x(t)$ erhalten wir nun aus der ursprünglichen DGL 2:

$$v_x(t) = \frac{\dot{v}_y}{\omega} = -v_{y0} \sin \omega t \qquad \Rightarrow \quad \boldsymbol{v}(t) = \begin{pmatrix} v_x(t) \\ v_y(t) \\ v_z(t) \end{pmatrix} = \begin{pmatrix} -v_{y0} \sin \omega t \\ v_{y0} \cos \omega t \\ v_{z0} \end{pmatrix}. \quad (3.4\text{-}20)$$

Die Schwingfrequenz in x-Richtung ist also die gleiche wie in y-Richtung, lediglich um 90° phasenverschoben.

3.4.4.3 Bestimmung der Trajektorie

Damit ist zu jedem Zeitpunkt t die Geschwindigkeit $\boldsymbol{v}(t)$ des Teilchens bekannt. Wichtiger ist jedoch die Kenntnis des Orts, um seine Bahn anzugeben. Wir erhalten ihn durch Integration:

$$\boldsymbol{x}(t) = \boldsymbol{x}_0 + \int_0^t \boldsymbol{v} \mathrm{d}t' = \begin{pmatrix} x(t) \\ y(t) \\ z(t) \end{pmatrix} = \begin{pmatrix} x_0 \\ 0 \\ 0 \end{pmatrix} + \int_0^t \begin{pmatrix} -v_{y0} \sin \omega t' \\ v_{y0} \cos \omega t' \\ v_{z0} \end{pmatrix} \mathrm{d}t'. \quad (3.4\text{-}21)$$

Wir lösen dieses Vektorintegral komponentenweise auf und beginnen wieder mit der einfachen dritten Koordinaten $z(t)$:

$$z(t) = \int_0^t v_{z0} \mathrm{d}t' = v_{z0} t. \quad (3.4\text{-}22)$$

Das Ergebnis überrascht uns nach den Vorüberlegungen nicht, besagt es doch, daß das Teilchen linear mit der Zeit und nur durch die Anfangsgeschwindigkeit v_{z0} in z-Richtung bestimmt, fortschreitet, da es bzgl. dieser Eigenschaft ja nicht unter dem Einfluß des Feldes steht. Führen wir noch die Integrationen für die x- und y-Komponenten aus, ergibt sich insgesamt:

$$\boldsymbol{x}(t) = \begin{pmatrix} x(t) \\ y(t) \\ z(t) \end{pmatrix} = \begin{pmatrix} x_0 + \frac{v_{y0}}{\omega}(\cos \omega t - 1) \\ \frac{v_{y0}}{\omega} \sin \omega t \\ v_{z0} t \end{pmatrix}. \quad (3.4\text{-}23)$$

Damit ist die Trajektorie in der Zeitparameterform gegeben. Interessanter ist es, zeitunabhängig den Weg $x(z)$, $y(z)$ zu kennen. Dazu lösen wir $z(t)$ zu $t(z)$ auf:

$$t = \frac{z}{v_{z0}} \qquad \Rightarrow \qquad \begin{pmatrix} x(z) \\ y(z) \end{pmatrix} = \begin{pmatrix} x_0 + \frac{v_{y0}}{\omega}(\cos \frac{\omega}{v_{z0}} z - 1) \\ \frac{v_{y0}}{\omega} \sin \frac{\omega}{v_{z0}} z \end{pmatrix}. \quad (3.4\text{-}24)$$

Sonderlich anschaulich ist diese Darstellungsform allerdings immer noch nicht. Wegen der cos- und sin-Funktionen mit gleichem Argument läßt sich eine Kreisgleichung erahnen. Wir lösen die Gleichung nach der Summe der Quadratur der beiden auf:

$$\underbrace{\left(\frac{v_{y0}}{\omega}\right)^2}_{\text{Radius } r}\underbrace{(\cos^2\frac{\omega}{v_{z0}}z+\sin^2\frac{\omega}{v_{z0}}z)}_{1}=(x-\underbrace{\left(x_0-\frac{v_{y0}}{\omega}\right)}_{\text{Kreismittelpunkt } x_\mathrm{M}})^2+y^2. \qquad (3.4\text{-}25)$$

3.4.4.4 Diskussion der Trajektorie

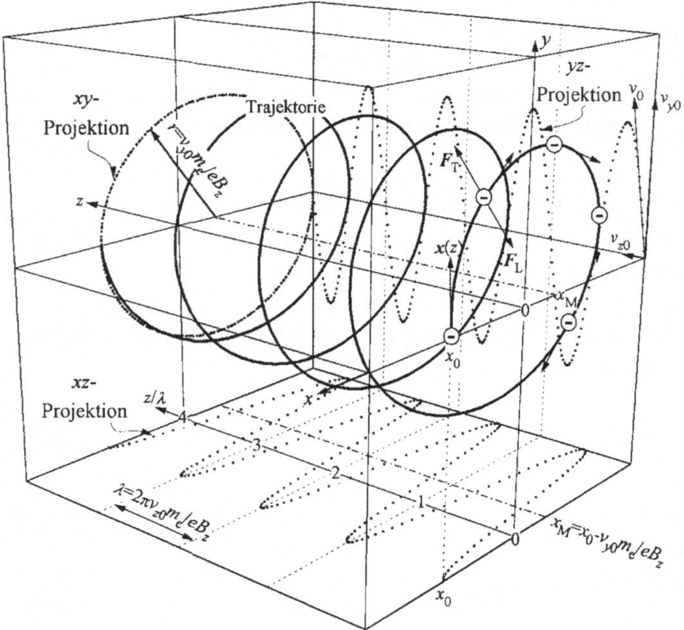

Abb. 3.4-5: Trajektorie eines Elektrons im homogenen in z-Richtung gerichteten $\boldsymbol{B}$-Feld.

Abb. 3.4-5 stellt die Trajektorie, die sich nun als gewendelte Bahn wegen des der Kreisbewegung überlagerten linearen Fortschritts in z-Richtung präsentiert, dar. Der Radius r ist umso größer, je größer die Normalanfangsgeschwindigkeit v_{y0} und die Masse m_e (Zentrifugalkraft) sind. Die Ladung $-e$ und die Stärke der Flußdichte B_z wirken als zentripetale Größen, versuchen also den Kreis zu verkleinern.

Die Zeit T als Inverse der Zyklotronfrequenz f_Z, die das Elektron braucht, um eine vollständige Drehung durchzuführen, errechnet sich aus der Kreisfrequenz:

$$T=\frac{2\pi}{\omega}=\frac{2\pi m_\mathrm{e}}{eB_z} \quad\Rightarrow\quad \lambda=v_{z0}T=\frac{2\pi v_{z0}m_\mathrm{e}}{eB_z}=2\pi r\frac{v_{z0}}{v_{y0}}. \qquad (3.4\text{-}26)$$

λ ist dabei entsprechend der Abbildung die Wegstrecke, also praktisch die Schwingungslänge, die es während einer vollständigen Drehung in z-Richtung zurücklegt. Sie verhält sich zum Umfang der Kreisbahn $2\pi r$ wie die Anfangsgeschwindigkeiten und hängt in dieser Beziehung nicht von e, B und m_e ab.

Hiermit lassen sich die DGLn 1 und 2 auch direkt für $x(z)$ und $y(z)$ angeben; gestrichene Größen stellen Ableitungen nach z dar:

$$\Omega := \frac{2\pi}{\lambda} = \frac{eB_z}{m_e v_{z0}} = \frac{\omega}{v_{z0}} \quad \Rightarrow \quad \begin{matrix} 1. & x'' + \Omega y' = 0 & \Rightarrow & x'' = -\Omega y' \\ 2. & y'' - \Omega x' = 0 & \Rightarrow & y'' = \Omega x'. \end{matrix} \tag{3.4-27}$$

Fragen wir nach dem Weg s, den das Teilchen entlang der Bahn zurücklegt, erhalten wir ihn mit $\mathrm{d}s = \sqrt{\mathrm{d}x^2 + \mathrm{d}y^2 + \mathrm{d}z^2}$ über

$$s(t) = \int \mathrm{d}s = \int \frac{\sqrt{\mathrm{d}x^2 + \mathrm{d}y^2 + \mathrm{d}z^2}}{\mathrm{d}t}\mathrm{d}t = \int \sqrt{(\frac{\mathrm{d}x}{\mathrm{d}t})^2 + (\frac{\mathrm{d}y}{\mathrm{d}t})^2 + (\frac{\mathrm{d}z}{\mathrm{d}t})^2}\,\mathrm{d}t =$$

$$= \int \sqrt{v_x^2 + v_y^2 + v_z^2}\,\mathrm{d}t = \int \sqrt{v_{y0}^2 \underbrace{(\sin^2 \ldots + \cos^2 \ldots)}_{1} + v_{z0}^2}\,\mathrm{d}t = \sqrt{v_{y0}^2 + v_{z0}^2}\,t.$$

$$\Rightarrow \quad s(z) = \sqrt{v_{y0}^2 + v_{z0}^2}\,\frac{z}{v_{z0}} = z\sqrt{1 + \frac{v_{y0}^2}{v_{z0}^2}}. \tag{3.4-28}$$

$\sqrt{v_{y0}^2 + v_{z0}^2}$ ist genau der Betrag der Anfangsgeschwindigkeit, d.h. die Ladung ändert ihre Geschwindigkeit entlang des Wegs nicht. Dies wiederum bedeutet, daß sie keine kinetische Energie aufnimmt oder verliert. Dem Feld wird also keine Energie entzogen.

Wenn wir nun nochmals zur anfänglichen Kräftebilanz zurückkehren, ergibt sich für die LORENTZkraft entsprechend den in der Abbildung eingetragenen Vektorrichtungen:

$$\boldsymbol{F}_\mathrm{L} = -e\boldsymbol{v} \times \boldsymbol{B} = -e\begin{vmatrix} -v_{y0}\sin\omega t & 0 & \vec{e}_x \\ v_{y0}\cos\omega t & 0 & \vec{e}_y \\ v_{z0} & B_z & \vec{e}_z \end{vmatrix} = -eB_z v_{y0}\begin{pmatrix} \cos\omega t \\ \sin\omega t \\ 0 \end{pmatrix}. \tag{3.4-29}$$

Die LORENTZkraft zeigt also erwartungsgemäß permanent nach innen, der rechte Vektor hat zu jedem Zeitpunkt den Betrag 1, so daß immer $F_\mathrm{L} = ev_{y0}B_z$ gilt.

Hätte das Ladungsteilchen keine Anfangsgeschwindigkeit in z-, also in Feldrichtung, gehabt, hätte es auf einem Kreis in der xy-Ebene rotiert, denn wegen $v_{z0} = 0 \Rightarrow z(t) = 0$; $x(t)$ und $y(t)$ bleiben. Hätte es keine Anfangsgeschwindigkeit in y-Richtung gehabt ($v_{y0} = 0$), wäre es in einer Geraden in Richtung des Magnetfeldes gewandert ($x(t) = x_0$, $y(t) = 0$, $z(t) = v_{z0}t$). Dies ist auch direkt aus der Kräftegleichung ablesbar:

$$\boldsymbol{F}_\mathrm{T} = e\underbrace{\boldsymbol{v} \times \boldsymbol{B}}_{0 \Rightarrow \dot{\boldsymbol{v}}=0} = -m_e\dot{\boldsymbol{v}} = 0 \quad \Rightarrow \quad \boldsymbol{v} = v_{z0}\vec{e}_z \quad \Rightarrow \quad \boldsymbol{x} = \begin{pmatrix} x_0 \\ 0 \\ v_{z0}t \end{pmatrix}. \tag{3.4-30}$$

Sind weder v_{y0} noch v_{z0} vorhanden, bleibt das Teilchen im Gegensatz zum Verhalten in einem COULOMBfeld trivialerweise stehen.

MATHCAD-Anwendung 3.4-1: Verkoppelte DGLn höherer Ordnung

In Erweiterung von Anwendung 1.4-9, wo die Lösung einer DGL 1. Ordnung mit *rkfixed* beschrieben wurde, sei hier in einem Schritt ebenfalls mit *rkfixed* zweierlei erläutert: zum einen, wie DGLn höherer Ordnung, und zum andern wie DGL-Systeme, gelöst werden können. Dazu verwenden wir Gln. 27 für eine Ladung q mit Masse m im Magnetfeld B_z. Deren Lösungen $x(z)$ und $y(z)$ sind natürlich identisch mit der zuvor berechneten, die Erläuterungen lassen sich jedoch gleichwohl auf analytisch nicht lösbare Probleme anwenden:

$$[x_0 \quad v_{y0} \quad v_{z0}] := (1 \quad 1 \quad 1) \qquad [B_z \quad m \quad q] := (1 \quad 1 \quad 1) \qquad \Omega := \frac{q \cdot B_z}{m \cdot v_{z0}} \qquad \lambda := \frac{2 \cdot \pi}{\Omega}$$

Zunächst werden die im Text besprochenen Größen spezifiziert. Da Vektordarstellungen benötigt werden, wird auf Einheiten verzichtet und alle Größen seien der Einfachheit halber auf 1 normiert.

$$\boldsymbol{x} := [x_0 \;\; 0 \;\; 0 \;\; v_{y0}]^T \qquad DGL(z, \boldsymbol{x}) := [\boldsymbol{x}_1 \;\; -\Omega \cdot \boldsymbol{x}_3 \;\; \boldsymbol{x}_3 \;\; \Omega \cdot \boldsymbol{x}_1]^T \qquad \boldsymbol{x} := rkfixed(\boldsymbol{x}, 0, 4 \cdot \lambda, 400, DGL)$$

Diese Zeile löst die DGL. Von links stellt $\boldsymbol{x}$ den Anfangswertvektor in der Form $(x(0) \;\; x'(0) \;\; y(0) \;\; y'(0))$ dar, $DGL(z, \boldsymbol{x})$ codiert die DGL in der Form $(x'(z) \;\; x''(z) \;\; y'(z) \;\; y''(z))$. Variablenname und Ableitungsgrad werden über Vektorindizes festgelegt, wobei $\boldsymbol{x}_1 = x'(z)$, $\boldsymbol{x}_2 = x''(z)$, $\boldsymbol{x}_3 = y'(z)$ und $\boldsymbol{x}_4 = y''(z)$. Dabei sind die höchsten Ableitungen x'' und y'' durch die nach diesen aufgelösten DGLn 27 zu ersetzen. Der letzte Befehl mit *rkfixed* löst die DGL, wie in Anwendung 1.4-9 beschrieben.

$i \quad z_i \quad x(z_i) \;\; x'(z_i) \;\; y(z_i) \;\; y'(z_i).$

$\boldsymbol{x} =$

	0	1	2	3	4
1	0.063	0.998	-0.063	0.063	0.998
2	0.126	0.992	-0.125	0.125	0.992
3	0.188	0.982	-0.187	0.187	0.982
4	0.251	0.969	-0.249	0.249	0.969
5	0.314	0.951	-0.309	0.309	0.951
6	0.377	0.930	-0.368	0.368	0.930
7	0.440	0.905	-0.426	0.426	0.905
8	0.503	0.876	-0.482	0.482	0.876
9	0.565	0.844	-0.536	0.536	0.844
10	0.628	0.809	-0.588	0.588	0.809
11	0.691	0.771	-0.637	0.637	0.771

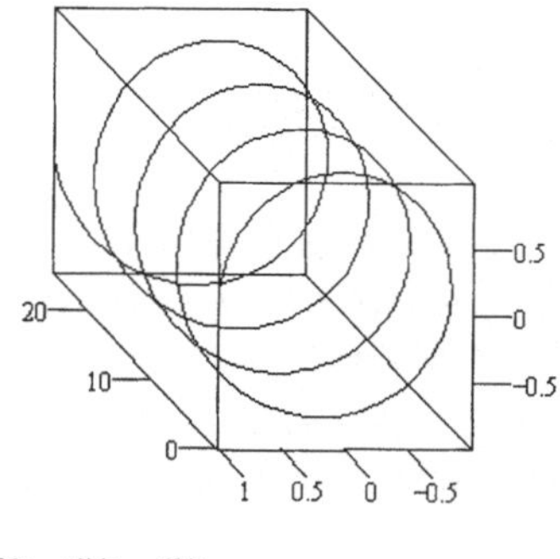

$\boldsymbol{x}^{<0>}, \boldsymbol{x}^{<1>}, \boldsymbol{x}^{<3>}$

Das Ergebnis erhalten wir mit $\boldsymbol{x}$ = in Form der dargestellten rollenden Ausgabetabelle gemäß Anwendung 1.3-5. Links läuft der Zählindex i im Beispiel von 1 ... 400. Die Spalten rechts der z_i folgen der Reihenfolge des Anfangswertvektors. Möchten wir statt der rechts dargestellten Trajektorie den Geschwindigkeitsverlauf graphisch darstellen, geben wir im Diagramm ein: $\boldsymbol{x}^{<0>}, \boldsymbol{x}^{<2>}, \boldsymbol{x}^{<4>}$.

MATHCAD-Anwendung 3.4-2: Trajektorie mit Streuungsdiagramm (3D Scatter Plot)

Der für diese Anwendung etwas irreführende **MATHCAD**-Begriff *Streuungsdiagramm* (*3D Scatter Plot*) erlaubt über die Darstellung der Trajektorie gemäß der Abbildung rechts der rollenden Ausgabetabelle. Nach Eingabe der drei Spalten, die gemäß der linken Ausgabetabelle die Trajektoriendaten enthalten, öffnet sich durch in das Diagramm die **3D Plot Format**-Dialogbox, wie bei Flächen- (Anwendung 1.3-4) und Umrißdiagramm (Anwendung 1.3-5). Den fortlaufenden Verlauf erhalten wir durch markieren von Color and Lines, Connectivity: • Row Order, Marker: Symbol *none*, Line: Style *solid*.

Aufgabe 3.4.4-1: Auf welche Weise würde sich die Teilchenbahn verändern, wenn ein Proton oder ein Positron (positiv geladenes Elektron) durch das Feld fliegen würde?

Aufgabe 3.4.4-2: Man berechne die Trägheitskraft F_T und vergleiche das Ergebnis mit der LORENTZkraft. Man bestimme F_T als Funktion von m_e, v und r.

***Aufgabe 3.4.4-3:** In der schematisch dargestellten Fernsehröhre wird der Elektronenstrahl magnetisch abgelenkt. Man bestimme den Auftreffort y bei gegebener Anfangsgeschwindigkeit v des Elektrons beim Eintritt in das Magnetfeld.

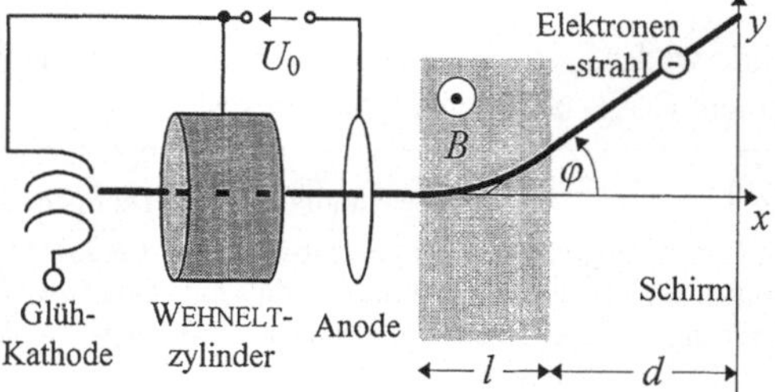

3.4.5 Kraft auf eine Leiterschleife im Magnetfeld, Arbeit

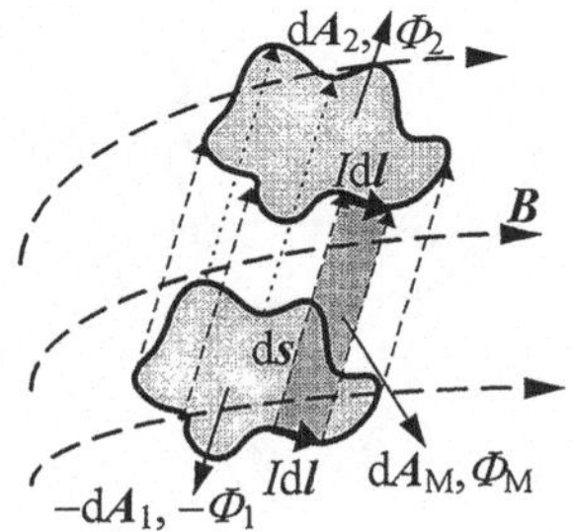

Abb. 3.4-6:
Translation einer Leiterschleife im Magnetfeld.

Nachdem wir die Kraft auf die bewegte Einzelladung und ihre Bewegung im Magnetfeld besprochen haben, interessiert nun die Kraft auf eine beliebige geschlossene Leiterschleife mit Strom I und gegebener Fläche $\boldsymbol{A}$, die sich an einem beliebigen Ort in diesem Feld befindet. Der Flächennormalenvektor von $\boldsymbol{A}$ zeige in Daumenrichtung, wenn die Finger der rechten Hand in Stromrichtung weisen. Die Leiterschleife kann im Gegensatz zur Einzelladung in Ruhe sein, da die in ihr bewegten Elektronen den Stromfluß repräsentieren und so die Kraft des Außenfelds $\boldsymbol{B}$ erfahren und auf die Schleife übertragen. Nach Abb. 3.4-6 wirkt auf ein kleines Stück $\mathrm{d}\boldsymbol{l}$ gemäß Gl. 1:

$$\mathrm{d}\boldsymbol{F}_\mathrm{L} = I\mathrm{d}\boldsymbol{l} \times \boldsymbol{B} \qquad \Rightarrow \qquad \boldsymbol{F}_\mathrm{L} = I \oint_{\substack{\text{Leiter-}\\\text{umlauf}}} \mathrm{d}\boldsymbol{l} \times \boldsymbol{B}. \tag{3.4-31}$$

Wird die Leiterschleife rein translatorisch um ein Stück $\boldsymbol{s}$ bewegt, ist die Arbeit

$$W_\mathrm{L} = \int \boldsymbol{F}_\mathrm{L} \cdot \mathrm{d}\boldsymbol{s} = I \int \oint_{\substack{\text{Leiter-}\\\text{umlauf}}} (\mathrm{d}\boldsymbol{l} \times \boldsymbol{B}) \cdot \mathrm{d}\boldsymbol{s} = I \int \oint_{\substack{\text{Leiter-}\\\text{umlauf}}} \boldsymbol{B} \cdot (\mathrm{d}\boldsymbol{s} \times \mathrm{d}\boldsymbol{l}) = -I\Phi_\mathrm{M}. \tag{3.4-32}$$

zu erbringen. Auch hier sei nochmals betont, daß Induktionsvorgänge, die evtl. bei der Bewegung stattfinden, nicht berücksichtigt werden, sondern es wird nur die statische Energiedifferenz zwischen erster und zweiter Position betrachtet.

Wir erkennen unschwer, daß $\mathrm{d}\boldsymbol{s} \times \mathrm{d}\boldsymbol{l} = -\mathrm{d}\boldsymbol{A}_\mathrm{M}$ das grau schattierte Flächenelement der bei der Verschiebung der Leiterschleife gedacht auftretenden Zylindermantelfläche darstellt und das Doppelintegral folglich den diese Fläche nach innen durchsetzenden Fluß $-\Phi_\mathrm{M}$ repräsentiert. Aufgrund der Quellenfreiheit des Flusses muß Φ_M auch die untere Fläche $\boldsymbol{A}_1$ der Stromwindung vor der Verschiebung als Φ_1, sowie deren obere Fläche $\boldsymbol{A}_2$ danach als $-\Phi_2$ durchsetzen, da diese Flächen zusammen ein geschlossenes Volumen bilden. Definieren wir den austretenden Fluß positiv, gilt:

$$\Phi_\mathrm{M} - \Phi_1 + \Phi_2 = 0 \qquad \Rightarrow \qquad W_\mathrm{L} = I(\Phi_2 - \Phi_1). \tag{3.4-33}$$

Im homogenen Feld wird wegen $\Phi_1 = \Phi_2$ keine Arbeit im Feld verrichtet. Im inhomogenen Feld jedoch verschwindet diese Flußdifferenz i.allg. nicht mehr und Arbeit wird vom Feld erbracht ($W_\mathrm{L} > 0$) oder muß gegen das Feld ($W_\mathrm{L} < 0$) geleistet werden. Wird die Schleife aus dem Unendlichen beigebracht, wo jedes reale Feld folglich mit $\Phi_1 = 0$ verschwinden muß, können wir in Analogie zu Gl. 1.4-20

$$W_\mathrm{p} = I\Phi_\mathrm{v} \qquad \text{bzw.} \qquad W_\mathrm{p} = NI\Phi_\mathrm{v} = I\psi_\mathrm{v} \tag{3.4-34}$$

als Betrag der potentiellen Energie einer Stromschleife I - ggfls mit N Windungen -, die an ihrem Bestimmungsort mit einem fremden Fluß Φ_v verkettet ist, interpretieren.

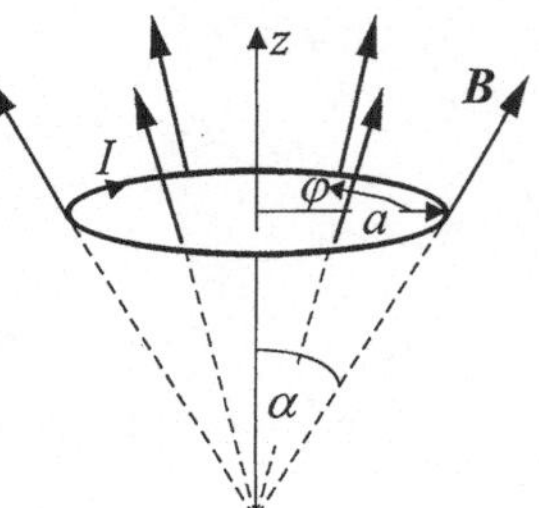

Aufgabe 3.4.5-1: Ein kreisrunder Drahtring mit Radius a werde entsprechend der Abbildung von einem Strom I durchflossen, und von einem Magnetfeld konstanter Flußdichte B unter dem Winkel α durchsetzt. Man berechne die resultierende Kraft $\boldsymbol{F}_L$ auf den Ring und interpretiere das Ergebnis physikalisch.

Aufgabe 3.4.5-2: Welche Arbeit verrichtet das Feld, um die Schleife aus dem Unendlichen an den dargestellten Ort zu bringen?

***Aufgabe 3.4.5-3:** Welche Lösung hat Aufgabe 2, wenn das $\boldsymbol{B}$-Feld nicht nur auf dem Ring, sondern in der gesamten Leiterebene bei gleichem Betrag denselben Fluchtpunkt auf der z-Achse aufweist?

3.5 Magnetischer Dipol

Eben wurden Kräfte auf und Arbeit an einer Stromschleife berechnet, die translatorisch im Magnetfeld bewegt wird. Wir möchten nun Drehbewegungen magnetischer Dipole beschreiben können, denn sie erlauben in Analogie zu den COULOMBschen Dipolen in Abschnitt 1.5 Drehvorgänge mechanischer Objekte. Da magnetische Kräfte deutlich stärker als elektrische sind, bildet die Drehmomentberechnung die Grundlage rotierender Generatoren und Motoren, also der Energietechnik. Aufgrund der Nichtexistenz magnetischer Monopole müssen wir uns im Gegensatz zur Elektrostatik jedoch keine Mühe geben, Monopole zu Dipolen zu verbinden; magnetische Dipole existieren, wie bereits angegeben, immer in dieser Form als stromdurchflossene Leiterschleifen oder rotierende Ladungsträger.

3.5.1 Magnetisches Moment *m* und Dipolmoment *j*

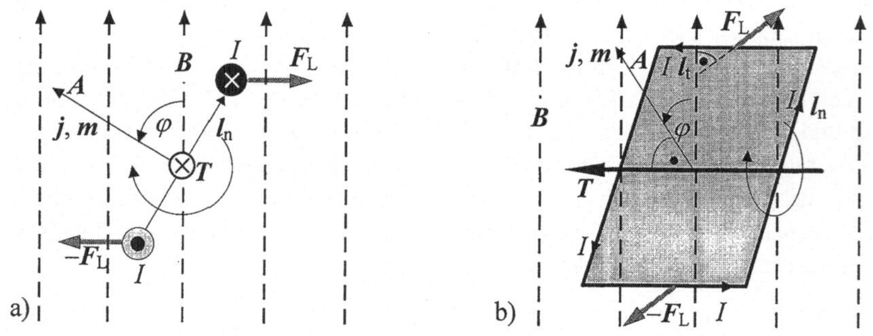

Abb. 3.5-1: Magnetischer Dipol mit Drehung im äußeren Feld: a) Seitenansicht, b) Draufsicht.

Wir modellieren einen solchen Dipol entspr. Abb. 3.5-1 als eine rechteckige Leiterschleife der Fläche $A = l_n l_t$. Zeigen die gekrümmten Finger der rechten Hand in Richtung des Stromflusses, gibt der ausgestreckte Daumen die Richtung des Flächennormalenvektors $\boldsymbol{A} = \boldsymbol{l}_n \times \boldsymbol{l}_t$ an. Unter dem Einfluß eines äußeren magnetischen Felds $\boldsymbol{B}$ in beliebiger Richtung zur Achse wird aufgrund der LORENTZkräfte $\boldsymbol{F}_\mathrm{L}$ und $-\boldsymbol{F}_\mathrm{L}$ und des Hebelarms $\boldsymbol{l}_\mathrm{n}$ (bzw. $2\cdot\frac{1}{2}\boldsymbol{l}_\mathrm{n}$) ein mechanisches ***Drehmoment*** $\boldsymbol{T}$ entstehen. Wir sind wie in der Elektrostatik an Feldgrößen interessiert und ersetzen den Kraftvektor durch den Vektor der magnetischen Flußdichte $\boldsymbol{B}$ bzw. der im nächsten Abschnitt definierten magnetischen Feldstärke $\boldsymbol{H}$:

$$\boldsymbol{T}_\mathrm{L} = \boldsymbol{l}_\mathrm{n} \times \boldsymbol{F}_\mathrm{L} = \boldsymbol{l}_\mathrm{n} \times (I\boldsymbol{l}_\mathrm{t} \times \boldsymbol{B}) = I(\boldsymbol{l}_\mathrm{n} \times \boldsymbol{l}_\mathrm{t}) \times \boldsymbol{B} = I\boldsymbol{A} \times \boldsymbol{B} = \boldsymbol{m} \times \boldsymbol{B} = \boldsymbol{j} \times \boldsymbol{H}. \quad (3.5\text{-}1)$$

$\boldsymbol{T}_\mathrm{C} = \boldsymbol{p} \times \boldsymbol{E}$

Dazu gehört die Betragsgleichung:

$$T_\mathrm{L} = F_\mathrm{L} l_\mathrm{n} \sin\varphi = I l_\mathrm{n} l_\mathrm{t} B \sin\varphi = IAB\sin\varphi = mB\sin\varphi = jH\sin\varphi. \quad (3.5\text{-}2)$$

$\boldsymbol{m}$ definieren wir in Analogie zu Abschnitt 1.5.2 als ***magnetisches (Flächen-)Moment***, auch ***elektromagnetisches Moment*** oder ***AMPÈREsches magnetisches Moment***, $\boldsymbol{j}$ als ***magnetisches Dipolmoment***, auch ***COULOMBsches magnetisches Moment***:

$$\boldsymbol{m} = I\boldsymbol{A}; \qquad [m] = \mathrm{Am}^2. \quad (3.5\text{-}3)$$

$\boldsymbol{p} = Q\boldsymbol{l}$

$$\boldsymbol{j} := \mu_0 \boldsymbol{m} = \mu_0 I\boldsymbol{A}; \qquad [j] = \mathrm{Vsm} = \mathrm{Wb{\cdot}m}. \quad (3.5\text{-}4)$$

Das magnetische Moment stellt den magnetischen Hebelarm dar. Er weist wie das elektrische Dipolmoment bei verschwindendem Drehmoment in Richtung des äußeren Felds, also bzgl. des Dipols vom Süd- zum Nordpol; bzgl. der Stromrichtung gilt die Rechte-Hand-Regel. Daß mit $\boldsymbol{m}$ und $\boldsymbol{j}$ im Gegensatz zu $\boldsymbol{p}$ der Elektrostatik für den Magnetismus zwei Momentgrößen eingeführt sind, hat rein historische, keine physikalische Bedeutung, und wurde so aus der DIN 1324/1 übernommen. Zuweilen wird in der Literatur $\boldsymbol{m}$ für $\boldsymbol{j}$ verwendet, weshalb bei Konsultationen immer zunächst die genaue Definition der jeweiligen Größe überprüft werden sollte.

Das magnetische Moment verhält sich bzgl. des $\boldsymbol{B}$-Felds anders als das COULOMBsche Moment bzgl. des $\boldsymbol{E}$-Felds, da das äußere Feld unmittelbar unterstützt wird. In der Kraftformel steht die Materialgröße μ im Zähler, da sie bei Materie ein Repräsentant der um die eigene Achse rotierenden Elektronen darstellt.

Die Formeln beschränken sich nicht auf die Rechteckfläche des Beispiels, sondern gelten für jede beliebig geformte ebene Stromschleife im homogenen Feld. Der Vollständigkeit halber soll hier noch die exakte Definition der magnetischen Moments angegeben werden, die auch für den allgemeinen Fall gilt, daß die Stromschleife in irgendeiner Weise gekrümmt ist:

$$\boldsymbol{m} := \tfrac{1}{2} I \oint \boldsymbol{r} \times \mathrm{d}\boldsymbol{l}. \quad (3.5\text{-}5)$$

$\boldsymbol{r}$ ist hier der vom frei wählbaren Ursprung zum Stromelement $I\mathrm{d}\boldsymbol{l}$ weisende Ortsvektor.

Aufgabe 3.5.1-1: Man bestimme das Dipolmoment m einer vom Strom I durchflossenen Nlagigen Zylinderspule mit Radius a.

Aufgabe 3.5.1-2: Man bestimme das Drehmoment T_L auf eine vom Strom I durchflossene Schleife, die homogen vom Fluß Φ unter dem Winkel φ durchsetzt wird.

Aufgabe 3.5.1-3: Man weise nach, daß $\boldsymbol{m} = I\boldsymbol{A}$ unabhängig von der Flächenform gilt.

***Aufgabe 3.5.1-4:** Man bestimme das Dipolmoment m einer mit der Winkelgeschwindigkeit ω rotierenden Scheibe mit Radius a, die gleichmäßig verteilt die Ladung Q trägt.

3.5.2 Anwendungen des magnetischen Dipols

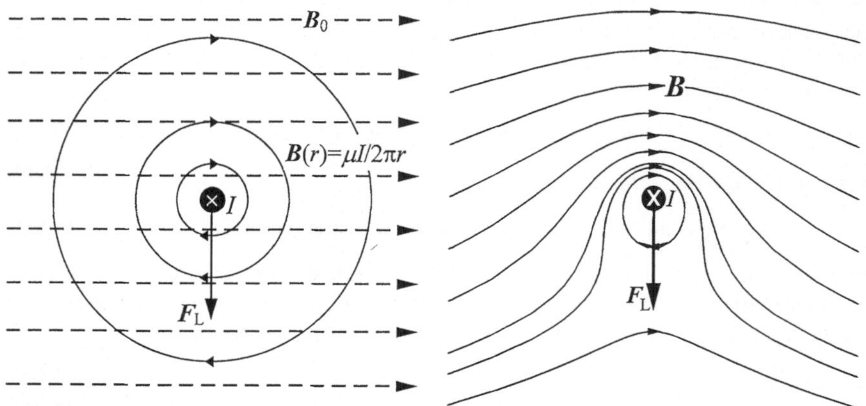

Abb. 3.5-2: Überlagerung des Magnetfelds $\boldsymbol{B}(r)$ eines stromdurchflossenen Leiters mit einem konstanten äußeren Magnetfeld $\boldsymbol{B}_0$.

Abb. 3.5-2 zeigt als Grundlage vieler Anwendungen zunächst jeweils separat ein um den Leiter rotierendes Feld $\boldsymbol{B}(r)$, durchsetzt von einem äußeren homogenen Feld $\boldsymbol{B}_0$, das z.B. zwischen den Polen zweier Permanentmagneten herrscht - dann in der Überlagerung. Befestigen wir den Leiter an einem Waagebalken als Hebelarm und auf der anderen Seite ein Gewicht, stellt diese Anordnung eine Stromwaage dar, die je nach dem, welche Größe unbekannt ist, zur Messung der Stärke des Magnetfelds, des Stroms oder des Gewichts verwendet werden kann.

3.5.2.1 Elektromotor

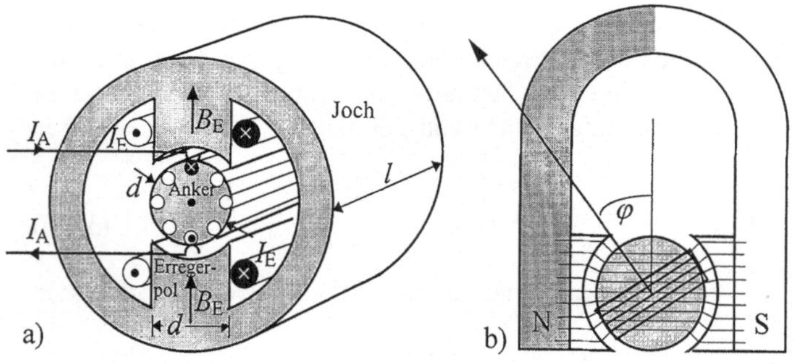

Abb. 3.5-3: a) Prinzip des Gleichstrommotors, b) Prinzip des Drehspulmeßinstruments mit Feldverlauf in der Spulenumgebung.

In der in Abb. 3.5-3a) vereinfacht dargestellten zweipoligen Gleichstrommaschine werden Erregerwicklungen mit Erregerstrom I_E in Nuten um die Erregerpole gewickelt, alternativ bestehen die Erregerpole bei Kleinmotoren mit Leistungen bis ca. 5 W (Scheibenwischer-, Büromaschinenmotoren) aus Dauermagneten. Hierdurch wird ein Erregerfluß (Polfluß) Φ_E verursacht, der auf die stromdurchflossenen Ankerwindungen ein Drehmoment ausübt.

Der Ankerstrom I_A wird mittels fest unter den Polen stehender Kohlebürsten über einen nicht dargestellten Kommutator (Stromwender) dem Läufer (Anker) zugeführt. Die dort gerade stromdurchflossenen Windungen (i.allg. mehrere) schließen sich auf der anderen Läuferseite. Durch die LORENTZkraft dreht sich der Läufer und die nächste Windung wird vom Ankerstrom versorgt, so daß ein permanentes Drehmoment entsteht. Dieses wird durch die erste Motorgleichung beschrieben:

$$T = N' I_A l d B_E = N' m_A B_E = N' \Phi_E I_A. \tag{3.5-6}$$

Das Drehmoment wächst also mit dem Erregerfluß und dem Ankerstrom. $N' = \alpha N$ ist mit $\alpha < 1$ als ***Polbedeckungsfaktor*** die Anzahl der Windungen, die gerade vom Ankerstrom I_A durchflossen werden. Denken wir uns die N Windungen gleichmäßig über den Leiterumfang verteilt, ergibt sich mit dem in Abschnitt 2.3.2 eingeführten Strombelag K:

$$K_A = \frac{2NI_A}{\pi d} \quad \Rightarrow \quad T = \tfrac{1}{2}\alpha K_A \pi d^2 l B_E = 2\alpha K_A B_E V. \tag{3.5-7}$$

T ist offenbar proportional zum Ankervolumen V.

Verschiedene Stromzuführungen sind gebräuchlich, insbesondere der Nebenschlußmotor, bei dem Erreger- und Ankerwicklung parallel an gleicher Spannung liegen. Bei ihm ist die Drehzahl nahezu belastungsunabhängig. Der Reihenschlußmotor mit Erreger und Anker in Reihe läuft bei Leerlauf hoch.

Ein Motor wandelt also elektrische Energie in mechanische um. Wird der Läufer angetrieben, entsteht ein Generator, der mechanische Leistung in elektrische wandelt. Dabei werden, wie in Kap. 4 weiter erläutert, Spannungen induziert, die an den Klemmen abgenommen werden können.

3.5.2.2 Meßtechnik

Neben dem Motorenbau bildet das magnetische Dipolmoment eine wichtige Grundlage der Meßtechnik. Betrachten wir dazu das in Abb. 3.5-3b) dargestellte Drehspulinstrument, bei dem der hufeisenförmige Permanentmagnet über die Polschuhe im Luftspalt ein radialsymmetrisches Magnetfeld B erzeugt, das die auf einem zylindrischen Polkern auf der Mittelachse drehbar gelagerte Drehspule mit Meßstrom I in N Windungen der Fläche A dreht. I wird der Spule über zwei (nicht dargestellte) gegenläufig gelagerte Spiralfedern zu- und abgeführt, die gleichzeitig das Rückstellmoment liefern. Der Zeiger zeigt auf einer entsprechend geeichten Skala den Meßstrom I an.

Die Eichung erfolgt mittels der Skalengleichung, die nach den allgemeinen Vorüberlegungen zum Drehmoment über folgende Beziehung erstellt wird:

$$T = NIAB = D\varphi \quad \Rightarrow \quad \varphi = \frac{NBA}{D} I = \frac{NmB}{D}. \tag{3.5-8}$$

D ist hierbei die bekannte Drehfederkonstante. Der Drehwinkel φ ist also stromproportional und zur Anzeige der Stromrichtung geeignet. Zur unmittelbaren Wechselstrommessung ist dieses Gerät nicht geeignet, da sich wegen der Trägheit die auch bei Stromlosigkeit eingenommene Mittelstellung einstellt. Ein davorgeschalteter Gleichrichter erlaubt die Anzeige des Effektivwerts eines Wechselstroms.

Wird der Permanentmagnet durch weichmagnetisches Eisen ersetzt, das seinen Magnetismus beim Abschalten eines äußeren Magnetfelds verliert, und von einer weiteren Spule mit einem zweiten Strom I_2 umwickelt, entsteht ein elektrodynamisches Meßwerk. B ist nun proportional I_2, d.h. der Winkelausschlag ist proportional dem Stromprodukt, was z.B. zur Leistungsmessung verwendet werden kann.

Wird hingegen die zweite Spule in einem bestimmten Winkel über Kreuz um die erste Spule gewickelt und die Stromzuführung statt über eine Spiralfeder über ein momentenloses Metallband zugeführt, bleiben die Spulen bei Stromlosigkeit in jeder Stellung in Ruhe. Sind die Ströme so gerichtet, daß die Drehmomente entgegengesetzt wirken, ist bei inhomogenem Luftspaltfeld die Winkelstellung eine Funktion des Stromquotienten. Dementsprechend heißt das Meßwerk Quotienten- oder Kreuzspulmeßwerk.

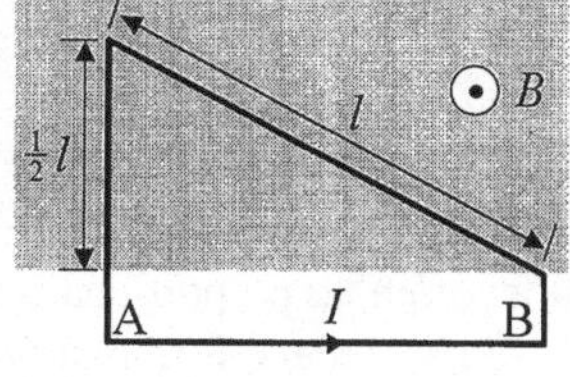

Aufgabe 3.5.2-1: Das vom Ständerstrom erzeugte B-Feld der Gleichstrommaschine in Abb. 3.5-3a) sei in den Polen, dem Luftspalt und im Läufer homogen und konstant. Man bestimme die Läuferdrehrichtung. Welcher vom Ständerstrom herrührende Fluß Φ durchsetzt den Läufer? Welches Drehmoment T kann an der Welle abgenommen werden und in welche Richtung weist $\boldsymbol{T}$?

Aufgabe 3.5.2-2: In Abb. 3.5-2 hänge der Leiter der Länge l = 1,5 m an einem Hebelarm der Länge a. Welche Flußdichte B_0 herrscht bei I = 20 A und einem Gegengewicht von G = 5 kp am Hebelarm $b = 2a$?

Aufgabe 3.5.2-3: Die rechts dargestellte, an A und B starr befestigte Leiterschleife werde in der schattierten Zone von einem homogenen Magnetfeld der Flußdichte B durchsetzt. Welche Kraft $\boldsymbol{F}$ und welches Drehmoment $\boldsymbol{T}$ wirkt auf sie? Man gebe die Richtungen sowie das magnetische Moment $\boldsymbol{m}$ an.

3.5.3 Drehmoment und Arbeit

Wir wollen nun in Analogie zu Abschnitt 1.5.3 berechnen, welche Arbeit bei Drehbewegungen magnetischer Dipole verrichtet wird. Dazu legen wir nochmals die universell gültige Abb. 1.5-2 zugrunde, die folgende Beziehungen ergab:

$$W = -\int_{\varphi_1}^{\varphi_2} T \cdot \mathrm{d}\varphi \qquad \text{bzw.} \qquad T = -\frac{\mathrm{d}W}{\mathrm{d}\varphi} = \frac{\mathrm{d}W_\mathrm{p}}{\mathrm{d}\varphi}. \qquad (1.5\text{-}5/6)$$

Diese übertragen wir wieder auf den magnetischen Dipol in Abb. 3.5-1 und erhalten mit Gl. 2:

$$W_\mathrm{D} = mB(\cos\varphi_2 - \cos\varphi_1) = (\boldsymbol{m}_2 - \boldsymbol{m}_1)\cdot\boldsymbol{B} = I(\boldsymbol{A}_2 - \boldsymbol{A}_1)\cdot\boldsymbol{B} = I(\Phi_2 - \Phi_1). \qquad (3.5\text{-}9)$$

$$W_\mathrm{D} = (\boldsymbol{p}_2 - \boldsymbol{p}_1)\cdot\boldsymbol{E} = Q(\boldsymbol{l}_2 - \boldsymbol{l}_1)\cdot\boldsymbol{E} = Q(U_2 - U_1)$$

Die letzte Identität stellt dann erwartungsgemäß den Wert von Gl. 3.4-33 bei der translatorischen Bewegung dar. Drehen wir von $\varphi_1 = 0$ bis zu einem bestimmten Winkel φ, so muß mit $\Phi = BA$ als Fluß durch die Schleife bei $\varphi_1 = 0$

$$W_\mathrm{Dp}(\varphi) = mB(1 - \cos\varphi) = mB - \boldsymbol{m}\cdot\boldsymbol{B} = I\Phi(1 - \cos\varphi) \qquad (3.5\text{-}10)$$

$$W_\mathrm{Dp}(\varphi) = pE(1 - \cos\varphi) = pE - \boldsymbol{p}\cdot\boldsymbol{E} = QU(1 - \cos\varphi)$$

die dabei gespeicherte potentielle Energie des Dipols sein. Sie ist maximal für $\varphi_2 = \pi$:

$$W_\mathrm{Dpmax} = 2mB = 2I\Phi. \qquad W_\mathrm{Dpmax} = 2pE = 2QU \qquad (3.5\text{-}11)$$

Analog zur Elektrostatik können wir im Falle homogenen Flusses jedem Magnetpol die potentielle Energie $I\Phi$ zuordnen.

Aufgabe 3.5.3-1: Welche Arbeit W wird verrichtet, wenn der Dipol aus beliebiger Winkelstellung φ eine halbe Kreisdrehung, welche, wenn er eine vollständige Kreisdrehung durchgeführt hat?
Aufgabe 3.5.3-2: Welche Energiedifferenz ist für den ebenen Dipol mit m = 1 Am^2 aufzubringen, um die Fläche im Feld $\boldsymbol{B}$ = (–3, –8, 3) T aus der xy-Ebene in die yz-Ebene zu drehen?
Aufgabe 3.5.3-3: Durch ein bei 0 drehbar gelagertes Leitersegment der Länge l fließe entsprechend der rechten Abbildung ein Strom I. Welches Drehmoment T wirkt auf den Leiter und welche Arbeit W wird verrichtet, wenn es sich im homogenen Feld B_z in der xy-Ebene einmal vollständig um den Nullpunkt dreht? Man interpretiere das Ergebnis.

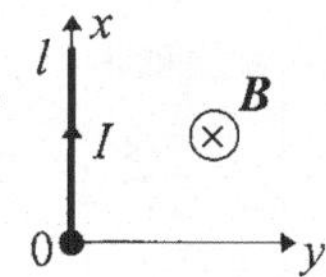

3.5.4 Drehmoment und Leistung des Gleichstrommotors

Allgemein errechnet sich bei einem Motor, und damit speziell beim Gleichstrommotor, die über das Drehmoment dem Läufer zugeführte Leistung P zu

$$P = \frac{\mathrm{d}W}{\mathrm{d}t} = \boldsymbol{T} \cdot \frac{\mathrm{d}\varphi}{\mathrm{d}t} = \boldsymbol{T} \cdot \omega. \qquad (3.5\text{-}12)$$

Hierbei sind die Zählpfeile von $\boldsymbol{T}$ und φ gleichgerichtet. P ist also umso größer, je größer das Drehmoment und je schneller sich der Läufer dreht. Vergleiche bei der translatorischen Bewegung: mit $P = \boldsymbol{F}\cdot\boldsymbol{v}$ wächst die Leistung mit Kraft und Geschwindigkeit. Mit dem zuvor berechneten Drehmoment folgt:

$$P = N'I_\mathrm{A}ldB_\mathrm{E}\omega = N'm_\mathrm{A}B_\mathrm{E}\omega = N'\Phi_\mathrm{E}I_\mathrm{A}\omega = 2\alpha K_\mathrm{A}B_\mathrm{E}V\omega. \qquad (3.5\text{-}13)$$

Die in Abschnitt 2.7.2 eingeführte Volumenleistungsdichte ergibt sich zu

$$p_V = \frac{P}{V} = 2\alpha K_\mathrm{A} B_\mathrm{E}\omega. \qquad (3.5\text{-}14)$$

Sie ist unabhängig von der Geometrie des Läufers. Große Volumenleistungsdichte bedeutet große Motorleistung bei kleiner Bauform und damit geringeren Kosten. Da sowohl mit K_A als auch B_E Ströme assoziiert sind, entstehen hierdurch Stromwärmeverluste im Kupfer der Zuleitungen als auch durch JOULEsche Wirbelstrom- und Hystereseverluste im Eisen (Abschnitt 4.3.4), die bestimmte Werte nicht überschreiten dürfen. Darüberhinaus tritt, wie in Abschnitt 3.7.6.2 besprochen, ferromagnetische Sättigung auf, die bewirkt, daß der Erregerstrom zur Flußerhöhung überproportional wachsen muß. Eine Drehzahlerhöhung findet ihre Grenzen bei den mechanischen Flieh- und Lagerkräften.

Aufgabe 3.5.4-1: Man leite die Leistungsformel $P = \boldsymbol{T}\cdot\omega$ aus $P = \boldsymbol{F}\cdot\boldsymbol{v}$ her.
Aufgabe 3.5.4-2: Welche Leistung P kann an der Welle des Motors von Aufgabe 3.5.2-1 bei einer Drehzahl n, gemessen in Umdrehungen pro Minute, abgenommen werden.
Aufgabe 3.5.4-3: Ein Motor habe eine maximale Volumenleistungsdichte von p_V = 5 kW/dm^3. Welche Drehzahl n ist bei K_A = 150 A/cm, B_E = 1,5 T erlaubt, wenn die Hälfte der Wicklungen im Erregerfeld steht?

3.5.5 Dipolfernfeld, magnetische Ersatzladungen

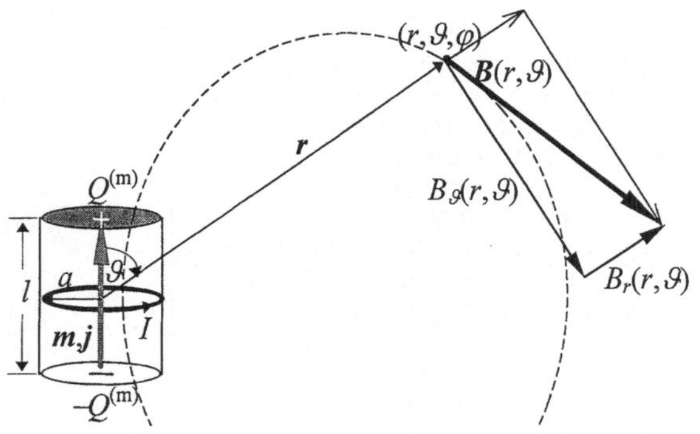

Abb. 3.5-4: Konstruktion des Feldvektors im Fernfeld des magnetischen Elementardipols.

Als nächstes wollen wir in Analogie zu Abschnitt 1.5.4 für den Dipol in Abb. 3.5-4 das magnetische Fernfeld ($r \gg l$) im Kugelkoordinatenpunkt (r, ϑ, φ), zerlegt in die Kugelkomponenten $B_r(r, \vartheta)$, $B_\vartheta(r, \vartheta)$ angeben. Wegen der Rotationssymmetrie hängt auch hier das Ergebnis natürlich nicht von der φ-Koordinaten ab. Da die Berechnung mühsamer als beim elektrischen Dipol ist, soll sie hier nur skizziert und das Ergebnis angegeben werden. Man berechnet zunächst das Vektorpotential $\boldsymbol{A}_\mathrm{m}$ in Kugelkoordinaten nach Gl. 3.6-39 und daraus $\boldsymbol{B}$ nach 3.6-36:

$$\boldsymbol{B} = \frac{\mu_0 I}{4\pi} \operatorname{rot} \oint_l \frac{\mathrm{d}\boldsymbol{l}}{R}. \tag{3.5-15}$$

Das Ergebnis ist eine Formel mit gleicher Struktur wie das Dipol-Fernfeld des COULOMBschen Dipols der Elektrostatik in Gl. 1.5-13:

$$\boldsymbol{B}(r, \vartheta) = \begin{pmatrix} B_r(r, \vartheta) \\ B_\vartheta(r, \vartheta) \end{pmatrix} \approx \frac{\mu_0 I \pi a^2}{4\pi r^3} \begin{pmatrix} 2\cos\vartheta \\ \sin\vartheta \end{pmatrix} = \frac{j}{4\pi r^3} \begin{pmatrix} 2\cos\vartheta \\ \sin\vartheta \end{pmatrix}. \tag{3.5-16}$$

$$\boldsymbol{D}(r, \vartheta) \approx \frac{p}{4\pi r^3} \begin{pmatrix} 2\cos\vartheta \\ \sin\vartheta \end{pmatrix}$$

Der Dipol ist ideal, wenn für j = const. $A = \pi a^2 \to 0$ und $I \to \infty$, d.h., dann ist dieses Feld in beliebiger endlicher Entfernung exakt. Darüberhinaus ist gemäß dem Wesen des magnetischen Dipolmoments die Form von A umsoweniger von Bedeutung, je kleiner A ist. Dies ermöglicht, wie in Abschnitt 3.8 der Magnetostatik weiter vertieft, die ersatzweise Plazierung zweier ***magnetischer Ersatzladungen*** $\pm Q^{(\mathrm{m})} \to \pm\infty$ auf den Enden eines dünnen Stabs der Länge $l \to 0$, wobei zur Äquivalenz mit der Elektrostatik gelten muß:

$$Q^{(\mathrm{m})} l = j = \mu_0 m = \mu_0 I A \qquad \Rightarrow \qquad Q^{(\mathrm{m})} = \frac{j}{l} = \frac{\mu_0 m}{l} = \frac{\mu_0 I A}{l},$$

$$\frac{Q^{(\mathrm{m})}}{A} = \frac{j}{V} = \frac{\mu_0 m}{V} = \frac{\mu_0 I}{l}; \qquad [Q^{(\mathrm{m})}] = [\Phi] = \mathrm{Wb}. \tag{3.5-17}$$

Offenbar hat die magnetische Ersatzladung dieselbe Einheit wie der magnetische Fluß, genauso wie die elektrische Ladung Q dieselbe Einheit C = As wie der elektrische Fluß hat. Darüberhinaus ist Q wesensidentisch mit dem elektrischen Hüllenfluß $\overset{\circ}{\Psi}$. Dieser existiert nach den Ausführungen des Abschnitts 3.3.5 beim magnetischen Feld nicht, sondern ersatzweise der verkettete Fluß Φ_V, so daß sich die Frage ergibt, ob $Q^{(m)}$ zur Vervollständigung der Äquivalenz bei einer Stromröhre der Länge l und kleinen Fläche A als den diese Röhre durchsetzenden magnetischen Fluß Φ_V interpretiert werden kann. $Q^{(m)}/A = \mu_0 I/l$ sollte dann die zugehörige Flußdichte B für $A \to 0$ sein.

Die Beantwortung dieser Frage müssen wir bis zur Besprechung des Durchflutungsgesetzes in Abschnitt 3.6.4 zurückstellen. Darüberhinaus erkennen wir das Bedürfnis, analog zum elektrostatischen Dualismus $\boldsymbol{D} \leftrightarrow \boldsymbol{E}$ einen magnetischen Dualismus $\boldsymbol{B} \leftrightarrow \boldsymbol{H}$ zur weiteren Feldbeschreibung heranzuziehen, dem wir uns nun zuwenden.

Auch das Erdmagnetfeld ist entsprechend Abb. 3.1-2 im wesentlichen ein Dipolfeld und kann mit den gleichen Ersatzgrößen wie ein Kreisstrom approximiert werden.

Aufgabe 3.5.5-1: Das Erdmagnetfeld weist am Äquator eine Flußdichte $B_Ä = 30\ \mu\text{T}$ auf. Welche Flußdichte B_P herrscht an den Polen? Man schätze das magnetische Moment m der Erde ab. Welche magnetische Ersatzladung $Q^{(m)}$ wäre an den Polgebieten zu plazieren? Welcher Kreisstrom entlang des Äquators müßte zum mittleren entmagnetisieren der Erde aufgebracht werden?

***Aufgabe 3.5.5-2:** Welches Drehmoment $\boldsymbol{T}$ wirkt in Abb. 3.5-4 auf einen zweiten Dipol mit den gleichen Daten wie derjenige im Ursprung, der sich am Ort (r, ϑ) parallel zu jenem befindet? Man interpretiere das Ergebnis. Für welchen Wert ϑ_{max} ist das Drehmoment bei gegebenem r maximal?

Aufgabe 3.5.5-3: Welchen Wert $\boldsymbol{m}(\vartheta)$ muß der zweite Dipol der vorigen Aufgabe haben, wenn das Drehmoment in jeder Lage verschwinden soll?

3.6 Erregungsassoziierte Größenarten

Zu Anfang von Abschnitt 3.3 wurde die Behandlung von Feldmengen in solche über eine Fläche quer zum Feld und solche entlang eines Wegs im Feld unterschieden. Letzterer wollen wir uns nun zuwenden. Dazu gehören die magnetische Spannung V_m, magnetische Umlaufspannung $\overset{\circ}{V}_m$, magnetische Quellspannung - auch Durchflutung - Θ und die magnetische Feldstärke $\boldsymbol{H}$. Sie werden durch den Ladungserhaltungssatz bestimmt.

3.6.1 Magnetische Feldstärke *H*

In Analogie zum COULOMBfeld ist es wie in Abschnitt 1.4 nützlich, eine im homogenen Medium materialunabhängige Feldgrößenart, die ***magnetische Feldstärke H***

$$\boldsymbol{H} := \frac{\boldsymbol{B}}{\mu}; \qquad [H] = \frac{\text{A}}{\text{m}} \qquad \boldsymbol{E} = \frac{\boldsymbol{D}}{\varepsilon} = \frac{\boldsymbol{S}}{\kappa} \tag{3.6-1}$$

zu definieren, die dann z.B. für den langen geraden stromdurchflossenen Leiter bzw. die geradlinig fliegende Ladung die einfache Darstellung

$$\boldsymbol{H} = \frac{I}{2\pi r}\vec{e}_\varphi \qquad \text{bzw.} \qquad \boldsymbol{H} = \frac{qv}{4\pi r^2}\vec{e}_\varphi = \frac{I\Delta l}{4\pi r^2}\vec{e}_\varphi \tag{3.6-2}$$

annimmt. Im Gegensatz zur Flußdichte verfügt die magnetische Feldstärke im SI nicht mehr über eine eigene Einheit. Im cgs-System ist 1 Oe (rstedt) = $10/4\pi \cdot$A/cm definiert. Bezüglich der Diskussion der Einführung zweier praktisch gleichberechtigter Feldgrößen sei auf die Analogie von $\boldsymbol{D}$ und $\boldsymbol{E}$ in Abschnitt 1.6.1 hingewiesen. Sie findet, wie bereits angedeutet, ihre Grenzen in Bezug auf Feldmengen. Anhand der Einheit und der Namensgebung Feldstärke erkennen wir, daß $\boldsymbol{H}$ eine längenbezogene Größe ist.

3.6.2 Gesetz von BIOT-SAVART

Bisher konnten wir nur Magnetfelder von geradlinig fortschreitenden Ladungen darstellen. Hierfür ist wegen der Rotationssymmetrie des Felds das Zylinderkoordinatensystem angebracht, und die o.a. Formeln haben wir hierfür bereits reichlich genutzt. Bei beliebiger Leitergeometrie sind diese Formeln nicht mehr anwendbar.

Effektiver ist dann die koordinatenfreie Darstellung von Flußdichte und Feldstärke, da der Einheitsvektor $\vec{e}_\varphi$ in nicht Zylinderkoordinatensystemen angepaßten Stromleitern nicht so einfach zu bestimmen ist. Dieses Problem wird durch das Gesetz von BIOT-SAVART 1820 gelöst (J. B. BIOT 1774 - 1862, F. SAVART 1791 - 1841). Die Lösung gilt allerdings nur für Feldberechnungen in Medien mit konstanter Permeabilität μ. Andernfalls müssen Brechungsgesetze berücksichtigt werden, die vollständig erst mithilfe des Durchflutungsgesetzes im Abschnitt 3.6.4 angegeben werden können.

Im Prinzip bedarf es zur Verallgemeinerung auf die BIOT-SAVARTsche Formel nur der Darstellung von $\vec{e}_\varphi$ durch den Vektor in Bewegungsrichtung der verursachenden Ladungen $\boldsymbol{l}$ (i.allg. der Stromrichtung) und einem Vektor, der von Ursache zur Wirkung zeigt. Die Konfiguration wird in Abb. 3.6-1 anschaulich dargestellt:

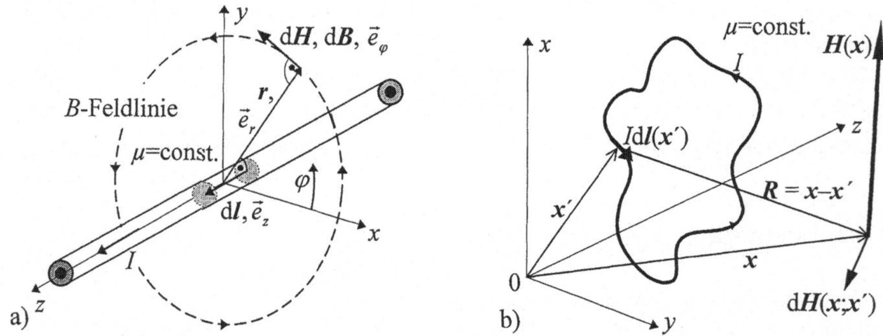

Abb. 3.6-1: Zum Gesetz von BIOT-SAVART: a) Grundkonfiguration, b) Felderzeugung durch beliebig gekrümmten Leiter. d$\boldsymbol{H}(\boldsymbol{x};\boldsymbol{x}')$ rührt von Id$\boldsymbol{l}(\boldsymbol{x}')$ her, $\boldsymbol{H}(\boldsymbol{x})$ vom Gesamtstrom I.

In Analogie zu Abb. 1.7.1 ist d$\boldsymbol{H}$ ein differentiell kleiner $\boldsymbol{H}$-Feldvektor, der in a) von dem Segment d$\boldsymbol{l}$ = d$l\vec{e}_z$ hervorgerufen wird. Darauf steht senkrecht der $\boldsymbol{r}$-Vektor, der von diesem Ort der Ursache zu dem Ort, an dem d$\boldsymbol{H}$ gesucht ist, zeigt. Er hat die gleiche Richtung wie der Einheitsvektor in Radialrichtung eines hier gedachten Zylinderkoordinatensystems: $\vec{e}_r = \boldsymbol{r}/r$. $\vec{e}_\varphi$ und mit gleicher Richtung d$\boldsymbol{H}$ stehen darauf wieder senkrecht. Folglich gilt mit dem Rechtssystem r, φ, z bzw. φ, z, r:

$$\vec{e}_\varphi = \vec{e}_z \times \vec{e}_r \qquad \Rightarrow \qquad \mathrm{d}l\vec{e}_\varphi = \mathrm{d}\boldsymbol{l} \times \vec{e}_r = \mathrm{d}\boldsymbol{l} \times \frac{\boldsymbol{r}}{r}, \tag{3.6-3}$$

Um wirklich koordinatenunabhängig zu sein, betrachten wir nun b), wo der Strom I in einem beliebig gebogenen Leiter das Feld hervorruft. Damit folgt für beliebiges, aber homogenes μ über dem Leiterstück $\mathrm{d}\boldsymbol{l}$ beim Linienstrom I, Leiteroberflächenelement $\mathrm{d}A_\mathrm{O}$ beim Strombelag $\boldsymbol{K}$ bzw. Leitervolumenelement $\mathrm{d}V$ bei gegebener Stromdichte $\boldsymbol{S}$:

$$\mathrm{d}\boldsymbol{H}(\boldsymbol{x};\boldsymbol{x}') = \frac{I}{4\pi R^2}\mathrm{d}\boldsymbol{l}(\boldsymbol{x}') \times \frac{\boldsymbol{R}}{R} = \frac{I\mathrm{d}\boldsymbol{l}(\boldsymbol{x}') \times \boldsymbol{R}}{4\pi R^3} = \frac{\boldsymbol{K}\mathrm{d}A_\mathrm{O}(\boldsymbol{x}') \times \boldsymbol{R}}{4\pi R^3} = \frac{\boldsymbol{S}\mathrm{d}V(\boldsymbol{x}') \times \boldsymbol{R}}{4\pi R^3}. \tag{3.6-4}$$

Da wir nun nicht nur den Feldanteil kennen möchten, der von einem differentiell kleinen Leiteranteil herrührt, müssen wir integrieren:

$$\boldsymbol{H}(\boldsymbol{x}) = \int\limits_{\substack{\text{Leiter-}\\\text{länge}}} \frac{I\mathrm{d}\boldsymbol{l}(\boldsymbol{x}') \times \boldsymbol{R}}{4\pi R^3} = \iint\limits_{\substack{\text{Leiter-}\\\text{oberfläche}}} \frac{\boldsymbol{K} \times \boldsymbol{R}}{4\pi R^3}\mathrm{d}A_\mathrm{O}(\boldsymbol{x}') = \iiint\limits_{\substack{\text{Leiter-}\\\text{volumen}}} \frac{\boldsymbol{S} \times \boldsymbol{R}}{4\pi R^3}\mathrm{d}V(\boldsymbol{x}'). \tag{3.6-5}$$

Repräsentiert die Leiterlänge keinen kompletten Umlauf um einen Stromkreis, stellt dieses Ergebnis ebenfalls lediglich eine physikalisch nicht meßbare Rechengröße dar. Da Stromkreise immer geschlossen sein müssen, können wir folglich das Feld des Gesamtleiters an einer beliebigen Stelle im Raum angeben:

$$\overset{\circ}{\boldsymbol{H}}(\boldsymbol{x}) = \oint\limits_{\substack{\text{Leiter-}\\\text{umlauf}}} \frac{I\mathrm{d}\boldsymbol{l} \times \boldsymbol{R}}{4\pi R^3} = \oiint\limits_{\substack{\text{Leiter-}\\\text{oberfläche}}} \frac{\boldsymbol{K} \times \boldsymbol{R}}{4\pi R^3}\mathrm{d}A_\mathrm{O} = \oiiint\limits_{\substack{\text{Leiter-}\\\text{volumen}}} \frac{\boldsymbol{S} \times \boldsymbol{R}}{4\pi R^3}\mathrm{d}V. \tag{3.6-6}$$

$$\boldsymbol{D}(\boldsymbol{x}) = \int\limits_Q \frac{\mathrm{d}Q(\boldsymbol{x}')\boldsymbol{R}}{4\pi R^3}$$

$\boldsymbol{x}$ ist der Ortsvektor zu dem Punkt (der Wirkung), an dem $\boldsymbol{H}(\boldsymbol{x})$ interessiert, $\boldsymbol{x}'$ der Ortsvektor zu dem Punkt (der Ursache), an der sich das gerade betrachtete magnetische Stromelement $I\mathrm{d}\boldsymbol{l}(\boldsymbol{x}')$ befindet, das den differentiell kleinen Feldanteil (Feldchen) $\mathrm{d}\boldsymbol{H}(\boldsymbol{x};\boldsymbol{x}')$ hervorruft. $\boldsymbol{R} = \boldsymbol{x} - \boldsymbol{x}'$ ist dann der Ortsvektor vom Ort der Erregung $\boldsymbol{x}'$, an dem sich $I\mathrm{d}\boldsymbol{l}(\boldsymbol{x}')$, wo gerade integriert wird, befindet; $R = |\boldsymbol{x} - \boldsymbol{x}'|$ dessen Betrag. Bei der Ausführung der Rechnung ist also zu beachten, daß $\vec{e}_R = \boldsymbol{R} / R$ jetzt in Abhängigkeit des Ortes der Integration variiert, d.h. eine kontinuierliche Verteilung darstellt.

Die zuletzt dargestellte Gleichung ist die Formel von BIOT-SAVART, die die vektorielle Berechnung von Magnetfeldern im homogenen Medien erlaubt. Sie stellt praktisch das Pendant zur Berechnung der elektrischen Flußdichte aus einer Ladungsanordnung, wie in Abb. 1.7-1 und mit Gl. 1.7.2 angegeben, dar. Eine Multiplikation mit μ ergibt das jeweils zugehörige $\boldsymbol{B}$-Feld.

Wir fassen die Vorgehensweise zum Aufstellen des BIOT-SAVART-Integrals wie folgt zusammen:

1. Wähle ein problemangepaßtes Koordinatensystem mit geeignetem Zentrum
2. Spezifiziere $I\mathrm{d}\boldsymbol{l}$, $\boldsymbol{K}\mathrm{d}A_\mathrm{O}$, $\boldsymbol{S}\mathrm{d}V$ 3. Spezifiziere $\boldsymbol{R}$ 4. Bestimme $R = |\boldsymbol{R}|$
5. Lege die Integrationsgrenzen fest, ggfls. Ringintegral
6. Führe das Vektorprodukt des Integranden bei Bedarf über die Determinante aus
7. Werte das Integral ggfls. mit MATHCAD aus
8. Interpretiere das Ergebnis seitens der physikalischen Anschauung.

Wir wollen dies nun an einigen typischen Beispielen verifizieren. Nach deren Durcharbeitung und den Aufgaben finden wir, daß die Anwendung des Gesetzes von BIOT-SAVART i.allg. recht aufwendig ist, weshalb bei Problemen mit symmetrischen Eigenschaften eine meist effizientere Alternative die Anwendung des danach besprochenen Durchflutungsgesetzes darstellt.

3.6.2.1 Magnetfeld eines geraden stromdurchflossenen Leiters

In Abschnitt 1.7.1 hatten wir elektrische Felder von Linienladungen berechnet, und von hier nahm auch in Abschnitt 3.2.1.3 die Einführung in den Magnetismus ihren Ursprung. In Analogie dazu leiten wir nun aus dem Gesetz von BIOT-SAVART den Feldverlauf des geraden stromdurchflossenen Leiters her. Dieser ist uns daher nicht neu, denn über die ursprüngliche Kraftbetrachtung des geraden Leiters wurde das Ergebnis in Gl. 3.3-3 bereits vorweggenommen, so daß es nun nur noch darum gehen kann, aus dem ebenfalls aus der Kraftbetrachtung der bewegten Punktladung bekanntem Feld den Querbezug zwischen beiden zu finden.

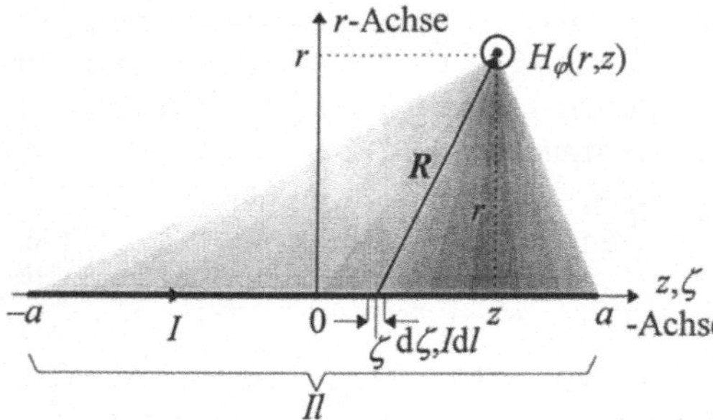

Abb. 3.6-2: Zur Berechnung des Magnetfelds eines geraden stromdurchflossenen Leiters. Die schwächer werdende Schattierung deutet die Abnahme des Einflusses auf das Feld am Ort r,z an.

Mit der gleichen Argumentation wie in der Elektrostatik berechnen wir entspr. Abb. 3.6-2 zunächst den Feldanteil entlang $l = 2a$, um dann auf den unendlich langen Leiter zu extrapolieren. Mit den o.a. Schritten heißt das:

1. Zylinderkoordinatensystem mit Zentrum in der Mitte von l

2. $I\mathrm{d}\boldsymbol{l} = I\mathrm{d}\zeta\vec{e}_z$, 3. $\boldsymbol{R} = r\vec{e}_r + (z-\zeta)\vec{e}_z$, 4. $R = \sqrt{r^2+(z-\zeta)^2}$, 5. $-a \le \zeta \le a$:

6. $$\Rightarrow \boldsymbol{H}(r,z) = \frac{I}{4\pi}\int_{-a}^{a}\frac{\begin{pmatrix}0\\0\\\mathrm{d}\zeta\end{pmatrix}\times\begin{pmatrix}r\\0\\z-\zeta\end{pmatrix}}{\left(r^2+(z-\zeta)^2\right)^{3/2}} = \frac{I}{4\pi}\int_{-a}^{a}\frac{\begin{vmatrix}0 & r & \vec{e}_r\\0 & 0 & \vec{e}_\varphi\\\mathrm{d}\zeta & z-\zeta & \vec{e}_z\end{vmatrix}}{\left(r^2+(z-\zeta)^2\right)^{3/2}} =$$

7. $$= \frac{Ir\vec{e}_\varphi}{4\pi}\int_{-a}^{a}\frac{\mathrm{d}\zeta}{\left(r^2+(z-\zeta)^2\right)^{3/2}} = \frac{I\vec{e}_\varphi}{4\pi r}\left(\frac{a-z}{\sqrt{r^2+(a-z)^2}}+\frac{a+z}{\sqrt{r^2+(a+z)^2}}\right). \quad (3.6\text{-}7)$$

Um die bekannte Formel $H = I/2\pi r$ zu erhalten, lassen wir $a \to \infty$ gehen, womit der Klammerausdruck den Wert 2 annimmt.

3.6.2.2 Magnetfeld auf der Mittelachse eines Stromkreises

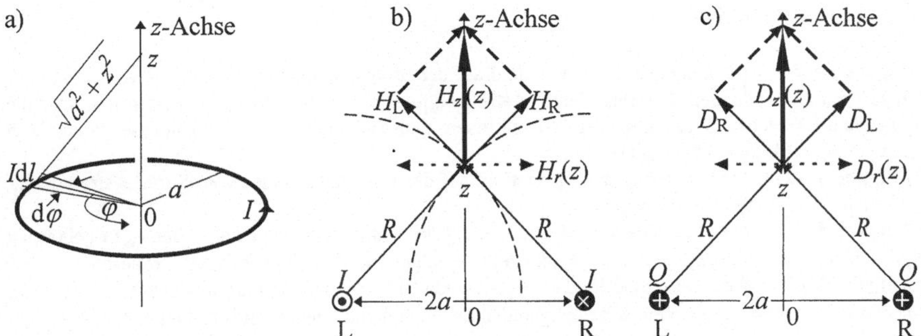

Abb. 3.6-3: Zur Berechnung des Magnetfelds eines kreisrunden stromdurchflossenen Leiters. Rechts im Vergleich elektrische Flußdichte des Ladungsrings.

Entsprechend Abb. 3.6-3a) ergibt sich am Ort z das Feld in Zylinderkoordinaten mit Zentrum im Kreismittelpunkt zu:

$$\boldsymbol{H} = \frac{I}{4\pi}\oint \frac{\begin{pmatrix}0\\ a\mathrm{d}\varphi\\ 0\end{pmatrix}\times\begin{pmatrix}-a\\ 0\\ z\end{pmatrix}}{(a^2+z^2)^{3/2}} = \frac{I}{4\pi}\oint \frac{\begin{vmatrix}0 & -a & \vec{e}_r\\ a\mathrm{d}\varphi & 0 & \vec{e}_\varphi\\ 0 & z & \vec{e}_z\end{vmatrix}}{(a^2+z^2)^{3/2}} = \frac{I}{4\pi}\int_0^{2\pi} \frac{\begin{pmatrix}az\\ 0\\ a^2\end{pmatrix}\mathrm{d}\varphi}{(a^2+z^2)^{3/2}} =$$

$$= \begin{pmatrix}H_r\\ H_\varphi\\ H_z\end{pmatrix} = \frac{I}{4\pi(a^2+z^2)^{3/2}}\begin{pmatrix}az\\ 0\\ a^2\end{pmatrix}\int_0^{2\pi}\mathrm{d}\varphi = \frac{I}{2(a^2+z^2)^{3/2}}\begin{pmatrix}az\\ 0\\ a^2\end{pmatrix} \qquad (3.6\text{-}8)$$

$$\Rightarrow\quad H_z(z) = \frac{Ia^2}{2(a^2+z^2)^{3/2}}; \qquad H_{z\max} = H_z(0) = \frac{I}{2a}. \qquad D_z(z) = \frac{Qz}{4\pi(a^2+z^2)^{3/2}}$$

$H_z(0) = I/2a$ erhalten wir auch aus Gl. 2: $H = qv/4\pi a^2$, wenn wir $qv = I2\pi a$ setzen.

Wir erkennen in Analogie zu Aufgabe 1.7.1-1, bei der das elektrische Feld eines Rings zu berechnen war, daß wir uns die Ausführung des Ringintegrals sparen können, da der Abstand eines jeden Punkts auf dem Ring zur z-Achse konstant ist. Ist der Ring jedoch verbogen oder/und die Stromdichte inhomogen verteilt, ist die Berechnung nicht ohne Ringintegral möglich.

Das Vektorergebnis bedarf der physikalischen Interpretation, da eine radiale Feldkomponente entspr. b) zwar mathematisch auftritt, jedoch keine physikalische Bedeutung hat, da sie in alle Richtungen gleichmäßig von der z-Achse wegweist und sich so in der Summe gegenseitig aufhebt. Lediglich die z-Komponente bleibt übrig und in dieser Hinsicht unterscheidet sich das Ergebnis nicht von dem der Elektrostatik, das bzgl. des D-Feldes nochmals in c) dargestellt ist, obwohl dieses Feld ein Quellenfeld ist. Skizzieren wir jedoch für beide Fälle entsprechend der Abbildung die Feldlinien auf einem Punkt der z-Achse, ist auch dieses Verhalten aus der Geometrie ersichtlich.

Während das elektrische Feld im Zentrum verschwindet, und dort sein Vorzeichen umdreht, hat das magnetische hier sein Maximum und ähnelt mehr dem Verlauf des elektrischen Potentials.

Aufgabe 3.6.2-1: Man berechne das Magnetfeld auf der Mittelachse einer Spule mit Radius a und der Länge l mit N Windungen. Hinweis: Setze in Kreisringformel $I \Rightarrow dI = NIdz/l$ und integriere über die Spulenlänge. Welchem Wert strebt das Feld im Innern und Äußern für große Verhältnisse l/a zu? Man skizziere $H_z(z)$ für $l/a = 20$ mit MATHCAD.

***Aufgabe 3.6.2-2:** Man berechne das Magnetfeld auf der Mittelachse eines vom Strom I stromdurchflossenen Quadrats der Kantenlänge a.

***Aufgabe 3.6.2-3:** Man berechne das Magnetfeld auf der Mittelachse einer mit Q homogen geladenen Kreisscheibe des Radius a, die mit der Winkelgeschwindigkeit ω in der Scheibenebene rotiert.

***Aufgabe 3.6.2-4:** Man weise mithilfe des Gesetzes von BIOT-SAVART und MATHCAD nach, daß sich das Magnetfeld im Außenbereich eines langen geraden Leiters mit endlichen Radius a ebenfalls zu $H = I/2\pi r$ ergibt.

3.6.3 Magnetische Spannung V_m

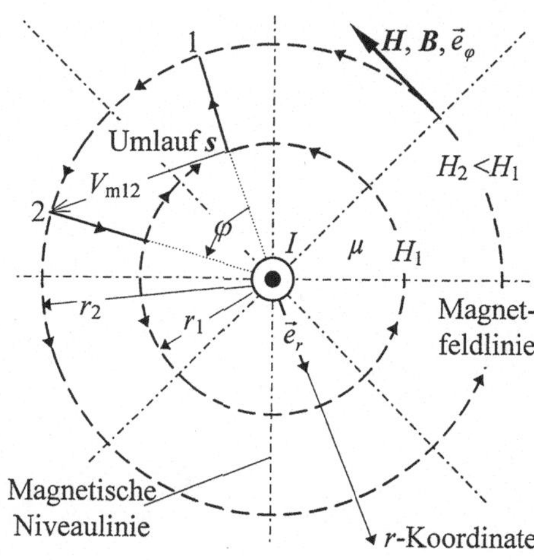

Abb. 3.6-4: Magnetisches Feld und magnetische Spannung in der Umgebung eines stromdurchflossenen Leiters.

Legen wir einen bestimmten Weg $\boldsymbol{s}$ in einem Magnetfeld zurück, ist die Summe aller Feldstärkewerte $\boldsymbol{H}$ entlang dieses Weges, multipliziert mit den jeweils dazugehörigen differentiell kleinen Wegstücken $d\boldsymbol{s}$ in Analogie zur elektrischen Spannung U des Abschnitts 1.4.3 per Definition gleich der ***magnetischen Spannung*** V_m zwischen den Endpunkten des Wegs. Dies illustriert Abb. 3.6-4 in der Umgebung des langen geraden stromdurchflossenen Leiters. Die allgemeine Beziehung lautet in Analogie zu Gl. 1.4-19 für V_{m12}:

$$V_{m12} := \int_1^2 \boldsymbol{H} \cdot d\boldsymbol{s}; \qquad [V_m] = \text{A (mpère)}. \qquad U_{12} = \int_1^2 \boldsymbol{E} \cdot d\boldsymbol{s} \quad (3.6\text{-}9)$$

Bewegen wir uns von 1 nach 2 ein Stück s_{12} entlang der äußeren Feldlinie, erhalten wir aus $H = I/2\pi r$:

$$V_{m12} = H_2 s_{12} = \frac{I}{2\pi r_2} \varphi r_2 = \frac{I\varphi}{2\pi}. \quad (3.6\text{-}10)$$

Vergleichen wir damit z.B. eine gerade Linienladung, so bilden deren elektrostatischen Äquipotentialflächen geschlossene konzentrische Zylinder, die elektrische Feldstärke bildet (mathematische) Strahlen in Ebenen, die am Leiter beginnen (bzw. enden). Bei einem geraden stromdurchflossenen Leiter ist dies genau umgekehrt: die magnetischen Feldstärkelinien sind geschlossen, die Niveauflächen sind (Halb-)Ebenen, die am Leiter beginnen. Bei anderen Geometrien verhält sich dies analog.

Aufgabe 3.6.3-1: Man berechne für einen Leiter auf der z-Achse mit Strom I = 1 A die magnetische Spannung V_m entlang der direkten Verbindung zwischen den Punkten $x_1 = (1,2,3)$ µm und $x_2 = (-1,2,-3)$ µm. Wie ändert sich V_m, wenn der Leiter nach $(x_0, y_0) = (2, 2)$ µm parallelverschoben wird?
Aufgabe 3.6.3-2: Man berechne für den Stromkreis in Abb. 3.6-3a) V_m von $z = -\infty$ bis $z = +\infty$.
Aufgabe 3.6.3-3: Man berechne für die Spule in Aufgabe 3.6.2-1 V_m von $z = -\infty$ bis $z = +\infty$.

3.6.4 Durchflutungsgesetz

Das Durchflutungsgesetz als 1. MAXWELLgleichung bildet das Zentrum dieses Kapitels und gemeinsam mit dem im nächsten Kapitel besprochenen Induktionsgesetz das Zentrum der Elektrotechnik. Wie beim GAUßschen Satz der Elektrostatik als 3. und der Quellenfreiheit der Flußdichte als 4. MAXWELLgleichung können wir es in integraler und lokaler (differentieller) Form darstellen. Für diese muß der Nabla-Operator neben Gradient (grad) und Divergenz (div) in einer dritten Form, dem Rotor (rot; engl.: curl) eingeführt werden.

3.6.4.1 Integrale Form des Durchflutungsgesetzes

Bewegen wir uns auf einem geschlossenen Umlauf, der wie links oben in Abb. 3.6-4 dargestellt, den Leiter nicht mit einschließt, muß die ***magnetische Umlaufspannung*** $\overset{\circ}{V}_m$, die durch das folgende Integral beschrieben wird, verschwinden:

$$\overset{\circ}{V}_m := \oint\limits_{I \text{ nicht im Umlauf}} \boldsymbol{H} \cdot d\boldsymbol{s} = 0. \quad (3.6\text{-}11)$$

Für dieses Beispiel ist das leicht nachweisbar:

$$\overset{\circ}{V}_m = \frac{I}{2\pi r_2} \varphi r_2 - \frac{I}{2\pi r_1} \varphi r_1 = 0. \quad (3.6\text{-}12)$$

Schließt der Umlauf den Strom I ein, und besteht der Stromleiter noch aus mehreren Lagen N (Spule), so ist der Strom auch Nmal gewichtet zu zählen. Wir definieren in diesem Zusammenhang als Zirkulation von $\boldsymbol{H}$ die ***(elektrische) Durchflutung*** Θ:

$$\Theta := \overset{\circ}{V}_m = NI = \oint\limits_{NI \text{ im Umlauf}} \boldsymbol{H} \cdot d\boldsymbol{s}. \qquad [\Theta] = \text{A, oft: Ampèrewindungen} \qquad \overset{\circ}{U} = 0 = \oint\limits_{\text{immer}} \boldsymbol{E} \cdot d\boldsymbol{s} \quad (3.6\text{-}13)$$

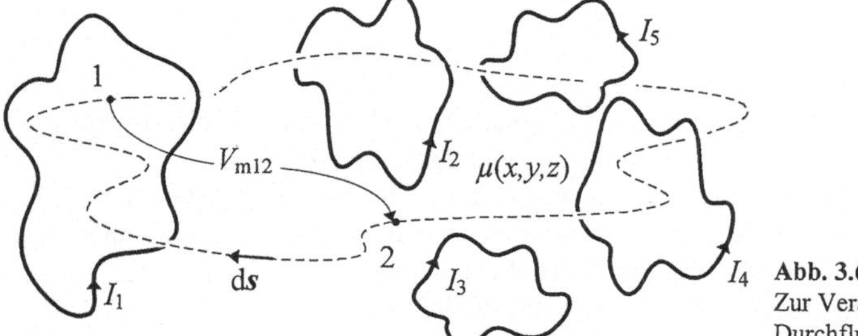

Abb. 3.6-5: Zur Veranschaulichung des Durchflutungsgesetzes.

Ein anderer gebräuchlicher Name ist ***magnetische Quellspannung***. Die vorstehende Formel ist noch universeller, als die von einem beliebigen geschlossenen Umlauf eingeschlossenen beliebig großen und beliebig gerichteten Ströme beliebiger Leitergeometrie bei beliebiger inhomogener Verteilung der Permeabilität $\mu(x,y,z)$ vorzeichenrichtig addiert die Durchflutung ergeben, wie Abb. 3.6-5 beispielhaft illustriert:

$$\Theta = \sum_i \pm I_i = -I_1 - I_2 + I_4 - I_5 . \tag{3.6-14}$$

Diese Gleichung stellt in Analogie zum elektrischen Stromkreis die KIRCHHOFFsche Maschenregel des magnetischen Kreises dar. Die Richtungszuordnung für positives Vorzeichen erfolgt wieder mit einer Rechte-Hand-Regel: Daumen der rechten Hand in Umlaufrichtung $\Rightarrow$ gekrümmte Finger zeigen in Stromrichtung - und: Daumen der rechten Hand in Stromrichtung $\Rightarrow$ gekrümmte Finger zeigen in Umlaufrichtung.

Nehmen wir wieder unseren geraden Leiter in Abb. 3.6-4 als Beispiel. Er wird von $H = I/2\pi r$ umgeben $\Rightarrow$ integriere entlang eines konzentrischen Kreises:

$$\Theta = \oint_{\substack{\text{konzentrischer} \\ \text{Kreis um } I}} \boldsymbol{H} \cdot \mathrm{d}\boldsymbol{s} = \frac{I}{2\pi r} 2\pi r = I . \tag{3.6-15}$$

Über das obige Beispiel hinaus kann beim Umlauf um den Leiter entlang Niveauflächen zwischen den Kreisen hin- und hergesprungen werden, denn hier ist $\boldsymbol{H} \perp \mathrm{d}\boldsymbol{s}$; bei einem größeren Kreis wird die Feldschwächung durch den längeren Weg kompensiert, so daß letztendlich nur der Winkel von Bedeutung ist. Dies läßt sich beliebig fein unterteilen und ermöglicht so einen beliebigen, genau einmal geschlossenen Weg um den geraden Leiter, um immer $\Theta = I$ zu erhalten.

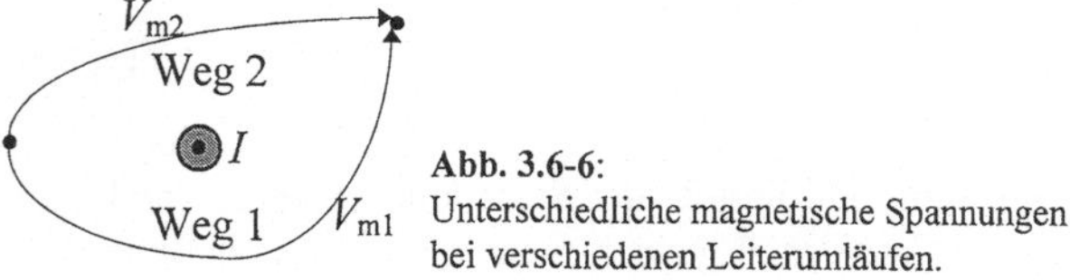

Abb. 3.6-6: Unterschiedliche magnetische Spannungen bei verschiedenen Leiterumläufen.

Daß das Durchflutungsintegral für einen Umlauf um Leiter nicht verschwindet, hat aber auch zur Folge, daß entspr. Abb. 3.6-6 zwei Integrationswege zwischen zwei Punkten, die auf verschiedenen Leiterseiten entlanggeführt werden, nicht die gleiche magnetische Spannung liefern. Dies im Unterschied zum COULOMBfeld mit zwei unterschiedlichen Wegen um eine punkt-, linien- oder sonst beliebige Ladungsanordnung. Das Magnetfeld eines stromdurchflossenen Leiters ist nicht konservativ. Hier gilt:

$$V_{m1} = \int_{\text{Weg 1}} \boldsymbol{H} \cdot d\boldsymbol{s} \neq V_{m2} = \int_{\text{Weg 2}} \boldsymbol{H} \cdot d\boldsymbol{s} = V_{m1} - I. \qquad (3.6\text{-}16)$$

Im strengen mathematischen Sinne ist hierfür das magnetische Potential, wie bereits festgestellt, keine sinnvoll definierte Größe. Bei Mehrfachumläufen um einen Leiter wächst die magnetische Spannung, da dessen Stromstärkewert bzw. die Durchflutung mit der Anzahl der Umläufe berücksichtigt werden muß, was dazu führt, daß das Potential nicht eindeutig ist. Andererseits ist die Eindeutigkeit beim elektrostatischen Feld ebenfalls nicht gegeben, da der Nullpunkt grundsätzlich beliebig vorgegeben werden kann.

In beiden Fällen kann natürlich die Feldstärke aus dem Gradienten einer skalaren Funktion φ_m gebildet werden, die aber nur beim COULOMBfeld, und beim Magnetfeld bei Beschränkung auf Umläufe, die keinen expliziten Strom einschließen, das Potential repräsentiert. Führen wir später in das magnetische Ersatzschaltbild ersatzweise eine konzentrierte magnetische Quellspannung ein, lassen sich hierüber magnetische Spannungen als Potentialdifferenzen in diesem angeben. Die Methode wird nochmals beim Induktionsgesetz, wo das Problem in vergleichbarer Weise bei induzierten elektrischen Feldern auftritt, dargestellt.

Insbesondere kann nun eine Verknüpfung zwischen den durch obige Definitionsgleichung für die Durchflutung Θ beschriebenen Leiterfeldgrößen und den hervorgerufenen Raumfeldgrößen nach Gl. 2.10-6 angegeben werden - das eigentliche Durchflutungsgesetz - wie es die 1. MAXWELLgleichung in der Integralform beschreibt:

$$\boxed{\Theta = \oint_{\substack{\text{Beliebiger}\\ \text{Umlauf um } \Theta}} \boldsymbol{H} \cdot d\boldsymbol{s} = \iint_{\substack{\text{Fläche des}\\ \text{Umlaufs}}} \left(\boldsymbol{S} + \frac{\partial \boldsymbol{D}}{\partial t}\right) \cdot d\boldsymbol{A}}. \qquad (3.6\text{-}17)$$

Der exakte Beweis der o.a. Allgemeingültigkeit ist der aufwendigste aller MAXWELLgleichungen. Man kann die BIOT-SAVARTsche Formel in das linke Ringintegral einsetzen, wodurch ein Doppelringintegral entsteht, von dem man nachweisen kann, daß sein Wert weder von der Geometrie des Umlaufs noch von der Geometrie des Leiters abhängt, sofern er diesen einschließt. Daher kann man sich Leitergeometrie und Umlaufgeometrie maximal einfach vorgeben - Gerade und konzentrischer Kreis darum. Hierfür wurde das Durchflutungsgesetz oben nachgewiesen. Beispiele sind die beiden letzten Aufgaben des vorigen Abschnitts.

Die Gültigkeit für magnetisch inhomogene Materialien $\mu(x,y,z)$ kann durch Einführung einer auf der unten eingeführten Magnetisierung $\boldsymbol{M}$ basierenden zusätzlichen Magnetisierungsstromdichte nachgewiesen werden. Auf diese Weise kann soz. als vierte Stromkomponente auch ein aus der zeitlichen Änderung der elektrostatischen Polarisierung $\boldsymbol{P}$ resultierender Stromanteil separat berücksichtigt werden. Ohne den Anteil des Verschiebungsstroms heißt obige Gleichung auch AMPÈREsches Gesetz, da sie von AMPÈRE erstmals angegeben wurde. Die Erweiterung um den Verschiebungsstrom stammt, wie schon oben dargelegt, von MAXWELL (1860).

Auch ein Permanentmagnet erzeugt eine Durchflutung, nur daß hiermit kein expliziter Strom I assoziiert werden kann. Daher muß für eine Feldanalyse die rechte Seite des Durchflutungsgesetzes verschwinden und der Beitrag im H-Feld berücksichtigt werden, wie unten bei der Magnetostatik nochmals ausgeführt.

Aufgabe 3.6.4.1-1: Man berechne H im Innern eines kreisrunden, vom Strom I in Längsrichtung durchflossenen Rohres.
Aufgabe 3.6.4.1-2: Eine sehr lange dünne Metallfolie der Dicke a und Breite $b \gg a$ werde von einem Strom der Stromdichte S in Längsrichtung durchflossen. Man veranschauliche sich das Feldlinienbild und bestimme H in der Nähe der Oberfläche aus dem Durchflutungsgesetz.
Aufgabe 3.6.4.1-3: Zur Folie der vorigen Aufgabe werde in geringem Abstand eine ebensolche parallel als Rückleiter verwendet. Man bestimme H im Innen- und Außenraum. Welche Werte ergeben sich, wenn beide Ströme gleichgerichtet sind?

3.6.4.2 Differentielle Form des Durchflutungsgesetzes, Rotor

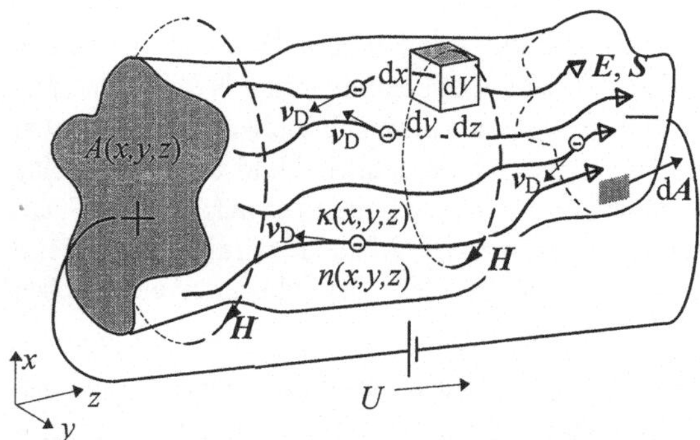

Abb. 3.6-7:
Magnetfeldlinien in und um einen stromdurchflossenen Leiter.

Abb. 3.6-7 zeigt anschaulich die Wirbelbildung des Magnetfelds um einen allgemeinen inhomogenen stromdurchflossenen Leiter. Diese Magnetfeldlinien schließen sich sowohl im Außenbereich als auch im Innenbereich des Leiters. Im Beispiel sind nur Leitungsstromdichtefeldlinien angenommen. Für (zusätzliche) Verschiebungsstromdichtefeldlinien folgt der Rechengang zur Herleitung der Differentialform des Durchflutungsgesetzes analog.

Um diese in Analogie zur Divergenzberechnung des GAUẞschen Satzes in Abschnitt 1.7.4 zu erhalten, ist es nützlich, zunächst ein differentiell kleines quaderförmiges Volumen, dessen Kanten parallel zum Koordinatensystem ausgerichtet sind, herauszuschneiden:

$$\mathrm{d}V = \mathrm{d}x\mathrm{d}y\mathrm{d}z. \tag{3.6-18}$$

Durch dieses Volumen an einer bestimmten Stelle $\boldsymbol{x} = (x,y,z)$ im Leiter fließen i.allg. schräg die Elektronen und es wird damit schräg von einer Stromdichtefeldlinie $\boldsymbol{S}$ durchdrungen. Wir möchten herausfinden, welche differentielle Beziehung zwischen $\boldsymbol{S}$ und den von $\boldsymbol{S}$ verursachten $\boldsymbol{H}$-Feldlinien besteht.

Von diesem Volumen betrachten wir zunächst entspr. Abb. 3.6-8 die obere (grau schattierte) Deckelfläche. Von dem diese Fläche durchtretenden Anteil des Stroms $\mathrm{d}I = \boldsymbol{S}\cdot\mathrm{d}\boldsymbol{A}_x$ auf der rechten Seite des Durchflutungsgesetzes ist nur die x-Komponente der Stromdichte S_x von Bedeutung, da die anderen beiden normal zum Flächennormalenvektor $\mathrm{d}\boldsymbol{A}_x = \mathrm{d}y\mathrm{d}z\vec{e}_x$ liegen. $H_y(z)$ ist die entlang $\mathrm{d}y(z)$ gemittelte Feldstärke, $H_z(y + \mathrm{d}y) = H_z(y) + \partial H_z/\partial y\cdot\mathrm{d}y$ die entlang $\mathrm{d}z(y + \mathrm{d}y)$ gemittelte Feldstärke usw.

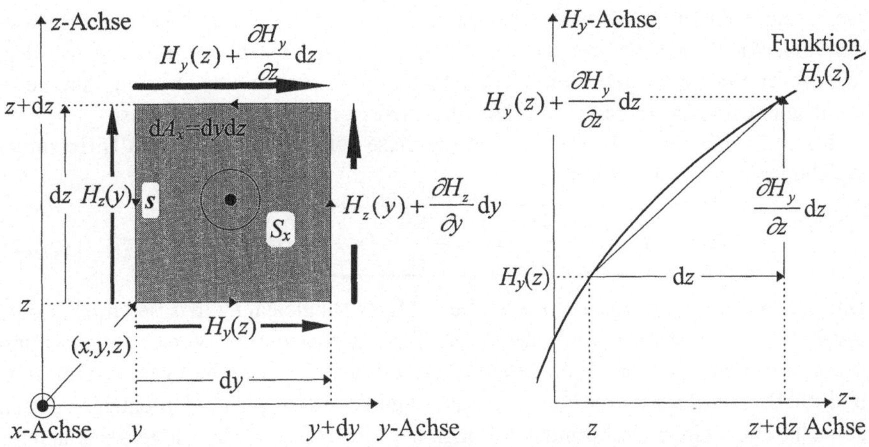

Abb. 3.6-8: a) Anwendung des Durchflutungsgesetzes zur Berechnung der Beziehung zwischen Stromdichte und magnetischer Feldstärke, b) allgemeine Veranschaulichung der Begriffe am Beispiel eines zweidimensionalen Koordinatensystems.

Zur Auswertung des linken Ringintegrals beginnen wir mit dem Umlauf links unten, folgen der eingetragenen $\boldsymbol{s}$-Richtung und setzen das Ergebnis dem rechten Flächenintegral gleich:

$$H_y(z)\mathrm{d}y + \left(H_z(y) + \frac{\partial H_z}{\partial y}\mathrm{d}y \right)\mathrm{d}z - \left(H_y(z) + \frac{\partial H_y}{\partial z}\mathrm{d}z \right)\mathrm{d}y - H_z(y)\mathrm{d}z = S_x \mathrm{d}y\mathrm{d}z\,. \tag{3.6-19}$$

Alle anderen Anteile des Magnetfelds sind bedeutungslos, da sie jeweils senkrecht auf dem Umlauf stehen und folglich bei der Skalarproduktbildung $\mathrm{d}I = \boldsymbol{H}\cdot\mathrm{d}\boldsymbol{s}$ wegfallen. Durch Wegkürzen der Anteile $H_y(z)\mathrm{d}y$ und $H_z(y)\mathrm{d}z$ und Division durch die Fläche $\mathrm{d}A_x = \mathrm{d}y\mathrm{d}z$ ergibt sich:

$$\frac{\partial H_z}{\partial y} - \frac{\partial H_y}{\partial z} = S_x, \qquad \frac{\partial H_x}{\partial z} - \frac{\partial H_z}{\partial x} = S_y, \qquad \frac{\partial H_y}{\partial x} - \frac{\partial H_x}{\partial y} = S_z. \tag{3.6-20}$$

Die beiden rechten Gleichungen erhalten wir, indem wir die Koordinaten zyklisch vertauschen. Dies entspricht der Auswertung des Formalismus für die zx- und xy-Ebenen. Dies stellen wir vektoriell dar:

$$\begin{pmatrix} \frac{\partial H_z}{\partial y} - \frac{\partial H_y}{\partial z} \\ \frac{\partial H_x}{\partial z} - \frac{\partial H_z}{\partial x} \\ \frac{\partial H_y}{\partial x} - \frac{\partial H_x}{\partial y} \end{pmatrix} = \begin{vmatrix} \frac{\partial}{\partial x} & H_x & \vec{e}_x \\ \frac{\partial}{\partial y} & H_y & \vec{e}_y \\ \frac{\partial}{\partial z} & H_z & \vec{e}_z \end{vmatrix} = \begin{pmatrix} \frac{\partial}{\partial x} \\ \frac{\partial}{\partial y} \\ \frac{\partial}{\partial z} \end{pmatrix} \times \begin{pmatrix} H_x \\ H_y \\ H_z \end{pmatrix} = \begin{pmatrix} S_x \\ S_y \\ S_z \end{pmatrix} = \boldsymbol{S}. \tag{3.6-21}$$

Hierbei ist in der Folge von links kommend der linke Vektor als Kreuzprodukt des Nabla-Operators mit dem Magnetfeldvektor $\boldsymbol{H}$ angegeben. Wir erkennen, daß im Gegensatz zu Gradient und Divergenz jede Vektorkomponente nach einer anderen, jeweils senkrecht zu ihr weisenden Koordinaten abgeleitet wird, und das Ergebnis wiederum senkrecht auf ihr und der Koordinate steht. Dies entspricht jedoch genau dem Wesen der Vektorprodukte beim Drehmoment, bei dem auch eine Drehung durch eine Kraft senkrecht zum Hebelarm entsteht, die wiederum senkrecht dazu weist.

In der Kompaktschreibweise können wir diese verkoppelten partiellen Differentialgleichungen nun so darstellen:

$$\boxed{\nabla \times \boldsymbol{H} = \mathrm{rot}\boldsymbol{H} = \boldsymbol{S} + \frac{\partial \boldsymbol{D}}{\partial t} = \kappa \boldsymbol{E} + \varepsilon \frac{\partial \boldsymbol{E}}{\partial t} = (\kappa + \varepsilon \frac{\partial}{\partial t})\boldsymbol{E}}. \tag{3.6-22}$$

Dies ist das Durchflutungsgesetz oder die 1. MAXWELLgleichung in differentieller oder lokaler Form. Zusätzlich wurde der rechte Term wieder um die Verschiebungsstromdichte erweitert, die, wie schon dargelegt, grundsätzlich mit einbezogen werden muß, und für Dielektrika, wie auch den Freiraum und die Atmosphäre, den einzigen Anteil darstellt. Die weitere Umformung gilt bzgl. der Flußdichte wieder für zeitunabhängige Permittivität, was wir immer annehmen.

Der Nabla-Operator tritt hier in Form des Rotors auf, der kreuzmultipliziert mit dem Magnetfeldvektor den Stromdichtevektor beschreibt. Er steht für die Wirbelbildung des Magnetfelds um das Stromdichtefeld. rot kann somit in der Gleichung verbal ersetzt werden durch Die Wirbeldichte von. Für obige Gleichung heißt das im Klartext:

Die Wirbeldichte der magnetischen Feldstärke ist gleich der Stromdichte.

Ein verschwindender Rotor kennzeichnet also im Differentiellen die Wirbelfreiheit des Vektorfeldes, so wie verschwindende Zirkulation im Integralen die Konservativität beschreibt. Zur physikalischen Veranschaulichung des Rotors diene Abb. 3.6-9. In a) liegt ein rotationsfreies Quellenfeld vor, wie wir es vom elektrostatischen Feld kennen. Es wird nach rechts immer schwächer und könnte z.B. in einem Medium mit zunehmender Permittivität existieren.

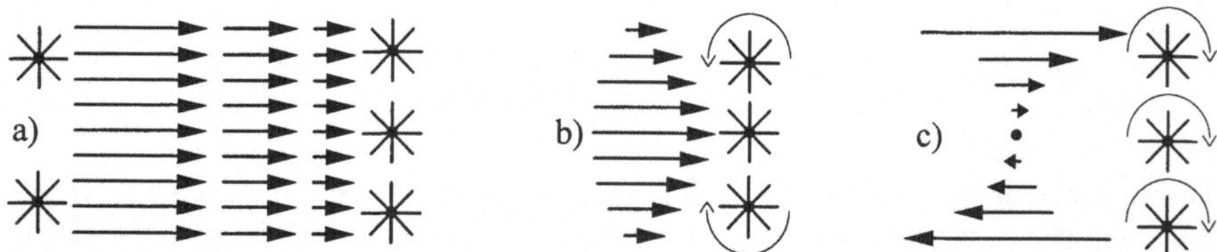

Abb. 3.6-9: Verschiedene Feldformen: a) Feld ohne Rotation, aber mit (negativer) Divergenz, b) Feld mit gegenläufiger Rotation, c) Feld mit gleichgerichteter Rotation.

b) kann z.B. die Geschwindigkeitsverteilung von Wasser über einem Kanalquerschnitt darstellen. Das Wasser fließt wegen der Oberflächenrauhigkeit am Rand langsamer als in dem Mitte. Halten wir drei kleine Wasserräder hinein, werden sie sich daher wie in der Abbildung drehen, bzw. das mittlere stehenbleiben, da der Schaufeldruck auf beiden Seiten konstant ist. Das grundsätzlich wirbelbehaftete Feld ist auf der Mittelachse wirbelfrei. Die stehenden Wirbel in a) könnten so auch zu einem Wasserfluß gehören, der immer langsamer wird, aber entlang des Wegs über dem Querschnitt gleichverteilt.

c) ist charakteristisch für das Innere eines in die Papierebene hinein stromdurchflossenen Leiters und deutet nach außen eine quadratische Zunahme der Flußmenge an, die unten begründet wird. Im Wassermodell läge z.B. ein Abfluß vor.

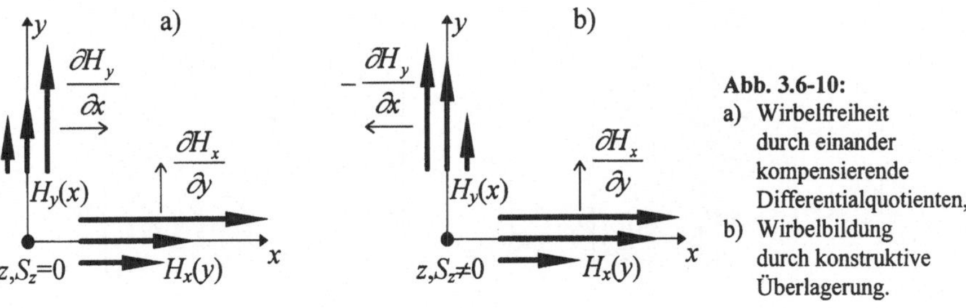

Abb. 3.6-10:
a) Wirbelfreiheit durch einander kompensierende Differentialquotienten,
b) Wirbelbildung durch konstruktive Überlagerung.

Entsprechend Abb. 3.6-10a) liegt aber auch Wirbelfreiheit vor, wenn zwar zwei orthogonale Feldkomponenten - auch unterschiedlicher Größe - vorhanden sind, sich aber in gleicher Weise in die jeweils andere Koordinatenrichtung ändern. Dies ist im Außenraum eines Leiters immer der Fall, wo dann auch $\boldsymbol{S} = \boldsymbol{0} = \mathrm{rot}\boldsymbol{H}$.

Bilden wir nun noch die Divergenz des Durchflutungsgesetzes:

$$\mathrm{div}(\boldsymbol{S}+\frac{\partial \boldsymbol{D}}{\partial t}) = \mathrm{div}\,\mathrm{rot}\boldsymbol{H} = 0. \qquad (3.6\text{-}23)$$

Diese Null auf der rechten Seite resultiert aus dem Doppeloperator div rot. Er führt für jedes beliebige Vektorfeld zu Null, wie in einer Aufgabe nachzurechnen ist. Dies besagt anschaulich, daß ein Feld - besser: eine Feldlinie - nicht gleichzeitig quellen und wirbeln kann. Dies ist ein rein mathematischer, nicht nur physikalischer Aspekt. Wir kommen also von Seiten der Kontinuitätsgleichung in Abschnitt 2.10.2 als auch der universellen Gültigkeit des Durchflutungsgesetzes zu einem identischen Ergebnis und somit zur impliziten Begründung des Durchflutungsgesetzes aus der Ladungserhaltung.

Die Herleitung des Rotors ist sehr allgemeiner, an sich rein mathematischer Natur. Sie gilt für alle umeinander wirbelnden Felder und resultiert in dem Satz von STOKES (G. G. STOKES, 1819 - 1903), wenn wir die differentielle Form des Durchflutungsgesetzes in die rechte Seite seiner Integralform einsetzen:

$$\Theta = \oint_{\substack{\text{Beliebiger}\\ \text{Umlauf um } \Theta}} \boldsymbol{H}\cdot \mathrm{d}\boldsymbol{s} = \iint_{\substack{\text{Fläche des}\\ \text{Umlaufs}}} \mathrm{rot}\boldsymbol{H}\cdot \mathrm{d}\boldsymbol{A}. \qquad (3.6\text{-}24)$$

Der Satz von STOKES ist natürlich Standard der mathematischen Literatur. Er soll jedoch hier genauso wie der Satz von GAUß begründet werden, da dieses Buch bzgl. der Vektoranalysis im wesentlichen selbsttragend sein soll. Insbesondere fördert die geometrische Veranschaulichung der beteiligten Größen das physikalische Verständnis.

Diese Integralgleichung erlaubt die Berechnung der durch sie bestimmten Größen aus einer Umlauf-Integration, wobei nur das Feld auf dem Rand der Kurve bekannt zu sein braucht, oder alternativ aus der Integration der Rotation des Feldes über die Fläche innerhalb des Umlaufs.

Aus dem Satz von STOKES resultiert ähnlich der Gradienten- und der Divergenzdefinition aus dem GAUßschen Satz die allgemeine, d.h. koordinatenfreie Definition des Rotors:

$$\mathrm{rot}\,\because = \lim_{V\to 0}\frac{1}{V}\oiint_{A\text{ um }V}\mathrm{d}\boldsymbol{A}\times\because \qquad \text{oder} \qquad \vec{e}_A\cdot\mathrm{rot}\,\because = \lim_{A\to 0}\frac{1}{A}\oint_{s\text{ um }A}\because\cdot\mathrm{d}\boldsymbol{s}. \quad (3.6\text{-}25)$$

Ohne weitere Herleitung lautet der Rotor in Zylinder- und Kugelkoordinaten:

$$\begin{pmatrix} S_r \\ S_\varphi \\ S_z \end{pmatrix} = \begin{pmatrix} \frac{1}{r}\frac{\partial H_z}{\partial \varphi} - \frac{\partial H_\varphi}{\partial z} \\ \frac{\partial H_r}{\partial z} - \frac{\partial H_z}{\partial r} \\ \frac{1}{r}\left(\frac{\partial r H_\varphi}{\partial r} - \frac{\partial H_r}{\partial \varphi}\right) \end{pmatrix}, \quad \begin{pmatrix} S_r \\ S_\vartheta \\ S_\varphi \end{pmatrix} = \frac{1}{r}\begin{pmatrix} \frac{1}{\sin\vartheta}\left(\frac{\partial H_\varphi \sin\vartheta}{\partial \vartheta} - \frac{\partial H_\vartheta}{\partial \varphi}\right) \\ \frac{1}{\sin\vartheta}\frac{\partial H_r}{\partial \varphi} - \frac{\partial r H_\varphi}{\partial r} \\ \frac{\partial r H_\vartheta}{\partial r} - \frac{\partial H_r}{\partial \vartheta} \end{pmatrix}. \quad (3.6\text{-}26)$$

MATHCAD-Anwendung 3.5-1: Rotor

Auf den Rotor läßt sich analog zum in Anwendung 1.4-5 besprochenen Gradienten sowie der in Anwendung 1.7-3 besprochenen Divergenz zugreifen. Da Magnetfelder häufig Zylindersymmetrien aufweisen, stellen wir den Rotor in Zylinderkoordinaten und -komponenten dar. Um daran zu erinnern, versehen wir den Namen mit dem Literalindex $_{\text{Zyl}}$.

- **numerisch**:

$ORIGIN := 1 \quad I := 20\cdot\text{mA} \quad (a \;\; b \;\; c) := (2.5 \;\; 9.5 \;\; 10)\cdot\text{mm} \quad (r \;\; \varphi \;\; z) := (9.7\cdot\text{mm} \;\; 0 \;\; \text{m}) \quad I := I$

$$\text{rot}_{\text{Zyl}}(G,r,\varphi,z) := \begin{bmatrix} \frac{1}{r}\cdot\left(\frac{d}{d\varphi}G(r,\varphi,z)_3\right) - \frac{d}{dz}G(r,\varphi,z)_2 \\ \frac{d}{dz}G(r,\varphi,z)_1 - \frac{d}{dr}G(r,\varphi,z)_3 \\ \frac{1}{r}\cdot\left[\frac{d}{dr}\left(r\cdot G(r,\varphi,z)_2\right) - \frac{d}{d\varphi}G(r,\varphi,z)_1\right] \end{bmatrix}$$

$$H(r,\varphi,z) := \frac{I}{2\cdot\pi\cdot r}\cdot\left(\frac{c^2-r^2}{c^2-b^2}\right)\cdot\begin{bmatrix} 0 \\ 1 \\ 0 \end{bmatrix}$$

$$\text{rot}_{\text{Zyl}}(H,r,\varphi,z) = \begin{bmatrix} 0.000 \\ 0.000 \\ -652.943 \end{bmatrix}\frac{\text{A}}{\text{m}^2}$$

- **symbolisch** aktiv:

$$\text{rot}_{\text{Zyl}}(H,r,\varphi,z) \rightarrow \begin{bmatrix} 0 \\ 0 \\ \frac{-I}{\left[\pi\cdot\left(c^2-b^2\right)\right]} \end{bmatrix} = \begin{bmatrix} 0.000 \\ 0.000 \\ -652.943 \end{bmatrix}$$

Die numerische Auswertung kann, wie bereits dargelegt, an die symbolische angehängt werden, wobei allerdings Einheiten ignoriert werden.

Aufgabe 3.6.4.2-1: Man weise in Kugel- als auch in kartesischen Koordinaten nach, daß die elektrische Feldstärke der ruhenden Punktladung wirbelfrei ist.

Aufgabe 3.6.4.2-2: Man weise in kartesischen Koordinaten komponentenweise nach, daß div rot$\boldsymbol{G}$ = 0 für jedes beliebige Vektorfeld $\boldsymbol{G}$ gilt.

Aufgabe 3.6.4.2-3: Man weise in kartesischen Koordinaten komponentenweise nach, daß rot grad$G$ = $\mathbf{0}$ für jedes beliebige Skalarfeld G gilt und interpretiere diese Eigenschaft physikalisch.

3.6.4.3 Anwendungen des Durchflutungsgesetzes

Da sich die Anwendungsbereiche des Gesetzes von BIOT-SAVART und des Durchflutungsgesetzes überschneiden, ist es notwendig, die sinnvollen Einsatzgebiete abzugrenzen. Das Gesetz von BIOT-SAVART ist anzuwenden bei inhomogenen Feldverteilungen außerhalb inhomogener - vor allem linienförmiger - Ströme, die oft auch mit seiner Hilfe nur numerisch lösbar sind. Das Durchflutungsgesetz in integraler Form hilft hingegen, wenn Symmetrieeigenschaften des Feldes bekannt sind, z.B. aus der

Anschauung, bei stückweiser Konstanz oder Homogenität in wenigstens einer, besser zweier Koordinatenrichtungen. In diesem Sinne wurden zuvor bereits Rechnungen mit dem Gesetz von BIOT-SAVART ausgeführt, die, wie wir gleich sehen werden, mit dem Durchflutungsgesetz deutlich einfacher sind.

1. Beispiel: Magnetfeld innerhalb und außerhalb eines stromdurchflossenen Leiters

So ist beispielsweise die Berechnung der Feldstärke im Außenbereich des geraden stromdurchflossenen Leiters mit endlichem Radius einfacher, als mit dem Gesetz von BIOT-SAVART. Da das Ergebnis der Aufgabe 3.6.2-4 vom Leiterradius nicht abhängt, sollte es mit dem Durchflutungsgesetz einfach nachweisbar sein. Im Prinzip ist dies mit Gl. 7 schon geschehen.

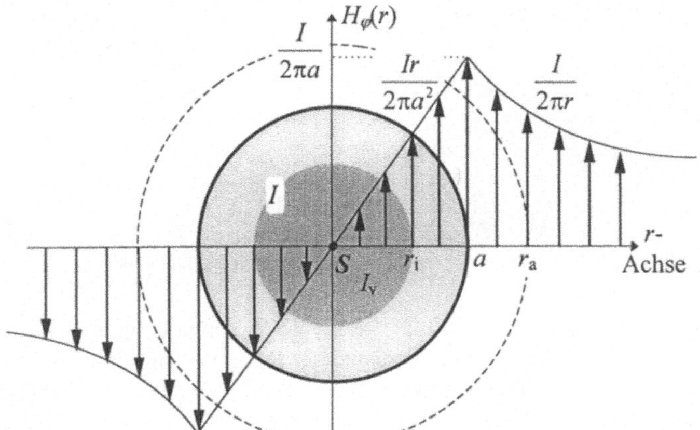

Abb. 3.6-11: Magnetfeldlinien in und um einen stromdurchflossenen Leiter.

Interessant ist nun die Frage, wie das Feld H_i im Innern des Leiters aussieht. Entsprechend Abb. 3.6-11 ist die Feldstärke einer Feldlinie auf einem inneren Umlauf $r = r_i$ aus Symmetriegründen wie im Außenraum konstant und zeigt in φ-Richtung. Sie schließt jedoch nicht den gesamten Strom mit ein, sondern aus der integralen Form des Durchflutungsgesetzes erhalten wir:

$$I_v = H_i 2\pi r = S\pi r^2 = \frac{I}{\pi a^2}\pi r^2 = I\frac{r^2}{a^2} \quad \Rightarrow \quad H_i = \frac{Ir}{2\pi a^2}. \tag{3.6-27}$$

Im Innenbereich des Leiters ergibt sich also für freilaufendes $r \leq a$ ein linearer Anstieg, für den Außenbereich mit $r \geq a$ die bereits zuvor berechnete Hyperbel:

$$H_\varphi(r \leq a) = \frac{Ir}{2\pi a^2}; \qquad H_\varphi(r \geq a) = \frac{I}{2\pi r}. \tag{3.6-28}$$

$\mathrm{d}V_m = \boldsymbol{H}\cdot\mathrm{d}\boldsymbol{s} = Hr\mathrm{d}\varphi$ stellt eine differentielle magnetische Spannung entlang einer Feldlinie dar. Im Innenbereich ist $\mathrm{d}V_m = Ir^2\mathrm{d}\varphi/2\pi a^2$, also ein quadratischer Anstieg mit dem Radius, wie in Abb. 3.6-9c) dargestellt. Im Außenbereich gilt $\mathrm{d}V_m = I\mathrm{d}\varphi/2\pi$, also konstant, d.h. hier herrscht kein Wirbel.

Für das Beispiel liegt also der analoge Fall zur kugelförmigen Raumladung vor. In Abschnitt 1.7.3 wurde berechnet, daß man aus der Kenntnis des äußeren Feldverlaufs

$D = Q/4\pi r^2$ einer radialsymmetrischen Kugelladung keine Aussage über ihre Größe oder den Verlauf der Raumladungsdichte im Innern machen kann. Hier ist es auf analoge Weise nicht möglich, aus $H = I/2\pi r$ eine Aussage über den Leiterradius a oder den radialsymmetrischen Stromdichteverlauf im Innern zu machen. Insofern gilt das LORENTZkraftgesetz auch bei Leitern beliebiger unterschiedlicher Durchmesser und radialhomogener Stromverteilung.

Ein Problem hierbei kann jedoch der in Abschnitt 3.4.3 beschriebene HALLeffekt darstellen, der wegen der Beeinflussung der beweglichen Elektronen durch das Magnetfeld eines nicht allzuweit entfernten parallelen Rückleiters dazu führt, daß diese nach außen verdrängt werden und so bei homogenem oder auch bei radial inhomogen Material eine nicht radialsymmetrische Stromverteilung auftritt.

2. Beispiel: Magnetfeld innerhalb eines Solenoiden

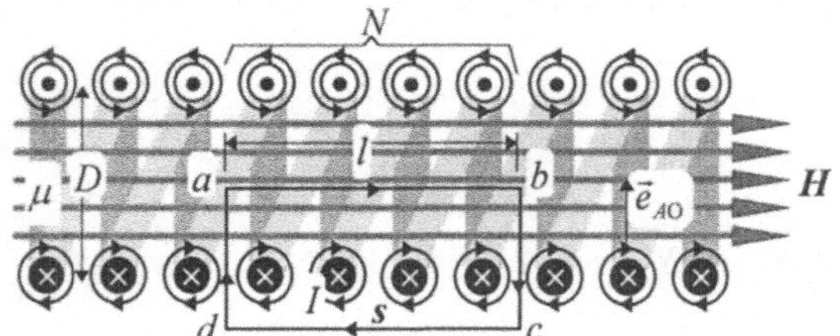

Abb. 3.6-12: Zur Feldberechnung im Innern eines Solenoiden.

Wir wollen näherungsweise das Magnetfeld im Innern eines Solenoiden entspr. Abb. 3.6-12 berechnen, das wir als Näherung unter aufwendiger Rechnung mit dem Gesetz von BIOT-SAVART schon in einer Aufgabe ermittelt haben. Die Spule sei im Verhältnis zum Durchmesser sehr lang und dicht gewickelt. Dann können wir das Feld im Innern näherungsweise homogen annehmen, im Außenbereich, wo den Feldlinien die Führung fehlt, verschwindet die Flußdichte in erster Näherung. Man kann sich dies wie einen Gartenschlauch vorstellen, bei dem das Wasser über eine große Fläche sprüht. Wir integrieren entlang des Umlaufs *abcda*:

$$\oint \boldsymbol{H}\cdot \mathrm{d}\boldsymbol{s} = \underbrace{\int_a^b \boldsymbol{H}\cdot \mathrm{d}\boldsymbol{s}}_{\approx Hl} + \underbrace{\int_b^c \boldsymbol{H}\cdot \mathrm{d}\boldsymbol{s}}_{\approx 0,\text{da } \boldsymbol{H}\perp \mathrm{d}\boldsymbol{s}} + \underbrace{\int_c^d \boldsymbol{H}\cdot \mathrm{d}\boldsymbol{s}}_{\approx 0,\text{da } \boldsymbol{H}\approx 0} + \underbrace{\int_d^a \boldsymbol{H}\cdot \mathrm{d}\boldsymbol{s}}_{\approx 0,\text{da } \boldsymbol{H}\perp \mathrm{d}\boldsymbol{s}} = NI \approx Hl$$

$$\Rightarrow \quad H \approx \frac{NI}{l} = nI \qquad \Rightarrow \quad B \approx \mu \frac{NI}{l} = \mu n I. \tag{3.6-29}$$

Dabei ist die ***Wicklungsdichte***

$$n := \frac{N}{l}. \qquad [n] = \frac{1}{\mathrm{m}}, \text{ auch } \frac{\text{Windungen}}{\mathrm{m}} \tag{3.6-30}$$

Mit diesen Überlegungen ist auch die in Abschnitt 3.5.5 mit Gl. 3.5-17 aufgeworfene Frage der Interpretation magnetischer Ersatzladungen $Q^{(\mathrm{m})}$ als Inkarnation des verketteten Flusses bejaht. Zur Anpassung muß dort muß lediglich der Strom I durch die Durchflutung $NI = \Theta$ ersetzt werden. Durch Multiplikation mit μ erhalten wie die Flußdichte $B = \mu\Theta/l$.

Wir möchten den Querbezug zwischen dem in Abschnitt 2.3.2 eingeführten Strombelag $\boldsymbol{K}$ und der magnetischen Feldstärke $\boldsymbol{H}$ im Innern kennen. Zur Erinnerung stellt K den Strom pro Länge quer zur Stromflußrichtung mit $[K]$ = A/m dar. Das Solenoidsegment der Länge l und dem Spulendurchmesser D verhält sich mit seinen N Windungen wie ein Rohr der Zylinderfläche $A_O = \pi Dl$, das vom Strom $\Theta = NI$ umrundet wird. Mit $qv = NI\pi D$ ergibt sich aus G. 2.3-11:

$$K_{\text{Solenoid}} = \frac{NI\pi D}{\pi Dl} = \frac{NI}{l} = H, \qquad \boldsymbol{H} = \boldsymbol{K} \times \vec{e}_{AO}. \qquad D_n = \sigma \quad (3.6\text{-}31)$$

Der in Richtung der Ladungsbewegung und damit der Stromdichte weisende Strombelag ist im Innern des Solenoiden vom Betrag also identisch mit der oben berechneten magnetischen Feldstärke H. $\vec{e}_{AO}$ in der rechten Gleichung stellt den in das $\boldsymbol{H}$-Feldgebiet gerichteten Normaleneinheitsvektor in Richtung des Oberflächenvektors $\boldsymbol{A}_O$ dar. Er zeigt im Beispiel entgegen der Radialkoordinaten: $\vec{e}_{AO} = -\vec{e}_r$.

Ein Solenoid läßt sich also zum Messen der magnetischen Feldstärke benutzen, indem er in Feldrichtung gedreht wird und dann ein dem äußeren Feld entgegenwirkender Strom aufgebracht wird, der dieses gerade kompensiert. Dann hat das Feld die Stärke $H = K = NI/l$.

3. Beispiel: Magnetfeld innerhalb eines Toroiden

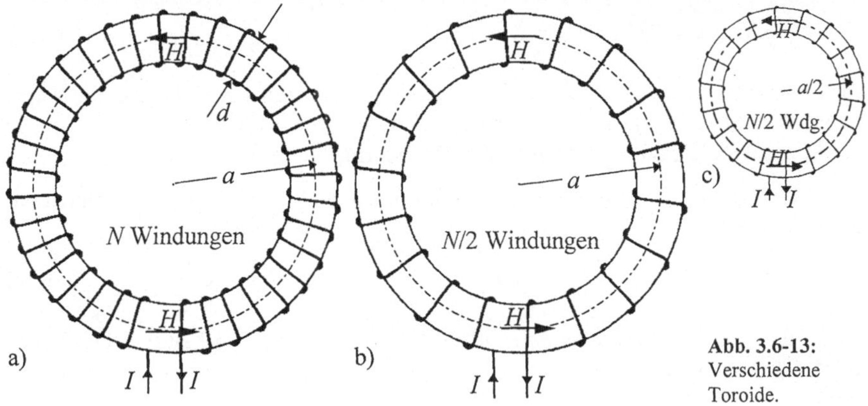

Abb. 3.6-13: Verschiedene Toroide.

Bei den Toroiden (Ringkernspulen) in Abb. 3.6-13 ist das Feld aufgrund der Symmetrie auf jedem zum Kreismittelpunkt konzentrischen Kreis konstant. Wählen wir einen solchen Umlauf im Außenbereich, muß das Feld im Idealfall vollständig verschwinden, da keine Windung netto eingeschlossen wird. Die Ringkernspule ist also ideal streufrei, d.h. baut im Gegensatz zum Solenoiden nur ein Magnetfeld im Innern auf.

In a) liegt ein Toroid mit großem mittlerem Umfang $l = 2\pi a$ und vielen Windungen N vor, in b) ist die Windungszahl bei gleicher Geometrie halbiert, in c) sowohl Windungszahl als auch Radius. Folglich ergibt sich für die Feldstärken auf den jeweiligen Mittelachsen:

$$\text{a)}\ H_a l = NI \quad \Rightarrow \quad H_a = \frac{NI}{l} \qquad\qquad \text{b)}\ H_b = \frac{NI}{2l} = \frac{H_a}{2}$$

c) $$H_c = \frac{NI}{2l/2} = \frac{NI}{l} = H_a. \quad (3.6\text{-}32)$$

Entscheidend ist also auch hier die Wicklungsdichte.

4. Beispiel: Magnetfeld und Kraft zwischen flächigen Leiterbahnen

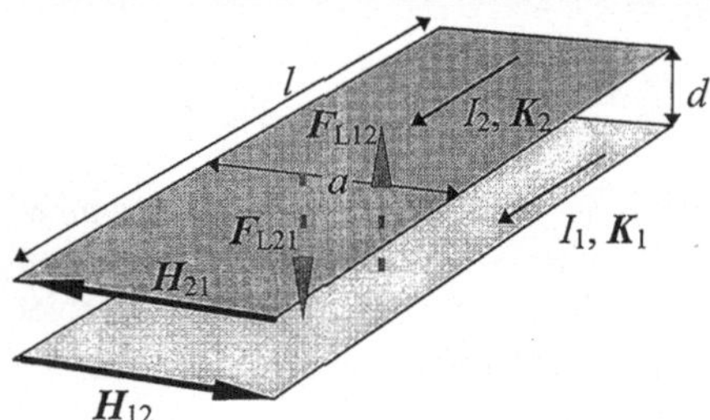

Abb. 3.6-14:
Magnetfeld und Kraft zwischen flächigen Leiterbahnen.

Abb. 3.6-14 mit zwei flächigen Leiterbahnen der Breite a, Länge l und Abstand $d \ll a \ll l$ korrespondiert zu Abb. 3.4-1 der Linienleiter. Unter diesen Bedingungen stellt sich das Magnetfeld wie dargestellt ein, d.h. die Feldstärke ist unter Vernachlässigung der Randfelder parallel zur Leiterbahn und quer zur Stromrichtung gemäß Aufgabe 3.6.4.1-2 konstant. Bilden wir so das Durchflutungsgesetz um I_1 durch Leiter 2:

$$\oint \boldsymbol{H}_{21} \cdot \mathrm{d}\boldsymbol{s} = 2H_{21}a = I_1 = K_1 a \quad \Rightarrow \quad H_{21} = \frac{I_1}{2a} = \frac{K_1}{2}. \quad (3.6\text{-}33)$$

Auch hier gilt wieder die allgemeine Zuordnung, daß magnetische Feldstärke $\boldsymbol{H}$ und zugehöriger Strombelag $\boldsymbol{K}$ betragsmäßig gleich sind, aber die Vektorrichtungen sich jeweils aus dem Kreuzprodukt mit dem Flächennormalenvektor gemäß Gl. 31 ergeben.

Möchten wir die Kraft F_L auf Leiter 2, herrührend von Leiter 1 kennen, erhalten wir sie folglich über:

$$F_L = I_2 l B_{21} = I_2 l \mu H_{21} = I_2 l \mu \frac{I_1}{2a} = \mu \frac{I_1 I_2 l}{2a} = \mu \frac{K_1 K_2 l a}{2} = \mu \frac{K_1 K_2 A}{2}. \quad (3.6\text{-}34)$$

Sie hat den gleichen Betrag, wie F_L auf Leiter 1, herrührend von Leiter 2. Der Druck ergibt sich wieder zu:

$$p_L = \frac{F_L}{A} = \mu \frac{K_1 K_2}{2}. \qquad p_C = \frac{\sigma_1 \sigma_2}{2\varepsilon} \quad (3.6\text{-}35)$$

Dies in Analogie zu COULOMBschen Flächenkräften nach Gl. 1.7-17.

Aufgabe 3.6.4.3-1: Aus der Berechnung des Magnetfelds des geraden Leiters rechne man über rot$\boldsymbol{H} = \boldsymbol{S}$ auf die Stromdichte zurück, indem man den Rotor in Zylinderkoordinaten auswerte.

Aufgabe 3.6.4.3-2: Man berechne und skizziere für das dargestellte lange gerade Koaxialkabel den Magnetfeldverlauf im Intervall $0 \le r < \infty$. Dabei wird ein Strom I im Außenleiter in $b \le r \le c$ zum Verbraucher hin- und über den Innenleiter mit Radius a wieder zurückgeführt.

***Aufgabe 3.6.4.3-3**: Man berechne für eine Ringkernspule mit kreisförmigem Querschnitt nach Abb. 3.6-13a) den Fluß Φ im Kern einmal über die Näherung, daß die Feldstärke überall den Wert auf der Mittelachse hat, zum andern exakt. Man entwickle dieses Ergebnis in eine TAYLORreihe 1. Ordnung und vergleiche es mit der ursprünglichen Näherung.

3.6.5 *Vektorpotential A_m

Dieser Abschnitt dient lediglich zur Vervollständigung der Theorie des Magnetismus und das ***Vektorpotential*** $\boldsymbol{A}_m$ stellt als Begriff höheren Abstraktionsgrads eine Brücke zur theoretischen Elektrotechnik dar. So wie es oft einfacher ist, das elektrische Feld einer Ladungsanordnung über den Gradienten des elektrischen Potentials zu bestimmen, kann eine Ermittlung des magnetischen Feldes über ein Potential entlang des Stromflusses nützlich sein. Da $q\boldsymbol{v} = I\Delta\boldsymbol{l}$ im Gegensatz zu COULOMBschen Ladungen selbst eine vektorielle Größe ist, muß die Stromrichtung in dieses Potential in Form eines Vektors mit eingebracht werden.

Das gesuchte magnetische Vektorfeld muß aus einer räumlichen Ableitung des Vektorpotentials bestimmt werden. Der Gradient kann nur auf Skalarfelder wirken, die Divergenz erzeugt einen Skalar, so daß nur der Rotor als Option übrig bleibt:

$$\nabla \times \boldsymbol{A}_m = \mathrm{rot}\boldsymbol{A}_m := \boldsymbol{B}; \qquad [A_m] = \frac{\mathrm{Wb}}{\mathrm{m}}. \qquad -\mathrm{grad}\varphi_e = \boldsymbol{E} \quad (3.6\text{-}36)$$

$\mathrm{div}\boldsymbol{B} = 0$ ist damit ebenso erfüllt. Die Lösung der Gleichung ist in Richtung $\boldsymbol{B} \Rightarrow \boldsymbol{A}_m$ mehrdeutig. Sinnvoll ist die COULOMBeichung für statische Probleme bzw. die LORENTZeichung für dynamische:

$$\mathrm{div}\boldsymbol{A}_m = 0 \qquad \text{bzw.} \qquad \mathrm{div}\boldsymbol{A}_m + \mu\varepsilon\frac{\partial\varphi_e}{\partial t} = 0. \quad (3.6\text{-}37)$$

Verbreitet ist vor allem in älterer Literatur auch die Darstellung $\mathrm{rot}\boldsymbol{V} = \boldsymbol{H}$ mit $\boldsymbol{V} = \boldsymbol{A}_m/\mu$ und $[V] = \mathrm{A}$. DIN 1324/1 sieht jedoch nur noch $\mathrm{rot}\boldsymbol{A}_m = \boldsymbol{B}$ vor. Trotz gleicher Bezeichnung und Einheit wie die skalare magnetische Spannung V_m sind beides zwei verschiedene Größen mit unterschiedlicher physikalischer Bedeutung. Mithilfe des Durchflutungsgesetzes (zu *rot rot* s. mathematischer Anhang)

$$\mathrm{rot}\boldsymbol{B} = \mathrm{rot}\,\mathrm{rot}\boldsymbol{A}_m = \mathrm{grad}\,\mathrm{div}\boldsymbol{A}_m - \Delta\boldsymbol{A}_m \qquad = \mu\mathrm{rot}\boldsymbol{H} = \mu\boldsymbol{S} \quad (3.6\text{-}38)$$

läßt sich im homogenen Medium der Zusammenhang zwischen Stromdichte und Vektorpotential in der POISSONgleichung analoger Struktur angeben; die Lösung ist folglich analog zur Lösung 1.7-2 der elektrostatischen POISSONgleichung angebbar:

$$\Delta\boldsymbol{A}_m = -\mu\boldsymbol{S} \quad \Rightarrow \quad \boldsymbol{A}_m = \frac{\mu}{4\pi}\iiint_V \frac{\boldsymbol{S}\mathrm{d}V}{R} = \frac{\mu}{4\pi}\iint_A \frac{\boldsymbol{K}\mathrm{d}A_0}{R} = \frac{\mu I}{4\pi}\int_l \frac{\mathrm{d}\boldsymbol{l}}{R}. \quad (3.6\text{-}39)$$

$\boldsymbol{A}_m$ hat also die Richtung des Stromflusses bzw. der Stromdichte und bildet so Wirbel um die Flußdichte. Mithilfe des Satzes von STOKES aus Gl. 24 ergibt sich für den Zusammenhang zwischen Fluß Φ und Vektorpotential $\boldsymbol{A}_m$:

$$\Phi = \iint_A \boldsymbol{B}\cdot\mathrm{d}\boldsymbol{A} = \iint_A \mathrm{rot}\boldsymbol{A}_m \cdot \mathrm{d}\boldsymbol{A} = \oint_{s\,\mathrm{um}\,A} \boldsymbol{A}_m \cdot \mathrm{d}\boldsymbol{s}. \quad (3.6\text{-}40)$$

Das Gebiet von praktisch wichtiger Bedeutung, auf dem das Durchflutungsgesetz seine Mächtigkeit erst wahrhaft entfaltet, sind magnetische Kreise. Das sind Zusammenschaltungen von Stoffen unterschiedlicher Permeabilität, bei denen das Gesetz von BIOT-SAVART seine Gültigkeit völlig verliert. Diesen Magnetika wollen wir uns nun zuwenden.

3.7 Magnetika im magnetischen Feld

Als Magnetika wollen wir in Analogie zu den Dielektrika in Abschnitt 1.8 des elektrischen Felds Stoffe bezeichnen, die sich in ihren magnetischen Eigenschaften beim Durchdringen von magnetischen Feldern in irgendeiner Weise verändern. In vergleichbarer Analogie stehen dazu leitfähige Stoffe (Konduktiva) des Abschnitts 2.5. Dazu benötigen wir in Analogie zur Dielektrizitätszahl ε bzw. Konduktivität κ eine Materialgröße, die dieses Verhalten kennzeichnet.

Wie seinerzeit zunächst elektrische Feldstärke $\boldsymbol{E}$ und elektrische Flußdichte $\boldsymbol{D}$ waren bis jetzt magnetische Flußdichte $\boldsymbol{B}$ und magnetische Feldstärke $\boldsymbol{H}$ immer noch austauschbare Größen, unterschieden durch den Faktor μ, dem wir im wesentlichen mathematische, nicht physikalische, Bedeutung zugeordnet hatten. Dies wird sich nun vor allem bei ferro- und ferrimagnetischen Stoffen ändern, indem gezeigt wird, daß μ für diese bedeutende physikalische Eigenschaften beschreibt und bei Stoffkombinationen mit verschiedenen μ-Werten sorgfältig überlegt werden muß, auf welche Weise $\boldsymbol{B}$ und $\boldsymbol{H}$ beeinflußt werden.

3.7.1 Permeabilität μ

Magnetische Flußdichte $\boldsymbol{B}$ und magnetische Feldstärke $\boldsymbol{H}$ existieren wie $\boldsymbol{D}/\boldsymbol{E}$ in Analogie zu den Ausführungen beim elektrostatischen Feld in Abschnitt 1.8.1 in Form eines Wirkungs-/Ursachepaares gleichzeitig im Raum an jeder Stelle - im Vakuum, als auch im Medium - und zeigen für magnetisch isotrope Medien in die gleiche Richtung. Im Freiraum ist ihr Betragsverhältnis durch die ***magnetische Feldkonstante*** μ_0 oder ***Induktionskonstante*** (veraltet) des Freiraums

$$\mu_0 := 4\pi \cdot 10^{-7}\,\frac{\mathrm{Vs}}{\mathrm{Am}} = 1{,}256\,637\ldots \cdot 10^{-6}\,\frac{\mathrm{Vs}}{\mathrm{Am}} = \frac{B_0}{H_0} = \frac{1}{\varepsilon_0 c_0^2} \tag{3.7-1}$$

bestimmt. Der angegebene exakte Zahlenwert folgt aus der Festlegung des Ampère in Abschnitt 3.2.1.3, des Meters und des Newton. Der Meter wird heute jedoch nicht mehr auf den Urmeter zurückgeführt, sondern entsprechend Abschnitt 0.1.7 ist die Größe der Freiraumlichtgeschwindigkeit c_0 absolut festgelegt und bei Verbesserung der Meßmethoden wird der Meter variieren. Daraus wird ε_0 definiert.

Die einheitenlose ***relative Permeabilität*** oder ***Permeabilitätszahl*** μ_r eines Magnetikums gibt den Faktor an, um den ein Flußdichtefeld $\boldsymbol{B}$ bei konstanter Stromstärke I und folglich nach dem Durchflutungsgesetz konstanter magnetischer Feldstärke $\boldsymbol{H} = \boldsymbol{H}_0$ in der Materie zu $\boldsymbol{B}_\mu$ gegenüber dem Freiraum mit $\boldsymbol{B}_0$ verstärkt wird, was dann auch für die zugehörigen Flüsse gilt:

$$\mu_r := \frac{B_\mu}{B_0} = \frac{\Phi_\mu}{\Phi_0} \geq 1. \qquad \varepsilon_r := \frac{E_0}{E_\varepsilon} = \frac{U_0}{U_\varepsilon} \geq 1 \tag{3.7-2}$$

Vergleiche im Gegensatz dazu: beim COULOMBfeld bewirkt die Polarisierung bei fester äußerer Ladung eine Schwächung des elektrischen Felds. Die Verstärkung beim Magnetismus erkennen wir bereits in Abb. 3.3-1b), wenn wir zur Bildung des von der

LORENTZkraft des Stroms I_1 ausgerichteten kleinen Kreisstroms I_2 die Rechte-Hand-Regel zur Feststellung der Richtung des nun von diesem Kreisstrom verursachten Magnetfelds anwenden. Dieser Unterschied resultiert letztendlich aus der Tatsache, daß sich gleichnamige Ladungen abstoßen, aber gleichgerichtete Ströme anziehen. Aus diesem Grund steht μ auch im Zähler der Kraftformel.

Damit folgt für die ***Permeabilität*** μ, wie sie zuvor schon aus der LORENTZkraft definiert wurde:

$$\mu := \mu_0\mu_r = \frac{1}{\varepsilon c^2} \geq \mu_0. \qquad [\mu] = [\mu_0] = \frac{\text{Vs}}{\text{Am}} = \frac{\text{H (enry)}}{\text{m}} \qquad (3.7\text{-}3)$$

$\mu \geq \mu_0$ muß allerdings durch die Existenz diamagnetischer Stoffe relativiert werden, bei denen aufgrund von Induktionseffekten μ_r sehr wenig kleiner als 1 sein kann.

Die allgemeine Vektorbeziehung zwischen $\boldsymbol{B}$ und $\boldsymbol{H}$ lautet somit:

$$\boldsymbol{B} = \mu\boldsymbol{H} = \mu_0\mu_r\boldsymbol{H}. \qquad \boldsymbol{D} = \varepsilon\boldsymbol{E} = \varepsilon_0\varepsilon_r\boldsymbol{E};\ \boldsymbol{S} = \kappa\boldsymbol{E} \qquad (3.7\text{-}4)$$

Wie bereits dargelegt, gilt das LORENTZgesetz in der angegebenen Form nur für konstantes μ, was wir zunächst weiter voraussetzen. Ist das Medium inhomogen, müssen entsprechend Abschnitt 3.7.4 Brechungsgesetze berücksichtigt werden. Anschaulich wird der Zusammenhang z.B. an dem Vergleich der beiden Größenarten wieder für das Magnetfeld eines stromdurchflossenen geraden Leiters:

$$\boldsymbol{B} = \mu\boldsymbol{H} = \frac{\mu I}{2\pi r}\vec{e}_\varphi. \qquad \boldsymbol{D} = \varepsilon\boldsymbol{E} = \frac{\lambda}{2\pi r}\vec{e}_r \qquad (3.3\text{-}3)$$

Umgeben wir also den linienförmigen Leiter I im Vakuum mit einem Medium mit μ_r >1, wird die Flußdichte $\boldsymbol{B}$ hierdurch verstärkt, die Feldstärke $\boldsymbol{H}$ ist jedoch unabhängig davon. Damit ist es aus dieser Sicht auch gerechtfertigt zu sagen, daß $\boldsymbol{H}$ eine Ursachengröße ist, und $\boldsymbol{B}$ eine Wirkungsgröße.

Aufgabe 3.7.1-1: Man gebe die Einheit der Permeabilität im SI an.

Aufgabe 3.7.1-2: Ein Zylinderloch der Länge l = 10 mm und des Durchmessers d = 1 mm und parallel dazu ein anderes der Länge l = 1 mm und des Durchmessers d = 10 mm werden in ein Magnetikum der Permeabilität μ_r = 3 eingebracht. Ein magnetisches Feld durchsetzt das Medium in Richtung von l. Das Feld möge durch die kleinen Löcher nicht deformiert werden. Wie verändern sich in den Löchern gegenüber der Umgebung näherungsweise B und H?

Aufgabe 3.7.1-3: Man berechne den verketteten Fluß Φ_v einer Doppelleitung nach Abb. 1.9-8 der Länge l = 200 m mit I = 800 A, wenn der Leiterachsenabstand d = 5 cm und der Leiterradius jeweils a = 2 cm betragen, und sich darum (isoliert) ein Medium mit μ_r = 3 befindet (Feld im Leiterinnern beachten!).

3.7.2 Magnetische Polarisation *J* und Magnetisierung *M*

Betrachten wir in Abb. 3.7-1 in Analogie zu Abschnitt 1.8.2 ein gut magnetisierbares Medium, das von einem Magnetfeld durchdrungen wird. Einen das äußere Magnetfeld verursachenden stromdurchflossenen Leiter können wir uns hinter dem Medium mit nach links oder vor dem Medium mit nach rechts fließendem Strom vorstellen. Diese beiden Ströme können auch ein und derselbe sein, nämlich eine oder mehrere Windungen einer Spule um einen Eisenkern.

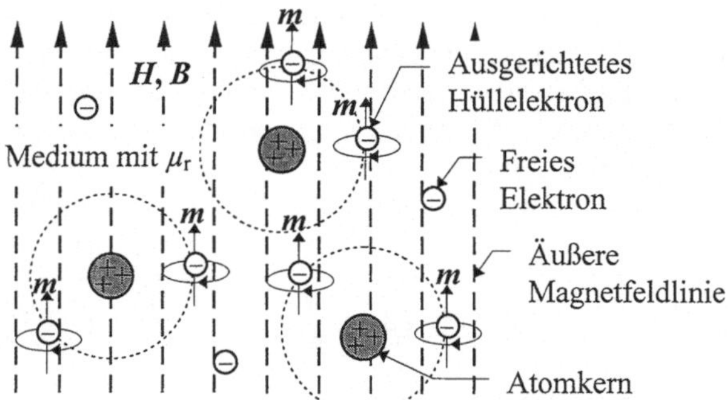

Abb. 3.7-1: Ausrichtung des Spins von Hüllelektronen infolge eines äußeren Magnetfelds.

Grundsätzlich sind mit den Erläuterungen in Abschnitt 3.3.2 mindestens zwei Effekte seitens der Materie denkbar, die zur Magnetisierung führen könnten:

- Ausrichtung der Elektronenbahndrehachsen (Bahndrehimpuls) der gebundenen Hüllelektronen als Kreisstrom parallel zur äußeren Magnetfeldrichtung. Diese Annahme hatte bereits AMPÈRE gemacht. Dazu gehört jedoch ein bestimmter Energieaufwand, der in der Regel zu groß ist und nur zu vernachlässigbarer Magnetisierung führt.
- Ausrichtung der Elektronendrehachsen (Eigendrehimpuls; Spin) als Kreisstrom parallel zur äußeren Magnetfeldrichtung. Dieser Energieaufwand ist sehr viel geringer und ist für die ferromagnetischen Stoffe Eisen, Kobalt und Nickel, aber auch bestimmte Legierungen (HEUSLER-Legierungen von Mn mit Sn, Al, As, Sb, Bi, B und Cu) und Seltene Erden (Gadolinium, Dysprosium, Erbium) leicht realisierbar.

$\mu_r \Rightarrow \mu_0\mu_r$ ist dann ein Maß für die Ausrichtbarkeit der Spinachsen der Hüllelektronen. Im Beispiel sind alle ausgerichtet, was in der Praxis nur bei hochpermeablen (ferromagnetischen mit $\mu_r = 10 \ldots > 100\,000$) Stoffen und hinreichend starker äußerer magnetischer Feldstärke der Fall ist.

Legen wir fest, daß beim Einbringen des Magnetikums in das Feld des stromdurchflossenen Leiters die Stromstärke I (d.h. die magnetische Quellspannung Θ) unverändert bleiben soll, muß auch die Feldstärke H fest bleiben, womit jedoch die Flußdichte $\boldsymbol{B} > \boldsymbol{B}_0$ wächst. Der zusätzliche Anteil bildet wie in der Elektrostatik $\boldsymbol{P}$:

- additiv zu $\boldsymbol{B}_0$ die ***magnetische Polarisation*** $\boldsymbol{J}$ bzw.
- additiv zu dem $\boldsymbol{H}$, das sich einstellen würde, wenn die Quelle die Stromstärke I zum Erhöhen der Flußdichte nicht halten könnte, die ***Magnetisierung*** $\boldsymbol{M} := \boldsymbol{J}/\mu_0$. Dazu sei angemerkt, daß, wie im nächsten Kapitel begründet, beim Heranführen des Magnetikums Induktionsvorgänge ablaufen, die von der Quelle zum Halten des Stroms Energiebereitstellung erfordert.

$\boldsymbol{J}$ und $\boldsymbol{M}$ weisen wie $\boldsymbol{P}$ in der Elektrostatik in Richtung des äußeren Felds und wir können ebenfalls durch eine subtraktive bzw. additive Zerlegung der Materialgröße eine ***magnetische Suszeptibilität*** χ_m definieren:

$$\chi_m := \mu_r - 1 = \frac{\mu - \mu_0}{\mu_0}. \qquad \chi_e = \varepsilon_r - 1 = \frac{\varepsilon - \varepsilon_0}{\varepsilon_0} \tag{3.7-5}$$

$$J := B - B_0 = B - \mu_0 H = (\mu_r - 1)\mu_0 H = \chi_m \mu_0 H; \qquad [J] = [B] = \frac{\text{Vs}}{\text{m}^2}$$

oder $P = \chi_e \varepsilon_0 E$ (3.7-6)

$$B = B_0 + J = \mu_0 H + J = \mu_0(H + M) = (1 + \chi_m)\mu_0 H = \mu_r \mu_0 H; \quad [M] = [H] = \frac{\text{A}}{\text{m}}$$

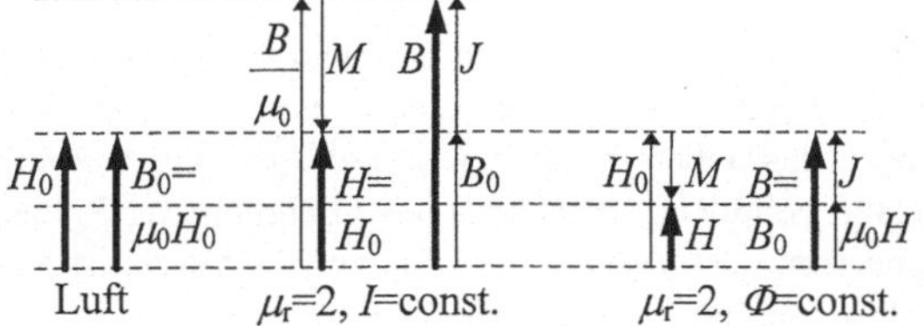

Abb. 3.7-2: Veränderung der Feldgrößen bei Einbringen eines Magnetikums mit $\mu_r = 2$ in ein magnetisches Feld, einmal bei konstantem Strom I, ein andermal bei konstantem Fluß Φ. Vergleiche auch Abb. 1.8.3.

Beispielhaft soll in Abb. 3.7-2 die Veränderung der links dargestellten Freiraum-Feldvektoren unter dem Einfluß eines Magnetikums mit $\mu_r = 2$ einmal bei fester Stromstärke I, zum andern bei festem Fluß Φ dargestellt werden.

Betrachten wir entsprechend der mittleren Darstellung das Heranführen eines linear magnetisierbaren (weichmagnetischen) Materials homogen um einen mit I = const. $\Rightarrow$ $\boldsymbol{H}$ = const. stromdurchflossenen Leiter. Ist $\boldsymbol{B}_0$ das Flußdichtefeld in dem Materiegebiet, bevor das Magnetikum dort war, so ist $\boldsymbol{J} = \mu_0(\mu_r-1)\boldsymbol{H}$ der durch die ausgerichteten Hüllelektronen hinzukommende Anteil.

Nehmen wir an, der Strom werde nicht von einer Spannungsquelle, die Energie aus weiteren Quellen (chemisch, Generator) schöpft, bereitgestellt, sondern von einem quellspannungslosen Supraleiter. In diesem Fall kann sich entsprechend der rechten Darstellung der Fluß Φ beim Heranführen des Magnetikums nicht erhöhen, da damit, wie später begründet, eine Energieerhöhung verbunden wäre. Folglich bleibt auch die Flußdichte $B_\mu = \Phi/A = B_0 = B$ konstant. Dabei muß das H-Feld infolge der Polarisierung nachgeben: $H_\mu = B/\mu_0\mu_r < B/\mu_0 = B_0/\mu_0$, und der Strom I absinken.

Vergleiche dazu in der Elektrostatik: die Forderung nach U = const. $\Rightarrow$ $\boldsymbol{E}$ = const. beim Hereinschieben des Dielektrikums zwischen die Kondensatorplatten hatte zur Folge, daß zur Neutralisierung der Gegenpolarisierung durch die deformierten Atomhüllen von außen mehr Ladungen beigezogen wurden ($Q\uparrow$, also $Q \neq$ const.), damit wuchs das $\boldsymbol{D}$-Feld, d.h. gegenüber dem Freiraumfall kam von der Ladungszunahme $\boldsymbol{P}$ $\leftrightarrow$ $\boldsymbol{J}$ hinzu.

Aus den vorangehenden Betrachtungen können wir die Permeabilität physikalisch interpretieren als das Verhältnis von sich einzustellender magnetischer Flußdichte zur magnetischen Feldstärke. Die Einheit, die dann in Analogie zur Elektrostatik ein besseres physikalisches Verständnis gewährleistet, kann angegeben werden zu:

$$[\mu] = \frac{\text{Wb/m}^2}{\text{A/m}} \quad (= \frac{\text{H(enry)}}{\text{m}} = \frac{\text{Vs}}{\text{Am}}). \qquad [\varepsilon] = \frac{\text{C/m}^2}{\text{V/m}} \quad (3.7\text{-}7)$$

Aufgabe 3.7.2-1: Inwiefern unterscheiden sich Dielektrika bei extremer Beanspruchung mit einem elektrischen Feld von Magnetika bei extremer Beanspruchung mit einem magnetischen Feld.

Aufgabe 3.7.2-2: Ein Magnetikum mit μ_r werde bei fester Stromstärke I in einen Solenoiden eingebracht. Man drücke μ_r und χ_m durch die innere Feldstärke H_0 vor Einbringen des Magnetikums, und die Magnetisierung M aus.

Aufgabe 3.7.2-3: Ein Magnetikum mit μ_r werde zwischen zwei großflächige ebene parallele Magnetpole eines Permanentmagneten mit festem Fluß Φ_0 eingebracht. Man drücke μ_r und χ_m durch die Feldstärke zwischen den Polen H_0 vor Einbringen des Magnetikums, und die Magnetisierung M aus.

3.7.3 Atomare Polarisation, BOHR-Magneton, Flußquant

Der Zusammenhang der Polarisation mit den magnetischen Momentgrößen $\boldsymbol{m}$ und $\boldsymbol{j}$ läßt sich bei bekannter Dipolvolumendichte analog zu den elektrostatischen Feldgrößen in Abschnitt 1.8.3 angeben. Wird das äußere magnetische Feld gedreht, werden sich die Dipolachsen mitdrehen. Dazu gehört ein mechanisches Drehmoment $\boldsymbol{T}$, das wir durch seinen magnetischen Hebelarm, das magnetische Moment, in Abschnitt 3.5 vorgestellt haben. $\Delta\boldsymbol{m}$ als atomares Moment nimmt hier folgende Form an:

$$\Delta\boldsymbol{m} = I\Delta\boldsymbol{A}, \qquad \Delta p = Q^+\Delta r \qquad (3.7\text{-}8)$$

und weist in Richtung des Magnetisierungsvektors $\boldsymbol{M}$. I repräsentiert hierbei einen mikroskopisch kleinen atomaren Strom, der durch das um den Kern bzw. um sich selbst kreisende Elektron dargestellt wird. $\Delta\boldsymbol{A}$ ist die effektiv wirksame Bahnfläche bzw. Querschnittsfläche des Elektrons.

Wir suchen den Zusammenhang zwischen dem Gesamtmoment $\boldsymbol{m}$ in einem endlichen Volumen V, und $\boldsymbol{M}$. Im Gegensatz zur atomaren Verschiebungspolarisation der Elektrostatik, die erst durch das äußere Feld hervorgerufen wurde, ist diese beim Magnetismus im atomaren Bereich immer vorhanden, da die Elektronen ohne weitere äußere Ursache um den Kern und um sich selbst rotieren. Die Polarisationsvektoren zeigen jedoch statistisch in alle Richtungen, so daß sie sich nach außen gegenseitig aufheben. Durch die mehr oder weniger einheitliche Ausrichtung der vorhandenen Polarisation entsteht durch vektorielle Überlagerung das Gesamtmoment $\boldsymbol{m}$.

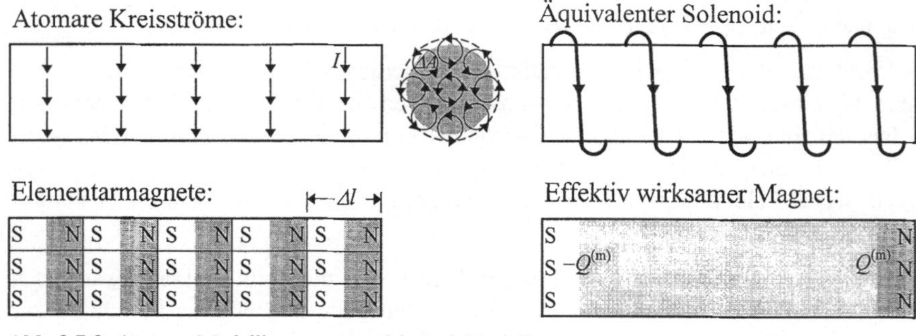

Abb. 3.7-3: Atomare Modellierung magnetisierter Materialien.

$I_M = M\Delta l$ repräsentiert entspr. Abb. 3.7-3 die Durchflutung entlang des atomaren Einzugsbereichs Δl normal zu ΔA, die wir durch $\Delta\boldsymbol{m}$ als auch durch $\boldsymbol{M}$ darstellen können:

$$I = \frac{\Delta m}{\Delta A} = M\Delta l \qquad \Rightarrow \quad M = \frac{\Delta m}{\Delta A \Delta l} = \frac{\Delta m}{\Delta V}. \qquad (3.7\text{-}9)$$

I_M ist von I zu unterscheiden, wenn sich das Moment nicht vollständig in Richtung des äußeren Felds ausgerichtet hat; dann liegt der Cosinus des Winkels zwischen äußerem

Feld und Magnetisierungsvektor. Mit N als sehr großer Gesamtanzahl der Atome bzw. Elektronen im Volumen $V = N\Delta V$ können wir wieder kontinuierlich ausformulieren:

$$\boldsymbol{M} = \frac{\mathrm{d}\boldsymbol{m}}{\mathrm{d}V} \quad \Rightarrow \quad \boldsymbol{m} = \iiint \boldsymbol{M}\mathrm{d}V; \qquad \boldsymbol{J} = \frac{\mathrm{d}\boldsymbol{j}}{\mathrm{d}V} \quad \Rightarrow \quad \boldsymbol{j} = \iiint \boldsymbol{J}\mathrm{d}V. \quad (3.7\text{-}10)$$

$p = \iiint P \mathrm{d}V$

Die in Gl. 3.5-17 bereits eingeführten magnetischen Ersatzladungen $Q^{(m)}$ repräsentieren in $Q^{(m)}/A$ nach außen $J = \mu_0 M$.

Entsprechend den Erläuterungen des vorigen Abschnitts läßt sich das magnetische Moment $\boldsymbol{m}$ einer Atomhülle aus der Summe von Bahnmoment $\Delta\boldsymbol{m}_\mathrm{B}$ und Spinmoment $\Delta\boldsymbol{m}_\mathrm{S}$ zusammensetzen. Ihre Größen können mit der klassischen Physik nicht exakt bestimmt werden, sondern nur mithilfe der Quantentheorie, speziell der Quantenelektrodynamik. Das grundsätzliche Verhalten und Abschätzungen über die Quantitativität lassen sich dennoch mithilfe dieser Betrachtungen erreichen.

So ist der diskrete Wert des Bahnmoments eines Elektrons $l\mu_\mathrm{B}$ mit l als der in Abschnitt 2.1 vorgestellten Bahndrehimpulsquantenzahl und μ_B als sog. ***BOHR-Magneton*** (also ein Moment, keine Permeabilität) eine abgeleitete Naturkonstante, die wie folgt berechnet werden kann:

$$\Delta m_\mathrm{B} = I_\mathrm{Elektron}\Delta A_\mathrm{B} = ef\pi a^2 = \frac{ev\pi a^2}{2\pi a} = \frac{eva}{2} \stackrel{!}{=} l\mu_\mathrm{B}. \quad (3.7\text{-}11)$$

Ein Elektron mit Masse m_e und Geschwindigkeit v hat ganz allgemein den Impuls $m_\mathrm{e}v$, und auf der Bahn mit Radius a den Drehimpuls

$$L_\mathrm{B} = m_\mathrm{e}va = l\hbar \quad \Rightarrow \quad \Delta m_\mathrm{B} = \frac{eL_\mathrm{B}}{2m_\mathrm{e}} = l\frac{e\hbar}{2m_\mathrm{e}}. \quad (3.7\text{-}12)$$

Daraus folgt für minimalen endlichen Bahndrehimpuls des Elektrons bei $l = 1$:

$$\mu_\mathrm{B} = \frac{e\hbar}{2m_\mathrm{e}} = 9{,}274\cdot 10^{-24}\,\mathrm{Am}^2, \qquad j_\mathrm{B} = \mu_0\mu_\mathrm{B} = 1{,}165\cdot 10^{-29}\,\mathrm{Wb}\cdot\mathrm{m}. \quad (3.7\text{-}13)$$

Er kann negativ oder positiv sein, d.h. daß sich das Moment in Richtung oder in Gegenrichtung zum äußeren Feld ausbildet. Der Eigendrehimpuls des Elektrons führt ebenfalls zu $\Delta m_\mathrm{S} = \mu_\mathrm{B}$, hat also auch den Wert des BOHR-Magnetons. Im Eisenatom kompensieren sich die Momente der 26 Elektronen bis auf zwei, weshalb $\Delta m_\mathrm{Fe} = 2\mu_\mathrm{B} = 1{,}86\cdot 10^{-23}\,\mathrm{Am}^2$.

Weiterhin ist von Interesse, ob es vergleichbar zur Elementarladung e einen magnetischen Elementarfluß, genannt ***Flußquant*** Φ_0, gibt, bzgl. dessen jeder Fluß ein ganzzahliges Vielfaches sein muß. Aufgrund der Tatsache, daß nach Abschnitt 2.1.3 ein Elektron einen diskreten Spin von der Hälfte des Bahndrehimpulses $s\hbar = \pm\frac{1}{2}\hbar$ aufweist, können wir diesen erwarten und wie folgt berechnen:

Wir betrachten das Elektron als kleinen Kreisstrom mit Radius r_e, den wir zunächst über die EINSTEINsche Energieäquivalenz berechnen. Dazu sei die Elementarladung als Oberflächenladung auf $-e$ verteilt. Ruht das Elektron hypothetisch, ist praktisch seine komplette Energie im äußeren COULOMBfeld gespeichert. Wir erhalten mit dem Ergebnis von Aufgabe 1.10.2-2:

$$W = m_\mathrm{e} c_0^2 = \frac{m_\mathrm{e}}{\mu_0 \varepsilon_0} \stackrel{!}{=} \frac{e^2}{8\pi \varepsilon_0 r_\mathrm{e}} \quad \Rightarrow \quad r_\mathrm{e} = \frac{\mu_0 e^2}{8\pi m_\mathrm{e}} = 1{,}409\ \mathrm{fm}. \tag{3.7-14}$$

Dies ist der halbe Wert des klassischen Elektronenradius, den bereits J. J. THOMSON durch Streuung von RÖNTGENstrahlen an quasifreien Elektronen bestimmte (neuere Experimente ergeben $r_\mathrm{e} < 10^{-22}$ m). Nehmen wir nun einen Kreisstrom mit Radius r_e an, so kann für die Flußverteilung von Φ_0 näherungsweise mit dem Wert der Feldstärke im Mittelpunkt $H = I/2r_\mathrm{e}$ nach Gl. 3.6-8 gerechnet (s. auch Aufgabe 3.9.1-3) werden:

$$\frac{\Phi_0}{\mu_0} \approx H\Delta A = \frac{I}{2r_\mathrm{e}} \pi r_\mathrm{e}^2 = \frac{ef\pi r_\mathrm{e}}{2} = \frac{ev}{4}.$$

$$m_\mathrm{e} v r_\mathrm{e} = \frac{\hbar}{2} = v\frac{\mu_0 e^2}{8\pi} = \frac{e}{2\pi}\Phi_0 \quad \Rightarrow \quad \Phi_0 = \frac{h}{2e} = 2{,}068\ \mathrm{fWb}. \tag{3.7-15}$$

Dies ist also das magnetische Äquivalent von e und jeder Fluß Φ ist also $N\Phi_0$ groß. Das Ergebnis hängt also gar nicht von r_e ab.

Darüberhinaus weisen Protonen und auch Neutronen einen Kernspin auf, dessen Beitrag zu den magnetischen Eigenschaften eines Materials zwar vernachlässigbar ist, jedoch in den letzen Jahren in zunehmendem Maße medizinische Einsatzgebiete findet. Im Kernspintomographen wird tumorverdächtiges Gewebe einem Magnetfeld ausgesetzt und aus der Messung der Zeitdauer der Rückstellung des Kernspins kann auf pathologisches Verhalten von Körperzellen zurückgeschlossen werden.

Aufgabe 3.7.3-1: Man berechne das magnetische Moment m des Elektrons aus Aufgabe 3.3.1-3.
Aufgabe 3.7.3-2: Welche magnetische Feldstärke H herrscht im Kern eines Wasserstoffatoms, herrührend von einem Elektron, das den Kern im Abstand von $a = 53$ pm umkreist?
Aufgabe 3.7.3-3: Wie ändert sich m in Aufgabe 3.5.1-1 bei Einbringen eines Magnetikums mit μ_r bei konstanten Strom I?

3.7.4 Brechungsgesetze an Grenzflächen der Permeabilität

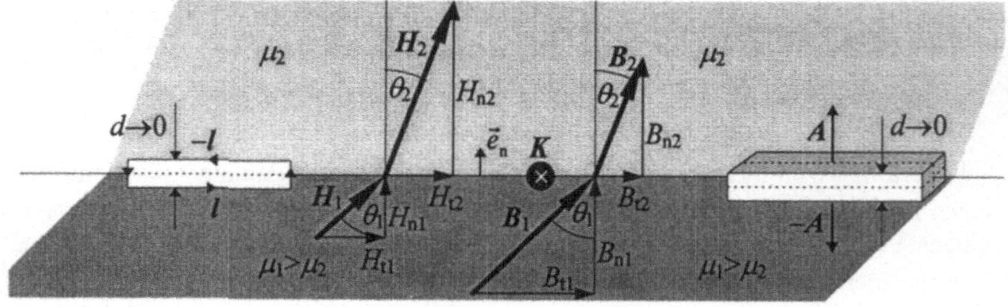

Abb. 3.7-4: Brechungsgesetze an magnetischen Grenzflächen für $\boldsymbol{K} = \mathbf{0}$.

Dieser Abschnitt korrespondiert so eng mit den Abschnitten 1.8.5 und 2.5.3 über die Brechungsgesetze beim Durchgang von elektrischen Feldern durch ein Dielektrikum bzw. ein leitfähiges Medium, so daß keinerlei Verständnisschwierigkeit besteht, wenn dargelegt wird, daß die Ergebnisse entspr. Abb. 3.7-4 übernommen werden können, wenn wir in diesen ganzen Abschnitten die elektrische Flußdichte $\boldsymbol{D}$ bzw. Stromdichte $\boldsymbol{S}$ durch die magnetische Flußdichte $\boldsymbol{B}$ und die Permittivität ε bzw. die spezifische Leitfähigkeit κ durch die Permeabilität μ ersetzen. Als Ergebnisse erhalten wir:

$$H_{t1} = H_{t2}, \qquad B_{n1} = B_{n2}, \qquad \frac{\tan\theta_1}{\tan\theta_2} = \frac{\mu_1}{\mu_2}. \tag{3.7-16}$$

$$E_{t1} = E_{t2}, D_{n1} = D_{n2}, S_{n1} = S_{n2}, \frac{\tan\theta_1}{\tan\theta_2} = \frac{\varepsilon_1}{\varepsilon_2} = \frac{\kappa_1}{\kappa_2}$$

Diese Brechungsgesetze gelten wieder für den Fall, daß die Feldlinien irgendwoher kommen und hinter der Trennfläche irgendwohin weiterlaufen. Infolge des Skineffekts - einer inneren Induktion - können bei raschen zeitlichen Änderungen der Felder bei unterschiedlichen Konduktivitäten tangential zur Trennfläche gerichtete Oberflächenströme der Oberflächenstromdichte $\boldsymbol{K}$ fließen, die dort ein zusätzliches Magnetfeld hervorrufen. Dieses muß dann analog zur Erzeugung elektrischer Verschiebungsfeldinien durch Ladungsbedeckungen σ in der Grenzfläche von Stoffen unterschiedlicher Permittivität oder/und Leitfähigkeit berücksichtigt werden, und führt zu:

$$H_{t2} - H_{t1} = K \qquad \text{bzw.} \qquad \vec{e}_n \times (\boldsymbol{H}_2 - \boldsymbol{H}_1) = \boldsymbol{K}. \tag{3.7-17}$$

Von besonderem Interesse ist auch hier der Übergang magnetischer Feldlinien von einem hochpermeablen Magnetikum in Luft. Da μ_r sehr große Werte annehmen kann, interessiert der Fortgang der Feldlinien zwischen zwei Polen oder beim seitlichen Austritt aus dem Medium. Legen wir beispielsweise $\mu_{r1} = 1000$ zugrunde und einen durchaus flachen Winkel von $\theta_1 = 89°$, ergibt sich

$$\theta_2 = \arctan(\frac{\mu_2}{\mu_1}\tan\theta_1) = \arctan(\frac{1}{\mu_{r1}}\tan\theta_1) = 3{,}28°. \tag{3.7-18}$$

Obwohl die Feldlinie im Metall quasi am Rand vorbeistreicht, wird sie praktisch senkrecht wegeknickt. Dies veranschaulichen im wesentlichen auch die in Abb. 3.1-1 dargestellten Feldlinienbilder. Weicht die Darstellung wesentlich davon ab, können wir daraus schließen, daß es sich nur um einen niederpermeablen Stoff handeln kann.

Aufgabe 3.7.4-1: An der Oberfläche einer ebenen Ferritplatte der Dicke $d = 2{,}5$ mm mit $\mu_r = 6$ herrscht ein homogenes Magnetfeld mit $B = 10$ mT unter dem Winkel $\alpha = 60°$ zur Oberfläche. Man bestimme den Winkel β zur Oberfläche im Ferrit, sowie alle Normal- und Tangentialanteile von $\boldsymbol{B}$ und $\boldsymbol{H}$ inner- und außerhalb der Platte.

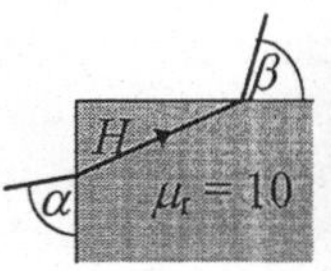

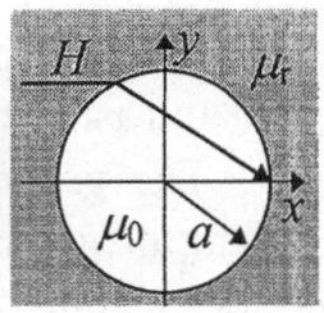

Aufgabe 3.7.4-2: Man berechne in der links dargestellten Skizze β für $\alpha = 80°$.

Aufgabe 3.7.4-3: Ein Magnetfeld treffe entsprechend der rechten Skizze aus einem magnetischen Medium auf eine zylindrische Nut mit Radius $a = 1$ cm. Man berechne μ_r für einen Eintrittspunkt bei $x = -0{,}5$ cm und Austrittspunkt $x = 1$ cm.

3.7.5 Die Quelldichte der magnetischen Feldstärke

Wenn die magnetische Flußdichte entsprechend der 4. MAXWELLgleichung überall quellenfrei ist, kann dies für die magnetische Feldstärke nicht gelten. Für Gebiete, in denen μ sich ändert, gilt analog zu den Betrachtungen der Abschnitte 1.8.6 und 2.5.4:

$$\mathrm{div}\boldsymbol{H} = -\boldsymbol{H}\cdot\frac{\mathrm{grad}\mu}{\mu} = -H_\mathrm{n}\frac{|\mathrm{grad}\mu|}{\mu}. \qquad \mathrm{div}\boldsymbol{E} = -\boldsymbol{E}\cdot\frac{\mathrm{grad}\varepsilon}{\varepsilon} = -\boldsymbol{E}\cdot\frac{\mathrm{grad}\kappa}{\kappa} \quad (3.7\text{-}19)$$

Ein allgemeines Feld magnetischer Feldstärke ist also in seiner Eigenschaft mit Quellanteilen an Permeabilitätsübergängen sowohl ein Quellen- als auch ein Wirbelfeld mit Wirbelbildung um (zeitveränderliche) elektrische Felder.

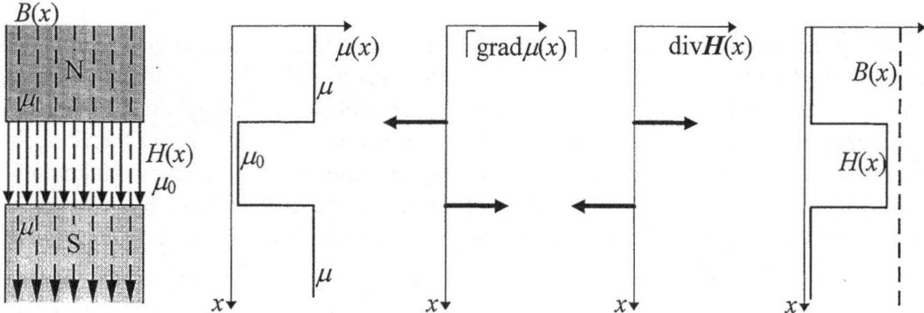

Abb. 3.7-5: Permeabilitäts- und Feldverläufe im Luftspalt eines Permanentmagneten.

Betrachten wir z.B. entspr. Abb. 3.7-5 einen schmalen Luftspalt zwischen zwei Polen eines Permanentmagneten mit $\mu \gg \mu_0$, so können wir aus der Anschauung davon ausgehen, daß die Feldlinien in erster Näherung praktisch parallel weiterlaufen. Damit herrscht im Luftspalt der gleiche Fluß wie im Eisen, und folglich auch die gleiche Flußdichte. Hier muß die Feldstärke soz. als Zugpferd der Flußdichte stark ansteigen, während diese durch das Magnetikum praktisch hindurchgleitet.

Dies bedeutet jedoch, daß Feldstärkelinien am Nordpol erzeugt werden müssen und am Südpol wieder verschwinden. Genau dies besagt obige Gleichung, denn beim Übergang herrscht ein starker (theoretisch unendlicher) Gradient der Permeabilität, der zunächst stark abnimmt, im Eisen und im Luftspalt verschwindet, und am Südpol wieder stark ansteigt. Dies ist in der Abbildung durch sog. Delta-Impulse, die theoretisch unendlich lang sind und in anderem Zusammenhang nochmals in Abschnitt 5.2 behandelt werden, als Pfeilsymbole dargestellt. Ein Pfeil nach links zu negativen $\lceil\mathrm{grad}\mu\rceil$-Werten kennzeichnet die Abnahme, ein Pfeil nach rechts zu positiven die Zunahme.

Damit ist die Quelldichte div$\boldsymbol{H}$ des Magnetfelds hier ebenfalls praktisch unendlich groß. Die gegenüber $\lceil\mathrm{grad}\mu\rceil$ umgedrehten div$\boldsymbol{H}$-Pfeile kennzeichnen den diskreten Anfang magnetischer Feldlinien am Nordpol und ihr Verschwinden am Südpol. $H(x)$ ergibt sich durch das Integral darüber.

Aufgabe 3.7.5-1: Man berechne div$\boldsymbol{M}$ und div$\boldsymbol{J}$ als Funktion von $\boldsymbol{H}$ und μ und interpretiere das Ergebnis.
Aufgabe 3.7.5-2: Welche Geometriegröße ist bei einem Magneten richtungsproportional zu gradμ?
Aufgabe 3.7.5-3: Man berechne μ_r in Abb. 3.7-5, wenn die Feldstärkedifferenz zwischen Luftspalt und Eisen ΔH = 780 A/mm und die Flußdichte überall B = 1 T beträgt.

3.7.6 Physikalisch-technische Eigenschaften von Magnetika

Bei Magnetika kann man prinzipiell wie bei Dielektrika zwischen magnetischer Verschiebungspolarisation und magnetischer Orientierungspolarisation unterscheiden. Im ersten

Fall besteht näherungsweise eine lineare Beziehung zwischen verursachendem ***H***-Feld und sich einstellendem ***B***-Feld, gültig für para-, dia- und weichferromagnetische Stoffe. Wird das verursachende Magnetfeld abgeschaltet, entmagnetisieren sich diese vollständig.

Im Fall der magnetischen Orientierungspolarisation erfolgt eine irreversible Drehung der Spinachsen, was ebenfalls in einer Energieaufnahme und Trägheit resultiert, die nicht mehr an das erzeugende Feld zurückgegeben wird. Dazu gehören hartmagnetische Stoffe oder einfach Dauermagnete, bei denen sich die Spinachsen in WEIßschen Bezirken einheitlich ausrichten.

Bei letzteren ist μ nur sinnvoll durch Hysteresekurven oder -schleifen beschreibbar, außerdem unterscheiden sich i.allg. die Richtungen von ***H***- und ***B***-Feld, weshalb μ als Tensor dargestellt werden muß (Anisotropie). Hinzu kommt bei ferromagnetischen Metallen, daß sie auch eine gute elektrische Leitfähigkeit κ aufweisen, was bei Wechselwirkung mit zeitveränderlichen elektromagnetischen Feldern zu Wirbelströmen mit zugehörigen OHMschen Verlusten führt - zusätzlich zu Ummagnetisierungsverlusten durch Umpolarisierung, die proportional zur Frequenz und zur Hysteresefläche sind.

Gyromagnetische Stoffe, speziell Ferrite (Eisenoxide Fe_2O_3 + Beimengungen anderer Metalloxide) verhalten sich bzgl. der Leitfähigkeit fast wie Isolatoren, lassen sich aber bei weitem nicht so gut magnetisieren wie Ferromagnete. Insgesamt lassen sich die magnetischen Eigenschaften der Stoffe entspr. Tab. 3.7-1 klassifizieren:

Magnetisierung	Momente	Flußdichte	Physikalische Erklärung
Diamagnetisch	$\boldsymbol{m}_{\text{Spin}}+\boldsymbol{m}_{\text{Bahn}} \approx 0$	$B \lessapprox \mu_0 H$	Fast kompensierter negativer Bahndrehimpuls
Paramagnetisch	$\boldsymbol{m}_{\text{Spin}}+\boldsymbol{m}_{\text{Bahn}} \approx 0$	$B \gtrapprox \mu_0 H$	Fast kompensierter positiver Bahndrehimpuls
Ferromagnetisch	$m_{\text{Spin}} \gg m_{\text{Bahn}}$	$B \gg \mu_0 H$	WEIßsche Bezirke
Antiferromagnetisch	$m_{\text{Spin}} \gg m_{\text{Bahn}}$	$B \approx \mu_0 H$	Gleiche benachbarte antiparallele atomare Momente
Ferrimagnetisch (Leitfähigkeit κ klein)	$m_{\text{Spin}} > m_{\text{Bahn}}$	$B > \mu_0 H$	Ungleiche benachbarte antiparallele atomare Momente
Superparamagnetisch (Ton-, Videobänder)	$m_{\text{Spin}} \gg m_{\text{Bahn}}$	$B > \mu_0 H$	Ferromagnetische Teilchen in paramagnetischer Umgebung

Tab. 3.7-1: Klassifizierung von Magnetika.

3.7.6.1 Dia- und Paramagnetismus

Der schwach antimagnetische **Diamagnetismus** - also eine magnetische Abstoßung - ist allen Stoffen zu eigen und eine Folge des Bahndrehimpulses der Elektronen. Ist eine Elektronenbahn mit zwei gegenläufigen Elektronen gleicher Umlaufkreisfrequenz ω besetzt, wird infolge eines äußeren Magnetfelds B wegen der LORENTZkraft $F_L = evB = e\omega rB$ die Umlaufkreisfrequenz des einen Elektrons etwas erhöht und die andere um den gleichen Betrag erniedrigt. Die zugehörigen Dipolmomentdifferenzen addieren sich entgegengesetzt zu B auf und führen zu $\mu_r \lessapprox 1$ und $\chi_m \lessapprox 0$. Die Elektronen führen eine als LARMOR-Präzession bezeichnete Kreiselbewegung um die Feldrichtung aus. Magnetische Feldlinien, die einen diamagnetischen Stoff durchdringen, werden nach außen verdrängt. Der Effekt wurde 1836 von FARADAY beim stark diamagnetischen Wismut entdeckt.

Bei **Paramagnetika** mit ungerader Elektronenzahl können sich die Bahndrehimpulse nicht vollständig kompensieren, so daß eine Nettoausrichtung in Richtung des äußeren Felds erfolgt. Dies führt zu $\mu_r \gtrapprox 1$ und mit der CURIEkonstanten C zu $\chi_m = C/T > 0$. Der den diamagnetischen Effekt in solchen Stoffen immer verdeckende paramagnetische Effekt wird aufgrund der statistischen Wärmebewegung der Elementarteilchen mit wachsender Temperatur T schwächer. Darüberhinaus weist jeder paramagnetische Stoff eine Sättigungsmagnetisierung auf, bei der die Ausrichtung abgeschlossen ist und trotz stärker anwachsenden äußeren Felds fest bleibt, womit μ_r relativ sinkt.

Dia	$\chi_m \cdot 10^6$	Para	$\chi_m \cdot 10^6$
Wismut	–156	Luft	0,4
Blei	–16	Tantal	18
Kupfer	–10	Aluminium	24
Silber	–25	Wolfram	67
Wasser	–9	Platin	260

Tab. 3.7-2: Magnetische Suszeptibilitäten dia- und paramagnetischer Stoffe.

Außer für spezielle Anwendungsfälle in der Meßtechnik kann zusammengefaßt für beide Stoffarten die Beziehung $\boldsymbol{B} = \mu_0 \boldsymbol{H}$ angesetzt werden. Tab. 3.7-2 gibt die Suszeptibilitäten einiger dia- und paramagnetischer Stoffe an. Der in der Luft enthaltene Sauerstoff, der im Gegensatz zu fast sämtlichen diamagnetischen Gasen paramagnetisch ist, läßt sich hiermit meßtechnisch erfassen und so der O_2-Gehalt eines Gases, und damit auch O_2-Verbindungen, z.B. Kohlendioxid, nachweisen.

3.7.6.2 Ferromagnetismus

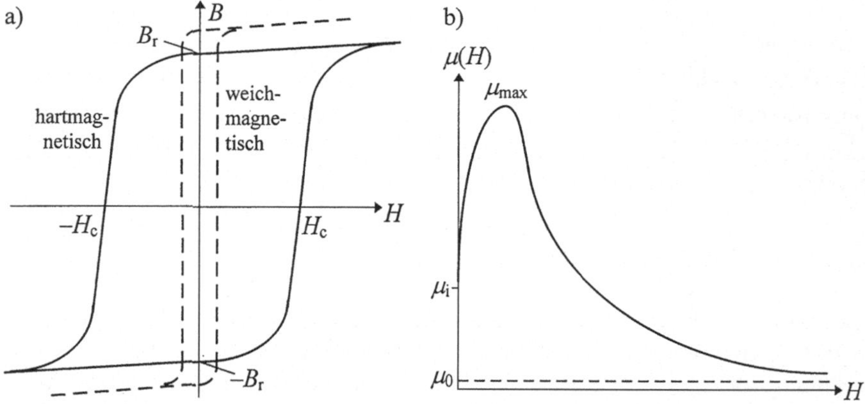

Abb. 3.7-6: a) Typische Hysteresekurven $B(H)$ für hartmagnetischen und weichmagnetischen Stoff. B_r = Remanenzflußdichte, H_c = Koerzitivfeldstärke. b) Typ. Permeabilität $\mu(H)$ der Neukurve.

Die Bedeutung des Magnetismus wäre wesentlich geringer, gäbe es nicht die Stoffe Eisen, Kobalt und Nickel sowie einige weitere Legierungen, die mit extremer Polarisation auf ein äußeres Magnetfeld reagieren können und so den magnetischen Fluß sehr ähnlich wie ein Metall, wie Kupfer, den Strom führt, leiten. Für ferromagnetische Stoffe ist μ nicht mehr einfach mit einer Zahl beschreibbar, sondern wird durch mehrere Parameter bestimmt. Die wichtigsten sind:

- **Nichtlineare** Beziehung zwischen Feldstärke und Flußdichte. μ muß entsprechend Abb. 3.7-6 durch einen Kurvenverlauf zwischen B und H beschrieben werden.
- **Vorgeschichte**: das Medium hat ein Gedächtnis und μ hängt davon ab, was vorher magnetisch mit dem Stoff gemacht wurde. Dies wird für Audio- und Videobänder, Disketten und früher z.B. für Kernspeicher von Großrechnern ausgenutzt.
- **Temperatur**: dies gilt im Prinzip auch für die magnetischen Eigenschaften aller Stoffe. Oberhalb der CURIEtemperatur, bei Eisen z.B. 770 °C, verliert der Stoff seine magnetischen Eigenschaften.
- **Mechanische Spannungen**: der Stoff ist durch Behämmern oder Fallenlassen entmagnetisierbar. Umgekehrt tritt bei Anlegen des Feldes die Magnetostriktion als Geometrieänderung auf.
- **Frequenzabhängigkeit**: Hochfrequenzfelder entmagnetisieren den Stoff.
- **Anisotropie**: Ursache $\boldsymbol{H}$-Feld und Wirkung $\boldsymbol{B}$-Feld zeigen wegen der Kristallstruktur nicht in die gleiche Richtung, μ ist durch einen Tensor beschreibbar.

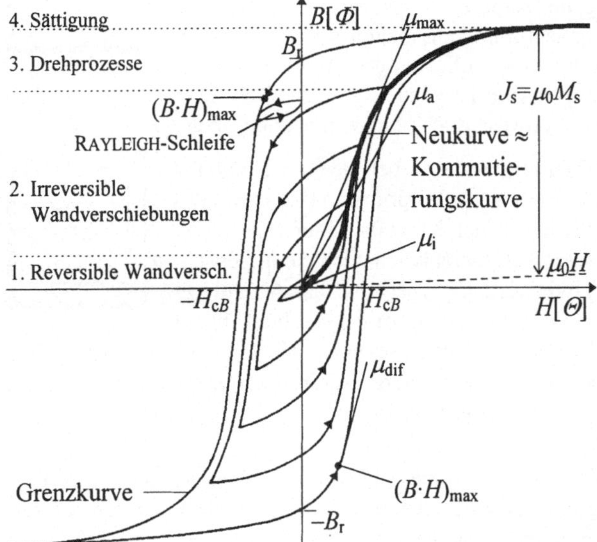

Abb. 3.7-7: Typische Hysteresekurve $B(H)$ für einen ferromagnetischen Stoff und Kenngrößen.

Während Dia- und Paramagnetismus schwache atomare Eigenschaften sind, tritt Ferromagnetismus nur bei Kristallen auf und liegt somit in der Molekülstruktur begründet. Viele der Eigenschaften lassen sich entspr. Abb. 3.7-7 durch die Schar der Hysteresekurven charakterisieren, die den Zusammenhang zwischen der magnetischen Erregung, also H bzw. Θ, und der Flußdichte B bzw. Φ angibt. Befindet sich der Stoff im unmagnetischen (neutralen) Zustand, also $B;H = 0;0$ und wird die Feldstärke monoton erhöht, beschreibt $B(H)$ die Neukurve. Sie läßt sich in vier Zonen unterteilen, deren Verhalten durch die Eigenschaften der WEIßschen Bezirke beschrieben werden:

Hystereseschleife

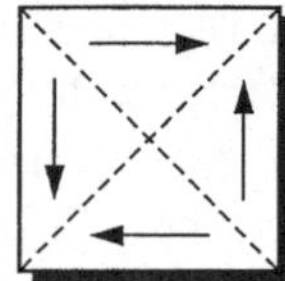

0. Befindet sich das z.B. polykristalline Eisen im **unmagnetischen Zustand**, beeinflussen sich benachbarte Atome derart, daß sie sich unabhängig von einer äußeren Ursache in Gruppen von 10^6 ... 10^9 entsprechend der rechten Darstellung in Form von durch BLOCH-wände getrennter WEIßscher Bezirke (- - - -; PIERRE-ERNST WEIß, 1865 - 1940) einheitlich ausrichten (spontane Magnetisierung). Ein solcher Bezirk der Größe von 0,001 ... 0,1 mm^3 stellt einen Elementarmagneten dar; diese sind jedoch relativ zueinander unterschiedlich ausgerichtet, so daß sich der Stoff nach außen neutral darstellt.

   Wegen der kubischen Kristallisation des Eisens mit Atomen an Ecken und Mittelpunkt des Würfels, hängt seine Magnetisierbarkeit von der Feldrichtung ab (Anisotropie). Sie ist maximal parallel zu den Kanten, minimal in Diagonalrichtung und wirkt auf den jeweiligen Elektronenspin. Da es im Kubus sechs Kanten gibt, sind die Dipolmomente zu je $\frac{1}{6}$ statistisch in diese Richtungen sowie die Gegenrichtungen verteilt, von denen zwei Paare oben eingetragen sind.

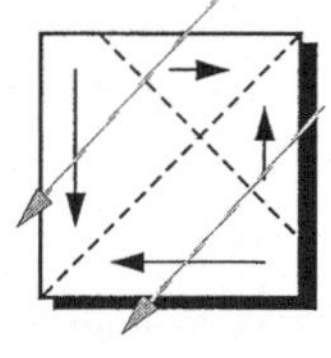

1. Durch Anlegen eines schwachen Feldes an den Magneten befinden wir uns entspr. Abb. 3.7-7 zunächst im Bereich **reversibler Wandverschiebungen**, die sich darin äußern, daß Bereiche mit Momentkomponente in Richtung des äußeren Felds wachsen, solche in dominanter Gegenrichtung schrumpfen. Schalten wir hier das Magnetfeld wieder ab, erfolgt eine vollständige Rückstellung der BLOCHwände und das Magnetikum ist wieder unmagnetisch. Das Verhalten unterscheidet sich nach außen nur unwesentlich vom paramagnetischen.

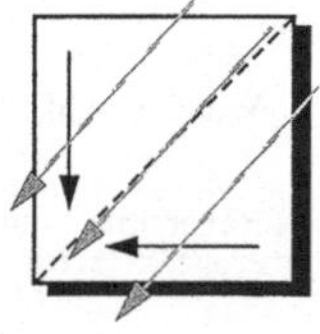

2. **Irreversible Wandverschiebungen** treten bei weiterer Erhöhung des äußeren Felds auf, d.h. BLOCHwände springen (BARKHAUSEN-sprünge) über Inhomogenitäten in der Kristallstruktur (Korngrenzen), wobei sich vom äußeren Feld unterstützte Gebiete in benachbarte ausdehnen. Die Bezirke werden größer und ihre Anzahl geringer. Wird von hier aus das Magnetfeld zurückgefahren, bleibt der Stoff entsprechend den inneren Hysteresekurven bis zu einem gewissen Grad magnetisiert, da die Wände ohne äußere Energiezufuhr nicht mehr hinter die zuvor überwundenen Korngrenzen zurückspringen können.

   Die sprunghaften Wandverschiebungen führen daher zu einer mikroskopischen Treppenform der Kurve und können durch Induktion in einer um das Eisenstück gelegten Spulenwicklung über einen Lautsprecher akustisch wahrgenommen werden. Hier finden wir den Bereich des steilsten Anstiegs der Kurve(n).

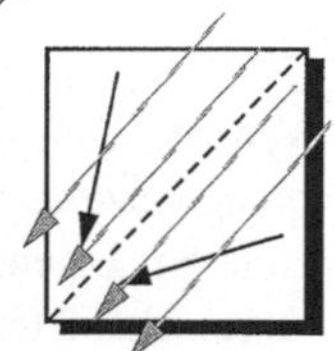

3. **Drehprozesse** führen bei starkem äußeren Feld zur Ausrichtung der Dipolmomente in dessen Richtung. Der Anstieg der Magnetisierung wird schwächer, d.h. es tritt allmählich eine Sättigung ein. Wird der Magnet als Eisenkern eines in Abschnitt 4.4 besprochenen Übertragers verwendet, wird z.B. aus einem eingangsseitigen Sinus, wie auch in Abschnitt 3.7.6.4 dargestellt, eine verzerrte oberschwingungshaltige Funktion, die man auch als solche hörbar machen kann. Der Übergang von Gebiet 2 zu diesem ist wie auch zwischen den anderen fließend.

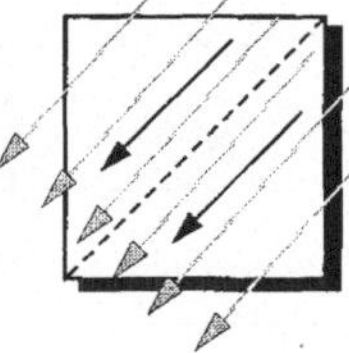

4. **Sättigung** tritt ein, nachdem bei sehr starkem Feld keine weiteren Dipole mehr ausgerichtet werden können. Die Kurve steigt nun allerdings parallel zu der unteren Geraden $\mu_0 H$ immer weiter an, da dieser Anteil nicht die Materie betrifft. Dem Grenzwert der ***Sättigungsmagnetisierung*** M_s hingegen strebt die Magnetisierung M mit zugehöriger ***Sättigungspolarisation*** J_s entgegen.

Durchfahren wir nun die Hysteresekurve mit einer Wechselmagnetisierung, deren Amplitude bis in das jeweilige Sättigungsgebiet vordringt, erhalten wir die Grenzkurve, die wesentlich durch die beiden Achsenschnittpunkte bestimmt wird:

- Die mit der ***Remanenzpolarisation*** J_r übereinstimmende ***Remanenzflußdichte*** $B_r = \mu_0 M_r = J_r$. Sie stellt sich bei verschwindender Feldstärke auf der Ordinate ein und kann in erster Näherung als Maß für den Magnetisierungszustand eines Magneten betrachtet werden.
- Die magnetische ***Flußdichte-Koerzitivfeldstärke*** H_{cB} beim Nulldurchgang der Flußdichte. Dies ist praktisch die Gegenfeldstärke, die aufzubringen ist, um den Magneten zu entmagnetisieren. Von dieser ist noch die ***Polarisations-Koerzitivfeldstärke*** $H_{cJ} > H_{cB}$ beim Nulldurchgang der Polarisation zu unterscheiden.

Daß μ für Ferromagnetika nicht mehr als einfacher Wert angegeben werden kann, wurde bereits dargelegt und durch die Ausführungen vertieft. Dennoch möchte man einige charakteristische (relative) Permeabilitätskenngrößen unterscheiden, wozu die folgenden aus Abb. 3.7-7 ablesbaren festgelegt sind:

- ***differentielle Permeabilitätszahl*** μ_{dif} als Steigung an einem Punkt der Schleife:

$$\mu_{dif} := \frac{1}{\mu_0} \frac{dB}{dH}. \tag{3.7-20}$$

Die folgenden Permeabilitätszahlen beziehen sich ausgehend vom Neutralzustand auch auf symmetrische Unterschleifen bei Nicht-Vollaussteuerung und hängen u.a. auch noch vom Zeitverlauf ab, weshalb i.allg. Zusatzangaben zu ihrer genauen Bedeutung notwendig sind:

- ***Amplitudenpermeabilitätszahl*** μ_a im Umkehrpunkt einer Schleife,
- ***Anfangspermeabilitätszahl*** μ_i als Tangente an die Neukurve im Nullpunkt, und
- ***Maximalpermeabilitätszahl*** μ_{max} als Steigung der Tangente vom Ursprung an die Neukurve:

$$\mu_a := \frac{\hat{B}}{\mu_0 \hat{H}}, \qquad \mu_i := \lim_{H \to 0} \mu_a, \qquad \mu_{max} := (\mu_a)_{max}. \tag{3.7-21}$$

Weitere sind für unsymmetrische Aussteuerung und Wechselaussteuerung definiert, z.B. μ_{rem} = reversible remanente Permeabilität. Während die Neukurve die Magnetisierung des Eisens aus dem jungfräulichen Zustand charakterisiert, ist für weichmagnetische Stoffe die Kommutierungskurve (auch: Magnetisierungskurve) mit dieser sehr ähnlichem Verlauf von Bedeutung. Sie stellt den mittleren Verlauf der Hystereseschleife dar und ergibt sich aus den Verbindungen der Umkehrpunkte der Unterschleifen.

Die kleine reversible RAYLEIGH-Schleife ergibt sich an beliebigen Punkten der Hysteresekurve durch nicht allzuweites Entfernen und Zurückfahren.

Hartmagnetika

Material: Hauptsächlich Eisen + folgende Zusätze in Prozent	ϑ_C [°C]	ϑ_{max} [°C]	μ_{rem}	B_r [T]	H_{cB} [A/mm]	$(B{\cdot}H)_{max}$ [J/dm³]
AlNiCo 250 (8/14/38; isotrop)	860	450	3	0,7	75	19
AlNiCo 450 (8/14/38; anisotrop)	860	450	3	0,83	110	35
AlNiCo 600 (8/14/24; anisotrop)	850	400	3	1,26	53	47
AlNiCo 800 (8/13/24; anisotrop)	850	400	2	1,3	68	>59

Tab. 3.7-3: Magnetische Kenndaten hartmagnetischer Materialgruppen.

Liegen die Werte der H_c deutlich oberhalb von 1 A/mm, so spricht man von hartmagnetischen Werkstoffen mit breiter Hysterese und unterschiedlichen H_{cB} und H_{cJ}, die für Dauermagnete geeignet sind. Typische Vertreter von hochwertigen AlNiCo-Eisenlegierungen mit den wichtigsten Kenndaten finden wir in Tab. 3.7-3.

Ein Maß für die Qualität des Dauermagneten ist der Maximalwert des (immer als Betrag zu verstehenden) Produkts aus $B{\cdot}H$ mit der Einheit J/m³, also analog zu $D{\cdot}E$ der Elektrostatik eine Größe proportional der magnetischen Energiedichte. Dieser zweimal pro Kennlinie auftretende, ebenfalls in Abb. 3.7-7 eingetragene Punkt liegt nahe bei der stärksten Krümmung der Kennlinie und er stellt, wie in Abschnitt 3.9.5.3 dargelegt, den optimalen Arbeitspunkt (AP) dar. $(B{\cdot}H)_{max}$ ist dann groß, wenn auch B_r und H_c groß sind.

Stahl mit 1% Kohlenstoff ist ein einfach herzustellender Werkstoff mittlerer Qualität. Bessere Dauermagneten sind z.B. Superparamagneten mit in Blei oder Kunststoffen eingebetteten Eisenteilchen (auch Eisenpulver), also einzelnen WEIßschen Bezirken Hier fehlen die BLOCHwände und eine Magnetisierung erfordert einen erhebliche Energieaufwand, der sich dann auch in entsprechend hohem magnetisch gespeicherten Energiegehalt äußert.

Weichmagnetika

Kristallines Material (außer letztem)	ϑ_C[°C]	μ_i/1000	μ_{max}/1000	J_s[T]	H_c[A/m]	κ[Sm/mm²]
Reineisen, DIN 17 405: Polschuhe	770	0,6 ... 2	10 ... 40	2,15	12 ... 160	≈ 10
Nickeleisen FeNi; Ni 36 % ... 83 % Rechteckige und flache Hysteresen	280 ... 520	12 ... 250	50 ... 400	1,55 ... 0,8	20 ... 0,8	1 ... 2
Dynamobleche nach DIN 46400: Transformator	750 ... 763	≈ 0,5	≈ 35	≤ 2,1	10 ... 100	2 ... 3,5
Amorphe Metalle aus Fe, Co, Ni mit B, C, P, Si als Glasbildner	210 ... 430	≤ 8 ... 400	1 ... 400	0,55 ... 1,45	0,3 ... 3,0	<1

Tab. 3.7-4: Magnetische Kenndaten von Weichmagnetika.

Bei weichmagnetischen Werkstoffen mit im gleichen Maßstab zu Dauermagneten dargestellter schmaler Hysterese sind H_{cB} und H_{cJ} praktisch ununterscheidbar. Typische Vertreter mit den wichtigsten Kenndaten finden wir in Tab. 3.7-4. Wir werden in Abschnitt 4.3.4 lernen, daß die Energieaufnahme bei Ummagnetisierung von Materialien proportional der Hysteresefläche ist, weshalb bei häufig umzumagnetisierenden Materialien, z.B. elektrischen Maschinen, auf eine weichmagnetische Kurve zu achten ist.

Dynamoblech IV mit 4 % Silizium dient nach Kaltwalzen und Glühen als weitverbreitetes Elektroblech für Transformatoren und elektrische Maschinen. Sendust (FeSiAl = 85/9,5/5,5), Permalloy (FeNi = 78,5/21,5) und Supermalloy (FeNiMoMn = 15/79/5/0,5) sind Werkstoffe mit μ_i von 10 000 bis zu 100 000 und werden wegen ihrer mechanischen Festigkeit verbreitet für Tonköpfe eingesetzt. Abb. 3.7-8 stellt die Magnetisierungskurven einiger technisch wichtiger ferromagnetischer Werkstoffe dar.

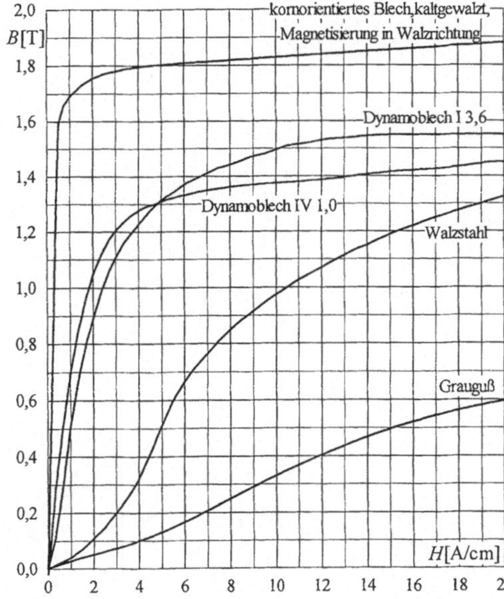

Abb. 3.7-8: Magnetisierungskurven $B(H)$ wichtiger weichmagnetischer Stoffe.

3.7.6.3 Ferrimagnetismus

Material:	ϑ_C[°C]	μ_i	Anwendung	B_A[T]	H_c[A/m]	κ[Sm/mm^2]
Fe_2O_3 + Ni, Zn	> 400	26 ... 80	Resonanzkreis-spulen bis 1 MHz	0,145 ...0,36	1200 ... 500	10^{-11}
Fe_2O_3 + Mn, Zn	> 150	2 300 ...10 000	Breitband-übertrager	0,38	20 ... 4	$10 \cdot 10^{-6}$ ... $0{,}5 \cdot 10^{-6}$
Fe_2O_3 + Mn, Zn	> 220	2 400 ... 3 000	Leistungsüber-trager bis 1 MHz	0,43 ...0,51	35 ... 18	$2{,}5 \cdot 10^{-7}$ ... $5 \cdot 10^{-7}$

Tab. 3.7-5: Magnetische Kenndaten von Ferriten. B_A bezieht sich auf $H = 3$ A/mm.

Aus den vorigen Tabellen ist ersichtlich, daß die ferromagnetischen Grundstoffe als Metalle alle eine hohe Leitfähigkeit κ für den elektrischen Strom aufweisen. Auch wenn die Windungen einer Spule natürlich gegen das Eisen isoliert sind, bewirkt ein zeitveränderlicher Fluß, wie wir ihn im nächsten Kapitel behandeln, eine Induktionsspannung, die wiederum zu Wirbelströmen mit Erwärmung im Eisen führt.

Dazu gehören OHMsche Verluste, die frequenzproportional steigen, weshalb es insbesondere in der Hochfrequenztechnik, aber auch in der Energietechnik mit zwar niedrigen Frequenzen, aber großen Eisenvolumina, nötig ist, diese zu minimieren. Hierzu dienen Ferrite, das sind Eisenoxide (Fe_2O_3) mit anderen Metalloxiden verbunden, die bei deutlich reduzierter elektrischer Leitfähigkeit immer noch brauchbare Permeabilitäten aufweisen. Der dafür zu zahlende Preis sind niedrigere Flüsse und CURIEtemperaturen. Verbreitet sind weichmagnetische Mangan-Zink- und Nickel-Zink-Ferrite, von denen wichtige Gruppen in Tab. 3.7-5 zusammengefaßt sind.

3.7.6.4 Kennliniendarstellung mit PSPICE

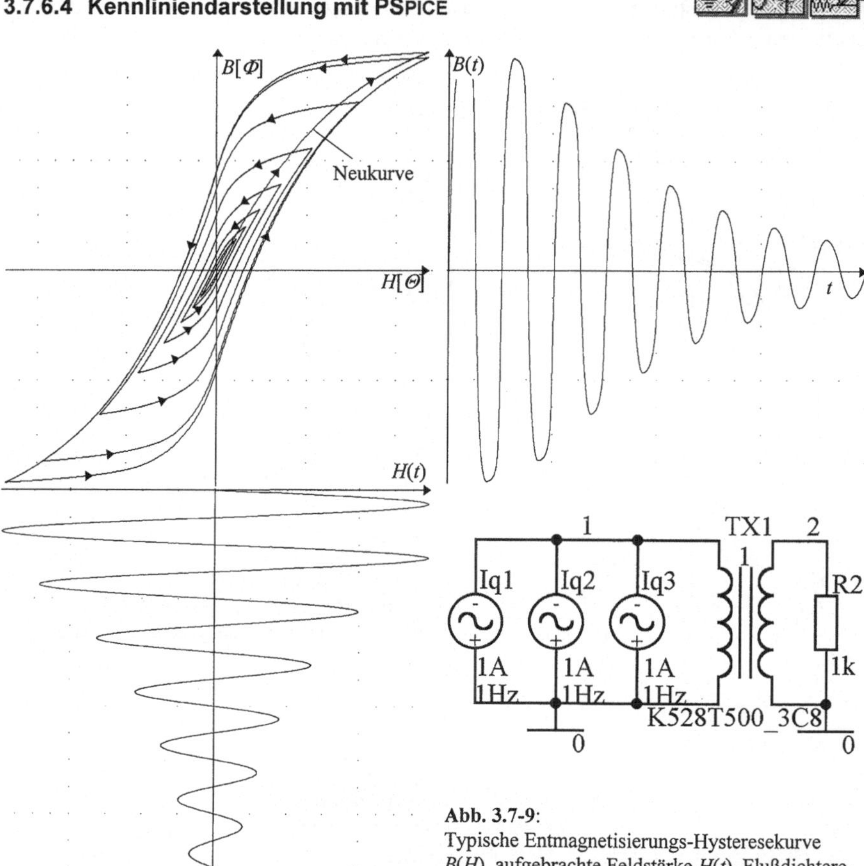

Abb. 3.7-9:
Typische Entmagnetisierungs-Hysteresekurve $B(H)$, aufgebrachte Feldstärke $H(t)$, Flußdichtereaktion $B(t)$ sowie Schaltungseingabe in **SCHEMATICS** zum Darstellen aller Verläufe in **PROBE**.

Abb. 3.7-9 stellt die **PSPICE**-Simulation des typischen Verlaufs einer Entmagnetisierung dar. Dabei wird das Magnetikum einer abklingenden Schwingung $H(t)$ ausgesetzt, z.B. das langsame Wegziehen einer Entmagnetisierdrossel vom magnetisierten Tonkopf eines Kassettenrecorders. Hier stehen entspr. Abschnitt 6.2.2.8 in der Datei *eval.slb* vier nichtlineare Übertrager - das sind, wie in Abschnitt 4.4 ausführlich besprochen, Spulen mit magnetischer Kopplung - mit Kernen mit weichmagnetischer Hysterese (Ferroxcubes) - zur Verfügung. Bei diesen ist *COUPLING* der Kopplungsfaktor und *L1_TURNS* und *L2_TURNS* geben die primär- und sekundärseitigen Windungszahlen an. Sie wurden im Beispiel zu *1/20/20* gesetzt.

Entsprechend der in **SCHEMATICS** dargestellten Schaltung wurden drei *ISIN*-Quellen mit Frequenz *FREQ=1Hz* und *IAMPL=1A* wie folgt parametrisiert: *Iq2: TD=1.25s, Phase=–90°*; *Iq3: TD=1.25s, DF=.4, Phase=90°*. Damit schaltet *Iq1* einen Sinus der Amplitude *1A* ein und *Iq2* schaltet diesen nach einer Verzögerungszeit *TD=1.25s* mit einer negativen Cosinusfunktion (*Phase=–90°*) wieder ab. Damit ist nach Hochfahren durch die Neukurve die Grenzkurve einmal durchfahren und der Sinus steht auf seinem zweiten Maximum. *Iq1* und *Iq2* kompensieren sich ab hier vollständig und *Iq3* klingt mit dem Dämpfungsfaktor *DF=.4/s* nach einer Exponentialfunktion ab. Wir erkennen in dem Verlauf von $B(t)$ deutlich die Verzerrungen im Vergleich zu $H(t)$.

In **PROBE** wird die Hysteresekennlinie $B(H)$ nach dem JILES-ATHERTON-Modell dargestellt, indem mit der Einfg-Taste die **Add Traces**-Dialogbox geöffnet und dort *B(TX1)* ⁽ wird. ⁽⁽ auf irgendeine Zahl der *Time*-Abszisse öffnet die **X Axis Settings**-Dialogbox, wo wir *H(TX1)* auswählen.

Aufgabe 3.7.6-1: Man skizziere den Verlauf von μ_r über H für Dynamoblech IV.

Aufgabe 3.7.6-2: Man skizziere den Verlauf von $B{\cdot}H$ über B für Dynamoblech IV.

Aufgabe 3.7.6-3: Man speise mit PSPICE den Magnetkern des Übertragers K528T500_3C8 mit einer periodischen Dreieckstromquelle (*IPULSE*) mit sinusförmiger Grundschwingung, und stelle $H/\max(H)$ und $B/\max(B)$ über der Zeit für Stromamplituden von ±1 A und $T = 1$ s in einem PROBE-Plot dar.

3.8 Magnetostatik und Querbezug zur Elektrostatik

Zunächst sei darauf hingewiesen, daß der Begriff Magnetostatik in der Literatur uneinheitlich gehandhabt wird. Oft wird hierunter rundweg die Lehre von den zeitkonstanten Magnetfeldern verstanden, die aber auf zweierlei Art entstehen können: von Permanentmagneten und von gleichstromdurchflossenen Leitern. Während erstere nach der Magnetisierung das Magnetfeld ohne weitere Zufuhr von Energie aufrecht erhalten, wird dazu bei letzteren außer im Spezialfall des Supraleiters wegen der OHMschen Verluste permanent eine Energiezufuhr benötigt.

Wenn wir anfangs die Elektrostatik als die Lehre von ruhenden Ladungen und unveränderlichen Energien gekennzeichnet haben, ist es in dieser Konsequenz logisch, unter Magnetostatik die Lehre der Felder von Permanentmagneten zu verstehen, während es sich bei Magnetfeldern von Strömen I um stationäre Magnetfelder handelt. Diese wieder gehören zum Elektromagnetismus. Aus dieser Sicht wäre es konsequent, die Magnetostatik in einem eigenen Kapitel statt einem Abschnitt des AMPÈREschen Magnetismus abzuhandeln.

Da die Magnetostatik jedoch keine der Elektrostatik vergleichbare Eigenbedeutung hat, in Abschnitt 3.7.3 die wichtigsten atomphysikalischen Grundlagen angerissen wurden und in Abschnitt 3.9.5 die Berechnung von Dauermagnetkreisen im Rahmen allgemeiner verzweigter magnetischer Kreise abgehandelt wird, wollen wir uns hier auf die wichtigsten Querbezüge beschränken, die das Verständnis für die Symmetrie der Natur fördern.

Diese Querbezüge hängen sich an dem in Abschnitt 3.5.5 bereits vorgestellten Modell magnetischer Ersatzladungen $\pm Q^{(m)}$ auf, die zwar nicht real sind, aber bei Beschränkung auf die Betrachtung von Feldern im Außenbereich des Magneten mathematisch sehr wohl so gehandhabt werden können, als seien positive (Nordpol) und negative (Südpol) magnetische Punktladungen auf den Endflächen vieler Permanentmagnetgeometrien plaziert.

So sieht das Magnetfeld eines zylindrischen Stabmagneten im Außenraum praktisch genauso aus wie das COULOMBfeld außerhalb eines Kreisplattenkondensators gleicher Geometrie und Abstand. Entsprechend Abb. 3.3-5 läßt sich auch im Solenoiden eine

Spulengeometrie finden, die dieses Feld erzeugen könnte. Der fundamentale Unterschied zwischen Spule und Permanentmagnet ist jedoch, daß bei letzterem kein Strom I und damit keine explizite Durchflutung in der Form $\Theta = NI$ zu identifizieren ist. Nach der in Abschnitt 3.1 bereits erwähnten AMPÈREschen Hypothese rufen elementare Kreisströme mit magnetischen Momenten verschiedener Ursache und Auswirkungen gemäß Tab. 3.7-1 diese Felder hervor.

Entsprechend der Modellierung der MAXWELLschen Feldtheorie als makroskopische Beschreibung elektromagnetischer Naturvorgänge muß der Strom I hierfür durch eine Materialgröße ersetzt werden, denn es handelt sich ja um eine materialintrinsische Eigenschaft. Dies wird, wie in Abschnitt 3.9.5 näher begründet, eine negative Permeabilität μ sein.

Machen wir die Endflächen des Stabmagneten sehr klein, entsteht nach den Ausführungen in Abschnitt 3.5.5 ein Magnetfeld mit derselben Form wie das COULOMBfeld zweier entgegengesetzt geladener Punktladungen (Dipol). Für einen Einzelpol können wir in Analogie zu Abschnitt 1.2 das COULOMBsche Gesetz der Magnetostatik angeben:

$$\boldsymbol{F}_{\mathrm{Cm}} = \frac{Q_1^{(\mathrm{m})} Q_2^{(\mathrm{m})}}{4\pi\mu_0 r^2}\vec{e}_{\mathrm{uw}} = \frac{\Phi_1 \Phi_2}{4\pi\mu_0 r^2}\vec{e}_{\mathrm{uw}}. \qquad \boldsymbol{F}_{\mathrm{C}} = \frac{Q_1 Q_2}{4\pi\varepsilon_0 r^2}\vec{e}_{\mathrm{uw}} \quad (3.8\text{-}1)$$

So wie in der Elektrostatik die Ladung Q mathematisch und physikalisch wesensidentisch mit dem elektrischen Fluß Ψ ist, der von dieser ausgeht, repräsentiert die magnetische Ersatzladung $Q^{(\mathrm{m})}$ den von einem Pol ausgehenden magnetischen Fluß Φ im Außenraum des Magneten. Die in Gl. 3.5-17 weiterhin zueinander in Bezug gesetzten Dipolgrößen m, j und $Q^{(\mathrm{m})}$ können daher dazu verwendet werden, einen Dauermagneten zu charakterisieren.

Dann können wir auch hier die in Abschnitt 1.4.1 der Elektrostatik durchgeführte Zerlegung in Ursache und Wirkung vornehmen, indem der als Ursache vom Magnetpol 1 herrührende Fluß $\Phi_1 = \Phi_{\mathrm{u}}$ am Ort der Wirkung von Magnetpol 2 mit $\Phi_2 = \Phi_{\mathrm{w}}$ ein Feld der Stärke

$$\boldsymbol{H} = \frac{\boldsymbol{F}_{\mathrm{Cm}}}{\Phi_{\mathrm{w}}} = \frac{\Phi_{\mathrm{u}}}{4\pi\mu_0 r^2}\vec{e}_{\mathrm{uw}} \qquad \boldsymbol{E} = \frac{\boldsymbol{F}_{\mathrm{C}}}{Q_{\mathrm{w}}} = \frac{Q_{\mathrm{u}}}{4\pi\varepsilon_0 r^2}\vec{e}_{\mathrm{uw}} \quad (3.8\text{-}2)$$

hervorruft. Wenn es hier überraschend erscheint, daß Kraft und Feldstärke wie in der Elektrostatik die gleiche Richtung aufweisen, wo doch zuvor hergeleitet wurde, daß die Kraft senkrecht auf Feldstärke und Bewegungsrichtung von Ladungen steht, so löst eine etwas feinere Betrachtung der Spule in Abb. 3.3-5a) diesen nur scheinbaren Konflikt auf.

Auch hier ziehen sich die einzelnen Windungen parallel zum im Spuleninnern herrschenden Feld an. Diese Feldrichtung ist jedoch eine makroskopische Überlagerung aller einzelnen Windungsfelder, während das effektiv am Ort einer Windung wirksame Feld von den darüber- und darunterliegenden Windungen sehr wohl Komponenten nach innen bzw. außen aufweist. Diese führen dazu, daß die Spulenwindungen zusammenhalten - bzw. auf den Permanentmagneten übertragen - daß dieser aufgrund der AMPÈREschen Kreisströme ebenfalls einen anderen Magneten in Richtung der äußeren Feldlinien anzieht (oder abstößt). Demgegenüber ist die unmittelbare Anschauung in der Elektrostatik korrekt: die von außen sichtbaren Feldlinien münden am Ort der Ladungen in Richtung der effektiv wirksamen Feldlinien.

Die zur Feldstärke $\boldsymbol{H}$ gehörige Flußdichte $\boldsymbol{B}$ ist dann

$$\boldsymbol{B} = \frac{\Phi_\mathrm{u}}{4\pi r^2}\vec{e}_\mathrm{uw}. \qquad \boldsymbol{D} = \frac{Q_\mathrm{u}}{4\pi r^2}\vec{e}_\mathrm{uw} \quad (3.8\text{-}3)$$

Mit der magnetischen Spannung kann auch ein (skalares) ***magnetisches Potential*** φ_m

$$\boldsymbol{H} = -\mathrm{grad}\varphi_\mathrm{m}, \qquad \mathrm{d}\varphi_\mathrm{m} = -\boldsymbol{H}\cdot\mathrm{d}\boldsymbol{s} \qquad \boldsymbol{E} = -\mathrm{grad}\varphi_\mathrm{e},\ \mathrm{d}\varphi_\mathrm{e} = -\boldsymbol{E}\cdot\mathrm{d}\boldsymbol{s} \quad (3.8\text{-}4)$$

assoziiert werden, das nur hier eine vollständige physikalische Analogie zum elektrostatischen Potential hat, da wir einen Permanentmagneten im Gegensatz zu stromdurchflossenen Leitern beliebig durchlaufend umrunden können, ohne daß eine Zirkulation in Form einer magnetischen Umlaufspannung auftritt:

$$\int_{\text{Weg 1}} \boldsymbol{H}\cdot\mathrm{d}\boldsymbol{s} = \int_{\text{Weg 2}} \boldsymbol{H}\cdot\mathrm{d}\boldsymbol{s}, \qquad \oint_{\text{immer}} \boldsymbol{H}\cdot\mathrm{d}\boldsymbol{s} = \overset{\circ}{V}_\mathrm{m} = 0 \qquad \int_{\text{Weg 1}} \boldsymbol{E}\cdot\mathrm{d}\boldsymbol{s} = \int_{\text{Weg 2}} \boldsymbol{E}\cdot\mathrm{d}\boldsymbol{s}, \quad \oint_{\text{immer}} \boldsymbol{E}\cdot\mathrm{d}\boldsymbol{s} = 0$$

$$\mathrm{rot}\boldsymbol{H} = \boldsymbol{0}. \qquad \mathrm{rot}\boldsymbol{E} = \boldsymbol{0} \quad (3.8\text{-}5)$$

Intuitiv störte bei den bisherigen Rechnungen eigentlich immer der seltsame Kreuz-Dualismus zwischen $\boldsymbol{B}$, $\boldsymbol{H}$ und $\boldsymbol{E}$, $\boldsymbol{D}$, wo es zur Anschauung immer wieder sinnvoll war, einmal die Paare $\boldsymbol{B} \leftrightarrow \boldsymbol{E}$ und $\boldsymbol{H} \leftrightarrow \boldsymbol{D}$, ein andermal $\boldsymbol{B} \leftrightarrow \boldsymbol{D}$ und $\boldsymbol{H} \leftrightarrow \boldsymbol{E}$ in Bezug zu setzen. In der Magnetostatik ist dieser Dualismus glasklar, es gehören die intuitiv erwarteten Paare $\boldsymbol{B} \leftrightarrow \boldsymbol{D}$ und $\boldsymbol{H} \leftrightarrow \boldsymbol{E}$ zusammen, da als Einstiegsgröße und Äquivalent zur elektrischen Ladung Q statt qv der Fluß Φ bzw. dessen Ersatzladung $Q^{(\mathrm{m})}$ dient. Dabei transformieren sich die Einheiten V und A ineinander. Dies können wir dann auch für die anderen Größen erwarten und ebenfalls eindeutige Querbezüge herstellen.

Zu Größen der Elektrodynamik lassen sich ebenfalls analoge magnetische Größen definieren. Technische Bedeutung haben im folgenden Abschnitt beschriebene, deren Einsatzbereich auch in Elektromagneten Gültigkeit hat.

Aufgabe 3.8-1: Eine Kompaßnadel der Länge l = 6 cm mit Fluß Φ_K = 0,8 μWb befinde sich im Erdmagnetfeld der Flußdichte B = 50 μT. Man gebe das magnetische Moment m der Nadel sowie das maximale Drehmoment T_m an

Aufgabe 3.8-2: Man gebe in Analogie zu Abschnitt 1.5.4 die Formel für den Verlauf des magnetischen Fernfeld-Dipolpotentials $\varphi_\mathrm{mD}(r,\vartheta)$ sowie von $\boldsymbol{H}(r,\vartheta)$ der Kompaßnadel der vorigen Aufgabe an.

Aufgabe 3.8-3: Um welchen Winkel α wird eine kleine Kompaßnadel durch einen kurzen zylindrischen Stabmagneten mit m = 10 Am² maximal abgelenkt, wenn dieser in r = 30 cm Entfernung in der Kompaßebene senkrecht zum Erdmagnetfeld der Flußdichte B = 50 μT gehalten wird?

Aufgabe 3.8-4: Man gebe die LAPLACEgleichung der Magnetostatik aus $\boldsymbol{H}$ an.

3.9 Magnetische Kreise

Viele Probleme der Modellierung magnetischer Systeme lassen sich auf die in Abschnitt 2.8 besprochene Analyse elektrischer Netzwerke zurückführen. Beispielsweise nimmt der Magnetfluß in einem Elektromotor Pfade durch Eisenteile mit sehr guter magnetischer Leitfähigkeit, die der Leitfähigkeit von Metallen für elektrische Ströme entspricht, sowie durch Luftspalte zwischen Ständer und Läufer, wo die Führungsfähigkeit entsprechend einem hochohmigen elektrischen Widerstand fehlt. Stromdurchflossene Drähte als magnetische Spannungsquellen wurden bereits besprochen. Somit sollte es möglich sein, analog zu elektrischen, magnetische Netzwerke zu modellieren und die bereits bekannten Analyseverfahren anzuwenden.

3.9.1 Magnetischer Leitwert Λ und magnetischer Widerstand R_m

Der ***magnetische Leitwert*** (***Permeanz***) Λ ist in gewisser Analogie zum Kondensator und OHMschen Leitwert das Bauelement des magnetischen Gleichfeldes und wird durch Geometrie und Material bestimmt. Induktionseffekte, die im nächsten Kapitel besprochen werden, machen es jedoch sinnvoll, bei mehrlagigen Stromwindungen die dort ebenfalls besprochene leitwertproportionale Spule als das eigentliche Bauelement des Magnetismus anzusehen.

Die Inversion des magnetischen Leitwerts ist der ***magnetische Widerstand*** (***Reluktanz***) R_m. Entsprechend der Definition eines Bauelements als allgemeines Wirkungs/Ursachenverhältnis ist ein magnetischer Leitwert dann groß, wenn wenig Stromstärke I einen großen Fluß Φ hervorruft, d.h. viele flußunterstützende magnetische Elementardipole ausrichtet. Der Strom muß bei einer Nlagigen Spule Nfach gezählt werden, so daß für den allgemeinen Fall I durch Θ zu ersetzen ist, bzw. bei einer Reihenschaltung magnetischer Widerstände der effektiv von Θ wirksame Anteil der magnetischen Spannung V_m:

$$\Lambda := \frac{\Phi}{V_m}; \qquad \Phi\ \Lambda, R_m\ \ V_m \qquad [\Lambda] = \frac{\text{Vs}}{\text{A}} =: \text{H (enry)}. \qquad G = \frac{I}{U} \quad (3.9\text{-}1)$$

(J. HENRY, 1779 - 1878). Für den magnetischen Widerstand R_m ergibt sich durch Inversion:

$$R_m := \frac{V_m}{\Phi}; \qquad [R_m] = \frac{\text{A}}{\text{Vs}}. \qquad R = \frac{U}{I} \quad (3.9\text{-}2)$$

Die beiden vorstehenden Gleichungen stellen das OHMsche Gesetz des Magnetismus dar und korrespondieren zu den Definitionen von elektrischem Leitwert und Widerstand in Abschnitt 2.6. Das Symbol entspricht nicht ganz der Norm, die das gleiche Symbol wie beim OHMschen Widerstand vorsieht.

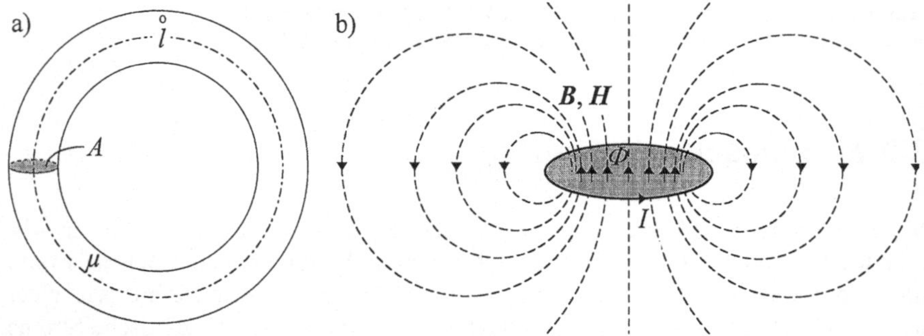

Abb. 3.9-1: a) homogener magnetischer Leitwert,
b) inhomogener magnetischer Leitwert in Form des Feldvolumens eines Drahtrings.

Ein einfacher magnetischer Leitwert stellt entspr. Abb. 3.9-1a) ein ringförmiger Spulenkern mit hinreichend hoher Permeabilität μ dar. Für ihn kann der Leitwert Λ in guter Näherung angegeben werden:

$$\Lambda \approx \frac{BA}{H\overset{\circ}{l}} = \frac{\mu HA}{H\overset{\circ}{l}} = \mu\frac{A}{\overset{\circ}{l}}. \qquad G = \kappa\frac{A}{l} \quad (3.9\text{-}3)$$

Liegt jedoch eine Konfiguration wie in Abb. 3.9-1b) vor, muß eine Berechnung mithilfe zuvor ermittelter Feldverläufe erfolgen. Um die obige Definitionsgleichung für einen solchen magnetischen Leitwert auszuwerten, wenden wir die Definitionsgleichung für den magnetischen Fluß an:

$$\Lambda = \frac{1}{V_m} \iint\limits_{\text{Verkettete Fläche einer Windung}} \boldsymbol{B} \cdot \mathrm{d}\boldsymbol{A}. \qquad G = \frac{I}{\int_{+}^{-} \boldsymbol{E} \cdot \mathrm{d}\boldsymbol{s}} \quad (3.9\text{-}4)$$

Besorgen wir uns die Abhängigkeit $\boldsymbol{H}(NI)$ und $V_m(NI)$, bilden $\boldsymbol{B} = \mu\boldsymbol{H}(NI)$, werten das Integral über einer beliebigen, aber möglichst einfachen Fläche $\boldsymbol{A}$ aus (z.B. die Ebene im Leiterring) und kürzen NI weg, so erhalten wir den magnetischen Leitwert Λ. Auf diese Weise lassen sich z.B. Paralleldrahtleitungen und Koaxialleiter berechnen.

Möchten wir den magnetischen Gesamtleitwert oder Gesamtwiderstand einer Zusammenschaltung von Einzelobjekten kennen, können wir die Formeln der Kapazität bzw. des elektrischen Leitwerts unmittelbar übernehmen. In der Argumentation ist der elektrische Fluß bzw. der elektrische Strom durch den magnetischen Fluß zu ersetzen, Spannung bleibt Spannung.

Wir müssen uns jedoch trotz der Namensanalogie und der Analogie zur Bildung des Widerstands aus Geometrie- und Materialgrößen darüber im klaren sein, daß die physikalische Verwandtschaft bzgl. des Verhaltens zur Energieaufnahme endet. Während der OHMsche Widerstand elektrische Energie in nichtelektrische, typ. JOULEsche Wärmeenergie umwandelt, ist dies beim magnetischen Widerstand nicht der Fall. Der ihn durchdringende Fluß verursacht keine Erhitzung (auch hier sei nochmals betont, daß Induktionseffekte, wie z.B. bei Wechselflüssen, nicht betrachtet werden).

Aufgabe 3.9.1-1: Man berechne den magnetischen Widerstand des Kreises aus Aufgabe 3.6.4.3-3 exakt und genähert.

Aufgabe 3.9.1-2: Welches Problem besteht bei der Berechnung des magnetischen Widerstands unter Einschluß von Leitern endlicher Ausdehnung, durch die magnetische Feldlinien hindurchgehen?

***Aufgabe 3.9.1-3**: Man berechne mithilfe von MATHCAD den magnetischen Widerstand R_m eines Kreisrings nach Abb. 3.6-3a) für $a = 1$ cm und einen Drahtdurchmesser von $d = 1$ mm. Dabei seien die Flußanteile im Drahtinnern vernachlässigbar. Hinweis: Berechne $H(r)$ in der Leiterebene nach BIOT-SAVART und daraus den Fluß Φ.

3.9.2 OHMsches Gesetz des Magnetismus

Wir wollen zunächst für den einfachen magnetischen Kreis in Abb. 3.9-2a) mit einer Quelle und einer Masche den Fluß Φ aus Geometrie-, Material- und Quelldaten bestimmen. Dabei setzen wir zunächst lineares Magnetikum voraus, so daß μ eindeutig und skalar angebbar ist.

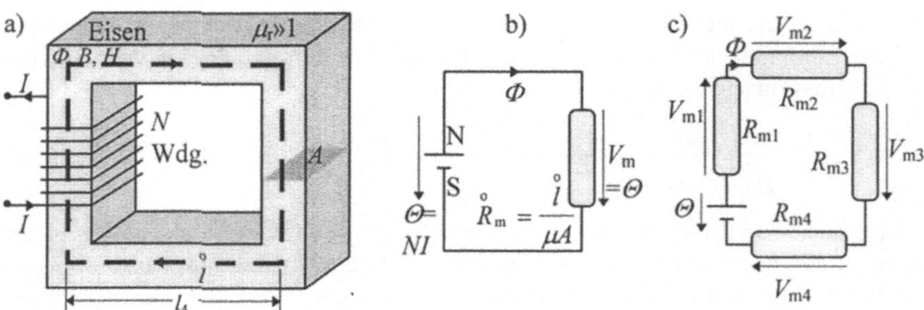

Abb. 3.9-2: Einfacher magnetischer Kreis und elektrisches Ersatzschaltbild.

Der Kreisstrom I umfließe den dargestellten Eisenrahmen Nmal und rufe dabei die Durchflutung $\Theta = NI$ hervor, die auch gleich dem magnetischen Spannungsabfall V_{m} am magnetischen Widerstand R_{m} des Eisens sein muß. Der damit aufgebaute Fluß Φ verläuft wegen der vorausgesetzten guten magnetischen Leitfähigkeit des Eisens praktisch homogen nur dort und folgt im wesentlichen der Geometrie. Der Eisenkreis hat eine mittlere Länge $\mathring{l}$ und zunächst eine einheitliche Querschnittsfläche A. Damit folgt aus dem Durchflutungsgesetz:

$$\oint\limits_{\text{Eisen}} \boldsymbol{H} \cdot \mathrm{d}\boldsymbol{s} \approx H\mathring{l} = \mathring{V}_{\mathrm{m}} = NI = \Theta \qquad\qquad H = \frac{B}{\mu} = \frac{\Phi}{\mu A}$$

$$\Rightarrow \quad \Theta = \frac{\mathring{l}}{\mu A}\Phi = \mathring{R}_{\mathrm{m}}\,\Phi \qquad\qquad \Rightarrow \quad \Phi = \mu\frac{A}{\mathring{l}}\Theta = \mathring{\Lambda}\Theta. \qquad (3.9\text{-}5)$$

Dazu gehört das elektrische Ersatzschaltbild in Abb. 3.9-2b). $\mathring{R}_{\mathrm{m}}$ ist der magnetische Umlaufwiderstand. Ändern wir den Kreis dahingehend. daß im allgemeineren Fall für die vier Segmente $i = 1 \ldots 4$ die Flächen A_i, Teillängen l_i (dargestellt: l_4) und Permeabilitäten μ_i unterschiedlich sind, können wir die vorstehenden Überlegungen entsprechend dem Ersatzschaltbild c), sofern bei hinreichend großen Permeabilitäten hinreichend homogener Flußverlauf gewährleistet ist, wie folgt modifizieren:

$$\oint\limits_{\text{Eisen}} \boldsymbol{H} \cdot \mathrm{d}\boldsymbol{s} \approx \sum_i H_i l_i = \sum_i V_{\mathrm{m}i} = NI = \Theta \qquad\qquad H_i = \frac{B_i}{\mu_i} = \frac{\Phi}{\mu_i A_i}$$

$$\Rightarrow \quad \Theta = \sum_i \frac{l_i}{\mu_i A_i}\Phi = \sum_i R_{\mathrm{m}i}\Phi \qquad\qquad \Rightarrow \quad \Phi = \frac{\Theta}{\sum\limits_i R_{\mathrm{m}i}} = \frac{\Theta}{R_{\mathrm{m,ser}}}$$

$$R_{\mathrm{m,ser}} = \sum_i R_{\mathrm{m}i} = \sum_i \frac{l_i}{\mu_i A_i}. \qquad\qquad R_{\mathrm{ser}} = \sum R_i \quad (3.9\text{-}6)$$

Wegen der unterschiedlichen Permeabilitäten μ_i folgen aus den Brechungsgesetzen des Abschnitts 3.7.4 unterschiedliche magnetische Feldstärken H_i mit unterschiedlichen Spannungsabfällen $V_{\mathrm{m}i}$. Bei vernachlässigbarem Streufluß ist der Fluß Φ überall gleich. Offenbar liegt analog zu Abschnitt 2.6.1.2 eine Serienschaltung magnetischer Widerstände vor. Damit läßt sich auch die Spannungsteilerregel von dort auf magnetische Widerstände übertragen:

$$\Phi = \Lambda_i V_{\mathrm{m}i} = \Lambda_j V_{\mathrm{m}j} \qquad \Rightarrow \qquad \frac{V_{\mathrm{m}i}}{V_{\mathrm{m}j}} = \frac{\Lambda_j}{\Lambda_i} = \frac{R_{\mathrm{m}i}}{R_{\mathrm{m}j}}. \tag{3.9-7}$$

Aufgabe 3.9.2-1: Man bestimme $V_{\mathrm{m}3}$ im Kreis mit $N = 100$, $I = 30$ mA und $A_1 = A_3 = A_2/2 = A_4/2$.
Aufgabe 3.9.2-2: Man leite in Analogie zum Text die magnetische Flußteilerregel her.
Aufgabe 3.9.2-3: Man leite in Analogie zum Text den magnetischen Gesamtleitwert Λ_{par} parallelgeschalteter magnetischer Einzelleitwerte Λ_i her.

3.9.3 Magnetischer Kreis mit Luftspalt, Streufluß

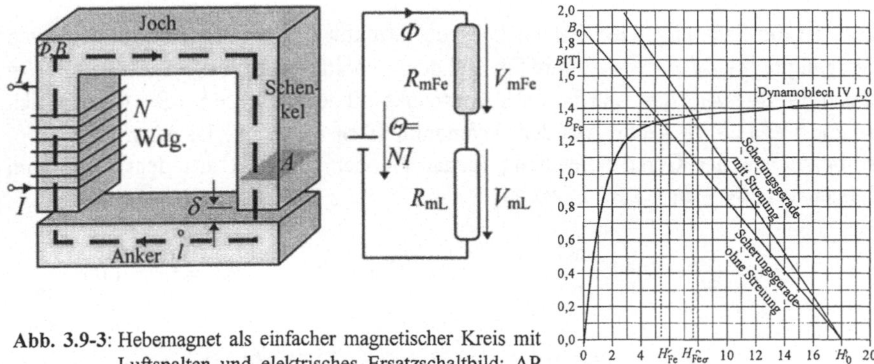

Abb. 3.9-3: Hebemagnet als einfacher magnetischer Kreis mit Luftspalten und elektrisches Ersatzschaltbild; AP auf der Magnetisierungskennlinie.

Magnetische Kreise mit Luftspalt haben wir bereits an verschiedenen Beispielen kennengelernt: Topfmagnet des dynamischen Lautsprechers, Motor mit Ständer und Läufer, Drehspulmeßgerät mit Hufeisenmagnet und Polkern. Weitere Anwendungen sind Hebemagnete, Relais, Audio- und Videoköpfe von Recordern, Magnetschwebebahnen und Übertrager.

Charakteristisch für den Luftspalt ist, daß dort dem Fluß die Führung fehlt und daher eine Anwendbarkeit der bisher erarbeiteten Rechenregeln magnetischer Kreise nur bei kurzen Luftspalten gegeben ist. Betrachten wir dazu den Hebemagneten in Abb. 3.9-3. Eine typische Aufgabenstellung bei der Berechnung magnetischer Kreise besteht darin, bei vorgegebener Luftspaltflußdichte B_{L} die erforderliche Durchflutung Θ, d.h. den Strombedarf I zu bestimmen. Im Fall des dargestellten Hebemagneten ist die Anziehungskraft proportional dem Quadrat dieser Flußdichte, wie in Abschnitt 4.3.5 noch berechnet wird.

Der magnetische Widerstand des Kreises wird wesentlich durch die beiden Luftspalte der Breite δ mit R_{mL} bestimmt, den wir mit dem unausgefüllten Widerstandssymbol darstellen. Setzen wir kleinen Luftspalt voraus, so können wir mit den zuvor erarbeiteten Formeln für $l_{\mathrm{L}} := 2\delta$ und $l_{\mathrm{Fe}} := \overset{\circ}{l} - l_{\mathrm{L}}$ den Fluß Φ im Kreis und daraus B_{L} näherungsweise zu

$$\Phi = \frac{\Theta}{R_{\mathrm{mFe}} + R_{\mathrm{mL}}} = \frac{\Theta}{\dfrac{l_{\mathrm{Fe}}}{\mu_0 \mu_r A} + \dfrac{l_{\mathrm{L}}}{\mu_0 A}} = \frac{\Theta \mu_0 A}{\dfrac{l_{\mathrm{Fe}}}{\mu_r} + l_{\mathrm{L}}} \quad \Rightarrow \quad B_{\mathrm{L}} = \frac{\Phi}{A} = \frac{\Theta \mu_0 \mu_r}{l_{\mathrm{Fe}} + l_{\mathrm{L}} \mu_r} \tag{3.9-8}$$

angeben. Weist das Magnetikum eine nichtlineares Verhalten wie in Abb. 3.7-8 auf, insbes. wenn der AP in der Sättigung liegt, ist eine graphische Arbeitspunktbestimmung gemäß dem Diagramm in Abb. 3.9-3 möglich. Die zur Bestimmung von R_{mFe} unbekannte Größe ist μ_{Fe}. Sei dazu das Material Dynamoblech IV und $\Theta = 1800$ Aw, $l_{\mathrm{Fe}} \approx \mathring{l} = 1$ m, $\delta = 0{,}6$ mm und $A = 1\ \mathrm{dm}^2$ gegeben, so gilt in Analogie zur Arbeitspunktbestimmung einer Diodenschaltung nach Abb. 2.9-13 mit $\mu_0 H_{\mathrm{L}} = B_{\mathrm{L}} = B_{\mathrm{Fe}}$:

$$H_{\mathrm{Fe}} l_{\mathrm{Fe}} + H_{\mathrm{L}} l_{\mathrm{L}} = \Theta \qquad \Rightarrow \qquad B_{\mathrm{Fe}} = -\mu_0 \frac{l_{\mathrm{Fe}}}{l_{\mathrm{L}}} H_{\mathrm{Fe}} + \mu_0 \frac{\Theta}{l_{\mathrm{L}}}. \tag{3.9-9}$$

Dies ist die Scherungs-Geradengleichung der Struktur $y = mx + b$ mit der negativen Steigung $m = -\mu_0 l_{\mathrm{Fe}}/l_{\mathrm{L}} = -1{,}05$ mH/m und dem Schnittpunkt mit der B-Achse bei $H = 0$ und $b = B_0 = \mu_0 \Theta / l_{\mathrm{L}} = 1{,}88$ T. Der Schnittpunkt mit der H-Achse bei $B = 0$ ergibt sich zu $H_0 = \Theta / l_{\mathrm{Fe}} = 18$ A/cm. Aus dem Diagramm lesen wir $H_{\mathrm{Fe}} = 5{,}4$ A/cm ab und bestimmen aus der Geradengleichung (genauer) oder ebenfalls aus dem Diagramm (ungenauer) $B_{\mathrm{Fe}} = B_{\mathrm{L}} = 1{,}32$ T, woraus

$$\mu_{\mathrm{Fe}} = \frac{B_{\mathrm{Fe}}}{H_{\mathrm{Fe}}} = 2{,}445 \frac{\mathrm{mH}}{\mathrm{m}}, \qquad \mu_r = \frac{\mu_{\mathrm{Fe}}}{\mu_0} = 1945, \qquad H_{\mathrm{L}} = \frac{B_{\mathrm{L}}}{\mu_0} = 1{,}051 \frac{\mathrm{kA}}{\mathrm{mm}},$$

$$R_{\mathrm{mFe}} = \frac{l_{\mathrm{Fe}}}{\mu_{\mathrm{Fe}} A} = \frac{4{,}086 \cdot 10^4}{\mathrm{H}}, \qquad R_{\mathrm{mL}} = \frac{l_{\mathrm{L}}}{\mu_0 A} = \frac{9{,}55 \cdot 10^4}{\mathrm{H}},$$

$$\Phi = B_{\mathrm{Fe}} A = B_{\mathrm{L}} A = \frac{\Theta \mu_0 \mu_r A}{l_{\mathrm{Fe}} + l_{\mathrm{L}} \mu_r} = \frac{\Theta}{R_{\mathrm{mFe}} + R_{\mathrm{mL}}} = 13{,}2\ \mathrm{mWb},$$

$$V_{\mathrm{mFe}} = R_{\mathrm{mFe}} \Phi = 539\ \mathrm{A}, \qquad V_{\mathrm{mL}} = \Theta - V_{\mathrm{mFe}} = R_{\mathrm{mL}} \Phi = 1261\ \mathrm{A}. \tag{3.9-10}$$

Der magnetische Kreis mit Luftspalt läßt sich mit μ_r' als virtueller Permeabilität auf einen äquivalenten Kreis der Länge l_{Fe} ohne Luftspalt umrechnen:

$$R'_{\mathrm{mFe}} = \frac{l_{\mathrm{Fe}}}{\mu_0 \mu_r' A} = \frac{l_{\mathrm{Fe}}}{\mu_0 \mu_r A} + \frac{l_{\mathrm{L}}}{\mu_0 A} \qquad \Rightarrow \qquad \mu_r' = \frac{\mu_r}{1 + \mu_r l_{\mathrm{L}} / l_{\mathrm{Fe}}} = 583. \tag{3.9-11}$$

Die zugehörige virtuelle Flußdichte ergibt sich zu $B' = \mu_0 \mu_r' H_{\mathrm{Fe}} = 0{,}396$ T. Gibt man die einzelnen μ_r-Werte einer ohne Luftspalt gemessenen Magnetisierungskurve in obige Gleichung ein und berechnet hierfür das jeweilige B', folgt die Magnetisierungskurve des Eisens mit Luftspalt.

Aufgrund des im Vergleich zum Eisen hohen magnetischen Widerstands des Luftspalts ist in der Praxis bereits bei kurzen Luftspalten damit zu rechnen, daß sich ein nicht mehr zu vernachlässigender Anteil des magnetischen Flusses, der sog. ***Streufluß*** Φ_σ außerhalb des Eisens (hier: Ankers), schließt. Φ_{N} ist demgegenüber der ***Nutzfluß*** im Eisen. Mit dem ***Streufaktor*** σ (... 30 %) als Verhältnis von Streu- zu Gesamtfluß ergeben sich folgende einfachen Beziehungen:

$$\sigma := \frac{\Phi_\sigma}{\Phi}, \qquad \Phi_N := \Phi - \Phi_\sigma = \Phi(1-\sigma); \qquad \Phi = \frac{\Phi_N}{1-\sigma}. \qquad (3.9\text{-}12)$$

Wird Φ_N benötigt, so ist nach der Formel bei gegebener Streuung σ der Gesamtfluß $\Phi > \Phi_N$ aufzubringen. Dieser Effekt tritt auch bereits bei dem im vorigen Unterabschnitt geschlossenen Eisenkreis auf, wenn die Permeabilitäten oder/und Geometriegrößen stark unterschiedlich sind.

Dies unterscheidet magnetische Kreise wesentlich von elektrischen Stromkreisen und gestaltet die Rechnung häufig schwieriger, da die Streuflüsse in parasitäre Parallelwiderstände resultieren mit alles anderem als homogenem Feldverlauf. Sie können oft nur abgeschätzt werden.

Wir wollen das obige Beispiel bei gleicher Quelle $\Theta = 1800$ Aw für den Fall untersuchen, daß $\sigma = 20$ % beim Übergang des Flusses von den Schenkeln zum Anker, d.h. 20 % des Schenkelflusses schließe sich in der Luft und 80 % im Anker. Bezeichne $B_{Fe\sigma}$ die Flußdichte in Joch und Schenkeln, so modifiziert sich Gl. 9 mit der nun von dieser verschiedenen Flußdichte $B_{L\sigma}$ im Luftspalt zu:

$$B_{L\sigma} = (1-\sigma)B_{Fe\sigma} \qquad \Rightarrow \qquad B_{Fe\sigma} = -\mu_0 \frac{l_{Fe}}{l_L(1-\sigma)} H_{Fe\sigma} + \mu_0 \frac{\Theta}{l_L(1-\sigma)}. \quad (3.9\text{-}13)$$

Diese veränderte Scherungs-Geradengleichung hat nun die Steigung $m_\sigma = -\mu_0 l_{Fe}/l_L(1-\sigma) = -1{,}307$ mH/m und den Schnittpunkt mit der B-Achse bei $H = 0$ und $b = B_{0\sigma} = \mu_0\Theta/l_L(1-\sigma) = 2{,}36$ T. Der Schnittpunkt mit der H-Achse bei $B = 0$ ist unverändert $H_0 = \Theta/l_{Fe} = 18$ A/cm. Aus dem Diagramm lesen wir $H_{Fe\sigma} = 7{,}6$ A/cm und $B_{Fe\sigma} = 1{,}36$ T ab, woraus

$$B_{L\sigma} = (1-\sigma)B_{Fe\sigma} = 1{,}09\ \text{T}, \qquad \mu_{Fe\sigma} = \frac{B_{Fe\sigma}}{H_{Fe\sigma}} = 1{,}793\frac{\text{mH}}{\text{m}}, \qquad \mu_{r\sigma} = \frac{\mu_{Fe\sigma}}{\mu_0} = 1427,$$

$$H_{L\sigma} = \frac{B_{L\sigma}}{\mu_0} = 867\frac{\text{A}}{\text{mm}}, \qquad R_{mFe\sigma} = \frac{l_{Fe}}{\mu_{Fe\sigma}A} = \frac{5{,}57\cdot 10^4}{\text{H}},$$

$$\Phi_{Fe\sigma} = B_{Fe\sigma}A = 13{,}63\ \text{mWb}, \qquad \Phi_{L\sigma} = B_{L\sigma}A = 10{,}9\ \text{mWb} < \Phi_L, \qquad (3.9\text{-}14)$$

$$V_{mFe\sigma} = R_{mFe\sigma}\Phi_{Fe\sigma} = 759\ \text{A}, \qquad V_{mL\sigma} = \Theta - V_{mFe\sigma} = R_{mL\sigma}\Phi_{L\sigma} = 1041\ \text{A}.$$

Fordern wir nun stattdessen trotz Streuung unverändert einen Luftspaltfluß von $B_L = 1{,}32$ T, erhalten wir die dafür aufzubringende Durchflutung Θ' über $B_{Fe}' = B_L/(1-\sigma) = 1{,}65$ T. Dynamoblech IV benötigt hierzu eine Feldstärke von $H_{Fe}' = 95$ A/cm, wie aus einem hier nicht dargestellten Diagramm mit erweitertem Skalenbereich abgelesen werden kann. Die dazu gehörige Scherungsgerade muß parallel zu der ohne Streuung verlaufen, da die Steigung $m = -\mu_0 l_{Fe}/l_L = -1{,}05$ mH/m hierdurch unbeeinflußt bleibt. Damit wird der neue x-Achsenabschnitt $H_0' = H_0 + H_{Fe}' - H_{Fe} = (18 + 95 - 5{,}4)$ A/cm $= 107{,}6$ A/cm $= \Theta'/l_{Fe} \Rightarrow \Theta' = 10\,749$ Aw $\approx 6\,\Theta$ zum Verhindern des Absinkens des Luftspaltflusses um 20 %!

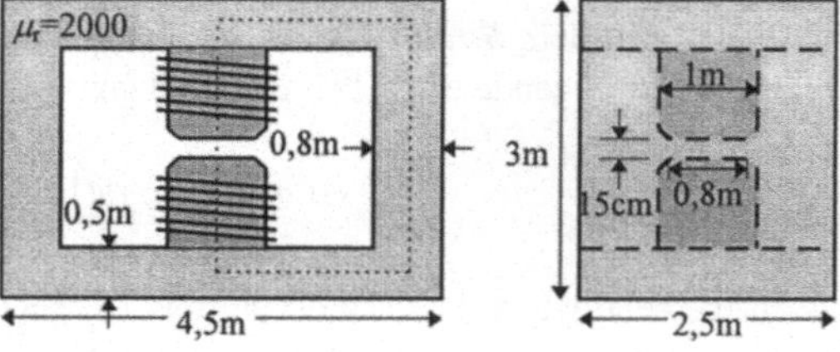

Aufgabe 3.9.3-1: Welche Durchflutung Θ wird benötigt, um im dargestellten Zyklotronmagneten mit zylindrischen Polen eine Luftspaltflußdichte von 10 T zu erreichen?

Aufgabe 3.9.3-2: Ein Toroid nach Abb. 3.6-13 aus Dynamoblech IV mit Kreisquerschnitt und $N = 500$, $a = 5$ cm, $d = 1$ cm Kreisdurchmesser weise einen Luftspalt von $\delta = 1$ mm auf. Man bestimme die zum Aufbringen eines Luftspaltflusses von $\Phi_L = 100$ µWb benötigte Stromstärke I.

***Aufgabe 3.9.3-3:** Im UI-Profil nach Abb. 3.9-5c) aus Dynamoblech IV mit $a = 10$ cm, $c = 5$ cm, $\delta = 5$ mm und $A = 20\ \text{cm}^2$ herrsche eine Luftspaltflußdichte von $B_L = 1{,}14$ T. Welche Durchflutung Θ wird benötigt, wenn der in Luftspalt und Anker auftretende Fluß wegen der magnetischen Streuung 10 % kleiner ist als der im übrigen Eisen, und sich im Luftspalt über eine Fläche verteilt, die um 5 % größer ist als der Querschnitt eines Schenkels?

3.9.4 Verzweigte magnetische Kreise

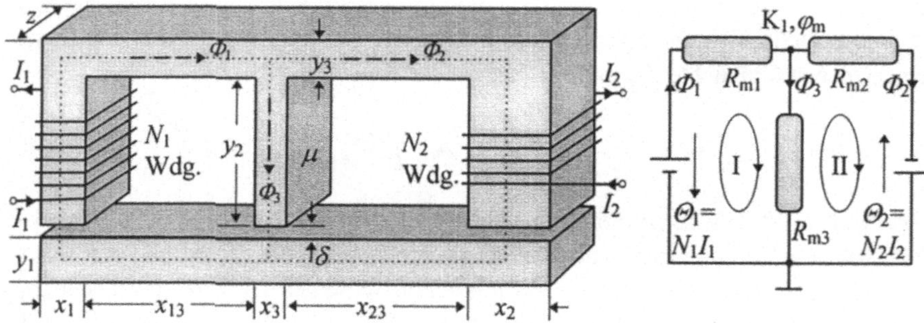

Abb. 3.9-4: Verzweigter magnetischer Kreis mit Luftspalten und elektrisches Ersatzschaltbild.

Im Beispiel der Abb. 3.9-4 seien N_1, I_1, N_2, I_2, μ einheitlich und die Geometriedaten gegeben, woraus sich die magnetischen Widerstände R_{m1}, R_{m2} und R_{m3} ergeben. Im konkreten Fall gilt:

$$R_{m1} = \frac{1}{\Lambda_1} = \frac{1}{\mu z}\left(\left(\frac{1}{y_1} + \frac{1}{y_3}\right)\left(\frac{x_1 + x_3}{2} + x_{13}\right) + \frac{1}{x_1}\left(\frac{y_1 + y_3}{2} + y_2\right) \right) + \frac{\delta}{\mu_0 x_1 z},$$

$$R_{m2} = \frac{1}{\Lambda_2} = \frac{1}{\mu z}\left(\left(\frac{1}{y_1} + \frac{1}{y_3}\right)\left(\frac{x_2 + x_3}{2} + x_{23}\right) + \frac{1}{x_2}\left(\frac{y_1 + y_3}{2} + y_2\right) \right) + \frac{\delta}{\mu_0 x_2 z},$$

$$R_{m3} = \frac{1}{\Lambda_3} = \frac{1}{\mu x_3 z}\left(\frac{y_1 + y_3}{2} + y_2\right) + \frac{\delta}{\mu_0 x_3 z}. \qquad (3.9\text{-}15)$$

Die Grundlagen der Netzwerkanalyse bilden hier in Analogie zum elektrischen Stromkreis die entsprechend Abschnitt 3.3.5 aus der Quellenfreiheit der Flußdichte (4. MAXWELLgleichung) resultierende KIRCHHOFFsche Flußknotenregel für die beiden Knoten:

$$\sum_i \pm \Phi_i = 0, \tag{3.3-10}$$

sowie entsprechend Abschnitt 3.6.4.1 die aus dem Durchflutungsgesetz (1. MAXWELL-gleichung) resultierende KIRCHHOFFsche Maschenregel für die beiden Maschen in Verbindung mit dem OHMschen Gesetz des Magnetismus in der Form

$$\sum_i \pm \Theta_i = \sum_i \pm V_{\mathrm{m}i} = \sum_i \pm \Phi_i R_{\mathrm{m}i}. \tag{3.9-16}$$

Damit sind die Methoden der elektrischen Netzwerkanalyse anwendbar, insbes. Maschenstrom- und Knotenpotentialverfahren. Ersteres sollte hier besser Maschenflußverfahren genannt werden und führt für das Beispiel in Analogie zu Gl. 2.8-7 für die beiden eingetragenen Umläufe zum OHMschen Gesetz des magnetischen Kreises in Matrixform:

$$\underbrace{\begin{pmatrix} R_{\mathrm{m1}} + R_{\mathrm{m3}} & -R_{\mathrm{m3}} \\ -R_{\mathrm{m3}} & R_{\mathrm{m2}} + R_{\mathrm{m3}} \end{pmatrix}}_{\boldsymbol{R}_{\mathrm{m}}} \cdot \underbrace{\begin{pmatrix} \Phi_1 \\ \Phi_2 \end{pmatrix}}_{\boldsymbol{\Phi}} = \underbrace{\begin{pmatrix} \Theta_1 \\ \Theta_2 \end{pmatrix}}_{\boldsymbol{\Theta}}. \tag{3.9-17}$$

Das unmittelbare Ablesen erfolgt gemäß dem dort angegebenen Algorithmus der Schnittmengenwiderstände. Die Flüsse errechnen wir am Beispiel von Φ_1 mit der CRAMERschen Regel:

$$\Phi_1 = \frac{\begin{vmatrix} \Theta_1 & -R_{\mathrm{m3}} \\ \Theta_2 & R_{\mathrm{m2}} + R_{\mathrm{m3}} \end{vmatrix}}{\begin{vmatrix} R_{\mathrm{m1}} + R_{\mathrm{m3}} & -R_{\mathrm{m3}} \\ -R_{\mathrm{m3}} & R_{\mathrm{m2}} + R_{\mathrm{m3}} \end{vmatrix}} = \frac{\Theta_1 (R_{\mathrm{m2}} + R_{\mathrm{m3}}) + \Theta_2 R_{\mathrm{m3}}}{(R_{\mathrm{m1}} + R_{\mathrm{m3}})(R_{\mathrm{m2}} + R_{\mathrm{m3}}) - R_{\mathrm{m3}}^2}. \tag{3.9-18}$$

Alternativ kann die Lösung natürlich mit dem GAUß-SEIDEL-Algorithmus nach Abschnitt 2.8.5.5 oder **MATHCAD**-Anwendung 2.8-1 erfolgen.

Wenden wir das Knotenpotentialverfahren nach Abschnitt 2.8.6 an, degeneriert die 1×1-Matrixgleichung für φ_{m} zu:

$$\varphi_{\mathrm{m}} = \frac{\Theta_1 \Lambda_1 - \Theta_2 \Lambda_2}{\Lambda_1 + \Lambda_2 + \Lambda_3} \quad \Rightarrow \quad \begin{aligned} \Phi_1 &= (\Theta_1 - \varphi_{\mathrm{m}}) \Lambda_1 \\ \Phi_2 &= (\Theta_2 + \varphi_{\mathrm{m}}) \Lambda_2 \\ \Phi_3 &= \varphi_{\mathrm{m}} \Lambda_3. \end{aligned} \tag{3.9-19}$$

PSPICE ist prinzipiell gleichwohl verwendbar, wenn man magnetische Bauelemente gemäß dem Ersatzschaltbild in elektrische Bauelemente transformiert. Im Vorgriff auf die in Abschnitt 4.3 besprochene magnetische Energie kann in Analogie zur Leistungsbilanz elektrischer Stromkreise Gl. 2.8-2 zum Überprüfen der Korrektheit der Rechnung eine magnetische Energiebilanz gezogen werden, die besagt, daß die mit den Quellen assoziierte Energie gleich derjenigen in den magnetischen Widerständen ist:

$$\sum_i \pm W_{\mathrm{m}i} = 0 \qquad \text{oder}$$

$$\sum_i \pm W_{\mathrm{q}i} = \sum_i \pm W_{\mathrm{v}i} = \tfrac{1}{2} \sum_i \pm \Theta_i \Phi_i = \tfrac{1}{2} \sum_i R_{\mathrm{m}i} \Phi_i^2. \tag{3.9-20}$$

Der Index $_V$ als Verbraucherenergie hat hier keine physikalische Bedeutung, da, wie bereits dargelegt, die magnetische Energie nicht im magnetischen Widerstand verbraucht wird. Dies im Gegensatz zur elektrischen Energie im elektrischen Widerstand (Verbraucher). Er stellt lediglich den strukturellen Analogiebezug her.

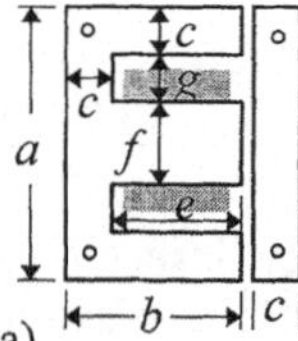

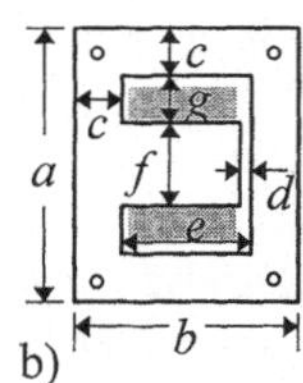

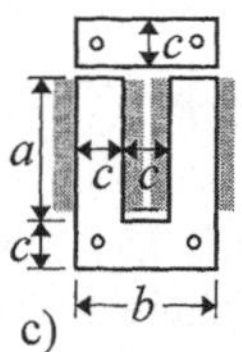

Abb. 3.9-5: Genormte Kernblechgeometrien von Dynamoblechen für Transformatoren: a) EI-Profil, b) M-Profil, c) UI-Profil.

Da das Einsatzgebiet verzweigter magnetischer Kreise, z.B. Drosselspulen, Elektromagneten und Transformatoren, sehr umfassend ist, wurden Materialien und Kerngeometrien schon früh genormt. Abb. 3.9-5 zeigt drei sehr verbreitete Formen, die aus geschichteten Blechen, wie in Abschnitt 4.3.4 weiter ausgeführt, aufgebaut sind. Die Blechung hat ihre Ursache in der Verringerung von Wirbelströmen infolge elektromagnetischer Induktion bei Wechselstromerregung. Bleche weisen eine Dicke von $\leq 0{,}35$ mm bei 50 Hz auf. Aufgrund des Isolationsmaterials dazwischen in Form von Lacken oder Oxidschichten ist die geometrische Querschnittsfläche mit einem ***Eisenfüllfaktor*** in der Größenordnung von $k_{\text{Fe}} = 0{,}85 \ldots 0{,}95$ zu gewichten. Die genormten Geometrien werden mit dem Profilbuchstaben bezeichnet, gefolgt von dem Wert von a in mm. Beispielsweise gilt für das mittlere M85-Profil $(a\ b\ c\ e\ f\ g\ d) = (85\ 85\ 14{,}5\ 56\ 29\ 13{,}5\ 2)$ mm.

Prinzipiell sind wir mit diesen Überlegungen auch wieder in der Lage, wie im vorigen Unterabschnitt, nichtlineare Eisenteile zu berücksichtigen. Bestehen diese aus unterschiedlichen Materialien, ist eine Berechnung mithilfe der Kennlinien aufgrund der Verkopplung rasch so kompliziert, daß Rechnerprogramme zu Hilfe genommen werden müssen, die über die hier zu betrachtenden Grundlagen deutlich hinausgehen.

Aufgabe 3.9.4-1: Man verifiziere mithilfe von **MATHCAD** die Energiebilanz für das Netzwerk im Text aus dem Knotenpotentialverfahren.

Aufgabe 3.9.4-2: Auf den mittleren Schenkel eines durchgängigen E150-Profils aus Dynamoblech IV mit $(a\ b\ c\ e\ f\ g) = (150\ 100\ 20\ 80\ 40\ 35)$ mm und der Querschnittsfläche $A = 400\ \text{mm}^2$ werde eine Spule mit N Windungen und $I = 100$ mA aufgebracht. Man bestimme N direkt über das Durchflutungsgesetz, sowie über den magnetischen Kreis, wenn im mittleren Schenkel $B = 1{,}05$ T.

Aufgabe 3.9.4-3: Die Spule der vorigen Aufgabe werde auf den linken Außenschenkel aufgebracht. Man bestimme I für $\mu = \text{const.}$ und $B = 1{,}05$ T in diesem Außenschenkel.

3.9.5 Berechnung von Dauermagnetkreisen

Die in Form von stromdurchflossenen Spulen realisierten Quellen der zuvor besprochenen magnetischen Kreise benötigen eine dauernde Energiezufuhr, da der stromdurchflossene Leiter einen endlichen Widerstand aufweist, der die elektrische Energie der Quelle verbraucht. Viele Anwendungen benötigen jedoch nur ein magnetisches Gleichfeld. Sofern dieses bestimmte Flußdichten nicht übersteigt, können die Spulenquellen durch Dauermagnete ersetzt werden, womit die Grundlage der Berechnung in der in Abschnitt 3.8 besprochenen Magnetostatik zu finden ist. Beispiele sind der Topfmagnet des in Abschnitt 3.4.1 besprochenen dynamischen Lautsprechers, Hufeisenmagnet von Meßgeräten, Anker von Generatoren und Elektromotoren kleinerer Bauart, Relais und verschiedene medizinische Geräte.

3.9.5.1 Arbeitspunkt

Ein Dauermagnet wird nach seiner mechanischen Herstellung im starken Feld eines Elektromagneten aufmagnetisiert und weist danach eine $B(H)$-Hysteresekennlinie wie in Abb. 3.7-6 auf. Intuitiv würde man erwarten, daß er sich nach Abschalten der äußeren Erregung im AP bei $H = 0$ mit $B = B_r$ befindet. Dies gilt jedoch nur, wenn er magnetisch kurzgeschlossen ist, d.h. die Pole durch einen durchgehenden hochpermeablen Werkstoff verbunden sind. Denn in diesem Fall bricht hier das H-Feld dauerhaft zusammen und folglich kann aufgrund des Durchflutungsgesetzes auch im Dauermagneten kein H-Feld existieren.

Dies ist jedoch ein Einsatzbereich von geringer praktischer Bedeutung. Vielmehr weisen die o.a. Geräte immer einen Luftspalt mit magnetischer Spannung und Feldstärke auf, die vom Dauermagneten ebenfalls zur Erfüllung des Durchflutungsgesetzes erbracht werden müssen. Damit kann auch seine magnetische Feldstärke nicht verschwinden, sondern der AP muß, wie gleich dargelegt, im zweiten oder vierten Quadranten zu finden sein.

Bei Rechnungen mit Dauermagneten ist zu beachten, daß wegen der fehlenden Stromstärke I in dem Sinne auch keine Durchflutung Θ zu identifizieren ist und damit die rechte Seite des Durchflutungsgesetzes verschwindet. Für von Dauermagneten erzeugte Felder gilt also überall $\oint \boldsymbol{H} \cdot d\boldsymbol{s} = 0$. Ersetzen wir dazu in Abb. 3.9-3 die Spulenwicklung durch den obenliegenden dunkelschattierten Dauermagneten der Länge l_D gemäß Abb. 3.9-6:

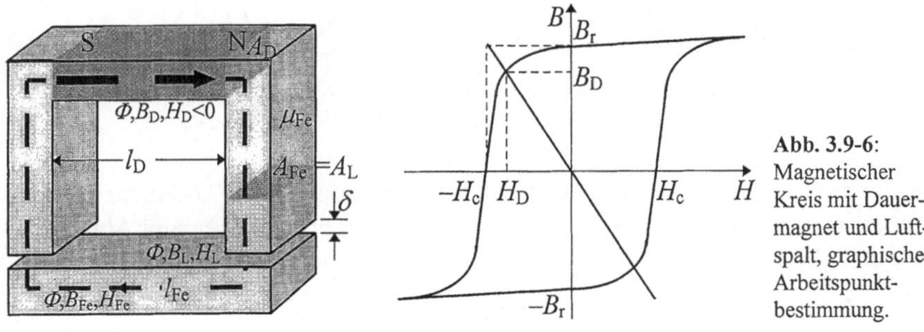

Abb. 3.9-6: Magnetischer Kreis mit Dauermagnet und Luftspalt, graphische Arbeitspunktbestimmung.

Aus dem Durchflutungsgesetz folgt wieder mit $l_L = 2\delta$:

$$H_D l_D + H_{Fe} l_{Fe} + H_L l_L = 0 \qquad \Rightarrow \qquad H_L = \frac{B_L}{\mu_0} \approx -\frac{l_D}{l_L} H_D . \qquad (3.9\text{-}21)$$

Nehmen wir den passiven weichmagnetischen Eisenkreis als hochpermeabel mit $\mu_r \gg 1$ an, gilt näherungsweise die rechte Formel. Aus der Quellenfreiheit des Flusses folgt unter der Voraussetzung vernachlässigbarer Streuung:

$$\Phi = B_\text{D} A_\text{D} = B_\text{Fe} A_\text{Fe} = B_\text{L} A_\text{L} \qquad \Rightarrow \qquad B_\text{D} = -\mu_0 \frac{A_\text{L}}{A_\text{D}} \frac{l_\text{D}}{l_\text{L}} H_\text{D}. \qquad (3.9\text{-}22)$$

Der in Abb. 3.9-6 dargestellte AP $B_\text{D}(H_\text{D})$, in dem sich der Dauermagnet befindet, muß offenbar zum einen diese Geradengleichung mit negativer Steigung durch den Nullpunkt erfüllen, zum andern kann er nur auf der Hystereseschleife liegen. Folglich wird er durch die beiden Schnittpunkte determiniert. Einer entspricht dem gegenüber dem anderen umgedrehten Magneten. Wir beschränken uns auf den Schnittpunkt im zweiten Quadranten.

3.9.5.2 Modellierung des Dauermagneten durch eine äquivalente Spule

Interessant ist beim Dauermagneten die Gegenläufigkeit von Feldstärke (Ursache) und Flußdichte (Wirkung), d.h. $\mu_\text{D} < 0$. Dies entspricht auch bereits dem Wesen einer elektrischen Quelle, bei der ja ebenfalls Spannung und Stromstärke und folglich elektrische Feldstärke und Stromdichte in entgegengesetzte Richtung zeigen. Auch ihnen ließe sich formal als Charakterisierung eines Energieerzeugers ein negatives κ zuordnen, das erst durch die Beschaltung mit OHMschen Widerständen determiniert ist.

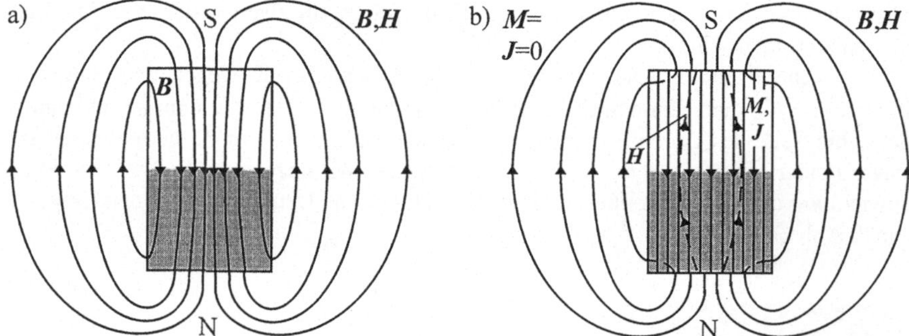

Abb. 3.9-7: Prinzipielle Verläufe magnetischer Feldlinien: a) ***B***, b) ***H*** und ***M***.
Man beachte, daß sich die Feldlinienbilder nur im Magnetinnern unterscheiden.

Eine Veranschaulichung aus der Sicht des bereits in Abschnitt 3.7.6 erläuterten anisotropen inneren Aufbaus mit gegeneinander verdrehten Feldvektoren gibt Abb. 3.9-7. Aus Gln. 3.7-6 erhalten wir

$$\boldsymbol{B} = \mu_0 \boldsymbol{H} + \boldsymbol{J} \qquad \Rightarrow \qquad J > B, \quad \text{da } H < 0$$

$$\boldsymbol{H} = \frac{\boldsymbol{B}}{\mu_0} - \boldsymbol{M} \qquad \Rightarrow \qquad M > \frac{B}{\mu_0}, \text{ da } H < 0$$

Dies zeigt Abb. 3.9-7b), indem mehr ***J***- bzw. ***M***-Feldlinien als ***B***-Feldlinien in a) vorhanden sind. Sie werden tlw. durch die gegenläufigen ***H***-Feldlinien neutralisiert und ergeben gemeinsam die ***B***-Feldlinien. ***H***-, ***J***- und ***M***-Feldlinien haben entsprechend Abschnitt 3.7.5 an den Polen Quellen und Senken, weshalb sie im Gegensatz zu den links dargestellten ***B***-Feldlinien nicht nach außen durchgezogen sind.

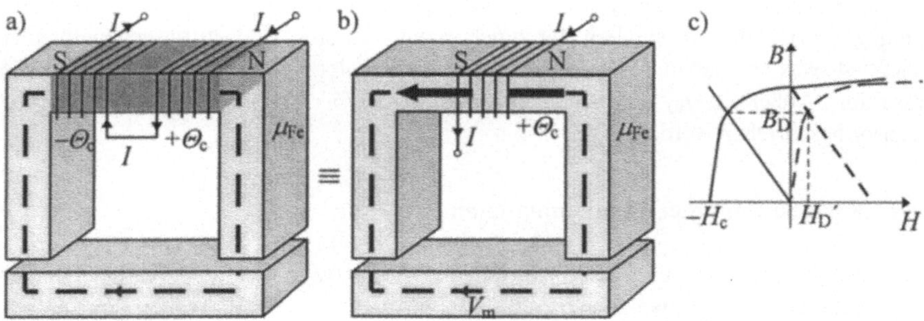

Abb. 3.9-8: Ersatzschaltbild des magnetischen Kreises: a) mit Dauermagnet durch den Kreis, b) mit stromdurchflossener Spule, c) Verschiebung der Kennlinie.

Der Scheidepunkt zwischen passivem magnetischem Verhalten, wie demjenigen des restlichen Eisenkreises mit $\mu_{Fe} > 0$, läge im o.a. magnetischen Kurzschluß, zu dem mit $H = 0$ und $B = B_r$, also auch $\Phi = \Phi_r$ mit $\mu = \infty$ gehört. Dies entspricht elektrisch einem supraleitenden Stromkreis mit Strom I ohne explizite Spannungsquelle. Zum Verständnis des Auftretens der Gegenläufigkeit von Feldstärke und Flußdichte sollte es möglich sein, entspr. Abb. 3.9-8a) den Dauermagneten mit einer bifilar gewickelten Spule, die die einander neutralisierenden Durchflutungen $\pm\Theta_c = \pm H_c l_D$ erzeugt, zu modellieren.

Hierbei ändert sich netto an den bestehenden Verhältnissen nichts. $-\Theta_c$ der linken Spulenhälfte neutralisiert den Dauermagneten, was sich gemäß Abb. 3.9-8c) in einer um $+H_c$ in den passiven ersten Quadranten verschobenen Kennlinie manifestiert. Wäre nur dieser Spulenanteil vorhanden, verhielte sich die gesamte Anordnung wie der passive Eisenkreis in Abschnitt 3.9.3.

$+\Theta_c$ der rechten Spulenhälfte erzeugt den im Außenkreis sichtbaren Fluß Φ und entspricht damit für gleichen AP der Wicklung aus Abschnitt 3.9.3, was durch das Ersatzschaltbild Abb. 3.9-8b) dargestellt ist. Folglich schiebt $+\Theta_c$ die Arbeitsgerade analog zu Abb. 3.9-3 um $+H_c$ nach rechts, so daß sich unverändert genau B_D als Flußdichte im Kreis einstellt. Somit gelten die durchgezogenen Kurven in c) für a) und die gestrichelten für b).

Als Ergebnis dieser Überlegungen kann die Arbeitspunktberechnung aus Abschnitt 3.9.3 übernommen werden, wenn man eine gegebene Magnetisierungskurve eines Stabmagneten um H_c nach rechts verschiebt und ihn vorzeichenrichtig durch eine Spule der Durchflutung $\Theta = H_c l_D$ ersetzt. Voraussetzung für die einfache Durchführung dieses Unterfangens ist natürlich wieder die hinreichende geometrische Homogenität aller beteiligten Objekte.

Liegt ein solcher Stabmagnet ohne weitere äußere Führung des Flusses auf dem Tisch, können wir das bekannte diffuse Feldlinienbild der Abb. 3.1-1 erwarten, wozu der hohe - wegen der Inhomogenität nicht ohne Feldtheorie berechenbare - magnetische Widerstand des Freiraums gehört. Ein dazu gehöriger AP wird nicht allzuweit von der Koerzitivfeldstärke entfernt zu erwarten sein, es liegt soz. ein magnetischer Leerlauf vor, der im Gegensatz zum elektrischen Leerlauf aufgrund der endlichen Leitfähigkeit des Freiraums für magnetische Feldlinien nicht perfekt ist.

Es wurde bereits erwähnt, daß im Dauermagnetinnern i.allg. $\boldsymbol{B}$ und $\boldsymbol{H}$ nicht exakt entgegengerichtet sind, sondern die zugehörigen Vektoren sind etwas gegeneinander verdreht, was aus der in Abschnitt 3.7.6 bereits dargelegten Anisotropie dieser Stoffe resultiert. Außer daß μ_D arbeitspunktabhängig negativ ist, muß es korrekt durch einen Tensor beschrieben werden.

3.9.5.3 Optimierung von Dauermagneten

Wie bei der Lösung eines jeden technischen Problems wird man auch bei der Dimensionierung eines Dauermagneten bemüht sein, ihn so kostengünstig wie möglich herzustellen. In erster Linie kann man erwarten, daß ein Magnet umso leistungsfähiger ist, je größer sein Volumen ist. Da die zugehörigen Materialkosten den Preis in die Höhe treiben, und natürlich ggfls. aus Gewichts- und Handhabbarkeitsgründen wird man ihn für die im AP benötigte Flußdichte so klein wie möglich wählen.

Neben dem Bauvolumen wird die Größe, d.h. die Fläche, und die Rechteckigkeit der Hystereseschleife ein wichtiges Kriterium sein, denn sie führt auf dem flachen Teil zur Belastungsunabhängigkeit des AP. Die Fläche wird zum einen durch den Wert von B_r bestimmt, denn er zieht die ganze Kurve nach oben und bietet damit in dem sich konkret einstellenden AP eine große Flußdichte, zum andern natürlich durch H_c, welches große Durchflutungen, die bei großen Luftspalten benötigt werden, bereitstellt.

Damit ist für eine gegebene Kennlinie jedoch noch nicht genau festgelegt, an welcher Stelle der AP nun optimal liegt. Aus den Beträgen der Gln. 21 und 22 folgt:

$$B_L = \mu_0 \frac{l_D}{l_L} H_D = B_D \frac{A_D}{A_L} = \sqrt{\mu_0 \frac{l_D}{l_L} H_D B_D \frac{A_D}{A_L}} = \sqrt{\mu_0 H_D B_D \frac{V_D}{V_L}}. \tag{3.9-23}$$

Zur Bildung des Wurzelausdrucks wurden die ersten beiden Terme multipliziert. V_D bzw. V_L sind dabei die Volumina von Dauermagnet bzw. Luftspalt. Eine Luftspaltflußdichte ist also groß, wenn das Dauermagnetvolumen V_D und das Produkt aus HB im AP groß sind, und das Luftspaltvolumen V_L klein ist. Für gegebene Volumina und Magnetisierungskurve ist also $(B{\cdot}H)_{max}$ zu finden. Dazu ist $B{\cdot}H$ als Funktion von H darzustellen, nach H zu differenzieren und Null zu setzen. Die sich hieraus ergebende B-H-Kombination stellt den optimalen AP dar. Dieser wird näherungsweise mit dem Schnittpunkt einer Geraden durch den Nullpunkt und H_c-B_r erreicht, wie er bereits in Abb. 3.9-6 gewählt wurde.

In der Praxis sind weitere Gesichtspunkte zu beachten. Dazu gehört wieder das Einführen eines Streufaktors $\sigma < 1$, der für den Luftspalt angibt, inwieweit sich hier Feldlinien außerhalb des Eisenkreises schließen. Er ist als Faktor unter der Wurzel zu berücksichtigen.

Aufgabe 3.9.5-1: Man bestimme aus Tab. 3.7-3 näherungsweise den optimalen Arbeitspunkt für AlNiCo 600.

Aufgabe 3.9.5-2: Der o.a. AlNiCo 600-Magnet werde zu einem zylindrischen Ringkern mit Luftspalt δ = 5 mm gebogen, in dem ein Fluß von Φ = 0,1 mWb herrschen soll. Man bestimme näherungsweise den Flächenradius a sowie die mittlere Länge l_D.

Aufgabe 3.9.5-3: Der Ringkern der vorigen Aufgabe werde mit N Windungen mit der Stromstärke I = 5 A so umwickelt, daß der Luftspaltfluß verschwindet. Man bestimme N.

3.10 Zusammenfassung der Gesetze des AMPÈREschen Magnetismus

In den vorangegangenen Abschnitten wurden beginnend bei der

- Endlichkeit der Lichtgeschwindigkeit c,
- der wegen der LORENTZkontraktion dem COULOMBgesetz gehorchenden Kräften,
- Definition der magnetischen Flußdichte $\boldsymbol{B}$ und deren Flächenintegral Fluß Φ und Beschreibung ihrer Eigenschaften aus der Nichtexistenz magnetischer Monopole,
- parallel dazu Definition der magnetischen Erregung (Feldstärke) $\boldsymbol{H}$ und deren Wegintegral magnetische Spannung V_m und Beschreibung ihrer Eigenschaften aus der Ladungserhaltung und dem Durchflutungsgesetz

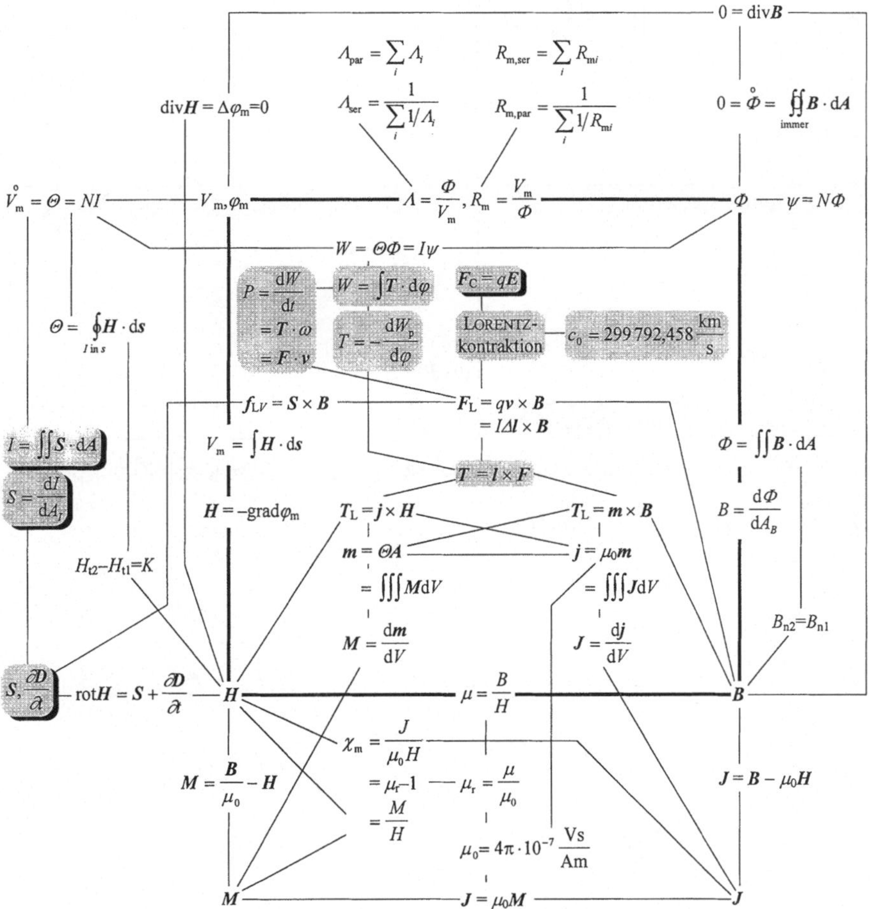

Abb. 3.10-1: Querbezüge zwischen den wichtigen Größen des AMPÈREschen Magnetismus. Zählpfeile von $\boldsymbol{T}$ und φ sind gleichgerichtet.

ein Komplettsystem aller wichtigen Größen zur Darstellung des AMPÈREschen Magnetismus entspr. Abb. 3.10-1 aufgebaut, wobei die grauen Felder die Schnittstelle zu den mechanischen Größenarten Kraft, Energie, Leistung und Drehmoment darstellen, diejenigen mit Schattierung der Elektrostatik und Elektrodynamik entstammen und bereits dort vorgestellt wurden. Ansonsten sei auf die Anmerkungen in den dortigen Schlußabschnitten hingewiesen. Die Magnetostatik manifestiert sich als Untermenge, wenn überall, wo I, $\boldsymbol{S}$ oder $\partial \boldsymbol{D}/\partial t$ vorkommt, dieses zu Null gesetzt wird.

Im wesentlichen aus Platzgründen wurde auf die Einbindung der verschiedenen Formen des Gesetzes von BIOT-SAVART, der Strombelags $\boldsymbol{K}$ und des Vektorpotentials $\boldsymbol{A}_\mathrm{m}$ verzichtet.

MAXWELLgleichungen des AMPÈREschen Magnetismus:

1. Durchflutungsgesetz:	2. Induktionsgesetz:
$\Theta = \overset{\circ}{V}_\mathrm{m} = \underset{\text{Beliebiger Umlauf um } \Theta}{\oint \boldsymbol{H} \cdot \mathrm{d}\boldsymbol{s}} = \underset{\text{Fläche des Umlaufs}}{\iint} (\boldsymbol{S} + \frac{\partial \boldsymbol{D}}{\partial t}) \cdot \mathrm{d}\boldsymbol{A}$ $\mathrm{rot}\boldsymbol{H} = \boldsymbol{S} + \frac{\partial \boldsymbol{D}}{\partial t}$	per Definition irrelevant
(3. Kontinuitätsgleichung)	4. Quellenfreiheit des magnetischen Flusses:
$\overset{\circ}{i}_\mathrm{tot} = \underset{\text{Bel. geschl. Hülle um } V}{\oiint} (\boldsymbol{S} + \frac{\partial \boldsymbol{D}}{\partial t}) \cdot \mathrm{d}\boldsymbol{A} = 0$ $\mathrm{div}\boldsymbol{S} = -\frac{\partial \rho}{\partial t}$	$\overset{\circ}{\Phi} = \underset{\text{immer}}{\oiint} \boldsymbol{B} \cdot \mathrm{d}\boldsymbol{A} = 0$ $\mathrm{div}\boldsymbol{B} = 0$
Materialbeziehung:	$\boldsymbol{B} = \mu \boldsymbol{H}$

Im Spezialfall der Magnetostatik modifiziert sich das Durchflutungsgesetz zu:

$$\Theta = \overset{\circ}{V}_\mathrm{m} = \underset{\text{immer}}{\oint \boldsymbol{H} \cdot \mathrm{d}\boldsymbol{s}} = 0, \qquad \mathrm{rot}\boldsymbol{H} = \boldsymbol{0}.$$

4 Magnetodynamik

Im Gegensatz zum AMPÈREschen Magnetismus des vorigen Kapitels wird bei der Magnetodynamik - hier auch als FARADAYscher Magnetismus bezeichnet - die elektrische Rückwirkung magnetischer Felder auf Leiter und Magnete, die Induktion betrachtet (MICHAEL FARADAY, 1831). Es wird also umgekehrt zum AMPÈREschen Magnetismus die Brücke zurück zur Elektrodynamik geschlagen. Nicht alle der folgenden Rechnungen setzen zwingend Induktionsvorgänge voraus, jedoch ist ihre Betrachtungsweise und Anschaulichkeit dann deutlich einfacher.

Man unterscheide den hier benutzen Begriff der Induktion in dem o.a. Sinn als einen physikalischen Vorgang von dem Alternativnamen des Flußdichtefelds $\boldsymbol{B}$. Aufgrund der leichten Verwechselbarkeit und auch des engen physikalischen Zusammenhangs soll für $\boldsymbol{B}$ nach DIN 1324 nur noch der Flußdichtebegriff verwendet werden: ein Vorgang - Induktion - wird verursacht von einem veränderlichen Feld - Induktion, meßbar in Tesla - und verursacht seinerseits bei geschlossenem Stromkreis ein Feld - Induktion.

Die zentrale Formulierung dieses Kapitels ist die zweite MAXWELLgleichung, das Induktionsgesetz, das die zeitliche Änderung der magnetischen Flußdichte in Bezug zum elektrischen Feld setzt. Gemeinsam mit der im vorigen Kapitel ausführlich besprochenen ersten MAXWELLgleichung - dem Durchflutungsgesetz - das die Erzeugung von Magnetfeldern durch im elektrischen Feld bewegte Ladungen beschreibt, läßt sich die Ausbreitung elektromagnetischer Wellen berechnen.

4.1 Induktion

Induktion bedeutet die Spannungserzeugung und damit die Erzeugung elektrischer Felder aus Magnetfeldern. Sie ist grundsätzlich nur möglich, wenn mindestens eines der beteiligten Objekte bewegt wird oder/und sich zeitlich ändert, wobei sich letzteres immer auf eine Bewegung zurückführen läßt. Ruhende Magnetfelder können auf ruhende Ladungen keine Spannungen induzieren. Sie können entsprechend den vorangegangenen Darlegungen auf bewegte Ladungen Kräfte ausüben, die Ursache der Ladungsbewegungen sind dann jedoch fremde Spannungsquellen ⇒ AMPÈREscher Magnetismus. Ist bei einem Induktionsvorgang der Leiter geschlossen, fließt ein Strom, der seinerseits gemäß dem AMPÈREschen Magnetismus wieder ein Magnetfeld hervorruft.

4.1.1 Bewegungsinduktion

Entsprechend dem Grundversuch in Abb. 4.1-1 ist die Bewegungsinduktion eine Wechselwirkung zwischen der Bewegung eines Leiters in einem Magnetfeld, dessen

Ladungen durch die LORENTZkraft getrennt werden, damit ein COULOMBfeld aufbauen, welches wiederum versucht, sie zu vereinigen. Ein stationärer Zustand stellt sich jeweils ein, wenn sich COULOMB- und LORENTZkräfte die Waage halten:

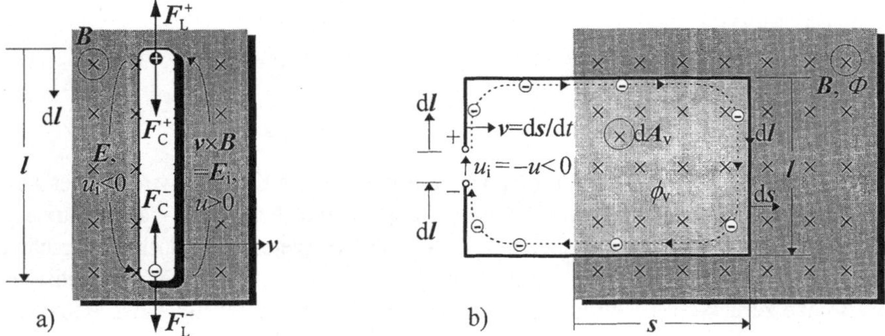

Abb. 4.1-1: Wechselwirkung zwischen COULOMB- und LORENTZkraft beim Induktionsvorgang.

4.1.1.1 Translatorische Bewegung

In a) wird ein metallischer Stab mit der Geschwindigkeit $\boldsymbol{v}$ durch ein Magnetfeld der (konstanten) Flußdichte $\boldsymbol{B}$ nach rechts bewegt. Die LORENTZkraft $\boldsymbol{F}_L^-$ treibt die freien Elektronen nach unten, womit die obere Zone an Elektronen verarmt und positiv ionisierte Atomrümpfe in gleicher Menge dort zurückbleiben. Die dabei zwischen den getrennten Elektronen und positiven Ionen induzierte COULOMBkraft $\boldsymbol{F}_C$ versucht diese wieder zu vereinigen, was auch stattfindet, wenn entweder der Stab im Feld stehenbleibt ($\boldsymbol{v} = \boldsymbol{0} \Rightarrow \boldsymbol{F}_L = \boldsymbol{0}$) oder der Stab das Feld verläßt ($\boldsymbol{B} = \boldsymbol{0} \Rightarrow \boldsymbol{F}_L = \boldsymbol{0}$).

Die Gleichgewichts-Kräftebilanz lautet mit Gl. 3.4-4 an einem Ladungsträger q:

$$\boldsymbol{F}_C + \boldsymbol{F}_L = \boldsymbol{0} = q(\boldsymbol{E} + \boldsymbol{v} \times \boldsymbol{B}). \tag{4.1-1}$$

Daraus folgt die COULOMBsche (***elektrische***) ***Feldstärke E*** zu

$$\boldsymbol{E} = -\boldsymbol{v} \times \boldsymbol{B}, \qquad \boldsymbol{E}_i = \boldsymbol{v} \times \boldsymbol{B} = -\boldsymbol{E}. \tag{4.1-2}$$

Ihr wirkt die ***induzierte*** (***elektrische***) ***Feldstärke*** $\boldsymbol{E}_i$ entgegen. Die damit in Richtung $\boldsymbol{l}$ ***induzierte Spannung*** u_i in Form einer ***Bewegungsspannung*** wird aus Gl. 1.4-19:

$$u_i = \int\limits_{\substack{\text{Leiter-}\\\text{länge}}} \boldsymbol{E}_i \cdot \mathrm{d}\boldsymbol{l} = \int\limits_{\substack{\text{Leiter-}\\\text{länge}}} (\boldsymbol{v} \times \boldsymbol{B}) \cdot \mathrm{d}\boldsymbol{l} = \int\limits_{\substack{\text{Leiter-}\\\text{länge}}} (\mathrm{d}\boldsymbol{l} \times \boldsymbol{v}) \cdot \boldsymbol{B} = \int\limits_{\substack{\text{Leiter-}\\\text{länge}}} \mathrm{d}(\boldsymbol{l} \times \boldsymbol{v}) \cdot \boldsymbol{B}. \tag{4.1-3}$$

Hier wurde rechts das Spatproduktvertauschungsgesetz angewendet und weiterhin die Geschwindigkeit $\boldsymbol{v}$ in die Integrationsvariable hineingezogen, was erlaubt ist, da $\boldsymbol{l}$, $\boldsymbol{v}$ und $\boldsymbol{B}$ unabhängig voneinander sind.

Da $\boldsymbol{E}_i$ entgegen d$\boldsymbol{l}$ weist, sind $\boldsymbol{E}_i \cdot \mathrm{d}\boldsymbol{l}$ und folglich u_i negativ. Wenn wir u_i als Spannungsabfall interpretieren, zeigt $u = -u_i > 0$ in Richtung von $\boldsymbol{v} \times \boldsymbol{B}$ und folglich in Richtung eines virtuellen Stromflusses, den der Stab bei geeigneter Geschlossenheit real zulassen würde. Der Stromfluß mit assoziierter Leitungsstromdichte $\boldsymbol{S} = \kappa \boldsymbol{E}_i = \kappa \boldsymbol{v} \times \boldsymbol{B}$ in Richtung von $\boldsymbol{E}_i$ war beim Eintreten des Stabs in das Feld real, wurde aber nach außen durch eine gleichgroße Verschiebungsstromdichte $S_V = \varepsilon dE/dt$ kompensiert. Die Wahl der Richtung von $u_i < 0$ und folglich entgegen E_i entstammt wieder dem Bedürfnis der Anwendung einer u.a. Rechte-Hand-Regel.

Ist, wie in der Abbildung, das Feld homogen, und stehen alle Größen senkrecht aufeinander, reduziert sich die Formel zu:

$$u_i = -Blv. \tag{4.1-4}$$

Die Frage, ob wir u_i messen können, ist nicht ohne weiteres zu beantworten. Denn Messen setzt ein Meßgerät voraus, von dem wir sagen müssen, wo es plaziert sein soll. Befindet es sich gemeinsam mit dem Stab und allen Zuleitungen im Feld, ist die Spannung nicht verifizierbar, außerhalb hingegen ist u_i meßbar. In der Folge seien die Zuleitungen von Meßspannungen außerhalb des Magnetfeldeinflusses.

Führen wir zur Messung entsprechend b) die Leiterenden nach links aus dem Magnetfeld heraus, schieben sich die Elektronen aufgrund ihrer gegenseitigen Abstoßung zur unteren Klemme, an der oberen bleiben die Ionen übrig. Die Klemmen wirken über die Luftstrecke als Kondensator, über die sich die Ladungen nun anziehen. Sie wirken hier als Spannungsquelle. Die induzierte Spannung können wir weiter umformen:

$$u_i = \int_+^- d(\boldsymbol{l} \times \boldsymbol{v}) \cdot \boldsymbol{B} = \int_+^- d\frac{\boldsymbol{l} \times d\boldsymbol{s}}{dt} \cdot \boldsymbol{B}, \tag{4.1-5}$$

wobei $d\boldsymbol{l}$ wegen des Umbiegens des +-Pols nach links außen noch dieselbe Orientierung wie in a) hat, und wir nach wie vor entlang des Leiters integrieren. Dasselbe gilt für u_i, denn kontaktieren wir die Enden, zeigt auch hier u_i, wie auf der rechten Kante, in Elektronenflußrichtung.

Wir können $d\boldsymbol{A}_v = -\boldsymbol{l} \times d\boldsymbol{s}$ setzen, wobei $\boldsymbol{A}_v$ die hellgrau schattierte verkettete Fläche darstellt: effektiv wirksam ist die LORENTZkraft nur auf der rechten Länge $\boldsymbol{l}$. Zur Ermittlung des Vorzeichens verwende man die Rechte-Hand-Regel für das Kreuzprodukt. Mit $\int dt$ als Zeit seit Eintritt der Windung in das Feld ist $\boldsymbol{s} = \int d\boldsymbol{s}$ das zugehörige Wegstück. Wir erhalten:

$$u_i = -\iint_{\text{Verkettete Fläche}} \boldsymbol{B} \cdot d\frac{d\boldsymbol{A}_v}{dt} = -\iint_{\text{Verkettete Fläche}} d\frac{\boldsymbol{B} \cdot d\boldsymbol{A}_v}{dt} = -\frac{\boldsymbol{B} \cdot d\boldsymbol{A}_v}{dt} = -\frac{d\phi_v}{dt}. \tag{4.1-6}$$

Das Miteinbeziehen von $\boldsymbol{B}$ in die Integrationsvariable ist erlaubt, da es ja ohnehin (zeitlich) konstant ist. Für den Fall, daß $\boldsymbol{B}$ homogen ist, hätten wir es schon früher vor das Integral ziehen können. Ist $\boldsymbol{B}$ aber inhomogen, muß die Formel immer noch gelten, und wir müssen es für diesen Fall im Integral belassen.

Diese induzierte Spannung längs der Leiterschleife in Richtung von $\boldsymbol{l}$ ist offenbar gleich der Umlaufspannung $\overset{\circ}{u}_i$, wenn die Klemmen beliebig nahe - im Moment noch isoliert - beieinanderliegen. Wir können sie über folgendes Ringintegral angeben:

$$\overset{\circ}{u}_i = \oint_{\text{Leiter}} (\boldsymbol{v} \times \boldsymbol{B}) \cdot d\boldsymbol{l}. \tag{4.1-7}$$

Wichtig zur korrekten Interpretation dieses Spannungsabfalls ist, daß die Schleife durch $\oint d\boldsymbol{l}$ begrenzt wird und $d\boldsymbol{l}$ rechtswendig $d\boldsymbol{A}_v$ zugeordnet ist. Hierzu dient die o.a.

Rechte-Hand-Regel: Daumen in Richtung der Flußänderung $\mathrm{d}\phi_\mathrm{v}$ und damit von $\mathrm{d}\boldsymbol{A}_\mathrm{v}$, so zeigen die gekrümmten Finger in Richtung von u_i bzw. $\mathring{u}_\mathrm{i}$, und damit in Richtung von $\mathrm{d}\boldsymbol{l}$. Alternativ verifiziere man die Richtung von $\boldsymbol{v} \times \boldsymbol{B}$ mit der Rechte-Hand-Regel. $\mathrm{d}u_\mathrm{i} = (\boldsymbol{v} \times \boldsymbol{B})\cdot\mathrm{d}\boldsymbol{l}$ ist in Richtung $\mathrm{d}\boldsymbol{l}$ positiv, wenn $\mathrm{d}\boldsymbol{l}$ so gewählt wird, daß es eine Komponente in Richtung $\boldsymbol{v} \times \boldsymbol{B}$ hat. Das Ergebnis darf also immer nur im Zusammenhang mit gegebenen Zählpfeilen ($\boldsymbol{v}$, $\boldsymbol{B}$, $\mathrm{d}\boldsymbol{l}$, $\mathrm{d}\boldsymbol{A}_\mathrm{v}$, u_i) interpretiert werden.

Ist die Schleife Nfach gewickelt, liegen N rechte Kanten im Feld mit der Nfachen Elektronenanzahl, die zu den außenliegenden Klemmen getrieben werden. Sind diese offen, ergibt sich die Nfache Spannung einer Einzelwindung. Anders ausgedrückt: die N Windungen sind in Reihe geschaltet und die Gesamtspannung u_i addiert sich zur Summe der induzierten Einzelspannungen u_wi der Windungen:

$$u_\mathrm{i} = N u_\mathrm{wi} = -\frac{N\mathrm{d}\phi_\mathrm{v}}{\mathrm{d}t} = -\frac{\mathrm{d}\psi_\mathrm{v}}{\mathrm{d}t}. \tag{4.1-8}$$

Es liegt offenbar der gleiche Effekt vor, wie wenn statt N Windungen von einem Fluß der Größe ϕ_v, eine Windung von dem in Abschnitt 3.3.4 vorgestellten Spulenfluß $\psi_\mathrm{v} = N\phi_\mathrm{v}$ durchsetzt wird. Dies gilt für alle Induktionsvorgänge, weshalb in Zukunft in solchen Fällen ψ_v verwendet wird. Die magnetische Durchflutung ψ hat also bzgl. des Flusses dieselbe Funktion, wie die elektrische Durchflutung $\Theta = NI$ bzgl. des Stroms.

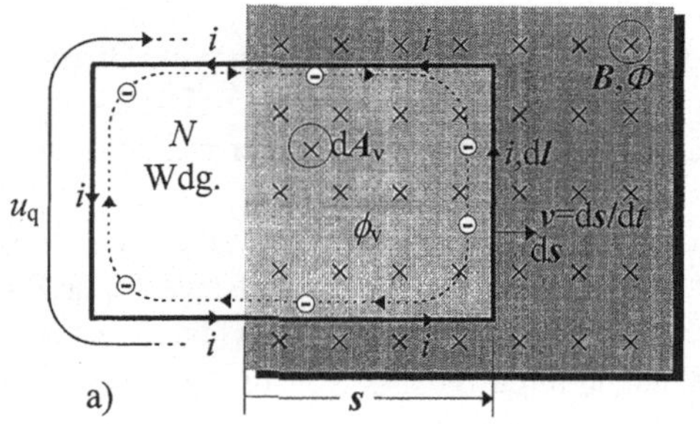

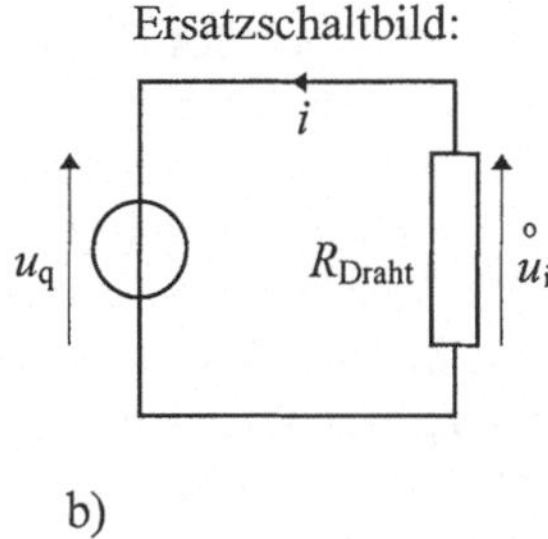

Abb. 4.1-2: Induzierter Stromfluß durch Bewegungsspannung.

Schließen wir die Drahtschleife(n) an den Enden kurz, können sich die Elektronen im Außenkreis mit den ionisierten Atomrümpfen wiedervereinigen, da sie hier nicht unter dem Einfluß des trennenden Feldes stehen, und es entsteht ein Kreisstrom i, wie in Abb. 4.1-2a) in korrekter Richtung dargestellt. Dies führt zu der in Abschnitt 4.1.3 beschriebenen Gegeninduktion. Führen wir, wie in b) dargestellt, eine Ersatzspannungsquelle ein, die denselben Strom erzeugen würde, hätte sie bei dem in der Abbildung jetzt in Stromrichtung eingetragenen $\mathrm{d}\boldsymbol{l}$ (linkswendig) vorzeichenrichtig den Wert u_q (EZS) $= \mathring{u}_\mathrm{i}$ (VZS) > 0. Durch Einführen der Ersatzspannungsquelle lassen sich die KIRCHHOFFschen Maschengleichungen wieder anwenden. u_q in Form einer Quellspannung können wir folglich über das folgende Ringintegral berechnen:

$$u_\mathrm{q} = \mathring{u}_\mathrm{i} = \oint\limits_{\substack{N\,\text{Umläufe}\\ \text{um Leiter}}} (\boldsymbol{v} \times \boldsymbol{B})\cdot\mathrm{d}\boldsymbol{l}. \tag{4.1-9}$$

Dieser Ausdruck ist also bei gleichgerichteter Zuordnung von Umlaufrichtung und Spannung - wie in der Folge - als Spannungsabfall zu interpretieren, bei entgegengerichteter Zuordnung als Quellspannung.

Die Eigenschaften induzierter Spannungen unterscheiden sich offenbar wesentlich von denen der Elektrostatik, wo das elektrische Feld wirbelfrei war und die Umlaufspannung immer verschwand.

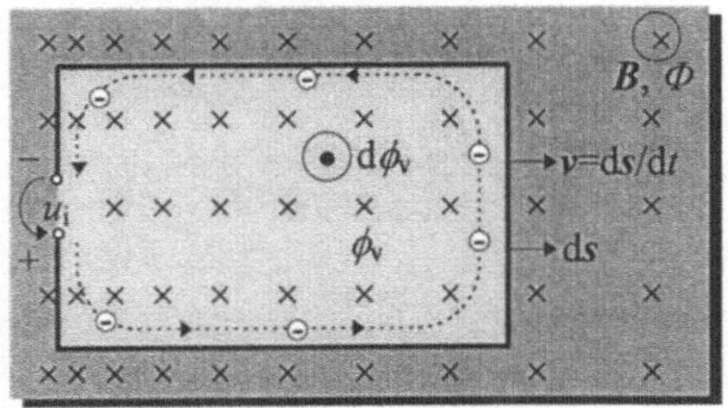

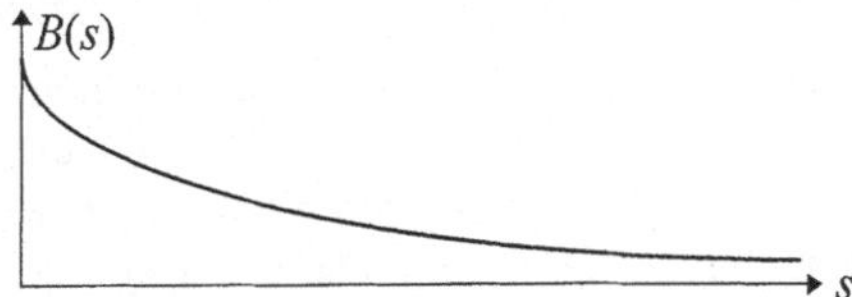

Abb. 4.1-3:
Induzierte Spannung im inhomogenen Feld.

Bewegt sich die Schleife vollständig im homogenen Magnetfeld, verschwindet u_i, da die verkettete Flußänderung Null ist. Auf die Elektronen der linken und rechten Kante wirken entgegengesetzt gerichtet gleichgroße Kräfte. Ist das Feld entspr. Abb. 4.1-3 inhomogen, sind diese Kräfte i.allg. unterschiedlich, und es tritt wieder eine Spannung auf, die wir aus der obigen Beziehung errechnen können. $d\phi_v$ zeigt hier in die entgegengesetzte Richtung von ϕ_v, da das Feld nach rechts hin schwächer wird, und folglich auf die rechten Elektronen eine geringere Kraft als auf die linken ausgeübt wird, woraus der dargestellte Elektronenfluß und der induzierte Spannungsabfall $u_i < 0$ resultiert.

Ersetzen wir den Leiter durch einen dielektrischen Draht, kann natürlich unter keinen Umständen ein Strom fließen. Da die LORENTZkraft jedoch auch an den gebundenen Hüllelektronen angreift, können wir eine induzierte Polarisation $\boldsymbol{P}$ erwarten.

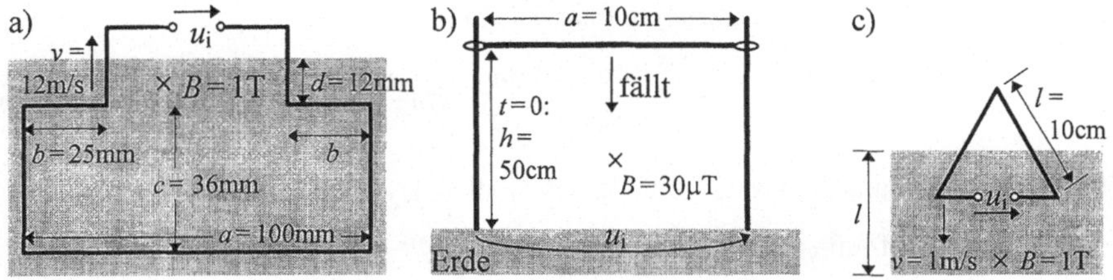

Aufgabe 4.1.1.1-1: Die in a) dargestellte Leiterschleife nehme z.Zt. $t=0$ die angegebene Position ein und bewege sich mit v durch das homogene B-Feld nach oben. Man berechne und stelle $u_i(t)$ graphisch dar.

Aufgabe 4.1.1.1-2: Auf zwei gemäß b) gegen Erde isolierte Leiter im Abstand a fällt ein leitender Schleifdraht unter dem Einfluß der Erdschwere zu Boden. Welcher Spannungsverlauf $u_i(t)$ wird am Äquator gemessen, wo die Flußdichte parallel zur Erdoberfläche 30 µT beträgt?

***Aufgabe 4.1.1.1-3**: In c) bewegt sich ein gleichseitiges Dreieck durch ein homogenes Magnetfeld der Flußdichte B. Man berechne zu jedem Zeitpunkt $u_i(t)$.

4.1.1.2 Rotatorische Bewegung

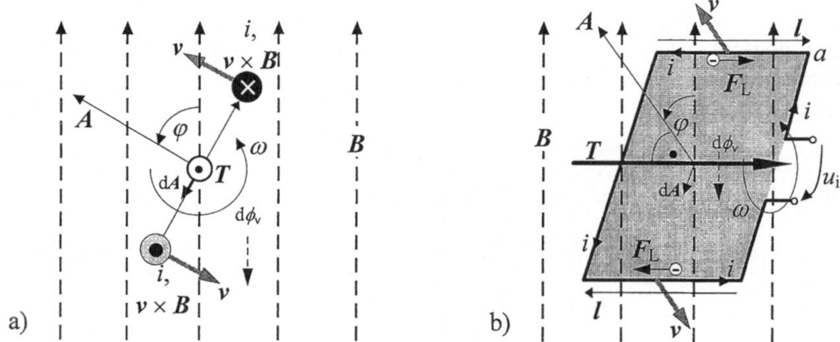

Abb. 4.1-4: Magnetischer Dipol mit erzwungener Drehung im äußeren Feld: a) Seitenansicht, b) Draufsicht.

Im vorigen Abschnitt wurde die Spannung über eine translatorische Bewegung induziert. Noch wichtiger sind rotatorische Bewegungen. Drehen wir entspr. Abb. 4.1-4 die Leiterschleife mit Radius a mechanisch im Magnetfeld, tritt an den Klemmen eine Wechselspannung vom Betrag der verketteten Flußänderung auf. Diese hat äquidistante Nulldurchgänge, sofern die Winkelgeschwindigkeit ω konstant ist.

Dieser Vorgang bildet die Grundlage der Energietechnik beim Bau von Generatoren, indem so mechanische in elektromagnetische Energie umgewandelt wird. Zur Drehung der Schleife muß von außen ein mechanisches Drehmoment T_{mech} aufgebracht werden, hervorgerufen z.B. durch eine Turbine. Mit dem Drehmoment ist eine Energiezufuhr assoziiert, die an den Klemmen als elektrische Energie abgeführt werden kann.

Zur Berechnung der durch die Drehung induzierten Spannung u_i ist zunächst festzulegen, in welcher Lage sich die Leiterschleife zu Anfang befunden haben möge. Wenn Flächennormalenvektor $\boldsymbol{A}$ und Feld $\boldsymbol{B}$ zum Zeitpunkt $t = 0$ gleichgerichtet waren, gilt für eine beliebige Winkelstellung φ:

$$u_i = 2(\boldsymbol{v} \times \boldsymbol{B}) \cdot \boldsymbol{l} = -2vBl \sin\varphi = -2\omega aBl \sin\varphi = -BA\omega \sin\varphi. \tag{4.1-10}$$

Die effektive Fläche und damit der verkettete Fluß nehmen zunächst ab und wir können mit $-\mathrm{d}\phi_v = \boldsymbol{B}\cdot\mathrm{d}\boldsymbol{A} < 0$ im skizzierten Intervall alternativ darstellen:

$$u_i = \frac{\boldsymbol{B}\cdot\mathrm{d}\boldsymbol{A}}{\mathrm{d}t} = \frac{\mathrm{d}(\boldsymbol{B}\cdot\boldsymbol{A})}{\mathrm{d}t} = \frac{\mathrm{d}(BA\cos\varphi)}{\mathrm{d}\varphi}\frac{\mathrm{d}\varphi}{\mathrm{d}t} = BA\frac{\mathrm{d}\cos\varphi}{\mathrm{d}\varphi}\omega = -BA\omega\sin\varphi.$$

Für N Windungen und konstante Winkelgeschwindigkeit ω bedeutet das mit $\varphi = \omega t$:

$$u_i = -NBA\omega\sin\varphi = -\hat{\psi}_{v0}\,\omega\sin\omega t = -\hat{u}\sin\omega t. \tag{4.1-11}$$

Dabei sei $\hat{\phi}_{v0} = BA$ der Fluß, der die Schleife zum Zeitpunkt $t = 0$, also bei maximaler Verkettung durchsetzt. Wir erkennen, daß eine sinusförmige Wechselspannung an den Klemmen auftritt, deren Betrag mit wachsender Drehfrequenz ω der Schleife ebenfalls zunimmt. Weiterhin eilt $u_i(t) = -\hat{u}\sin\omega t$ dem verketteten Fluß $\phi_v(t) = \hat{\phi}_{v0}\cos\omega t$ um 90° vor: liegt die Schleife voll im Feld, hat der verkettete Fluß ein Extremum, und die

Flußänderung und damit die Spannung verschwinden. Steht die Schleife gerade parallel zum Feld, hat der verkettete Fluß einen Nulldurchgang, jedoch ist die Änderung und damit die Spannung vom Betrage maximal.

In der Abbildung ist die physikalische Stromrichtung i eingetragen, die natürlich für einen ideal offenen Leiterkreis nicht vorhanden sein kann. Dennoch werden die Ladungsträger der oberen und unteren Kanten zunächst unabhängig von der Geschlossenheit des Stromkreises abgelenkt, denn die LORENTZkraft ist hiervon unbeeinflußt. Billigen wir den offenen Klemmen eine endliche Kapazität zu, kann sich der Strom jedoch hier als Verschiebungsstrom fortsetzen. Er verschwindet erst bei vernachlässigbarer Kapazität.

Ist der Stromkreis geschlossen, fließt der Strom anfänglich in der angegebenen Richtung und der Spannungsabfall $u_i < 0$ ergibt sich nach der Rechte-Hand-Regel. Er ist in der ersten Halbschwingung negativ, da der verkettete Fluß zunächst abnimmt.

Bewegen wir statt des Leiters das Magnetfeld, tritt der gleiche Effekt auf, d.h. von Bedeutung ist die Relativbewegung. Wenn das Magnetfeld z.B. in Form eines Drehfelds nach Abschnitt 4.6 rotiert, folgt ihm eine fremderregte oder selbstinduziert stromdurchflossene Leiterschleife, oder ein Permanentmagnet, womit dann entsprechend Abschnitt 3.5.2.1 ein Motor realisiert ist, der die elektrische Energie des Generators aufnimmt und in mechanische zurückwandelt.

Eine Spannung tritt auch auf, wenn der Leiter im Feld deformiert wird, da hierbei ebenfalls eine Bewegung stattfindet und sich die verkettete Fläche ändert.

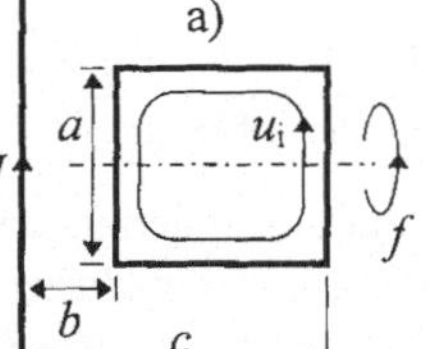

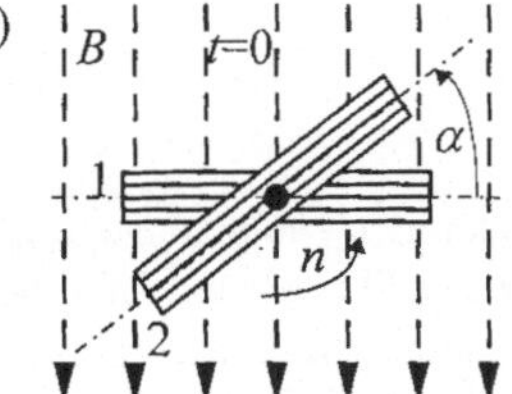

Aufgabe 4.1.1.2-1: Eine rechteckige Leiterschleife rotiere gemäß a) neben einem langen geraden Leiter. Man bestimme die Umlaufspannung $u_i(t,a,b,c,I,f)$, wenn die Schleife z.Zt. $t = 0$ die dargestellte Lage einnimmt.

Aufgabe 4.1.1.2-2: Eine metallische Kreisscheibe des Radius $a = 5$ cm rotiert mit der Winkelgeschwindigkeit $\omega = 100/\text{s}$ in der Scheibenebene und wird senkrecht von einem Magnetfeld der Flußdichte $B = 5$ T durchsetzt. Man berechne den Betrag der Spannung U_i zwischen Scheibenmittelpunkt und -rand, wenn das Meßgerät ruht, d.h. hier Schleifkontakte hat (BARLOWsches Rad).

***Aufgabe 4.1.1.2-3**: Zwei gemäß b) zueinander im Winkel $\alpha = 30°$ fixierte und in Reihe geschaltete flache Rahmenspulen der Windungszahlen $N_1 = 100$ und $N_2 = 250$ mit Windungsflächen von je $A = 10$ cm^2 rotieren im homogenen Magnetfeld mit $B = 0{,}15$ T mit der Drehzahl $n = 600/\text{min}$. Man gebe $u_i(t)$ als eine Sinusfunktion mit Nullphasenwinkel φ an, wobei $u_i(0) > 0$. Welchen Wert hat $u_i(60\text{ ms})$?

4.1.2 Transformatorische oder Ruheinduktion

Bei der Bewegungsinduktion waren ein von irgendwoher verursachtes Magnetfeld und ein relativ dazu bewegter Leiter notwendig, um am Leiter eine Kraftwirkung auf Elektronen hervorrufen zu können. Befindet sich die Schleife wie in Abb. 4.1-5 z.B. parallel neben einem gleichstromdurchflossenen Leiter und schieben wir sie in a) mit der Geschwindigkeit v zum Leiter hin, wird eine Netto-Spannung induziert, da sich die äußere Kante entsprechend $H = I/2\pi r$ immer in einer Zone schwächeren Magnetfelds befindet.

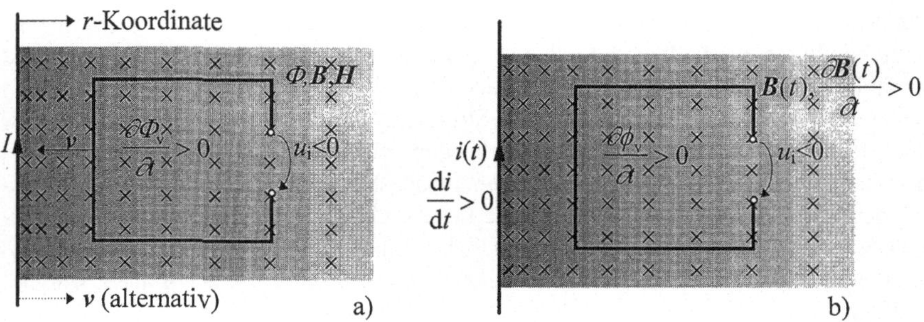

Abb. 4.1-5: a) Vergleich von Bewegungsinduktion und b) äquivalenter transformatorischer Induktion.

Beim Hinschieben der Schleife werden Feldlinien geschnitten, was den gleichen Effekt hervorruft, wie wenn der stromdurchflossene Leiter in Richtung Schleife geschoben wird. Entsprechend $H = I/2\pi r$ ist das Magnetfeld in einem Abstand r vom Leiter umgekehrt proportional zu r, und proportional zur Stromstärke I, und damit zur Ladungsträgerdriftgeschwindigkeit v_D. Die Schleife ist jedoch nicht in der Lage, eine gemäß a) durch

$$\frac{\partial H}{\partial r}\frac{\mathrm{d}r}{\mathrm{d}t} = -\frac{I}{2\pi r^2}\frac{\mathrm{d}r}{\mathrm{d}t} = \frac{I}{2\pi r^2}v \tag{4.1-12}$$

beschriebene Relativbewegung zum stromdurchflossenen Leiter ($v = -\mathrm{d}r/\mathrm{d}t$) von einer nach b) stromänderungsverursachten

$$\frac{\partial H(t)}{\partial t} = \frac{\partial H(t)}{\partial i}\frac{\partial i}{\partial t} = \frac{1}{2\pi r}\frac{\partial i}{\partial t} = \frac{1}{2\pi r}\frac{\partial^2 q}{\partial t^2} \tag{4.1-13}$$

zu unterscheiden. Sie registriert nur die Änderung des Magnetfelds bzw. des dazugehörigen Flusses und kann nicht auflösen, ob die Ursache eine Variation in r war oder eine Ladungsträgerbeschleunigung, die ja die Stromänderung darstellt. Daraus müssen wir schließen, daß durch Stromänderungen die gleichen Effekte hervorrufbar sind, wie durch Relativbewegungen bei konstanten Strömen.

Für letztere Betrachtung greift allerdings die LORENTZsche Kraftformel $\boldsymbol{F}_L = q\boldsymbol{v} \times \boldsymbol{B}$ nicht unmittelbar. Mithilfe der LORENTZkontraktion war der direkte Nachweis geführt worden, daß (auch gleichförmig) bewegte Ladungen, die sich in einem an sich elektrisch neutralen Leiter befinden, auf bewegte Ladungen außerhalb des Leiters magnetische Kräfte ausüben. Aus der Ununterscheidbarkeit von Relativbewegung und zeitlicher Änderung lernen wir nun, daß die beschleunigten Ladungen des Leiters auf ruhende Ladungen im Außenbereich mittelbar die gleichen Effekte hervorrufen. Es wird sozusagen ein $\mathrm{d}/\mathrm{d}t$ von der Wirkung zur Ursache verschoben.

Wie anfangs bereits dargelegt, läßt sich die zeitliche Änderung natürlich immer auf eine Bewegung von Ladungen zurückführen, nur daß in dem Fall, daß wir das Feld als zeitveränderlich beschreiben, entweder die verursachende Ladungsbewegung nicht bekannt ist oder ihr Verlauf ignoriert wird. Dabei kann ein und derselbe Zeitverlauf $i(t)$ auf verschiedene Arten hervorgerufen werden, eine Sinusfunktion z.B. durch die

- Rotation einer Leiterschleife im homogenen Magnetfeld,
- Rotation eines homogenen Magnetfelds in der Leiterschleife (Drehfeld),
- translatorische Bewegung mit sinusförmig veränderter Geschwindigkeit,

- translatorische Bewegung mit konstanter Geschwindigkeit im sinusförmig inhomogenen Feld, oder
- sinusförmige Deformation der ruhenden Leiterfläche im homogenen Feld.

Um es daher nochmals klar zu unterscheiden:

- Ruhende Ladungen führen ein radiales elektrisches wirbelfreies COULOMBfeld mit sich und bilden dessen Quelle.
- Gleichförmig bewegte Ladungen (z.B. ein Gleichstrom) rufen ein um ihre Bahn rotierendes zeitkonstantes Magnetfeld hervor.
- Beschleunigte Ladungen induzieren in ihrer Umgebung ein quellenfreies elektrisches Wirbelfeld.

Bei der Bewegungsinduktion haben wir erkannt, daß eine induzierte Spannung u_i dem Betrage nach gleich der zeitlichen Änderung des verketteten magnetischen Flusses ϕ_v infolge der Änderung der verketteten Fläche $\boldsymbol{A}_v$ ist. Nun wird diese Flußänderung stattdessen durch $\boldsymbol{B} \Rightarrow \boldsymbol{B}(t)$ beschrieben. Für diesen Fall modifizieren wir Gl. 8 wie folgt zur ***transformatorischen Spannung***:

$$u_i = -\frac{d\psi_v}{dt} = -\underset{\substack{\text{Verkettete Fläche} \\ \text{aller } N \text{ Windungen}}}{\iint} \frac{\partial \boldsymbol{B}}{\partial t} \cdot d\boldsymbol{A}_v . \tag{4.1-14}$$

Das Partielldifferentialzeichen benutzen wir, um zu unterscheiden, daß jetzt die Fläche ruht. Damit der gleiche Effekt wie bei der Bewegung in Abb. 4.1-5a) erzielt wird, muß das Flußdichtefeld wachsen, d.h. der $\partial\boldsymbol{B}/\partial t$-Vektor in die gleiche Richtung wie der $\boldsymbol{B}$-Vektor zeigen. Das bedeutet, daß sowohl in a) als auch b) die Anzahl der Magnetfeldlinien pro Zeit zunimmt. Im Beispiel des stromdurchflossenen Leiters hat das Anwachsen des Stroms denselben Effekt wie das relative Heranführen von Schleife zu Leiter.

Nimmt das Magnetfeld hingegen zeitlich ab, hat dies die gleiche Auswirkung, wie wenn die Schleife bei der Erzeugung der Bewegungsspannung nach rechts aus dem Feld herausgezogen wird. $\partial\boldsymbol{B}/\partial t$ bzw. $\partial\boldsymbol{B}(t)/\partial t$ zeigen dann in Gegenrichtung von $\boldsymbol{B}$ bzw. $\boldsymbol{B}(t)$. Speziell für den Fall ebener Leiterfläche und homogenen, die Fläche senkrecht durchsetzenden Feldes, können wir die vorstehende Gleichung mit A_v als Fläche einer Windung vereinfachen:

$$u_i = -N\frac{dB(t)}{dt}A_v . \tag{4.1-15}$$

Nehmen wir z.B. folgenden Zeitverlauf an:

$$B(t) = \hat{B}\sin\omega t \qquad \Rightarrow \qquad u_i(t) = -N\omega\hat{B}A_v \cos\omega t. \tag{4.1-16}$$

Das Auftreten der transformatorischen Induktion ist über die vorangegangenen Betrachtungen hinaus aber von noch fundamentalerer Bedeutung, denn sie setzt die Notwendigkeit der Schleife als Testobjekt für das Auftreten des Induktionsvorgangs selbst nicht mehr voraus! Bei der Bewegungsinduktion müssen sowohl das fremde $\boldsymbol{B}$-Feld, als auch die Schleife vorhanden sein, um dem Begriff der Relativbewegung überhaupt einen Sinn zu geben.

Bei der rein zeitlichen Änderung des $\boldsymbol{B}(t)$-Feldes hingegen genügt dessen Existenz, d.h. wir können unabhängig von irgendeiner Schleife bei einem zeitveränderlichen

Magnetfeld eine um dessen Feldlinien wirbelnde quellenfreie Spannung mit elektrischem Feld assoziieren. Dies aufgrund der in Abschnitt 1.8.5 hergeleiteten Brechungsgesetze auch an Stellen, an denen ursächlich gar kein Magnetfeld vorhanden ist, z.B. beim Umlauf beliebig weit außen um einen der mit Wechselstrom gespeisten Toroide in Abb. 3.6-13, der den Eisenkern mit einschließt. Vergleiche beim AMPÈREschen Magnetismus: das Magnetfeld existiert auch außerhalb des Leiters, wo kein Strom fließt.

Dies ist eine der fundamentalen Implikationen elektromagnetischer Wechselwirkungen, die den frühen Pionieren auf diesem Gebiet im vorigen Jahrhundert einiges Kopfzerbrechen bereitete. Sie begründet gemeinsam mit dem Durchflutungsgesetz - vor allem dem Verschiebungsstromanteil - die Existenz elektromagnetischer Wellen, da sich nun weitab von Ladungen elektrische und magnetische Felder gegenseitig hervorrufen können. Und weitab kann Milliarden von Lichtjahren entfernt entsprechend Milliarden von Jahren später bedeuten, wenn die verursachenden Ladungsträger längst selbst zerstrahlt sind. Die diese Wellen durch Bewegungen verursachenden Ladungen haben danach keinen Einfluß mehr auf die einander umtanzenden Energiekringel.

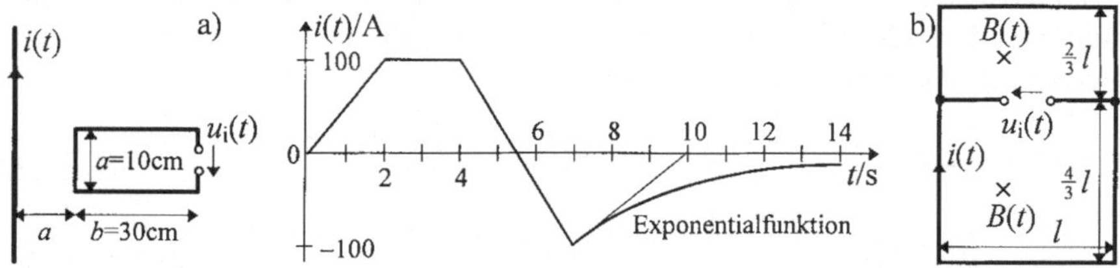

Aufgabe 4.1.2-1: Neben dem langen geraden Draht der Abb. a), der von dem skizzierten Strom $i(t)$ durchflossen wird, befinde sich eine rechteckige offene Leiterschleife. Man berechne und skizziere $u_i(t)$.
Aufgabe 4.1.2-2: Man berechne für Abb. b) $u_i(t)$, wenn ein homogenes Magnetfeld der Flußdichte $B(t) = U_0(1+\cos\omega t)/\omega l^2$ mit $U_0 = 15$ mV und $f = 50$ Hz die dargestellte Kupferdrahtstruktur durchsetzt.
Aufgabe 4.1.2-3: Eine Ladung Q befinde sich im Abstand a von einem mit i stromdurchflossenen geraden Leiter. Welchen Verlauf muß $i(t)$ haben, wenn Q die gleiche Kraft erfahren soll, wie wenn der Leiter von einem Gleichstrom I durchflossen wäre und Q sich mit konstanter Geschwindigkeit v entfernt? Welche Kraft $F(t)$ wirkt auf Q?

4.1.3 Gegeninduktion, LENZsche Regel

Wir kommen nochmals auf die Bewegungsinduktion zurück. Ist der Leiter entspr. Abb. 4.1-2 geschlossen, verursacht der fließende Strom seinerseits ein Magnetfeld, das immer der ursprünglichen Flußänderung $d\phi_v$ entgegenwirkt. Diese Richtungszuordnung wird durch die LENZsche Regel beschrieben (H. F. E. LENZ, 1834). Der Vorgang selbst wird als Gegeninduktion bezeichnet. Das induzierte Magnetfeld wirkt auf die Spannungsquelle zurück, durchsetzt diese zumindest teilweise und ruft hier wiederum sekundäre Induktionsvorgänge hervor.

Hier tritt also AMPÈREscher Magnetismus als Reaktion auf FARADAYschen Magnetismus auf. Dabei entstehen induzierte LORENTZkräfte, die immer der Ursache entgegenwirken. Die anschauliche Begründung liefert Abb. 4.1-6a). Nach der Rechte-Hand-Regel baut der durch die Bewegung infolge der primären LORENTZkraft induzierte Strom i seinerseits Feldlinien $\boldsymbol{B}_i$ auf, die die jeweilige gegenüberliegende Leiterseite so durchsetzen, daß die Windung sich auszudehnen versucht. Bei starrer Schleife bleibt diese Kraft $\boldsymbol{F}_{Li}$ nach außen unsichtbar.

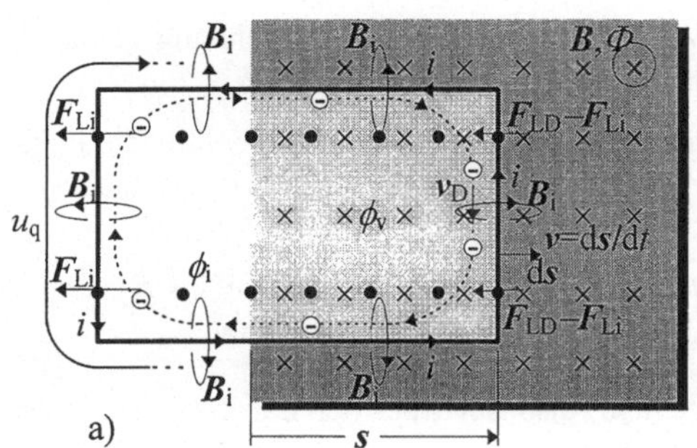

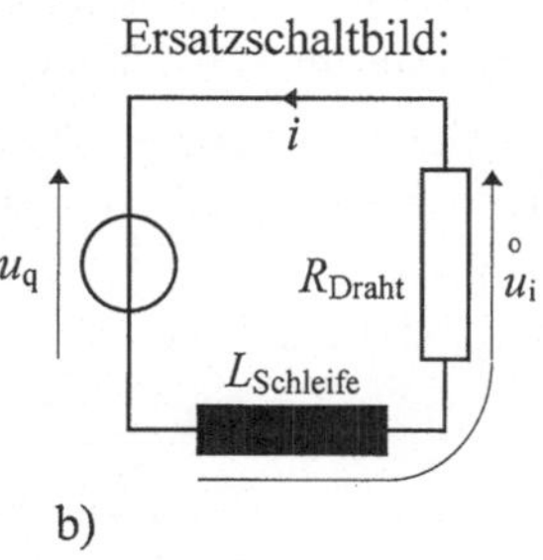

Abb. 4.1-6: a) LENZsche Regel, b) Einführen einer Ersatzinduktivität der Schleife.

Nicht nur der Flußänderung wird entgegengewirkt. Auf die nach unten mit der Driftgeschwindigkeit $\boldsymbol{v}_D$ fließenden Elektronen der rechten Kante wirkt, zusätzlich zu $\boldsymbol{F}_L$ infolge $\boldsymbol{v}$ und $\boldsymbol{F}_{Li}$, noch die Nettokraft $\boldsymbol{F}_{LD} = -e\boldsymbol{v}_D \times (\boldsymbol{B} + \boldsymbol{B}_i)$ nach links. Dies führt bei hinreichender Geschwindigkeit $\boldsymbol{v}$ und Flußdichte $\boldsymbol{B}$ zu massiven Rückstoßkräften, die zu Materialzerstörungen führen können.

Die LORENTZkraft auf diese Elektronen verringert sich, womit die induzierte Feldstärke, die Spannung und damit die Stromstärke sinken:

$$\boldsymbol{E}_i = (\boldsymbol{v} + \boldsymbol{v}_D) \times (\boldsymbol{B} + \boldsymbol{B}_i). \tag{4.1-17}$$

Bei dem Vorzeichen von $\boldsymbol{B}_i$ ist zu beachten, daß es sich an den Zählpfeilen der Abb. 4.1-6 orientiert und so $\boldsymbol{B}_i$ entgegen $\boldsymbol{B}$ wirkt. Dieser Vorgang schwächt wieder das induzierte $\boldsymbol{B}_i$-Feld, so daß sich zwischen allen beteiligten Größen ein Gleichgewichtszustand einstellt, der z.B. bei Supraleitern dazu führt, daß sich die netto-induzierte Quellspannung erst garnicht aufbaut. Der verkettete Fluß bleibt konstant. Diese Technik kann angewendet werden, um stromdurchflossene Leiter mit Nutzlast über Magneten zum Schweben zu bringen und so z.B. Magnetschwebebahnen zu ermöglichen.

Ist der elektrische (Umlauf-)Widerstand $R_{Draht} = \mathring{R}$ der Schleife bekannt, läßt sich der induzierte Strom $i(t)$ wieder über das OHMsche Gesetz zu $i = \mathring{u}_i/\mathring{R}$ berechnen, woraus bei gegebener Schleifengeometrie z.B. mit dem Gesetz von BIOT-SAVART wieder das Magnetfeld berechenbar ist, usw. Dieses kann ggfls. in dem das primäre Magnetfeld erzeugenden System wieder Spannungen induzieren, so daß sich dieses selbst verändert, was zu einer insges. komplizierten Verkettung von Ursache und Wirkung führt. Wir werden sie bei der Gegeninduktivität und Transformator/Übertrager nochmals genauer untersuchen.

Weiterhin ist die Leistungsabgabe der mechanischen Bewegung über die Leistungsaufnahme $\mathring{u}_i^2/\mathring{R}$ des Widerstands $\mathring{R}$ gegeben. Da bei sehr hochohmiger, z.B. offener, Schleife kein Strom fließt, greift die LENZsche Regel nicht und es wird keine mechanische Leistung entnommen. Bei einer Kurzschlußschleife mit $\mathring{R} = 0$ scheint der Strom $i = \mathring{u}_i/0$ auf den ersten Blick unendlich zu werden. Dies hätte jedoch ein unendliches Magnetfeld zur Folge, womit induzierte Spannung als Gegenstromverursacher keineswegs vernachlässigbar ist. Vielmehr wird das Reaktionsfeld nur so groß, um immer die primäre Feld-änderung gerade zu neutralisieren, womit die insgesamt induzierte Spannung verschwindet und folglich auch der Strom und der Leistungsumsatz. Diesem Umstand wird im Ersatzschaltbild b) im Vorgriff auf Abschnitt 4.2 Rechnung getragen, indem eine Induktivität L eingeführt wurde.

Mithilfe der Energieerhaltung läßt sich über die Leistungsbilanz ebenfalls die induzierte Spannung, z.B. für den gesamten Umlauf mit Hilfe von Gl. 3.4-31 berechnen:

$$p = \boldsymbol{F}_{\mathrm{L}} \cdot \boldsymbol{v} = (i \oint_{\text{Leiter}} \mathrm{d}\boldsymbol{l} \times \boldsymbol{B}) \cdot \boldsymbol{v} \overset{!}{=} i \overset{\circ}{u}_{\mathrm{i}} \quad \Rightarrow \quad \overset{\circ}{u}_{\mathrm{i}} = \oint_{\text{Leiter}} (\mathrm{d}\boldsymbol{l} \times \boldsymbol{B}) \cdot \boldsymbol{v} = \oint_{\text{Leiter}} (\boldsymbol{v} \times \boldsymbol{B}) \cdot \mathrm{d}\boldsymbol{l} . \tag{4.1-18}$$

Die LENZsche Regel gilt ebenfalls allgemein, also auch bei der transformatorischen Induktion. Bei den folgenden Überlegungen, vor allem den Aufgaben, seien Induktionseffekte, die zur Änderung des eingeprägten Flusses führen vernachlässigbar, sofern nicht anders angegeben.

Aufgabe 4.1.3-1: In Aufgabe 4.1.2-2 sei die Querschnittsfläche des Kupferdrahts zu $A = 1{,}5\ \mathrm{mm}^2$ und $l = 5$ cm bekannt. Man bestimme den Strom $i(t)$.

Aufgabe 4.1.3-2: Über zwei parallele Schienen der Länge l im Abstand von a mit jeweils einem Widerstand von R schleift mit der Geschwindigkeit v normal ein Draht mit dem Widerstand $R_{\mathrm{D}} = R$. Man berechne den Strom $i(t)$ im Draht, wenn die Schienen a) links mit einem Widerstand von R, b) links und rechts mit je einem Widerstand von R, abgeschlossen sind, und die Anordnung normal von einem Magnetfeld der Stärke H durchsetzt wird.

***Aufgabe 4.1.3-3**: Eine quadratische Leiterschleife mit dem Umlaufwiderstand $R = 1\ \Omega$ wird entsprechend der Abbildung mit der Geschwindigkeit v durch ein homogenes Magnetfeld der Flußdichte B geschoben. Welche Arbeit W ist aufzuwenden?

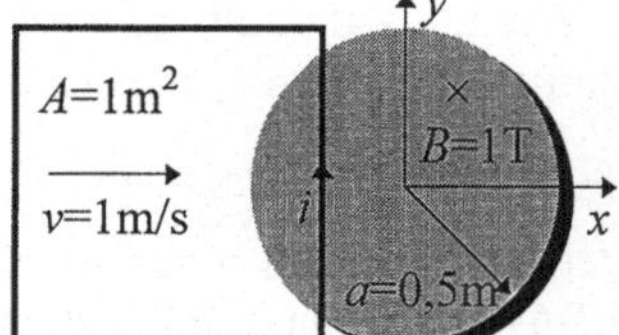

4.1.4 Das FARADAYsche Induktionsgesetz, Zirkulationsmesser

Das allgemeine Induktionsgesetz ist nun in der Lage, alle möglichen Arten von Bewegungs- und transformatorischen Spannungen gemeinsam zu berücksichtigen. Es verknüpft vergleichbar dem Durchflutungsgesetz die aus den magnetischen Feldgrößen durch irgendeine Änderung der beteiligten Objekte hervorgerufenen elektrischen Feldgrößen mit den magnetischen.

$$\overset{\circ}{u} = -\frac{\mathrm{d}\psi_{\mathrm{v}}}{\mathrm{d}t} = -\iint_{\substack{\text{Verkettete Fläche}\\ \text{aller Windungen}}} \frac{\partial \boldsymbol{B}}{\partial t} \cdot \mathrm{d}\boldsymbol{A} + \oint_{\substack{s \text{ entlang allen}\\ \text{Windungen}}} (\boldsymbol{v} \times \boldsymbol{B}) \cdot \mathrm{d}\boldsymbol{s}$$

oder:

$$\overset{\circ}{u} = \oint_{\substack{\text{beliebiger}\\ \text{Umlauf}}} \boldsymbol{E} \cdot \mathrm{d}\boldsymbol{s} = -\frac{\mathrm{d}}{\mathrm{d}t} \iint_{\substack{\text{Fläche von}\\ s \text{ berandet}}} \boldsymbol{B} \cdot \mathrm{d}\boldsymbol{A} . \tag{4.1-19}$$

Den Index $_\mathrm{i}$ verwenden wir hier nicht mehr, sondern lassen für diese Formel allgemein eine Rechtsschraubenzuordnung gelten. $\overset{\circ}{u}$ wurde früher häufig als Elektromotorische Kraft (EMK) bezeichnet.

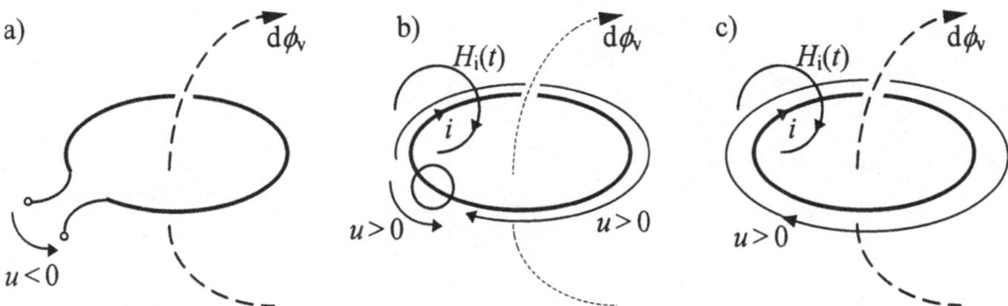

Abb. 4.1-7: a) Induktionsgesetz bei offener Leiterschleife, b) Ersatzspannungsquelle, c) Spannungsabfall.

Abb. 4.1-7 zeigt zusammenfassend die Auswertung des Induktionsgesetzes. In a) wird eine offene Leiterschleife von einem sich ändernden Fluß durchsetzt, wobei es unerheblich ist, ob das Feld ruht und die Leiterschleife bewegt wird, oder ob die Leiterschleife ruht und sich das Feld zeitlich ändert, oder ob beides überlagert. $\mathrm{d}\phi_\mathrm{v}$ gibt die Richtung der Flußänderung an. In Abb. 4.1-8 ist dies der Fall, wenn ϕ_v in die gleiche (1) oder entgegengesetzte (4) Richtung zeigt und wächst. $\mathrm{d}\phi_\mathrm{v}$ würde hingegen nach unten weisen, wenn ϕ_v nach oben (2) oder nach unten (3) weist und abnimmt.

In Abb. 4.1-7b) ist der Stromkreis geschlossen und eine Ersatzspannungsquelle, die den Strom $i(t)$ hervorruft, unter Ignorierung von $\mathrm{d}\phi_\mathrm{v}$ vorzeichenrichtig plaziert. Diese wiederum erzeugt $H_\mathrm{i}(t)$ nach der LENZschen Regel, um $\mathrm{d}\phi_\mathrm{v}$ entgegen zu wirken. In c) wurde auf das separate Eintragen einer Quelle verzichtet, und der Spannungsabfall $u(t)$ entlang des Leiters dargestellt.

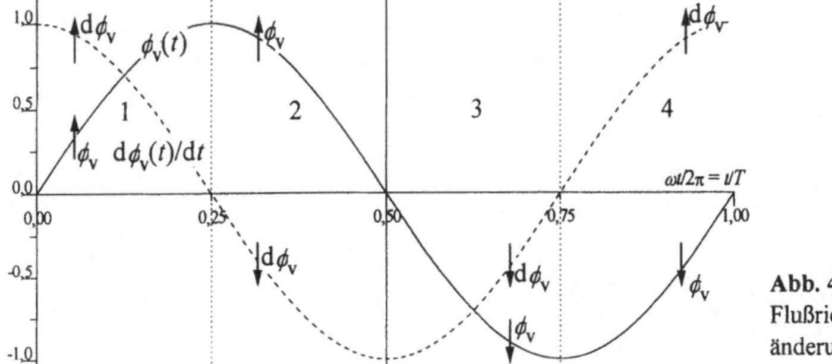

Abb. 4.1-8: Flußrichtung ϕ_v und Flußänderungsrichtung $\mathrm{d}\phi_\mathrm{v}$.

Demgegenüber beschreibt das in Gl. 3.6-17 angegebene Durchflutungsgesetz, wie magnetische Feldgrößen von elektrischen hervorgerufen werden. Bringen wir in diese beiden Gleichungen die vorgegebenen Materialparameter ε, μ und κ mit ein, lassen sie sich auf Integralgleichungen der elektrischen und magnetischen Feldstärke $\boldsymbol{E}$ und $\boldsymbol{H}$ reduzieren. Daraus sind elektrische und magnetische Felder in quellenfreien Gebieten berechenbar und es läßt sich deren Wellenausbreitung beschreiben.

Das Wesen induzierter Spannungen ist entsprechend den beschriebenen Ursachen anders als bei den von ruhenden Punktladungen hervorgerufenen Potentialen. COULOMBsche Spannungen haben ihre Quellen und Senken in Ladungen und bilden keine Wirbel. Die Feldlinien beginnen an Protonen und enden an Elektronen. Das vorstehende Induktionsgesetz bezieht dementsprechend natürlich COULOMBsche Spannungen mit ein, da für diese der rechte Anteil der Gleichung ohnehin verschwindet, d.h. sozusagen eine mathematisch bedeutungslose Null addiert.

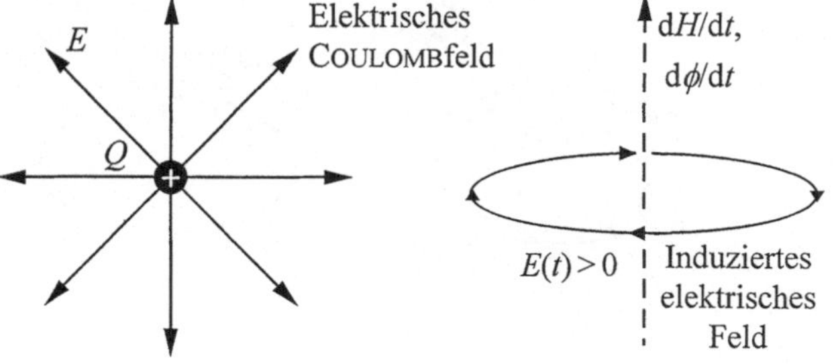

Abb. 4.1-9: Vergleich des quellenbehafteten COULOMBfelds und des geschlossenen induzierten elektrischen Felds.

Induzierte Spannungen sind demgegenüber nach Abb. 4.1-9 quellenfrei und bilden stattdessen Wirbel, d.h. die Feldlinien der induzierten elektrischen Feldstärke sind in sich geschlossen und haben weder Anfang noch Ende. Sie existieren fernab von Ladungen, z.B. im Vakuum und schließen sich dort vollständig. Sie sind wie Felder der magnetischen Flußdichte quellenfreie Wirbelfelder um (relativ zu ihnen) zeitveränderliche Magnetfelder. Genauso wie bei der magnetischen Feldstärke ist der Potentialbegriff daher auch hier eine wegabhängige Größe, also im strengen Sinn nicht definiert. Beim Umlauf einer Ladung um eine (relativ) zeitveränderliche Magnetfeldlinie ist der Energiebeitrag im Gegensatz zum COULOMBfeld nicht Null.

Einen Vergleich zwischen den Eigenschaften des induzierten elektrischen und des elektrostatischen Felds, und dazu wieder den Eigenschaften des stromerzeugten Magnetfelds und des magnetostatischen Felds erlaubt ein Zirkulationsmesser. In Abb. 3.6-9 wurde anhand von Wasserwirbeln dargelegt, wie sich lokale Schaufelräder drehen, und hieraus die Analogie zu den Magnetfeldlinien gezogen. Wir wollen hier ein makroskopisch wirkendes elektrisches Schaufelrad zu konstruieren. In Abschnitt 3.6.4.1 wurde am Beispiel von $\boldsymbol{H}$ für ein Vektorfeld $\boldsymbol{G}$ das Ringintegral $\oint \boldsymbol{G} \cdot \mathrm{d}\boldsymbol{s}$ als dessen Zirkulation bezeichnet, die es anschaulich zu verifizieren gilt. Als Verifikationsgröße diene wie beim Wasserrad das durch den Wirbel entstehende Drehmoment.

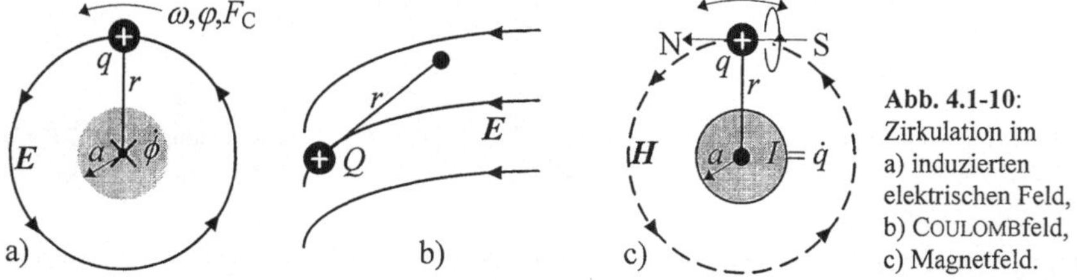

Abb. 4.1-10: Zirkulation im a) induzierten elektrischen Feld, b) COULOMBfeld, c) Magnetfeld.

In Abb. 4.1-10a) rotiert eine Ladung q an einem Hebelarm der Länge r, der in der Mitte eines homogenen, zylindrischen Magnetfelds $\phi(t)$ mit Feldradius a drehbar gelagert ist. Da die elektrischen Feldlinien geschlossen sind, sucht q linksdrehend immer den (imaginären) Pluspol und zirkuliert. Allgemein gilt:

$$\oint \boldsymbol{E} \cdot \mathrm{d}\boldsymbol{s} = E_\varphi(r) 2\pi r = \frac{\mathrm{d}\phi_\mathrm{v}}{\mathrm{d}t} \quad \Rightarrow \quad E_\varphi(r) = \frac{1}{2\pi r}\frac{\mathrm{d}\phi_\mathrm{v}}{\mathrm{d}t}. \tag{4.1-20}$$

Ein permanentes Drehmoment $T = rF_\mathrm{C}$ kann nach außen mechanisch abgeführt werden, realisiert also einen Motor. Analog zu Gln. 3.6-27f gilt für einen Hebelarm $r < a$:

$$T_{\mathrm{i}}(r,t) = rqE_{\mathrm{i}\varphi}(r) = \frac{q}{2\pi}\frac{r^2}{a^2}\frac{\mathrm{d}\phi}{\mathrm{d}t} = \frac{q}{2\pi}\oint \boldsymbol{E}\cdot\mathrm{d}\boldsymbol{s}_{\mathrm{i}} = \frac{q\mathring{u}}{2\pi} \sim r^2. \tag{4.1-21}$$

Das Drehmoment stellt also unseren Zirkulationsmesser dar und die Zirkulation $\oint \boldsymbol{E}\cdot\mathrm{d}\boldsymbol{s}$ wächst quadratisch mit dem Radius. Für $r > a$, wie in a) dargestellt, ist das Drehmoment unabhängig von r; mit längerem Hebelarm sinkt die Feldstärke im selben Maße:

$$\oint \boldsymbol{E}\cdot\mathrm{d}\boldsymbol{s}_{\mathrm{a}} = E_{\mathrm{a}\varphi}(r)2\pi r = \frac{\mathrm{d}\phi}{\mathrm{d}t} \quad \Rightarrow \quad E_{\mathrm{a}\varphi}(r) = \frac{1}{2\pi r}\frac{\mathrm{d}\phi}{\mathrm{d}t}$$

$$\Rightarrow \quad T_{\mathrm{a}}(t) = rqE_{\mathrm{a}\varphi}(r) = \frac{q}{2\pi}\frac{\mathrm{d}\phi_{\mathrm{v}}}{\mathrm{d}t} = \frac{q}{2\pi}\frac{\mathrm{d}\phi}{\mathrm{d}t} = \frac{q}{2\pi}\oint \boldsymbol{E}\cdot\mathrm{d}\boldsymbol{s}_{\mathrm{a}} = \frac{q\mathring{u}}{2\pi}. \tag{4.1-22}$$

Ein induzierter Stromfluß stellt im Prinzip nichts wesentlich anderes dar, nur daß die Elektronen nicht an einem Hebelarm geführt werden, sondern durch das Leitermaterial. Plazieren wir den Zirkulationsmesser entspr. Abb. 4.1-10b) in irgendeinem elektrostatischen Feld, wird es zu keiner Drehung kommen, sondern der Hebelarm wird sich so einstellen, daß die Feldlinie tangential am Ort der Ladung an ihm vorbeistreicht.

Die Konstruktion eines magnetischen Zirkulationsmessers $\oint \boldsymbol{H}\cdot\mathrm{d}\boldsymbol{s}$ verhindert der fehlende magnetische Monopol $Q^{(\mathrm{m})}$. In c) zieht das Feld in beide Richtungen am Dipol, so daß sich keine Drehung ausbildet. Könnten wir z.B. einen magnetischen Nordpol analog um einen stromdurchflossenen Leiter rotieren lassen, wäre ebenfalls ein Motor realisierbar. Im Innern des Leiters entstünde zusätzlich ein mechanisches Problem. Im Feld eines Permanentmagneten würde sich auch der Monopol nicht drehen.

Aufgabe 4.1.4-1: In Aufgabe 4.1.3-3 sei bei sonst unveränderten Daten jetzt das Feld quadratisch und die Schleife kreisförmig Welche Arbeit W ist nun aufzuwenden?

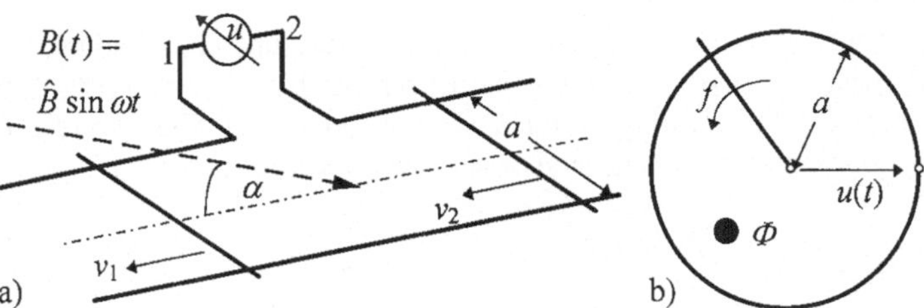

Aufgabe 4.1.4-2: Im überall homogenen Magnetfeld $B(t)$ bewegen sich in ständigem Kontakt mit zwei Schienen zwei Stäbe mit den Geschwindigkeiten v_1 und v_2. Ihr ursprünglicher Abstand betrage b. Gleichzeitig wird die gesamte metallische Anordnung um 10 cm/s angehoben. Man berechne $u_{12}(t)$, solange die Anordnung aussieht, wie in Abb. a).

Aufgabe 4.1.4-3: Man berechne in Abb. b) $u(t)$, wenn ein metallischer Schleifer wie dargestellt auf einem Metallring mit Radius a rotiert.

4.1.5 Differentielle Form des Induktionsgesetzes, Rotationsmesser

Die allgemeine Struktur des Induktionsgesetzes entspricht der des Durchflutungsgesetzes, wenn wir dort die magnetische Feldstärke durch die elektrische und die Stromdichte(n) durch die negative zeitliche Änderung der magnetischen Flußdichte ersetzen. Wenn rechts als direktes Pendant zur elektrischen Stromdichte $\boldsymbol{S}$ als Symmetriebrecher eine magnetische Stromdichte fehlt, ist dies ebenfalls durch die Nichtexistenz magnetischer Monopole begründbar; die elektrische Stromdichte ist ein Feld fließender elektrischer Monopole, typisch Elektronen.

Folglich lautet das Transformationsergebnis auf die differentielle Form der 2. MAXWELLgleichung in Analogie zur differentiellen Form des Durchflutungsgesetzes nach Abschnitt 3.6.4.2:

$$\boxed{\nabla \times \boldsymbol{E} = \mathrm{rot}\boldsymbol{E} = -\frac{\partial \boldsymbol{B}}{\partial t} = -\mu\frac{\partial \boldsymbol{H}}{\partial t}}. \qquad \nabla \times \boldsymbol{H} = \mathrm{rot}\boldsymbol{H} = \boldsymbol{S} + \frac{\partial \boldsymbol{D}}{\partial t} = \kappa\boldsymbol{E} + \varepsilon\frac{\partial \boldsymbol{E}}{\partial t} \tag{4.1-23}$$

Im Klartext heißt also diese Gleichung:

Die Wirbeldichte der elektrischen Feldstärke ist gleich der
negativen zeitlichen Änderung der magnetischen Flußdichte.

Ein elektrisches Feld aus COULOMBschem und induziertem Anteil ergibt sich mit dem in Abschnitt 3.6.5 vorgestellten Vektorpotential $\boldsymbol{A}_\mathrm{m}$ zu:

$$\boldsymbol{E} = -\mathrm{grad}\varphi_\mathrm{e} - \frac{\partial \boldsymbol{A}_\mathrm{m}}{\partial t}. \tag{4.1-24}$$

Wir erkennen durch die gemeinsame Betrachtung der ersten beiden MAXWELLgleichungen, daß Magnetfelder um elektrische Felder Wirbel bilden. Elektrische Felder müssen im Dielektrikum zeitveränderlich sein. Genauso bilden elektrische Felder Wirbel um zeitveränderliche Magnetfelder. Um diese Magnetfelder bilden wiederum elektrische Felder Wirbel. Dies setzt sich immer weiter fort, wie in Abb. 4.1-11 beispielhaft dargestellt. Weiter bedeutet hier, wenn keine Absorption auftritt: bis in unendliche Weiten und für alle Zeit, was wir anschaulich durch einen Blick an den Sternenhimmel nachvollziehen können.

Außer irgendeiner initiierenden Ursache aufgrund einer Ladungstrennung mit zugehörigem COULOMBfeld rufen sich danach die Felder gegenseitig hervor, ohne daß es für die Feldlinien zwingend irgendwelcher Quellen im Sinne von Ladungen bedarf. Für die magnetischen Anteile sind diese ohnehin nicht existent.

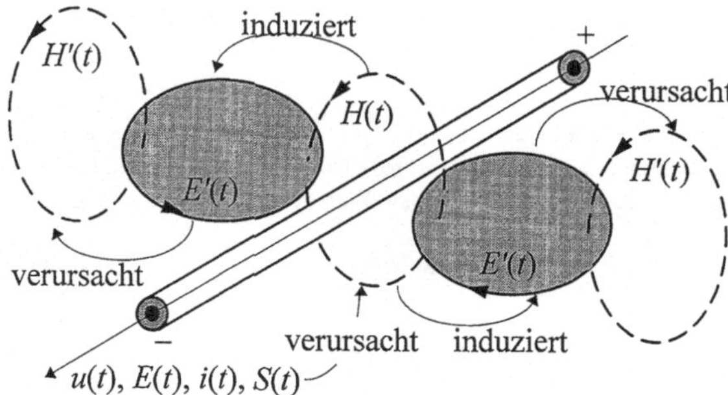

Abb. 4.1-11: Prinzip: Gegenseitiges Verursachen elektrischer und magnetischer Felder zu Wellen.

Beim Durchflutungsgesetz wurde aus der Divergenzbildung von rot$\boldsymbol{H}$ mithilfe des GAUßschen Satzes der Elektrostatik div$\boldsymbol{D} = \rho$ die Kontinuitätsgleichung div$\boldsymbol{S} = -\partial\rho/\partial t$ abgeleitet. Führen wir diese Operation mit dem Induktionsgesetz aus, erhalten wir:

$$\mathrm{div}\,\mathrm{rot}\boldsymbol{E} = -\mathrm{div}\frac{\partial \boldsymbol{B}}{\partial t} = -\frac{\partial}{\partial t}\mathrm{div}\boldsymbol{B} = 0. \tag{4.1-25}$$

Dies ist entweder erfüllt, wenn $\partial \boldsymbol{B}/\partial t = \mathbf{0}$ oder div$\boldsymbol{B} = 0$. $\partial \boldsymbol{B}/\partial t = \mathbf{0}$ widerspricht der Naturbeobachtung, denn sonst dürfte es nur magnetische Gleichfelder geben. div$\boldsymbol{B} = 0$ ist die vierte MAXWELLgleichung, die sich somit als Derivat der zweiten erweist.

Im vorigen Abschnitt haben wir einen makroskopisch wirkenden Zirkulationsmesser durch Anbringen einer Ladung an einem Hebelarm endlicher Länge konstruiert, der im Magnetfeldinnern zu einem veränderlichen und außen zu einem konstanten Drehmoment proportional dem jeweils verketten Fluß führt. Analog zu den Ausführungen in Abschnitt 3.6.4.2, wo kleine Schaufelräder die lokale Drehung in Wasser beschrieben, sollte es möglich sein, in der Magnetodynamik unmittelbar kleine elektrische Schaufelräder als Maß für rot$\boldsymbol{E}$ zu konstruieren.

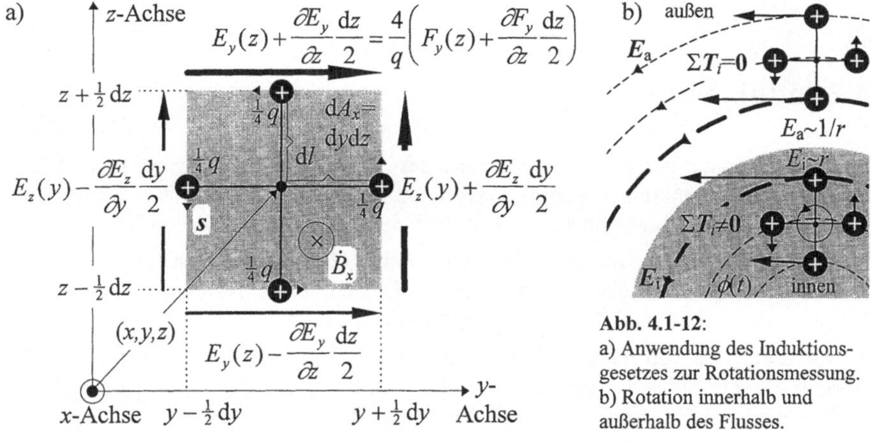

Abb. 4.1-12:
a) Anwendung des Induktionsgesetzes zur Rotationsmessung.
b) Rotation innerhalb und außerhalb des Flusses.

Dazu modifizieren wir Abb. 3.6-8 zu Abb. 4.1-12a) und positionieren vier Ladungen $\frac{1}{4}q$ an gleichlangen Hebelarmen $dl = \frac{1}{2}dy = \frac{1}{2}dz$ mit Drehpunkt im Zentrum des Flächenelements $dA_x = dydz$ des Umfangs $d\mathring{s} = 8dl$. Wie für die obere Kante beispielhaft angegeben, erhalten wir die Kraft auf jede Ladung wieder durch $\frac{1}{4}q\,E_{\text{lokal}}$. Die Werte im Zentrum $E_z(y)$ und $E_y(z)$ haben keinen Einfluß auf das Drehmoment, da sie sich an den Ladungen aufheben; nur die Differenzen ∂E_z und ∂E_y sind wirksam. Dann wirkt auf das ganze elektrische Schaufelrädchen das resultierende Drehmoment

$$d^2T_x = \frac{q}{4}\left(\frac{\partial E_z}{\partial y}\frac{dy}{2}\cdot dy - \frac{\partial E_y}{\partial z}\frac{dz}{2}\cdot dz\right)$$

$$\Rightarrow \quad \frac{d^2T_x}{dydz} = \frac{dT_x}{dA_x} = \frac{q}{8}\Big(\frac{\partial E_z}{\partial y}\underbrace{\frac{dy}{dz}}_{1} - \frac{\partial E_y}{\partial z}\underbrace{\frac{dz}{dy}}_{1}\Big) = \frac{q}{8}\left(\frac{\partial E_z}{\partial y} - \frac{\partial E_y}{\partial z}\right) = \frac{q}{8}\,\text{rot}_x\boldsymbol{E}$$

$$\Rightarrow \quad dT_x = \frac{dl}{d\mathring{s}}\,q\,\text{rot}_x\boldsymbol{E}\cdot dA_x = -\frac{dl}{d\mathring{s}}\,q\dot{B}_x dA_x = -\frac{dl}{d\mathring{s}}\,q\,d\dot{\phi}_{vx} = \frac{dl}{d\mathring{s}}\,q\,d\mathring{u}. \qquad (4.1\text{-}26)$$

Damit ist im Kleinen der unmittelbare Zusammenhang zwischen dem durch das Drehmoment beschriebenen Rotationsvorgang und der Rotoreigenschaft hergeleitet. Folglich wird sich der Rotationsmesser in Form dieser Ladungsanordnung entspr. b) in Gebieten mit rot$\boldsymbol{E} \neq 0$, also im Innern des Magnetfelds, drehen, im Außenbereich oder in einem elektrostatischen Feld, wo zwar $\boldsymbol{E}$ vorhanden ist, nicht jedoch $\dot{\boldsymbol{B}}$, stehenbleiben. Beim Magnetfeld scheitert das Vorhaben u.a. wieder am fehlenden Monopol $Q^{(m)}$.

Aufgabe 4.1.5-1: Ein rotationssymmetrisches Magnetfeld habe innerhalb eines Radius a folgenden axialen Feldstärkeverlauf über der Radialkoordinaten r: $H_z(r,t) = H_0 \cdot (r/a)^2 \cdot \sin\omega t$, außerhalb a sei es Null. Man berechne an jeder Stelle des Raums die induzierte elektrische Feldstärke $E_\varphi(r,t)$ über beide Formen des Induktionsgesetzes.

Aufgabe 4.1.5-2: Welche Darstellung nimmt die differentielle Form des Induktionsgesetzes an, wenn sich das Magnetfeld sinusförmig ändert und durch $\boldsymbol{H}(x,t) = \Re\{\underline{\boldsymbol{H}}(x) \cdot e^{j\omega t}\}$ beschrieben wird?

Aufgabe 4.1.5-3: Man gebe die Differentialformen der MAXWELLgleichungen für folgende Spezialfälle an: Elektrostatik, Magnetostatik, Stationäre Felder (Gleichfelder), Quasistationäre Felder (Niederfrequenzfelder), Hochfrequenzfelder.

4.2 Induktivität

In Erweiterung der magnetischen Leitwerte des Abschnitts 3.9.1 ist es nach den Überlegungen zum Induktionsvorgang sinnvoll, die Windungszahlen mit in die Bauelementdefinition der Magnetodynamik einzubeziehen. Wir können folgendes erwarten:

- Wird an eine Spule oder auch allgemein an eine geschlossene Masche eine zeitveränderliche Quelle angeschlossen, wird sie in sich selbst Spannungen induzieren. Diese Eigenschaft wird durch die Selbstinduktivität L beschrieben.
- Durchsetzt das von dieser Selbstinduktivität erzeugte Feld fremde Maschen, z.B. einer anderen Spule, besteht zwischen ihnen eine Gegeninduktivität M. Ist der zweite Stromkreis geschlossen, kann auch dort ein Strom fließen und das hiervon aufgebaute Magnetfeld nach der LENZschen Regel in Form der gleichen Gegeninduktivität auf die erste Spule zurückwirken und dort Spannungen oder Ströme induzieren.

Damit hat also bereits jedes gewöhnliche Netzwerk neben seinen OHMschen und kapazitiven nun auch induktive Eigenschaften.

4.2.1 (Selbst-)Induktivität L

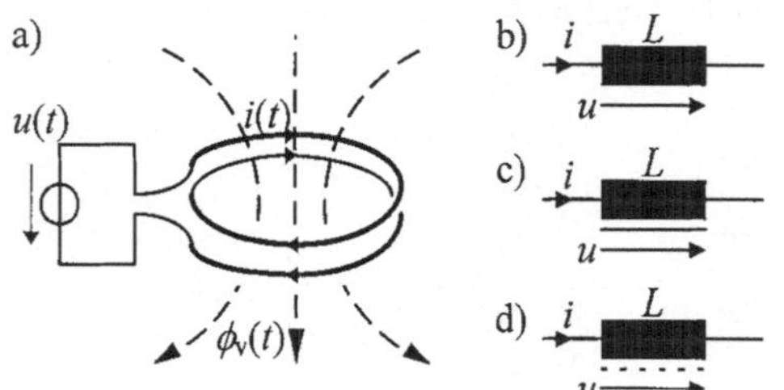

Abb. 4.2-1:
a) Zweilagige Luftspule,
b) Symbol für Spule ohne Eisenkern,
c) Symbol für Spule mit Eisenkern,
d) Symbol für Spule mit Eisenkern mit Luftspalt.

Die Spule ist in Form eines i.allg. mit N Windungen mehrlagig umwickelten magnetischen Leitwerts Λ das eigentliche Bauelement des Magnetismus und stellt wie OHMscher Widerstand und Kondensator einen elektrischen Zweipol dar. Um den genauen Unterschied zu Abschnitt 3.9.1 zu erkennen, ist es nützlich, den Begriff des verketteten

Spulenflusses ψ_v aus der Sicht eines Induktionsvorgangs zu verstehen. Wir betrachten dazu entspr. Abb. 4.2-1a) eine zweilagige Spule ($N = 2$), an die eine zeitveränderliche, z.B. eine Wechselspannungsquelle $u(t)$, angeschlossen wird:

Der zugehörige Stromfluß $i(t)$ ist nun im Gegensatz zu den vorangegangenen Betrachtungen so gerichtet, daß er nach dem Einschalten der Quelle in Richtung der angegebenen Zählpfeile fließt. Er wird ja nicht von einem fremden Magnetfeld erzeugt (Gegeninduktion), sondern elektrisch von einer direkt angeschlossenen Spannungsquelle, und der dadurch in der Spule verursachten Selbstinduktion. Sprachlich kann dies nach DIN 1323 durch eine magnetisch fremderregte induzierte Spannung gegenüber der elektrisch selbsterregten induktiven Spannung unterschieden werden. Hauptsächlich ist damit die Spule ein Objekt transformatorischer Induktion.

Die obere Windung verursacht über den fließenden Strom i den Windungsfluß ϕ_w. Beim Durchlauf von i durch die zweite Windung wird nochmals derselbe Windungsfluß verursacht, die Summe beider ergibt den (Gesamt)fluß $\phi = N\phi_w$. Da die Magnetfeldlinien, die von einer Stelle der oberen Windung hervorgerufen werden, dieselbe Windung an anderen Stellen durchsetzen, verursachen sie dort entsprechend den vorangegangenen Erläuterungen eine Selbstinduktionsspannung. Vorausgesetzt, daß der hier verursachte Windungsfluß vollständig auch die untere Windung durchsetzt - was wir bei dichter Wicklung immer annehmen können - wird dort nochmals diese Spannung hervorgerufen. Die untere Windung verursacht ebenso in sich selbst und in der oberen Windung diese Spannung.

Daraus ist erkennbar, daß bei eingeprägter Stromstärke i die Spannung viermal so groß ist, wie im Fall einer einlagigen Spule mit ϕ_w. Im in der Abbildung vorliegenden Fall eingeprägter Spannung wird sich folglich der Strom auf ein Viertel reduzieren.

Daher können wir wieder den effektiv wirksamen verketteten Spulenfluß ψ_v als nützliche Größenart infolge der Selbstinduktion begründen:

$$\psi_v = N\phi_v = N^2\phi_{wv}. \tag{4.2-1}$$

Im Falle einer einlagigen Spule sind diese drei Größen gleich, bei einer Nlagigen Spule ist nur der (verkettete) Fluß ϕ_v meßbar. Im vorliegenden Fall heißt das: eine Spule hat dann eine große ***(Selbst-)Induktivität*** L, wenn man mit wenig Strom I einen großen Spulenfluß ψ_v erreicht:

$$L := \frac{\psi_v}{I} = \frac{N\Phi_v}{I} = N^2\frac{\Phi_v}{\Theta} = N^2\Lambda = \frac{N^2}{R_m}; \qquad [L] = [\Lambda] = \text{H (enry)} = \frac{\text{Wb}}{\text{A}} = \frac{\text{Vs}}{\text{A}} \tag{4.2-2}$$

Damit ist auch der Zusammenhang zum magnetischen Leitwert Λ hergestellt: L und Λ sind für einlagige Stromkreise, wenn also $\Theta = I$ und $\Phi = \psi$, identisch. Damit können die in Abschnitt 3.9 bereits besprochenen Berechnungen magnetischer Leitwerte/Widerstände unmittelbar auf Induktivitätsberechnungen übertragen werden. Wie Λ, Widerstand R und Kapazität C, ist L per Definition immer positiv.

Die Definitionsgleichung verwendet bewußt den Gleichstrom I statt des zeitveränderlichen Stroms i, denn ein Fluß wird ja auch von einem Gleichstrom erzeugt. Es fehlt dann allerdings die Spannung u ($U = 0$), da ja keine Induktionsvorgänge stattfinden können. Ihr wesentliches Einsatzgebiet findet die Spule jedoch erst bei zeitabhängigen Größen und dieser Umstand ist es, auf den zu Anfang des Kapitels hingewiesen wurde, daß nicht alle Definitionsgrößen zwingend Zeitveränderlichkeit voraussetzen.

Bei der Anwendung dieser Gleichung sei nochmals hervorgehoben, daß der gesamte von I hervorgerufene Fluß zu berücksichtigen ist - nicht mehr und nicht weniger. Das heißt, es müssen alle Feldlinien berücksichtigt werden, aber jeweils nur für eine Richtung. Der Index $_\mathrm{v}$ steht für verkettet und bedeutet, daß alle Feldlinien alle Windungen einschließen müssen. Ist dies nicht der Fall, muß der Strom mit dem zuvor bereits angegebenen Verkettungsfaktor k gewichtet werden.

Eine einfache Spule stellt ein magnetisch gut leitender, geschlossener, kontinuierlich und dicht bewickelter ringförmiger Eisenkern (Toroid) dar, wie in Abschnitt 3.6.4.3 gezeigt. Für ihn kann aus dem dort bereits berechneten magnetischen Leitwert näherungsweise die Induktivität L angegeben werden:

$$L \approx N^2 \mu \frac{A}{\mathring{l}}. \qquad (4.2\text{-}3)$$

Liegt jedoch eine Konfiguration vor, bei der dem Fluß die Führung fehlt, z.B. bei der in Abb. 4.2-1a) dargestellten Luftspule oder bei inhomogenem Eisenkern, ist wieder eine Berechnung über Feldgrößen notwendig, wie bereits bei der Besprechung des magnetischen Leitwerts angegeben. Eine Berechnungsalternative, die häufig einfacher zum Ziel führt nutzt die im Abschnitt 4.3.3 beschriebene Energiebetrachtung.

Damit steht die Forderung nach großer Induktivität L seitens der Geometrie fest: große Windungszahl N, Permeabilitätszahl μ, Windungsfläche A und kleine Spulenlänge $\mathring{l}$. In der Praxis liegen Induktivitätswerte typisch im µH - mH-Bereich. Damit kann für eine Spule mit homogen gefülltem Magnetikum μ_r auch über das Verhältnis der Induktivität mit Magnetikum L_μ zu derjenigen ohne Magnetikum L_0 angegeben werden:

$$\mu_\mathrm{r} = \frac{L_\mu}{L_0}. \qquad (4.2\text{-}4)$$

Leitungen der Länge l, mit deren Richtung wir eine z-Achse assoziieren, stellen ebenfalls Induktivitäten dar. Bei ihnen weist die Fläche A wie beim Kondensator zum einen in l-Richtung eine sehr große Ausdehnung im Vergleich zu den übrigen Abmessungen auf, zum anderen ist die Geometrie in dieser Richtung meist homogen, auch wenn die Feldverläufe normal dazu inhomogen sind. Eine wichtige Beschreibungsgröße für die Leitungstheorie ist die Induktivität pro Längeneinheit, der ***Induktivitätsbelag*** L':

$$L' = \frac{\mathrm{d}L}{\mathrm{d}z} = \frac{L}{l} = \frac{\Psi_\mathrm{v}}{Il}. \qquad [L'] = [\mu] = \frac{\mathrm{H}}{\mathrm{m}} \qquad (4.2\text{-}5)$$

Aufgabe 4.2.1-1: Man berechne die Induktivität des Kreises aus Aufgabe 3.6.4.3-3 exakt und genähert.
Aufgabe 4.2.1-2: Man berechne die Induktivität des Toroiden aus Aufgabe 3.9.3-2.
Aufgabe 4.2.1-3: Die magnetischen Leitwerte Λ_1, Λ_2 und Λ_3 des Kreises aus Abb. 3.9.4 seien bekannt. Man berechne die jeweilige Induktivität, wenn eine Spule mit gegebener Windungszahl N auf den linken, den mittleren bzw. den rechten Schenkel aufgewickelt wird.

4.2.2 Die Spule im zeitveränderlichen Feld

Mit der allgemeinen Induktivitätsdefinition in Gl. 2 läßt sich nun der Zusammenhang zwischen angelegter Spannung $u(t)$ und Stromstärke $i(t)$ angeben:

$$u = \frac{\mathrm{d}\psi_\mathrm{v}}{\mathrm{d}t} = \frac{\mathrm{d}(Li)}{\mathrm{d}t} = L\frac{\mathrm{d}i}{\mathrm{d}t} + i\frac{\mathrm{d}L}{\mathrm{d}t}. \tag{4.2-6}$$

Ein Induktionsvorgang tritt also auf, wenn sich der Strom durch die Spule, z.B. wenn eine Wechselspannung anliegt, oder die Induktivität, ändert - oder natürlich beide gemeinsam. Bei konstanter Induktivität an zeitveränderlicher Spannung folgt das OHMsche Gesetz des Spule:

$$u = L\frac{\mathrm{d}i}{\mathrm{d}t} \qquad \text{bzw.} \qquad i = \frac{1}{L}\int u\mathrm{d}t. \tag{4.2-7}$$

Wird die Spule zu einem Zeitpunkt $t = 0$ von einem Strom I_0 durchflossen, und möchten wir diesen zu einem späteren Zeitpunkt t kennen, gilt folglich:

$$i(t) = I_0 + \frac{1}{L}\int_0^t u(t')\mathrm{d}t'. \tag{4.2-8}$$

An einer Spule fester Induktivität liegt also bei Gleichstrom I_q erwartungsgemäß keine Gleichspannung, da $\mathrm{d}I_\mathrm{q}/\mathrm{d}t = 0$. Wird jedoch die verkettete Windungszahl, Fläche, Permeabilität oder Länge geändert, gilt:

$$u = I_\mathrm{q}\frac{\mathrm{d}L}{\mathrm{d}t}. \tag{4.2-9}$$

Tritt magnetische Sättigung auf, wenn das Magnetikum Hystereseeigenschaften aufweist oder bereits nur nichtlinear ist, ist $\mathrm{d}L/\mathrm{d}t$ wie folgt zu berücksichtigen:

$$\mathrm{d}L = \frac{\partial L}{\partial i}\mathrm{d}i + \frac{\partial L}{\partial t}\mathrm{d}t \quad \Rightarrow \quad u = L\frac{\mathrm{d}i}{\mathrm{d}t} + i(\frac{\partial L}{\partial i}\frac{\mathrm{d}i}{\mathrm{d}t} + \frac{\partial L}{\partial t}) = (L + i\frac{\partial L}{\partial i})\frac{\mathrm{d}i}{\mathrm{d}t} + i\frac{\partial L}{\partial t}. \tag{4.2-10}$$

Bei Sättigung wächst der Fluß unterproportional zum Strom und die Induktivität sinkt.

Wenn zuvor dargelegt wurde, daß eine gleichstromdurchflossene Spule kein Objekt der Induktion sei, so gilt dies natürlich nicht für geschaltete Gleichströme, z.B. bei Unterbrecherkontakten. Hier wird eine sehr steile Stromflanke erzeugt, die sich wegen der Ableitungseigenschaft kurzzeitig in eine sehr hohe Spannung transformiert. Übersteigt diese die Durchbruchfeldstärke - z.B. der Luft - entstehen dadurch Zündfunken. Auf diese Weise wird z.B. im OTTOmotor das Kraftstoffgemisch zur Explosion gebracht.

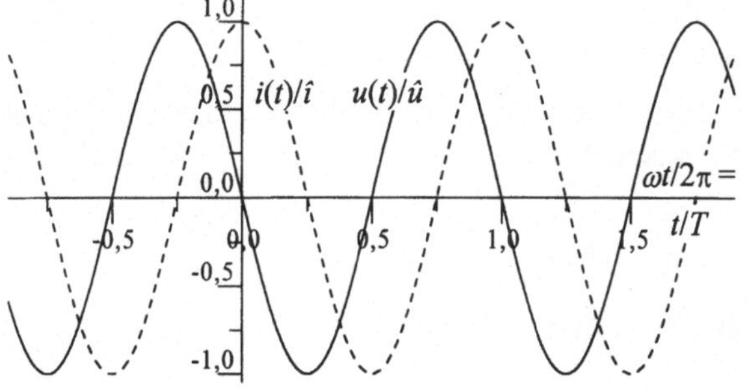

Abb. 4.2-2: Wechselstrom- und -spannungsverlauf an der Spule.

Spezielles Interesse verdient wieder das Verhalten der Spule im Wechselfeld. Seien f, ω, T die in Abschnitt 2.10 eine Wechselgröße charakterisierenden Größen, so gilt mit

$$i(t) = \hat{\imath}\cos\omega t \qquad \Rightarrow \quad u(t) = -\underbrace{\omega L\hat{\imath}}_{\hat{u}}\sin\omega t. \qquad (4.2\text{-}11)$$

Wir können den Wechselstromwiderstand Z_L der Spule festlegen:

$$Z_L := \frac{\hat{u}}{\hat{\imath}} = \omega L, \qquad \varphi_L = \varphi_u - \varphi_i = \frac{\pi}{2}. \qquad (4.2\text{-}12)$$

Je höher die Frequenz, umso größer der Widerstand, denn dann ist die zeitliche Änderung der Flußdichte groß und damit die nach der LENZschen Regel selbstinduzierte Gegenspannung. Bei $\omega = 0$ (Gleichstrom) ist der Widerstand erwartungsgemäß Null, da es sich ja nur um ein Stück Draht handelt. Für $\omega = \infty$ bildet die Spule einen Leerlauf.

Entsprechend Abb. 4.2-2 eilt die Spannung dem Strom um $\varphi_L = 90°$ vor und eine vollständige Widerstandsbeschreibung muß φ_L als Differenz von Spannungsphase φ_u (hier: 0, wenn man die Cosinusfunktion als Referenz nimmt) und Stromphase φ_i (hier: $-\frac{\pi}{2}$) mit einbeziehen. Demgegenüber sind beim OHMschen Widerstand Strom und Spannung immer in Phase, beim Kondensator eilt der Strom der Spannung um 90° vor.

Wie bei der Kapazität bietet es sich gemäß den Ausführungen in Abschnitt 2.11.3.2 an, die Induktivität im Wechselfeld komplex zu beschreiben:

$$u = L\frac{\mathrm{d}i}{\mathrm{d}t} \quad \Rightarrow \quad \underline{u} = L\frac{\mathrm{d}\underline{i}}{\mathrm{d}t} \quad = \quad \underline{\hat{u}}\,\mathrm{e}^{\mathrm{j}\omega t} = L\frac{\mathrm{d}\underline{\hat{\imath}}\mathrm{e}^{\mathrm{j}\omega t}}{\mathrm{d}t} = \mathrm{j}\omega L\underline{\hat{\imath}}\mathrm{e}^{\mathrm{j}\omega t} = \mathrm{j}\omega L\underline{i}. \qquad (4.2\text{-}13)$$

Als Impedanz $\underline{Z}_L$ und Admittanz $\underline{Y}_L$ ergeben sich:

$$\underline{Z}_L = \mathrm{j}X_L = \mathrm{j}\omega L \qquad \underline{Y}_L = \mathrm{j}B_L = \frac{1}{\mathrm{j}\omega L}. \qquad (4.2\text{-}14)$$

Für die drei Faktoren des komplexen Induktivitäts-Widerstands $\underline{Z}_L = \mathrm{j}\omega L$ bedeutet dies:

L: Der Widerstand wächst mit der Induktivität L, da dies heißt, daß mit wenig Strom ein großer Fluß bereitgestellt wird, dessen Änderung für den Widerstand maßgebend ist.

ω: Eine hohe Frequenz bedeutet, daß sich das Flußdichtefeld rasch zeitlich ändert und sich gemäß der LENZschen Regel der Ursache stark widersetzt.

j: $= \mathrm{e}^{\mathrm{j}\pi/2}$ ($= \cos\frac{\pi}{2} + \mathrm{j}\sin\frac{\pi}{2} = 0 + \mathrm{j}$) ist also ein Zeiger, der im Winkel von $\varphi_{ZL} = 90°$ senkrecht auf der reellen in Richtung der imaginären Achse liegt und so die Phasendifferenz von Spannung u und Stromstärke i angibt.

In Analogie zu Abschnitt 2.11.3.3 können wir ebenfalls die Wechselstromleistung in der Spule beschreiben. Für ein reines Blindelement mit $\varphi_u - \varphi_i = \frac{\pi}{2}$, das keine Leistung verbrauchen kann, heißt das:

$$\begin{aligned} &\underline{S} = -\mathrm{j}U^2B_L = \mathrm{j}U^2/\omega L = \mathrm{j}I^2X_L = \mathrm{j}I^2\omega L, && P = 0, \\ &S = U^2B_L = U^2/\omega L = I^2X_L = I^2\omega L, && Q = S, \\ &p(t) = p_\mathrm{b}(t) = UI\sin(2\omega t + 2\varphi_u), && p_\mathrm{w}(t) = 0. \end{aligned} \qquad (4.2\text{-}15)$$

Mit diesen Überlegungen ist es ohne Probleme möglich, die Ausführungen des Abschnitts 2.11 auf RLC-Netzwerke zu übertragen, was vor allem in Abschnitt 4.5 vertieft wird. Aber auch bei den Transformatoren werden wir bereits *RL*-Zusammenschaltungen betrachten.

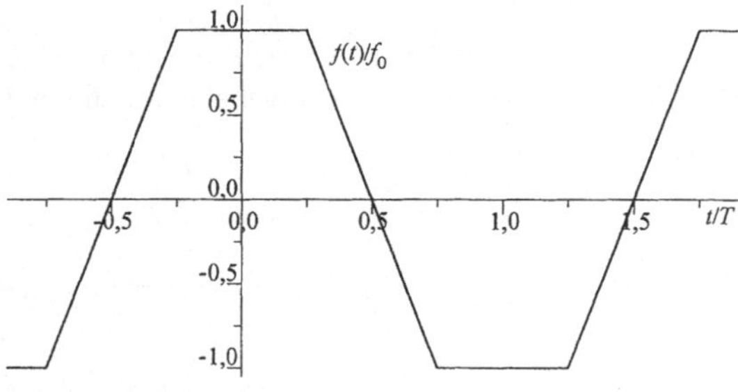

Aufgabe 4.2.2-1: Der dargestellte periodische Zeitverlauf $f(t)/f_0$ sei als ein auf seinen Maximalwert normierter Strom $i(t)/i_0$ durch eine Spule zu interpretieren. Man skizziere die zugehörige normierte Spannung $u(t)/u_0$.

Aufgabe 4.2.2-2: Der dargestellte periodische Zeitverlauf $f(t)/f_0$ sei als eine auf ihren Maximalwert normierte Spannung $u(t)/u_0$ an einer Spule zu interpretieren. Man skizziere den zugehörigen normierten Strom $i(t)/i_0$.

Aufgabe 4.2.2-3: Man bestimme für die vorige Aufgabe $i(t)/i_0$ im Intervall $0 \le t \le T$ formelmäßig.

4.2.3 Zusammenschaltung von Spulen

Spulen können wie Kondensatoren und Widerstände im Netzwerk auf mannigfaltige Art und Weise mit ihresgleichen und anderen Bauelementen zusammengeschaltet werden. Gefragt ist wieder die Gesamt- sprich: Ersatzinduktivität einer solchen Zusammenschaltung. Parallel- und Reihenschaltung sind auch hierbei die Grundschaltungen. Wenn deren Verhalten bekannt ist, können auch die komplizierteren Schaltungen berechnet werden. Wichtig ist für die hier zunächst gemachten Berechnungen, daß die Spulen magnetisch entkoppelt sind. Andernfalls muß die entsprechende Gegeninduktivität zwischen den Spulen mit einbezogen werden.

4.2.3.1 Induktivität parallelgeschalteter Spulen und magnetischer Leitwerte

a)

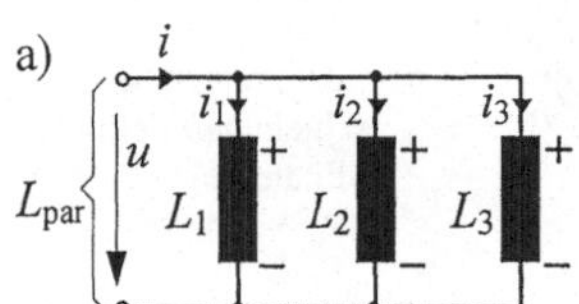

b)

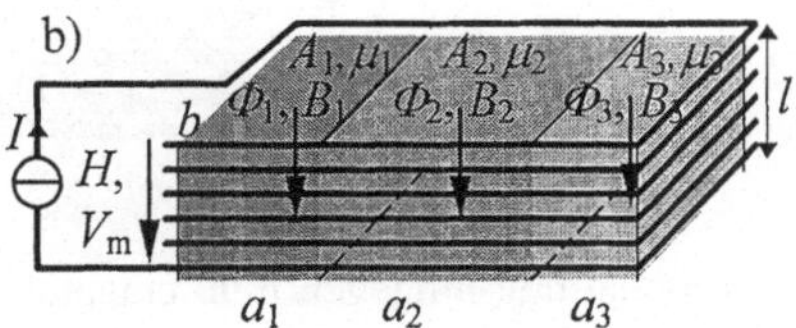

Abb. 4.2-3: a) Parallelgeschaltete Spulen, b) Spule mit parallelgeschichteten Permeabilitäten.

Benötigen wir entspr. Abb. 4.2-3a) die Gesamtinduktivität L_{par} einer Parallelschaltung mehrerer Einzelinduktivitäten L_i, können wir analog zu Kapazität und Leitwert aus der einfachen Überlegung, daß an allen die gleiche Spannung u anliegt, sich die Ströme i_i jedoch nach der Knotenregel zum Gesamtstrom i aufsummieren, folgern, daß sich auch die Inversen der Einzelinduktivitäten $1/L_i$ zum Inversen der Gesamtinduktivität $1/L_{\text{par}}$ addieren:

$$\frac{1}{L_{\text{par}}} = \frac{1}{u}\frac{\mathrm{d}i}{\mathrm{d}t} = \sum_i \frac{1}{u}\frac{\mathrm{d}i_i}{\mathrm{d}t} = \sum_i \frac{1}{L_i} \quad \Rightarrow \quad L_{\text{par}} = \frac{1}{\sum_i 1/L_i}. \qquad \begin{matrix} C_{\text{par}} = \sum_i C_i, \\ G_{\text{par}} = \sum_i G_i \end{matrix} \tag{4.2-16}$$

Speziell für die Parallelschaltung zweier Induktivitäten L_1 und L_2 gilt:

$$L_{\text{par2}} = \frac{L_1 L_2}{L_1 + L_2}. \tag{4.2-17}$$

Daraus resultiert die Stromteilerregel für Spulen, die besagt, daß sich Ströme bei gleicher Spannung an den Spulen umgekehrt wie die Induktivitäten verhalten:

$$u = L_i \frac{\mathrm{d}i_i}{\mathrm{d}t} = L_j \frac{\mathrm{d}i_j}{\mathrm{d}t} \quad \Rightarrow \quad \frac{\mathrm{d}i_i/\mathrm{d}t}{\mathrm{d}i_j/\mathrm{d}t} = \frac{i_i}{i_j} = \frac{L_j}{L_i}. \qquad \frac{Q_i}{Q_j} = \frac{C_i}{C_j}, \frac{I_i}{I_j} = \frac{G_i}{G_j} \tag{4.2-18}$$

Dabei sind L_i und L_j zwei beliebige Induktivitäten der Parallelschaltung, im Beispiel $i,j \in [1,2,3]$.

Vergleichen wir dazu die Induktivität in Abb. 4.2-3b) mit drei parallelliegenden Permeabilitäten, die sich zu einem vollständigen Kreis schließen mögen. Hier muß die magnetische Feldstärke H überall gleich, d.h. stetig sein, da sie tangential zur Grenzfläche verläuft. Dafür verteilen sich die Flüsse Φ_i unterschiedlich entsprechend den verschiedenen Permeabilitäten μ_i, womit die Flußdichte B_i in den einzelnen Gebieten unterschiedlich ist:

$$L = \frac{\psi_\text{v}}{I} = \frac{1}{I}\sum_i \psi_{\text{v}i} = \frac{N}{I}\sum_i B_i A_i = \frac{NbH}{I}\sum_i \mu_i a_i = \frac{N^2 b}{l}\sum_i \mu_i a_i = N^2 \sum_i \Lambda_i. \tag{4.2-19}$$

4.2.3.2 Induktivität reihengeschalteter Spulen und magnetischer Leitwerte

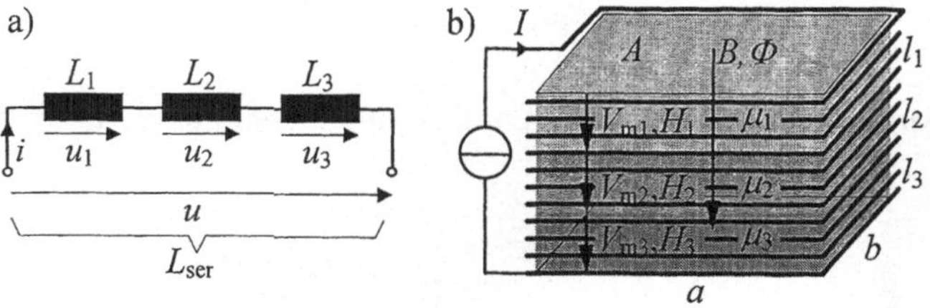

Abb. 4.2-4:
a) Reihengeschaltete Spulen,
b) Spule mit reihengeschichteten Permeabilitäten.

Bei einer Serienschaltung hingegen muß entspr. Abb. 4.2-4a) jede Spule den gleichen Strom i führen. Dadurch führt eine Spule L_i die Spannung u_i:

$$L_\text{ser} = \frac{u}{\mathrm{d}i/\mathrm{d}t} = \sum_i \frac{u_i}{\mathrm{d}i/\mathrm{d}t} = \sum_i L_i. \tag{4.2-20}$$

Daraus resultiert die Spannungsteilerregel, die besagt, daß sich Spannungen an Spulen, die den gleichen Strom führen, wie die Induktivitäten verhalten:

$$\frac{\mathrm{d}i}{\mathrm{d}t} = \frac{u_i}{L_i} = \frac{u_j}{L_j} \quad \Rightarrow \quad \frac{u_i}{u_j} = \frac{L_i}{L_j}. \qquad \frac{u_i}{u_j} = \frac{R_i}{R_j} = \frac{C_j}{C_i} \tag{4.2-21}$$

Dabei sind L_i und L_j, wie oben, zwei beliebige Induktivitäten aus der Reihenschaltung. Insgesamt finden wir, daß magnetisch entkoppelte Spulen sich in ihrer Gesamtinduktivität wie OHMsche Widerstände in ihrem Gesamtwiderstand verhalten. Zur Berechnung von Strom/Spannungsverteilungen in reinen Induktivitätsnetzwerken lassen sich folglich die bei Widerstandsnetzwerken erarbeiteten Methoden, z.B. Maschenstrom- und Knotenpotentialverfahren nach Abschnitt 2.8 anwenden.

Vergleichen wir dazu die Spule in Abb. 4.2-4b) mit drei reihengeschalteten Permeabilitäten, die zu einem Kreis geschlossen sein mögen. Hier muß die magnetische Flußdichte B überall gleich, d.h. stetig sein, da sie normal zur Grenzfläche verläuft. Dafür verteilen sich die magnetischen Spannungen $V_{\mathrm{m}i}$ unterschiedlich entsprechend den verschiedenen Permeabilitäten μ_i, womit die magnetische Feldstärke H_i in den einzelnen Gebieten unterschiedlich ist:

$$\frac{1}{L}=\frac{I}{\psi_{\mathrm{v}}}=\frac{1}{\psi_{\mathrm{v}}N}\sum_i V_{\mathrm{m}i}=\frac{1}{\psi_{\mathrm{v}}N}\sum_i H_i l_i=\frac{B}{\psi_{\mathrm{v}}N}\sum_i \frac{l_i}{\mu_i}=\frac{1}{N^2 A}\sum_i \frac{l_i}{\mu_i}=\frac{1}{N^2}\sum_i R_{\mathrm{m}i} \qquad (4.2\text{-}22)$$

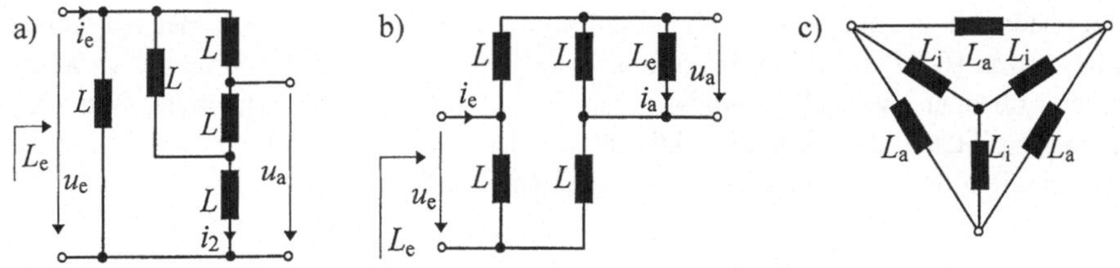

Aufgabe 4.2.3-1: Man bestimme für die Schaltung in a) u_a/u_e, die Eingangsinduktivität L_e sowie das Stromverhältnis i_2/i_e.

Aufgabe 4.2.3-2: Man bestimme für die Schaltung in b) die Eingangsinduktivität L_e, u_a/u_e sowie den Ausgangsstrom $i_a(u_e, L)$.

Aufgabe 4.2.3-3: Man bestimme für die Schaltung in c) die Gesamtinduktivität L zwischen zwei beliebigen äußeren Klemmen.

4.2.4 Induktivitätsberechnungen bei inhomogenem Feldverlauf

Induktivitäten mit stückweise homogenem Permeabilitätsverlauf wurden in den beiden vorhergehenden Unterabschnitten berechnet. Nun sollen wichtige Induktivitäten von praktisch genutzten Leitergeometrien ermittelt werden, von denen zuvor bereits Kapazitäten und elektrische Widerstände bestimmt wurden.

Da die Spule in der Regel im Prinzip ja nichts anderes ist, als ein mit N^2 gewichteter magnetischer Leitwert, können die grundlegenden Betrachtungen von Abschnitt 3.9.1 übernommen werden, und sie führen durch Multiplikation von Gl. 3.9-4 mit N^2 zu:

$$L=\frac{1}{I}\iint\limits_{\substack{\text{Verkettete Fläche}\\ \text{aller Windungen}}}\boldsymbol{B}\cdot \mathrm{d}\boldsymbol{A}. \qquad G=\frac{I}{\int_{+}^{-}\boldsymbol{E}\cdot \mathrm{d}\boldsymbol{s}},\; C=\frac{Q}{\int_{+}^{-}\boldsymbol{E}\cdot \mathrm{d}\boldsymbol{s}} \qquad (4.2\text{-}23)$$

Wie in einer Aufgabe zum magnetischen Widerstand bereits erörtert, besteht die Gesamtinduktivität aus der äußeren Induktivität L_{a} des Leiterzwischenraums, zuzüglich der inneren Induktivität L_{i} der Feldlinien im Leiterinnern. L_{i} ist bei Linienleitern in großem Abstand vernachlässigbar; hier ist einfach der Quotient von Verkettungsfluß und Strom zu bilden. L_{a} ist vernachlässigbar, wenn die Leiter bei endlichem Radius dicht aneinanderliegen.

L_{i} hingegen ist zu berücksichtigen, wenn die Querschnittsabmessungen der Leiter nicht mehr vernachlässigbar sind. Dann gehen auch Feldlinien durch diese hindurch, zu denen ein Fluß gehört, der jedoch nicht mehr mit dem vollständigen Strom verkettet ist, sondern nur mit einem Teil. Dieser ist dann mit einen Kopplungsfaktor < 1 zu gewichten, der gleich dem prozentualen Stromanteil vom Gesamtstrom ist, den die Feldlinie noch umschließt. Dabei ist zu beachten, daß das gesamte überlagerte Feld - z.B. von Hin- und Rückleiter - am gerade betrachteten Ort in Bezug zum an diesem Ort eingeschlossenen Stromanteil gesetzt wird.

Innere Induktivitäten sind oft schwierig unmittelbar zu berechnen. Wenn sie nicht vernachlässigbar sind, führt eine Energiebetrachtung nach Abschnitt 4.3.3 zuweilen einfacher zum Ziel. Die Bedeutung der inneren Induktion sinkt mit wachsender Frequenz, da wie beim Skineffekt in Abschnitt 4.3.4.2 erläutert, hier der Strom zur Leiteroberfläche verdrängt wird, und damit auch der innere Fluß soz. versiegt. Die genaue Berechnung kann mit den hier verwendeten Formeln nicht durchgeführt werden, sondern bedarf einer Analyse der Ausbreitung elektromagnetischer Wellen. Bei sehr hohen Frequenzen (GHz) fließt der Strom nur noch in Form eines reinen Strombelags $\boldsymbol{K}$ auf einer Außenhaut, weshalb dann die innere Induktivität völlig verschwindet. Wie auch immer ergibt sich die Gesamtinduktivität in jedem Fall aus der Addition von L_i und L_a, da sich die Flüsse im Zähler der Definitionsformel addieren.

4.2.4.1 Induktivität und Kapazität längshomogener Leitungen

Wie beim Querbezug zwischen Kondensator und OHMschen Widerstand, wo für gleiche Geometrie und Materialverlauf in Abschnitt 2.6.2 die universelle Beziehung $RC = \rho\varepsilon$ hergeleitet wurde, ist es wünschenswert einen vergleichbaren Zusammenhang zwischen Induktivität und einem anderen Bauelement anzugeben. Wir erhalten ihn zwischen L und C. Aufgrund der Tatsache, daß es sich um Querbezüge zwischen elektrischem und magnetischem Feldverlauf handelt, ist er allerdings schwieriger herzustellen.

Wir beschränken uns auf geometrische Strukturen, die in einer Richtung der Länge l, die wir zur z-Richtung festlegen, geometrisch und materialmäßig homogen sind. Dies ist typisch bei längshomogenen Leitungen der Fall, für die Kapazitäten bereits berechnet wurden. Bei ihnen hängen weder E noch H von z ab. Wir bilden das Produkt:

$$LC = \frac{\Psi_v}{I}\frac{\Psi}{U} = \mu \frac{\underset{\substack{\text{magnetische}\\ \text{Flußebene}}}{\iint} H \mathrm{d}A_\Phi}{\underset{\substack{\text{um einen}\\ \text{Leiter}}}{\oint} H \mathrm{d}s_H} \cdot \varepsilon \frac{\underset{\substack{\text{elektrische}\\ \text{Flußebene}}}{\oiint} E \mathrm{d}A_\Psi}{\int_+^- E \mathrm{d}s_E} = \mu\varepsilon \frac{l \int_+^- H \mathrm{d}s_E}{\underset{\text{um Leiter}}{\oint} H \mathrm{d}s_H} \frac{\underset{\text{um Leiter}}{l \oint} E \mathrm{d}s_H}{\int_+^- E \mathrm{d}s_E} = \mu\varepsilon l^2$$

$$\Rightarrow \quad L = \frac{\mu\varepsilon l^2}{C} \qquad \Rightarrow \quad L'C' = \mu\varepsilon = \frac{1}{c^2}. \tag{4.2-24}$$

Hierbei wurde ausgewertet, daß E und H senkrecht aufeinander stehen und einander proportional sind, wie bereits für Punkt- und Liniengeometrien gezeigt. Andere längshomogene Geometrien lassen sich aus letzeren zusammensetzen, weshalb diese Beziehung dann immer noch gilt. Integrieren wir entlang Feldlinien und Äquipotentialflächen, gilt $\mathrm{d}A_\Phi = l\mathrm{d}s_E$ und $\mathrm{d}A_\Psi = l\mathrm{d}s_H$. Das Ergebnis ist nur auf äußere Induktivitäten anwendbar. Insbesondere ist dies wegen des Skineffekts bei hohen Frequenzen der Fall. Wir werden diesen Querbezug in den folgen Beispielen überprüfen.

Im Prinzip hätten wir die folgenden Berechnungen bereits in Abschnitt 3.9 bei den magnetischen Leitwerten vornehmen können, und es wurden bereits welche in den dortigen Aufgaben durchgeführt. Λ hat jedoch eine technisch wichtigere Bedeutung bei magnetischen Kreisen mit geführtem Fluß und der Anwendung elektrischer Netzwerkersatzschaltbilder, wohingegen die hier durchgeführten Berechnungen wichtiger für die Ausbreitung elektromagnetischer Wellen in der Leitungstheorie sind.

4.2.4.2 Induktivität der Bandleitung

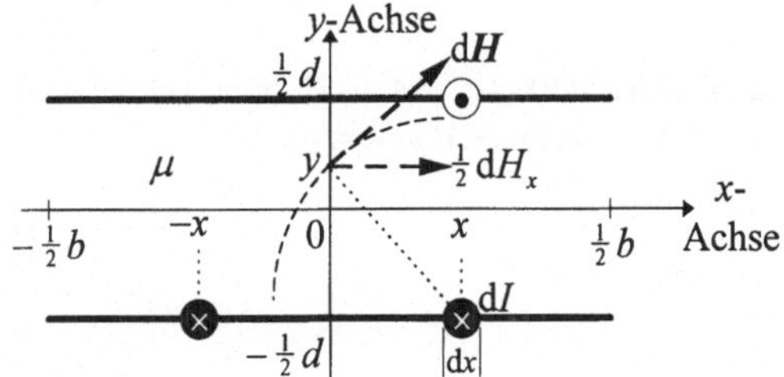

Abb. 4.2-5: Modell der Bandleitung.

Eine Bandleitung der Länge l wird praktisch durch einen Plattenkondensator realisiert, dessen Platten als Hin- und Rückleitung dienen. Als Modell diene das Schnittbild in Abb. 4.2-5 mit Plattenabstand d und -breite b. Durch einen Stromfaden der Breite dx fließt der Strom $\mathrm{d}I = I\mathrm{d}x/b$ und ruft an der Stelle y $\mathrm{d}\boldsymbol{H}$ hervor. Ein betragsmäßig gleichgroßer Feldanteil vom Stromfaden bei $-x$ ergänzt sich mit jenem nach einem Ergebnis der Aufgabe 3.3.2-3 zu:

$$\mathrm{d}H_x(y) = 2\frac{\mathrm{d}I\cdot(y+\frac{1}{2}d)}{2\pi\left(x^2+(y+\frac{1}{2}d)^2\right)} = \frac{I\mathrm{d}x/b\cdot(y+\frac{1}{2}d)}{\pi\left(x^2+(y+\frac{1}{2}d)^2\right)}$$

$$\Rightarrow \quad H_x(y) = \frac{I\cdot(y+\frac{1}{2}d)}{b\pi}\int_0^{b/2}\frac{\mathrm{d}x}{x^2+(y+\frac{1}{2}d)^2} = \frac{I}{b\pi}\arctan\frac{b}{2y+d}$$

$$\Rightarrow \quad L = \frac{2\mu}{I}\int_0^{l}\int_0^{d/2} H_x\mathrm{d}y\mathrm{d}z = \frac{2\mu l}{b\pi}\int_0^{d/2}\arctan\frac{b}{2y+d}\cdot\mathrm{d}y$$

$$L = \frac{\mu l}{\pi}\left(\frac{2d}{b}\arctan\frac{b}{2d} + \ln\sqrt{(\frac{2d}{b})^2+1}\right). \tag{4.2-25}$$

Zur Berechnung von L wurde $H_x(y)$ über der y-Achse zwischen den Leitern von $-\frac{1}{2}d$ bis $\frac{1}{2}d$ integriert, wegen des gleichen Beitrags vom Rückleiter mit zwei multipliziert, und in z-Richtung die Homogenität durch l berücksichtigt. Technische Bedeutung hat das Ergebnis z.B. für flächige Leiterbahnen auf Platinen mit $l \gg b, d$.

Verlaufen die Leiterbahnen mit $d \ll b$ nahe beieinander, ist das Magnetfeld im Innern im wesentlichen homogen und außen vernachlässigbar. Die Induktivität sollte dann näherungsweise durch

$$L \approx \frac{\mu l d}{b} \tag{4.2-26}$$

beschreibbar sein. Lassen wir in der exakten Formel $d \to 0$ gehen, verschwindet der natürliche Logarithmus und der Arcustangens geht gegen 90°, womit sich die Näherungsformel bestätigt. Überprüfen wir noch den Querbezug der Näherung zur bekannten Formel des Plattenkondensators $C = \varepsilon A/d = \varepsilon lb/d$, die ja für homogenes elektrisches Feld gilt, erhalten wir:

$$L = \frac{\mu\varepsilon l^2}{C} = \frac{\mu\varepsilon l^2 d}{\varepsilon l b} = \frac{\mu l d}{b}. \qquad \text{q.e.d.} \tag{4.2-27}$$

Folglich können wir als Ergänzung zur Elektrostatik als exakte Formel eines langen Plattenkondensators der Länge l aus der Induktivitätsberechnung angeben:

$$C = \frac{\mu\varepsilon l^2}{L} = \frac{\pi\varepsilon l}{\frac{2d}{b}\arctan\frac{b}{2d} + \ln\sqrt{(\frac{2d}{b})^2 + 1}}. \tag{4.2-28}$$

4.2.4.3 Induktivität der Doppelleitung

Abb. 4.2-6a) zeigt Geometrie und Feldlinien der Doppeldrahtleitung, b) den zugehörigen Feldverlauf. Im Leiterinnern und -äußern gilt für die bereits in Abschnitt 3.6.4.3 berechneten Feldverläufe:

$$H_{\mathrm{i}\varphi}(r) = \frac{Ir}{2\pi a^2}, \qquad H_{\mathrm{a}\varphi}(r) = \frac{I}{2\pi r}. \tag{3.6-28}$$

Die vom verketteten Fluß Φ_v senkrecht durchsetzte Querschnittsfläche ist in Abb. a) grau schattiert eingezeichnet und ist fast identisch mit der Fläche zwischen den Mittenachsen von Hin- und Rückleiter: $A = ld$. Es sind vier Flußanteile in diesem Gebiet zu berücksichtigen: innerer und äußerer Fluß von Hin- und Rückleiter. Aus Symmetriegründen genügt es, wie bei der Bandleitung, diese beiden Teilflüsse für jeweils nur einen Leiter zu berechnen und zu verdoppeln. Dazu gehören vier Induktivitätsanteile mit gleichen Symmetrieeigenschaften. Wir berechnen zunächst die äußere Induktivität L_a des linken Leiters:

$$\Phi_\mathrm{a} = \iint_{\text{außen}} B_\mathrm{L}\,\mathrm{d}A_\mathrm{v} = \mu_0 \int_0^l \int_a^{d-a} H_{\mathrm{a}\varphi}(r)\,\mathrm{d}r\mathrm{d}z = \frac{\mu_0 I}{2\pi}\int_0^l \int_a^{d-a} \frac{\mathrm{d}r}{r}\mathrm{d}z = \frac{\mu_0 I}{2\pi} l \ln\frac{d-a}{a}$$

$$\Rightarrow \quad L_\mathrm{a} = \frac{\Phi_\mathrm{a}}{I} = \frac{\mu_0 l}{2\pi}\ln\frac{d-a}{a} \approx \frac{\mu_0 l}{2\pi}\ln\frac{d}{a}. \tag{4.2-29}$$

Wie bei der Kapazität dürfen die Leiter nicht beliebig dünn sein ($a \to 0$), da sonst L unendlich wird (bei $C \to 0$). Dies macht auch von Seiten der OHMschen Widerstands des Leiters keinen Sinn, denn er würde ebenfalls unendlich werden, es könnte kein Strom fließen, und folglich kein Magnetfeld aufgebaut werden. Wir überprüfen den Querbezug zur Kapazität der Doppelleitung in Gl. 1.9-17 mit

$$C = \frac{\mu_0 \varepsilon l^2}{2L_\mathrm{a}} = \frac{\pi\varepsilon l}{\ln\dfrac{d-a}{a}}. \tag{4.2-30}$$

Soweit der einfachere Teil der Übung. Zur Berechnung der inneren Induktivität ist, wie anfangs angegeben, zu beachten, daß ein innerer Teilfluß $\mathrm{d}\Phi_\mathrm{i} = B_\mathrm{i}\mathrm{d}A_\mathrm{i} = B_\mathrm{i}l\mathrm{d}r$ nicht mit dem gesamten Strom I, sondern nur mit $I(r/a)^2$ verkettet ist. Dies ist so zu interpretieren, daß der effektiv verkettete Flußanteil $\mathrm{d}\Phi_\mathrm{vi}$ nur als $(r/a)^2$-facher Anteil von $\mathrm{d}\Phi_\mathrm{i}$ zu gewichten ist:

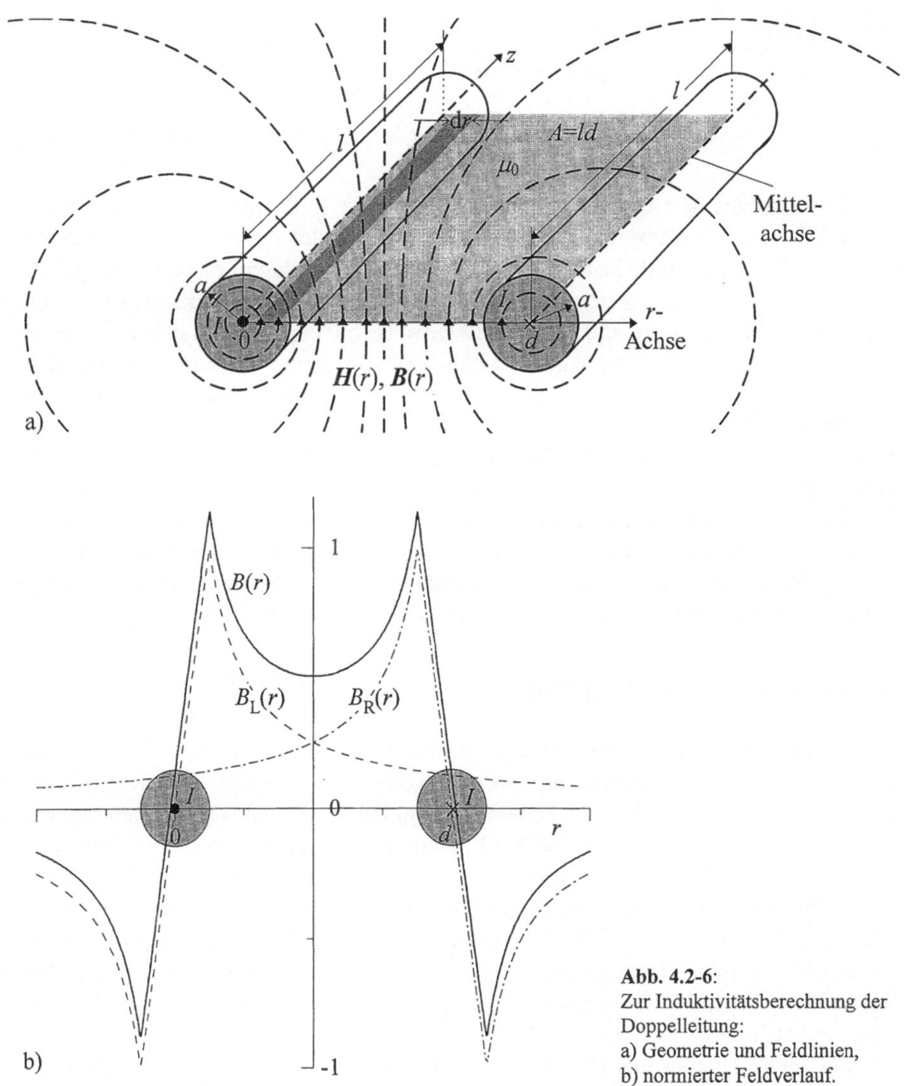

Abb. 4.2-6:
Zur Induktivitätsberechnung der Doppelleitung:
a) Geometrie und Feldlinien,
b) normierter Feldverlauf.

$$\mathrm{d}\Phi_{\mathrm{vi}} = \frac{r^2}{a^2}\mathrm{d}\Phi_{\mathrm{i}} \qquad \Rightarrow \quad \Phi_{\mathrm{vi}} = \frac{\mu_0 I}{2\pi a^2} l \int_0^a \frac{r^2}{a^2} r\mathrm{d}r = \frac{\mu_0 I}{8\pi} l$$

$$\Rightarrow \quad L_{\mathrm{i}} = \frac{\Phi_{\mathrm{vi}}}{I} = \frac{\mu_0 l}{8\pi} \qquad \Rightarrow \quad L_{\mathrm{i}}' = \frac{\mu_0}{8\pi} = 50\frac{\mu\mathrm{H}}{\mathrm{km}}. \tag{4.2-31}$$

Interessanterweise hängt dieses Ergebnis nicht von a ab und gilt somit für jeden langen geraden massiven Zylinderdraht beliebigen Durchmessers. Es ist folglich auch dann anwendbar, wenn der Biegeradius eines gebogenen Drahts groß gegenüber dem Leiterradius a ist. Wegen des bereits erwähnten Skineffekts verliert für höhere Frequenzen die Verkettungsfunktion $(r/a)^2$ ihre Gültigkeit.

Wir erhalten als Gesamtinduktivität der Doppelleitung bei niederen Frequenzen:

$$L = 2(L_{\mathrm{i}} + L_{\mathrm{a}}) = \frac{\mu_0 l}{4\pi}(1 + 4\ln\frac{d}{a}); \qquad L' = 0{,}1\frac{\mathrm{mH}}{\mathrm{km}}(1 + 4\ln\frac{d}{a}). \tag{4.2-32}$$

Zu dem Ergebnis ist anzumerken, daß sich der innere Fluß eines Leiters aus seinem Eigenfluß und dem Flußanteil des zweiten Leiters, der den ersten durchsetzt, zusammensetzt. Letzterer wurde hier ignoriert. Häufig wird er in L_{a} mit einbezogen, und die obere Integrationsgrenze gleich zu d statt $d - a$ festgelegt. Er ist zwar mit dem ihn erzeugenden Strom voll verkettet, jedoch nur teilweise mit dem Strom des Leiters, den er gerade durchtritt - und dieser zählt. Als Fazit muß, wie bereits erwähnt, zur Induktivitätsberechnung an jeder Stelle zuerst das Gesamtfeld ermittelt werden, und dann dessen Stromverkettung.

Betrachten wir darüberhinaus Abb. 4.2-6 genauer, ist zu erkennen, daß der verkettete Fluß eine etwas breitere Fläche als d einnimmt. Diese ist zwar einfach berechenbar, jedoch sind wegen der eben angegebenen Überlagerung auch im Leiter die wahren Feldlinien keine konzentrischen Kreise mehr (sondern exzentrische), weshalb der Verkettungsfaktor mühsam korrigiert werden müßte. In der Praxis sind dies jedoch i.allg. sekundäre Effekte ohne nennenswerten Einfluß auf das Gesamtergebnis.

4.2.4.4 Induktivität der Ringleitung

Im Prinzip haben wir die äußere Induktivität eines Kreisrings nach Abb. 3.6.3 bei den magnetischen Widerständen/Leitwerten in Aufgabe 3.9.1-3 bereits berechnet, um die Anwendung des BIOT-SAVART-Integrals zu üben. Die Rechnung war mühsam und das Integral analytisch nicht lösbar. **MATHCAD** lieferte jedoch problemlos jedes gewünschte numerische Ergebnis.

Die Rechnung läßt sich zu einem gewissen Grad mit dem hier nicht vertieften Vektorpotential nach Abschnitt 3.6.5 vereinfachen, indem das Ergebnis in Form eines tabellierten elliptischen Integrals darstellbar ist. Der Praktiker wünscht sich jedoch eine kompakte Formel, die wir in guter Näherung aus der eben analysierten Doppelleitung ableiten können.

Habe der Kreisring mit Drahtradius a bis zur Mittelachse den Kreisradius R, so können wir für die innere Induktivität bei nicht zu kleinem R die Formel der Doppelleitung verwenden. Für deren äußere Induktivität gilt: bei Leiterlängen $l \gg d$ ist der Umfang $\mathring{s} \approx 2l \Rightarrow l = \frac{1}{2}\mathring{s}$, die Fläche der Leiterebene $A \approx ld \Rightarrow d = 2A/\mathring{s}$. Beim Kreisring ist $\overset{\circ}{s} \approx 2\pi R$ und $A \approx \pi R^2$. Ersetzen wir somit $l = \frac{1}{2}\overset{\circ}{s}$ durch πR, und $d = 2A / \overset{\circ}{s} = 2\pi R^2/2\pi R$ durch R, erhalten wir näherungsweise für die Induktivität des Kreisrings:

$$L \approx \frac{\mu_0 R}{4}(1 + 4\ln\frac{R}{a}), \qquad \text{wobei} \qquad L_i \approx \frac{\mu_0 R}{4}, \quad L_a \approx \mu_0 R \ln\frac{R}{a}. \quad (4.2\text{-}33)$$

Für das in Aufgabe 3.9.1-3 durchgerechnete Beispiel mit einem Kreisradius von 1 cm und Drahtradius von 0,5 mm ergibt sich nach dieser Formel für den magnetischen Widerstand $R_m = 1/L_a = 2{,}656 \cdot 10^7$/H, also ein Fehler von weniger als 1 %.

Aufgabe 4.2.4-1: Von einer l = 2 km langen Doppeldrahtleitung mit a = 1,5 cm und d = 80 cm wird eine Bruchstelle mit Kurzschluß vermutet. Die Eingangsinduktivität wird zu L = 2,5 mH gemessen. Wo liegt die Bruchstelle? Welche Induktivität L' wird von der Gegenseite gemessen?

Aufgabe 4.2.4-2: Man berechne die äußere Induktivität eines Leiters der Länge l in der Höhe h über der Erde nach der bei der Kapazität bereits angewandten Spiegelungsmethode.

***Aufgabe 4.2.4-3:** Man berechne die Induktivität des Koaxialkabels der Länge l von Aufgabe 3.6.4.3-2.

4.2.5 Bauarten und Einsatzbereiche von Spulen

Wesentliche Eigenschaften von Spulen leiten sich bereits aus den Eigenschaften des magnetischen Widerstands des Spulenkerns nach Kap. 3 her. Im Gegensatz zu Kondensatoren und Widerständen handelt es sich jedoch nicht um genormte Bauelemente. Unterscheidungsmerkmale sind in erster Linie die Kerneigenschaften in Form der Spule ohne (Luftspule) und mit Eisenkern, die sich gemäß Abb. 4.2-1b) - d) bereits im Symbol niederschlagen.

Luftspulen weisen eine praktisch konstante Induktivität auf. Sie werden für Frequenzen oberhalb von 100 kHz eingesetzt, da hier bei gekernten Spulen im Eisenkern starke Wirbelströme entstehen. Dafür ist die Induktivität geringer, weshalb die Windungszahlen i.allg. hoch sind. Dies wiederum führt zu einem hohen OHMschen Widerstand des Leitermaterials, was beim Ersatzschaltbild zu berücksichtigen ist.

Bei gekernten Spulen sind Kernmaterial- und -form zu unterscheiden. Beim Material gibt es Massivkerne, Pulverkerne und in Form von Kernblech oder Bandwickel laminierte Kerne. Der Kern mit hoher Permeabilität (ferromagnetisch) oder mittlerer Permeabilität (ferrimagnetisch; hoher OHMscher Kernwiderstand, geringe Wirbelströme) führt zu hoher bzw. mittlerer Induktivität bei fester Windungszahl bei niederen bzw. mittleren Frequenzen. Weiterhin werden Spulen mit Pulver-, laminiertem und Ferritkern auch mit Luftspalt eingesetzt.

An Kernformen sind für Bleche UI-, M (Mantel) und EI, für Schnittbänder SU, SM und Ring, sowie für Ferrite P (Pot), PM (Pot Module), RM (Rectangular Module), E, ETD (Economic Transformer Design mit rundem Mittelschenkel, konstantem Kernquerschnitt längs des Eisenwegs, großem Spulenfenster), U, UI zu unterscheiden.

Das zweite wichtige Kriterium ist die von den Kerneigenschaften unabhängige Wicklungsform, und zwar als Zylinder (Solenoid), Ring (Toroid) und die noch nicht weiter besprochene Scheibenform, bei der die Windungen in Spiralform in einer Ebene aufgewickelt sind.

Einsatzgebiete finden Luft- und Ferritkernspulen in Schwingkreisen, letztere auch für Transformatoren und Funkentstördrosseln. Spulen mit Luftspalt werden als Sieb-

und Speicherdrosseln verwendet. Im Gegensatz zu diesen Wechselstromanwendungen werden Spulen mit massivem Eisenkern für geschaltete Gleichströme, z.B. in Relais und Hubmagneten eingesetzt.

Neben dem bereits erwähnten OHMschen Widerstand der Wicklung ist als parasitärer Effekt die Wicklungskapazität zu berücksichtigen. Sie kann durch bestimmte Wicklungsformen niedrig gehalten werden, z.B. die Lagewicklung. Eine weitere Verbesserung wird durch die Kreuzwicklung erreicht, bei der die Wicklungen kreuzweise übereinander liegen und so nur punktweise Kapazitäten zueinander aufweisen.

4.2.6 Gegeninduktivität L_{ij}

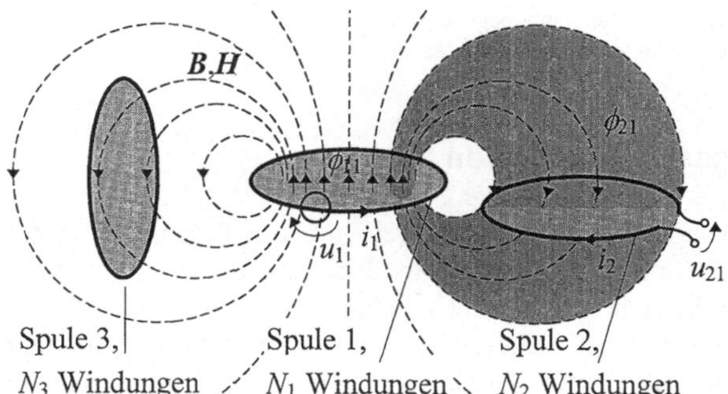

Abb. 4.2-7: Zur Gegeninduktivität.

Gegenüber den vorangegangenen Betrachtungen ist die ***Gegeninduktivität*** L_{ij} (auch: ***Gegeninduktionskoeffizient***) ein Maß für die magnetische Kopplung zweier Induktivitäten L_i und L_j. Dabei wird die in Abschnitt 4.1.3 besprochene Gegeninduktion wirksam. Früher wurde hierfür das Literal M (mutual inductance) verwendet. Die aktuelle Norm sieht dasselbe Literal wie für die Selbstinduktivität vor. Die Verwendung von M bietet sich an, wenn sich die Anzahl der koppelnden Spulen auf zwei beschränkt, ein häufig in der Praxis vorkommender Fall.

Führen wir für die Selbstinduktivität die Schreibweise $L_i = L_{ii}$ ein - die dann auch als ***Selbstinduktionskoeffizient*** bezeichnet wird - lassen sich formal alle Induktivitäten symbolisch einheitlich beschreiben. Dies hat vor allem bei mehreren gekoppelten Spulen den Vorteil, daß wir die Indizes in Matrixdarstellungen, die wir unten ebenfalls besprechen, direkt verwenden können. Diese Indizierung läßt sich auch auf Flüsse, Spannungen etc. übertragen.

Betrachten wir Abb. 4.2-7, so muß von dem Gesamtfluß ϕ_{ii}, den eine Spule i verursacht, Spule j der Anteil

$$\phi_{ji} = \phi_{ii} - \phi_{\sigma i} = k_{ji}\phi_{ii} = k_{ji}N_i i_i \Lambda_i \qquad \Rightarrow \qquad \frac{\mathrm{d}\phi_{ji}}{\mathrm{d}t} = k_{ji}N_i\Lambda_i\frac{\mathrm{d}i_i}{\mathrm{d}t} \tag{4.2-34}$$

durchsetzen ($i, j = 1,2,3$). $\phi_{\sigma i}$ ist der ***Streufluß***, der von Spule i herrührt, aber Spule j nicht durchsetzt. k_{ji} ist der bereits in Abschnitt 3.3.4 eingeführte Kopplungsfaktor - hier von Spule i nach Spule j, wobei für jedweden Kopplungsfaktor gelten muß: $-1 \le k \le 1$. Für $k = 0$ sind die Spulen entkoppelt. Dies ist die Bedingung, unter der die Formeln zur

Berechnung elektrisch zusammengeschalteter Induktivitäten von Abschnitt 4.2.3 gelten. Für $|k| = 1$ durchsetzt der Fluß der einen Spule die andere vollständig. Für $k > 0$ unterstützen sich die Flüsse, für $k < 0$ wirken sie gegeneinander. Wir definieren weiterhin den ***Kopplungsspulenfluß*** ψ_{ji}:

$$\psi_{ji} := N_j \phi_{ji}. \tag{4.2-35}$$

Nach dem Induktionsgesetz resultiert die damit in der j. von der i. Spule induzierte Spannung zu:

$$u_{ji} = \frac{\mathrm{d}\psi_{ji}}{\mathrm{d}t} = N_j \frac{\mathrm{d}\phi_{ji}}{\mathrm{d}t} = k_{ji} N_j N_i \Lambda_i \frac{\mathrm{d}i_i}{\mathrm{d}t}. \tag{4.2-36}$$

Eine sinnvolle Festlegung für die Gegeninduktivität L_{ji} zwischen dem verursachenden Strom i_i und der induzierten Spannung u_{ji} ist analog zur Definitionsgleichung für die Selbstinduktivität L:

$$L_{ji} = k_{ji} N_j N_i \Lambda_i \qquad \Rightarrow \qquad u_{ji} = L_{ji} \frac{\mathrm{d}i_i}{\mathrm{d}t} = \frac{\mathrm{d}\psi_{ji}}{\mathrm{d}t}. \tag{4.2-37}$$

Für $i = j$ ist dies wieder eine einheitliche Beschreibung für Selbst- und Gegeninduktivität, und ψ_{ii} ist in diesem Kontext gleich dem Verkettungsfluß ψ_v. Bei Wechselerregungen können die bereits diskutierten komplexen Beschreibungsmethoden mit Impedanz und Admittanz direkt übertragen werden.

Wollen wir analog zur Selbstinduktivität eine allgemeinere Definition, die sich nur auf Flüsse und Ströme bezieht, integrieren wir die vorige Beziehung:

$$L_{ji} := \frac{\psi_{ji}}{I_i} = N_j \frac{\Phi_{ji}}{I_i} \quad = L_{ij} = \frac{\psi_{ij}}{I_j} = N_i \frac{\Phi_{ij}}{I_j}. \qquad [L_{ij}] = [L] = [\Lambda] = \mathrm{H} \tag{4.2-38}$$

Bezüglich der Verwendung von Gleichgrößen zur Definition s. Ausführungen zur Selbstinduktivität in Abschnitt 4.2.1.

Vertauschen wir sämtliche Indizes, gelten die Formeln für lineare Medien mit Spule j als Verursacher und Spule i als Wirkungsobjekt genauso, d.h. Gegeninduktivitäten sind bei solchen Medien symmetrisch (Umkehrungssatz). Das Verhältnis des Spulenflusses, der von Spule i herrührt und Spule j durchsetzt, zum erzeugenden Strom in Spule i ist genauso groß, wie das Verhältnis des Spulenflusses, der von Spule j herrührt und Spule i durchsetzt, zum erzeugenden Strom in Spule j. Den Beweis dieser Aussagen führen wir mithilfe einer Energiebetrachtung in Abschnitt 4.4.9.

Während die Selbstinduktivität einer Spule immer positiv ist, ist das Vorzeichen der Gegeninduktivität gleich dem des Kopplungsfaktors. Eine Aussage über den Wicklungssinn zweier Spulen zueinander zu treffen, macht nur einen Sinn, wenn sie über eine gemeinsame Führung des magnetischen Flusses verfügen, typ. einen Eisenkern, auf den beide aufgewickelt sind.

Als weiteres Beispiel ist in der Abbildung eine Spule 3 aufgeführt, die zu Spule 1 keine Gegeninduktivität aufweist ($k_{13} = k_{31} = 0$), da alle Feldlinien, die in die Spulenfläche 3 eintreten, die Windungen nicht umschlingen, sondern innerhalb der Fläche wieder austreten. Demgegenüber können wir einen endlichen Kopplungsfaktor und damit nichtverschwindende Gegeninduktivität zwischen Spulen 2 und 3 erwarten.

Nun interessiert noch die Frage, in welcher Weise die Gegeninduktivität $M = L_{ij} = L_{ji}$ zwischen zwei Spulen mit deren Selbstinduktivitäten L_i und L_j zusammenhängen:

$$M^2 = L_{ij}L_{ji} = \frac{N_i\Phi_{ij}N_j\Phi_{ji}}{I_jI_i} = k_{ij}k_{ji}\frac{N_i\Phi_{jj}N_j\Phi_{ii}}{I_jI_i} = k_{ij}k_{ji}L_iL_j = k^2L_iL_j$$

$$\Rightarrow \quad M = L_{ij} = L_{ji} = k\sqrt{L_iL_j} \qquad \text{mit} \quad k := \sqrt{k_{ij}k_{ji}}. \tag{4.2-39}$$

Der ***totale Kopplungsfaktor*** k ergibt sich also aus dem geometrischen Mittel der Einzelkopplungsfaktoren, und es gilt wegen $|k| \leq 1$ immer $L_{ij}^2 \leq L_iL_j$, und $L_{ij\,\max}^2 = L_iL_j$ für vollständige magnetische Kopplung. Dann ist also die Gegeninduktivität auch das geometrische Mittel der Selbstinduktivitäten. Eng mit dem Kopplungsfaktor ist der ***Streufaktor*** σ verknüpft:

$$\sigma := 1 - k^2 = 1 - \frac{L_{ij}^2}{L_iL_j} \qquad \Rightarrow \quad k = \pm\sqrt{1-\sigma}. \tag{4.2-40}$$

Er ist gegenläufig zum Betrag des Kopplungsfaktors mit $0 \leq \sigma \leq 1$.

Eine Größe, die wie der Streufaktor vor allem im Zusammenhang mit dem später besprochenen Transformator von Bedeutung ist, ist das ***Übersetzungsverhältnis*** $ü$:

$$ü_{ij} := \sqrt{\frac{L_i}{L_j}} = \sqrt{\frac{N_i^2\Lambda}{N_j^2\Lambda}} = \frac{N_i}{N_j}. \tag{4.2-41}$$

Die rechte Beziehung gilt für den Fall, daß beiden Induktivitäten der gleiche magnetische Leitwert zugeordnet werden kann und daher insbesondere, wenn eine vollständige Verkettung vorliegt.

Die Gegeninduktivität ist in der Übertragungstechnik für das Übersprechen zwischen benachbarten Leitern verantwortlich und entsprechend dieser letzen Überlegung durch geeignete geometrische Formgebung der Leiter und deren Lage zueinander zu minimieren. Beispiele dafür sind das Verdrillen von Leitungen, Aufbau im Sternvierer oder DIESELHORST-MARTIN-(DM)-Vierer. Erwünscht hingegen ist sie für Übertrager der Nachrichtentechnik und Transformatoren der Energietechnik, denn sie ermöglicht auf einfache Weise Informations- und Energietransfer, sowie Anpassungsfunktionen.

***Aufgabe 4.2.6-1:** Man bestimme die Gegeninduktivitäten L_{12} und L_{21} zwischen den beiden Spulen in Abb. 3.9-4 und zeige, daß beide gleich sind. Dabei sind die magnetischen Leitwerte Λ_1, Λ_2 und Λ_3 sowie die Windungszahlen gegeben. Weiterhin bestimme man k_{12}, k_{21}, k und σ.

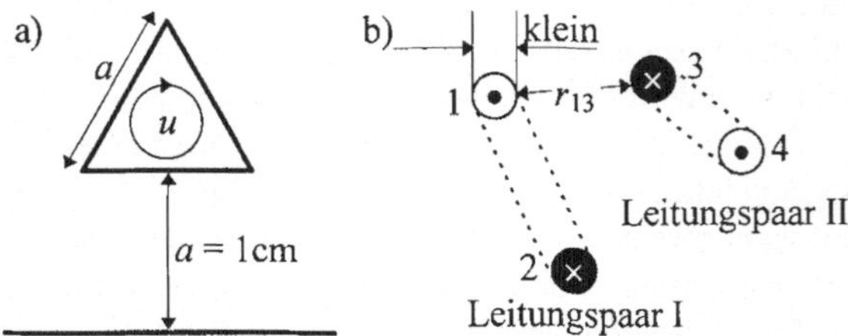

***Aufgabe 4.2.6-2:** Man bestimme die Gegeninduktivität M zwischen dem langen geraden Stromleiter und der Fläche des gleichseitigen Dreiecks in Abbildung a).

***Aufgabe 4.2.6-3:** Man bestimme für zwei Zweidraht-Leitungspaare entsprechend Abbildung b) die Bedingungen für die Abstände r_{ij}, unter denen die Gegeninduktivität M verschwindet. Wie sind solche Anordnungen realisierbar?

4.3 Energie des magnetischen Felds

Magnetische Energie kann man analog zu elektrostatischer Energie nach Abschnitt 1.10 und OHMscher (JOULEscher) Energie nach Abschnitt 2.7 durch die Feldgrößen $\boldsymbol{B}$ und $\boldsymbol{H}$ oder aus den integralen Größen Φ_v bzw. ψ_v, I bzw. Θ, und L darstellen.

4.3.1 Energieinhalt der Spule W_L

Zur Berechnung des Energieinhalts einer Spule der Induktivität L, die von einem Gleichstrom I durchflossen wird, modifizieren wir die Berechnung der Elektrostatik dahingehend, daß wir diesen Energieinhalt nicht unmittelbar berechnen, sondern die Spulenenergie entspr. Abb. 4.3-1 über einen OHMschen Widerstand entladen. Bevor in a) der Schalter geöffnet wird, kreist der Gleichstrom ohne Spannungsabfall in der linken Masche. Nach dem Öffnen muß der Strom $i(t)$ entsprechend b) über den Widerstand R fließen und an ihm fällt aufgrund der Maschenregel zu jedem Zeitpunkt dieselbe Spannung $u(t)$ wie an der Spule ab.

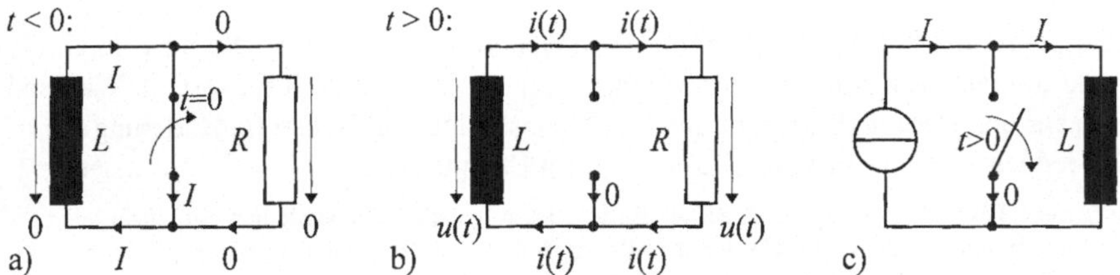

Abb. 4.3-1: Zur Berechnung der Spulenenergie.

Nach dem Gesetz der Energieerhaltung muß der Widerstand die Spulenenergie dabei vollständig in Wärme umwandeln. Wie wir die Energieaufnahme eines Widerstands berechnen, wurde bereits in Abschnitt 2.7.1 angegeben. Zu jedem Zeitpunkt nach Umlegen des Schalters lautet die Spannungsbilanz:

$$u = Ri = -L\frac{\mathrm{d}i}{\mathrm{d}t}. \qquad (4.3\text{-}1)$$

Wir multiplizieren diese Gleichung mit i, integrieren über den theoretisch unendlich lange dauernden Entladevorgang und erhalten:

$$\int_0^\infty ui\mathrm{d}t = -\int_0^\infty Li\frac{\mathrm{d}i}{\mathrm{d}t}\mathrm{d}t = -\int_{i(0)}^{i(\infty)} Li\mathrm{d}i = -\frac{1}{2}L\left(i^2(\infty) - i^2(0)\right) = -\frac{1}{2}L(0 - I^2). \qquad (4.3\text{-}2)$$

Da der Strom in der Spule nicht springen kann, weil sonst ein DIRACstoß in der Spannung auftritt, fließt im ersten Moment nach Umlegen des Schalters noch ein Strom vom Wert des Gleichstroms I. Für $t \to \infty$ muß der Strom versiegen, da ein Gleichstrom keinen Spannungsabfall an der Spule, wohl aber am Widerstand verursacht, und damit die Maschenregel verletzt wäre. Damit erhalten wir als Ergebnis für einen beliebigen, auch zeitveränderlichen Strom:

$$W_L = \frac{1}{2} LI^2 = \frac{1}{2} \psi_\mathrm{v} I = \frac{\psi_\mathrm{v}^2}{2L} = \frac{1}{2} \Phi_\mathrm{v} \Theta . \tag{4.3-3}$$

Das Ergebnis hängt auch erwartungsgemäß nicht vom Widerstandswert R ab. Wie der Entladevorgang genau aussieht, braucht ebenfalls nicht bekannt zu sein, denn der Energieinhalt kann von dessen Verlauf ja nicht abhängen. Wir werden ihn in Abschnitt 4.5.1 berechnen. Die letzte Form dieser Gleichung hatten wir zu Ende von Abschnitt 3.9.4 zur Verifikation der Energiebilanz im magnetischen Kreis verwendet, die als notwendige Bedingung erfüllt sein muß.

Alternativ läßt sich natürlich die Spulenenergie wie bei der Herleitung der Kondensatorenergie aus einem Magnetisierungsvorgang von einer Stromquelle analog zum Aufladen eines Kondensators aus einer Spannungsquelle berechnen. In c) sind die Verhältnisse für die Zeit nach dem Öffnen des Schalters dargestellt. Während vorher der Quellstrom I über den Kurzschluß floß, fließt er danach über die Spule. Aus dem Verhalten in der Übergangszeit während des Schließens des Schalters ergibt sich:

$$W_L = \int_{0^-}^{0^+} iu\mathrm{d}t = \int_{0^-}^{0^+} i\mathrm{d}\psi_\mathrm{v} = \int_{0^-}^{0^+} iL\mathrm{d}i = \frac{1}{2} L\left(i^2(0^+) - i^2(0^-)\right) = \frac{1}{2} LI^2 . \tag{4.3-4}$$

Zum physikalischen Verständnis muß man sich vorstellen, daß der Strom i durch die Spule während des Umlegens des Schalters von $i(0^-) = 0$ auf $i(0^+) = I$ springt. Während einer Stromänderung di entsteht durch die Selbstinduktion (Spulenflußänderung $\mathrm{d}\psi_\mathrm{v} = L\mathrm{d}i$) jedoch eine Spannung u mit zugehörigem Energietransfer.

Aufgabe 4.3.1-1: Eine Luftspule sei auf die Energie W_0 aufgeladen. Sie werde nun mit einem homogenen Magnetikum mit μ_r gefüllt. Um welchen Betrag ändert sich die gespeicherte Energie W_{1I} bei konstantem Strom I bzw. $W_{1\Phi}$ bei konstantem Fluß Φ?

Aufgabe 4.3.1-2: Welche elektrische Energie W_e wird in der vorigen Aufgabe bei konstantem Strom I der Quelle entnommen? Wo bleibt die Differenzenergie? Welche elektrische Energie wird in Aufgabe 1.10.1-3 bei konstanter Spannung U der Quelle entnommen? Wo bleibt dort die Differenzenergie?

Aufgabe 4.3.1-3: Man vergleiche den in Aufgabe 3.9.4-1 berechneten Energieinhalt des gesamten magnetischen Kreises mit den einzelnen Energieinhalten der Induktivitäten L_1 und L_2. Welchen Wert hat die Differenzenergie ΔW_m und wie ist sie physikalisch zu erklären?

4.3.2 Magnetische Feldenergie W_m

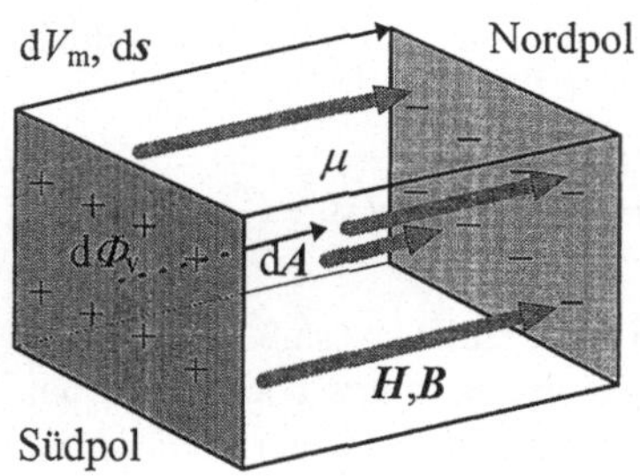

Abb. 4.3-2: Differentiell kleines Volumenelement im Spuleninnern zur Berechnung der magnetischen Feldenergiedichte.

Träger dieser Energie ist der Fluß Φ, nicht der Strom I - also wie beim Kondensator der Raum - nicht die materiellen Objekte, die den Strom repräsentierenden Elektronen.

Zur Berechnung der in diesem Raum vorhandenen magnetischen Feldenergie betrachten wir entspr. Abb. 4.3-2 ein differentiell kleines quaderförmiges Volumenelement im Innern einer Spule mit durchaus inhomogener Flußverteilung. Der verursachende magnetische Spannungsabfall an diesem Volumen, das wegen seiner differentiellen Kleinheit im Innern nur homogene Feldgrößen führen kann, errechnet sich aus dem Durchflutungsgesetz zu $\mathrm{d}V_\mathrm{m} = \mathrm{d}\Theta = \boldsymbol{H}\cdot\mathrm{d}\boldsymbol{s}$. Von dem gesamten verketteten Fluß Φ_v ist nur der Anteil $\mathrm{d}\Phi_\mathrm{v} = \boldsymbol{B}\cdot\mathrm{d}\boldsymbol{A}$ wirksam.

Wir erhalten für den differentiellen Feldausschnitt:

$$\mathrm{d}W_\mathrm{m} = \tfrac{1}{2}\mathrm{d}\Phi_\mathrm{v}\mathrm{d}\Theta = \tfrac{1}{2}\boldsymbol{B}\cdot\mathrm{d}\boldsymbol{A}\,\boldsymbol{H}\cdot\mathrm{d}\boldsymbol{s} = \tfrac{1}{2}\boldsymbol{B}\cdot\boldsymbol{H}\mathrm{d}V. \tag{4.3-5}$$

Damit können wir die ***magnetische Volumenenergiedichte*** ϖ_m berechnen, die bei inhomogenem Feld von Ort zu Ort variiert:

$$\varpi_\mathrm{m} = \frac{\mathrm{d}W_\mathrm{m}}{\mathrm{d}V} = \frac{1}{2}HB = \frac{1}{2}\mu H^2 = \frac{B^2}{2\mu}. \tag{4.3-6}$$

Hier haben wir wieder für die ausschließlich in der Folge betrachteten isotropen Materialien und der damit verbundenen gleichen Richtung von $\boldsymbol{H}$ und $\boldsymbol{B}$, diese als skalare Größen eingeführt. Die im Feld gespeicherte ***magnetische Energie*** W_m berechnen wir wieder durch Integration:

$$W_\mathrm{m} = \int \mathrm{d}W_\mathrm{m} = \iiint \varpi_\mathrm{m}\mathrm{d}V = \tfrac{1}{2}\iiint HB\mathrm{d}V. \tag{4.3-7}$$

Ist das Feld homogen, können die Integrale wieder durch Produkte ersetzt und bei Bedarf wieder auf die Formeln, die die Induktivität L enthalten, zurückgerechnet werden. Bei nichtlinearen hartmagnetischen Materialien sind diese Formeln nicht anwendbar, da μ keine konstante Größe ist. Die Energiedichte modifiziert sich dann zu einem Integral entlang der bekannten Hysteresekurve

$$\varpi_\mathrm{m} = \int \boldsymbol{H}\cdot\mathrm{d}\boldsymbol{B}. \tag{4.3-8}$$

Auch sollten hier die Vektoren beibehalten werden, da im Dauermagneten $\boldsymbol{H}$ und $\boldsymbol{B}$ gegeneinander verdreht sein können. Das Material ist anisotrop und μ muß strenggenommen durch einen Tensor beschrieben werden. Für ein lineares Medium ergeben sich hieraus wieder die vorstehenden Formeln. Eine vergleichbare Modifikation ist für die elektrische Feldenergiedichte in Elektreten notwendig.

Aufgabe 4.3.2-1: Aus sehr großer Entfernung werden entsprechend der Abbildung zwei Ferritringhälften um einen langen geraden gleichstromdurchflossenen Leiter gebracht. Um welchen Wert ΔW_m nimmt der magnetische Energieinhalt sowie der Fluß $\Delta\Phi$ des Gebiets, in dem sich diese dann befinden, zu?

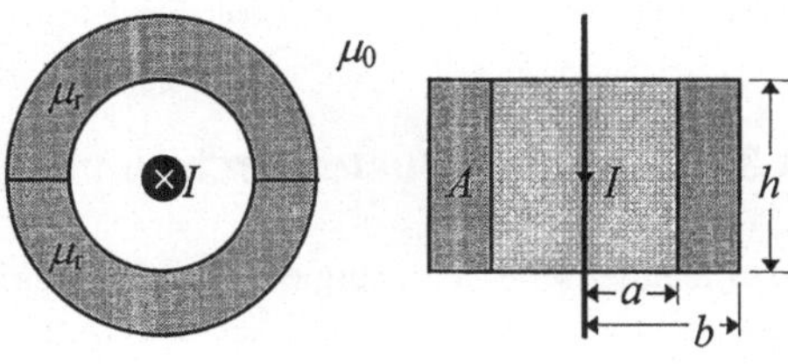

Aufgabe 4.3.2-2: Welche elektrische Energie wird in der vorigen Aufgabe der Quelle entnommen? Wo bleibt die Differenzenergie?

Aufgabe 4.3.2-3: In Abb. 1.6-7 fließe parallel zur y-Achse durch $(x, y, z) = (1, 0, 0)$ ein Strom von $I = 3$ A. Man berechne mittels MATHCAD symbolisch und numerisch den Energieinhalt des Volumens unterhalb der schiefen Ebene bis zu den Koordinatenebenen. Welches Problem ergibt sich bei einem Strom auf der y-Achse?

4.3.3 Induktivitätsberechnung aus der Feldnergie

Bei der Induktivitätsberechnung wurde bereits auf die Alternative über die Feldenergie hingewiesen. Da in diesem Abschnitt die Energie sowohl in Abhängigkeit von L als auch von den Feldgrößen angegeben wurde, bietet sich ein Gleichsetzen der Gln. 3 und 7 an, nachdem bei inhomogener Spulengeometrie z.B. der Feldverlauf $H(NI)$ bekannt ist:

$$L = \mu \iiint (\frac{H}{I})^2 \mathrm{d}V . \tag{4.3-9}$$

Vergleichbare Formeln lassen sich für Kapazität und OHMschen Widerstand angeben. Die Bedeutung für Induktivitäten ist jedoch am größten, da aufgrund komplizierter Feldkonfigurationen schon bei einfachen Stromgeometrien auf Effizienz des Berechnungsverfahrens geachtet werden muß, um mit vertretbarem Aufwand zum Ziel zu kommen.

Die wichtigste Bedeutung dieser Formel liegt in der oft schwierigen Berechnung innerer Induktivitäten, da hier bei der unmittelbaren Berechnung der richtige Verkettungsfaktor zu berücksichtigen ist. Wir wollen dies am konkreten Beispiel der inneren Induktivität L_a des Außenleiters eines Koaxialleiters demonstrieren, die bereits in Aufgabe 4.2.4-3 zu berechnen war. Hier gilt mit dem zylindrischen Volumenelement $\mathrm{d}V$ und dem bekannten Feldverlauf $H_\varphi(r)$:

$$\mathrm{d}V = 2\pi r \mathrm{d}r l, \qquad H_\varphi(r) = \frac{I}{2\pi r}\frac{c^2 - r^2}{c^2 - b^2}$$

$$\Rightarrow \quad L_a = \mu_0 l 2\pi \int_b^c \left(\frac{1}{2\pi r}\frac{c^2 - r^2}{c^2 - b^2} \right)^2 r\mathrm{d}r = \mu_0 l \int_b^c \frac{1}{2\pi r}\left(\frac{c^2 - r^2}{c^2 - b^2} \right)^2 \mathrm{d}r . \tag{4.3-10}$$

Dies ist das gleiche Integral wie in jener Aufgabe, so daß wir beim Weiterrechnen das gleiche Ergebnis wie dort erhalten.

Aufgabe 4.3.3-1: Man berechne die innere Induktivität des Zylinderleiters der Länge l aus der Feldenergie.

Aufgabe 4.3.3-2: Man berechne die Induktivität des Kreises aus Aufgabe 3.6.4.3-3 exakt und genähert über die Feldenergie.

Aufgabe 4.3.3-3: Der magnetische Kreis der vorigen Aufgabe habe nun unendliche Permeabilität und weise einen schmalen Luftspalt der Breite δ auf. Man berechne L über die Feldenergie.

4.3.4 Energieverluste durch Ummagnetisierung

Tritt magnetische Feldenergie in zeitveränderlicher Form, insbes. als Wechselfeld auf, kann dies zu OHMschen Effekten führen mit der Folge, daß dem Magnetfeld Energie entzogen wird. Die beiden wesentlichen Verluste sind Hystereseverluste, wenn hartmagnetische Werkstoffe durchdrungen werden, sowie Wirbelstromverluste infolge der Induktion von Spannungen in magnetischem Material, das elektrisch leitfähig ist. Auf beide Effekte, ihre Bedeutung und Maßnahmen zum Entgegenwirken, wurde schon verschiedentlich hingewiesen.

4.3.4.1 Hystereseverluste

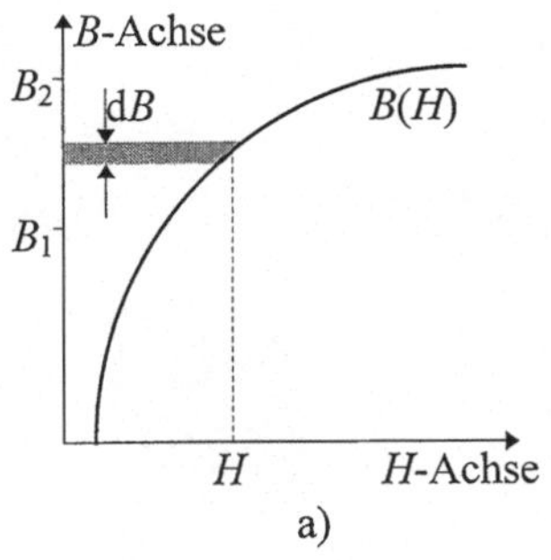

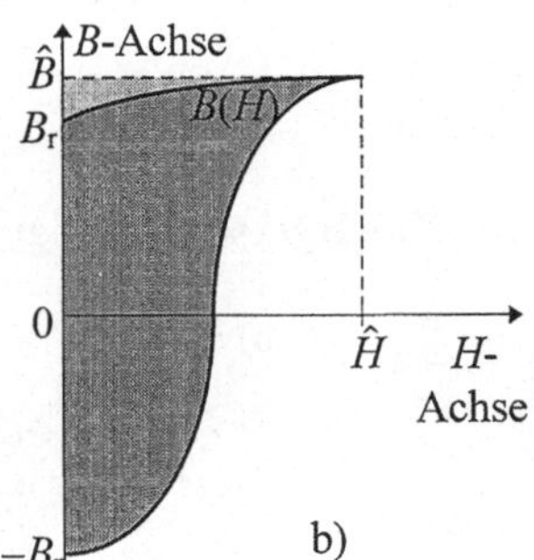

Abb. 4.3-3: Zur Berechnung der Hystereseverluste.

Wird ein magnetisierbarer Stoff aufmagnetisiert, entzieht er dem magnetisierenden Feld Energie zum Ausrichten seiner Dipole. Ist das Material ein perfekt weichmagnetischer Stoff, gibt es diese Energie beim Abschalten der Quelle wieder vollständig zurück. Bei einem hartmagnetischen Stoff hingegen bleibt entsprechend dem sich nach Abschnitt 3.9.5 einstellenden Arbeitspunkt eine remanente Ausrichtung von Dipolen vorhanden, zu denen eine gespeicherte magnetische Energie gehört.

Ist die Feldenergie homogen über dem Volumen V verteilt, können wir nach Gl. 8 die Energieaufnahme $\mathrm{d}W_\mathrm{m}$ berechnen, die der hartmagnetische Stoff auf dem Kennlinienstück $\mathrm{d}B$ nach Abb. 4.3-3a) der Quelle entzieht:

$$\mathrm{d}W_\mathrm{m} = VH\mathrm{d}B \quad \Rightarrow \quad W_\mathrm{m12} = V\int_1^2 H\mathrm{d}B \quad \Rightarrow \quad \overset{\circ}{W}_\mathrm{m} = V\oint H\mathrm{d}B. \tag{4.3-11}$$

Dazu muß der Kennlinienverlauf $B(H)$ bzw. $H(B)$ als Formel oder Meßkurve bekannt sein. W_m12 ist dann die Energieaufnahme des Materials bei der Magnetisierung von B_1 nach B_2.

Legen wir einen Wechselstrom $i(t) = \hat{\imath}\sin\omega t$ an die Spule um den Magnetkern an, wird das Magnetfeld gemäß $H(t) = \hat{H}\sin\omega t$ verlaufen. Betrachten wir entsprechend b) hiervon die positive Halbschwingung des eingeschwungenen Vorgangs, wird in der ersten Viertelschwingung von $(H;B) = (0;-B_\mathrm{r})$ bis $(H;B) = (\hat{H};\hat{B})$ eine Energiedichte vom Betrag der gesamten grauschattierten Fläche aufgebracht. Die zweite Viertelschwingung endet an $(H;B) = (0;B_\mathrm{r})$, womit die Energiedichte vom Betrag der oberen hellschattierten Fläche zurückgegeben wird.

Die insgesamt während dieser Halbschwingung dem erregenden Feld entzogene Energiedichte ist gleich dem Betrag der dunkelschattierten Fläche. Folglich sind die bei einer vollständigen Schwingung der Quelle entzogenen Hystereseverluste durch Ummagnetisierung $\overset{\circ}{W}_\mathrm{m}$ proportional der gesamten Hysteresefläche. Schwingt die Quelle mit der Frequenz f, z.B. mit 50 Hz, wird in jeder Sekunde dem Feld die f/Hz-fache Energie entzogen. Die Leistungsaufnahme infolge von Hystereseverlusten beträgt folglich:

$$\overset{\circ}{P}_\mathrm{m} = f\,\overset{\circ}{W}_\mathrm{m} = fV\oint H\mathrm{d}B. \tag{4.3-12}$$

Somit steigt für magnetische Werkstoffe die Erwärmung mit ihren hartmagnetischen Eigenschaften und der Frequenz des Feldes, die dieses Medium durchdringt.

4.3.4.2 Wirbelstromverluste

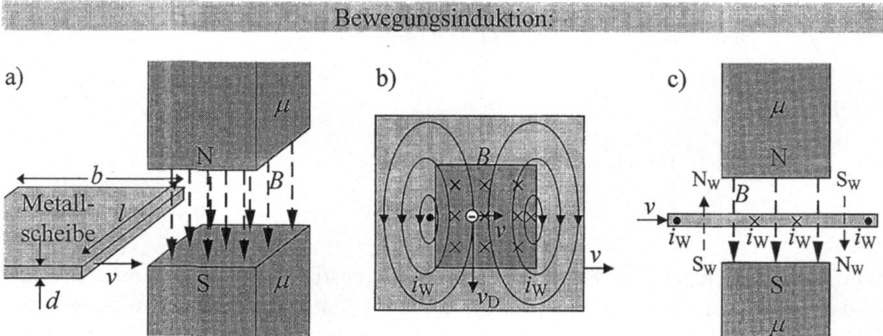

Abb. 4.3-4: a) Metallscheibe wird zwischen den Polen eines Magneten durchgeführt, b) Wirbelströme i_W im Metall infolge der Induktion; Ansicht von oben, c) Ansicht im Schnitt mit Polbildung.

Bei der LENZschen Regel haben wir gelernt, daß Ladungen, die einem zeitveränderlichen Magnetfeld ausgesetzt sind, immer so auszuweichen versuchen, daß das von dem damit verbundenen Stromfluß aufgebaute Feld der ursprünglichen Feldänderung entgegenwirkt. Die Ursache der Zeitveränderlichkeit des erregenden Felds ist dabei unerheblich. Da solche Feldlinien in Transformatoren und elektrischen Maschinen elektrisch leitende Eisenteile durchdringen, können wir hier eine LENZsche Reaktion erwarten, die wir uns entspr. Abb. 4.3-4 am Beispiel einer Metallscheibe (Aluminium, Kupfer, Eisen etc.), die mit der Geschwindigkeit v durch den Luftspalt eines Magneten der Flußdichte B geführt wird, klarmachen wollen.

In b) werden die Metallelektronen, die sich gerade unter dem Einfluß des B-Feldes befinden, mit der LORENTZkraft $F_L = evB$ nach unten abgelenkt, woraufhin oben eine Elektronenverarmung entstehen möchte. Da die Metallscheibe größer als die Polfläche ist, geraten die Elektronen im Außenbereich außerhalb des B-Felds in die elektrischen Feldlinien der oberen Elektronenverarmung und fließen links und rechts außerhalb der Polfläche nach oben, woraufhin sie vom B-Feld wieder nach unten getrieben werden, usw., was insgesamt zu dem Stromwirbel führt.

Aufgrund der Tatsache, daß die strömenden Elektronen jetzt mit der Geschwindigkeit v der Metallscheibe nach rechts, als Bestandteil des Stromflusses im Feld aber auch mit der Driftgeschwindigkeit v_D nach unten bewegt werden, ergibt sich ein Netto-Geschwindigkeitsvektor nach rechts unten, wobei der Stromgeschwindigkeitsanteil v_D, wie schon bei der Leiterschleife in Abb. 4.1-6 dargelegt, zu Rückstoßkräften führt: die Scheibe wird abgebremst.

Der Wirbelstrom i_W baut seinerseits ein Magnetfeld auf, das wie in c) entlang der Mittelachse eingezeichnet, links nach oben entgegen dem ursprünglichen Feld wirkt, und rechts nach unten in dessen Richtung. Der linke Stromwirbel versucht zu verhindern, daß die Scheibe in das Magnetfeld eindringt, weshalb sich oben ein Nordpol N_W

und unten ein Südpol S_W ausbildet, die sich von den Polen N und S der Polschuhe abstoßen. Auf der rechten Seite ist es mit gleichem Ergebnis umgekehrt.

Im Prinzip ist diese Wirbelstrombildung mit dem in Abschnitt 3.4.3 beschriebenen HALLeffekt verwandt, nur daß dort die Scheibe ruhte und vom Strom durchflossen wurde und aus hochohmigerem Leitermaterial bestand, um statt eines Wirbelstroms eine Spannung hervorzurufen.

Technisch genutzte Anwendung findet dieser Effekt bei Wirbelstrombremsen, z.B. von Omnibussen, wo sich eine an das Rad gekoppelte Aluminiumscheibe im Luftspalt eines Elektromagneten dreht und durch Betätigen des Bremspedals ein Strom aufgebracht wird, der zum Vermindern der Winkelgeschwindigkeit führt. Aluminium weist das kleinste Produkt aus Dichte (geringes Trägheitsmoment) und spezifischem Widerstand (große Wirbelströme) auf. Bei Meßgeräten werden mittels Wirbelstrombremsen Einschwingvorgänge gedämpft. Elektrizitätszähler (kWh-Zähler) nutzen die Abbremsung einer Scheibe zur Energiemessung. Sie zählen zu den Induktionsmeßwerken, die bei geeigneter Zusammenschaltung der Spulen auch zur Frequenz-, Blind- und Wirkleistungs- sowie zur Phasenmessung verwendet werden können.

Transformatorische Induktion:

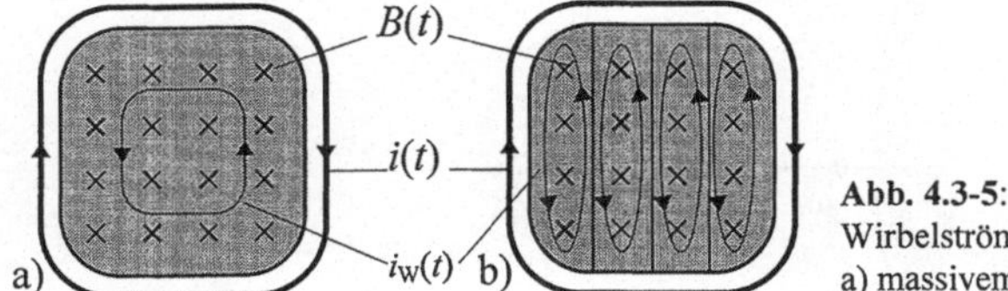

Abb. 4.3-5: Wirbelströme in a) massivem und b) geblechtem Eisen.

In Abb. 4.3-5a) wird eine Spule mit massivem Eisenkern von einem Strom $i(t)$ umflossen. Unterstellen wir, daß $i(t)$ momentan zunimmt, wird $B(t)$ im Eisen in die angegebene Richtung weisen und ebenfalls gerade zunehmen. Daraus ergibt sich eine Wirbelspannung nach der Rechte-Hand-Regel, die im leitfähigen Eisen einen Wirbelstromfluß $i_W(t)$ in der eingezeichneten Richtung zur Folge hat. Das nicht dargestellte, hiervon aufgebaute Gegenfeld wirkt der Änderung von $B(t)$ entgegen.

In b) ist der Eisenkern in vier parallel zum Feld liegende Segmente unterteilt, die zueinander elektrisch isoliert sind, so daß der Wirbelstrom auf ein jeweils deutlich schmaleres Gebiet begrenzt ist. Der OHMsche Bahnwiderstand wächst, womit der Stromfluß reduziert ist. In der Praxis werden die in Abschnitt 3.9.4 bereits erläuterten Maßnahmen ergriffen: Blechen mit Dicken < 0,35 mm bei 50 Hz, also in der Energietechnik, Verwendung von Ferritkernen in der Nachrichtentechnik mit sehr hohem OHMschen Widerstand, oder auch Blechen von 0,01 - 0,5 mm für Kerne bis 1 MHz.

Berechnen wir als Beispiel die Leistungsaufnahme eines zylindrischen Stücks Eisen mit gegebenem κ, Länge l und Radius a, das homogen in Längsrichtung von einem Wechselfluß $\phi(t) = \hat{\phi}\sin\omega t$ durchsetzt wird. Wir erhalten aus der integralen Form des Induktionsgesetzes den Verlauf der elektrischen Feldstärke:

$$\oint_{\text{im Eisen}} \boldsymbol{E}\cdot \mathrm{d}\boldsymbol{s} = E_\varphi 2\pi r = \frac{\mathrm{d}\phi_\mathrm{v}}{\mathrm{d}t} = \frac{\mathrm{d}\phi}{\mathrm{d}t}\frac{r^2}{a^2}$$

$$\Rightarrow \quad E_\varphi(r,t) = \frac{r}{2\pi a^2}\frac{\mathrm{d}\phi}{\mathrm{d}t} = \hat{\phi}\frac{r}{2\pi a^2}\omega\cos\omega t = \hat{\phi}\frac{r}{a^2}f\cos\omega t. \qquad (4.3\text{-}13)$$

Diese Rechnung steht in Analogie zur Berechnung der magnetischen Feldstärke im Innern eines stromdurchflossenen Zylinderleiters aus dem Durchflutungsgesetz nach Abschnitt 3.6.4.3. Die dann im Volumen $V = l\pi a^2$ mit dem Volumenelement $\mathrm{d}V = l2\pi r\mathrm{d}r$ umgesetzte JOULEsche Verlustleistung ergibt sich aus der in Abschnitt 2.7.2 berechneten elektrischen Feldenergie zu:

$$p(t) = \int_V \kappa E^2 \mathrm{d}V = \kappa l 2\pi \int_0^a E^2 r\mathrm{d}r = \kappa l 2\pi \frac{(\hat{\phi}f\cos\omega t)^2}{a^4}\cdot\int_0^a r^3\mathrm{d}r =$$

$$= \tfrac{1}{2}\kappa l\pi(\hat{\phi}f\cos\omega t)^2 = P + p_\sim(t) = \tfrac{1}{4}\kappa l\pi(\hat{\phi}f)^2 + \tfrac{1}{4}\kappa l\pi(\hat{\phi}f)^2\cos 2\omega t. \qquad (4.3\text{-}14)$$

Die mittlere Verlustleistung P steigt also proportional der Leitfähigkeit und den Quadraten von Flußamplitude und Frequenz. Sie ist unabhängig vom Zylinderradius a.

Skineffekt:

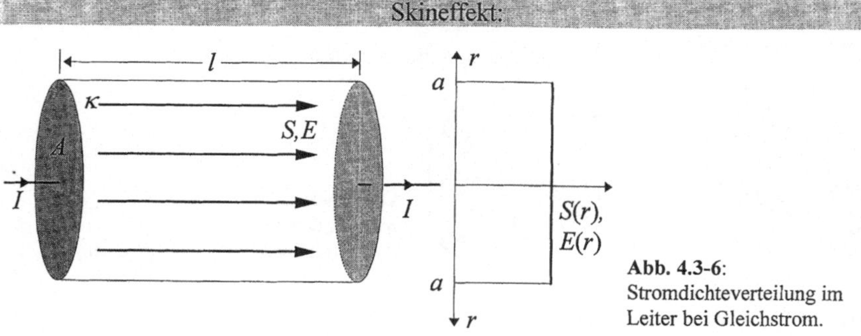

Abb. 4.3-6: Stromdichteverteilung im Leiter bei Gleichstrom.

Wird ein homogener Leiter entspr. Abb. 4.3-6 von einem Gleichstrom I durchflossen, stellt sich einen homogene Stromdichte- und Feldstärkeverteilung ein, Induktionseffekte finden nicht statt. Im vorigen Kapitel haben wir gelernt, daß dazu ein im Leiterinnern $\sim r$ ansteigendes Magnetfeld gehört. Ist der Strom i hingegen, wie in Abb. 4.3-7, zeitveränderlich, bildet sich um das primäre Magnetfeld $H_\mathrm{p}(t)$ wieder ein induziertes elektrisches Feld $E_\mathrm{i}(t)$, welches in komplizierter Weise einerseits auf das primäre Feld zurückwirkt, andererseits wieder ein Magnetfeld erzeugt, usw.

Welcher genaue inhomogene Verlauf der Stromdichte $S(r)$ über den Leiterquerschnitt daraus resultiert, kann nur noch erahnt und durch eine genauere Rechnung nachgewiesen werden. Prinzipiell stehen mit den MAXWELLgleichungen die Mittel hierzu zur Verfügung. Der konkret zu treibende Aufwand würde jedoch den Rahmen dieses Buches sprengen, da eine effiziente Herleitung ein gewisses Eindringen in die Ausbreitungseigenschaften elektromagnetischer Wellen erfordert.

Insgesamt kann als Ergebnis dieser Rechnungen zusammengefaßt werden, daß sich die Hüllkurve der Stromdichte etwa wie in Abb. 4.3-7 verhält, dem ganzen jedoch noch eine Oszillation unterlagert ist, die für Zylindergeometrien in Form von BESSELfunktionen quer zur Ausbreitungsrichtung auftritt. Dieser Effekt heißt dann auch **Skineffekt** - oder **Stromverdrängung** - d.h. Häutung des Stroms - genauer: der Stromdichte, aber auch aller anderen Feldgrößen.

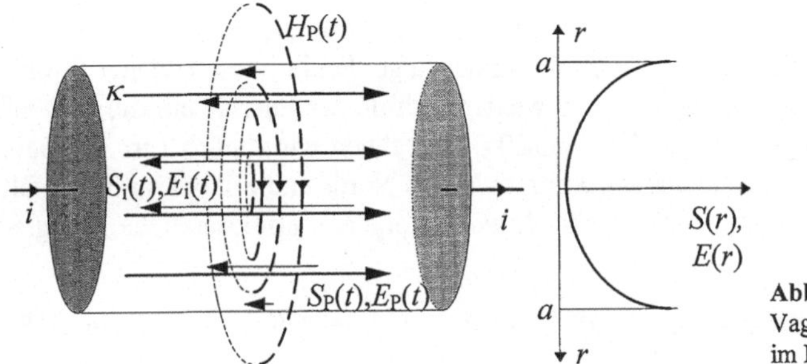

Abb. 4.3-7:
Vage Stromdichteverteilung im Leiter bei Wechselstrom.

Infolgedessen sind die einfachen Formeln zur Berechnung des OHMschen Widerstands eines Drahts $R = \rho l/A$ oder der inneren Induktivität $L_i = \mu_0 l/8\pi$ nicht mehr anwendbar. Der Widerstand nimmt mit der Wurzel aus der Frequenz zu und die innere Induktivität ab. Bei hinreichend hohen Frequenzen sind nur noch Oberflächenströme zu berücksichtigen. Die Stromdichte $\boldsymbol{S}$ ist dann keine nützliche Beschreibungsgröße mehr und kann durch den Strombelag $\boldsymbol{K}$ ersetzt werden, der auf der Leiteroberfläche vom Betrag der magnetischen Feldstärke ist, und beide im Innern verschwinden.

Dies hat einschneidende Maßnahmen in der Nachrichtentechnik zur Folge, denn hier muß die Leitergeometrie bei hohen Frequenzen nicht mehr massiv sein. Stattdessen werden Hohlstrukturen, wie Koaxialleiter, im Bereich von einigen MHz bis 1 GHz verwendet, woran sich Hohlleiter bis ca. 330 GHz anschließen. Oberhalb dieser Frequenzen ist der skineffektbedinge Widerstand aller metallischen Leiter so groß, daß keine effektive Übertragung mehr möglich ist. Dielektrische Lichtwellenleiter, bei denen der Skineffekt keine Rolle spielt, schließen sich im Bereich von $3 \cdot 10^{14}$ Hz an.

Aber auch in der Übertragung akustischer Frequenzen wird dem Rechnung getragen, indem Litzenleiter verwendet werden. Ein akustisches Signal besteht aus einem Frequenzgemisch bis ca. 20 kHz. Die höheren Frequenzanteile werden bei einem Massivleiter stärker gedämpft, sodaß bei minderwertigem Leitermaterial eine Verminderung der Höhen eintritt. Auch in der Energietechnik mit ihren 50 Hz ist der Skineffekt bereits zu berücksichtigen, da hier bei den hohen transportierten Leistungen jede Widerstandserhöhung zu kostspieligen Verlusten und Problemen der Wärmeabfuhr führt, womit dieser Tatsache durch komplizierte Formgebung Rechnung getragen wird.

Aufgabe 4.3.4-1: Welchen Leistungsverlust weist ein dm^3 AlNiCo 600 bei 50 Hz und voll durchfahrener Hystereseschleife näherungsweise auf.

Aufgabe 4.3.4-2: Man berechne die mittlere Wirbelstromverlustleistung P in der Ringkernspule nach Abb. 3.6-13 unter der Annahme homogener mittlerer Flußverteilung. Gegeben sind κ, μ, N, a, d, l und f.

***Aufgabe 4.3.4-3**: Eine Aluminiumscheibe entspr. Abb. 4.3-4 mit $l \to \infty$ werde überall vom Feld $B(t)$ mit einer Amplitude von 1 T normal durchsetzt. Man berechne die Wirbelstromverlustleistung pro Längeneinheit $p(t)/l$. Welche mittlere Wirbelstromverlustleistung pro Volumen p_V folgt für $f = 50$ Hz und $b = 1$ cm? Welcher Wert ergibt sich, wenn die Scheibe in b-Richtung in n gleichgroße isolierte Segmente unterteilt wird?

4.3.5 Kraft und Energie

Wir schließen wie in Abschnitt 1.10.3 den Kreis zum Anfang des Magnetismus' mit seinen Kraftbetrachtungen. Wegen der weitgehenden Analogie zur Elektrostatik wurden bewußt Text und Aufgaben im Vergleich zu jenem Abschnitt so wenig wie möglich modifiziert. Im Laufe der Zeit waren wir in der Lage, Felder verschiedener Stromgeometrien zu analysieren, so daß wir jetzt wieder mithilfe der Energie auf die wirkenden Kräfte zurückrechnen können: $\boldsymbol{F} = -\text{grad}W_\text{p}$. Berechnen wir zunächst in Analogie zum Plattenkondensator die Anziehungskraft zwischen Nord- und Südpol am Luftspalt der Breite d eines Magneten der Polfläche A, wobei folgende grundsätzliche Energiebilanz gilt:

$$\text{d}W_\text{q} = \text{d}W_\text{m} + \text{d}W_\text{mech} \quad = \text{d}(\theta\phi) = \tfrac{1}{2}\text{d}(\theta\phi) + \boldsymbol{F}\cdot\text{d}\boldsymbol{s} = \tfrac{1}{2}\text{d}(\theta\phi) + F\,\text{d}d, \tag{4.3-15}$$

Speziell im Fall des Permanentmagneten ohne weitere Quelle gilt:

$$0 = \text{d}W_\text{m} + \text{d}W_\text{mech} = \tfrac{1}{2}\Phi\text{d}V_\text{m} + F\,\text{d}d \quad \Rightarrow \quad F\,\text{d}d = -\tfrac{1}{2}\Phi\text{d}V_\text{m} = -\text{d}W_\text{m}. \tag{4.3-16}$$

Die beiden Pole des Permanentmagneten mit $\mu \to \infty$ und $\Phi = \text{const.}$ mögen sehr dicht mit $d \to 0$ aufeinanderliegen. Der Energieinhalt dieses Systems ist Null unabhängig von Φ! Dies können wir z.B. aus der Feldenergie wg. $V \to 0$ begründen. Wir ziehen die Pole auf den Abstand d auseinander und müssen dabei mechanische Arbeit W_mech gegen deren Anziehungskraft verrichten, die sich in gespeicherte magnetische Energie W_m transformiert. $-\boldsymbol{F}_\text{m} = \text{grad}W_\text{m}$ ergibt sich zu

$$-F_\text{m}\Big|_\Phi = \frac{\text{d}W_\text{m}}{\text{d}d} = \frac{BH}{2}\frac{\text{d}V}{\text{d}d} = \frac{BHA}{2} = \frac{W_\text{m}}{d} = \frac{B^2A}{2\mu_0} = \frac{\Phi^2}{2\mu_0 A} = \frac{\Phi H}{2} = \frac{\mu_0 H^2 A}{2}. \tag{4.3-17}$$

Das Minuszeichen interpretieren wir als Anziehung, die entgegen der Richtung der auseinandergezogenen Pole wirkt. Bei Φ, B, $H = \text{const.}$ nimmt für wachsendes d W_m zu ($\text{d}W_\text{m} > 0$) und W_mech wird entnommen ($\text{d}W_\text{mech} < 0$).

Alternativ denken wir uns eine Spule L mit Stromquelle $I\,(\Theta) = \text{const.}$ und hochpermeablem weichmagnetischem Eisenkern mit Luftspalt, wofür die Energiebilanz

$$\text{d}W_\text{q} = \text{d}W_L + \text{d}W_\text{mech} \quad = \Theta\text{d}\phi = \tfrac{1}{2}\Theta\text{d}\phi + F\,\text{d}d$$

$$\Rightarrow \quad F\,\text{d}d = \tfrac{1}{2}\Theta\text{d}\phi = +\text{d}W_L \tag{4.3-18}$$

gilt. Führen wir das gleiche Auseinanderziehen der Pole durch, ergibt sich:

$$F_\text{m}\Big|_I = \frac{\text{d}W_L}{\text{d}d} = \frac{I^2}{2}\frac{\text{d}L}{\text{d}d} = \frac{\Theta^2\mu_0 A}{2}\frac{\text{d}\,1/d}{\text{d}d} = -\frac{\Theta^2\mu_0 A}{2d^2} = -\frac{LI^2}{2d} = F_\text{m}\Big|_\Phi. \tag{4.3-19}$$

Wir erhalten also das gleiche Ergebnis wie zuvor. Für $\Theta = Hd = \text{const.}$ nehmen B, H, Φ, L und W_L von beliebig großen Werten ab ($\text{d}W_\text{q} = 2\text{d}W_L = 2\text{d}W_\text{mech} < 0$).

Alle diese Ausdrücke sind praktisch Ergebnisformeln. Welche zu nehmen ist, hängt davon ab, welche Kombination der folgenden Größen gegeben ist: B, H, Φ, Θ, L, A, μ, d. Insbesondere hängt die Anziehungskraft zwischen den Polen mit homogenem Feld wg. $F_\text{m} = \Phi^2/2\mu_0 A$ nicht wirklich vom Polabstand d ab. Die Begründung ist analog zum Plattenkondensator. Mithilfe dieser Überlegungen lassen sich dann auch umgekehrt aus der Kraft die obigen Energieformeln herleiten.

Möchten wir den magnetischen Druck p_m, also die Kraft pro Fläche kennen, können wir dies einfach durch Division durch A erreichen:

$$p_{\mathrm{m}} = \frac{\mathrm{d}F_{\mathrm{m}}}{\mathrm{d}A} = \frac{\mu_0 H^2}{2} = \frac{B^2}{2\mu_0} = \varpi_{\mathrm{m}} = \frac{\mathrm{d}W_{\mathrm{m}}}{\mathrm{d}V}. \tag{4.3-20}$$

Wir wollen nun noch überprüfen, in welcher Weise alternativ die Formel 3.8-2 der Magnetostatik $F_{\mathrm{m}} = \Phi H$ zur Kraftberechnung auf die Pole herangezogen werden kann. Grundsätzlich sollte die Anwendung auch hier möglich sein, wir müssen aber wieder den Faktor ½ unterbringen. Betrachten wir z.B. den Fluß des Nordpols Φ_{N} als Wirkungsobjekt Φ_{w}, auf welchen das magnetische Feld H_{S} des betragsmäßig gleichgroßen Südpolflusses $\Phi_{\mathrm{S}} = -\Phi_{\mathrm{N}} = -\Phi_{\mathrm{w}}$ wirkt, so muß dort gelten $F_{\mathrm{mN}} = \Phi_{\mathrm{N}} H_{\mathrm{S}}$.

Auch hier können wir mithilfe der magnetischen Ersatzladungsmodells analog zur Elektrostatik so tun, als ob jeder Pol seinen Fluß selbst erzeugt: $\Phi = \frac{1}{2}(\Phi_{\mathrm{N}} + |\Phi_{\mathrm{S}}|)$ mit $\Phi_{\mathrm{N}} = |\Phi_{\mathrm{S}}| = \Phi$. Auch $\Phi_{\mathrm{S}} < 0$ ist hier positiv zu zählen, da sich die Flußrichtungen im Luftspalt unterstützen.

Damit erzeugt jeder Pol die Hälfte der Flußdichte B, die Hälfte der Feldstärke H und die Hälfte der magnetischen Spannung V_{m}. Unter dieser Betrachtungsweise ist die Grundformel der Magnetostatik $F_{\mathrm{mN}} = \Phi_{\mathrm{N}} H_{\mathrm{S}}$ anwendbar, indem für $H_{\mathrm{S}} = \frac{1}{2} H$ gesetzt wird, und wir folglich erhalten:

$$F_{\mathrm{m}} = \tfrac{1}{2}\Phi H, \tag{4.3-21}$$

also die gleiche Formel wie zuvor, ohne auf Energie bzw. Arbeit zurückzugreifen.

Ist der Feldverlauf inhomogen, wie z.B. bei den zuvor berechneten Zylinder-, Band- und Doppeldrahtinduktivitäten, muß die Kraftformel wieder auf die Grundbeziehung $\boldsymbol{F}_{\mathrm{m}} = -\mathrm{grad}\, W_{\mathrm{p}}$ zurückgeführt werden:

$$\boldsymbol{F}_L\big|_{\Phi} = -\mathrm{grad}\frac{\psi^2}{2L} = -\frac{\psi^2}{2}\mathrm{grad}\frac{1}{L} \qquad \Rightarrow \quad F_L\big|_{\Phi} = -\frac{\psi^2}{2}\frac{\mathrm{d}1/L}{\mathrm{d}d}.$$

$$\boldsymbol{F}_L\big|_I = \mathrm{grad}\frac{I^2 L}{2} = \frac{I^2}{2}\mathrm{grad}L \qquad \Rightarrow \quad F_L\big|_I = \frac{I^2}{2}\frac{\mathrm{d}L}{\mathrm{d}d}. \tag{4.3-22}$$

Gleichwohl läßt sich mit diesen Überlegungen auch der Energieinhalt unmittelbar aus der potentiellen Energie $W_{\mathrm{p}} = \Phi\Theta = \psi I$ in Gl. 3.4-34 berechnen, denn sie stellt ja das Potential dar, Arbeit über Kräfte zu verrichten. Mit der Argumentation von oben liest sich die Energiegleichung: $W_{\mathrm{mN}} = \Phi_{\mathrm{N}}\Theta_{\mathrm{S}} = \psi_{\mathrm{N}} I_{\mathrm{S}}$, also

$$W_L = \Phi\frac{\Theta}{2} = \psi\frac{I}{2}. \tag{4.3-3}$$

Dieselbe Argumentation läßt sich unmittelbar auf die Feldenergie übertragen.

Aufgabe 4.3.5-1: Um welchen Faktor ändert sich der Druck p_{m} bei einen Luftspalt auf einen Magnetpol, wenn ein Magnetikum mit μ_{r} eingebracht wird? Dabei sei einmal der Fluß Φ, ein andermal die Durchflutung Θ konstant.

Aufgabe 4.3.5-2: Mit welcher Kraft pro Länge stoßen sich Hin- und Rückleiter zweier 3 kA-Starkstromleitungen mit 3 cm Durchmesser im Abstand von 1 m ab? Man berechne das Ergebnis direkt sowie über die Energie.

Aufgabe 4.3.5-3: Welche magnetische Energie hat ein Koaxialleiterstück mit $(a, b, c, l) = (1, 2, 2, 10)$ mm und einem Druck von $p_{\mathrm{m}} = 1\ \mathrm{N/cm^2}$ auf den Innenleiter gespeichert?

4.3.6 Kräfte auf Grenzflächen

Die Identität zwischen Volumenenergiedichte ϖ_m und Druck p_m kann in Analogie zu Abschnitt 1.10.4 als einfache Transformationsformel zur Berechnung der Kräfte auf Grenzflächen unterschiedlicher Magnetika μ_1 und μ_2 angewendet werden. Der resultierende Druck p_m als mechanische Spannung in eine bestimmte Richtung ist wieder die Differenz der beidseitigen Energiedichten ϖ_{m1} und ϖ_{m2}:

$$p_m = \varpi_{m,\text{groß}} - \varpi_{m,\text{klein}}. \tag{4.3-23}$$

In welchem der Medien $\varpi_{m,\text{groß}}$ und $\varpi_{m,\text{klein}}$ herrscht, d.h. wo die Energiedichte größer oder kleiner ist, hängt von der Orientierung der Grenzfläche zum Feld ab. Die resultierende Kraftrichtung wirkt immer normal zur Grenzfläche zum Medium mit der geringeren Permeabilität. Wir wollen dies an den beiden Sonderfällen in Bezug auf die Feldrichtung reihen- und parallelgeschichteter Magnetika konkretisieren. Trifft das Feld schräg auf die Grenzfläche, kann der Feldvektor in Normal- und Tangentialanteil zerlegt, und so die Gesamtkraft berechnet werden.

4.3.6.1 Reihengeschichtetes Magnetikum

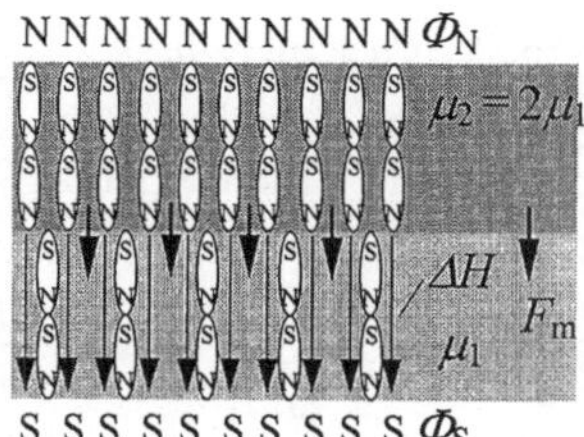

Abb. 4.3-8:
Zur Berechnung der Kraftwirkung auf Grenzflächen bei reihengeschichteten Magnetika.

Das Magnetikum entspr. Abb. 4.3-8 wird vom gleichen Fluß und folglich der gleichen Flußdichte $B = B_1 = B_2$ durchsetzt, so daß gelten muß:

$$p_{m,ser} = \frac{F_m}{A} = \varpi_{m1} - \varpi_{m2} = \frac{B^2}{2}\left(\frac{1}{\mu_1} - \frac{1}{\mu_2}\right). \tag{4.3-24}$$

Die Energiedichte ist im Medium 1 wegen $H_1 > H_2$ höher. Wir können die Formel auch aus der Sicht zweier reihengeschalteter Spulen begründen. Betrachten wir die zweischichtige Spule mit $\mu_2 > \mu_1$, z.B. $\mu_2 = 2\mu_1$, so zieht nun $F_{m2} = \frac{1}{2}\Phi H_1$ nach unten und $F_{m1} = \frac{1}{2}\Phi H_2$ nach oben. Netto wird die Differenz der magnetischen Feldstärke zwischen den beiden Zonen $\Delta H = H_1 - H_2$ wirksam. Dies sind die dünn ausgezogenen Feldlinien in der Abbildung.

Damit ergibt sich für den Betrag der Kraft F_m auf die Grenzfläche A mit der in beiden Gebieten normal zur Trennfläche gerichteten konstanten Flußdichte $B = \mu_1 H_1 = \mu_2 H_2$:

$$F_{m,ser} = \frac{\Phi \Delta H}{2} = \frac{\Phi}{2}(H_1 - H_2) = \frac{BA}{2}\left(\frac{B}{\mu_1} - \frac{B}{\mu_2}\right) = \frac{B^2 A}{2}\left(\frac{1}{\mu_1} - \frac{1}{\mu_2}\right), \tag{4.3-25}$$

womit sich die o.a. Formel aus der Volumenenergiedichte ergibt. Im speziellen Fall, daß sich z.B. im Gebiet 1 Luft befindet, und im anderen Gebiet ein Magnetikum mit $\mu_{r2} \gg 1$, gilt:

$$p_{\mathrm{m,ser}} \approx \frac{B^2}{2\mu_0} = \frac{\mu_0 H_0^2}{2}. \tag{4.3-26}$$

Im Innern eines homogenen Mediums wirkt der Druck natürlich ebenfalls, nur in entgegengesetzte Richtungen von gleichem Betrag. An einem einzelnen polarisierten rotierenden Ladungsträger kann die dazugehörige Kraft jedoch wieder beobachtet werden.

Aufgabe 4.3.6.1-1: Welche Ankermasse m könnte der streufreie Magnet nach Abb. 3.9.3 anheben?
Aufgabe 4.3.6.1-2: Wieweit müßte der Magnet nach Abb. 3.9.4 mit $(x_1, x_2, x_3, z) = (1, 4, 2, 5)$ cm und $(\Theta_1, \Theta_2) = (100, 200)$ A dem Anker der Masse $m = 360$ g genähert werden, um diesen anzuheben?
Aufgabe 4.3.6.1-3: Man ersetze in Abb. 1.9-11b) ε_1 durch μ_1 und ε_2 durch μ_2 und schließe die Koaxialzylinder an den Enden kurz. Welcher Druck $p_{\mathrm{m}}(r)$ herrscht an der Grenzfläche bei gegebenem Strom I?

4.3.6.2 Parallelgeschichtetes Magnetikum

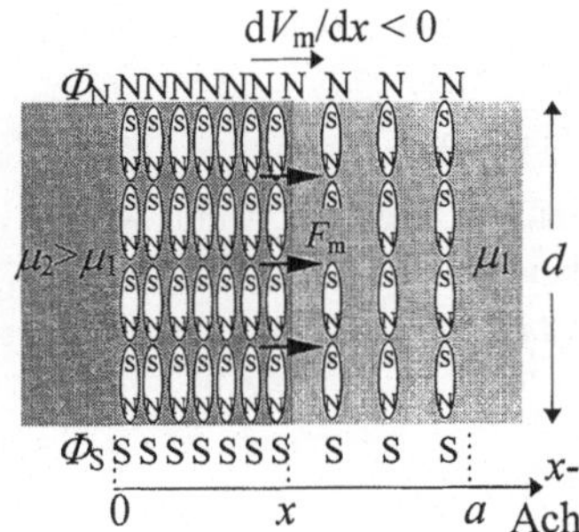

Abb. 4.3-9: Zur Berechnung der Kraftwirkung auf Grenzflächen bei parallelgeschichteten Magnetika der Tiefe b.

Am Magnetikum entspr. Abb. 4.3-9 liegt die gleiche magnetische Spannung V_{m} und es wird folglich überall von der gleichen Feldstärke $H = H_1 = H_2$ durchsetzt, so daß gelten muß:

$$p_{\mathrm{m,par}} = \frac{F_{\mathrm{m}}}{A_{\mathrm{T}}} = \varpi_{\mathrm{m2}} - \varpi_{\mathrm{m1}} = \frac{H^2}{2}(\mu_2 - \mu_1). \tag{4.3-27}$$

A_{T} ist hier nicht die Polfläche, sondern die normal dazu liegende Trennfläche der beiden Medien. Die Energiedichte ist im Medium 2 wegen der $B_2 > B_1$ höher.

Wir wollen dies aus der direkten physikalischen Betrachtung begründen. Die Flußverteilung Φ an den Polen konfiguriert sich bei einem von der Seite eingebrachten Magnetikum mit parallel zur Feldstärke liegender Grenzfläche derart um, daß wegen $H_1 = H_2 = B_1/\mu_1 = B_2/\mu_2 \Rightarrow B_2 = \mu_2 B_1/\mu_1 > B_1$.

Auf die rotierenden Ladungsträger q_1 nahe bei der Grenzschicht wirkt eine Kraft in negative x-Richtung, die die höhere Flußkonzentration B_2 bewirkt, verursacht durch das höhere Polarisierungsbestreben der Elementardipole im Medium 2. Nach NEWTONs actio est reactio muß folglich eine gleichgroße Gegenkraft F_{m} an der Grenzschicht in x-Richtung angreifen.

Dazu gehört bei konstantem Fluß Φ ein in negative x-Richtung zeigender Feldstärkegradient $\mathrm{d}H/\mathrm{d}x$ mit zugehörigem magnetischem Spannungsgradient $\mathrm{d}V_\mathrm{m}/\mathrm{d}x$, der anfängt sich auszubilden, wenn die Grenzschicht von links in x-Richtung herangefahren wird. War anfangs die Feldstärke $H = \Phi/A\mu_1$, so ist sie nach dem vollständigen Eindringen von Medium 2 in den Luftspalt auf $H = \Phi/A\mu_2$ gesunken, bleibt also bei diesem Vorgang räumlich beidseits der Grenzflächen konstant, nimmt jedoch zeitlich insgesamt ab.

Halten wir das Materiestück fest, spüren wir F_m; kann sich die Materie zwischen den Polen freischwebend bewegen und lassen wir sie los, wird sie solange in den Polzwischenraum gezogen, bis die Grenzschicht am rechten Rand bei $x = a$ angekommen ist.

Zu dem Spannungsgradient $\mathrm{d}V_\mathrm{m}/\mathrm{d}x$ gehört eine ebenso gerichtete Energieabnahme $\mathrm{d}W_\mathrm{m} = \frac{1}{2}\Phi\mathrm{d}V_\mathrm{m} = \frac{1}{2}\Phi d\mathrm{d}H < 0$. Die aus dieser Argumentation folgende Kraftberechnung lautet:

$$\Phi = B_1A_1 + B_2A_2 = \mu_1 H(a-x)b + \mu_2 Hxb \qquad \Rightarrow \qquad H = \frac{\Phi/b}{\mu_1(a-x)+\mu_2 x}$$

$$F_\mathrm{m}\big|_\Phi = -\frac{\mathrm{d}W_\mathrm{m}}{\mathrm{d}x} = -\frac{\Phi d}{2}\frac{\mathrm{d}H}{\mathrm{d}x} = \frac{\Phi^2 d}{2b}\frac{\mu_2-\mu_1}{(\Phi/Hb)^2} = \frac{H^2bd}{2}(\mu_2-\mu_1), \tag{4.3-28}$$

womit sich die o.a. Formel aus der Volumenenergiedichte ergibt.

Wir kommen mit einfacherer Argumentation zum gleichen Ergebnis, wenn wir bei der Verschiebung statt des Flusses ϕ den Strom I und damit die Feldstärke H konstant halten und sich folglich die Energiezunahme $\mathrm{d}W_L = \frac{1}{2}V_\mathrm{m}\mathrm{d}\phi = \frac{1}{2}Hd\mathrm{d}\phi > 0$ einstellt. Die aus dieser Argumentation folgende Rechnung lautet:

$$\phi = B_1A_1 + B_2A_2 = \mu_1H(a-x)b + \mu_2Hxb,$$

$$F_\mathrm{m}\big|_I = \frac{\mathrm{d}W_\mathrm{m}}{\mathrm{d}x} = \frac{Hd}{2}\frac{\mathrm{d}\phi}{\mathrm{d}x} = \frac{H^2bd}{2}(\mu_2-\mu_1). \tag{4.3-29}$$

$\mathrm{d}\phi/\mathrm{d}x$ ist hier als Induktionsflußzunahme zu interpretieren, die aufgrund des Einbringens von μ_2 in x-Richtung zum Konstanthalten von I von der nun vorhandenen Stromquelle aufzubringen ist.

In dem bereits bei der Reihenschaltung betrachteten Spezialfall, daß sich im Gebiet 1 Luft befindet und im anderen ein gut polarisierbarer Stoff mit $\mu_{r2} \gg 1$, gilt:

$$p_\mathrm{m,par} \approx \tfrac{1}{2}\mu_2H^2. \tag{4.3-30}$$

Aufgabe 4.3.6.2-1: Man ersetze in Abb. 1.9-11a) ε_1 durch $\mu_1 = 100\mu_0$, ε_2 durch $\mu_2 = 50\mu_0$ und schließe die Koaxialzylinder an den Enden kurz. Welcher Strom I fließt, wenn der Druck auf die Trennfläche der Permeabilitäten $p_\mathrm{m} = 1\ \mathrm{mN/m^2}$ beträgt?

Aufgabe 4.3.6.2-2: Ein magnetisches Feld der Stärke $H_0 = 1$ A/m treffe aus dem Freiraum unter dem Winkel $\alpha = 60°$ zur Oberfläche auf ein Medium der relativen Permeabilität $\mu_r = 2$. Man berechne den Druck p_m auf die Grenzfläche.

Aufgabe 4.3.6.2-3: Das Magnetfeld beiderseits einer Grenzfläche sei vektoriell zu $\boldsymbol{H}_1$ und $\boldsymbol{H}_2$ bekannt. Man bestimme den Druck p_m auf die Grenzfläche in Abhängigkeit von $\boldsymbol{H}_1$, $\boldsymbol{H}_2$, μ_1 und μ_2.

***Aufgabe 4.3.6.2-4**: Man leite die Kraftformel bei Parallelschichtung aus der Induktivitätsänderung ab.

4.4 Transformator und Übertrager

Der Transformator der Energietechnik und der Übertrager der Nachrichtentechnik bilden eine der wichtigsten Anwendungen der Gegeninduktion. Sie lassen sich vom theoretischen Standpunkt im wesentlichen mit den gleichen Beziehungen beschreiben, seitens der praktischen Ausführungen bestehen jedoch wesentliche Unterschiede. Da sich in der Literatur keine übergreifende Begriffsbildung durchgesetzt hat, wollen wir Transformator universell verwenden. Ist speziell der Transformator der Energietechnik gemeint, ist dies aus dem Kontext zu erkennen; mit Übertrager ist immer der Übertrager der Nachrichtentechnik gemeint.

4.4.1 Klassifizierung

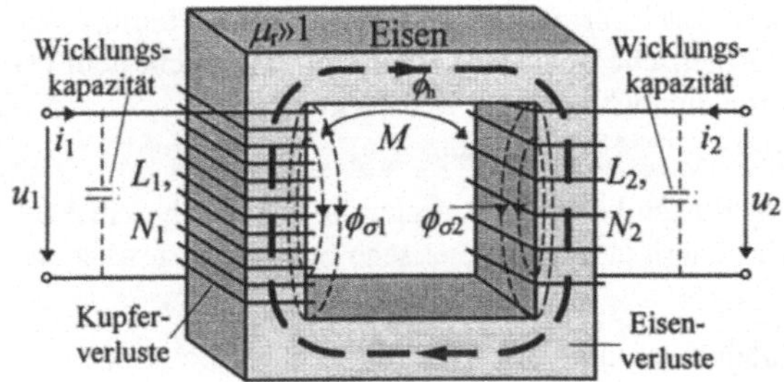

Abb. 4.4-1: Grundstruktur des Transformators/Übertragers.

Gemeinsam ist beiden entspr. Abb. 4.4-1 im einfachsten Fall, daß an eine Primärwicklung der Induktivität L_1 eine speisende Primärspannung u_1 angelegt wird, die über den dann fließenden Primärstrom i_1 einen magnetischen Fluß ϕ hervorruft, der in einer Sekundärwicklung der Induktivität L_2 eine Sekundärspannung u_2 induziert. Ist die Sekundärseite endlich belastet, kann ein Sekundärstrom i_2 fließen, der seinerseits nach der LENZschen Regel einen Gegenfluß aufbaut. Wenn die in der Abbildung eingetragenen Pfeilrichtungen anderes suggerieren, so handelt es sich hier zunächst nur um Zählpfeile, die eine einfache einheitliche Beschreibung der weiter unten angegebenen Transformatorgleichungen erlauben.

Spannung, Strom und Lastbauelemente (Widerstände, Spulen, Kondensatoren) können hoch- oder heruntertransformiert werden, was wesentlich durch das Übersetzungsverhältnis $\ddot{u}$ bestimmt wird. Die Oberspannungswicklung führt dabei die höhere Spannung, die Unterspannungswicklung die niedere. Der Wirkungsgrad der Leistungsumsetzung ist im idealen Fall 100 %, bei Streuung oder/und Verlusten geringer.

Transformatoren mit diesen Eigenschaften bieten also eine galvanische Entkopplung von Primär- und Sekundärseite. Besteht hierfür kein Bedarf, kann auch eine einfache Spule mit Abgriff als sog. Spartransformator eingesetzt werden. Diesen wollen wir hier nicht weiter behandeln.

Der Transformator läßt sich aus der Sicht verschiedener Eigenschaften und in verschiedenen Genauigkeiten modellieren:

Ideal:

Verluste und Streuung sind vernachlässigbar, das koppelnde Magnetikum ist ideal, d.h. $\mu \to \infty$. Das Verhalten des Transformators läßt sich vollständig durch das Übersetzungsverhältnis der Windungszahlen $\ddot{u} = N_1/N_2$ beschreiben.

Quasi ideal:

Gegenüber dem idealen Transformator ist μ nun endlich. Ein Teil der mit den Strömen assoziierten Energie wird zum Aufbau des Magnetfelds benötigt. Er kann als Spezialfall des verlustlosen, streubehafteten Transformators behandelt werden.

Verlustlos, aber streubehaftet:

Bei der Streuung schließt sich der magnetische Fluß nicht um beide Spulen, sondern teilt sich in den Hauptfluß ϕ_h, der beide Spulen magnetisch koppelt, den primärseitigen Streufluß $\phi_{\sigma 1}$, der nur mit L_1 verkettet ist, und den sekundärseitigen Streufluß $\phi_{\sigma 2}$, der nur mit L_2 verkettet ist, auf. Diese Flußaufteilung wird durch Kopplungsfaktor k bzw. Streufaktor σ beschrieben. Charakteristisch für die mit der Streuung assoziierte Energie ist, daß sie nach wie vor als magnetische Feldenergie vorliegt, aber nicht dem ursächlichen Zweck der Transformation dienlich gemacht werden kann.

Verlustbehaftet, ohne Streuung:

Jeder reale Transformator ist mit Verlusten behaftet. Energie, die eigentlich dem Verbraucher zugeführt werden soll, wird intern in nichtmagnetische Energie umgewandelt:

- Kupferverluste:

  durch OHMsche Verluste der Zuleitungen und des Wicklungsdrahts. Sie lassen sich durch Serienwiderstände R_{Cu1} und R_{Cu2} an Ein- und Ausgang modellieren.
- Eisenverluste:

  als Hystereseverluste und OHMsche Wirbelstromverluste des Eisenkerns, sofern vorhanden. Sie wurden in Abschnitt 4.3.4 grundsätzlich besprochen.
- Kapazitive Verluste: der Wicklungskapazitäten.

Verlust- und streubehaftet:

kombiniert die beiden vorstehenden Eigenschaften.

Linear/nichtlinear:

Bei weichmagnetischem Eisenkern im linearen Bereich kann der Transformator als linear betrachtet werden. Dann ist entsprechend den Ausführungen in Abschnitt 3.7.6 μ konstant und damit L_1 und L_2 stromunabhängig. Sind hingegen Hysterese oder/und Sättigungseigenschaften zu berücksichtigen, sind Ausdrücke der Form $\partial L/\partial i$ entspr. Abschnitt 4.2.2 nicht mehr vernachlässigbar. Der Lufttransformator ist immer linear. Wir werden in der Folge ausschließlich den linearen Transformator behandeln.

4.4.1.1 Transformator der Energietechnik

Der Transformator erlaubt in mittlerer bis sehr großer Bauform die verlustarme Transformation ggfls. großer, immer nieder- und festfrequenter (50 Hz) Energien von hohen (Erzeuger) zu niedrigen Spannungen (Verbraucher; Primärwicklung = Oberspannungswicklung), ggfls. auch umgekehrt (Maschinentransformator; Primärwicklung = Unterspannungswicklung). Wichtige Kenngrößen sind Durchschlagfestigkeit, Wärmeabfuhr und Geräusche. Einphasen- und dreiphasige Drehstromtransformatoren sind zu unterscheiden, wovon nur erstere hier besprochen werden sollen.

In Abschnitt 2.7.1 wurde bereits dargelegt, daß Energietransporte Verluste proportional dem Stromquadrat aufweisen. Wegen $P = UI$ können große Leistungen bei kleinen Strömen folglich nur mit hohen Spannungen (einige 100 kV) übertragen werden. Diese müssen beim Verbraucher jedoch auf vernünftige Werte, z.B. 400/230 V (Niederspannung) - ggfls. über eine Zwischenstufe von einigen zehn kV (Mittelspannung) umgesetzt werden. Ein weiteres wichtiges Einsatzgebiet ist der Trenntransformator, der im Verhältnis 1:1 Netze galvanisch entkoppelt (Ober- und Unterspannung nicht zu unterscheiden). Mit der zu transmittierenden Leistung wächst auch absolut die Eigenleistungsaufnahme des Transformators und damit die Erwärmung, Betriebskosten etc., die niedrig zu halten sind. Hier ist also auf einen hohen Wirkungsgrad zu achten.

Eine wichtige Kenngröße ist die ***Nennleistung*** als maximale Scheinleistung von einigen VA bei Niederspannungs-Kleintransformatoren - z.B. für Netzteile in Haushaltsgeräten - bis zu 1100 MVA bei Maschinentransformatoren in Kraftwerken. Bei letzteren wird die Generatormittelspannung von ca. 20 kV auf die Hochspannung von z.B. 380 kV hochtransformiert.

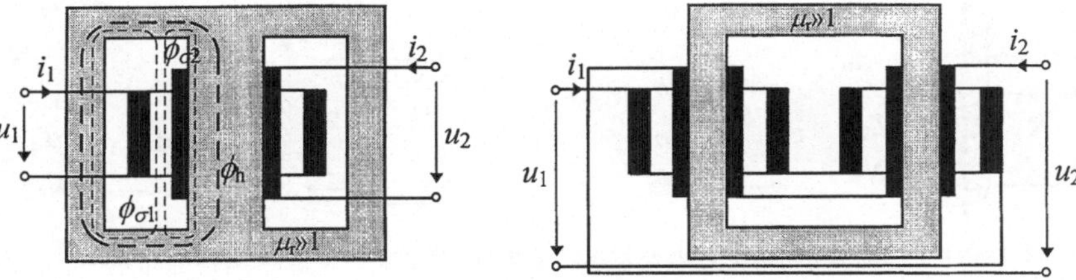

Abb. 4.4-2: Genormte streu- und verlustarme Transformatoren:
a) Manteltransformator mit M-Profil, Flußaufteilung, b) Kerntransformator mit UI-Profil.

Transformatoren weisen grundsätzlich Eisenkerne auf, da nur hiermit hinreichend große Flüsse zur Energieübertragung aufgebracht werden können. In Abschnitt 3.9.4 wurde bereits dargelegt, daß Transformatorkerne zu blechen sind. Zwei gängige Bauformen für Einphasentransformatoren sind in Abb. 4.4-2 dargestellt: Beim Manteltransformator schließt sich der Fluß über nicht bewickelten Rückschlußschenkel, beim Kerntransformator werden beide Wicklungen häufig auf zwei Schenkel aufgeteilt. Nieder- und Mittelspannungstransformatoren werden als Öl- oder Trockentransformatoren (Gießharztechnik oder imprägniert) ausgeführt, Hochspannungstransformatoren als Öltransformatoren, bei größerer Leistung mit Luft- oder Wasserkühlung.

4.4.1.2 Übertrager der Nachrichtentechnik

In der Nachrichtentechnik sind die Anforderungen völlig anders. Hier müssen Leistungsanpassungen bei deutlich höheren Frequenzen und über einen größeren Frequenzbereich realisiert werden, damit die ohnehin geringen Leistungen nicht noch weiter gedämpft werden. Dazu gehören Kenngrößen wie Störabstand und Bandbreite.

Wenn analoge Signale möglichst verzerrungsfrei zu übertragen sind, werden Luftübertrager eingesetzt, da hier keinerlei Hysterese das Signal verformen kann. Kerne von Übertragern sind als Ferritkerne ausgeführt, da wegen der höheren Frequenzen

Wirbelströme zu vermeiden sind. Um Sättigungserscheinungen zu minimieren, sind Luftspalte eingebracht. Differentialübertrager erlauben den gezielten Energiefluß zwischen mehreren Stromkreisen und sind meist tlw. elektrisch und magnetisch gekoppelt.

4.4.2 Transformatorgleichungen

Der Transformator wird durch einen Satz von Grundgleichungen - die Transformatorgleichungen - beschrieben, aus denen alle wesentlichen Betriebseigenschaften abgelesen werden können. Ihre Struktur ist in die Mehrpoltheorie eingebunden. Im einfachsten Fall liegt ein Vierpol mit zwei magnetisch gekoppelten Spulen mit der ***Primärinduktivität*** L_1 und der ***Sekundärinduktivität*** L_2 vor.

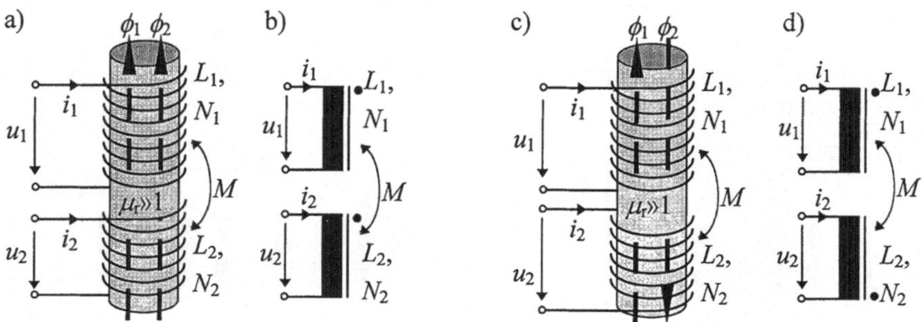

Abb. 4.4-3: a), b) Magnetisch gleichsinnig gekoppelte, und c), d) gegensinnig gekoppelte Spulen.

In Abb. 4.4-3a) sind die beiden Spulen gemeinsam auf einen Eisenkern gewickelt. Treten an den Klemmen zwei Spannungen u_1 und u_2 auf, können wir Ströme i_1 und i_2 nach dem VZS in den angegebenen Richtungen annehmen. Dazu gehören Flüsse ϕ_1 und ϕ_2, die sich nach der Rechte-Hand-Regel additiv zum Gesamtfluß ϕ überlagern. Jeder Fluß der einen Spule durchsetzt zumindest teilweise die andere und induziert dort Quellspannungen. Jede Spannung an einer Spule $_i$ setzt sich aus ihrer Selbstinduktionsspannung u_{ii} und der Gegeninduktionsspannung u_{ij} der jeweils anderen Spule zusammen. Die zugehörigen Transformatorgleichungen des hier noch verlustlosen Transformators lauten folglich:

$$u_1 = \frac{d\psi_1}{dt} = N_1 \frac{d\phi_1}{dt} = u_{11} + u_{12} = \frac{d\psi_{11}}{dt} + \frac{d\psi_{12}}{dt} = L_{11}\frac{di_1}{dt} + L_{12}\frac{di_2}{dt}$$

$$u_2 = \frac{d\psi_2}{dt} = N_2 \frac{d\phi_2}{dt} = u_{21} + u_{22} = \frac{d\psi_{21}}{dt} + \frac{d\psi_{22}}{dt} = L_{21}\frac{di_1}{dt} + L_{22}\frac{di_2}{dt}. \qquad (4.4\text{-}1)$$

Umdrehen einer Spule und der dazugehörigen Spannungs- und Stromrichtung läßt die Transformatorgleichungen unverändert. Mit den Spulenflüssen $\psi_{ij} = N_i \phi_{ij}$ sind Flüsse ϕ_{ij} assoziiert, deren Zusammenhänge mit dem Hauptfluß ϕ_h und den Streuflüssen ϕ_σ in Abschnitt 4.4.6 genauer diskutiert werden. Einstweilen ist die angegebene Flußaufteilung nützlich, da sie sich 1:1 auf die Stromaufteilung abbilden läßt und so den Zusammenhang zwischen Klemmenströmen und -spannungen veranschaulicht.

Im hier betrachteten Fall zweier Spulen ist folgende Darstellung übersichtlicher:

$$u_1 = L_1\frac{\mathrm{d}i_1}{\mathrm{d}t} + M\frac{\mathrm{d}i_2}{\mathrm{d}t}, \qquad \underline{U}_1 = \mathrm{j}\omega L_1\underline{I}_1 + \mathrm{j}\omega M\underline{I}_2$$

$$u_2 = M\frac{\mathrm{d}i_1}{\mathrm{d}t} + L_2\frac{\mathrm{d}i_2}{\mathrm{d}t}, \qquad \underline{U}_2 = \mathrm{j}\omega M\underline{I}_1 + \mathrm{j}\omega L_2\underline{I}_2. \tag{4.4-2}$$

Rechts finden wir die komplexe Darstellung (Sinuserregung), die sich zwanglos aus den Überlegungen von Abschnitt 4.2.2 ergibt, und in einer Aufgabe zu verifizieren ist.

Wir können nun genausogut n Spulen in der dargestellten Weise magnetisch koppeln, sodaß sich die vorstehenden Gleichungen wie folgt erweitern:

$$u_i = \sum_{j=1}^{n} u_{ij} = \sum_{j=1}^{n}\frac{\mathrm{d}\psi_{ij}}{\mathrm{d}t} = \sum_{j=1}^{n} L_{ij}\frac{\mathrm{d}i_j}{\mathrm{d}t}; \qquad i = 1 \ldots n. \tag{4.4-3}$$

Dies läßt sich elegant als Matrixgleichung schreiben, die auch den Vorteil der gewählten Indizierung veranschaulicht:

$$\underbrace{\begin{pmatrix} u_1 \\ u_2 \\ \vdots \\ u_n \end{pmatrix}}_{\boldsymbol{u}} = \underbrace{\begin{pmatrix} L_{11} & L_{12} & \cdots & L_{1n} \\ L_{21} & L_{22} & \cdots & L_{2n} \\ \vdots & \vdots & \ddots & \vdots \\ L_{n1} & L_{n2} & \cdots & L_{nn} \end{pmatrix}}_{\boldsymbol{L}} \cdot \frac{\mathrm{d}}{\mathrm{d}t}\underbrace{\begin{pmatrix} i_1 \\ i_2 \\ \vdots \\ i_n \end{pmatrix}}_{\boldsymbol{i}}, \qquad \begin{pmatrix} u_1 \\ u_2 \end{pmatrix} = \begin{pmatrix} L_1 & M \\ M & L_2 \end{pmatrix} \cdot \frac{\mathrm{d}}{\mathrm{d}t}\begin{pmatrix} i_1 \\ i_2 \end{pmatrix}. \tag{4.4-4}$$

In der Hauptdiagonalen der Induktivitätsmatrix $\boldsymbol{L}$ stehen die Selbstinduktivitäten. Bei magnetisch entkoppelten Spulen ist nur diese besetzt. Die übrigen Elemente werden von den Gegeninduktivitäten gebildet. Rechts finden wir wieder die vereinfachte Form für den Standard-Transformator. Für Wechselgrößen gilt folglich:

$$\underbrace{\begin{pmatrix} \underline{U}_1 \\ \underline{U}_2 \\ \vdots \\ \underline{U}_n \end{pmatrix}}_{\underline{\boldsymbol{U}}} = \mathrm{j}\omega \underbrace{\begin{pmatrix} L_{11} & L_{12} & \cdots & L_{1n} \\ L_{21} & L_{22} & \cdots & L_{2n} \\ \vdots & \vdots & \ddots & \vdots \\ L_{n1} & L_{n2} & \cdots & L_{nn} \end{pmatrix}}_{\boldsymbol{L}} \cdot \underbrace{\begin{pmatrix} \underline{I}_1 \\ \underline{I}_2 \\ \vdots \\ \underline{I}_n \end{pmatrix}}_{\underline{\boldsymbol{I}}}, \qquad \begin{pmatrix} \underline{U}_1 \\ \underline{U}_2 \end{pmatrix} = \mathrm{j}\omega\begin{pmatrix} L_1 & M \\ M & L_2 \end{pmatrix} \cdot \begin{pmatrix} \underline{I}_1 \\ \underline{I}_2 \end{pmatrix}. \tag{4.4-5}$$

In Abb. 4.4-3b) ist ein Ersatzschaltbild für a) angegeben. Hierbei kennzeichnen die beiden • jeweils auf der gleichen Seite der Spulen deren gleichsinnige Kopplungen. Damit die Transformatorgleichungen im Fall c) mit zugehörigem Ersatzschaltbild d) bei gegensinniger Kopplung auch noch gelten, muß dort $M < 0$ sein, was ganz allgemein auf mehrfache Kopplungen übertragbar ist.

Der gleiche Effekt muß auftreten, wenn wir z.B. Spule 2 wie im Fall a) belassen, dafür aber u_2 und damit wegen des Erzeugerzählpfeilsystems auch i_2 umdrehen. Wir können dies leicht an Gl. 1 verifizieren, indem wir einmal die Vorzeichen von L_{12} und L_{21}, und ein andermal die Vorzeichen von u_2 und i_2 umdrehen.

Sind Kupferverluste R_{Cu1} und R_{Cu2} mit zu berücksichtigen, so sind diese in Reihe zu den jeweiligen Selbstinduktivitäten zu sehen. Im Falle des Vierpols gilt dann:

$$u_1 = R_{\mathrm{Cu1}} i_1 + L_1 \frac{\mathrm{d}i_1}{\mathrm{d}t} + M \frac{\mathrm{d}i_2}{\mathrm{d}t} \qquad u_2 = M \frac{\mathrm{d}i_1}{\mathrm{d}t} + R_{\mathrm{Cu2}} i_2 + L_2 \frac{\mathrm{d}i_2}{\mathrm{d}t}$$

$$\begin{pmatrix} \underline{U}_1 \\ \underline{U}_2 \end{pmatrix} = \begin{pmatrix} R_{\mathrm{Cu1}} + \mathrm{j}\omega L_1 & \mathrm{j}\omega M \\ \mathrm{j}\omega M & R_{\mathrm{Cu2}} + \mathrm{j}\omega L_2 \end{pmatrix} \cdot \begin{pmatrix} \underline{I}_1 \\ \underline{I}_2 \end{pmatrix}. \tag{4.4-6}$$

Aufgabe 4.4.2-1: Man leite die komplexen Transformatorgleichungen des verlustbehafteten Transformators aus den reellen her.
Aufgabe 4.4.2-2: Man stelle die reellen Transformatorgleichungen für den verlustlosen Transformator in der Abbildung auf.
Aufgabe 4.4.2-3: Man forme die Gleichungen für den verlustlosen Transformator so um, daß sich aus ihnen bei gegebenen Spannungen u_1 und u_2 die Ströme i_1 und i_2 berechnen lassen.

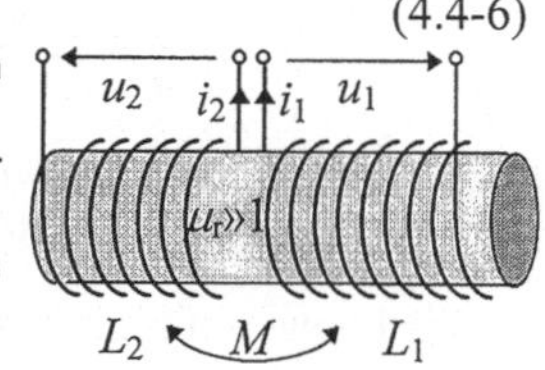

4.4.3 Verlustloser Transformator unter Last

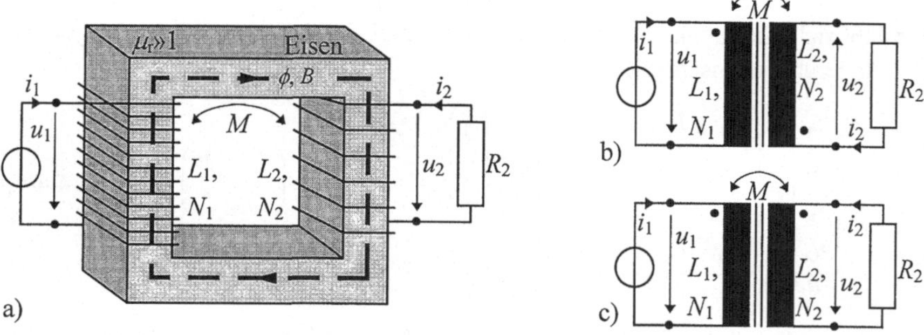

Abb. 4.4-4: a) Transformator mit Belastung, b) Elektrischer Transformatorkreis mit Ersatzschaltbild des Transformators von a); c) äquivalentes Ersatzschaltbild von b).

Mit den vorstehenden Beziehungen ist noch keine Aussage darüber gemacht, welche Seite aktiv durch eine Quelle gespeist wird, und auf welche Art und Weise (elektrisch, magnetisch) dies geschieht. Auch beziehen sich die Vorzeichen auf die zuvor aufgestellten Rechte-Hand-Regeln und das Zählpfeilsystem, das wie bereits in Kap. 2 betrachtet, zunächst noch keine Aussage über die physikalischen Richtungen macht. Diese ergeben sich erst nach Vorgabe der Quelleneigenschaften und der sich infolge der Induktionsvorgänge einstellenden Strom- und Spannungsrichtungen.

Speisen wir die Primärseite des Transformators in Abb. 4.4-4a) mit einer eingeprägten Spannungsquelle u_1, wird infolgedessen ein Strom i_1 wie eingetragen fließen, der auch einen Fluß ϕ_{11} in der angegebenen ϕ-Richtung zur Folge hat. Durch Herumziehen der Sekundärspule zur Primärseite erkennen wir unschwer, daß die sekundärseitige Spule L_2 gegensinnig zur primärseitigen gewickelt ist, was die Punkte des Ersatzschaltbilds b) zum Ausdruck bringen. Da die sekundärseitigen Zählpfeile ebenfalls umgedreht sind, ergibt sich der gleich gerichtete Fluß. Dem Ersatzschaltbild b) ist folglich das Ersatzschaltbild c) äquivalent.

Da am Lastwiderstand R_2 das EZS eingeführt ist, muß entweder u_2 oder i_2 physikalisch umgedreht sein. Die LENZsche Regel schreibt vor, daß dies i_2 ist, da der von hier aufgebaute Fluß ϕ_{22} entgegen ϕ_{21} als Bestandteil von ϕ_{11} wirkt. Das zugehörige Ersatzschaltbild des magnetischen Kreises stellt b) dar, in dem die Sekundärseite als magnetische Spannungsquelle wirkt. Folglich ist u_2 korrekt, wenn der primärseitige Strom gerade wächst.

ϕ_{12} als Bestandteil von ϕ_{22} induziert nun natürlich in L_1 wieder eine Spannung. Da u_1 jedoch eingeprägt ist, muß sich i_1 so einstellen, daß einerseits die immer gültigen Transformatorgleichungen, andererseits am Lastwiderstand R_2 das OHMsche Gesetz in der Form $u_2 = -R_2 i_2$ erfüllt sind:

$$u_1 = L_1 \frac{\mathrm{d}i_1}{\mathrm{d}t} + M\frac{\mathrm{d}i_2}{\mathrm{d}t}, \qquad u_2 = M\frac{\mathrm{d}i_1}{\mathrm{d}t} + L_2\frac{\mathrm{d}i_2}{\mathrm{d}t} = -R_2 i_2. \tag{4.4-7}$$

Der Vorteil der Wahl der Darstellung mit gleichsinnig gewickelten Spulen und beidseitigem VZS liegt auf der Hand: die Transformatorgleichungen haben bei positiven Gegeninduktivitäten überall positive Vorzeichen.

Dies sind zwei verkoppelte DGLn, aus denen sich i_1, i_2 und u_2 bestimmen lassen. Wir wollen dies an dem einfacheren und praktisch wichtigen Fall sinusförmiger Erregung verifizieren, wobei wir die Last gleich als beliebigen komplexen Widerstand $\underline{Z}_2$ annehmen:

$$\begin{pmatrix} \underline{U}_1 \\ -\underline{Z}_2\underline{I}_2 \end{pmatrix} = \mathrm{j}\omega \begin{pmatrix} L_1 & M \\ M & L_2 \end{pmatrix} \cdot \begin{pmatrix} \underline{I}_1 \\ \underline{I}_2 \end{pmatrix} \quad \Rightarrow \quad \begin{pmatrix} \underline{U}_1 \\ 0 \end{pmatrix} = \begin{pmatrix} \mathrm{j}\omega L_1 & \mathrm{j}\omega M \\ \mathrm{j}\omega M & \underline{Z}_2 + \mathrm{j}\omega L_2 \end{pmatrix} \cdot \begin{pmatrix} \underline{I}_1 \\ \underline{I}_2 \end{pmatrix} \tag{4.4-8}$$

$$\begin{pmatrix} \underline{I}_1 \\ \underline{I}_2 \end{pmatrix} = \begin{pmatrix} \mathrm{j}\omega L_1 & \mathrm{j}\omega M \\ \mathrm{j}\omega M & \underline{Z}_2 + \mathrm{j}\omega L_2 \end{pmatrix}^{-1} \begin{pmatrix} \underline{U}_1 \\ 0 \end{pmatrix} = \frac{\underline{U}_1}{\mathrm{j}\omega L_1 \underline{Z}_2 + (\mathrm{j}\omega)^2 (L_1 L_2 - M^2)} \begin{pmatrix} \underline{Z}_2 + \mathrm{j}\omega L_2 \\ -\mathrm{j}\omega M \end{pmatrix}.$$

Die Auflösung der Matrixgleichung kann wieder elegant mit **MATHCAD** erfolgen. Somit sind $\underline{I}_1$, $\underline{I}_2$ und $\underline{U}_2 = -\underline{Z}_2\underline{I}_2$ bekannt und es ist auch verifiziert, daß i_2 negativ und u_2 positiv ist. Sofern in der Folge Beziehungen erregungsunabhängig Gültigkeit haben, werden sie allgemein im Zeitbereich (mit u und i), ansonsten im Komplexen (mit $\underline{U}$ und $\underline{I}$) angegeben.

Wenn wir Streuung zulassen, ist häufig eine Darstellung in Abhängigkeit des Streufaktors $\sigma = 1 - M^2/L_1 L_2$ erwünscht:

$$\begin{pmatrix} \underline{I}_1 \\ \underline{I}_2 \end{pmatrix} = \frac{\underline{U}_1}{\mathrm{j}\omega L_1} \frac{1}{\underline{Z}_2 + \mathrm{j}\omega\sigma L_2} \begin{pmatrix} \underline{Z}_2 + \mathrm{j}\omega L_2 \\ -\mathrm{j}\omega M \end{pmatrix}, \qquad \underline{U}_2 = \frac{M}{L_1} \frac{\underline{Z}_2}{\underline{Z}_2 + \mathrm{j}\omega\sigma L_2} \underline{U}_1. \tag{4.4-9}$$

Aus diesen Größen läßt sich die auf der Primärseite eingespeiste und auf der Sekundärseite abnehmbare Leistung bestimmen. Beschränken wir uns hierfür auf den praktisch wichtigen Fall OHMscher Last, gilt mit $\underline{Z}_2 = R_2$ für die komplexen Leistungen und Scheinleistungen:

$$\underline{S}_1 = \underline{U}_1 \underline{I}_1^* = \frac{\mathrm{j}U_1^2}{\omega L_1} \frac{R_2 - \mathrm{j}\omega L_2}{R_2 - \mathrm{j}\omega\sigma L_2}, \qquad S_1 = \frac{U_1^2}{\omega L_1} \sqrt{\frac{R_2^2 + (\omega L_2)^2}{R_2^2 + (\omega\sigma L_2)^2}}.$$

$$\underline{S}_2 = \underline{U}_2 \underline{I}_2^* = P_2 = -\frac{U_2^2}{R_2} = -\left(U_1 \frac{M}{L_1}\right)^2 \frac{R_2}{R_2^2 + (\omega\sigma L_2)^2}. \tag{4.4-10}$$

Wichtige Größen, die beim Transformator interessieren, lassen sich mit dem Kopplungsfaktor $k = M/\sqrt{L_1 L_2}$ und dem Übersetzungsverhältnis $ü = \sqrt{L_1/L_2}$ aus den vorstehenden Beziehungen errechnen:

- ***Spannungsübersetzungsverhältnis***:

$$\frac{\underline{U}_1}{\underline{U}_2} = \frac{L_1}{M}(1 + \frac{\mathrm{j}\omega\sigma L_2}{\underline{Z}_2}) = \frac{1}{k}\sqrt{\frac{L_1}{L_2}}(1 + \frac{\mathrm{j}\omega\sigma L_2}{\underline{Z}_2}) = \frac{ü}{k}(1 + \frac{\mathrm{j}\omega\sigma L_2}{\underline{Z}_2}). \tag{4.4-11}$$

- ***Stromübersetzungsverhältnis***:

$$\frac{\underline{I}_1}{\underline{I}_2} = -\frac{L_2}{M}(1 + \frac{\underline{Z}_2}{\mathrm{j}\omega L_2}) = -\frac{1}{k}\sqrt{\frac{L_2}{L_1}}(1 + \frac{\underline{Z}_2}{\mathrm{j}\omega L_2}) = -\frac{1}{kü}(1 + \frac{\underline{Z}_2}{\mathrm{j}\omega L_2}). \tag{4.4-12}$$

- ***Eingangsimpedanz***:

$$\underline{Z}_1 = \frac{\underline{U}_1}{\underline{I}_1} = \mathrm{j}\omega L_1 \frac{\underline{Z}_2 + \mathrm{j}\omega\sigma L_2}{\underline{Z}_2 + \mathrm{j}\omega L_2}. \tag{4.4-13}$$

- ***Leistungsübersetzungsverhältnis*** wieder bei OHMscher Last $\underline{Z}_2 = R_2$:

$$\frac{\underline{S}_1}{\underline{S}_2} = \frac{\underline{U}_1}{\underline{U}_2}\left(\frac{\underline{I}_1}{\underline{I}_2}\right)^* = -\frac{ü}{k}(1 + \frac{\mathrm{j}\omega\sigma L_2}{R_2})\frac{1}{kü}(1 + \frac{\mathrm{j}R_2}{\omega L_2}) = -1 - \frac{\mathrm{j}}{k^2}(\frac{R_2}{\omega L_2} + \frac{\omega\sigma L_2}{R_2}). \tag{4.4-14}$$

Das Minuszeichen resultiert aus der beidseitigen Wahl des VZS.

Für den Kopplungsfaktor gelte auch in der Folge $k_{12} = k_{21} = k$, sofern keine Forderungen, z.B. seitens der Geometrie, entgegenstehen.

Aufgabe 4.4.3-1: Welche Wirk- und Blindleistung wird für $(L_1, L_2, M) = (50, 20, 30)$ mH bei Netzspeisung in den mit $R_2 = 100\ \Omega$ abgeschlossenen Transformator eingespeist?

***Aufgabe 4.4.3-2**: Man bestimme L_1, L_2 und M als Funktion von ω, σ, $ü$, $\underline{Z}_1$ und $\underline{Z}_2$.

Aufgabe 4.4.3-3: Welchen Grenzwerten streben in der vorigen Aufgabe L_1, L_2 und M für $\sigma \to 0$ zu?

4.4.4 Idealer Transformator

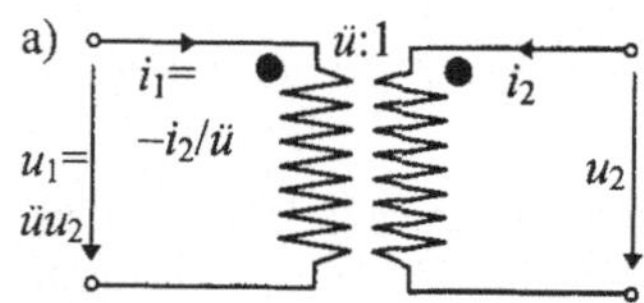

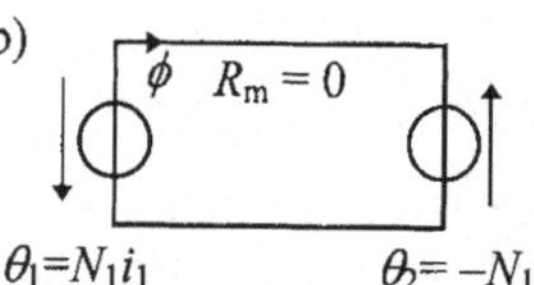

Abb. 4.4-5:
a) Schaltsymbol des idealen Transformators,
b) Ersatzschaltbild des magnetischen Kreises.

Der ideale Transformator ohne Verluste und Streuung ($\sigma = 0$, $k = 1$) sowie mit $\mu \to \infty$ - womit auch L_1, L_2 und $M \to \infty$, $R_\mathrm{m} \to 0$ - kann vielfach angenommen werden und diese idealisierten Betriebsbedingungen stellen oft eine einfache und gute Näherung des realen Verhaltens dar. Darüberhinaus kann durch die konstruktive Maßnahme eines Aufbaus nach Abb. 4.4-2 eine starke Flußverkettung erzwungen werden. Die Transformatorgleichungen werden zur Bestimmung der Kenngrößen nicht unbedingt benötigt, da die grundlegenden Beziehungen unmittelbar aus Induktions- und Durchflutungsgesetz abgeleitet werden können.

Wegen seiner großen Bedeutung hat der ideale Transformator ein eigenes, in Abb. 4.4-5a) dargestelltes Symbol. Das Ersatzschaltbild des magnetischen Kreises finden wir in b). Für die Beziehung zwischen sich einstellendem Fluß ϕ und den Spannungen u_i $(i = 1{,}2)$ ergibt sich bereits unmittelbar aus dem Induktionsgesetz die Hauptgleichung des idealen Transformators:

$$u_i = N_i \frac{\mathrm{d}\phi}{\mathrm{d}t} \quad \Rightarrow \quad \underline{U}_i = \mathrm{j}\omega N_i \frac{\hat{\phi}}{\sqrt{2}} = \mathrm{j}4{,}44 f N_i \hat{\phi}. \tag{4.4-15}$$

Hieraus läßt sich bei gegebener Primärspannung u_1 der durchgängig verkettete Fluß ϕ berechnen. Gleichzeitig darf in der Praxis $\hat{\phi} = \hat{B}A$ wegen der magnetischen Sättigung bestimmte Werte nicht überschreiten, woraus sich der maximal anzulegende Effektivwert U_1 ergibt. Mit dem Fluß ist eine endliche magnetische Flußdichte $B = \phi/A$ assoziiert, eine magnetische Feldstärke $H = B/\mu = 0$ und damit ein magnetischer Spannungsabfall im Eisen $V_m = 0$ treten nicht auf. Die Kenngrößen vereinfachen sich hier zu:

- Das Spannungsübersetzungsverhältnis wird aus obiger Gleichung unmittelbar last- und anregungsunabhängig gleich dem Windungszahlverhältnis; bei Wechselanregung liegt Gleichphasigkeit vor:

$$\frac{u_1}{u_2} = \ddot{u} = \frac{N_1}{N_2} = \frac{\underline{U}_1}{\underline{U}_2}. \tag{4.4-16}$$

- Das Stromübersetzungsverhältnis wird last- und anregungsunabhängig gleich dem inversen Windungszahlverhältnis und damit umgekehrt zum Spannungsübersetzungsverhältnis. Dies ist z.B. aus dem Ersatzschaltbild des magnetischen Kreises nach Abb. 4.4-7b) für $\Lambda_h = \infty$ und $\Lambda_\sigma = 0$ zu erkennen, womit unmittelbar aus dem Durchflutungsgesetz in der Form $N_1 i_1 + N_2 i_2 = 0$ folgt:

$$\frac{i_1}{i_2} = -\frac{1}{\ddot{u}} = -\frac{N_2}{N_1} = -\frac{u_2}{u_1} = \frac{\underline{I}_1}{\underline{I}_2}. \tag{4.4-17}$$

  Da am unendlich gut leitenden Magnetikum keine magnetische Spannung abfällt, muß der primärseitigen Durchflutung $N_1 i_1$ eine gleich große Reaktion der Sekundärseite entgegengesetzt werden. Der Strom ist gegenphasig.

- Eingangsimpedanz:

$$\underline{Z}_1 = \frac{\underline{U}_1}{\underline{I}_1} = \frac{\underline{U}_1}{\underline{U}_2}\frac{\underline{I}_2}{\underline{I}_1}\frac{\underline{U}_2}{\underline{I}_2} = \ddot{u}^2 \underline{Z}_2. \tag{4.4-18}$$

Bei beliebiger Anregung bedeutet dies, daß sich Widerstand R und Induktivität L als Lasten mit $\ddot{u}^2$ zur Primärseite transformieren, eine kapazitive Last C hingegen zu $C/\ddot{u}^2$. Dies ist eine wichtige in der Nachrichtentechnik ausgenutzte Eigenschaft, denn hiermit lassen sich durch geeignete Wahl von $\ddot{u}$ Lastwiderstände an Innenwiderstände, z.B. von Antennen, anpassen (s. Aufgabe 2.7.1-2: Leistungsanpassung). Eingangs- und Lastphase sind gleich.

- Leistungsübersetzungsverhältnis wieder bei OHMscher Last $\underline{Z}_2 = R_2$
  Wir multiplizieren Spannungs- und Stromübersetzungsverhältnis:

$$\frac{u_1 i_1}{u_2 i_2} = \frac{p_1}{p_2} = -1 \quad = \frac{\underline{S}_1}{\underline{S}_2}. \tag{4.4-19}$$

  Zur Verifikation im Komplexen verschwindet in Gl. 14 wg. $L_2 \to \infty$ der erste Summand, wg. $\sigma = 0$ der zweite. Die Gleichung besagt, daß beim idealen Transformator die eingespeiste Leistung vollständig am Verbraucher zur Verfügung steht. Da das Verhältnis der komplexen Leistungen reell ist, wird gegenüber dem quasi idealen Fall mit endlichem R_m keine magnetische Energie gespeichert und es tritt keine Blindleistung auf.

Aus den Kenngrößen ist ersichtlich, daß zur vollständigen Charakterisierung das mit dem Windungszahlverhältnis identische Übersetzungsverhältnis $ü = N_1/N_2$ genügt.

Aufgabe 4.4.4-1: Ein idealer Transformator mit $N_1 = 100$ und $N_2 = 5$ wird an die Netzwechselspannung angeschlossen. Man bestimme $i_1(t)$, $i_2(t)$ und $\phi(t)$ für $R_2 = 0$, 100 Ω und ∞.

Aufgabe 4.4.4-2: Man gebe die vier Kenngrößen für den quasi idealen Transformator bei endlicher Induktivität L_1 an und bestimme hieraus die Kenngrößen für den idealen Transformator mit $L_1 \to \infty$.

Aufgabe 4.4.4-3: Ein Verstärker mit dem Innenwiderstand $R_i = 1{,}6$ kΩ soll mittels eines idealen Übertragers an die $R_2 = 4$ Ω-Impedanz eines Lautsprechers angepaßt werden. Wie ist $ü$ zu wählen und um welchen Faktor erhöht sich die dem Lautsprecher zugeführte Wirkleistung?

4.4.5 Leerlauf und Kurzschluß des verlustlosen Transformators

Die bisher betrachteten Formeln gelten prinzipiell für jede Last. Insbesondere interessieren nun der Leerlauf- und Kurzschlußfall:

Leerlauf mit $\underline{Z}_2 = \infty$:

$$\underline{I}_{1L} = \frac{\underline{U}_1}{j\omega L_1} \quad \Rightarrow \quad \underline{Z}_{1L} = j\omega L_1, \qquad i_{2L} = 0. \tag{4.4-20}$$

Bezüglich des Stroms kann keine Gegeninduktion auftreten, weshalb der Transformator eingangsseitig die Spule L_1 realisiert.

$$u_{2L} = \frac{M}{L_1} u_1 = k\sqrt{\frac{L_2}{L_1}} u_1 \quad \Rightarrow \quad \frac{u_1}{u_{2L}} = \frac{L_1}{M} = \frac{1}{k}\sqrt{\frac{L_1}{L_2}} = \frac{ü}{k}. \tag{4.4-21}$$

Aus den ursprünglichen Transformatorgleichungen ist durch Einsetzen von $i_2 = 0$ und Quotientenbildung leicht erkennbar, daß diese Beziehung für beliebige Anregungen gilt. Bei Wechselanregung sind Ein- und Ausgang in Phase. Bei vernachlässigbarer Streuung ist das Spannungs- gleich dem Übersetzungsverhältnis.

Wird beim idealen Transformator eine Wechselspannungsquelle u_1 angeschlossen, wird wg. $L_1 \to \infty$: $i_{1L} \to 0$. Für den Fluß ergibt sich $\phi = \int u_1 \mathrm{d}t/N_1$, also endlich. Im Ersatzschaltbild Abb. 4.4-5b) fehlen beide magnetischen Spannungsquellen. Wird beim idealen Transformator eine Stromquelle i_1 angeschlossen, wird wg. $L_1 \to \infty$: $\phi \to \infty$; es liegt also ein magnetischer Kurzschluß vor, so daß dieser Betriebsfall praktisch nicht realisierbar ist.

Kurzschluß mit $\underline{Z}_2 = 0$:

$$\underline{I}_{1\text{K}} = \frac{\underline{U}_1}{\text{j}\omega\sigma L_1} \quad \Rightarrow \quad \underline{Z}_{1\text{K}} = \text{j}\omega\sigma L_1, \qquad u_{2\text{K}} = 0. \tag{4.4-22}$$

Geringe Streuung führt offenbar zu großen Eingangsströmen, da die Gegeninduktion massiv wirksam wird. Der stark anwachsende sekundärseitige Strom versucht Gegenspannungen auf der Primärseite zu induzieren, die dort wegen der eingeprägten Spannung zu starkem Stromanstieg führen, weshalb die Eingangsimpedanz $\underline{Z}_{1\text{K}}$ mit der Streuung wächst. Der primärseitige Stromanstieg bewirkt seinerseits einen starken sekundärseitigen Stromanstieg, weshalb auch hier σ im Nenner steht, usw.:

$$\underline{I}_{2\text{K}} = \frac{-M}{\text{j}\omega\sigma L_1 L_2}\underline{U}_1 = \frac{-k}{\text{j}\omega\sigma\sqrt{L_1 L_2}}\underline{U}_1 \quad \Rightarrow \quad \frac{i_{1\text{K}}}{i_{2\text{K}}} = -\frac{L_2}{M} = -\frac{1}{k}\sqrt{\frac{L_2}{L_1}} = -\frac{1}{k\ddot{u}}. \tag{4.4-23}$$

Auch hier gilt die rechte Beziehung, die wir für $u_2 = 0$ aus der zweiten Transformatorgleichung unmittelbar erhalten, wieder für beliebige Anregung.

Der exakt streufreie Kurzschlußfall mit $u_2 = 0$ ist bei eingeprägter Eingangsspannung u_1 nicht realisierbar, denn einerseits folgt daraus $\phi_1 = \int u_1 \text{d}t/N_1$ endlich, wegen der Streufreiheit $\phi_1 = \phi_2$, wegen des Induktionsgesetzes aber wiederum $u_2 = N_2\text{d}\phi_2/\text{d}t = N_2\text{d}\phi_1/\text{d}t = N_2 u_1/N_1 = u_1/\ddot{u} \neq 0$. Speisen wir die Primärseite hingegen mit einer eingeprägten Stromquelle i_1, wird das Stromverhältnis unmittelbar aus dem Durchflutungsgesetz bestimmt:

$$i_{1\text{K}}\ddot{u} + i_{2\text{K}} \to 0 \quad \Rightarrow \quad N_1 i_{1\text{K}} + N_2 i_{2\text{K}} = \theta_{1\text{K}} + \theta_{2\text{K}} \to 0. \tag{4.4-24}$$

Primär- und Sekundärseite stellen sich in Form zweier einander aufhebender magnetischer Spannungsquellen ein, die $\phi_1 = \phi_2 = 0$ und damit $u_1 = u_2 = 0$ bewirken. Dies gilt auch für den idealen Transformator, d.h. nach außen ist hierbei der ideale vom quasi idealen Transformator mit endlichem magnetischem Widerstand nicht unterscheidbar.

Aufgabe 4.4.5-1: Welche Wirk- und Blindleistung wird bei gegebener Spannung U_1 in den leerlaufenden bzw. kurzgeschlossenen Transformator eingespeist?

Aufgabe 4.4.5-2: Man bestimme für gegebene $\underline{U}_1$, N_1 und σ die komplexen Effektivwerte aller Flüsse $\underline{\Phi}_1$, $\underline{\Phi}_2$, $\underline{\Phi}_{11}$, $\underline{\Phi}_{12}$, $\underline{\Phi}_{21}$, $\underline{\Phi}_{22}$, $\underline{\Phi}_{\sigma 1}$ und $\underline{\Phi}_{\sigma 2}$ im sekundärseitigen Kurzschlußfall.

Aufgabe 4.4.5-3: Auf die äußeren Schenkel eines M85-Profils nach Abb. 3.9-5 mit $\mu_r = 1000$ werden Spulen von $(N_1, N_2) = (100, 500)$ Windungen aufgebracht. Welche Spannung $U_{2\text{L}}$ stellt sich bei Netzspeisung der Primärseite ein?

4.4.6 Elektrische Ersatzschaltbilder des Transformators

Betten wir einen Transformator in ein allgemeines elektrisches Netzwerk ein, benötigen wir zu dessen Analyse die OHMschen und KIRCHHOFFschen Gleichungen zusätzlich zu den Transformatorgleichungen. Wenn es gelingt, eine rein elektrische Spulenanordnung zu finden, die bzgl. Ein- und Ausgangsklemmen das gleiche elektrische Verhalten wie der Transformator aufweist, können die Standard-Netzwerkanalysemethoden ohne Rücksicht auf magnetische Kopplungseigenschaften angewendet werden.

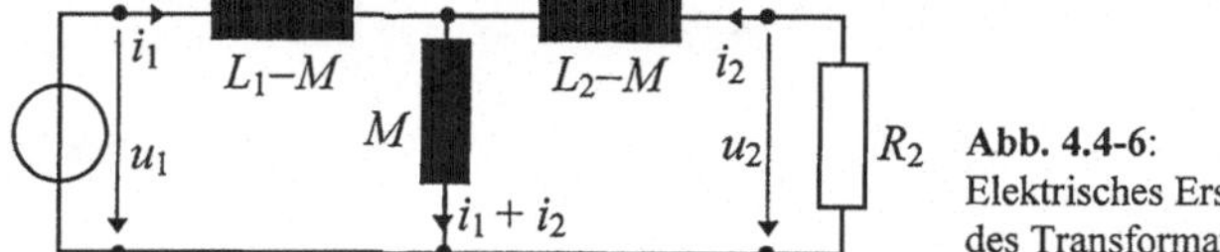

Abb. 4.4-6: Elektrisches Ersatzschaltbild des Transformators.

Wir erkennen unschwer, daß folgende Gleichungen das Netzwerk in Abb. 4.4-6 beschreiben, also identisch mit den Transformatorgleichungen sind:

$$u_1 = (L_1 - M)\frac{\mathrm{d}i_1}{\mathrm{d}t} + M(\frac{\mathrm{d}i_1}{\mathrm{d}t} + \frac{\mathrm{d}i_2}{\mathrm{d}t}) = L_1\frac{\mathrm{d}i_1}{\mathrm{d}t} + M\frac{\mathrm{d}i_2}{\mathrm{d}t},$$

$$u_2 = (L_2 - M)\frac{\mathrm{d}i_2}{\mathrm{d}t} + M(\frac{\mathrm{d}i_1}{\mathrm{d}t} + \frac{\mathrm{d}i_2}{\mathrm{d}t}) = M\frac{\mathrm{d}i_1}{\mathrm{d}t} + L_2\frac{\mathrm{d}i_2}{\mathrm{d}t}. \tag{4.4-25}$$

Der Nachteil des Ersatzschaltbilds ist, daß die Ersatzeigenschaften an den Klemmen enden, d.h. den Ersatzinduktivitäten $L_1 - M$ und $L_2 - M$ kann für $ü \neq 1$ keine sinnvolle physikalische Bedeutung zugeordnet werden. Vielmehr ist eine i.allg. sogar negativ. So ist z.B. $L_2 - M = L_2 - k\sqrt{L_1 L_2} < 0$ für $L_1 > L_2/k^2$, insbes. wenn $k = 1$. Lediglich für einen idealen Trenntransformator mit $ü = 1$ ist die Ersatzschaltung physikalisch anschaulich, da dann $L_1 = L_2 = M$ und $L_1 - M = L_2 - M = 0$; sie können also durch Kurzschlüsse ersetzt werden.

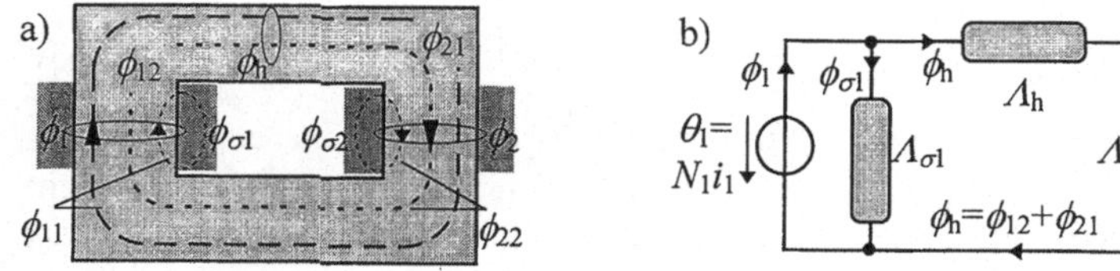

Abb. 4.4-7: a) Flußaufteilung im Transformator, b) Ersatzschaltbild des magnetischen Transformatorkreises.

Um ein physikalisch anschauliches Ersatzschaltbild zu erhalten, kommen wir auf die in Abschnitt 4.4.1 eingeführten Haupt- und Streuflüsse zurück. Wir wollen zunächst entspr. Abb. 4.4-7a) den Zusammenhang zwischen diesen und den Flüssen der Transformatorgleichungen erkennen. Deren Aufteilung $\phi_1 = \phi_{11} + \phi_{12}$ und $\phi_2 = \phi_{21} + \phi_{22}$ entstand durch die Zerlegung des Flusses durch eine Spule in Eigen- und Fremdanteil. Der Eigenanteil ϕ_{11} bzw. ϕ_{22} zerfällt jedoch wieder in den die andere Spule durchsetzenden und den streuenden Anteil: $\phi_{11} = \phi_{21} + \phi_{\sigma 1}$ und $\phi_{22} = \phi_{12} + \phi_{\sigma 2}$, so daß insgesamt: $\phi_1 = \phi_{21} + \phi_{12} + \phi_{\sigma 1}$ und $\phi_2 = \phi_{12} + \phi_{21} + \phi_{\sigma 2}$. In beiden ist der Hauptfluß $\phi_h = \phi_{12} + \phi_{21}$ enthalten. Das Ergebnis dieser Zerlegungen läßt sich entspr. b) wie folgt darstellen:

- Der ***Hauptfluß*** $\phi_h = (N_1 i_1 + N_2 i_2)\Lambda_h$ mit dem magnetischen Leitwert Λ_h durchsetzt beide Spulen. Nur er bewirkt einen Energietransport von der Primär- zur Sekundärseite. Ihm kann formal eine ***Hauptinduktivität*** L_{h1} und dieser bei Wechselstromerregung eine eindeutige ***Hauptreaktanz*** X_{h1} zugeordnet werden:

$$L_{h1} = N_1\frac{\phi_h}{i_\mu} = \frac{\psi_{h1}}{i_\mu} = N_1^2\Lambda_h, \qquad X_{h1} = \omega L_{h1}. \tag{4.4-26}$$

Durch die Hauptinduktivität fließt der ***Magnetisierungsstrom*** i_μ.

- Der für $i = 1$ bzw. 2 ***primärseitige*** bzw. ***sekundärseitige Streufluß*** $\phi_{\sigma i} = N_i i_i \Lambda_{\sigma i}$ ist nur mit Spule i verkettet und sieht einen zugehörigen magnetischen Streuleitwert $\Lambda_{\sigma i}$. Ihm kann analog eine ***Streuinduktivität*** $L_{\sigma i}$ und dieser bei Wechselstromerregung eine ***Streureaktanz*** $X_{\sigma i}$ zugeordnet werden:

$$L_{\sigma i} = N_i \frac{\phi_{\sigma i}}{i_i} = \frac{\psi_{\sigma i}}{i_i} = N_i^2 \Lambda_{\sigma i}, \qquad X_{\sigma i} = \omega L_{\sigma i}. \qquad (4.4\text{-}27)$$

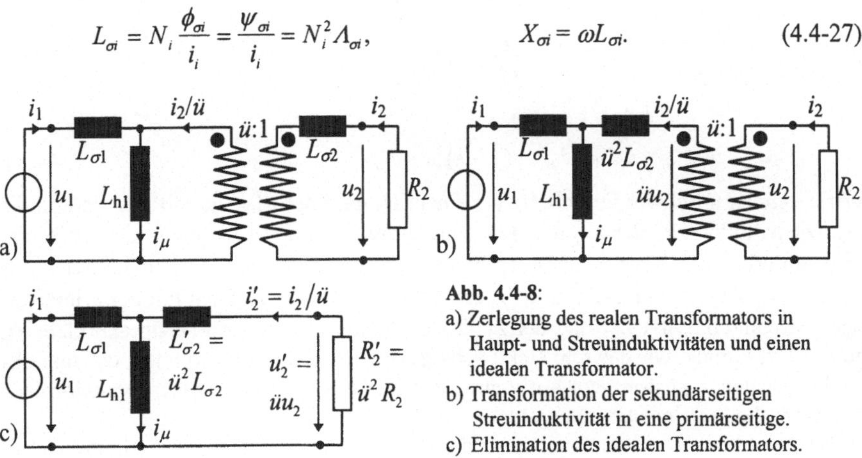

Abb. 4.4-8:
a) Zerlegung des realen Transformators in Haupt- und Streuinduktivitäten und einen idealen Transformator.
b) Transformation der sekundärseitigen Streuinduktivität in eine primärseitige.
c) Elimination des idealen Transformators.

Diese Induktivitäten verhalten sich so, als sei einem idealen Transformator ein rein elektrisches Netzwerk nach Abb. 4.4-8a) zugeschaltet:

- $L_{\sigma 1}$ verhindert, daß dem idealen Transformator primärseitig die gesamte Eingangsspannung zur Verfügung steht, denn sie beschreibt ja, daß ein Teil des mit u_1 assoziierten Flusses die Sekundärseite erst gar nicht erreicht.
- L_{h1} verhindert, daß dem idealen Transformator primärseitig der gesamte Eingangsstrom i_1 zur Verfügung steht, wobei der Magnetisierungsstrom $i_\mu = i_1 - (-i'_2)$ dem Aufbau des Hauptflusses gegen den magnetischen Widerstand des Eisens dient und mit ihm ist eine entsprechende Blindleistung assoziiert. Bei sekundärseitigem Leerlauf ist $i_\mu = i_1$, d.h. es wird gerade der Strom zum Decken der magnetischen Feldenergie gezogen. Beim idealen Transformator sollte $L_{h1} \to \infty$ und $i_\mu \to 0$ gehen, das Produkt $L_{h1} i_\mu$ muß jedoch durch den endlichen Wert der eingeprägten Eingangsspannung u_1 zu $\psi_1 = \int u_1 dt = L_{h1} i_\mu$ bestimmt sein.

  Der Begriff Magnetisierungsstrom ist daher etwas irreführend, denn er ist bei einer Luftspule ohne Magnetikum maximal.
- $L_{\sigma 2}$ verhindert, daß sekundärseitig dem Verbraucher R_2 die gesamte Ausgangsspannung des idealen Transformators zur Verfügung steht. Beim idealen Transformator sollten $L_{\sigma 1}$ und $L_{\sigma 2}$ verschwinden.

Um zu überprüfen, ob die dargestellte Struktur die Bedingungen erfüllt, muß ein Zusammenhang zu den Transformatorgleichungen bzw. zu dem Ersatzschaltbild in Abb. 4.4-6 hergestellt werden. Konkret ergibt sich die Frage, wie L_{h1}, $L_{\sigma 1}$ und $L_{\sigma 2}$ mit L_1, L_2 und M zusammenhängen. Dabei werden die durch $ü$ gekennzeichneten Transformationseigenschaften des idealen Transformators gleich mit berücksichtigt:

$$u_1 = L_{\sigma 1}\frac{di_1}{dt} + L_{h1}\frac{d(i_1 + i_2/\ddot{u})}{dt} = \underbrace{(L_{\sigma 1} + L_{h1})}_{L_1}\frac{di_1}{dt} + \underbrace{\frac{L_{h1}}{\ddot{u}}}_{M}\frac{di_2}{dt}$$

$$\Rightarrow \quad L_{h1} = \ddot{u}M = \sqrt{\frac{L_1}{L_2}}k\sqrt{L_1 L_2} = kL_1, \qquad L_{\sigma 1} = L_1 - L_{h1} = (1-k)L_1. \quad (4.4\text{-}28)$$

$$L_{h1}\frac{d(i_1 + i_2/\ddot{u})}{dt} = \ddot{u}(-L_{\sigma 2}\frac{di_2}{dt} + u_2) \quad \Rightarrow \quad u_2 = \underbrace{\frac{L_{h1}}{\ddot{u}}}_{M}\frac{di_1}{dt} + \underbrace{(L_{\sigma 2} + \frac{L_{h1}}{\ddot{u}^2})}_{L_2}\frac{di_2}{dt}$$

$$\Rightarrow \quad \ddot{u}^2 L_{\sigma 2} = \ddot{u}^2 L_2 - L_{h1} = (1-k)L_1 = L_{\sigma 1}. \quad (4.4\text{-}29)$$

Wir erkennen unschwer in Abb. b) aus einem Umlauf der Masche mit $\ddot{u}u_2$, daß dieses Ersatzschaltbild bzgl. der zweiten Transformatorgleichung für die beim idealen Transformator erkannten Regeln zur Umrechnung der sekundärseitigen Streuinduktivität $L_{\sigma 2}$ auf die Primärseite zu $\ddot{u}^2 L_{\sigma 2}$ gilt. $\ddot{u}^2 L_\sigma$ erweist sich also als identisch mit der primärseitigen Streuinduktivität $L_{\sigma 1}$ und der Zählindex 1 oder 2 kann im Prinzip entfallen. Zu guter Letzt können wir das rein elektrische Ersatzschaltbild c) verwenden, das nun ohne den idealen Transformator auskommt und in das vollständig dessen Transformationseigenschaften eingearbeitet wurden.

Als Fazit können wir folgende anschauliche Interpretation der Hauptinduktivität $L_{h1} = kL_1$ und der beiden gleichgroßen Streuinduktivitäten $L_\sigma = L_{\sigma 1} = L'_{\sigma 2} = (1-k)L_1$, die zur Symmetrierung des Ersatzschaltbildes führen, festhalten:

- Liegt eine ideale Kopplung mit $k = 1$, $\mu \to \infty$ vor, gilt $L_{h1} = L_1 \to \infty$, also Wechselstromleerlauf in diesem Zweig; $L_\sigma = 0$. Folglich ist erwartungsgemäß nur noch der ideale Transformator zu den Eingangsklemmen hin wirksam.
- Liegt keine Kopplung mit $k = 0$ vor, gilt $L_{h1} = 0$ und der ideale Transformator ist kurzgeschlossen. Folglich ist erwartungsgemäß nur noch die Primärinduktivität über $L_{\sigma 1} = L_1$ zu den Eingangsklemmen hin wirksam.

Eisen- und Kupferverluste sind ebenfalls auf einfache Weise in diesen Ersatzschaltbildern unterzubringen. Kupferverluste werden, wie schon in Abschnitt 4.4.2 dargestellt, als Serienwiderstände R_{Cu} zu Ein- und Ausgang hinzugefügt. Damit transformiert sich R_{Cu2} ebenfalls gemäß $\ddot{u}^2 R_{Cu2}$ zur Primärseite hin.

Die noch nicht weiter behandelten Eisenverluste lassen sich durch einen OHMschen Widerstand R_{Fe} parallel zu M in Abb. 4.4-6 und zu L_{h1} in Abb. 4.4-8 modellieren, da es im wesentlichen der Hauptfluß ist, der die Verluste im Eisen induziert. In den Eisenverluststrom i_{Fe} mündet dann derjenige Anteil der Durchflutungen, der sich energetisch in Eisenverluste transformiert. Er kann daher bei Luftspulen nicht auftreten.

Aufgabe 4.4.6-1: Man schalte in Abb. 4.4-6 die Kupferverlustwiderstände R_{Cu} in Reihe zu den Längsinduktivitäten und stelle die zugehörigen Transformatorgleichungen auf.

Aufgabe 4.4.6-2: Ein in der Nachrichtentechnik verbreitetes Ersatzschaltbild des Übertragers ist in der Abbildung dargestellt. Man bestimme den Zusammenhang von L_A und L_B mit L_1 und σ und diskutiere die Wirksamkeit von L_A und L_B bei niederohmiger Last und tiefen, mittleren und hohen Frequenzen.

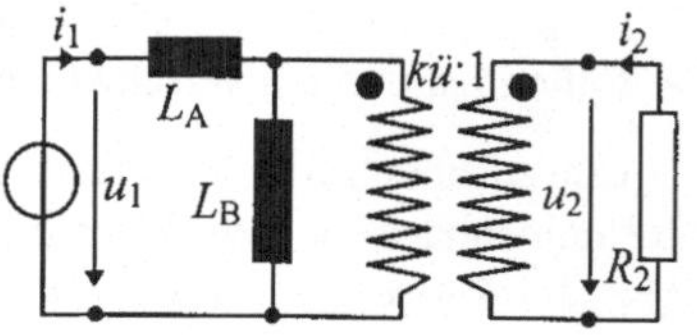

***Aufgabe 4.4.6-3**: Man stelle die Zeigerdiagramme aller Strom- und Spannungseffektivwerte bei $\underline{U}_1$ = j230 V/50 Hz in Abb. 4.4-8c) mittels MATHCAD dar. Dabei seien (L_1, L_2, M) = (100, 20, 30) mH, (R_{Cu1}, R_{Cu2}, R_{Fe}, $\underline{Z}_2$) = (1, 1, 100, 10 + j5) Ω.

4.4.7 Elektrisch und magnetisch gekoppelte Spulen, Differentialübertrager

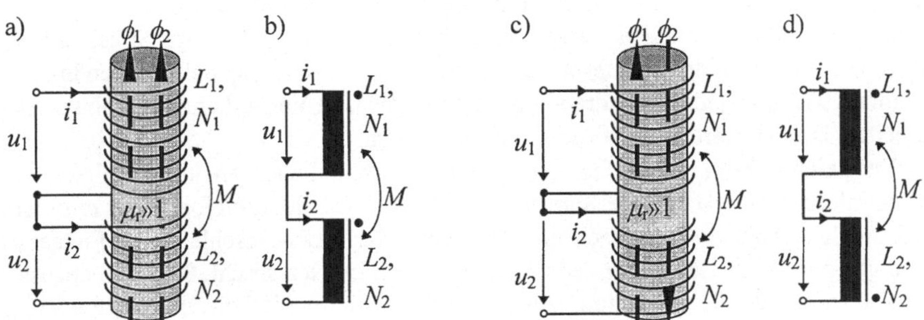

Abb. 4.4-9: Elektrische und magnetische Kopplung: a), b) magnetisch gleichsinnig gekoppelte Spulen, c), d) magnetisch gegensinnig gekoppelte Spulen.

Vielfach werden Spulen elektrisch und magnetisch gekoppelt und es sollte möglich sein deren Eigenschaften aus den Transformatorgleichungen zu bestimmen. Bei elektrisch gekoppelten Spulen nach Abb. 4.4-9 handelt es sich bzgl. der von außen zugänglichen Klemmen wieder um einen Zweipol, dem eine Selbstinduktivität L zugeordnet werden kann. Letztendlich handelt es sich z.B. in a) um eine einzige Spule, deren Gesamtwindungszahl N willkürlich in N_1 und N_2 aufgeteilt wurde. Aus der Abbildung ist ersichtlich, daß diese elektrische Kopplung bedeutet: $u = u_1 + u_2$ und $i = i_1 = i_2$. Aus den Transformatorgleichungen folgt somit:

$$u = u_1 + u_2 = L_1 \frac{di}{dt} + M \frac{di}{dt} + M \frac{di}{dt} + L_2 \frac{di}{dt} = (L_1 + L_2 + 2M) \frac{di}{dt} =$$

$$= (N_1^2 + N_2^2 + 2N_1N_2)\Lambda \frac{di}{dt} = (N_1 + N_2)^2 \Lambda \frac{di}{dt} = N^2 \Lambda \frac{di}{dt} = L \frac{di}{dt}. \qquad (4.4\text{-}30)$$

Wir erhalten als Ergebnis also erwartungsgemäß die Formel für eine Einzelinduktivität der Windungszahl $N = N_1 + N_2$. Sind die (Teil-)Spulen L_1 und L_2 magnetisch mit einem Kopplungsfaktor k verkoppelt, so geht dieser in M ein, und wir können leicht überprüfen, daß dann gilt:

$$u = (N_1^2 + N_2^2 + 2kN_1N_2)\Lambda \frac{di}{dt} = \underbrace{(L_1 + L_2 + 2k\sqrt{L_1L_2})}_{L} \frac{di}{dt}. \qquad (4.4\text{-}31)$$

Für $k = 1$ liegt der zuvor beschriebene Fall vor. Für $k = 0$ ergibt sich erwartungsgemäß die von Abschnitt 4.2.3.2 bereits bekannte Formel $L = L_1 + L_2$ für eine Reihenschaltung magnetisch entkoppelter Spulen. Im Fall c) gilt $k = -1$ und somit $L = (N_1 - N_2)^2\Lambda$, speziell für $N_1 = N_2$: $L = 0$.

Sind n Spulen in Reihe geschaltet und magnetisch gekoppelt, können wir einfach extrapolieren:

$$L = \sum_{i=1}^{n} \sum_{j=1}^{n} L_{ij} . \tag{4.4-32}$$

Ein wichtiger praktischer Anwendungsfall ist der Differentialübertrager, wie er z.B. in der Fernsprechtechnik zur Richtungstrennung von Informationsflüssen eingesetzt wird. Aus ökonomischen Gründen werden Niederfrequenzsignale über lange Strecken bidirektional über Zweidrahtleitungen übertragen. Zur Verstärkung müssen Sende- und Empfangsrichtung jedoch vierdrähtig getrennt werden, da Verstärker nur unidirektional arbeiten. Danach werden sie wieder zusammengefügt.

Desgleichen erfolgt die Übertragung vom herkömmlichen analogen Telefon zur Vermittlung zweidrähtig, die Sprech- und Hörmuschel des Telefonhörers erfordern jedoch gleichwohl eine entsprechende Wandlung. Der ISDN-Anschluß eines Endgeräts erfolgt zwar direkt vierdrähtig, jedoch befindet sich im Netzabschluß NT ein ebensolcher Wandler, da die Fernleitung zur Vermittlung wieder die konventionelle analoge Zweidrahtleitung auch für Digitalsignale realisiert.

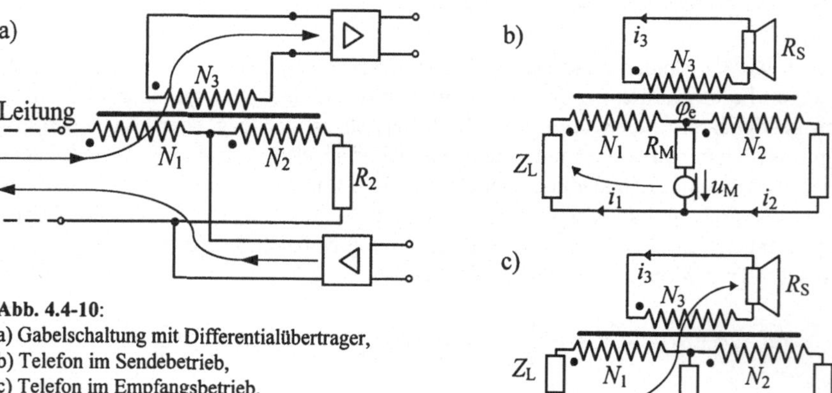

Abb. 4.4-10:
a) Gabelschaltung mit Differentialübertrager,
b) Telefon im Sendebetrieb,
c) Telefon im Empfangsbetrieb.

Betrachten wir die Zwei/Vierdrahtweiche in Abb. 4.4-10a), wo links von einer Zweidrahtleitung Signale ankommen, die über den als ideal betrachteten Übertrager nach oben geleitet werden sollen. Gleichzeitig sollen Signale von der unteren kommenden Leitung nur nach links, nicht jedoch nach oben, weitertransferiert werden. Gesucht sind die Beziehungen zwischen Windungszahlen und Widerständen, die dies optimieren.

Für die Weiche in einem Telefon nach b) soll das vom Mikrofon mit Innenwiderstand R_M erzeugte Signal u_M zur Leitung, nicht jedoch zum eigenen Lautsprecher mit Innenwiderstand R_S transferiert werden. Die reflexionsfrei abgeschlossene Leitung wird durch ihren Leitungswellenwiderstand Z_L charakterisiert, der bei guter Qualität als reell angenommen werden kann. In c) wirkt die Leitung als Spannungsquelle u_L und soll maximale Leistung dem Lautsprecher zuführen.

Die daraus resultierende Frage lautet: Wie sind also bei gegebenen R_M, R_S und $Z_L \rightarrow$ N_1, N_2, N_3 und R_2 zu wählen, daß diese Forderungen erfüllt sind? Sei dazu u_i die in Stromrichtung gezählte Spannung an der i. Wicklung.

In b) darf R_S keine Leistung von u_M erhalten, woraus $i_3 = u_3 = 0$. Werden im Eisenkern zwei gegenläufig gleichgroße Flüsse erzeugt, sodaß $u_1 = u_2 = 0$, folgt im äußeren Maschenumlauf $Z_L i_1 + R_2 i_2 = 0$. Das Durchflutungsgesetz fordert $N_1 i_1 + N_2 i_2 = -N_3 i_3 = 0$, so daß wir als erste Abgleichbedingung erhalten:

$$\frac{Z_L}{R_2} = \frac{N_1}{N_2} \quad \Rightarrow \quad R_2 = Z_L \frac{N_2}{N_1}. \tag{4.4-33}$$

In der Praxis wird diese Bedingung bewußt etwas verletzt, denn sie bewirkt, daß ein Teilnehmer die eigene Stimme im Hörer nicht hört. Meist ist jedoch erwünscht, durch endliche Rückhördämpfung, eine Kontrolle über die Funktionsfähigkeit des Telefons zu haben.

Als nächstes fordern wir, R_2 so zu dimensionieren, daß die Wirkleistung P_L in $Z_L = R_2 N_1/N_2$ maximal wird. Wir bestimmen dazu das eingetragene elektrische Potential φ_e nach dem Knotenpotentialverfahren, bilden $P_L(G_2, G_M)$ und setzen dann $dP_L/dG_2 = 0$. Mit den Windungszahlverhältnissen $w := N_2/N_1$ und $v := 1 + w$ erhalten wir so die zweite Abgleichbedingung für die Effektivwerte:

$$\varphi_e = \frac{U_M G_M}{G_M + G_2(1+w)} \quad \Rightarrow \quad P_L = \varphi_e^2 G_2 w = \frac{w(U_M G_M)^2 G_2}{(G_M + vG_2)^2},$$

$$0 = \frac{1}{w(U_M G_M)^2} \frac{dP_L}{dG_2} = \frac{d}{dG_2} \frac{G_2}{(G_M + vG_2)^2} = \frac{(G_M + vG_2)^2 - 2G_2(G_M + vG_2)v}{(G_M + vG_2)^4}$$

$$\Rightarrow \quad R_2 = R_M v = R_M\left(1 + \frac{N_2}{N_1}\right). \tag{4.4-34}$$

Die dritte Abgleichbedingung optimiert N_3 dahingehend, daß die Wirkleistung $P_S = R_S I_3^2$, die R_S in c) von u_L erhält, maximal wird. Dazu berechnen wir nach dem Maschenstromverfahren i_3 und gehen dann wie oben vor:

$$\begin{pmatrix} R_M(2+1/w) & -R_M & -R_S N_1/N_3 \\ -R_M & R_M(2+w) & -R_S N_2/N_3 \\ N_1 & N_2 & N_3 \end{pmatrix} \cdot \begin{pmatrix} i_1 \\ i_2 \\ i_3 \end{pmatrix} = \begin{pmatrix} u_L \\ 0 \\ 0 \end{pmatrix}. \tag{4.4-35}$$

$u_i = u_3 N_i/N_3 = -i_3 R_S N_i/N_3$ wurde hierbei aus den Übertragungseigenschaften des idealen Übertragers eingearbeitet; die letzte Matrixzeile verifiziert das Durchflutungsgesetz. Am einfachsten lösen wir die Gleichung symbolisch mit **MATHCAD** nach i_3 auf und erhalten nach Vereinfachen den ersten der folgenden Ausdrücke für den Effektivwert I_3:

$$\frac{-N_1 \cdot N_2 \cdot N_3 \cdot U_L}{(N_1 + N_2) \cdot (R_S \cdot N_1 \cdot N_2 + R_M \cdot N_3^2)}$$

$$\left[\frac{N_3}{R_S \cdot N_1 \cdot N_2 + R_M \cdot N_3^2}\right]^2 \qquad \text{Symbolics} \quad \text{Variable} \blacktriangleright \quad \text{Differentiate} \qquad -2 \cdot N_3 \frac{(-R_S \cdot N_1 \cdot N_2 + R_M \cdot N_3^2)}{(R_S \cdot N_1 \cdot N_2 + R_M \cdot N_3^2)^3}$$

Wir wollen den zweiten Ausdruck ~ P_S nach N_3 differenzieren, eliminieren die Konstanten des ersten, markieren N_3 und erhalten das rechte Ergebnis, woraus durch Nullsetzen die dritte Abgleichbedingung resultiert:

$$\frac{N_1 N_2}{N_3^2} = \frac{R_M}{R_S}. \tag{4.4-36}$$

Hieraus lassen sich bei gegebenen R_M, R_S und Z_L: N_1/N_2, N_1/N_3, R_2 sowie die Leistungen selbst bestimmen.

Aufgabe 4.4.7-1: Man berechne u_1/u_2 für zwei elektrisch in Reihe geschaltete Spulen in Abhängigkeit von k und $ü$. Wie vereinfacht sich das Ergebnis für $k = -1$, 0 und 1?

Aufgabe 4.4.7-2: Man berechne die Gesamtinduktivität L sowie i_1/i_2 zweier elektrisch parallelgeschalteter Spulen in Abhängigkeit von L_1, k und $ü$. Wie vereinfachen sich die Ergebnisse für $k = -1$, 0 und 1? Welche Probleme treten bei den Extremwerten auf?

Aufgabe 4.4.7-3: Man dimensioniere den Differentialübertrager im Text für $(Z_L, R_M, R_S) = (600, 150, 8)$ Ω. Welche Werte weisen L_1/L_3 und L_2/L_3 auf?

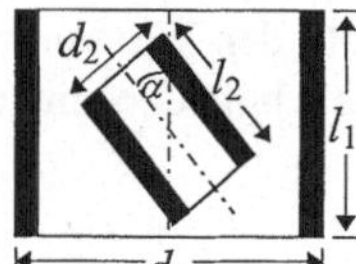

***Aufgabe 4.4.7-4**: Die beiden ineinandergesteckten Zylinderspulen der Abbildung mit den Windungszahlen N_1 und N_2 können um den Winkel α gegeneinander geneigt sein. Für beide Spulen sei das Feld innen homogen und außen vernachlässigbar. Man bestimme L_{11}, L_{22}, L_{12} und L_{21} sowie die Gesamtinduktivität $L(\alpha)$ ihrer Reihenschaltung, wenn ihre Flüsse für $\alpha = 0$ gleichgerichtet sind.

4.4.8 Transformatoranalyse mit PSPICE

In Abschnitt 3.7.6.4 wurde bereits kurz auf den Transformator in **PSPICE** eingegangen, wobei es dort darum ging, die Darstellung einer Hysteresekurve mit **PROBE** und den Zusammenhang zwischen Eingang $H(t)$ und Ausgang $B(t)$ zu demonstrieren. Hier soll zunächst zusammengefaßt werden, welche Transformatormodelle **PSPICE** in der Bibliothek *eval.slb* anbietet:

XFRM_LINEAR ist ein Transformator ohne Eisenkern mit den Parametern

- *COUPLING* als Kopplungsfaktor $(0 \leq k \leq 1)$,
- *L1_VALUE* als Primärinduktivität in H, und
- *L2_VALUE* als Sekundärinduktivität in H.

Da k immer positiv ist, werden die Wicklungen grundsätzlich als gleichsinnig angenommen, weshalb ggfls die elektrischen Anschlüsse auf einer Seite zu vertauschen sind. Wählen wir hier die Induktivitäten zu sehr großen Werten, z.B. im Henry-Bereich, und $k = 1$, läßt sich der ideale Übertrager simulieren.

K_LINEAR stellt ein Pseudosymbol für einen Transformator mit bis zu sechs Induktivitäten *L1* ... *L6* mit gemeinsamem Kopplungsfaktor *COUPLING* wie oben dar, dem aber auch eines der u.a. vier nichtlinearen Modelle zugewiesen werden kann. Den Transformator selbst realisieren ganz normale Induktivitäten L, die auf dem Arbeitsblatt plaziert und mit Werten versehen werden. Die Namen dieser Induktivitäten werden im einfachsten Fall den gleichnamigen Parametern von *K_LINEAR* zugewiesen.

Vier nichtlineare Übertrager mit genormten 3C8-Ferritkernen mit magnetischer Hysterese, die nach dem in **PSPICE** verwendeten JILES-ATHERTON-Modell eingespeichert sind: *K3019PL_3C8*, *K502T300_3C8*, *K528T500_3C8* und *KRM8PL_3C8*, mit

- *COUPLING* als Kopplungsfaktor ($0 \leq k \leq 1$, also wie oben),
- *L1_TURNS* als primärseitiger Windungszahl (N_1), und
- *L2_TURNS* als sekundärseitiger Windungszahl (N_2).

XFRM_NONLINEAR kann über *Model* ein Kern aus weiteren Bibliotheken zugewiesen werden.

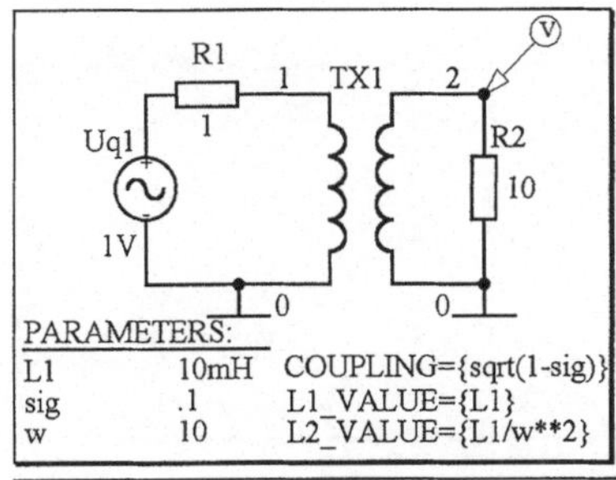

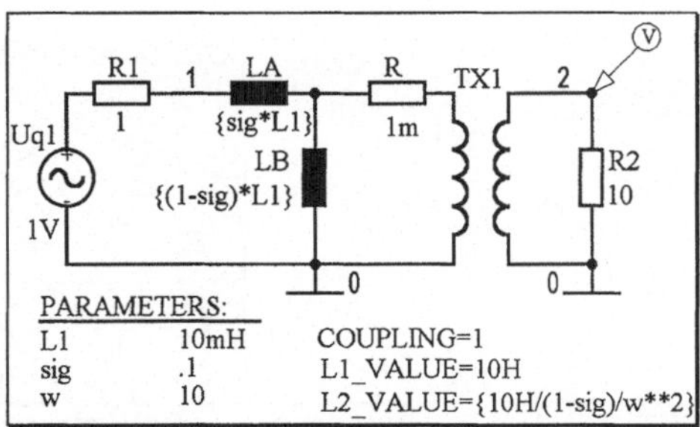

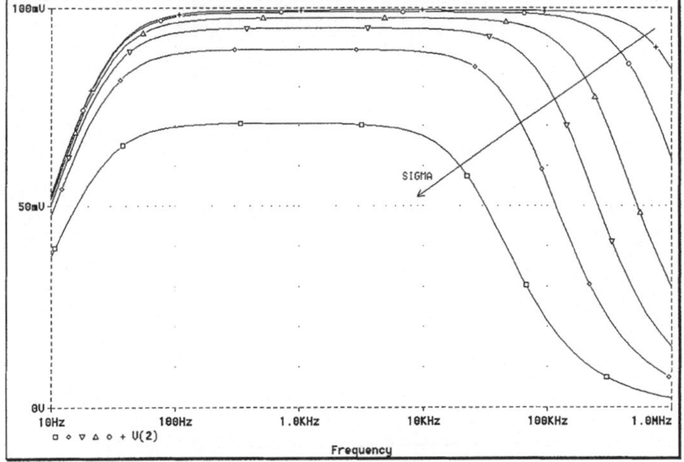

Abb. 4.4-11: Zwei äquivalente Schaltungen mit streubehaftetem Übertrager, zugehöriger **PROBE**-Plot mit Streufaktoren $\sigma = 0.01, 0.02, 0.05, 0.1, 0.2, 0.5$.

Wir wollen nun an zwei Beispielen Transformatorberechnungen mit Bezug zu den vorigen Abschnitten durchführen. Zunächst soll in Abb. 4.4-11 die Äquivalenz des Ersatzschaltbilds zu Aufgabe 4.4.6-2 mit einem entsprechend parametrisierten Übertrager *XFRM_LINEAR* am Frequenzverlauf der Ausgangsspannung $U_2(f)$ verifiziert werden. Dazu wird einmal in der linken **SCHEMATICS**-Schaltung *XFRM_LINEAR* plaziert und entsprechend den Angaben parametrisiert. *Uq1* ist eine *VAC*-Quelle. Da **PSPICE** keine Umlaute in Variablennamen akzeptiert, wird *ü* (= 10) durch *w* ersetzt.

Durch Parametrisieren der AC Sweep...-Dialogbox: AC Sweep Type: •Decade, Sweep Parameters: Pts./Decade:*10*, Start Freq.:*10*, End Freq.: *1meg* wird die Frequenz zur Abszissenvariablen. Zum Erzeugen der einzelnen Kurven für verschiedene Streufaktoren σ wird Parametric...: •Global Parameter, Name: *sig*, •Value List, Values: *.01 .02 .05 .1 .2 .5* eingegeben.

Dann wird der dargestellte Plot aufgebaut. Das bereits in der Aufgabe angesprochene Bandpaßverhalten und der Einfluß der Streuung auf die Dämpfung und Einengung des Frequenzbereichs wird deutlich sichtbar. Bei geringer Streuung kann der Übertrager im mittleren Frequenzbereich als nahezu ideal betrachtet werden.

In einem weiteren **SCHEMATICS**-Dokument wird die nach Aufgabe 4.4.6-2 äquivalente rechte Schaltung eingegeben, wobei $R = 1\ \mathrm{m}\Omega$ den Gleichstrompfad von *Uq1* zur Masse ohne Kurzschluß sicherstellt. Wird diese Schaltung auf die gleiche Weise wie die vorige parametrisiert, erscheint derselbe Plot.

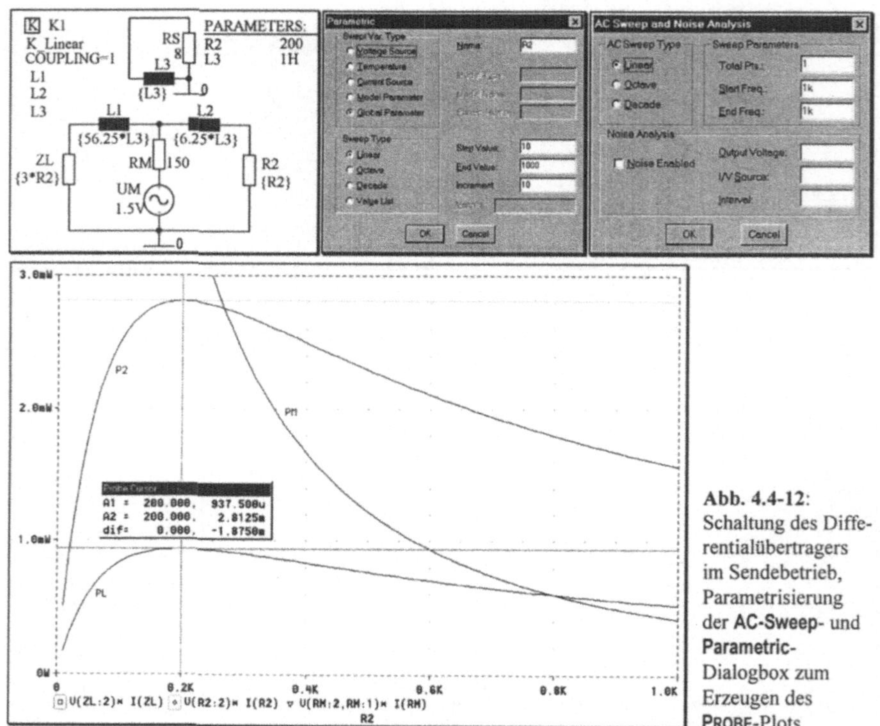

Abb. 4.4-12: Schaltung des Differentialübertragers im Sendebetrieb, Parametrisierung der **AC-Sweep**- und **Parametric**-Dialogbox zum Erzeugen des **PROBE**-Plots.

In Abb. 4.4-12 ist die **SCHEMATICS**-Schaltung des Differentialübertragers des vorigen Abschnitts im Sendebetrieb dargestellt, wie sie mit Aufgabe 4.4.7-3 zu dimensionieren war. Mit Hilfe des darunterstehenden **PROBE**-Plots soll dargestellt werden, daß die Anpassung bei $R_2 = 200\ \Omega$ optimal ist. $Z_L = 3R_2$ muß für variables R_2 beibehalten werden, da sonst die Bedingung vernachlässigbaren Leistungstransfers von u_M zu R_S nicht permanent erfüllt ist.

Der Differentialübertrager selbst wird entsprechend den obigen Angaben zunächst durch die drei unabhängigen Spulen *L1*, *L2* und *L3* realisiert. Durch Plazieren von *K_LINEAR* und Parametrisieren mit *L1=L1*, *L2=L2* und *L3=L3* und *COUPLING =1* werden sie fest gekoppelt. Als Quelle wird *VAC* benutzt und in der dargestellten **AC-Sweep**-Dialogbox mit der festen, typisch im Sprachbereich liegenden Frequenz von 1 kHz parametrisiert. Gemäß den Ausführungen von Abschnitt 6.2.3.3 bewirkt dann die Parametrisierung mit der dargestellten **Parametric**-Dialogbox, daß der danach aufgebaute **PROBE**-Plot den Widerstand R_2 automatisch als Abszissenparameter verwendet.

Unterhalb der Abszisse wurden für Z_L, R_2 und R_M die jeweils zugehörigen Produkte von Strömen und Spannungen, also die Leistungen P_L, P_2 und P_M dargestellt. Dies wird von PROBE automatisch erkannt und die Einheiten auf der Ordinate in W dargestellt. Cursor 1 ist auf dem Maximum von P_L und Cursor 2 auf dem Maximum von P_2 plaziert, die natürlich auf dem gleichen Abszissenwert liegen. Beide Kurven unterscheiden sich um den Faktor 3 des Widerstandsverhältnisses, da die Stromteilerregel zu dieser Strom- und damit Leistungsverteilung bei gleichen Spannungen führt. Unschwer ist zu erkennen, daß die an Z_L absolut abgeführte Leistung noch deutlich unter der intern verbrauchten liegt, da die Gesamtdimensionierung ja drei Vorgaben zu erfüllen hat.

Aufgabe 4.4.8-1: Man verifiziere mit PSPICE die maximale Leistungsaufnahme von R_S und stelle alle von den Widerständen im Empfangsbetrieb aufgenommenen Leistungen im Bereich von $0 < R_S/\Omega \leq 20$ dar.
Aufgabe 4.4.8-2: Man untersuche mit PSPICE die Empfindlichkeit des Arbeitspunkts der vorigen Aufgabe bzgl. endlicher Übertragerinduktivitäten für L_3 = (0.1, 1, 10, 1000) mH im Frequenzbereich von $100 \leq f/\text{Hz} \leq 4000$.
Aufgabe 4.4.8-3: Man modelliere ein Netzwerk mit (L_1, L_2, M) = (100, 50, 70) mH, $(R_{Cu1}, R_{Cu2}, R_{Fe}, R_2)$ = (1, 1, 1000, 100) Ω wie in Abb. 4.4-8c) in PSPICE und stelle die von der Quelle abgegebene sowie die von der Last R_2 aufgenommene Wirk-, Blind- und Scheinleistung im Bereich $1 \leq f/\text{kHz} \leq 10$ dar.

4.4.9 Energie im Transformator, Umkehrungssatz

Wir wollen nun untersuchen, welcher Energieinhalt in beliebig magnetisch oder/und elektrisch gekoppelten Induktivitäten gespeichert ist. Aus der Energiediskrepanz zwischen der Gesamtenergie in einem magnetischen Kreis und der in den Einzelinduktivitäten gespeicherten Energie in Aufgabe 4.3.1-3 ist zu vermuten, daß die Differenz in der Gegeninduktivität gespeichert ist. Der Energieinhalt eines Transformators W_T läßt sich unmittelbar aus den Transformatorgleichungen bestimmen:

$$W_T = \int (u_1 i_1 + u_2 i_2)\mathrm{d}t = \int (L_{11}\frac{\mathrm{d}i_1}{\mathrm{d}t} i_1 + L_{12}\frac{\mathrm{d}i_2}{\mathrm{d}t} i_1 + L_{21}\frac{\mathrm{d}i_1}{\mathrm{d}t} i_2 + L_{22}\frac{\mathrm{d}i_2}{\mathrm{d}t} i_2)\mathrm{d}t. \quad (4.4\text{-}37)$$

Zunächst soll aus diesem Ausdruck die Identität von $L_{12} = L_{21}$ bei linearem Medium nachgewiesen werden. Dazu schließen wir an die Primärseite eine Gleichstromquelle I_1 bei leerlaufender Sekundärseite ($i_2 = 0$) an. Dann steckt alle Energie in L_{11}. Schließen wir anschließend zusätzlich an die Sekundärseite eine Gleichstromquelle I_2 an, kommt die Energie von L_{12} und L_{22} hinzu, wobei jetzt wg. $i_1 = I_1 = \text{const}$:

$$W_{12} + W_{21} = \int L_{12}\frac{\mathrm{d}i_2}{\mathrm{d}t} I_1 \mathrm{d}t + 0 = L_{12} I_1 I_2. \quad (4.4\text{-}38)$$

Hieraus ist die Beschränkung auf die Linearität ersichtlich, da L_{12} andernfalls wegen der Nichtlinearität von μ von i_2 abhängt. L_{21} liefert keinen Beitrag, da wegen der Gleichstromquelle I_1: $\mathrm{d}i_1/\mathrm{d}t = 0$. Schalten wir die beiden Quellen in umgekehrter Reihenfolge an, steckt zunächst alle Energie in L_{22} und anschließend kommt die Energie von L_{11} und L_{21} hinzu, womit nun:

$$W_{12} + W_{21} = 0 + \int L_{21}\frac{\mathrm{d}i_1}{\mathrm{d}t} I_2 \mathrm{d}t = L_{21} I_1 I_2. \quad (4.4\text{-}39)$$

In beiden Fällen ergibt sich mit ij = 12 oder 21 die Gesamtenergie zu:

$$W_{\mathrm{T}} = \tfrac{1}{2} L_{11} I_1^2 + L_{ij} I_1 I_2 + \tfrac{1}{2} L_{22} I_2^2. \qquad (4.4\text{-}40)$$

Da die eingespeicherte Energie nicht von der Reihenfolge des Anschaltens der Quellen abhängen kann, gilt folglich der Umkehrungssatz $L_{12} = L_{21}$. Die Gegeninduktivität ist bei beliebiger Anregung also energetisch doppelt vorhanden, eben in ihrer Eigenschaft als Transformationsgröße von Primär- zu Sekundärseite L_{21} und von Sekundär- zu Primärseite L_{12}.

Die Energie läßt sich nun einheitlich für Selbst- und Gegeninduktivitäten, also einfach für jedwede Art von Induktivitätskoeffizienten, angeben:

$$W_{Lij} = \frac{1}{2} L_{ij} I_i I_j, \qquad W_{Ln} = \frac{1}{2} \sum_{i,j=1}^{n} L_{ij} I_i I_j. \qquad (4.4\text{-}41)$$

Aus dieser Rechnung können wir folglich den Gesamtenergieinhalt W_{Ln} von n magnetisch gekoppelten Induktivitäten nach Gl. 4 wie rechts angeben. Man beachte auch hier wieder, daß die Gleichgrößen durchaus einen Sinn machen. Auch wenn bei Gleichströmen kein Induktionsvorgang stattfindet, und Gegeninduktivitäten als Energietransporter nicht aktiv werden, muß beim Anschalten der Ströme Energie in die Gegeninduktivität transferiert werden, sofern die nicht leerlaufende Sekundärseite den Stromfluß erlaubt.

Mit diesen Überlegungen können wir Gl. 4.3-22 auf allgemeine Induktivitätsanordnungen extrapolieren und erhalten für die Kraft zwischen zwei Stromkreisen I_1 und I_2:

$$\boldsymbol{F}_{Lij} = I_i I_j \operatorname{grad} L_{ij}. \qquad (4.4\text{-}42)$$

Aufgabe 4.4.9-1: Welche Energie ist für $I = 1$ A und $(L_1, L_2, M) = (100, 50, 70)$ mH in einer elektrischen Reihenschaltung von L_1 und L_2, welche bei einer Parallelschaltung gespeichert?

Aufgabe 4.4.9-2: Man überprüfe, ob die Energiedifferenz ΔW_{m} in Aufgabe 4.3.1-3 den Energieinhalt der Gegeninduktivität M repräsentiert.

***Aufgabe 4.4.9-3**: Man berechne mithilfe von MATHCAD, welche Energie im zeitlichen Mittel im Differentialübertrager mit $L_3 = 10$ mH nach Aufgabe 4.4.7-3 bei einer Wechselanregung mit $U_{\mathrm{L}} = 0{,}75$ V gespeichert ist? Man interpretiere das Ergebnis.

4.5 Netzwerke mit Spulen im zeitveränderlichen Feld

Wir betrachten nun in Fortführung von Abschnitt 2.11 das Zusammenschalten von Spulen, Widerständen, Kondensatoren und ggf. Quellen. Siehe daher die dortigen einführenden Bemerkungen. Zunächst wollen wir analog zur RC-Ebene auf der RL-Ebene einsteigen, um die Dualität der Problematik zu demonstrieren, um danach RLC-Netzwerke zu betrachten. Grundsätzlich kann dieser Abschnitt genauso der Elektrodynamik zugeordnet werden wie der Magnetodynamik, oder ihm könnte im Rahmen der allgemeinen Netzwerkanalyse ein eigenständiges Kapitel gewidmet werden. Dies wird tlw. im Abschnitt 5.3 über die LAPLACEtransformation getan, wobei es hier mehr um die Physik der Netzwerke und dort um die Mathematik der effizienten Lösung der zugehörigen DGLn gehen soll.

Fassen wir zunächst in Tab. 4.5-1 nochmals zusammen, welche Formen des OHMschen Gesetzes einer solchen Analyse zugrunde liegen:

Elektrostatik	Elektrodynamik	Magnetodynamik
$C=\frac{q}{u}$	$R=\frac{u}{i},\quad G=\frac{i}{u}$	$L=\frac{\psi}{i}$
$i=C\frac{\mathrm{d}u}{\mathrm{d}t}$	$i=\frac{u}{R}=Gu$	$i=\frac{1}{L}\int u\mathrm{d}t=i(\tau)+\frac{1}{L}\int_{\tau}^{t}u\mathrm{d}t'$
$u=\frac{1}{C}\int i\mathrm{d}t=u(\tau)+\frac{1}{C}\int_{\tau}^{t}i\mathrm{d}t'$	$u=Ri=\frac{i}{G}$	$u=L\frac{\mathrm{d}i}{\mathrm{d}t}$
$\underline{Z}_C=\frac{1}{\mathrm{j}\omega C}$	$\underline{Z}_R=R=\frac{1}{G}$	$\underline{Z}_L=\mathrm{j}\omega L$
$\underline{Y}_C=\mathrm{j}\omega C$	$\underline{Y}_R=G=\frac{1}{R}$	$\underline{Y}_L=\frac{1}{\mathrm{j}\omega L}$

Tab. 4.5-1: Grundbeziehungen zwischen Bauelementen und integralen Feldgrößen.

Die hier überall positiven Vorzeichen gelten für das Verbraucherzählpfeilsystem, d.h. Spannung und Stromstärke haben am Bauelement gleiche Richtung. Für die Netzwerkanalyse gelten im Reellen wie im Komplexen die beiden KIRCHHOFFschen Regeln und die Energieerhaltung:

$$\sum_i \pm i_i = 0, \qquad \sum_i \pm u_i = 0, \qquad \sum_i \pm p_i = 0. \tag{4.5-1}$$

Dabei ist die erste Stromknotenregel ein Resultat der Ladungserhaltung und die zweite Spannungsmaschenregel der Energieerhaltung. Sie werden zur Netzwerkanalyse benötigt. Bei entsprechender Umformung nach dem Maschenstrom- oder Knotenspannungsverfahren kommen wir mit nur einer der beiden, und für alle Netzwerkgrößen mit dem OHMschen Gesetz in der jeweils von oben benötigten Form aus. Bei der Anwendung der Maschenregel sind induzierte Spannungen als diskrete Quellen darzustellen.

Die dritte Leistungserhaltung geht unmittelbar einher mit der Energieerhaltung und wird primär zum Überprüfen der Korrektheit einer Analyse verwendet: ist ein Ergebnis richtig, muß sie erfüllt sein; ist sie erfüllt, kann das Ergebnis immer noch falsch sein, z.B. indem sich zwei Rechenfehler aufheben. Sie stellt also eine notwendige, nicht jedoch hinreichende Bedingung dar.

Bei Analysen mit Schaltvorgängen sind Stetigkeitsbedingungen zu beachten:

Stetigkeitsbedingung für	Kondensator	Widerstand	Spule
Spannung (Ladung)	muß stetig sein	kann unstetig sein	kann unstetig sein
Strom (Fluß)	kann unstetig sein	kann unstetig sein	muß stetig sein

Tab. 4.5-2: Stetigkeitsbedingungen an Bauelementen für Strom und Spannung bei Abwesenheit von Zwangsgrößen.

Die Stetigkeitsbedingungen gelten bei Abwesenheit von Zwangszuständen, und nur diese Fälle werden hier weiterverfolgt. Ein Zwangszustand wäre z.B. gegeben, wenn eine Gleichspannungsquelle ohne weiteres Serienbauelement auf einen Kondensator geschaltet wird. Dann müßte die Ladungen mit unendlicher Geschwindigkeit aufgebracht werden. Andernfalls gilt:

- die Spannung an einem Kondensator muß stetig sein, d.h. springt nicht, da sonst ein unendlicher Strom auftritt,
- am Widerstand sind Spannung und Stromstärke einander direkt proportional,
- der Strom durch eine Spule muß stetig sein, d.h. springt nicht, da sonst eine unendliche Spannung auftritt.

4.5.1 Entladen einer Spule über einen Widerstand

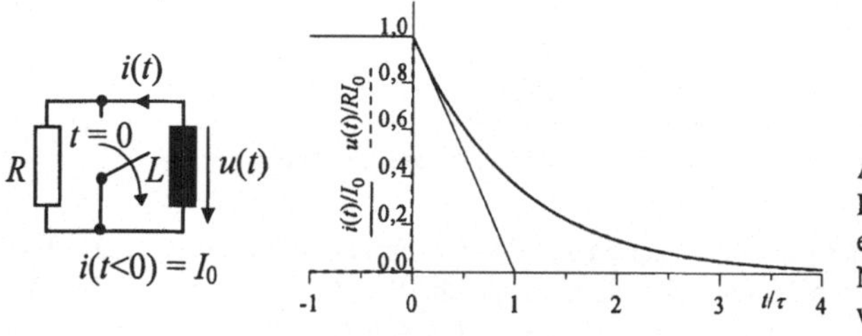

Abb. 4.5-1: Entladevorgang einer *RL*-Schaltung: Netzwerk und Zeitverlauf von Strom und Spannung.

Abb. 4.5-1 zeigt das einfache Beispiel einer auf I_0 aufgeladenen Spule L. Das OHMsche Gesetz für Spule und Widerstand in diesem Netzwerk lautet für $t > 0$:

$$u = Ri = -L\frac{\mathrm{d}i}{\mathrm{d}t} \qquad \Rightarrow \qquad \frac{\mathrm{d}i}{\mathrm{d}t} + \frac{R}{L}i = 0. \tag{4.5-2}$$

Diesen einfachen DGL-Typ erster Ordnung hatten wir bereits in Abschnitt 2.10.2 durch Integration aufgelöst. Das Ergebnis lautet für $t > 0$:

$$i(t) = i(0)\mathrm{e}^{-\frac{R}{L}t} = I_0\mathrm{e}^{-\frac{R}{L}t} \qquad \text{mit} \qquad \tau = \frac{L}{R} \tag{4.5-3}$$

als Zeitkonstante. Die Spannung für $t > 0$ erhalten wir über den nun bekannten Strom:

$$u(t) = Ri(t) = RI_0\mathrm{e}^{-\frac{R}{L}t} \qquad = -L\frac{\mathrm{d}i}{\mathrm{d}t} = L\frac{RI_0\mathrm{e}^{-\frac{R}{L}t}}{L} = RI_0\mathrm{e}^{-\frac{R}{L}t}. \tag{4.5-4}$$

Alternativ können wir die DGL auch unmittelbar für die Spannung aufstellen:

$$i = \frac{u}{R} = -\frac{1}{L}\int u\mathrm{d}t \qquad \Rightarrow \qquad \frac{\mathrm{d}u}{\mathrm{d}t} + \frac{R}{L}u = 0. \tag{4.5-5}$$

Es tritt also die gleiche DGL wie für den Strom auf. Wir lösen diese DGL mit:

$$u(t) = u(0^+)\mathrm{e}^{-\frac{R}{L}t} = RI_0\mathrm{e}^{-\frac{R}{L}t}. \tag{4.5-6}$$

Der Anfangswert $u(0)$ ist hier im Gegensatz zu $i(0)$ unstetig. Unmittelbar bevor der Schalter öffnet, kann keine Spannung $u(0^-)$ anliegen, da ein Gleichstrom I_0 über die Spule fließt, unmittelbar danach fließt I_0 durch den Widerstand, woraus $u(0^+) = I_0R$. i kann hingegen nicht unstetig sein, da sonst unter Verletzung der Maschenregel wegen $\mathrm{d}i/\mathrm{d}t$ eine unendliche Spannung mit unendlichem Stromfluß am Widerstand die Folge wäre.

Aufgabe 4.5.1-1: Man stelle für das rechts dargestellte Netzwerk die DGL für $u(t)$ auf.
Aufgabe 4.5.1-2: Man berechne und skizziere für $t > 0$ alle Zeitfunktionen der vorigen Aufgabe.
Aufgabe 4.5.1-3: Man bestimme die Energieinhalte der Spulen für $t = 0$ und $t = \infty$, sowie die in diesem Zeitraum im Widerstand umgesetzte Wärmeenergie einmal aus den Spulenenergien sowie aus der elektrischen Verlustleistung.

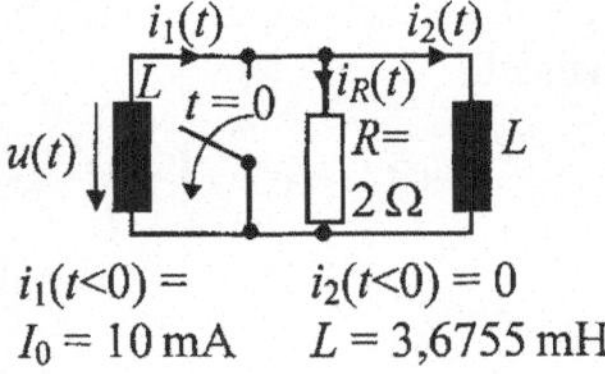

4.5.2 Ladevorgänge bei allgemeiner Anregung und Ladezustand

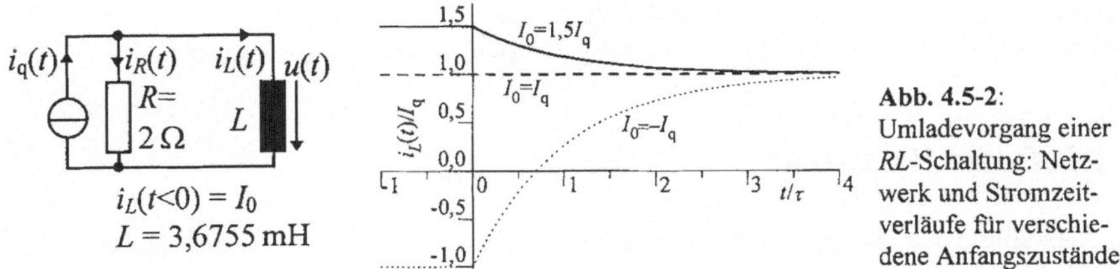

Abb. 4.5-2: Umladevorgang einer *RL*-Schaltung: Netzwerk und Stromzeitverläufe für verschiedene Anfangszustände.

Wir wollen nun die Reaktion des in Abb. 4.5-2 dargestellten Netzwerks auf eine beliebigen, zunächst nicht weiter spezifizierten Quellstrom $i_q(t)$ betrachten. Die universelle Lösung hierzu wurde bereits in Abschnitt 2.11.2 angegeben und wir übernehmen sie von dort. Aus dem Netzwerk lesen wir ab:

$$u = (i_q - i_L)R = L\frac{di_L}{dt} \quad \Rightarrow \quad \frac{di_L}{dt} + \frac{Ri_L}{L} = \frac{Ri_q}{L} \tag{4.5-7}$$

und erhalten als universelle Lösung:

$$i_L(t) = e^{-\frac{R}{L}t}\left(\int \frac{Ri_q(t)}{L} e^{\frac{R}{L}t}\, dt + K\right). \tag{4.5-8}$$

Handelt es sich bei $i_q(t) = I_q$ um eine zum Zeitpunkt $t = 0$ über einen zuvor geschlossenen Parallelschalter eingeschaltete Gleichstromquelle, folgt:

$$i_L(t) = e^{-\frac{R}{L}t}\left(\frac{RI_q}{L}\int e^{\frac{R}{L}t}\, dt + K\right) = I_q + K e^{-\frac{R}{L}t}. \tag{4.5-9}$$

Ist die Spule vor dem Einschalten von $i_q(t)$ auf $i_L(0) = I_0$, wie in Abb. 4.5-2 für $I_0 = 1{,}5I_q$, I_q und $-I_q$ beispielhaft dargestellt, aufgeladen, gilt:

$$i_L(0) = I_0 = I_q + K \quad \Rightarrow \quad K = I_0 - I_q$$

$$\Rightarrow \quad i_L(t) = (I_0 - I_q)e^{-\frac{R}{L}t} + I_q = i_{Lf}(t) + i_{Ls}(t). \tag{4.5-10}$$

Wir zerlegen das Ergebnis wieder in den flüchtigen Anteil $i_{Lf}(t) = (I_0 - I_q)e^{-\frac{R}{L}t}$ und den stationären Anteil für $t \to \infty$: $i_L(\infty) = i_{Ls}(t) = I_q$.

Handelt es sich bei $i_q(t) = \hat{\imath}_q\cos\omega t$ - z.B. mit einer Frequenz von $f = 50$ Hz und einer Amplitude von $\hat{\imath}_q = 1$ A - hingegen um eine ewig andauernde Wechselstromquelle, ist

$K = 0$ anzusetzen, da es sich bereits um einen stationären (eingeschwungenen) Zustand handelt:

$$i_L(t) = e^{-\frac{R}{L}t} \int \frac{Ri_q(t)}{L} e^{\frac{R}{L}t} dt = e^{-\frac{R}{L}t} \frac{R\hat{i}_q}{L} \int e^{\frac{R}{L}t} \cos \omega t dt = \ldots$$

$$\ldots = \frac{\hat{i}_q}{\sqrt{1 + (\omega L/R)^2}} \cos(\omega t - \arctan \frac{\omega L}{R}). \quad (4.5\text{-}11)$$

Aufgabe 4.5.2-1: Man stelle die DGL für $u(t)$ auf.
Aufgabe 4.5.2-2: Man berechne $u(t)$ für $t > 0$ für beide Anregungen aus $i_L(t)$.
Aufgabe 4.5.2-3: Man berechne $u(t)$ für die Wechselanregung aus der DGL aus Aufgabe 1.

4.5.3 Duale Netzwerke

Die Beispiele der beiden vorangegangenen Abschnitte lassen sich 1:1 auf die Abschnitte 2.11.1/2 der Elektrodynamik übertragen, weshalb die Erläuterungen auf das Notwendige gekürzt wurden. Dies legt nahe, zu überlegen, ob es einen dualen Querbezug zwischen RC- und RL-Netzwerken gibt. Allgemein wäre zu untersuchen, ob es zu jedem Netzwerk ein sog. duales Netzwerk gibt, das es erlaubt, die Ergebnisse eines einmal analysierten Netzwerks vollständig auf das duale Netzwerk zu übertragen.

Die bisher im Text immer wieder vertieften dualen Eigenschaften elektrischer und magnetischer Felder, die sich auf dem ***E*/*H*** - ***D*/*B*** - Dualismus gründen, sollten sich vollständig auf Bauelemente - die über Integralquotienten dieser Feldgrößen definiert sind - und Topologien - die durch KIRCHHOFFgleichungen und OHMsches Gesetz beschrieben werden, und Derivate von Erhaltungssätzen und damit MAXWELLgleichungen dieser Feldgrößen sind - extrapolieren lassen.

Dies sollte nicht nur symbolisch, sondern auch numerisch möglich sein. Das bedeutet, daß eine Umrechnungskonstante vorgegeben werde, diese mit den Bauelementen des gegebenen Netzwerks geeignet verknüpft wird, um dann die numerischen Werte der Bauelemente des dualen Netzwerks zu liefern. Wir erhalten die gewünschte duale Transformation über folgende Abbildungen:

Netzwerk 1	↔	Netzwerk 2	
Spannung	↔	Strom	$u_1 = Zi_2$
Spannungsquelle	↔	Stromquelle	$u_{q1} = Zi_{q2}$
Spulenfluß	↔	Ladung	$\psi_1 = Zq_2$
Widerstand	↔	Leitwert	$R_1 = Z^2 G_2$
Induktivität	↔	Kapazität	$L_1 = Z^2 C_2$
Komplexe Leistung	↔	Konjugiert komplexe Leistung	$\underline{S}_1 = \underline{S}_2^*$
Masche	↔	Knoten	
Äußere Masche	↔	Nullknoten	
Reihenschaltung	↔	Parallelschaltung	
Leerlauf	↔	Kurzschluß	
Öffnender Schalter	↔	Schließender Schalter	

Tab. 4.5-3: Transformation für duale Netzwerke.

$Z = 1/Y$ ist hierbei die grundsätzlich frei vorgebbare, aber für eine Dualtransformation feste ***Dualitätskonstante***, die ihrem Wesen nach einem elektrischen Widerstand bzw. Y einem elektrischen Leitwert entspricht. Wir wollen diese Dualität am Beispielnetzwerk zu Aufgaben 4.5.1 demonstrieren:

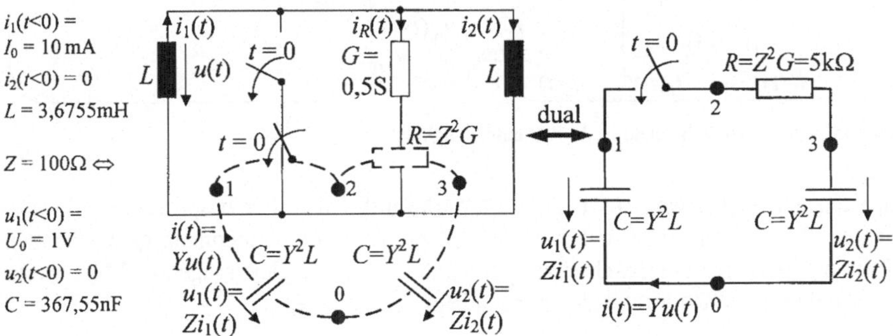

Abb. 4.5-3: Umwandlung einer GL-Schaltung in ihre duale RC-Schaltung.

Wir geben eine Umrechnungskonstante von $Z = 100\ \Omega$ vor und wollen I_0, G und L so bestimmen, daß sich das rechte RC-Netzwerk ergibt. Für das GL-Netzwerk folgt:

$$I_0 = U_0 Y = 10\,\text{mA}, \qquad G = Y^2 R = 0{,}01^2 \cdot 5000\ \text{S} = 0{,}5\ \text{S},$$

$$L = Z^2 C = 100^2 \cdot 367{,}55 \cdot 10^{-9}\ \text{H} = 3{,}6755\ \text{mH}. \tag{4.5-12}$$

Im Prinzip ist es möglich, auf jeder Ebene einzusteigen. Suchen wir die DGL zu Aufgabe 1 für das RC-Netzwerk, folgt sie aus der DGL des GL-Netzwerks:

$$\frac{\mathrm{d}u}{\mathrm{d}t} + \frac{2}{GL}u = 0 \quad = \quad Z\frac{\mathrm{d}i}{\mathrm{d}t} + \frac{2}{Y^2 R Z^2 C} Zi = 0 \quad \Rightarrow \quad \frac{\mathrm{d}i}{\mathrm{d}t} + \frac{2}{RC} i = 0. \tag{4.5-13}$$

Suchen wir die Lösungen zu Aufgabe 2.11.1-2 für das RC-Netzwerk, lautet sie aus den Lösungen des GL-Netzwerks von Aufgabe 4.5.1-2:

$$u(t) = \frac{I_0}{G} \mathrm{e}^{-\frac{2t}{GL}} \quad = \quad Zi(t) = \frac{YU_0}{Y^2 R} \mathrm{e}^{-\frac{2t}{Y^2 R Z^2 C}} \quad \Rightarrow \quad i(t) = \frac{U_0}{R} \mathrm{e}^{-\frac{2t}{RC}}. \tag{4.5-14}$$

$$i_{1,2}(t) = \tfrac{1}{2} I_0 (1 \pm \mathrm{e}^{-\frac{2t}{GL}}) \quad = \quad Yu_{1,2}(t) = \tfrac{1}{2} YU_0 (1 \pm \mathrm{e}^{-\frac{2t}{Z^2 R Y^2 C}})$$

$$\Rightarrow \quad u_{1,2}(t) = \tfrac{1}{2} U_0 (1 \pm \mathrm{e}^{-\frac{2t}{RC}}). \tag{4.5-15}$$

Nicht zu jedem Netzwerk existiert ein duales Netzwerk.

Aufgabe 4.5.3-1: Welche Topologie hat das duale Netzwerk zu einem Dreieck mit eingeschriebenem Stern?

Aufgabe 4.5.3-2: Man skizziere das duale Netzwerk zu Abb. 4.5-2 und bestimme aus $i_L(t)$ die zum dualen Netzwerk gehörende Spannung $u_C(t)$ für Wechselerregung.

Aufgabe 4.5.3-3: Man skizziere für $(L_1, L_2, M) = (2, 2, 1)$ mH, $U_1 = 230$ V und $R_2 = 600\ \Omega$ für $Z = 50\ \Omega$ das duale Netzwerk zu Abb. 4.4-6.

4.5.4 Übergang von der Feldbeschreibung zur Netzwerkanalyse

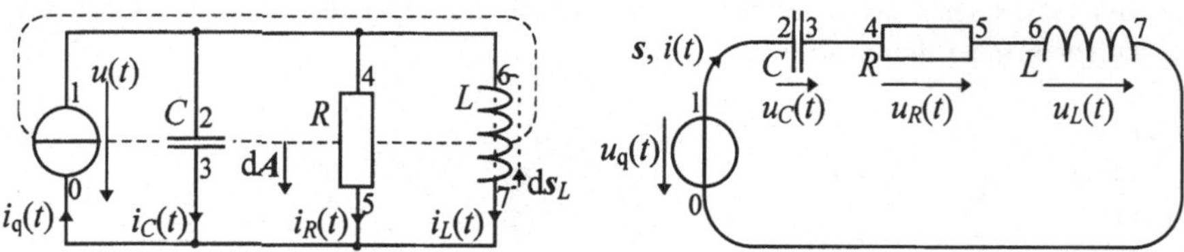

Abb. 4.5-4: a) Parallelschwingkreis, b) Reihenschwingkreis.

Im nächsten Schritt wollen wir auf Netzwerke mit den bisher besprochenen Bauelementen R, L, C eingehen und zunächst entspr. Abb. 4.5-4 nochmals ganz klar den Übergang zwischen Feldbeschreibung durch die MAXWELLgleichungen und Netzwerkanalyse durch die KIRCHHOFFgleichungen herauskristallisieren.

4.5.4.1 Durchflutungsgesetz und Knotenregel

Dazu bilden wir am Grundbeispiel a), einem Parallelschwingkreis, in dem nun alle Bauelemente parallel vorkommen, die Kontinuitätsgleichung über die 1. MAXWELLgleichung - das Durchflutungsgesetz - 1:1 auf die 1. KIRCHHOFFgleichung - die Knotenregel - ab:

$$\oint \boldsymbol{S}_{\text{tot}} \cdot \mathrm{d}\boldsymbol{A} = 0 = \int\limits_{\mathrm{q},C,R} \boldsymbol{S}_{\text{tot}} \cdot \mathrm{d}\boldsymbol{A} + \int\limits_{L} \boldsymbol{S} \cdot \mathrm{d}\boldsymbol{A} = \int\limits_{\mathrm{q},C,R} \boldsymbol{S}_{\text{tot}} \cdot \mathrm{d}\boldsymbol{A} + \frac{1}{N} \oint \boldsymbol{H} \cdot \mathrm{d}\boldsymbol{s}_L . \tag{4.5-16}$$

Alle möglicherweise zwischen den Leitern gespeicherten Ladungen, die ja eine Kapazität bilden, seien vernachlässigbar oder C zugeschlagen. OHMsche Bahnwiderstände seien vernachlässigbar oder R zugeschlagen. Die Eigeninduktivität der Stromschleifen sei vernachlässigbar oder L zugeschlagen.

Wir wählen das geschlossene Oberflächenintegral über d$\boldsymbol{A}$ horizontal mitten durch i_q, C, R und L. Da wir die Ströme einsammeln wollen und beim Umlauf entlang d$\boldsymbol{s}_L$ der Spulenstrom Nmal gezählt wird, müssen wir durch N dividieren. Dann lautet die Kontinuitätsgleichung:

$$\int\limits_{A_\mathrm{q}} \boldsymbol{S} \cdot \mathrm{d}\boldsymbol{A} + \int\limits_{A_C} \frac{\partial \boldsymbol{D}}{\partial t} \cdot \mathrm{d}\boldsymbol{A} + \int\limits_{A_R} \boldsymbol{S} \cdot \mathrm{d}\boldsymbol{A} + \frac{1}{N} \oint \boldsymbol{H} \cdot \mathrm{d}\boldsymbol{s}_L = 0. \tag{4.5-17}$$

Da bei der Quelle $\boldsymbol{S}$ und d$\boldsymbol{A}$ gegenläufig sind, ist $\mathrm{d}i_\mathrm{q} = \boldsymbol{S} \cdot \mathrm{d}\boldsymbol{A} = S\mathrm{d}A\cos(180°)$ negativ zu zählen:

$$-i_\mathrm{q} + \int\limits_C \mathrm{d}i_C + \int\limits_R \mathrm{d}i_R + \int\limits_L \mathrm{d}i_L = 0. \tag{4.5-18}$$

Vom linken Quellintegral kann nicht ohne weitere Spezifikation gesagt werden, wie es genau gebildet wird, d.h. aus $\mathrm{d}q/\mathrm{d}t$ oder $\oint \boldsymbol{H} \cdot \mathrm{d}\boldsymbol{s}$. So könnte eine elektronische Schaltung diesen Strom erzeugen oder ein magnetischer Fluß $\phi(t)$. Für die übrigen drei Integrale erhalten wir bei homogenen Bauelementgeometrien:

$$\mathrm{d}i_C = \varepsilon\frac{\partial E}{\partial t}\cdot \mathrm{d}A_C = \frac{\varepsilon}{s_{23}}\frac{\partial u}{\partial t}\mathrm{d}A_C = \frac{\partial u}{\partial t}\frac{\varepsilon \mathrm{d}A_C}{s_{23}} = \frac{\partial u}{\partial t}\mathrm{d}C,$$

$$\mathrm{d}i_R = \boldsymbol{S}\cdot \mathrm{d}\boldsymbol{A}_R = \kappa E \mathrm{d}A_R = u\frac{\kappa \mathrm{d}A_R}{s_{45}} = u\mathrm{d}\frac{1}{R},$$

$$\mathrm{d}i_L = \frac{\boldsymbol{H}}{N}\cdot \mathrm{d}\boldsymbol{s}_{67} = \frac{B}{\mu N}\mathrm{d}s_{67} = \psi\frac{\mathrm{d}s_{67}}{\mu N^2 A_L} = \int u\mathrm{d}t\cdot \mathrm{d}\frac{1}{L}. \tag{4.5-19}$$

Setzen wir die drei Gleichungen in die davorstehende Formel ein, ergibt sich:

$$-i_\mathrm{q} + C\frac{\mathrm{d}u}{\mathrm{d}t} + \frac{u}{R} + \frac{1}{L}\int u\mathrm{d}t = 0. \tag{4.5-20}$$

$\partial/\partial t$ kann jetzt durch $\mathrm{d}/\mathrm{d}t$ ersetzt werden, da die Zeit t nun als einziger Parameter vorhanden ist. Differenzieren wir das Ergebnis einmal nach der Zeit, entsteht die DGL 2. Ordnung für den Parallelschwingkreis.

4.5.4.2 Induktionsgesetz und Maschenregel

Wir bilden am Grundbeispiel b), einem Reihenschwingkreis, in dem nun alle Bauelemente seriell vorkommen, die 2. MAXWELLgleichung - das Induktionsgesetz - 1:1 auf die 2. KIRCHHOFFgleichung - die Maschenregel - ab:

$$\oint \boldsymbol{E}\cdot \mathrm{d}\boldsymbol{s} + N\int\frac{\partial \boldsymbol{B}}{\partial t}\cdot \mathrm{d}\boldsymbol{A}_L = 0 \tag{4.5-21}$$

mit A_L als Fläche einer einzelnen Spulenwindung. Ansonsten gelten dieselben Angaben wie beim Parallelschwingkreis bzgl. Leitungskapazität von Hin- und Rückleiter, OHMschen Bahnwiderständen und Eigeninduktivität der Stromschleife.

Dabei gehen wir von der Annahme eines ruhenden Netzwerks aus, so daß $\partial/\partial t$ in den rechten Integranden gezogen werden kann. Wir wählen den Integrationsweg $\boldsymbol{s}$ genau entlang des als widerstandslos ($\kappa \to \infty$) angenommenen Drahts, womit an diesem keine Spannung abfallen kann, da die elektrische Tangentialfeldstärke $E_\mathrm{t} = S/\kappa$ verschwinden muß. Der Weg geht mitten durch u_q, C und R, bei L jedoch, das wir als Wendelung des Stromkreisdrahts realisieren, ebenfalls entlang dieses Drahts. Dann lautet das Induktionsgesetz:

$$\int_0^1 \boldsymbol{E}\cdot \mathrm{d}\boldsymbol{s} + \int_2^3 \boldsymbol{E}\cdot \mathrm{d}\boldsymbol{s} + \int_4^5 \boldsymbol{E}\cdot \mathrm{d}\boldsymbol{s} + \underbrace{\int_6^7 \boldsymbol{E}\cdot \mathrm{d}\boldsymbol{s}}_{0} + N\mu\int\frac{\partial \boldsymbol{H}}{\partial t}\cdot \mathrm{d}\boldsymbol{A}_L = 0. \tag{4.5-22}$$

Das vierte Integral verschwindet wegen des o.a. Integrationswegs entlang des Spulendrahts. Stattdessen wird das rechte Flußintegral wirksam:

$$-u_\mathrm{q} + \int_2^3 \mathrm{d}u_C + \int_4^5 \mathrm{d}u_R + \int_{A_L} \mathrm{d}u_L = 0. \tag{4.5-23}$$

Vom linken Quellintegral kann nicht ohne weitere Spezifikation gesagt werden, wie es genau gebildet wird, d.h. aus $\int \boldsymbol{E}\cdot d\boldsymbol{s}$ oder $-d\psi/dt$. So könnte eine elektronische Schaltung diese Spannung erzeugen oder ein zeitveränderlicher magnetischer Fluß $\phi(t)$ für das Fließen des Stroms verantwortlich sein. Für die übrigen drei Integrale erhalten wir bei homogenen Bauelementgeometrien:

$$du_C = \boldsymbol{E}\cdot d\boldsymbol{s}_{23} = \frac{D}{\varepsilon}ds_{23} = q\frac{ds_{23}}{\varepsilon A_C} = \int i dt \cdot d\frac{1}{C},$$

$$du_R = \boldsymbol{E}\cdot d\boldsymbol{s}_{45} = \rho S ds_{45} = i\frac{\rho ds_{45}}{A_R} = i dR,$$

$$du_L = N\mu\frac{\partial \boldsymbol{H}}{\partial t}\cdot d\boldsymbol{A}_L = \frac{\mu N}{s_{67}}\frac{\partial V_m}{\partial t}dA_L = \frac{\partial}{\partial t}\frac{\mu N^2 dA_L}{s_{67}} = \frac{\partial}{\partial t}dL. \tag{4.5-24}$$

Setzen wir die drei Gleichungen in die davorstehende Formel ein, ergibt sich:

$$-u_q + \frac{1}{C}\int i dt + Ri + L\frac{di}{dt} = 0. \tag{4.5-25}$$

Differenzieren wir das Ergebnis einmal nach der Zeit, entsteht die DGL 2. Ordnung für den Reihenschwingkreis, dem wir uns nun selbst zuwenden wollen.

Aufgabe 4.5.4-1: Man verifiziere für die dargestellte Hülle des rechten Netzwerks den Übergang von der Feldbeschreibung zur Netzwerkgleichung.
Aufgabe 4.5.4-2: Man verifiziere für die äußere Masche des rechten Netzwerks den Übergang von der Feldbeschreibung zur Netzwerkgleichung.
Aufgabe 4.5.4-3: Man verknüpfe die Ergebnisse der Aufgaben 1 und 2 und stelle die DGLn aller Größen auf.

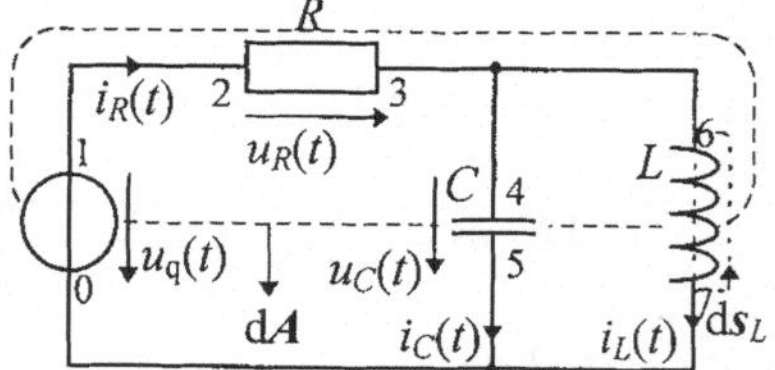

4.5.5 Ausgleichsvorgänge im Schwingkreis

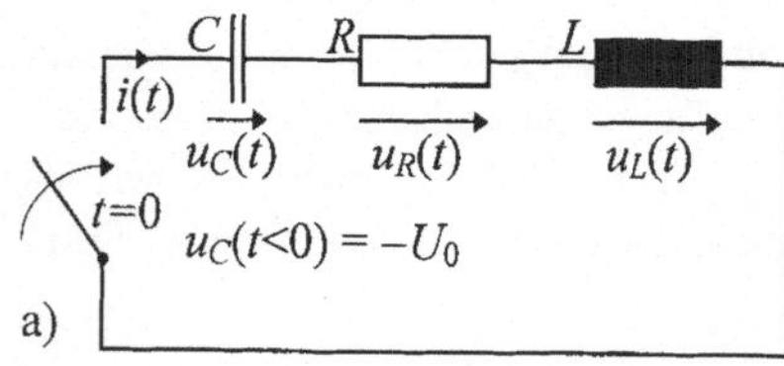

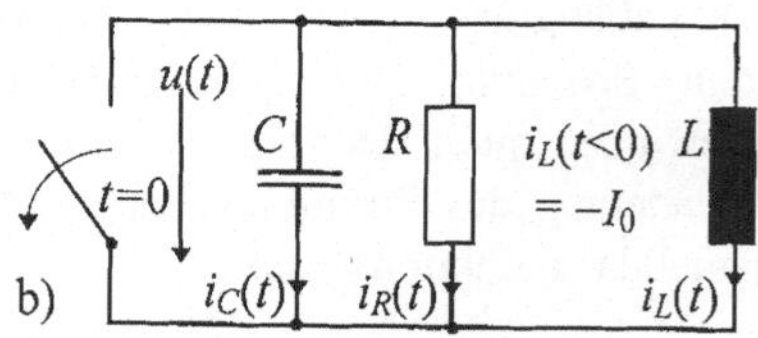

Abb. 4.5-5: a) Reihenschwingkreis mit Schließer, b) Parallelschwingkreis mit Öffner.

Die *RLC*-Reihenschaltung in Abb. 4.5-5a) stellt bei geschlossenem Schalter einen Schwingkreis dar, der bei entsprechender Wahl der Bauelemente in der Lage ist, auf einer durch die diese bestimmte Frequenz zu schwingen. Im Beispiel möge der Kondensator C bei offenem Schalter auf die Spannung $-U_0$ aufgeladen sein. Das Minuszeichen ist aus praktischen Gründen eingeführt, da der Kondensator sich als Spannungsquelle (EZS) erweisen wird, die den Strom in der eingezeichneten Richtung treibt. Der

Schalter möge zum Zeitpunkt $t = 0$ geschlossen werden. Mit dem Ergebnis des vorigen Abschnitts für $u_q = 0$, aber natürlich auch durch direktes Ablesen aus dem Netzwerk ergibt sich für $t > 0$ eine homogene, lineare, zeitinvariante DGL 2. Ordnung:

$$\frac{d^2 i}{dt^2} + \frac{R}{L}\frac{di}{dt} + \frac{1}{LC} i = 0. \tag{4.5-26}$$

Wie bereits dargelegt, gilt diese DGL für sämtliche Größen im Netzwerk.

Mithilfe des in Abschnitt 6.2.2.8 vorgestellten Schalters *Sw_tClose* kann der Schaltvorgang dieses Abschnitts mit **PSPICE** simuliert werden. Dazu modellieren wir den Schwingkreis wie in Abb. 4.5-6 in **SCHEMATICS**, parametrisieren *Sw_tClose* mit *tClose = 0s, ttran = 1fs, RClosed = 1n, ROpen = 1G* und setzen für den Kondensator *IC = –1V*. Durch entsprechende Einstellung in der **Transient**-Dialogbox entsteht der dargestellte **PROBE**-Plot, dessen Zeitverläufe wir nun rechnerisch bestimmen wollen.

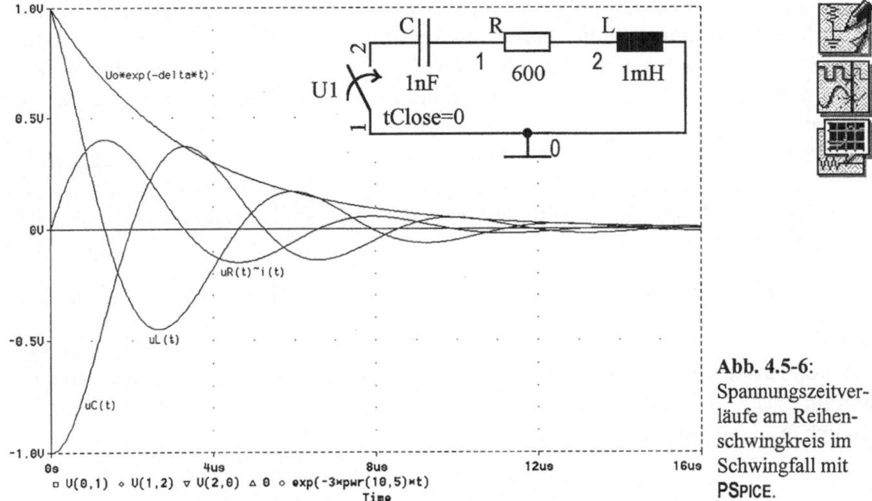

Abb. 4.5-6: Spannungszeitverläufe am Reihenschwingkreis im Schwingfall mit **PSPICE**.

4.5.5.1 Lösungsansatz der DGL

Die DGL 2. Ordnung entsteht infolge unabhängiger Energiespeicher C und L. Wir können sie durch Integration lösen, oder nach den Ausführungen des Abschnitts 3.4.4.2 durch den pragmatischen Ansatz einer Exponentialfunktion. Von der dortigen DGL unterscheidet sich diese durch das zusätzliche Glied 1. Ordnung, das mit R Dämpfungseigenschaften beschreibt.

Denn für $R = 0$ könnten wir unmittelbar von dort eine ungedämpfte Oszillation erwarten. Für endliches R ist dies schon aus der Anschauung unwahrscheinlich, so daß der Ansatz mit rein trigonometrischen Funktionen zwar machbar sein sollte, sich aber möglicherweise als unökonomisch erweist:

$$i(t) = I_0 e^{st} \quad \Rightarrow \quad \frac{di}{dt} = sI_0 e^{st} = si(t) \quad \Rightarrow \quad \frac{d^2 i}{dt^2} = s^2 I_0 e^{st} = s^2 i(t). \tag{4.5-27}$$

Dabei ist I_0 der zunächst noch unbekannte Anfangswert des Stroms und s eine Größe, die mit dem Schwingverhalten zu tun hat. Während s nur durch die Bauelemente bestimmt wird, hängt I_0 auch von den Anfangsenergien der Energiespeicher ab. Dies setzen wir in die DGL ein und erhalten nach Kürzen des gemeinsamen Stromfaktors $i(t)$ das charakteristische Polynom 2. Ordnung:

$$s^2 + \frac{R}{L}s + \frac{1}{LC} = 0 \quad \Rightarrow \quad s_{1,2} = -\frac{R}{2L} \pm \sqrt{\left(\frac{R}{2L}\right)^2 - \frac{1}{LC}}. \tag{4.5-28}$$

Aufgrund der Tatsache, daß sich zwei ***Eigenwerte*** s_1 und s_2 mit zugehörigen ***Eigenfunktionen*** $e^{s_1 t}$ und $e^{s_2 t}$ ergeben, müssen wir den Ansatz modifizieren:

$$i(t) = I_1 e^{s_1 t} + I_2 e^{s_2 t}. \tag{4.5-29}$$

Dabei sind I_1 und I_2 Größen, die aus den Anfangsbedingungen $u_C(0^-) = -U_0$ und $i(0^-) = 0$ zu bestimmen sind. Die Modifikation sollte keine Probleme bereiten, da jeder Summand dieselbe Struktur wie der ursprüngliche Ansatz hat und aufgrund der Homogenität eine Linearüberlagerung ebenfalls zu Null führt. Wir versuchen zunächst, I_1 und I_2 aus rein physikalischen Überlegungen mithilfe der o.a. Stetigkeitsbedingungen zu erhalten:

Schließen wir den Schalter, kann im ersten Moment noch kein Strom fließen: $i(0^+) = 0$, da andernfalls der Strom an der Spule gesprungen sein müßte, was dort zu unendlicher Spannung führt, die jedoch sonst nirgendwo im Kreis erbracht wird; die Maschenregel wäre verletzt:

$$i(0^+) = 0 = I_1 + I_2 \quad \Rightarrow \quad I_2 = -I_1 \quad \Rightarrow \quad i(t) = I_1(e^{s_1 t} - e^{s_2 t}). \tag{4.5-30}$$

Da im ersten Moment kein Strom fließt, müssen alle Ladungen $q(0^+) = Q_0$ noch auf dem Kondensator sein, und folglich $u_C(0^+) = -U_0$. Wegen des fehlenden Stromflusses kann im ersten Moment am Widerstand keine Spannung $u_R(0^+) = i(0^+)R = 0$ anliegen. Folglich muß die Spule die Kondensatorspannung vom Schalter übernehmen:

$$u_L(0^+) = -u_C(0^+) = L\frac{\mathrm{d}i}{\mathrm{d}t}(0^+) = U_0 \quad \Rightarrow \quad \frac{\mathrm{d}i}{\mathrm{d}t}(0^+) = \frac{U_0}{L} = I_1(s_1 - s_2). \tag{4.5-31}$$

Dies liefert die zweite Bedingung, womit

$$i(t) = \frac{U_0}{L(s_1 - s_2)}(e^{s_1 t} - e^{s_2 t}). \tag{4.5-32}$$

Zur weiteren physikalisch anschaulichen Auswertung dieser Gleichung müssen Fallunterscheidungen getroffen werden, wie in den folgenden Unterabschnitten betrachtet:

Aufgabe 4.5.5.1-1: In Abb. 4.5-5a) liege bei anfangs ungeladenem Kondensator statt des Schließers ein Öffner parallel zur Spule, die für $t < 0$ von einem Strom I_0 durchflossen werde. Man bestimme für $t > 0$ die DGL für $i(t)$, das charakteristische Polynom, sowie $i(t)$.

Aufgabe 4.5.5.1-2: Man bestimme in Abb. 4.5-5b) für $t > 0$ die DGL für $u(t)$, das charakteristische Polynom, sowie $u(t)$.

Aufgabe 4.5.5.1-3: In der vorigen Aufgabe werde vor dem Öffnen des Schalters der Widerstand R durch eine weitere Spule L ausgetauscht. Man bestimme wieder die dort gefragten Größen.

4.5.5.2 Schwingfall

Die Wurzel der Eigenwerte wird unter folgender Bedingung imaginär:

$$\left(\frac{R}{2L}\right)^2 < \frac{1}{LC} \quad \Rightarrow \quad R < 2\sqrt{\frac{L}{C}} \qquad \Rightarrow \quad s_{1,2} = -\frac{R}{2L} \pm \mathrm{j}\sqrt{\frac{1}{LC} - \left(\frac{R}{2L}\right)^2}. \tag{4.5-33}$$

Durch das Herausziehen von j aus der Wurzel und Umstellen der Summanden wird diese wieder reell. Die Eigenwerte normieren wir mit folgenden Abkürzungen:

$$\delta = \frac{R}{2L}, \quad \omega_0^2 = \frac{1}{LC} \qquad \Rightarrow \quad s_{1,2} = -\delta \pm \mathrm{j}\omega_0\sqrt{1 - \frac{\delta^2}{\omega_0^2}} = -\delta \pm \mathrm{j}\omega. \tag{4.5-34}$$

Dabei bedeuten die Abkürzungen physikalisch:

- $\omega = 2\pi f$ ist die ***Eigenkreisfrequenz***, der wir eine ***Eigenfrequenz*** f zuordnen, auf der das Netzwerk beim Entladevorgang schwingen kann,
- $\delta = 1/\tau$ ist die ***Dämpfungskonstante*** mit der ***Zeitkonstanten*** τ, mit der diese Schwingung abklingt,
- $\omega_0 = 2\pi f_0$ ist die ***Resonanzkreisfrequenz*** mit der ***Resonanzfrequenz*** f_0 des Schwingkreises. Auf ihr würde das Netzwerk für $R = 0$ ungedämpft schwingen.

Damit stellt sich das insgesamt immer reelle Ergebnis wie folgt dar:

$$i(t) = \frac{U_0 \mathrm{e}^{-\delta t}}{\mathrm{j}\omega L}\frac{(\mathrm{e}^{\mathrm{j}\omega t} - \mathrm{e}^{-\mathrm{j}\omega t})}{2} = \frac{U_0}{\omega L}\mathrm{e}^{-\delta t}\sin \omega t =$$

$$= \frac{U_0}{\sqrt{L/C - R^2/4}}\mathrm{e}^{-\frac{R}{2L}t}\sin\sqrt{\frac{1}{LC} - \left(\frac{R}{2L}\right)^2}\,t. \tag{4.5-35}$$

Dies ist also eine gedämpfte Schwingung der Frequenz f und Periodendauer $T = 1/f$. Der Dämpfungsfaktor δ ist das exponentielle Dämpfungsmaß, womit:

$$\omega T = 2\pi \qquad \Rightarrow \quad T = \frac{2\pi}{\omega} = \frac{2\pi}{\sqrt{1/LC - (R/2L)^2}};$$

$$f = \frac{1}{T} = \frac{1}{2\pi}\sqrt{\frac{1}{LC} - \left(\frac{R}{2L}\right)^2}. \tag{4.5-36}$$

Die zugehörige DGL läßt sich auch mit den Normierungsparametern darstellen:

$$\frac{\mathrm{d}^2 i}{\mathrm{d}t^2} + 2\delta\frac{\mathrm{d}i}{\mathrm{d}t} + \omega_0^2 i = 0. \tag{4.5-37}$$

Die normierte Darstellung hat den Vorteil, daß bei anderen Netzwerken, die zur gleichen DGL-Struktur führen, durch Koeffizientenvergleich eine Abbildung auf physikalisch anschauliche Parameter durchgeführt werden kann.

Die physikalische Erklärung ist: L und C sind Energiespeicher unterschiedlicher Natur. Die Energie vom ursprünglichen Wert $\frac{1}{2}CU_0^2$ pendelt zwischen ihnen mit der

Frequenz $2f$ hin und her. Bei jeder Schwingung wird ein Teil der Energie im Widerstand R in Wärme umgesetzt, was den insgesamt exponentiellen Abfall erklärt. Berechnen wir noch die Spannungsverläufe:

$$u_R(t) = Ri(t) = \frac{U_0 R}{\omega L}\mathrm{e}^{-\delta t}\sin\omega t = U_0\frac{2\delta}{\omega}\mathrm{e}^{-\delta t}\sin\omega t = U_0\frac{2\delta}{\omega}\mathrm{e}^{-\delta t}\cos(\omega t - \frac{\pi}{2}). \tag{4.5-38}$$

$$u_L(t) = L\frac{\mathrm{d}i}{\mathrm{d}t} = \frac{U_0}{\omega}(-\delta\mathrm{e}^{-\delta t}\sin\omega t + \omega\mathrm{e}^{-\delta t}\cos\omega t) = U_0\mathrm{e}^{-\delta t}(\cos\omega t - \frac{\delta}{\omega}\sin\omega t). \tag{4.5-39}$$

Statt durch Überlagerung zweier trigonometrischer Funktionen können wir dies mithilfe einer komplexen Umformung durch Cosinusfunktion und Nullphasenwinkel φ darstellen:

$$\cos\omega t - \frac{\delta}{\omega}\sin\omega t = \Re\{(1+\mathrm{j}\frac{\delta}{\omega})\mathrm{e}^{\mathrm{j}\omega t}\} = \sqrt{1+\frac{\delta^2}{\omega^2}}\Re\{\mathrm{e}^{\mathrm{j}(\omega t + \arctan\frac{\delta}{\omega})}\},$$

$$\sqrt{1+\frac{\delta^2}{\omega^2}} = \frac{\sqrt{\omega^2+\delta^2}}{\omega} = \frac{\omega_0}{\omega}$$

$$\Rightarrow \quad u_L(t) = U_0\frac{\omega_0}{\omega}\mathrm{e}^{-\delta t}\cos(\omega t + \underbrace{\arctan\frac{\delta}{\omega}}_{\varphi_L}). \tag{4.5-40}$$

$\arctan\frac{\delta}{\omega}+\frac{\pi}{2}$ ist die Phasendrehung gegenüber dem Strom. $u_C(t)$ errechnet sich zu:

$$u_C(t) = -u_R(t) - u_L(t) = U_0\mathrm{e}^{-\delta t}(-\frac{2\delta}{\omega}\sin\omega t - \cos\omega t + \frac{\delta}{\omega}\sin\omega t) =$$

$$= -U_0\mathrm{e}^{-\delta t}(\cos\omega t + \frac{\delta}{\omega}\sin\omega t) = -U_0\frac{\omega_0}{\omega}\mathrm{e}^{-\delta t}\cos(\omega t - \arctan\frac{\delta}{\omega}). \tag{4.5-41}$$

$-\arctan\frac{\delta}{\omega}-\frac{\pi}{2}$ ist nun die Phasendrehung gegenüber dem Strom. Die Spannungszeitverläufe sind für eine typische Bauelementekombination im Schwingfall in Abb. 4.5-6 mit **PSPICE** und nachfolgend mit **MATHCAD** dargestellt. Für wachsendes R wird der Wurzelausdruck für ω immer kleiner, bis er für $R = 2\sqrt{L/C}$ verschwindet, wozu eine unendliche Periodendauer gehört. Dieser aperiodische Grenzfall wird später betrachtet.

MATHCAD-Anwendung 4.5-1: Animation für Zeitverläufe und Zeiger

Die Möglichkeiten der Video-Animation wurden in Anwendung 1.3-3 bereits grundsätzlich dargestellt und wir finden ein weites Anwendungsfeld in bisherigen Darstellungen, wann immer die Abhängigkeit von einem Parameter interessiert. Aufgrund der statischen Natur eines Buches wurde unterwegs nicht weiter darauf eingegangen und dem Leser sei empfohlen, mit den im Text vorgestellten Tools diejenigen Animationen, die für den persönlichen Anschauungsbedarf benötigt werden, zu erstellen. Am praktischen Beispiel der Zeitverläufe in Abb. 4.5-6 interessiert z.B. die Abhängigkeit von R. Dazu machen wir die folgenden Eingaben in **MATHCAD**:

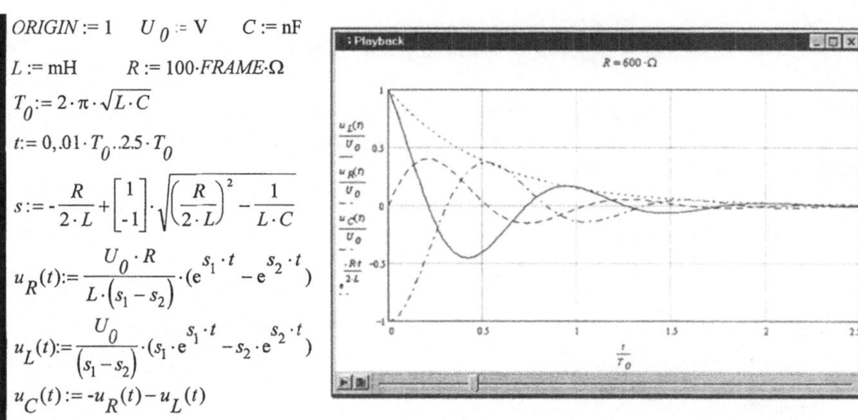

Aktivieren wir nun, wie in Anwendung 1.3-3 beschrieben, die Animation in Form eines X-Y-Diagramms mit den gewünschten Spannungen, wie im dargestellten Playback, z.B. mit For FRAME To: *30*. Für die gewählten Bauelementwerte liegt der Übergang zum Dämpfungsfall bei R = 2 kΩ und wir dringen bis R = 3 kΩ in diesen ein. Aus diesem Grund wurde auch unmittelbar der ursprüngliche Lösungsansatz ohne trigonometrische Funktionen verwendet. Jene sind zwar physikalisch anschaulich, im Dämpfungsfall wie gleich dargelegt, jedoch nicht verwendbar. Im Playback selbst ist der Schieberegler gerade auf R = 600 Ω positioniert, so daß sich dieselbe Grafik wie in Abb. 4.5-6 ergibt.

Da es sich beim Entladen des Kondensators um Schwingungen handelt, ist eine komplexe Zeigerdarstellung, wie in Abschnitt 2.11.3.1 erstmals vorgestellt, angebracht. Ordnen wir den Spannungen mit der Winkelgeschwindigkeit ω rotierende Zeiger zu, sollte deren Projektion auf die reelle Achse den jeweiligen Zeitverlauf ergeben. Im Unterschied zu den ungedämpften Schwingungen von früher ist der Faktor $e^{-\delta t}$ zu berücksichtigen, der während der Zeigerrotation zu einer Verkürzung der Zeiger führt.

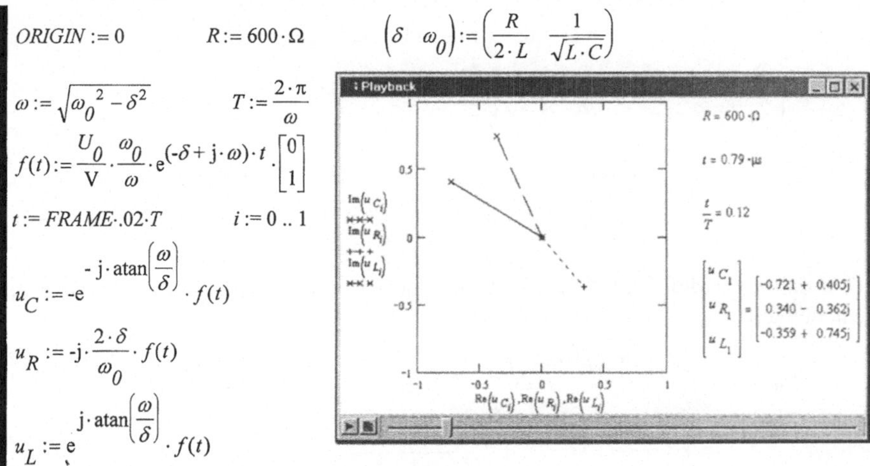

Das Beispiel soll für R = 600 Ω die o.a. Zeitverläufe repräsentieren, d.h. die Zeit t soll jetzt selbst der Parameter sein und wir wollen 50 Bilder erzeugen, also mit t = *FRAME*·.02·T gerade eine Periode T durchfahren. Dabei dreht sich das Zeigerdiagramm einmal um die eigene Achse.

Speziell interessiert noch der ungedämpfte Schwingfall mit $R = 0$:

$$\frac{d^2 i}{dt^2} + \frac{1}{LC} i = 0 \quad \Rightarrow \quad s^2 + \frac{1}{LC} = 0 \quad \Rightarrow \quad s = \pm j \frac{1}{\sqrt{LC}}.$$

$$\delta = 0, \qquad \omega_0^2 = \frac{1}{LC} = \omega^2, \qquad s = \pm \mathrm{j}\omega_0 = \pm \mathrm{j}\omega. \tag{4.5-42}$$

Die Eigenfrequenz ist gleich der Resonanzfrequenz und ist maximal. Die Energie pendelt nur noch als Blindenergie zwischen L und C hin und her. Keine Wirkleistung kann von R in Wärme umgesetzt werden:

$$i(t) = \frac{U_0}{\omega_0 L}\sin\omega_0 t = \underbrace{U_0\sqrt{\frac{C}{L}}}_{I_0}\sin\frac{t}{\sqrt{LC}}. \tag{4.5-43}$$

Die zugehörige DGL läßt sich wieder mit den Normierungsparametern darstellen:

$$\frac{\mathrm{d}^2 i}{\mathrm{d}t^2} + \omega_0^2 i = 0. \tag{4.5-44}$$

Für die Spannungen ergibt sich:

$$u_R(t) = 0, \qquad u_L(t) = U_0\cos\omega_0 t, \qquad u_C(t) = -U_0\cos\omega_0 t = -\,u_L(t). \tag{4.5-45}$$

Aufgabe 4.5.5.2-1: Man stelle in Aufgabe 4.5.5.1-1 $i(t)$ für den Schwingfall dar.
Aufgabe 4.5.5.2-2: Man berechne in der vorigen Aufgabe mithilfe von MATHCAD $u_C(t)$ einmal unmittelbar aus dem Kondensatorstrom und ein andermal aus der Maschenregel.
Aufgabe 4.5.5.2-3: Man berechne in Aufgabe 4.5.5.1-2 aus $u(t)$ die im Widerstand R im Intervall $0 \le t < \infty$ umgesetzte Energie W.

4.5.5.3 Dämpfungsfall

Die Wurzel der Eigenwerte bleibt unter folgender Bedingung reell:

$$\left(\frac{R}{2L}\right)^2 > \frac{1}{LC} \qquad \Rightarrow \quad R > 2\sqrt{\frac{L}{C}}$$

$$s_{1,2} = -\frac{R}{2L} \pm \sqrt{\left(\frac{R}{2L}\right)^2 - \frac{1}{LC}} = -\delta \pm \omega \qquad \text{mit} \qquad \delta > \omega. \tag{4.5-46}$$

ω hat dabei allerdings nicht mehr die physikalische Bedeutung einer Kreisfrequenz, denn nun gilt:

$$i(t) = \frac{U_0 \mathrm{e}^{-\delta t}}{\omega L}\,\frac{(\mathrm{e}^{\omega t} - \mathrm{e}^{-\omega t})}{2} = \frac{U_0}{\omega L}\mathrm{e}^{-\delta t}\sinh\omega t =$$

$$= \frac{U_0}{\sqrt{R^2/4 - L/C}}\,\mathrm{e}^{-\frac{R}{2L}t}\sinh\sqrt{\left(\frac{R}{2L}\right)^2 - \frac{1}{LC}}\,t. \tag{4.5-47}$$

Dies ist offenbar keine gedämpfte Schwingung mehr, sondern der Hyperbelsinus repräsentiert eine reine Dämpfungsfunktion. Die virtuelle Periode T hat beim Übergang zum Dämpfungsfall quasi den Wert Unendlich überschritten.

Die physikalische Erklärung ist: die von C ursprünglich gespeicherte Energie wird bereits bei der ersten und einzigen Schwingung vollständig vom Widerstand übernommen. Zwar wandert ein Teil zunächst noch zur Spule, jedoch reicht dies nur für einen Nulldurchgang der Spulenspannung, jedoch keinen des Stroms aus, und die Spule muß diese Energie bald wieder zum Widerstand abgeben. Die Spannungsverläufe folgen zu:

$$u_R(t) = Ri(t) = \frac{U_0 R}{\omega L}\mathrm{e}^{-\delta t}\sinh\omega t = U_0\frac{2\delta}{\omega}\mathrm{e}^{-\delta t}\sinh\omega t, \tag{4.5-48}$$

$$u_L(t) = L\frac{\mathrm{d}i}{\mathrm{d}t} = U_0\mathrm{e}^{-\delta t}(\cosh\omega t - \frac{\delta}{\omega}\sinh\omega t), \tag{4.5-49}$$

$$u_C(t) = -u_R(t) - u_L(t) = -U_0\mathrm{e}^{-\delta t}(\cosh\omega t + \frac{\delta}{\omega}\sinh\omega t). \tag{4.5-50}$$

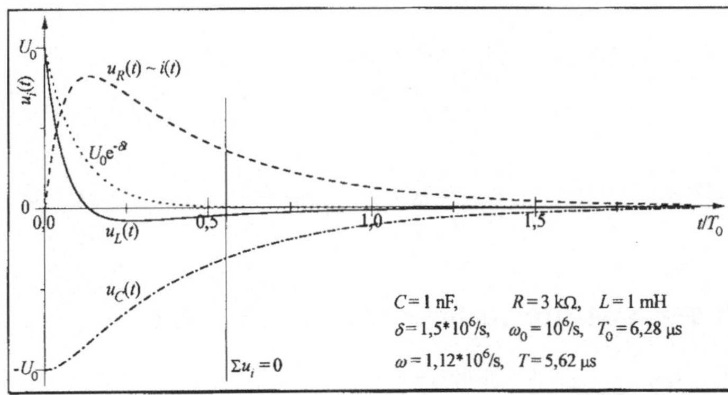

Abb. 4.5-7: Spannungsverläufe am Reihenschwingkreis im Dämpfungsfall.

In Abb. 4.5-7 sind die Spannungszeitverläufe für eine typische Bauelementekombination im Dämpfungsfall dargestellt. Die Animation in der MATHCAD-Anwendung 4.5-1 bezieht diesen Fall mit ein.

Aufgabe 4.5.5.3-1: Zu welchem Zeitpunkt t_{max} fließt der maximale Strom i_{max} im Dämpfungsfall und welchen Wert hat er? Man stelle die Formel für i_{max} möglichst einfach dar.
Aufgabe 4.5.5.3-2: Man überprüfe die Anwendbarkeit des Ansatzes für $R^2 = 4L/C$.
Aufgabe 4.5.5.3-3: Man erstelle für den Reihenschwingkreis im Text eine MATHCAD-Animation für die Leistungsverläufe $p(t)$ an den einzelnen Bauelementen für $U_0 = 1$ V und variables R.

4.5.5.4 Aperiodischer Grenzfall

Die Wurzel der Eigenwerte verschwindet:

$$\left(\frac{R}{2L}\right)^2 = \frac{1}{LC} = \delta^2 = \omega_0^2 \quad \Rightarrow \quad R = 2\sqrt{\frac{L}{C}},$$

$$s_{1,2} = -\frac{R}{2L} = -\delta, \quad \omega = 0. \tag{4.5-51}$$

Dieser Fall hat praktisch nur rein mathematische, keine physikalische Bedeutung, da minimalste Abweichungen von dieser Bedingung zum Schwing- oder Dämpfungsfall führen. Lediglich der Vollständigkeit halber soll das Ergebnis angegeben werden. Der bisher verwendete Ansatz ist nicht anwendbar, da eine Division durch Null stattfindet. Stattdessen wird ohne Herleitung folgender Ansatz verwendet:

$$i(t) = \mathrm{e}^{-\delta t}(I_1 + I_2' t) \quad \Rightarrow \quad \frac{\mathrm{d}i}{\mathrm{d}t} = -\delta i + \mathrm{e}^{-\delta t} I_2'$$

$$\Rightarrow \quad \frac{\mathrm{d}^2 i}{\mathrm{d}t^2} = -\delta \frac{\mathrm{d}i}{\mathrm{d}t} - \delta \mathrm{e}^{-\delta t} I_2' = \delta^2 i - 2\delta \mathrm{e}^{-\delta t} I_2'. \tag{4.5-52}$$

Setzen wir dies in die DGL der Struktur

$$\frac{\mathrm{d}^2 i}{\mathrm{d}t^2} + 2\delta \frac{\mathrm{d}i}{\mathrm{d}t} + \delta^2 i = 0 \tag{4.5-53}$$

ein, ist diese erfüllt. Mit den konkreten Randbedingungen ergibt sich:

$$i(0^+) = 0 = I_1 \quad \Rightarrow \quad i(t) = I_2' t \mathrm{e}^{-\delta t}$$

$$\frac{\mathrm{d}i}{\mathrm{d}t}(0^+) = \frac{U_0}{L} = I_2' \quad \Rightarrow \quad i(t) = \frac{U_0}{L} t \mathrm{e}^{-\frac{R}{2L}t} = \frac{U_0}{L} t \mathrm{e}^{-\frac{t}{\sqrt{LC}}}. \tag{4.5-54}$$

4.5.6 Komplexe Wechselstromrechnung im Schwingkreis

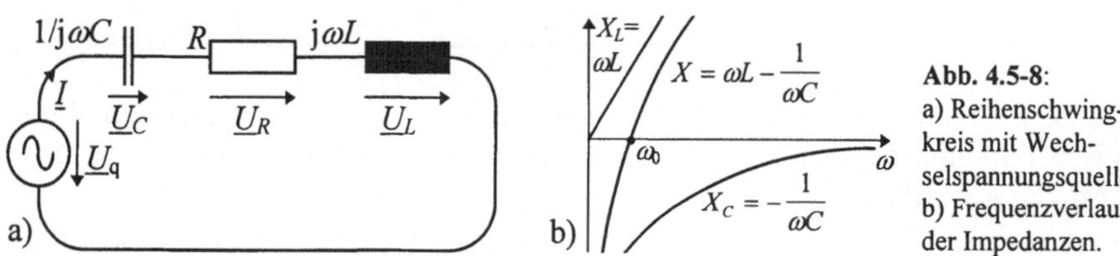

Abb. 4.5-8: a) Reihenschwingkreis mit Wechselspannungsquelle, b) Frequenzverlauf der Impedanzen.

Die Eingangsimpedanz $\underline{Z}$ des in Abb. 4.5-8 dargestellten Reihenschwingkreises ist:

$$\underline{Z} = R + \mathrm{j}X = R + \mathrm{j}\omega L + \frac{1}{\mathrm{j}\omega C} = R + \mathrm{j}(\omega L - \frac{1}{\omega C})$$

bzw.

$$\underline{Z} = Z\mathrm{e}^{\mathrm{j}\varphi_Z} = \sqrt{R^2 + (\omega L - \frac{1}{\omega C})^2}\, \mathrm{e}^{\mathrm{j}\arctan\frac{\omega L - 1/\omega C}{R}}. \tag{4.5-55}$$

Bei der bereits eingeführten Resonanzkreisfrequenz ω_0 bzw. Resonanzfrequenz f_0 verschwindet der Blindanteil der Eingangsimpedanz $\underline{Z}$, der nun reell wird:

$$X = 0 = \omega_0 L - \frac{1}{\omega_0 C} \quad \Rightarrow \quad \omega_0 = \frac{1}{\sqrt{LC}}; \quad f_0 = \frac{1}{2\pi\sqrt{LC}}. \tag{4.5-56}$$

Jeder einzelne der Blindwiderstände wird dann zu:

$$\underline{Z}_L = \mathrm{j}\omega_0 L = \mathrm{j}\sqrt{\frac{L}{C}}; \quad \underline{Z}_C = \frac{1}{\mathrm{j}\omega_0 C} = -\mathrm{j}\sqrt{\frac{L}{C}} = -\underline{Z}_L; \quad X_0 := \sqrt{\frac{L}{C}}. \tag{4.5-57}$$

X_0 heißt ***Resonanzblindwiderstand***. Damit läßt sich die Eingangsimpedanz durch ω_0 und X_0 ausdrücken:

$$\underline{Z} = R + \mathrm{j}\sqrt{\frac{L}{C}}(\omega\sqrt{LC} - \frac{1}{\omega\sqrt{LC}}) = R + \mathrm{j}X_0(\frac{\omega}{\omega_0} - \frac{\omega_0}{\omega}) = R + \mathrm{j}X_0(\frac{f}{f_0} - \frac{f_0}{f}). \tag{4.5-58}$$

Für $\omega = \omega_0$ bzw. $f = f_0$ verschwindet die ***Verstimmung*** v:

$$v := \frac{\omega}{\omega_0} - \frac{\omega_0}{\omega} = \frac{f}{f_0} - \frac{f_0}{f}. \tag{4.5-59}$$

Den Strom durch den Schwingkreis erhalten wir über:

$$\underline{I} = \frac{\underline{U}_\mathrm{q}}{\underline{Z}} = \frac{\underline{U}_\mathrm{q}}{R + \mathrm{j}vX_0} \quad \Rightarrow \quad I = \frac{U_\mathrm{q}}{Z} = \frac{U_\mathrm{q}}{\sqrt{R^2 + v^2 X_0^2}}. \tag{4.5-60}$$

Der Maximalstrom $\underline{I} = \underline{I}_\mathrm{max} = \underline{U}_\mathrm{q}/R$ fließt bei Resonanz:

$$\frac{\underline{I}}{\underline{I}_\mathrm{max}} = \left(1 + \mathrm{j}v\frac{X_0}{R}\right)^{-1} \quad \Rightarrow \quad \frac{I}{I_\mathrm{max}} = \left[1 + \left(v\frac{X_0}{R}\right)^2\right]^{-1/2}. \tag{4.5-61}$$

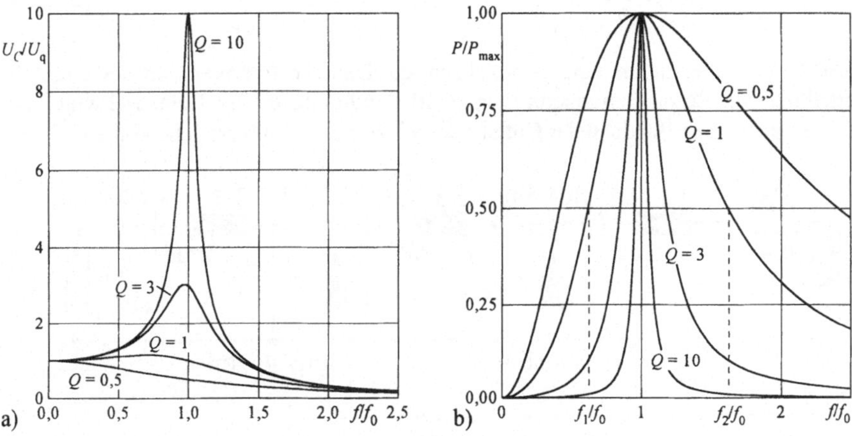

Abb. 4.5-9: Frequenzgänge der a) Kondensatorspannung, b) Leistung - in Abhängigkeit der Güte Q.

Wir definieren als Maß für die Schlankheit des Frequenzgangs ***Güte*** Q und ***Dämpfungsfaktor*** d, deren Bedeutung Abb. 4.5-9 veranschaulicht:

$$Q := \frac{X_0}{R} = \frac{1}{R}\sqrt{\frac{L}{C}} \quad \Rightarrow \quad \frac{I}{I_\mathrm{max}} = \frac{1}{\sqrt{1 + v^2 Q^2}},$$

$$d := \frac{1}{Q} = \frac{R}{X_0} = R\sqrt{\frac{C}{L}}. \tag{4.5-62}$$

Wir berechnen das Spannungsverhältnis von Kondensator- zu Quellspannung:

$$\frac{\underline{U}_C}{\underline{U}_q} = \frac{1/\mathrm{j}\omega C}{R + \mathrm{j}(\omega L - \frac{1}{\omega C})} = \frac{1}{1-\omega^2 LC + \mathrm{j}\omega RC} = \frac{1}{1-(\frac{f}{f_0})^2 + \mathrm{j}\frac{f}{f_0} RC \frac{1}{\sqrt{LC}}} =$$

$$= \left[1-(\frac{f}{f_0})^2 + \mathrm{j}\frac{f}{f_0 Q}\right]^{-1} \quad \Rightarrow \quad \frac{U_C}{U_q} = \left[\left(1-(\frac{f}{f_0})^2\right)^2 + \left(\frac{f}{f_0 Q}\right)^2\right]^{-1/2}. \quad (4.5\text{-}63)$$

Die in b) dargestellte und auf die maximale Wirkleistung $P_{\max} = I_{\max}^2 R$ normierte Wirkleistung $P = I^2 R$ ergibt sich zu:

$$\frac{P}{P_{\max}} = \frac{1}{1+v^2 Q^2}. \quad (4.5\text{-}64)$$

Dort sind beispielhaft für die Kurve mit $Q = 1$ die beiden Frequenzen f_1 und f_2 eingetragen, für die die Leistung die Hälfte des Maximalwerts beträgt. Wir berechnen f_1 und f_2 über:

$$\frac{1}{1+v(f_{1,2})^2 Q^2} \overset{!}{=} \frac{1}{2} \quad \Rightarrow \quad Q^2(\frac{f_{1,2}}{f_0} - \frac{f_0}{f_{1,2}})^2 \overset{!}{=} 1$$

$$\Rightarrow \quad \frac{f_{1,2}}{f_0} = \mp\frac{1}{2Q} + \sqrt{\frac{1}{4Q^2}+1} \quad \Rightarrow \quad \frac{f_2 - f_1}{f_0} = \frac{B}{f_0} = \frac{1}{Q} = d. \quad (4.5\text{-}65)$$

Diese Umformung liefert eine physikalisch anschauliche Interpretation der Güte als Verhältnis von Resonanzfrequenz f_0 zu 3 dB-Bandbreite B. Ein Reihenschwingkreis realisiert also einen Bandpaß der Güte Q, wobei Werte von 400 erreicht werden.

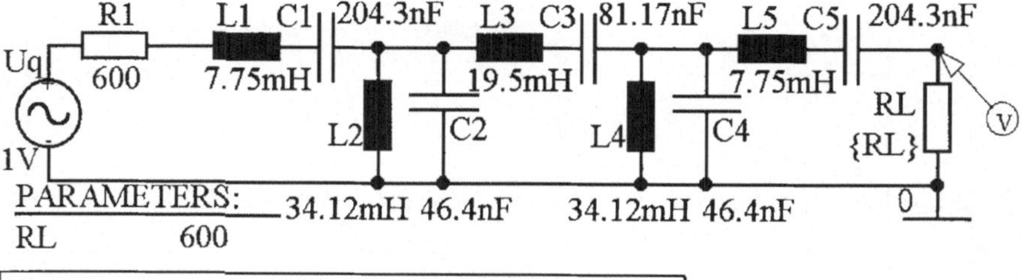

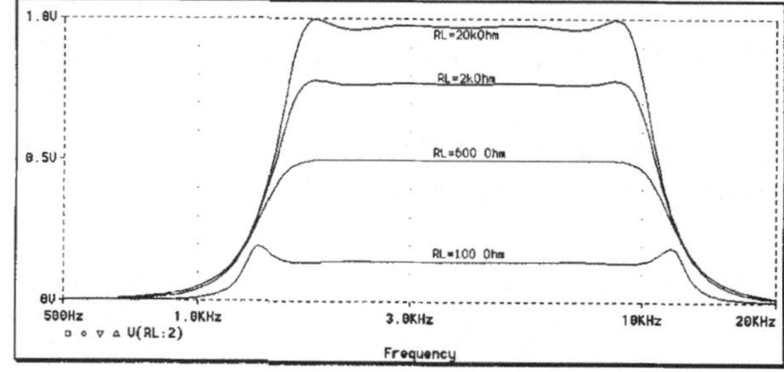

Abb. 4.5-10: SCHEMATICS-Schaltung und PROBE-Plot des Frequenzgangs der Ausgangsspannung eines auf $R_L = 600\ \Omega$ optimierten TSCHEBYSCHEFF-Bandpasses.

Abb. 4.5-10 veranschaulicht in Erweiterung dieser Betrachtungen einen sog. TSCHEBYSCHEFF-Bandpaß, der auf einen Lastwiderstand von $R_L = 600\ \Omega$ dahingehend optimiert ist, daß der Frequenzgang im Durchlaßbereich im Gegensatz zum einfachen *RLC*-Reihenschwingkreis möglichst glatt ist und dann steil abfällt. TSCHEBYSCHEFF-Filter erzeugen allgemein Frequenzgänge mit definiertem Überschwingen und maximaler Flankensteilheit beim Übergang von Durchlaß- zu Sperrbereich. Die Dimensionierung der Kondensatoren und Spulen erfolgt mithilfe der Filtertheorie, die nicht weiter diskutiert werden soll, sondern das Beispiel dient zum veranschaulichen der Grenzen mathematischer Analysen. Zwar ist das Netzwerk mit den vorgestellten Methoden systematisch noch recht gut analysierbar, der Zeitaufwand ist jedoch beträchtlich und ohne ein Programm wie MATHCAD sind die Verläufe numerisch nur mit Aufwand erzeugbar.

Aufgabe 4.5.6-1: Man bestimme analog zum Text für den Parallelschwingkreis nach Abb. 4.5-4a) $\underline{Y}$, f_0, X_0, U/U_{max}, Q, P/P_{max}. Dabei sei der komplexe Effektivwert der Stromquelle $\underline{I}_q$ frequenzunabhängig.
Aufgabe 4.5.6-2: Man berechne in der vorigen Aufgabe $\underline{I}_C/\underline{I}_q$ und $\underline{I}_L/\underline{I}_q$ im Resonanzfall und skizziere die Stromverhältnisse im Netzwerk.
Aufgabe 4.5.6-3: Man stelle die Frequenzortskurve der Ausgangsspannung in Abb. 4.5-10 in PROBE sowie mit MATHCAD dar.

4.5.7 Schaltvorgänge im Schwingkreis bei Wechselanregung

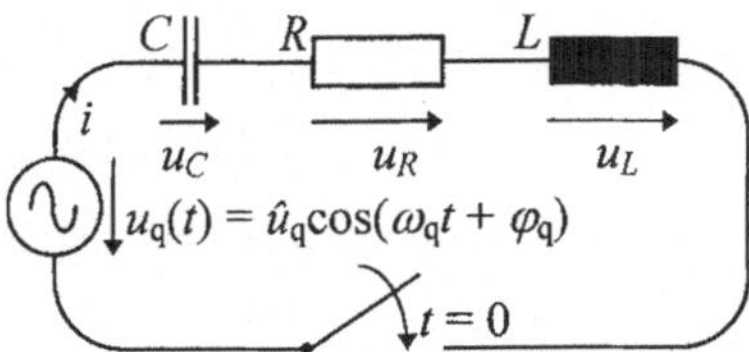

Abb. 4.5-11: Reihenschwingkreis mit geschalteter Wechselspannungsquelle.

Wir wollen nun die Erkenntnisse der beiden vorigen Abschnitte über Ausgleichsvorgänge und komplexe Wechselstromrechnung im Reihenschwingkreis verbinden. Gefragt ist allgemein, wie ein Netzwerk mit Schalter(n) und Quelle(n) und ggfls. anfänglich geladenen Energiespeichern auf den Schaltvorgang reagiert. Speziell wollen wir hier anhand Abb. 4.5-11 untersuchen, wie der Schwingkreis auf eine eingeschaltete Wechselspannungsquelle reagiert.

Im eingeschwungenen Zustand, d.h. nach einigen Perioden, unterscheiden sich die Verläufe nicht mehr vom stationären Fall, so daß hierfür wieder eine ganz normale Wechselstromanalyse wie im vorigen Abschnitt angebracht ist. Vom flüchtigen Übergangszeitverlauf erwarten wir, daß wieder Exponentialfunktionen auftreten.

Die umfassende Behandlung von Schaltvorgängen auch kleiner *RLC*-Netzwerke, wie dem hier betrachteten Reihenschwingkreis, kann bereits sehr abendfüllend werden, denn es sind sämtliche Kombinationen denkbar:

- Anfängliche Energiespeicher (C, L) ungeladen/geladen,
- Frequenz der Quellspannung f_q kleiner, gleich oder größer als die Eigenfrequenz f des Schwingkreises,
- Bauelemente des Schwingkreises im Schwingfall, aperiodischen Grenzfall oder Dämpfungsfall.
- Wie das Netzwerk reagiert, hängt auch wesentlich vom durch den Nullphasenwinkel φ_q eingestellten Schaltzeitpunkt ab, d.h. ob zu einem Nulldurchgang, Maximalwert oder irgendwo mittendrin geschaltet wird.

Wir wollen uns hier auf anfänglich ungeladene Energiespeicher und den Schwingfall beschränken. Zur Vermeidung der Ableitung eines Sprungs, der für $\varphi_q \neq 0$ auf der rechten Seite bei der DGL für $i(t)$ auftritt, stellen wir stattdessen nach der in Abschnitt 2.11.4.3 erläuterten Methode die DGL für $u_C(t)$ über den Spannungsteiler auf:

$$\frac{\underline{U}_C}{\underline{U}_q} = \frac{1/sC}{R + sL + \dfrac{1}{sC}} = \frac{1/LC}{s^2 + s\dfrac{R}{L} + \dfrac{1}{LC}} \quad \Rightarrow \quad (s^2 + s\frac{R}{L} + \frac{1}{LC})\underline{U}_C = \frac{\underline{U}_q}{LC}$$

$$\Rightarrow \quad \frac{d^2 u_C}{dt^2} + \frac{R}{L}\frac{du_C}{dt} + \frac{u_C}{LC} = \frac{u_q}{LC} \quad = \quad \frac{d^2 u_C}{dt^2} + 2\delta\frac{du_C}{dt} + \omega_0^2 u_C = \omega_0^2 u_q . \quad (4.5\text{-}66)$$

Für den speziellen Fall der in der Abbildung eingetragenen Wechselspannungsquelle liest sich die DGL:

$$\frac{d^2 u_C}{dt^2} + 2\delta\frac{du_C}{dt} + \omega_0^2 u_C = \hat{u}_q \omega_0^2 \cos(\omega_q t + \varphi_q). \quad (4.5\text{-}67)$$

Die vollständige Lösung setzt sich wieder aus einem flüchtigen (homogenen) und einem eingeschwungenen (partikulären) Anteil zusammen:

$$u_C(t) = u_{Ch}(t) + u_{Cp}(t). \quad (4.5\text{-}68)$$

Da wir den Schwingfall voraussetzen, machen wir für den homogenen Anteil gleich einen Ansatz, der dies berücksichtigt:

$$u_{Ch}(t) = e^{-\delta t}(A\cos\omega t + B\sin\omega t). \quad (4.5\text{-}69)$$

Dieser Ansatz ist möglich, da sich grundsätzlich jede trigonometrische Grundfunktion der Art $\cos(\omega t + \varphi)$ oder $\sin(\omega t + \varphi)$ aus $A\cos\omega t + B\sin\omega t$ zusammensetzen läßt. A und B sind gemeinsam mit dem Partikuläranteil aus den Anfangsbedingungen zu bestimmen. $u_{Cp}(t)$ erhalten wir unmittelbar aus dem Ansatz mit $\underline{Z}_q := Z_q e^{j\varphi_{Zq}} = \underline{Z}(\omega_q)$ zu:

$$\hat{\underline{u}}_{Cp} = \frac{\underline{Z}_{Cq}}{\underline{Z}_q}\hat{\underline{u}}_q = \frac{\hat{\underline{u}}_q}{j\omega_q C \underline{Z}_q} \quad \Rightarrow \quad u_{Cp}(t) = \frac{\hat{u}_q}{\omega_q C Z_q}\sin(\omega_q t + \underbrace{\varphi_q - \varphi_{Zq}}_{=:\,\Delta\varphi_q}). \quad (4.5\text{-}70)$$

Wir bestimmen A und B: wegen der Induktivität kann sich $i(0)$ nicht sprunghaft ändern und folglich keine Ladungen zum Kondensator transportieren:

$$u_C(0) = 0 = u_{Ch}(0) + u_{Cp}(0),$$

$$u_{Ch}(0) = A, \qquad u_{Cp}(0) = \frac{\hat{u}_q}{\omega_q C Z_q}\sin\Delta\varphi_q = -A. \quad (4.5\text{-}71)$$

Wir bestimmen B aus:

$$\frac{du_C}{dt}(0) = \frac{du_{Ch}}{dt}(0) + \frac{du_{Cp}}{dt}(0) = \frac{i(0)}{C} = 0 = -\delta A + \omega B \; + \; \frac{\hat{u}_q}{C Z_q}\cos\Delta\varphi_q$$

$$\Rightarrow \quad B = -\frac{\hat{u}_q}{\omega_q C Z_q}\left(\frac{\delta}{\omega}\sin\Delta\varphi_q + \frac{\omega_q}{\omega}\cos\Delta\varphi_q\right) \quad \Rightarrow \tag{4.5-72}$$

MATHCAD-Anwendung 4.5-2: Untersuchung der analytischen Lösung einer DGL

MATHCAD kann zwar selbst keine DGLn unmittelbar symbolisch lösen, eine manuell errechnete Lösung kann jedoch in gewissen Grenzen auf Korrektheit überprüft werden:

$(C\ R\ L) := (\text{nF}\ \ 50\cdot\Omega\ \ \text{mH}) \qquad (\upsilon_q\ \omega_q\ \varphi_q) := (10\cdot\text{V}\ \ 2\cdot\pi\cdot 140\cdot\text{kHz}\ \ 0)$

Im Beispiel werden zunächst die zu Abb. 4.5-11 gehörigen Bauelemente spezifiziert.

$\delta := \frac{R}{2\cdot L} \qquad \omega := \sqrt{\frac{1}{L\cdot C} - \delta^2} \qquad Z_q := R + j\cdot\left(\omega_q\cdot L - \frac{1}{\omega_q\cdot C}\right) \qquad \Delta\varphi_q := \varphi_q - \arg(Z_q)$

Dann werden die Abkürzungen definiert.

$u_q(t) := \upsilon_q\cdot\cos(\omega_q\cdot t + \varphi_q)$

$$u_C(t) := \frac{\upsilon_q}{\omega_q\cdot C\cdot|Z_q|}\cdot\left[\begin{array}{l} -e^{-\delta\cdot t}\cdot\left[\sin(\Delta\varphi_q)\cdot\cos(\omega\cdot t) + \left(\frac{\delta}{\omega}\cdot\sin(\Delta\varphi_q) + \frac{\omega_q}{\omega}\cdot\cos(\Delta\varphi_q)\right)\cdot\sin(\omega\cdot t)\right]\ldots \\ +\sin(\omega_q\cdot t + \Delta\varphi_q)\end{array}\right]$$

Anschließend werden $u_q(t)$ und als Ergebnis obiger Rechnung die Lösung der DGL $u_C(t)$ eingegeben.

$t := (FRAME + 1)\cdot\mu\text{s} \qquad DGL := \left(\frac{d^2}{dt^2}u_C(t)\quad \frac{R}{L}\cdot\frac{d}{dt}u_C(t)\quad \frac{u_C(t)}{L\cdot C}\quad \frac{-u_q(t)}{L\cdot C}\right)$

Eine Animation wird vorbereitet, indem ein Zeilenvektor *DGL* die vier Summanden der DGL definiert.

$t = 1\cdot\mu\text{s} \qquad DGL = (1.80\cdot 10^{12}\quad 3.52\cdot 10^{11}\quad 4.22\cdot 10^{12}\quad -6.37\cdot 10^{12})\cdot\frac{\text{V}}{\text{s}^2} \qquad \left|\frac{\sum DGL}{\max(DGL)}\right| = 3.35\cdot 10^{-13}$

Rahmen wir die letzte Zeile für eine Animation ein und lassen die Zeit t über einen gewünschten *FRAME*-Bereich laufen, können wir als Alternative zur rollenden Ausgabetabelle die Werte der einzelnen Summanden im Playback verfolgen. Der letzte Term dient zum Überprüfen der Lösung auf Korrektheit, indem die Vektorkomponenten addiert und auf die Maximalkomponente normiert werden. Das Ergebnis muß ideal Null sein, in der Praxis wird sich infolge numerischen Rauschens ein endlicher kleiner Wert einstellen.

Prinzipiell sollte auch eine symbolische Überprüfung der Lösung einer DGL möglich sein, indem die DGL selbst nebst Lösung eingegeben, und dann durch aktive symbolische Umformung und wie oben durch Subtraktion von linker und rechter Seite eine exakte Null erreicht wird. Für einfachere DGLn ist dies möglich, im vorliegenden Fall konnte jedoch keine ökonomische Umformung der Lösung erreicht werden. Dies liegt im konkreten Fall an den trigonometrischen Funktionen mit inversen trigonometrischen Funktionen im Argument.

Aus dem Ergebnis erhalten wir bei Bedarf $i = C du_C/dt$, $u_R = Ri$, $u_L = L di/dt$. Zwei Fälle sind in diesem Zusammenhang interessant zu betrachten:

- $f_q \approx f$: es überlagern sich entsprechend dem Beispiel in Abb. 4.5-12 zwei Schwingungen mit Frequenzen in gleicher Größenordnung und Schwebungen im Rhythmus der Differenzfrequenz $\Delta f = |f_q - f|$, also hier ca. 19 kHz und mit einer Periodendauer von $\Delta T \approx 50$ µs. Die Hüllkurve dieser Modulation stellt den Abklingvorgang dar, während die hochfrequente Trägerschwingung ihre Frequenz allmählich von ursprünglich $\frac{1}{2}|f_q + f| \approx 149$ kHz auf $f_q = 140$ kHz absenkt:

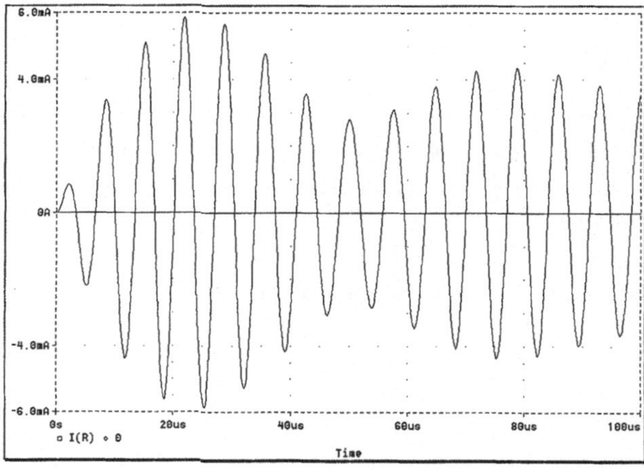

Abb. 4.5-12: PROBE-Plot des Stromverlaufs $i(t)$ des Schwingkreises in Abb. 4.5-11 bei Sinus-Anregung mit $\hat{u}_q = 10$ V, $f_q = 140$ kHz bei $C = 1$ nF, $R = 50\,\Omega$ und $L = 1$ mH, d.h. $f \approx f_0 =$ 159 kHz liegen in derselben Größenordnung wie f_q.

- $f_q \ll f$: der Einschwingvorgang reitet entspr. Abb. 4.5-13 mit der Eigenfrequenz f exponentiell abklingend auf der Quellschwingung der Frequenz $f_q = 14$ kHz:

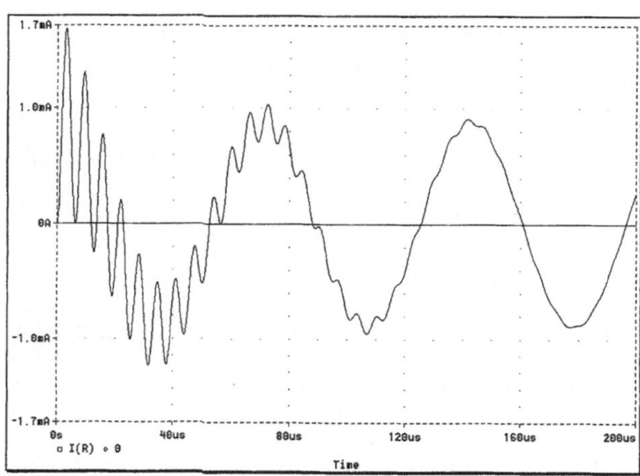

Abb. 4.5-13: Wie voriger Plot, nur daß $f_q = 14$ kHz $\ll f \approx f_0$.

MATHCAD-Anwendung 4.5-3: Inhomogene DGL höherer Ordnung

In MATHCAD-Anwendungen 1.4-9 und 3.4-1 wurde bereits der Einsatz von *rkfixed* zur numerischen Lösung homogener DGLn erläutert. Für inhomogene DGLn braucht lediglich die Inhomogenität bei der Auflösung nach der jeweils höchsten Ableitung berücksichtigt zu werden:

$$(C\ R\ L) := \left(10^{-9}\ \ 50\ \ 10^{-3}\right) \quad \left(\upsilon_q\ \ \omega_q\ \ \varphi_q\right) := \left(10\ \ 2\cdot\pi\cdot 1.4\cdot 10^{5}\ \ 0\right) \quad u_q(t) := \upsilon_q\cdot\cos\left(\omega_q\cdot t + \varphi_q\right)$$

Zunächst werden wie zuvor die zu Abb. 4.5-12 gehörigen Bauelemente und $u_q(t)$ spezifiziert.

$$u_C := (0\ \ 0)^T \qquad T := 10^{-4} \qquad n := 1000 \qquad DGL\left(t, u_C\right) := \left(u_{C_1}\ \ \ \frac{u_q(t) - u_{C_0}}{L\cdot C} - \frac{R}{L}\cdot u_{C_1}\right)^T$$

Es folgt die Spezifikation des (transponierten) Anfangswertvektors $(u_C(0)\ \ du_C(0)/dt)^T$, des Zeitintervalls T, Datenpunktanzahl n, sowie der DGL in der bereits beschriebenen Syntax $(du_C/dt\ \ d^2u_C/dt^2)^T$; der Index zu u_C stellt wieder den Grad der Ableitung dar.

$u_C := rkfixed(u_C, 0, T, n, DGL) \quad t := u_C^{\langle 0\rangle} \quad u_R := R \cdot C \cdot u_C^{\langle 2\rangle} \quad u_L := -u_R - u_C^{\langle 1\rangle} + \overrightarrow{u_q(t)}$

rkfixed löst die DGL für u_C im interessierenden Intervall T mit n Punkten und speichert das Ergebnis in der Lösungsmatrix $u_C = (u_C^{\langle 0\rangle}\ u_C^{\langle 1\rangle}\ u_C^{\langle 2\rangle}) = (t\ \ u_C\ \ du_C/dt)$. Daraus werden anschließend u_R und u_L als Vektoren an den n Punkten gebildet. $\overrightarrow{u_q(t)}$ spezifiziert mittels der bereits in Anwendung 2.8-2 beschriebenen Vektorisieren-Funktion einen u_q-Vektor äquivalent zu $i := 0 .. n \quad u_{qi} := u_q(t_i)$.

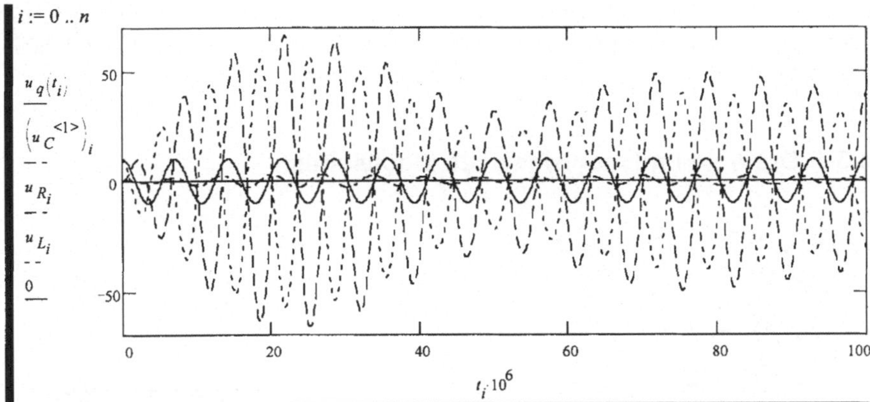

Abb. 4.5-14: **MATHCAD**-Diagramm der Spannungen des Schwingkreises in Abb. 4.5-11 bei Cosinus-Anregung mit $\hat{u}_q = 10\text{V}$, $f_q = 140\text{kHz}$ bei $C = 1\text{nF}$, $R = 50\Omega$ und $L = 1\text{mH}$, d.h. $f \approx f_0 = 159\text{kHz}$ liegt in derselben Größenordnung wie f_q.

Anhand der **MATHCAD**-Darstellung Abb. 4.5-14 für die Spannungsverläufe erkennen wir, daß aufgrund der schwachen Dämpfung bei $R = 50\Omega$ große Energiemengen im Schwingkreis gespeichert werden, da die Blindspannungsamplituden die Quellspannungsamplitude deutlich überschreiten. Kondensator- und Spulenspannung verlaufen praktisch gegenphasig, und bei ihren Nulldurchgängen ist die Widerstandsspannung maximal und wandelt diese beim Energieaustausch in Wärme um.

Aufgabe 4.5.7-1: Man stelle die Spannungszeitverläufe für reine Cosinusanregung in **PROBE** dar und erkläre die Unterschiede zur **MATHCAD**-Darstellung in Abb. 4.5-14. Man ändere die **SCHEMATICS**-Parametrisierung so ab, daß sie sich im Sinne der Aufgabenstellung verhält.

Aufgabe 4.5.7-2: Man löse die DGL für eine z.Zt. $t = 0$ eingeschaltete Gleichspannungsquelle U_q.

Aufgabe 4.5.7-3: Man löse die vorige Aufgabe mit **MATHCAD** und stelle das analytische und das mit *rkfixed* berechnete Ergebnis in einem gemeinsamen Diagramm dar.

4.6 Drehstrom

Es wurde bereits dargelegt, daß eine hinreichende Energieversorgung nur effizient mittels hoher Wechselspannungen durchgeführt werden kann. Bisher wurden nur Einphasensysteme einzelner Quellen betrachtet. Werden dem Verbraucher mehrere Quellen $u_{qi}(t) = \hat{u}_q\cos(\omega t + \varphi_{Ui})$; $i = 1 \ldots m$, fester Frequenz f und Amplitude $\hat{u}_q$, aber unterschiedlicher Phasenlage φ_{Ui}, zugeführt, besteht bei entsprechender Zusammenschaltung die Möglichkeit der Abnahme von Spannungen unterschiedlicher Amplituden $\hat{u}_i$.

Das System heißt symmetrisch, wenn alle m Spannungen dem Betrage nach gleich sind und gleiche Phasenwinkel $\Delta\varphi_{Ui} = 2\pi/m$ gegeneinander haben. In der Folge sei dies für die Erzeugerseite immer gegeben, für die Verbraucherseite jedoch nicht unbedingt, weshalb deren Symmetrieeigenschaft jeweils explizit angegeben wird.

Grundsätzlich sind beliebige m-Phasensysteme möglich, praktische Bedeutung haben für die Energieübertragung jedoch nur Werte von m, die ein ganzzahliges Vielfaches von 3 darstellen, und hiervon insbesondere das Dreiphasensystem mit $m = 3$, auf das wir uns im Folgenden beschränken. Wir verwenden in diesem Abschnitt Zählindizes i bzw. j bzw. $k = 1, 2, 3$, aber $i \neq j \neq k$, sowie ij bzw. $ki = 12, 23, 31$.

4.6.1 Drehfeld und mehrphasiges Wechselfeld

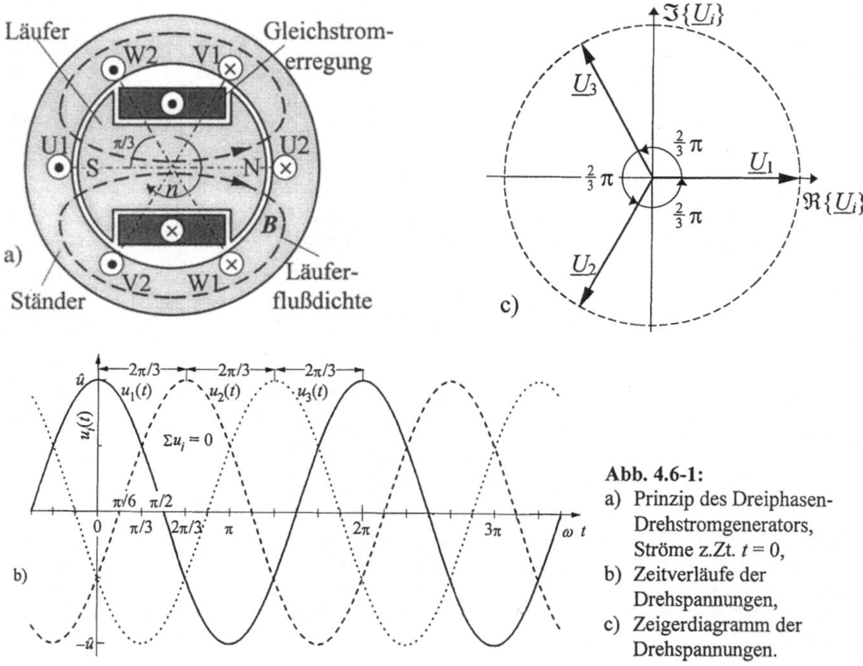

Abb. 4.6-1:
a) Prinzip des Dreiphasen-Drehstromgenerators, Ströme z.Zt. $t = 0$,
b) Zeitverläufe der Drehspannungen,
c) Zeigerdiagramm der Drehspannungen.

In Abschnitt 4.1.1.2 wurde dargelegt, wie an den Klemmen einer im homogenen Magnetfeld rotierenden Leiterschleife durch Induktion eine (einphasige) Wechselspannung entsteht. Alternativ kann das Magnetfeld rotieren und die Leiterschleifen feststehen. In dieser Konsequenz besteht entspr. Abb. 4.6-1a) ein Drehstrom-Synchrongenerator aus einem hochpermeablen Läufer (Rotor) z.B. in Form eines Schenkelpolrads - hier mit einem Polpaar ($p = 1$) - das durch eine Erregerwicklung gleichstromerregt wird, oder bei kleineren Leistungen einen Permanentmagneten darstellt. Er wird durch ein äußeres mechanisches Drehmoment gedreht und der Betrag B des zugehörigen Magnetfelds $\boldsymbol{B}(t)$ ist zeitlich konstant, rotiert jedoch im Raum. Es handelt sich um ein Drehfeld.

In Erweiterung der Grundstruktur verfügt nach DIN 40 108 ein hochpermeabler Ständer (Stator) über $m = 3$ Drehstromwicklungen U, V, W - genannt: Stränge oder

Phasen - mit Anfangsklemmen U1, V1, W1 und Endklemmen U2, V2, W2, die räumlich um den Winkel $\frac{2}{3}\pi$ (120°) gegeneinander verdreht sind. Durch die Rotation des Läufers werden ***Strang-*** oder ***Phasenspannungen*** $u_i(t)$ in den Anker induziert, der hier also vom Stator realisiert wird. Auf der Verbraucherseite sind die gleichen Begriffe verwendbar. Demgegenüber herrschen zwischen zwei Außenleitern die ***Leiterspannungen*** oder ***verketteten Spannungen*** $u_{ij}(t)$.

Nun entsteht gemäß b) wegen der räumlichen Anordnung der Wicklungen eine zeitliche Phasenverschiebung der Strangspannungen $u_i(t)$ um ebenfalls $\frac{2}{3}\pi$, denen ein Zeigerdiagramm mit Indizierung im Uhrzeigersinn nach c) zugeordnet werden kann. Die Spannungen gehorchen durch diese Zuordnung von Raum- zu Zeitlage den Gleichungen:

$$u_i(t) = \hat{u}\cos(\omega t + \varphi_{Ui}) = \Re\{\hat{u}e^{j(\omega t + \varphi_{Ui})}\} = \hat{u}\Re\{e^{j(\omega t + \varphi_{Ui})}\} =$$

$$= \hat{u}\Re\{e^{j\varphi_{Ui}} \cdot e^{j\omega t}\} = \Re\{\underline{\hat{u}}_i e^{j\omega t}\} = \sqrt{2}\,U\Re\{e^{j\varphi_{Ui}} \cdot e^{j\omega t}\} = \sqrt{2}\,\Re\{\underline{U}_i e^{j\omega t}\},$$

$$\varphi_{U1} = 0, \qquad \varphi_{U2} = \varphi_{U1} - \tfrac{2}{3}\pi \ (-120°), \qquad \varphi_{U3} = \varphi_{U1} + \tfrac{2}{3}\pi \ (+120°). \quad (4.6\text{-}1)$$

Wir setzen hier und in der Folge ohne Beschränkung der Allgemeinheit $\varphi_{U1} = 0$. Zu jedem Zeitpunkt gilt sowohl für Strang- als auch Leiterspannungen:

$$\sum_{i=1}^{3} u_{i(j)}(t) = 0, \quad \sum_{i=1}^{3} \underline{u}_{i(j)}(t) = 0 \qquad \text{und} \qquad \sum_{i=1}^{3} \underline{\hat{u}}_{i(j)} = 0, \quad \sum_{i=1}^{3} \underline{U}_{i(j)} = 0. \quad (4.6\text{-}2)$$

Sind die Stromkreise geschlossen, können durch die Stränge auf der Erzeuger- und Verbraucherseite ***Strang-*** oder ***Phasenströme*** in der für OHMsche Last dargestellten Richtung momentan fließen. In den Außenleitern fließen die ***Leiterströme***.

Diese drei einzelnen Drehstrom-Wechselfelder des Ständers sind räumlich starr, ändern sich jedoch zeitlich. In ihrer Überlagerung stellen sie ebenfalls ein Drehfeld dar, das bei vernachlässigbarer Eigeninduktivität der Ständerwicklungen dem Läuferfeld um 90° nacheilt und mit gleicher Winkelgeschwindigkeit $\omega = 2\pi f$ und damit gleicher Drehzahl $n = 60 \cdot (f/\text{Hz})/\text{min}$ wie dieses umläuft. Ist der Läufer einmal umgelaufen, ist bei allen Wicklungen eine Periode T abgelaufen. Bei $f = 50$ Hz entspr. $T = 20$ ms dreht sich der Läufer mit $n = 3000$ Umdrehung/min.

Da die Drehstromtechnik praktisch ausschließlich ein Objekt der Energietechnik mit ihrer festen Frequenz ist, werden wir durchgängig eine komplexe Beschreibung anwenden. Obwohl natürlich Schaltvorgänge auch in Drehstromnetzen von Bedeutung sind, sei dies der weiterführenden Literatur vorbehalten.

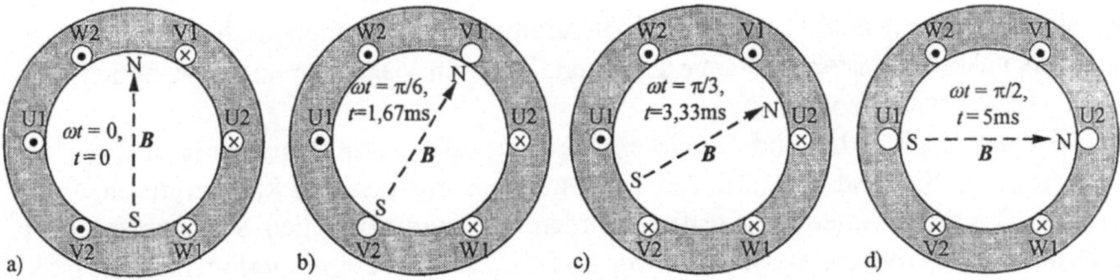

Abb. 4.6-2: Entstehung des Drehfelds beim Motor infolge dreier um 2π/3 phasenverschobener Wechselströme.

Betrachten wir nun gemäß Abb. 4.6-2 die Verbraucherseite, an der ein Drehstrommotor angeschlossen sein möge. Dessen Ständerwicklungen werden von den Strömen des Generators gespeist, und es entsteht in Überlagerung dieser Einzelfelder wieder das Ständerdrehfeld. Ein Magnetrotor - ebenfalls gleichstromerregt oder Dauermagnet, wird infolge AMPÈREschem Magnetismus diesem äußeren Drehfeld folgen. Insofern besteht zunächst in der Bauform kein Unterschied zwischen Generator und Motor, nur in der Reihenfolge von Ursache und Wirkung. Werden zwei beliebige Phasen von Verbraucher oder Erzeuger vertauscht, kehrt sich die Drehrichtung um. Dies entspricht in Abb. 4.6-2 einer Spiegelung der Stromverläufe an der unveränderten Phase.

Grundsätzlich bestünde die Möglichkeit, Erzeuger und Verbraucher im Drehstromsystem durch sechs Leitungen zu verbinden. Günstiger ist eine Vier- oder Dreileiterverbindung, die von der Art und Weise, wie Erzeuger und Verbraucher zusammengeschaltet sind, abhängt. Die Grundschaltungen hierzu sind die Sternschaltung und die Ringschaltung, die im Dreiphasensystem zur Dreieckschaltung degeneriert.

Aufgabe 4.6.1-1: Man definiere einen komplexen Operator $\underline{a}$, mit dem man aus einem gegebenen Zeiger $\underline{U}_{i+1}$ den vorhergehende Zeiger $\underline{U}_i$ erhält.

Aufgabe 4.6.1-2: Man weise mithilfe der vorigen Aufgabe nach, daß die Summe aller Spannungen des symmetrischen Systems immer verschwindet.

Aufgabe 4.6.1-3: Die vorhandenen Ständerwicklungen eines Motors werden entlang der Hälfte des Umfangs aufgewickelt und ein zweiter Wicklungssatz entlang der anderen Hälfte. Die korrespondierenden Phasen seien gleichsinnig reihengeschaltet. Welche Beziehung ergibt sich für diese Polpaarzahl p = 2 zwischen Läuferumdrehungen pro Sekunde u und Frequenz f an den Klemmen?

4.6.2 Sternschaltung auf Erzeuger- und Verbraucherseite

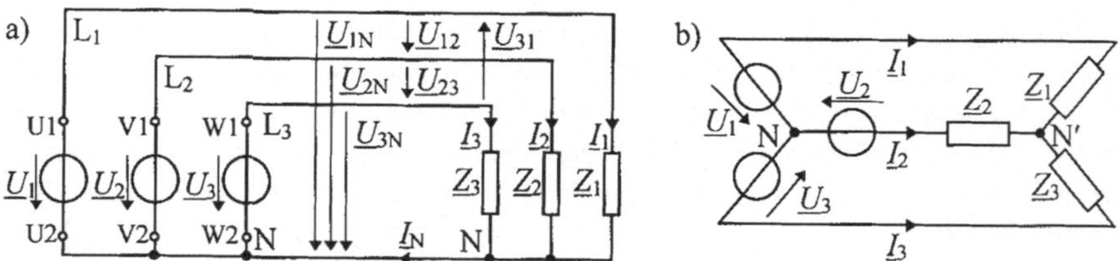

Abb. 4.6-3: Sternschaltung auf Erzeuger- und Verbraucherseite:
a) Vierleitersystem mit Nulleiter, b) Dreileitersystem ohne Nulleiter.

Bei der Sternschaltung (Symbol: Y) bilden die Stränge entspr. Abb. 4.6-3a) an U1, V1, W1 die Außenpunkte zu den Außenleitern L1, L2, L3 (früher: R, S, T) und U2, V2, W2 sind zum Sternpunkt N (Mittelpunkt, Neutralpunkt) zusammengeschaltet. Wird hier ein Sternpunktleiter (Mittelleiter) angeschlossen, liegt ein Vierleitersystem vor, andernfalls ein Dreileitersystem wie in b).

Zwischen L1, L2, L3 und N wirken die ***Leiter-Sternpunktspannungen*** $\underline{U}_{iN}$ oder meist kurz $\underline{U}_i$. Sie sind identisch mit den Strangspannungen und können durchgängig nur beim Vierleitersystem abgegriffen werden. Bei symmetrischen Strangspannungen heißt deren Effektivwert ***Sternspannung*** $U_Y := U_i$. Das ist beim Vierleitersystem praktisch immer der Fall, beim Dreileitersystem auf der Verbraucherseite nur bei symmetrischer Last $\underline{Z}_i = \underline{Z}$:

$$\underline{U}_1 = U_Y,$$

$$\underline{U}_2 = \underline{U}_1 e^{-j2\pi/3} = \underline{U}_1 \underline{/-120°} = (-\tfrac{1}{2} - j\tfrac{\sqrt{3}}{2})\underline{U}_1 = (-0{,}5 - j0{,}866)\underline{U}_1,$$

$$\underline{U}_3 = \underline{U}_1 e^{+j2\pi/3} = \underline{U}_1 \underline{/+120°} = (-\tfrac{1}{2} + j\tfrac{\sqrt{3}}{2})\underline{U}_1 = (-0{,}5 + j0{,}866)\underline{U}_1. \qquad (4.6\text{-}3)$$

Im durchgängig in Deutschland als Vierleitersystem ausgeführten Niederspannungsnetz gilt typisch $U_Y = 230\,\text{V}$.

Zwischen zwei beliebigen Außenleitern herrscht die Differenz der zugehörigen Strangspannungen:

$$\underline{U}_{ij} = \underline{U}_i - \underline{U}_j, \qquad U := U_{ij} = |\tfrac{3}{2} + j\tfrac{\sqrt{3}}{2}|U_Y = \sqrt{3}\,U_Y. \qquad (4.6\text{-}4)$$

Allgemein handelt es sich in der Drehstromtechnik bei unindizierten Größen U und I um Effektivwerte symmetrischer Leitergrößen.

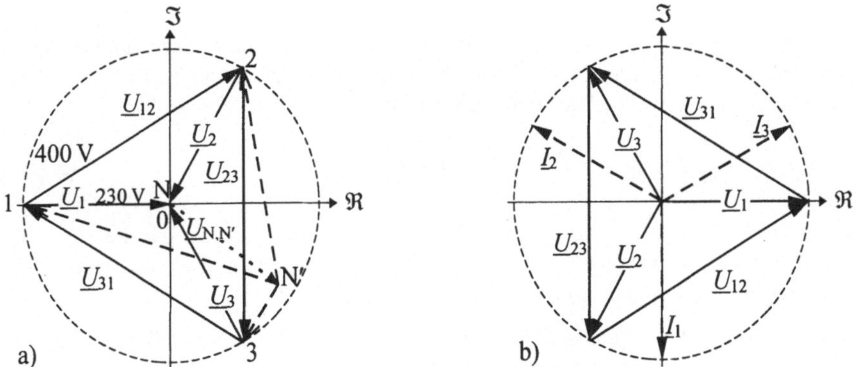

Abb. 4.6-4: Zeigerdiagramm der Strang- und Außenleiterspannungen bei Sternschaltung: a) gestrichelt: mögliche Strangspannungen Dreileitersystem Verbraucherseite bei unsymmetrischer Last, b) gestrichelt: Ströme bei induktiver Last, auf 1 Ω normiert.

In der Vierleitersystem-Sternschaltung entspr. Abb. 4.6-4a) ist die Leiterspannung U durchgängig gleich dem $\sqrt{3}$-fachen (Verkettungsfaktor) der Strangspannung U_Y, im Niederspannungsnetz Deutschlands also typisch $U \approx 400$ V. Folglich können so auf der Verbraucherseite zwei unterschiedliche Spannungen 230/400V abgegriffen werden. Im einzelnen gilt dann für die Leiterspannungen:

$$\underline{U}_{12} = \sqrt{3}\,U_Y e^{+j\pi/6} = \sqrt{3}\,U_Y \underline{/+30°} = (\tfrac{3}{2} + j\tfrac{\sqrt{3}}{2})U_Y = (1{,}5 + j0{,}866)U_Y,$$

$$\underline{U}_{23} = \sqrt{3}\,U_Y e^{-j\pi/2} = \sqrt{3}\,U_Y \underline{/-90°} = -j\sqrt{3}\,U_Y = -j1{,}732\,U_Y, \qquad (4.6\text{-}5)$$

$$\underline{U}_{31} = \sqrt{3}\,U_Y e^{j5\pi/6} = \sqrt{3}\,U_Y \underline{/+150°} = (-\tfrac{3}{2} + j\tfrac{\sqrt{3}}{2})U_Y = (-1{,}5 + j0{,}866)U_Y.$$

Im Gegensatz zu Abb. 4.6-1c) weisen die Strangzeiger bei gleicher Richtung in Abb. 4.6-4a) zum Nullpunkt des Koordinatensystems. Diese Darstellung hat den Vorteil, daß wir in diesem Zeigerdiagramm unmittelbar Außen- und Sternpunkte wiederfinden. Ist die Last bei einem Dreileitersystem mit Laststernpunkt N′ unsymmetrisch, stellt sich typisch ein Zeigerdiagramm in Form der gestrichelten Strangspannungen ein, wobei:

$$\underline{U}_{\mathrm{N',N}} = \underline{U}_i - \underline{I}_i\underline{Z}_i. \tag{4.6-6}$$

Da unsymmetrische Last in Niederspannungsnetzen einen typischen Belastungsfall darstellt, werden hier Vierleitersysteme verlegt, damit dem Verbraucher lastunabhängig an jeder Phase dieselbe feste Spannung zur Verfügung steht. Der Strom ist dabei variabel.

In jedem Fall ist im Sternpunkt die Stromsumme Null und es gilt: Strangstrom = Leiterstrom $\underline{I}_i$:

$$\sum_{i=1}^{3} \underline{I}_i = \underline{I}_{\mathrm{N}} \tag{4.6-7}$$

Im Fall des Vierleitersystems gilt:

$$\underline{I}_i = I_i \mathrm{e}^{\mathrm{j}\varphi_{Ii}} = \frac{\underline{U}_i}{\underline{Z}_i} = \frac{U_{\mathrm{Y}}}{Z_i}\mathrm{e}^{\mathrm{j}(\varphi_{Ui}-\varphi_{Zi})}. \tag{4.6-8}$$

Bei symmetrischer Belastung $\underline{Z}_i = \underline{Z} = Z\mathrm{e}^{\mathrm{j}\varphi}$ verschwindet auch der ***Nulleiterstrom*** (***Mittelleiterstrom***) $\underline{I}_{\mathrm{N}}$ und der Nulleiter kann entfallen. Die Strangströme sind dann dem Betrage nach jeweils gleich dem Leiterstrom I und heißen ***Sternströme*** I_{Y}:

$$\underline{I}_{\mathrm{N}} = \sum_{i=1}^{3} \underline{I}_i = 0, \qquad I_{\mathrm{Y}} := I_i = I = \frac{U_{\mathrm{Y}}}{Z}. \tag{4.6-9}$$

Symmetrische Last ist typisch bei Mittel- und Hochspannungsnetzen gegeben. In Abb. 4.6-4b) sind die Stromzeiger für induktiv-symmetrische Last angegeben. Dies ist z.B. näherungsweise bei einem Motor im Leerlauf der Fall.

Bezüglich der Leistungen gilt die lineare Überlagerung der Einzelleistungen; die jeweils rechte Formel für symmetrische Last:

$$\underline{S} = \sum_{i=1}^{3} \underline{S}_i = \sum_{i=1}^{3} \underline{U}_i \underline{I}_i^{*} = \sum_{i=1}^{3} (P_i + \mathrm{j}Q_i) \quad \Rightarrow \quad P + \mathrm{j}Q = 3U_{\mathrm{Y}}I_{\mathrm{Y}}\mathrm{e}^{\mathrm{j}\varphi} = \sqrt{3}UI\mathrm{e}^{\mathrm{j}\varphi}$$

$$P = \sum_{i=1}^{3} P_i = \sum_{i=1}^{3} U_i I_i \cos\varphi_i \quad \Rightarrow \quad P = 3U_{\mathrm{Y}}I_{\mathrm{Y}}\cos\varphi = \sqrt{3}UI\cos\varphi$$

$$Q = \sum_{i=1}^{3} Q_i = \sum_{i=1}^{3} U_i I_i \sin\varphi_i \quad \Rightarrow \quad Q = 3U_{\mathrm{Y}}I_{\mathrm{Y}}\sin\varphi = \sqrt{3}UI\sin\varphi. \tag{4.6-10}$$

Das mechanisch an der Welle abgreifbare (mittlere) Drehmoment T einer Drehfeldmaschine ergibt sich nach Abschnitt 3.5.4 zu P/ω.

Aufgabe 4.6.2-1: Man stelle für das Dreileitersystem $\underline{U}_{\mathrm{N,N'}}$ in Abhängigkeit der Strangspannungen und der unsymmetrischen Lastimpedanzen dar.

Aufgabe 4.6.2-2: Man stelle für das Dreileitersystem die Leiterströme in Abhängigkeit der Strangspannungen und der unsymmetrischen Lastimpedanzen dar.

Aufgabe 4.6.2-3: Man stelle für das symmetrische System den Momentanwert der gesamten vom Verbraucher aufgenommenen Leistung $p(t)$ in Abhängigkeit der Strangspannungen und Lastadmittanzen dar.

4.6.3 Dreieckschaltung auf Erzeuger- und Verbraucherseite

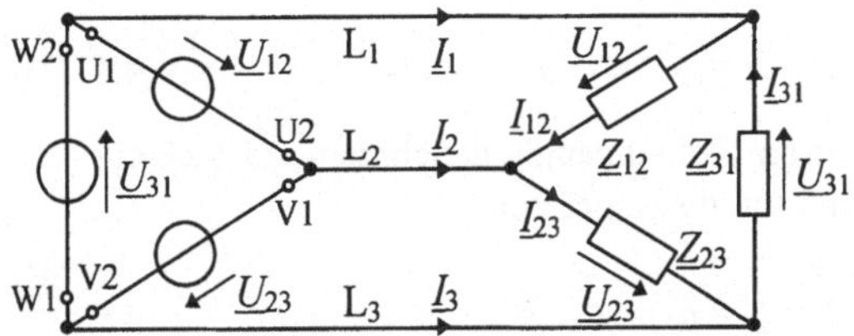

Abb. 4.6-5: Dreieckschaltung auf Erzeuger- und Verbraucherseite.

Bei der Ringschaltung (Symbol der Dreieckschaltung: ∇) werden die Stränge entspr. Abb. 4.6-5 in Reihe geschaltet und die Außenleiter L1, L2, L3 an U1, V1, W1 angeschlossen. Hier liegt grundsätzlich ein Dreileitersystem vor. Zwischen zwei benachbarten Leitern herrscht die Strangspannung der dazwischenliegenden Einzelspule des Generators. Es gilt: Strangspannung = Leiterspannung bei benachbarten Außenleitern, bei der Dreieckschaltung also immer. Bei symmetrischen Spannungen heißt deren Effektivwert ***Dreieckspannung*** $U_\nabla := U$. Das ist praktisch immer der Fall:

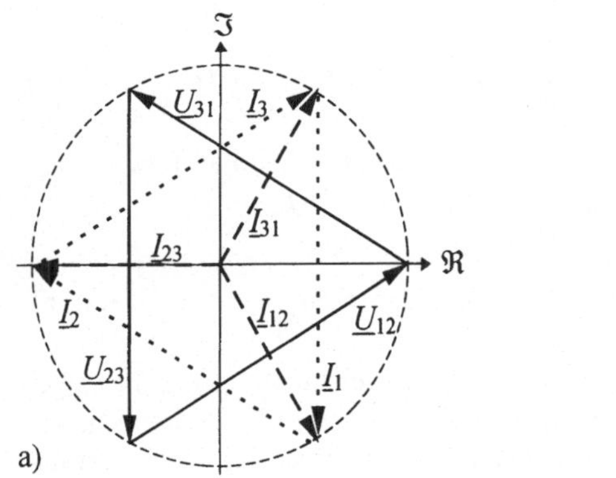

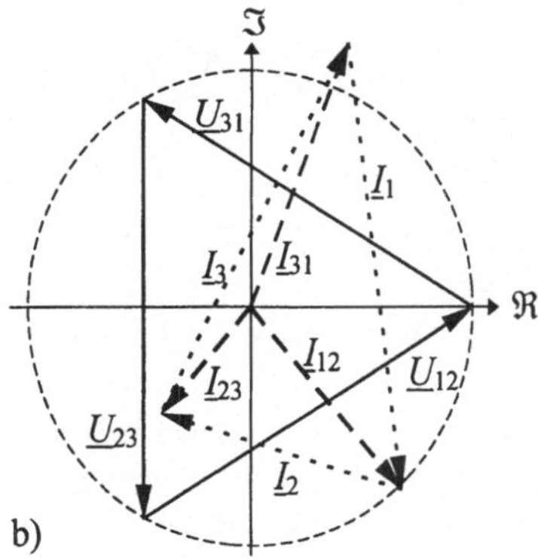

Abb. 4.6-6: Zeigerdiagramm der Spannungen und Ströme (normiert) bei Dreieckschaltung: a) induktiv-symmetrische Last, b) induktiv OHMsch unsymmetrische Last.

Wenn wir die Phasenlagen für die Leiterspannungen aus der Sternschaltung übernehmen, gilt im einzelnen in jedem Belastungsfall:

$$\underline{U}_{12} = U_\nabla e^{+j\pi/6} = U_\nabla \underline{/+30°} = \left(\tfrac{\sqrt{3}}{2} + j\tfrac{1}{2}\right)U_\nabla = (0{,}866 + j0{,}5)U_\nabla,$$

$$\underline{U}_{23} = U_\nabla e^{-j\pi/2} = U_\nabla \underline{/-90°} = -jU_\nabla$$

$$\underline{U}_{31} = U_\nabla e^{j5\pi/6} = U_\nabla \underline{/+150°} = \left(-\tfrac{\sqrt{3}}{2} + j\tfrac{1}{2}\right)U_\nabla = (-0{,}866 + j0{,}5)U_\nabla. \quad (4.6\text{-}11)$$

Bei symmetrischer Belastung $\underline{Z}_{ij} = Z_{ij}e^{j\varphi_{Zij}} = \underline{Z} = Ze^{j\varphi}$ sind die Strangstromeffektivwerte gleich und heißen ***Dreieckströme*** I_∇:

$$\underline{I}_{ij} = \frac{\underline{U}_{ij}}{\underline{Z}_{ij}}, \qquad I_\nabla := I_{ij} = \frac{U_\nabla}{Z}. \quad (4.6\text{-}12)$$

An einem beliebigen Knoten i ist der Leiterstrom $\underline{I}_i$ immer gleich der Differenz der zugehörigen Strangströme; die rechte Beziehung gilt für symmetrische Last:

$$\underline{I}_i = \underline{I}_{ij} - \underline{I}_{ki}, \qquad I := I_i = |\tfrac{\sqrt{3}}{2} + \mathrm{j}\tfrac{3}{2}| I_\nabla = \sqrt{3} I_\nabla. \tag{4.6-13}$$

Bei symmetrischer Last ist der Leiterstrom I durchgängig gleich dem $\sqrt{3}$-fachen (Verkettungsfaktor) des Strangstroms I_∇ und für die Zeiger gilt:

$$\underline{I}_{ij} = \frac{\underline{U}_{ij}}{\underline{Z}} = I_\nabla \mathrm{e}^{\mathrm{j}(\varphi_{Uij} - \varphi)}, \qquad \underline{I}_i = \underline{I}_{ij} - \underline{I}_{ki} = \sqrt{3} I_\nabla \mathrm{e}^{\mathrm{j}(\varphi_{Ui} - \varphi)}. \tag{4.6-14}$$

Bezüglich der Leistungen gilt wieder die lineare Überlagerung der Einzelleistungen, die rechte Formel jeweils für symmetrische Last:

$$\underline{S} = \sum_{i=1}^{3} \underline{S}_{ij} = \sum_{i=1}^{3} \underline{U}_{ij} \underline{I}_{ij}^{*} = \sum_{i=1}^{3} (P_{ij} + \mathrm{j}Q_{ij}) \Rightarrow P + \mathrm{j}Q = 3U_\nabla I_\nabla \mathrm{e}^{\mathrm{j}\varphi} = \sqrt{3} UI \mathrm{e}^{\mathrm{j}\varphi},$$

$$P = \sum_{i=1}^{3} P_{ij} = \sum_{i=1}^{3} U_{ij} I_{ij} \cos\varphi_{ij} \Rightarrow P = 3U_\nabla I_\nabla \cos\varphi = \sqrt{3} UI \cos\varphi,$$

$$Q = \sum_{i=1}^{3} Q_{ij} = \sum_{i=1}^{3} U_{ij} I_{ij} \sin\varphi_{ij} \Rightarrow Q = 3U_\nabla I_\nabla \sin\varphi = \sqrt{3} UI \sin\varphi. \tag{4.6-15}$$

Auch wenn die rechten Formeln mit Leitergrößen im symmetrischen Fall formal identisch mit denen der Sternschaltung sind, gilt wegen $U_\nabla = U = \sqrt{3} U_\mathrm{Y}$:

$$\underline{S}_\nabla = 3U_\nabla I_\nabla \mathrm{e}^{\mathrm{j}\varphi} = 3\frac{U_\nabla^2}{Z} \mathrm{e}^{\mathrm{j}\varphi} = 3\frac{3U_\mathrm{Y}^2}{Z} \mathrm{e}^{\mathrm{j}\varphi} = 3 \cdot 3U_\mathrm{Y} I_\mathrm{Y} \mathrm{e}^{\mathrm{j}\varphi} = 3\underline{S}_\mathrm{Y}. \tag{4.6-16}$$

Dabei sind $\underline{S}_\nabla$ bzw. $\underline{S}_\mathrm{Y}$ die jeweils in Dreieck- bzw. Sternschaltung insgesamt aufgenommenen komplexen Leistungen. Diese Eigenschaft läßt sich z.B. verwenden, um den Einschaltstromstoß von Motoren zu verringern, indem dieser bei ggfls. verminderter Last zunächst im Stern hoch- und stationär im Dreieck weiterläuft. Hieraus ist ersichtlich, daß Erzeuger und Verbraucher keineswegs auf gleiche Weise verschaltet sein müssen.

Aufgabe 4.6.3-1: Man berechne unmittelbar das Verhältnis der Leiterströme bei Dreieckschaltung $I_{L\nabla}$ zu den Leiterströmen bei Sternschaltung I_{LY} derselben symmetrischen Last.

Aufgabe 4.6.3-2: Ein im Stern geschalteter Generator 230/400 V, 50 Hz speise im Dreieck geschaltete Impedanzen $\underline{Z}_1 = (1 + \mathrm{j}2)\,\mathrm{k}\Omega$, $\underline{Z}_2 = 3\,\mathrm{k}\Omega$ und $\underline{Z}_3 = (2 - \mathrm{j})\,\mathrm{k}\Omega$. Man berechne die Leiterstrombeträge mithilfe von MATHCAD.

Aufgabe 4.6.3-3: Man modelliere die Schaltung der vorigen Aufgabe in PSPICE und stelle die Leiterstromzeitverläufe in PROBE dar.

4.6.4 Asynchronmotor

Als alternative Ausführungsform zur gleichstrom- oder permanenterregten Maschine wie in Abschnitt 4.6.1 beim Synchrongenerator erläutert, kann ein Motorläufer mit Kurzschlußwindung(en) ausgeführt werden. Mit der ***Netzfrequenz*** $f_1 = 50$ Hz beträgt die Anzahl der Netzschwingungen $n_1 = 60\cdot(f_1/\text{Hz})/\text{min} = 3000/\text{min}$. Wird an den Ständer des Motors die Drehstromnetzspannung angeschlossen, werden beim Umlauf des Ständerdrehfelds mit der ***Synchrondrehzahl*** $n_0 = n_1/p$ mit p als Polpaarzahl in die Windungen des Läufers Spannungen und damit Kurzschlußströme induziert. Es entsteht ein Drehmoment, so daß er immer versucht, seine magnetische Achse in Drehfeldrichtung einzustellen.

Läuft der Läufer mit n_0 um, verschwindet jedoch gerade der Läuferstrom und damit das nach außen abzugebende Drehmoment T. Bei Belastung sinkt die Drehzahl, weshalb immer ein last- und eigenverlustabhängiger ***Schlupf*** s zwischen Ständer- und Läuferdrehfeld der sich dann wirklich einstellenden ***Läuferdrehzahl*** n bestehen wird:

$$s := \frac{n_0 - n}{n_0} = 1 - \frac{n}{n_0} = \frac{\omega_0 - \omega}{\omega_0}; \quad \text{mit Leerlauf: } 0 < s \le 1\text{: Stillstand.} \qquad (4.6\text{-}17)$$

Damit wird $n = n_0\cdot(1 - s)$ und das Ständerdrehfeld eilt dem Läufer um $n_0 - n = sn_0$ vor. Auch das von den Läuferströmen erzeugte Drehfeld läuft relativ zum Läufer mit sn_0 um, und die Läuferströme haben folglich eine ***Läuferstromfrequenz*** $f_2 = spf_0 = sf_1$, also relativ zum Ständer wieder die Synchrondrehzahl $sn_0 + n = n_0$, und damit die gleiche Geschwindigkeit wie das Ständerdrehfeld. Elektrische Frequenzen ergeben sich also allgemein aus dem Produkt der Polpaarzahl und mechanischen (Dreh)frequenzen.

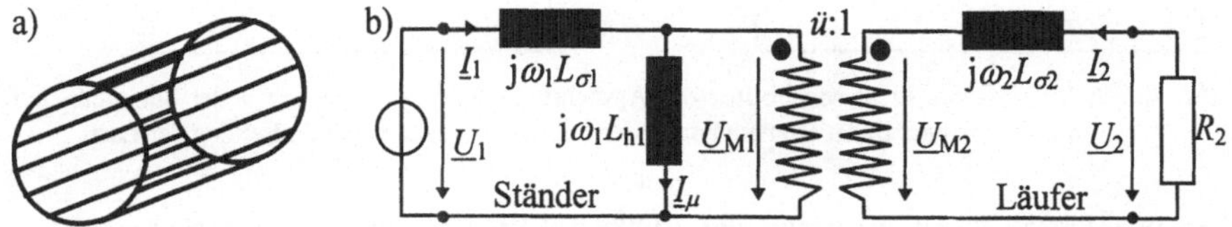

Abb. 4.6-7: a) Käfigläufer, b) vereinfachtes Transformatorersatzschaltbild des Asynchronmotors.

Die heute mit Abstand verbreitetste Ausführungsform des Drehstrommotors ist für Leistungen oberhalb von 1 kW der Asynchronmotor mit Käfigläufer (M. v. DOLIVO-DOBROWOLSKY, 1889) nach Abb. 4.6-7a), bei dem zwecks einigermaßen konstantem Drehmoment in Erweiterung der einzelnen Leiterschleife zwei Ringe an den Läuferstirnseiten durch viele Stäbe verbunden sind. Es gilt für die ***Nenndrehzahl*** $n_N \approx 0{,}85 \ldots 0{,}995\, n_0$, bei der darunterliegenden ***Kippdrehzahl*** n_K wird das maximale ***Kippmoment*** T_K erreicht.

Prinzipiell ist das Verhalten jedes Induktionsmotors aus dem im Abschnitt 4.4 hergeleiteten Transformatorprinzip ableitbar, denn Ständer als Primärseite mit Index 1 und Läufer als Sekundärseite mit Index 2 bilden einen solchen. Aus dem auf Abb. 4.4-8 basierenden Ersatzschaltbild in Abb. 4.6-7b) lesen wir zunächst die Strom/Spannungsbeziehungen ab. Für die Ständerseite gilt unter Vernachlässigung von Verlusten mit $\underline{U}_1$ als Netzspannung (230/400 V), $L_{\sigma1}$ als Ständerstreuinduktivität und $\underline{U}_{M1}$ als zum Aufbau des Drehfeldes zur Verfügung stehender Spannung für eine Phase:

$$\underline{U}_1 = \mathrm{j}\omega_1 L_{\sigma1}\underline{I}_1 + \underline{U}_{M1}. \qquad (4.6\text{-}18)$$

Für den Induktionsfluß $\underline{\Phi}$ im Läufer 2, herrührend vom Ständer 1, und die hieraus resultierende Spannung $\underline{U}_{M2}$ in einer Läuferwicklung folgt:

$$\underline{\phi}(t) = \sqrt{2}\underline{\Phi}\mathrm{e}^{\mathrm{j}p(\omega_0-\omega)t} = \sqrt{2}\underline{B}_1 A_2 \mathrm{e}^{\mathrm{j}p(\omega_0-\omega)t}$$

$$\Rightarrow \quad \underline{U}_{\mathrm{M2}} = -\mathrm{j}p(\omega_0 - \omega)N_2\underline{\Phi} = -\mathrm{j}\omega_2 N_2 \underline{\Phi}, \qquad U_{\mathrm{M2}} = c_2 \Phi \cdot (n_0 - n). \tag{4.6-19}$$

Für den Läuferkreis des Ersatzschaltbilds folgt daraus mit R_2 als Ersatzwiderstand für die Abgabe der mechanischen Wirkleistung an die Last und Verluste, und $L_{\sigma 2}$ als Streuinduktivität:

$$\underline{U}_{\mathrm{M2}} = -\underline{I}_2(R_2 + \mathrm{j}\omega_2 L_{\sigma 2}) = -\underline{I}_2(R_2 + \mathrm{j}s\omega_1 L_{\sigma 2}). \tag{4.6-20}$$

Das klassische Übersetzungsverhältnis $\ddot{u}$ des Transformators läßt sich im Stillstand mit $\omega = 0$, $\omega_2 = \omega_1$ und $s = 1$ für die dabei induzierte Läuferspannung $\underline{U}_{\mathrm{M20}} = -\mathrm{j}\omega_1 N_2 \underline{\Phi} = \underline{U}_{\mathrm{M2}}/s$ aus Gl. 19 anwenden:

$$\underline{U}_{\mathrm{M1}} = \ddot{u}\underline{U}_{\mathrm{M20}} = \frac{\ddot{u}}{s}\underline{U}_{\mathrm{M2}} = -\frac{\underline{I}_2}{\ddot{u}}\left(\frac{\ddot{u}^2 R_2}{s} + \mathrm{j}\omega_1 \ddot{u}^2 L_{\sigma 2}\right) = -\underline{I}'_2\left(\frac{R'_2}{s} + \mathrm{j}\omega_1 L'_{\sigma 2}\right). \tag{4.6-21}$$

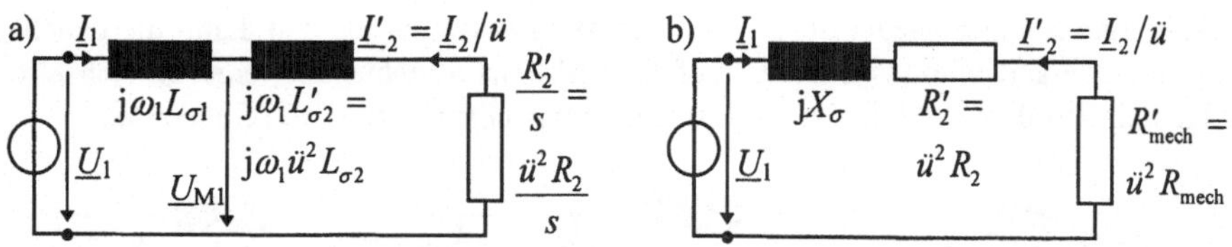

Abb. 4.6-8: Vereinfachte Ersatzschaltbilder des Asynchronmotors: a) Umrechnung der Sekundär- auf die Primärseite, b) Zusammenfassung der Streuinduktivitäten und Aufteilung der Last.

Die wichtigsten Kennlinien sind die Abhängigkeit der Ständerstromaufnahme $I_1(n)$, sowie des Drehmoments $T(n)$, jeweils von der Drehzahl n. Wir legen das vereinfachte Ersatzschaltbild in Abb. 4.6-8a) zugrunde, bei dem die Hauptinduktivität L_{h1} als Leerlauf betrachtet werden kann, und die Sekundärseite auf die Primärseite umgerechnet wurde. Hier wird die Wirkleistung

$$P = I_2'^2 \frac{R'_2}{s} = I_2^2 \frac{R_2}{s} \tag{4.6-22}$$

an einen Lastwiderstand R'_2/s abgegeben. In Wirklichkeit ist jedoch nur R_2 mit der Verlustleistung $P_{\mathrm{v}} = I_2^2 R_2$ vorhanden, womit die Differenzleistung ΔP als mechanisch an der Welle abgegebene Leistung P_{mech} interpretierbar ist:

$$\Delta P = P_{\mathrm{mech}} = P - P_{\mathrm{v}} = I_2^2 R_2\left(\frac{1}{s} - 1\right) = I_2^2 R_{\mathrm{mech}} \quad \Rightarrow \quad R_{\mathrm{mech}} = \left(\frac{1}{s} - 1\right)R_2. \tag{4.6-23}$$

Wir können also einen mechanischen Ersatzwiderstand R_{mech} definieren, der in Reihe zu R_2 geschaltet die mechanische Leistung aufnimmt, bzw. entspr. Abb. 4.6-8b) als umgerechnete Größen R'_2 und R'_{mech}. Im Stillstand mit $s = 1$ und folglich $R_{\mathrm{mech}} = 0$ fließt ein u.U. kräftiger Anlaufstrom, weshalb eine Anlaufstrombegrenzung vorgenommen wird (elektronisch oder, wie bereits dargelegt, Sternanlauf). Im Leerlauf mit $s \to 0$ folgt $R_{\mathrm{mech}} \to \infty$; die Stromaufnahme sinkt. In beiden Fällen wird keine Leistung an der Welle abgegeben, weil einmal die Drehzahl, ein andermal das Drehmoment fehlt.

Die mechanisch an der Welle über das Drehmoment T abgegebene Leistung muß als elektrische Leistung an R_{mech} erbracht werden:

$$P_{mech} = T\omega = I_2^2 R_{mech} = I_2'^2 R'_{mech} = I_2'^2 (\frac{1}{s} - 1) R_2'$$

$$\Rightarrow \quad T = I_2'^2 \frac{1-s}{\omega} \frac{R_2'}{s} = \frac{I_2'^2}{\omega_0} \frac{R_2'}{s}. \qquad (4.6\text{-}24)$$

Mit der zusammengefaßten Streureaktanz $X_\sigma := \omega_1(L_{\sigma 1} + L'_{\sigma 2})$ folgt:

$$I_1(s) = I_2' = \frac{U_1}{\sqrt{(R_2'/s)^2 + X_\sigma^2}} \quad \Rightarrow \quad T(s) = \frac{U_1^2}{\omega_0} \frac{R_2'/s}{(R_2'/s)^2 + X_\sigma^2}. \qquad (4.6\text{-}25)$$

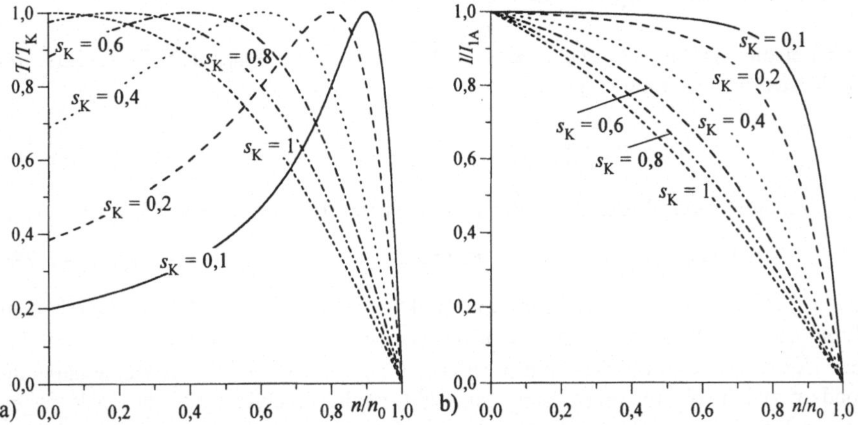

Abb. 4.6-9: Normierte a) Drehmoment/Drehzahl-, b) Strom/Drehzahlkennlinie des Asynchronmotors.

Übersichtlich gestaltet sich der Drehmomentverlauf bei einer Normierung auf das Maximum - das Kippmoment T_K, das wir mit $x := R_2'/s$ berechnen - zur KLOßschen Formel:

$$\frac{dT}{dx} = \frac{U_1^2}{\omega_0} \frac{d}{dx} \left(\frac{1}{x + X_\sigma^2/x} \right) = -\frac{U_1^2}{\omega_0} \frac{1 - X_\sigma^2/x^2}{(x + X_\sigma^2/x)^2} \overset{!}{=} 0$$

$$\Rightarrow \quad \frac{R_2'}{s_K} = X_\sigma, \qquad s_K = \frac{R_2'}{X_\sigma}, \qquad T_K = \frac{U_1^2}{\omega_0} \frac{1}{2X_\sigma}$$

$$\Rightarrow \quad \frac{T}{T_K} = \frac{2 s_K/s}{(s_K/s)^2 + 1} = \frac{2}{s_K/s + s/s_K} = 2\left(\frac{s_K}{1 - n/n_0} + \frac{1 - n/n_0}{s_K} \right)^{-1}. \qquad (4.6\text{-}26)$$

Den Strom normieren wir in der folgenden Formel auf den maximalen Anlaufstrom I_{1A} bei $s = 1$. Diese Verläufe sind für verschiedene s_K in Abb. 4.6-9 dargestellt. Stabil sind i.d.R. Arbeitspunkte im Bereich $n_K < n < n_0$:

$$\underline{I}_{1A} = \underline{I}_1(1) = \frac{U_1}{\sqrt{R_2'^2 + X_\sigma^2}}$$

$$\Rightarrow \quad \frac{I_1}{I_{1A}} = \sqrt{\frac{R_2'^2 + X_\sigma^2}{(R_2'/s)^2 + X_\sigma^2}} = \sqrt{\frac{s_K^2 + 1}{(s_K/s)^2 + 1}} = \sqrt{\frac{s_K^2 + 1}{(\frac{s_K}{1 - n/n_0})^2 + 1}}. \tag{4.6-27}$$

Aufgabe 4.6.4-1: Man bestimme die Eingangsadmittanz $\underline{Y}_1$ des Asynchronmotors in Abhängigkeit von L_1, L_2, s, ω_1, R_2 und σ.
Aufgabe 4.6.4-2: Man bestimme den Wirkungsgrad η des Asynchronmotors.
Aufgabe 4.6.4-3: Eine Arbeitsmaschine soll bei n_N = 1487/min von einem Asynchronmotor mit P_N = 110 kW und T_K/T_N = 2,7 angetrieben werden. Man bestimme p, s_N, s_K, T_N und T_K.

4.6.5 Verbesserung des Leistungsfaktors λ

Der Leistungsfaktor λ wurde bereits in Abschnitt 2.11.3.3 als dem Verhältnis von Wirk- zu Scheinleistung vorgestellt:

$$\lambda := \cos(\varphi_u - \varphi_i) = \frac{P}{S}. \tag{4.6-28}$$

Er soll möglichst groß sein, damit die unerwünschte Blindkomponente klein ist:

$$\text{kapazitiv: } -\tfrac{1}{2}\pi \le \varphi_u - \varphi_i \le \tfrac{1}{2}\pi\text{: induktiv} \tag{4.6-29}$$

In der Praxis treten meist magnetische Wirkungen auf, d.h. die Spannung eilt dem Strom vor, z.B. beim Asynchronmotor des vorigen Abschnitts bestimmen R_2 und $L_{\sigma 2}$ den Wert von λ. Obwohl dies kein spezifisches Thema der Dreiphasensysteme darstellt, sondern gleichwohl für Einphasensysteme gilt, ist der geschilderte Sachverhalt wegen der großen Leistungen hier von besonderer Bedeutung und soll auch daher kurz in diesem Zusammenhang abgehandelt werden.

In einem Netz, z.B. einer Werkhalle, treten meist Verbraucher mit sehr unterschiedlichen Leistungsfaktoren auf. Meist sind die Wirkleistungen und der Leistungsfaktor auf den Typenschildern von Motoren angegeben. Befinden sich n Verbraucher im Netz, so ist die Summe der Wirk- bzw. Blindleistungen:

$$P = \sum_{i=1}^{n} P_i, \qquad Q = \sum_{i=1}^{n} Q_i. \tag{4.6-30}$$

Der Zusammenhang zwischen diesen ergibt sich daraus zu:

$$\frac{P_i}{Q_i} = \frac{S_i \cos\varphi_i}{S_i \sin\varphi_i} = \frac{1}{\tan\varphi_i} \qquad \Rightarrow \quad Q_i = P_i \tan\varphi_i, \tag{4.6-31}$$

was natürlich bereits aus dem allgemeinen Zusammenhang zwischen Real- und Imaginärteilen komplexer Zahlen bekannt ist, und graphisch z.B. unmittelbar aus Abb. 2.11-7 abgelesen werden kann. Der gesamte Leistungsfaktor λ beträgt folglich:

$$\lambda = \cos\varphi = \frac{P}{S} = \frac{\sum_{i=1}^{n} P_i}{\sqrt{(\sum_{i=1}^{n} P_i)^2 + (\sum_{i=1}^{n} Q_i)^2}} = \left[1 + \left(\frac{\sum_{i=1}^{n} P_i \tan\varphi_i}{\sum_{i=1}^{n} P_i}\right)^2\right]^{-1/2} =$$

$$= \left[1 + \left(\sum_{i=1}^{n} P_i \frac{\sqrt{1-\cos^2\varphi_i}}{\cos\varphi_i} \Big/ \sum_{i=1}^{n} P_i\right)^2\right]^{-\frac{1}{2}} = \left[1 + \left(\sum_{i=1}^{n} P_i \sqrt{\frac{1}{\lambda_i^2} - 1} \Big/ \sum_{i=1}^{n} P_i\right)^2\right]^{-\frac{1}{2}}. \tag{4.6-32}$$

Aus ökonomischen und auch ökologischen Gründen soll λ einen bestimmten Wert, z.B. 85%, nicht unterschreiten. Andernfalls muß die überwiegend induktive Blindleistung kapazitiv kompensiert werden. Theoretisch wäre $\lambda = 1$ am günstigsten, was jedoch meist zu teuer ist. Man kompensiert als Kompromiß nach außen oft auf $\lambda = 0{,}9$.

Unkompensierte Blindleistung bedeutet ein Pendeln von Energie zwischen Verbraucher und Generator mit doppelter Spannungs/Stromfrequenz. Wird sie vollständig kompensiert, pendelt die Blindenergie auf der Verbraucherseite zwischen Induktivität und Kapazität hin und her und der Generator erhält keine rückflutende Energie. Ist die Kompensation unvollständig, flutet nur der Kompensationsdifferenzbetrag zum Generator zurück.

Kompensation wird zentral oder dezentral vorgenommen. Zentral bedeutet, daß große Kondensatoren für ein ganzes Werk zu- oder abgeschaltet werden. Sie können auch in einer Umspannstation angebracht sein. Sie haben den Nachteil, daß zwar der Erzeuger entlastet wird, innerhalb der Verbraucherseite jedoch große Energiemengen hin- und herfluten. Die zentrale Kompensation wird i.allg. nicht stufenlos ausgeführt, da zu kostspielig, sondern tags werden Kondensatoren zugeschaltet und nachts, wenn keine Motoren laufen, wieder weggeschaltet. Bei der dezentralen Kompensation werden die Verbraucher einzeln kompensiert, was aber teuer ist. Daher wird meist ein Kompromiß in Form der Gruppenkompensation gefahren.

Beispiel einer Blindleistungskompensation, bei der ein Kondensator C pro Phase parallel zur Netzspannung U plaziert wird: ein Motor der unveränderten Wirkleistung $P = 6{,}8$ kW mit $\lambda_1 = 0{,}75$ soll auf $\lambda_2 = 0{,}9$ kompensiert werden. Unkompensiert nimmt er die Blindleistung $Q_1 = P\tan\varphi_1 = P\sqrt{1/\lambda_1^2 - 1} = 6{,}0$ kvar, und kompensiert $Q_2 = P\tan\varphi_2 = P\sqrt{1/\lambda_2^2 - 1} = 3{,}29$ kvar auf. Folglich muß der Kondensator $\Delta Q = U^2\omega C = (6 - 3{,}29)$ kvar $= 2{,}71$ kvar aufnehmen. Daraus folgt der Wert der Kompensationskapazität zu $C = \Delta Q/2\pi f U^2 = 2710/(2\pi\cdot 50\cdot 230^2)$ F $= 163$ µF. Bei einer Kompensation auf $\lambda_2 = 1$ wäre mit $\Delta Q = Q_1 = 6{,}0$ kvar ein Kondensator von $C = 6000/(2\pi\cdot 50\cdot 230^2)$ F $= 361$ µF notwendig.

Aufgabe 4.6.5-1: Man stelle C allgemein als Funktion von P, λ, λ_K, U und f dar.

Aufgabe 4.6.5-2: Ein Einphasen-Wechselstrommotor mit $P = 6{,}6$ kW Nennleistung betreibe eine Arbeitsmaschine mit 40 % Nennleistung bei einem Wirkungsgrad von $\eta = 85$ % und $\lambda = 0{,}65$, das durch Parallelschaltung eines Kondensators C auf $\lambda_K = 0{,}9$ kompensiert werden soll. Man bestimme die Stromstärken I und I_K vor und nach Kompensation, sowie C und Q_C.

Aufgabe 4.6.5-3: Der Motor der vorigen Aufgabe sei nun als Asynchronmotor bei sonst gleichen Daten ausgeführt. Welche Kapazitätswerte C_Y ergeben sich bei Stern-, welche C_∇ bei Dreieckschaltung?

4.7 Zusammenfassung der Gesetze der Magnetodynamik

In den vorangegangenen Abschnitten wurden keine prinzipiell neuen Feldgrößen eingeführt, sondern die bereits bekannten des AMPÈREschen Magnetismus und der Elektrodynamik verbunden. Das Ergebnis ist die zweite MAXWELLgleichung, die die Erzeugung elektrischer Felder aus (relativ) zeitveränderlichen Magnetfeldern beschreibt, und die auf FARADAYs Erkenntnisse aus dem Jahr 1831 zurückgeht.

Als zentrales Bauelement der Magnetodynamik wurde die Spule als Erweiterung des magnetischen Leitwerts definiert, die in sich selbst und in anderen Spulen Spannungen induzieren kann. Hierzu gehören Selbst- und Gegeninduktivitäten, die die Grundlage elektromagnetischen Energietransfers in Form von Transformatoren/Übertragern darstellt. Allgemein realisiert die Induktivität einen magnetischen Energiespeicher, der gemeinsam mit dem elektrostatischen Energiespeicher Kondensator mannigfaltige Zusammenschaltungen ermöglicht, wie Schwingkreise, Filter etc.

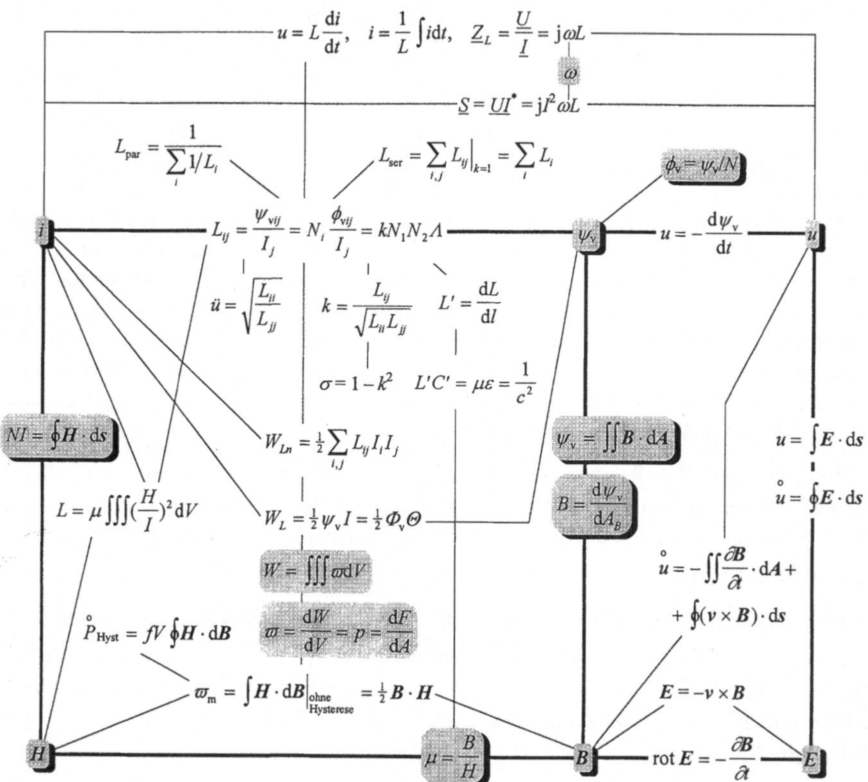

Abb. 4.7-1: Querbezüge zwischen den wichtigen Größen der Magnetodynamik.

Aus diesem Grund liegt auch das Hauptaugenmerk der Abb. 4.7-1 auf Induktivität und magnetischer Energie sowie den speziellen Eigenschaften der Beschreibungsparameter derselben in der praktischen Anwendung zum Transformatorbau und Energiespeicherung. Bewußt wurde auch hier auf die Vertiefung des Vektorpotentials A_m und Auswertung der allgemeinen Induktivitätskoeffizientendefinition

$$L_{ii} = \frac{\mu}{4\pi I_i^2} \int_V \int_{V'} \frac{S_i \cdot S_i' \mathrm{d}V_i \mathrm{d}V_i'}{R} \qquad \text{und} \qquad L_{ij} = \frac{\mu}{4\pi} \oint_{\text{Weg } i} \oint_{\text{Weg } j} \frac{\mathrm{d}l_i \cdot \mathrm{d}l_j}{R_{ij}}$$

verzichtet. Der unmittelbare Übergang der integralen Formen der MAXWELLgleichungen zu den KIRCHHOFFgleichungen der Netzwerkanalyse wurde an Beispielen verifiziert. Duale Netzwerke erleichtern die Transformation zuvor berechneter Ergebnisse.

Speziell Wechselstromerregungen und dabei Dreiphasensysteme niedriger und fester Frequenzen bilden die Grundlagen der Energietechnik. Die in der Elektrodynamik eingeführte komplexe Rechnung wurde dazu vertieft - vor allem in Form komplexer Widerstände und komplexer Leistungen.

Die Nachrichtentechnik ist mehr interessiert an hohen Frequenzen und ganzen Frequenzbereichen, sowie in der digitalen Übertragungstechnik an den Auswirkungen von Schaltvorgängen, die im Kapitel unter Einschluß von Induktivitäten behandelt wurden. Alternativen Beschreibungsmethoden zeitveränderlicher Vorgänge im Frequenzbereich mittels FOURIER- und LAPLACEanalysen wollen wir uns nun zuwenden.

MAXWELLgleichungen der Magnetodynamik:

1. Durchflutungsgesetz:	2. Induktionsgesetz:
$\Theta = \overset{\circ}{V}_m = \oint\limits_{\text{Beliebiger Umlauf um } \Theta} \boldsymbol{H} \cdot \mathrm{d}\boldsymbol{s} = \iint\limits_{\text{Fläche des Umlaufs}} (\boldsymbol{S} + \frac{\partial \boldsymbol{D}}{\partial t}) \cdot \mathrm{d}\boldsymbol{A}$ $\mathrm{rot}\boldsymbol{H} = \boldsymbol{S} + \frac{\partial \boldsymbol{D}}{\partial t}$	$\overset{\circ}{u} = \oint\limits_{\text{beliebiger Umlauf}} \boldsymbol{E} \cdot \mathrm{d}\boldsymbol{s} = -\frac{\mathrm{d}}{\mathrm{d}t} \iint\limits_{\text{Fläche von } s \text{ berandet}} \boldsymbol{B} \cdot \mathrm{d}\boldsymbol{A}$ $\mathrm{rot}\boldsymbol{E} = -\frac{\partial \boldsymbol{B}}{\partial t}$
(3. Kontinuitätsgleichung)	4. Quellenfreiheit des magnetischen Flusses:
$\overset{\circ}{i}_{\text{tot}} = \oiint\limits_{\text{Bel. geschl. Hülle um } V} (\boldsymbol{S} + \frac{\partial \boldsymbol{D}}{\partial t}) \cdot \mathrm{d}\boldsymbol{A} = 0$ $\mathrm{div}\boldsymbol{S} = -\frac{\partial \rho}{\partial t} = -\mathrm{div}\frac{\partial \boldsymbol{D}}{\partial t}$	$\overset{\circ}{\Phi} = \oiint\limits_{\text{immer}} \boldsymbol{B} \cdot \mathrm{d}\boldsymbol{A} = 0$ $\mathrm{div}\boldsymbol{B} = 0$
Materialbeziehungen:	$\frac{\partial \boldsymbol{D}}{\partial t} = \varepsilon \frac{\partial \boldsymbol{E}}{\partial t}, \boldsymbol{S} = \kappa \boldsymbol{E}, \boldsymbol{B} = \mu \boldsymbol{H}$

5 FOURIER- und LAPLACEanalyse

Bei der Netzwerkanalyse wurden bisher im wesentlichen Gleichquellen und sinusförmige Wechselquellen einer festen Frequenz, zuletzt mit fester Phasenverschiebung zueinander, betrachtet. In der Praxis sind jedoch periodische Quellen, die nicht rein sinusförmig verlaufen, von mindestens ebensolcher Bedeutung, sowie Quellen beliebigen Zeitverlaufs, z.B. Sprach- oder Musiksignale. Ein periodisches Signal kann z.B. von einem Rechteckgenerator entstehen; durch Integration entsteht ein Sägezahnverlauf.

Während eine Gleichspannung, auf der Frequenzachse betrachtet, eine Frequenz von 0 Hz der Bandbreite $B = 0$ Hz darstellt, ein sinusförmiges Wechselsignal eine bestimmte feste Frequenz, aber ebenfalls der Bandbreite 0 Hz, belegen periodische, nichtsinusförmige Signale ein Band diskreter Frequenzen (Linienspektrum). Signale mit nichtperiodischem Zeitverlauf weisen einen kontinuierliches Frequenzspektrum auf. Die FOURIERreihenentwicklung (J. B. J. DE FOURIER, 1768 - 1830) erlaubt die Darstellung periodischer Signale als diskrete Überlagerung von Sinussignalen mit ganzzahligem Vielfachen einer Grundfrequenz f_0, die aus der FOURIERreihe ableitbare FOURIERtransformation die Frequenzbeschreibung von Signalen mit beliebigem Zeitverlauf.

Als nächste Stufe bietet die LAPLACEtransformation (P. S. DE LAPLACE, 1749 - 1827) die kontinuierliche Zerlegung einer Zeitfunktion in komplexe Frequenzen. Tritt eine solche als Argument einer Exponentialfunktion auf, ist der Realteil ein Maß für die Dämpfung und der Imaginärteil kennzeichnet die Oszillation. Es liegt also eine gedämpfte Schwingung vor. Solche abklingenden Oszillationen sind, wie bereits betrachtet, häufig Lösungen von DGLn von *RLC*-Schwingkreisen, womit auch das wesentliche Einsatzgebiet der LAPLACEtransformation umrissen und gegenüber der FOURIERtransformation abgegrenzt ist.

Da die Anwendungsbereiche von FOURIER- und LAPLACEanalysen weit über die Feldtheorie und Netzwerkanalyse, und damit auch über die Elektrotechnik hinausgehen, ist das Ziel dieses Kapitels weniger die umfassende Darstellung der zugehörigen Theorien, sondern dient der Vorstellung der Grundlagen im Hinblick auf breite Anwendungsgebiete. FOURIERreihe, FOURIERtransformation als auch LAPLACEtransformation erfahren unmittelbar und mittelbar Unterstützung seitens **MATHCAD** und **PSPICE**.

5.1 FOURIERreihe

Ein periodischer Verlauf $s(\varphi) = s(\varphi + 2k\pi)$; $k = 0, \pm 1, \pm 2, \pm 3 \ldots$, läßt sich in Form einer FOURIERreihe als Summe komplexer Exponentialschwingungen darstellen:

$$s(\varphi) = \sum_{k=-\infty}^{\infty} \underline{d}_k \mathrm{e}^{\mathrm{j}k\varphi} = \sum_{k=-\infty}^{\infty} \underline{d}_k \cos k\varphi + \mathrm{j} \sum_{k=-\infty}^{\infty} \underline{d}_k \sin k\varphi. \tag{5.1-1}$$

Handelt es sich bei $s(\varphi)$ mit $\varphi = \omega_0 t$ um eine zeitliche Schwingung der Grundfrequenz $f_0 = \omega_0/2\pi = 1/T$, und damit $s(t) = s(t + kT)$, ist eine Darstellung der Form

$$s(t) = \sum_{k=-\infty}^{\infty} \underline{d}_k \mathrm{e}^{\mathrm{j}k\omega_0 t} = \sum_{k=-\infty}^{\infty} \underline{d}_k \cos k\omega_0 t + \mathrm{j}\sum_{k=-\infty}^{\infty} \underline{d}_k \sin k\omega_0 t \tag{5.1-2}$$

angebracht. $s(t)$ kann dabei eine beliebige Skalarfunktion repräsentieren, für uns meist $u(t)$, $i(t)$, aber auch den Verlauf eines elektrischen Felds $E(t)$ oder seiner Komponenten. Hinreichende, nicht jedoch immer notwendige, mathematische Voraussetzungen für die Anwendbarkeit sind endlich viele Unstetigkeitsstellen von $s(t)$ je Periode und $\int_0^T |s(t)|\,\mathrm{d}t < \infty$. Sie sind seitens physikalischer Größen immer gegeben.

Zerlegen der Summe in einzelne Summanden und konjugiert komplexe Paarung ergibt:

$$s(t) = \underbrace{\underline{d}_0 \mathrm{e}^{\mathrm{j}0}}_{s_\mathrm{k}(t,0)=d_0} + \underbrace{\underline{d}_1 \mathrm{e}^{\mathrm{j}\omega_0 t} + \underline{d}_{-1} \mathrm{e}^{-\mathrm{j}\omega_0 t}}_{s_\mathrm{k}(t,1)} + \underbrace{\underline{d}_2 \mathrm{e}^{\mathrm{j}2\omega_0 t} + \underline{d}_{-2} \mathrm{e}^{-\mathrm{j}2\omega_0 t}}_{s_\mathrm{k}(t,2)} \ldots ,$$

wobei für $1 \le k < \infty$ gilt: (5.1-3)

$$s_\mathrm{k}(t,k) = \underline{d}_k \mathrm{e}^{\mathrm{j}k\omega_0 t} + \underline{d}_{-k} \mathrm{e}^{-\mathrm{j}k\omega_0 t} = \underline{d}_k \mathrm{e}^{\mathrm{j}k\omega_0 t} + \underline{d}_k^* \mathrm{e}^{-\mathrm{j}k\omega_0 t} = \underline{d}_k \mathrm{e}^{\mathrm{j}k\omega_0 t} + (\underline{d}_k \mathrm{e}^{\mathrm{j}k\omega_0 t})^* .$$

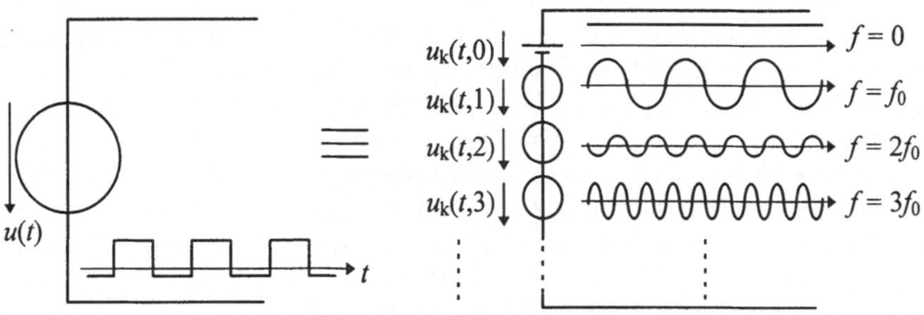

Abb. 5.1-1: Grundsätzliche Zerlegung einer periodischen Quellspannung in Einzelschwingungen.

Im Klartext besagt dies: periodisches $s(t)$ läßt sich gemäß dem Beispiel in Abb. 5.1-1 anhand einer Spannung $u(t) = s(t)$ darstellen als Überlagerung eines

- Gleichanteils bei $k = 0$ und der Amplitude d_0. Da hierfür keine Phase sinnvoll definiert ist, genügt eine reelle Darstellung.
- Grundschwingung $s_\mathrm{k}(t,1)$ der Frequenz f_0 mit komplexer Amplitude $\underline{d}_{\pm 1}$.
- Erste Oberschwingung $s_\mathrm{k}(t,2)$ der Frequenz $2f_0$ mit komplexer Amplitude $\underline{d}_{\pm 2}$.
- ...

Damit jedes $s_\mathrm{k}(t,k)$ reell ist, muß $\underline{d}_{-k} = \underline{d}_k^*$ gelten. Nicht alle $s_\mathrm{k}(t,k)$ müssen von Null verschieden sein, z.B. alle geraden. Speziell für $\underline{d}_k = \underline{d}_{-k} = \frac{1}{2}$ gilt $s_\mathrm{k}(t,k) = \cos k\omega_0 t$, für $\underline{d}_k = -\,\underline{d}_{-k} = \frac{1}{2\mathrm{j}}$ gilt $s_\mathrm{k}(t,k) = \sin k\omega_0 t$. Trigonometrische Funktionen cos und sin sind mit $d_{\pm 1} \neq 0$ und $d_{\neq \pm 1} = 0$ ihre eigenen FOURIERreihen, Gleichgrößen mit $d_0 \neq 0$ und $d_{\neq 0} = 0$.

Dieser Ansatz ist möglich, weil vollständig. Das bedeutet, daß die Überlagerung von Schwingungen ganzzahlig Vielfacher der Grundschwingung ausreichend ist, ein solches Signal zu beschreiben; es werden keine anderen Schwingungen benötigt. Der Beweis läßt sich mit einer Zerlegung in Potenzen führen.

Der Ansatz erfüllt die Randbedingungen. Das bedeutet, daß sich periodische Funktionen durch Cosinus- und Sinusschwingungen statt z.B. durch Tangensschwingungen, die ja ebenfalls periodisch sind, aber Pole aufweisen, überlagern lassen.

5.1.1 Berechnung der FOURIERkoeffizienten

Ist ein Zeitverlauf, z.B. graphisch, gegeben, muß der ***komplexe Amplituden-FOURIER-Vektor*** $\underline{d}$, d.h. seine ***komplexen Koeffizienten*** $\underline{d}_k$, bekannt sein. Wir erhalten sie durch Multiplikation der Zeitfunktion $s(t)$ mit $\mathrm{e}^{-\mathrm{j}k'\omega_0 t}$ und Integration über eine Periode T:

$$\int_{t_0}^{t_0+T} s(t)\mathrm{e}^{-\mathrm{j}k'\omega_0 t}\mathrm{d}t = \int_{t_0}^{t_0+T} \sum_{k=-\infty}^{\infty} \underline{d}_k \mathrm{e}^{\mathrm{j}k\omega_0 t}\mathrm{e}^{-\mathrm{j}k'\omega_0 t}\mathrm{d}t = \sum_{k=-\infty}^{\infty} \underline{d}_k \underbrace{\int_{t_0}^{t_0+T} \mathrm{e}^{\mathrm{j}(k-k')\omega_0 t}\mathrm{d}t}_{T\delta_{k,k'}} = T\underline{d}_{k'}\Big|_{k=k'}$$

$$\Rightarrow \quad \underline{d}_k = \frac{1}{T}\int_{t_0}^{t_0+T} s(t)\mathrm{e}^{-\mathrm{j}k\omega_0 t}\mathrm{d}t = \frac{1}{T}\int_{t_0}^{t_0+T} s(t)\cos k\omega_0 t\cdot\mathrm{d}t - \frac{\mathrm{j}}{T}\int_{t_0}^{t_0+T} s(t)\sin k\omega_0 t\cdot\mathrm{d}t,$$

$$t_0 \text{ beliebig}; \qquad [\underline{d}_k] = [s(t)]. \qquad (5.1\text{-}4)$$

δ_{ij} ist hierbei das sog. ***KRONECKERsymbol*** mit den Eigenschaften:

$$\delta_{ij} = \begin{cases} 1 & \forall\, i = j \\ 0 & \text{sonst} \end{cases}. \qquad (5.1\text{-}5)$$

Am Beispiel der periodischen Rechteckschwingung in Abb. 5.1-2 betrachten wir, wie in MATHCAD stückweise stetige Funktionen durch Programmierung kompakt definiert werden können, denn solche sind häufig ein Objekt der FOURIERanalyse:

MATHCAD-Anwendung 5.1-1: Programmieren, BOOLEsche Ausdrücke 

Mit der durch aufgerufenen, rechts unten dargestellten Schaltflächenanordnung verfügt MATHCAD über die Grundfunktionen zum Erstellen von Programmen, die in konventionellen Programmiersprachen Functions entsprechen. Sie erlauben Erweiterungen der Form $s(t)$:=, wenn die Komplexität diejenige einer einfachen Zeile überschreitet, oder wenn diese unübersichtlich wird.

$T := 1 \qquad s(t) := \left| \begin{array}{l} i \leftarrow floor\left(\frac{t}{T}\right) \\ 0 \;\; if \;\; .25 < \frac{t}{T} - i < .75 \\ 1 \;\; otherwise \end{array}\right.$

Add Line	←	if
while	for	break
otherwise	return	on error
continue		

Für das Beispiel wird durch $s(t)$:= Add Line (⌨]) der Balken |: erstellt, der das Programm umfaßt, und dann die obere Zeile eingetragen. ← (⌨{) ist das innerhalb des Programms statt := zu verwendende Zuweisungszeichen und die linke Variable ist nur dort bekannt. *floor* (nicht programmspezifisch) liefert den ganzzahligen Anteil eines Quotienten - hier das *i*. Periodenintervall - ab. In Programmiersprachen wird hierfür häufig der Backslash \ verwendet, z.B. 7\3 = 2.

Die nächste Zeile mit if (⌨}) <Bedingung> ist im wesentlichen selbsterklärend, ebenfalls die durch abermaliges Eingeben von Add Line erzeugte letzte Zeile. otherwise entspricht der ELSE-Funktion in Programmiersprachen. if und otherwise müssen immer hinter der Zuweisung stehen. Alternative direkte Realisierungen des Programms sind:

$s(t) := if\left(.25 < \frac{t}{T} - floor\left(\frac{t}{T}\right) < .75, 0, 1\right)$ $\qquad$ $s(t) := 1 - \left(.25 < \frac{t}{T} - floor\left(\frac{t}{T}\right) < .75\right)$

Hier finden wir BOOLEsche Ausdrücke der Form $a < b < c$, die 1 abliefern, wenn sie wahr sind, und 0 wenn nicht, und die so in arithmetischen Ausdrücken genutzt werden können. Weitere gültige Operatoren sind $>$, $\leq$, $\geq$, $=$ und $\neq$, die bei Bedarf der -Schaltfläche entnommen werden können.

Zur Programmierung wurden im Beispiel nicht verwendet **for** in der Form $i \in 1 .. n$ für FOR i = 1 TO n, wobei der eingerückte Platzhalter darunter den Schleifenrumpf, ggfls. mit nach **Add Line** erzeugten weiteren Befehlen, enthält. **while** <Bedingung> mit ähnlicher Funktion bricht die Schleife ab, **break if** <Bedingung> innerhalb einer Schleife erzwingt deren Verlassen, sonst innerhalb des Programms dessen Verlassen. **continue if** <Bedingung> innerhalb einer Schleife geht unmittelbar zum nächsten Iterationsschritt. **return** "<Text>" **if** <Bedingung> gibt den in Hochkommas stehenden Klar-<Text> zurück. <Formel ohne Fehler> **on error** <Formel bei Fehler> erlaubt das Abfangen von Fehlern, z.B. numerischer Überlauf.

Zur Veranschaulichung sei in Abb. 5.1-2 die Zerlegung der periodischen Rechteckschwingung $s(t)$ in ihre ersten sieben Harmonischen ($k = 0 \ldots 7$) dargestellt. Durch manuelle Berechnung erhalten wir:

$$\underline{d}_k = \frac{1}{T}\int_{-T/4}^{T/4} \mathrm{e}^{-\mathrm{j}k\omega_0 t}\mathrm{d}t = \left.\frac{\mathrm{e}^{-\mathrm{j}k\omega_0 t}}{-\mathrm{j}k\omega_0 T}\right|_{-T/4}^{T/4} = \frac{\mathrm{e}^{-\mathrm{j}k\frac{\omega_0 T}{4}} - \mathrm{e}^{\mathrm{j}k\frac{\omega_0 T}{4}}}{-\mathrm{j}k2\pi} = \frac{1}{k\pi}\frac{\mathrm{e}^{\mathrm{j}k\frac{\pi}{2}} - \mathrm{e}^{-\mathrm{j}k\frac{\pi}{2}}}{\mathrm{j}2} =$$

$$= \frac{\sin k\frac{\pi}{2}}{k\pi} = \begin{cases} \frac{1}{2} & \forall\ k = 0 \\ \mathrm{j}^{k-1}/k\pi & \forall\ k \text{ ungerade.} \\ 0 & \text{sonst} \end{cases} \tag{5.1-6}$$

MATHCAD-Anwendung 5.1-2: Zerlegung der FOURIERreihe in Einzelschwingungen

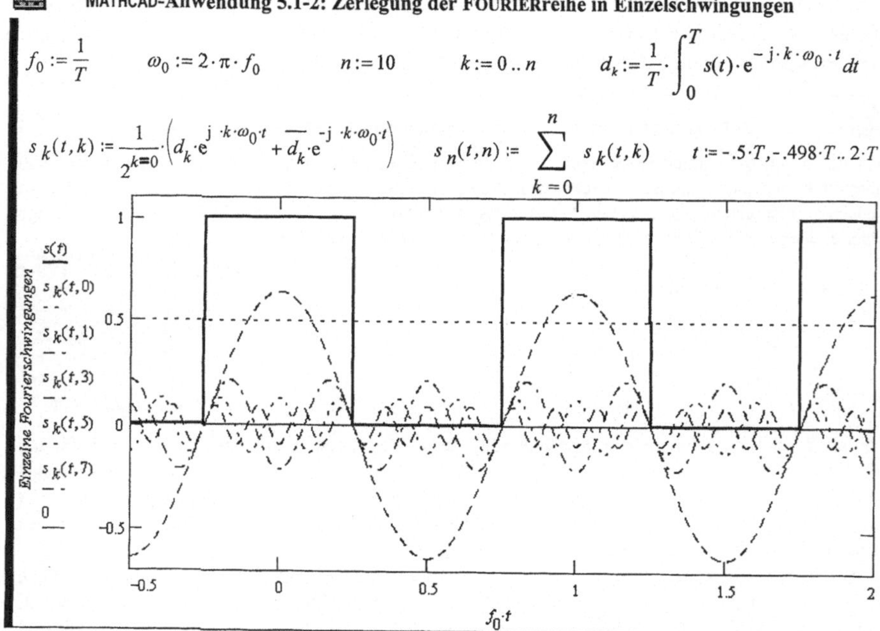

Abb. 5.1-2: Zerlegung einer periodischen Rechteckschwingung in FOURIERschwingungen.

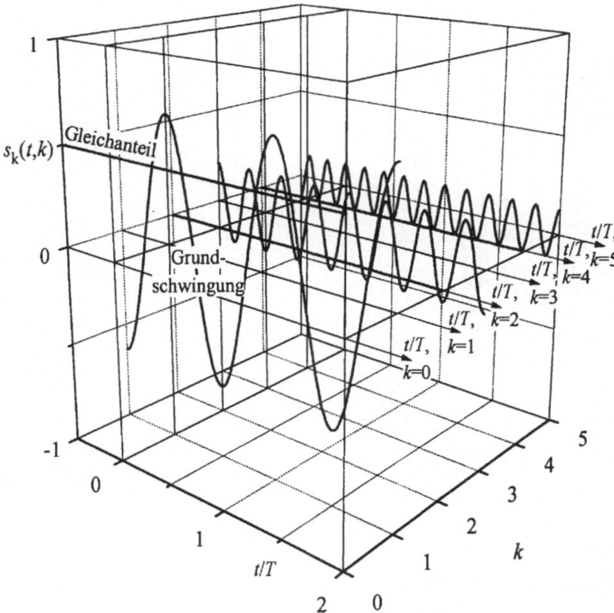

Abb. 5.1-3:
3D-Darstellung der Zerlegung einer periodischen Rechteckschwingung in FOURIERschwingungen.

Abb. 5.1-3 stellt die ersten fünf Harmonischen dreidimensional über der Horizontalebene mit Zeit t als auch Frequenzindex k dar.

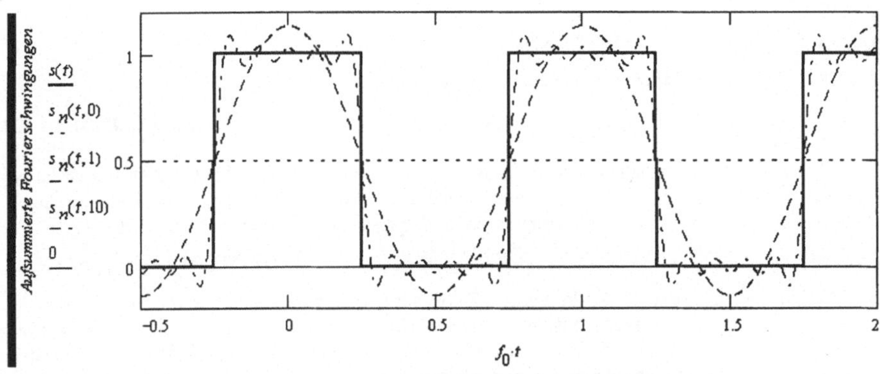

Abb. 5.1-4: Synthese der FOURIERschwingungen zur periodischen Rechteckschwingung.

In Abb. 5.1-4 wird die Gesamtschwingung bis zur $n-1$. Oberschwingung mit

$$s_n(t,n) = \sum_{k=-n}^{n} \underline{d}_k \mathrm{e}^{\mathrm{j}k\omega_0 t} \tag{5.1-7}$$

wieder synthetisiert, indem zum Vergleich Gleichanteil $s_n(t,0)$, Gleichanteil + Grundschwingung $s_n(t,1)$, sowie die zehnte Synthese $s_n(t,10)$ dargestellt sind. Schalten wir hinter $s(t)$ einen Tiefpaß mit hoher Güte und einer Grenzfrequenz bei $10{,}5f_0$, erscheint $s_n(t,10)$ an seinem Ausgang. Abb. 5.1-5 repräsentiert in Analogie zu Abb. 5.1-3 die 3D-Darstellung.

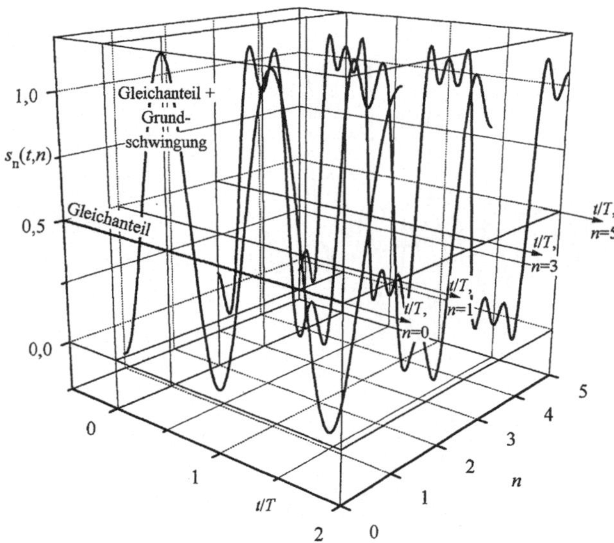

Abb. 5.1-5:
3D-Darstellung: Synthese der FOURIERschwingungen zur periodischen Rechteckschwingung.

Da **MATHCAD** mit den in Anwendung 3.4.2 dargestellten Streuungsdiagrammen nicht in der Lage ist, mehrere Kurven dreidimensional darzustellen, bietet sich an, Daten aus **MATHCAD** zu exportieren und ein externes Grafikprogramm zu verwenden:

MATHCAD-Anwendung 5.1-3: Datenexport und -import

Im Folgenden wird beschrieben, wie die Funktionswerte $s_k(t,k)$ bzw. $s_n(t,n)$ als ASCII-Dateien exportiert werden können:

$m := 100 \qquad i := 0\,..\,2.5\cdot m \qquad t_i := \frac{i}{m} - 5$

Zunächst wird eine Periode in m Punkte zerlegt und ein Zeitvektor t gebildet.

$Sk_{i,k} := sk(t_i, k) \qquad Sn_{i,k} := sn(t_i, k) \qquad v_{i,k} := k \qquad PRNCOLWIDTH := 12$

Die Matrizen S_k bzw. S_n enthalten in ihren Spalten 0 .. n die Werte der $s_k(t_i,k)$ bzw. $s_n(t_i,k)$. Die v-Matrix speichert in der k. Spalte unmittelbar den Frequenzindex k. *PRNCOLWIDTH* erhöht die auf 8 voreingestellte Spaltenbreite, damit auch bei Darstellungen mit Exponent keine Stellen verlorengehen.

$K^{<0>} := t \qquad K^{<2\cdot k+1>} := v^{<k>} \qquad K^{<2\cdot k+2>} := S_k^{<k>} \qquad$ *WRITEPRN* ("Fourier_k.prn") := K

Die Matrix K besteht in ihrer $^{<0>}$-Spalte aus dem Zeitvektor t, die ungeraden Spalten zählen k fort und die jeweils darauffolgenden geraden Spalten enthalten den zugehörigen $s_k(t_i,k)$-Vektor. *WRITEPRN* ("<Datei>.prn") := <Matrix> ist der **MATHCAD**-Befehl zum Schreiben des Feldes <Matrix> in die Datei <Datei>*.prn*, wobei die Struktur der Matrix dort erhalten bleibt.

$N^{<0>} := t \qquad N^{<2\cdot k+1>} := v^{<k>} \qquad N^{<2\cdot k+2>} := S_n^{<k>} \qquad$ *WRITEPRN*("Fourier_n.prn") := N

Die obigen Ausführungen gelten analog zum Schreiben von $s_n(t_i,k)$ in die Datei *Fourier_n.prn*.

Soll einer Datei später eine Matrix gleicher Struktur angefügt werden, ist *APPENDPRN* ("<Datei>.prn") := <Matrix> zu verwenden. Zum Einlesen kompletter Dateien verwende <Matrix> := *READPRN* ("<Datei>.prn"). Um Einzelwerte in Dateien zu schreiben bzw. zu lesen, stehen analog *WRITE* (<Datei>) := <Wert>, *APPEND* (<Datei>) := <Wert> und <Wert> := *READ* (<Datei>) zur Verfügung.

Handelt es sich um eine mit $s(t) = s(-t)$ gerade Funktion, spiegelsymmetrisch zur Ordinaten, so sind die $\underline{d}_k$ reell, bei einer ungeraden Funktion mit $s(t) = -s(-t)$ imaginär. Andernfalls lassen sie sich in Real- und Imaginärteil bzw. Betrag und Phase zerlegen:

$$\underline{d}_k = \Re\{\underline{d}_k\} + \mathrm{j}\Im\{\underline{d}_k\} = d_k \mathrm{e}^{\mathrm{j}\varphi_k}, \qquad d_{-k} = d_k, \qquad \varphi_{-k} = -\varphi_k \tag{5.1-8}$$

$$\Rightarrow \quad s(t) = \sum_{k=-\infty}^{\infty} d_k \mathrm{e}^{\mathrm{j}(k\omega_0 t + \varphi_k)} = \sum_{k=-\infty}^{\infty} d_k \mathrm{e}^{\mathrm{j}k\omega_0(t+\tau_k)} = d_0 + \sum_{k=1}^{\infty} d_k (\mathrm{e}^{\mathrm{j}(k\omega_0 t + \varphi_k)} + \mathrm{e}^{-\mathrm{j}(k\omega_0 t + \varphi_k)}).$$

Sie lassen sich als Betrags- und Phasenspektrum mit Linien graphisch darstellen. τ_k stellt dann die Zeitverschiebung gegenüber der Cosinusfunktion der Frequenz kf_0 dar. Wegen der Symmetrieeigenschaften genügt eine Darstellung für positive k.

5.1.2 Alternative Darstellungsformen von FOURIERreihen

Überlagerung reiner Cosinus- und Sinusschwingungen mit Umrechnungsformeln:

$$s(t) = \frac{a_0}{2} + \sum_{k=1}^{\infty} (a_k \cos k\omega_0 t + b_k \sin k\omega_0 t),$$

$$a_k = \frac{2}{T} \int_{t_0}^{t_0+T} s(t) \cos k\omega_0 t \cdot \mathrm{d}t, \qquad b_k = \frac{2}{T} \int_{t_0}^{t_0+T} s(t) \sin k\omega_0 t \cdot \mathrm{d}t, \qquad k = 0, 1, 2 \ldots$$

$$\underline{d}_{-k} = \tfrac{1}{2}(a_k + \mathrm{j}b_k), \qquad d_0 = \tfrac{1}{2} a_0, \qquad \underline{d}_k = \tfrac{1}{2}(a_k - \mathrm{j}b_k),$$

$$a_k = \underline{d}_k + \underline{d}_{-k} = 2d_k \cos\varphi_k, \qquad b_k = \mathrm{j}(\underline{d}_k - \underline{d}_{-k}) = -2d_k \sin\varphi_k. \tag{5.1-9}$$

Phasenverschobene Cosinus- und Sinusschwingungen mit Umrechnungsformeln:

$$s(t) = \sum_{k=0}^{\infty} c_k \cos(k\omega_0 t + \varphi_k) = c_0 + \sum_{k=1}^{\infty} c_k \cos(k\omega_0 t + \varphi_k)$$

$$= \sum_{k=0}^{\infty} c_k \sin(k\omega_0 t + \psi_k) = c_0 + \sum_{k=1}^{\infty} c_k \sin(k\omega_0 t + \psi_k), \qquad \textbf{(PSPICE)} \tag{5.1-10}$$

$$c_0 = d_0 = \frac{a_0}{2}, \qquad c_k = \sqrt{a_k^2 + b_k^2} = 2d_k, \qquad \varphi_k = -\arctan\frac{b_k}{a_k}, \qquad \psi_k = \varphi_k + \frac{\pi}{2}.$$

Fällt das Betragsspektrum rasch über der Frequenz ab, ist die Zeitfunktion der sinusförmigen Grundschwingung sehr ähnlich, andernfalls weicht sie stark ab. Maße dafür sind der ***Klirrfaktor*** k_k als Verhältnis der k–1. Oberschwingung, sowie der ***Gesamtklirrfaktor*** k_G als Verhältnis aller Oberschwingungen, jeweils zur Grundschwingung:

$$k_k = \frac{c_k}{c_1}, \qquad k_\mathrm{G} = \frac{1}{c_1}\sqrt{\sum_{k=2}^{\infty} c_k^2} = \sqrt{\sum_{k=2}^{\infty} k_k^2}. \tag{5.1-11}$$

Zuweilen wird in der Literatur die Normierung auf den Gesamteffektivwert bezogen.

Die vorliegende Rechteckschwingung ist eine gerade Funktion mit folglich reellen $\underline{d}_k$ und verschwindenden b_k. Dann können nur Phasen von 0 oder $\pm\pi$ auftreten, die

Synthese erfolgt durch reine Cosinusfunktionen. Zwecks Darstellungskompatibilität mit **PSPICE** werden die (c_k, ψ_k) angegeben:

MATHCAD-Anwendung 5.1-4: Spektren der FOURIERreihe

Zum Darstellen eines Linienspektrums wird durch in das Diagramm die Dialogbox Formatting Currently Selected X-Y Plot geöffnet und in der Karteikarte Traces Type *Error* aktiviert. Diese für Fehlerbalken in Form eines langgezogenen I in statistisch streuenden Meßwerten vorgesehene Darstellungsform benötigt grundsätzlich zwei Funktionen für Anfangs- und Endpunkte. Den unteren wählen wir zur Nullinie, den oberen zum jeweils gesuchten Spektralanteil.

$$c_k := 2^{k \neq 0} \cdot |d_k| \qquad \psi_k := \left(\arg(d_k) + \frac{\pi}{2}\right) \cdot (|d_k| > .001)$$

Bei der Rechteckschwingung verschwinden die geraden Spektralanteile, durch numerisches Rauschen entstehen bei der Phasenfunktion jedoch auch kleine Zahlen mit negativem Vorzeichen, denen eine Phase von $\varphi_k = \pm\pi$ zuzuordnen wäre. Sie werden durch den BOOLEschen Ausdruck $|d_k| > .001$ unterdrückt.

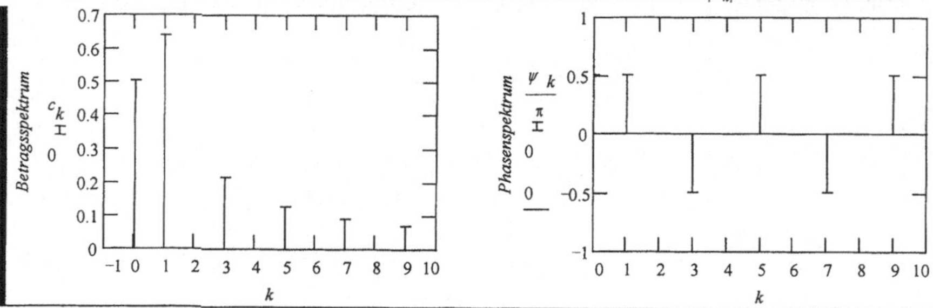

Abb. 5.1-6: Betrags- und Phasenspektrum der periodischen Rechteckschwingung.

5.1.3 Eigenschaften von FOURIERreihen

Für die ersten beiden der folgenden Sätze sei jeweils die FOURIERreihe $s(t)$ gegeben und deren $\underline{d}_k$ bekannt, gesucht sind die Koeffizienten $\underline{d}_k^{()}$ der veränderten Reihe:

- **Zeitverschiebungssatz**: Die Zeitfunktion $s(t)$ sei um τ zu $s(t-\tau)$ verschoben:

$$s(t-\tau) = \sum_{k=-\infty}^{\infty} \underline{d}_k e^{jk\omega_0(t-\tau)} = \sum_{k=-\infty}^{+\infty} \underbrace{\underline{d}_k e^{-jk\omega_0\tau}}_{\underline{d}_k^{(\tau)}} e^{jk\omega_0 t} = \sum_{k=-\infty}^{\infty} \underbrace{d_k e^{j(\varphi_k - k\omega_0\tau)}}_{\underline{d}_k^{(\tau)}} e^{jk\omega_0 t}. \qquad (5.1\text{-}12)$$

Also: $\varphi_k^{(\tau)} = \varphi_k - k\omega_0\tau$ bzw. $\tau_k^{(\tau)} = \tau_k - \tau$: das Amplitudenspektrum bleibt erwartungsgemäß gleich, das Phasenspektrum ändert sich.

- **Differentiationssatz**: Die Zeitfunktion $s(t)$ sei zu $\mathrm{d}^n s/\mathrm{d}t^n =: s^{(n)}(t)$ $n$mal abgeleitet:

$$\frac{\mathrm{d}s}{\mathrm{d}t} = \sum_{k=-\infty}^{\infty} \underbrace{jk\omega_0 \underline{d}_k}_{\underline{d}_k^{(1)}} e^{jk\omega_0 t} \quad \Rightarrow \quad \frac{\mathrm{d}^n s}{\mathrm{d}t^n} \quad \Rightarrow \quad \underline{d}_k^{(n)} = (jk\omega_0)^n \underline{d}_k. \qquad (5.1\text{-}13)$$

Die n. Ableitung einer Zeitfunktion bewirkt, daß ihre FOURIERkoeffizienten sich aus denen der ursprünglichen Zeitfunktion durch Multiplikation mit $(jk\omega_0)^n$ ergeben. Bei n Integrationen ist durch $(jk\omega_0)^n$ zu dividieren.

- **PARSEVALtheorem**: Äquivalenz des zeitlichen und spektralen Energieinhalts: (A. V. PARSEVAL, 1861 - 1942)

$$\int_{t_0}^{t_0+T} s(t)^2 \, dt = \int_{t_0}^{t_0+T} s(t) \cdot s^*(t) dt = \int_{t_0}^{t_0+T} s(t) \cdot \Big(\sum_{k=-\infty}^{\infty} \underline{d}_k e^{jk\omega_0 t}\Big)^* dt =$$

$$= \sum_{k=-\infty}^{\infty} \underline{d}_k^* \int_{t_0}^{t_0+T} s(t) e^{-jk\omega_0 t} dt = T \sum_{k=-\infty}^{\infty} \underline{d}_k^* \underline{d}_k$$

$$\Rightarrow \quad \frac{1}{T} \int_{t_0}^{t_0+T} s(t)^2 \, dt = \sum_{k=-\infty}^{\infty} d_k^2. \qquad (5.1\text{-}14)$$

Die mittlere Leistung in $s(t)$ ist über das linke Integral oder die rechte Summe berechenbar. Jeder Spektralanteil c_k enthält damit erwartungsgemäß die mittlere Leistung einer (Co)sinusschwingung $\frac{1}{2}c_k^2$, der Gleichanteil c_0^2.

5.1.4 FOURIERreihe mit PSPICE

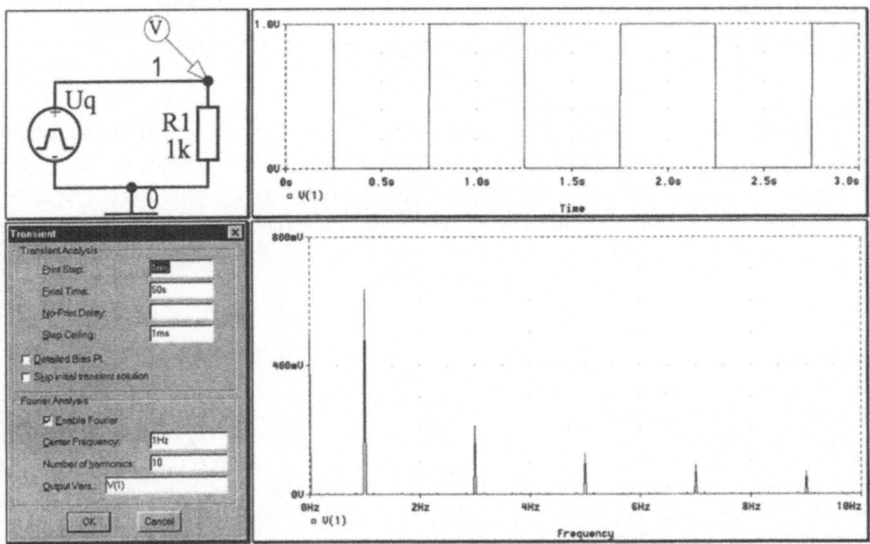

Abb. 5.1-7: SCHEMATICS-Schaltung, PROBE-Plot der periodischen Rechteckschwingung, **Transient**-Dialogbox und PROBE-Plot des c_k-Betragsspektrums der periodischen Rechteckschwingung.

Wir wollen mit **PSPICE** wieder die vorige Rechteckschwingung analysieren, geben dazu in **SCHEMATICS** die einfache Schaltung in Abb. 5.1-7 ein und parametrisieren die Dialogbox der *VPULSE*-Quelle mit *V1=1, V2=0, TD=.25, TR=1m, TF=1m, PW=.5, PER=1*.

Das FOURIERspektrum in **PROBE** erhalten wir mittels [FFT-Symbol], womit der im nächsten Abschnitt kurz angesprochene numerische Algorithmus Schnelle FOURIERtransformation aktiviert wird. Dabei sind die Spektrallinien Dreiecke, die umso schmäler sind, je mehr Datenpunkte zur Verfügung stehen. Aus diesem Grund wurde in der **Transient**-Dialogbox Final Time *50s* gewählt, obwohl im **PROBE**-Plot durch manuelle Abänderung auf der x-Achse nur drei Sekunden dargestellt werden.

FOURIER COMPONENTS OF TRANSIENT RESPONSE V(1)

DC COMPONENT = 5.049505E-01 (Gleichanteil c_0)

HARMONIC NO	FREQUENCY (HZ)	FOURIER COMPONENT	NORMALIZED COMPONENT	PHASE (DEG)	NORMALIZED PHASE (DEG)
k	kf_0	c_k	k_k	ψ_k	$\psi_k - \psi_1$
1	1.000E+00	6.366E-01	1.000E+00	9.000E+01	0.000E+00
2	2.000E+00	9.906E-03	1.556E-02	-9.000E+01	-1.800E+02
3	3.000E+00	2.123E-01	3.334E-01	-9.000E+01	-1.800E+02
4	4.000E+00	9.920E-03	1.558E-02	9.000E+01	-2.558E-13
5	5.000E+00	1.275E-01	2.002E-01	9.000E+01	7.105E-14
6	6.000E+00	9.944E-03	1.562E-02	-9.000E+01	-1.800E+02
7	7.000E+00	9.113E-02	1.431E-01	-9.000E+01	-1.800E+02
8	8.000E+00	9.978E-03	1.567E-02	9.000E+01	-1.577E-12
9	9.000E+00	7.097E-02	1.115E-01	9.000E+01	-3.269E-13
10	1.000E+01	1.002E-02	1.574E-02	-9.000E+01	-1.800E+02

TOTAL HARMONIC DISTORTION = 4.305759E+01 PERCENT (Gesamtklirrfaktor k_G).

Tab. 5.1-1: **SCHEMATICS** Output zur FOURIERanalyse des Simulationslaufs. Die Bedeutungen der Spalten sind manuell eingefügt.

Zur numerischen Auflistung im **SCHEMATICS** Output gemäß Tab. 5.1-1 wird in der **Transient**-Dialogbox ☑ Enable Fourier markiert. Von der FOURIERreihe werden um die Center Frequency *1Hz* mit Number of harmonics *10* Koeffizienten dargestellt. Center Frequency stellt also Erstwert und Schrittweite dar und sollte zur Grundschwingungsfrequenz f_0 gewählt werden. Aufgrund des begrenzten verwendeten Zeitintervalls unterliegen die Ergebnisse einem gewissen numerischen Rauschen.

Aufgabe 5.1-1: Man berechne die FOURIERreihen der beiden rechts dargestellten periodischen Zeitfunktionen, wobei $s_1(t)$ eine aus gleichartigen Parabelbögen zusammengesetzte Schwingung darstellt. Wie schnell fallen die Betragsspektren im Vergleich zur Rechteckschwingung ab?

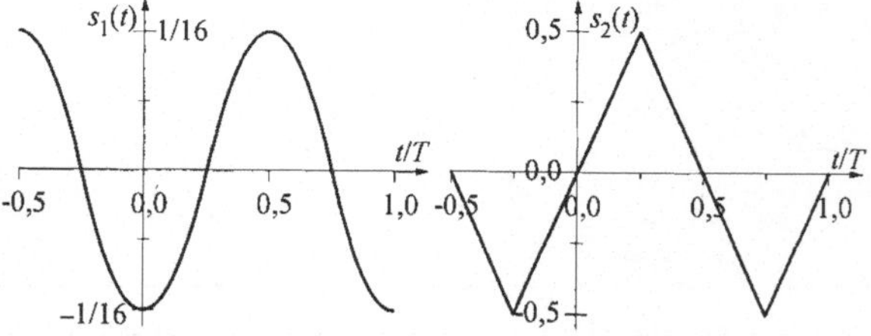

***Aufgabe 5.1-2**: Man berechne die FOURIERreihe von $s(t) = g(t)\cos 4\omega_0 t$, wobei sich $g(t) = 4t/T$ für $-T/4 \le t \le T/4$ und $g(t) = -4(t/T-1/2)$ für $T/4 \le t \le 3T/4$ periodisch fortsetzt.

***Aufgabe 5.1-3**: Man stelle zur vorigen Aufgabe sowohl $s(t)$ als auch das zugehörige Linienspektrum mit **MATHCAD** als auch mit **PSPICE** (**PROBE** + Output-Tabelle) dar. Hier erlaubt das Bauelement *Mult* die Multiplikation von Spannungen.

5.2 FOURIERtransformation

Die FOURIERtransformation erlaubt die spektrale Darstellung einmaliger, nichtperiodischer Vorgänge, wie Impulse, etc. Die Transformationsformeln gewinnen wir aus denen der FOURIERreihen, indem wir die Periodendauer $T \to \infty \Rightarrow \omega_0 \to 0$ streben lassen. Dies bedeutet jedoch einen sehr dichten Abstand der Spektrallinien, weshalb $k\omega_0$ dann als Kontinuum ω beschreibbar ist. Da die $\underline{d}_k$ der FOURIERreihe wegen $T \to \infty$ gegen Null gehen, ist eine Normierung auf $T\underline{d}_k$ erforderlich, die endlich bleibt und als ***FOURIERtransformierte*** $\underline{S}(f)$ zu einer kontinuierlich verteilten Funktion von f wird:

$$\mathscr{F}\{s(t)\} = \underline{S}(f) = \lim_{T\to\infty} T\underline{d}_k = \lim_{T\to\infty} \int_{-T/2}^{T/2} s(t)\mathrm{e}^{-\mathrm{j}k\omega_0 t}\mathrm{d}t = \int_{-\infty}^{\infty} s(t)\mathrm{e}^{-\mathrm{j}\omega t}\mathrm{d}t =$$

$$= S(f)\mathrm{e}^{\mathrm{j}\varphi(f)} = A(f) - \mathrm{j}B(f) = \int_{-\infty}^{\infty} s(t)\cos\omega t \cdot \mathrm{d}t - \mathrm{j}\int_{-\infty}^{\infty} s(t)\sin\omega t \cdot \mathrm{d}t.$$

$$[\underline{S}(f)] = [s(t)]\cdot\mathrm{s} = \frac{[s(t)]}{\mathrm{Hz}}, \qquad \text{z.B. } [\underline{U}(f)] = \frac{\mathrm{V}}{\mathrm{Hz}}. \qquad (5.2\text{-}1)$$

Symbolische Schreibweise: $s(t)$ o—• $\underline{S}(f)$ (Lies: $s(t)$ gehört zu $\underline{S}(f)$; die Originalfunktion steht bei o, die Transformierte bei •).

Während der $\underline{d}$-Vektor i.allg. aus unendlich vielen, aber abzählbaren, Komponenten besteht, sind wegen des Kontinuums von f die Komponenten von $\underline{S}(f)$ auch nicht mehr abzählbar, was ja das Wesen einer Funktion ist.

Die ***FOURIERrücktransformierte***, also die Zeitfunktion $s(t)$, erhalten wir aus analogem Übergang der FOURIERreihe mit $Tf_0 = 1 = T\Delta f$ für $T \to \infty$:

$$s(t) = \mathscr{F}^{-1}\{\underline{S}(f)\} = \lim_{T\to\infty} \sum_{k=-\infty}^{\infty} T\underline{d}_k \mathrm{e}^{\mathrm{j}k\omega_0 t}\Delta f =$$

$$= \int_{-\infty}^{\infty} \underline{S}(f)\mathrm{e}^{\mathrm{j}\omega t}\mathrm{d}f = \int_{-\infty}^{\infty} S(f)\cos\big(\omega t + \varphi(f)\big)\cdot\mathrm{d}f. \qquad (5.2\text{-}2)$$

Besondere Bedeutung in der praktischen Auswertung der FOURIERanalyse hat im Zeitalter schneller Rechner die ***Diskrete FOURIERtransformation*** in Form der Schnellen FOURIERtransformation (Fast FOURIER Transform = FFT), die einem zeitdiskreten Signal der jetzt normierten Zeitvariable $t = 0, 1 \ldots n{-}1$ ($\Delta t = 1$) ein frequenzdiskretes Spektrum an den Stellen $k = 0, 1 \ldots n{-}1$ der jetzt normierten Frequenzvariable $f = k/n$ ($\Delta f = 1/n$) zuordnet. Wir erhalten sie durch Diskretisierung des FOURIERintegrals über ein endliches Intervall mit n Punkten:

$$\underline{S}(f) = \int_{-\infty}^{\infty} s(t)\mathrm{e}^{-\mathrm{j}\omega t}\mathrm{d}t \approx \underline{S}(\tfrac{k}{n}) \quad =: \quad \underline{S}_k = \sum_{t=0}^{n-1} s_t \mathrm{e}^{-\mathrm{j}2\pi\frac{k}{n}t}, \qquad k = 0, 1 \ldots n{-}1. \quad (5.2\text{-}3)$$

Dabei sei $s(t{<}0) = s_{t<0} \;=\; s(t{\ge}n) = s_{t\ge n} = 0$. Dazu gehört die Rücktransformation:

$$s(t)=\int\limits_{-\infty}^{\infty}\underline{S}(f)\mathrm{e}^{\mathrm{j}\omega t}\mathrm{d}f \quad\approx\quad s_t=\frac{1}{n}\sum_{k=0}^{n-1}\underline{S}_k\mathrm{e}^{\mathrm{j}2\pi\frac{k}{n}t}, \qquad t=0,1\ldots n-1. \qquad (5.2\text{-}4)$$

Besonders effizient in der numerischen Auswertung wird der Transformationsalgorithmus für $n = 2^m$, z.B. 1024. Letztendlich werden hierdurch die Grenzen zur FOURIERreihe verwischt, denn die diskreten Spektren gehören zu Funktionen, die auf der Zeitachse mit n und der Frequenzachse mit 1 periodisch sind. Steht der Faktor $1/n$ vor dem Summenzeichen der $\underline{S}_k$ statt der s_t, repräsentieren die Formeln endliche FOURIERreihen und werden so ebenfalls häufig in der Literatur als FFT bezeichnet.

5.2.1 Spektren von Cosinus, δ-Impuls und Rechteck

Spezieller Veranschaulichung bedarf das reelle Spektrum $C(f_0)$ einer harmonischen Schwingung $s(t) = \cos\omega_0 t$ der festen Frequenz f_0:

$$C(f_0)=\int\limits_{-\infty}^{\infty}\cos\omega_0 t\cdot\mathrm{e}^{-\mathrm{j}\omega t}\mathrm{d}t=\tfrac{1}{2}\int\limits_{-\infty}^{\infty}(\mathrm{e}^{-\mathrm{j}(-\omega_0+\omega)t}+\mathrm{e}^{-\mathrm{j}(\omega_0+\omega)t})\mathrm{d}t. \qquad (5.2\text{-}5)$$

Hierin treten Integrale folgenden Typs auf:

$$\int\limits_{-\infty}^{\infty}\mathrm{e}^{-\mathrm{j}2\pi ft}\mathrm{d}t=\begin{Bmatrix}\int\limits_{-\infty}^{\infty}\mathrm{d}t=\infty & \forall\, f=0\\ \int_{-\infty T}^{\infty T}(\cos2\pi ft-\mathrm{j}\cdot\sin2\pi ft)\mathrm{d}t=0 & \forall\, f\neq0\end{Bmatrix}=:\delta(f). \qquad (5.2\text{-}6)$$

$$\Rightarrow\quad C(f_0)=\tfrac{1}{2}\delta(f+f_0)+\tfrac{1}{2}\delta(f-f_0). \qquad (5.2\text{-}7)$$

Der ***Delta-Impuls*** (δ-Impuls) oder auch ***Dirac-Stoß*** $\delta(f)$ ist statt einer Funktion eine sog. Distribution mit eigenem theoretischem Hintergrund, den wir hier nicht tiefergehend diskutieren wollen. Es gilt also:

$$\delta(f)=\begin{cases}\infty & \forall f=0\\ 0 & \text{sonst}\end{cases}, \qquad \int\limits_{-\infty}^{\infty}\delta(f)\mathrm{d}f=\int\limits_{0^-}^{0^+}\delta(f)\mathrm{d}f=1. \qquad (5.2\text{-}8)$$

Weiterhin ist definiert:

$$\delta(\omega):=\frac{\delta(f)}{2\pi}, \qquad \text{da nun} \qquad \int\limits_{-\infty}^{\infty}\delta(\omega)\mathrm{d}\omega=\int\limits_{-\infty}^{\infty}\frac{\delta(f)}{2\pi}\mathrm{d}2\pi f=1. \qquad (5.2\text{-}9)$$

Der δ-Impuls stellt die Extrapolation des bei der FOURIERreihe bereits vorgestellten KRONECKERsymbols für kontinuierliche Variablen - hier die Frequenz - dar.

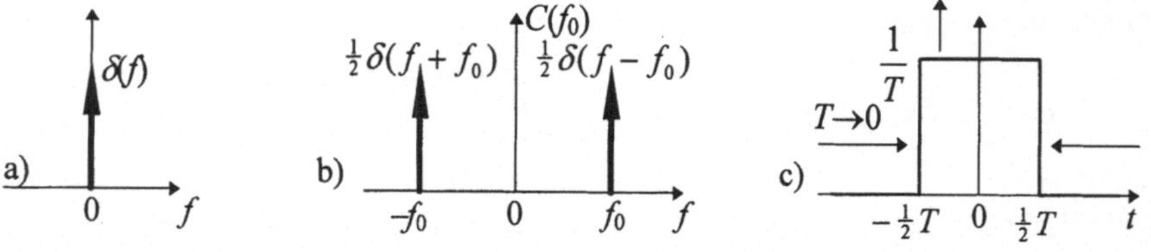

Abb. 5.2-1: a) δ-Impuls, b) FOURIERtransformierte cos-Funktion, c) Übergang Rechteck $\rightarrow$ δ-Impuls.

Der δ-Impuls wird durch das Pfeilsymbol ↑ in Abb. 5.2-1a) dargestellt. Die anschauliche Interpretation für die Cosinusfunktion in b) besagt, daß die Funktionswerte bei $\pm f_0$ unendlich dicht konzentriert sind und kein weiterer Frequenzinhalt besteht, was auch der unmittelbaren Anschauung entspricht. Damit können wir auch eine ganze FOURIERreihe FOURIERtransformieren: an den Stellen der Spektralanteile ergeben sich δ-Impulse der Flächen der FOURIERkoeffizienten.

Eine spezielle Cosinusfunktion entsteht für $f_0 = 0$, also $s(t) = 1 \Rightarrow C(0) = \delta(f)$. Dies besagt erwartungsgemäß, daß z.B. eine Gleichspannung ihre Frequenzen unendlich dicht bei $f = 0$ konzentriert hat.

Wir können auch einen δ-Impuls im Zeitbereich FOURIERtransformieren:

$$\underline{\Delta}(f) := \int_{-\infty}^{\infty} \delta(t) \mathrm{e}^{-\mathrm{j}\omega t} \mathrm{d}t = \int_{-\infty}^{\infty} \delta(t) \mathrm{e}^{\mathrm{j}0} \mathrm{d}t = \mathrm{e}^{\mathrm{j}0} \int_{-\infty}^{\infty} \delta(t) \mathrm{d}t = 1, \tag{5.2-10}$$

da für eine allgemeine Funktion $g(t)$ gilt: $g(t)\delta(t) = g(0)\delta(t)$, weil $\delta(t)$ nur bei $t = 0$ von Null verschieden ist:

$$\int_{-\infty}^{\infty} \delta(t) g(t) \mathrm{d}t = g(0) \int_{-\infty}^{\infty} \delta(t) \mathrm{d}t = g(0). \tag{5.2-11}$$

Das Ergebnis interpretieren wir so: ein zeitlich sehr kurzer Puls enthält alle Frequenzen mit gleicher Amplitude. Dies ist ein ernsthaftes Problem der Nachrichtentechnik, denn mit den Bitraten im MHz und GHz-Bereich entstehen immer kürzere Impulse, die zu hochfrequenter Verseuchung der Umgebung führen und entsprechend abgeschirmt werden müssen. Vergleiche o.a. Gleichgröße, die sich völlig dual verhält: ein sehr kurzer Puls im Frequenzbereich bei $f = 0$ realisiert eine Funktion, die über der Zeit überall die gleiche Amplitude hat, also eine Gleichgröße.

Eng mit dem δ-Impuls ist die ***HEAVISIDEsche Sprungfunktion*** $\Phi(t)$ - auch HEAVISIDEscher Einheitssprung - verknüpft:

$$\Phi(t) = \begin{cases} 0 & \forall\, t < 0 \\ 1 & \forall\, t > 0 \end{cases} = \int \delta(t) \mathrm{d}t \qquad \Rightarrow \qquad \delta(t) = \frac{\mathrm{d}\Phi}{\mathrm{d}t}. \tag{5.2-12}$$

Denn leiten wir eine unstetige Funktion ab, die also auf unendlich kurzem Intervall ihren Funktionswert um einen endlichen Betrag ändert, ist der Differentialquotient hier selbst unendlich. Da $\Phi(t)$ an allen anderen Stellen als dem Sprung konstant ist, verschwindet dort die Ableitung und damit $\delta(t)$. Hieraus wird auch $\int_{-\infty}^{\infty} \delta(t) \mathrm{d}t = 1$ ersichtlich, denn wandern wir über $t = 0$ hinweg, erfolgt $\Phi(t > 0) = 1$.

Gleichwohl läßt sich die Sprungfunktion im Frequenzbereich anwenden: $\Phi(f - f_0)$ beschreibt z.B. einen idealen Hochpaß, $1 - \Phi(f - f_0) = \Phi(f_0 - f)$ einen idealen Tiefpaß.

In Fortführung der Berechnung des Linienspektrums einer periodischen Rechteckfunktion wollen wir das Spektrum eines Rechteckpulses nach Abb. 5.2-1c) angeben:

$$\underline{R}(f) = \frac{1}{T} \int_{-T/2}^{T/2} \mathrm{e}^{-\mathrm{j}\omega t} \mathrm{d}t = \left. \frac{\mathrm{e}^{-\mathrm{j}\omega t}}{-\mathrm{j}\omega T} \right|_{-T/2}^{T/2} = \frac{\mathrm{e}^{-\mathrm{j}\frac{\omega T}{2}} - \mathrm{e}^{\mathrm{j}\frac{\omega T}{2}}}{-\mathrm{j}\omega T} = \frac{\sin \pi f T}{\pi f T} =: \mathrm{sinc}(fT). \tag{5.2-13}$$

MATHCAD-Anwendung 5.2-1: FOURIERtransformation

- **numerisch**

In MATHCAD stehen mehrere Hin- und Rücktransformationsfunktionen zur Verfügung, von denen für uns *FFT* und *IFFT* am interessantesten sind:

$n := 2^{10}$ $\quad T := 15$ $\quad R_{n-1} := 0$ $\quad t := 0..T+1$ $\quad R_t := \frac{t<T}{T}$ $\quad$ alternativ $R_t := \frac{\Phi(T-t)}{T}$

FFT(s) transformiert gemäß Gl. 3 den Zeitvektor s mit $n = 2^m$ (0 ... n–1) Elementen (m = 10; n = 1024) in den Frequenzvektor $\underline{S}$ mit $n/2 + 1$ (0 ... $n/2$ = 512) komplexen Elementen. Am Beispiel des Rechteckpulses $R = 1/T$ von 0 ... T (15) wird mit $R_{n-1} := 0$ ein R-Vektor der benötigten Größe implizit definiert und mit Nullen vorbesetzt, und dann rechts z.B. durch die logische Funktion für $t < T$ mit $1/T$ belegt.

$sinc := n \cdot FFT(R)$ $\quad k := 0..\frac{n}{2}$ $\quad f_k := \frac{k}{n}$ $\quad R_r := \frac{IFFT(sinc)}{n}$

Da die MATHCAD-Syntax basierend auf der FOURIERreihe und abweichend von Gl. 3 $FFT(s) = \underline{S}/n$ definiert, muß zur Erzeugung der *sinc*-Funktion mit n multipliziert werden. Die rechte Gleichung erzeugt aus *sinc* wieder die Rücktransformierte R_r, die mit R identisch sein sollte. Analog gilt abweichend von Gl. 3 $IFFT(\underline{S}) = n \cdot s$ und zur Erzeugung von R_r muß durch n dividiert werden. Die folgenden beiden Grafiken stellen die Ergebnisse dar; R ist von R_r nicht unterscheidbar.

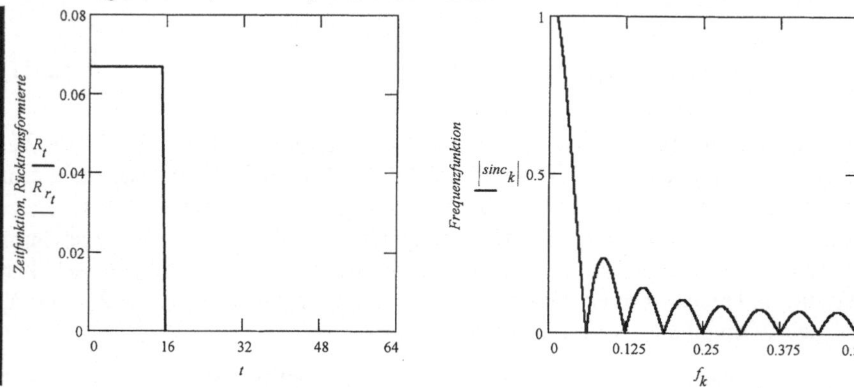

- **symbolisch**

Da das FOURIERintegral als solches wegen seiner unendlichen Grenzen i.allg. nicht symbolisch gelöst werden kann, stehen die gewünschten Transformationen unter Symbolics Transform ▸ zur Verfügung. Zur Hintransformation wird der zu transformierende Ausdruck eingegeben, die Transformationsvariable (i.allg. t), Fourier (Alt STF) ausgewählt, und MATHCAD gibt die FOURIERtransformierte in ω zurück. Zur Rücktransformation wird analog der rückzutransformierende Ausdruck eingegeben, die Transformationsvariable (i.allg. ω), Inverse Fourier (Alt STO) ausgewählt, und MATHCAD gibt die FOURIERrücktransformierte in t zurück. Danach empfiehlt sich meist Symbolics Simplify (Alt SS). Einige Beispiele:

$\cos(\omega_0 \cdot t)$ $\quad$ Alt STF $\quad \pi(Dirac(\omega - \omega_0) + Dirac(\omega + \omega_0))$ $\quad$ Alt STF Alt SS $\quad \cos(\omega_0 \cdot t)$

MATHCAD erkennt die hier *Dirac* genannte δ-Funktion.

$\frac{1}{T} \cdot \left[\Phi\left[t + \frac{T}{2}\right] - \Phi\left[t - \frac{T}{2}\right]\right]$ $\quad$ Alt STF Alt SS $\quad \frac{2}{(T \cdot \omega)} \cdot \sin\left[\frac{1}{2} \cdot \omega \cdot T\right]$ $\quad$ Alt STO Alt SS $\quad \frac{\left(-\Phi\left(-t - \frac{1}{2} \cdot T\right) + \Phi\left(-t + \frac{1}{2} \cdot T\right)\right)}{T}$

Hier wird der links definierte Rechteckpuls $R(t)$ nach Abb. 5.2-1c) hin- und rücktransformiert. Der zu transformierende Ausdruck ist identisch mit dem BOOLEschen Ausdruck $(-.5<t/T<.5)/T$ den der Symbolprozessor im Gegensatz zur Sprungfunktion Φ jedoch nicht auswerten kann.

$$\left[\Phi\left[\underline{t}+\frac{T}{2}\right]-\Phi(t)\right]\cdot\left[1+\frac{2\cdot t}{T}\right]+\left[\Phi(t)-\Phi\left[t-\frac{T}{2}\right]\right]\cdot\left[1-\frac{2\cdot t}{T}\right]$$ Alt STF Alt SS $$-4\cdot\frac{\cos\left[\frac{1}{2}\cdot\underline{\omega}\cdot T\right]-1}{\left(T\cdot\omega^2\right)}$$

Alt STO Alt SS $$\frac{\left(-2\cdot\Phi\left(-t-\frac{1}{2}\cdot T\right)\cdot t-\Phi\left(-t-\frac{1}{2}\cdot T\right)\cdot T-2\cdot\Phi\left(-t+\frac{1}{2}\cdot T\right)\cdot t+\Phi\left(-t+\frac{1}{2}\cdot T\right)\cdot T+4\cdot t\cdot\Phi(-t)\right)}{T}$$

Hier wird ein Dreieckspuls der Höhe 1 im Intervall $-T/2 < t < T/2$ hin- und rücktransformiert. Da verschiedene Darstellungsgmöglichkeiten für ein und dieselbe Funktion bestehen, kann die Formel der Rücktransformierten durchaus anders als die Originalfunktion aussehen.

$$\cos\left(\omega_0\cdot t\right)\ fourier,t \rightarrow \pi\cdot\left(\Delta\left(\omega-\omega_0\right)+\Delta\left(\omega+\omega_0\right)\right) \qquad T:=T \qquad \omega:=\omega$$

$$\pi\cdot\left(\Delta\left(\omega-\omega_0\right)+\Delta\left(\omega+\omega_0\right)\right)\ \Big|\begin{matrix} invfourier,\omega \\ simplify\end{matrix} \rightarrow \cos\left(t\cdot\omega_0\right)$$

$$\frac{1}{T}\cdot\left(\Phi\left(t+\frac{T}{2}\right)-\Phi\left(t-\frac{T}{2}\right)\right)\ \Big|\begin{matrix} fourier,t \\ simplify\end{matrix} \rightarrow \frac{2}{(T\cdot\omega)}\cdot\sin\left(\frac{1}{2}\cdot\omega\cdot T\right)$$

$$\frac{2}{(T\cdot\omega)}\cdot\sin\left(\frac{1}{2}\cdot\omega\cdot T\right)\ \Big|\begin{matrix} invfourier,\omega \\ simplify\end{matrix} \rightarrow \frac{-\left(\Phi\left(-t-\frac{1}{2}\cdot T\right)-\Phi\left(-t+\frac{1}{2}\cdot T\right)\right)}{T}$$

Mittels <$s(t)$> *fourier,t* → läßt sich $s(t)$ aktiv symbolisch FOURIERtransformieren, mittels <$S(\omega)$> *invfourier,ω* → rücktransformieren. *simplify* ist meist hilfreich. Δ kann als Alternative zu *Dirac* - auch bei der passiven Auswertung - für den δ-Impuls verwendet werden.

Da die FOURIERtransformation auf der FOURIERreihe basiert, lassen sich viele Eigenschaften der $\underline{d}_k$ auf das Spektrum $\underline{S}(f)$ übertragen:

5.2.2 Eigenschaften der FOURIERtransformation

Im Folgenden sei jeweils die Zeitfunktion $s(t)$ gegeben und deren Spektrum $\underline{S}(f)$ bekannt, gesucht ist das Spektrum der veränderten Zeitfunktion:

- **Linearität**: $s(t) = ps_1(t) + qs_2(t)$ mit beliebigen Konstanten p und q gegeben:

$$\underline{S}(f) = \mathcal{F}\{ps_1(t) + qs_2(t)\} = p\mathcal{F}\{s_1(t)\} + q\mathcal{F}\{s_2(t)\} = p\underline{S}_1(f) + q\underline{S}_2(f). \quad (5.2\text{-}14)$$

- **Zeitverschiebungssatz**: die Zeitfunktion $s(t)$ sei um τ zu $s(t-\tau)$ verschoben:

$$s(t-\tau) = \int_{-\infty}^{\infty}\underline{S}(f)e^{j\omega(t-\tau)}df = \int_{-\infty}^{\infty}\underbrace{\underline{S}(f)e^{-j\omega\tau}}_{\mathcal{F}\{s(t-\tau)\}}e^{j\omega t}df = \int_{-\infty}^{\infty}\underbrace{S(f)e^{j(\varphi(f)-\omega\tau)}}_{\mathcal{F}\{s(t-\tau)\}}e^{j\omega t}df. \quad (5.2\text{-}15)$$

Also: $\varphi^{(\tau)}(f) = \varphi(f) - \omega\tau$: das Amplitudenspektrum bleibt wieder gleich, das Phasenspektrum ändert sich.

- **Modulationssatz**: die Zeitfunktion $s(t)$ sei mit $e^{j\omega_0 t}$ zu $s(t)e^{j\omega_0 t}$ multipliziert:

$$s(t)e^{j\omega_0 t} = \int_{-\infty}^{\infty}\underline{S}(f)e^{j(\omega+\omega_0)t}df\Big|_{f'=f+f_0} = \int_{-\infty}^{\infty}\underline{S}(f'-f_0)e^{j\omega' t}df' = \int_{-\infty}^{\infty}\underline{S}(f-f_0)e^{j\omega t}df. \quad (5.2\text{-}16)$$

Dies ist so zu interpretieren, daß das komplette FOURIERspektrum um $+f_0$ auf der Frequenzachse unter Beibehaltung seiner Struktur verschoben wird. Dies stellt einen Modulationsvorgang dar. Analog dazu beschrieben Aufgaben 5.1-2/3 eine FOURIERreihenmodulation.

- **Differentiationssatz**: die Zeitfunktion $s(t)$ sei zu $\mathrm{d}^n s/\mathrm{d}t^n$ ($n$mal) abgeleitet:

$$\frac{\mathrm{d}s}{\mathrm{d}t} = \underbrace{\int_{-\infty}^{\infty} \mathrm{j}\omega \underline{S}(f)\mathrm{e}^{\mathrm{j}\omega t}\mathrm{d}f}_{\underline{S}^{(1)}(f)} \quad \Rightarrow \quad \frac{\mathrm{d}^n s}{\mathrm{d}t^n} \quad \circ\!\!-\!\!\bullet \quad \underline{S}^{(n)}(f) = (\mathrm{j}\omega)^n \underline{S}(f). \tag{5.2-17}$$

Die n. Ableitung einer Zeitfunktion bewirkt, daß ihr FOURIERspektrum sich aus dem der ursprünglichen Zeitfunktion durch Multiplikation mit $(\mathrm{j}\omega)^n$ ergibt.

- **Skalierungssatz**: die Zeitfunktion $s(t)$ sei zu $s(at)$ gestaucht oder gestreckt:

$$s(at) = \int_{-\infty}^{\infty} \underline{S}(f)\mathrm{e}^{\mathrm{j}2\pi fat}\mathrm{d}f\Big|_{F:=fa} = \int_{-\infty}^{\infty} \frac{1}{a}\underline{S}(\frac{F}{a})\mathrm{e}^{\mathrm{j}2\pi Ft}\mathrm{d}F = \int_{-\infty}^{\infty} \underbrace{\frac{1}{a}\underline{S}(\frac{f}{a})}_{\mathscr{F}\{s(at)\}} \mathrm{e}^{\mathrm{j}\omega t}\mathrm{d}f. \tag{5.2-18}$$

- **PARSEVALtheorem**: Äquivalenz des zeitlichen und spektralen Energieinhalts:

$$\int_{-\infty}^{\infty} s(t)^2 \mathrm{d}t = \int_{-\infty}^{\infty} S(f)^2 \mathrm{d}f. \tag{5.2-19}$$

- **Begrenzungssatz**: Zeitbegrenzung und Bandbegrenzung:
  $s(t)$ zeitlich begrenzt $\Rightarrow$ $\underline{S}(f)$ nicht bandbegrenzt
  Beispiel: der Rechteckpuls ist auf T begrenzt, sinc(fT) ist hingegen beliebig breit.
  $\underline{S}(f)$ bandbegrenzt $\Rightarrow$ $s(t)$ nicht zeitlich begrenzt
  Beispiel: $\cos\omega_0 t$ ist auf eine Bandbreite von 0 Hz um f_0 begrenzt, dauert zeitlich jedoch beliebig an.

5.2.3 FOURIERtransformation mit PSPICE

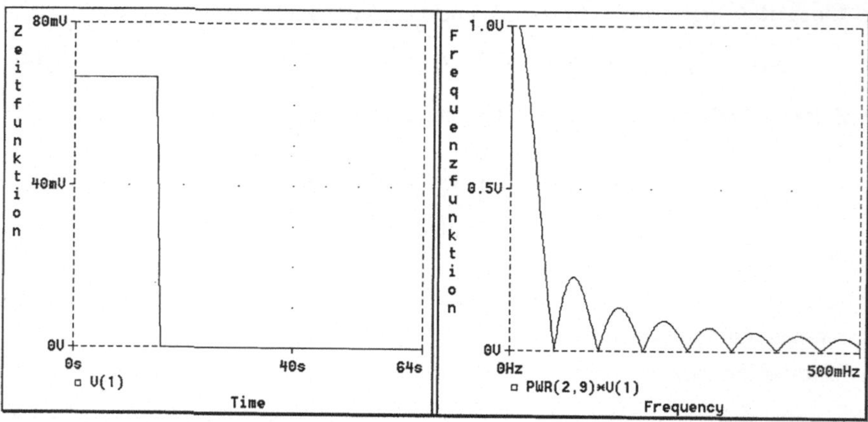

Abb. 5.2-2: PROBE-Plot des Rechteckpulses und seiner FOURIERtransformierten.

Wir wollen mit **PSPICE** denselben Rechteckpuls wie zuvor transformieren. Dazu geben wir in **SCHEMATICS** das Netzwerk wie bei der Reihenentwicklung in Abb. 5.1-7 ein und parametrisieren die *VPULSE*-Quelle mit *V1=66.7m, V2=0, PW=15*. Die **Transient**-Dialogbox wird mit Print Step: *1*, Final Time: *1024*, Step Ceiling: *1* parametrisiert.

Die rechte Abb. 5.2-2 stellt die durch [FFT] in **PROBE** aufgerufene FOURIERtransformierte des Pulses dar. Da, wie in **MATHCAD** mit *FFT*/*IFFT*, letztlich eine FOURIERreihe statt einer FOURIERtransformation nach Gln. 2/3 verwendet wird, ist eine Multiplikation mit dem in der **SCHEMATICS Transient**-Dialogbox in Final Time codierten $n = 1024$ erforderlich. Da es sich, wie bereits angegeben, um die (c_k, ψ_k) nach Gl. 5.1-10 handelt, ist bei einer Multiplikation mit 2^{10} der erste Stützwert bei $f = 0$ Hz mit 1 normiert, die anderen erscheinen mit 2 multipliziert, weshalb mit 2^9 skaliert wurde.

Die höchste Frequenz ergibt sich zu *max* (Print Step, Step Ceiling) aus der **SCHEMATICS Transient**-Dialogbox - hier 1 Hz, wovon der Bereich bis 0,5 Hz wie bei der **MATHCAD**-Lösung dargestellt ist. Daß hier ein im Vergleich zu **MATHCAD** doppelt so großer Bereich (1 Hz statt $\frac{1}{2}$Hz) berechnet wird und auch darstellbar ist, liegt an der reinen Betragsdarstellung.

Aufgabe 5.2-1: Man leite den Zeitverschiebungssatz, Modulationssatz und Differentiationssatz aus der Hintransformation statt aus der Rücktransformation her.

Aufgabe 5.2-2: Man berechne das FOURIERspektrum eines Cosinusschwingungszuges der Frequenz f_0 von n Perioden Dauer von $-n/2 < f_0 t < n/2$. Man erstelle eine **MATHCAD**-Animation, die für n als Variable die Veränderung von Zeit- und Frequenzfunktion darstellt.

***Aufgabe 5.2-3**: Welche Dauer T muß ein Rechteckpuls minimal haben, damit das zugehörige Spektrum $R(f)$ bei f_g = 1 MHz um mindestens Δ abgefallen ist? Man löse die Aufgabe mit der **MATHCAD**-*root*-Funktion, stelle das Ergebnis für $0 < \Delta < 1$ graphisch dar und lese aus dem Diagramm die minimale Dauer $T_{3\text{dB}}$ für $\Delta = 3$ dB ab.

5.3 LAPLACEtransformation

In den Abschnitten zur Netzwerkanalyse war es immer wieder notwendig, Differentialgleichungen mit Anfangsbedingungen zu lösen. Nur für relativ einfache Strukturen ist eine analytische Lösung im Originalbereich, typisch Zeitbereich, möglich und ökonomisch darstellbar. Die LAPLACEtransformation einer DGL bietet die Möglichkeit, die Lösung auf algebraischem Wege zu finden oder ggfls. unmittelbar aus der LAPLACE-transformierten auf Eigenschaften des Netzwerks zurückzuschließen. So ist die Regelungstechnik eine Disziplin, die im wesentlichen die Stabilitätskriterien rückgekoppelter Netzwerke erst gar nicht mehr im Zeit-, sondern gleich im LAPLACEbereich untersucht.

Wir definieren die komplexe Frequenzvariable s, von der sich eingebürgert hat, sie ohne Unterstreichung darzustellen:

$$s := \delta + \mathrm{j}\omega. \qquad (5.3\text{-}1)$$

Der Zeitfunktion $f(t)$ wird ihre einseitige LAPLACEtransformierte zugeordnet:

$$\mathscr{L}\{f(t)\} = \underline{F}(s) := \int_{0^-}^{\infty} f(t)\mathrm{e}^{-st}\mathrm{d}t; \qquad [\underline{F}(s)] = [f(t)]\cdot[t] = [f(t)]\cdot\mathrm{s}. \qquad (5.3\text{-}2)$$

Symbolische Schreibweise wie bei der FOURIERtransformation: $f(t) \circ\!\!-\!\!\bullet\ \underline{F}(s)$. Vergleiche dagegen die zweiseitige FOURIERtransformation mit $-\infty < t < \infty$. Da Lösungen von DGLn ab einem bestimmten Schaltzeitpunkt interessieren, ist diese Variante hier von größerer Bedeutung. $\underline{F}(s)$ stellt die spektrale Dichte der Zeitfunktion $f(t)$ über der Einheit der komplexen Kreisfrequenz $1/s = 2\pi\text{Hz}$ dar, so daß eine adäquate Einheit z.B. so aussieht: $[\underline{F}(s)] = [f(t)]/2\pi\text{Hz}$. Typische Vertreter von $\underline{F}(s)$ sind wieder Spannungen und Ströme $\underline{U}(s)$ und $\underline{I}(s)$. Die Anforderungen an dieses uneigentliche Integral sind:

- $f(t<0) = 0$
- $\int_{0^-}^{\infty} |f(t)| e^{-st} dt < \infty$ für geeignete s
- $f(0) = \lim_{0 \leftarrow t} f(t)$: rechtsseitiger Grenzwert
- $f(t)$ ist in jedem endlichen Intervall in endlich viele stetige und monotone Teile zerlegbar. An den Sprungstellen t_S ist der Funktionswert $f(t_S) = \frac{1}{2} \lim_{\Delta t \to 0} [f(t_S - \Delta t) + f(t_S + \Delta t)]$.

Um aus dem Bildbereich wieder in den Originalbereich zurückzukehren, wird die LAPLACErücktransformierte definiert:

$$\mathcal{L}^{1}\{\underline{F}(s)\} = f(t) := \frac{1}{j2\pi} \int_{\delta_0 - j\infty}^{\delta_0 + j\infty} \underline{F}(s) e^{st} ds. \tag{5.3-3}$$

5.3.1 Einige Grund-LAPLACEtransformierte

Der wesentliche Vorteil in der Anwendung der LAPLACEtransformation liegt darin, daß man vermeidet, die o.a. LAPLACEintegrale selbst zu lösen, sondern diese sind i.allg. in der einschlägigen Literatur tabelliert. Häufig ist es jedoch notwendig, einen vorliegenden Ausdruck so umzuformen, daß eine Tabellenfunktion angewendet werden kann. Auch dieser Schritt kann mit Arbeitsaufwand verbunden sein.

- δ-Funktion $f(t) = \delta(t)$:

$$\mathcal{L}\{\delta(t)\} = \int_{0^-}^{\infty} \delta(t) e^{-st} dt = 1 =: \underline{\Delta}(s). \tag{5.3-4}$$

- HEAVISIDE-Sprungfunktion $f(t) = \Phi(t)$:

$$\mathcal{L}\{\Phi(t)\} = \mathcal{L}\{1\} = \int_{0^-}^{\infty} 1 \cdot e^{-st} dt = -\left.\frac{e^{-st}}{s}\right|_0^{\infty} = \frac{1}{s} =: \underline{\Phi}(s). \tag{5.3-5}$$

- Rampenfunktion $f(t) = \int \Phi(t) dt$:

$$\mathcal{L}\{t\} = \int_{0^-}^{\infty} t e^{-st} dt = \frac{\Gamma(2)}{s^2} = \frac{1}{s^2}. \tag{5.3-6}$$

- Abklingende Exponentialfunktion $f(t) = e^{-\alpha t}$:

$$\mathcal{L}\{e^{-\alpha t}\} = \int_{0^-}^{\infty} e^{-\alpha t} e^{-st} dt = \left.\frac{-e^{-(s+\alpha)t}}{s+\alpha}\right|_0^{\infty} = \frac{1}{s+\alpha}. \tag{5.3-7}$$

- Cosinusfunktion $f(t) = \cos\omega t$ mithilfe der zuvor berechneten Formel:

$$\mathscr{L}\{\cos\omega t\} = \int_{0^-}^{\infty} \frac{e^{j\omega t} + e^{-j\omega t}}{2} e^{-st} dt = \frac{1}{2}\left(\frac{1}{s - j\omega} + \frac{1}{s + j\omega}\right) = \frac{s}{s^2 + \omega^2}. \quad (5.3\text{-}8)$$

MATHCAD-Anwendung 5.3-1: Elementare LAPLACEtransformation

Ähnlich wie bei der FOURIERtransformation steht die LAPLACEtransformation symbolisch passiv unter Symbolics Transform ▸ zur Verfügung. Zur Hintransformation wird der zu transformierende Ausdruck eingegeben, die Transformationsvariable (i.allg. t), Laplace (Alt STL) ausgewählt, und MATHCAD gibt die LAPLACEtransformierte in s zurück. Zur Rücktransformation wird analog der rückzutransformierende Ausdruck eingegeben, die Transformationsvariable (i.allg. s), Inverse Laplace (Alt STA) ausgewählt, und MATHCAD gibt die LAPLACErücktransformierte in t zurück. Numerische LAPLACEtransformation analog zu *FFT*/*IFFT* steht nicht zur Verfügung; hier muß bei Bedarf das Integral aktiviert werden.

$Dirac(t)$	Alt STL	1	Alt STA	$Dirac(t)$
$\Phi(t)$	Alt STL	$\frac{1}{s}$	Alt STA	1
t	Alt STL	$\frac{1}{s^2}$	Alt STA	t
$e^{-\alpha \cdot t}$	Alt STL	$\frac{1}{(s+\alpha)}$	Alt STA	$exp(-\alpha \cdot t)$
$\cos(\omega \cdot t)$	Alt STL	$\frac{s}{(s^2+\omega^2)}$	Alt STA	$cos(\omega \cdot t)$
$e^{-\alpha \cdot t} \cdot \cos(\omega \cdot t)$	Alt STL	$\frac{(s+\alpha)}{[(s+\alpha)^2+\omega^2]}$	Alt STA	$exp(-\alpha \cdot t) \cdot cos(\omega \cdot t)$
$\cos(\omega \cdot t + \varphi)$	Alt STL	$\frac{(s \cdot cos(\varphi) - \omega \cdot sin(\varphi))}{(s^2+\omega^2)}$	Alt STA	$cos(\varphi) \cdot cos(\omega \cdot t) - sin(\varphi) \cdot sin(\omega \cdot t)$

Oben einige Beispiele für die passive symbolische Transformation.

$\Delta(t)$ *laplace,t* → 1 *invlaplace,s* → $\Delta(t)$ $\Phi(t)$ *laplace,t* → $\frac{1}{s}$ *invlaplace,s* → 1

$e^{-\alpha \cdot t} \cdot \cos(\omega \cdot t)$ *laplace,t* → $\frac{(s+\alpha)}{\left[(s+\alpha)^2+\omega^2\right]}$ *invlaplace,s* → $exp(-\alpha \cdot t) \cdot cos(\omega \cdot t)$

Die adäquaten Befehle der aktiven Symbolik sind <$f(t)$> *laplace,t* → und <$F(s)$> *invlaplace,s* →. In den Beispielen wurden sie hintereinandergehängt. Eine solche Kettung aktiver Symbolik-Befehle ist grundsätzlich immer möglich, oft jedoch nicht angebracht, da sie eine Zeile bilden, die nicht umgebrochen werden kann.

5.3.2 Eigenschaften der LAPLACEtransformation

Im Folgenden sei jeweils die Zeitfunktion $f(t)$ gegeben und deren LAPLACEtransformierte $\underline{F}(s)$ bekannt. Gesucht ist die LAPLACEtransformierte einer veränderten Zeitfunktion. Während die vergleichbaren Rechnungen bei der FOURIERtransformation aus der Rücktransformation ermittelt wurden, wollen wir dies hier aus der Hintransformation berechnen:

- **Linearität**: $f(t) = pf_1(t) + qf_2(t)$ mit beliebigen Konstanten p und q gegeben:

$$\mathscr{L}\{f(t)\} = \underline{F}(s) = p\underline{F}_1(s) + q\underline{F}_2(s). \tag{5.3-9}$$

- **Zeitverschiebungssatz**: die Zeitfunktion $f(t)$ sei um $\tau > 0$ zu $f(t-\tau)$ verschoben:

$$\mathscr{L}\{f(t-\tau)\} = \int_{0^-}^{\infty} f(\underbrace{t-\tau}_{t'})\mathrm{e}^{-st}\mathrm{d}t = \int_{-\tau^-}^{\infty} f(t')\mathrm{e}^{-s(\tau+t')}\mathrm{d}t' = \mathrm{e}^{-s\tau}\int_{0^-}^{\infty} f(t)\mathrm{e}^{-st}\mathrm{d}t = \underline{F}(s)\mathrm{e}^{-s\tau} \tag{5.3-10}$$

- **Skalierungssatz**: die Zeitfunktion $f(t)$ sei zu $f(at)$ gestaucht oder gestreckt:

$$\mathscr{L}\{f(at)\} = \int_{0^-}^{\infty} f(at)\mathrm{e}^{-st}\mathrm{d}t = \frac{1}{a}\int_{0^-}^{\infty} f(at)\mathrm{e}^{-\frac{s}{a}at}\mathrm{d}at = \frac{1}{a}\underline{F}(\frac{s}{a}). \tag{5.3-11}$$

- **Modulations- und Dämpfungssatz**: die Zeitfunktion $f(t)$ sei mit $\mathrm{e}^{-(\alpha+\mathrm{j}\omega)t}$ zu $f(t)\,\mathrm{e}^{-(\alpha+\mathrm{j}\omega)t}$ multipliziert:

$$\mathscr{L}\{f(t)\mathrm{e}^{-(\alpha+\mathrm{j}\omega)t}\} = \int_{0^-}^{\infty} f(t)\mathrm{e}^{-(s+\alpha+\mathrm{j}\omega)t}\mathrm{d}t = \underline{F}(s+\alpha+\mathrm{j}\omega). \tag{5.3-12}$$

- **Differentiationssatz**: die Zeitfunktion $f(t)$ sei zu $\mathrm{d}^n f/\mathrm{d}t^n$ ($n$mal) abgeleitet:

$$\mathscr{L}\{\frac{\mathrm{d}f}{\mathrm{d}t}\} = \int_{0^-}^{\infty}\frac{\mathrm{d}f}{\mathrm{d}t}\mathrm{e}^{-st}\mathrm{d}t = f(t)\mathrm{e}^{-st}\Big|_{0^-}^{\infty} - \int_{0^-}^{\infty} f(t)\frac{\mathrm{d}\mathrm{e}^{-st}}{\mathrm{d}t}\mathrm{d}t = s\int_{0^-}^{\infty} f(t)\mathrm{e}^{-st}\mathrm{d}t - f(0^-) =$$

$$= s\underline{F}(s) - f(0^-) \quad \Rightarrow \quad \mathscr{L}\{\frac{\mathrm{d}^n f}{\mathrm{d}t^n}\} = s^n\underline{F}(s) - \sum_{i=0}^{n-1} s^{n-i-1}\frac{\mathrm{d}^i f}{\mathrm{d}t^i}(0^-). \tag{5.3-13}$$

- **Integrationssatz**: die Zeitfunktion $f(t)$ sei zu $\int_{0^-}^{t} f(t')\mathrm{d}t'$ integriert.

  Mithilfe des Differentiationssatzes ergibt sich:

$$\mathscr{L}\{\frac{\mathrm{d}}{\mathrm{d}t}\int_{0^-}^{t} f(t')\mathrm{d}t'\} = \underline{F}(s) = s\mathscr{L}\{\int_{0^-}^{t} f(t')\mathrm{d}t'\}$$

$$\Rightarrow \quad \mathscr{L}\{\int_{0^-}^{t} f(t')\mathrm{d}t'\} = \frac{\underline{F}(s)}{s}. \tag{5.3-14}$$

- **Grenzwertsätze**: Über den Differentiationssatz lassen sich für $s \to \infty$ und $s \to 0$ unmittelbar die Grenzwerte im Zeitbereich $f(0^-)$ und $f(\infty)$ angeben, sofern sie existieren:

$$f(0^-) = \lim_{s\to\infty} s\underline{F}(s), \qquad f(\infty) = \lim_{s\to 0} s\underline{F}(s). \tag{5.3-15}$$

5.3.3 LAPLACEtransformation in der Netzwerkanalyse

Die DGLn der bisher behandelten Netzwerke lassen sich allgemein in der Form:

$$\sum_{i=0}^{n} b_i \frac{\mathrm{d}^i y}{\mathrm{d}t^i} = \sum_{i=0}^{m} a_i \frac{\mathrm{d}^i x}{\mathrm{d}t^i}. \tag{5.3-16}$$

darstellen. Dabei ist y eine gesuchte Ausgangs- und x eine gegebene Quellgröße. Zwecks Lösung wird die im Originalbereich vorliegende DGL in eine algebraische Gleichung in den Bildbereich umgewandelt, diese gelöst, und bei Bedarf das Ergebnis in den Originalbereich zurücktransformiert:

Originalbereich: DGL in $y(t)$ + Anfangswerte		Gesuchte Lösung: Zeitfunktion $y(t)$
LAPLACEtransformation ↓		↑ **LAPLACErücktransformation**
Bildbereich: Lineare komplexe Gleichung in $\underline{Y}(s)$	→	Algebraisches Rechnen mit Bildfunktion $\underline{Y}(s)$

Am Beispiel der DGL zu dem Netzwerk in Abb. 2.11-2 lautet die Abbildung:

$$\frac{\mathrm{d}u_C}{\mathrm{d}t} + \frac{u_C}{RC} = \frac{u_\mathrm{q}}{RC} \quad \Rightarrow \quad n = 1, \quad b_0 = \frac{1}{RC}, \quad b_1 = 1, \quad y = u_C$$

$$m = 0, \quad a_0 = \frac{1}{RC}, \qquad x = u_\mathrm{q}. \tag{5.3-17}$$

Diese inhomogene, lineare DGL mit konstanten Koeffizienten setzt sich aus der homogenen DGL und der Störfunktion zusammen. Wir wollen die Ergebnisse des Abschnitts 2.11 mithilfe der LAPLACEtransformation verifizieren und wenden die LAPLACEregeln der Linearität und Differentiation unmittelbar auf die DGL an:

$$\mathscr{L}\{\frac{\mathrm{d}u_C}{\mathrm{d}t}\} + \frac{1}{RC}\mathscr{L}\{u_C\} = \frac{1}{RC}\mathscr{L}\{u_\mathrm{q}\} \;=\; s\underline{U}_C(s) - u_C(0^-) + \frac{\underline{U}_C(s)}{RC} = \frac{\underline{U}_\mathrm{q}(s)}{RC}$$

$$\Rightarrow \quad (s + \frac{1}{RC})\underline{U}_C(s) = \frac{\underline{U}_\mathrm{q}(s)}{RC} + u_C(0^-) \quad \Rightarrow \quad \underline{U}_C(s) = \frac{\underline{U}_\mathrm{q}(s)/RC + u_C(0^-)}{s + 1/RC}. \tag{5.3-18}$$

Für eine eingeschaltete Gleichspannung $u_\mathrm{q}(t) = U_\mathrm{q}\Phi(t) \Rightarrow \underline{U}_\mathrm{q}(s) = U_\mathrm{q}/s$ und Anfangswert $u_C(0^-) = U_0$ erhalten wir mit **MATHCAD** Gl. 2.11-12:

$$\frac{\frac{U_q}{s \cdot R \cdot C} + U_0}{s + \frac{1}{R \cdot C}} \; invlaplace, s \;\rightarrow\; U_q - exp\left[\frac{-1}{(R \cdot C)} \cdot t\right] \cdot U_q + exp\left[\frac{-1}{(R \cdot C)} \cdot t\right] \cdot U_0$$

Handelt es sich bei der Quelle um eine Cosinusquelle im eingeschwungenen Zustand, ist eine LAPLACEanalyse nicht möglich, wird aber auch nicht benötigt, da die komplexe Wechselstromrechnung angewendet werden kann. Für geschaltete Wechselquellen ist hingegen eine LAPLACEanalyse wieder möglich. Darüberhinaus bietet sich grundsätzlich an, das Netzwerk erst gar nicht im Zeitbereich, sondern gleich mit der Variablen s im Frequenzbereich darzustellen. Dies ist auf einfache Weise machbar, indem die Bauelemente selbst LAPLACEtransformiert werden:

- OHMscher Widerstand:

$$\mathscr{L}\{u(t)\} = R\mathscr{L}\{i(t)\} \quad = \quad \underline{U}(s) = R\underline{I}(s) \quad \Rightarrow \quad R = \frac{\underline{U}(s)}{\underline{I}(s)}. \tag{5.3-19}$$

- Ungeladener Kondensator:

$$C\mathscr{L}\{\frac{\mathrm{d}u}{\mathrm{d}t}\} = \mathscr{L}\{i(t)\} \quad = \quad sC\underline{U}(s) = \underline{I}(s) \quad \Rightarrow \quad sC = \frac{\underline{I}(s)}{\underline{U}(s)}. \tag{5.3-20}$$

- Geladener Kondensator:

$$C\mathscr{L}\{\frac{\mathrm{d}u}{\mathrm{d}t}\} = \mathscr{L}\{i(t)\} \quad = \quad sC\underline{U}(s) - Cu(0^-) = \underline{I}(s) \quad \Rightarrow \quad \underline{U}(s) = \frac{\underline{I}(s)}{sC} + \frac{u(0^-)}{s}. \tag{5.3-21}$$

Hieraus bietet sich an, bei DGLn gänzlich auf unmittelbares Einbinden von Anfangswerten zu verzichten, sondern gemäß Abb. 5.3-1a) im LAPLACEbereich einen geladenen Kondensator durch eine Reihenschaltung von ungeladenem Kondensator und Spannungsquelle zu ersetzen:

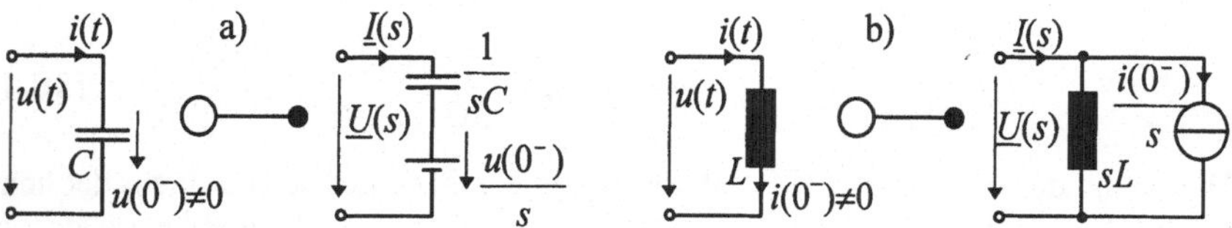

Abb. 5.3-1: Transformation geladener Energiespeicher im LAPLACEbereich:
a) Kondensator in Reihenschaltung aus ungeladenem Kondensator und Gleichspannungsquelle,
b) Spule in Parallelschaltung aus ungeladener Spule und Gleichstromquelle.

- Ungeladene Spule:

$$\mathscr{L}\{u(t)\} = L\mathscr{L}\{\frac{\mathrm{d}i}{\mathrm{d}t}\} \quad = \quad \underline{U}(s) = sL\underline{I}(s) \quad \Rightarrow \quad sL = \frac{\underline{U}(s)}{\underline{I}(s)}. \tag{5.3-22}$$

- Geladene Spule:

$$\mathscr{L}\{u(t)\} = L\mathscr{L}\{\frac{\mathrm{d}i}{\mathrm{d}t}\} \quad = \quad \underline{U}(s) = sL\underline{I}(s) - Li(0^-) \quad \Rightarrow \quad \underline{I}(s) = \frac{\underline{U}(s)}{sL} + \frac{i(0^-)}{s}. \tag{5.3-23}$$

Analog zum Kondensator wird gemäß Abb. 5.3-1b) im LAPLACEbereich eine geladene Spule durch eine Parallelschaltung von ungeladener Spule und Stromquelle ersetzt.

LAPLACEwiderstände ergeben sich offenbar aus den bekannten Formeln komplexer Widerstände, wenn dort $\mathrm{j}\omega$ durch s ersetzt wird. Wurde also von einem gegebenen Netzwerk einmal eine Übertragungsfunktion - z.B. mit Maschenstrom- oder Knotenpotentialverfahren in $\mathrm{j}\omega$ erstellt, ist der wesentliche Teil der Arbeit getan, indem in den Ausdrücken einfach $\mathrm{j}\omega$ durch s ersetzt wird und die Quellen noch LAPLACEtransformiert werden.

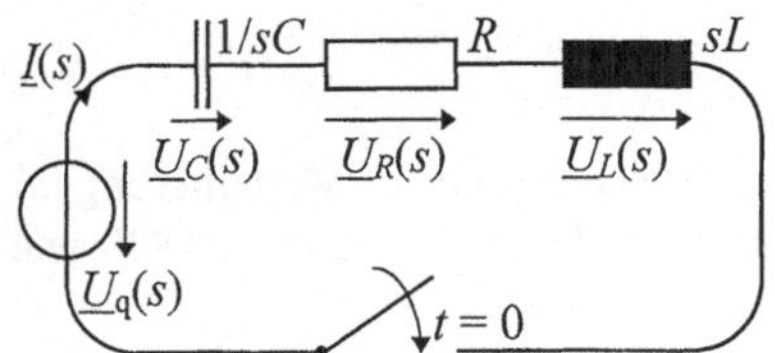

Abb. 5.3-2: Reihenschwingkreis mit geschalteter Spannungsquelle in LAPLACEdarstellung.

Wir wollen dies am wieder am Beispiel des Netzwerks in Abb. 4.5-11 durchführen, dessen LAPLACEtransformation in Abb. 5.3-2 dargestellt ist. Die DGL 4.5-66 transformiert sich zunächst für eine geschaltete Gleichspannungsquelle U_q/s in:

$$\frac{d^2u_C}{dt^2}+\frac{R}{L}\frac{du_C}{dt}+\frac{u_C}{LC}=\frac{u_q}{LC} \quad \circ\!\!-\!\!\bullet \quad (s^2+\frac{R}{L}s+\frac{1}{LC})\underline{U}_C(s)=\frac{U_q}{sLC}. \quad (5.3\text{-}24)$$

$$\frac{U_q}{s}\cdot\frac{1}{s^2\cdot L\cdot C+s\cdot R\cdot C+1} \quad \boxed{\text{Alt}}\ \text{STA} \quad \boxed{\text{Alt}}\ \text{SS} \quad \left[-\sqrt{C}\cdot R\cdot\frac{\sin\left[\frac{1}{2}\cdot\frac{\sqrt{4\cdot L-R^2\cdot C}}{(\sqrt{C\cdot L})}\cdot t\right]}{\sqrt{4\cdot L-R^2\cdot C}}-\cos\left[\frac{1}{2}\cdot\frac{\sqrt{4\cdot L-R^2\cdot C}}{(\sqrt{C\cdot L})}\cdot t\right]\right]\cdot U_q\cdot\exp\left(\frac{-1}{2}\cdot\frac{R}{L}\cdot t\right)+U_q$$

Etwa bei dieser seitens der LAPLACEtransformierten sicher nicht übermäßigen Komplexität endet die übersichtliche Darstellung eines symbolischen Ergebnisses. Dennoch kann es nützlich sein, symbolische und numerische Analyse, wie dies schon einigemal getan wurde, zu mischen. Für unser Beispielnetzwerk wollen wir dies auf der Grundlage der **MATHCAD**-Anwendung 4.5-2 durchführen - jetzt mit der Wechselquelle $\hat{u}_q\cos(\omega_q t + \varphi_q)$ - und $u_C(t)$ in symbolisch/numerischer Mischform darstellen:

MATHCAD-Anwendung 5.3-2: Gleitkomma-LAPLACEtransformation

$$C:=10^{-9} \quad R:=50 \quad L:=10^{-3} \quad \upsilon_q:=10 \quad \omega_q:=2\cdot\pi\cdot1.4\cdot10^5 \quad \varphi_q:=0 \quad \delta:=\frac{R}{2\cdot L} \quad \omega_0:=\frac{1}{\sqrt{L\cdot C}}$$

Im Beispiel werden zunächst die zu Abb. 5.3-2 gehörigen Bauelemente und Abkürzungen spezifiziert. Statt einer Simultandefinition werden Einzeldefinitionen verwendet, damit in der untenstehenden aktiven Symbolik die Zahlenwerte eingesetzt werden.

$$\upsilon_q\cdot\omega_0^2\cdot\cos(\omega_q\cdot t+\varphi_q) \quad \boxed{\text{Alt}}\ \text{STL} \quad \upsilon_q\cdot\omega_0^2\cdot\frac{(s\cdot\cos(\varphi_q)-\omega_q\cdot\sin(\varphi_q))}{(s^2+\omega_q^2)}$$

Eingabe der mit ω_0^2 multiplizierten Quelle im Zeitbereich und LAPLACEtransformation.

$$\upsilon_q\cdot\omega_0^2\cdot\frac{s\cdot\cos(\varphi_q)-\omega_q\cdot\sin(\varphi_q)}{(s^2+\omega_q^2)\cdot(s^2+2\cdot\delta\cdot s+\omega_0^2)}\ \textit{float},5 \rightarrow 1.0000\cdot10^{13}\cdot\frac{s}{[(s^2+7.7378\cdot10^{11})\cdot(s^2+50000.\cdot s+1.0000\cdot10^{12})]}$$

Kopieren der zuvor erstellten LAPLACEtransformierten, Division durch das charakteristische Polynom der DGL ($s^2 + 2\delta s + \omega_0^2$) und aktive symbolische Gleitkommatransformation mit *float 5* zur Beschränkung der Stellenanzahl auf fünf. Das rechte Ergebnis wird kopiert, |s markiert, Alt STA, das Ergebnis hiervon eingerahmt, Symbolics Evaluate ▸ Floating Point... Floating Point Precision *4* (Alt SEF *4*).

$$(-8.352\cdot\sin(999690.0\cdot t)-42.59\cdot\cos(999690.0\cdot t))\cdot\exp(-25000.\cdot t)+8.281\cdot\sin(879650.0\cdot t)+42.59\cdot\cos(879650.0\cdot t)$$

Markieren von |exp(−25000.·t), Symbolics Collect (Alt SC) liefert obiges Ergebnis für $u_C(t)$.

5.3.4 Partialbruchzerlegung

Wenn wir voraussetzen, daß ggfls. geladene Energiespeicher nach der Modellierung im vorigen Abschnitt in Gl. 16 als Quellen q_i betrachten werden, läßt sich diese DGL wie folgt LAPLACEtransformieren und auflösen:

$$\sum_{i=0}^{n} b_i s^i \underline{Y}(s) = \sum_{i=0}^{m} a_i s^i \underline{X}(s) \quad \Rightarrow \quad \underline{Y}(s) = \underline{X}(s) \frac{\sum_{i=0}^{m} a_i s^i}{\sum_{i=0}^{n} b_i s^i} = \frac{\sum_{i=0}^{m'} c_i s^i}{\sum_{i=0}^{n'} d_i s^i}. \qquad (5.3\text{-}25)$$

Wir erkennen, daß LAPLACEtransformierte allgemein typisch als Quotient zweier Polynome darstellbar sind. Ein Polynom kann alternativ als Produkt von Ausdrücken der Form $(s - p_i)$ mit Nullstellen p_i - und damit hier als Pole der gebrochen rationalen Funktion - angeschrieben werden:

$$\underline{Y}(s) = \frac{\sum_{i=0}^{m'} c_i s^i}{\prod_{i=1}^{n'} (s - p_i)} = \sum_{k=1}^{n'} \frac{r_k}{s - p_k} \qquad \text{mit} \qquad r_k = \underline{Y}(p_k)\cdot(s - p_k). \quad (5.3\text{-}26)$$

Dabei setzen wir $m' < n'$ voraus. Die Summanden $r_k/(s - p_k)$ heißen ***Partialbrüche***. Sind die ***Residuen*** r_k bekannt, läßt sich $y(t)$ wg. $1/(s - p_k) \bullet\!\!-\!\!\circ \exp(p_k t)$ als Summe von Exponentialfunktionen darstellen. Die r_k lassen sich u.a. aus dem rechts dargestellten ***Residuensatz*** berechnen. Dazu wird zuerst (!) in $\underline{Y}(s)\cdot(s - p_k)$ mit dem Nenner in Produktform zunächst der Faktor $(s - p_k)$ weggekürzt, und dann im Rest überall $s = p_k$ gesetzt. Wir wollen dies am Beispiel von Gl. 24 für die Sprungantwort $\underline{U}_C(s)$ (auf SI-Einheiten normiert) demonstrieren:

$$\underline{U}_C(s) = \frac{U_q/LC}{s\cdot(s^2 + sR/L + 1/LC)} = \frac{10^{13}}{s\cdot(s^2 + 5\cdot 10^4 s + 10^{12})} =$$

$$= \frac{c_0}{\prod_{i=1}^{3}(s - p_i)} = \frac{10^{13}}{(s-0)\cdot(s - [-25\,000 + \mathrm{j}10^6])\cdot(s - [-25\,000 - \mathrm{j}10^6])}.$$

$$r_1 = \underline{U}_C(0)\cdot(s - 0) = 10,$$

$$r_{2,3} = \underline{U}_C(-25\,000 \pm \mathrm{j}10^6)\cdot(s - [-25\,000 \pm \mathrm{j}10^6]) = -5 \pm \mathrm{j}\tfrac{1}{8}$$

$$\Rightarrow \qquad \underline{U}_C(s) = \sum_{k=1}^{3} \frac{r_k}{s - p_k} = \frac{10}{s} + \frac{-5 + \mathrm{j}\frac{1}{8}}{s + 25000 - \mathrm{j}10^6} - \frac{5 + \mathrm{j}\frac{1}{8}}{s + 25000 + \mathrm{j}10^6}$$

$$\bullet\!\!-\!\!\circ \qquad u_C(t) = [10 + (-5 + \mathrm{j}\tfrac{1}{8})\cdot \mathrm{e}^{-(25000-\mathrm{j}10^6)t} - (5 + \mathrm{j}\tfrac{1}{8})\cdot \mathrm{e}^{-(25000+\mathrm{j}10^6)t}]\cdot \Phi(t). \qquad (5.3\text{-}27)$$

Dieser Verlauf ist bereits aus der Lösung von Aufgabe 4.5.7-3 bekannt. Da es sich hier um Schwingungen handelt, treten konjugiert komplexe Pole auf. Mehrfachpole, die zu aperiodischen Zeitverläufen gehören, erfordern eine Modifizierung des Algorithmus'.

MATHCAD-Anwendung 5.3-3: Partialbruchzerlegung

MATHCAD unterstützt diese unter Symbolics Variable ▸ Convert to Partial Fraction (Alt SVC), indem die Variable s zuvor ausgewählt wird.

$$\frac{10^{13}}{s\cdot\left(s^2+5\cdot10^4\cdot s+10^{12}\right)} \qquad \text{Alt SVC} \quad \text{Alt SEF}1 \qquad \frac{10}{s}-10\cdot\frac{\left(5.\cdot10^4+s\right)}{\left(s^2+5.\cdot10^4\cdot s+1.\cdot10^{12}\right)}$$

Partialbrüche können auch in andere Strukturen zerlegt sein. MATHCAD versucht eine Zerlegung in lineare und quadratische Nennerpolynome.

Alt STA Alt SEF5

$$10.-.25009\cdot exp(-25000.\cdot t)\cdot sin(9.9973\cdot10^5\cdot t)-10.\cdot exp(-25000.\cdot t)\cdot cos(9.9973\cdot10^5\cdot t)$$

Die Rücktransformation liefert entsprechend der Tabelle in MATHCAD-Anwendung 5.3-1 exponentiell abklingende sin- und cos-Funktionen, die man natürlich auch durch direkte Rücktransformation erhält.

$$\frac{10^{13}}{s\cdot\left(s^2+5\cdot10^4\cdot s+10^{12}\right)} \;\begin{vmatrix} convert, parfrac, s \\ float, 1\end{vmatrix} \rightarrow \frac{10}{s}-10\cdot\frac{\left(5.\cdot10^4+s\right)}{\left(s^2+5.\cdot10^4\cdot s+1.\cdot10^{12}\right)}$$

Der adäquate Befehl der aktiven Symbolik ist <F(s)> *convert, parfrac,s* →.

5.3.5 LAPLACEtransformation mit PSPICE

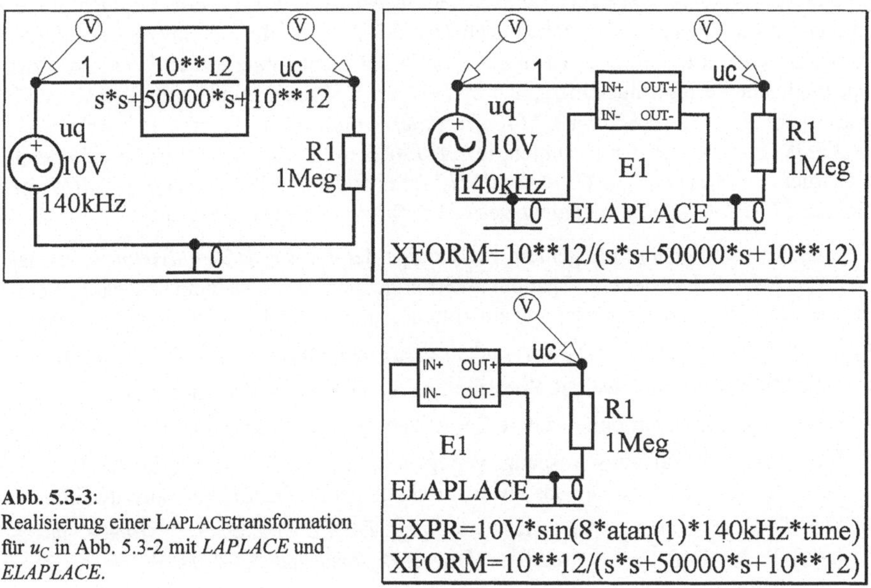

Abb. 5.3-3:
Realisierung einer LAPLACEtransformation für u_C in Abb. 5.3-2 mit *LAPLACE* und *ELAPLACE.*

In der Regelungstechnik sind Sollverläufe von Übertragungsfunktionen häufig unmittelbar als LAPLACE-Frequenzgänge vorgegeben, von denen meist mehrere schaltungstechnische Lösungen möglich sind, die jedoch zunächst nicht interessieren. Hier bietet sich an, die Übertragungsfunktionen unmittelbar als LAPLACEtransformierte einzugeben. **PSPICE** stellt dazu die Bauelemente *LAPLACE, ELAPLACE* und *GLAPLACE* aus der Bibliothek *abm.slb* zur Verfügung.

Im einfachsten Fall wird hierzu entspr. der linken Abb. 5.3-3 die Quelle oder ein übriges Netzwerk konventionell eingegeben und *LAPLACE* über einen hochohmigen Serienwiderstand oder ggfls. an weitere Netzwerkteile angekoppelt. 🖱🖱 auf *LAPLACE* öffnet die Dialogbox mit den Parametern *NUM* (Numerator; Zähler des LAPLACEbruchs) und *DENOM* (Denominator; Nenner des LAPLACEbruchs), die wir für das Beispielnetzwerk in Abb. 5.3-2 zur Darstellung von $u_C(t)$ bei Wechselerregung gemäß der **MATHCAD**-Anwendung 5.3-2 mit *NUM= 10**12* und *DENOM= s*s+50000*s+10**12* spezifizieren. Beide Ausdrücke werden auf dem Arbeitsblatt dargestellt.

Dieses LAPLACEelement repräsentiert nun gemeinsam mit der Quelle das Netzwerk für $u_C(t)$, welches im Beispiel mittels der plazierten Marker gemeinsam mit $u_q(t)$ in **PROBE** dargestellt wird. Das Ergebnis ist bei einer Transientenanalyse identisch mit $u_C(t)$ und $u_q(t)$ in Abb. 4.5-12/14. Gleichwohl kann ein *AC-Sweep* durchgeführt werden, wobei s in $j\omega$ umgewandelt wird und ein Frequenzgang wie in Abb. 4.5-9a) - hier mit Güte Q = 20 - darstellbar ist. Bei einem *DC-Sweep* wird s = 0 gesetzt; im vorliegenden Beispiel läge eine Eins-Übertragung vor.

Alternativ kann an der spannungsgesteuerten Spannungsquelle *ELAPLACE* (*E*-Device) Eingang *IN+/-* und Ausgang *OUT+/-* allgemein an je einem Knotenpaar des Netzwerks angeschlossen werden. Die Voreinstellung *EXPR* = *V(%IN+, %IN-)* übernimmt im Bsp. analog zu *LAPLACE* die Quelle, wie in der Abb. 5.3-3 rechts oben dargestellt.

In *EXPR* = können aber auch Konstanten, Parameter, Spannungen und Ströme der Schaltung gemäß der **PSPICE**-Variablensyntax in Abschnitt 6.2.3.1 in beliebigen numerischen Ausdrücken mit Funktionen nach Tab. 6.3-2, sowie die Zeit mittels des Schlüsselworts *time*, auftreten. Dies ist in der Abb. 5.3-3 rechts unten durch Weglassen der Spannungsquelle als Bauelement, Kurzschluß des Eingangs, und dafür Ersatz durch den Ausdruck *10V*sin(8*atan(1)*140kHz*time)* demonstriert (8·arctan(1) = 2π).

XFORM = erwartet den gesamten, in *LAPLACE* mit *NUM* und *DENOM* gebildeten Ausdruck, im Beispiel: *XFORM = 10**12/(s*s+50000*s+10**12). GLAPLACE* ist, ähnlich *ELAPLACE*, eine spannungsgesteuerte Stromquelle (*G*-Device).

E/GLAPLACE gehören allgemein zur Gruppe der *PSpice A/D-equivalent parts* der *abm.slb*. Das sind gesteuerte Spannungs/Stromquellen, die an einem Ausgangsklemmenpaar auf Differenzeingangsports antworten. Außer *E/GLAPLACE* finden wir hier:

- *E/GVALUE* mit *EXPR* = wie vor, und so als mathematische Zeitfunktion einsetzbar,
- *E/GSUM* addiert ohne weitere Spezifikation die Größen beider Eingangsports,
- *E/MULT* multipliziert ohne weitere Spezifikation die Größen beider Eingangsports,
- *E/GTABLE* mit Eingangs/Ausgangswertepaaren in *TABLE* =, wobei der *EXPR*-Ausdruck ausgewertet wird, um das jeweils nächstliegende *TABLE*-Paar auszuwählen,
- *E/GFREQ* mit Eingangs/Ausgangswertetripeln *TABLE = (<Frequenz>,<Real->,<Imaginärteil>)* oder für *R_I* ≠ □: *TABLE = (<Frequenz>,<Magnitude>,<Phase >)*.

Aufgabe 5.3-1: Man realisiere in **PSPICE** mit *ELAPLACE* eine exponentiell mit τ = 1 ms abklingende Sinusquelle der Frequenz f = 1 kHz, die von einem δ-Impuls getriggert wird.

Aufgabe 5.3-2: Welche Partialbrüche hat $\underline{U}_C(s)$ des Beispielnetzwerks für R = 3 kΩ und wie sieht die zugehörige Zeitfunktion aus?

***Aufgabe 5.3-3**: Man berechne die LAPLACEtransformierte der Rechteckpulsfolge aus Abb. 5.1-7.

6 PSPICE-Programmpaket

6.1 Überblick

Dieses Kapitel beschreibt den Einstieg in das Arbeiten mit dem **PSPICE**-Programmpaket für elektronische Schaltungssimulation der mittlerweile zur Fa. OrCAD gehörenden Fa. MicroSim. Zugrundegelegt wird die Demoversion 8. Das Kapitel sollte von dem, der noch nie mit dem Programmpaket gearbeitet hat, einmal durchgearbeitet werden. Es sollte zu Rate gezogen werden, wenn die Erläuterungen zu **PSPICE**-Anwendungen in den vorangegangenen Kapiteln zum Verständnis nicht ausreichen. Darüberhinaus sei auf Abschnitt 0.4 und insbes. 0.4.2 verwiesen, wo das Ansinnen zur Einbindung der Programme in dieses Buch erläutert ist. Weiterhin sind im Literaturverzeichnis aktuelle Titel zur Vertiefung des Stoffs aufgeführt.

6.1.1 Darstellungskonventionen

Folgende Regeln werden in der Folge zusätzlich zu den zu Anfang des Buchs angegebenen Darstellungskonventionen weitgehend eingehalten:

- *R3*; *Schaltung.sch*: Parametereingaben; Dateinamen.
- *Platzhalter*: d.h. diese Begriffe müssen ersetzt werden.
- < > kennzeichnet einen obligaten, [ ] einen optionalen Platzhalter. Steht hinter einem Platzhalter ein *, also in der Art < >* oder [ ]*, so muß dieser wenigstens einmal, kann aber auch mehrfach vorkommen.
- Wird ein in der Hierarchie der Eingaben tieferliegender Befehl beschrieben, wird der Pfad, beginnend bei der jeweiligen in dem Fenster sichtbaren Menüleiste, angegeben (z.B. Options Pan & Zoom Auto Pan ☑ Enable in **SCHEMATICS** heißt: 🖱 in der Menü-leiste auf Options, worauf sich das zugehörige Pull-Down-Menü öffnet, 🖱 hier auf Pan & Zoom, worauf sich die gleichnamige Dialogbox öffnet, 🖱 dort auf Auto Pan ☑ Enable). Wird Bezug auf einen solchen Befehl in einem anderen Programm genommen, steht dieses zusätzlich davor.
- Die **PSPICE**-Programmgruppe unterscheidet bei den Eingaben nicht zwischen Groß- und Kleinschreibung. Wenn in den Erläuterungen daher beide Darstellungen - auch gemischt - vorkommen, dient dies lediglich der Übersichtlichkeit.
- Im Zuge einer Simulation werden mehrere Dateien mit dem Namen der Schaltung in der jeweiligen Titelleiste, aber von verschiedenem Typ erzeugt. Heißt z.B. eine Schaltung *Schaltung*, so heißen die zugehörigen Dateien *Schaltung.sch*, *Schaltung.dat*, *Schaltung.cir* etc. Diese werden meist nur mit ihrem Typ - also *.sch*, *.dat*, *.cir* etc. - aufgeführt, und es wird impliziert, daß der Dateiname immer der gleiche ist.

- Der mehrfach verwendete *Stimulus*-Begriff bedeutet für zeitabhängige Quellen, daß deren Zeitverlauf durch einen auf verschiedene Weisen vorgebbaren Parametersatz beschrieben wird.
- Das **PSPICE**-Programmpaket ist für analoge, digitale und gemischte Schaltungen geeignet. Verschiedene Aspekte sind jedoch für die einzelnen Analysearten unterschiedlich. Alle Angaben, für die die Analyseart nicht explizit angegeben ist, gelten zunächst für analoge Schaltungen.
- Abschnitte mit einem * davor sind eher geeignet für den erfahrenen Benutzer.

6.1.2 Anwendungsgebiete und Programmstruktur

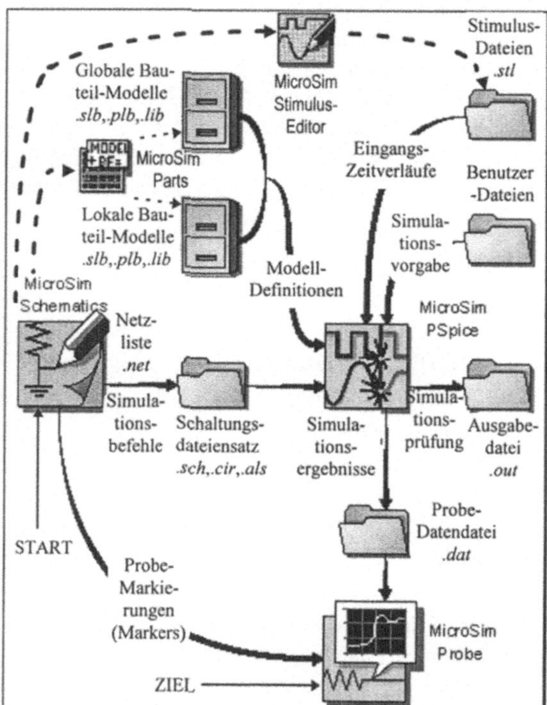

Abb. 6.1-1: Übersicht über die wichtigsten Programmodule des **PSPICE**-Programmpakets.

Das Programm **PSPICE**, heute Bestandteil des komplexen EDA-Programmpakets der Fa. MicroSim, dient zur Simulation analoger und digitaler Schaltungen. Der Begriff der analogen Schaltung ist recht eindeutig definiert, der Begriff der digitalen Schaltung muß etwas verfeinert werden. Wird beispielsweise eine digitalelektronische Schaltung mit Transistormodellen und Widerständen in **PSPICE** modelliert und verschiedene Analysen durchgeführt, so ist dies physikalisch ebenfalls eine analoge Schaltung, aber auch die Nachbildung des TTL-NAND-Gatters 7400 bezüglich seines physikalischen Klemmenverhaltens ist immer noch eine analoge Schaltung. Hierfür werden ebenfalls konkrete Ströme und Spannungen als Ein- und Ausgabewerte benötigt.

Wird hingegen eine Analyse auf Logik-Gatter-Ebene durchgeführt, bei der nur logische Pegel High und Low, nicht aber die zugehörigen physikalischen Pegel von Bedeutung sind, so handelt es sich um eine digitale Schaltung. Eingabeprogramm **SCHEMATICS** und Ausgabeprogramm **PROBE** können gleichwohl verwendet werden. Weiterhin besteht mit **PSPICE A/D** die Möglichkeit von Mixed Mode-Simulationen.

Der Einstieg in das Programmpaket erfolgte früher über die Textbeschreibung einer Schaltung in einer Netzliste einer *.net*-Datei, die mit handelsüblichen Texteditoren erstellt werden kann. Dies ist heute immer noch möglich. Im Zeitalter der PCs mit Standard-Betriebssystemen mit graphischer Benutzeroberfläche, wie **WINDOWS**, ist eine direkte symbolische Eingabe am Bildschirm bedeutend einfacher. Daher bildet entspr. Abb. 6.1-1 das Zentrum und den Einstieg in das **PSPICE**-Programmpaket das Programm **SCHEMATICS** (*PSchEd.exe*), welches den Kommunikationspartner zum Benutzer zur Schaltungseingabe darstellt, und dann **PSPICE** zum Durchführen eines Simulationslaufs aufruft. *.sch*-Dateien enthalten codiert die graphische Schaltungsstruktur.

Die beim Simulationsstart von **PSPICE** aufgebaute *.cir*-Steuerdatei enthält die vom Benutzer über den **SCHEMATICS**-Editor eingegebenen Befehle, die bei der Simulation auszuführen sind. **PSPICE** baut dabei seinerseits die Netzliste *.net* als Ausgabedatei auf und dokumentiert Simulationsbefehle und Ergebnisse in der *.out*-Datei. Ergebnisse werden dort in Tabellen, auf dem **SCHEMATICS**-Arbeitsblatt und vor allem durch den graphischen Postprozessor **PROBE** dargestellt.

Postprozessor besagt hier, daß die graphische Darstellung nicht nur das bloße Aufbauen einer Kurve(nschar) ist, die man passiv anschauen kann, sondern auf mannigfache interaktive Weise kann diese Darstellungsart nach abgeschlossenem Simulationslauf manipuliert, interpretiert, verknüpft, gespeichert und reaktiviert werden. Dazu steht eine den Eingaben in **SCHEMATICS** vergleichbare komplexe Benutzeroberfläche zur Verfügung. Hier können diese graphischen Ausgaben komfortabel editiert werden. Animationen vergleichbar denen in **MATHCAD** sind (noch) nicht möglich. Somit erfolgen die Grund-Schaltungsspezifikation, -simulation und Ausgabenanalyse in drei Schritten:

1. **Schaltungsspezifikation**: interaktive graphische Eingabe und Simulationsvorbereitung der Schaltung mit **SCHEMATICS**. Aufbau der *.sch*-Datei.
2. **Schaltungssimulation**, -simulationsablaufüberwachung und -analyse mit **PSPICE**. Aufbau der *.als-*, *.net-* und *.cir*-Datei. Nach Simulationslauf Textdarstellung in der *.out*-Datei und ggfls auf der **SCHEMATICS**-Arbeitsfläche.
3. **Ausgabenanalyse**: graphische Darstellung und interaktives Editieren der Simulationsergebnisse mit **PROBE**, Aufbau der *.dat-* und *.prb*-Datei.

Hinzu kommen periphere Programme, wie der

- **SYMBOL EDITOR** (Bestandteil von **SCHEMATICS**; eigentlich ein Bauelement-Manager) zum Erstellen eigener Bauelementbibliotheken, eigener Bauelemente und Bauelementsymbole sowie zum Verändern bestehender Bauelemente.
- **PARTS** zum graphischen Verifizieren der Modellparameter komplexer Bauelemente, wie Transistoren (nicht weiter erläutert; in der Demoversion auf Dioden beschränkt).
- **STIMULUS EDITOR** (*StmEd*) zum komfortablen Editieren komplexer Quellzeitverläufe (nicht weiter erläutert; in der Demoversion beschränkt).

- MESSAGE VIEWER zur komfortablen Darstellung von Fehlermeldungen.
- DESIGN MANAGER, ein im Hintergrund laufendes Verwaltungsprogramm, das bei zum Icon verkleinerten SCHEMATICS gemeinsam mit dem MESSAGE VIEWER in der Task-Leiste erscheint (DesignLab Desi... MicroSim Messa... MicroSim Schem...). Er erlaubt eine zentrale Steuerung und Verwaltung aller Dateien des PSPICE-Programmpakets. Dazu können zusammengehörige Dateien in einem gemeinsamen Arbeitsbereich konfiguriert werden, und die Querbezüge werden in ähnlicher Form wie vom WINDOWS EXPLORER visualisiert. Wegen der Beschränkungen der Demoversion sei auf eine detaillierte Erläuterung verzichtet.
- TEXTEDIT zum Editieren fast aller Dateien; er wird nicht benötigt, wenn ein handelsüblicher Texteditor zur Verfügung steht.

Die genannten Programme gehören zum unmittelbaren Umfeld von PSPICE. Weitere, die hier nicht besprochen werden, dienen

- zur Simulation parasitärer Leiterplatteneffekte (POLARIS),
- dem Optimieren von Schaltungen (PSPICE OPTIMIZER), sowie zur
- reinen PLD-Synthese (PLSYN).

Wesentliche Vorteile des Einsatzes eines solchen Programmpakets vor dem Griff zum Lötkolben sind

- die Reduzierung von Zeit und finanziellen Investitionen für Testschaltungen,
- Flexibilität bei der Untersuchung verschiedener Schaltungsvarianten,
- Ausschluß von Fehlerquellen,
- zerstörungsfreie Simulation unter Worst-Case-Bedingungen (Temperatur, Hochspannung, Starkstrom, Verlustleistung etc.),
- nahtloser Übergang vom SCHEMATICS-Entwurf zum Leiterplattenentwurf mittels entsprechender Konvertierungsprogramme,

und viele weitere mehr.

6.1.3 Dateienstruktur

Die wichtigsten Dateien mit Daten zur Schaltungssimulation lassen sich in vier Gruppen unterteilen:

- **Modellbeschreibungsbibliotheken** (Model Files *.slb*, *.lib*, *.plb*, *.flb*)

  mit der graphischen, elektrischen, funktionalen und geometrischen Bauelementbeschreibung. Jedes Modell wird als eigenes Bauelement (*.model*) oder komplexerer Unterschaltkreis (*.subckt*) beschrieben. Sie stehen grundsätzlich jeder Schaltkreisdatei *.sch* als Eingabe zur Verfügung.
- **Stimulusdateien** (*.stl*)

  ebenfalls grundsätzlich global verwendbare Eingabedateien mit komplexen benutzerdefinierten Quellzeitverläufen, die mithilfe des STIMULUS EDITORs, eines Texteditors kreiert und editiert werden können. Auch MATHCAD kann zur Generierung verwendet werden.

- **Kundendateien** (Custom Include Files)
  mit benutzerdefinierten Simulations- und Bauelementbefehlen.
- **Schaltkreisdateien** (Circuit File Set *.sch*, *.cir*, *.als*, *.net*, *.out*)
  mit Schaltungsstruktur, Analysebefehlen, Simulationssteuerungsbefehlen, Netzlistenquerbezügen, Aliasabbildungen usw. Sie werden individuell für jede erstellte und simulierte Schaltung kreiert.

Die in der folgenden Tab. 6.1-1 aufgeführten oberen Dateien sind statische Bibliotheken, die unteren werden im wesentlichen bei einer normalen Schaltungsentwicklung in dieser Reihenfolge erzeugt:

Ext.	Bedeutung	Funktionsbeschreibung	Programm
.ini	Initialisierung	Konfigurations- und Initialisierungsdatei	Alle
.slb	Symbol Library	graphische Struktur eines jeden einzelnen Bauelements (Symboldarstellungen)	SCHEMATICS
.plb	Package Library	Physikalische Gehäusebeschreibungen eines jeden einzelnen Bauelements (Pins)	SCHEMATICS
.lib	Model Library	Beschreibung der Modellparameter von einzelnen Bauelementen (Makromodelle)	SCHEMATICS, PARTS
.stl	Stimulus	kompliziertere Quellzeitverläufe in Stimulusquellendateien	STIMULUS EDITOR
.sch	SCHEMATICS	graphische Struktur einer Schaltung	SCHEMATICS
.als	Alias	Abbildungen der Bauelementklemmen (Pins) auf Schaltungsknoten	PSPICE, SCHEMATICS
.net	Netz	Netzliste, die die graphische Schaltungsstruktur als Text codiert	PSPICE, SCHEMATICS
.cir	Circuit	Steuerdatei des Simulationsablaufs (**Analysis Setup**, Bibliothekseinbindungen ...)	PSPICE, SCHEMATICS
.out	Ausgabe	Textausgabe der Ergebnisse nach PSPICE-Simulationslauf	PSPICE
.mvl	MESSAGE VIEWER Library	Fehlermeldungen beim Simulationslauf	MESSAGE VIEWER
.dat	PROBE-Daten	Kurven der PROBE-Darstellung (binär)	PSPICE, PROBE
.prb	PROBE-Konfiguration	Struktur der PROBE-Bildschirmdarstellung, Makros, Zielfunktionen	PROBE
.cmd	Command	Protokoll von PROBE-Abläufen	PROBE

Tab. 6.1-1: Datendateien des PSPICE-Programmpakets.

Bis auf die *.dat*-Dateien lassen sich diese als ASCII-Dateien mit einem konventionellen Texteditor, z.B. dem mitgelieferten TEXTEDIT, bearbeiten. Von dem zuerst aufgeführten *.ini*-Dateityp ist vor allem die *msim_evl.ini* von Bedeutung, da in ihr die Konfiguration der von dem Verwaltungsprogramm DESIGN MANAGER aufzurufenden Programme mit ihren Pfadeinstellungen festgelegt ist. Weiterhin sind hier Voreinstellungen und programmspezifische Parameter eingestellt, die bei den einzelnen Programmerläuterungen zu finden sind. *msim_evl.ini* befindet sich nicht im *MSimEv_8*-Pfad, sondern wird direkt im Betriebssystemordner WINDOWS installiert. Siehe dazu folgende im wesentlichen selbsterklärende Liste, die den typischen Anfang der *msim_evl.ini* darstellt:

```
[MICROSIM]
PSPICECMD=""C:\msimev8\PSPICE.EXE" -i msim_evl.ini -wpause=3 "
LIBPATH=""C:\MSimEv_8\UserLib";"C:\MSimEv_8\lib""
BACKUP=C:\MSimEv_8\backup                    VERSION=8.0
BOMATTRS=@PKGTYPE,@VALUE
TEXTEDITCMD=""TEXTEDIT.EXE" -i msim_evl.ini"
PSPICEADCMD=""PSPICEAD.EXE" -i msim_evl.ini"
PROBECMD=""PROBE.EXE" -i msim_evl.ini"
STMEDCMD=""STMED.EXE" -i msim_evl.ini"
PARTSCMD=""PARTS.EXE" -i msim_evl.ini"
SCHEMATICSCMD=""PSCHED.EXE" -i msim_evl.ini"
CCTCMD=""specctra.exe""
OPTIMIZERCMD=""OPTIMIZE.EXE" -i msim_evl.ini"
MSGVIEWCMD=""MSGVIEW.EXE" -i msim_evl.ini"
PCBOARDSCMD=""PCBOARDS.EXE" -i msim_evl.ini"
MAINLIBPATH=""C:\MSimEv_8\lib""
```

Die Datei *msim.prb* enthält alle von **PROBE** universell benutzten Makros.

6.1.4 Übersicht über die Analysearten

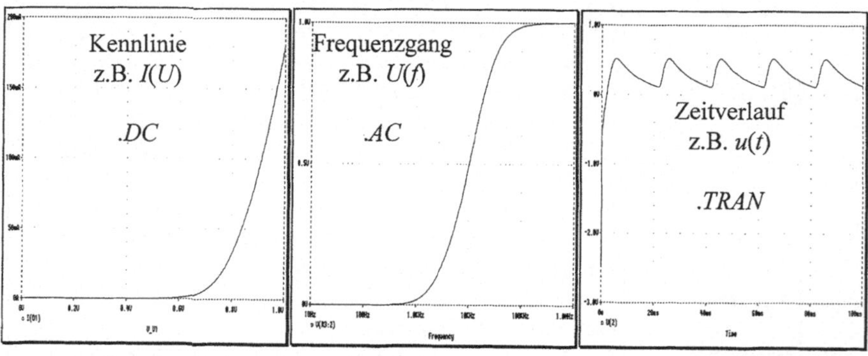

Abb. 6.1-2: Übersicht über die **PSPICE**-Analysearten.

Folgende Analysearten können über die in Abschnitt 6.2.3 erläuterte **Analysis Setup**-Dialogbox aktiviert werden. Das jeweils verwendete Kürzel erscheint so in der *.out*-Datei.

Standard

- **DC Sweep** (*.DC*, Kennlinienanalyse in der Form $I(U)$)

  Gleichspannungen und -ströme werden als Reaktion auf Quellparameter-, Bauelement-, Modellparameter- oder Temperaturveränderungen über einen vorgegebenen Bereich berechnet und als Kennlinie(nfeld) ausgegeben.
- **AC Sweep** (*.AC*, Frequenzganganalyse in der Form $U(f)$)

  Berechnung der Kleinsignalantwort mit Amplitude/Effektivwert und Phase, linearisiert um den Arbeitspunkt, wobei die Quellen einen Frequenzbereich durchlaufen.
- **Noise Analysis** (*.NOISE*, Rauschanalyse)

  im Zusammenhang mit der Frequenzanalyse.

- **Transient Response** (*.TRAN*, Zeitanalyse in der Form *u*(*t*))
  als Reaktion auf zeitveränderliche - auch komplizierte - Stimulusquellen.
- **Fourier Components** (*.FOUR*, FOURIERanalyse)
  im Zusammenhang mit der Zeitanalyse.
- **Bias Point Detail** (*.OP*, Detaillierte Arbeitspunktanalyse)
  Zusätzlich zur Standard-Arbeitspunktanalyse, die ohnehin von **PSPICE** durchgeführt wird, werden alle Knotenpotentiale, Quellströme und Verlustleistungen berechnet.
- **DC Sensitivity** (*.SENS*, Gleichgrößenempfindlichkeit)
  Berechnung der Empfindlichkeit von Ausgabevariablen auf Variationen verschiedener Schaltungsparameter, linearisiert um den Arbeitspunkt.
- **Small-signal DC Transfer** (*.TF*, Kleinsignal-Gleichgrößen-Übertragungsfunktion)
  Berechnung der Kleinsignal-Gleichgrößen-Verstärkung sowie Ein- und Ausgangswiderstände im Arbeitspunkt.

Mehrfachläufe

- **Parametric** (*.STEP*, Parametervariation)
  wiederholt die entspr. Abb. 6.1-2 spezifizierten Standardanalysen *DC Sweep*, *AC Sweep* und *Transient Analysis* für mehrere diskrete Werte eines Quellparameters, Bauelementwerts, Modellparameters oder der Betriebstemperatur.
- **Temperature** (*.TEMP*) identisch Parametric-Temperatur.

Statistik (nicht weiter behandelt)

- **Monte Carlo** (*.MC*)
  führt die entspr. Abb. 6.1-2 spezifizierten Standardanalysemethoden *DC Sweep*, *AC Sweep* und *Transient Analysis* für einen vorgegebenen Toleranzbereich von Modellparametern durch.
- **Sensitvity/Worst-Case** (*.WCASE*, Empfindlichkeit, Grenzbedingungen)
  wie *Monte-Carlo*, wobei die Variationen so kumuliert werden, daß sich die Worst-Case-Werte zum Gesamt-Worst-Case addieren.

6.1.5 Simulationsablauf

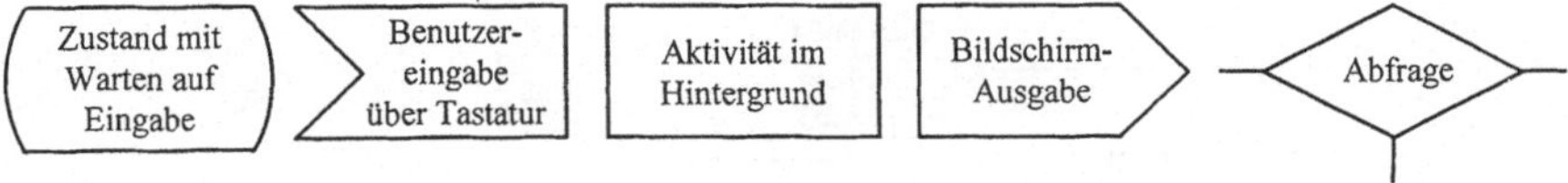

Betrachten wir nach einem abgeschlossenen Simulationslauf die erzeugten Datendateien, so finden wir in der Regel mindestens sechs mit gleichem Namen, aber unterschiedlichem Typ, hier aufgeführt in der Reihenfolge ihrer Kreation: *.sch*, *.cir*, *.net*, *.als*, *.out*, *.dat*, wozu der SDL-Grobablauf in Abb. 6.1-3 gehört. Dabei werden die dargestellten fünf Standard-Symboltypen verwendet. SDL (Specification and Description Language) ist eine von ITU-T (früher CCITT) genormte symbolische Sprache zum Darstellen von Kommunikationsabläufen. Das ITU-T (International Telecommunications Union) ist ein Normungsgremium mit Sitz in Genf.

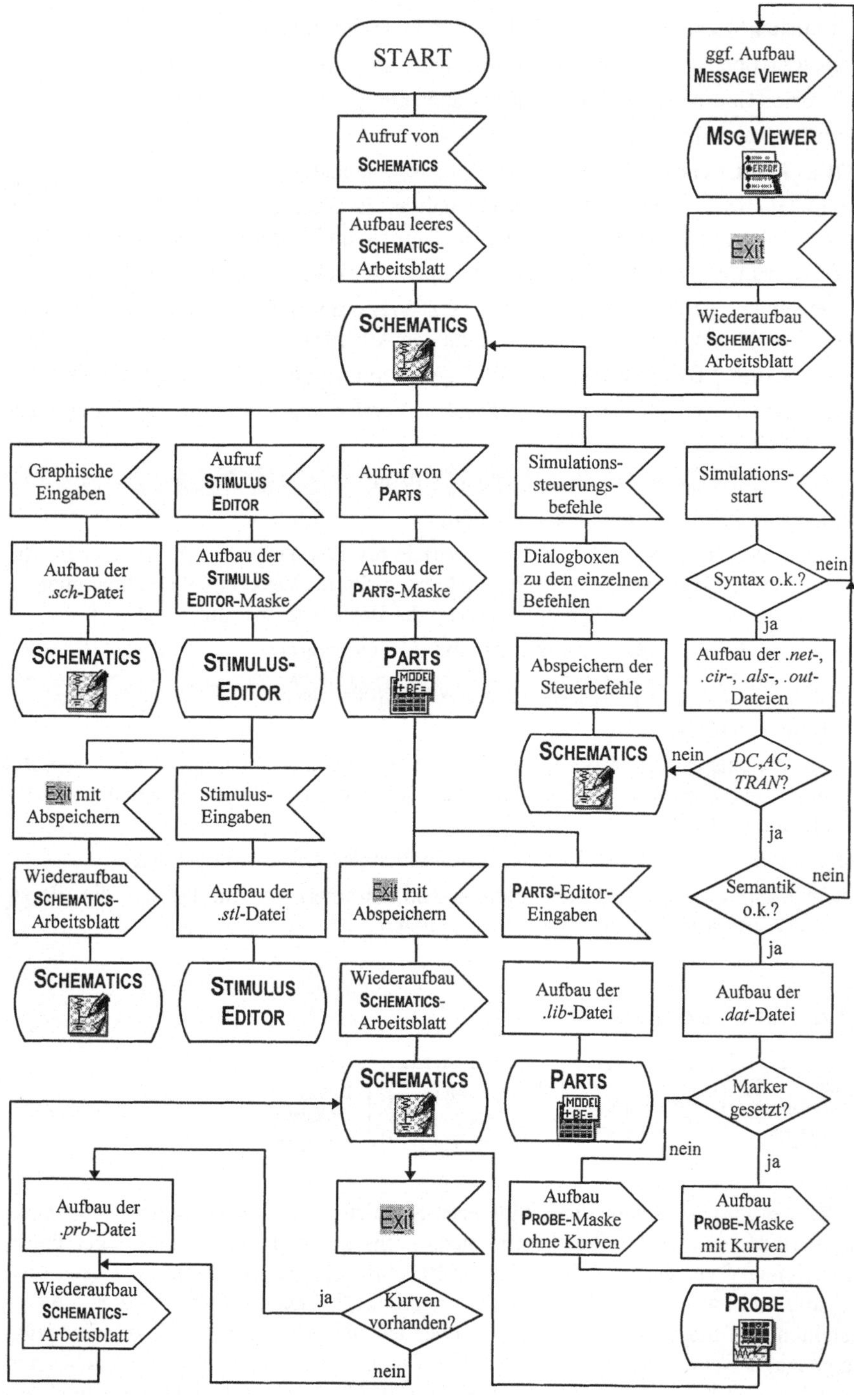

Abb. 6.1-3: SDL-Übersichtsdiagramm der **PSPICE**-Abläufe.

6.2 SCHEMATICS mit PSPICE

6.2.1 Einführung

In diesem Abschnitt wird der Einstieg in den graphischen Schaltplaneditor **SCHEMATICS** beschrieben. Die MicroSim-Original-Dokumentationen finden sich auf der CD-ROM im wesentlichen im 381-seitigen *SCHEMATICS User's Guide*, 423-seitigen *PSPICE & Basics User's Guide*, 567-seitigen *PSPICE A/D & Basics+ User's Guide* und dem 365-seitigen *PSPICE A/D - Reference Manual*.

Die Demoversion des **PSPICE**-Programmpakets weist im wesentlichen folgende Limitierungen auf:

- Ein **SCHEMATICS**-Arbeitsblatt, d.h. eine Seite mit max. 25 Bauteilsymbolen - z.B. im DIN A4-Format; eine Seite darf aber mehrere Schaltungen enthalten.
- 20 Symbole in einer benutzerdefinierten Symbolbibliothek, 9 Symbolbibliotheken.
- Mitgelieferte Symbolbibliothek *eval.lib* enthält ca. 22 analoge/140 digitale Simulationsmodelle.
- 64 Knoten, 10 Transistoren, 2 Operationsverstärker, 65 digitale Bauelemente, 10 Übertragungsleitungen, 4 gekoppelte Leitungen.
- Spezifikationen eigener Bauelemente mit **PARTS** auf Dioden beschränkt.
- Stimulus-Generation von Quellzeitverläufen mit dem **STIMULUS EDITOR** auf analoge Sinusschwingungen und digitale Takte (Clocks) beschränkt.

Für den normalen Lehrbetrieb sind dies Limitierungen, mit denen man arbeiten kann.

6.2.1.1 Arbeiten mit der Maus

Klicks linke Taste	Funktion
🖰 auf Objekt	Objekt anwählen (*select*)
⇧🖰 auf Objekt	mehrere Objekte anwählen (*multiselect*)
Ziehen	Rahmen (ROI = Region of Interest Box), in dem alle vollständig enthaltenen Objekte markiert werden (*groupselect*)
🖰🖰 auf Objekt	Objekt mit Doppelklick editieren (*edit*)
🖰🖰 auf Arbeitsfläche	Modus beenden (*terminate*)
Klicks rechte Taste	**Funktion**
🖰	Modus abbrechen (*abort*)
🖰🖰	Letzte Aktion wiederholen, auch □ (*repeat*)

Tab. 6.2-1: Funktionen der Maus in **SCHEMATICS**.

Eine Microsoft-Standardmaus 🖰 mit linker und rechter Taste läßt sich entspr. Tab. 6.2-1 tlw. wie bei der direkten Benutzung von **WINDOWS** oder anderer Anwendungen, wie z.B. in **WORD** verwenden, tlw. sind Funktionen - vor allem der rechten Taste - auch anders. Das Kontextmenü der rechten Taste hat sich hier (noch) nicht durchgesetzt.

Da die 🖱 heute das Standardwerkzeug zum Navigieren auf dem Bildschirm darstellt, wird auf die Aktivierung von mit der 🖱 durchführbaren Funktionen auf andere Weise (z.B. Shortcuts, Funktionstasten) weniger eingegangen. Wenn in der Folge von Mausklicks ohne die Bezeichnung *rechts* oder *links* die Rede ist, ist immer die linke Taste gemeint; die rechte wird explizit angegeben.

6.2.1.2 Die SCHEMATICS-Arbeitsfläche

Abb. 6.2-1 stellt die Bildschirmmaske von **SCHEMATICS** mit vollständigem Arbeitsblatt dar. Nach Aufruf von **SCHEMATICS** ist die Arbeitsfläche, auf der die Schaltung erstellt wird, nur ein kleiner Ausschnitt aus diesem zur Verfügung stehenden Arbeitsblatt. Das dargestellte Arbeitsblatt wird durch View Entire Page sichtbar.

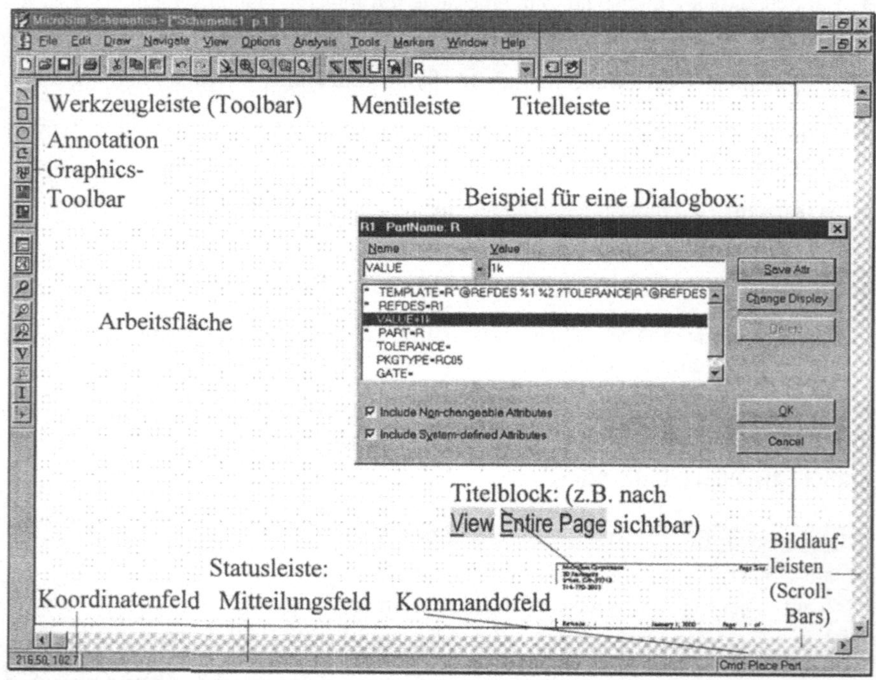

Abb. 6.2-1: **SCHEMATICS**-Arbeitsfläche.

Gerät der Cursor ↖ an den Rand der Arbeitsfläche und ist Options Pan & Zoom... Auto Pan ☑ Enable aktiviert, wandelt er sich in einen nach außen weisenden →, der ruckartig das Arbeitsblatt in die entgegengesetzte Richtung weiterschiebt. Options Editor Configuration... Page Settings... Borders •Outline bringt die inneren Arbeitsblattränder zum Verschwinden, •Zoned schaltet sie wieder ein und erlaubt ihre Variation. Die Felder der **SCHEMATICS**-Maske werden in Tab. 6.2-2 kurz erläutert und in weiteren Abschnitten wird auf die Werkzeugleiste, Menüleiste und die zugehörigen Menüs näher eingegangen. Tab. 6.2-3 führt die möglichen Begriffe der Titelleiste auf:

Feld:	Kurzbeschreibung:
Titelleiste	Information über aktuelle Datei
Menüleiste	Hauptmenüpunkte mit Pull-Down-Menüs
Pull-Down-Menüs	Untermenüpunkte mit Funktionen
Werkzeugleiste mit Icons	häufig benutzte Untermenüpunkte
Dialogbox	Parametrisierung von Untermenüpunkten
Bildlaufleisten (vertikal, horizontal)	wie in anderen **WINDOWS**-Anwendungen
Arbeitsfläche	zum Erstellen der Schaltung
Statusleiste, bestehend aus	
Koordinatenfeld	*x*/*y*-Koordinaten des Cursors ↖ in inch
Mitteilungsfeld	zum Untermenüpunkt, auf dem der ↖ steht
Kommandofeld (Cmd)	aktuell gültige *repeat*-Funktion
Titelblock	mit selbsterst. Informationen zur Schaltung

Tab. 6.2-2: Felder der **SCHEMATICS**-Maske.

Titelleistenbegriff:	Kurzbeschreibung:
MicroSim Schematics	Logo
*	aktuelle Schaltung nicht gespeichert
<Schematic1>	1. aktuelle Schaltung hat noch keinen Namen
p.1	Seite 1 - bei der Demoversion immer
stale	aktuelle Schaltung wurde noch nie berechnet
current	Schaltung seit letzter Berechnung unverändert
simulation	**PSPICE** ist aktiv
simulation error	Berechnungsabbruch bei Fehlern

Tab. 6.2-3: Begriffe der **SCHEMATICS**-Titelleiste.

6.2.1.3 Bedeutungen der Werkzeug-Icons

Die Werkzeugleiste besteht entspr. Tab. 6.2-4 aus den separat an- und abschaltbaren sowie verschieblichen Teilen *Standard*, *Drawing*, *Simulate* und *Annotation Graphics*. Ein Großteil der Aktionen kann über diese Icons abgewickelt werden und sie ersparen den Zwischenschritt über die Menüleiste eine Zeile darüber.

Alle Funktionen sollten bekannt sein, damit eine Schaltung zügig entwickelt und berechnet bzw. simuliert werden kann. In der linken Tabellenspalte ist das Werkzeug-Icon aufgetragen, in der mittleren der Name des Pull-Down-Menüs in der Menüleiste sowie rechts daneben ein kurzer Erläuterungstext zur Funktion, so wie er im nächsten Abschnitt hellgrau abgedeckt bei der Erläuterung der Menüleiste zu finden ist.

Icon	Name	Funktion
Standard:		Nicht-**SCHEMATICS**-spezifische Werkzeuge File und Edit
	File New	Neue **SCHEMATICS**-Datei kreieren; alte in den Hintergrund
	File Open	Andere, bereits vorhandene, **SCHEMATICS**-Datei öffnen
	File Save	Aktuelle **SCHEMATICS**-Datei speichern
	File Print	Aktuelle **SCHEMATICS**-Datei drucken

Fortsetzung nächste Seite ...

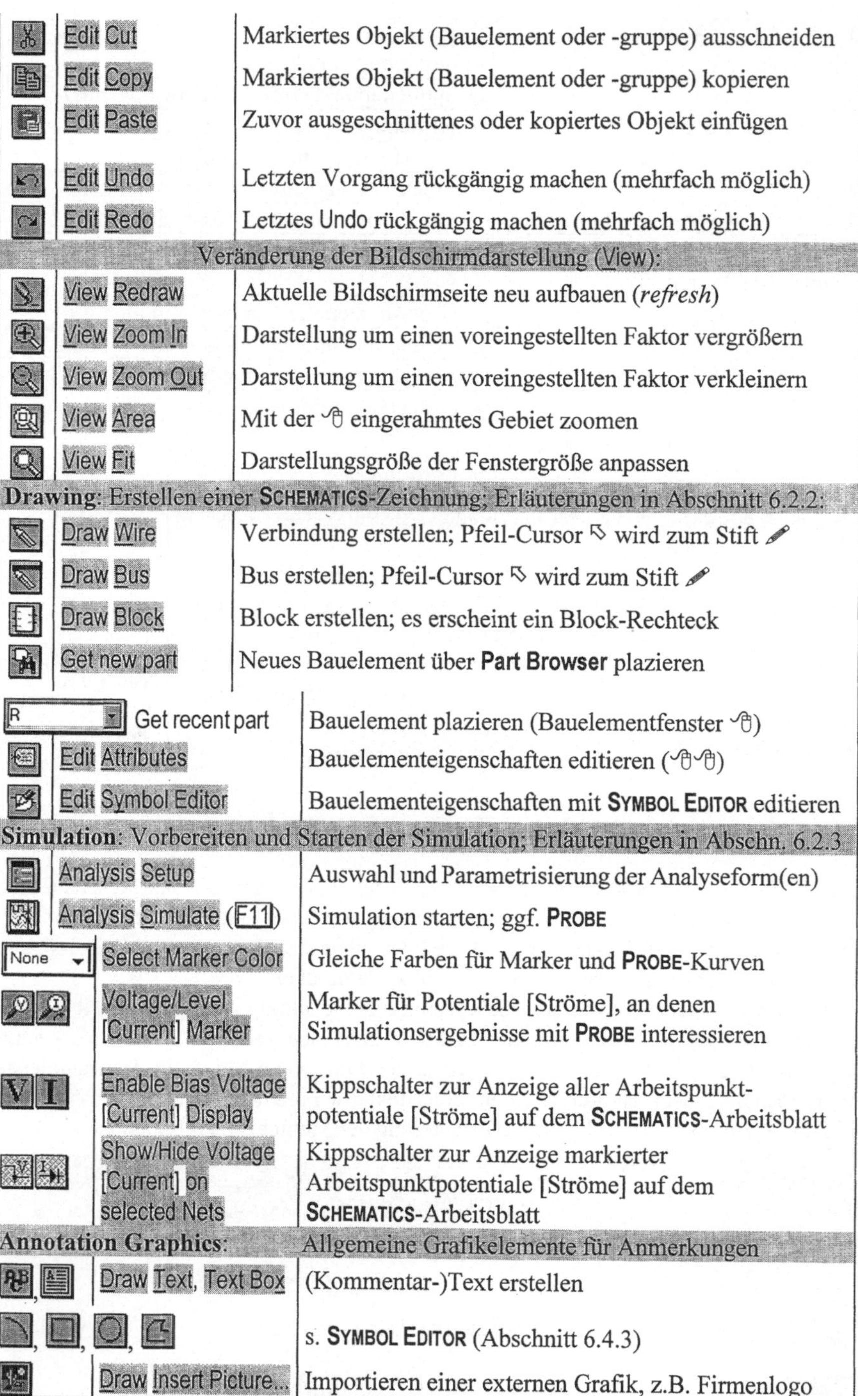

Befehl	Bedeutung
Edit Cut	Markiertes Objekt (Bauelement oder -gruppe) ausschneiden
Edit Copy	Markiertes Objekt (Bauelement oder -gruppe) kopieren
Edit Paste	Zuvor ausgeschnittenes oder kopiertes Objekt einfügen
Edit Undo	Letzten Vorgang rückgängig machen (mehrfach möglich)
Edit Redo	Letztes Undo rückgängig machen (mehrfach möglich)
Veränderung der Bildschirmdarstellung (View):	
View Redraw	Aktuelle Bildschirmseite neu aufbauen (*refresh*)
View Zoom In	Darstellung um einen voreingestellten Faktor vergrößern
View Zoom Out	Darstellung um einen voreingestellten Faktor verkleinern
View Area	Mit der 🖰 eingerahmtes Gebiet zoomen
View Fit	Darstellungsgröße der Fenstergröße anpassen
Drawing: Erstellen einer SCHEMATICS-Zeichnung; Erläuterungen in Abschnitt 6.2.2:	
Draw Wire	Verbindung erstellen; Pfeil-Cursor ⇖ wird zum Stift ✎
Draw Bus	Bus erstellen; Pfeil-Cursor ⇖ wird zum Stift ✎
Draw Block	Block erstellen; es erscheint ein Block-Rechteck
Get new part	Neues Bauelement über **Part Browser** plazieren
R Get recent part	Bauelement plazieren (Bauelementfenster 🖰)
Edit Attributes	Bauelementeigenschaften editieren (🖰🖰)
Edit Symbol Editor	Bauelementeigenschaften mit SYMBOL EDITOR editieren
Simulation: Vorbereiten und Starten der Simulation; Erläuterungen in Abschn. 6.2.3	
Analysis Setup	Auswahl und Parametrisierung der Analyseform(en)
Analysis Simulate (F11)	Simulation starten; ggf. PROBE
None Select Marker Color	Gleiche Farben für Marker und PROBE-Kurven
Voltage/Level [Current] Marker	Marker für Potentiale [Ströme], an denen Simulationsergebnisse mit PROBE interessieren
Enable Bias Voltage [Current] Display	Kippschalter zur Anzeige aller Arbeitspunktpotentiale [Ströme] auf dem SCHEMATICS-Arbeitsblatt
Show/Hide Voltage [Current] on selected Nets	Kippschalter zur Anzeige markierter Arbeitspunktpotentiale [Ströme] auf dem SCHEMATICS-Arbeitsblatt
Annotation Graphics:	Allgemeine Grafikelemente für Anmerkungen
Draw Text, Text Box	(Kommentar-)Text erstellen
	s. SYMBOL EDITOR (Abschnitt 6.4.3)
Draw Insert Picture...	Importieren einer externen Grafik, z.B. Firmenlogo

Tab. 6.2-4: SCHEMATICS-Icons und ihre Bedeutung.

6.2.1.4 Bedeutungen der Felder der Menüleiste

weiß	wichtiger Befehl, außer evtl. über [Alt]-Taste nur über Menüleiste erreichbar
hellgrau	wichtiger Befehl, über ⁻🖱 /Werkzeugleiste/[Strg]/[F]-Taste erreichbar (Abschnitt 6.2.1.3)
dunkelgrau	seltener benutzter oder in der Demoversion nicht verwendbarer Befehl

MicroSim Schematics - [Schematic1 p.1]

File Edit Draw Navigate View Options Analysis Tools Markers Window Help

New	Neue SCHEMATICS-Datei kreieren; alte in den Hintergrund
Open...	Andere, bereits vorhandene, SCHEMATICS-Datei öffnen
Close	Aktuelle SCHEMATICS-Datei schließen
Export...	Aktuelle SCHEMATICS-Datei im AUTOCAD-Format (*.*dxf*) speichern
Save Ctrl+S	Aktuelle SCHEMATICS-Datei speichern
Save As...	Aktuelle SCHEMATICS-Datei unter anderem Namen speichern
Checkpoint...	Checkpoint-Dialogbox zur Zwischendokumentation (Abschnitt 6.2.3.10)
Print...	Aktuelle SCHEMATICS-Datei drucken; markierte Schaltung selektierbar
Print Setup...	Drucker auswählen und einrichten
Edit Library	Bauelementbibliothek mit dem Symbol Editor editieren (Abschnitt 6.4)
Symbolize...	Kompletter Schaltung auf Arbeitsfläche ein Symbol zuordnen
Reports...	Stücklisten nach Packen der Schaltung erzeugen
View Messages F10	PSPICE-Fehlermeldungen zur Simulation anschauen
1 Modulation.sch 2 Differentialuebertr_Empf.sch 3 Bipolar_Block.sch 4 CMOS_Inv.sch	Anzeige der vier zuletzt bearbeiteten SCHEMATICS-Dateien
Exit	SCHEMATICS schließen und zum Betriebssystem zurückkehren

Abb. 6.2-2: File-Pull-Down-Menü.

MicroSim Schematics - [Schematic1 p.1]

File Edit Draw Navigate View Options Analysis Tools Markers Window Help

Undo Ctrl+Z	Letzten verändernden Vorgang rückgängig machen (mehrfach möglich)
Redo Ctrl+Y	Undo rückgängig machen (mehrfach möglich)
Cut Ctrl+X	Markiertes Objekt ausschneiden
Copy Ctrl+C	Markiertes Objekt kopieren
Paste Ctrl+V	Zuvor ausgeschnittenes oder kopiertes Objekt einfügen
Copy to Clipboard	Markiertes Objekt in Zwischenablage (f. andere Anwendungen) kopieren
Delete DEL	Markiertes Objekt löschen ([Entf])
Select All	Alle Objekte markieren
Attributes...	Bauelementattribute editieren (⁻🖱⁻🖱 auf Bauelement) (Abschnitt 6.2.2.4)
Label... Ctrl+E	Verbindungsbezeichnung ändern (LABELs; ⁻🖱⁻🖱 auf Verbindung) (6.2.2.5)
Model...	*.lib*-Modellparameter des markierten Bauelements editieren
Stimulus	Markierte Stimulusquelle *STIM* editieren (⁻🖱⁻🖱 auf Quelle)
Symbol	Markiertes Bauelement mit dem SYMBOL EDITOR editieren (Abschnitt 6.4)
Graphics Properties...	Eigenschaften von Annotation Graphics ändern (Strichdicke, Farbe ...)
Views...	Zuordnung Blocksymbol ↔ Blockschaltung ändern
Convert Block...	Einem Blocksymbol ein eigenes Bauelementsymbol zuweisen
Rotate Ctrl+R	Markiertes Objekt um 90° im Gegenuhrzeigersinn um Ursprung drehen
Flip Ctrl+F	Markiertes Objekt vertikal spiegeln
Align Horizontal	Objekte so ausrichten, daß ihre Ursprünge auf einer Horizontallinie liegen
Align Vertical	Objekte so ausrichten, daß ihre Ursprünge auf einer Vertikallinie liegen
Replace...	Objekt(e) durch andere(s) ersetzen (Abschnitt 6.2.2.7)
Find...	Objekt(e) mit benutzerdefinierten Eigenschaften suchen (Abschn. 6.2.2.7)

Abb. 6.2-3: Edit-Pull-Down-Menü.

File-Befehle betreffen i.allg. ganze Dateien. Sie sind meist nicht spezifisch für **SCHEMATICS** (New, Open, Close, Export, Save, Save As, Print, Printer Setup, Exit). Print druckt das ganze Arbeitsblatt mit i.allg. zu kleiner Darstellung der Schaltung. Markieren der Schaltung und Print Only print selected Area führt zu hinreichender Größe.

Edit-Befehle dienen zum Editieren von Objekten (Bauelemente oder Bauelementgruppen). Etliche sind nicht **SCHEMATICS**-spezifisch (Undo, Redo, Cut, Copy, Paste, Copy to Clipboard, Delete). Undo/Redo sind aktuell auch nach Analysis Simulate aktivierbar.

MicroSim Schematics - [*Schematic1 p.1]

File Edit Draw Navigate View Options Analysis Tools Markers Window Help

Repeat	Space	Letzten Vorgang wiederholen (🖰🖰 rechts; Anzeige im Kommandofeld)
Place Part	Ctrl+P	Neues Bauelement über Bauelementfenster plazieren. (Abschnitt 6.2.2.3)
Wire	Ctrl+W	Verbindungen mit ✎ zwischen Bauelementen erstellen (Abschn. 6.2.2.5)
Bus	Ctrl+B	Bus mit ✎ mit mehreren Parallelverbindungen erstellen (Abschn. 6.2.2.5)
Block		Block erstellen, d.h. in aktuelle Schaltung einbinden (Abschnitt 6.2.2.9)
Arc		Bogen
Circle		Kreis
Box		Rechteck
Polyline		Polygonzug
Text...	Ctrl+T	(Anmerkungs-) Text erstellen; es erscheint eine Textbox
Text Box		(Anmerkungs-) Text erstellen; es erscheint ein Textfeld (wie in **WORD**)
Insert Picture...		Externe Grafik (Bitmap, Metafile) importieren, z.B. Firmenlogo
Get New Part...	Ctrl+G	Neues Bauelement über **Part Browser** plazieren (Abschnitt 6.2.2.3)
Rewire	Ctrl+D	Verbindung oder Busverbindung mit Beibehaltung der Endpunkte ändern

Abb. 6.2-4: Draw-Pull-Down-Menü.

***Arbeitsblattstrukturverwaltung** mit Navigate erlaubt mit Previous Page, Next Page, Select Page, Create Page, Delete Page und Copy Page die Verwaltung von in der Demoversion nicht realisierbaren mehreren Seiten. Edit Schematic Instance/Definition dient zur lokalen/globalen Änderung von Blöcken Push, Pop, Top und Where zum Navigieren in hierarchischen Blockstrukturen nach Abschnitt 6.2.2.9. Edit Page Info oder 🖰🖰 erlaubt Änderungen am Titelblock. Er kann z.B. durch View Entire Page (s.u.) erreicht werden. Im Beispiel wurde *Netzwerk-Analyse* und das Datum eingegeben.

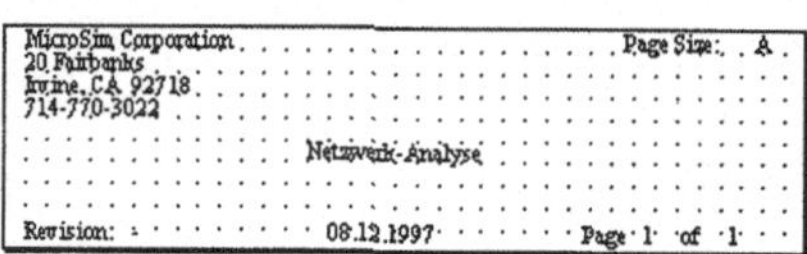

MicroSim Schematics - [*Schematic1 p.1]

File Edit Draw Navigate View Options Analysis Tools Markers Window Help

Fit	Ctrl+N	Aktuelle Darstellung der Fenstergröße anpassen
In	Ctrl+I	Darstellung um einen voreingestellten Faktor vergrößern
Out	Ctrl+O	Darstellung um einen voreingestellten Faktor verkleinern
Area	Ctrl+A	Markiertes Gebiet zoomen
Previous		Zurück zu voriger Area-Darstellung
Entire Page		Anzeige komplettes Arbeitsblatt; Darstellung wird klein
Redraw	Ctrl+L	Aktuelle Bildschirmseite neu aufbauen
Pan - New Center		Angewählter Punkt wird zum neuen Bildschirmzentrum
Toolbars...		An- und Abschalten der Werkzeugleisten (Standard, ...)
✔ Status Bar		An- und Abschalten der Statuszeile

Abb. 6.2-5: View-Pull-Down-Menü.

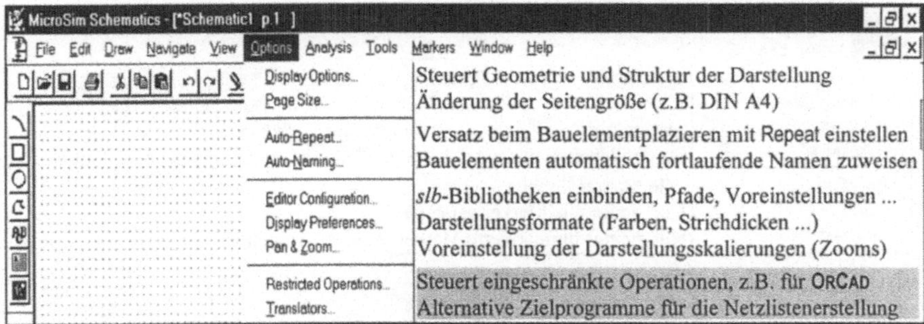

Abb. 6.2-6: *Options-Pull-Down-Menü.

Zu jedem Untermenüpunkt des Options-Befehls erscheint eine Dialogbox, in die Konfigurationseinstellungen eingetragen werden können. Außer bei Display Options... Rubberband besteht i.allg. kein Vorteil in der Umkonfigurierung. ☑ Rubberband bewirkt, daß ein bereits plaziertes und verbundenes Bauelement seine Verbindungsanschlüsse beim Verschieben wie ein Gummiband mit sich zieht. Bei ☐ Rubberband muß die Verbindung ergänzt werden, damit das Bauelement wieder in die Schaltung eingebunden ist. Editor Configuration... Monochrome Mode sollte nur bei Schwarz/Weiß-Monitoren aktiviert sein.

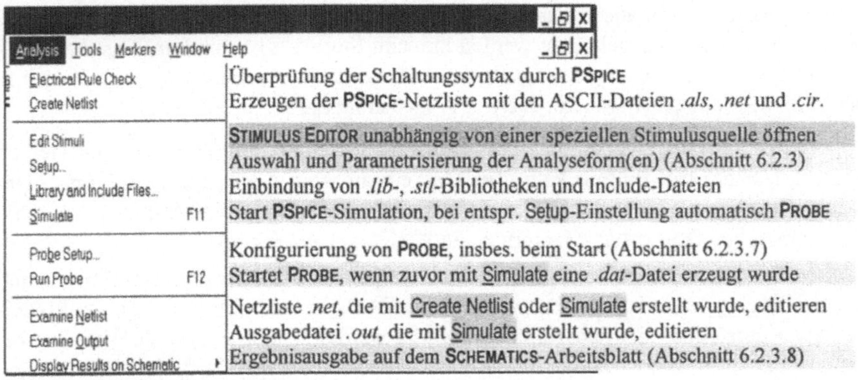

Analysis Tools Markers Window Help

Electrical Rule Check	Überprüfung der Schaltungssyntax durch PSPICE
Create Netlist	Erzeugen der PSPICE-Netzliste mit den ASCII-Dateien *.als*, *.net* und *.cir*.
Edit Stimuli	STIMULUS EDITOR unabhängig von einer speziellen Stimulusquelle öffnen
Setup...	Auswahl und Parametrisierung der Analyseform(en) (Abschnitt 6.2.3)
Library and Include Files...	Einbindung von *.lib*-, *.stl*-Bibliotheken und Include-Dateien
Simulate F11	Start PSPICE-Simulation, bei entspr. Setup-Einstellung automatisch PROBE
Probe Setup...	Konfigurierung von PROBE, insbes. beim Start (Abschnitt 6.2.3.7)
Run Probe F12	Startet PROBE, wenn zuvor mit Simulate eine *.dat*-Datei erzeugt wurde
Examine Netlist	Netzliste *.net*, die mit Create Netlist oder Simulate erstellt wurde, editieren
Examine Output	Ausgabedatei *.out*, die mit Simulate erstellt wurde, editieren
Display Results on Schematic ▸	Ergebnisausgabe auf dem SCHEMATICS-Arbeitsblatt (Abschnitt 6.2.3.8)

Abb. 6.2-7: Analysis-Pull-Down-Menü.

Analysis enthält alle Befehle zum Aktivieren der Berechnungen durch **PSPICE** und Darstellung der Ergebnisse ggf. mit **PROBE**. Es stellt praktisch die **SCHEMATICS/PSPICE**- sowie einen Teil der **SCHEMATICS/PROBE**-Schnittstelle dar.

***Schaltungslayouterzeugung** mit Tools
kann nach korrekter Schaltungserstellung aktiviert werden, wenn die Simulationsläufe erfolgreich waren. Hier kann eine Netzliste für ein konkretes Schaltungslayout erzeugt werden, das zur Vorlage der physikalischen Realisierung der Schaltung dient. Dazu müssen weitere Programmpakete aktiviert werden, die deutlich über die Grundlagen hinausgehen.

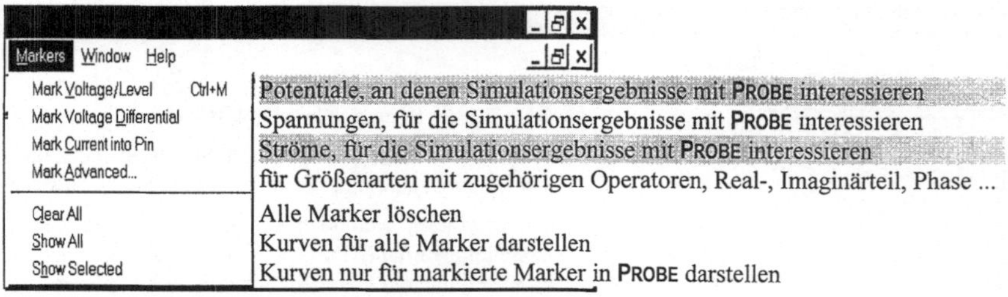

Markers Window Help	
Mark Voltage/Level Ctrl+M	Potentiale, an denen Simulationsergebnisse mit PROBE interessieren
Mark Voltage Differential	Spannungen, für die Simulationsergebnisse mit PROBE interessieren
Mark Current into Pin	Ströme, für die Simulationsergebnisse mit PROBE interessieren
Mark Advanced...	für Größenarten mit zugehörigen Operatoren, Real-, Imaginärteil, Phase ...
Clear All	Alle Marker löschen
Show All	Kurven für alle Marker darstellen
Show Selected	Kurven nur für markierte Marker in PROBE darstellen

Abb. 6.2-8: Markers-Pull-Down-Menü.

Markers realisiert im wesentlichen eine SCHEMATICS/PROBE-Steuerschnittstelle. und (Anwendungen in Abschnitten 2.8.8.3 und 2.9.6) dienen zum Kennzeichnen von Knoten (nodes) in der Schaltung, an denen nach einer Berechnung oder/und Simulation Potentiale, Spannungen und Ströme in ihren Werten oder Verläufen in Abhängigkeit bestimmter Parameter interessieren. Die Ergebnisse der Marker-Analyse erscheinen bzgl. des Arbeitspunkts automatisch in der *.out*-Datei und ggf. in PROBE.

Diese Marker stellen praktisch Meßgeräte dar und sind symbolisch wie z.B. in Abb. 2.8-8 in die Schaltung eingebunden. Der Kreis enthält dabei das Symbol (V, I), anhanddessen die Markerfunktion erkennbar ist. Mit Markern wird also voreingestellt, welche Meßergebnisse nach dem Simulationslauf von PSPICE durch PROBE nach Aufbau der Plotfenster automatisch dargestellt werden, ohne daß jede darzustellende Größe explizit in PROBE eingegeben zu werden braucht. Strommarker sind an Pins zu plazieren. Die Richtung des angezeigten Stromverlaufs ist bei Zweipolen von Pin 1 nach 2, sonst in das Bauelement hinein. Weitere Angaben hierzu s. Abschnitt 6.3.2.3.

Durch des links neben oder über plazierten und mit *None* voreingestellten (Select) Marker Color-Buttons kann den Markern auf dem Arbeitsblatt ein Farbe zugewiesen werden, die identisch mit der der zugehörigen Kurve im PROBE-Plot ist, was die Zuordnung von SCHEMATICS-Markern zu PROBE-Kurven erleichtert.

Grundsätzlich können verschiedene Markertypen, z.B. für Spannungen, Ströme und Phasen in einer Schaltung gesetzt werden, die PROBE in einen Plot zwängt. Da Einheiten zwar darstellbar sind, aber nicht auswertet werden, sind dann etliche Kurvenordinaten schlecht skaliert. Daher sollten nur Marker eines Typs - z.B. von Spannungen (und Potentialen) - gesetzt werden. In PROBE besteht jederzeit die Möglichkeit, weitere Fenster, innerhalb des aktiven Fensters weitere Plots, oder für den aktiven Plot weitere Ordinaten zu aktivieren, um noch andere Größenarten darstellen zu können.

6.2.2 Bauelemente

In diesem Abschnitt werden die Objekte - Bauelemente -, aus denen eine Schaltung besteht, beschrieben und wie sie zu einer Schaltung, wie sie erstmals in Abb. 2.8-6 dargestellt ist, zusammengefügt und modifiziert werden können. Die in SCHEMATICS verwendbaren Bauelemente befinden sich typisiert in Bauelementbibliotheken und können über Werkzeug-Icons oder die Menüleiste angesteuert und auf der Arbeitsfläche plaziert und verbunden werden. auf die Bauelemente oder auf der Arbeitsfläche sichtbare Attribute ermöglicht die Eingabe konkreter Werte.

6.2.2.1 Bauelementtypkennzeichnung

Der Anfangsbuchstaben codiert bei elektronischen Bauelementen eindeutig den Typ. Eine detailliertere Übersicht findet sich am Ende des Abschnitts. Dabei gilt die dargestellte Tab. 6.2-5:

Code	Bauelementtyp	Code	Bauelementtyp
B	GaAsFET	*M*	MOSFET
C	Kondensator (ggf. variabel)	*N*	Digitaler Eingang
D	Diode	*O*	Digitaler Ausgang
E	spannungsgest. Spannungsquelle	*Q*	Bipolar-Transistor
F	stromgesteuerte Stromquelle	*R*	Widerstand (ggf. variabel)
G	spannungsgesteuerte Stromquelle	*S*	spannungsgesteuerter Schalter
H	stromgesteuerte Spannungsquelle	*T*	Leitung (Transmission Line)
I	unabhängige Stromquelle	*U*	digitales Gatter z.B. der 74er-Serie
J	Sperrschicht-(JUG)-FET	*V*	Spannungsquelle (Voltage Source)
K	nichtlinearer Übertrager	*W*	stromgesteuerter Schalter
L	Spule	*Z*	Isolated Gate Bipolar Transistor (IGBT)

Tab. 6.2-5: Codierung der Bauelementtypen.

6.2.2.2 Bauelementbibliotheken

Eine Bauelementbibliothek ist eine Liste von Datensätzen gleichen Typs für Bauelemente einer Klasse. Eine Bauelementklasse bilden z.B. alle Halbleiterbauelemente. Von den folgenden mitgelieferten neun Bibliotheken sind abgedeckte für Einsteiger weniger wichtig:

Bibliothek	Typen	Wesentlicher Inhalt
abm	*.slb*	(Analog Behaviour Model) beschreibt rein funktional eine analoge Bauelementgruppe durch Formeln, Übertragungsfunktion oder in Tabellenform. Beispiele: *SUM, BANDPASS, ARCTAN*
port	*.slb*	Anschlüsse. Wichtig: *AGND* (Analog Ground), *INTERFACE*
source	*.slb*	(unabhängige) Spannungs- (*V*...) und Stromquellen (*I*...)
source-stm	*.slb*	Stimulusquellen *ISTIM, VSTIM, DIGSTIM*, deren Zeitverläufe über einen graphischen STIMULUS EDITOR editierbar sind
special	*.slb*	wichtig sind das *PARAM*-Pseudosymbol, sowie Meßgeräte, z.B. *VIEWPOINT*
analog	*.slb, .plb*	passive Bauelemente *R, L, C*, gesteuerte Quellen, Leitungen ...
breakout	*.slb, .lib*	mit Bauelementen normaler Typen, die alle auf *break* enden, z.B. *Rbreak, Dbreak*. Damit lassen sich eigene Modelle zuordnen sowie toleranzbehaftete Bauelemente modellieren, die in Worst Case- oder MonteCarlo-Auswertungen Anwendung finden.
connect	*.slb, .plb*	mit jedweder Art genormter Mehrfach-Konnektoren
eval	*.slb, .lib, .plb, .flb*	im wesentlichen Halbleiter (Dioden, Transistoren, MOSFETs, 74er-TTL-Gatter), aber auch andere, z.B. Übertragerkerne

Tab. 6.2-6: Bauelementbibliotheken.

Ein Bauelement wird durch einen Satz von maximal vier Eigenschaften beschrieben, wobei jede Eigenschaft einen Bibliothekstyp (z.B. *.slb*) beschreibt:

- **Symbol**: Editierprogramm: **Symbol Editor** von **Schematics**
  Anwendungsprogramm: **PSpice, PLogic** Bibliothekstyp: *.slb* (*Symbol Library*)
  Bibliotheken: alle **PartName**-Attribut: *PART*
  Graphische Repräsentation des Bauelements (*@graphics*), Symbolpins bei elektrischen Bauelementen (*@pins*, *PARAM* ist z.B. kein solches, aber beim Transistor *B*, *E*, *C*) und Attributen (*@attributes*, Namen wie *R1*, Werte wie *1k*(Ω)) in bauelementindividuellen Datensätzen. Jedes Bauelement muß über einen Datensatz vom Typ *.slb* verfügen, denn sonst könnte es in **Schematics** nicht dargestellt werden.
- **Simulationsmodell**: Editierprogramme: **Symbol Editor** von **Schematics**; **Parts**
  Anwendungsprogramm: **PSpice, PLogic** Bibliothekstyp: *.lib* (*Model Library*)
  Bibliotheken: *breakout*, *eval* **PartName**-Attribut: *MODEL*
  Modellparameter, z.B. die Stromverstärkung oder Basis/Emitterkapazität eines Transistors. Diese werden von **PSpice** zur Kennlinienbildung nichtlinearer Bauelemente verwendet. Sie tauchen in der *.out*-Datei hinter dem Schlüsselwort *.model* oder für ganze Unterschaltkreise unter *.subckt* auf.
- **Gehäusemodell:** Editierprogramm: **Symbol Editor** von **Schematics**
  Anwendungsprogramm: **PCBoards** Bibliothekstyp: *.plb* (*Package Library*)
  Bibliotheken: *analog*, *connect*, *eval* **PartName**-Attribut: *COMPONENT*
  Ordnet typisch 74er-ICs, aber auch anderen Bauelementen eine genormte Gehäuseform (z.B. *DIP14*) und den Pins Funktionen (*PWR*, *GND*, Numerierung) sowie deren Abbildung auf die Symbolpins, zu. Nicht alle Bauelemente in den zugehörigen *.slb*-Bibliotheken verfügen über *.plb*-Datensätze.
- **Footprintmodell**: Editierprogramm: **PCBoards PCB Layout Editor**
  Anwendungsprogramm: **PCBoards** Bibliothekstyp: *.flb* (*Footprint Library*)
  Bibliothek: *eval* **PartName**-Attribut: *PKGTYPE*
  Für das geometrische Board-Layout für Bauelemente mit *.plb*-Datensatz. Dazu gehört die mechanische Anordnung der Pins, Abmessungen usw.

Weitere Bauelementbibliotheken dieser Typen können vom Benutzer erstellt werden.

6.2.2.3 Bauelementplazierung

Nach dem Start von **Schematics** steht die in Abb. 6.2-1 dargestellte leere Arbeitsfläche zur Verfügung. Am einfachsten kann nun ein (bekanntes) Bauelement plaziert werden, indem seine *Part*-Bezeichnung direkt in das [R ▾]-Feld der Werkzeugleiste eingegeben wird. Im Beispiel soll ein Widerstand *R* plaziert werden. Das Bauelement hängt am Mauszeiger und wird durch jeden 🖰 an der jeweiligen Position abgelegt. Wird es nicht mehr benötigt, verschwindet es durch linken 🖰🖰 oder 🖰 rechts, 🖰🖰 rechts reaktiviert das zuletzt abgelegte Bauelement.

Markierte Bauelemente oder Verbindungen werden rot dargestellt (*select*-Gruppe). Erscheinen stattdessen um Bauelemente durchgezogene Rechtecke und auf Verbindungen ×, ist in Options Editor Configuration... ☐ Monochrome-Mode zu deaktivieren.

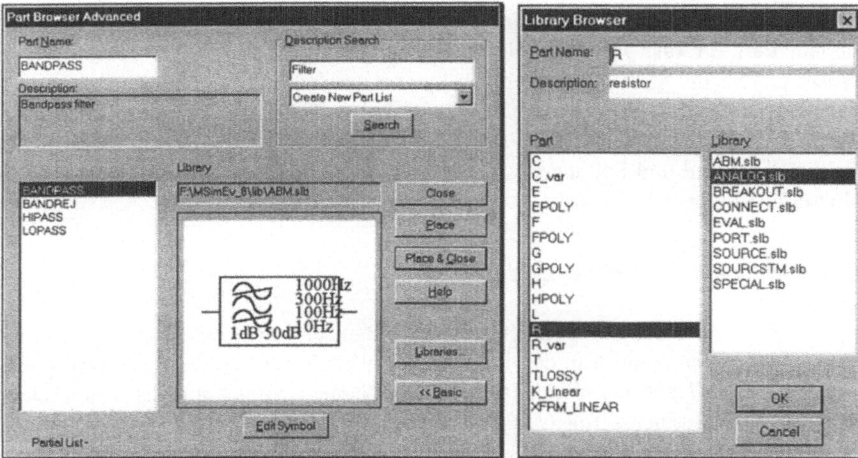

Abb. 6.2-9: **Part Browser Basic** und **Library-Browser**-Dialogboxen.

Ist die Bezeichnung des Bauelements nicht bekannt, öffnet sich mit (Draw Get new part) der **Part Browser Basic** oder der in Abb. 6.2-9 dargestellte **Part Browser Advanced**. Aus der Liste kann ein Bauelement ausgewählt werden. Im Beispiel des Widerstands *R* wird dieser durch die Bildlaufleiste angesteuert und durch oder Place & Close auf der Arbeitsfläche abgelegt, woraufhin sich die Dialogbox schließt.

Kann man sich bei der **Basic**-Dialogbox unter der Bezeichnung nichts vorstellen, läßt sich die Symboldarstellung vor der Plazierung auch durch Advanced» in einem integrierten Fenster aktivieren. Unter Description Search kann hier ein Schlagwort eingegeben werden - im Beispiel: *Filter* - und durch Search werden links alle Bauelemente aufgeführt, die damit zu tun haben.

Werden mehrere verschiedene Bauelementtypen, z.B. noch Kondensatoren *C* und Spulen *L* benötigt, können sie ebenfalls nacheinander markiert werden, es wird dann jedoch nur sooft wo und wie nötig Place gedrückt und der **Part Browser** bleibt aktiviert. Sinnvollerweise schiebt man ihn in eine Ecke, wo er nicht stört. Nach dem letzten Bauelement wird er mit Close, oder Place & Close geschlossen.

Ist die Bibliothekszuordnung eines Bauelements bekannt, jedoch nicht sein genauer Name, ist es sinnvoll, dieses im ebenfalls in Abb. 6.2-9 dargestellten und durch Libraries... aktivierten **Library Browser** zu suchen. Hier finden wir die Bauelemente nach den Bibliotheken, in denen sie gespeichert sind, geordnet. Im Beispiel ist der Widerstand *R* in der Bibliothek *analog.slb* zu finden.

Das so oder direkt über den **Part Browser** aktivierte Bauelement wird von **SCHEMATICS** automatisch in das R -Feld der Werkzeugleiste übernommen, wo es in Zukunft zur Verfügung steht, d.h. der **Part Browser** erst gar nicht mehr geöffnet zu werden braucht. Die Kapazität dieses Feldes beträgt neun Bauelementtypen (in *msim_evl. ini* einstellbar), von denen sechs durch den Pfeil zur Anzeige gebracht werden, und die durch die zugehörige kleine Bildlaufleiste abgescannt werden können. Befindet sich das Bauelement in falscher Lage, z.B. waagrecht statt senkrecht, kann es durch Strg R (*Rotate*) um 90° gedreht, durch Strg F (*Flip*) vertikal gespiegelt werden.

Soll das Symbol des angezeigten Bauelements editiert werden, kann dies bei aktiviertem **Part Browser Advanced** durch Aufruf des in Abschnitt 6.4 beschriebenen SYMBOL EDITORs mit Edit Symbol unter dem Symbol geschehen.

In der in Options Display Preferences... aktivierten Dialogbox kann nun sämtlichen Objekten eine unterschiedliche Farbe und bestimmten Objekten unterschiedliche Strichstärken, -stil und Füllungen zugeordnet werden. Restore All Defaults setzt auf die MicroSim-Voreinstellung zurück.

6.2.2.4 Bauelementattribute editieren

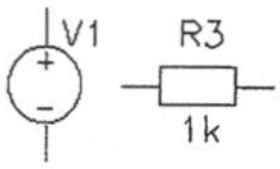

Auf der Arbeitsfläche abgelegte Bauelemente erhalten automatisch einen Namen, in den links dargestellten Beispielen die Spannungsquelle *V1* und der Widerstand *R3*. Der Name setzt sich aus der Typbezeichnung (*V*, *R*) und einer Ziffer (*1*, *3*) zusammen, die den jeweiligen Typ fortlaufend durchnumeriert, wie er auf der Arbeitsfläche abgelegt wird. Im Beispiel wurden zuvor schon zwei Widerstände plaziert. Bereits gelöschte Bauelemente werden dabei im Hintergrund mitgezählt. Durch auf das Namensfeld erscheint der **Edit Reference Designator**, in dem sich die Namensbezeichnung ändern läßt. Das heißt, der Name ist üblicherweise gleich dem dort in der ersten Zeile dargestellten Package Reference Designator. Wenn die Position der Namensbezeichnung an anderer Stelle gewünscht wird, kann sie dorthin gezogen werden.

Kürzel	Bedeutung	Potenz	alternativ
t	Tera	10^{12}	*1E12*
g	Giga	10^{9}	*1E9*
meg	Mega	10^{6}	*1E6*
k	kilo	10^{3}	*1E3*
m	milli	10^{-3}	*1E-3*
mil	10^{-3} inch	$25{,}4 \cdot 10^{-6}$	
u	mikro (μ)	10^{-6}	*1E-6*
n	nano	10^{-9}	*1E-9*
p	piko	10^{-12}	*1E-12*
f	femto	10^{-15}	*1E-15*

Tab. 6.2-7: Zahlenwertfaktoren für Einheiten in SCHEMATICS.

Einfache Bauelemente haben zusätzlich einen voreingestellten Wert Value, z.B. Widerstände *1k*(Ω), wie bei *R3* angegeben. Durch auf den Wert erscheint **Set Attribute Value**, wo dieser geändert werden kann. Auch das Wertefeld kann durch Ziehen anderswo plaziert werden. Zehnerpotenzen lassen sich durch Zahlenwertfaktoren entspr. Tab. 6.2-7 angeben oder durch den Buchstaben *E*. Einheiten können, brauchen aber nicht eingegeben zu werden.

Komplexere Bauelemente, wie der Transistor *Q2N2222*, lassen sich nicht durch einen einfachen Zahlenwert + Einheit charakterisieren, sondern durch einen ganzen Modellparametersatz, der jeweils in der *.model*-Definition der *.lib*-Datei beschrieben ist. Hier taucht statt des Werts der PartName *Q2N2222* auf. Für einfache Bauelemente, wie *R*, *L*, *C*, sind Part- und Typbezeichnungen gleich und die Part-Bezeichnung wird daher nicht nochmals separat aufgeführt, sondern erscheint nur im Bauelementnamen (*R3*).

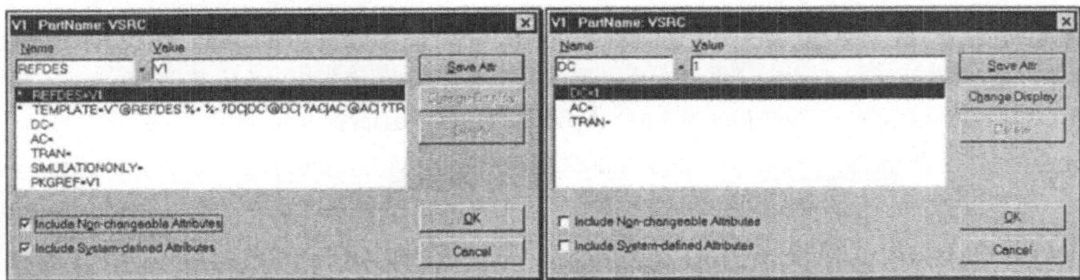

Abb. 6.2-10: **PartName**-Dialogboxen für *VSRC*.

Zur Erzeugung der Spannungsquelle *V1* wurde VSRC eingegeben, wodurch das dargestellte Symbol für eine allgemeine Spannungsquelle erscheint. Durch ⌯⌯ auf das Symbol erscheint die in Abb. 6.2-10 dargestellte **PartName**-Dialogbox. Mit dem Cursor ⇖ kann eine Zeile in der Dialogboxliste angesteuert werden. Jede Zeile enthält ein *Attribut* = *Name* + *Wert*, deren Name im Name-Feld und Wert im Value-Feld erscheint. Erst hier kann der Wert editiert werden, um dann durch ↵ oder Save Attr nach unten übernommen zu werden.

Für Eigenschaften, die auch beim Bauelementsymbol erscheinen, sind diese Eingaben funktional identisch mit den oben beim Symbol beschriebenen. Wird **PartName** mit OK oder ↵ geschlossen und wurden dort der Name (z.B.: *V1*) und bei passiven Bauelementen Werte geändert, erscheinen die Änderungen auf der Arbeitsfläche.

Die links mit * gekennzeichneten Attribute beschreiben bei der Kreation festgelegte Grundeigenschaften des Bauelements. Sie sind nicht im **SCHEMATICS**-Editor editierbar, sondern nur im **SYMBOL EDITOR** (Kap. 6.4) und können durch Löschen von ☑ vor Include Non-changeable Attributes von der Anzeige entfernt werden. Demarkieren von □ Include System-defined Attributes läßt, wie rechts dargestellt, nur diejenigen Zeilen übrig, deren Parametrisierung für die Analyse wesentlich ist.

Sollen mehr, weniger, oder andere Attribute als die der Voreinstellung auf dem Arbeitsblatt dargestellt werden, wird nach Markierung des Name mit Change Display **Change Attribute** geöffnet, und dort z.B. • Value only markiert und ↵. Ein Beispiel hierfür ist die noch zu besprechende Quelle *VSIN*, von der z.B. die Amplitude *VAMPL* und die Frequenz *FREQ* dargestellt werden sollen. Während dies hier nur lokal für das momentan editierte Bauelement gilt, kann die Darstellung der Attribute im **SYMBOL EDITOR** global konfiguriert werden.

6.2.2.5 Bauelementverbindung und Knotenkennzeichnung

Während oder nach der vollständigen Plazierung der Bauelemente auf der Arbeitsfläche können die Bauelemente mittels ▧ (Draw Wire) oder über ▧ (Draw Bus) verbunden werden. Der Pfeilcursor ⇖ wandelt sich in einen Stift ✎, der an die Pins der plazierten Baueile herangeführt wird. Durch die gewählten Voreinstellungen werden diese bei Annäherung quasi magnetisch und ziehen die Verbindung an sich heran (zugehörige Parameter einstellbar in Options Display Options...). Solange der Cursor die Stiftform hat, können Strippen gezogen werden. Weiterhin gilt:

- Nachdem die Bauelemente vor der Verbindung vollständig auf der Arbeitsfläche plaziert sind, empfiehlt sich die Eingabe von (View Fit), womit die Schaltung in optimaler Größe vollständig auf der Arbeitsfläche plaziert wird.
- Options Display Options... ☑ Rubberband ermöglicht Mitziehen der Verbindung beim Verschieben der Bauelemente.
- Verbindungen werden durch Entf gelöscht, wobei sich zunächst die Farbe in rot wandelt (sofern nicht in Options Display Preferences... überschrieben) oder bei Options Editor Configuration Monochrome Mode ein × erscheint. Dabei darf der Cursor nicht im Zeichenmodus, sondern muß im Normalmodus sein.
- Jeder Punkt eindeutigen Potentials ist ein Knoten. Diese werden von **SCHEMATICS** automatisch intern durchnumeriert, die Numerierung bis auf Knoten 0 von *AGND* (Analog Ground) aber nicht zur Anzeige gebracht. Das Bauelement *AGND* muß zwecks Eindeutigkeit aller Potentialpunkte immer vorhanden sein.

  Durch auf die Knoten kann diesen nacheinander eine Name (LABEL) zugewiesen werden, an dem später bei der Simulation die Werte gemessen werden. Die LABELs können, wie gehabt, durch Ziehen verschoben werden. Durch des LABELs erscheint eine rotgestrichelte Linie zum zugeordneten Knoten. Knoten ohne eigenes LABEL werden in der *.out*-Datei z.B. in der Form *$N_0001* dargestellt.

Zum Knotenbegriff ist festzuhalten daß er sich von dem in der Netzwerkanalyse in Abschnitt 2.8 benutzten unterscheidet, wo ein Knoten (node) mindestens drei Anschlüsse, d.h. der Strom hier die Möglichkeit einer Verzweigung, hat. Nur solche Knoten werden gemäß Abschnitt 2.8.3 zum Aufstellen der KIRCHHOFFgleichungen benötigt. Sie heißen hier *junctions* und man sollte sie in diesem Sinne mit *Verzweigungen* übersetzen. In der Schaltung sind sie, sowie Meßgeräteanschlüsse durch • gekennzeichnet. Knoten hingegen sind diejenigen Orte, an denen Meßergebnisse dargestellt werden können. Das sind Verzweigungen, aber auch Knoten mit nur zwei Anschlüssen.

6.2.2.6 Parametrisierung gekoppelter Bauelemente mit *PARAM*

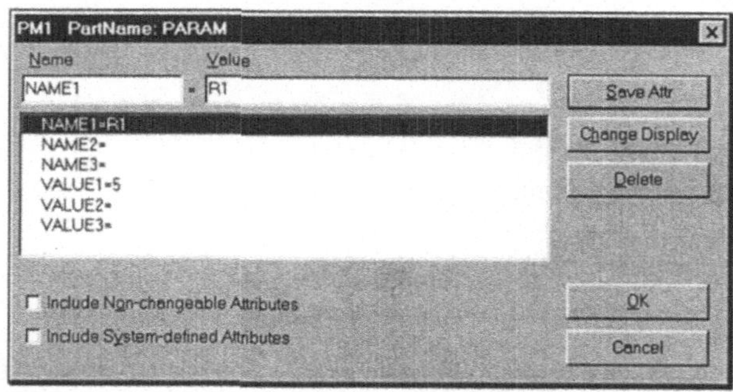

Abb. 6.2-11: **PartName**-Dialogbox des Pseudobauelements *PARAM*.

Mittels des Pseudobauelements *PARAM* in der Bibliothek *special.slb* kann entsprechend dem Beispiel in Abschnitt 2.8.8.2 ein reales Bauelement einen bestimmten Wert aufweisen und andere Bauelemente vom gleichen Typ ihren Wert auf den Wert dieses Bauelements beziehen. Beispielsweise wurde der ursprüngliche Wert von *R3* in Abb.

2.8-7 von *1kΩ* 🖱🖱 und es erscheint **Set Attribute Value**, wo *{4*R1}* eingegeben wurde. Die geschweiften Klammern kennzeichnen hierbei, daß es sich um eine Formel handelt, deren Wert in dem Pseudobauelement *PARAM* spezifiziert ist. Nach dem Schließen von **Set Attribute Value** wird *{4*R1}* genauso übernommen.

Zur Spezifikation des konkreten Zahlenwerts von *{R1}*, der also dort auf drei Widerstände Auswirkung hat, wird *PARAM* plaziert, 🖱🖱 und in der in Abb. 6.2-11 dargestellten **PM1 PartName**-Dialogbox bei *NAME1=R1* sowie bei *VALUE1=5*(Ω) eingegeben. Dabei dürfen die Klammern *{}* bei *R1* nicht mehr auftauchen. Dieser Wert wird dann in *PARAM*, wie in der Abbildung dargestellt, übernommen. Damit ist ein Pseudobauelement *{R1}* geschaffen worden, das in anderen Analysearten genauso wie ein reales Bauelement (*R1*, *R2*, *R3*) behandelt werden kann. Wir erkennen an dem Dialogfeld, daß hier auch noch die Möglichkeit zweier weiterer Parametergruppen, z.B. für Kondensatoren und Spulen, aber auch andere Widerstandsgruppen, bestünde.

Anhand des Ausdrucks *{4*R1}* ist erkennbar, daß hier mathematische Ausdrücke erlaubt sind. Sie können auch noch deutlich komplexer sein, d.h. Additions-(+), Subtraktions-(−), Multiplikations-(*) und Potenzierungs-(**)-Operatoren und gebräuchliche transzendente Funktionen wie sin, arctan, log enthalten. Eine Liste ist unter **PROBE** Trace Add... Functions or Macros in Abschnitt 6.3.2.3, Tab. 6.3-2 einsehbar.

Eine weitere Anwendung der *PARAM*-Pseudobauelemente ist der Einsatz als Parameter für **PROBE**-Kurven, wie in Abschnitt 6.2.3.5 beschrieben.

6.2.2.7 Schaltung verändern mit *Replace* und *Find*

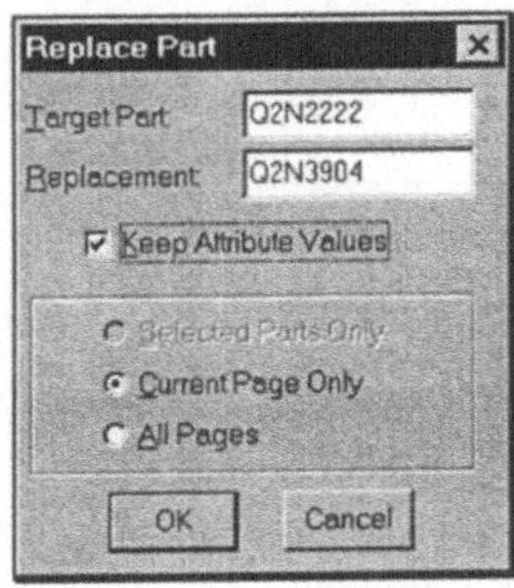

Abb. 6.2-12:
Replace Part-Dialogbox.

Grundsätzlich besteht über die normale Editorfunktion die Möglichkeit, einzelne Bauelemente einer Schaltung zu eliminieren und durch andere zu ersetzen, beispielsweise einen Transistor *Q2N2222* durch *Q2N3904*. Kommt ein solches Bauelement jedoch mehrfach vor und möchte man die Schaltung mit verschiedenen Transistoren durchrechnen, ist ein manueller Austausch eines jeden einzelnen Bauelements zeitraubend.

Hier bietet sich mit der durch Edit Replace... aufgerufenen und in Abb. 6.2-12 dargestellten **Replace Part**-Dialogbox die Möglichkeit, Bauelemente oder Bauelementtypen selbst zu ersetzen, während im vorigen Abschnitt mit *PARAM* nur die numerischen Werte von Bauelementen gruppenweise geändert wurden. Ist das universell gültige Feld ☑ Keep Attribute Values markiert, behält ein Bauelement seinen in **Edit Reference Designator** angegebenen Namen bei, andernfalls nicht. Sei dazu *Q3* der zu ändernde Transistor, so heißt er bei Markierung danach immer noch *Q3*, sonst z.B. *Q7* - und *Q3* ist verschwunden.

Auf folgende Weise können Bauelemente ersetzt werden:

- Einzelne oder mehrere Bauelemente vom selben Typ markiert:
  die Bauelemente - im Bsp. der Transistor mit *Name Q3* und *PartName Q2N2222* - werden (rot) markiert und Edit Replace... aufgerufen. Dabei erscheint jedoch die Target Part-Zeile abgedeckt, da sie durch die Markierung bereits festgelegt ist. Unter Replacement wird wie in der Abbildung *Q2N3904* eingetragen. Ist • Selected Parts only markiert, werden nur die markierten Transistoren ersetzt, alle anderen bleiben vom Typ *Q2N2222*, andernfalls werden alle *Q2N2222* in *Q2N3904* umgewandelt.
- Keine Bauelemente markiert oder mehrere von unterschiedlichem Typ markiert:
  wie in der Abbildung wird in Target Part *Q2N2222* und in Replacement *Q2N3904* eingetragen. Selected Parts only erscheint abgedeckt.

Der Edit Find...-Befehl hat nur wesentliche Bedeutung für größere Schaltungen, die sich z.B. über mehrere Seiten erstrecken, was ja in der Demoversion nicht möglich ist. Eventuell, wenn die eine zur Verfügung stehende Seite sehr ausgefüllt ist, sind in Name- und Value-Zeile die Attribute einzugeben, die auch im Listenfeld der durch ⌐🖰⌐🖰 auf das Bauelement aktivierbaren **PartName**-Dialogbox erscheinen. Je nachdem, welches Select-Kriterium unten aktiviert ist, erscheinen die gefundenen Bauelemente nach ↵ rot markiert.

6.2.2.8 Bauelementtypen

Passive lineare und nichtlineare Bauelemente

Lineare Bauelemente befinden sich entsprechend Tab. 6.2-8 meist in der Bibliothek *analog.slb*:

Typ	Bauelement	Parameter	Bedeutung	Voreinst.
R	OHMscher Widerstand	*VALUE*	Widerstandswert	1k(Ω)
R_var	Variabler Widerstand mit Multiplikator	*VALUE* *SET*	Widerstandswert rel. Potentiometerstellg.	1k(Ω) 0,5
POT	Potentiometer mit 3. Abgriff am Schleifer, ansonsten wie *R_var*			
C	Kondensator	*VALUE* *IC*	Kapazitätswert Vorspg. b. Einschalten	1n(F) 0 (V)
C_var	Kapazitiver Potentiometer mit Multiplikator	*VALUE* *SET*	Kapazitätswert rel. Potentiometerstellg.	1n(F) 0,5
L	Spule	*VALUE* *IC*	Induktivitätswert Vorstrom b. Einschalt.	10u(H) 0 (A)
T	Verlustlose Leitung (Transmission Line) *F* und *NL* werden bei gegebenem *TD* ignoriert	*Z0* *TD* *F* *NL*	Wellenwiderstand Laufzeit (=*NL*/*F*) Frequenz norm. Leitungslän. (l/λ)	- (Ω) - (s) - (Hz) -
TLOSSY	Verlustbehaftete Leitung (für $R = G = 0$ kann auch verlustlose Leitung simuliert werden)	*LEN* *R* *L* *G* *C*	Länge Widerstandsbelag Induktivitätsbelag Ableitungsbelag Kapazitätsbelag	1 (m) 1 (Ω/m) 1 (H/m) 1 (S/m) 1 (F/m)

T2coupled, *T3coupled* (*eval.slb*)	Verlustbehaftete gekoppelte Leitungen	*LEN, R,L,G,C* *LM* *CM*	wie *TLOSSY* Gegeninduktivitätsbelag Kopplungskapazitätsbel.	0 (H/m) 0 (F/m)
XFRM_ LINEAR	Linearer Übertrager	*COUPLING* *L1_VALUE* *L2_VALUE*	Kopplungsfaktor $0 \le k \le 1$ Primärinduktivität Sekundärinduktivität	- - (H) - (H)

Tab. 6.2-8: Lineare und nichtlineare Bauelemente.

Vier nichtlineare Übertrager mit Kernen mit magnetischer Hysterese *K3019PL_3C8*, *K502T300_3C8*, *K528T500_3C8* und *KRM8PL_3C8*, bei denen *COUPLING* wie bei *XRFM_LINEAR* den Kopplungsfaktor und *L1_TURNS* und *L2_TURNS* primär- und sekundärseitige Windungszahlen angeben, befinden sich in der *eval.slb*. Für sie kann in **PROBE** auch die Hysteresekennlinie *B*(*H*) entspr. Abschnitt 3.7.6.4 dargestellt werden.

Genormte Halbleiterbauelemente

befinden sich in der Bibliothek *eval.slb*. In Tab. 6.2-9 sind die wichtigsten aufgeführt:

Typ	Bauelement
D1N4148, D1N4002 *D1N914, MBD101*	Normale Dioden
D1N750/MV2201	Z-/Kapazitätsdiode
Q2N2222, Q2N3904	npn-Transistoren
Q2N2907A, Q2N3906	pnp-Transitoren
2N1595/2N544	Thyristor/Triac
A4N25	Optokoppler
J2N3819, J2N4393	JUG-n-FET
IRF150/IRF9140	selbstsperrender IG-n/p-MOSFET
uA741, LF411, LM324	Operationsverstärker

Tab. 6.2-9: Genormte Halbleiterbauelemente.

Halbleiterbauelemente werden durch einen komplexen Modellparametersatz von bis zu 60 Parametern beschrieben. Die in *.model*-Befehlen der *.lib*-Bibliothek angegebenen können in der *.out*-Liste eingesehen, ihre Bedeutung dem *PSPICE Reference*-Manual entnommen werden.

Zu den Dioden sei hier erwähnt, daß das etwas nichtssagende Attribut *value* in **Part-Name** nicht irgendwelche Knickspannungen repräsentiert, sondern ein auf 1 voreingestellter Skalierungsfaktor für die Diodenfläche darstellt, mit dem z.B. Sperrströme usw. linear skaliert werden. Die ZENER-Spannung der *D1N750* hingegen ist z.B. im Modellparameter *BV* (Backward Voltage) zu 4,7 V eingestellt.

Halbleiterbauelement-Rohlinge

finden wir in der *breakout.slb*. In Tab. 6.2-10 sind die wichtigsten aufgeführt:

Typ	Bauelement
DBreak	Normale Diode
DBreakZ/DBreakVV	Z-/Kapazitätsdiode
QBreakN/QBreakP	npn/pnp-Transistor
JBreakN/JBreakP	JUG-n/p-FET
MBreakN/MBreakP	selbstsperrender IG-n/p-MOSFET

Tab. 6.2-10: *Break*-Halbleiterbauelemente.

Analoge Quellen *DC, AC, SRC, SIN, PULSE, PWL, EXP, SFFM* befinden sich in der Bibliothek *source.slb*. Spannungsquellen haben die Struktur *V<Quelltyp>*, Stromquellen *I<Quelltyp>*. Generell gilt für den Parameter

- *DC*, den alle Quellen führen, daß er bei Eingabe eines von Null verschiedenen *Zahlenwerts[Einheit]* in einer Arbeitspunktanalyse (*Bias Point*; Abschnitt 6.2.3.6) sowie für *DC-Sweep* (Abschnitt 6.2.3.2) verwendet wird. Für Quellen, die den Parameter
- *AC* führen, kann dieser als *Magnitude[Einheit] <Phase>* eingeben werden (Magnitude = Amplitude oder Effektivwert) und ermöglicht so eine Frequenzanalyse, bei der die Frequenz durch AC Sweep... von **PROBE** als Abszissenvariable durchfahren wird.

Typ	Bauelement	Parameter	Bedeutung	Vorein.
VDC, IDC	Gleichquelle	*DC*	Gleichwert (s.o.)	0 (V,A)
VAC, *IAC*	Wechselquelle ggf. mit Gleichanteil und variabler Frequenz	*DC* *ACMAG* *ACPHASE*	Gleichanteil (s.o.) Magnitude Phase	0 (V,A) 0 (V,A) - Grad
VSRC, *ISRC*	Universalquelle	*DC* *AC* *TRAN*	Gleichanteil (s.o.) Wechselanteil (s.o.) Transientenfunktion	- (V,A) - (V,A) -

Tab. 6.2-11: *DC-*, *AC-* und *SRC*-Quellen.

In Tab. 6.2-11 ist *TRAN* eine Transientenfunktion in der Form *Zeitbasierter Quelltyp (Parameter)* mit *Zeitbasierter Quelltyp* = *EXP, PULSE, PWL, SFFM* oder *SIN*. Diese Quellen werden im Folgenden mit Parametern vorgestellt, die in der dort jeweils angegebenen Reihenfolge durch Leerzeichen getrennt aufzuführen sind. Der Grundgedanke der *SRC*-Quellen, aber auch von *V/IAC* ist, daß bei Analysen, die mehr als eine Analyseart aus der Menge *DC, AC, TRAN* durchführen, dies ohne Wechseln der Quelle im Schaltplan durchgeführt werden kann.

Ist jeweils genau eine Analyseart durchzuführen, sollte *V/IDC* für Gleich-, *V/IAC* für Frequenz-, und für Zeit-, d.h. Transientenanalyse (Abschnitt 6.2.3.4) eine der folgenden Quellen verwendet werden. Die in den jeweils dabeistehenden Diagrammen verwendeten Werte finden sich in der letzten Spalte. *V/ISIN* können noch komfortabler über den hier nicht weiter besprochenen **STIMULUS EDITOR** konfiguriert und unter eigenem Namen mit der eingegebenen Konfiguration abgespeichert werden. Grundsätzlich ist dies auch für die folgenden Quellen möglich, allerdings nicht in der Demoversion.

In der Folge kommen als Voreinstellungen *TSTEP* und *TSTOP* vor. Dabei bedeutet *TSTEP* der bei **Analysis Setup** (Abschnitt 6.2.3) bei der Transientenanalyse unter Print Step, *TSTOP* der bei Final Time eingegebene Wert. Für alle Zeitverläufe $g(t)$ gilt $g(t < TD) \leftarrow g(TD)$!

Typ	Bauelement	Parameter	Bedeutung	Voreinstellung	Bsp.
VSIN, *ISIN*	Quelle für Zeitbereichs- analyse mit fester Frequenz	*VOFF, IOFF* *VAMPL, IAMPL* *FREQ* *TD* *DF* *PHASE*	Gleichanteil Ampl. Wechselant. Frequenz Startverzögerung Dämpfungskonst. Phase bzgl. SIN	- (V,A) - (V,A) 1/*TSTOP* (Hz) 0 (s) 0 (1/s) 0 (Grad)	2 V 3 V 50Hz 5 ms 20/s 0

Tab. 6.2-12: *SIN*-Quellen; Beispiel für einen Zeitverlauf s. nächste Seite.

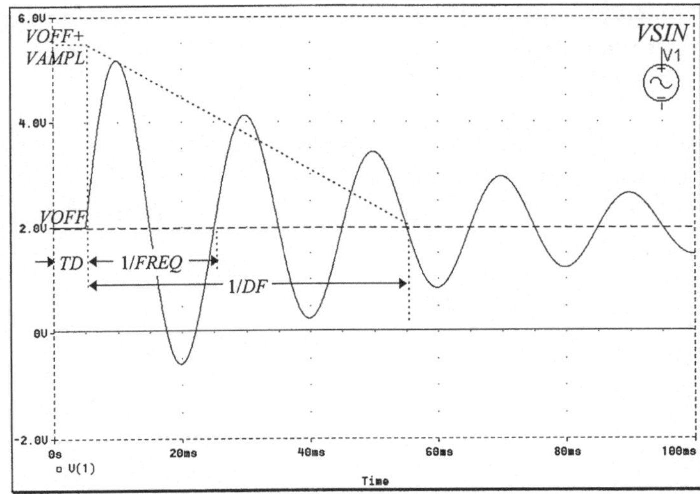

Abb. 6.2-13: Beispiel für den Zeitverlauf einer *SIN*-Quelle.

Typ	Bauelement	Parameter	Bedeutung	Voreinstellung	Bsp.
VPULSE,	(Periodische)	*V1, I1*	Erstwert	- (V, A)	1 V
IPULSE	Pulsquelle	*V2, I2*	Zweitwert	- (V, A)	3 V
		TD	Startverzögerung	0 s	2 s
		TR	Anstiegszeit	*TSTEP*	2 s
		TF	Abfallzeit	*TSTEP*	4 s
		PW	Pulsweite	*TSTOP*	3 s
		PER	Periodendauer	*TSTOP*	12 s

Tab. 6.2-13: *PULSE*-Quellen.

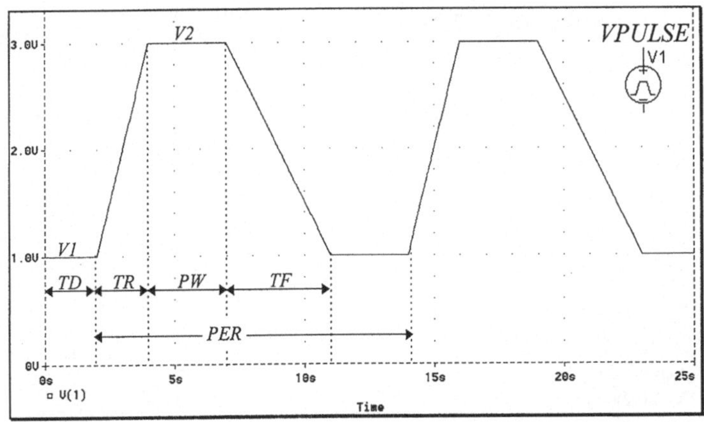

Abb. 6.2-14: Beispiel für den Zeitverlauf einer *PULSE*-Quelle.

Bei dem auf der folgenden Seite dargestellten Quelltyp *VPWL* ist der Parameter i auf zehn, bei *IPWL* auf acht beschränkt. Kommt man damit nicht aus, bietet sich *V/IPWL_FILE* an, bei der die Parameter von einer Datei eingelesen werden können. Mit den in **MATHCAD**-Anwendung 5.1-3 beschriebenen Befehlen *PRNCOLWIDTH* := *12* und *WRITEPRN("<DATEI>.prn") := <Matrix>* läßt sich wie dort eine Datei mit den Funktionswerten einer Stimulusfunktion kreieren und in der **SCHEMATICS**-Dialogbox von *V/IPWL_FILE* dem Parameter *FILE=* zuweisen.

Typ	Bauelement	Param.	Bedeutung
VPWL,	Quelle mit stückweise geradem Verlauf	*T*i	Knickzeitpunkte
IPWL	(piecewise linear); obligat: *T1,V1,T2,V2*	*V(I)*i	Funktionswert z.Zt. Ti

Tab. 6.2-14: *PWL*-Quellen.

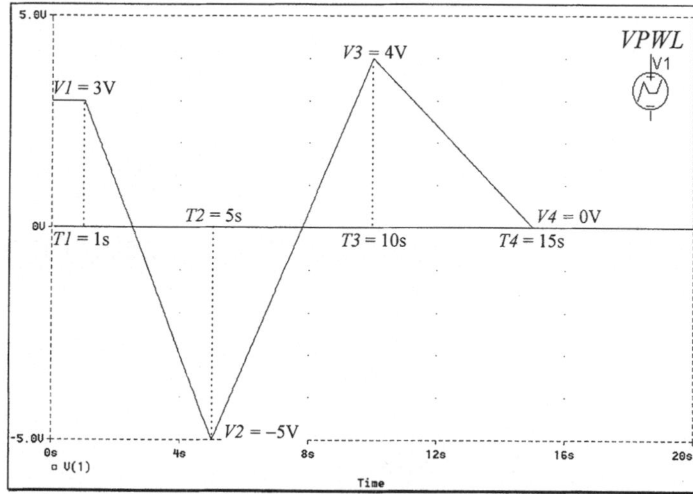

Abb. 6.2-15: Beispiel für den Zeitverlauf einer *PWL*-Quelle.

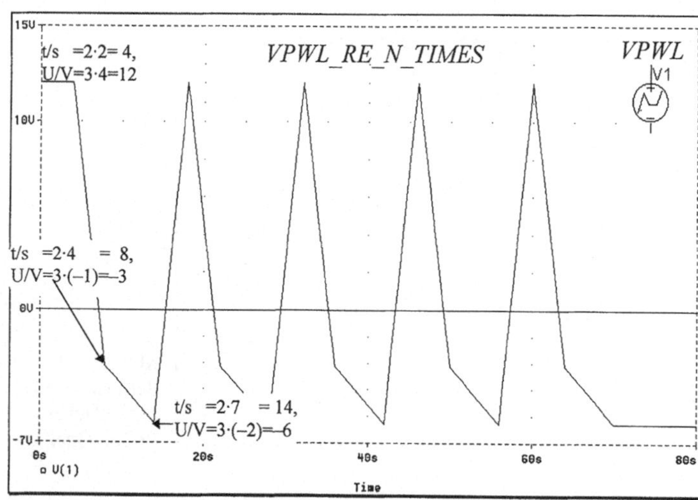

Abb. 6.2-16: Beispiel für den Zeitverlauf einer *VPWL_F_RE_N_TIMES*-Quelle.

Quellen, bei denen ein bestimmtes Muster periodisch wiederholt werden kann, sind die endlos periodischen *V/IPWL_RE_FOREVER*, *V/IPWL_ENH* und *V/IPWL_RE_N_*

TIMES mit *N* Perioden. Die dateibasierten (*F*ile-based) Quellen *V/IPWL_F_RE_FOREVER*, *V/IPWL_F_RE_N_TIMES* entsprechen diesen, nur daß sie wie *V/IPWL_FILE* in Dateien spezifiziert werden; *V/IPWL_F_RE_N_TIMES* ist identisch mit *V/IPWL_FILE*.

Typ	Bauel.	Parameter	Bedeutung	Vor.	Bsp.
VPWL	Wie	*TSF*	Time Scale Factor	1	2
IPWL	*VPWL/*	*VSF*	Value Scale Factor	1	3
mit	*IPWL*	*FIRST_nPAIRS*	Hier können abwechselnd	-	2 4
verschie-	(s.o.)	*SECOND_nPAIRS*	*t/U* bzw. *t/I* durch Leerzeich.	-	4 –1
denen		*THIRD_nPAIRS*	getrennt eingetragen werden.	-	7 –2
Zusätzen		*REPEAT_VALUE*	Wiederholungsfaktor *N*	1	5

Tab. 6.2-15: Weitere *PWL*-Quellen; Beispiel für *VPWL_F_RE_N_ TIMES* s. vorige Seite.

Typ	Bauelement	Parameter	Bedeutung	Voreinstellung	Bsp.
VEXP,	Quelle mit	*V1, I1*	Anfangswert	- (V, A)	1 V
IEXP	Exponential-	*V2, I2*	(virtueller) Spitzenwert	- (V, A)	4 V
	verläufen	*TD1*	Startverzögerung	0 s	1 s
		TC1	Anstiegszeitkonstante	*TSTEP*	2 s
		TD2	Abfallverzögerung	*TD1 + TSTEP*	5 s
		TC2	Abfallzeitkonstante	*TSTEP*	1 s

Tab. 6.2-16: *EXP*-Quellen.

Formeln für *VEXP*-Quellen (*IEXP* analog):

$$0 < t < TD1: \qquad VEXP(t) = V1,$$

$$TD1 < t < TD2: \qquad VEXP(t) = V1 + (V2 - V1) \cdot (1 - e^{-\frac{t-TD1}{TC1}}),$$

$$TD2 < t < TSTOP: \quad VEXP(t) = V1 + (V2 - V1) \cdot [1 - e^{-\frac{t-TD1}{TC1}} - (1 - e^{-\frac{t-TD2}{TC2}})].$$

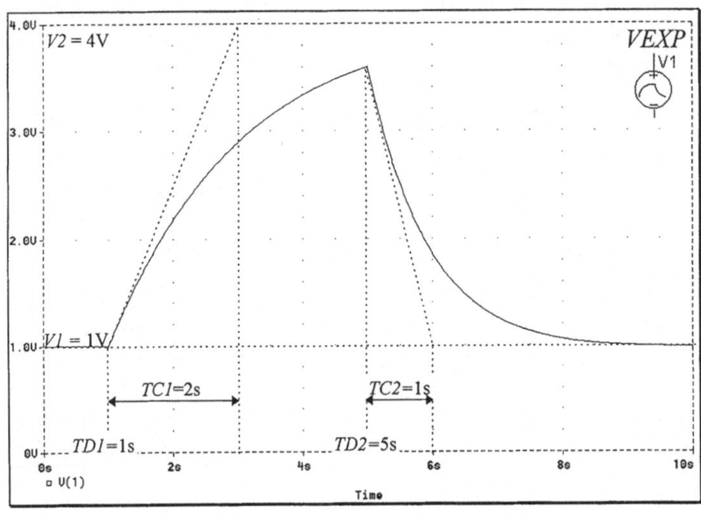

Abb. 6.2-17: Beispiel für den Zeitverlauf einer *EXP*-Quelle.

Typ	Bauelement	Parameter	Bedeutung	Voreinstellung	Bsp.
VSFFM, *ISFFM*	Frequenz-modulierte Wechsel-quelle	*V(I)OFF*,	Gleichanteil	- (V,A)	1 V
		V(I)AMPL	Ampl. Wechselanteil	- (V,A)	2 V
		FC	Trägerfrequenz	1/*TSTOP* (Hz)	100 Hz
		MOD	Modulationsindex	0	5
		FM	Modulationsfrequenz	1/*TSTOP* (Hz)	50 Hz

Tab. 6.2-17: *SFFM*-Quellen; Beispiel für einen Zeitverlauf s. nächste Seite.

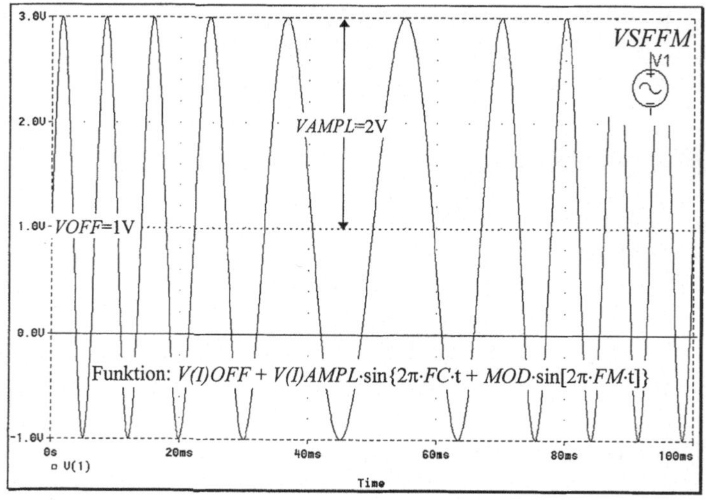

Abb. 6.2-18: Beispiel für den Zeitverlauf einer *SFFM*-Quelle.

Gesteuerte analoge Quellen

Folgende vier möglichen Typen aus der Bibliothek *analog.slb* wurden bereits in Abschnitt 6.2.2.1 angegeben. Der jeweils einzige Parameter *G* (Gain = Verstärkung) mit den Einheiten 1 (*E*), 1 (*F*), 1 S (*G*) und 1 Ω (*H*) ist auf den angegebenen Wert voreingestellt. Sie dienen zum Realisieren idealer Verstärker, ohne daß ein spezifischer physikalischer Typ (z.B. Operationsverstärker, Transistorschaltung) angegeben werden muß, sowie in Halbleiter- und Makromodellen.

Schalter

aus der Bibliothek *eval.slb* sind Schließer und Öffner für die Transientenanalyse entspr. Tab. 6.2-18. Sie ermöglichen insbesondere die Analyse von Ausgleichsvorgängen im Zusammenhang mit Kondensatoren und Spulen, deren *IC* (Initial Condition) von Null verschieden ist, die also Anfangsenergien aufweisen (Abschnitt 4.5.7).

Typ	Bauelement	Parameter	Bedeutung	Voreinstellung
Sw_tClose	Schließer	*tClose*	Schließzeitpunkt	0 (s)
Sw_tOpen	Öffner	*tOpen*	Öffnungszeitpunkt	0 (s)
	beide: {	*ttran*	Übergangsdauer	1 (us)
		RClosed	Durchgangswiderstand	0.01 (Ω)
		ROpen	Sperrwiderstand	1 Meg (Ω)

Tab. 6.2-18: Schalter.

Frequenzfilter mit TSCHEBYSCHEFF-Charakteristik
aus der Bibliothek *abm.slb* verfügen über Durchlaß- und Sperrbereich(e). Sie sind wie alle *ABM* in den Fällen nützlich, wo es nicht darum geht, ein möglichst realistisch modelliertes Bauelement einzubinden, sondern seine Funktionalität möglichst ideal und einfach im größeren Gesamtkonzept zur Verfügung zu stellen.

Typ	Bauel.	Par.	Bedeutung	Voreinst.
LO-	Tief-	*FS*	Tiefste Frequenz des Sperrbereichs	100 (Hz)
PASS	paß	*FP*	Höchste Frequenz des Durchlaßbereichs	10 (Hz)
HI-	Hoch-	*FP*	Tiefste Frequenz des Durchlaßbereichs	100 (Hz)
PASS	paß	*FS*	Höchste Frequenz des Sperrbereichs	10 (Hz)
BAND-	Band-	*F0*	Höchste Frequenz des unteren Sperrbereichs	10 (Hz)
PASS	paß	*F1*	Tiefste Frequenz des Durchlaßbereichs	100 (Hz)
(s. auch		*F2*	Höchste Frequenz des Durchlaßbereichs	300 (Hz)
Abb. 4.5-10)		*F3*	Tiefste Frequenz des oberen Sperrbereichs	1000 (Hz)
BAND-	Band-	*F0*	Höchste Frequenz d. unteren Durchlaßbereichs	10 (Hz)
REJ	sperre	*F1*	Tiefste Frequenz des Sperrbereichs	100 (Hz)
		F2	Höchste Frequenz des Sperrbereichs	300 (Hz)
		F3	Tiefste Frequenz des oberen Durchlaßbereichs	1000 (Hz)
	alle:	*Ripple*	Dämpfung im Durchlaßbereich	1 (dB)
		Stop	Dämpfung im Sperrbereich	50 (dB)

Tab. 6.2-19: TSCHEBYSCHEFF-Filter.

6.2.2.9 *Block-Strukturen

Im **SCHEMATICS** ist es möglich, komplexe Module zu strukturieren, die aus mehreren Bauelementen bestehen und als solche mehrfach in einer oder auch mehreren Schaltungen verwendet werden können. Man kann diese in vordefinierte (Bsp.: Operationsverstärker) und benutzerdefinierte Module unterscheiden.

In der *eval.lib* wird daher zwischen Einzelbauelementen mit einem physikalischen Parametersatz unterschieden, der hinter dem *.model*-Befehl steht (z.B. die Transistorparameter), und Unterstrukturen, deren an den Pins verifizierbaren Eigenschaften durch einen *.subckt*-Parametersatz (Subcircuit) auftreten. Sowohl *.model*- als auch *.subckt*-Parametersätze finden sich nach Simulationslauf in der *.out*-Datei.

Der Benutzer kann sich jedoch gleichwohl eigene Strukturen ausdenken, die hier Blöcke heißen und durch das Block-Werkzeug zunächst wie ein normales Bauelement in die Schaltung eingebaut werden. Der Block erhält einen eigenen Namen und kann in dieser oder anderen Schaltungen mehrfach vorkommen. Durch wird er geöffnet und es erscheint eine zweite Arbeitsblattebene, die wieder Blöcke entsprechend den Limitierungen in der Demoversion enthalten kann.

Der Block ist hierbei die Domäne für den Namen von Bauelementen und auch Knoten, d.h. ein Widerstand *R3* auf höchster Ebene ist ein anderer wie ein gleichnamiger Widerstand innerhalb eines Blocks. Sei der Blockname z.B. *B1*, so werden diese beiden Widerstände durch ihre Namen *R3* und *B1.R3* eindeutig unterschieden.

Diese Art der Strukturierung von Schaltungen ist wesensgleich mit der Strukturierung von Computerprogrammen höherer Programmiersprachen in Haupt- und Unterprogramme - z.B. Pascal oder Fortran - wo ebenfalls gleiche Variablennamen auf verschiedenen Ebenen vorkommen können. Auch hier gibt es vom Compilerhersteller vordefinierte Unterprogramme, wie die sin- oder log-Funktion, die praktisch einem *Q2N2222* oder einer Leitung *T* entspricht - und benutzererstellte, die z.B. die Nullstelle eines Polynoms berechnen. Ähnliche Funktionalitäten finden wir in **MATHCAD**.

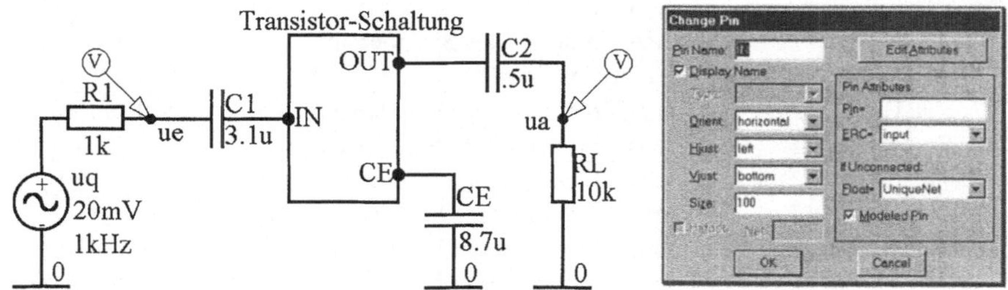

Abb. 6.2-19: Wechselstrombeschaltung *Transistor_Top* einer statischen Transistorschaltung.

Die Schaltung in Abb. 6.2-19 möge sich in der Datei *Transistor_Top* befinden. Den Block erhalten wir durch , drehen und verbinden ihn mit den Pins von *C1*, *C2* und *CE*. Ist die Blockgröße unpassend, kann sie nach Markierung mit der gezogen werden. Durch das Berühren der Verbindung mit dem Block bildet sich an der Stelle automatisch ein Pin mit fortlaufender Bezeichnung, z.B. *P1*.

Heißt der Block zunächst *HB1*, wird sein Name durch auf *HB1* und Ausfüllen des **Edit Reference Designator** - im Beispiel in *Transistor-Schaltung* - geändert. auf *P1* öffnet die dargestellte **Change Pin**-Dialogbox, bei der, wie in der Abb. angegeben, in Pin Name: *IN* eingegeben wird. Desgleichen für *P2*: *OUT* und für *P3*: *CE*.

Außer einem eigenen Namen muß der Block noch einen Verweis auf die Blockdatei haben, in der sein Innenleben gespeichert ist, die im Beispiel *Bipolar_Block* heißen soll. Diesen Querbezug stellen wir durch in den Block (nicht seinen Namen; alternativ: Navigate Push) dar. Dabei öffnet sich **Set Up Block**. Hier wird in Filename der Blockdateiname *Bipolar_Block* eingetragen. Durch in den Block wird die nächste Ebene, d.h. das Innenleben des Blocks geöffnet, wobei der Blockname entspr. *Transistor-Schaltung.Bipolar_Block* in der Titelzeile davor steht.

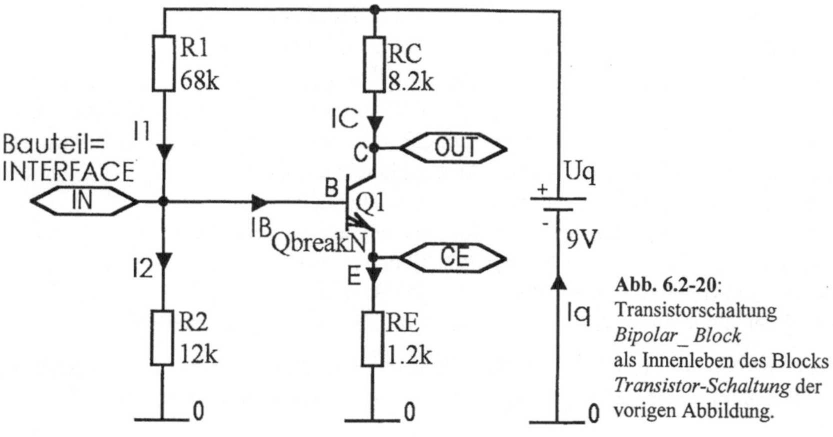

Abb. 6.2-20: Transistorschaltung *Bipolar_Block* als Innenleben des Blocks *Transistor-Schaltung* der vorigen Abbildung.

Dabei kann es sich um eine bereits existierende Datei handeln. Dies wäre z.B. der Fall, wenn *Bipolar_Block* vor *Transistor_Top* erstellt worden wäre. Diese Datei wird dann im lokalen Ordner gesucht und automatisch geöffnet. Alternativ kann sie mit Browse auch in einem anderen Ordner angesteuert werden. Existiert die Blockdatei noch nicht, wird ein neues leeres Arbeitsblatt geöffnet. Hier kann nun die Block-Schaltung erstellt, und die eigentliche *Bipolar_Block*-Schaltung, wie in Abb. 6.2-20 modelliert werden. Sie ist identisch mit Abb. 2.9-14, die bereits in Abschnitt 2.9.6.2 manuell, sowie mit **MATHCAD** und mit **PSPICE** analysiert wurde. Wird in der Folge der Block auf der *Top Level*-Ebene 🖰🖰, öffnet sich immer diese mit ihm assoziierte Schaltung.

Nun ist noch anzugeben, an welcher Stelle die *IN*- und *OUT*-Anschlüsse des *Top Level* auf die Block-Ebene zugreifen. Dies geschieht mit dem *INTERFACE*-Bauelement in *port.slb*. Durch 🖰🖰 der plazierten Konnektorsymbole werden dieselben Pin-Bezeichnungen (*IN*, *OUT*, *CE*), wie auf dem *Top Level* vergeben. Aus der Block-Schaltung kehren wir über Navigate Pop oder Top (hier kein Unterschied, da es nur zwei Ebenen gibt), oder über × ganz rechts in der Menüleiste zum *Top Level* zurück.

Bipolar_Block könnte gleichwohl durch eine MOS-Schaltung *MOS_Block* ersetzt werden. Zum Konfigurieren von Pfaden zu verschiedenen Blockdateien dient Edit Views..., denn durch 🖰🖰 in den Block ist **Set Up Block** nicht mehr erreichbar, da ja nun hiermit die nächste Ebene geöffnet wird, hier also *Bipolar_Block* oder *MOS_Block*. 🖰🖰 in den Block öffnet nun stattdessen **Select View**, wo die in Edit Views... eingestellten Pfade sichtbar werden. *DEFAULT* wählt den aktuell gültigen aus.

Wird auf eine Blockdatei direkt aus **SCHEMATICS** zugegriffen und Änderungen an ihr vorgenommen, sehen diese alle *Top Levels*, die diese benutzen. Dazu ist Navigate ✔ Edit Schematic Definition markiert und Edit Schematic Instance abgedeckt. Wird der Block hingegen aus dem *Top Level* geöffnet, kann durch Markierung von ✔ Edit Schematic Instance festgelegt werden, daß die Änderungen nur für diesen Top Level gelten.

Einem Block läßt sich mit Edit Convert Block... auch ein eigenes Symbol zuordnen. Das Erstellen eines neuen Symbols ist eine Funktion des in Abschnitt 6.4 beschriebenen **SYMBOL EDITORS**.

6.2.3 Simulationsvorbereitung und -durchführung

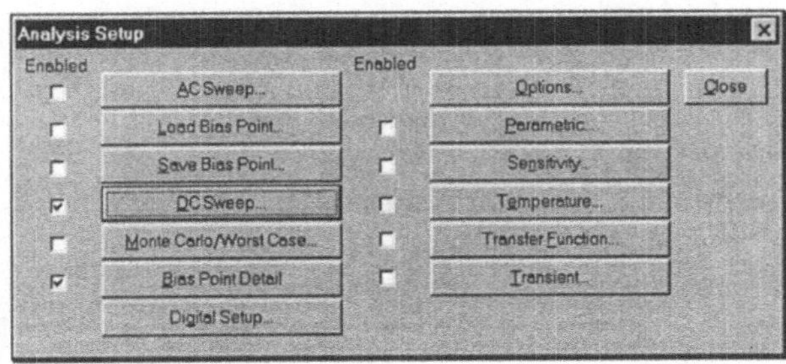

Abb. 6.2-21: **Analysis Setup**-Dialogbox.

Nun ist die Schaltung auf einer Ebene oder in Blockform mit zugehöriger *Top Level*-Ebene eingegeben und alle Eigenschaften sind spezifiziert. Als nächstes muß für **PSPICE** und ggf. **PROBE** festgelegt werden, welche Simulationen durchgeführt werden und welche Parameter sich wie ändern sollen. Hierzu sei auf die Übersicht in Abschnitt 6.1.4 verwiesen. Wir beziehen uns nun auf die parametrisierte *DC Sweep*-Simulation in Abschnitt 2.8.8.3. ▤ ruft den in Abb. 6.2-21 dargestellten **Analysis Setup** auf.

Soll eine bestimmte Funktion aktiviert werden, ist neben den durchzuführenden Einstellungen in den durch den jeweiligen Button aufgerufenen Dialogboxen ☑ davor ggfls. separat zu markieren. Mehrere Funktionen können gleichzeitig aktiviert sein. Nachdem die Einstellung(en) vorgenommen sind, kann ggfls. die Simulation mit **PROBE** mit ▤ gestartet werden, womit auch die aktuelle Schaltung auf dem Arbeitsblatt automatisch gespeichert wird. **PROBE** selbst wird in Abschnitt 6.3 erläutert.

Treten beim Simulationslauf Fehler auf, aktiviert **PSPICE** evtl. automatisch die **MESSAGE VIEWER**-Funktion und die Fehlermeldungen erscheinen auf dem Bildschirm. Ist der Schaltungsfehler hieraus nicht unmittelbar ersichtlich, kann durch Analysis Examine Output die *.out*-Datei gelesen werden (Abschnitt 6.2.5), die die Alias-, Netz - und Circuitliste, Analyse-Ergebnisse und eine genauere Spezifizierung des Fehlers enthält. Nach Fehlerbehebung kann der Simulationslauf erneut gestartet werden.

6.2.3.1 Ausgabevariablensyntax

Beispiel:	Bedeutung
Vr(3)	Realteil des Potentials am Knoten *3*
Vi(3,6)	Imaginärteil der Spannung zwischen Knoten *3* und *6*
Vm(R3:1) oder *V1m(R3)*	Magnitude des Potentials an Pin *1* des Widerstands *R3*
Vp(Q1:e) oder *Vep(Q1)*	Phase des Potentials am Emitter des Transistors *Q1*
Vp(Q1:b,Q2:c)	Spannungsphase zw. Basis von *Q1* und Kollektor von *Q2*
Idb(R2)	Betrag des Stroms in Dezibel durch den Widerstand *R2*
Ibr(Q2)	Realteil des Stroms durch die Basis des Transistors *Q2*

Tab. 6.2-20: Beispiele für Variablensyntaxen.

An mehreren Stellen in den folgenden Dialogboxen, die beim Aktivieren des ▤-Buttons geöffnet werden - z.B. bei Transfer Function... Output Variable - sind Spannungen oder Ströme als Ausgabevariablen zu spezifizieren. Diese Spezifikation kann sehr detailliert sein. Folgende Syntax, die auch in **PROBE** z.B. in Trace Add... Trace Expression als Eingabesyntax zu verwenden ist, ist erlaubt:

- **Spannung**: *V[AC-Zusatz](<out-id>[,<out-id>])*
  - oder *V<Pin>[AC-Zusatz](<Bauelement>)*
  - wobei *out-id = net-id = Knoten* (z.B. *3*)
  - oder *= pin-id = Bauelement:Pin* (z.B. *R4:2*)
- **Strom**: bei Zweipolen: *I[AC-Zusatz](<Bauelement>)*
  - bei Mehrpolen: *I<Pin>[AC-Zusatz](<Bauelement>)*

wobei *AC-Zusatz* für die Frequenzanalyse (*AC*) einen der folgenden darstellt:

m: Magnitude (Voreinstellung, d.h.: kann entfallen)
p: Phase
r: Realteil
i: Imaginärteil
g: Gruppenlaufzeit
db: Magnitude in Dezibel

Beispiele für die Wechselspannungsanalyse (*AC*) sind in Tab. 6.2-20 dargestellt.

Zu *Bauelement* und *Knoten* ist zu bemerken, daß es sich bei Schaltungen, die nur aus einer Hierarchieebene bestehen, hier um eine konkrete Bezeichnung handelt, z.B. einen Widerstand *R3*. Besteht die Schaltung aus mehreren gemäß Abschnitt 6.2.2.9 mit Blöcken strukturierten Ebenen, so ist die dort beschriebene vollständige äquivalente Bezeichnungsstrukturierung (engl.: fully qualified name) notwendig.

Zu *Pin* (Klemme) ist zu bemerken, daß dies ein bauelementspezifischer Begriff ist, im Gegensatz zu *Knoten* als, wie zuvor dargelegt, schaltungsspezifischem, dessen Name über LABEL sinnvollerweise vom Benutzer vergeben wird und an den Knoten dransteht. So hat jeder Widerstand die Pins *1* und *2*, jede ungesteuerte Quelle + und –, jeder bipolare Transistor *B*, *E*, *C*; jeder FET *G*, *S*, *D*; jede Leitung *A+*, *A–*, *B+*, *B–* usw. *Pins* werden bei der Verbindung über *Knoten* miteinander verbunden, d.h. ein *Knoten* ist eine Verbindungskennzeichnung. Die in Abschnitt 6.2.5 beschriebene und in die *.out*-Datei eingebundene Alias-Datei *.als* beschreibt dabei diese Abbildung.

6.2.3.2 Kennlinienerstellung mit *DC Sweep*

Hierbei handelt es sich um eine Analyse, bei der der Wert einer Gleichgröße oder eines Parameters entsprechend den Angaben der in Abb. 2.8-8 dargestellten **DC Sweep**-Dialogbox einen bestimmten Bereich abscannt. Es wird eine Kennline, z.B. eine Diodenkennlinie *I*(*U*), wie in Abschnitt 2.9.6.1 für ggfls. mit Markern gekennzeichnete Knoten erzeugt. Berücksichtigt werden nur Quellen mit *DC≠0*. In der *.out*-Datei steht *.DC*, das Ergebnis wird von **PROBE** dargestellt. Parameter ist also hier nicht die Frequenz oder die Zeit, sondern entsprechend Swept Var. Type einer der folgenden:

- Voltage Source (Quellspannung), Current Source (Quellstrom): dann ist im Name-Feld eine konkrete in der Schaltung vorkommende Quelle, z.B. *Uq*, anzugeben.
- Temperature; Standardwert ist 27°C (300 K).
- Model Parameter (Bauelementparameter): im Model Type-Feld ist der Model-Editor-Bauelementtyp (z.B. *npn* für den Transistortyp) einzugeben, in Model Name das konkrete Modell (z.B. *Q2N2222*) und in Param. Name der variabel zu haltende Parameter (z.B. die Stromverstärkung *BF*).
- Global Parameter erlaubt die Variation eines unter *PARAM* (Abschnitt 6.2.2.6; Anwendung Abschnitt 2.8.8.3) spezifizierten Pseudobauelements (*R1* ohne *{}*).

Nachdem einer der Sweep Type spezifiziert ist, sind in Start Value, End Value und darunter die Werte einzugeben. Bei • Decade wird unter Pts/Decade pro Dekade eine feste Punktmenge vorgegeben. Zwar kann in **PROBE** unabhängig davon zwischen linearer und logarithmischer (Decade)-Darstellung umgeschaltet werden, bei falscher Kombination sind dann dort jedoch Dekaden mit unterschiedlicher Punktauflösung belegt. Da bei den Bauelementen in der **SCHEMATICS**-Schaltung i.allg. konkrete Werte unter Value eingetragen wurden, werden genau diejenigen, die hier variiert werden, dort ignoriert. Alternativ kann eine Werteliste (Value List) spezifiziert werden, die dann in Values einzutragen ist. Als Trennzeichen können Leerzeichen oder Kommas verwendet werden.

Nested Sweep... erlaubt die Erzeugung von Kurvenscharen über einen weiteren Parameter, der in einer zweiten **DC Sweep**-Dialogbox anzugeben ist - mit ähnlicher Funktion wie Parametric... nach Abschnitt 6.2.3.5, aber etwas anderer Auswirkung auf **PROBE**.

6.2.3.3 Frequenz- und ggf. Rauschanalyse mit *AC Sweep*

Eine Funktion der Art *U(f)* wird nach Aktivierung von AC Sweep... durch die in Abb. 2.11-12 dargestellte Dialogbox parametrisiert. In der *.out*-Datei steht *.AC*, das Ergebnis wird von **PROBE** bis auf die u.a. Ausnahme mit der Frequenz als Abszisse automatisch für mit Markern gekennzeichnete Knoten dargestellt. *VAC/IAC* sind die hier benötigten Quellen (nicht *VSIN* oder andere, da dort ja Zeitverläufe vorgegeben sind). Berücksichtigt werden nur Quellen mit *AC≠0*. Bei AC Sweep Type ist die gewünschte Frequenzachsenskalierung anzugeben. Die Sweep Parameters-Felder sind selbsterklärend; Frequenzen sind in Hz anzugeben.

Die Ausnahme bildet Total Pts.=*1* und Start Freq. = End Freq., wenn also eine feste Frequenz vorgegeben und dann in Parametric... (Abschnitt 6.2.3.5) ein Parameter wie bei **DC Sweep** durchfahren wird. Dies wird von **PSPICE** erkannt und die **PROBE**-Abszisse automatisch auf diesen Parameter eingestellt.

Noise Analysis erlaubt bei ☑ Noise Enabled das Überlagern von Rauschen als RMS-Summe (Root Mean Square Value = Wurzel aus dem quadratischen Mittelwert = Effektivwert), das von allen Widerständen und Halbleiterbauelementen der Schaltung herrührt. Für die verschiedenen Rauscharten (thermisches, Schrot-, Funkel-), sind aus der Literatur entspr. Abschnitt 2.6.3 Formeln bekannt und wurden hier eingearbeitet.

- Output Voltage spezifiziert in der Syntax des Abschnitts 6.2.3.1 den Knoten oder das Knotenpaar, an dem die Rauschspannung gemessen werden soll.
- I/V Source gibt eine konkret in der Schaltung vorkommende Quelle an, an der eine äquivalente Rauschspannungsquelle plaziert werden soll, und die als Ersatzquelle für die Schaltung mit rauschleistungslosen Bauelementen dient (was nicht bedeutet, daß die spezifizierte Quelle selbst die Rauschspannungsquelle ist).
- Interval (z.B. *30*) spezifiziert den Frequenzabstand, mit dem in *.out-NOISE ANALYSIS*-Tabellen Rauschleistungen in V^2/Hz und -spannungen in $V/\sqrt{Hz}$ - auch an den rauschenden Bauelementen - angegeben werden. Weiterhin finden wir den RMS-Rauschwert, gemittelt über das ganze Frequenzspektrum, sowie RMS-Rauschspannung oder -strom der in I/V Source spezifizierten Ersatzquelle.

Gesamtrauschspannungen an Ein/Ausgang *V(I/ONOISE)* in $V/\sqrt{Hz}$ sowie -leistungen *NTOT(ONOISE)* und *NTOT(<Bauelement>)* in V^2/Hz werden für **PROBE** erzeugt.

6.2.3.4 Zeit- und ggf. FOURIERanalyse mit *Transient*

Hier werden nach Aktivierung von Transient... entsprechend dem Beispiel in Abschnitt 2.11.4.2 Zeitanalysen der Art *u(t)* auf Quellen wie *SIN, PULSE, EXP, PWL, SFFM* oder *STIM*, die von **PROBE** dargestellt werden können, realisiert. Die Parametrisierung erfolgt durch die in Abb. 2.11-10 dargestellte **Transient**-Dialogbox. In der *.out*-Datei steht *.tran*, das Ergebnis wird von **PROBE** mit der Zeit als Abszisse darstellt.

- Print Step kennzeichnet einen internen zeitlichen Abstand der dargestellten Punkte in Sekunden.
- Final Time kennzeichnet den Endzeitpunkt in Sekunden.
- Analysen werden erst ab No-Print Delay > 0 dargestellt. Ist hier kein Wert angegeben, wird bei 0 begonnen. Das ebenfalls in Sekunden anzugebende, aber optionale

- Step Ceiling ermöglicht eine maximale interne Berechnungsschrittweite, die von der Darstellungsschrittweite Print Step abweicht.
- Detailed Bias Pt. s. Abschnitt 6.2.3.6: **Bias Point Detail**.
- Skip initial transient solution ignoriert die bei Kondensatoren und Spulen unter *IC* (Initial Condition) ggf. angegebenen Anfangswerte. Bei Quellen mit für $t \leq 0$ von Null verschiedenem Wert, der zu geladenen Energiespeichern führen würde, werden diese ebenfalls ignoriert; s. auch Aufgabe 4.5.7-1.
- Enable Fourier ermöglicht entsprechend dem Beispiel in Abschnitt 5.1.4 die Ausgabe von Harmonischen (Number of harmonics) um die in Hz einzugebende Center Frequency in der *.out*-Datei. Enable Fourier ist zwar immer aktivierbar, ergibt jedoch nur sinnvolle Werte, wenn ein periodischer Zeitverlauf vorliegt. Center Frequency sollte dann zur Frequenz der Grundschwingung gewählt werden und stellt Erstwert als auch Schrittweite dar. Das Ergebnis wird nicht von **PROBE**, sondern von **PSPICE** dargestellt, ist also wieder mit Analysis Examine Output zu sehen. Während es sich hier um eine FOURIERreihenentwicklung für eingeschwungene Zustände handelt, ist die **PROBE**-FOURIERanalyse eine (diskrete) FOURIERtransformation (FFT).
- Output Vars gibt gemäß den Syntaxregeln in Abschnitt 6.2.3.1 die Variablen an, auf die sich die FOURIERanalyse bezieht.

6.2.3.5 Kurvenscharen mit *Parametric*

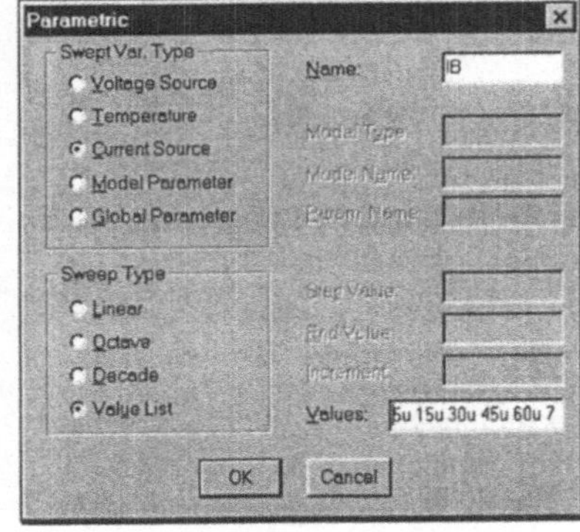

Abb. 6.2-22:
Parametric-Dialogbox.

Hiermit können entspr. dem Beispiel in Aufgabe 2.9.6-1 in **PROBE** ganze Kurvenscharen in Abhängigkeit eines beispielhaft in der in Abb. 6.2-22 dargestellten **Parametric**-Dialogbox (*.STEP* in *.out*-Datei) beschriebenen Parameters dargestellt werden. Die **Parametric**-Eingabemöglichkeiten sind dieselben wie in **DC Sweep**. Dieser Parameter dient bis auf die in Abschnitt 6.2.3.3 beschriebene Ausnahme einer Festfrequenz also nicht als Abszissenvariable, sondern gilt für genau eine Kurve. Daher kann **Parametric** zusätzlich für alle anderen Analysearten, wie auch **DC/AC Sweep** und **Transient**, aktiviert werden. Da *AC*- und *tran*-Quellen durch ganze Parametersätze beschrieben werden, sind Voltage Source und Current Source nur für die *DC*-Analyse verwendbar. Bei den andern ist der zu variierende Quellenparameter als • Global Parameter, wie in Abschnitt 6.2.3.2 beschrieben, zu spezifizieren. Wird **Parametric** im **DC Sweep** mit Nested Sweep... kombiniert, können Kurvenscharen mit zwei Parametern erzeugt werden.

Beim Aufruf von **PROBE** erscheint dann für **Parametric** zunächst **Available Sections** mit allen Simulationsparametern. Nur die blau markierten werden auch von **PROBE** dargestellt. Durch ⍝ einzelner Parameter können diese von der Analyse ausgeschlossen werden. Sollen alle dargestellt werden, genügt OK oder ↵, d.h. All ist überflüssig. None macht ebenfalls keinen Sinn, da dann keine Kurve dargestellt wird.

6.2.3.6 *Weitere Eingabemöglichkeiten in *Analysis Setup*

Folgende Buttons von ▤ werden zuweilen ebenfalls benötigt:

- Load Bias Point.../Save Bias Point...

  Nichtlineare elektronische Schaltungen müssen i.allg. erst durch eine Widerstandsbeschaltung in einen Arbeitspunkt gefahren werden, um den dann z.B. eine Wechselstromanalyse durchgeführt wird. Dabei ist eine Analyse mit verschiedenen Wechselstromparametern, wie Quellgrößenparameter oder Kapaziätswerten von Interesse. Die Gleichstromarbeitspunktanalyse braucht dazu jedoch nur einmal durchgeführt zu werden und kann mit diesen Befehlen gespeichert und wieder reaktiviert werden.
- Bias Point Detail (*.OP* in *.out*-Datei)

  erzeugt in der *.out*-Datei eine detailliertere Angabe für den Arbeitspunkt. Aufgeführt werden zusätzlich alle analogen Knotenspannungen, die Ströme aller Spannungsquellen und ihre Gesamtleistungsabgabe, sowie eine Liste aller Kleinsignalparameter für alle Bauelemente.
- Temperature... (*.TEMP* in *.out*-Datei)

  erlaubt die Eingabe ggf. mehrerer Temperaturwerte. Diese werden dann genauso behandelt, wie verschiedene Werte, die in der zuvor beschriebenen **Parametric**-Dialogbox spezifiziert wurden. **PROBE** erzeugt für jede Temperatur eine eigene Kurve. Eingabe verschiedener Werte in Temperature(s) macht nur einen Sinn, wenn mindestens ein temperaturabhängiges Bauelement vorhanden ist. Das sind i.allg. Halbleiter.
- Sensitivity... (*.SENS* in *.out*-Datei)

  Widerstände, unabhängige Quellen, strom- und spannungsgesteuerte Schalter, sowie Dioden und Bipolartransistoren, werden um den berechneten Arbeitspunkt, also bzgl. ihrer *DC*-Parameter, linearisiert. Durch Aktivierung der Analyse kann in der Dialogbox für (eine) in Output Variable(s) anzugebende Ausgabegröße(n) in der in Abschnitt 6.2.3.1 dargestellten Ausgabesyntax in der *.out*-Datei angegeben werden, um wieviel sie sich mit einer Variation des jeweiligen Bauelements ändert(n).

  Dargestellt wird für jedes Bauelement mit Zahlenwerten das Verhältnis von Änderung der oben spezifizierten Ausgabevariable zu Bauelementänderung, für Bauelemente mit Modellparametern, wie Transistoren, eine Tabelle für jede Ausgabevariable mit der Empfindlichkeit auf jeden einzelnen Modellparameter.
- Transfer Function... (*.TF* in *.out*-Datei)

  dient zur Ausgabe der *DC*-Kleinsignal-Übertragungsfunktion (z.B. Spannungsverstärkung) zwischen den beiden im zugehörigen Dialogfeld spezifizierten Größen in der *.out*-Datei, sowie der jeweils zugehörigen Ein- und Ausgangswiderstände, wobei Quellen durch ihre Innenwiderstände ersetzt werden.

- Options... (*.OPTIONS* in *.out*-Datei)
dient dem Benutzer zur Kontrolle des Programmablaufs, z.B. zum Beseitigen von Konvergenzschwierigkeiten, Änderungen der Genauigkeit oder Vorgabe anderer Ersatzwerte. In der linken Spalte kann durch ⌖⌖ auf die gewünschte Option zwischen *Y/N* umgeschaltet werden, d.h. hier stehen Optionen, die nur aktiviert oder deaktiviert sein können. In der rechten Spalte stehen Parameter, die Voreinstellungen oder Toleranzen angeben. Sie werden bei Markierung in dem oberen New Value-Feld zur Anzeige gebracht und können durch ↵ oder Accept geändert werden. Reset All setzt alle Werte auf die vom Hersteller eingegebenen Voreinstellungen zurück.

6.2.3.7 PROBE Setup

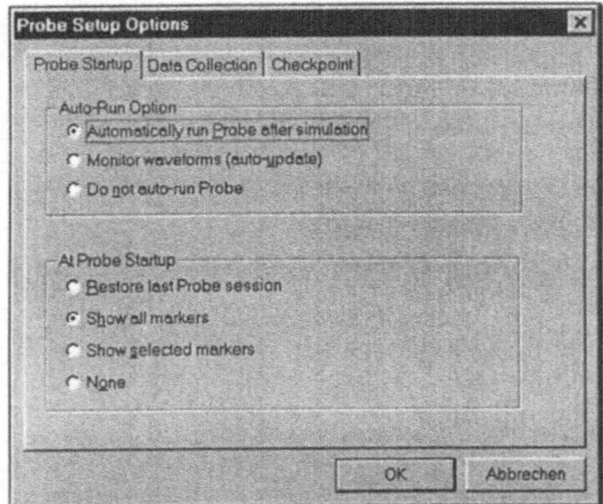

Abb. 6.2-23:
Probe Setup Options-Dialogbox.

Nun sind die Vorbereitungen dahingehend abgeschlossen, daß **PSPICE** weiß, was es simulieren und darstellen soll. Wird dazu das für *DC*, *AC* und *TRAN* in Abschnitt 6.3 beschriebene Programm **PROBE** aufgerufen, kann zuvor in den durch Analysis Probe Setup... aufgerufenen und in Abb. 6.2-23 dargestellten **Probe Setup Options** spezifiziert werden, auf welche Weise **PROBE** in die Simulation eingebunden werden soll. Geschieht dies nicht, werden die Voreinstellungen benutzt. In den Gruppen kann jeweils nur eine Funktion in einer Gruppe aktiv sein. Dabei bedeuten:

- Automatically run Probe after Simulation: **PSPICE** startet **PROBE** nach erfolgreicher Simulation automatisch.
- Monitor Waveforms (auto-update): Kurven werden schon während der Simulation gezeichnet. Das in Abschnitt 6.2.4 beschriebene Simulations-Statusfenster wird nach Simulationsstart nur kurz dargestellt.
- Do not Auto-run Probe: **PROBE** muß ggf. selbst mit Analysis Run Probe gestartet werden, es wird nur die **PROBE**-*.dat*-Datei erzeugt.
- Restore Last Probe Session: Zuvor gespeicherte **PROBE**-Session, wie in Abschnitt 6.3.2.5 beschrieben, wiederherstellen.
- Show all Markers: alle Kurven, für die in **SCHEMATICS** Marker gesetzt wurden, werden dargestellt.

- Show selected Markers: nur diejenigen Kurven, für die in **SCHEMATICS** Marker ausgewählt (rot markiert) wurden, werden dargestellt.
- None: beim Start von **PROBE** wird das leere Koordinatensystem angezeigt. Dort können die gewünschten Kurven mit Einfg **Add Traces** dargestellt werden.

Die folgenden Einstellungen von Data Collection dienen vor allem dem Management von Speicherplatz und Zeitdauer des Simulationslaufs:

- Data Collection - At Markers only: nur die Daten der in **SCHEMATICS** mit Markern markierten Knoten werden in der *.dat*-Datei gespeichert.
- Data Collection - All: Daten aller Knoten werden in der *.dat*-Datei gespeichert.
- Data Collection - All except internal subcircuit data: speichert die Daten in Unterschaltkreisen nicht.

Aktivierung von Text Data File Format (CDSF) speichert die **PROBE**-Daten im ASCII-Format in einer *.csd*-Datei statt einer *.dat*-Datei. Alternativ können später Kurven aus **PROBE** auch durch Cut und Copy im ASCII-Format kopiert werden. Ein weiteres Unterdialogfeld bezieht sich auf Checkpoints (Abschnitt 6.2.3.10).

6.2.3.8 Simulationsergebnisse auf dem SCHEMATICS-Arbeitsblatt

Das **SCHEMATICS**-Arbeitsblatt stellt nicht nur ein Eingabemedium dar, sondern entwickelt sich zunehmend auch zum Ausgabemedium für Arbeitspunktdaten ohne Einfluß auf **PROBE**, d.h. was für **PROBE** die in Abschnitt 6.2.1.4 beschriebenen Marker darstellen, sind für Arbeitsblattausgaben die folgenden Befehle.

Mittels der Schalter V I lassen sich nach Analysis Display Results on Schematic ▸ ✓ Enable entspr. Abb. 2.9-14 Arbeitspunktpotentiale und Ströme auf dem **SCHEMATICS**-Arbeitsblatt anzeigen. Statt V I kann auch Analysis Display Results on Schematic ▸ ✓ Enable Voltage Display/✓ Enable Current Display aktiviert werden. Alle Knotenpotentiale erscheinen dann in der Größe 0,10 inch auf dunkelgrünem, alle Ströme durch Bauelemente auf blauem Untergrund in der Nähe ihres Meßpunkts in der Schaltung.

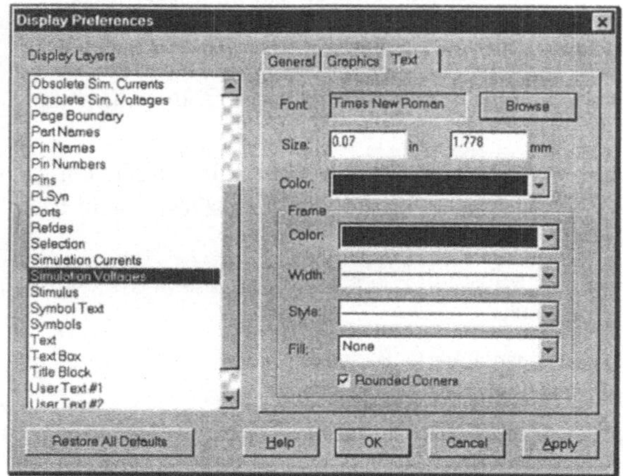

Abb. 6.2-24: **Display Preferences**-Dialogbox.

Hier decken sich die Anzeigen tlw. gegenseitig und Teile der Schaltung ab, so daß sich eine Änderung der Darstellungsparameter mit Options Display Preferences entsprechend den in Abb. 6.2-24 dargestellten **Display Preferences** empfiehlt. Im Beispiel wurde, wie in Abb. 2.9-14 realisiert, für die *Simulation Currents* und *Simulation Voltages* die Schriftgröße von *Size 0.10* in(ch) auf *0.07* in(ch) verkleinert und Füllung *Fill none* (transparent) eingegeben.

Die genaue Zuordnung der Anzeigen zu den Meßpunkten kann, wie bei den LABELs, durch gefunden werden, wobei eine gestrichelte Linie zum Bauelement zeigt und ein Pfeil die Stromrichtung in das Bauelement angibt. Bei Potentialen wird auf den zugehörigen Knoten gezeigt.

Befinden sich Spannungs- und Stromanzeigen auf dem Arbeitsblatt, die nicht dargestellt werden sollen, können sie durch ab- und auch wieder angeschaltet werden; alternativ durch Analysis Display Results on Schematic ▸ Show/Hide Selected Voltages bzw. Currents. Sind z.B. mehrere Bauelemente in Reihe geschaltet, wird der Strom mehrfach dargestellt und die überflüssigen Anzeigen können eliminiert werden. Mit Analysis Display Results on Schematic ▸ Display Options... kann die Ziffernanzahl der Anzeigewerte - Voreinstellung *4* - geändert werden.

Wird eine Schaltung nach Darstellung von Anzeigen verändert, erhalten die Anzeigen einen grauen Rahmen, was bedeutet, daß sie (möglicherweise) nicht mehr korrekt sind und sich i.allg. ein neuer Simulationslauf empfiehlt. In Options Display Preferences werden sie als *Obsolete Sim. Currents/Voltages* geführt. Dieser Fall kann auch leicht eintreten, wenn versehentlich beim Verschieben noch gültiger Arbeitspunktwertanzeigen eine Änderung an der Schaltung vorgenommen wurde, z.B. eine Verbindung verzogen. Dieser Vorgang ist bzgl. der Anzeige nicht rückgängig zu machen.

Während die oben dargestellten komfortablen Anzeigenmöglichkeiten ab der V. 8.0 zur Verfügung stehen, sind die folgenden tlw. Relikte aus der vorgraphischen Zeit und ihre Bedeutung wird hierdurch tlw. relativiert. In der *special.slb* finden sich Meßgeräte

- *IPROBE* 

  ist ein Strommesser, der in einen Strompfad eingebunden bei einer Arbeitspunktanalyse den hier fließenden Gleichstrom in A neben dem Symbol darstellt.

- *VIEWPOINT* 

  ist ein Arbeitspunkt-Potentialmesser. Wird seine Spitze auf einem Knoten plaziert, zeigt er am Ende eines Simulationslaufs das Knotenpotential an. Wird er danach an einen anderen Knoten verschoben oder wird er erst nach dem Simulationslauf plaziert, wird das dortige Potential angezeigt.

- *WATCH1*

  ist ein Alarmindikator für das Potential an diesem Knoten. Er (max. 3) kann durch Eingabe von entweder *DC* oder *AC* oder *TRAN* im *analysis*-Feld der sich durch öffnenden **PartName**-Dialogbox für *DC*-, *AC*- und Transientenanalyse eingesetzt werden, sofern die hier eingegebene Analyseart im Hauptmenüpunkt Analysis Setup aktiviert ist. Für *lo* und *hi* werden zwei Grenzpotentiale eingegeben und die Analyse gestartet. Sobald das Potential an diesem Knoten während der Berechnung den dazwischenliegenden Wertebereich verläßt, wird im Simulations-Statusfenster (Abschnitt 6.2.4) eine Warnung ausgegeben und weitere Daten können der *.out*-Datei (Abschnitt 6.2.5) entnommen werden.

6.2.3.9 Simulationsergebnisse in der Ausgabedatei *.out*

In der Bibliothek *special.slb* finden sich weiterhin Meßgeräte zur Ausgabe von Meßergebnissen in der *.out*-Datei. Sie haben ebenfalls keinen Einfluß auf **PROBE**, d.h. was für **PROBE** die Marker darstellen, sind für Examine Output *PRINT*- und *PLOT*-Befehle:

- *VPRINT1*, *VPLOT1*

  dienen zur Ausgabe von Potentialen als Tabelle bzw. einfaches Diagramm. Von den Eingaben *AC*, *DC* und *TRAN* können mehrere durch eine beliebige Zeichenfolge aktiviert werden. Ist *AC* aktiviert, können die Attribute *MAG* (Magnitude), *PHASE* (Phase), *REAL* (Realteil), *IMAG* (Imaginärteil) und *DB* (Betrag in dB) wie oben aktiviert werden, d.h. von den komplexen Potentialen an dieser Stelle werden die aktivierten Werte als Tabelle ausgedruckt, sofern die zugehörige Analyseart auch durchgeführt wird. Diese Tabellen stellen also die zugehörige **PROBE**-Kurve als Liste dar.

  VPLOT1 stammt noch aus der Vor-**PROBE**-Zeit und hat heute geringe Bedeutung, was auch für die folgenden *PLOT*-Befehle gilt. Hier wird ein primitives Diagramm in der *.out*-Datei mit Sternchen (*) dargestellt.

- *VPRINT2*, *VPLOT2*

  wie *VPRINT1* und *VPLOT1*, nur daß jetzt ein zweiter Anschluß vorhanden ist, der in der Schaltung zur Spannungsmessung zwischen zwei Pins dient (Spannungsmesser werden parallelgeschaltet).

- *IPRINT*, *IPLOT* iprint iplot

  wie *VPRINT2*, *VPLOT2* dienen jedoch in Reihe geschaltet der Strommessung.

6.2.3.10 *Mehrere Versionen (Rücksetzpunkte) mit Checkpoints

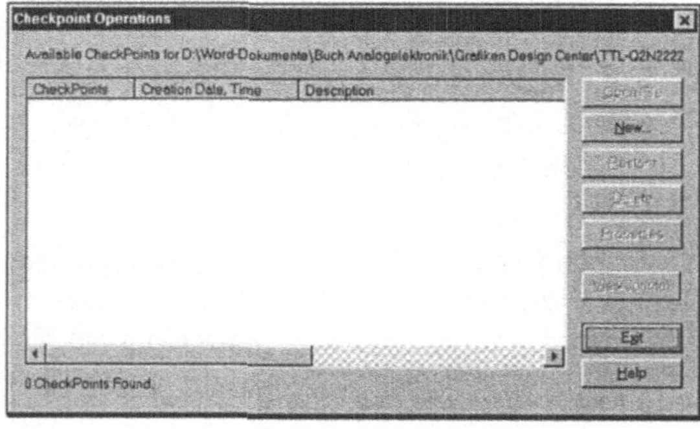

Abb. 6.2-25:
Checkpoint Operations-Dialogbox.

Mit dem Design Journal - eine Art Logbuch über den Entwurf - können

- verschiedene Stadien der Entwicklung dokumentiert werden,
- *Was wäre, wenn?* - Untersuchungen der aktuellen Schaltung unter Beibehaltung des Originals durchgeführt werden,
- Vergleich der Ergebnisse verschiedener Szenarien in **PSPICE** und Überprüfung in **PROBE**,
- Erzeugung einer Aufzeichnung der Modifikationen.

Diese Funktionen werden durch die Kreation eines Checkpoint-**SCHEMATICS** (Kontroll- oder Rücksetzpunkt) über File Checkpoint..., wobei die in Abb. 6.2-25 dargestellte **Checkpoint Operations**-Dialogbox erscheint, realisiert. Hierbei wird mit New... eine Kopie des aktuellen **SCHEMATICS** erzeugt und bestimmte, damit momentan assoziierte, Dateien in einem eigenen Unterverzeichnis *Checkpoint.*<xxx> gespeichert, mit xxx als Folgenummer, beginnend bei *001*. Welche Dateien gespeichert werden sollen, wird in einer weiteren Dialogbox abgefragt. Konkret wird ein ganzer Ordner mit dem Namen der *.sch*-Datei im aktuellen Ordner erzeugt. Hierin befinden sich weitere Ordner mit den Namen *Checkpoint.*<xxx>, und in diesen wiederum die eigentlichen Checkpoint-Dateien.

Diese Rücksetzpunkte stellen also eine Liste von Backups dar. Für die weiteren Buttons der **Checkpoint Operations**-Dialogbox gilt:

- Open File öffnet einen in der *Checkpoint*-Liste dargestellten zuvor mit New... erzeugten Rücksetzpunkt (✓🖱✓🖱),
- Restore setzt zu dem markierten Rücksetzpunkt zurück,
- Delete löscht den markierten Rücksetzpunkt, d.h. den zugehörigen Ordner,
- Properties gibt in einer weiteren Dialogbox dessen Eigenschaften an,
- View Journal listet das Logbuch auf.

Die Darstellung der Querbezüge wird auch vom **DESIGN MANAGER** massiv unterstützt.

6.2.4 PSPICE arbeitet: das Simulations-Statusfenster

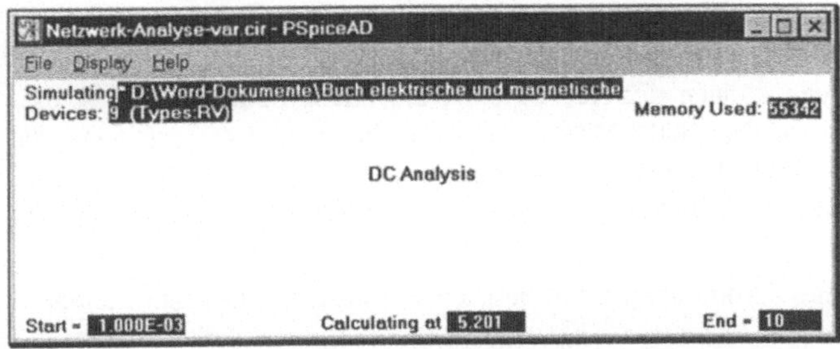

Abb. 6.2-26: PSPICE-Statusfenster.

Sämtliche Vorbereitungen zum Ablauf und zur Ergebnisdarstellung der Schaltungsanalyse sind nun abgeschlossen und z.B. die *DC*-Analyse des Abschnitts 2.8.8.3 kann mit ▣ (Simulate) gestartet - d.h. **PSPICE** aufgerufen - werden.

PSPICE ist das Programm zur Berechnung aller Ergebnisse und müßte eigentlich in einem eigenen Abschnitt behandelt werden. Da gegenüber früheren Versionen zum einen **SCHEMATICS** durch die zuvor beschriebene graphische Eingabe den Eintritt in das Programmpaket komfortabel gestaltet, und die graphische Ausgabe und Weiterbehandlung in **PROBE** von Bedeutung ist, beschränkt sich die Schnittstelle zum Benutzer auf das nach Eingabe von ▣ auf dem Arbeitsblatt liegende in Abb. 6.2-26 dargestellte Simulations-Statusfenster. Dabei bedeuten die Felder:

- Simulating: Genaue Pfadbezeichnung der aktuell simulierten Datei (wenn der Pfadname hineinpaßt).

- Devices: Anzahl und Typen der in der Schaltung vorhandenen Bauelemente.
- Memory used: von **PSPICE** für die Simulation belegter Speicherplatz. Dieser kann im Zuge der Berechnung wachsen.
- param: Parametername und aktueller Wert bei der Analyse, sofern entsprechend Abschnitt 6.2.3.5 Parametric... aktiviert (hier nicht der Fall).
- Transient, DC oder AC Analysis: aktuell aus Analysis Setup aktivierte Analyseart.
- Start oder Time Step: Anfangswert der Analyse, bei *Transient* Zeitschrittweite.
- Calculating at oder Time: Momentaner Abszissenwert, an dem sich **PSPICE** gerade befindet. **PSPICE** terminiert, wenn ggf. beim letzten Parameterdurchlauf der in
- End angegebene Wert erreicht ist. Danach wird ggf. automatisch **PROBE** aufgebaut.

Wurde beim Simulationslauf ein semantischer Fehler - also einer, der erst zur Laufzeit festgestellt werden kann - entdeckt, wird dies in rot angezeigt und evtl. automatisch der **MESSAGE VIEWER** aktiviert. Handelt es sich um einen syntaktischen Fehler, z.B. um eine fehlende Verbindung, wird das Simulations-Statusfenster erst gar nicht aufgebaut, sondern gleich der **MESSAGE VIEWER** aktiviert. In beiden Fällen kann eine genauere Fehleranalyse aus den Angaben in Analysis Examine Output durchgeführt werden.

Das **PSPICE**-Ausgabefenster verfügt über eine einfache Menüleiste mit File, Display und Help, deren Befehle im wesentlichen selbsterklärend sind. Ein aktiver Simulationslauf kann über das × rechts oben jederzeit abgebrochen werden.

6.2.5 Ausgabedateianalyse mit Examine Output

im Analysis-Menü aktiviert nach Beendigung der Simulation bzw. ggf. nach Verlassen von **PROBE** die Anzeige der *.out*-Datei, aus der alle wichtigen Daten des Simulationslaufs entnommen werden können. Für die Befehle, die **PROBE** nicht starten, ist dies ggfls. neben Ausgaben auf dem **SCHEMATICS**-Arbeitsblatt die einzige Ausgabeform, die ebenfalls am Beispiel des Netzwerks von Abschnitt 2.8.8.3 dargestellt werden soll. Man erkennt noch deutlich die **UNIX**-Vergangenheit von **PSPICE**. Die Datei *.out* besteht aus den Unterdateien:

- *.als* enthält die Aliases - Abbildungen von Bauelementpins auf Schaltungsknoten.
- *.net* ist die alternativ unter Analysis Examine Netlist direkt einsehbare Liste der Codierung der Verbindung der Bauelemente.
- *.cir* enthält die Analyseeingaben, Ausgabebefehle und bindet *.net* und *.als* ein.

Für das (etwas gekürzte und gestauchte) Beispiel des *DC-Sweeps* finden sich Kommentare zur Bedeutung der wichtigen Ausgaben **jeweils rechts in Fettdruck**; **extern** bedeutet Benutzereingaben, **intern**, daß sie von **PSPICE** vorgegeben sind:

```
**** 12/06/97 20:58:03 ********* NT Evaluation PSpice (July 1997) ****
* D:\Netzwerk-Analyse-var.sch
****      CIRCUIT DESCRIPTION     ****
* Schematics Version 8.0 - July 1997
* Sat Nov 22 16:35:53 1997
.PARAM          R1=5
```

Pfad zur aktuellen Datei
Schaltungsbeschreibung (Start *.cir*-Datei)
Verwendete SCHEMATICS-Version
Datum und Uhrzeit
Auflistung der *PARAM*-Pseudobauelemente (Abb. 6.2-11)

```
** Analysis setup **                        Externe Analyseeingaben der Dialogbox Analysis Setup
.DC LIN PARAM R1 1m 10 .01                  Eingabeparameter in DC Sweep (Abb. 2.8-8)
.OP                                         Bias Point Detail aktiviert

* From [SCHEMATICS NETLIST] section of msim.ini:
.lib "F:\MSimEv_8\UserLib\user.lib"         Einbindung der .lib-Bauelementbibliotheken
.lib "nom.lib"                              in Analysis Library and Include Files...

.INC "Netzwerk-Analyse-var.net"             Interner Befehl zum Einschluß der Netzliste
**** INCLUDING Netzwerk-Analyse-var.net **** Meldung des Einschlusses der Netzliste
* Schematics Netlist *                      Es folgt die Netzliste für jedes Bauelement mit
Typ_Name    alle Knoten, Werte oder PartNames gemäß TEMPLATE-Struktur
R_R1        $N_0001 K1  {R1}            R_R2        $N_0004 K1  {5*R1/3}
R_R3        $N_0003 K2  {4*R1}          R_R4        0 K2  16
R_R5        $N_0002 K2  10              R_R6        0 $N_0002  6
V_Uq1       0 $N_0001 10V               V_Uq2       0 $N_0004 5V
V_Uq3       $N_0003 K1 2V

**** RESUMING Netzwerk-Analyse-var.cir ****  Rückkehr zur .cir-Datei

.INC "Netzwerk-Analyse-var.als"             Befehl zum Einschluß der Alias-Datei
**** INCLUDING Netzwerk-Analyse-var.als **** Meldung des Einschlusses d. Alias-Datei
* Schematics Aliases *                      Einschluß der Alias-Datei, die angibt, welcher Bauele-
                                            mentpin auf welchen Schaltungsknoten abgebildet wird
.ALIASES
R_R1        R1(1=$N_0001 2=K1 )        R_R2        R2(1=$N_0004 2=K1 )
R_R3        R3(1=$N_0003 2=K2 )        R_R4        R4(1=0 2=K2 )
R_R5        R5(1=$N_0002 2=K2 )        R_R6        R6(1=0 2=$N_0002 )
V_Uq1       Uq1(+=0 -=$N_0001 )        V_Uq2       Uq2(+=0 -=$N_0004 )
V_Uq3       Uq3(+=$N_0003 -=K1 )
_    _(K1=K1)                          _    _(K2=K2)
.ENDALIASES

****  RESUMING Netzwerk-Analyse-var.cir **** Rückkehr zur .cir-Datei
.probe                                      Aufruf von PROBE
.END                                        und Ende
```

Ausgabeergebnisse:

```
****  SMALL SIGNAL BIAS SOLUTION      TEMPERATURE =   27.000 DEG C   ****
                                                Knotengleichspannungen bei R1 = 5Ω:
NODE      VOLTAGE        NODE      VOLTAGE        NODE        VOLTAGE
(   K1)   -7.5100        (   K2)   -1.5743        ($N_0001)   -10.0000
($N_0002)   -.5904       ($N_0003) -5.5100        ($N_0004)    -5.0000
    VOLTAGE SOURCE CURRENTS                     Gleichströme durch die
    NAME          CURRENT                       Spannungsquellen:
    V_Uq3          1.968E-01
    V_Uq2          3.012E-01
    V_Uq1         -4.980E-01
TOTAL POWER DISSIPATION   3.08E+00  WATTS       Leistungsaufnahme

****  OPERATING POINT INFORMATION  TEMPERATURE =   27.000 DEG C   ****
JOB CONCLUDED                                   Ende der Analyse
TOTAL JOB TIME              2.13                Zeitdauer der Analyse in Sekunden
```

Diese Ausgaben erscheinen in dem MicroSim-Texteditor **TEXTEDIT**, der ebenfalls über eine Menü- und eine Werkzeugleiste verfügt. Deren Funktionen sind eine Untermenge professioneller Textverabeitungsprogramme, und im wesentlichen selbsterklärend.

Die Aktivierung anderer **Analysis Setup**-Parameter hat andere und weitere Ausgaben zur Folge. Es ist wichtig, die *.out*-Datei lesen zu können - denn hier wird schließlich eine Form des Ergebnisses dargestellt - und es sollten die wesentlichen Befehle bekannt sein. Tab. 6.2-21 stellt diese nochmals zusammen:

Befehl:	Bedeutung:	Eingabe in
	Gleichgrößen-Analysearten:	**Analysis Setup** -
.OP	Arbeitspunkt-Detailanalyse	Bias Point Detail
.DC	Kennlinie in **PROBE**, z.B. $I(U)$	DC-Sweep...
.TF	Kleinsignalübertragungsfunktion	Transfer Function...
.SENS	Empfindlichkeitsanalyse	Sensitivity...
	Zeit-Analysearten:	
.TRAN	Zeitanalyse in **PROBE**, z.B. $u(t)$	Transient...
.IC	Anfangsbedingungen für L und C	-
.FOUR	FOURIERreihenanalyse	Transient... Enable Fourier
	Wechselgrößen-Analysearten:	
.AC	Kleinsignalanalyse in **PROBE**, z.B. $U(f)$	AC-Sweep...
.NOISE	Rauschanalyse	AC-Sweep... Noise enabled
	Ausgabebefehle	
.PRINT	Tabellenausdruck der **PROBE**-Kurv(en)	- (*PRINT*-Bauelemente)
.PLOT	primitive Kurvendarstellung	- (*PLOT*-Bauelemente)
	Sonstige	
.TEMP	Temperaturanalyse	(Parametric...-) Temperature
.PARAM	Pseudobauelemente *PARAM*	-
.STEP	Art und Schritte der Parametervariation	Parametric... unterer Teil
.OPTIONS	Geänderte Optionen gegenüber Voreinstell.	Options...

Tab. 6.2-21: Kürzel der *.out*-Datei.

Die weiteren in der *.out*-Datei möglichen Befehle können im *PSpice Reference Manual* unter *Commands* nachgelesen werden.

6.3 PROBE

In diesem Abschnitt wird beschrieben, wie unter **PSPICE** berechnete Kurven graphisch dargestellt und manipuliert werden können.

6.3.1 Einführung

Nachdem unter **SCHEMATICS** die Schaltung eingegeben wurde und der **PSPICE**-Simulationslauf abschlossen ist, wird bei entsprechender Konfigurierung in Analysis Setup... (Abschnitt 6.2.3) und Analysis Probe Setup... (Abschnitt 6.2.3.7) **PROBE** automatisch gestartet. Sind Marker (Abschnitt 6.2.1.4) gesetzt, werden die markierten Spannungen und Ströme automatisch dargestellt.

Auf komfortable Weise können aber alle in der Schaltung auftretenden möglichen Ausgabegrößen dargestellt und auf mannigfaltige Weise miteinander und mit weiteren mathematischen Funktionen verknüpft werden. **PROBE** realisiert so ein interaktives Software-Oszilloskop. Konfigurationsdaten werden in *.prb*-Dateien, Kurvendaten in *.dat*-Dateien gespeichert.

6.3.1.1 SCHEMATICS/PROBE- und PSPICE/PROBE-Schnittstelle

Grundsätzlich bestehen folgende Möglichkeiten zum Aufruf von **PROBE**:

- Automatischer Aufruf während bzw. nach dem Simulationslauf aus **SCHEMATICS** durch Vorgabe von Analysis Probe Setup... Monitor Waveforms (auto-update) bzw. Automatically run Probe after Simulation.
- Explizit nach Simulationslauf aus **SCHEMATICS** durch Analysis Run Probe (F12).
- Externer Aufruf von **PROBE** durch 🖰🖰 einer *.dat*-Datei nach Simulationslauf außerhalb von **SCHEMATICS**. Hierbei sind allerdings keine Konfigurationsvoreinstellungen, wie **SCHEMATICS**-Marker, bekannt. Eventuell wird in einer **WINDOWS**-Dialogbox abgefragt, womit die *.dat*-Datei geöffnet werden soll. Hier muß **PROBE** ggf. der angezeigten Liste möglicher Dateien hinzugefügt werden. Da andere Programmpakete als **PSPICE** ebenfalls *.dat*-Dateien erzeugen können, die nur in deren Kontext Bedeutung haben, sollte man sich vergewissern, daß die zu öffnende *.dat*-Datei auch eine **PROBE**-Datei ist.
- Direkter Aufruf von **PROBE** nach Simulationslauf außerhalb von **SCHEMATICS** und dort Öffnung der entsprechenden *.dat*-Datei. Hierbei sind ebenfalls keine Konfigurationsvoreinstellungen von **SCHEMATICS** bekannt.

Die einzelnen in **SCHEMATICS** konfigurierbaren Analysearten *DC*, *AC* und *TRAN* sind in Abschnitt 6.2.3 beschrieben, speziell die Voreinstellungen des Zusammenwirkens von **PSPICE** und **PROBE** in Abschnitt 6.2.3.7 über das **PROBE** Setup. Wurden mehrere durchgeführt, muß zuvor eine bei der automatischen Analysis Type-Abfrage ausgewählt werden. Bei Parametric-Kurvenscharen wird nach Abschnitt 6.2.3.5 verfahren.

6.3.1.2 Die PROBE-Arbeitsfläche

Abb. 6.3-1 stellt eine vergrößerte Bildschirmmaske von Abb. 2.8-8 von **PROBE** nach Simulationslauf von **PSPICE** und danach aktivierten Fadencursorn und Aktivierung von Mark Label dar. Neben der obligatorischen Titel-, Menü-, Werkzeugleiste und Cursorfeld finden wir unten die *Statuszeile*, in der vergleichbar den unteren Feldern in **SCHEMATICS** Mitteilungen erscheinen.

6.3.1.3 Bedeutungen der Werkzeug-Icons

Es werden nur die gegenüber **SCHEMATICS** entsprechend Abschnitt 6.2.1.3 neuen Icons erläutert.

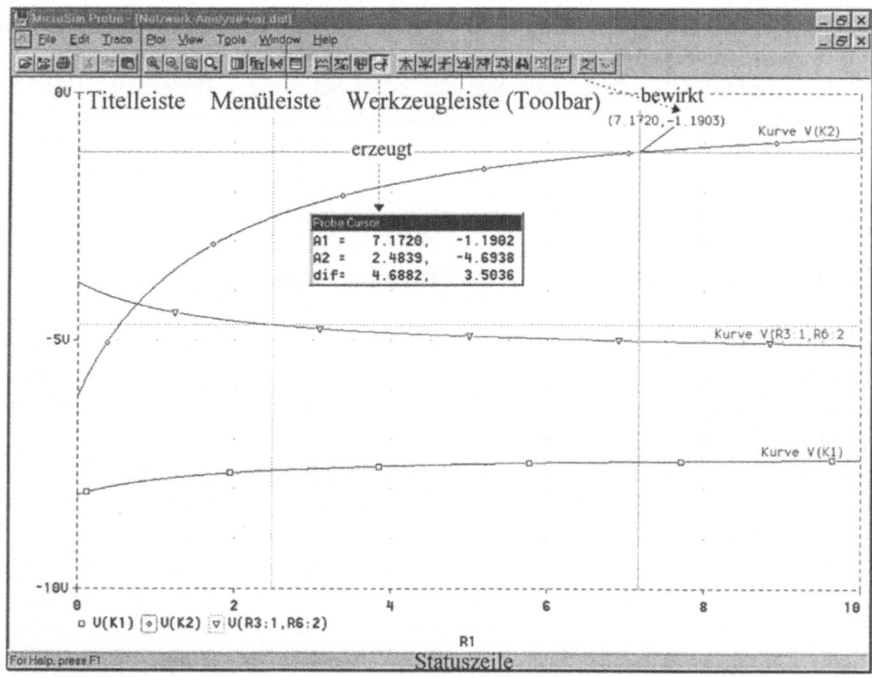

Abb. 6.3-1: **PROBE**-Arbeitsfläche

Icon	Name	Funktion
Standard:	Nicht-**PROBE**-spezifische Werkzeuge File und Edit	
	Append	Kurven einer anderen **PROBE**-Datei integrieren
	Graphische **PROBE**-Darstellungsformen	
	x bzw. *y-lin/log*	Umschaltg. Abszisse bzw. Ordinate linear/logarithmisch
	FFT	FOURIERtransformation ein/aus (Abschnitt 5.2.3)
	Performance	Manuelle Performance-Analyse ein/aus (nicht betrachtet)
	Manipulieren der Darstellung	
	Add Traces	Kurven dem Plot hinzufügen (Einfg) (Abschnitt 6.3.2.3)
	Goal Function	Spezielle Funktionswerte von Kurven (nicht betrachtet)
	Fadencursor-Steuerung (Abschnitt 6.3.2.5):	
	Cursor on/off	Cursor ein/aus
	Next Max/Min	Cursor auf nächstes Maximum/Minimum plazieren
	Max Slope	Cursor auf nächsten Wendepunkt plazieren
	Absolute Min/Max	Cursor auf absolutes Maximum/Minimum plazieren
	Next Datapoint	Cursor auf nächsten Datenpunkt plazieren
	Search Command	Suchbefehl (wie bei) einer Zielfunktion eingeben

Fortsetzung nächste Seite ...

	Next/Previous digital Transition	Cursor auf nächste/vorige digitale Transition plazieren (digitale Kurven werden hier nicht betrachtet)
Sonstige:		
	Mark Label	Koordinaten der aktuellen Cursorstellung plazieren
	Datapoints On/off	Datenpunkte an- oder abschalten

Tab. 6.3-1: PROBE-spezifische Icons und ihre Bedeutung.

6.3.2 Bedeutungen der Felder der Menüleiste

6.3.2.1 Dateiverwaltung mit File

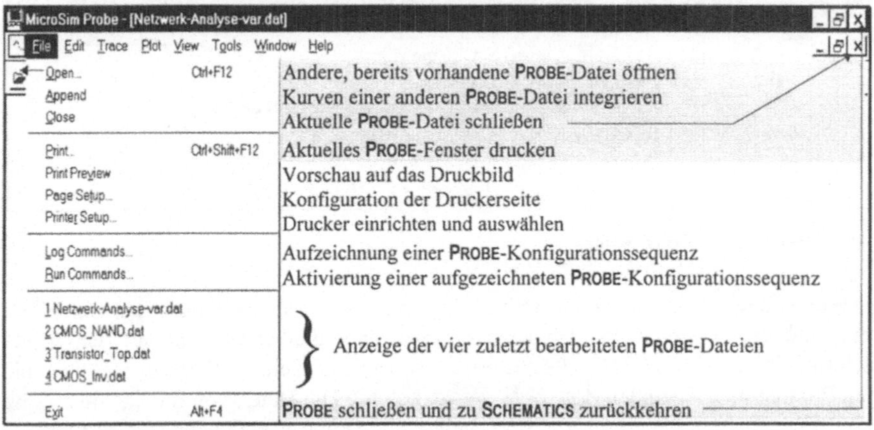

MicroSim Probe - [Netzwerk-Analyse-var.dat]		
File Edit Trace Plot View Tools Window Help		
Open...	Ctrl+F12	Andere, bereits vorhandene PROBE-Datei öffnen
Append		Kurven einer anderen PROBE-Datei integrieren
Close		Aktuelle PROBE-Datei schließen
Print...	Ctrl+Shift+F12	Aktuelles PROBE-Fenster drucken
Print Preview		Vorschau auf das Druckbild
Page Setup...		Konfiguration der Druckerseite
Printer Setup...		Drucker einrichten und auswählen
Log Commands...		Aufzeichnung einer PROBE-Konfigurationssequenz
Run Commands...		Aktivierung einer aufgezeichneten PROBE-Konfigurationssequenz
1 Netzwerk-Analyse-var.dat		Anzeige der vier zuletzt bearbeiteten PROBE-Dateien
2 CMOS_NAND.dat		
3 Transistor_Top.dat		
4 CMOS_Inv.dat		
Exit	Alt+F4	PROBE schließen und zu SCHEMATICS zurückkehren

Abb. 6.3-2: File-Pull-Down-Menü.

Der in anderen Programmen ebenfalls i.allg. an erster Stelle stehende File-Befehl enthält Funktionen, die i.allg. ganze Dateien betreffen. Die meisten sind nicht spezifisch für PROBE (Open, Close, Print, Printer Setup, Exit).

Integration von Kurven einer anderen PROBE-Datei mit Append ermöglicht die hierdurch geöffnete **Append**-Dialogbox, die mit der **Open**-Dialogbox identisch ist. Befinden sich in dem zu integrierenden Plot Kurven der gleichen Analyseart *DC*, *AC* oder *TRAN*, werden diese in den bereits vorhandenen Plot integriert. Auf diese Weise ist es beispielsweise möglich, die Frequenzgänge zweier separat simulierter Bandpässe in ein Koordinatensystem zu integrieren.

Ist Log Commands... aktiviert, kann in der **Log File**-Dialogbox eine *.cmd*-Datei kreiert oder geöffnet werden. In ihr werden während ihrer Aktivierung alle Tastatur-Sequenzen bei der Manipulation von PROBEfenstern aufgezeichnet und bei bereits existierender Datei die alten Aufzeichnungen überschrieben. Deaktiviert wird die Funktion durch nochmaliges 🖰 von Log Commands.... In anderen Programmen, z.B. WORD, wird hierunter die Aufzeichnung eines Makros verstanden. Der Makrobegriff hat in PROBE jedoch, wie unten beschrieben, eine andere Bedeutung.

Ist Run Commands... aktiviert, kann mit in der gleichstrukturierten **Run Command File**-Dialogbox eine oben erstellte *.cmd*-Datei in ihren Sequenzen abgespielt werden. Oftmals ist es bei Simulationen nötig, mehrere Versuche zu starten, bis das gewünschte Ergebnis erreicht ist. Ohne Log/Run Commands... müssen dann jedesmal die Kurven wieder neu konfiguriert werden. Mit Run Commands... wird derselbe Kurvensatz wieder erzeugt, jedoch mit den neuberechneten Daten.

Sind die Befehle einer *.cmd*-Datei von einer anderen Simulation sinnvoll interpretierbar, z.B. bei gleichen Knotenbezeichnungen, aber vielleicht anderer Schaltung, läßt sich die *.cmd*-Datei auch hierfür anwenden. Veränderungen an einer *.cmd*-Datei, z.B. Elimination von Fehlern, können auch mit dem Texteditor vorgenommen werden.

6.3.2.2 Kurven(schar)verwaltung mit Edit und Farbänderungen

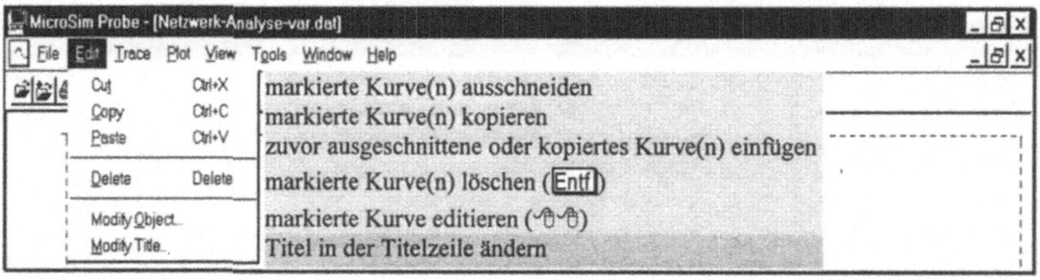

MicroSim Probe - [Netzwerk-Analyse-var.dat]
File Edit Trace Plot View Tools Window Help

Cut	Ctrl+X	markierte Kurve(n) ausschneiden
Copy	Ctrl+C	markierte Kurve(n) kopieren
Paste	Ctrl+V	zuvor ausgeschnittene oder kopiertes Kurve(n) einfügen
Delete	Delete	markierte Kurve(n) löschen (Entf)
Modify Object...		markierte Kurve editieren (⁰⁄₀-⁰⁄₀)
Modify Title...		Titel in der Titelzeile ändern

Abb. 6.3-3: Edit-Pull-Down-Menü.

Der in anderen Programmen ebenfalls i.allg. an zweiter Stelle stehende Edit-Befehl ermöglicht das Editieren von Objekten (Kurven oder Kurvenscharen) auf dem Bildschirm. Etliche sind nicht **PROBE**-spezifisch, sondern in gleicher Form in praktisch allen Programmen zu finden (Cut, Copy, Paste, Delete). Die Daten von mit Cut oder Copy kopierten Kurven stehen als ASCII-Tabellen anderen Anwendungen zur Verfügung. Leistungsfähige Grafikprogramme, wie **ORIGIN**, können diese Daten komfortabel darstellen. Damit ein Edit-Befehl auf ein Objekt wirken kann, muß dessen Bezeichnung unter der Abszissenachse mit den Maus-üblichen Methoden markiert werden, z.B. *V(K1)* oder *V(K2)*.

Für **PROBE** spezifisch ist Modify Object..., womit die in Abb. 6.3-4 dargestellte **Modify Trace**-Dialogbox geöffnet wird, die mit der im nächsten Abschnitt beschriebenen Trace **Add Trace**-Dialogbox identisch ist. Sie unterscheiden sich darin, daß hier die markierte Kurvenbezeichnung in der Trace Expression-Zeile erscheint - z.B. *V(K1)*, also der Potentialverlauf am Knoten *K1* - während dieses Feld bei **Add Trace** zunächst leer ist.

An dieser Stelle sollte auch erwähnt werden, daß sich die Voreinstellung der Farben und deren Anzahl (6), die ja für die Unterscheidung von Kurven innerhalb einer Kurvenschar ganz wichtig sind, auf die veralteten EGA-Monitoren bezieht. Da heute üblicherweise wesentlich mehr Farben auf einem Monitor dargestellt werden können, ist es sinnvoll, diese Anzahl z.B. auf (maximal) zwölf zu erhöhen. Dazu kann in der Datei *msim_evl.ini* z.B. wie auf der folgenden Seite dargestellt, *[Probe DISPLAY COLORS]* geändert werden (ein Befehl pro Zeile!). Hier wurden auch Vorder- und Hintergrundfarben vertauscht, d.h. weißer Hintergrund. Dies läßt sich auch auf Druckerfarben ausdehnen:

[Probe DISPLAY COLORS]
NUMTRACECOLORS=12 BACKGROUND=BRIGHTWHITE FOREGROUND=BLACK
TRACE_1=BLACK TRACE_2=RED TRACE_3=BLUE
TRACE_4=GREEN TRACE_5=MAGENTA TRACE_6=CYAN
TRACE_7=MUSTARD TRACE_8=DARKGRAY TRACE_9=LIGHTBLUE
TRACE_10=DARKPINK TRACE_11=BROWN TRACE_12=PURPLE

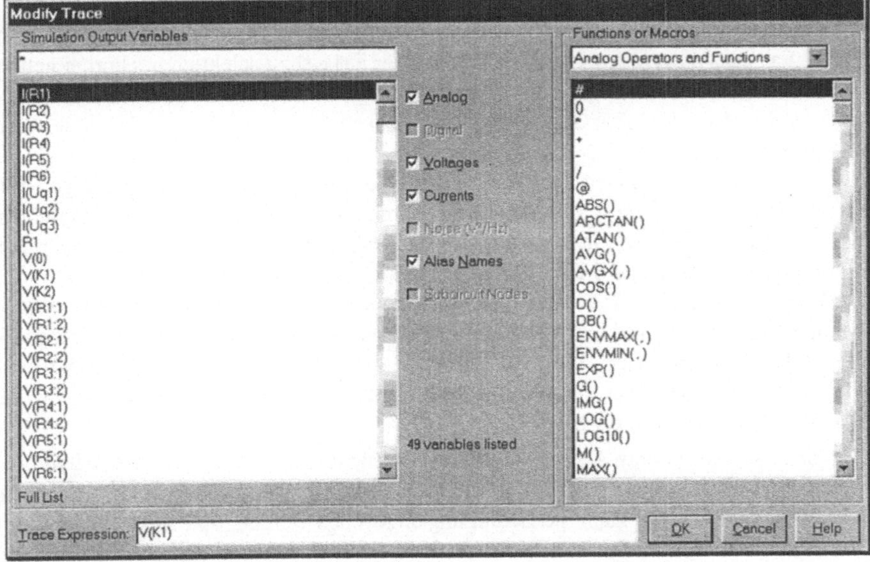

Abb. 6.3-4: **Modify Trace**-Dialogbox.

6.3.2.3 Kurvendarstellung mit Trace

Hier können Kurven einem Plot hinzugefügt, gelöscht oder FOURIERtransformiert werden, und es können komplexe Operatoren auf diese Kurven wirken.

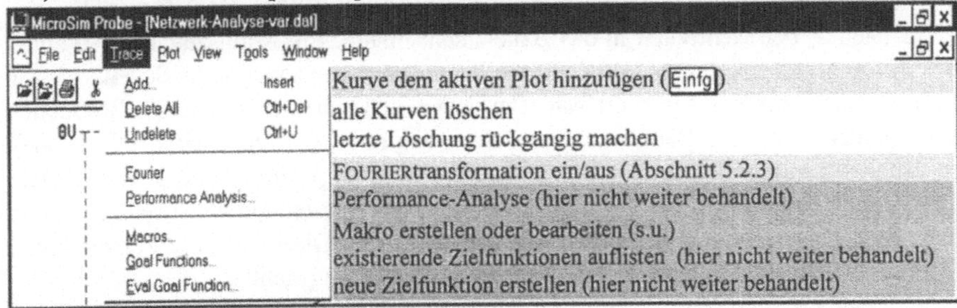

Abb. 6.3-5: Trace-Pull-Down-Menü.

Kurven hinzufügen und manipulieren mit **Add Traces**

Mit Einfg/▤ erscheint die **Add Traces**-Dialogbox, die bis auf die zunächst leere Trace Expression-Zeile identisch mit der in Abb. 6.3-4 dargestellten **Modify Trace**-Dialogbox ist. Im Simulation Output Variables-Feld finden wir anfangs einen *Don't care-**. In der darunterstehenden Tabelle erscheint dabei eine Liste aller möglichen Ströme und Spannungen (Operanden) der Schaltung (Full List), sofern in der ☑-Liste rechts daneben alle möglichen Funktionsgruppen aktiviert sind. Neben der Tabellenliste steht die Anzahl der möglichen Ausgabevariablen - im Beispiel 49 variables listed. Weiterhin stehen für AC-Sweep *frequency* und für TRAN *time* als Abszissenvariablen zur Verfügung.

Wird in dieser im wesentlichen selbsterklärenden ☑-Liste eine Gruppe deaktiviert, z.B. die Ströme *I*, verschwinden sie aus der linken Tabelle. Gleichwohl kann Simulation Output Variables dazu benutzt werden, um aus der Full List zu selektieren. Hierbei gelten die üblichen Wildcard-Regeln mit * und *?*, wobei Simulation Output Variables die ☑-Liste sticht. *I** in Simulation Output Variables bewirkt z.B. das gleiche, wie wenn dort nur ☑ Currents aktiviert ist.

Da die Syntax Optionen zuläßt, d.h. verschiedene syntaktische Darstellungen für gleiche Größen, kann diese Liste sehr lang werden, obwohl die Anzahl der möglichen Größen deutlich geringer ist. Wird Alias Names deaktiviert, verschwinden alle mehrfach auftretenden Größen, und die Anzahl reduziert sich im Beispiel auf *17*.

Durch einfaches 🖰 einer oder mehrerer Größe(n) in der Tabellenliste, z.B. *V(K1)* werden diese in die Trace Expression-Zeile übernommen und nach ↵ von **Add Traces** in den aktiven Plot integriert. Alternativ kann diese Eingabe direkt über die Tastatur erfolgen. Die Syntaxregeln für die hier erlaubten Größen sind die gleichen, wie in **SCHEMATICS** in Abschnitt 6.2.3.1 beschrieben.

Vor einer unter der *x*-Achse stehenden *y*-Variable findet sich immer ein Symbol, welches die zugehörige Kurve kennzeichnet, z.B. □*V(K1)*. In Tools Options... Use Symbols (Abschnitt 6.3.2.5) kann die Bedingung angegeben werden, ob und wann der Kurvenverlauf mit diesem Symbol gekennzeichnet wird. Jede Kurve hat hier ein anderes Symbol, z.B. noch Dreiecke oder Kreise. Dies ist wichtig, um viele Kurven (gleicher Farbe) die sich in einem Plot befinden, auseinanderhalten zu können. Durch 🖰🖰 auf das Symbol vor dem Variablennamen - hier: □ - erscheint ein Pop-Up-Menü, welches wichtige Daten zum Erstellen der zugehörigen Kurve auflistet. Eine automatische Kurvenbezeichnung mit den Variablen im Diagramm ist nicht möglich, sondern muß manuell als Text ohne logischen Querbezug zur Kurve eingegeben werden.

Die Richtung eines unten positiv angezeigten Stromverlaufs ist bei Zweipolen von Pin 1 nach 2, bei Mehrpolen in das Bauelement hinein. Ein Minuszeichen tritt außer bei *AC*-Analysen mit ihren Betragsdarstellungen auf, wenn zuvor in **SCHEMATICS** ein Strom-Marker auf Pin 2 plaziert war. Bei unsymmetrischen Zweipolen, z.B. Quellen oder Dioden, hängt das Bauelement vor Plazierung mit Pin 1 am ↖ (Pluspol, Anode), so daß dieser immer bekannt ist. Bei symmetrischen Zweipolen. z.B. *R*, *L*, *C*, mit nicht mehr ersichtlichem Pin 1, kann dieser z.B. der Netzliste entnommen werden, sofern dem zugehörigen Knoten ein Label zugewiesen wurde. Dieses steht als erstes hinter dem Bauelementnamen und ist in der **SCHEMATICS**-Schaltung sichtbar.

Auf **Add Traces** kann verzichtet werden, wenn die **SCHEMATICS**-Datei noch geöffnet ist. Durch einfaches Umschalten mit Alt Tab zur **SCHEMATICS**-Datei, nachträgliches Verschieben oder Setzen weiterer Marker, und Rückschalten mit Alt Tab nach **PROBE**, erscheinen die zugehörigen Kurven ebenfalls im aktiven Plot.

Spezieller Behandlung bedürfen mit **SCHEMATICS Setup Analysis** Parametric... aktivierte Kurvenscharen, wie z.B. das Ausgangskennlinienfeld eines Transistors. Hier steht für die ganze Schar nur eine *y*-Variable mit zugehörigen Symbolen unterhalb der *x*-

Achse. Sollen nun einzelne Kurven dargestellt werden, werden diese durch den Klammeraffen @ gekennzeichnet.

Wurde z.B., wie in Abb. 2.9-7 unter *IC(Q2:c)*, der Kollektorstrom des Transistors *Q2* für sechs verschiedene Basisströme simuliert, lassen sich z.B. mit *IC(Q2:c)@1 IC(Q2:c)@4 IC(Q2:c)@5* hiervon die 1., 4. und 5. Kurven darstellen. Bei den Ersteingaben dürfen diese auch alle in einer Trace Expression-Zeile stehen. Wird ein solcher Ausdruck durch ⌘⌘ nochmals editiert, darf wieder nur ein einzelner auftreten. Wird nach einer Parametric...-Analyse eine Variable ohne @ eingegeben, bezieht sich die jeweils ausgeführte Aktion immer auf die gesamte Kurvenschar.

Operatoren für analoge Kurven

Die zuvor beschriebene sehr einfach realisierbare Darstellung aller möglichen Ströme und Spannungen aus einem Menü ist schon ein recht guter Komfort. Richtig professionell wird diese Funktion erst durch die Möglichkeit der Anwendung komplexer mathematischer Operatoren auf die linken Tabellengrößen (Operanden; in der Folge mit y und x bezeichnet) und Verknüpfung verschiedener Operanden. Diese werden im rechten Functions or Macros-Feld angezeigt. Hinzu kommen die arithmetischen Operatoren +, –, *, /. Beispielsweise erhalten wir mit *V()*I()* Leistungsverläufe, die auch als solche erkannt und mit der Einheit W(att) dargestellt werden.

Als Voreinstellung sind Functions aufgeführt, wie man sie auch von höheren Programmiersprachen und **MATHCAD** kennt, und die vom Programmersteller bereits realisiert sind. Macros hingegen kann man sich - wie ja in anderen professionellen Programmpaketen auch - selbst zusammenstellen. Als Voreinstellung steht hier nur π (pi).

Viele dieser Functions sind selbsterklärend. Der Vollständigkeit halber seien sie in Tab. 6.3-2 noch einmal zusammengestellt. Genauso wie Operanden durch ⌘ in die Trace Expression-Zeile übernommen werden können, ist dies mit den Operatoren möglich - alternativ natürlich auch durch Tastatureingabe:

Operator	Bedeutung	Operator	Bedeutung
abs(y), m(y)	$\lvert y\rvert$	*p(y)* [= *yp*]	Phase in Grad; 0 für y reell
exp(y)	e^y	*sin(y), cos(y), tan(y)*	trigonometrische Funktion, y in rad
log10(y)	lg(y)	*atan(y)*	Arcustangens in rad
log(y)	ln(y)	*g(y)* [= *yg*]	Gruppenlaufzeit in Sekunden
r(y) [= *yr*]	Realteil AC	*img(y)* [=*yi*]	Imaginärteil bei AC
pwr(y,x)	$\lvert y\rvert^x$	*pwrs(y,x)*	für $y > 0$ $\lvert y\rvert^x$, sonst $-\lvert y\rvert^x$
sgn(y)	Vorzeichen	*d(y)*	Ableitung nach Abszissenvariable
sqrt(y)	$\sqrt{y}$	*s(y)*	Integral über Abszissenvariable
db(y) [= *ydb*]	y in dB	*rms(y)*	laufender Effektivwert
min(y)	Minimum	*avg(y)*	laufender Mittelwert
max(y)	Maximum	*avgx(y,d)*	Mittelwert von x über $y-d$ bis y

Tab. 6.3-2: Analoge Operatoren und Functions der **Add Traces**-Dialogbox.

Mittels @ lassen sich solche Functions auch wieder auf einzelne Parametric-Kurven anwenden. Weiterhin gibt #<i> die *i*. Variable unter der x-Achse an, was sich am besten anhand eines Beispiels erläutern läßt. Nehmen wir an, unter der x-Achse stehen Ausdrücke der Form *V(1) V(Q3:b,Q3:c) V(2,3) abs(#2)*, so ist dies identisch mit *V(1) V(Q3:b,Q3:c) V(2,3) abs(V(Q3:b,Q3:c))*.

*Makros erstellen und bearbeiten

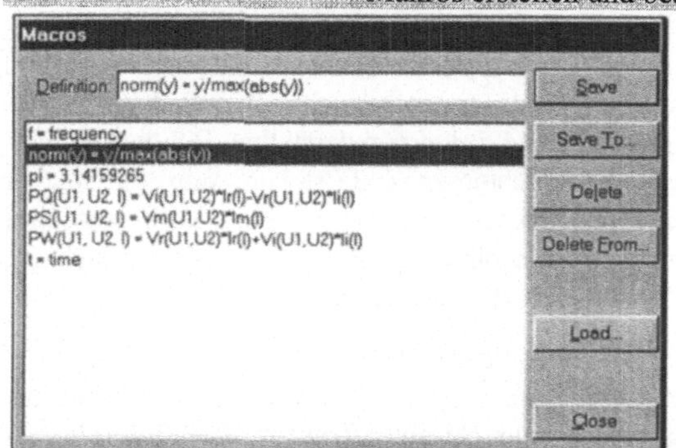

Abb. 6.3-6: **MACROS**-Dialogbox.

Durch Trace Macros... öffnet sich die in Abb. 6.3-6 dargestellte **Macros**-Dialogbox. Makros sind selbsterstellte Functions mit der Syntax

<Makroname>[*(Arg*[,*Arg*]***)] = *<Makrodefinition>*.

Jeder gültige Ausdruck in **Add Traces** kann als Makro in der Definition-Zeile durch Eingabe und ↵ definiert werden. Makros können andere Makros enthalten. Nach Installation des Programmpakets befindet sich in der jeder Simulationsdatei zur Verfügung stehenden Datei *msim.prb* die sehr einfachen Makrodefinition der Zahl π (*pi*). In der Dialogbox in Abb. 6.3-6 wurden die etwas länglichen Ausdrücke für *frequency* (AC-Sweep) und *time* (TRAN) als einfache Makros definiert.

Norm(y) = y/max(abs(y)) beispielsweise stellt die Funktion *y* normiert auf ihren Maximalbetrag dar, *y* ist dabei ein entsprechend den Syntaxregeln erlaubtes Argument. *PS*, *PW* und *PQ* erlauben bei AC-Sweep die Darstellung von Schein-, Wirk- und Blindleistung an Zweipolen, wie in Aufgabe 2.11.3.3-1 berechnet. *U1* und *U2* sind dabei die Spannungsknoten, und *I* das Stromargument - also ein Bauelement - der Simulation Output Variables. Der Faktor ½ entfällt bei Effektivwerten. Delete löscht ein Makro aus der Liste.

Zum Editieren eines existierenden Makros wird es wie in anderen vergleichbar strukturierten Dialogboxen durch 🖱 nach oben kopiert und dort editiert. Mit Save To... läßt sich das aktuelle Makro in eine andere *.prb*-Datei kopieren, mit Delete From... von dort wieder löschen. Soll das definierte Makro auch den anderen Simulationsdateien zur Verfügung stehen, ist mit Save To... *msim.prb* zu wählen.

Load... fügt die Makros einer anderen *.prb*-Datei zu den bereits vorhandenen hinzu. Die *.prb*-Dateien lassen sich mit einem normalen Texteditor und damit auch ohne den Umweg über **PROBE** editieren. Durch Semikolon getrennt können die dortigen Ausdrücke oder in Zwischenzeilen mit * beginnend mit Kommentaren versehen werden.

6.3.2.4 Darstellung manipulieren mit Plot

Im Gegensatz zu Trace beziehen sich diese Befehle nicht auf Kurven, sondern auf Koordinatenachsen und -systeme. In Abschnitt 0.4 wurde bereits auf die allgemein unter **WINDOWS** bestehende Möglichkeit der verschiedenen Fensterdarstellungen eingegangen. Jene werden auch hier unter dem Hauptmenüpunkt Window aktiviert.

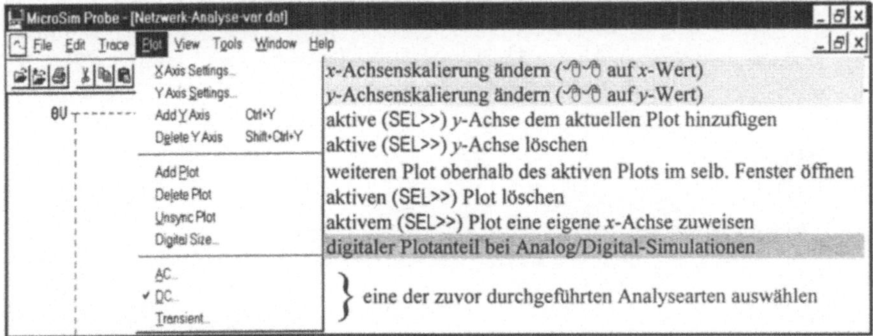

Abb. 6.3-7: Plot-Pull-Down-Menü.

Wenn es sich hier dagegen um das Hinzufügen und Wegnehmen von Achsen und Plots handelt, bezieht sich dies immer auf einen von neun maximal möglichen Plots innerhalb eines Fensters. Daher unterscheide begrifflich ein **WINDOWS**-Fenster von einem Plot. Der Unterschied wird in Abb. 6.3-8 demonstriert, wo zwei **Windows**-Fenster über Window Tile Horizontal geöffnet sind, die von zwei verschiedenen und unabhängigen **PROBE**-Dateien herrühren. Demgegenüber ist in Abb. 6.3-9 ein **Windows**-Fenster mit zwei Plots mit gemeinsamer x-Achse dargestellt, von denen gerade das obere mit SEL>> aktiv ist, d.h. wenn in der Folge Befehle aus dem in Abb. 6.3-7 dargestellten Plot-Menü eingegeben werden, beziehen sie sich auf diesen Plot, bis ein 🖱 in den anderen Plot diesen auswählt.

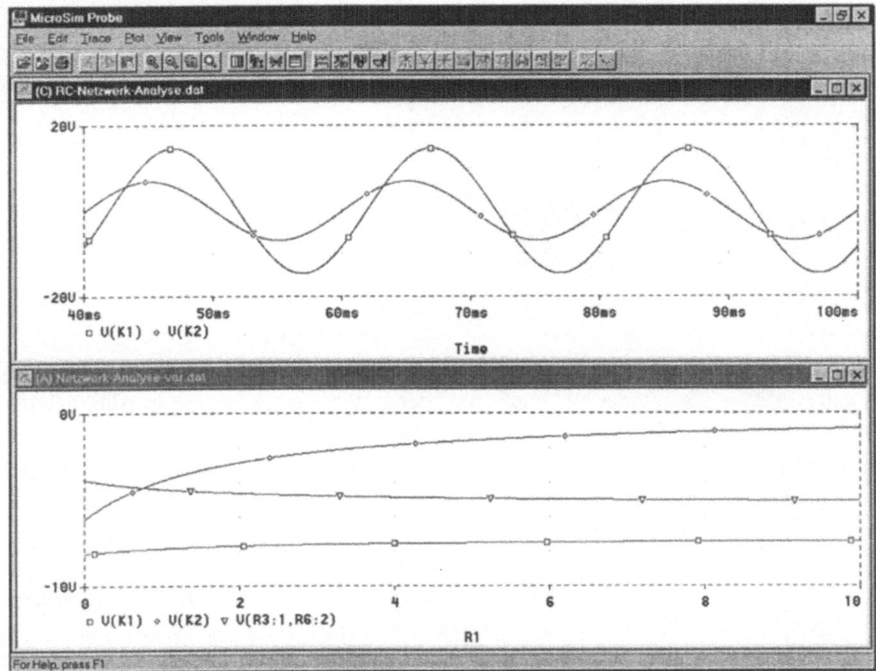

Abb. 6.3-8: Zwei Windows auf dem Bildschirm.

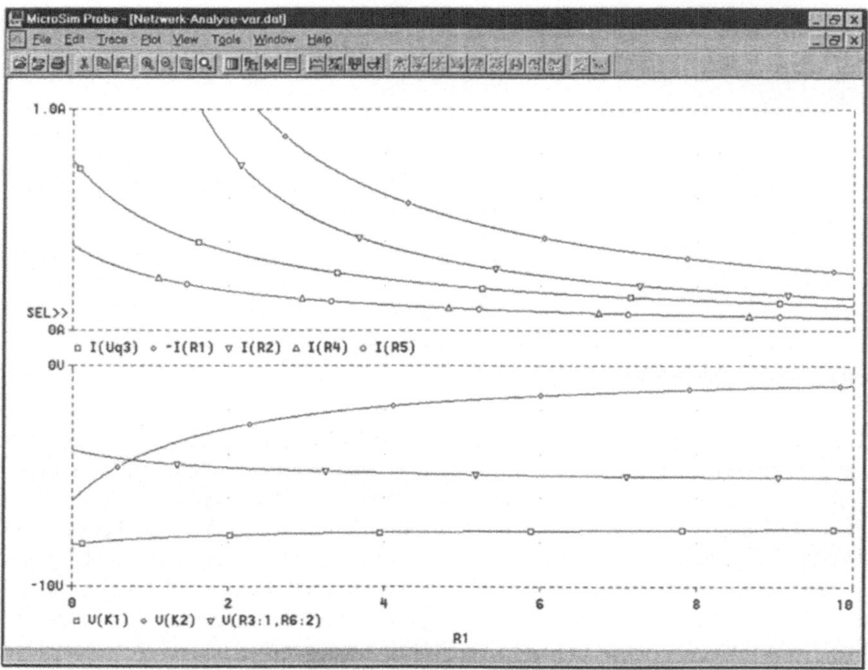

Abb. 6.3-9: Zwei Plots in einem Window.

Verändern der x-Achse mit X Axis Settings...

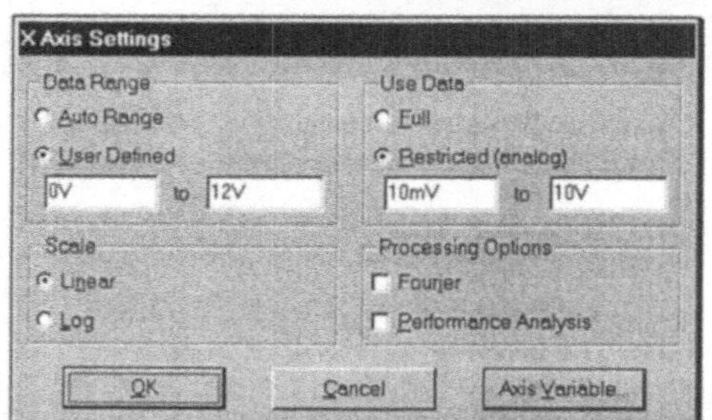

Abb. 6.3-10: **X Axis Settings**-Dialogbox.

Durch X Axis Settings... oder ⁴🖱⁴🖱 auf einen der x-Werte erscheint die in Abb. 6.3-10 dargestellte **X Axis Settings**-Dialogbox. Hier kann unter

- Data Range •Auto Range die Voreinstellung über die ganze Kurvenlänge genommen oder über •User defined ein anderer Bereich vorgegeben werden. Ist dieser größer als Auto Range, werden natürlich in den Erweiterungen kein Kurventeile gezeichnet, da sie ja zuvor von **PSPICE** nicht berechnet wurden.
- Use Data •Full stellt alle berechneten Daten dar, bei •Restricted (analog) wird nur der angegebene Bereich zur Anzeige gebracht. Im Beispiel würde die x-Achse von 0 V - 12 V dargestellt, berechnete Daten jedoch nur im Bereich von 10 mV - 10 V.
- Scale •Linear/•Log ist identisch mit der ▥-Iconfunktion.

- Processing Options ☑ Fourier ist identisch mit der FFT-Iconfunktion, ☑ Performance-Analysis mit der nicht weiter besprochenen -Iconfunktion.
- Axis Variable... öffnet mit **X Axis Variable** im Prinzip die bereits besprochene **Modify Trace/Add Traces**-Dialogbox. Wenn in der Trace Expression-Zeile ein anderer Ausdruck aus der linken Simulation Output Variables-Liste eingegeben wird, wird dieser zur neuen x-Achsenvariable. Ist der Plot das Ergebnis einer Parametric-Analyse und wird versucht, eine x-Achsenvariable zu definieren, die mehrfach vorkommt, erscheint eine Fehlermeldung und es muß eine der Kurven, wie im vorigen Abschnitt beschrieben, ausgewählt werden, z.B. *IC(Q2:c)@1*.

Verändern der y-Achse mit Y Axis Settings...

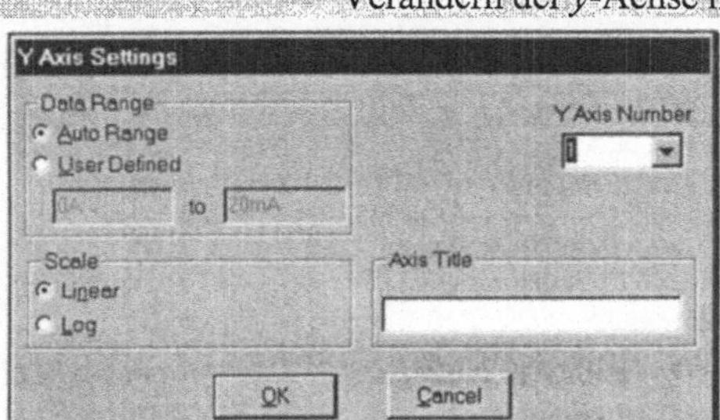

Abb. 6.3-11: **Y Axis Settings**-Dialogbox.

Durch Y Axis Settings... oder ⌂⌂ auf einen der y-Werte erscheint die in Abb. 6.3-11 dargestellte **Y Axis Settings**-Dialogbox. Data Range •Auto Range und •User defined haben in Bezug auf die y-Achse dieselben Bedeutungen wie bei X Axis Settings.... Sind mehrere y-Achsen vorhanden, ist in Y Axis Number anzugeben (s.u.), für welche diese Festlegungen gelten, in Axis Title kann der y-Achse ein Name zugewiesen werden, der in Vertikalschrift links neben dieser erscheint (Beispiel in Abb. 5.2-2).

Weitere y-Achsen mit Add Y Axis

Hiermit können einem Plot bis zu neun y-Achsen nebeneinander zugewiesen und mit Delete Y Axis wieder gelöscht werden. Jede y-Achse führt links oben eine Nummer (1, 2 ...). Die Verwendung mehrerer Achsen in einem Plot ist sinnvoll, wenn z.B. Ströme und Spannungen - oder Größen einer Größenart, aber in sehr unterschiedlicher Skalierung (mV und kV) darzustellen sind.

Die Zuordnung der y-Achse zu einer neu erstellten Kurve erreicht man durch vorheriges ⌂ der Achse, bei der dann unten das gewohnte >>-Symbol erscheint. Nun kann die Kurve mit Einfg zugefügt werden. Damit man danach auch weiß, welche Kurve zu welcher Achse gehört, erscheint die Achsennummer in einem quadratischen Kasten vor der Kurvenvariable unter der x-Achse, z.B. 1 □*V(9)*. Das kleine Rechteck □ stellt wieder das in Abschnitt 6.3.2.3 bereits erwähnte Kurvensymbol dar, mittels dessen verschiedene Kurven auseinandergehalten werden können.

Da die unterschiedlichen Kurven durch die Voreinstellung unterschiedliche Farben aufweisen, muß nun noch festgelegt werden, nach welchem Gesetz die Farben zu verteilen sind. Dies geschieht im Feld Trace Color Scheme der im nächsten Abschnitt beschriebenen **Probe Options**-Dialogbox. Wird mit Delete Y Axis eine y-Achse gelöscht, mit der Kurven assoziiert sind, verschwinden diese ebenfalls.

6.3.2.5 Nützliche Hilfsmittel mit Tools

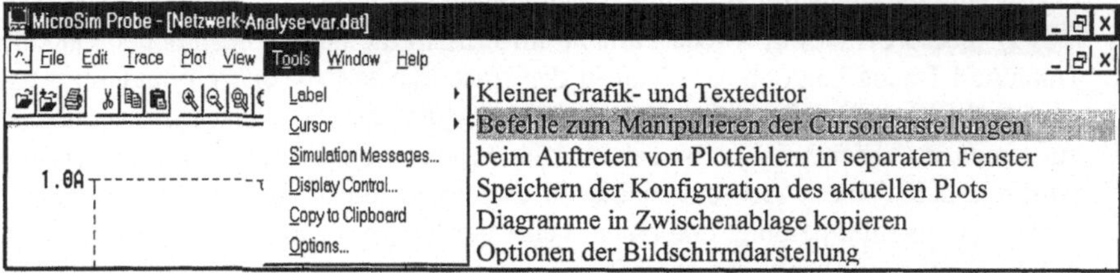

Abb. 6.3-12: Tools-Pull-Down-Menü.

Mit Label erscheint ein Pull-Down-Menü, in dem ähnlich dem SCHEMATICS-Grafikeditor Text, Linien, Pfeile, Rechtecke, Kreise und Ellipsen dargestellt werden können. Icons stehen hierfür jedoch nicht zur Verfügung.

Fadenkreuzcursor plazieren und steuern

Probe Cursor		
A1=	x(Cursor 1)=x1	y(Cursor1)=y1
A2=	x(Cursor 2)=x2	y(Cursor2)=y2
dif=	x1 – x2	y1 – y2

Abb. 6.3-13: PROBE Cursorbox.

Mittels des Cursor on/off-Icons (Tools Cursor ▸ ✓ Display) läßt sich ein Fadenkreuzcursorpaar ein- und wieder ausschalten, wie es in Abb. 6.3-1 durch zwei Fadenkreuze mit unterschiedlicher Musterung dargestellt ist. Beide Cursor stehen anfänglich auf dem ersten Funktionswert der ersten Kurve des ggf. mit SEL>> gekennzeichneten Plots. Zusätzlich erscheint die ebenfalls in der Abbildung dargestellte verschiebbare PROBE-Cursorbox, die die Koordinaten der hier A1 und A2 benannten Cursor, sowie deren Differenz dif, wie dargestellt, angibt.

Taste	Funktion
Linke Maustaste (L🖰)	zuständig für Cursor 1 (– – – – – – – –)
Rechte Maustaste (R🖰)	zuständig für Cursor 2 (··············)
L🖰 bzw. R🖰 auf □	Cursor 1 bzw. Cursor 2 auf dieser Kurve plazieren
⇧	zuständig für alle Cursor 2 betreffenden Tastatureingaben
[←]/[→]	Cursor 1 auf aktueller Kurve verschieben
⇧[←]/⇧[→]	Cursor 2 auf aktueller Kurve verschieben
[Strg][←]/[Strg][→]	Cursor 1 auf nächste Kurve im aktuellen Plot verschieben
[Strg]⇧[←]/[Strg]⇧[→]	Cursor 2 auf nächste Kurve im aktuellen Plot verschieben
[Pos1]/[Ende]	Cursor 1 an Anfang/Ende der aktuellen Kurve plazieren
⇧[Pos1]/⇧[Ende]	Cursor 2 an Anfang/Ende der aktuellen Kurve plazieren

Tab. 6.3-3: 🖰- und ⌨-Tasten zur Cursorsteuerung.

Durch ein Rechteck mit dem Fadenkreuzmuster um das farbige Kurvensymbol vor der unter der Abszisse angegeben Kurvenvariablen wird dargestellt, für welche Kurve welcher Fadenkreuzcursor gerade aktiv ist. Dies ist wichtig, wenn mehrere Kurven dargestellt sind. Zum Steuern der Fadenkreuzcursor stehen die Cursortasten gemäß Tab. 6.3-3 zur Verfügung.

Soll einer der Fadenkreuzcursor an einer anderen Stelle auf der Kurve, der er gerade zugeordnet ist, direkt plaziert werden, kann mit L🖰 oder R🖰 an einer Stelle irgendwo in den Plot geklickt werden, die den gewünschten x-Wert hat. Das Fadenkreuz landet dann automatisch wieder auf der Kurve. Wird mit L🖰 oder R🖰 gezogen, wandert das Fadenkreuz auf der zugeordneten Kurve mit. Eine Plotselektion mit >> hat keinen Einfluß auf die Zuordnung Fadenkreuzcursor/Kurve.

Mit Cursor ▸ ✓ Freeze läßt sich der aktuelle Fadenkreuzcursor auf der Stelle festklemmen, d.h. er reagiert auf keine Steuerbefehle mehr, bis Freeze wieder deaktiviert wird. Soll bei eingeblendeten Fadenkreuzcursorn der Mauspfeil für andere Funktionen, als Fadenkreuzcursorbewegungen, benutzt werden können, ist die Probe-Cursorbox zu 🖰, womit die Fadenkreuzcursorkoordinaten im Anzeigefeld von schwarz nach abgedunkelt und die für Fadenkreuzcursorbewegungen zuständige Icongruppe von farbig nach grau wechseln. Soll der Mauszeiger wieder für Fadenkreuzcursorbewegungen zuständig sein, ist abermals in die Probe-Cursorbox zu 🖰.

Die weiteren Befehle Peak (), Trough (), Slope (), Min (), Max (), Point () tauchen in dieser Reihenfolge in Form von Icons rechts vom Cursor on/off-Icon auf. Sie wurden bereits in Tab. 6.3-1 erläutert. Mittels Mark Label , können, wie schon in Abb. 6.3-1 dargestellt, die Koordinaten des zuletzt plazierten Fadenkreuzcursors an die Cursorstellung geschrieben werden und verbleiben dort, wenn der Cursor anderswohin bewegt wird. Cursorpositionen können beliebig oft gekennzeichnet und ggfls. mit Entf gelöscht werden.

Search Commands () öffnet die **Search Command**-Dialogbox, in der ein Suchbefehl eingegeben werden kann. Der aktivierte Cursor wird unmittelbar auf die Ergebnisstelle plaziert. Die wichtigsten sind *SLE(<y-Wert>)*, womit der Fadenkreuzcursor auf der aktuellen Kurve auf dem eingegebenen y-Wert plaziert wird, und *SXV(<x-Wert>)* womit der Fadenkreuzcursors auf der aktuellen Kurve auf dem eingegebenen x-Wert plaziert wird.

Diagramme mit Copy to Clipboard in die Zwischenablage kopieren

Unter **WINDOWS** besteht grundsätzlich anwendungsunabhängig die Möglichkeit, mit der rechts neben den Funktionstasten liegenden Druck-Taste einen kompletten Bildschirmabzug, oder mit Alt Druck das aktuelle Fenster in die Zwischenablage zu kopieren, wo sie anderen Anwendungen zur Verfügung stehen. Hiermit wurden auch die Bildschirmabzüge in diesem Buch erstellt.

Mit Copy to Clipboard wird hingegen nur die Arbeitsfläche ohne Titelzeile, Menü- und Iconleiste usw. als Bitmuster in die Zwischenablage kopiert. In jedem Fall empfiehlt sich zum Einbau in ein eigenes Dokument die Weiterbehandlung mit einem professionellen Graphikprogramm, wie z.B. **COREL PHOTO PAINT**. Hiermit kann ein Komplettbildschirmabzug mit farbigen 2,8 MB in der Zwischenablage durch 8-Bit-Graustufendarstellung komprimiert z.B. auf rund 50 kB, in Ein-Bit-Schwarzweißdarstellung auf ca. 10 kB reduziert werden.

Plotkonfigurationen speichern und wieder abrufen mit Display Control...

Mit Display Control... erscheint die **Save/Restore Display**-Dialogbox, die es ermöglicht, aktuelle Plotkonfigurationen und Analyseart - im Folgenden als Display bezeichnet - zu speichern und wieder abzurufen. Diese finden sich wieder in der oberen New Name-Zeile, wenn unten in der Liste markiert. Hier wird also nicht ein Display wie mit Copy to Clipboard in die Zwischenablage kopiert, sondern Konfigurationsdaten in der zugehörigen *.prb*-Datei (ASCII) gespeichert. Dort stehen z.B. auch die Parameter, die bei X/Y Axis Settings (voriger Abschnitt) oder in Options... (s.u.) konfiguriert sind.

Waren beim Verlassen von **PROBE** noch Kurven in einem Plot, wird deren Konfiguration und Analyseart (DC, AC, TRAN) unter LAST SESSION gespeichert, beim Schließen eines Fensters erscheinen diese in LAST DISPLAY. Beide finden sich dann in der zugehörigen *.prb*-Datei und können später durch ⁀🖰⁀🖰 reaktiviert werden. Alternativ besteht die in Abschnitt 6.2.3.7 angegebene Möglichkeit, die LAST SESSION aus **SCHEMATICS** zu starten. Weiterhin bedeuten die Buttons, die tlw. ähnlich bei den **Macros** in Abschnitt 6.3.2.3 vorkommen:

- Save speichert das aktuelle Display in einer unter New Name einzugebenden neuen *.prb*-Datei. Der neue Dateiname wird dann in das darunterstehende Listenfeld übernommen und steht bei späteren Aufrufen dieser *.prb*-Datei wieder zur Verfügung. Danach kann der Bildschirm weiter verändert werden.
- Save To... speichert das aktuelle Display in einer anderen *.prb*-Datei, die in der sich dazu öffnenden **Save to File**-Dialogbox auf die übliche Weise ausgewählt werden kann.
- Copy To... kopiert das in der Liste markierte Display in eine Datei der sich dazu öffnenden **Copy to File**-Dialogbox, die wie **Save to File** strukturiert ist.
- Delete löscht ein markiertes Display von der Liste.
- Delete From... löscht ein zuvor mit Save To... oder Copy To... gespeichertes Display aus einer Datei der sich dazu öffnenden **Delete from File**-Dialogbox, die wie die **Save to File**-Dialogbox strukturiert ist.
- Restore reaktiviert ein markiertes, zuvor mit Save oder unter LAST SESSION/DISPLAY gespeichertes Display, aus der Liste und stellt es auf dem aktuellen Bildschirm dar.
- Load... lädt ein zuvor mit Save To... oder Copy To... gespeichertes Display von einer Datei der sich dazu öffnenden **Load File**-Dialogbox, die wie die **Save to File**-Dialogbox strukturiert ist.

* PROBE-Darstellungskonfigurierung mit Options...

- Use Symbols bezieht sich auf die kleinen Quadrate, Dreiecke und Kreise, also die Kurvensymbole - nicht die Bauelementsymbole von **SCHEMATICS** - mit der in einer Kurvenschar einzelne Kurven voneinander unterschieden werden, und die sich vor der jeweiligen Kurvenbezeichnung unter der Abszisse finden. Mit
  - Auto setzt **PROBE** die Symbole erst bei großen Kurvenmengen in einem Plot automatisch, mit – Never nie, mit – Always immer.

  Dabei ist das Kriterium für Auto bei einer *y*-Achse die konfigurierte Farbanzahl - Voreinstellung: 6, in Abschnitt 6.3.2.2 auf *NUMTRACECOLORS=12* geändert. Sind mehr Kurven als Farben vorhanden, sind die Kurven durch die Farben nicht mehr eindeutig der Kurvenbezeichnung unter der Abszisse zuzuordnen, womit dann die Kurvensymbole eingeschaltet werden. Bei mehreren y-Achsen hängt die Aktivierung von der Einstellung in der nächsten Funktionsgruppe ab:

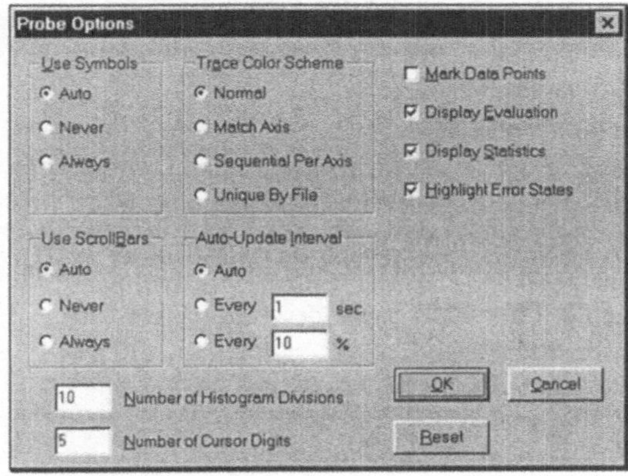

Abb. 6.3-14: PROBE OPTIONS-Dialogbox.

- Trace Color Scheme legt die Kurvenfarben fest. Hier gilt die in der *msim_evl.ini* in *[Probe DISPLAY COLORS]* eingestellte Farbreihenfolge (erste schwarz, zweite rot ...). Die folgenden Aussagen beziehen sich immer auf einen Plot.
  - Normal legt fest, daß dieses Schema y-achsenunabhängig fortlaufend und ggf. zyklisch verwendet wird.
  - Match Axis wird erst bei mehreren y-Achsen aktiv. Kurven und Achsennummern, die der y-Achse 1 zugeordnet sind, sind dann schwarz, die der zweiten rot usw. Mittels der Kurvensymbole läßt sich entsprechend der Konfigurierung in Use Symbols eine weitere Unterscheidung der Kurven treffen.
  - Sequential per Axis wird ebenfalls erst bei mehreren y-Achsen aktiv und bedeutet, daß alle ersten Kurven einer Achse schwarz sind, alle zweiten rot usw. Auch hier können die Kurvensymbole zur weiteren Unterscheidung verwendet werden.
  - Unique by File verwendet die gleiche Farbe in allen Kurven in einem Plot, die der gleichen Datei entstammen, z.B. einer Checkpoint-Datei (Abschnitt 6.2.3.10).
- Use ScrollBars dient zum Ein- und Ausschalten der WINDOWS-typischen Bildlaufleisten. Sie werden nach dem ersten Bildaufbau von PROBE zunächst nicht benötigt, da die Plots der Bildschirmgröße angepaßt erscheinen. Mittels der View-Icongruppe lassen sich jedoch Gebiete der Diagramme vergrößern, womit ein Plot nicht mehr vollständig auf den Bildschirm paßt. Mit
  - Auto schalten sich die Bildlaufleisten dann automatisch ein, mit
  - Never nie, mit – Always sind sie immer aktiv.
- Auto Update Interval legt fest, in welchen Intervallen der Bildaufbau nach dem Start von PROBE aus SCHEMATICS heraus von PSPICE aufgefrischt wird. Dazu konnte gemäß Abschnitt 6.2.3.7 in SCHEMATICS Analysis Probe Setup... mit Monitor Waveforms (auto-update) voreingestellt werden, daß das Bild bereits während des Simulationslaufs online aufgebaut wird. Mit
  - Auto baut PROBE das Bild im Zuge der Berechnung auf, mit
  - Every ... sec kann man die Aufbaufrequenz selbst in Sekunden vorgeben, mit

- Every ... % kann die Schrittweite in Bezug auf den relativen Anteil des Gesamtbildaufbaus festgelegt werden.

- Number of Histogram Divisions und Display Statistics beziehen sich auf die Darstellungsart von Monte Carlo-Analysen und wird hier nicht weiter beschrieben.
- Number of Cursor Digits gibt an, wieviel Ziffern maximal für eine Koordinate im oben beschriebenen Probe Cursor-Block verwendet werden.
- Mark Data Points hat die Funktion des rechten -Icons in der Werkzeugleiste. Jede Kurve stellt einen Polygonzug aus mit Geradenstücken verbundenen Datenpunkten dar. Bei geringer Auflösung können diese Datenpunkte explizit hervorgehoben werden, bei hoher Auflösung bringt diese Funktion wenig. Diese Datenpunkte sind nicht mit den Kurvensymbolen, welche zur Unterscheidung dienen, zu verwechseln.
- Display Evaluation bezieht sich auf die Darstellungsarten des Ergebnisses der nicht weiter besprochenen Zielfunktionsberechnungen.
- Highlight Error States hebt Fehlermeldungen hervor.

6.4 *Der SYMBOL EDITOR

In diesem Abschnitt wird beschrieben, wie mithilfe des **SYMBOL EDITORs** die symbolische Darstellung von Bauelementen modifiziert werden kann. Desweiteren können mit ihm neue Bauelemente durch Modifikation existierender Bauelemente, oder ganz neue Bauelemente erzeugt, sowie Bauelementbibliotheken konfiguriert werden. Der Begriff **SYMBOL EDITOR** bedeutet also über die reine Namensgebung hinaus vielfältige komplexe Bauelement-Modifikationsfunktionen und sollte dafür vielleicht besser Bauelement-Manager genannt werden. Die reine **SYMBOL EDITOR**-Funktion als dem Verändern der symbolischen - d.h. graphischen - Darstellung eines Bauelements auf der **SCHEMATICS**-Benutzeroberfläche ist davon nur eine Grundfunktion, auf die wir uns hier allerdings beschränken wollen. Symbol-Modifikationen werden in den *.slb*-Dateien gespeichert, während sich Bauelement-Modifikationen in *.lib*-Dateien wiederfinden.

6.4.1 SCHEMATICS/SYMBOL EDITOR-Schnittstelle

Grundsätzlich läßt sich der **SYMBOL EDITOR** für verschiedene Aufgaben verwenden:

- Kreieren und Editieren von Bauelementen mit zugehörigen Symbolen, die im **SCHEMATICS**-Editor verwendet werden können.
- Editieren bereits vorhandener Bauelement-Dateien.
- Kreieren neuer Dateien.

Auf den **SYMBOL EDITOR** läßt sich nur aus **SCHEMATICS** auf verschiedene Weise zugreifen:

- : ist auf der Arbeitsfläche kein Bauelement markiert, wird allgemein der **SYMBOL EDITOR** z.B. zum Erstellen eines neuen Bauelements aufgerufen. Ist ein Bauelement markiert, wird dieses zum Editieren geöffnet.
- Edit Symbol bei markiertem Symbol.

- File Edit Library öffnet unabhängig davon, ob oder ggf. welche Datei geöffnet und ob oder ggf. welches Symbol markiert ist, den **SYMBOL EDITOR** mit leerer Bounding Box und <new>:<new>.
- In der **Part Browser Advanced**-Dialogbox Edit Symbol kann das im Fenster erscheinende Symbol editiert werden.

6.4.2 Die SYMBOL EDITOR-Arbeitsfläche

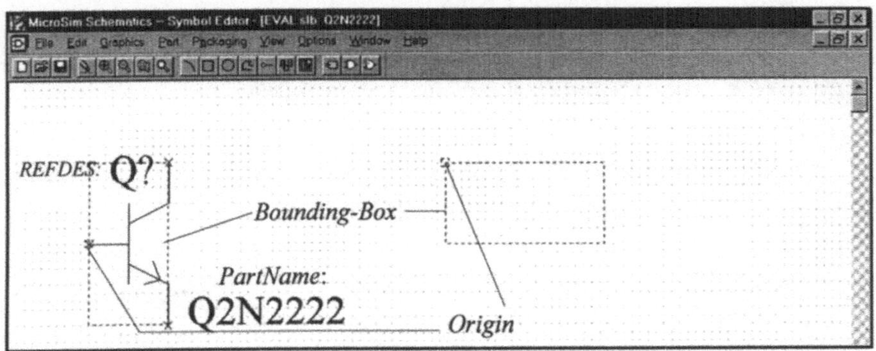

Abb. 6.4-1: **SYMBOL EDITOR**-Arbeitsfläche.

Abb. 6.4-1 zeigt den typischen Aufbau der **SYMBOL EDITOR**-Arbeitsfläche, nachdem z.B. im **SCHEMATICS**-Editor auf der Arbeitsfläche ein Transistor *Q2N2222* markiert war und gedrückt wurde. Das Transistorsymbol erscheint dabei mit einem gestrichelten - Begrenzungs-Rahmen (Bounding Box) und links an der Basis ist der Ursprung (Origin) als kleines Quadrat sichtbar. Hierum dreht sich das Symbol bei Rotations- und Spiegelbefehlen im **SCHEMATICS**-Editor. Links oben steht sein *refdes*-Attribut *Q?*, mit *?* als Platzhalter für die später beim konkreten Einfügen des Bauelements in eine Schaltung fortlaufende Nummer. Rechts unten finden wir sein PartName-Attribut *Q2N2222*.

Rechts ist eine leere Bounding Box dargestellt, die erscheint, wenn der **SYMBOL EDITOR** nicht aus einem bestehenden Symbol, sondern z.B. aus File Edit Library geöffnet wird. Hier ist der Ursprung links oben sichtbar. (Beide tauchen nicht gemeinsam auf, sondern die Leerbox wurde auf die Arbeitsfläche kopiert). Wir verfolgen den Weg des bereits existierenden Transistorsymbols.

Der **SYMBOL EDITOR** ist kein eigenes Programm, sondern eine Abwandlung des **SCHEMATICS**-Editors, weshalb die Arbeitsblattstruktur gleich ist und daher nicht weiter erläutert zu werden braucht. Modifiziert sind die Titelzeile, die Menü- und die Werkzeugleiste, deren Abweichungen im Folgenden erläutert werden.

In der Titelzeile steht Eval.slb: Q2N2222, d.h. hier taucht immer die *.slb*-Datei, in der das Symbol vorhanden ist, sowie sein PartName-Attribut auf. Wurde der **SYMBOL EDITOR** ohne konkretes Symbol mit File Edit Library geöffnet, steht hier zunächst <new>:<new>, d.h. unspezifizierte Bibliothek mit unspezifiziertem Bauelement und damit Symbol. Hier kann nun ein neues Bauelement oder ein neues Symbol einer neuen Bibliothek zugeordnet werden. Hierzu gibt es verschiedene Möglichkeiten.

6.4.3 Bedeutungen der Werkzeug-Icons

Auf diejenigen Icons, die genauso in der SCHEMATICS-Leiste vorkommen, wird in Tab. 6.4-1 nicht weiter eingegangen. Ansonsten s. Abschnitt 6.2.1.3.

Icon	Name	Funktion
Graphischer Editor zum zeichnen von Symbolen mit Graphics		
	Arc	Viertelkreis (Bogen) z.B. für Spulen
	Box	Rechteck, z.B. für DIN-Widerstände
	Circle	Kreis, z.B. für Quellen
	Polyline	Polygonzug, z.B. für US-Widerstände
	Pin	Klemme
Verändern und Kreation von Symboleigenschaften mit Part		
	Attributes...	Bauelementeigenschaften editieren
	Get...	Aufruf bereits existierender Symbole
	Symbol Wizard...	Kreation eines neuen Symbols

Tab. 6.4-1: Icons des SYMBOL EDITORs.

6.4.4 Bedeutungen der Felder der Menüleiste

View, Options, Window und Help werden nicht erläutert, da entweder anderswo beschrieben oder **Windows**-gemein, Packaging bezieht sich auf Gehäusezuordnungen.

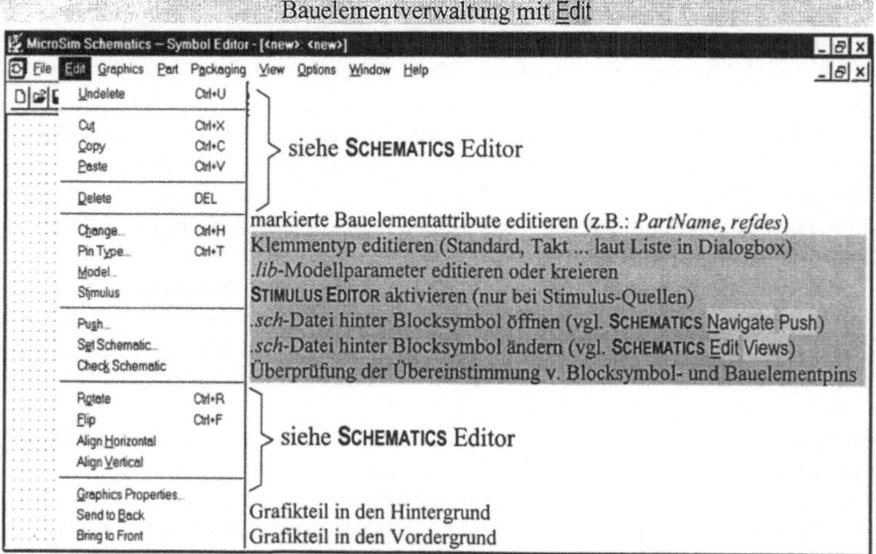

Abb. 6.4-2: Edit-Pull-Down-Menü.

Dateiverwaltung mit File

Der in anderen Programmen ebenfalls i.allg. an erster Stelle stehende File-Befehl enthält Funktionen, die i.allg. ganze *.slb*-Dateien betreffen. Die meisten sind nicht spezifisch für den **SYMBOL EDITOR** (New, Open, Close, Save, Save As, Print, Printer Setup, Exit).

Ändern der symbolischen Darstellung mit Graphics

Die erste Menügruppe bezieht sich auf die gleichnamigen Icons des Abschnitts 6.4.3, Bbox erlaubt die Veränderung des Bounding-Box-Rechtecks, Origin die Verschiebung des kleinen Origin-Rechtecks, Repeat wie in **SCHEMATICS** das mehrfache Plazieren des zuletzt dargestellten Objekts.

Bauelementattribute editieren und *.slb*-Schnittstelle mit Part

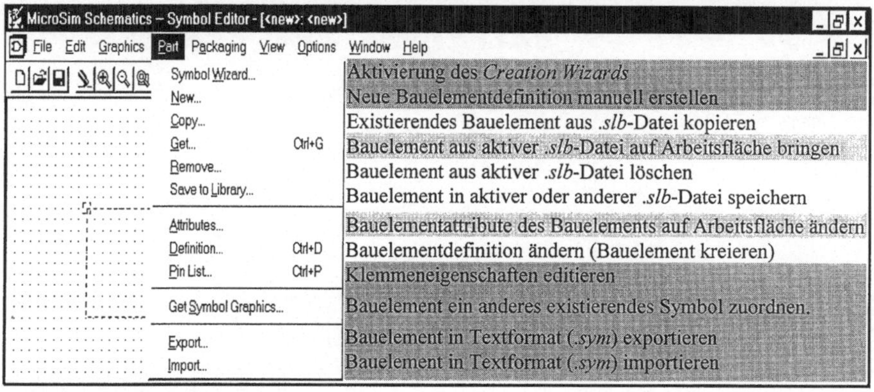

MicroSim Schematics – Symbol Editor - [<new>: <new>]

File Edit Graphics Part Packaging View Options Window Help

Symbol Wizard...		Aktivierung des *Creation Wizards*
New...		Neue Bauelementdefinition manuell erstellen
Copy...		Existierendes Bauelement aus *.slb*-Datei kopieren
Get...	Ctrl+G	Bauelement aus aktiver *.slb*-Datei auf Arbeitsfläche bringen
Remove...		Bauelement aus aktiver *.slb*-Datei löschen
Save to Library...		Bauelement in aktiver oder anderer *.slb*-Datei speichern
Attributes...		Bauelementattribute des Bauelements auf Arbeitsfläche ändern
Definition...	Ctrl+D	Bauelementdefinition ändern (Bauelement kreieren)
Pin List...	Ctrl+P	Klemmeneigenschaften editieren
Get Symbol Graphics...		Bauelement ein anderes existierendes Symbol zuordnen.
Export...		Bauelement in Textformat (*.sym*) exportieren
Import...		Bauelement in Textformat (*.sym*) importieren

Abb. 6.4-3: Part-Pull-Down-Menü.

Dieser Menüpunkt stellt praktisch das **SYMBOL EDITOR**-Zentrum dar, da in ihm die grundlegenden Bauelement-Veränderungsfunktionen abgewickelt werden.

6.4.5 Änderung der graphischen Darstellung eines Bauelements

Bei verschiedenen Schaltungen in diesem Buch fällt auf, daß nicht für alle Bauelemente - z.B. die Widerstände - dieselben Symbole verwendet werden, wie in den mitgelieferten Standard-Symbolbibliotheken *.slb*. Mit der Vollversion werden auch deutsche Symbolbibliotheken mitgeliefert, nicht jedoch in der Demoversion.

Dennoch besteht hier die Möglichkeit, mithilfe des **SYMBOL EDITOR**s graphische Darstellungen zu verändern. Der eigentliche **SYMBOL EDITOR** ist ein einfacher graphischer Editor vergleichbar z.B. mit den Graphik-Grundfunktionen in dem Textverarbeitungsprogramm **WORD**. Aufgrund vorgeschriebener Anschlußsyntax sind beim Editieren allerdings einige Regeln zu beachten.

Zum editieren eines vorhandenen Symbols finden wir nach Aufbau des **SYMBOL EDITOR**s das **SYMBOL EDITOR**-Arbeitsblatt, in dessen Werkzeugleiste die Icon-Gruppe [Icons] vorkommt. Mit dem linken Viertelbogen wurden z.B. Spulen erzeugt, mit dem Rechteck lassen sich DIN-Widerstände herstellen, mit dem Kreissymbol Kreise, mit dem Polygonzug amerikanische Widerstände und mit dem Pin-Symbol die Anschlüsse festlegen.

Damit die Strukturen eines selbstentworfenen oder modifizierten Bauelements hinreichend filigran sind, ist es in der Regel sinnvoll, das hier verwendete Gitternetz dichter als in **SCHEMATICS** zu wählen. Da Gitterstrukturen nur in einem Raster von 0,25mm-Schritten realisierbar sind, wählen wir diesen Wert, über die **Display Options**-Dialogbox in Options Display Options... Grid Spacing als untere Grenze.

Lösungen zu den Aufgaben zur Elektrostatik

Aufgabe 1.2-1: Was ist nach der COULOMBschen Kraftformel von freien Ladungsüberschüssen zu erwarten, die sich in einem leitfähigen Material befinden?

Freie Ladungen gleicher Polarität stoßen sich ab und suchen daher den maximalen Abstand zueinander. Diesen finden sie auf der Leiteroberfläche. Daher gibt es im Leiterinnern keine freien Ladungsüberschüsse.

Aufgabe 1.2-2: Was ist zu erwarten, wenn zwei Zylinderleiter mit Ladungsüberschüssen gleicher oder verschiedener Polariät dicht nebeneinander gelegt werden?

Gegenüber der vorigen Aufgabe stoßen sich Ladungen gleicher Polarität der unterschiedlichen Leiter auf den einander zugewandten Seiten zusätzlich ab, so daß sie sich ebenfalls auf der Leiteroberfläche aufhalten, aber auf den einander abgewandten Seiten verdichtet. Bei Ladungen unterschiedlicher Polarität hingegen finden wir die Verdichtung auf den einander zugewandten Seiten (Proximity-Effekt).

Aufgabe 1.2-3: Wie reagiert ein Isolator, der von einem COULOMBschen Kraftfeld durchdrungen wird?

Im Isolator können nur die gebundenen Ladungen auf das Kraftfeld reagieren. Da die Elektronenhülle der Atome frei beweglich um den Kern ist, wird sie sich derart deformieren, daß der Hüllelektronenschwerpunkt zur positiven Quelle des äußeren Kraftfelds hingezogen wird. Waren vorher positiver und negativer Ladungsschwerpunkt eines Atoms zusammengefallen, so ist nun ein Dipol entstanden, der ein Kraftfeld aufbaut, das dem ursprünglichen Kraftfeld entgegenwirkt.

***Aufgabe 1.2-4**: Auf einen geraden Faden der Länge $l = 2$ werden N Ladungen Q wie Perlen frei beweglich aufgereiht. Danach werden die Enden verdickt, so daß keine Ladung herausfallen kann. Man gebe die jeweiligen Orte der Ladungen an (MATHCAD-Anwendung *find* bzw. *suchen*).

Möchte man bei N Ladungen die Position x_i der i. von links gezählten Ladung kennen, befinden sich i–1 Ladungen links und N–i rechts von ihr an Positionen x_j. Die Kraftbilanz auf die i. Ladung lautet nach Wegkürzen aller gemeinsamer Faktoren:

$$f(x_i) = \sum_{j=1}^{i-1} \frac{1}{(x_i - x_j)^2} - \sum_{j=i+1}^{N} \frac{1}{(x_i - x_j)^2} = 0; \qquad i = 2 \dots N-1.$$

Setzen wir $x_1 = -1$ und $x_N = 1$, gilt aus Symmetriegründen immer $x_i = -x_{N-i+1}$, und bei N ungerade $x_{N/2+1} = 0$. Dies ist für allgemeines N ein verkoppeltes Gleichungssystem, das numerisch gelöst werden muß. Speziell gilt:

- Eine Ladung kann sich an jedem beliebigen Ort auf dem Faden aufhalten.
- Zwei Ladungen liegen an den Enden bei $x_1 = -1$ und $x_N = x_2 = 1$.
- Von drei Ladungen liegen zwei an den Enden und eine in der Mitte bei $x = 0$. Die Gleichung ist erstmals für $x := x_2$ anwendbar:

$$\frac{1}{(x+1)^2}-\frac{1}{(x-1)^2}=0$$ mit der sofort ersichtlichen Triviallösung $x = 0$.

- Von vier Ladungen liegen am zwei am Ende, und die Position der anderen beiden muß berechnet werden. Aus Symmetriegründen müssen diese beiden, wie o.a., gleichweit vom Mittelpunkt entfernt sein, sodaß nur eine Unbekannte zu finden ist:

  Q Q Q Q

  -1 $-x$ 0 $x = x_3$ 1 x-Achse

  Die Kraftbilanz auf die dritte Ladung bei $x = x_3$ lautet:

  $$\frac{1}{(x+1)^2}+\frac{1}{(2x)^2}-\frac{1}{(x-1)^2}=0 \quad \Rightarrow x^4-16x^3-2x^2+1=0 \quad \Rightarrow x = 0{,}361480.$$

- Von fünf Ladungen liegen am zwei am Ende, eine in der Mitte und die Position der anderen zwei muß berechnet werden. Aus Symmetriegründen sind diese beiden wieder gleichweit vom Mittelpunkt entfernt, sodaß nur eine Unbekannte zu finden ist:

  Q Q Q Q Q

  -1 $-x$ 0 $x = x_4$ 1 x-Achse

  Die Kraftbilanz auf die Ladung bei $x = x_4$ lautet:

  $$\frac{1}{(x+1)^2}+\frac{1}{(2x)^2}+\frac{1}{x^2}-\frac{1}{(x-1)^2} \Rightarrow x^4-\frac{16}{5}x^3-2x^2+1=0 \Rightarrow x = 0{,}539525.$$

- Ab der sechsten Ladung entstehen erstmals zwei verkoppelte Gleichungen für zwei zu bestimmende Orte x_4 und x_5:

  $$\frac{1}{(x_4+1)^2}+\frac{1}{(x_4+x_5)^2}+\frac{1}{(2x_4)^2}-\frac{1}{(x_4-x_5)^2}-\frac{1}{(x_4-1)^2}=0,$$

  $$\frac{1}{(x_5+1)^2}+\frac{1}{(x_5+x_4)^2}+\frac{1}{(2x_5)^2}+\frac{1}{(x_5-x_4)^2}-\frac{1}{(x_5-1)^2}=0$$

  mit den Lösungen $x_4 = 0{,}219543$ und $x_5 = 0{,}643656$, bei der siebten ist es genauso.

MATHCAD-Anwendung 1.2-2: Lösen verkoppelter Gleichungssysteme mit *find*

$[x_4 \;\; x_5] := (.3 \;\; .6)$ *given* $\frac{1}{(x_4+1)^2}+\frac{1}{(x_4+x_5)^2}+\frac{1}{(2\cdot x_4)^2}=\frac{1}{(x_4-x_5)^2}+\frac{1}{(x_4-1)^2}$

$\frac{1}{(x_5+1)^2}+\frac{1}{(x_5+x_4)^2}+\frac{1}{(2\cdot x_5)^2}+\frac{1}{(x_5-x_4)^2}=\frac{1}{(x_5-1)^2}$ $\quad find(x_4, x_5) = \begin{bmatrix} 0.219543 \\ 0.643656 \end{bmatrix}$

Mittels der integrierten Funktion *find* lassen sich verkoppelte Gleichungssysteme lösen. Sie stellt die Erweiterung der in Anwendung 1.4-10 erläuterten und hier bei vier und fünf Ladungen verwendeten *root*-Funktion dar. Zunächst sind für die gesuchten Werte wieder zwei Schätzwerte – hier 0,3 und 0,6 – vorzugeben. Darauf folgt das Schlüsselwort *given*, dann der Gleichungssatz mit dem **fetten** BOOLEschen Gleichheitszeichen **=**, und schließlich *find* mit den Argumenten in Klammern, deren Werte gesucht sind, und dem normalen Gleichheitszeichen.

Wir erkennen, daß eine Gleichung für eine bestimmte Ladungsanzahl N sich aus der Gleichung für $N' = N - 2$ durch Hinzufügen zweier Summanden ergibt, was bei der numerischen Analyse als Rekursionsalgorithmus verwendet werden kann. Die Positionen der einzelnen Ladungen für N' können bei der Analyse für N Ladungen als Eckwerte für die Wahl des jeweiligen Suchintervalls verwendet werden.

Sei u die untere und o die obere Grenze eines solchen Intervalls, $f(x)$ das jeweilig zu analysierende Funktional und $e = 10^{-6}$ (Beispiel) die gewünschte Genauigkeitsschranke, führt der einfachste Nullstellensuche-Algorithmus der Intervallhalbierung rasch zum Ziel:

```
g=f(u):WHILE o–u>e:x=(o+u)/2:f=f(x):IF f*g<0 THEN o=x ELSE u=x:g=f
    WEND:RETURN
```

Insgesamt werden die Positionen der unbekannten Ladungen durch $(N\text{–}2)\backslash 2$ Gleichungen beschrieben. Man überlege, welche Dichtefunktion unendlich viele Ladungen annehmen.

Aufgabe 1.3.1-1: Zwei Punktladungen Q hängen an isolierenden Fäden entspr. Abb. 1.3-2a) über der Erdoberfläche. Welchen Wert hat Q und wie groß ist die Seilkraft F in den Fäden?

Wir betrachten entsprechend der Abbildung die Kräftebilanz an der rechten Ladung Q. Entscheidend für den Gleichgewichtszustand ist, daß die resultierende Kraft F in Seilrichtung wirkt. Daraus ergeben sich folgende Beziehungen:

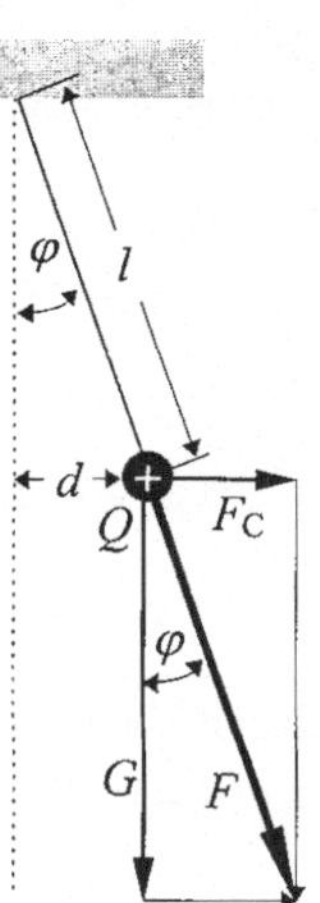

$$\sin\varphi = \frac{d}{l} = \frac{r-a}{2l} \qquad \Rightarrow \qquad r = a + 2l\sin\varphi$$

$$F_{\mathrm{C}} = G\tan\varphi = \frac{Q^2}{4\pi\varepsilon_0 r^2} = \frac{Q^2}{4\pi\varepsilon_0 (a + 2l\sin\varphi)^2}$$

$$\Rightarrow \quad Q = \pm 2(a + 2l\sin\varphi)\sqrt{\pi\varepsilon_0 G\tan\varphi} = \pm 1{,}268\cdot 10^{-7}\,\mathrm{C}$$

$$\Rightarrow \quad F = \frac{G}{\cos\varphi} = 22\ \mathrm{mN}.$$

Aufgabe 1.3.1-2: Vier Punktladungen sind entspr. Abb. 1.3-2b) im Raum angeordnet. Man berechne die Kraft auf die Ladung Q_x.

In der Aufgabenstellung wurde keine Angabe über die Polarität von Q_x gemacht, so daß wir eine annehmen müssen, z.B. positiv. In diesem Fall stellt sich die Kräfteverteilung wie dargestellt ein. Wir erkennen, daß sich aufgrund der Tatsache, daß $|Q_2| = 2{,}82 Q_{1,3} \approx 2\sqrt{2}\,Q_{1,3}$ sämtliche Kräfte im Rahmen dieser Genauigkeit auf Q_x unabhängig von deren Wert und Polarität aufheben.

$$F_{x3} = \frac{Q_x Q_3}{4\pi\varepsilon_0 a^2} \qquad F_{x2} = \frac{Q_x Q_2}{4\pi\varepsilon_0 2a^2} \qquad F_{x1} = \frac{Q_x Q_1}{4\pi\varepsilon_0 a^2}$$

Aufgabe 1.3.1-3: Zwei Punktladungen befinden sich entspr. Abb. 1.3-2c) frei beweglich auf einem isolierenden Faden. Man bestimme die Lage der oberen Ladung.

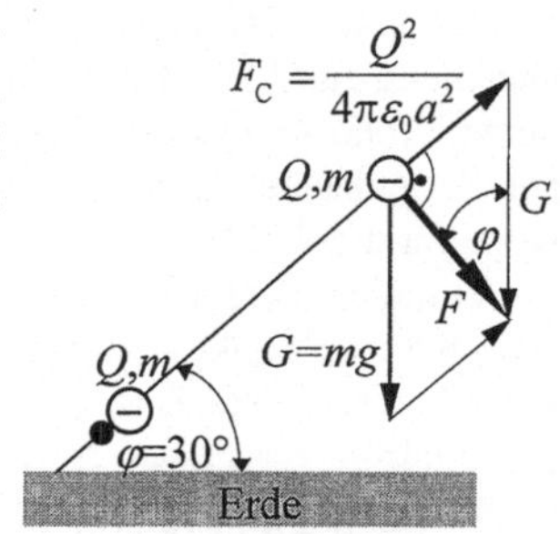

Entsprechend der Abbildung ist für den Gleichgewichtszustand an der oberen Ladung Q entscheidend, daß die resultierende Kraft F normal zur Seilrichtung wirkt. Daraus resultieren folgende Beziehungen für den Abstand a zwischen den Ladungen:

$$\sin\varphi = \frac{F_C}{G} = \frac{Q^2}{4\pi\varepsilon_0 a^2 mg}$$

$$\Rightarrow \quad a = \frac{Q}{2\sqrt{mg\pi\varepsilon_0 \sin\varphi}} = 1{,}35\,\text{cm}.$$

***Aufgabe 1.3.1-4**: Drei Punktladungen von Q = 1nC und Massen m = 100 mg hängen an drei Fäden der Länge l = 15 cm, die am jeweiligen anderen Ende verknüpft sind, über der Erde. Man bestimme mithilfe von MATHCAD den Abstand r der Ladungen sowie die an jeder Ladung angreifende COULOMBkraft F_C.

Aufgrund der Symmetrie des Problems bilden die Ladungen die Ecken eines gleichseitigen Dreiecks mit Kantenlänge r. Aus der vektoriellen Kraftdarstellung auf eine der drei Ladungen in der Abbildung lesen wir für die resultierende Kraft F_C die geometrische Beziehung ab:

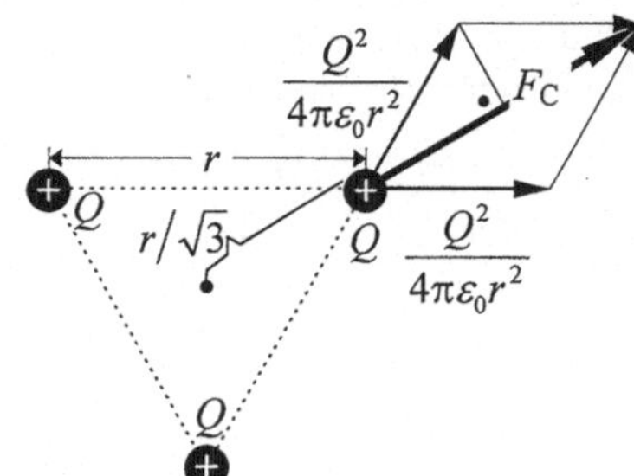

$$\cos 30° = \frac{\sqrt{3}}{2} = \frac{F_C/2}{Q^2/4\pi\varepsilon_0 r^2}$$

$$\Rightarrow \quad F_C = \sqrt{3}\frac{Q^2}{4\pi\varepsilon_0 r^2}.$$

Damit können wir mit $G = mg$ die geometrische Konstruktion aus Aufgabe 1 mit $a = 0$ und $d = r/\sqrt{3}$, sowie den Satz des PYTHAGORAS zuhilfe nehmen:

$$(\frac{d}{l})^2 = \frac{F_C^2}{F_C^2 + G^2} \qquad \Rightarrow \quad F_C^2\left((\frac{d}{l})^2 - 1\right) + (G\frac{d}{l})^2 = 0\,.$$

Wir setzen $x := d^2 = r^2/3$ und erhalten folgendes Polynom, von dem wir die Nullstelle numerisch bestimmen müssen:

$$x^3 + \frac{1}{3}(\frac{Q^2}{4\pi\varepsilon_0 G})^2 x - \frac{1}{3}(\frac{lQ^2}{4\pi\varepsilon_0 G})^2 = 0.$$

Wir erhalten mit $x = 0{,}856\,\text{cm}^2$ die Ergebnisse: $r = 1{,}603$ cm und $F_C = 60{,}61$ µN.

MATHCAD-Anwendung 1.3-1: Nullstelle von Polynomen mit *polyroots*

$g_0 \equiv 9.807 \cdot \frac{\text{m}}{\text{s}^2} \qquad Q := 10^{-9} \cdot \text{C} \qquad m_0 := .1 \cdot \text{gm} \qquad l := 15 \cdot \text{cm} \qquad k := \frac{1}{3} \cdot \left(\frac{Q^2}{4 \cdot \pi \cdot \varepsilon_0 \cdot m_0 \cdot g_0}\right)^2$

$$polyroots\left(\left[-\frac{l^2\cdot k}{m^6}\ \ \frac{k}{m^4}\ \ 0\ \ 1\right]^T\right)=\begin{bmatrix}-4.281\cdot10^{-5}+7.433\cdot10^{-5}j\\-4.281\cdot10^{-5}-7.433\cdot10^{-5}j\\8.561\cdot10^{-5}\end{bmatrix}$$

Mittels der integrierten Funktion *polyroots* lassen sich ähnlich wie bei *root* Nullstellen, aber hier nur von Polynomen, bestimmen. Das Argument von *polyroots* ist ein dimensionsloser Spaltenvektor (MATHCAD-Anwendung 1.4-2) mit den Polynomkoeffizienten in aufsteigender Reihenfolge. Es braucht jedoch kein Schätzwert für die Nullstellen vorgegeben zu werden. Im Beispiel hat nur der letzte Wert physikalische Bedeutung und wird ausgewertet.

Aufgabe 1.3.2-1: Man leite die Beziehung zwischen Kugelkoordinaten r,ϑ,φ und kartesischen Koordinaten x,y,z, sowie umgekehrt, her.

Für die in Abb. 1.3.3c) eingetragene Hilfskoordinate r' lesen wir wie bei Polarkoordinaten ab: $x = r'\cos\varphi$ und $y = r'\sin\varphi$. Desweiteren gilt $r' = r\sin\vartheta$ und $z = r\cos\vartheta$. Damit ergibt sich als Koordinatentransformation von Kugel- in kartesische Koordinaten:

$$x = r\sin\vartheta\cdot\cos\varphi \qquad y = r\sin\vartheta\cdot\sin\varphi \qquad z = r\cos\vartheta.$$

Für die Rücktransformation lesen wir ab: $x^2 + y^2 = r'^2$ und $r'^2 + z^2 = r^2$, also $x^2 + y^2 + z^2 = r^2$. Damit ergibt sich insgesamt:

$$r = \sqrt{x^2+y^2+z^2} \qquad \vartheta = \arccos\frac{z}{\sqrt{x^2+y^2+z^2}} \qquad \varphi = \begin{cases}\arctan\dfrac{y}{x} & \text{für } x \ge 0\\ \arctan\dfrac{y}{x}+\pi & \text{für } x < 0\end{cases}$$

Aufgabe 1.3.2-2: Ein Punkt habe die Koordinaten $(x, y) = (4, 4)$ cm. Das Koordinatensystem werde nun nach links um den Winkel $\alpha = 30°$ um seinen Ursprung gedreht. Man bestimme die Koordinaten (x', y') desselben Punktes in dem gedrehten Koordinatensystem.

Aus der Skizze lesen wir folgende Beziehungen ab:

$$x = x'\cos\alpha - y'\sin\alpha$$

$$y = x'\sin\alpha + y'\cos\alpha.$$

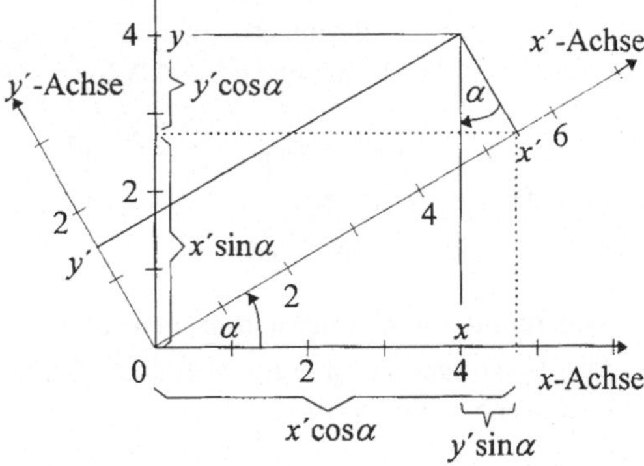

Dies läßt sich als Produkt einer Transformationsmatrix mit (x', y') schreiben:

$$\begin{pmatrix}x\\y\end{pmatrix}=\begin{pmatrix}\cos\alpha & -\sin\alpha\\ \sin\alpha & \cos\alpha\end{pmatrix}\begin{pmatrix}x'\\y'\end{pmatrix}$$

Die Umkehrung erfolgt durch Matrixinversion:

$$\begin{pmatrix}x'\\y'\end{pmatrix}=\begin{pmatrix}\cos\alpha & \sin\alpha\\ -\sin\alpha & \cos\alpha\end{pmatrix}\begin{pmatrix}x\\y\end{pmatrix}=\begin{pmatrix}\frac{1}{2}\sqrt{3} & 0{,}5\\ -0{,}5 & \frac{1}{2}\sqrt{3}\end{pmatrix}\begin{pmatrix}4\\4\end{pmatrix}\text{cm}=\begin{pmatrix}5{,}46\\1{,}46\end{pmatrix}\text{cm}.$$

Um Feldberechnungen ökonomisch zu lösen, kann es außer der grundsätzlichen Wahl des richtigen Koordinatensystems günstig sein, Feldvektoren und Koordinatensysteme so zueinander zu drehen, daß der Lösungsgang möglichst einfach erscheint.

Aufgabe 1.3.2-3: Ein kartesisches Koordinatensystem werde, wie in der vorigen Aufgabe, um den Winkel α um die z-Achse, und dann um den Winkel β um die y-Achse gedreht. Hat ein Punkt in diesem Koordinatensystem dieselben Koordinaten wie in einem, bei dem die Drehreihenfolge vertauscht ist?

Nein, das ist im allgemeinen Fall nicht gegeben. Sei z.B. ein Punkt $(x,y,z) = (1,0,0)$, und werden die Koordinatenachsen um $\alpha = \beta = 90°$ gedreht, hat er nach der ersten Drehung um z die Koordinaten $(0,-1,0)$, die sich auch bei der Drehung um y' nicht ändern. Wird hingegen zuerst um y, und dann um z' gedreht, ergibt sich $(0,0,1)$. Die Reihenfolge der zugehörigen Transformationsmatrizen ist nicht kommutativ, d.h. nicht vertauschbar.

Aufgabe 1.3.3-1: Man skizziere typische Vertreter von Kraftfeldern mit folgenden Eigenschaften als Pfeilbilder: a) $\boldsymbol{F} = (F_x(z), 0, F_z(x))$, b) $\boldsymbol{F} = (F_r=0, F_\varphi(r), F_z=0)$.

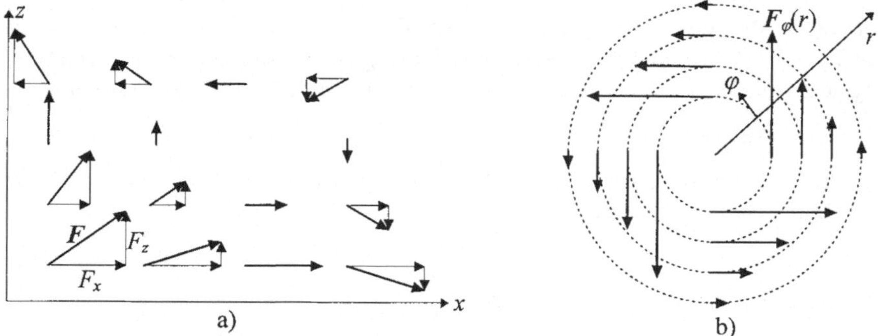

Aufgabe 1.3.3-2: Man stelle ein allseitig radialsymmetrisches Feld G, das quadratisch mit dem Radius vom Koordinatenursprung abfällt, mit Kugelkomponenten in Kugelkoordinaten, Kugelkomponenten in kartesischen Koordinaten, kartesischen Komponenten in kartesischen Koordinaten, sowie kartesischen Komponenten in Kugelkoordinaten dar.

- **Kugelkomponenten in Kugelkoordinaten:**

  Aufgrund der Kugelsymmetrie und der alleinigen Abhängigkeit von der Kugelkoordinaten r ist die Darstellung des Felds $\boldsymbol{G}(\boldsymbol{r}) = G_r(r)\vec{e}_r$ am einfachsten:

$$\boldsymbol{G}(\boldsymbol{r}) = \begin{pmatrix} G_r(r,\vartheta,\varphi) \\ G_\vartheta(r,\vartheta,\varphi) \\ G_\varphi(r,\vartheta,\varphi) \end{pmatrix} = \begin{pmatrix} G_r(r) \\ 0 \\ 0 \end{pmatrix} = \begin{pmatrix} 1/r^2 \\ 0 \\ 0 \end{pmatrix} = \frac{\vec{e}_r}{r^2}.$$

- **Kugelkomponenten in kartesischen Koordinaten:**

  Aus der vorigen Form ergibt sich durch Darstellung der Kugelkoordinaten r durch kartesische Koordinaten:

$$\boldsymbol{G}(\boldsymbol{x}) = \begin{pmatrix} G_r(x,y,z) \\ G_\vartheta(x,y,z) \\ G_\varphi(x,y,z) \end{pmatrix} = \begin{pmatrix} G_r(x,y,z) \\ 0 \\ 0 \end{pmatrix} = \begin{pmatrix} 1/(x^2+y^2+z^2) \\ 0 \\ 0 \end{pmatrix} = \frac{\vec{e}_r}{x^2+y^2+z^2}.$$

- **Kartesische Komponenten in kartesischen Koordinaten:**

  Aus der vorigen Form ergibt sich durch Darstellung des radialen Einheitsvektors $\vec{e}_r = \boldsymbol{r}/r = \boldsymbol{x}/r$ als Quotient von Radialvektor und dessen Länge:

$$\boldsymbol{G}(\boldsymbol{x}) = \begin{pmatrix} G_x(x,y,z) \\ G_y(x,y,z) \\ G_z(x,y,z) \end{pmatrix} = \frac{\boldsymbol{x}}{r^3} = \frac{1}{(x^2+y^2+z^2)^{3/2}} \begin{pmatrix} x \\ y \\ z \end{pmatrix}.$$

- **Kartesische Komponenten in Kugelkoordinaten:**
  Aus der vorigen Form ergibt sich mittels der Darstellung kartesischer durch Kugelkoordinaten:

$$\boldsymbol{G}(\boldsymbol{r}) = \begin{pmatrix} G_x(r,\vartheta,\varphi) \\ G_y(r,\vartheta,\varphi) \\ G_z(r,\vartheta,\varphi) \end{pmatrix} = \frac{\boldsymbol{r}}{r^3} = \frac{1}{r^2} \begin{pmatrix} \sin\vartheta \cdot \cos\varphi \\ \sin\vartheta \cdot \sin\varphi \\ \cos\vartheta \end{pmatrix}.$$

Da dies der prinzipielle Verlauf des COULOMBschen Kraftfelds der Punktladung ist, werden wir diese Formen, vor allem die erste und dritte, noch öfter benötigen.

***Aufgabe 1.3.3-3**: Am Ort $(x, y) = (2, 2)$ cm herrsche ein COULOMBscher Kraftvektor $\boldsymbol{F} = (F_r, F_\varphi) = (5{,}66;\ -1{,}41)$ N. Man berechne zunächst allgemein dessen kartesischen Komponenten $\boldsymbol{F} = (F_x, F_y)$ in Abhängigkeit der Polarkoordinaten (r, φ), und dann die konkreten Zahlenwerte. Weiterhin stelle man umgekehrt $\boldsymbol{F} = (F_r, F_\varphi)$ in Abhängigkeit von (F_x, F_y) dar, und überprüfe die Eingabewerte.

Aus der Skizze lesen wir folgende Beziehungen ab:

$$F_x = F_r\cos\varphi - F_\varphi\sin\varphi, \qquad F_y = F_r\sin\varphi + F_\varphi\cos\varphi.$$

Dabei beachten wir, daß $F_\varphi < 0$. Dies läßt sich als Produkt einer Transformationsmatrix mit (F_r, F_φ) schreiben:

$$\begin{pmatrix} F_x \\ F_y \end{pmatrix} = \begin{pmatrix} \cos\varphi & -\sin\varphi \\ \sin\varphi & \cos\varphi \end{pmatrix} \cdot \begin{pmatrix} F_r \\ F_\varphi \end{pmatrix}.$$

Wir erhalten mit $\varphi = \frac{\pi}{4}$: $(F_x, F_y) = (5,\ 3)$ N. Die Umkehrung erfolgt wieder durch Matrixinversion:

$$\begin{pmatrix} F_r \\ F_\varphi \end{pmatrix} = \begin{pmatrix} \cos\varphi & \sin\varphi \\ -\sin\varphi & \cos\varphi \end{pmatrix} \cdot \begin{pmatrix} F_x \\ F_y \end{pmatrix}.$$

Damit wieder das Ergebnis der Aufgabenstellung herauskommt, muß das Produkt der Transformationsmatrizen gleich der Einheitsmatrix sein:

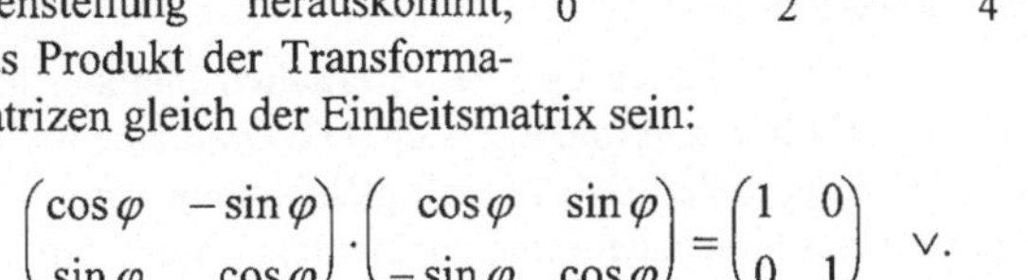

$$\begin{pmatrix} \cos\varphi & -\sin\varphi \\ \sin\varphi & \cos\varphi \end{pmatrix} \cdot \begin{pmatrix} \cos\varphi & \sin\varphi \\ -\sin\varphi & \cos\varphi \end{pmatrix} = \begin{pmatrix} 1 & 0 \\ 0 & 1 \end{pmatrix} \quad \vee.$$

Man beachte den Querbezug zu Aufgabe 1.3.2-2.

Aufgabe 1.3.4-1: Ist auf einer Feldlinie Betrag oder Amplitude des Feldes zwingend konstant? Wenn nicht - sind Felder denkbar, bei denen Betrag oder Amplitude auf der Feldlinie konstant sind?

Nein, dies ist nur bei einem homogenen Feld der Fall.

Aufgabe 1.3.4-2: Ist eine Ladungsanordnung denkbar, die sich überkreuzende Feldlinien hervorruft? Man diskutiere eine solche Eigenschaft.

Feldlinien können sich nicht überkreuzen, da an einer Kreuzungsstelle das Feld uneindeutig wäre, d.h. eine Ladung auf der Feldlinie hätte zwei Möglichkeiten, sich zu einer anderen Ladung zu bewegen.

Aufgabe 1.3.4-3: Ist eine ruhende Ladungsanordnung denkbar, die geschlossene Feldlinien hervorruft, die nicht an Ladungen beginnen oder enden? Man diskutiere eine solche Eigenschaft.

Nein, dies widerspricht dem Energieerhaltungssatz. Würde z.B. ein Elektron auf eine solche Feldlinie gebracht werden, würde es dauernd entgegen der Feldlinienrichtung laufen und könnte so Arbeit verrichten, so daß ein Perpetuum Mobile entstanden wäre. Magnetisch induzierte Feldlinien um bewegte Ladungen weisen diese Eigenschaft nach Kap. 4 allerdings auf, indem Energie von der Ladung zum Feld transferiert wird.

Aufgabe 1.3.4-4: Man verifiziere $\boldsymbol{G} \times \mathrm{d}\boldsymbol{s} = \boldsymbol{0}$.

$$\boldsymbol{G} \times \mathrm{d}\boldsymbol{s} = \begin{vmatrix} G_x & \mathrm{d}x & \vec{e}_x \\ G_y & \mathrm{d}y & \vec{e}_y \\ G_z & \mathrm{d}z & \vec{e}_z \end{vmatrix} = \begin{pmatrix} G_y\mathrm{d}z - G_z\mathrm{d}y \\ G_z\mathrm{d}x - G_x\mathrm{d}z \\ G_x\mathrm{d}y - G_y\mathrm{d}x \end{pmatrix} = \boldsymbol{0}. \qquad \text{q.e.d.}$$

Aufgabe 1.3.5-1: Man gebe die Gleichung des Gebiets an, auf dem die Elektronen um einen Wasserstoffatomkern im Zentrum des Koordinatensystems die Kraft von 80 nN erfahren.

Betrachten wir das Wasserstoffatom in seiner einfachsten Modellierung, so kreist das Elektron auf einer Kugelschale mit Radius r um den Kern. Dies ist die Äquipotentialfläche, und wir müssen die COULOMBsche Kraftformel nach r auflösen:

$$F_\mathrm{C} = \frac{e^2}{4\pi\varepsilon_0 r^2} \qquad \Rightarrow \quad r = \frac{e}{2\sqrt{\pi\varepsilon_0 F_\mathrm{C}}} = 53{,}7\mathrm{pm}.$$

Aufgabe 1.3.5-2: Welche geometrische Form hat die Niveaufläche eines homogenen Vektorfelds? Man gebe weitere Feldformen an, die die gleiche Niveauflächenform aufweisen.

Da die Feldlinien des homogenen Vektorfelds parallel verlaufen, müssen die senkrecht dazu liegenden Niveauflächen Ebenen sein. Felder, die in dem Sinn inhomogen sind, daß sich Feldfunktionswerte entlang aller Feldlinien einheitlich ändern und die Feldlinien nach wie vor parallel verlaufen, weisen ebenfalls ebene Niveauflächen auf. Als Beispiel hierfür werden wir später den Plattenkondensator mit Dielektrikum kennenlernen, das sich nur parallel zur Plattenebene ändert.

Aufgabe 1.3.5-3: Ein Vektorfeld $\boldsymbol{G} = (G_x, G_y, G_z)$ verändert sich zeitlich gemäß $\boldsymbol{G}\cdot f(t)$. Wie werden die Niveauflächen hierdurch beeinflußt, und wie der Gradient?

Die Niveauflächen werden in ihrer räumlichen Geometrie erhalten bleiben, lediglich der Niveauwert auf dieser Fläche erhöht oder erniedrigt sich. Die Gradientenrichtungen bleiben erhalten, der Gradientenbetrag ändert sich überall gleichmäßig. Dreht $f(t)$ sein Vorzeichen um, kehrt sich auch überall die zugehörige Gradientenrichtung um.

Aufgabe 1.4.1-1: Man zerlege das Gravitationsgesetz analog zum COULOMBgesetz in einen Ursachen- und Wirkungsanteil. Welcher Natur ist die zugehörige Gravitationsfeldstärke?

In Analogie zu Gl. 1.4.1-1 können wir für die Gravitationsfeldstärke $\boldsymbol{E}_\mathrm{G}$ schreiben:

$$\boldsymbol{E}_\mathrm{G} = \frac{\boldsymbol{F}_\mathrm{G}}{m_\mathrm{w}} = -\gamma\frac{m_\mathrm{u}}{r^2}\vec{e}_r; \qquad \left[\boldsymbol{E}_\mathrm{G}\right] = \frac{\mathrm{N}}{\mathrm{kg}} = \frac{\mathrm{kg}\cdot\mathrm{m}}{\mathrm{kg}\cdot\mathrm{s}^2} = \frac{\mathrm{m}}{\mathrm{s}^2}.$$

Der Einheit nach ist die dies eine Beschleunigung, dem physikalischen Wesen nach ebenfalls, was wir aus der Äquivalenz von schwerer und träger Masse verifizieren: eine Masse m wird vermöge ihres Gewichts $\boldsymbol{mg}$ auf der Erde gehalten. Damit ist die Gravitationsfeldstärke der Erde gleich dem normal zum Erdmittelpunkt zeigenden Beschleunigungsvektor $\boldsymbol{g}$ mit dem Betrag auf der Erdoberfläche von ca. 9,81 m/s^2.

Aufgabe 1.4.1-2: Zwei Punktladungen Q_1 = 1nC und $Q_2 = -3Q_1$ befinden sich an den Orten $\boldsymbol{x}_1$ = (1,–2, 4) cm und $\boldsymbol{x}_2$ = (–5,8,–4) cm. Man berechne die Feldstärke am Ort $\boldsymbol{x}$ = (1,2,4) cm.

$$\boldsymbol{E}(\boldsymbol{x}) = \frac{Q_1/4\pi\varepsilon_0}{\left((x-x_1)^2+(y-y_1)^2+(z-z_1)^2\right)^{3/2}}\begin{pmatrix} x-x_1 \\ y-y_1 \\ z-z_1 \end{pmatrix} +$$

$$+\frac{Q_2/4\pi\varepsilon_0}{\left((x-x_2)^2+(y-y_2)^2+(z-z_2)^2\right)^{3/2}}\begin{pmatrix} x-x_2 \\ y-y_2 \\ z-z_2 \end{pmatrix} = \begin{pmatrix} -1{,}020 \\ 6{,}637 \\ -1{,}360 \end{pmatrix}\frac{\text{kV}}{\text{m}}.$$

***Aufgabe 1.4.1-3**: Zwei Punktladungen Q befinden sich an den Orten $\boldsymbol{x}_1$ = (1,–2,4) cm und $\boldsymbol{x}_2$ = (–5,8, –4) cm. Man berechne die Koordinaten des Gebiets verschwindender Feldstärkekomponenten parallel zu ihrer Verbindungslinie.

Aus Symmetriegründen muß die Zone verschwindender Feldstärke die Ebene in der Mitte zwischen den Ladungen sein. Ihr Normalenvektor weist in Richtung der Verbindungslinie. Der Aufpunkt $\boldsymbol{x}_0$ der Ebene berechnet sich zu:

$$\boldsymbol{x}_0 = \frac{\boldsymbol{x}_1+\boldsymbol{x}_2}{2} = \frac{1}{2}\left[\begin{pmatrix} 1 \\ -2 \\ 4 \end{pmatrix} + \begin{pmatrix} -5 \\ 8 \\ -4 \end{pmatrix}\right]\text{cm} = \begin{pmatrix} -2 \\ 3 \\ 0 \end{pmatrix}\text{cm}.$$

Der Richtungsvektor $\Delta\boldsymbol{x}$ der normalen Geraden ergibt sich zu:

$$\Delta\boldsymbol{x} = \boldsymbol{x}_1 - \boldsymbol{x}_2 = \left[\begin{pmatrix} 1 \\ -2 \\ 4 \end{pmatrix} - \begin{pmatrix} -5 \\ 8 \\ -4 \end{pmatrix}\right]\text{cm} = \begin{pmatrix} 6 \\ -10 \\ 8 \end{pmatrix}\text{cm}.$$

Die Gleichung einer Ebene durch einen Punkt $\boldsymbol{x}_0$ senkrecht zur Geraden mit dem Richtungsvektor $\Delta\boldsymbol{x}$ lautet:

$$(\boldsymbol{x}-\boldsymbol{x}_0)\cdot\Delta\boldsymbol{x} = 0 \qquad \Rightarrow \qquad 6x-10y+8z = (-2\cdot 6-3\cdot 10+0\cdot 8)\,\text{cm} = -42\,\text{cm}.$$

Gibt man sich beispielsweise x und y frei vor, ist

$$z = -\frac{3}{4}x+\frac{5}{4}y-\frac{21}{4}\text{cm}$$

die zugehörige dritte Koordinate, an der die angegebenen Komponenten verschwinden.

Aufgabe 1.4.2-1: Man berechne die zum Potentialverlauf $\varphi_e(r)$ = –1Vm/r zugehörige elektrische Feldstärke $E(r)$ sowohl in Kugel- als auch kartesischen Koordinaten. Welche Ladungsanordnung gehört dazu und welchen Wert hat diese Ladung Q?

In Kugelkoordinaten gilt:

$$E_r(r) = -\frac{\partial\varphi_e(r)}{\partial r} = -\frac{1\,\mathrm{Vm}}{r^2}.$$

Offenbar ist dies wieder das Feld einer Punktladung Q. Deren Wert erhalten wir über:

$$\frac{Q}{4\pi\varepsilon_0} = -1\,\mathrm{Vm} \quad\Rightarrow\quad Q = -1\,\mathrm{Vm}\cdot 4\pi\cdot 8{,}854\cdot 10^{-12}\,\frac{\mathrm{C}}{\mathrm{Vm}} = -111\,\mathrm{pC}.$$

Zur Berechnung in kartesischen Koordinaten stellen wir das Potential gemäß

$$\varphi_e(r) = \frac{-1\,\mathrm{Vm}}{\sqrt{x^2+y^2+z^2}}$$

dar. Die Feldstärke berechnet sich über den Gradienten wie folgt:

$$\boldsymbol{E}(\boldsymbol{r}) = -\mathrm{grad}\varphi_e(\boldsymbol{r}) = -\frac{1\,\mathrm{Vm}}{(x^2+y^2+z^2)^{3/2}}\begin{pmatrix}x\\y\\z\end{pmatrix}.$$

Aufgabe 1.4.2-2: Man berechne den Gradienten der Funktion $a(x) = e^{xy/z}$ und stelle das Ergebnis als Produkt mit $a(x)$ dar. Die Ortskoordinaten seien normiert.

$$\frac{\partial a}{\partial x} = \frac{y}{z}a; \qquad \frac{\partial a}{\partial y} = \frac{x}{z}a; \qquad \frac{\partial a}{\partial z} = -\frac{xy}{z^2}a \quad\Rightarrow\quad \mathrm{grad}a = \frac{a}{z}\begin{pmatrix}y\\x\\-xy/z\end{pmatrix}.$$

Aufgabe 1.4.2-3: Man berechne grad($(a(x)b(x))$) und vergleiche das Ergebnis mit der Produktregel.

$$\mathrm{grad}ab = \begin{pmatrix}\frac{\partial ab}{\partial x}\\ \frac{\partial ab}{\partial y}\\ \frac{\partial ab}{\partial z}\end{pmatrix} = \begin{pmatrix}a\frac{\partial b}{\partial x}+b\frac{\partial a}{\partial x}\\ a\frac{\partial b}{\partial y}+b\frac{\partial a}{\partial y}\\ a\frac{\partial b}{\partial z}+b\frac{\partial a}{\partial z}\end{pmatrix} = a\begin{pmatrix}\frac{\partial b}{\partial x}\\ \frac{\partial b}{\partial y}\\ \frac{\partial b}{\partial z}\end{pmatrix} + b\begin{pmatrix}\frac{\partial a}{\partial x}\\ \frac{\partial a}{\partial y}\\ \frac{\partial a}{\partial z}\end{pmatrix} = a\mathrm{grad}b + b\mathrm{grad}a = a\nabla b + b\nabla a.$$

Die Produktregel überträgt sich also unmittelbar auf die Gradientenbildung.

***Aufgabe 1.4.2-4**: Man berechne das elektrische Feld zu einer ebenen Potentialverteilung, deren Äquipotentialflächen durch $y^2 = xy + C$ gegeben sind. Dabei gelte $E_x(2\mathrm{m},5\mathrm{m}) = 20\,\mathrm{V/m}$.

Das Potential ist konstant auf $C = y^2 - xy$, folglich gilt $\varphi_e(x,y) = k(y^2 - xy - C')$. Das elektrische Feld erhalten wir über Gradientenbildung:

$$\boldsymbol{E} = -\mathrm{grad}\varphi_e = -k\begin{pmatrix}-y\\2y-x\end{pmatrix} \quad\Rightarrow\quad \frac{20\,\mathrm{V}}{\mathrm{m}} = k\cdot 5\mathrm{m} \quad\Rightarrow\quad \boldsymbol{E} = \frac{4\,\mathrm{V}}{\mathrm{m}^2}\begin{pmatrix}y\\x-2y\end{pmatrix}.$$

Aufgabe 1.4.3-1: Beim MILLIKAN-Versuch zum Ermitteln des Werts der Elementarladung wird ein mit $Q < 0$ geladenes Öltröpfchen der Masse m in einem Feld, wie in Abb. 1.4-4, über der Erde zum Schweben gebracht. Der Abstand der äußeren felderzeugenden Ladungen sei d. Man bestimme die Schwebespannung U.

Für die Beträge gilt: $$mg = QE = Q\frac{U}{d} \quad \Rightarrow \quad U = \frac{mgd}{Q}.$$

Aufgabe 1.4.3-2: Man berechne für ein Proton im Ursprung eines Koordinatensystems die Spannung zwischen den Punkten $\boldsymbol{x}_1 = (1,2,3)$ µm und $\boldsymbol{x}_2 = (-1,2,-3)$ µm. Wie ändert sich der Wert, wenn sich das Proton am Ort $\boldsymbol{x}_0 = (1,-2,3)$ µm befindet?

Aufgrund der Tatsache, daß im ersten Fall die beiden Punkte den gleichen Abstand zum Proton haben, liegen sie auf einer Äquipotentialfläche und der Spannungswert ist Null. Im zweiten Fall sind die Abstände der Punkte gegeben zu:

$$r_1 = \sqrt{(x_1 - x_0)^2 + (y_1 - y_0)^2 + (z_1 - z_0)^2} = 4\,\mu\text{m} \qquad \text{und}$$

$$r_2 = \sqrt{(x_2 - x_0)^2 + (y_2 - y_0)^2 + (z_2 - z_0)^2} = 7{,}48\,\mu\text{m}.$$

Daraus resultiert der Potentialunterschied zu

$$U_{12} = \frac{e}{4\pi\varepsilon_0}\left(\frac{1}{r_1} - \frac{1}{r_2}\right) = 168\,\mu\text{V}.$$

Aufgabe 1.4.3-3: Zwischen Anode und Glühkathode im Abstand d einer Elektronenröhre herrscht eine Spannung von $U_0 = 500$ V, die hoch genug ist, um Elektronen aus der Kathode abzusaugen und zur Anode zu beschleunigen. Man berechne den Geschwindigkeitsverlauf $v(x)$ eines Elektrons über dem Ort x. Mit welcher Geschwindigkeit v trifft das Elektron auf die Anode?

Es handelt sich hier im Vorgriff auf Abschnitt 2.4 um eine sog. Raumladungsströmung. Am Elektron wirken zu jedem Zeitpunkt die konstanten Trägheits- und Feldkräfte:

$$m_e a = m_e \frac{dv}{dt} = eE = e\frac{U_0}{d} \quad \Rightarrow \quad v(t) = \int_0^t \frac{eU_0}{m_e d}\,dt' = \frac{eU_0}{m_e d}t \quad \Rightarrow \quad t = \frac{m_e d}{eU_0}v.$$

Mit

$$x(t) = \int_0^t v\,dt = \int_0^t \frac{eU_0}{m_e d}t'\,dt' = \frac{eU_0 t^2}{2m_e d} = \frac{m_e d}{2eU_0}v^2 \quad \Rightarrow \quad v(x) = \sqrt{\frac{2eU_0 x}{m_e d}}.$$

Diese Formel läßt sich einfacher über eine Energiebilanz berechnen: die kinetische Energie der Elektronen muß gleich der aus dem Feld aufgenommenen sein:

$$\tfrac{1}{2}m_e v(x)^2 = eEx.$$

Beim Auftreffen auf die Anode bei $x = d$ gilt unabhängig vom Elektrodenabstand d:

$$v(d) = \sqrt{\frac{2eU_0}{m_e}} = 13262\,\frac{\text{km}}{\text{s}}.$$

***Aufgabe 1.4.3-4**: Man berechne für ein Oszilloskop entspr. Abb. 1.4-13 den Auftrefforte y_0 des Elektronenstrahls in Abhängigkeit der Parameter U_0, U_y, d, l und z.

Entsprechend den Rechnungen der vorigen Aufgabe ergibt sich für die Beschleunigung zwischen den Platten in y-Richtung:

$$\ddot{y}(t) = \frac{eU_y}{m_e d} \quad \Rightarrow \quad y(t) = \frac{eU_y t^2}{2m_e d} = \frac{eU_y}{2m_e d}\left(\frac{z}{v_{z0}}\right)^2.$$

Da der Elektronenstrahl beim Eintreten zwischen die Ablenkplatten das Längsfeld von U_0 bereits verlassen hat, ist seine Geschwindigkeit in z-Richtung konstant gleich v_{z0}, woraus

$$v_{z0} = \sqrt{\frac{2eU_0}{m_e}} \quad \Rightarrow \quad y(z) = \frac{U_y z^2}{4U_0 d}.$$

Beim Austritt des Strahls aus dem U_y-Feld bei $z = l$ setzt dieser seinen Weg geradlinig unter dem Winkel α bis y_0 fort:

$$\tan\alpha = \left.\frac{\mathrm{d}y}{\mathrm{d}z}\right|_{z=l} = \frac{U_y 2l}{4U_0 d} = \frac{y_0 - y(l)}{z - l} \quad \Rightarrow \quad y_0 = \frac{U_y l}{2U_0 d}(z - \frac{l}{2}).$$

Aufgabe 1.4.4-1: Man berechne die Gesamtenergieaufnahme der Ladung aus dem Beispiel von Abschnitt 1.4.3.3, indem diese über eine Parabel mit der Gleichung $y^2 = x\mathrm{m}$ von 1 nach 2 hin- und über eine Hyperbel der Gleichung $x\cdot(7\mathrm{m}-3y) = 4\mathrm{m}^2$ von 2 nach 1 zurückläuft.

Für $\boldsymbol{E} = (E_x, E_y) = 2(y,x)\ \mathrm{V/m^2}$, $\boldsymbol{x}_1 = (x_1,y_1) = (4,2)\ \mathrm{m}$ und $\boldsymbol{x}_2 = (x_2,y_2) = (1,1)\ \mathrm{m}$ wissen wir natürlich bereits, daß sich der Spannungsbetrag für jeden Rechengang zu 14 V ergibt, und die Gesamtumlaufenergie verschwinden muß.

- Integration von 1 nach 2 durch Parametrisierung entlang der Parabel $y^2 = x\mathrm{m}$ mit y als Parameter:

$$\frac{\mathrm{d}x}{\mathrm{d}y} = \frac{2y}{\mathrm{m}} \quad \Rightarrow \quad \mathrm{d}x = \frac{2y\mathrm{d}y}{\mathrm{m}}.$$

$$U_{12} = \int_1^2 E_x(x,y)\cdot\mathrm{d}x + \int_1^2 E_y(x,y)\cdot\mathrm{d}y = \int_{y_1}^{y_2}\left(E_x(x(y),y)\frac{2y}{\mathrm{m}} + E_y(x(y),y)\right)\mathrm{d}y =$$

$$= \frac{2\mathrm{V}}{\mathrm{m}^2}\int_{y_1}^{y_2}(y\frac{2y}{\mathrm{m}} + x(y))\mathrm{d}y = \frac{2\mathrm{V}}{\mathrm{m}^2}\int_{y_1}^{y_2}(\frac{2y^2}{\mathrm{m}} + \frac{y^2}{\mathrm{m}})\mathrm{d}y = \frac{2\mathrm{V}}{\mathrm{m}^3}\left.\frac{3y^3}{3}\right|_{2\mathrm{m}}^{1\mathrm{m}} = -14\mathrm{V}.$$

- Integration von 2 nach 1 durch Parametrisierung entlang der Hyperbel $x\cdot(7\mathrm{m} - 3y) = 4\mathrm{m}^2$ bzw. $y(x) = \frac{7}{3}\mathrm{m} - \frac{4}{3x}\mathrm{m}^2$ mit x als Parameter:

$$\frac{\mathrm{d}y}{\mathrm{d}x} = \frac{4\mathrm{m}^2}{3x^2} \quad \Rightarrow \quad \mathrm{d}y = \frac{4\mathrm{m}^2}{3x^2}\mathrm{d}x.$$

$$U_{21} = \int_2^1 E_x(x,y)\cdot\mathrm{d}x + \int_2^1 E_y(x,y)\cdot\mathrm{d}y = \int_{x_2}^{x_1}\left(E_x(x,y(x)) + E_y(x,y(x))\frac{4\mathrm{m}^2}{3x^2}\right)\mathrm{d}x =$$

$$= \frac{2\mathrm{V}}{\mathrm{m}^2}\int_{x_2}^{x_1}(y(x) + x\frac{4\mathrm{m}^2}{3x^2})\mathrm{d}x = \frac{2\mathrm{V}}{\mathrm{m}^2}\int_{x_2}^{x_1}(\frac{7\mathrm{m}}{3} - \frac{4\mathrm{m}^2}{3x} + \frac{4\mathrm{m}^2}{3x})\mathrm{d}x = \frac{2\mathrm{V}}{\mathrm{m}}\left.\frac{7}{3}x\right|_{1\mathrm{m}}^{4\mathrm{m}} = 14\mathrm{V}.$$

Aufgabe 1.4.4-2: Man berechne die Einzelspannungen längs eines geschlossenen Wegs von den Punkten $(x,y)/\mathrm{m} = (1,0) \Rightarrow (1,1) \Rightarrow (0,1) \Rightarrow (1,0)$ in einem elektrischen Zylinderfeld mit $E_r(r) = 1\mathrm{V}/r$.

Für das elektrische Feld ergibt sich in kartesischen Koordinaten:

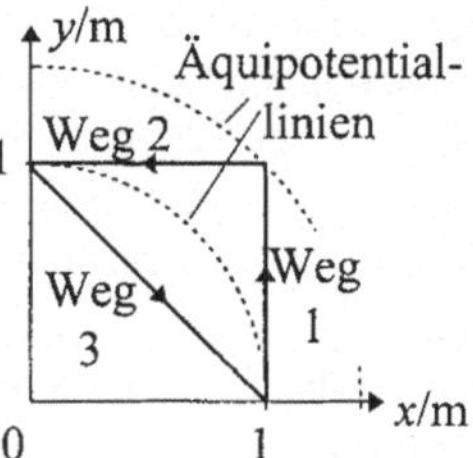

$$\boldsymbol{E}(x,y)=\frac{\boldsymbol{r}\mathrm{V}}{r^2}=\begin{pmatrix}E_x(x,y)\\E_y(x,y)\end{pmatrix}=\frac{1\mathrm{V}}{x^2+y^2}\begin{pmatrix}x\\y\end{pmatrix}.$$

Weg 1 von $(x,y)/\mathrm{m} = (1,0) \Rightarrow (1,1)$, also längs der Geraden mit der Gleichung $x = 1\mathrm{m}$:

$$U_1=\int_{1\mathrm{m}}^{1\mathrm{m}}E_x(1\mathrm{m},y)\cdot\mathrm{d}x+\int_0^{1\mathrm{m}}E_y(1\mathrm{m},y)\cdot\mathrm{d}y=\int_0^{1\mathrm{m}}\frac{1\mathrm{V}y\mathrm{d}y}{1\mathrm{m}^2+y^2}=\frac{1\mathrm{V}\ln(1\mathrm{m}^2+y^2)}{2}\bigg|_0^{1\mathrm{m}}=$$

$$=\frac{\ln 2}{2}\mathrm{V}\approx 0{,}347\,\mathrm{V}.$$

Weg 2 von $(x,y)/\mathrm{m} = (1,1) \Rightarrow (0,1)$, also längs der Geraden mit der Gleichung $y = 1\mathrm{m}$:

$$U_2=\int_{1\mathrm{m}}^{0}E_x(x,1\mathrm{m})\cdot\mathrm{d}x+\int_{1\mathrm{m}}^{1\mathrm{m}}E_y(x,1\mathrm{m})\cdot\mathrm{d}y=\int_{1\mathrm{m}}^{0}\frac{1\mathrm{V}x\mathrm{d}x}{x^2+1\mathrm{m}^2}=-\frac{\ln 2}{2}\mathrm{V}\approx -0{,}347\,\mathrm{V},$$

also die entgegengesetzte Spannung, was auch aus Symmetriegründen zu erwarten ist.

Weg 3 von $(x,y)/\mathrm{m} = (0,1) \Rightarrow (1,0)$ längs der Geraden mit der Gleichung $y = 1\mathrm{m} - x$:

$$U_3=\int_0^{1\mathrm{m}}E_x(x,1\mathrm{m}-x)\cdot\mathrm{d}x+\int_{1\mathrm{m}}^{0}E_y(1\mathrm{m}-y,y)\cdot\mathrm{d}y=$$

$$=\int_0^{1\mathrm{m}}\frac{1\mathrm{V}x\mathrm{d}x}{x^2+(1\mathrm{m}-x)^2}+\int_{1\mathrm{m}}^{0}\frac{1\mathrm{V}y\mathrm{d}y}{(1\mathrm{m}-y)^2+y^2}=0\mathrm{V},$$

da die Integranden bei vertauschten Integrationsgrenzen gleich sind. Dieser Weganteil entspricht in der Skizze dem Wandern auf einem Viertelkreis des Radius $r = 1$ m, also einer Äquipotentiallinie.

***Aufgabe 1.4.4-3**: Man gebe eine Methode an, mit der man für die gegebenen Vektorkomponenten G_x, G_y eines allgemeinen ebenen Vektorfelds $\boldsymbol{G}$ eindeutig feststellen kann, ob jedes beliebige Ringintegral im Feld verschwindet. Hinweis: Dieses muß dann ein Potential φ_e besitzen, dessen zweite gemischten partiellen Ableitungen stetig sind: $\partial^2\varphi_e/\partial x\partial y = \partial^2\varphi_e/\partial y\partial x$. Man extrapoliere das Ergebnis auf ein räumliches Vektorfeld $\boldsymbol{G} = (G_x, G_y, G_z)$.

Das Verschwinden des Ringintegrals geht einher mit der Tatsache, daß das Vektorfeld gleich dem Gradienten einer Potentialfunktion ist. Mit dem Hinweis gilt für diese:

$$\frac{\partial^2\varphi_e}{\partial x\partial y}=\frac{\partial}{\partial x}\left(\frac{\partial\varphi_e}{\partial y}\right)=-\frac{\partial G_y}{\partial x};\qquad \frac{\partial^2\varphi_e}{\partial y\partial x}=\frac{\partial}{\partial y}\left(\frac{\partial\varphi_e}{\partial x}\right)=-\frac{\partial G_x}{\partial y}$$

$$\Rightarrow\quad \frac{\partial G_y}{\partial x}-\frac{\partial G_x}{\partial y}=0;\qquad \frac{\partial G_z}{\partial y}-\frac{\partial G_y}{\partial z}=0;\qquad \frac{\partial G_x}{\partial z}-\frac{\partial G_z}{\partial x}=0.$$

Die rechten beiden Formeln extrapolieren auf das räumliche Feld. Wir werden diese Gleichungen später als Rotor kennenlernen und ihren Querbezug zum Nablaoperator beschreiben. Verschwindet mindestens eine dieser Komponenten nicht, ist das Ringintegral wegabhängig, das Feld wirbelt (Rotor) und kann somit weder allgemein ein konservatives Kraftfeld repräsentieren, noch speziell ein elektrostatisches Feld.

Aufgabe 1.4.5-1: Man berechne die Arbeit W, die nötig ist, um drei Punktladungen Q aus dem Unendlichen in gleichem Abstand auf einem Kreis mit Radius a anzuordnen.

Mit der Kenntnis des Potentials $\varphi_{e1}(r)$ in der Umgebung einer Ladung Q_1 ergibt sich allgemein für die aufzuwendende Arbeit W_{21} für das Heranholen einer Ladung Q_2 aus dem Unendlichen zum Punkt r:

$$\varphi_{e1}(r) = \frac{Q_1}{4\pi\varepsilon_0 r} \quad \Rightarrow \quad W_{21} = Q_2\varphi_{e1} = \frac{Q^2}{4\pi\varepsilon_0 r}.$$

Dabei wurde berücksichtigt, daß im Beispiel die Ladungen gleich sind. Diese bilden ein gleichseitiges Dreieck und haben den Abstand $a\sqrt{3}$. Da die dritte Ladung gegen zwei andere beigebracht werden muß, benötigt sie die doppelte Arbeit, woraus sich insgesamt der Faktor drei für die Gesamtarbeit ergibt:

$$W = \frac{3Q^2}{4\pi\varepsilon_0 a\sqrt{3}} = \frac{\sqrt{3}Q^2}{4\pi\varepsilon_0 a}.$$

Aufgabe 1.4.5-2: Um welches Stück r müssen die Ladungen aus Aufgabe 1 zusammengerückt werden, damit die gleiche Arbeit verrichtet wird wie beim Hinführen nach a?

Aus der Skizze lesen wir ab:

$$W = \frac{\sqrt{3}Q^2}{4\pi\varepsilon_0(a-r)} \overset{!}{=} \frac{2\sqrt{3}Q^2}{4\pi\varepsilon_0 a} \quad \Rightarrow \quad r = \frac{a}{2}.$$

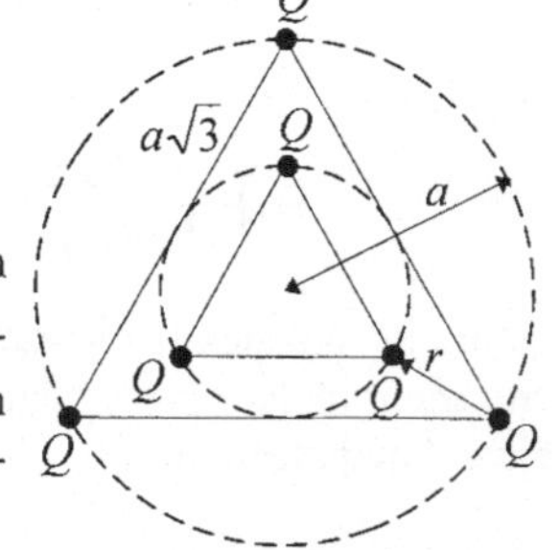

Nach der Verrückung beträgt der Abstand der Ladungen zueinander $\frac{\sqrt{3}}{2}a$. Jedesmal, wenn der Abstand aller Ladungen halbiert wird, wird die gleiche Arbeit wie beim vorigen Schritt aufgewendet. Dies ist bei nur zwei Ladungen nicht anders.

***Aufgabe 1.4.5-3**: Man berechne die Arbeit W, die nötig ist, um n (unterschiedliche) Punktladungen Q_i aus dem Unendlichen an Orten $\boldsymbol{x}_i = (x_i, y_i, z_i)$ zu plazieren.

Sei $r_{ij} = \sqrt{(x_i - x_j)^2 + (y_i - y_j)^2 + (z_i - z_j)^2}$ der Abstand der i. von der j. Ladung, so ergibt sich für die Arbeit W_{ij}, um beide in diese Position zu bringen:

$$W_{ij} = Q_i\varphi_{ej} = \frac{Q_iQ_j}{4\pi\varepsilon_0 r_{ij}}.$$

Kommen nun weitere Ladungen hinzu, ergibt sich folglich für die Gesamtarbeit W für $n \geq 2$ Ladungen:

$$W = \sum_{i=1}^{n}\sum_{j=i+1}^{n} W_{ij} = \sum_{i=1}^{n}\sum_{j=i+1}^{n}\frac{Q_iQ_j}{4\pi\varepsilon_0 r_{ij}} = \frac{1}{2}\sum_{i=1}^{n}\sum_{\substack{j=1\\ j\neq i}}^{n}\frac{Q_iQ_j}{4\pi\varepsilon_0 r_{ij}} = \sum_{i=1}^{n}\sum_{\substack{j=1\\ j\neq i}}^{n}\frac{Q_iQ_j}{8\pi\varepsilon_0 r_{ij}}.$$

Aufgabe 1.4.6-1: Man überlege aus der Anschauung, wie das elektrische Feld und die Äquipotentialflächen von auf der z-Achse sehr dicht aufgereihten Ladungen gleicher Polarität aussehen.

Die z-Komponenten der Feldlinien verschwinden, da rechts von jedem Punkt genausoviel Ladungen wie links zu finden sind. Aus Symmetriegründen bleiben nur noch radiale Feldkomponenten übrig. In Zylinderkoordinaten existiert nur die r-Komponente, die auch nur von r abhängt, d.h. dieses Axialfeld wird wie beim Zentralfeld nach außen schwächer. Mit welcher Potenz es abfällt, können wir erst nach Besprechung der Linienladung berechnen. Die normal zu den Feldlinien liegenden Äquipotentialflächen werden auch aus Symmetriegründen konzentrische Zylinder zur z-Achse sein.

***Aufgabe 1.4.6-2**: Man stelle die elektrischen Feldlinien folgender Ladungsanordnung dar: $Q_1 = -3Q$ bei $x_1 = (x_1, y_1) = (-1,0)$ und $Q_2 = Q$ bei $x_2 = (x_2, y_2) = (1,0)$. Bis zu welcher Stelle $x > 1$ können sich Feldlinien von Q_2 von Q_1 entfernen?

Durch Aufruf des folgenden BASIC-Programms können die Daten nach Vorgabe eines Startwerts x,y für den nebenstehenden Plot nach dem RUNGE-KUTTA-Verfahren erzeugt werden:

```
h=.01:DO WHILE y<-.01
k=dxdy(x,y):y1=y+h/2:x1=x+k*h/2
l=dxdy(x1,y1):y2=y1:x2=x+l*h/2
m=dxdy(x2,y2):d=ABS((m-l)/(l-k))
IF d<.1 THEN
y3=y+h:x3=x+m*h:n=dxdy(x3,y3)
x=x+h/6*(k+2*(l+m)+n):y=y+h
IF d<.025 THEN h=2*h ELSE
h=h/2
ENDIF:LOOP

FUNCTION dxdy(x,y)
a=((x+1)^2+y^2)^1.5
b=((x-1)^2+y^2)^1.5
dxdy=(-3*(x+1)/a+(x-1)/b)/
(-3*y/a+y/b):END FUNCTION
```

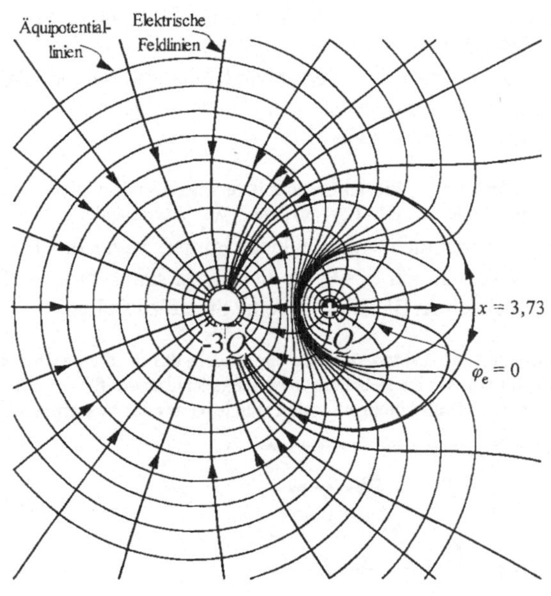

Das Bild ist rotationssymmetrisch um die x-Achse. Den Umkehrpunkt finden wir an der Stelle

$$\left.\frac{\mathrm{d}x}{\mathrm{d}y}\right|_{y=0} = \left.\frac{\dfrac{-3(x+1)}{\left((x+1)^2+y^2\right)^{3/2}} + \dfrac{x-1}{\left((x-1)^2+y^2\right)^{3/2}}}{\dfrac{-3y}{\left((x+1)^2+y^2\right)^{3/2}} + \dfrac{y}{\left((x-1)^2+y^2\right)^{3/2}}}\right|_{y=0} = 0$$

$$\Rightarrow \quad \frac{-3}{(x+1)^2} + \frac{1}{(x-1)^2} = 0 \quad \Rightarrow \quad x = 2 + \sqrt{3} = 3{,}73.$$

***Aufgabe 1.4.6-3**: Man stelle die Äquipotentiallinien zur vorigen Aufgabe dar, identifiziere die Nullpotentiallinie, und gebe ihre Gleichung an. Wo schneidet diese die x-Achse? Wie verhalten sich die Äquipotentiallinien bzgl. des in der vorigen Aufgabe berechneten x-Werts?

Die Äquipotentiallinien sind im Plot der vorigen Aufgabe integriert. Die Gleichung der Nullpotentiallinie ergibt sich aus:

$$\frac{4\pi\varepsilon\varphi_e(x,y)}{Q} = \frac{1}{\sqrt{(x-1)^2+y^2}} - \frac{3}{\sqrt{(x+1)^2+y^2}} = 0.$$

Dies können wir umstellen in: $x^2 - \frac{5}{2}x + 1 + y^2 = 0.$

Die Schnittpunkte mit der x-Achse, also bei $y = 0$, liegen bei $x = 0{,}5$ und 2. Die Äquipotentiallinien schließen sich bis $x = 3{,}73$ um die positive Ladung Q, das Potential ist hier jedoch bereits selbst negativ. Ab diesem x-Wert schließen sie sich um beide Ladungen.

Aufgabe 1.5.1-1: Unter welchen Bedingungen wirkt auf den Dipol im beliebigen elektrischen Feld keine resultierende Kraft.

Im inhomogenen Feld verschwindet die resultierende Kraft, wenn zufällig an den Orten der Ladungen die Feldstärken gleichgerichtet und gleichgroß sind. Im homogenen Feld ist dies immer der Fall.

Aufgabe 1.5.1-2: Wieviel Lagen mit verschwindendem Drehmoment können wir für den Dipol im homogenen Feld der Abb. 1.5-1 erwarten? Wie unterscheiden sich diese?

Das Drehmoment verschwindet immer, wenn die Dipolachse in Feldrichtung zeigt, also zweimal. Für $\varphi = 0°$ ist diese Lage stabil, für $\varphi = 180°$ instabil und entspricht dem Versuch, einen Bleistift auf seine Spitze zu stellen.

Aufgabe 1.5.1-3: Man skizziere ein Modell, das für die gegebenen Kraftrichtungen in Abb. 1.5-1 den effektiv wirksamen Hebelarm veranschaulicht, sowie für die gegebene Hebelarmrichtung die effektiv wirksamen Kraftrichtungen, und begründe daraus das Vektorprodukt.

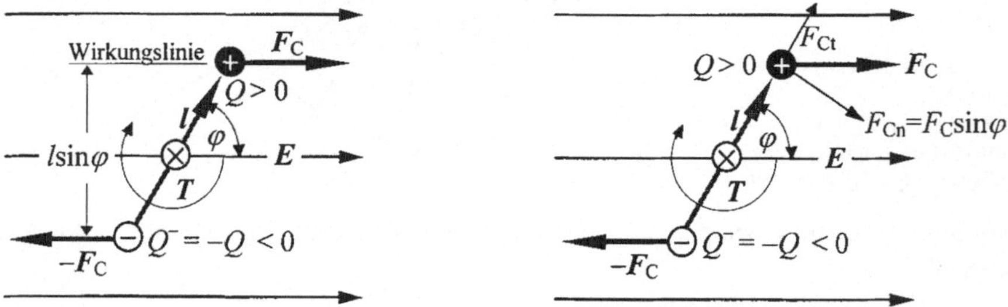

Aus der linken Abbildung ist erkennbar, daß der effektiv wirksame Hebelarm in bezug auf die Kraft F_C, d.h. normal zu deren Wirkungslinie, den Wert $l_{eff} = l\sin\varphi$ hat, folglich der Drehmomentbetrag den Wert $T = l_{eff}F_C = F_C l\sin\varphi$ annimmt. Auf der rechten Seite wird der Hebelarm l voll genommen, dafür jedoch die Kraft in einen Tangentialanteil F_{Ct} tangential zum Hebelarm und einen Normalanteil $F_{Cn} = F_C\sin\varphi$ zerlegt, wovon nur letzterer wirksam ist, und sich die gleiche Formel, die auch gleichzeitig den Betrag des zugehörigen Vektorprodukts darstellt, ergibt.

Aufgabe 1.5.2-1: Eine Punktladung Q befinde sich am Ort $\boldsymbol{x}_1 = (x_1, y_1, z_1)$, und eine mit ihr starr verbundene Punktladung $-Q$ am Ort $\boldsymbol{x}_2 = (x_2, y_2, z_2)$. Man berechne die Komponenten des Dipolmoments $\boldsymbol{p}$ und des Drehmoments $\boldsymbol{T}$ des Dipols in einem äußeren elektrischen Feld $\boldsymbol{E} = (E_x, E_y, E_z)$.

$$\boldsymbol{p} = \begin{pmatrix} p_x \\ p_y \\ p_z \end{pmatrix} = Q(\boldsymbol{x}_1 - \boldsymbol{x}_2) = Q\begin{pmatrix} x_1 - x_2 \\ y_1 - y_2 \\ z_1 - z_2 \end{pmatrix}.$$

$$\boldsymbol{T} = \boldsymbol{p} \times \boldsymbol{E} = \begin{vmatrix} p_x & E_x & \vec{e}_x \\ p_y & E_y & \vec{e}_y \\ p_z & E_z & \vec{e}_z \end{vmatrix} = Q\begin{pmatrix} (y_1 - y_2)E_z - (z_1 - z_2)E_y \\ (z_1 - z_2)E_x - (x_1 - x_2)E_z \\ (x_1 - x_2)E_y - (y_1 - y_2)E_x \end{pmatrix}.$$

Aufgabe 1.5.2-2: Ein Dipolmoment ist zu $\boldsymbol{p} = (p_x, p_y, p_z) = (1,-2,3)$ Cm gegeben. Man berechne die Komponenten eines elektrischen Felds $\boldsymbol{E} = (E_x, E_y, E_z)$ mit dem Betrag $E = 1$ V/cm, für das das Drehmoment stabil verschwindet.

Das elektrische Feld $\boldsymbol{E}$ muß in die gleiche Richtung wie das Dipolmoment $\boldsymbol{p}$ weisen:

$$\boldsymbol{E} = k\begin{pmatrix} 1 \\ -2 \\ 3 \end{pmatrix} \text{ mit } E = k\sqrt{1+4+9} \overset{!}{=} \frac{1\text{V}}{\text{cm}} \quad\Rightarrow\quad k = \frac{1}{\sqrt{14}}\frac{\text{V}}{\text{cm}} \quad\Rightarrow\quad \boldsymbol{E} = \frac{1}{\sqrt{14}}\begin{pmatrix} 1 \\ -2 \\ 3 \end{pmatrix}\frac{\text{V}}{\text{cm}}.$$

***Aufgabe 1.5.2-3**: Der Mittelpunkt der Dipolachse der festen Länge l eines Elementardipols befinde sich entsprechend der Abbildung im Abstand r von einem weiteren Proton. Man berechne das Drehmoment T. Für welches Verhältnis l/r wird T maximal und wie groß ist T_{max} dann?

Der Abstand von Proton und Elektron zum felderzeugenden Proton wird nach dem Satz des PYTHAGORAS durch die linke, $\cos\varphi$ durch die rechte Formel angegeben:

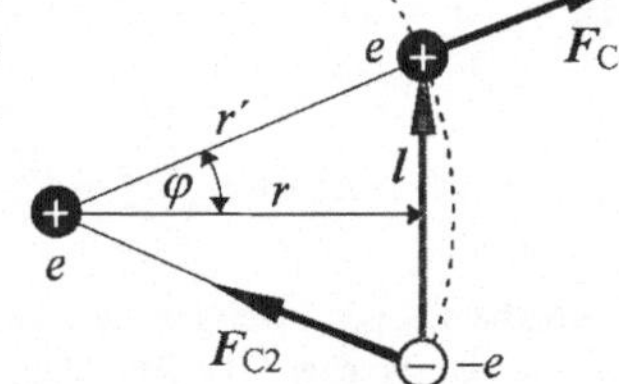

$$r' = \sqrt{r^2 + (\tfrac{1}{2}l)^2}; \qquad \cos\varphi = \frac{r}{r'} = \frac{r}{\sqrt{r^2 + (\tfrac{1}{2}l)^2}}.$$

Für das Drehmoment folgt mit der Formel für das COULOMBfeld einer Punktladung:

$$T = eE(r')l\cos\varphi = \frac{e^2 l\cos\varphi}{4\pi\varepsilon r'^2} = \frac{e^2 lr}{4\pi\varepsilon\left(r^2 + (\tfrac{1}{2}l)^2\right)^{3/2}} = \frac{2e^2 lr}{\pi\varepsilon\left(4r^2 + l^2\right)^{3/2}}.$$

T_{max} ergibt sich für festes l aus Ableiten von T nach r und Nullsetzen:

$$\frac{\mathrm{d}T}{\mathrm{d}r} = \frac{2e^2 l}{\pi\varepsilon}\frac{\mathrm{d}}{\mathrm{d}r}\frac{r}{\left(4r^2 + l^2\right)^{3/2}} = \frac{2e^2 l}{\pi\varepsilon}\frac{\left(4r^2 + l^2\right)^{3/2} - r\left(4r^2 + l^2\right)^{1/2} 12r}{\left(4r^2 + l^2\right)^3} \overset{!}{=} 0$$

$$\Rightarrow\quad \frac{l}{r} = \sqrt{8} \approx 2{,}82 \quad\Rightarrow\quad T_{max} = \frac{2e^2}{3\sqrt{3}\pi\varepsilon l} \approx 0{,}385\frac{e^2}{\pi\varepsilon l}.$$

Aufgabe 1.5.3-1: Welche Arbeit W wird verrichtet, wenn der Dipol aus beliebiger Winkelstellung φ eine halbe Kreisdrehung, welche, wenn er eine vollständige Kreisdrehung durchgeführt hat?

Halbe Drehung: $W = pE(\cos(\varphi \pm \pi) - \cos\varphi) = -2pE\cos\varphi$, volle Drehung: $W = 0$.

Aufgabe 1.5.3-2: Man skizziere mithilfe von MATHCAD $W_{Dp}(\varphi)$ während einer vollen Drehung.

$\varphi := 0, \frac{2\cdot\pi}{100}..2\cdot\pi$

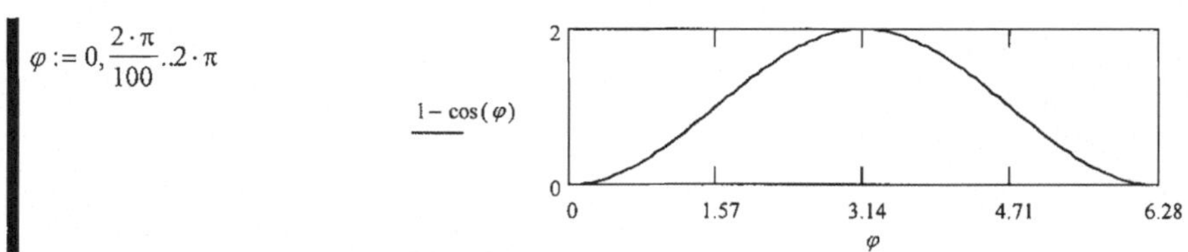

Aufgabe 1.5.3-3: Welche potentielle Energie hat der Dipol mit $\boldsymbol{p} = (1,-3,5)$ Cm in $\boldsymbol{E} = (1,3,5)$ V/m?

$$W_\mathrm{p} = pE - \boldsymbol{p}\cdot\boldsymbol{E} = (1^2+3^2+5^2 - \begin{pmatrix}1\\-3\\5\end{pmatrix}\cdot\begin{pmatrix}1\\3\\5\end{pmatrix})\ \mathrm{Nm} = 2|p_y E_y| = 18\ \mathrm{Nm}.$$

Aufgabe 1.5.4-1: Man deute den Wert des elektrischen Dipolfeldstärkevektors für $\vartheta = 0°$ physikalisch.

Für $\vartheta = 0°$ hat das elektrische Feld mathematisch eine r-Komponente vom Betrag $E_r = Ql/2\pi\varepsilon r^3$, die jedoch physikalisch keine Bedeutung hat. Entsprechend dem Wesen von Kugelkoordinaten zeigt sie unendlich vieldeutig radial von der Dipolachse in alle Himmelsrichtungen weg, d.h. zu jeder Teilkomponente gehört eine gleichgroß in entgegengesetzte Richtung weisende Teilkomponente, so daß das Nettofeld verschwindet, was auch der physikalischen Anschauung entspricht.

Aufgabe 1.5.4-2: Man stelle den elektrischen Dipolfeldstärkebetrag in kartesischen Koordinaten dar.

Mit $\quad r = \sqrt{x^2+y^2+z^2} \quad$ und $\quad \cos\vartheta = \frac{z}{r} = \sqrt{1-\sin^2\vartheta} \quad \Rightarrow \quad \sin\vartheta = \frac{\sqrt{x^2+y^2}}{r}$

$$\Rightarrow \quad E(x) = \sqrt{E_r^2 + E_\varphi^2} \approx \frac{Ql}{4\pi\varepsilon r^3}\sqrt{4\cos^2\vartheta + \sin^2\vartheta} = \frac{Ql\sqrt{x^2+y^2+4z^2}}{4\pi\varepsilon(x^2+y^2+z^2)^2}.$$

***Aufgabe 1.5.4-3**: Zwei gleiche Dipole der Länge l und der Ladungen $\pm Q$ seien entsprechend der Abbildung im sonst feldfreien Raum im Abstand d der parallelen Dipolachsen angeordnet. Man berechne in weitem Abstand $r \gg l, d$ für $\vartheta = 90°$ die Feldstärke $\boldsymbol{E}$ nach Betrag und Richtung.

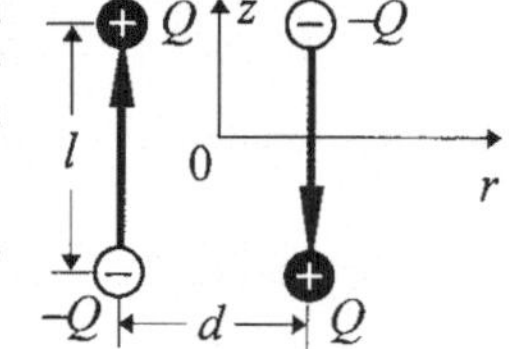

Aus Gl. 1.5-13 erhalten wir für $\vartheta = 90°$ für den dargestellten Quadrupol:

$$E_\vartheta(r) \approx \frac{p}{4\pi\varepsilon}\left(\frac{1}{(r+\frac{1}{2}d)^3} - \frac{1}{(r-\frac{1}{2}d)^3}\right) = \frac{p}{4\pi\varepsilon r^3}\left(\frac{1}{(1+d/2r)^3} - \frac{1}{(1-d/2r)^3}\right) =$$

$$= \frac{p}{4\pi\varepsilon r^3}\cdot\frac{1-3\frac{d}{2r}+3(\frac{d}{2r})^2-(\frac{d}{2r})^3-\left(1+3\frac{d}{2r}+3(\frac{d}{2r})^2+(\frac{d}{2r})^3\right)}{\left(1-(\frac{d}{2r})^2\right)^3} \approx \frac{-3pd}{4\pi\varepsilon r^4}.$$

Alle Potenzen > 1 wurden entsprechend den Voraussetzungen entfernt. Das Minuszeichen ergibt sich gegenüber der Rechnung im Text durch die Wahl des umgedrehten Dipols rechts näher zum Ort r, an dem $\boldsymbol{E}$ interessiert. $\boldsymbol{E}$ zeigt also hier nach oben.

Aufgabe 1.6.1-1: Man berechne den Fluß Ψ eines Protons im Koordinatensystemursprung, der den Anteil des Koordinatensystems durchsetzt, in dem alle Koordinaten negativ sind.

Diese Zone ist ein Oktant des Koordinatensystems. Folglich befindet sich ein Achtel der Kugeloberfläche in diesem Gebiet, womit sich der Fluß zu $\Psi = \frac{1}{8}e$ ergibt.

Aufgabe 1.6.1-2: Der Fluß Ψ durchsetzt auf einer Kugel mit Radius R einen Kugelabschnitt mit dem Durchmesser R. Welche Ladung Q befindet sich im Zentrum?

Die allgemeine Formel für die Mantelfläche A eines Kugelabschnitts lautet mit den Parametern des rechten Schnittbilds $A = 2\pi Rh$. Mit dem Satz des PYTHAGORAS gilt:

$$R^2 = (R-h)^2 + a^2 \qquad \Rightarrow \qquad h = R - \sqrt{R^2 - a^2}.$$

Da wir weiterhin fordern, daß $a = \frac{1}{2}R$, ergibt sich insgesamt:

$$A = \pi R^2(2-\sqrt{3}) \qquad \Rightarrow \qquad \frac{A}{\overset{\circ}{A}} = \frac{\Psi}{Q} = \frac{1}{4}(2-\sqrt{3}) = 0{,}067.$$

Folglich befindet sich eine Ladung der Größe $Q = \Psi/0{,}067 = 14{,}93\,\Psi$ im Zentrum.

Aufgabe 1.6.1-3: Welchen Wert kann der Flußbetrag Ψ durch ein kreisrundes Kugelsegment mit dem Kegelöffnungswinkel $\alpha = 30°$ minimal annehmen, wenn sich eine Ladung im Zentrum befindet?

Aus der Abbildung der vorigen Aufgabe ergibt sich $\sin\alpha = 0{,}5 = a/R$, also genau die dort vorliegenden Verhältnisse. Minimal kann sich im Zentrum eine Proton oder Elektron aufhalten, woraus sich der minimale Flußbetrag zu $|\Psi| = 0{,}067e$ ergibt.

Aufgabe 1.6.2-1: Man berechne den Fluß Ψ des Feldes $\boldsymbol{D} = (-1,3,-2)\ \text{nC/m}^2$, der das Dreieck durchsetzt, das die Koordinatenachsen jeweils bei 1m schneidet.

Das Dreieck hat die Kantenlänge $\sqrt{2}$ m und folglich die Fläche $A = \frac{\sqrt{3}}{2}\,\text{m}^2$. Der nach außen weisende Normaleneinheitsvektor lautet

$$\vec{e}_A = \frac{1}{\sqrt{3}}\begin{pmatrix}1\\1\\1\end{pmatrix} \Rightarrow \boldsymbol{A} = A\vec{e}_A = \frac{1}{2}\begin{pmatrix}1\\1\\1\end{pmatrix}\text{m}^2 \quad \Rightarrow \quad \Psi = \boldsymbol{D}\cdot\boldsymbol{A} = \frac{1}{2}\begin{pmatrix}-1\\3\\-2\end{pmatrix}\cdot\begin{pmatrix}1\\1\\1\end{pmatrix}\text{nC} = 0.$$

Aufgabe 1.6.2-2: Aus welchen die Koordinatenabschnitte unterhalb des Dreiecks der vorigen Aufgabe normal durchsetzenden Flußanteilen Ψ_x, Ψ_y und Ψ_z setzt sich der dort berechnete Fluß zusammen?

$$\Psi_x = \boldsymbol{D}\cdot\boldsymbol{A}_x = \frac{1}{2}\begin{pmatrix}-1\\3\\-2\end{pmatrix}\cdot\begin{pmatrix}1\\0\\0\end{pmatrix}\text{nC} = -\frac{1}{2}\text{nC},\quad \Psi_y = \boldsymbol{D}\cdot\boldsymbol{A}_y = \frac{1}{2}\begin{pmatrix}-1\\3\\-2\end{pmatrix}\cdot\begin{pmatrix}0\\1\\0\end{pmatrix}\text{nC} = \frac{3}{2}\text{nC},$$

$$\Psi_z = \boldsymbol{D}\cdot\boldsymbol{A}_z = \frac{1}{2}\begin{pmatrix}-1\\3\\-2\end{pmatrix}\cdot\begin{pmatrix}0\\0\\1\end{pmatrix}\text{nC} = -1\text{nC}.$$

Da die Summe verschwindet, befindet sich im Volumen keine Nettoladung.

***Aufgabe 1.6.2-3**: Der Fluß $\Psi = 2$ nC der Flußdichte $D = 5\ \text{nC/m}^2$ durchsetzt normal zur y-Achse das in Aufgabe 1 angegebene Dreieck. Man bestimme $\boldsymbol{D}$ und den Winkel α zwischen $\boldsymbol{D}$ und $\boldsymbol{A}$.

Berechnung von $\boldsymbol{D}$:

$$\Psi = \begin{pmatrix} D_x \\ 0 \\ D_z \end{pmatrix} \cdot \begin{pmatrix} A_x \\ A_y \\ A_z \end{pmatrix} = D_x A_x + D_z A_z; \qquad D_x^2 + D_z^2 = D^2 \quad \Rightarrow \quad D_z^2 = D^2 - D_x^2$$

$$\Rightarrow \quad (\Psi - D_x A_x)^2 = D_z^2 A_z^2 = (D^2 - D_x^2) A_z^2$$

$$\Rightarrow \quad D_x^2 (A_x^2 + A_z^2) - 2 D_x A_x \Psi + \Psi^2 - D^2 A_z^2 = 0$$

$$\Rightarrow \quad D_x = \frac{A_x \Psi}{A_x^2 + A_z^2} \pm \sqrt{\left(\frac{A_x \Psi}{A_x^2 + A_z^2}\right)^2 + \frac{D^2 A_z^2 - \Psi^2}{A_x^2 + A_z^2}} = \left\langle \begin{matrix} 4{,}915 \\ -0{,}915 \end{matrix} \right\rangle \frac{\text{nC}}{\text{m}^2}$$

$$\Rightarrow \quad D_z = \left\langle \begin{matrix} -0{,}915 \\ 4{,}915 \end{matrix} \right\rangle \frac{\text{nC}}{\text{m}^2}.$$

Wenn wir beachten, daß die Flußrichtung auch in negative Richtung weisen kann, d.h. $\Psi = -2\text{nC}$, ergeben sich vier mögliche Lösungen:

$$\boldsymbol{D}_1 = \begin{pmatrix} \pm 4{,}915 \\ 0 \\ \mp 0{,}915 \end{pmatrix} \frac{\text{nC}}{\text{m}^2} \qquad \text{und} \qquad \boldsymbol{D}_2 = \begin{pmatrix} \pm 0{,}915 \\ 0 \\ \mp 4{,}915 \end{pmatrix} \frac{\text{nC}}{\text{m}^2}.$$

Berechnung von α: $\quad |\alpha| = \arccos \dfrac{\Psi}{DA} = \arccos \dfrac{\pm 2 \cdot 2}{5\sqrt{3}} = \left\langle \begin{matrix} 62{,}49° \\ 117{,}51° \end{matrix} \right\rangle.$

Aufgabe 1.6.3-1: Man berechne Aufgabe 1.6.1-1 mittels eines geeigneten Oberflächenintegrals.

Geeignet ist das Kugelkoordinatensystem, wobei wir aus Symmetriegründen den ersten Oktanten als Integrationsbereich wählen:

$$\Psi' = \frac{e}{4\pi} \int_0^{\pi/2} \int_0^{\pi/2} \frac{1}{r^2} \begin{pmatrix} 1 \\ 0 \\ 0 \end{pmatrix} \cdot \begin{pmatrix} r^2 \sin \vartheta \mathrm{d}\vartheta \mathrm{d}\varphi \\ r \sin \vartheta \mathrm{d}r \mathrm{d}\varphi \\ r \mathrm{d}r \mathrm{d}\vartheta \end{pmatrix} = \frac{e}{4\pi} \int_0^{\pi/2} \left(\int_0^{\pi/2} \sin \vartheta \mathrm{d}\vartheta \right) \mathrm{d}\varphi =$$

$$= \frac{e}{4\pi} \int_0^{\pi/2} \sin \vartheta \mathrm{d}\vartheta \cdot \int_0^{\pi/2} \mathrm{d}\varphi = -\frac{e}{4\pi} \cos \vartheta \Big|_0^{\pi/2} \cdot \frac{\pi}{2} = \frac{e}{8}.$$

Die Zerlegung des Doppelintegrals in ein Produkt zweier Einzelintegrale ist möglich, wenn sich der Integrand in Faktoren zerlegen läßt, die nur von jeweils einer Integrationsvariablen abhängen.

***Aufgabe 1.6.3-2: Man berechne den Fluß des Beispiels im Text mittels Gl. 10.**

$$\Psi = \Psi_x + \Psi_y + \Psi_z = \int_{z_1}^{z_2} \left(\int_{y_1(z)}^{y_2(z)} y \mathrm{d}y \right) \mathrm{d}z + \int_{x_1}^{x_2} \left(\int_{z_1(x)}^{z_2(x)} x \mathrm{d}z \right) \mathrm{d}x + \int_{y_1}^{y_2} \left(\int_{x_1(y)}^{x_2(y)} z \mathrm{d}x \right) \mathrm{d}y.$$

Die Einheiten werden bis zum Ergebnis weggelassen. Wir legen die Grenzen fest und werten die Integrale aus:

$z_1 = 0, z_2 = c = 1, y_1(z) = 0, y_2(z) = b(1 - z/c) = 2 - 2z \quad \Rightarrow$

$$\Psi_x = \int_0^1 \left(\frac{y^2}{2}\Bigg|_0^{2-2z}\right)\mathrm{d}z = 2\int_0^1 (1 - 2z + z^2)\mathrm{d}z = 2(1 - 1 + \frac{1}{3}) = \frac{2}{3}.$$

$x_1 = 0, x_2 = a = 1, z_1(x) = 0, z_2(x) = c(1 - x/a) = 1 - x \quad \Rightarrow$

$$\Psi_y = \int_0^1 x\left(z\Bigg|_0^{1-x}\right)\mathrm{d}x = \int_0^1 (x - x^2)\mathrm{d}x = \frac{1}{2} - \frac{1}{3} = \frac{1}{6}.$$

$y_1 = 0, y_2 = b = 2, x_1(y) = 0, x_2(y) = a(1 - y/b) = 1 - \frac{1}{2}y$

Weiterhin ist die innere Integrationsvariable z durch x und y mittels der Ebenengleichung auszudrücken: $z = c(1 - x/a - y/b) = 1 - x - \frac{1}{2}y \quad \Rightarrow$

$$\Psi_z = \int_0^2 x\left(1 - \frac{x}{2} - \frac{y}{2}\Bigg|_0^{1-y/2}\right)\mathrm{d}y = \int_0^2 (1 - \frac{y}{2})(\frac{1}{2} - \frac{y}{4})\mathrm{d}y =$$

$$= \frac{1}{2}\int_0^2 (1 - y + \frac{y^2}{4})\mathrm{d}y = 1 - 1 + \frac{1}{3} = \frac{1}{3}.$$

In der Summe ergibt sich wieder $\Psi = \frac{7}{6}$nC.

***Aufgabe 1.6.3-3**: Man berechne den Fluß des Beispiels im Text, der die von der schiefen Ebene mit den drei Koordinatenebenen gegen den Ursprung abgeschnittenen Dreiecke durchsetzt und schließe daraus auf den Gesamtfluß durch das dadurch gebildete Tetraeder.

Die beiden ersten Integrale unterscheiden sich nicht von denen der vorigen Aufgabe, für das letzte gilt $z = 0$, also auch $\Psi_z = 0$. Daraus folgt, daß der Nettofluß durch das Tetraeder $\overset{\circ}{\Psi} = \frac{1}{3}$nC gleich Ψ_z der vorigen Aufgabe ist. Der Fluß, der durch die xz- und yz-Ebenen, also links und hinten eintritt, tritt auch über die schiefe Vorderfläche wieder aus, da der Flußanteil in x-Richtung bzgl. x und in y-Richtung bzgl. y konstant sind, nicht jedoch der in z-Richtung. Er ist in der xy-Ebene wegen $z = 0$ nicht vorhanden und wächst linear mit z, weshalb auf der schiefen Ebene der folglich im Tetraeder generierte Fluß $\overset{\circ}{\Psi} = \frac{1}{3}$nC gleich der darin befindliche Ladungsmenge Q, zusätzlich austritt.

Aufgabe 1.6.4-1: Auf einer Metallkugel mit Radius $a = 1$ m um den Ursprung befinden sich sechs Ladungen Q, von denen eine bei $\boldsymbol{x} = (1,0,0)$ m fixiert ist. Welcher Hüllenfluß durchsetzt eine Kugelsphäre mit Radius $R_1 = 1{,}4$ m bzw. $R_2 = 1{,}5$ m und jeweiligem Mittelpunkt bei $\boldsymbol{x} = (0,0,1)$ m?

Die Ladungen ordnen sich aus Symmetriegründen jeweils bei ± 1m auf den Koordinatenachsen an. Ihr Abstand zueinander beträgt jeweils 1,41 m. Eine Kugel mit $R_1 = 1{,}4$ m um (0,0,1) m schließt daher nur die dortige Ladung ein, womit $\overset{\circ}{\Psi}_1 = Q$, für $R_2 = 1{,}5$ m werden alle, außer der fixierten Ladung eingeschlossen, also $\overset{\circ}{\Psi}_2 = 5Q$.

***Aufgabe 1.6.4-2**: Am Ort $\boldsymbol{x} = (0,0,-1/2)$ m befinde sich entsprechend der Abbildung die Ladung Q. Welcher Fluß Ψ durchsetzt die Halbkugel mit Radius $a = 1$ m um den Ursprung und $z < 0$? Man verwende zur Berechnung ein geeignetes Oberflächenintegral in Kugelkoordinaten.

Gefragt ist der Fluß durch die dunkelgrau schattierte Halbkugel. Nach dem Hüllenintegral muß dieser auch den hellgrau schattierten und konzentrisch zu Q liegenden unteren Kugelabschnitt im Bereich $z < 0$ durchsetzen. Er muß gleich Q abzüglich des Teils Ψ' durch den Kugelabschnitt im Bereich $z > 0$ sein. Ψ' ist in Kugelkoordinaten einfach berechenbar, der dazu benötigte Winkel ϑ' ergibt sich zu $\vartheta' = \arctan 2 = 63{,}43°$.

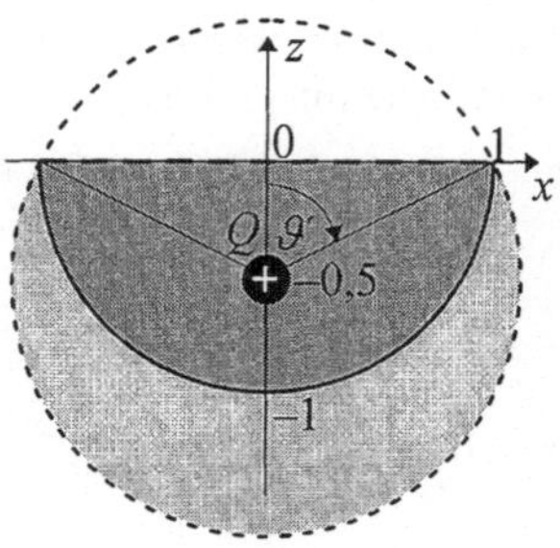

$$\Psi' = \frac{Q}{4\pi}\int_0^{2\pi}\int_0^{\vartheta'} \frac{1}{r^2}\begin{pmatrix}1\\0\\0\end{pmatrix}\cdot\begin{pmatrix} r^2 \sin\vartheta \mathrm{d}\vartheta \mathrm{d}\varphi \\ r\sin\vartheta \mathrm{d}r \mathrm{d}\varphi \\ r \mathrm{d}r \mathrm{d}\vartheta\end{pmatrix} = \frac{Q}{4\pi}\int_0^{2\pi}\left(\int_0^{\vartheta'}\sin\vartheta \mathrm{d}\vartheta\right)\mathrm{d}\varphi =$$

$$= \frac{Q}{4\pi}\int_0^{\vartheta'}\sin\vartheta \mathrm{d}\vartheta\cdot\int_0^{2\pi}\mathrm{d}\varphi = -\frac{Q}{4\pi}\cos\vartheta\Big|_0^{\vartheta'}\cdot 2\pi = \frac{Q}{2}(1-\cos\vartheta') = 0{,}2764\,Q$$

$$\Rightarrow \quad \Psi = \tfrac{1}{2}Q(1+\cos\vartheta') = 0{,}7236\,Q.$$

***Aufgabe 1.6.4-3**: Man löse die vorige Aufgabe, indem man in kartesischen Koordinaten zunächst den Fluß Ψ' berechnet, der den Deckel der Halbkugel in der xy-Ebene durchsetzt.

Der gesuchte Fluß Ψ' ist derselbe, den entsprechend der Abbildung der vorigen Aufgabe eine Ladung im Zentrum eines Koordinatensystems durch eine Kreisfläche bei $z = +0{,}5$ m mit der Berandung $x^2 + y^2 = 1\mathrm{m}^2$ erzeugt. In kartesischen Koordinaten lautet das zugehörige Oberflächenintegral:

$$\Psi' = \frac{Q}{4\pi}\int_0^{1\mathrm{m}}\int_0^{y_2(x)=\sqrt{1\mathrm{m}^2-x^2}} \frac{4}{(x^2+y^2+z^2)^{3/2}}\begin{pmatrix}x\\y\\z\end{pmatrix}\cdot\begin{pmatrix}0\\0\\1\end{pmatrix}\mathrm{d}y\mathrm{d}x.$$

Der Faktor 4 im Zähler des Integranden entsteht durch die Viertelung des Kreises. Für z setzen wir nun ½:

$$\Psi' = \frac{Q}{4\pi}\int_0^{1\mathrm{m}}\int_0^{\sqrt{1\mathrm{m}^2-x^2}} \frac{2\mathrm{m}\,\mathrm{d}y\mathrm{d}x}{(x^2+y^2+\frac{1}{4}\mathrm{m}^2)^{3/2}} =$$

$$= \frac{Q\mathrm{m}}{2\pi}\int_0^{1\mathrm{m}}\left(\frac{y}{(x^2+\frac{1}{4}\mathrm{m}^2)\sqrt{x^2+y^2+\frac{1}{4}\mathrm{m}^2}}\Bigg|_0^{\sqrt{1\mathrm{m}^2-x^2}}\right)\mathrm{d}x =$$

$$\Psi' = \frac{Q\mathrm{m}}{\sqrt{5}\pi}\int\limits_0^{1\mathrm{m}} \frac{\sqrt{1\mathrm{m}^2 - x^2}}{x^2 + \frac{1}{4}\mathrm{m}^2}\,\mathrm{d}x = 0{,}2764\,Q \qquad \Rightarrow \quad \Psi = Q - \Psi' = 0{,}7236\,Q.$$

Aufgabe 1.7.1-1: Ein dünner Drahtring mit Radius a trage entsprechend der Abbildung gleichmäßig verteilt die Ladung Q. Man berechne und skizziere den Potentialverlauf $\varphi_e(z)$ und den Feldstärkeverlauf $\boldsymbol{E}(z)$. Wo liegt das Feldstärkemaximum und welchen Wert hat dieses?

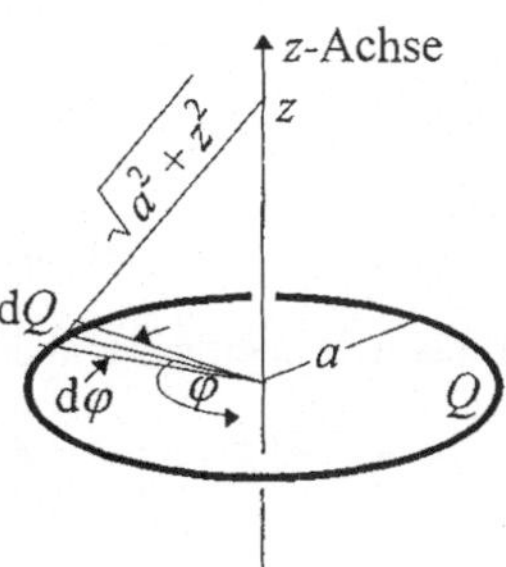

Entsprechend der Abbildung wird am Ort z von der in dem kleinen Intervall befindlichen Punktladung $\mathrm{d}Q$ der Potentialanteil:

$$\mathrm{d}\varphi_e(z) = \frac{\mathrm{d}Q}{4\pi\varepsilon\sqrt{a^2 + z^2}} \qquad \text{mit} \quad \mathrm{d}Q = Q\frac{a\,\mathrm{d}\varphi}{2\pi a}$$

hervorgerufen. $\mathrm{d}Q$ verhält sich zur Gesamtladung Q wie das durch den differentiellen Winkel $\mathrm{d}\varphi$ ausgeschnittene Kreissegment $a\mathrm{d}\varphi$ zum Kreisumfang $2\pi a$. Damit ist das Potential $\varphi_e(z)$ durch Ringintegration berechenbar:

$$\varphi_e(z) = \oint \mathrm{d}\varphi_e(z) = \frac{Q}{4\pi\varepsilon\sqrt{a^2 + z^2}}\frac{1}{2\pi}\oint \mathrm{d}\varphi = \frac{Q}{4\pi\varepsilon\sqrt{a^2 + z^2}}\frac{1}{2\pi}\int\limits_0^{2\pi}\mathrm{d}\varphi$$

$$\varphi_e(z) = \frac{Q}{4\pi\varepsilon\sqrt{a^2 + z^2}}.$$

Wir erkennen leicht, daß wir uns die Ausführung des Ringintegrals sparen können, da der Abstand eines jeden Punkts auf dem Ring zur z-Achse konstant ist. Ist der Ring jedoch verbogen oder/und die Ladung inhomogen verteilt, ist die Berechnung nicht ohne Ringintegral möglich.

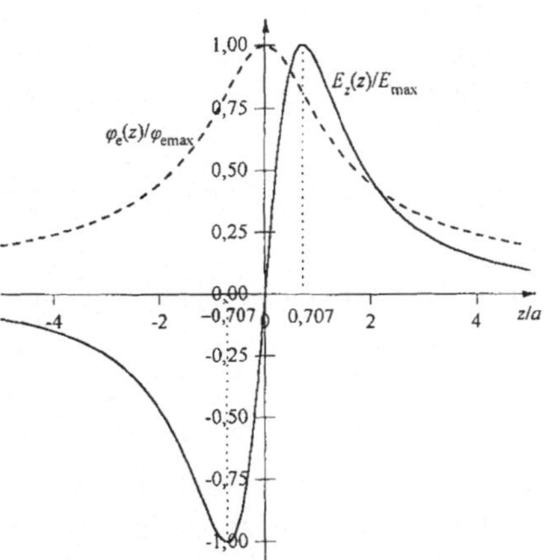

Die in der rechten Abbildung dargestellte Feldstärke folgt aus der Gradientenbildung des Potentials und kann aus Symmetriegründen sowohl nur von z abhängen als auch nur in z-Richtung weisen:

$$\boldsymbol{E}(z) = E_z(z)\vec{e}_z \quad \text{mit} \quad E_z(z) = -\frac{\partial\varphi_e}{\partial z} = \frac{Qz}{4\pi\varepsilon(a^2 + z^2)^{3/2}}.$$

Aus Symmetriegründen muß sie im Ursprung verschwinden. Die Extremwerte finden wir durch Ableiten nach z:

$$\frac{\partial E_z}{\partial z} \stackrel{!}{=} 0 = Q\frac{(a^2 + z^2)^{3/2} - z\frac{3}{2}2\sqrt{a^2 + z^2}}{4\pi\varepsilon(a^2 + z^2)^3} \qquad \Rightarrow z = \pm\frac{a}{\sqrt{2}} \quad \Rightarrow E_{z\max} = \frac{Q}{\pi\varepsilon a^2 6\sqrt{3}}.$$

***Aufgabe 1.7.1-2**: Man gebe die Gleichung der Äquipotentialflächen der Linienladung aus Gl. 1.7-7 in der einfachsten Form an.

Wir definieren Hilfsvariablen $\rho = r/a$, $p = z/a + 1$ und $q = z/a - 1$. Das Potential ist konstant, wenn das Argument des natürlichen Logarithmus konstant ist:

$$\frac{p+\sqrt{\rho^2+p^2}}{q+\sqrt{\rho^2+q^2}} = C \qquad \Rightarrow \qquad p - Cq = C\sqrt{\rho^2+q^2} - \sqrt{\rho^2+p^2}.$$

Wir quadrieren die Gleichung, kürzen Summanden und bringen die übrigbleibende Wurzel nach rechts:

$$\rho^2(C^2+1) + 2Cpq = 2C\sqrt{(\rho^2+p^2)(\rho^2+q^2)}.$$

Wir quadrieren erneut und erhalten mit $p^2 + q^2 = 2((z/a)^2 + 1)$ und $pq = (z/a)^2 - 1$:

$$\frac{(C-1)^2}{4C}\left(\frac{r}{a}\right)^2 + \left(\frac{C-1}{C+1}\right)^2\left(\frac{z}{a}\right)^2 = 1.$$

Das Ergebnis beschreibt Ellipsen in der rz-Ebene, also allgemein Ellipsoide, mit Brennpunkten bei $z = \pm a$ und großer Halbachse r_1 und kleiner Halbachse r_2:

$$r_1 = a\frac{C+1}{C-1}, \qquad r_2 = a\frac{2\sqrt{C}}{C-1}.$$

***Aufgabe 1.7.1-3:** Man berechne den Potential- und daraus den Feldstärkeverlauf der Linienladung für $a \to \infty$.

Aus der physikalischen Anschauung kann das Potential für $a \to \infty$ nicht mehr von z abhängen $\Rightarrow$ $\varphi_e(r,z) \to \varphi_e(r)$, es ist somit auf einer Zylinderoberfläche konstant. Dann wird für endliche z: $a + z \approx a - z \approx a$, woraus

$$\varphi_e(r) \approx \frac{\lambda}{4\pi\varepsilon}\ln\frac{a+\sqrt{r^2+a^2}}{-a+\sqrt{r^2+a^2}} = \frac{\lambda}{4\pi\varepsilon}\ln\frac{1+\sqrt{1+r^2/a^2}}{-1+\sqrt{1+r^2/a^2}}.$$

Mittels der TAYLORreihenentwicklung für kleine x: $\sqrt{1+x} \approx 1 + \frac{1}{2}x$ gilt:

$$\sqrt{1+\frac{r^2}{a^2}} \approx 1 + \frac{r^2}{2a^2} \qquad \Rightarrow \qquad \varphi_e(r) \approx \frac{Q}{8\pi\varepsilon a}\ln\left(1+(\frac{2a}{r})^2\right).$$

Die Näherung sollte für endliche r nicht weitergeführt werden, da sonst das Potential verschwindet. Dies hat seinen Grund in der verschwindenden Linienladung ($\lambda \to 0$).

Das elektrische Feld erhalten wird durch Gradientenbildung, die sich hier auf die Ableitung nach der Radialkoordinaten beschränkt:

$$\boldsymbol{E}(r) = E_r(r)\vec{e}_r \qquad \Rightarrow \qquad E_r(r) = -\frac{\partial\varphi_e}{\partial r} \approx \frac{-Q}{8\pi\varepsilon a}\frac{-8a^2/r^3}{1+(2a/r)^2} \approx \frac{Q}{8\pi\varepsilon a}\frac{8}{4r}.$$

Mit der Linienladung ergibt sich das Endergebnis zu der gleichen Formel wie im Text:

$$E_r(r) \approx \frac{\lambda}{2\pi\varepsilon r} = \frac{Q/2a}{2\pi\varepsilon r}.$$

MATHCAD-Anwendung 1.7-1: Reihenentwicklung

$\sqrt{1-|x}$ Symbolics Variable ▸ Expand to Series... (Alt SVE) $1-\frac{1}{2}\cdot x-\frac{1}{8}\cdot x^2-\frac{1}{16}\cdot x^3-\frac{5}{128}\cdot x^4-\frac{7}{256}\cdot x^5+O\cdot\left(x^6\right)$

Mittels Symbolics Variable ▸ Expand to Series... läßt sich ein Ausdruck für die markierte Variable (|x) in eine Reihe entwickeln. Der Polynomgrad ist in der zugeh. Dialogbox in Order of Approximation einzutragen.

$\sqrt{1-x}$ *series*, $x,6 \rightarrow 1-\frac{1}{2}\cdot x-\frac{1}{8}\cdot x^2-\frac{1}{16}\cdot x^3-\frac{5}{128}\cdot x^4-\frac{7}{256}\cdot x^5+O\cdot\left(x^6\right)$

Alternativ dient das nach der Formel über Strg ⇧. einzugebende Schlüsselwort *series*, gefolgt von der Entwicklungsvariablen x und optional der Ordnung (Voreinstellung: 6), dem gleichen Zweck. Wird statt x z.B. $x = .5$ eingegeben, wird die Reihe um $x = 0{,}5$ entwickelt.

Aufgabe 1.7.2-1: Man berechne Aufgabe 1.7.1-1, wenn der Drahtring durch eine Kreisfläche mit homogen verteilter Ladung ersetzt wird.

Mit dem Polarkoordinaten-Kreisflächensegment dA entsprechend der Abbildung ergibt sich das Ladungselement zu:

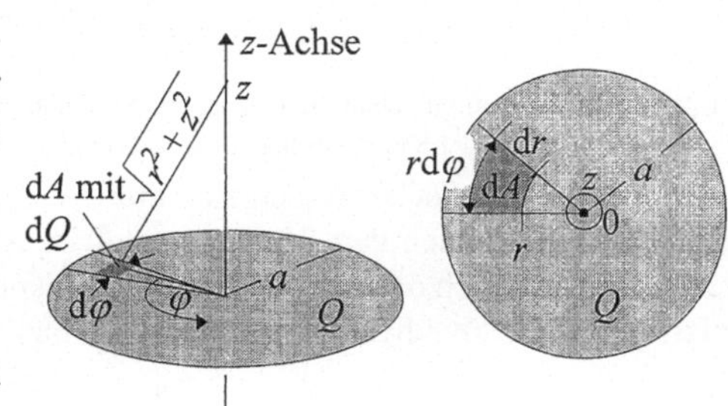

$$\mathrm{d}Q=\frac{\mathrm{d}A}{A_{\text{Kreis}}}=Q\frac{r\mathrm{d}r\mathrm{d}\varphi}{\pi a^2},$$

woraus für den hiervon verursachten Potentialanteil $\mathrm{d}\varphi_e(z)$ folgt:

$$\mathrm{d}\varphi_e(z)=\frac{\mathrm{d}Q}{4\pi\varepsilon\sqrt{r^2+z^2}}=\frac{Q}{4\pi\varepsilon\sqrt{r^2+z^2}}\frac{r\mathrm{d}r\mathrm{d}\varphi}{\pi a^2}$$

$$\Rightarrow\quad \varphi_e(z)=\int\mathrm{d}\varphi_e(z)=\frac{Q}{4\pi\varepsilon}\frac{1}{\pi a^2}\int_0^{2\pi}\int_0^a\frac{r\mathrm{d}r\mathrm{d}\varphi}{\sqrt{r^2+z^2}}=\frac{Q}{4\pi\varepsilon}\frac{2\pi}{\pi a^2}\int_0^a\frac{r\mathrm{d}r}{\sqrt{r^2+z^2}}=$$

$$=\frac{Q}{2\pi\varepsilon a^2}\int_0^a\frac{r\mathrm{d}r}{\sqrt{r^2+z^2}}=\frac{Q}{2\pi\varepsilon a^2}(\sqrt{a^2+z^2}\mp z)=\frac{Q}{2\pi\varepsilon a^2}(\sqrt{a^2+z^2}-|z|).$$

Das obere Vorzeichen gilt für positive, das untere für negative z-Werte. Die zugehörige Feldstärke ergibt sich zu:

$$E_z(z)=-\frac{\partial\varphi_e}{\partial z}=\frac{Q}{2\pi\varepsilon a^2}(\pm 1-\frac{z}{\sqrt{a^2+z^2}}).$$

mit dem Betragsmaximum bei $z=0^+$ bzw. $z=0^-$ von

$$E_{\max}(z)=|E_z(0)|=\frac{Q}{2\pi\varepsilon a^2}.$$

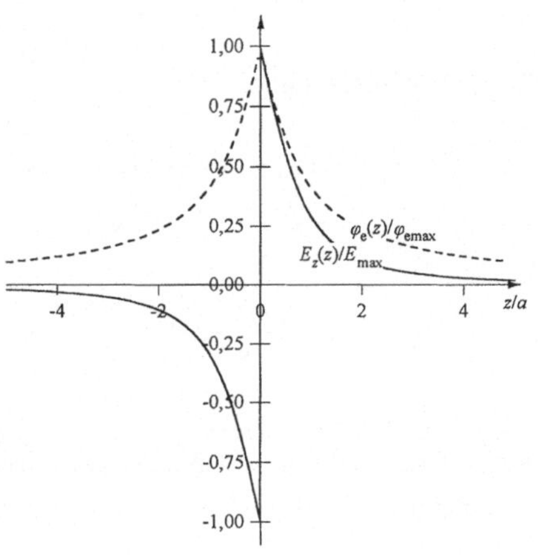

Das Ergebnis bedarf sorgfältiger Interpretation. Bei Annäherung von positiven oder negativen z-Werten zur Oberfläche wächst die Feldstärke, in der Kreisfläche ist sie aus Symmetriegründen Null, um dann in einer Unstetigkeit zur anderen Seite den entgegengesetzten Wert anzunehmen.

Aufgabe 1.7.2-2: In der vorigen Aufgabe komme nun dieselbe Kreisfläche mit Abstand d, aber negativer Ladung $-Q$ parallel unterhalb der ersten hinzu. Man gebe $\varphi_e(z)$ und $\boldsymbol{E}(z)$ an, wobei der Nullpunkt der z-Achse in der Mitte zwischen den Flächen liege.

$$\varphi_e(z) = \frac{Q}{2\pi\varepsilon a^2}\left(\sqrt{a^2+(z-\tfrac{1}{2}d)^2} - \left|z-\tfrac{1}{2}d\right| - \sqrt{a^2+(z+\tfrac{1}{2}d)^2} + \left|z+\tfrac{1}{2}d\right|\right).$$

$$E_z(z) = -\frac{\partial\varphi_e}{\partial z} = \frac{Q}{2\pi\varepsilon a^2}\left(\frac{z+\frac{1}{2}d}{\sqrt{a^2+(z+\frac{1}{2}d)^2}} - \frac{z-\frac{1}{2}d}{\sqrt{a^2+(z-\frac{1}{2}d)^2}} - 2_{(-\frac{d}{2}<z<\frac{d}{2})}\right).$$

Für die Feldstärke sind die Orte $z = \pm\frac{1}{2}d$ ausgenommen.

Aufgabe 1.7.2-3: Man berechne die Flächenladungsdichte σ einer metallischen Kugel mit Radius a, für die im Abstand x von der Kugeloberfläche das Potential zu φ_e bekannt ist.

Auf der Kugeloberfläche werden sich die Ladungen aus Symmetriegründen homogen anordnen, so daß nach dem Hüllenintegral im Außenraum nicht mehr unterschieden werden kann, ob sich die Ladung Q im Zentrum oder auf der Kugeloberfläche befindet. Folglich sind die Flußdichte- und Potentialformeln der Punktladung anwendbar:

$$\mathring{\Psi} = Q = \sigma 4\pi a^2;\quad \varphi_e = \frac{Q}{4\pi\varepsilon(x+a)} \quad\Rightarrow\quad \sigma = \frac{Q}{4\pi a^2} = \frac{\varphi_e\varepsilon(x+a)}{a^2}.$$

Aufgabe 1.7.3-1: Man berechne für einen sehr langen Zylinder mit Radius a und homogener Raumladung ρ_0 überall den Verlauf von $\boldsymbol{D}(r)$ und $\varphi_e(r)$ für $\varphi_e(a) = 0$.

Im Innenbereich gilt:

$$D_{ir}(r)\underset{\substack{\text{Innen-}\\\text{zylinder}}}{\oint\!\!\oint} \mathrm{d}A(r) = \rho_0 \underset{\substack{\text{Innen-}\\\text{zylinder}}}{\iiint} \mathrm{d}V(r) \;=\; D_{ir}(r)2\pi r l = \rho_0\pi r^2 l \;\Rightarrow\; D_{ir}(r) = \frac{\rho_0 r}{2}.$$

$$\varphi_{ei}(r) = \int_r^a \frac{\rho_0 r'}{2\varepsilon}\mathrm{d}r' = \left.\frac{\rho_0 r'^2}{4\varepsilon}\right|_r^a = \frac{\rho_0(a^2-r^2)}{4\varepsilon}.$$

Im Außenbereich gilt:

$$D_{ar}(r)\underset{\substack{\text{Außen-}\\\text{zylinder}}}{\oint\!\!\oint} \mathrm{d}A(r) = \rho_0 \underset{\substack{\text{Zylinder}\\\text{bis } r=a}}{\iiint} \mathrm{d}V(r) \;= D_{ar}(r)2\pi r l = \rho_0\pi a^2 l \;\Rightarrow D_{ar}(r) = \frac{\rho_0 a^2}{2r}.$$

$$\varphi_{ea}(r) = -\int_a^r \frac{\rho_0 a^2}{2\varepsilon r'}\mathrm{d}r' = -\left.\frac{\rho_0 a^2}{2\varepsilon}\ln r'\right|_a^r = -\frac{\rho_0 a^2}{2\varepsilon}\ln\frac{r}{a} = \frac{\rho_0 a^2}{2\varepsilon}\ln\frac{a}{r}.$$

Aufgabe 1.7.3-2: Man berechne den Verlauf von $\boldsymbol{D}(r)$, $\mathring{\Psi}(r)$ und $\varphi_e(r)$ für das Beispiel im Text, wenn statt der homogenen Raumladung diese einen Verlauf von $\rho(r) = \rho_a r/a$ aufweist.

Im Innenbereich gilt:

$$\overset{\circ}{\Psi}_{\mathrm{i}}(r) = D_{\mathrm{ir}}(r) \underset{\substack{\text{Innen-}\\\text{kugel}}}{\oiint} \mathrm{d}A(r) = \underset{\substack{\text{Innen-}\\\text{kugel}}}{\iiint} \rho(r)\mathrm{d}V(r) \;=\; D_{\mathrm{ir}}(r)4\pi r^2 = \frac{\rho_a 4\pi}{a}\int_0^r r'^3\mathrm{d}r'$$

$$\Rightarrow\quad D_{\mathrm{ir}}(r) = \frac{\rho_a r^2}{4a} \qquad \Rightarrow\quad \overset{\circ}{\Psi}_{\mathrm{i}}(r) = \frac{\rho_a \pi r^4}{a}.$$

$$\varphi_{\mathrm{ei}}(r) = \frac{\rho_a}{4\varepsilon a}\left(\int_r^a r'^2\mathrm{d}r' + a^3\right) = \frac{\rho_a}{4\varepsilon a}\left(\left.\frac{r'^3}{3}\right|_r^a + a^3\right) = \frac{\rho_a}{3\varepsilon a}\left(a^3 - \frac{r^3}{4}\right).$$

Im Außenbereich gilt:

$$\overset{\circ}{\Psi}_{\mathrm{a}}(r) = D_{\mathrm{ar}}(r) \underset{\substack{\text{Außen-}\\\text{kugel}}}{\oiint} \mathrm{d}A(r) = \underset{\substack{\text{Kugel}\\\text{bis } r=a}}{\iiint} \rho(r)\mathrm{d}V(r) \;=\; D_{\mathrm{ar}}(r)4\pi r^2 = \frac{\rho_a 4\pi}{a}\int_0^a r'^3\mathrm{d}r'$$

$$\Rightarrow\quad D_{\mathrm{ar}}(r) = \frac{\rho_a a^3}{4r^2} \qquad \Rightarrow\quad \overset{\circ}{\Psi}_{\mathrm{a}}(r) = \rho_a \pi a^3 = Q.$$

$$\varphi_{\mathrm{ea}}(r) = \int_r^\infty \frac{\rho_a a^3}{4\varepsilon r'^2}\mathrm{d}r' = -\left.\frac{\rho_a a^3}{4\varepsilon r'}\right|_r^\infty = \frac{\rho_a a^3}{4\varepsilon r} = \frac{Q}{4\pi\varepsilon r}.$$

Wie erwartet, ergibt sich im Außenbereich der bekannte Feldverlauf der Punktladung. Die Flußberechnung beginnt bei $r = 0$, die Potentialberechnung bei $r > a$, da $\varphi_{\mathrm{e}}(\infty) = 0$.

Aufgabe 1.7.3-3: Eine Kugel mit Radius a und homogener Raumladung $Q > 0$ werde von einer metallischen Hohlkugel mit Innenradius $b = 2a$ und Außenradius $c = 3a$ konzentrisch umgeben. Man berechne und skizziere überall den Verlauf von $\boldsymbol{D}(r)$, $\overset{\circ}{\Psi}(r)$ und $\varphi_{\mathrm{e}}(r)$. Was ergibt sich bei Erdung der Hohlkugel?

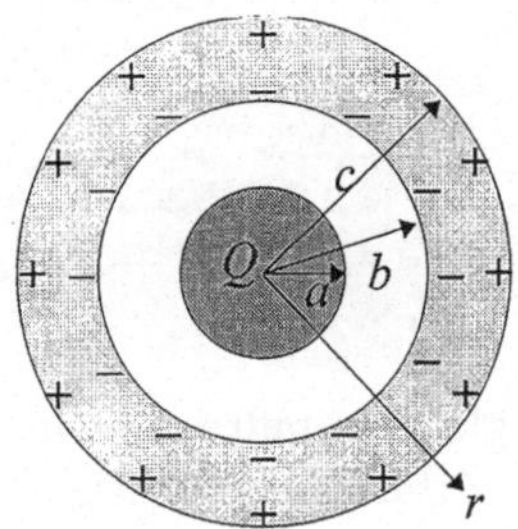

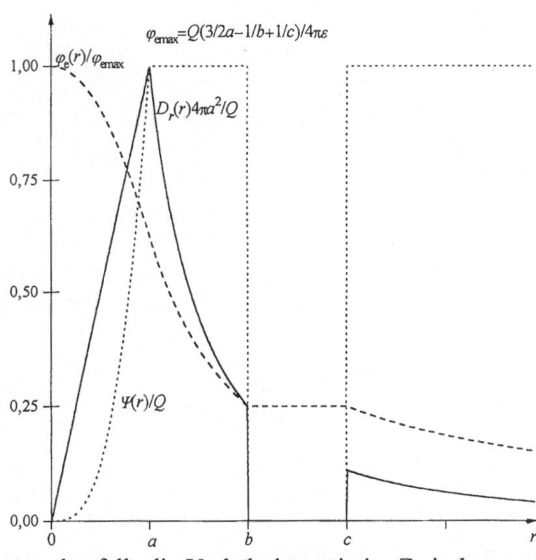

Wegen der Influenz wird das Metallinnere ladungs- und feldfrei, so daß sich die oben dargestellte Ladungsverteilung ergibt. Aus Symmetriegründen wird sich im Innern der Kugel und im Zwischenraum bis b keine Änderung gegenüber den Verhältnissen im Text einstellen. Im Außenraum für $r > c$ müssen ebenfalls die Verhältnisse wie im Zwischenraum herrschen, da sich hier das insgesamt neutrale Metall nicht mehr auswirkt. Für Fluß und Potential ergibt sich für die einzelnen Bereiche:

$$r \le a: \quad \overset{\circ}{\Psi}(r) = q(r) = Q\frac{r^3}{a^3}; \qquad \text{s. auch Gl. 1.7-22}$$

$$\varphi_e(r) = \frac{Q}{4\pi\varepsilon a^3}\int_r^a r'\mathrm{d}r' + \frac{Q}{4\pi\varepsilon}\left(\frac{1}{a} - \frac{1}{b} + \frac{1}{c}\right) = \frac{Q}{4\pi\varepsilon a}\left(\frac{4}{3} - \frac{r^2}{2a^2}\right).$$

$$a \le r < b: \overset{\circ}{\Psi}(r) = Q;$$

$$\varphi_e(r) = \frac{Q}{4\pi\varepsilon}\int_r^b \frac{\mathrm{d}r'}{r'^2} + \frac{Q}{4\pi\varepsilon c} = \frac{Q}{4\pi\varepsilon}\left(\frac{1}{r} - \frac{1}{b} + \frac{1}{c}\right) = \frac{Q}{4\pi\varepsilon}\left(\frac{1}{r} - \frac{1}{6a}\right).$$

$$b < r < c: \overset{\circ}{\Psi}(r) = 0; \qquad \varphi_e(r) = \frac{Q}{4\pi\varepsilon c} = \frac{Q}{12\pi\varepsilon a}.$$

$$r > c: \quad \overset{\circ}{\Psi}(r) = Q; \qquad \varphi_e(r) = \int_r^\infty E_a(r')\mathrm{d}r' = \frac{Q}{4\pi\varepsilon}\int_r^\infty \frac{\mathrm{d}r'}{r'^2} = \frac{Q}{4\pi\varepsilon r}.$$

Die Flußberechnung beginnt bei $r = 0$, die Potentialberechnung bei $r > c$, da $\varphi_e(\infty) = 0$. Bei Erdung werden die äußeren +-Ladungen ausgeglichen und der Bereich ab $r = b$ bleibt feldfrei, d.h. die Hohlkugel schirmt den Außenraum ab.

***Aufgabe 1.7.3-4: Man berechne die COULOMBkraft zwischen zwei homogenen Kugelraumladungen Q_1 und Q_2 mit Radien a und Abstand d der Mittelpunkte, und vergleiche das Ergebnis mit der COULOMBkraft für Punktladungen, also $a \to 0$.**

Das Koordinatensystem sei wie in der Abbildung orientiert. Aus Symmetriegründen wirkt die resultierende Kraft auf eine Ladung entlang der Verbindungslinie zwischen den Mittelpunkten. Sei $\mathrm{d}Q_2$ ein kleines Ladungselement irgendwo im Volumen von Q_2,

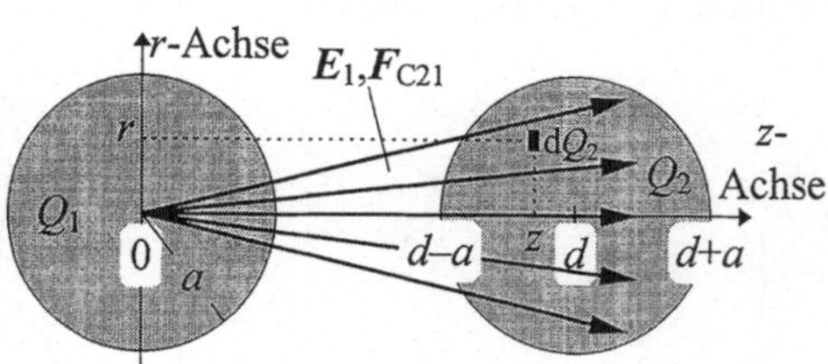

so wird aus Symmetriegründen auf alle $\mathrm{d}Q_2$ am Ort (r,z) der gleiche Kraftbetrag wirken. Wegen der Rotationssymmetrie um die z-Achse ist das Zylinderkoordinatensystem angebracht, so daß die φ-Integration als Produkt ausgeführt werden kann, und es sich um ein ebenes Problem handelt. Mit dem Strahlensatz folgt analog zu Gl. 1.7-9:

$$\mathrm{d}F_{\mathrm{C21}z} = E_{1z}\mathrm{d}Q_2 = \frac{Q_1 z}{4\pi\varepsilon(r^2 + z^2)^{3/2}}\rho\mathrm{d}V_2 = \frac{Q_1 z}{4\pi\varepsilon(r^2 + z^2)^{3/2}}\frac{Q_2}{\frac{4}{3}\pi a^3}r\mathrm{d}r\mathrm{d}\varphi\mathrm{d}z$$

$$F_{\mathrm{C21}} = \int \mathrm{d}F_{\mathrm{C21}z} = \frac{Q_1 Q_2}{4\pi\varepsilon\frac{4}{3}\pi a^3}\int_{d-a}^{d+a} z\left(\int_0^{2\pi}\left(\int_0^{r(z)}\frac{r'\mathrm{d}r'}{(r'^2 + z^2)^{3/2}}\right)\mathrm{d}\varphi\right)\mathrm{d}z.$$

Hier wurde der Integrand so auseinandergezogen, wie er bei der Integration bzgl. seiner Variablen benötigt wird. $r(z)$ ist der Kreis um z auf der Kugeloberfläche:

$$r^2+(z-d)^2=a^2 \qquad \Rightarrow \quad r(z)=\sqrt{a^2-(z-d)^2}$$

$$\Rightarrow \quad F_{C21}=\frac{2\pi Q_1Q_2}{4\pi\varepsilon\frac{4}{3}\pi a^3}\int_{d-a}^{d+a} z\left(\int_0^{r(z)}\frac{r'\mathrm{d}r'}{(r'^2+z^2)^{3/2}}\right)\mathrm{d}z=$$

$$=\frac{Q_1Q_2}{\frac{8}{3}\pi\varepsilon a^3}\int_{d-a}^{d+a}\left(\left.\frac{-z}{\sqrt{r'^2+z^2}}\right|_0^{\sqrt{a^2-(z-d)^2}}\right)\mathrm{d}z=\frac{Q_1Q_2}{\frac{8}{3}\pi\varepsilon a^3}\int_{d-a}^{d+a}\left(1-\frac{z}{\sqrt{2dz+a^2-d^2}}\right)\mathrm{d}z=$$

$$=\frac{Q_1Q_2}{\frac{8}{3}\pi\varepsilon a^3}\left(z-\frac{dz-a^2+d^2}{3d^2}\sqrt{2dz+a^2-d^2}\right)\Bigg|_{d-a}^{d+a}=$$

$$=\frac{Q_1Q_2}{\frac{8}{3}\pi\varepsilon a^3}\left(d+a-(d-a)-\frac{d^2+da-a^2+d^2}{3d^2}\sqrt{2d^2+2da+a^2-d^2}+\right.$$

$$\left.+\frac{d^2-da-a^2+d^2}{3d^2}\sqrt{2d^2-2da+a^2-d^2}\right)=$$

$$=\frac{Q_1Q_2}{\frac{8}{3}\pi\varepsilon a^3}\left(2a-\frac{2d^2+da-a^2}{3d^2}(d+a)+\frac{2d^2-da-a^2}{3d^2}(d-a)\right)=\frac{Q_1Q_2}{4\pi\varepsilon d^2}.$$

Wir erhalten unabhängig vom Radius a die gleiche Formel wie für die Punktladung. Dies gilt, wie man leicht feststellen kann, auch bei unterschiedlichen Radien. Die direkte Eingabe des Dreifachintegrals in **MATHCAD** (Anwendung 1.7-2) erspart natürlich diesen Rechengang.

Aufgabe 1.7.4-1: Man berechne die Raumladungsdichte ρ, die das in Abschnitt 1.6.3 behandelte Beispielfeld $\boldsymbol{D}=(y,x,z)\ \mathrm{nC/m^3}$ erzeugt, sowie die Gesamtladung Q im Tetraeder der Abb. 1.6-7.

$$\frac{\partial D_x}{\partial x}+\frac{\partial D_y}{\partial y}+\frac{\partial D_z}{\partial z}=0+0+1\frac{\mathrm{nC}}{\mathrm{m}^3}=1\frac{\mathrm{nC}}{\mathrm{m}^3}=\rho.$$

Die Gesamtladung Q wurde im Prinzip aus der linken Seite des GAUßschen Satzes in Aufgabe 1.6.3-3 zu $\frac{1}{3}$nC berechnet. Wegen der homogenen Raumladung im Volumen braucht also nur $Q=\rho V_{\mathrm{Tetraeder}}=1\mathrm{nC/m^3}\cdot\frac{1}{3}\mathrm{m^3}$ gebildet zu werden.

Aufgabe 1.7.4-2: Man rechne aus dem bekannten Verlauf des Felds $\boldsymbol{D}(r)$ im Innen- und Außenraum der kugelhomogenen Raumladung auf ρ sowohl in Kugel-, als auch in kartesischen Koordinaten zurück.

Berechnung in Kugelkoordinaten:

$$\mathrm{div}\boldsymbol{D}_\mathrm{i}=\frac{1}{r^2}\frac{\partial r^2D_{\mathrm{i}r}}{\partial r}=\frac{1}{r^2}\frac{\partial r^2\frac{1}{3}\rho_0 r}{\partial r}=\frac{\rho_0}{3r^2}\frac{\partial r^3}{\partial r}=\rho_0.$$

$$\mathrm{div}\boldsymbol{D}_\mathrm{a}=\frac{1}{r^2}\frac{\partial r^2D_{\mathrm{a}r}}{\partial r}=\frac{1}{r^2}\frac{\partial r^2Q/4\pi r^2}{\partial r}=\frac{1}{r^2}\frac{\partial Q/4\pi}{\partial r}=0.$$

$\boldsymbol{D}_\mathrm{i}$ lautet in kartesischen Koordinaten:

$$\boldsymbol{D}_{\rm i}(\boldsymbol{r})=\frac{\rho_0}{3}\boldsymbol{r}=\frac{\rho_0}{3}(x\vec{e}_x+y\vec{e}_y+z\vec{e}_z)\quad\Rightarrow\quad\frac{\partial D_{\rm ix}}{\partial x}+\frac{\partial D_{\rm iy}}{\partial y}+\frac{\partial D_{\rm iz}}{\partial z}=\frac{\rho_0}{3}(1+1+1).$$

$\boldsymbol{D}_{\rm a}$ wurde z.B. mit Gl. 1.4-4 bereits in kartesischen Koordinaten angegeben:

$$\boldsymbol{D}_{\rm a}(\boldsymbol{r})=\frac{Q(x\vec{e}_x+y\vec{e}_y+z\vec{e}_z)}{4\pi(x^2+y^2+z^2)^{3/2}}=D_{\rm ax}\vec{e}_x+D_{\rm ay}\vec{e}_y+D_{\rm az}\vec{e}_z\quad\Rightarrow$$

$$\frac{\partial D_{\rm ax}}{\partial x}=\frac{Q}{4\pi}\frac{(x^2+y^2+z^2)^{3/2}-3x^2\sqrt{x^2+y^2+z^2}}{(x^2+y^2+z^2)^3},$$

$$\frac{\partial D_{\rm ay}}{\partial x}=\frac{Q}{4\pi}\frac{(x^2+y^2+z^2)^{3/2}-3y^2\sqrt{x^2+y^2+z^2}}{(x^2+y^2+z^2)^3},$$

$$\frac{\partial D_{\rm az}}{\partial x}=\frac{Q}{4\pi}\frac{(x^2+y^2+z^2)^{3/2}-3z^2\sqrt{x^2+y^2+z^2}}{(x^2+y^2+z^2)^3}.$$

Mit $(x^2+y^2+z^2)^{3/2}=(x^2+y^2+z^2)\sqrt{x^2+y^2+z^2}$ wird $\mathrm{div}\boldsymbol{D}_{\rm a}=0$.

Aufgabe 1.7.4-3: Ein Potentialverlauf sei zu $\varphi_{\rm e}(x)$ gegeben. Man bestimme den zugehörigen Raumladungsverlauf $\rho(x)$.

$$\rho(x)=\mathrm{div}\boldsymbol{D}=\frac{\partial D_x}{\partial x}=\frac{\partial\varepsilon E_x}{\partial x}=\varepsilon\frac{\partial E_x}{\partial x}.$$

$$\boldsymbol{E}=-\mathrm{grad}\varphi_{\rm e}\qquad\Rightarrow\quad E_x=-\mathrm{grad}_x\varphi_{\rm e}=-\frac{\partial\varphi_{\rm e}}{\partial x}\qquad\Rightarrow\quad\rho(x)=-\varepsilon\frac{\partial^2\varphi_{\rm e}}{\partial x^2}.$$

Das Ergebnis werden wir später als eindimensionale Form der POISSONgleichung, für $\rho=0$ als eindimensionale Form der LAPLACEgleichung kennenlernen.

Aufgabe 1.8.1-1: Man gebe die Einheit der Permittivität im SI an.

Das Volt ergibt sich aus der Energieäquivalenz:

$$\mathrm{VAs}=\mathrm{kg}\frac{\mathrm{m}^2}{\mathrm{s}^2}\qquad\Rightarrow\quad\mathrm{V}=\frac{\mathrm{kg}\cdot\mathrm{m}^2}{\mathrm{As}^3}\quad\Rightarrow\quad[\varepsilon]=\frac{\mathrm{As}}{\mathrm{Vm}}=\frac{\mathrm{As}}{\frac{\mathrm{kg}\cdot\mathrm{m}^2}{\mathrm{As}^3}\mathrm{m}}=\frac{\mathrm{A}^2\mathrm{s}^4}{\mathrm{kg}\cdot\mathrm{m}^3}.$$

Aufgabe 1.8.1-2: Ein Zylinderloch der Länge $l=10$ mm und des Durchmessers $d=1$ mm, und parallel dazu ein anderes der Länge $l=1$ mm und des Durchmessers $d=10$ mm, werden in ein Dielektrikum der Permittivität $\varepsilon_{\rm r}=3$ eingebracht. Ein elektrisches Feld durchsetzt das Medium in Richtung von l. Das Feld möge durch die kleinen Löcher nicht deformiert werden. Wie verändern sich in den Löchern gegenüber der Umgebung näherungsweise E und D?

Das erste schmale Loch kann als Modell nur von einer Feldlinie durchsetzt werden. Der Spannungsabfall entlang l muß im Loch und im Dielektrikum gleich sein, weshalb $E_{\rm Loch}=E_\varepsilon$ und folglich $D_{\rm Loch}=\frac{1}{3}D_\varepsilon$. Das zweite breite Loch muß vom selben Fluß wie das Dielektrikum davor und dahinter durchsetzt werden, weshalb $D_{\rm Loch}=D_\varepsilon$ und folglich $E_{\rm Loch}=3E_\varepsilon$.

Aufgabe 1.8.1-3: Ein Elektron ist am Ort $x_e = (-1,0,0)$ m in ein Medium mit $\varepsilon_r = 3$ eingebettet. Welcher Fluß Ψ_e durchsetzt die Ebene $x = 0$? Wie groß ist dort der Fluß Ψ_{ep}, wenn sich am Ort $x_p = (1,0,0)$ m noch ein Proton befindet? Wie groß ist der Fluß Ψ_{ee}, wenn sich am Ort x_p noch ein Elektron befindet?

Da der Fluß eine erregungsassoziierte Größenart darstellt, wird er bei homogener Permittivität von dieser nicht beeinflußt. Folglich gilt in positive x-Richtung:

$\Psi_e = -\frac{1}{2}e$, die andere Hälfte der Feldlinien *kommt* aus der negativen x-Richtung,

$\Psi_{ep} = -e$, da alle Feldlinien vom Proton zum Elektron weisen,

$\Psi_{ee} = 0$, da keine Feldlinie die Ebene $x = 0$ durchsetzt.

Aufgabe 1.8.2-1: Welchem Grenzwert muß ε_r zustreben, damit sich in einem Dielektrikum ein der Influenz vergleichbarer Vorgang abspielt?

ε_r muß gegen Unendlich streben und stellt damit einen elektrostatischen Kurzschluß dar. Durch die beliebig starke Polarisation wird ein bei konstanter Ladung von außen angelegtes elektrisches Feld neutralisiert und das Innere ist fast feldstärkefrei. Bariumtitanat kommt diesen Eigenschaften nahe.

Aufgabe 1.8.2-2: Ein Dielektrikum mit ε_r werde zwischen zwei Metallplatten bei fester Spannung eingebracht. Man drücke ε_r und χ_e durch die ursprünglich vorhandenen Ladungen Q_0, sowie die zusätzlichen Polarisationsladungen Q_P, aus.

Bei fester Spannung bleibt die Feldstärke E konstant, weshalb:

$$\varepsilon_0 E = \frac{Q_0}{A}, \qquad \varepsilon_0 \varepsilon_r E = \frac{Q_0 + Q_P}{A} \qquad \Rightarrow \quad \varepsilon_r = 1 + \frac{Q_P}{Q_0} \qquad \Rightarrow \quad \chi_e = \frac{Q_P}{Q_0}.$$

Aufgabe 1.8.2-3: Ein Dielektrikum mit ε_r werde zwischen zwei Metallplatten bei fester Ladung Q_0 eingebracht. Man drücke ε_r und χ_e durch Q_0 sowie die Polarisationsladungen Q_P aus, die durch das Dielektrikum neutralisiert werden.

Bei fester Ladung bleibt die Flußdichte D konstant, weshalb:

$$D = \varepsilon_0 E_0 = \frac{Q_0}{A} = \varepsilon_0 \varepsilon_r E_\varepsilon = \varepsilon_0 E_\varepsilon + \varepsilon_0 \chi_e E_\varepsilon = \frac{Q_0 - Q_P}{A} + \frac{Q_P}{A}$$

$$\Rightarrow \quad \varepsilon_r = \frac{E_0}{E_\varepsilon} = \frac{Q_0}{Q_0 - Q_P} = \frac{1}{1 - Q_P/Q_0} \qquad \Rightarrow \quad \chi_e = \frac{1}{Q_0/Q_P - 1}.$$

Aufgabe 1.8.3-1: Ein Wasserstoffatom stehe unter dem Einfluß eines Feldes E. Diesem werde ein zusätzliches Feld gleicher Stärke zugeschaltet, aber gegenüber dem ersten um den Winkel $\varphi = 90°$ verdreht. Welches Drehmoment T wirkt unmittelbar danach auf das Atom und welches Dipolmoment p stellt sich später ein.

Das resultierende Feld ist um $\sqrt{2}$ größer als ein Einzelfeld, weshalb sich das Dipolmoment nach der Drehung entsprechend der rechten Formel ergibt:

$$T = p_0 E \sin 45° = 4\pi\varepsilon_0 a^3 \frac{E^2}{\sqrt{2}}, \qquad p = 4\sqrt{2}\pi\varepsilon_0 a^3 E.$$

Aufgabe 1.8.3-2: Man berechne das Dipolmoment p des Kondensators in Abb. 1.8.2 mit geg. ε_r, l und Q.

$$P = (\varepsilon_r - 1)\varepsilon_0 E = (\varepsilon_r - 1)\varepsilon_0 \frac{D}{\varepsilon_r \varepsilon_0} = (1 - \frac{1}{\varepsilon_r})\frac{Q}{A} \qquad \Rightarrow \quad p_\varepsilon = PAl = Ql(1 - \frac{1}{\varepsilon_r}).$$

Dies ist das Dipolmoment des Dielektrikums. Dieses muß vom entgegengesetzt gerichteten Dipolmoment Ql des Kondensators ohne Dielektrikum abgezogen werden:

$$p = Ql - p_\varepsilon = \frac{Ql}{\varepsilon_\mathrm{r}}.$$

Bei ungefülltem Kondensator mit $\varepsilon_\mathrm{r} = 1$ ist das Dipolmoment maximal. Bei einem Medium mit sehr großem ε_r wird Q durch die Polarisationsladungen neutralisiert.

Aufgabe 1.8.3-3: Man berechne aus Gl. 1.8-15 mithilfe des Ansatzes $r(t) = \Delta r \cdot \sin(2\pi f_0 t)$ die Schwingfrequenz f_0.

Durch Einsetzen des Ansatzes in die Differentialgleichung ergibt sich:

$$-m_\mathrm{e} \Delta r (2\pi f_0)^2 \sin(2\pi f_0 t) = -\frac{e^2}{4\pi\varepsilon_0 a^3} \Delta r \sin(2\pi f_0 t)$$

$$\Rightarrow \quad f_0 = \frac{e}{2\pi\sqrt{4\pi\varepsilon_0 a^3 m_\mathrm{e}}} \approx 2{,}5 \cdot 10^{15}\,\mathrm{Hz}.$$

Diese Frequenz läßt sich als Übergangsfrequenz der elektromagnetischen Strahlung vom ersten angeregten Zustand in den Grundzustand messen.

Aufgabe 1.8.4-1: Die Raumladungskugel aus Abschnitt 1.7.3 habe nun $\varepsilon_\mathrm{r} = 2$, während die Umgebung nach wie vor der Freiraum sei. Man berechne und skizziere $D(r)$, $\overset{\circ}{\Psi}(r)$, $E(r)$ und $\varphi_\mathrm{e}(r)$.

Im Außenbereich können die Ergebnisse von Abschnitt 1.7.3 übernommen werden:

$$D_{\mathrm{ar}}(r) = \frac{Q}{4\pi r^2}, \qquad \overset{\circ}{\Psi}_\mathrm{a}(r) = Q, \qquad E_{\mathrm{ar}}(r) = \frac{Q}{4\pi\varepsilon_0 r^2}, \qquad \varphi_{\mathrm{ea}}(r) = \frac{Q}{4\pi\varepsilon_0 r}.$$

Im Innenbereich hat die verdoppelte Permittivität keinen Einfluß auf D und $\overset{\circ}{\Psi}$, d.h. auch diese Ergebnisse können von Abschnitt 1.7.3 übernommen werden:

$$D_{\mathrm{ir}}(r) = \frac{Qr}{4\pi a^3}, \qquad \overset{\circ}{\Psi}_\mathrm{i}(r) = Q\frac{r^3}{a^3},$$

$$E_{\mathrm{ir}}(r) = \frac{Qr}{4\pi\varepsilon_0\varepsilon_\mathrm{r} a^3} = \frac{Qr}{8\pi\varepsilon_0 a^3}.$$

$$\varphi_{\mathrm{ei}}(r) = \varphi_{\mathrm{ea}}(a) + \int_r^a E_{\mathrm{ir}}(r')\mathrm{d}r' =$$

$$= \frac{Q}{4\pi\varepsilon_0 a} + \int_r^a \frac{Qr'\mathrm{d}r'}{8\pi\varepsilon_0 a^3} =$$

$$= \frac{Q}{16\pi\varepsilon_0 a}\left(5 - \frac{r^2}{a^2}\right).$$

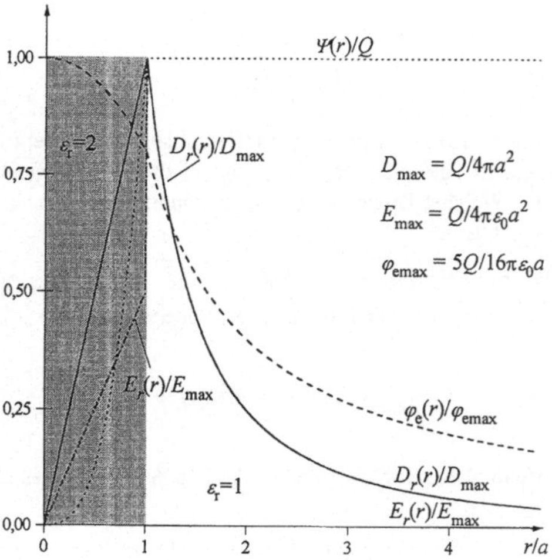

Die Feldstärke ist am Übergang unstetig, das Potential undifferenzierbar.

Aufgabe 1.8.4-2: Ein Plattenkondensator gemäß Abb. 1.8-7a) mit Plattenabstand $d = 1$ cm sei mit einem Dielektrikum mit $\varepsilon_r = 10$ gefüllt. Durch unsaubere Fertigung bilde sich parallel zu den Platten im Gebiet des Dielektrikums ein Lufteinschluß der Dicke $a = 0{,}5$ mm aus. Die Durchschlagsfeldstärke der Luft betrage $E_{\text{Lmax}} = 1$ kV/mm, die des Dielektrikums $E_{\varepsilon\text{max}} = 10$ kV/mm. Welche Maximalspannung kann an den Kondensator ohne Lufteinschluß U_o und mit Lufteinschluß U_L angelegt werden?

Mit Lufteinschluß liegt die Spannung $U = E_L a + E_\varepsilon(d - a)$ an. Die konstante Flußdichte $D = \varepsilon_0 E_L = \varepsilon_0\varepsilon_r E_\varepsilon$ führt zu:

$$U = E_{\text{L}}(a + \frac{d-a}{\varepsilon_{\text{r}}}) = E_\varepsilon(a(\varepsilon_{\text{r}} - 1) + d).$$

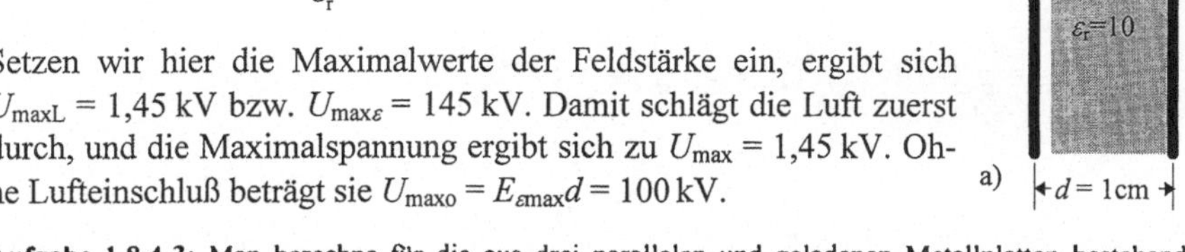

Setzen wir hier die Maximalwerte der Feldstärke ein, ergibt sich $U_{\text{maxL}} = 1{,}45$ kV bzw. $U_{\text{max}\varepsilon} = 145$ kV. Damit schlägt die Luft zuerst durch, und die Maximalspannung ergibt sich zu $U_{\text{max}} = 1{,}45$ kV. Ohne Lufteinschluß beträgt sie $U_{\text{maxo}} = E_{\varepsilon\text{max}} d = 100$ kV.

Aufgabe 1.8.4-3: Man berechne für die aus drei parallelen und geladenen Metallplatten bestehende Anordnung in Abb. 1.8-7b) alle unbekannten Potentiale und Flächenladungsdichten. Welche Polarisationsbedeckungen treten auf?

$$\varphi_{e1} = \varphi_{e0} - E_1 a = -3\text{V}, \qquad \varphi_{e2} = \varphi_{e1} + E_2 b = 7\text{V},$$

$$\sigma_0 = \varepsilon_0 E_1 = 2{,}656 \text{ nC/m}^2, \qquad \sigma_1 = -\varepsilon_0 E_1 - \varepsilon_2 E_2 = -11{,}51 \text{ nC/m}^2,$$

$$\sigma_2 = \varepsilon_2 E_2 = 8{,}854 \text{ nC/m}^2.$$

Polarisationsbedeckungen treten im Bereich 1 nicht auf, im rechten Bereich 2 gilt:

$$\sigma_{P2} = \pm(\varepsilon_2 - \varepsilon_0)E_2 = \pm\varepsilon_0 E_2 = \pm\tfrac{1}{2}\sigma_2 = \pm 4{,}427 \text{ nC/m}^2.$$

Das positive Vorzeichen gilt am linken Rand des Dielektrikums 2 zu Platte 1 hin, das negative am rechten Rand zu Platte 2 hin.

Aufgabe 1.8.5-1: Ein in x-Richtung weisendes elektrisches Feld treffe aus dem Freiraum auf ein Medium mit $\varepsilon_r = 2$. Die Grenzfläche werde durch die Gleichung $y = 2x$ beschrieben. Unter welchem Winkel α relativ zur x-Achse laufen die Feldlinien weiter?

Die in der Abbildung dargestellten Verhältnisse veranschaulichen die Rechnung:

$$\tan\theta_1 = \tfrac{1}{2}$$

$$\Rightarrow \theta_2 = \arctan(\frac{\varepsilon_2}{\varepsilon_0}\tan\theta_1) = \arctan 1 = 45°$$

$$\Rightarrow \alpha = \theta_1 + \theta_2 = \arctan\tfrac{1}{2} + \theta_2 = 71{,}56°.$$

Luft
ε_0
$\varepsilon_0\varepsilon_r$
$\varepsilon_r = 2$
Gebrochene Feldlinie
E_2, D_2

Aufgabe 1.8.5-2: Ein elektrisches Feld $\boldsymbol{E}_1 = (1,-2,3)$ V/m treffe aus Luft auf ein Medium mit $\varepsilon_r = 10$. Die Grenzfläche sei die xy-Ebene $z = 0$. Man bestimme θ_1, θ_2 und den Feldstärkevektor im Medium $\boldsymbol{E}_2$.

Der Winkel zwischen der Flächennormalen und dem einfallenden Feld ergibt sich zu

$$\theta_1 = \arctan\frac{\sqrt{E_{1x}^2 + E_{1y}^2}}{E_{1z}} = 36{,}7° \qquad \Rightarrow \qquad \theta_2 = \arctan(\frac{\varepsilon_2}{\varepsilon_0}\tan\theta_1) = 82{,}36°.$$

E_{1x} und E_{1y} sind stetige Tangential- und E_{1z} ist eine unstetige Normalkomponente, so daß gilt:

$$\boldsymbol{E}_2 = \begin{pmatrix} E_{1x} \\ E_{1y} \\ E_{1z}/\varepsilon_r \end{pmatrix} = \begin{pmatrix} 1 \\ -2 \\ 0{,}3 \end{pmatrix} \frac{\text{V}}{\text{m}}.$$

***Aufgabe 1.8.5-3:** Ein Feld mit $D_1 = 0{,}2\ \text{nC/m}^2$ und $E_1 = 2\ \text{V/m}$ werde aus dem Medium 1 in ein Medium 2 mit $D_2 = 0{,}529\ \text{nC/m}^2$ und $E_2 = 1{,}058\ \text{V/m}$ gebrochen. Man bestimme ε_1, ε_2, θ_1, θ_2 sowie sämtliche acht Normal- und Transversal-Feldkomponenten.

$$\varepsilon_1 = \frac{D_1}{E_1} = 10^{-10}\frac{\text{As}}{\text{Vm}}, \quad \varepsilon_2 = \frac{D_2}{E_2} = 5\cdot 10^{-10}\frac{\text{As}}{\text{Vm}}.$$

$$D_1^2 = D_{n1}^2 + D_{t1}^2 = D_n^2 + D_{t1}^2, \qquad D_2^2 = D_{n2}^2 + D_{t2}^2 = D_n^2 + \frac{\varepsilon_2^2}{\varepsilon_1^2} D_{t1}^2$$

Wir bilden die Differenz, und mit $E_{t1} = E_{t2} = D_{t1}/\varepsilon_1 = D_{t2}/\varepsilon_2$ ergibt sich:

$$D_1^2 - D_2^2 = D_{t1}^2 - \frac{\varepsilon_2^2}{\varepsilon_1^2} D_{t1}^2 \qquad \Rightarrow \quad D_{t1} = \sqrt{\frac{D_1^2 - D_2^2}{1 - \varepsilon_2^2/\varepsilon_1^2}} = 0{,}1\frac{\text{nC}}{\text{m}^2}.$$

$$\Rightarrow \quad D_{t2} = \frac{\varepsilon_2}{\varepsilon_1} D_{t1} = 0{,}5\frac{\text{nC}}{\text{m}^2} \quad \Rightarrow \quad D_{n1} = D_{n2} = D_n = \sqrt{D_1^2 - D_{t1}^2} = 0{,}173\frac{\text{nC}}{\text{m}^2}.$$

$$\Rightarrow \quad E_{t1} = E_{t2} = E_t = \frac{D_{t1}}{\varepsilon_1} = \frac{D_{t2}}{\varepsilon_2} = 1\frac{\text{V}}{\text{m}},$$

$$\Rightarrow \quad E_{n1} = \frac{D_n}{\varepsilon_1} = 1{,}73\frac{\text{V}}{\text{m}}, \qquad E_{n2} = \frac{D_n}{\varepsilon_2} = 0{,}346\frac{\text{V}}{\text{m}}.$$

Die Winkel ergeben sich zu:

$$\theta_1 = \arctan\frac{D_{t1}}{D_n} = \arctan\frac{E_t}{E_{n1}} = 30°, \quad \theta_2 = \arctan\frac{D_{t2}}{D_n} = \arctan\frac{E_t}{E_{n2}} = 70{,}89°.$$

Aufgabe 1.8.6-1: Man bestimme div$\boldsymbol{E}$ an der Grenzfläche zwischen Luft und einem Medium mit $\varepsilon_r > 1$.

Beim normalen Auftreffen des Felds geht div$\boldsymbol{E} \to -\infty$, da $|\text{grad}\varepsilon| \to \infty$, beim tangentialen Vorbeistreichen ist wegen $\boldsymbol{E} \perp \text{grad}\varepsilon$: div$\boldsymbol{E} = 0$.

Aufgabe 1.8.6-2: Welche Beziehung muß in einem Medium $\varepsilon(x,y,z)$ mit Raumladung $\rho(x,y,z)$ zwischen ε, ρ und $\boldsymbol{E}$ gelten, damit div$\boldsymbol{E} = 0$?

Aus $\varepsilon\,\text{div}\boldsymbol{E} + \boldsymbol{E}\cdot\text{grad}\varepsilon = \rho$ folgt $\rho = \boldsymbol{E}\cdot\text{grad}\varepsilon$.

Aufgabe 1.8.6-3: Man berechne div$\boldsymbol{E}$ auf der x-Achse der Abbildung, wenn Q eine kugelhomogene Raumladung im Freiraum darstellt, und ε im Bereich von $1 < x/\text{cm} < 1{,}1$ linear auf den Endwert ansteigt

Für $x < a := 2\text{mm}$ gilt

$$\text{div}\boldsymbol{E} = \frac{\rho}{\varepsilon_0} = \frac{3Q}{4\pi a^3 \varepsilon_0} = 3{,}37\frac{\text{kV}}{\text{mm}^2}.$$

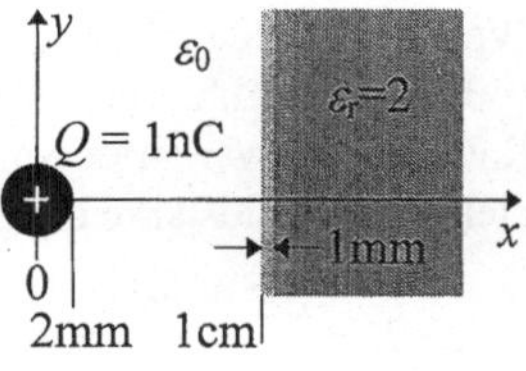

Für $b := 1$ cm und $d := 1$ mm gilt in $b < x < b + d$:

$$\varepsilon(x) = \varepsilon_0\left((\varepsilon_\text{r} - 1)\frac{x-b}{d} + 1\right)$$

$$\Rightarrow \quad \text{grad}\varepsilon = \frac{\partial\varepsilon}{\partial x}\vec{e}_x = \frac{\varepsilon_0(\varepsilon_\text{r} - 1)}{d}\vec{e}_x$$

$$\Rightarrow \quad \text{div}\boldsymbol{E} = -\boldsymbol{E}\frac{\partial\varepsilon}{\varepsilon\partial x} = -\frac{Q}{4\pi\varepsilon^2 x^2}\frac{\varepsilon_0(\varepsilon_\text{r} - 1)}{d} = \frac{-Q}{4\pi\varepsilon_0 x^2}\frac{\varepsilon_\text{r} - 1}{d\left((\varepsilon_\text{r} - 1)\frac{x-b}{d} + 1\right)^2} =$$

$$= \frac{Q}{4\pi\varepsilon_0 x^2}\frac{(\varepsilon_\text{r} - 1)d}{\left((\varepsilon_\text{r} - 1)(x-b) + d\right)^2} = \frac{8{,}99\,\text{mV}\cdot\text{m}^2}{(x^2 - 9x\,\text{mm})^2}.$$

In den übrigen Bereichen der x-Achse ist div$\boldsymbol{E} = 0$.

Aufgabe 1.8.7-1: Man gebe die allgemeine Lösung $\varphi_\text{e}(x)$ der kartesisch eindimensionalen POISSONgleichung für gegebenes konstantes ρ und ε an.

$$\frac{\partial^2\varphi_\text{e}}{\partial x^2} = -\frac{\rho}{\varepsilon} \quad \Rightarrow \quad \frac{\partial\varphi_\text{e}}{\partial x} = -\frac{\rho}{\varepsilon}\int \text{d}x + E_0 = -\frac{\rho}{\varepsilon}x + E_0$$

$$\Rightarrow \quad \varphi_\text{e}(x) = \int(-\frac{\rho}{\varepsilon}x + E_0)\text{d}x + \varphi_\text{e0} = -\frac{\rho x^2}{2\varepsilon} + E_0 x + \varphi_\text{e0}.$$

E_0 und φ_e0 sind Integrationskonstanten, die für das jeweilige Problem aus den Randbedingungen zu bestimmen sind.

Aufgabe 1.8.7-2: Welchen Verlauf kann das Potential als weiteres Ergebnis der vorigen Aufgabe in einem homogenen raumladungsfreien Gebiet im kartesisch eindimensionalen Fall nur aufweisen?

Wegen $\rho = 0$ folgt $\varphi_\text{e}(x) = E_0 x + \varphi_\text{e0}$, d.h. das Potential ist hier immer linear ansteigend ($E_0 > 0$), abfallend ($E_0 < 0$), oder konstant ($E_0 = 0$); speziell auch Null ($E_0 = \varphi_\text{e0} = 0$).

Aufgabe 1.8.7-3: Welche Lösung der dreidimensionalen LAPLACEgleichung können wir in Analogie zu Gl. 1.8-34 erwarten?

Beim Feld einer dreidimensionalen Ladungsverteilung sind sechs Oktaedereckpunkte von dem gesuchten Potentialpunkt im Zentrum des Oktaeders zu berücksichtigen, so daß gilt:

$$\varphi_\text{e0} = \frac{1}{6}\sum_{i=1}^{6}\varphi_{\text{e}i}.$$

***Aufgabe 1.8.7-4**: Am pn-Übergang einer Diode bilden sich infolge Diffusion freier Ladungsträger entsprechend der Abbildung näherungsweise homogene Raumladungszonen. Im p-Gebiet ist diese negativ mit Breite a, im n-Gebiet positiv, wobei der Kristall elektrisch neutral bleibt. Man berechne und skizziere für gegebenes a, $b = |a|/2$ und ρ_n den Verlauf von $E(x)$ und $\varphi_\text{e}(x)$ für $\varphi_\text{e}(0) = 0$.

Wegen der Neutralität gilt: $\rho_p = \rho_n b/a$ (<0, da a<0), d.h. die Flächen unter den Raumladungsverläufen sind gleich. Die elektrische Feldstärke erhalten wir über:

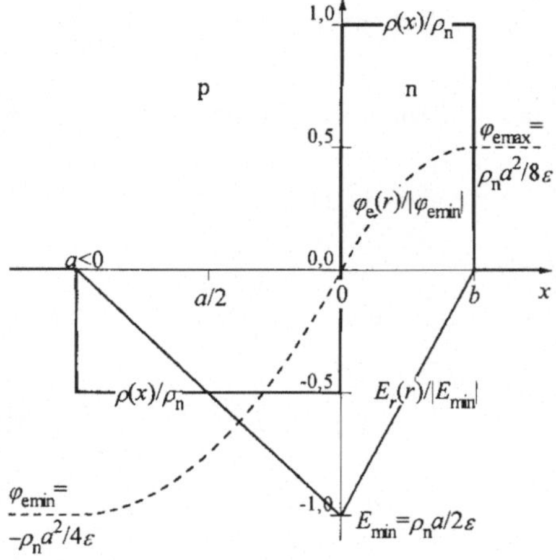

$$\operatorname{div}\boldsymbol{E} = \frac{\mathrm{d}E}{\mathrm{d}x} = \frac{\rho}{\varepsilon} \quad \Rightarrow$$

$$E(x) = \frac{\rho}{\varepsilon}\int \mathrm{d}x + E(0) = \frac{\rho}{\varepsilon}x + E(0).$$

$E(0)$ ist aus der Randbedingung zu bestimmen, daß das elektrische Feld an den Raumladungsgrenzen a und b verschwinden muß:

$$\Rightarrow \quad E_p(x) = \frac{\rho_p}{\varepsilon}(x-a) = \frac{\rho_n b}{\varepsilon a}(x-a), \qquad E_n(x) = \frac{\rho_n}{\varepsilon}(x-b)$$

$$\operatorname{grad}\varphi_e = -\boldsymbol{E} \quad \Rightarrow \quad \frac{\mathrm{d}\varphi_e}{\mathrm{d}x} = -E(x) \quad \Rightarrow \quad \varphi_e(x) = -\int E(x)\mathrm{d}x + \varphi_e(0).$$

Setzen wir lt. Voraussetzung der Aufgabenstellung $\varphi_e(0) = 0$, ergibt sich:

$$\Rightarrow \quad \varphi_{ep}(x) = \frac{\rho_n b}{\varepsilon a}\left(ax - \frac{x^2}{2}\right), \qquad \varphi_{en}(x) = \frac{\rho_n}{\varepsilon}\left(bx - \frac{x^2}{2}\right).$$

Aufgabe 1.9.1-1: Gegeben sind die Kapazitäten C der Abb. 1.9-5a). Welchen Wert müssen die Kapazitäten C' der Abb. 1.9-5b) haben, damit beide Netzwerke zu allen äußeren Klemmenpaaren die gleiche Gesamtkapazität aufweisen?

$$C_{ges} = C + \frac{C}{2} = \frac{3}{2}C \overset{!}{=} \frac{C'}{2} \quad \Rightarrow \quad C' = 3C.$$

Aufgabe 1.9.1-2: Man bestimme für das Netzwerk in Abb. 1.9-5c) die Spannung U sowie die Ladungen der (positiven Elektroden) der Kondensatoren Q_1 ... Q_4. Unter welchen Bedingungen verschwindet U?

$$U_1 = U_q \frac{\frac{1}{C_1}}{\frac{1}{C_1} + \frac{1}{C_2}} = U_q \frac{C_2}{C_1 + C_2}, \qquad U_3 = U_q \frac{\frac{1}{C_3}}{\frac{1}{C_3} + \frac{1}{C_4}} = U_q \frac{C_4}{C_3 + C_4}$$

$$\Rightarrow \quad U = U_3 - U_1 = U_q\left(\frac{C_4}{C_3 + C_4} - \frac{C_2}{C_1 + C_2}\right).$$

$$Q_1 = C_1 U_1 = U_q \frac{C_1 C_2}{C_1 + C_2} = Q_2, \qquad Q_3 = C_3 U_3 = U_q \frac{C_3 C_4}{C_3 + C_4} = Q_4.$$

Der Abgleich der Brücke erfolgt bei:

$$\frac{C_4}{C_3 + C_4} = \frac{C_2}{C_1 + C_2} \quad \Rightarrow \quad \frac{C_1}{C_2} = \frac{C_3}{C_4}.$$

Aufgabe 1.9.1-3: Zur Füllstandsmessung der Höhe h des Flüssigkeitsinhalts eines Behälters werden entspr. Abb. 1.9-5e) zwei Metallelektroden in die Flüssigkeit der Permittivität ε_r eingetaucht. Durch eine Kapazitätsmeßbrücke wird die Kapazität C gemessen. Man bestimme h.

Es besteht eine unterschiedliche Ladungsverteilung Q_0 auf dem Elektrodenteil in Luft mit der Fläche A_0 und Q_ε auf dem Elektrodenteil in der Flüssigkeit mit der Fläche A_ε. Folglich ist die Flußdichte in den einzelnen Bereichen verschieden; die Feldstärke bleibt konstant, da die Spannung überall gleich ist:

$$C = \frac{D_0 A_0 + D_\varepsilon A_\varepsilon}{Ed} = \frac{\varepsilon_0 E(a-h)b + \varepsilon_0 \varepsilon_r Ehb}{Ed} = \varepsilon_0 \frac{b}{d}\left(a + (\varepsilon_r - 1)h\right)$$

$$\Rightarrow \quad h = \frac{1}{\varepsilon_r - 1}\left(\frac{Cd}{\varepsilon_0 b} - a\right).$$

***Aufgabe 1.9.1-4**: Man bestimme für das Netzwerk in Abb. 1.9-5d), das sich in der dargestellten Weise immer weiter fortsetzt, die Gesamtkapazität C_{12}.

Zur effizienten Lösung der Aufgabe sollte man erkennen, daß die Gesamtkapazität rechts der Klemmen 1′-2′ den gleichen Wert C_{12} wie die Eingangskapazität des Netzwerks hat. Damit ist das rechts dargestellte Ersatzschaltbild gültig und nützlich. Aus ihm lesen wir ab:

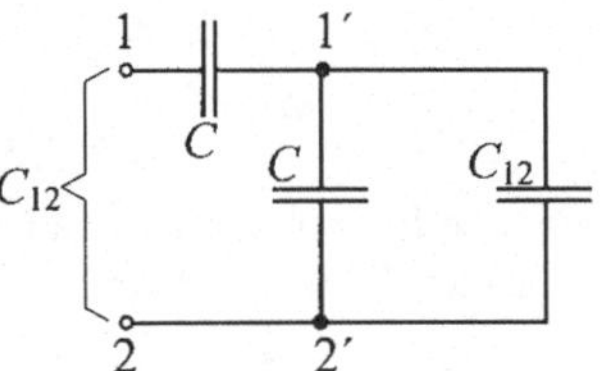

$$\frac{1}{C_{12}} = \frac{1}{C} + \frac{1}{C + C_{12}} \quad \Rightarrow \quad C_{12}^2 + CC_{12} - C^2 = 0$$

$$\Rightarrow \quad C_{12} = C\left(-\frac{1}{2} \pm \sqrt{\frac{1}{4} + 1}\right) \quad \Rightarrow \quad C_{12} = \frac{\sqrt{5} - 1}{2} C = 0{,}618C.$$

Nur das positive Vorzeichen liefert eine physikalisch sinnvolle Lösung mit $C_{12} > 0$ ab.

Aufgabe 1.9.2-1: Welche Kapazität hat die Erdkugel?

Sie ergibt sich aus der Kapazitätsformel des Kugelkondensators für $a = 40\,000$ km/2π und $b \to \infty$:

$$C_{\text{Erde}} = 4\pi\varepsilon_0 a = 80\,000\ \text{km}\,\varepsilon_0 = 708\ \mu\text{F}.$$

Aufgabe 1.9.2-2: Man berechne exakt die Kapazität der Anordnung nach Aufgabe 1.7.2-2, sowie mithilfe einer TAYLORreihenentwicklung einen Näherungswert für $d \ll a$.

$$C = \frac{Q}{\varphi_e(\frac{d}{2}) - \varphi_e(-\frac{d}{2})} = \frac{Q}{2\varphi_e(\frac{d}{2})} = \frac{\pi\varepsilon a^2}{d + a - \sqrt{a^2 + d^2}}.$$

Für den Fall $d \ll a$ ergibt sich mit $\sqrt{1+x} \approx 1 + \frac{1}{2}x$:

$$C = \frac{\pi \varepsilon a^2}{d\left(1 + \frac{a}{d}(1 - \sqrt{1 + \frac{d^2}{a^2}})\right)} \approx \frac{\pi \varepsilon a^2}{d\left(1 + \frac{a}{d}(1 - 1 - \frac{d^2}{2a^2})\right)} = \frac{\pi \varepsilon a^2}{d(1 - \frac{d}{2a})}.$$

Nähert man weiter mit $d/2a \approx 0$, ergibt sich die bekannte Formel des Plattenkondensators. Die wahre Kapazität ist also etwas größer.

***Aufgabe 1.9.2-3**: Man berechne die Kapazitäten C_a und C_b der beiden in Abb. 1.9-11 dargestellten Zylinderkondensatoren aus den Feldverläufen.

Im Fall a) ändert sich die Feldstärke mit der Permittivität, die Flußdichte nicht:

$$D(r) = D_1(r) = D_2(r) = \frac{Q}{2\pi r l} = \varepsilon_1 E_1 = \varepsilon_2 E_2.$$

$$C_a = \frac{Q}{\int_{r_0}^{r_1} E_1(r)\mathrm{d}r + \int_{r_1}^{r_2} E_2(r)\mathrm{d}r} = \frac{Q}{\frac{Q}{2\pi l}\left(\int_{r_0}^{r_1} \frac{\mathrm{d}r}{\varepsilon_1 r} + \int_{r_1}^{r_2} \frac{\mathrm{d}r}{\varepsilon_2 r}\right)} = \frac{2\pi l}{\frac{1}{\varepsilon_1}\ln\frac{r_1}{r_0} + \frac{1}{\varepsilon_2}\ln\frac{r_2}{r_1}} =$$

$$= \frac{2\varepsilon_1 \pi l}{\ln 2 + 2\ln\frac{3}{2}} = 41{,}8\,\mathrm{pF}.$$

Dasselbe Ergebnis erhält man unmittelbar aus der Formel im Text bei Reihenschaltung der beiden Teilkapazitäten.

Im Fall b) ändert sich die Ladungsverteilung auf den Elektroden und folglich die Flußdichte mit der Permittivität; die Feldstärke verläuft einheitlich, da die Spannung überall gleich ist:

$$E(r) = E_1(r) = \frac{D_1(r)}{\varepsilon_1} = \frac{Q_1}{\varepsilon_1 \pi r l} = E_2(r) = \frac{D_2(r)}{\varepsilon_2} = \frac{Q_2}{\varepsilon_2 \pi r l} \quad \Rightarrow \quad \frac{Q_1}{\varepsilon_1} = \frac{Q_2}{\varepsilon_2}.$$

$$C_b = \frac{Q_1 + Q_2}{\int_{r_0}^{r_2} E(r)\mathrm{d}r} = \frac{Q_1(1 + \varepsilon_2/\varepsilon_1)}{\int_{r_0}^{r_2} \frac{Q_1 \mathrm{d}r}{\varepsilon_1 \pi l r}} = \frac{1 + \varepsilon_2/\varepsilon_1}{\frac{1}{\varepsilon_1 \pi l}\ln\frac{r_2}{r_0}} = \frac{(\varepsilon_1 + \varepsilon_2)\pi l}{\ln\frac{r_2}{r_0}} = \frac{3\varepsilon_1 \pi l}{2\ln 3} = 42{,}9\,\mathrm{pF}.$$

Dasselbe Ergebnis erhält man einfacher aus der Formel im Text bei Parallelschaltung der beiden Teilkapazitäten.

***Aufgabe 1.9.2-4**: Wie ist beim Zylinderkondensator für b = const. a zu wählen, so daß die maximale Feldstärke E_{max} bei fester Spannung U minimal wird? Welchen Wert nimmt E_{max} dann an?

$$E_r(r) = \frac{Q}{2\pi \varepsilon r l} = \frac{CU}{2\pi \varepsilon r l} = \frac{U}{r\ln\frac{b}{a}} \quad \Rightarrow \quad E_{\max} = \frac{U}{a\ln\frac{b}{a}}.$$

$E_r(r)$ ist der Verlauf der Feldstärke bei gegebener Spannung. Sie ist maximal am Innenradius $r = a$. Den zugehörigen Minimalwert erhalten wir durch Differenzieren nach a und Nullsetzen:

$$\frac{\mathrm{d}E_{\max}}{\mathrm{d}a} = -U\frac{\ln\frac{b}{a} - a\frac{a}{b}\frac{b}{a^2}}{\left(a\ln\frac{b}{a}\right)^2} \overset{!}{=} 0 \quad \Rightarrow \quad \ln\frac{b}{a} = 1 \quad \Rightarrow \quad \frac{b}{a} = \mathrm{e} \approx 2{,}71$$

$$\Rightarrow \quad E_{\max\min} = \frac{U}{a}.$$

Aufgabe 1.9.2-5: Zur Reduktion der Maximalfeldstärke wird ein Kugelkondensator ähnlich Abb. 1.9-11a) mit zwei Dielektrika gleicher Dicke ε_1 und ε_2 in Reihe gefüllt. Welchen Wert muß $\varepsilon_1/\varepsilon_2$ aufweisen, damit die Feldstärkespitzen gleich sind? Man bestimme $\varepsilon_1/\varepsilon_2$ bei gleichen Spannungen an den Dielektrika. Man skizziere beide Fälle bei vorgegebener Spannung im Vergleich zur homogenen Füllung mit ε_1.

In $r_0 < r < r_2$ gilt:

$$D_r(r) = \frac{Q}{4\pi r^2} \quad \Rightarrow \quad E_{1r}(r) = \frac{Q}{4\pi\varepsilon_1 r^2}, \quad E_{2r}(r) = \frac{Q}{4\pi\varepsilon_2 r^2}$$

$$\Rightarrow \quad E_{1\max} = \frac{Q}{4\pi\varepsilon_1 r_0^2}, \quad E_{2\max} = \frac{Q}{4\pi\varepsilon_2 r_1^2} = \frac{Q}{4\pi\varepsilon_2 4r_0^2}.$$

Daraus ergibt sich für gleiche Maximalfeldstärke $E_{1\max} = E_{2\max} = E_{\max}$: $\quad \frac{\varepsilon_1}{\varepsilon_2} = 4$.

Im Fall gleicher Spannungen gilt:

$$U_1 = \int_{r_0}^{r_1=2r_0} E_{1r}(r)\mathrm{d}r = \frac{Q}{4\pi\varepsilon_1}\int_{r_0}^{2r_0}\frac{\mathrm{d}r}{r^2} = \frac{Q}{4\pi\varepsilon_1}\left(\frac{-1}{r}\right)\Bigg|_{r_0}^{2r_0} = \frac{Q}{4\pi\varepsilon_1 2r_0}.$$

$$U_2 = \int_{r_1=2r_0}^{r_2=3r_0} E_{2r}(r)\mathrm{d}r = \frac{Q}{4\pi\varepsilon_2}\int_{2r_0}^{3r_0}\frac{\mathrm{d}r}{r^2} = \frac{Q}{4\pi\varepsilon_2}\left(\frac{-1}{r}\right)\Bigg|_{2r_0}^{3r_0} = \frac{Q}{4\pi\varepsilon_2 6r_0}.$$

Daraus ergibt sich für gleiche Spannungen $U_1 = U_2 = U$: $\quad \frac{\varepsilon_1}{\varepsilon_2} = 3$.

Zur Berechnung der Feldstärkespitzen bei gleicher Spannung U stellen wir allgemein die Feldstärken in den einzelnen Gebieten durch ihre Maximalwerte dar, und betrachten zunächst den Fall homogenen Dielektrikums mit ε_1 und $E(r) = E_{\max} r_0^2/r^2$:

$$U = \int_{r_0}^{r_2=3r_0} E_r(r)\mathrm{d}r = E_{\max} r_0^2 \int_{r_0}^{3r_0}\frac{\mathrm{d}r}{r^2} = E_{\max} r_0^2\left(\frac{-1}{r}\right)\Bigg|_{r_0}^{3r_0} = \frac{2E_{\max} r_0}{3} \quad \Rightarrow \quad E_{\max} = \frac{3U}{2r_0}.$$

Mit zwei Dielektrika und $E_1(r) = E_{1\max} r_0^2/r^2$ sowie $E_2(r) = E_{2\max} 4r_0^2/r^2$ ergibt sich allgemein:

$$U = r_0^2\left(E_{1\max}\left(\frac{-1}{r}\right)\Bigg|_{r_0}^{2r_0} + 4E_{2\max}\left(\frac{-1}{r}\right)\Bigg|_{2r_0}^{3r_0}\right) = r_0\left(\frac{E_{1\max}}{2} + \frac{2E_{2\max}}{3}\right).$$

Bei gleichen Maximalfeldstärken gilt $E_{1\max} = E_{2\max} = E_{\max} = 6U/7r_0 = 0{,}86U/r_0$. Bei gleichen Spannungen $U_1 = U_2$ gilt:

$$\frac{E_{1\max}}{2} = \frac{2E_{2\max}}{3}$$

$$\Rightarrow \quad U = r_0 E_{1\max}\left(\frac{1}{2} + \frac{1}{2}\right)$$

$$\Rightarrow \quad E_{1\max} = \frac{U}{r_0}, \quad E_{2\max} = \frac{3U}{4r_0}$$

Damit kann die rechte Grafik für alle Fälle erstellt werden.

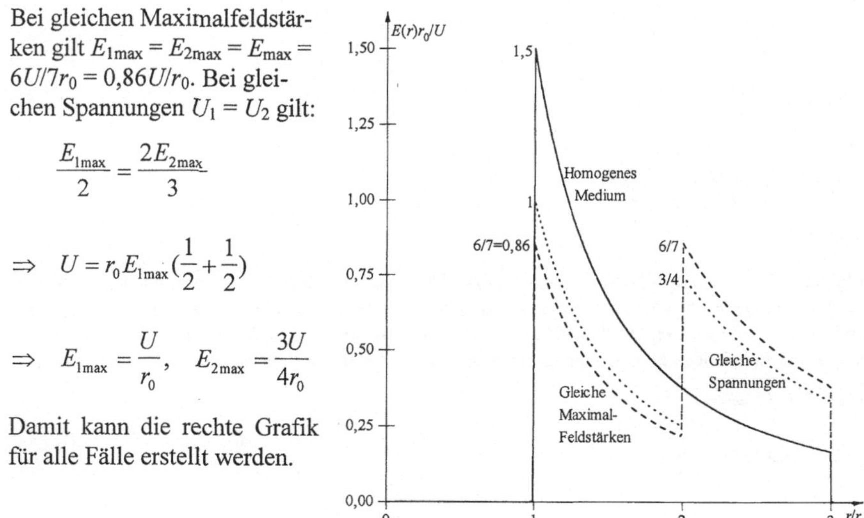

Aufgabe 1.9.3-1: Welche Kapazität hat ein Schichtkondensator mit n Platten und bekannter Geometrie?

$$C = \varepsilon \frac{(n-1)A}{d}.$$ Für $n = 2$ ergibt sich der normale Plattenkondensator.

Aufgabe 1.9.3-2: Man gebe die Kapazität der Scheiben in Abb. a) in Abhängigkeit vom Drehwinkel φ an. Welche Minimal- und Maximalwerte sind erreichbar?

$$C = \varepsilon \frac{\varphi a^2}{2d}, \quad C_{\min} = C(\varphi = 0) \approx 0,$$

$$C_{\max} = C(\varphi = \pi) \approx \varepsilon \frac{\pi a^2}{2d}.$$

***Aufgabe 1.9.3-3**: Man berechne in Abb. b) für gegebenes d und ε $a(\varphi)$, so daß $C(\varphi) = C_0 \sin^2\varphi/2$. Welchen Wert hat die Gesamtfläche A?

Auf der Grundlage des Polarkoordinatensystems ergibt sich ein Flächenelement dA aus

$$\mathrm{d}^2 A = r\mathrm{d}r\mathrm{d}\varphi \quad \Rightarrow \quad \mathrm{d}A = \mathrm{d}\varphi \int_0^{a(\varphi)} r\mathrm{d}r = \frac{a^2(\varphi)}{2}\mathrm{d}\varphi.$$

d^2A ist dabei entsprechend der Abbildung eine zweidimensional differentiell kleines Flächenelement, während dA nur noch eindimensional klein ist. Daraus folgt für die Kapazität:

$$\frac{\mathrm{d}C}{\mathrm{d}\varphi} = \frac{\varepsilon}{d}\frac{\mathrm{d}A}{\mathrm{d}\varphi} = \frac{\varepsilon}{d}\frac{a^2(\varphi)}{2} \overset{!}{=} C_0 \frac{\mathrm{d}}{\mathrm{d}\varphi}\sin^2\frac{\varphi}{2} = \frac{C_0}{2}\sin\varphi$$

$$\Rightarrow \quad a(\varphi) = \sqrt{\frac{C_0 d}{\varepsilon}\sin\varphi}.$$

Für $\varphi = \pi$ ist die Überdeckung maximal, so daß für A gilt:

$$A = \int_0^\pi \frac{a^2(\varphi)}{2} \mathrm{d}\varphi = \frac{C_0 d}{2\varepsilon} \int_0^\pi \sin\varphi \mathrm{d}\varphi = \frac{C_0 d}{\varepsilon} \qquad \Rightarrow \quad a(\varphi) = \sqrt{A \sin\varphi}.$$

Aufgabe 1.10.1-1: Ein Kugelkondensator nach Abb. 1.9-7b) ist auf die Energie W_C aufgeladen. Welchen Wert hat die maximale Feldstärke E_{max}?

Aus der Rechnung im Text folgt für die maximale Feldstärke E_{max} am Innenradius a:

$$E_{max} = \frac{Q}{4\pi\varepsilon a^2}.$$

Aus der Energieformel folgt:

$$W_C = \frac{Q^2}{2C} \quad \Rightarrow \quad Q = \sqrt{2W_C C} = \sqrt{2W_C \frac{4\pi\varepsilon ba}{b-a}} \qquad \Rightarrow \quad E_{max} = \sqrt{\frac{W_C b}{2\pi\varepsilon a^3 (b-a)}}.$$

Aufgabe 1.10.1-2: Man berechne den Energieinhalt der Anordnung in Aufgabe 1.9.1-2 bei Abgleich.

Zur Berechnung der Gesamtkapazität C sind bei Abgleich $C_1 \| C_3$ und $C_2 \| C_4$ geschaltet. Es ergibt sich:

$$\frac{1}{C} = \frac{1}{C_1 + C_3} + \frac{1}{C_2 + C_4} = \frac{1}{C_1 + C_3} + \frac{1}{C_2 + \frac{C_2 C_3}{C_1}} \qquad \Rightarrow \quad C = \frac{C_2(C_1 + C_3)}{C_1 + C_2}.$$

$$W_C = \frac{1}{2} C U_q^2 = \frac{U_q^2 C_2 (C_1 + C_3)}{2(C_1 + C_2)}.$$

Aufgabe 1.10.1-3: Ein luftgefüllter Kondensator sei auf die Energie W_0 aufgeladen. Er werde nun mit einem homogenen Dielektrikum mit ε_r gefüllt. Auf welchen Wert ändert sich die gespeicherte Energie W_{1U} bei konstanter Spannung U bzw. W_{1Q} bei konstanter Ladung Q?

$$W_0 = \frac{C_0 U^2}{2} \quad \Rightarrow \quad W_{1U} = \frac{C_\varepsilon U^2}{2} = \frac{\varepsilon_r C_0 U^2}{2} = \frac{(\varepsilon_r - 1) C_0 U^2}{2} + W_0 = \varepsilon_r W_0 > W_0.$$

Die Energie nimmt bei konstanter Spannung U um das ε_r-fache zu, indem von der Quelle noch (ε_r-1)- = χ_e-mal soviele Ladungen Q, wie bereits auf der positiven Elektrode vorhanden sind, zufließen. Die zusätzliche Energie $\chi_e C_0 U^2/2$ wird der Spannungsquelle zum Konstanthalten der Kondensatorspannung entnommen, in der Polarisation $\boldsymbol{P}$ gespeichert und über den Stromfluß der Ladungen dorthin transportiert.

$$W_0 = \frac{Q^2}{2C_0} \quad \Rightarrow \quad W_{1Q} = \frac{Q^2}{2C_\varepsilon} = \frac{Q^2}{2\varepsilon_r C_0} = \frac{W_0}{\varepsilon_r} < W_0.$$

Die Energie nimmt bei konstanter Ladung Q um das ε_r-fache ab. Die Differenzenergie $W_0(1-1/\varepsilon_r) = W_0 \chi_e/\varepsilon_r$ wird durch die Lageänderung des Dielektrikums aufgenommen und steht nach außen nicht zur Verfügung, solange es sich zwischen den Elektroden befindet. Die zugehörige Spannung bricht von $U_0 = Q/C_0$ auf $U_\varepsilon = U_0/\varepsilon_r$ zusammen. Zieht man das Dielektrikum wieder aus dem Kondensator heraus, koinzidieren zumindest bei Stoffen mit reiner Verschiebungspolarisation die atomaren Ladungsschwerpunkte wieder, und die Energie wird durch die Depolarisierung wieder an das elektrische Feld zurückgegeben.

Aufgabe 1.10.2-1: Man leite die im Volumen V gespeicherte elektrostatische Feldenergie W_e in Abhängigkeit des Potentials φ_e her.

Mit $\boldsymbol{E} = -\text{grad}\varphi_e$ gilt:

$$W_e = \frac{1}{2}\iiint \varepsilon \boldsymbol{E}^2 \mathrm{d}V = \frac{1}{2}\iiint \varepsilon (\text{grad}\varphi_e)^2 \mathrm{d}V =$$

$$= \frac{1}{2}\iiint \varepsilon\left(\left(\frac{\partial \varphi_e}{\partial x}\right)^2 + \left(\frac{\partial \varphi_e}{\partial y}\right)^2 + \left(\frac{\partial \varphi_e}{\partial z}\right)^2\right)\mathrm{d}V.$$

Aufgabe 1.10.2-2: Eine Kugel mit Radius a trage die Ladung Q. Man berechne ihren Energieinhalt W_A für den Fall, daß Q eine Oberflächenladung darstellt, sowie W_V für den Fall, daß Q homogen verteilt ist.

Aus Gl. 1.9-15 folgt für die Oberflächenladung für $b \to \infty$:

$$W_A = \frac{Q^2}{2C} = \frac{Q^2}{8\pi\varepsilon a}.$$

Für $Q = -e$ läßt sich hieraus der klassische Elektronenradius bestimmen. Für die Volumenladung kommt die innere Energie W_{Vi} hinzu. Mithilfe von Gln. 1.7-22/24 ergibt sich:

$$W_{Vi} = \frac{1}{2\varepsilon}4\pi\int_0^a \left(\frac{Qr}{4\pi a^3}\right)^2 r^2 \mathrm{d}r = \frac{Q^2}{40\pi\varepsilon a} \qquad \Rightarrow \quad W_V = \frac{Q^2}{\pi\varepsilon a}\left(\frac{1}{8}+\frac{1}{40}\right) = \frac{1{,}2Q^2}{8\pi\varepsilon a}.$$

Aufgabe 1.10.2-3: Man berechne Aufgabe 1.10.1-1 über die Feldenergie.

Aus der Rechnung im Text folgt für die Feldstärke $E(r)$ in Abhängigkeit von $E_{\max}$ am Innenradius a:

$$E(r) = \frac{Q}{4\pi\varepsilon r^2} \qquad \Rightarrow \quad E_{\max} = \frac{Q}{4\pi\varepsilon a^2} \qquad \Rightarrow \quad E(r) = E_{\max}\frac{a^2}{r^2}.$$

Aus der Energieformel ergibt sich:

$$W_C = \frac{\varepsilon}{2}\int_a^b E^2(r)\mathrm{d}V = \frac{\varepsilon E_{\max}^2 a^4}{2}\int_a^b \frac{A(r)\mathrm{d}r}{r^4} = \frac{\varepsilon E_{\max}^2 a^4}{2}\int_a^b \frac{4\pi r^2 \mathrm{d}r}{r^4} =$$

$$= 2\pi\varepsilon E_{\max}^2 a^4 \int_a^b \frac{\mathrm{d}r}{r^2} = -2\pi\varepsilon E_{\max}^2 a^4 \left.\frac{1}{r}\right|_a^b = -2\pi\varepsilon E_{\max}^2 a^4\left(\frac{1}{b}-\frac{1}{a}\right)$$

$$\Rightarrow \quad E_{\max} = \sqrt{\frac{W_C b}{2\pi\varepsilon a^3(b-a)}}. \qquad \text{q.e.d.}$$

***Aufgabe 1.10.2-4**: Man berechne in Abb. 1.6-7 für $\boldsymbol{D} = (y,x,z)$ nC/m³ den Energieinhalt des Volumens unterhalb der schiefen Ebene bis zu den Koordinatenebenen.

In der Folge werden die Einheiten bis zum Ergebnis weggelassen.

$$W_e = \frac{1}{2\varepsilon_0} \iiint\limits_{\substack{V\text{unter}\\ \text{Fläche}}} D^2 \mathrm{d}V = \frac{1}{2\varepsilon_0} \int\limits_0^a (\int\limits_0^{y(x)} (\int\limits_0^{z(y,x)} (x^2 + y^2 + z^2)\mathrm{d}z)\mathrm{d}y)\mathrm{d}x.$$

Zunächst wird das innere Integral über z ausgewertet. Hierfür sind x und y als Konstanten zu betrachten. Aus der Abbildung ist ersichtlich, daß dabei jeweils vom Boden der xy-Ebene ($z = 0$) bis zur Ebene $z(y,x) = 1 - x - y/2$ zu integrieren ist:

$$I(y,x) = \int\limits_0^{z(y,x)} (x^2 + y^2 + z^2)\mathrm{d}z = z(x^2 + y^2 + \frac{1}{3}z^2)\Big|_0^{1-x-\frac{y}{2}} =$$

$$= (1 - x - \frac{y}{2})(x^2 + y^2 + \frac{1}{3}(1 - x - \frac{y}{2})^2) =$$

$$= \frac{1}{3} - x + 2x^2 - \frac{4x^3}{3} + y(-\frac{1}{2} + x - x^2) + \frac{5y^2}{4}(1 - x) - \frac{13y^3}{24}.$$

$I(y,x)$ ist der Integrand für das mittlere Integral über dy, der nun von der linken xz-Ebene ($y = 0$) bis zur Geraden $y(x) = 2 - 2x$ zu integrieren ist:

$$I(x) = \int\limits_0^{y(x)} I(y,x)\mathrm{d}y =$$

$$= y(\frac{1}{3} - x + 2x^2 - \frac{4x^3}{3}) + \frac{y^2}{2}(-\frac{1}{2} + x - x^2) + \frac{5y^3}{12}(1 - x) - \frac{13y^4}{96}\Big|_0^{2-2x} =$$

$$= \frac{5}{6} - \frac{10x}{3} + 6x^2 - \frac{16x^3}{3} + \frac{11x^4}{6}.$$

$I(x)$ ist der Integrand für das äußere Integral über dx, der nun von der hinteren yz-Ebene ($x = 0$) bis zum Punkt $x = 1$ zu integrieren ist:

$$W_e = \frac{1}{2\varepsilon_0} \int\limits_0^1 I(x)\mathrm{d}x = \frac{1}{2\varepsilon_0}(\frac{5x}{6} - \frac{5x^2}{3} + 2x^3 - \frac{4x^4}{3} + \frac{11x^5}{30})\Big|_0^1 = \frac{0{,}1}{\varepsilon_0}.$$

$$\Rightarrow \quad W_e = \frac{0{,}1}{\varepsilon_0}\frac{\mathrm{nC}^2}{\mathrm{m}} = 11{,}294\,\mathrm{nWs}.$$

Die letzte Formel stellt die elektrostatische Energie im Volumen in korrekten physikalischen Einheiten dar.

Aufgabe 1.10.3-1: Um welchen Faktor ändert sich der Druck p_e bei einen luftgefüllten Kondensator auf eine Kondensatorplatte, wenn ein Dielektrikum ε_r eingebracht wird. Dabei sei einmal die Ladung Q, ein andermal die Spannung U konstant.

Bei konstanter Ladung bleibt die Flußdichte konstant, und die Feldstärke und damit der Druck nehmen um ε_r ab. Bei konstanter Spannung wird Energie über zusätzliche Ladungen zugeführt und der Druck nimmt um ε_r zu.

$$p_{e0} = \frac{D^2}{2\varepsilon_0} = \frac{\varepsilon_0 E^2}{2}, \quad p_{e\varepsilon Q} = \frac{D^2}{2\varepsilon_0\varepsilon_r} = \frac{p_{e0}}{\varepsilon_r} < p_{e0}, \quad p_{e\varepsilon U} = \frac{\varepsilon_r\varepsilon_0 E^2}{2} = \varepsilon_r p_{e0} > p_{e0}.$$

Aufgabe 1.10.3-2: Mit welcher Kraft pro Länge ziehen sich zwei 400 kV-Hochspannungsleitungen mit 3 cm Durchmesser im Abstand von 1 m an? Man berechne das Ergebnis direkt und über die Energie.

Mit den Überlegungen aus dem Text und der bereits berechneten Feldstärke der Linienladung kann diese Kraft direkt angegeben werden zu:

$$F_C = QE = \frac{Q^2}{2\pi\varepsilon_0 ld} = \frac{(CU)^2}{2\pi\varepsilon_0 ld} = \frac{(\pi\varepsilon_0 lU)^2}{2\pi\varepsilon_0 ld(\ln\frac{d}{a})^2} \Rightarrow \frac{F_C}{l} = \frac{\pi\varepsilon_0 U^2}{2d(\ln\frac{d}{a})^2} = 0{,}126\frac{\text{N}}{\text{m}}.$$

Die Energieformel ergibt:

$$F_C = \frac{Q^2}{2}\frac{\mathrm{d}1/C}{\mathrm{d}d} = \frac{(CU)^2}{2\pi\varepsilon_0 l}\frac{\mathrm{d}}{\mathrm{d}d}\ln\frac{d}{a} = \frac{(CU)^2}{2\pi\varepsilon_0 ld} \qquad \text{wie oben.}$$

Hier wurden nur die Beträge ausgewertet! Das Ergebnis ist mit vergleichbarem Aufwand wie bei der direkten Kraftberechnung zu erzielen. Es entspricht der Belastung mit einer Masse von ca. 12,9 g pro Meter, also sehr viel weniger als dem Eigengewicht der Leiter.

Aufgabe 1.10.3-3: Welche Energie hat ein Zylinderkondensator mit a = 1 mm, b = 2 mm, l = 1 cm und einem Druck von $p_{e,i}$ = 1 N/m² auf die Innenelektrode gespeichert?

$$p_{e,i} = \frac{D_i^2}{2\varepsilon} \qquad \Rightarrow$$

$$W_C = \frac{Q^2}{2C} = \frac{D_i^2 A_i^2}{2C} = \frac{\varepsilon p_{e,i} A_i^2}{C} = \frac{\varepsilon p_{e,i}(2\pi al)^2}{2\pi\varepsilon l}\ln\frac{b}{a} = 2\pi a^2 lp_{e,i}\ln\frac{b}{a} = 43{,}5\,\text{nWs}.$$

Alternativ:

$$p_e(r) = \frac{D^2(r)}{2\varepsilon} = \frac{1}{2\varepsilon}(\frac{Q}{2\pi rl})^2 = p_{e,i}\cdot(\frac{a}{r})^2$$

$$\Rightarrow \quad W_C = \int p_e(r)\mathrm{d}V = p_{e,i}2\pi l\int_a^b(\frac{a}{r})^2 r\mathrm{d}r = 2\pi a^2 lp_{e,i}\ln\frac{b}{a}.$$

Aufgabe 1.10.4-1: Ein elektrisches Feld der Stärke E_0 = 1 V/m treffe aus dem Freiraum unter dem Winkel von α = 60° zur Oberfläche auf ein Medium der relativen Permittivität ε_r = 2. Man berechne den Druck p_e auf die Grenzfläche.

Das Feld läßt sich in einen Normal- und Tangentialanteil zerlegen. Beide gehorchen den Brechungsgesetzen und existieren in Luft und im Medium, so daß vier Energiedichteanteile zu berücksichtigen sind, die die Grenzfläche zum Freiraum hinziehen:

$$p_e = p_{en} + p_{et} = \varpi_{en0} - \varpi_{en\varepsilon} + \varpi_{et\varepsilon} - \varpi_{et0} = \frac{D_n^2}{2}(\frac{1}{\varepsilon_0} - \frac{1}{\varepsilon}) + \frac{E_t^2}{2}(\varepsilon - \varepsilon_0).$$

Mit $\alpha = 60°$ und $D_n = D\sin\alpha = \varepsilon_0 E_0 \sin\alpha$ und $E_t = E_0\cos\alpha$ folgt:

$$p_{\mathrm{e}} = \frac{E_0^2}{2}\left(\frac{\varepsilon_0^2(1-1/\varepsilon_{\mathrm{r}})}{\varepsilon_0}\sin^2\alpha + \varepsilon_0(\varepsilon_{\mathrm{r}}-1)\cos^2\alpha\right) =$$

$$= \frac{\varepsilon_0 E_0^2}{2}\left((1-\frac{1}{\varepsilon_{\mathrm{r}}})\sin^2\alpha + (\varepsilon_{\mathrm{r}}-1)\cos^2\alpha\right) = 2{,}767\,\frac{\mathrm{pN}}{\mathrm{m}^2}.$$

Aufgabe 1.10.4-2: Welche Spannung U liegt am Kondensator in Abb. 1.9.11a), wenn der Druck auf die Trennfläche der Permittivitäten $p_{\mathrm{e}} = 1\ \mu\mathrm{N/m}^2$ beträgt?

$$D(r_1) = \frac{Q}{2\pi r_1 l}; \qquad p_{\mathrm{e}} = \frac{D^2(r_1)}{2}\cdot(\frac{1}{\varepsilon_2}-\frac{1}{\varepsilon_1}) \qquad \Rightarrow \quad Q = 2\pi r_1 l\sqrt{\frac{2p_{\mathrm{e}}\varepsilon_1\varepsilon_2}{\varepsilon_1-\varepsilon_2}}.$$

Aus Aufgabe 1.9.2-3 verwenden wir:

$$C_{\mathrm{a}} = \frac{2\pi l}{\frac{1}{\varepsilon_1}\ln\frac{r_1}{r_0} + \frac{1}{\varepsilon_2}\ln\frac{r_2}{r_1}}$$

$$\Rightarrow \quad U = \frac{Q}{C_{\mathrm{a}}} = r_1\sqrt{\frac{2p_{\mathrm{e}}}{\varepsilon_1-\varepsilon_2}}\left(\sqrt{\frac{\varepsilon_2}{\varepsilon_1}}\ln\frac{r_1}{r_0} + \sqrt{\frac{\varepsilon_1}{\varepsilon_2}}\ln\frac{r_2}{r_1}\right) = 13{,}453\,\mathrm{V}.$$

Aufgabe 1.10.4-3: Man leite die Kraftformel bei Parallelschichtung aus der Kapazitätsänderung ab.

Bei konstanter Ladung Q:

$$F_{\mathrm{C}}\big|_Q = -\frac{\mathrm{d}W_C}{\mathrm{d}x} = -\frac{\mathrm{d}}{\mathrm{d}x}\frac{Q^2}{2C} = -\frac{Q^2}{2}\frac{\mathrm{d}}{\mathrm{d}x}\frac{1}{C_1+C_2} = -\frac{Q^2}{2}\frac{\mathrm{d}}{\mathrm{d}x}\frac{d}{\varepsilon_1(a-x)b+\varepsilon_2 xb}.$$

Dies ist der gleiche Ausdruck, der bei der Ableitung der Feldstärke entsteht.

Bei konstanter Spannung U:

$$F_{\mathrm{C}}\big|_U = \frac{\mathrm{d}W_C}{\mathrm{d}x} = \frac{U^2}{2}\frac{\mathrm{d}C}{\mathrm{d}x} = \frac{E^2d^2}{2}\frac{\mathrm{d}(C_1+C_2)}{\mathrm{d}x} = \frac{E^2d}{2}\frac{\mathrm{d}(\varepsilon_1(a-x)b+\varepsilon_2 xb)}{\mathrm{d}x} =$$

$$= \frac{E^2bd}{2}(\varepsilon_2-\varepsilon_1).$$

Lösungen zu den Aufgaben zur Elektrodynamik

Aufgabe 2.2-1: Welche Veränderung des Feldstärkeverlaufs ist zu erwarten, wenn bei einem Kondensator bei fester Spannung U das Dielektrikum gegen ein leitfähiges Material ausgetauscht wird?

Der Feldverlauf ändert sich bei jeweils homogenem Medium nicht.

Aufgabe 2.2-2: Was ist bei der vorigen Aufgabe während des Austauschs zu erwarten, wenn der Kondensator zuvor auf U aufgeladen und dann von der Quelle abgeklemmt wurde?

In Abhängigkeit von der Art und Weise und der Geschwindigkeit, wie das Dielektrikum von dem leitfähigen Material verdrängt wird, werden sich die Ladungen über dieses in Form eines Stromflusses ausgleichen, und die Spannung verschwinden.

***Aufgabe 2.2-3**: Der Mast einer Hochspannungsleitung werde durch einen metallischen massiven Halbkugelfuß mit Radius a = 1 m geerdet. Durch einen Isolationsbruch fließt ein Strom über den Mast ab, wobei sich eine Spannung von U = 1200 V zwischen diesem Mast und einem d = 150 m entfernten Mast ausbildet. Man berechne die Schrittspannung zwischen den Füßen eines Menschen im Abstand von s = 80 cm in der Umgebung des Kurzschlußmasts im ungünstigsten Fall.

Der Strom fließt überall radial vom Mast weg mit einem bei der Elektrostatik schon berechneten Feldstärkemaximum bei $r = a$ und einem Feldverlauf von:

$$E_r(r) = E_{\max}\frac{a^2}{r^2} \qquad \Rightarrow \quad \varphi_\mathrm{e}(r) = \int_a^r E_r(r)\mathrm{d}r = E_{\max}a^2\int_a^r \frac{\mathrm{d}r'}{r'^2} = E_{\max}a^2\left(\frac{1}{a}-\frac{1}{r}\right)$$

$$\Rightarrow \quad U = \int_a^d E_r(r)\mathrm{d}r = E_{\max}a^2\left(\frac{1}{a}-\frac{1}{d}\right),$$

wobei $\varphi_\mathrm{e}(a) = 0$ festgelegt wurde. Maximale Schrittspannung tritt wegen des radialsymmetrischen Feldverlaufs auf, wenn sich ein Fuß bei a am Erderrand befindet, und der andere normal im Abstand s wegweist:

$$\varphi_\mathrm{e}(a+s) = E_{\max}a^2\left(\frac{1}{a}-\frac{1}{a+s}\right) = U\frac{\frac{1}{a}-\frac{1}{a+s}}{\frac{1}{a}-\frac{1}{d}} = 537\,\mathrm{V} \approx U(1-\frac{a}{a+s}) = \frac{U}{1+\frac{a}{s}}.$$

Fast die Hälfte der Spannung zum 150 m entfernten Mast fällt also auf den ersten 80 cm ab. Weitere Ausführungen dazu s. Abschnitt 2.6.2.

Aufgabe 2.3.1-1: Der Strom in einem Kupferdraht mit A = 1 mm^2 und $n = 8{,}4\cdot 10^{28}/\mathrm{m}^3$ steige mit der Zeit $t \geq 0$ gemäß $i(t) = kt^3$ mit $k = 2\mathrm{A/s}^3$ an. Man berechne die Ladungsmenge q, die im Zeitintervall $0 < t < 2\mathrm{s}$ durch den Draht transportiert wird. Wie groß ist die Stromänderungsgeschwindigkeit $\mathrm{d}i/\mathrm{d}t$ z.Zt. t_1 = 0,5 s? Welchen Wert hat v_D z.Zt. t_2 = 1 s?

$$q = \int_0^{2\mathrm{s}} i\mathrm{d}t = k\int_0^{2\mathrm{s}} t^3\mathrm{d}t = k\left.\frac{t^4}{4}\right|_0^{2\mathrm{s}} = 8\mathrm{C}, \qquad \left.\frac{\mathrm{d}i}{\mathrm{d}t}\right|_{t_1=0,5\mathrm{s}} = 3kt_1^2 = 1{,}5\frac{\mathrm{A}}{\mathrm{s}}.$$

$$|v_D(t_2)| = \frac{i(t_2)}{neA} = \frac{kt_2^3}{neA} = 149\frac{\mu m}{s}.$$

Aufgabe 2.3.1-2: Wenn man die rechte Kurve als Ladungszeitverlauf $q(t)$/C interpretiert, berechne man den zugehörigen Stromzeitverlauf $i(t)$.

Wegen der Undifferenzierbarkeit an den Knickpunkten muß $i(t)$ stückweise angegeben werden:

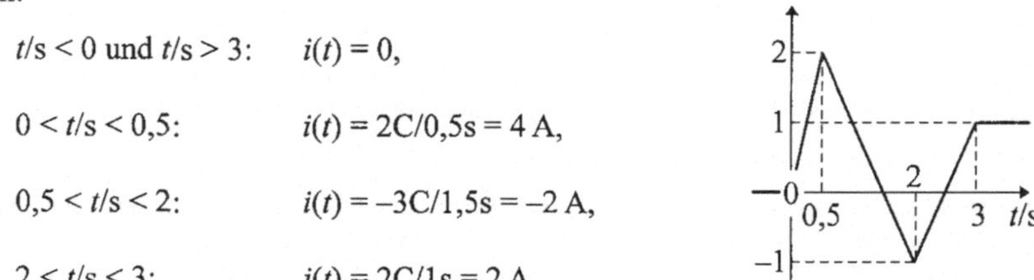

t/s < 0 und t/s > 3: $\quad i(t) = 0$,

0 < t/s < 0,5: $\quad i(t) = 2\text{C}/0{,}5\text{s} = 4\,\text{A}$,

0,5 < t/s < 2: $\quad i(t) = -3\text{C}/1{,}5\text{s} = -2\,\text{A}$,

2 < t/s < 3: $\quad i(t) = 2\text{C}/1\text{s} = 2\,\text{A}$.

Aufgabe 2.3.1-3: Wenn man die rechte Kurve als Stromzeitverlauf $i(t)$/A interpretiert, berechne man den zugehörigen Ladungszeitverlauf $q(t)$.

Wegen der Undifferenzierbarkeit an den Knickpunkten muß $q(t)$ stückweise angegeben werden. Für $t < 0$ gilt $q(t) = 0$.

In 0 < t/s < 0,5 gilt $$q(t) = \int_0^t 4\text{A}\frac{t'}{\text{s}}\text{d}t' = \frac{4\text{A}t^2}{2\text{s}} = \frac{2\text{A}t^2}{\text{s}} = 2\text{C}(\frac{t}{\text{s}})^2.$$

Dabei wird zum Zeitpunkt $t_1 = 0{,}5$ s: $q_1 = 0{,}5$C erreicht.

In 0,5 < t/s < 2 ist der Strom in der Form $i(t) = mt + i_0$, also in der Achsenabschnittsform zu bestimmen. Die Stromsteigung m lesen wir gemäß der vorigen Aufgabe zu m = –3A/1,5s = –2A/s ab, den fiktiven Wert $i_0 = i(0)$ zu 3A, also $i(t) = -2\text{A}t/\text{s} + 3\text{A}$:

$$q(t) = q_1 + \int_{t_1}^t (-2\frac{t'}{\text{s}} + 3)\text{A}\text{d}t' = 0{,}5\,\text{C} + \left(\frac{-2t'^2}{2\text{s}} + 3t'\right)\Bigg|_{0,5\text{s}}^{t}\text{A} =$$

$$= 0{,}5\,\text{C} + (\frac{-t^2}{\text{s}} + 3t + \frac{1}{4}\text{s} - \frac{3}{2}\text{s})\text{A} = (-(\frac{t}{\text{s}})^2 + \frac{3t}{\text{s}} - \frac{3}{4})\text{C}.$$

Dabei wird zum Zeitpunkt $t_2 = 2$ s: $q_2 = 5\text{C}/4$ erreicht.

In 2s < t < 3s ist ebenfalls $i(t) = mt + i_0$, aber mit m = 2A/s und dem fiktiven Wert $i_0 = i(0)$ zu –5A, also $i(t) = 2\text{A}t/\text{s} - 5\text{A}$:

$$q(t) = q_2 + \int_{t_2}^t (2\frac{t'}{\text{s}} - 5)\text{A}\text{d}t' = \frac{5\text{C}}{4} + \left(\frac{2t'^2}{2\text{s}} - 5t'\right)\Bigg|_{2\text{s}}^{t}\text{A} =$$

$$= \frac{5\text{C}}{4} + (\frac{t^2}{\text{s}} - 5t - 4\text{s} + 10\,\text{s})\text{A} = ((\frac{t}{\text{s}})^2 - \frac{5t}{\text{s}} + \frac{29}{4})\text{C}.$$

Dabei wird bei $t_3 = 3$ s: $q_3 = 5\text{C}/4$ erreicht. Ab hier steigt die Ladung an gemäß:

$$q(t) = q_3 + \int_{t_3}^t 1\text{A}\text{d}t' = \frac{5\text{C}}{4} + (t - 3\text{s})\text{A} = (\frac{t}{\text{s}} - \frac{7}{4})\text{C}.$$

Aufgabe 2.3.2-1: Wie groß sind die Abmessungen a, b und c der drei Querschnitte zu wählen, damit in allen Leitern die Stromdichte $S = 6$ A/cm^2 bei einem Strom von $I = 3$ A beträgt?

$$A = \frac{I}{S} = \frac{a^2}{2} \qquad \Rightarrow \quad a = \sqrt{\frac{2I}{S}} = 1\,\text{cm},$$

$$A = \frac{I}{S} = \frac{b^2\sqrt{3}}{4} \qquad \Rightarrow \quad b = 2\sqrt{\frac{I}{S\sqrt{3}}} = 1{,}075\,\text{cm},$$

$$A = \frac{I}{S} = \frac{\pi c^2}{4} \qquad \Rightarrow \quad c = 2\sqrt{\frac{I}{\pi S}} = 0{,}8\,\text{cm}.$$

Aufgabe 2.3.2-2: Infolge des sog. Skineffekts verteilt sich die Stromdichte über einen homogenen rotationssymmetrischen Leiter mit Radius a bei höheren Frequenzen näherungsweise nach einer Funktion $S(r) = S_0 e^{kr/a}$. Man berechne die zugehörige Stromstärke I.

$$I = \int_0^{2\pi}\int_0^{a} S_0 e^{k\frac{r}{a}} r\,\mathrm{d}r\,\mathrm{d}\varphi = \frac{2\pi a^2 S_0}{k^2} e^{k\frac{r}{a}}\left(k\frac{r}{a} - 1\right)\Bigg|_0^a = \frac{2\pi a^2 S_0}{k^2}\left(e^k(k-1)+1\right).$$

Aufgabe 2.3.2-3: In eine unendlich ausgedehnte metallische Platte entsprechend dem rechten Schnittbild fließt durch 1 und 4 ein Strom I. Man bestimme $S(x)$ zwischen 1 und 4 für $d \to \infty$, sowie für $d \to 0$, aber endlich.

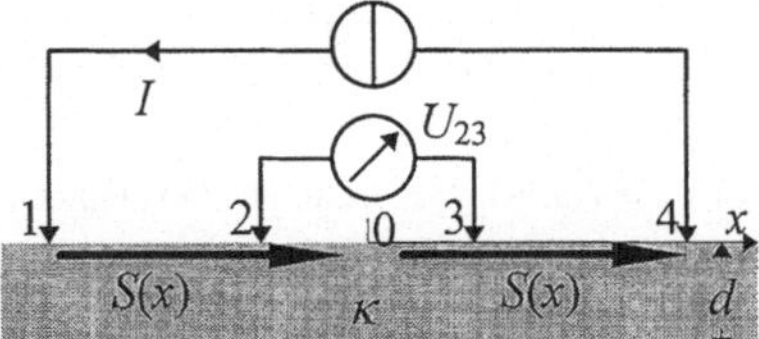

Für $d \to \infty$ können wir entsprechend den Ausführungen im Text wie bei Punktladungen eine (halb)kugelförmige Ausbildung des Stromdichtefelds $S_\infty(x)$ um den Ein- und Auslaßpunkt bei $x = \pm\frac{3}{2}a$ erwarten. Für $d \to 0$ breitet sich der Strom in Bezug auf einen Punkt zylinderförmig mit $S_0(r) = I/2\pi rd$ aus. In jedem Fall unterstützen sich beide Stromanteile:

$$S_\infty(x) = \frac{I}{2\pi}\left(\frac{1}{(x+\frac{3}{2}a)^2} + \frac{1}{(\frac{3}{2}a - x)^2}\right), \qquad S_0(x) = \frac{I}{2\pi d}\left(\frac{1}{x+\frac{3}{2}a} + \frac{1}{\frac{3}{2}a - x}\right).$$

Aufgabe 2.3.3-1: Man überprüfe, ob ein Stromdichtefeld gemäß $\boldsymbol{S} = (y,x,z)$ A/m^3 verlaufen kann.

$$\mathrm{div}\boldsymbol{S} = \frac{\partial S_x}{\partial x} + \frac{\partial S_y}{\partial y} + \frac{\partial S_z}{\partial z} = (0+0+1)\frac{\text{A}}{\text{m}^3} \neq 0.$$

Dies ist im Gegensatz zu dem in der Elektrostatik betrachteten Flußdichtefeld kein mögliches Stromdichtefeld.

Aufgabe 2.3.3-2: Man überlege, wie die Knotenregel für eine Hülle um eine Elektrode eines Kondensators beim Ladevorgang erfüllt werden kann.

Der z.B. positiven Elektrode werden Elektronen als (Leitungs-)Strom I über die Zuleitung entnommen, die über das Dielektrikum nicht zugeführt werden, sondern es sammelt sich ein Elektronendefizit an. In gleichem Maß wächst der (Verschiebungs-)Fluß Ψ zur gegenüberliegenden Elektrode. Mit dem damit verbundenen $\mathrm{d}\Psi/\mathrm{d}t$ kann ein dem Betrag nach gleich großer Verschiebungsstrom assoziiert werden, so daß die Knotenregel erfüllt ist. Diese Sachverhalte werden in Abschnitt 2.10 weiter untersucht.

Aufgabe 2.3.3-3: Man berechne für den dargestellten Netzwerkausschnitt die unbekannten Ströme. Ist die Lösung eindeutig?

Zum Erfüllen der Knotengleichung für den offenen Knoten muß gelten: $I_1 + 1\text{A} = 2\text{A} \Rightarrow I_1 = 1$ A, für die übrigen Knotengleichungen $I_2 + I_3 = 2\text{A}$, $-I_2 + I_4 = -1\text{A}$, $I_3 + I_4 = 1\text{A}$. Addition der ersten beiden Gleichungen ergibt die dritte, womit das System (wegen der fehlenden Angaben zu den Widerständen) unterbestimmt ist. Ist z.B. I_2 bekannt, ergibt sich $I_3 = 2\text{A} - I_2$, $I_4 = -1\text{A} + I_2$.

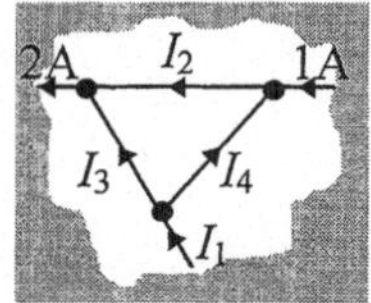

Aufgabe 2.4-1: Man stelle für gegebene Stromstärke $I = -\rho(x)v(x)A$ die exakte Differentialgleichung für den Potentialverlauf $\varphi_e(x)$ auf, indem man die POISSONgleichung und die Energiebilanz von kinetischer und COULOMBenergie der Elektronen verknüpft.

$$\frac{1}{2}m_e v(x)^2 = e\varphi_e(x) \qquad \Rightarrow \qquad \frac{d^2\varphi_e}{dx^2} = -\frac{\rho(x)}{\varepsilon_0} = \frac{I}{\varepsilon_0 v(x)A} = \frac{I}{\varepsilon_0 A}\sqrt{\frac{m_e}{2e\varphi_e(x)}}.$$

Aufgabe 2.4-2: Man überprüfe, ob die Differentialgleichung der vorigen Aufgabe durch einen Ansatz der Form $\varphi_e(x) = U(x/d)^{4/3}$ gelöst werden kann und bestimme daraus $I(U)$.

$$\frac{d^2\varphi_e}{dx^2} = \frac{U}{d^{4/3}}\frac{4}{3}\frac{1}{3x^{2/3}} = \frac{I}{\varepsilon_0 A}\sqrt{\frac{m_e d^{4/3}}{2eUx^{4/3}}} \qquad \Rightarrow \qquad I = \frac{8}{9}\frac{\varepsilon_0 A}{d^2}\sqrt{\frac{e}{2m_e}}U^{3/2}.$$

Aufgabe 2.4-3: Man bestimme aus den vorigen Aufgaben die Raumladungsverteilung $\rho(x,U)$.

$$\rho(x) = -\varepsilon_0\frac{d^2\varphi_e}{dx^2} = -\varepsilon_0\frac{4U}{9d^2}\left(\frac{d}{x}\right)^{2/3}.$$

Aufgabe 2.5.1-1: Man bestimme in Aufgabe 2.3.2-3 U_{23} für $d \to \infty$. Wie ließe sich daraus κ bestimmen?

$$U_{23} = \int_{-a/2}^{a/2}\frac{S(x)}{\kappa}dx = \frac{I}{2\pi\kappa}\int_{-a/2}^{a/2}\left(\frac{1}{(x+\frac{3}{2}a)^2} + \frac{1}{(\frac{3}{2}a - x)^2}\right)dx = \frac{I}{2\pi\kappa a}$$

$$\Rightarrow \quad \kappa = \frac{I}{2\pi a U_{23}}.$$

Aufgabe 2.5.1-2: Mit der metallischen Massivkugel mit Radius r_0 soll bei einer Durchschlagsfestigkeit der Luft von E_D = 10 kV/cm eine Sprühentladung erzeugt werden. Welchen Wert muß r_0 für $a \to \infty$ haben?

Zu der Sprühentladung gehört eine bei r_0 radial verlaufende Stromdichte:

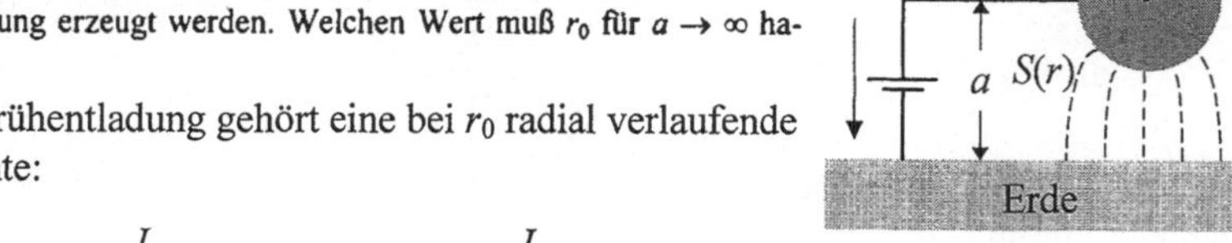

$$S(r) = \frac{I}{4\pi r^2} \qquad \Rightarrow \qquad E(r) = \frac{I}{4\pi\kappa_L r^2}.$$

E_D tritt bei r_0 auf:

$$E_D = \frac{I}{4\pi\kappa_L r_0^2} \qquad \Rightarrow \qquad E(r) = E_D\frac{r_0^2}{r^2}.$$

$$U = \int_{r_0}^{\infty}E(r)dr = E_D r_0^2\int_{r_0}^{\infty}\frac{dr}{r^2} = r_0 E_D \qquad \Rightarrow \qquad r_0 = \frac{U}{E_D} = 1\,\text{m}.$$

***Aufgabe 2.5.1-3:** Welchen Wert hat r_0 für $a = 5$ m? Zur näherungsweisen Berechnung verwende man die in der Elektrostatik besprochene Spiegelungsmethode. Man skizziere das Ergebnis.

Nach der Spiegelungsmethode wird die Erde durch eine an der Oberfläche gespiegelte Kugel ersetzt. Gemäß der Argumentation in Abschnitt 1.9.2.4 gilt:

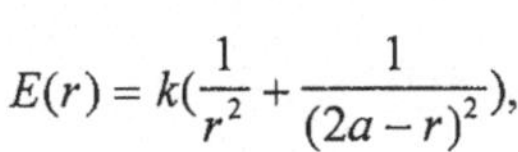

$$E(r) = k(\frac{1}{r^2} + \frac{1}{(2a-r)^2}),$$

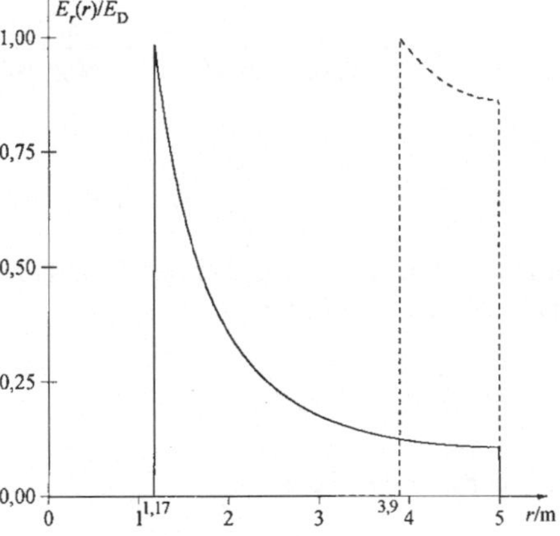

wobei: $E(r_0) = E_\text{D} = k(\frac{1}{r_0^2} + \frac{1}{(2a-r_0)^2}),$

also: $$E(r) = E_\text{D} \frac{\frac{1}{r^2} + \frac{1}{(2a-r)^2}}{\frac{1}{r_0^2} + \frac{1}{(2a-r_0)^2}}$$

$$U = \int_{r_0}^{a} E(r)\text{d}r = E_\text{D} \frac{\frac{2(a-r_0)}{r_0(2a-r_0)}}{\frac{1}{r_0^2} + \frac{1}{(2a-r_0)^2}} = E_\text{D} r_0 \frac{2a^2 - 3ar_0 + r_0^2}{2a^2 - 2ar_0 + r_0^2}.$$

Dieses Nullstellenproblem 3. Ordnung läßt sich numerisch lösen. Mit MATHCAD z.B. ergeben sich die drei Lösungen: r_0/m = 1,17; 3,90 und 10,93, von denen die ersten beiden entsprechend der Skizze physikalisch sinnvoll sind.

Die Ergebnisse sind außerdem Näherungen, da der Abstand der Kugeloberfläche zum Boden nur am tiefsten Punkt r_0 ist und folglich die Feldstärke an anderen Orten der Kugeloberfläche geringer ist und formal nicht zum Durchschlag führt.

Aufgabe 2.5.2-1: Man bestimme für undotierte und dotierte Halbleiter den Zusammenhang zwischen κ, Ladungsträgerdichten und Beweglichkeiten. Man gebe κ für reines und für mit $N = 10^{15}/\text{cm}^3$ dotiertes Silizium an.

$$S = \kappa E = (-nv_\text{n} + pv_\text{p})e = (n\chi_\text{n} + p\chi_\text{p})eE \qquad \Rightarrow\Big|_{v_\text{n}<0} \qquad \kappa = e(n\chi_\text{n} + p\chi_\text{p}).$$

Für den undotierten Halbleiter gilt $n = p = n_\text{i}$, woraus $\kappa = en_\text{i}(\chi_\text{n} + \chi_\text{p})$

$$\Rightarrow \quad \kappa_\text{Si} = 1{,}602\cdot 10^{-19}\cdot 6{,}8\cdot 10^{10}\cdot(1350 + 480)\frac{\text{S}}{\text{cm}} = 2\cdot 10^{-5}\frac{\text{S}}{\text{cm}} = 2\cdot 10^{-9}\frac{\text{Sm}}{\text{mm}^2}.$$

Bei einer Donatordotierung mit N_D gilt $\quad n_\text{n} \approx N_\text{D} \quad$ und $\quad p_\text{n} \approx n_\text{i}^2/N_\text{D}$

$$\Rightarrow \quad \kappa_\text{D} = e(N_\text{D}\chi_\text{n} + \frac{n_\text{i}^2}{N_\text{D}}\chi_\text{p}) = 2{,}16\cdot 10^{-5}\frac{\text{Sm}}{\text{mm}^2} \approx eN_\text{D}\chi_\text{n}.$$

Bei einer Akzeptordotierung mit N_A gilt $\quad p_\text{p} \approx N_\text{A} \quad$ und $\quad n_\text{p} \approx n_\text{i}^2/N_\text{A}$

$$\Rightarrow \quad \kappa_\text{A} = e(\frac{n_\text{i}^2}{N_\text{A}}\chi_\text{n} + N_\text{A}\chi_\text{p}) = 7{,}69\cdot 10^{-6}\frac{\text{Sm}}{\text{mm}^2} \approx eN_\text{A}\chi_\text{p}.$$

Aufgabe 2.5.2-2: Man berechne für eine Stromdichte von 1 A/mm² die Ladungsträgergeschwindigkeit in Kupfer, mit $N_D = 10^{15}/\mathrm{cm}^3$ dotiertem Silizium, und an der Anode einer Raumladungsströmung mit einem Elektrodenabstand von $d = 1\,\mathrm{mm}$.

$$v_{\mathrm{Cu}} = \frac{S}{N_{\mathrm{Cu}}e} = \frac{1\mathrm{A}}{\mathrm{mm}^2}\frac{\mathrm{m}^3}{10^{29}\cdot 1{,}602\cdot 10^{-19}\,\mathrm{As}} \approx 62{,}4\frac{\mu\mathrm{m}}{\mathrm{s}}.$$

$$v_{\mathrm{SiD}} \approx \frac{S}{N_{\mathrm{D}}e} = \frac{1\mathrm{A}}{\mathrm{mm}^2}\frac{\mathrm{m}^3}{10^{21}\cdot 1{,}602\cdot 10^{-19}\,\mathrm{As}} \approx 6{,}24\frac{\mathrm{km}}{\mathrm{s}}.$$

Aus Aufgabe 2.4-3 folgt bei der Raumladungsströmung für den Betrag der Ladungsdichte an der Anode bei $x = d$:

$$\rho = \frac{S}{v_{\mathrm{R}}} = \varepsilon_0\frac{4U}{9d^2} \quad\Rightarrow\quad v_{\mathrm{R}} = \frac{9Sd^2}{4U\varepsilon_0}.$$

Aus der Energiebilanz

$$eU = \frac{m_{\mathrm{e}}v_{\mathrm{R}}^2}{2} \quad\Rightarrow\quad U = \frac{m_{\mathrm{e}}v_{\mathrm{R}}^2}{2e} \quad\Rightarrow\quad v_{\mathrm{R}} = \sqrt[3]{\frac{9eSd^2}{2m_{\mathrm{e}}\varepsilon_0}} = 4{,}47\cdot 10^4\,\frac{\mathrm{km}}{\mathrm{s}}.$$

Aufgabe 2.5.2-3: Man rechne die vorige Aufgabe für eine Feldstärke von $E = 1\,\mathrm{V/mm}$.

$$v_{\mathrm{Cu}} = \frac{\kappa_{\mathrm{Cu}}E}{N_{\mathrm{Cu}}e} = \frac{58\,\mathrm{Sm}}{\mathrm{mm}^2}\frac{1\mathrm{V}}{\mathrm{mm}}\frac{\mathrm{m}^3}{10^{29}\cdot 1{,}602\cdot 10^{-19}\,\mathrm{As}} \approx 3{,}62\frac{\mathrm{m}}{\mathrm{s}}.$$

$$v_{\mathrm{SiD}} = \chi_{\mathrm{n}}E = 1350\frac{\mathrm{cm}^2}{\mathrm{Vs}}\frac{1\mathrm{V}}{\mathrm{mm}} = 135\frac{\mathrm{m}}{\mathrm{s}}.$$

Aus der Aufgabenstellung 2.4-2 folgt bei der Raumladungsströmung für den Betrag der Feldstärke an der Anode bei $x = d$ für den Betrag von $\boldsymbol{E}$:

$$E = \mathrm{grad}_x\varphi_{\mathrm{e}}(d) = \frac{4U}{3d^{4/3}}d^{1/3} = \frac{4U}{3d} \quad\Rightarrow\quad U = \frac{3Ed}{4}.$$

Aus der Energiebilanz

$$eU = \frac{m_{\mathrm{e}}v_{\mathrm{R}}^2}{2} \quad\Rightarrow\quad v_{\mathrm{R}} = \sqrt{\frac{2eU}{m_{\mathrm{e}}}} = \sqrt{\frac{3eEd}{2m_{\mathrm{e}}}} = 514\frac{\mathrm{km}}{\mathrm{s}}.$$

Aufgabe 2.5.3-1: Man weise nach, daß im allgemeinen Fall auf der Grenzfläche zwischen zwei gleichstromdurchflossenen Leitern zwingend eine Ladungsbedeckung σ auftritt. Gibt es spezielle Bedingungen, unter denen σ verschwindet?

Die Grenzflächenbedingung für die Normalkomponenten der Flußdichte lautet:

$$D_{\mathrm{n}2} - D_{\mathrm{n}1} = \sigma = \varepsilon_2E_{\mathrm{n}2} - \varepsilon_1E_{\mathrm{n}1} = \frac{\varepsilon_2}{\kappa_2}S_{\mathrm{n}2} - \frac{\varepsilon_1}{\kappa_1}S_{\mathrm{n}1} = \left(\frac{\varepsilon_2}{\kappa_2} - \frac{\varepsilon_1}{\kappa_1}\right)S_{\mathrm{n}}.$$

Ladungsbedeckungen zwischen den Leitern bilden sich nicht aus, wenn $\dfrac{\varepsilon_2}{\kappa_2} = \dfrac{\varepsilon_1}{\kappa_1}$.

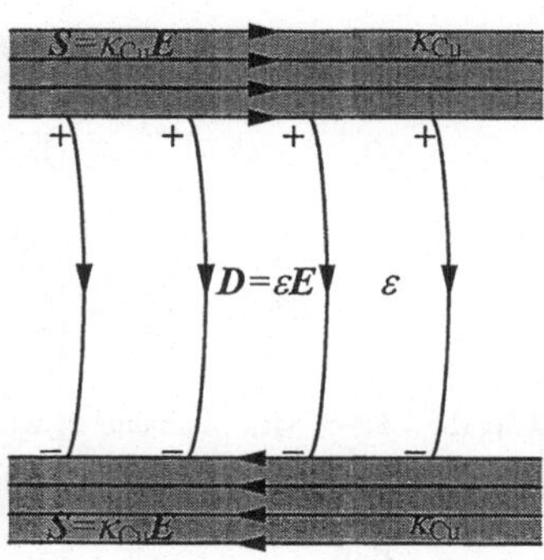

Aufgabe 2.5.3-2: Man skizziere die Feldverhältnisse analog zu Abb. 2.5-2 bei Gleichstrom für den realen Leiter mit κ_1 endlich.

Die Stromdichtefeldlinien verlaufen parallel zur Grenzfläche, da kein Strom in den Zwischenraum fließen kann. Die elektrischen Feldlinien stehen nicht exakt normal auf der Grenzfläche, da sie dort Tangential- und Normalanteil aufweisen.

***Aufgabe 2.5.3-3**: Ein Stromdichtefeld trifft entsprechend der Abbildung unter dem Winkel $\theta_1 = 30°$ auf ein Medium der Dicke $d = 1$ cm und $\kappa_2 = \kappa_1/2$, hinter dem wieder ein Medium mit κ_1 folgt. Um welches Stück a sind dort die Feldlinien gegenüber dem ersten Medium parallelverschoben?

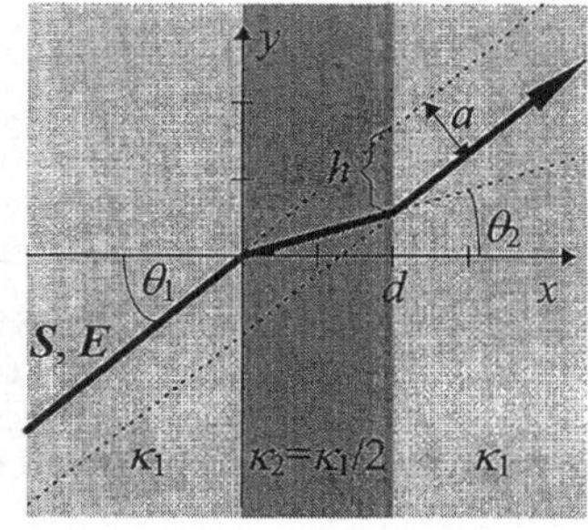

Aus der Grafik lesen wir ab:

$$h = d(\tan\theta_1 - \tan\theta_2) = \frac{a}{\cos\theta_1}$$

$$\Rightarrow \quad a = d(\sin\theta_1 - \cos\theta_1 \cdot \tan\theta_2)$$

$$= d(\sin\theta_1 - \cos\theta_1 \cdot \frac{\kappa_2}{\kappa_1}\tan\theta_1)$$

$$= d(1 - \frac{\kappa_2}{\kappa_1})\sin\theta_1 = 0{,}25\,\text{cm}.$$

Aufgabe 2.5.4-1: Man stelle div$\boldsymbol{E}$ für $\boldsymbol{E} = E_r(r)\vec{e}_r$ und $\kappa(r)$ in Kugelkoordinaten dar.

$$\text{div}\boldsymbol{E} = \frac{1}{r^2}\frac{\partial r^2 E_r}{\partial r} = -\frac{E_r}{\kappa}\frac{\partial \kappa}{\partial r}.$$

Aufgabe 2.5.4-2: Auf welche Weise ließe sich aus div$\boldsymbol{E}$ das Potential φ_e bestimmen?

$$-\,\text{div}\boldsymbol{E} = \text{div grad}\varphi_e = \Delta\varphi_e = \boldsymbol{E}\cdot\frac{\text{grad}\kappa}{\kappa} = -\text{grad}\varphi_e \cdot \frac{\text{grad}\kappa}{\kappa}.$$

Aufgabe 2.5.4-3: Man leite $E_{n1}/E_{n2} = \kappa_2/\kappa_1$ aus div$\boldsymbol{E}$ her.

Wegen der Eindimensionalität der Problemstellung nehmen wir die x-Koordinate als Normalenrichtung zur Trennebene zwischen κ_2 und κ_1 an. Dann gilt:

$$\text{div}\boldsymbol{E} = \frac{\text{d}E}{\text{d}x} = -\frac{E}{\kappa}\frac{\text{d}\kappa}{\text{d}x} \quad \Rightarrow \quad \frac{\text{d}E}{E} = -\frac{\text{d}\kappa}{\kappa} \quad \Rightarrow \quad \int_{E_{n1}}^{E_{n2}}\frac{\text{d}E}{E} = -\int_{\kappa_1}^{\kappa_2}\frac{\text{d}\kappa}{\kappa}.$$

$$\Rightarrow \quad \ln\frac{E_{n1}}{E_{n2}} = -\ln\frac{\kappa_1}{\kappa_2} = \ln\frac{\kappa_2}{\kappa_1} \quad \Rightarrow \quad \frac{E_{n1}}{E_{n2}} = \frac{\kappa_2}{\kappa_1}. \qquad \text{q.e.d.}$$

Aufgabe 2.5.5-1: Um wieviel % ändert sich ρ_{Cu}, wenn sich die Temperatur von 20°C auf 40°C erhöht?

$$\frac{\rho_{40} - \rho_{20}}{\rho_{20}} = \alpha_{20}\Delta T + \beta_{20}\Delta T^2 = 7{,}9\,\%.$$

Aufgabe 2.5.5-2: Bei welcher Temperatur hat sich die Konduktivität von Kupfer halbiert?

Halbierung der Konduktivität bedeutet Verdopplung der Resistivität, also $\rho(T) = 2\rho_{20}$:

$$\Rightarrow \quad 1 = \alpha_{20}\Delta T + \beta_{20}\Delta T^2 \qquad \Rightarrow \quad \Delta T^2 + \Delta T\frac{\alpha_{20}}{\beta_{20}} - \frac{1}{\beta_{20}} = 0$$

$$\Rightarrow \quad \Delta T = -\frac{\alpha_{20}}{2\beta_{20}} + \sqrt{\left(\frac{\alpha_{20}}{2\beta_{20}}\right)^2 + \frac{1}{\beta_{20}}} = 244\,°\text{C} \qquad \Rightarrow \quad \vartheta = 264\,°\text{C}.$$

Aufgabe 2.5.5-3: Man bestimme α_{20} und β_{20} für einen Temperaturverlauf $\rho(\vartheta) = \rho_{20}\cdot e^{\vartheta/20°\text{C}-1}$.

Aus der Äquivalenz der TAYLORreihentwicklungen ergibt sich:

$$\left.\frac{\mathrm{d}\rho}{\mathrm{d}\vartheta}\right|_{20°\text{C}} = \rho_{20}\alpha_{20} = \frac{\rho_{20}}{20°\,\text{C}} \qquad \Rightarrow \quad \alpha_{20} = \frac{0{,}05}{\text{K}},$$

$$\left.\frac{\mathrm{d}^2\rho}{\mathrm{d}\vartheta^2}\right|_{20°\text{C}} = 2\rho_{20}\beta_{20} = \frac{\rho_{20}}{(20°\,\text{C})^2} \qquad \Rightarrow \quad \beta_{20} = \frac{1{,}25\cdot 10^{-3}}{\text{K}^2}.$$

Der Übergang von °C auf K ist erlaubt, da es sich um relative Größen handelt.

Aufgabe 2.6.1-1: Man stelle für die Schichtenfolge in Abb. a) graphisch $S(x)$, $E(x)$ und $\varphi_e(x)$ dar. Welchen Wert hat der Gesamtwiderstand R? Wie groß sind die Spannungen in den einzelnen Zonen?

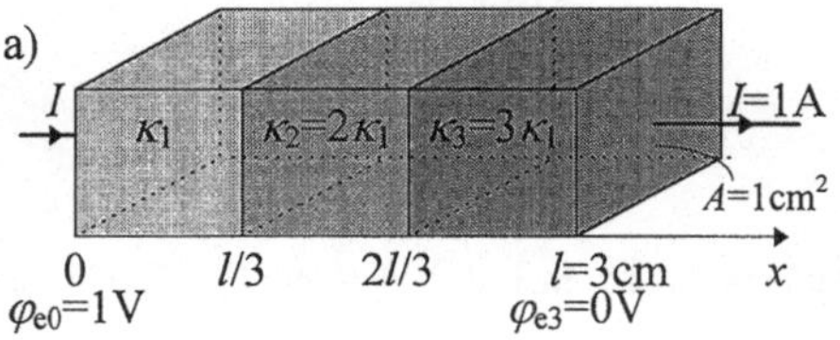

$$S(x) = \frac{I}{A} = 1\frac{\text{A}}{\text{cm}^2},$$

$$E(x) = \frac{S}{\kappa(x)}.$$

Sei in Zone 1 $E = E_1$. Mit

$$S = \kappa_1 E_1 = \kappa_2 E_2 = \kappa_3 E_3$$

$$\Rightarrow \quad E_2 = \tfrac{1}{2}E_1, \quad E_3 = \tfrac{1}{3}E_1.$$

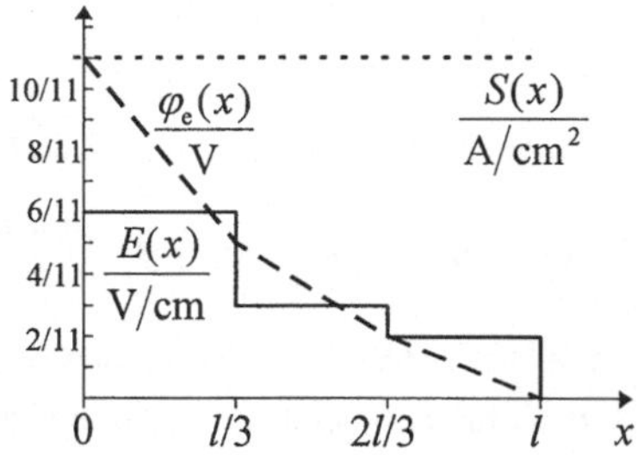

$$U = \varphi_{e0} - \varphi_{e3} = 1\,\text{V} = \int_0^l E\mathrm{d}x = (E_1 + \frac{E_1}{2} + \frac{E_1}{3})\frac{l}{3} = \frac{11}{18}E_1 l$$

$$\Rightarrow \quad E_1 = \frac{6}{11}\frac{\text{V}}{\text{cm}}, \quad E_2 = \frac{3}{11}\frac{\text{V}}{\text{cm}}, \quad E_3 = \frac{2}{11}\frac{\text{V}}{\text{cm}}$$

$$\Rightarrow \quad U_1 = \frac{6}{11}\text{V}, \quad U_2 = \frac{3}{11}\text{V}, \quad U_3 = \frac{2}{11}\text{V}.$$

$$\varphi_e(\tfrac{l}{3}) = U - U_1 = \frac{5}{11}\text{V}, \qquad \varphi_e(\tfrac{2l}{3}) = U_3 = \frac{2}{11}\text{V}; \qquad R = \frac{U}{I} = 1\,\Omega.$$

Aufgabe 2.6.1-2: Man bestimme in Abb. b) den Gesamtwiderstand R_G zwischen den Klemmen 0 und 3.

Schließen wir zwischen den Klemmen 0 und 3 eine Spannungsquelle an, wird der Strom symmetrisch nach links und rechts verteilt, d.h. 1 und 2 liegen auf gleichem Potential, der obere Querwiderstand R_{12} ist stromlos und kann herausgenommen werden. Dann liegt eine Parallelschaltung von $2R$, R und $2R$ vor, womit $R_G = \frac{1}{2}R$.

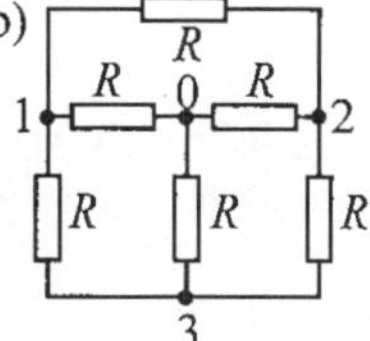

***Aufgabe 2.6.1-3**: Drei Drahtkreise mit dem Viertelwiderstand R sind gemäß Abb. c) ineinandergeschoben. Man bestimme den Gesamtwiderstand R_G zwischen zwei beliebigen Klemmen.

Wir verwenden Begriffe aus der Erdgeometrie: Nord/Südpol und Äquator. Wird eine Spannungsquelle mit Strommeßgerät an zwei Äquatorklemmen angeschlossen, liegen Nord- und Südpol auf dem gleichen Potential. Es kommen zwei Klemmenpaartypen vor: gegenüberliegende und benachbarte. Wir betrachten zunächst die gegenüberliegenden, woraus sich das linke Ersatzschaltbild ergibt. Die beiden $R/2$-Längswiderstände sind stromfrei und können herausgenommen werden, womit auch hier $R_{G1} = R/2$.

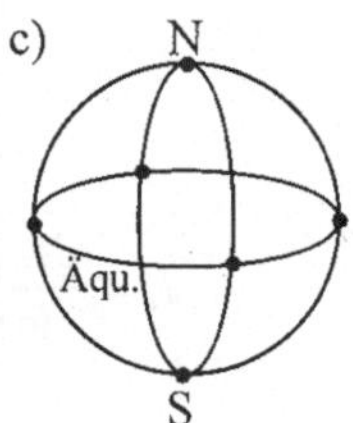

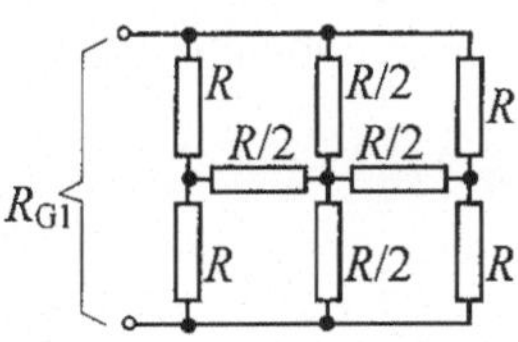

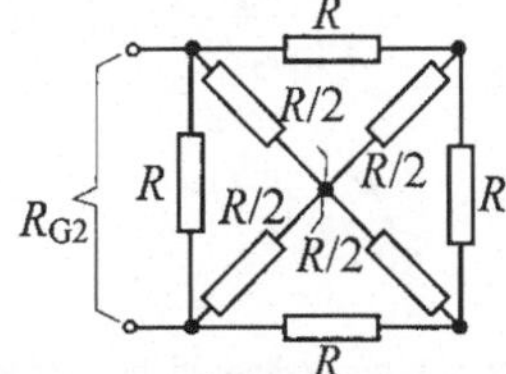

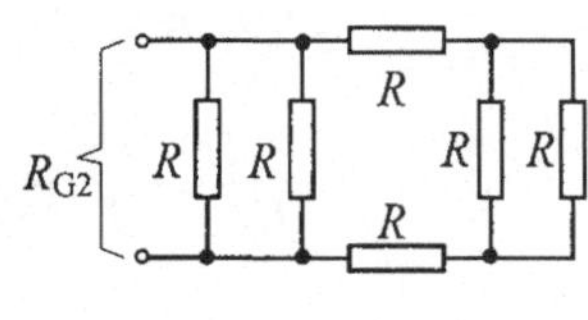

Die mittlere Abbildung steht für den Gesamtwiderstand bei benachbarten Klemmen und Nord/Südpol können, wie dargestellt, aufgetrennt werden, woraus sich das rechte Ersatzschaltbild ergibt, aus dem wir $R_{G2} = 5R/12$, also einen etwas kleineren Wert als R_{G1} ablesen.

Aufgabe 2.6.2-1: Man berechne für gegebenes Medium κ den Widerstand der Koaxialanordnung in Abb. 1.9-7a), wenn die Kontaktflächen statt der Zylinder die vordere und hintere Endfläche sind.

In Längsrichtung ist der Widerstand homogen, so daß wir uns Integrationen sparen können und die einfache Formel $R = \rho l/A$ anwendbar ist:

$$R = \frac{l}{\kappa\pi(b^2 - a^2)}.$$

Aufgabe 2.6.2-2: Man berechne den Ableitungsbelag G' zwischen zwei Leitern nach Abb. 1.9.8, wenn das nicht ideale Dielektrikum dazwischen die Leitfähigkeit κ aufweist.

Nutzen wir das Theorem der Transformation der Kapazität auf den Leitwert aus, erhalten wir unmittelbar aus dem Ergebnis des Abschnitts 1.9.2.3:

$$G' = \frac{G}{l} \approx \frac{\pi\kappa}{\ln d/a}.$$

Aufgabe 2.6.2-3: Man berechne den Widerstand R zwischen zwei konzentrischen Kugelelektroden mit Radien a und b, zwischen denen die Konduktivität gemäß $\kappa(r) = \kappa_a r/a$ verläuft.

$$\boldsymbol{S} = S_r(r)\vec{e}_r \qquad \text{mit} \qquad S_r(r) = \frac{I}{A(r)} = \frac{I}{4\pi r^2} \quad \Rightarrow \quad E_r(r) = \frac{I}{4\pi\kappa(r)r^2}.$$

$$U = \varphi_e(a) - \varphi_e(b) = \int_a^b E_r(r)\mathrm{d}r = \frac{Ia}{4\pi\kappa_a}\int_a^b \frac{\mathrm{d}r}{r^3} = \frac{Ia}{8\pi\kappa_a}\left(\frac{1}{a^2} - \frac{1}{b^2}\right)$$

$$\Rightarrow \quad R = \frac{U}{I} = \frac{a}{8\pi\kappa_a}\left(\frac{1}{a^2} - \frac{1}{b^2}\right) = \frac{1}{8\pi\kappa_a a}\left(1 - \frac{a^2}{b^2}\right).$$

***Aufgabe 2.6.2-4**: Für die zu einem Viertelzylinder der Länge h gebogene Schichtenfolge mit metallischen Elektroden (schwarz) sind die Konduktivitäten κ_1 und κ_2, sowie r_0, r_1, r_2 und U gegeben. Man bestimme $S(r)$ und $E(r)$ im Material, sowie den Gesamtleitwert G, den die Spannungsquelle sieht.

Stromdichte- und Feldstärkerichtszählpfeile seien zur jeweiligen Stromrichtung festgelegt. Mithilfe des rechten Ersatzschaltbilds lesen wir für die Parallelschaltung der Konduktivitäten ab:

I_2 I_1 I U R_2 R_1

$$S_{1,2}(r) = \frac{2I_{1,2}}{\pi r h}; \qquad U = \int_{r_0}^{r_1} E_1(r)\mathrm{d}r = \frac{2I_1}{\kappa_1 \pi h}\int_{r_0}^{r_1}\frac{\mathrm{d}r}{r} = \frac{2I_1}{\kappa_1 \pi h}\ln\frac{r_1}{r_0}$$

$$I_1 = \frac{U\kappa_1\pi h}{2\ln r_1/r_0} \qquad \Rightarrow \quad S_1(r) = \frac{U\kappa_1}{r\ln r_1/r_0}; \quad E_1(r) = \frac{S_1(r)}{\kappa_1} = \frac{U}{r\ln r_1/r_0}.$$

$$I_2 = \frac{U\kappa_2\pi h}{2\ln r_2/r_1} \qquad \Rightarrow \quad S_2(r) = \frac{U\kappa_2}{r\ln r_2/r_1}; \quad E_2(r) = \frac{S_2(r)}{\kappa_2} = \frac{U}{r\ln r_2/r_1}.$$

$$G = \frac{I_1 + I_2}{U} = \frac{\pi h}{2}\left(\frac{\kappa_1}{\ln r_1/r_0} + \frac{\kappa_2}{\ln r_2/r_1}\right).$$

Aufgabe 2.6.3-1: Zwei linear mit der Temperatur veränderliche Widerstände - NTC R_1 mit α_1 und PTC R_2 mit α_2 - werden in Reihe geschaltet. Welcher Gesamttemperaturkoeffizient α ergibt sich?

$$R = R_1 + R_2 = R_0(1 + \alpha\Delta T) = R_{1,0}(1 + \alpha_1\Delta T) + R_{2,0}(1 + \alpha_2\Delta T)$$

$$\Rightarrow \quad R_0\alpha = R_{1,0}\alpha_1 + R_{2,0}\alpha_2 \qquad \Rightarrow \quad \alpha = \frac{R_{1,0}\alpha_1 + R_{2,0}\alpha_2}{R_{1,0} + R_{2,0}}.$$

Aufgabe 2.6.3-2: Der Temperaturkoeffizient α läßt sich allgemein über $\alpha = (\mathrm{d}R/\mathrm{d}T)/R$ angeben. Man bestimme $\alpha\,(a,b,T)$ für einen gegebenen Strom/Spannungsverlauf $I = U\mathrm{e}^{-b/T}/a$.

$$R = \frac{U}{I} = a\mathrm{e}^{\frac{b}{T}} \qquad \Rightarrow \quad \frac{\mathrm{d}R}{\mathrm{d}T} = -R\frac{b}{T^2} \qquad \Rightarrow \quad \alpha = -\frac{b}{T^2}.$$

Aufgabe 2.6.3-3: Man bestimme R und r für eine Diode mit der Kennlinie $I = I_s(e^{eU/kT} - 1)$ bei $\vartheta = 70°\mathrm{C}$, $U = 0{,}62$ V und $I_s = 1$nA.

$$R = \frac{U}{I} = \frac{U}{I_s(\mathrm{e}^{\frac{eU}{kT}} - 1)} = 0{,}486\,\Omega; \qquad \frac{\mathrm{d}I}{\mathrm{d}U} = \frac{I_s e}{kT}\mathrm{e}^{\frac{eU}{kT}} \quad \Rightarrow \quad r = \frac{kT}{I_s e}\mathrm{e}^{-\frac{eU}{kT}} = 23\,\mathrm{m}\Omega.$$

Bei der Temperatur ist zu beachten, daß durch die Addition von 273,15 K auf den Absolutwert in K (elvin) umgerechnet werden muß.

Aufgabe 2.7.1-1: Welche Gleichspannung U verursacht die gleichen Wärmeverluste wie eine Wechselspannung $u(t) = 10\mathrm{V}\cdot\sin(2\pi t/T)$ der Periode T?

Gesucht ist der Effektivwert:

$$U^2 = \frac{1}{T}\int_0^T u^2(t)\mathrm{d}t = \frac{(10\,\mathrm{V})^2}{T}\int_0^T \sin^2(\frac{2\pi t}{T})\mathrm{d}t = \frac{(10\,\mathrm{V})^2}{2T}\int_0^T (1-\cos(\frac{4\pi t}{T}))\mathrm{d}t =$$

$$= \frac{(10\,\mathrm{V})^2}{2} \quad \Rightarrow \quad U = \frac{\hat{u}}{\sqrt{2}} = \frac{10\,\mathrm{V}}{\sqrt{2}} = 7{,}07\,\mathrm{V}.$$

Aufgabe 2.7.1-2: Eine Spannungsquelle U_q, ihr Innenwiderstand R_i und ein variabler Verbraucher R seien in Reihe geschaltet. Wie ist R zu wählen, damit er maximale Leistung P_{max} erhält? Welchen Wert hat dann P_{max}?

$$I = \frac{U_q}{R_i + R}; \qquad P_R = U_R I = \frac{RU_q}{R_i + R}\frac{U_q}{R_i + R} = U_q^2 \frac{R}{(R_i + R)^2}.$$

$$P_{\max} \quad \text{aus} \quad \frac{\mathrm{d}P_R}{\mathrm{d}R} = U_q^2 \frac{(R_i + R)^2 - 2R(R_i + R)}{(R_i + R)^4} \overset{!}{=} 0$$

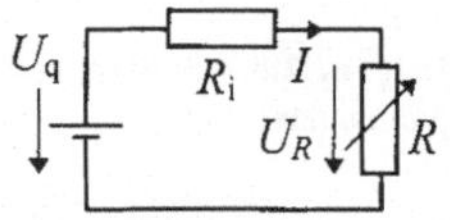

$$\Rightarrow \quad R = R_i \quad \Rightarrow \quad P_{\max} = \frac{U_q^2}{4R}.$$

Aufgabe 2.7.1-3: Man berechne die vorige Aufgabe für eine Stromquelle I_q und parallele Bauelemente.

$$U = \frac{I_q}{G_i + G}; \qquad P_G = UI_G = \frac{I_q}{G_i + G}\frac{GI_q}{G_i + G} = I_q^2 \frac{G}{(G_i + G)^2}.$$

$$P_{\max} \quad \text{aus} \quad \frac{\mathrm{d}P_G}{\mathrm{d}G} = I_q^2 \frac{(G_i + G)^2 - 2G(G_i + G)}{(G_i + G)^4} \overset{!}{=} 0$$

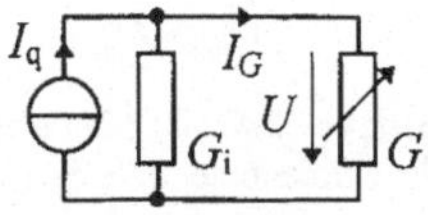

$$\Rightarrow \quad G = G_i \quad \Rightarrow \quad P_{\max} = \frac{I_q^2}{4G} = \frac{I_q^2 R}{4}.$$

Aufgabe 2.7.2-1: Man leite die Formel für die Volumenleistungsdichte p_V direkt aus der COULOMBkraft her.

$$p_V = \frac{\mathrm{d}P}{\mathrm{d}V} = \frac{\mathrm{d}Fv}{\mathrm{d}V} = E\frac{\mathrm{d}Q}{\mathrm{d}V}v = E\rho v = ES.$$

Aufgabe 2.7.2-2: Ein mit κ gefüllter Zylinderwiderstand nach Abb. 1.9.7a) liege an der Spannung U. Man bestimme $p_V(r)$.

Der Feldverlauf in einer Zylinderanordnung bei gegebener Spannung U wurde bereits berechnet:

$$E(r) = \frac{U}{r\ln b/a} \qquad \Rightarrow \quad p_V(r) = \kappa E^2 = \kappa(\frac{U}{r\ln b/a})^2.$$

Aufgabe 2.7.2-3: Man berechne mit der vorigen Aufgabe aus der Gesamtleistungsaufnahme den Widerstandswert R.

$$P = \iiint \kappa(\frac{U}{r\ln b/a})^2 \mathrm{d}V = \kappa(\frac{U}{\ln b/a})^2 l \int_a^b \frac{2\pi r}{r^2}\mathrm{d}r = 2\pi\kappa l(\frac{U}{\ln b/a})^2 \ln\frac{b}{a} =$$

$$P = \frac{2\pi\kappa l U^2}{\ln b/a} = \frac{U^2}{R}.$$

Aufgabe 2.8.1-1: Man stelle sämtliche Knotengleichungen auf und vergleiche die Summe dreier beliebiger mit der vierten.

$$K_0: \quad I_2 - I_3 - I_5 = 0 \qquad K_1: \quad -I_1 + I_3 - I_6 = 0$$

$$K_2: \quad I_4 + I_5 + I_6 = 0 \qquad K_3: \quad I_1 - I_2 - I_4 = 0.$$

Wir addieren z.B. die ersten drei und erhalten mit $-I_1 + I_2 + I_4 = 0$ die letzte.

Aufgabe 2.8.1-2: Man stelle die Maschengleichungen für M_1, M_2 und M_3 auf.

$$M_1: \quad U_{q1} + R_1 I_1 + U_{q4} + R_4 I_4 - U_{q6} - R_6 I_6 = 0$$

$$M_2: \quad U_{q2} + R_2 I_2 - U_{q4} - R_4 I_4 + U_{q5} + R_5 I_5 = 0$$

$$M_3: \quad U_{q3} + R_3 I_3 - U_{q5} - R_5 I_5 + U_{q6} + R_6 I_6 = 0.$$

Aufgabe 2.8.1-3: Man stelle sämtliche Ströme durch die Knotenpotentiale, Widerstände und Spannungsquellen dar.

$$I_1 = \frac{\varphi_{e1} - \varphi_{e3} - U_{q1}}{R_1}, \qquad I_2 = \frac{\varphi_{e3} - U_{q2}}{R_2}, \qquad I_3 = \frac{-\varphi_{e1} - U_{q3}}{R_3},$$

$$I_4 = \frac{\varphi_{e3} - \varphi_{e2} - U_{q4}}{R_4}, \qquad I_5 = \frac{-\varphi_{e2} - U_{q5}}{R_5}, \qquad I_6 = \frac{\varphi_{e1} - \varphi_{e2} - U_{q6}}{R_6}.$$

Aufgabe 2.8.2-1: Man stelle sämtliche Zweigspannungen für die jeweiligen Stromflußrichtungen in Abhängigkeit der Ströme und Quellspannungen dar.

$$U_{zi} = U_{qi} + R_i I_i, \qquad i = 1 \ldots 6.$$

Aufgabe 2.8.2-2: Man stelle sämtliche Zweigspannungen für die jeweiligen Stromflußrichtungen durch die Knotenpotentiale dar.

$$U_{z1} = \varphi_{e1} - \varphi_{e3}, \qquad U_{z2} = \varphi_{e3}, \qquad U_{z3} = -\varphi_{e1},$$

$$U_{z4} = \varphi_{e3} - \varphi_{e2}, \qquad U_{z5} = -\varphi_{e2}, \qquad U_{z6} = \varphi_{e1} - \varphi_{e2}.$$

Aufgabe 2.8.2-3: Gibt es Knoten, an denen mit Sicherheit mindestens ein Strom in die Gegenrichtung fließt? Gibt es Knoten, an denen mit Sicherheit alle Ströme in die angegebenen Richtungen fließen?

An K_2 fließen mindestens einer, höchstens zwei Ströme in die Gegenrichtung. An keinem Knoten kann zwingend angenommen werden, daß alle Stromzählpfeile richtig eingetragen sind.

Aufgabe 2.8.4-1: Man ermittle für die drei Netzwerke *m*, *n* und *z*.

A: $m = 3, n = 3, z = 6$.

Das Netzwerk hat gleich viele unabhängige Knoten- und Maschengleichungen.

B: $m = 4, n = 5, z = 9$.

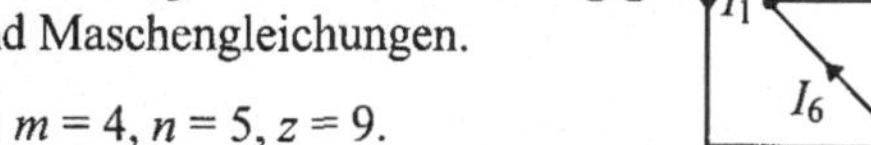

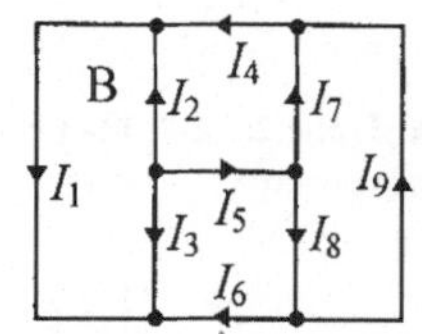

Das Netzwerk hat mehr unabhängige Knoten- als Maschengleichungen.

C: $m = 6, n = 7, z = 13$.

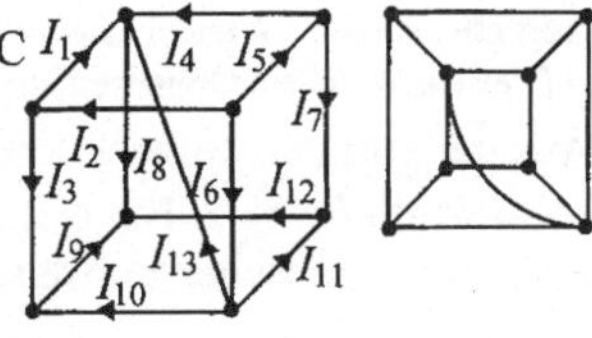

Dieses nichtplanare Netzwerk hat ebenfalls mehr unabhängige Knoten- als Maschengleichungen und kann auch wie rechts dargestellt werden. Man erkennt fünf planare innere Maschen und eine sechste durch den darüberliegenden Zweig.

Aufgabe 2.8.4-2: Man überprüfe, ob I_1, I_2 und I_3 jeweils ein vollständiges System unabhängiger Zweigströme bilden.

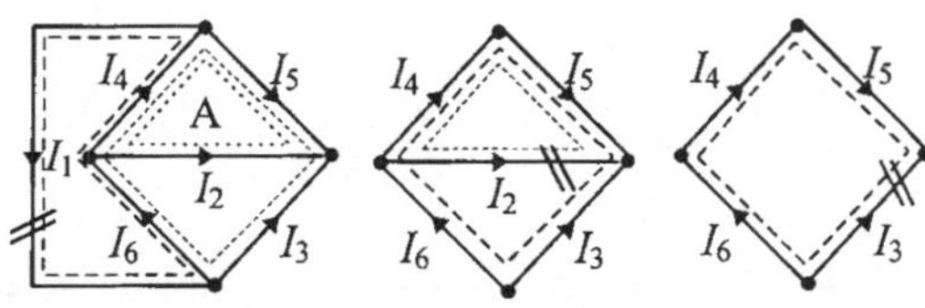

Bei Netzwerk A wählen wir den Umlauf I_1, I_4, I_6 und trennen bei I_1 auf, dann wählen wir I_2, I_4, I_5 und trennen bei I_2 auf, dann I_3, I_4, I_5, I_6. Da immer die Möglichkeit besteht, eine weitere Masche durch nicht vorgegebene Ströme zu schließen, ist das System unabhängig. Da am Ende keine geschlossenen Masche mehr übrig ist, ist es vollständig (auch wegen $m = 3$).

Für Netzwerk B sind die drei Ströme wegen $m = 4$ einfach unterbestimmt, aber unabhängig, da sich immer Maschen schließen lassen. Die restlichen Ströme können zumindest nicht alle bestimmt werden.

Für Netzwerk C sind die drei Ströme abhängig, da sie sämtlich und kein weiterer Strom an einem Knoten zusammenfließen. Dies ist ein hinreichendes, aber kein notwendiges Kriterium. Es kann keine dritte Masche geschlossen werden. Die restlichen Ströme können nicht bestimmt werden.

Aufgabe 2.8.4-3: Man berechne die restlichen Zweigströme aus den Zweigströmen $I_1 = 1$ A, $I_2 = -1$ A und $I_3 = 2$ A, falls dies möglich ist.

Dies ist nur für A möglich, wo gilt:

rechter Knoten:	$I_5 = -I_2 - I_3 = -1$ A,	oberer Knoten:	$I_4 = I_1 + I_5 = 0$,
linker Knoten:	$I_6 = I_2 + I_4 = -1$ A,	Test unterer Knoten:	$I_1 - I_3 - I_6 = 0$,

Für B gilt:	$I_4 = I_1 - I_2 = 2$ A,	$I_5 = -I_2 - I_3 = -1$ A,	$I_6 = -I_1 - I_3 = -3$ A
	$I_7 = I_4 - I_9 = ?$	$I_8 = I_5 - I_7 = ?$	$I_9 = I_8 - I_6 = ?$

Für C gilt nach der Vorgabe am linken oberen Knoten: $-I_1 + I_2 - I_3 = -4$ A - sollte aber Null sein - folglich ist die Vorgabe falsch. Das bedeutet, das Ergebnis ist nicht nur unterbestimmt, sondern auch widersprüchlich. Die weitere Analyse ist damit irrelevant.

Aufgabe 2.8.4-4: Wie groß muß für ein beliebiges Netzwerk m mindestens sein, damit $n > m$ möglich ist? Wie groß ist dann z?

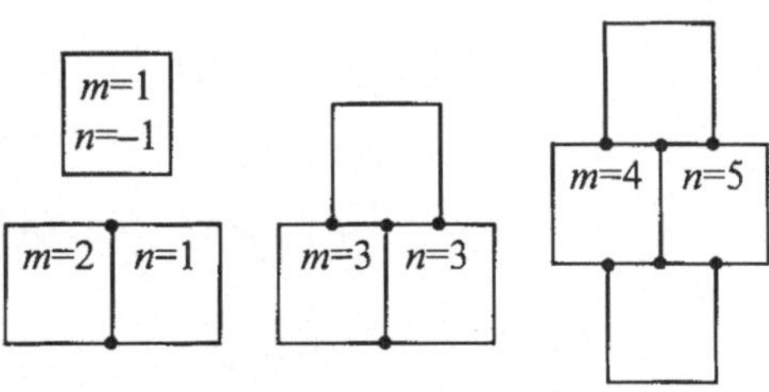

Aus der Abbildung erkennen wir, daß ein $m = 1$maschiges Netzwerk keinen Knoten aufweist und damit die Anzahl der unabhängigen Knoten rein rechnerisch $n = -1$ beträgt. Fügen wir nun Zweige hinzu, die nicht an bereits existierenden Knoten enden, entstehen dadurch jeweils in Wirklichkeit drei Zweige und zwei neue Knoten. Wächst damit die Maschenanzahl um 1, wächst die Knotenanzahl um 2, woraus für $m \geq 4$ $n > m$ sein kann, also $z = m + n = 3(m - 1) \geq 9$.

Aufgabe 2.8.4-5: Wieviel unabhängige Knoten kann ein beliebiges *m*-maschiges Netzwerk maximal aufweisen. Welchem Grenzwert strebt dann *n/m* für $m \to \infty$ zu?

Aus der vorigen Aufgabe lesen wir das allgemeingültige Gesetz $n = 2m - 3$ ab. Für $m \to \infty$ wird $n/m \to 2$. Ein Netzwerk kann also nie mehr als doppelt soviele unabhängige Knoten wie Maschen aufweisen.

Aufgabe 2.8.5-1: Man stelle die Maschenstrom-Matrixgleichung für die eingezeichneten Maschen durch unmittelbares Ablesen aus dem Netzwerk auf.

$$\underbrace{\begin{pmatrix} R_1+R_4+R_6 & -R_4 & -R_6 \\ -R_4 & R_2+R_4+R_5 & -R_5 \\ -R_6 & -R_5 & R_3+R_5+R_6 \end{pmatrix}}_{\boldsymbol{R}} \cdot \underbrace{\begin{pmatrix} I_1 \\ I_2 \\ I_3 \end{pmatrix}}_{\boldsymbol{I}} = \underbrace{\begin{pmatrix} -U_{q1}-U_{q4}+U_{q6} \\ -U_{q2}-U_{q5}+U_{q4} \\ -U_{q3}-U_{q6}+U_{q5} \end{pmatrix}}_{\boldsymbol{U}_q}.$$

Aufgabe 2.8.5-2: Man gebe die Formel für die MID $|\boldsymbol{R}|$ und ihren Wert an.

$$|\boldsymbol{R}| = \begin{vmatrix} R_1+R_4+R_6 & -R_4 & -R_6 \\ -R_4 & R_2+R_4+R_5 & -R_5 \\ -R_6 & -R_5 & R_3+R_5+R_6 \end{vmatrix} =$$

$$= (R_1+R_4+R_6)\big((R_2+R_4+R_5)(R_3+R_5+R_6)-R_5^2\big) - \\ - R_4\big(R_5R_6+R_4(R_3+R_5+R_6)\big) - R_6\big(R_4R_5+R_6(R_2+R_4+R_5)\big).$$

$$\begin{vmatrix} 11 & -5 & -1 \\ -5 & 12 & -4 \\ -1 & -4 & 7 \end{vmatrix}\Omega^3 = \big(11(12\cdot 7-4^2)-5\cdot(4\cdot 1+5\cdot 7)-1\cdot(5\cdot 4+12\cdot 1)\big)\Omega^3 = 521\Omega^3.$$

Aufgabe 2.8.5-3: Man gebe die Formel für die Zählerdeterminante des Stroms I_2 an, und bestimme alle Ströme nach der CRAMERschen Regel.

$$|\boldsymbol{R}_{\mathrm{II}}| = \begin{vmatrix} R_1+R_4+R_6 & -U_{q1}-U_{q4}+U_{q6} & -R_6 \\ -R_4 & -U_{q2}-U_{q5}+U_{q4} & -R_5 \\ -R_6 & -U_{q3}-U_{q6}+U_{q5} & R_3+R_5+R_6 \end{vmatrix} =$$

$$= (-U_{q1}-U_{q4}+U_{q6})\big(R_5R_6+R_4(R_3+R_5+R_6)\big) + \\ (-U_{q2}-U_{q5}+U_{q4})\big((R_1+R_4+R_6)(R_3+R_5+R_6)-R_6^2\big) + \\ (-U_{q3}-U_{q6}+U_{q5})\big(R_4R_6+R_5(R_1+R_4+R_6)\big).$$

$$I_1 = \begin{vmatrix} 0 & -5 & -1 \\ -2 & 12 & -4 \\ -3 & -4 & 7 \end{vmatrix}\frac{\mathrm{V}\Omega^2}{521\Omega^3} = \frac{-2\cdot(4\cdot 1+5\cdot 7)-3\cdot(5\cdot 4+12\cdot 1)}{521}\mathrm{A} = \\ = -\frac{174}{521}\mathrm{A} = -0{,}3340\,\mathrm{A},$$

$$I_2 = \begin{vmatrix} 11 & 0 & -1 \\ -5 & -2 & -4 \\ -1 & -3 & 7 \end{vmatrix} \frac{\text{V}\Omega^2}{521\,\Omega^3} = \frac{11\cdot(-2\cdot 7-3\cdot 4)-5\cdot 3\cdot 1+1\cdot 2\cdot 1}{521}\,\text{A} = -\frac{299}{521}\,\text{A} = -0{,}5739\,\text{A},$$

$$I_3 = \begin{vmatrix} 11 & -5 & 0 \\ -5 & 12 & -2 \\ -1 & -4 & -3 \end{vmatrix} \frac{\text{V}\Omega^2}{521\,\Omega^3} = \frac{11\cdot(-12\cdot 3-4\cdot 2)+5\cdot 5\cdot 3-1\cdot 5\cdot 2}{521}\,\text{A} = -\frac{419}{521}\,\text{A} = -0{,}8042\,\text{A},$$

$$I_4 = I_1 - I_2 = \frac{-174+299}{521}\,\text{A} = \frac{125}{521}\,\text{A} = 0{,}2399\,\text{A},$$

$$I_5 = I_2 - I_3 = \frac{-299+419}{521}\,\text{A} = \frac{120}{521}\,\text{A} = 0{,}2303\,\text{A},$$

$$I_6 = I_3 - I_1 = \frac{-419+174}{521}\,\text{A} = -\frac{245}{521}\,\text{A} = -0{,}4702\,\text{A}.$$

Aufgabe 2.8.5-4: Man bestimme aus der vorigen Aufgabe die Knotenpotentiale.

$$\varphi_{e1} = -U_{q3} - R_3 I_3 = -2{,}3916\,\text{V}, \qquad \varphi_{e2} = -U_{q5} - R_5 I_5 = -3{,}9213\,\text{V},$$

$$\varphi_{e3} = U_{q2} + R_2 I_2 = -3{,}7217\,\text{V}.$$

Aufgabe 2.8.5-5: Man gebe die nach den Maschenströmen aufgelöste Matrixgleichung in MATHCAD ein und stelle das Ergebnis sowohl symbolisch als auch numerisch dar.

Die Eingabe für die Matrixgleichung lautet

$$I := \begin{pmatrix} R_1 + R_4 + R_6 & -R_4 & -R_6 \\ -R_4 & R_2 + R_4 + R_5 & -R_5 \\ -R_6 & -R_5 & R_3 + R_5 + R_6 \end{pmatrix}^{-1} \cdot \begin{pmatrix} -U_{q1} - U_{q4} + U_{q6} \\ -U_{q2} - U_{q5} + U_{q4} \\ -U_{q3} - U_{q6} + U_{q5} \end{pmatrix},$$

woraus MATHCAD die o.a. Ergebnisse errechnet.

Aufgabe 2.8.5-6: Man berechne die Maschenströme nach dem GAUß-SEIDEL-Algorithmus.

Eingabe: m=3:DATA 11,–5,–1,0,12,–4,–2,7,–3

Ausgabe:

R	1	2	3	I	Uq
1	11	–5	–1	–0.3340	0
2	–5	12	–4	–0.5739	–2
3	–1	–4	7	–0.8042	–3

Aufgabe 2.8.5-7: Welche Einheit hat die MID eines allgemeinen Netzwerks mit m Maschen, welche die Zählerdeterminanten?

$$[|\boldsymbol{R}|] = \Omega^m, \qquad [|\boldsymbol{R}_j|] = \text{V}\cdot\Omega^{m-1}.$$

Aufgabe 2.8.6-1: Man stelle die Knotenpotential-Matrixgleichung für die eingezeichneten Knoten durch unmittelbares Ablesen aus dem Netzwerk auf.

$$\underbrace{\begin{pmatrix} G_1+G_3+G_6 & -G_6 & -G_1 \\ -G_6 & G_4+G_5+G_6 & -G_4 \\ -G_1 & -G_4 & G_1+G_2+G_4 \end{pmatrix}}_{\boldsymbol{G}} \cdot \underbrace{\begin{pmatrix} \varphi_{e1} \\ \varphi_{e2} \\ \varphi_{e3} \end{pmatrix}}_{\varphi_e} = \underbrace{\begin{pmatrix} U_{q1}G_1 - U_{q3}G_3 + U_{q6}G_6 \\ -U_{q4}G_4 - U_{q5}G_5 - U_{q6}G_6 \\ -U_{q1}G_1 + U_{q2}G_2 + U_{q4}G_4 \end{pmatrix}}_{\boldsymbol{I}_q}.$$

Aufgabe 2.8.6-2: Man gebe die Formel für die KAD $|\boldsymbol{G}|$ und ihren Wert an.

$$|\boldsymbol{G}| = \begin{vmatrix} G_1+G_3+G_6 & -G_6 & -G_1 \\ -G_6 & G_4+G_5+G_6 & -G_4 \\ -G_1 & -G_4 & G_1+G_2+G_4 \end{vmatrix} =$$

$$= (G_1+G_3+G_6)\big((G_4+G_5+G_6)(G_1+G_2+G_4) - G_4^2\big) -$$
$$- G_6\big(G_1G_4 + G_6(G_1+G_2+G_4)\big) - G_1\big(G_4G_6 + G_1(G_4+G_5+G_6)\big).$$

$$= \begin{vmatrix} 1{,}7 & -1 & -0{,}2 \\ -1 & 1{,}45 & -0{,}2 \\ -0{,}2 & -0{,}2 & 0{,}7\bar{3} \end{vmatrix} \mathrm{S}^3 = (1{,}7\cdot(1{,}45\cdot 0{,}7\bar{3} - 0{,}2^2) - 1\cdot(0{,}2^2 + 1\cdot 0{,}7\bar{3}) -$$
$$- 0{,}2^2\cdot(1+1{,}45))\,\mathrm{S}^3 = 0{,}868\bar{3}\,\mathrm{S}^3.$$

Aufgabe 2.8.6-3: Man gebe die Formel für die Zählerdeterminante des Potentials φ_{e3} an, und bestimme die Knotenpotentiale nach der CRAMERschen Regel.

$$|\boldsymbol{G}_{\mathrm{III}}| = \begin{vmatrix} G_1+G_3+G_6 & -G_6 & U_{q1}G_1 - U_{q3}G_3 + U_{q6}G_6 \\ -G_6 & G_4+G_5+G_6 & -U_{q4}G_4 - U_{q5}G_5 - U_{q6}G_6 \\ -G_1 & -G_4 & -U_{q1}G_1 + U_{q2}G_2 + U_{q4}G_4 \end{vmatrix} =$$

$$= (\ U_{q1}G_1 - U_{q3}G_3 + U_{q6}G_6)\big(G_4G_6 + G_1(G_4+G_5+G_6)\big) +$$
$$(-U_{q4}G_4 - U_{q5}G_5 - U_{q6}G_6)\big(G_1G_6 + G_4(G_1+G_3+G_6)\big) +$$
$$(-U_{q1}G_1 + U_{q2}G_2 + U_{q4}G_4)\big((G_4+G_5+G_6)(G_1+G_3+G_6) - G_6^2\big).$$

$$\varphi_{e1} = \begin{vmatrix} 0{,}6 & -1 & -0{,}2 \\ -2{,}55 & 1{,}45 & -0{,}2 \\ -1{,}4\bar{6} & -0{,}2 & 0{,}7\bar{3} \end{vmatrix} \frac{\mathrm{AS}^2}{0{,}868\bar{3}\,\mathrm{S}^3} =$$

$$= \frac{0{,}6\cdot(1{,}45\cdot 0{,}7\bar{3} - 0{,}2^2) - 2{,}55\cdot(0{,}2^2 + 1\cdot 0{,}7\bar{3}) - 1{,}4\bar{6}\cdot 0{,}2\cdot(1+1{,}45)}{0{,}868\bar{3}}\,\mathrm{V} =$$

$$= -\frac{2{,}07\bar{6}}{0{,}868\bar{3}}\,\mathrm{V} = -2{,}3916\,\mathrm{V},$$

$$\varphi_{e2} = \begin{vmatrix} 1{,}7 & 0{,}6 & -0{,}2 \\ -1 & -2{,}55 & -0{,}2 \\ -0{,}2 & -1{,}4\overline{6} & 0{,}7\overline{3} \end{vmatrix} \frac{\mathrm{AS}^2}{0{,}868\overline{3}\,\mathrm{S}^3} =$$

$$= \frac{1{,}7\cdot(-2{,}55\cdot 0{,}7\overline{3} - 0{,}2\cdot 1{,}4\overline{6}) - 1\cdot(0{,}2\cdot 1{,}4\overline{6} - 0{,}6\cdot 0{,}7\overline{3}) - 0{,}2^2\cdot(-0{,}6-2{,}55)}{0{,}868\overline{3}}\,\mathrm{V} =$$

$$= -\frac{3{,}405}{0{,}868\overline{3}}\,\mathrm{V} = -3{,}9213\,\mathrm{V},$$

$$\varphi_{e3} = \begin{vmatrix} 1{,}7 & -1 & 0{,}6 \\ -1 & 1{,}45 & -2{,}55 \\ -0{,}2 & -0{,}2 & -1{,}4\overline{6} \end{vmatrix} \frac{\mathrm{AS}^2}{0{,}868\overline{3}\,\mathrm{S}^3} =$$

$$= \frac{1{,}7\cdot(-1{,}45\cdot 1{,}4\overline{6} - 0{,}2\cdot 2{,}55) - 1\cdot(-0{,}2\cdot 0{,}6 - 1\cdot 1{,}4\overline{6}) - 0{,}2\cdot(1\cdot 2{,}55 - 0{,}6\cdot 1{,}45)}{0{,}868\overline{3}}\,\mathrm{V} =$$

$$= -\frac{3{,}231\overline{6}}{0{,}868\overline{3}}\,\mathrm{V} = -3{,}7217\,\mathrm{V}.$$

Aufgabe 2.8.6-4: Man bestimme aus der vorigen Aufgabe alle Zweigströme.

Formeln s. Aufgabe 2.8.1-3, Werte s. Aufgabe 2.8.5-3.

Aufgabe 2.8.6-5: Man gebe die nach den Knotenpotentialen aufgelöste Matrixgleichung in MATHCAD ein und stelle das Ergebnis sowohl symbolisch als auch numerisch dar.

Die Eingabe für die Matrixgleichung lautet

$$\varphi_e := \begin{pmatrix} G_1+G_3+G_6 & -G_6 & -G_1 \\ -G_6 & G_4+G_5+G_6 & -G_4 \\ -G_1 & -G_4 & G_1+G_2+G_4 \end{pmatrix}^{-1} \cdot \begin{pmatrix} U_{q1}G_1 - U_{q3}G_3 + U_{q6}G_6 \\ -U_{q4}G_4 - U_{q5}G_5 - U_{q6}G_6 \\ -U_{q1}G_1 + U_{q2}G_2 + U_{q4}G_4 \end{pmatrix}.$$

woraus sich die o.a. Ergebnisse errechnen.

Aufgabe 2.8.6-6: Man berechne die Knotenpotentiale nach dem GAUß-SEIDEL-Algorithmus.

Eingabe: m=3:DATA 1.7,–1,–0.2,0.6,1.45,–0.2,–2.55,0.7333,–1.4667

Ausgabe:

G	1	2	3	U	Iq
1	1.7000	–1.0000	–0.2000	–2.3916	0.6000
2	–1.0000	1.4500	–0.2000	–3.9213	–2.5500
3	–0.2000	–0.2000	0.7333	–3.7217	–1.4667

Aufgabe 2.8.6-7: Man berechne numerisch die KAD $|\boldsymbol{G}|$ aus der MID $|\boldsymbol{R}|$.

Da in jedem Zweig nur ein Widerstand vorhanden ist, vereinfacht sich die Formel zu:

$$|\boldsymbol{G}| = \frac{|\boldsymbol{R}|}{\prod_{i=1}^{6} R_i} = \frac{521\,\Omega^3}{600\,\Omega^6} = 0{,}868\overline{3}\,\mathrm{S}^3.$$

Aufgabe 2.8.6-8: Welche Einheit hat die KAD eines allgemeinen Netzwerks mit n unabhängigen Knoten, welche die Zählerdeterminanten?

$$[|\boldsymbol{G}|] = \mathrm{S}^n, \qquad [|\boldsymbol{G}_j|] = \mathrm{A}\cdot\mathrm{S}^{n-1}.$$

Aufgabe 2.8.7-1: Man bestimme R_i, U_0 und I_0 aus der mittleren Zeile der Tabelle, wenn I_1, I_2, R_1 und R_2 bekannt sind.

Mit $U_1 = R_1 I_1$ und $U_2 = R_2 I_2$ ergibt sich unmittelbar:

$$R_i = \frac{R_2 I_2 - R_1 I_1}{I_1 - I_2}, \qquad U_0 = \frac{R_2 I_2 I_1 - R_1 I_1 I_2}{I_1 - I_2} = I_1 I_2 \frac{R_2 - R_1}{I_1 - I_2} = \frac{R_2 - R_1}{\dfrac{1}{I_2} - \dfrac{1}{I_1}},$$

$$I_0 = \frac{R_2 I_2 I_1 - R_1 I_1 I_2}{R_2 I_2 - R_1 I_1} = I_1 I_2 \frac{R_2 - R_1}{R_2 I_2 - R_1 I_1} = \frac{R_2 - R_1}{\dfrac{R_2}{I_1} - \dfrac{R_1}{I_2}}.$$

***Aufgabe 2.8.7-2**: Man berechne und skizziere die Ersatzzweipole (U_0, I_0, R_i) des Netzwerks zwischen K_1 und K_0 unter Verwendung von Ergebnissen der bereits durchgeführten Knotenpotentialanalyse.

$U_0 = \varphi_{e1} = -2{,}3916$ V, da sich beim Leerlaufversuch die Potentialverhältnisse nicht ändern. Zur Bestimmung von R_i schließen wir alle Spannungsquellen kurz, schließen zwischen K_1 und K_0 eine Stromquelle I_q an und berechnen mit dem Knotenpotentialverfahren das sich dabei einstellende Potential $I_q R_i$. Dabei können wir die bereits berechnete KAD von $|\boldsymbol{G}| = 0{,}868\bar{3}\mathrm{S}^3$ verwenden, da sich die passive Topologie nicht geändert hat:

$$I_q R_i = \begin{vmatrix} I_q & -1 & -0{,}2 \\ 0 & 1{,}45 & -0{,}2 \\ 0 & -0{,}2 & 0{,}7\bar{3} \end{vmatrix} \frac{\mathrm{S}^2}{0{,}868\bar{3}\mathrm{S}^3} = I_q \frac{1{,}45 \cdot 0{,}7\bar{3} - 0{,}2^2}{0{,}868\bar{3}} \Omega = I_q \cdot 1{,}1785\,\Omega.$$

$R_i = 1{,}1785\ \Omega$ ist dann der gesuchte Innenwiderstand, woraus $I_0 = \varphi_{e1}/R_i = -2{,}0293$ A.

Lastwiderstände und Potential φ'_{e1} beziehen sich bereits auf die nächste Aufgabe.

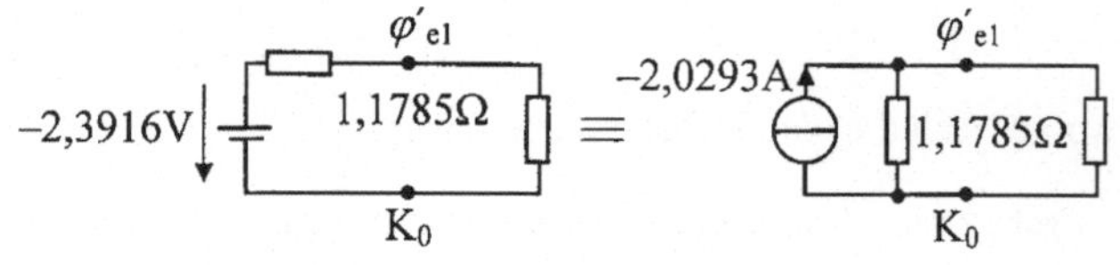

Aufgabe 2.8.7-3: Man lege einen Widerstand $R_p = 1{,}1785\ \Omega$ parallel zu Zweig 3, und berechne das sich dann an K_1 einstellende Potential φ'_{e1} mithilfe der vorigen Aufgabe, sowie über die Matrixgleichung mittels MATHCAD.

Da R_p gerade so groß ist wie der Innenwiderstand der Ersatzquelle, wird sich entsprechend obiger Skizze bei der linken Ersatzspannungsquellenmodellierung das ursprüngliche Potential φ_{e1} halbieren und folglich $\varphi'_{e1} = -1{,}1958$ V einstellen. Bei der Ersatzstromquelle verdoppelt sich der Leitwert und wir erhalten das gleiche Ergebnis. Mittels des Knotenpotentialverfahrens erhalten wir für die Matrixgleichung:

$$\begin{pmatrix} \varphi'_{e1} \\ \varphi'_{e2} \\ \varphi'_{e3} \end{pmatrix} := \begin{pmatrix} G_1 + G_3 + \underline{G_6 + G_p} & -G_6 & -G_1 \\ -G_6 & G_4 + G_5 + G_6 & -G_4 \\ -G_1 & -G_4 & G_1 + G_2 + G_4 \end{pmatrix}^{-1} \cdot \begin{pmatrix} U_{q1}G_1 - U_{q3}G_3 + U_{q6}G_6 \\ -U_{q4}G_4 - U_{q5}G_5 - U_{q6}G_6 \\ -U_{q1}G_1 + U_{q2}G_2 + U_{q4}G_4 \end{pmatrix}.$$

Unterstrichen ist das additiv an K_1 liegende $G_p = 1/R_p$. Wir kopieren die zuvor in Aufgabe 2.8.6-5 mit **MATHCAD** erstellte Gleichung und modifizieren sie wie angegeben, um den oben berechneten Wert $\varphi'_{e1} = -1{,}1958$ V zu erhalten.

Aufgabe 2.8.8-1: Man simuliere das Netzwerk und verifiziere die zuvor berechneten Ergebnisse.

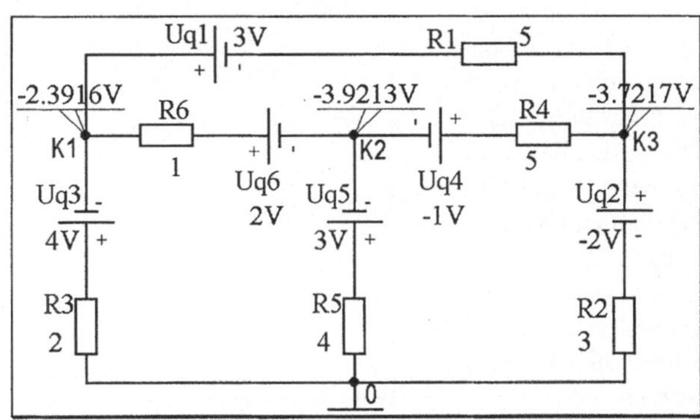

Die für das Ergebnis wesentlichen Ausgaben in der *.out*-Datei lauten:

NODE VOLTAGE
(K1) -2.3916

NODE VOLTAGE
(K2) -3.9213

NODE VOLTAGE
(K3) -3.7217

VOLTAGE SOURCE CURRENTS

NAME	CURRENT	NAME	CURRENT	NAME	CURRENT
V_Uq1	–3.340E–01	V_Uq2	–5.739E–01	V_Uq3	–8.042E–01
V_Uq4	2.399E–01	V_Uq5	2.303E–01	V_Uq6	–4.703E–01

TOTAL POWER DISSIPATION 3.56E+00 WATTS.

Aufgabe 2.8.8-2: Man simuliere das Netzwerk für $R_1 = 5\ \Omega$, $R_2 = 0{,}6R_1$, $R_3 = 0{,}4R_1$ und $U_{q1} = U_{q3} = 4U_{q2}$ unter Beibehaltung der übrigen Werte.

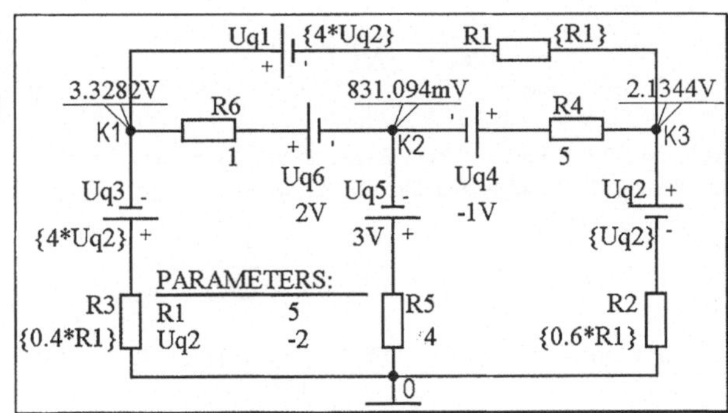

Aufgabe 2.8.8-3: Man variiere in Aufgabe 1: $0 < R_1/\Omega \leq 10$, und stelle alle Ströme in **PROBE** dar

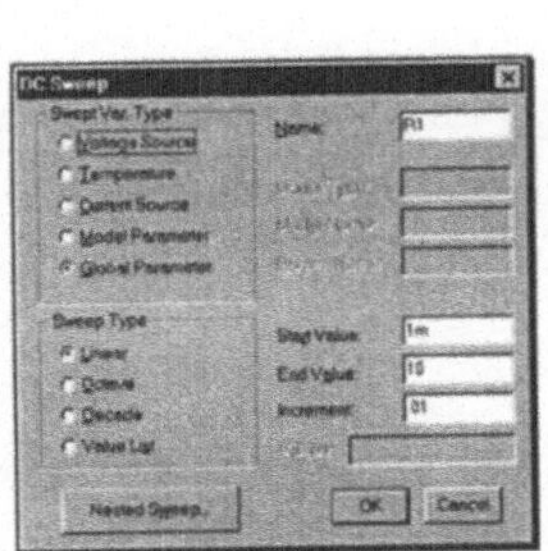

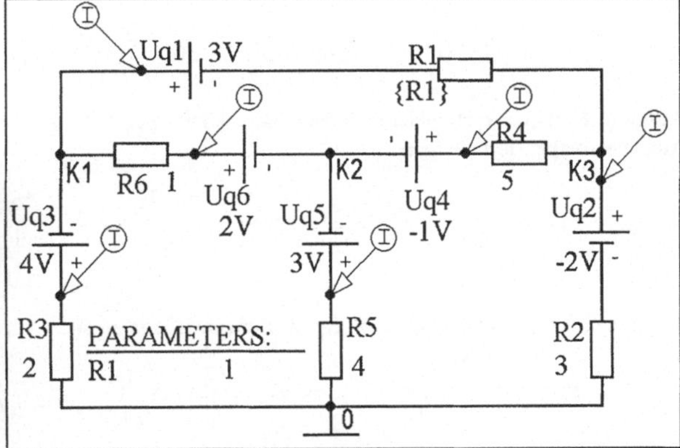

Die Marker wurden an den +-Polen der Spannungsquellen plaziert, da hier die Stromrichtung sichtbar in Spannungsrichtung fließt (s. Abschnitt 6.3.2.3). Die beiden Fadencursor wurden möglichst nahe bei dem Festwert von Aufgabe 1: $R_1 = 5\,\Omega$ auf I_1 und I_2 plaziert. Auch die anderen Ströme können hier abgelesen werden.

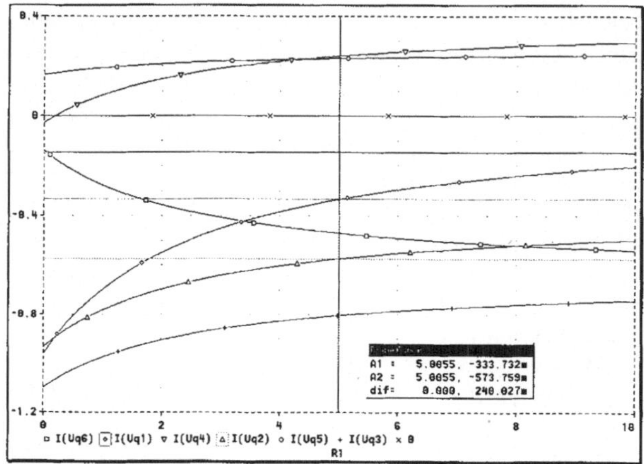

Aufgabe 2.9.1-1: Man berechne aus der genaueren Beziehung $p_{p0} = N_A + n_{p0}$ die Werte von p_{p0} und n_{p0} als Funktionen von N_A und n_i.

$$n_{p0} = \frac{n_i^2}{p_{p0}} \quad \Rightarrow \quad p_{p0} - N_A - \frac{n_i^2}{p_{p0}} = 0 \quad \Rightarrow \quad p_{p0}^2 - N_A p_{p0} - n_i^2 = 0$$

$$\Rightarrow \quad p_{p0} = \frac{N_A}{2} + \sqrt{\frac{N_A^2}{4} + n_i^2}, \qquad n_{p0} = -\frac{N_A}{2} + \sqrt{\frac{N_A^2}{4} + n_i^2}.$$

Aufgabe 2.9.1-2: Eine Elektronenkonzentration ändere sich linear von n_{p0} bei $x = 0$ auf n_{n0} bei $\Delta x = 170$ nm. Welcher Diffusionsstrom durchfließt eine Fläche von $A = 500\ \mu\text{m} \times 100\ \mu\text{m}$?

$$n_{p0} = \frac{n_i^2}{p_{p0}} = \frac{(6{,}8 \cdot 10^{10})^2}{10^{17}\,\text{cm}^3} = \frac{4{,}624 \cdot 10^4}{\text{cm}^3}.$$

Dieser Wert ist so niedrig, daß $\Delta n = n_{n0}$ gesetzt werden kann.

$$I_{\text{nDiff}} = S_{\text{nDiff}} A = eD_n \frac{\Delta n}{\Delta x} A \approx \chi_n kT \frac{n_{n0}}{\Delta x} A \approx \chi_n kT \frac{N_D}{\Delta x} A =$$

$$= 1350 \cdot 10^{-4} \cdot 1{,}3806 \cdot 10^{-23} \cdot 300 \frac{5 \cdot 10^{22}}{170 \cdot 10^{-9}} \cdot 500 \cdot 100 \cdot 10^{-12}\,\text{A} = 8{,}22\,\text{A}.$$

Aufgabe 2.9.1-3: Durch welchen Verlauf der elektrischen Feldstärke $E(x)$ muß der Strom der vorigen Aufgabe kompensiert werden?

$$n(x) = \frac{\Delta n}{\Delta x} x \quad \Rightarrow \quad E(x) = -U_T \frac{\mathrm{d}n/\mathrm{d}x}{n} = -U_T \frac{\Delta n/\Delta x}{\frac{\Delta n}{\Delta x} x} = -\frac{U_T}{x} = -\frac{25{,}85\,\text{mV}}{x}.$$

Aufgabe 2.9.2-1: Man berechne U_D für Silizium und Germanium.

$$U_{\text{DSi}} \approx U_T \ln \frac{N_A N_D}{n_{\text{iSi}}^2} = 25{,}85\text{mV} \ln \frac{5 \cdot 10^{33}}{(6{,}8 \cdot 10^{10})^2} = 0{,}716\,\text{V}.$$

$$U_{\mathrm{DGe}} \approx U_T \ln \frac{N_{\mathrm{A}} N_{\mathrm{D}}}{n_{\mathrm{iGe}}^2} = 25{,}85\mathrm{mV} \ln \frac{5 \cdot 10^{33}}{(2{,}5 \cdot 10^{13})^2} = 0{,}411\mathrm{V}.$$

Aufgabe 2.9.2-2: Man leite die BOLTZMANNgleichung für $n(\varphi_e)$ her.

$$\int_{\varphi_e(x)}^{\varphi_e(x_n)} \mathrm{d}\varphi_e = U_{\mathrm{D}} - \varphi_e(x) = -\int_x^{x_n} E\mathrm{d}x = U_T \int_{n(x)}^{n_{n0}} \frac{\mathrm{d}n}{n} = U_T \ln \frac{n_{n0}}{n(x)}$$

$$\Rightarrow \quad \frac{n_{n0}}{n(x)} = \mathrm{e}^{\frac{U_{\mathrm{D}} - \varphi_e(x)}{U_T}} \qquad \Rightarrow \quad n(\varphi_e) = n_{n0} \mathrm{e}^{-\frac{U_{\mathrm{D}} - \varphi_e(x)}{U_T}} = n_{n0} \mathrm{e}^{\frac{\varphi_e(x) - U_{\mathrm{D}}}{U_T}}.$$

Aufgabe 2.9.2-3: Man bestimme U_{D} unmittelbar aus der BOLTZMANNgleichung für $n(\varphi_e)$.

$$n(x_p) = n_{n0} \mathrm{e}^{\frac{\varphi_e(x_p) - U_{\mathrm{D}}}{U_T}} = n_{p0} = n_{n0} \mathrm{e}^{-\frac{U_{\mathrm{D}}}{U_T}} \qquad \Rightarrow \quad U_{\mathrm{D}} = U_T \ln \frac{n_{n0}}{n_{p0}}.$$

Aufgabe 2.9.3-1: Man berechne x_p, x_n und d für Aufgabe 2.9.2-1.

$$d = \sqrt{\frac{2\varepsilon_0 \varepsilon_r U_{\mathrm{D}}}{e} \left(\frac{1}{N_{\mathrm{A}}} + \frac{1}{N_{\mathrm{D}}}\right)}, \quad x_n = \frac{N_{\mathrm{A}}}{N_{\mathrm{A}} + N_{\mathrm{D}}} d, \quad x_p = \frac{-N_{\mathrm{D}}}{N_{\mathrm{A}} + N_{\mathrm{D}}} d = x_n - d.$$

Mit $\varepsilon_{\mathrm{rSi}} = 11{,}7$ bzw. $\varepsilon_{\mathrm{rGe}} = 16{,}3$ ergibt sich

$d_{\mathrm{Si}} = 167$ nm, $x_{\mathrm{nSi}} = 111$ nm, $x_{\mathrm{pSi}} = -55{,}6$ nm,

$d_{\mathrm{Ge}} = 149$ nm, $x_{\mathrm{nGe}} = 99{,}4$ nm, $x_{\mathrm{pGe}} = -49{,}7$ nm.

Aufgabe 2.9.3-2: Man bestimme den maximalen Feldstärkebetrag E_{max} als Funktion von U_{D} und d und gebe die Werte für Silizium und Germanium an.

$$E_{\mathrm{max}} = |E(0)| = \frac{eN_{\mathrm{D}}}{\varepsilon} x_n = \frac{eN_{\mathrm{D}}}{\varepsilon} \frac{N_{\mathrm{A}}}{N_{\mathrm{A}} + N_{\mathrm{D}}} d = \frac{2U_{\mathrm{D}}}{d}.$$

$$E_{\mathrm{maxSi}} = 8{,}594 \frac{\mathrm{V}}{\mu\mathrm{m}}, \qquad E_{\mathrm{maxGe}} = 5{,}515 \frac{\mathrm{V}}{\mu\mathrm{m}}.$$

Aufgabe 2.9.3-3: Man stelle den Potentialverlauf $\varphi_e(x)$ unter der Randbedingung $\varphi_e(0) = 0$ dar.

$$\varphi_{\mathrm{ep}}(x) = \int_x^0 E_p(x)\mathrm{d}x = -\frac{eN_{\mathrm{A}}}{\varepsilon} \int_x^0 (x' - x_p)\mathrm{d}x' = \frac{eN_{\mathrm{A}}}{\varepsilon} \left(\frac{x^2}{2} - x x_p\right),$$

$$\varphi_{\mathrm{en}}(x) = -\int_0^x E_n(x)\mathrm{d}x = -\frac{eN_{\mathrm{D}}}{\varepsilon} \int_0^x (x' - x_n)\mathrm{d}x' = \frac{eN_{\mathrm{D}}}{\varepsilon} \left(x x_n - \frac{x^2}{2}\right).$$

Aufgabe 2.9.4-1: Man gebe die Formel für I_s an und bestimme für $L_p = 10$ µm, $L_n = 5$ µm und $A = 500$ µm × 100 µm die Werte für Silizium und Germanium.

$$S_{\mathrm{nDiff}}(x_p) = eD_n \left.\frac{\mathrm{d}n}{\mathrm{d}x}\right|_{x_p} = eD_n \frac{n_p(x_p) - n_{p0}}{L_n} = \frac{eD_n}{L_n} n_{p0} \left(e^{\frac{U}{U_T}} - 1\right)$$

$$\Rightarrow \quad I_s = eA(\frac{D_p}{L_p} p_{n0} + \frac{D_n}{L_n} n_{p0}), \qquad I_{sSi} = 0{,}35\,\text{pA}, \qquad I_{sGe} = 0{,}15\,\mu\text{A}.$$

In der Praxis liegen die Ströme aufgrund weiterer Effekte meist höher.

Aufgabe 2.9.4-2: Auf welche Werte ändert sich I_s bei 70°C unter der Voraussetzung, daß D und L in gleicher Weise von der Temperatur abhängen?

p_{n0} und n_{p0} sind in gleicher Weise über n_i temperaturabhängig:

$$n_{p0}(T') = \frac{n_i^2(T')}{p_{p0}} = \frac{n_i^2(T)\mathrm{e}^{c(T'-T)}}{N_A} = n_{p0}(T)\mathrm{e}^{c(T'-T)},$$

$$p_{n0}(T') = \frac{n_i^2(T')}{n_{n0}} = \frac{n_i^2(T)\mathrm{e}^{c(T'-T)}}{N_D} = p_{n0}(T)\mathrm{e}^{c(T'-T)}$$

$$\Rightarrow \quad I_s(T') = I_s(T)\mathrm{e}^{c(T'-T)}.$$

$$I_{sSi}(343{,}15\,\text{K}) = 0{,}35\,\text{pA}\,\mathrm{e}^{0{,}06\cdot 43{,}15} = 4{,}67\,\text{pA},$$

$$I_{sGe}(343{,}15\,\text{K}) = 0{,}15\,\mu\text{A}\,\mathrm{e}^{0{,}08\cdot 43{,}15} = 4{,}74\,\mu\text{A}.$$

Aufgabe 2.9.4-3: Man gebe für $U > 0$ den Potentialverlauf $\varphi_e(x)$ für $\varphi_e(x_p) = 0$ an.

$$d(U) = \sqrt{\frac{2\varepsilon(U_D - U)}{e}(\frac{1}{N_A} + \frac{1}{N_D})},$$

$$x_p = \frac{-N_D}{N_A + N_D} d(U), \qquad x_n = \frac{N_A}{N_A + N_D} d(U).$$

Verwenden wir die so aufeinander zugewanderten Grenzen der Raumladungszone, ergibt sich mit den im Text angegebenen Potentialformeln des thermischen Gleichgewichts:

$$\varphi_{ep}(x,U) = \frac{eN_A}{2\varepsilon}\left(x - x_p(U)\right)^2, \qquad \varphi_{en}(x,U) = U_D - U - \frac{eN_D}{2\varepsilon}\left(x_n(U) - x\right)^2.$$

Aufgabe 2.9.5-1: Man bestimme für Bipolar-Transistor und FET die in Abb. 2.9-7 eingetragenen Ausgangskennlinien, die jeweils den Normalbetriebsbereich vom Sättigungsbereich trennen.

Bipolarer Transistor mit $U_{BE} = U_{CE}$ in Gln. 22:

$$I_B = I_s(\mathrm{e}^{\frac{U_{CE}}{U_T}} - 1) \qquad \Rightarrow \qquad I_C(U_{CE}) = BI_s(\mathrm{e}^{\frac{U_{CE}}{U_T}} - 1)\left((1 - \mathrm{e}^{-\frac{U_{CE}}{mU_T}}) + \frac{1}{\mu A}\frac{U_{CE}}{R_{CE}}\right).$$

FET mit $U_{GS}' = U_{DS}$ in Gl. 25:

$$I_D(U_{DS}) = I_{DS}\frac{U_{DS}^2}{U_0^2}.$$

Aufgabe 2.9.5-2: Man berechne die Steilheit des JUG-FET in Abhängigkeit von U_{GS}, normiert auf die maximale Steilheit S_{max}.

$$S_{\max} = \left.\frac{\mathrm{d}I_{\mathrm{D}}}{\mathrm{d}U_{\mathrm{GS}}}\right|_{I_{\mathrm{D}}=I_{\mathrm{DS}}} = -\frac{2}{U_{\mathrm{p}}} I_{\mathrm{DS}} \quad \Rightarrow \quad \frac{S}{S_{\max}} = 1 - \frac{U_{\mathrm{GS}}}{U_{\mathrm{p}}}.$$

Aufgabe 2.9.5-3: Man gebe für den OHMschen Bereich des FET den Potentialverlauf $\varphi_e(x)$ in Abhängigkeit von U_{GS}' und U_{DS} an.

Wir modifizieren Gl. 25, indem wir die oberen Integralgrenzen zu x bzw. $\varphi_e(x)$ setzen:

$$LI_{\mathrm{D}} \int_0^x \mathrm{d}x = -\chi C_{\mathrm{G}} \int_{-U'_{\mathrm{GS}}}^{\varphi_e(x)} \varphi_e \mathrm{d}\varphi_e \quad = I_{\mathrm{D}} L x = -\chi \frac{C_{\mathrm{G}}}{2} \left(\varphi_e^2(x) - U_{\mathrm{GS}}'^2 \right)$$

$$\Rightarrow \quad \varphi_e(x) = -\sqrt{U_{\mathrm{GS}}'^2 - \frac{2 I_{\mathrm{D}} L x}{\chi C_{\mathrm{G}}}} = -\sqrt{U_{\mathrm{GS}}'^2 - \frac{x}{L}(2U'_{\mathrm{GS}} U_{\mathrm{DS}} - U_{\mathrm{DS}}^2)}.$$

***Aufgabe 2.9.5-4**: Man leite aus Gl. 2.9-16 für die Sperrschichtbreite d für den JUG-FET das Ausgangskennlinienfeld $I_D(U_{DS}, U_{GS})$ im OHMschen Bereich unter Vernachlässigung der Diffusionsspannung U_D her.

Mit Gl. 2.9-16 für die Breite einer Raumladungszone d gilt bei schwacher Kanaldotierung der Dotierungsdichte N_D mit dem Gate auf Nullpotential:

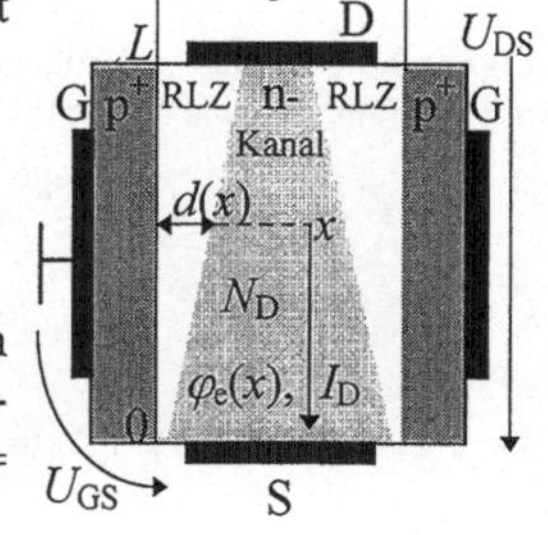

$$d(x) = \sqrt{\frac{2\varepsilon \varphi_e(x)}{e N_{\mathrm{D}}}}.$$

Mit der Kanalweite W ist $A(x) = W(b - 2d(x))$ die dem Drainstrom I_D effektiv zur Verfügung stehende Querschnittsfläche. Bei $U_{DS} = 0$ ist am Abschnürpunkt $\varphi_e(x) = -U_{GS} = -U_p > 0$ und $A(x) = 0$, woraus:

$$b = 2d(x) = 2\sqrt{\frac{-2\varepsilon U_{\mathrm{p}}}{e N_{\mathrm{D}}}} \quad \Rightarrow \quad 2d(x) = b\sqrt{\frac{\varphi_e(x)}{-U_{\mathrm{p}}}}.$$

Mit der Stromdichte $S(x) = \kappa E(x) = -\kappa \frac{\mathrm{d}\varphi_e}{\mathrm{d}x}$ erhalten wir

$$I_{\mathrm{D}} = -S(x) A(x) = \kappa W b (1 - \sqrt{\frac{\varphi_e(x)}{-U_{\mathrm{p}}}}) \frac{\mathrm{d}\varphi_e}{\mathrm{d}x}.$$

Wie beim IG-FET darf I_D nicht von x abhängen, und es ergibt sich durch analoge Integration wie in Gl. 25:

$$I_{\mathrm{D}} \int_0^L \mathrm{d}x = \kappa W b \int_{-U_{\mathrm{GS}}}^{U_{\mathrm{DS}}-U_{\mathrm{GS}}} (1 - \sqrt{\frac{\varphi_e}{-U_{\mathrm{p}}}}) \mathrm{d}\varphi_e$$

$$\Rightarrow \quad I_{\mathrm{D}} = \frac{\kappa W b}{L} \left[U_{\mathrm{DS}} - \frac{2}{3} \left(\sqrt{\frac{(U_{\mathrm{DS}} - U_{\mathrm{GS}})^3}{-U_{\mathrm{p}}}} - \sqrt{\frac{U_{\mathrm{GS}}^3}{U_{\mathrm{p}}}} \right) \right].$$

Wir ersetzen $\kappa Wb/L$ durch I_{DS}:

$$I_{\rm DS}=I_{\rm D}\big|_{U_{\rm GS}=0,U_{\rm DS}=-U_{\rm p}}=\frac{\kappa Wb}{L}\left(-U_{\rm p}-\frac{2}{3}(-U_{\rm p})\right)=-\frac{\kappa Wb}{L}\frac{U_{\rm p}}{3}$$

$$\Rightarrow\quad I_{\rm D}=I_{\rm DS}\left[-\frac{3U_{\rm DS}}{U_{\rm p}}-2\left(\frac{U_{\rm GS}-U_{\rm DS}}{U_{\rm p}}\right)^{3/2}+2\left(\frac{U_{\rm GS}}{U_{\rm p}}\right)^{3/2}\right].$$

Aufgabe 2.9.6-1: Man realisiere mit **PSPICE** eine möglichst einfache Schaltung zur Darstellung des Ausgangskennlinienfelds nach Abb. 2.9-7 für der Bipolartransistor *Q2N2222*.

Eingaben in der **SCHEMATICS** - **Analysis Setup**-Dialogbox:

DC Sweep... • Voltage Source, Name *UCE*, Start Value *0*, End Value *5V*, Increment 10mV.

Parametric... • Current Source, Name *IB*, Value List *5u 15u 30u 45u 60u 75u.*

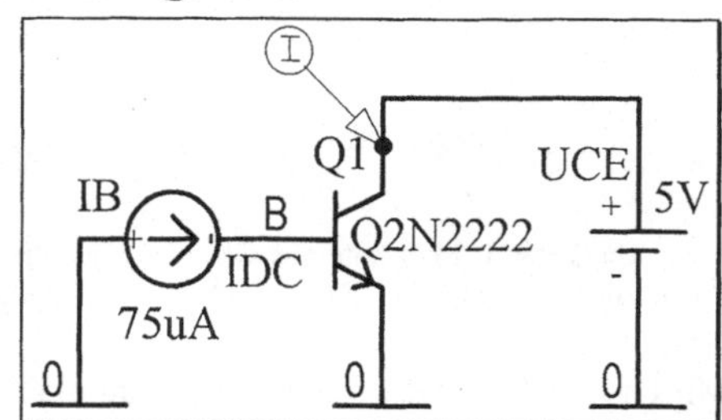

Aufgabe 2.9.6-2: Man verifiziere den Arbeitspunkt der Bipolartransistorschaltung mit der **MATHCAD**-*find*-(*suchen*)-Funktion, wie am Ende des Abschnitts 2.9.6.2 beschrieben.

$(U_q\ U_T\ I_s\ B):=(9\ .02585\ 10^{-18}\ 100)$ $\qquad (R_1\ R_2\ R_C\ R_E):=(68\ 12\ 8.2\ 1.2)\cdot 1000$

$(U_{BE}\ U_{CE}\ I_B\ I_C\ I_1):=(.7\ 3\ 10^{-6}\ 10^{-4}\ 10^{-4})$

given $\qquad U_{CE}+R_C\cdot I_C-R_1\cdot I_1=U_{BE}$

$R_2\cdot(I_B-I_1)+R_E\cdot(I_C+I_B)=-U_{BE}$ $\qquad U_{CE}+R_C\cdot I_C+R_E\cdot(I_C+I_B)=U_q$

$I_B=I_s\cdot\left(e^{\frac{U_{BE}}{U_T}}-1\right)$ $\qquad I_C=B\cdot I_B\cdot\left(1-e^{-\frac{U_{CE}}{U_T}}\right)$ $\qquad find(U_{BE},U_{CE},I_B,I_C,I_1)=\begin{bmatrix}0.753\\4.726\\4.541\cdot10^{-6}\\4.541\cdot10^{-4}\\1.132\cdot10^{-4}\end{bmatrix}$

***Aufgabe 2.9.6-3**: Man realisiere analog zum CMOS-NAND den Aufbau eines CMOS-NOR (NOT OR), bei dem sich der Ausgang in der Reihenfolge wie in der NAND-Tabelle zu 1 0 0 0 einstellt.

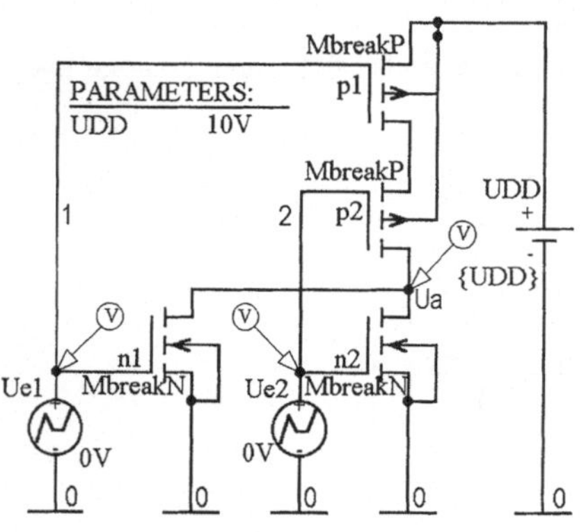

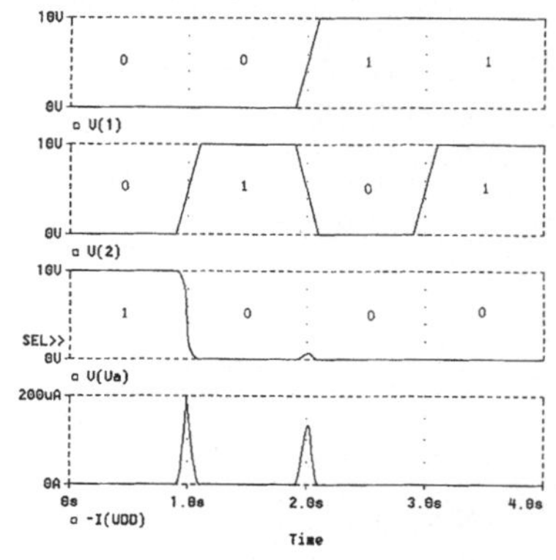

Aufgabe 2.10.1-1: Man bestimme die Verschiebungsstromdichte der Flußdichte $\boldsymbol{D} = (D_x,D_y,D_z) = (y,x,z)$ nC/m^3·sinωt.

$$\boldsymbol{S}_\mathrm{V}(x,t) = \frac{\partial}{\partial t}\begin{pmatrix} y \\ x \\ z \end{pmatrix}\sin\omega t\cdot\frac{\mathrm{nC}}{\mathrm{cm}^3} = \begin{pmatrix} y \\ x \\ z \end{pmatrix}\frac{\partial}{\partial t}\sin\omega t\cdot\frac{\mathrm{nC}}{\mathrm{cm}^3} = \begin{pmatrix} y \\ x \\ z \end{pmatrix}\omega\cos\omega t\cdot\frac{\mathrm{nC}}{\mathrm{cm}^3}.$$

Aufgabe 2.10.1-2: Man bestimme die Verschiebungsstromdichte der Flußdichte $\boldsymbol{D} = (D_x,D_y,D_z) = (y\sin\omega t, x\cos\omega t, z)$ nC/m^3.

$$\boldsymbol{S}_\mathrm{V}(x,t) = \frac{\partial}{\partial t}\begin{pmatrix} y\sin\omega t \\ x\cos\omega t \\ z \end{pmatrix}\frac{\mathrm{nC}}{\mathrm{cm}^3} = \begin{pmatrix} y\omega\cos\omega t \\ -x\omega\sin\omega t \\ 0 \end{pmatrix}\frac{\mathrm{nC}}{\mathrm{cm}^3} = \omega\begin{pmatrix} y\cos\omega t \\ -x\sin\omega t \\ 0 \end{pmatrix}\frac{\mathrm{nC}}{\mathrm{cm}^3}.$$

***Aufgabe 2.10.1-3**: Man berechne allgemein den Verschiebungsstrom des Felds der vorigen Aufgabe durch den schiefen Ebenenabschnitt in Abb. 1.6-7.

$$i_\mathrm{V}(t) = \omega\frac{\mathrm{nC}}{\mathrm{cm}^3}\int_0^a\int_0^{b(1-\frac{x}{a})}\begin{pmatrix} y\cos\omega t \\ -x\sin\omega t \\ 0 \end{pmatrix}\cdot\begin{pmatrix} c/a \\ c/b \\ 1 \end{pmatrix}\mathrm{d}y\mathrm{d}x =$$

$$= c\omega\frac{\mathrm{nC}}{\mathrm{cm}^3}\int_0^a\left(\frac{y^2}{2a}\cos\omega t - \frac{xy}{b}\sin\omega t\right)_0^{b(1-\frac{x}{a})}\cdot\mathrm{d}x =$$

$$= c\omega\frac{\mathrm{nC}}{\mathrm{cm}^3}\int_0^a\left(\frac{b^2}{2a}(1-\frac{2x}{a}+\frac{x^2}{a^2})\cos\omega t - (x-\frac{x^2}{a})\sin\omega t\right)\mathrm{d}x =$$

$$= c\omega\left(\frac{b^2}{2a}\frac{a}{3}\cos\omega t - \frac{a^2}{6}\sin\omega t\right)\frac{\mathrm{nC}}{\mathrm{cm}^3} = \frac{c\omega}{6}(b^2\cos\omega t - a^2\sin\omega t)\frac{\mathrm{nC}}{\mathrm{cm}^3}.$$

Aufgabe 2.10.2-1: Man bestimme die Relaxationszeiten der p- und n-Gebiete des Abschnitts 2.9.

$$\tau_\mathrm{p} \approx \frac{\varepsilon_0\varepsilon_\mathrm{rSi}}{N_\mathrm{A}e\chi_\mathrm{p}} = \frac{8{,}854\cdot10^{-12}\cdot11{,}7}{10^{23}\cdot1{,}602\cdot10^{-19}\cdot480\cdot10^{-4}}\mathrm{s} = 0{,}135\,\mathrm{ps}.$$

$$\tau_\mathrm{n} \approx \frac{\varepsilon_0\varepsilon_\mathrm{rSi}}{N_\mathrm{D}e\chi_\mathrm{n}} = \frac{8{,}854\cdot10^{-12}\cdot11{,}7}{5\cdot10^{22}\cdot1{,}602\cdot10^{-19}\cdot1350\cdot10^{-4}}\mathrm{s} = 0{,}096\,\mathrm{ps}.$$

Aufgabe 2.10.2-2: Man bestimme für ε = const. die Ladungsbedeckungen in den Grenzschichten der Abb. 2.6-2b) und überprüfe, ob in der Summe sämtliche Grenzschichtladungen verschwinden.

Mit dem Ergebnis von Aufgabe 2.5.3-1 folgt:

$$S = \frac{I}{A} = \frac{U}{RA} = \frac{U}{\frac{d_1}{\kappa_1} + \frac{d_2}{\kappa_2} + \frac{d_3}{\kappa_3}} \stackrel{!}{=} \frac{\sigma_{ij}}{\varepsilon(\frac{1}{\kappa_j} - \frac{1}{\kappa_i})} \quad \Rightarrow \quad \sigma_{ij} = \frac{U\varepsilon(\frac{1}{\kappa_j} - \frac{1}{\kappa_i})}{\frac{d_1}{\kappa_1} + \frac{d_2}{\kappa_2} + \frac{d_3}{\kappa_3}}.$$

Auf der oberen bzw. unteren Elektrode gilt:

$$\sigma_{01} = \frac{U\frac{\varepsilon}{\kappa_1}}{\frac{d_1}{\kappa_1} + \frac{d_2}{\kappa_2} + \frac{d_3}{\kappa_3}}, \qquad \sigma_{30} = \frac{-U\frac{\varepsilon}{\kappa_3}}{\frac{d_1}{\kappa_1} + \frac{d_2}{\kappa_2} + \frac{d_3}{\kappa_3}}.$$

In der Summe ist die Nettoladung Null.

***Aufgabe 2.10.2-3**: Man berechne für eine kugelförmige Leitungsstromdichte mit $S_{Lr}(r,t>0) = e^{-t/ns}$A/rm die Leitungsströme $i_L(r_1$=1m) und $i_L(r_2$=2m). Wie verlaufen für ε_0 in Abhängigkeit von r und t S_V, D, E, u_{12}, ρ, q, v und χ? Welchen Wert hat κ?

$$i_L = S_r 4\pi r^2 = 4\pi r e^{-t/ns} \frac{A}{m} \quad \Rightarrow \quad i_{L1} = 4\pi e^{-t/ns} A, \quad i_{L2} = 8\pi e^{-t/ns} A = 2 i_{L1}.$$

$$S_{Vr} = -S_r = -\frac{e^{-t/ns}}{r}\frac{A}{m}, \qquad D_r = \tau S_r = \frac{e^{-t/ns}}{r}\frac{nC}{m}, \qquad E_r = \frac{D_r}{\varepsilon_0} = \frac{e^{-t/ns}}{\varepsilon_0 r}\frac{nC}{m}.$$

$$u_{12} = \int_{r_1}^{r_2} E_r \mathrm{d}r = \frac{e^{-t/ns}}{\varepsilon_0}\int_{r_1}^{r_2}\frac{\mathrm{d}r}{r}\frac{nC}{m} = \frac{e^{-t/ns}}{\varepsilon_0}\ln 2 \frac{nC}{m}.$$

$$\rho = \mathrm{div}\boldsymbol{D} = \frac{1}{r^2}\frac{\partial r^2 D_r}{\partial r} = \frac{e^{-t/ns}}{r^2}\frac{\partial r}{\partial r}\frac{nC}{m} = \frac{e^{-t/ns}}{r^2}\frac{nC}{m}.$$

$$q = \tau i = 4\pi r e^{-t/ns}\frac{nC}{m} = \int \rho \mathrm{d}V.$$

$$v_r = \frac{S_r}{\rho} = \frac{r}{ns}, \qquad \chi = \frac{v_r}{E_r} = \varepsilon_0 r^2 e^{t/ns}\frac{m}{nC \cdot ns}, \qquad \kappa = \frac{\varepsilon_0}{\tau} = 8{,}854 \cdot 10^{-9}\frac{Sm}{mm^2}.$$

Die Geschwindigkeit wächst (zeitunabhängig) mit r, weshalb die Leitungsstromdichte zwar abnimmt, die Leitungsstromstärke aber wächst!

Aufgabe 2.10.3-1: Man berechne den Strom $i(t)$, wenn die an eine Gleichspannung U_q gelegte Doppeldrahtleitung in Abb. 1.9-8 mit der konstanten Geschwindigkeit v auseinandergezogen wird.

$$\frac{\mathrm{d}C}{\mathrm{d}t} = \frac{\mathrm{d}C}{\mathrm{d}d}\frac{\mathrm{d}d}{\mathrm{d}t} = \frac{\mathrm{d}}{\mathrm{d}d}\frac{\pi\varepsilon l}{\ln d/a}v = -\frac{\pi\varepsilon l v}{d\ln^2 d/a}.$$

Setzen wir voraus, daß sich z.Zt. t = 0 die Leiter (isoliert) mit $d(0) = 2a$ berührten, so gilt $d(t) = 2a + vt$, woraus:

$$i = U_q \frac{\mathrm{d}C}{\mathrm{d}t} = -\frac{U_q \pi \varepsilon l v}{(2a+vt)\ln^2 \frac{2a+vt}{a}} = -\frac{U_q \pi \varepsilon l}{(\frac{2a}{v}+t)\ln^2(2+\frac{vt}{a})}.$$

***Aufgabe 2.10.3-2**: Der Kondensator aus Aufgabe 1.9.3-2 sei an eine Spannung U_q angeschlossen und eine Platte rotiere mit der Kreisfrequenz ω, während die andere stillsteht. Man berechne und skizziere unter den üblichen Annahmen des Feldverlaufs für Plattenkondensatoren $i(t)$ und $q(t)$.

$$C(t) = \varepsilon_0 \frac{A(\varphi(t))}{d}$$

mit

$$A_0 = \frac{\pi a^2}{2} \quad \text{und} \quad \varphi = \omega t.$$

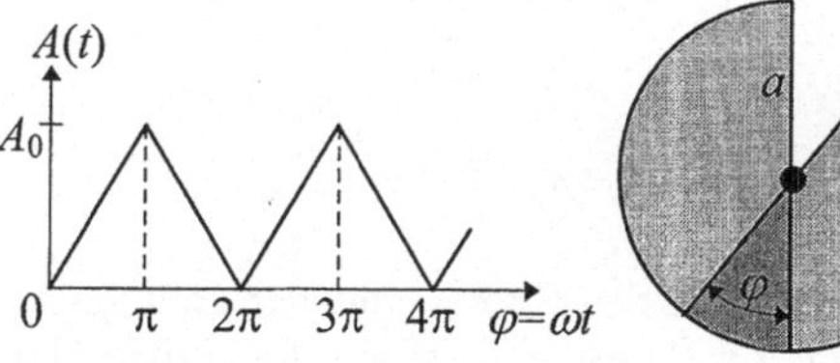

Da durch die Wahl des Winkels z.Zt. $t = 0$ keine Flächenüberdeckung vorliegt, gilt entsprechend der Skizze:

$$0 \le \omega t \le \pi: \qquad A(t) = \frac{a^2\varphi}{2} = \frac{a^2\omega t}{2}, \qquad \frac{\mathrm{d}A}{\mathrm{d}t} = \frac{\mathrm{d}A}{\mathrm{d}\varphi}\frac{\mathrm{d}\varphi}{\mathrm{d}t} = \frac{a^2\omega}{2}.$$

$$i(t) = I = U_q \frac{\mathrm{d}C}{\mathrm{d}t} = U_q \frac{\varepsilon_0}{d}\frac{\mathrm{d}A}{\mathrm{d}t} = U_q \frac{\varepsilon_0 a^2\omega}{2d}, \qquad q(t) = U_q C(t) = It = \frac{U_q\varepsilon_0 a^2\omega t}{2d}.$$

$$\pi \le \omega t \le 2\pi: \qquad A(t) = -\frac{A_0}{\pi}\omega t + 2A_0 = \pi a^2(1-\frac{\omega t}{2\pi}),$$

$$i(t) = I = -\frac{U_q\varepsilon_0 a^2\omega}{2d}, \qquad q(t) = \frac{U_q\varepsilon_0\pi a^2}{d}(1-\frac{\omega t}{2\pi}).$$

Zu Zeiten negativen Stromflusses wirkt der Kondensator als Quelle und treibt die Ladungen entgegengesetzt durch die Spannungsquelle U_q zurück.

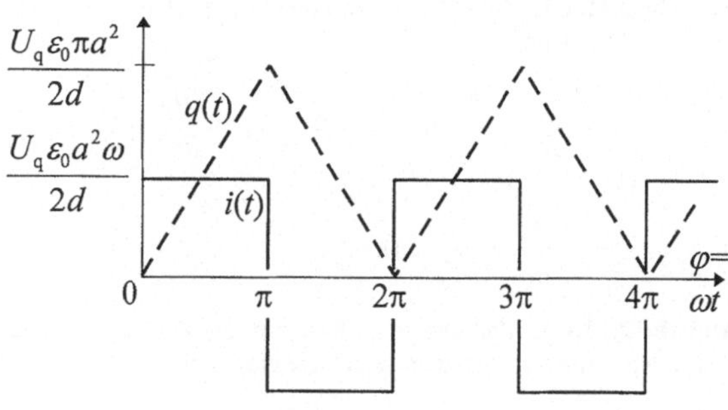

***Aufgabe 2.10.3-3**: Ein mit κ verlustbehafteter Plattenkondensator gegebener Geometrie und Permittivität sei auf Q_0 aufgeladen, und werde dann sich selbst überlassen. Man bestimme die Entladefunktionen von $E(t)$, $D(t)$, $S(t)$, $\Psi(t)$, $i(t)$ und $u(t)$.

Da sich der Kondensator nicht in einem nach außen geschlossenen Stromkreis befindet, muß der Gesamtstrom i_{tot} im Innern zu jedem Zeitpunkt verschwinden:

$$i_{tot} = S_{tot}A = (\kappa E + \varepsilon\frac{\mathrm{d}E}{\mathrm{d}t})A = 0 \qquad \Rightarrow \quad \kappa E + \varepsilon\frac{\mathrm{d}E}{\mathrm{d}t} = 0.$$

Diese Differentialgleichung wurde bereits im Text gelöst und wir übertragen das Ergebnis auf unseren Fall:

$$E(t) = E(0)e^{-\frac{\kappa}{\varepsilon}t} = \frac{D(0)}{\varepsilon}e^{-\frac{\kappa}{\varepsilon}t} = \frac{Q_0}{A\varepsilon}e^{-\frac{\kappa}{\varepsilon}t} \quad \Rightarrow \quad D(t) = \varepsilon E(t) = \frac{Q_0}{A}e^{-\frac{\kappa}{\varepsilon}t},$$

$$S(t) = \kappa E(t) = \frac{Q_0\kappa}{A\varepsilon}e^{-\frac{\kappa}{\varepsilon}t} = -S_V(t), \qquad \Psi(t) = D(t)A = Q_0 e^{-\frac{\kappa}{\varepsilon}t},$$

$$i(t) = S(t)A = \frac{Q_0\kappa}{\varepsilon}e^{-\frac{\kappa}{\varepsilon}t}, \qquad u(t) = E(t)d = \frac{Q_0 d}{A\varepsilon}e^{-\frac{\kappa}{\varepsilon}t} \quad (= \frac{\Psi(t)}{C}).$$

Versucht man, den Strom i aus der Ladungsableitung dq/dt zu berechnen, ist auf die korrekte Interpretation dieses Ausdrucks entsprechend der rechten Skizze zu achten, indem zwischen den Ladungen $q(t) < 0$ unterschieden werden muß, die sich beim Entladen gerade im verlustbehafteten Dielektrikum befinden und diesen Strom bilden, und $\overset{\circ}{\Psi}(t)$ vom Wert identisch $\Psi(t) > 0$, die sich noch auf der oberen Platte befinden. Es gilt mit der Gleichung im Text:

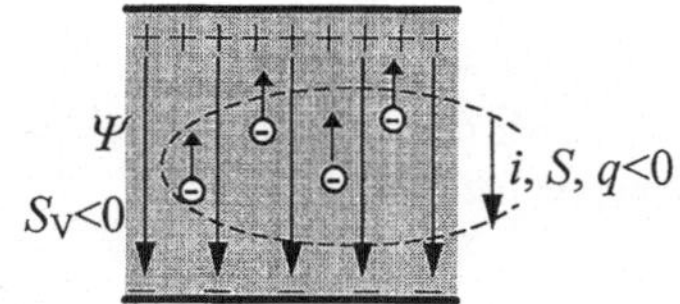

$$i_{tot} = \frac{d(q+\overset{\circ}{\Psi})}{dt} = 0 \quad \Rightarrow \quad i(t) = \frac{dq}{dt} = -\frac{d\overset{\circ}{\Psi}}{dt} = \frac{Q_0\kappa}{\varepsilon}e^{-\frac{\kappa}{\varepsilon}t}.$$

Aus dieser Sicht macht also die begriffliche Unterscheidung von q und $\overset{\circ}{\Psi}$ einen Sinn. Im allgemeinen Kontext werden aber die Ladungen auf den Elektroden eines Kondensators einfach mit q (oder Q) angeschrieben und für einen Strom ist dann im Innern $i = -dq/dt$ anzusetzen.

Aufgabe 2.11.1-1: Man stelle für das rechts dargestellte Netzwerk die DGL für $i(t)$ auf.

$$i = \frac{u_R}{R} = -\frac{C}{2}\dot{u}_R \quad \Rightarrow \quad \dot{u}_R + \frac{2u_R}{RC} = 0$$

$$\Rightarrow \quad \frac{di}{dt} + \frac{2i}{RC} = 0.$$

$t = 0$, $u_R(t)$, $u_1(t)$, $R = 5\text{k}\Omega$, $u_2(t)$, C, $i(t)$, C

$u_1(t<0) = U_0 = 1\text{V}$ $\qquad$ $u_2(t<0) = 0$, $C = 367{,}55$ nF

Aufgabe 2.11.1-2: Man bestimme für $t > 0$ alle Zeitfunktionen der vorigen Aufgabe und stelle sie graphisch dar.

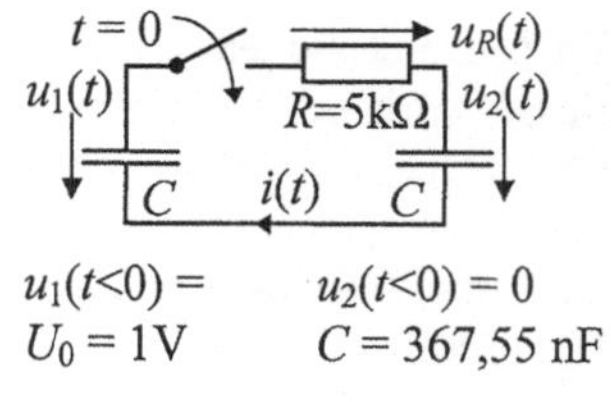

$$i(t) = i(0^+)e^{-\frac{2t}{RC}} = \frac{U_0}{R}e^{-\frac{2t}{RC}}$$

$$\Rightarrow \quad u_R(t) = Ri_R(t) = U_0 e^{-\frac{2t}{RC}}$$

$$u_1(t) = U_0 - \frac{1}{C}\int_0^t i\,dt' = U_0 - \frac{U_0}{RC}\int_0^t e^{-\frac{2t'}{RC}}dt' = U_0\left(1 + \frac{1}{2}(e^{-\frac{2t}{RC}} - 1)\right) =$$

$$u_1(t)=\tfrac{1}{2}U_0(1+\mathrm{e}^{-\frac{2t}{RC}}) \qquad \Rightarrow \quad u_2(t)=u_1(t)-u_R(t)=\tfrac{1}{2}U_0(1-\mathrm{e}^{-\frac{2t}{RC}}).$$

Aufgabe 2.11.1-3: Man bestimme die Energieinhalte der Kondensatoren für $t = 0$ und $t = \infty$, sowie die in diesem Zeitraum im Widerstand umgesetzte Wärmeenergie - einmal aus den Kondensatorenergien, sowie aus der elektrischen Verlustleistung.

$$W_1(0)=\tfrac{1}{2}CU_0^2=183{,}8\,\mathrm{nWs}, \qquad W_2(0)=0,$$

$$W_1(\infty)=\tfrac{1}{2}Cu_1^2(\infty)=\tfrac{1}{8}CU_0^2=45{,}9\,\mathrm{nWs}=W_2(\infty).$$

$$W_R=W_1(0)+W_2(0)-W_1(\infty)-W_2(\infty)=\tfrac{1}{4}CU_0^2=91{,}9\,\mathrm{nWs}$$

$$=\frac{1}{R}\int_0^\infty u_R^2\mathrm{d}t=\frac{U_0^2}{R}\int_0^\infty \mathrm{e}^{-\frac{4t}{RC}}\mathrm{d}t=\frac{1}{4}CU_0^2.$$

Aufgabe 2.11.2-1: Man stelle die DGL für $i(t)$ auf.

$$iR+\frac{1}{C}\int i\mathrm{d}t=u_\mathrm{q} \qquad \Rightarrow \qquad \frac{\mathrm{d}i}{\mathrm{d}t}+\frac{i}{RC}=\frac{1}{R}\frac{\mathrm{d}u_\mathrm{q}}{\mathrm{d}t}.$$

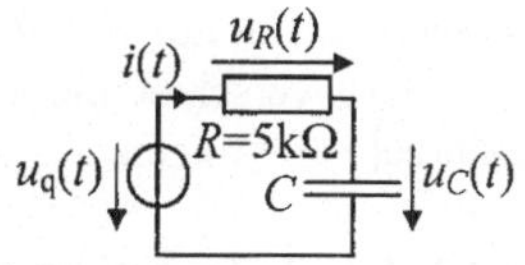

$u_R(t)$, $i(t)$, R=5kΩ, $u_\mathrm{q}(t)$, C, $u_C(t)$

Aufgabe 2.11.2-2: Man berechne $i(t>0)$ für beide Anregungen aus $u_C(t)$.

$u_C(t<0) = U_0$, C = 367,55 nF

Gleichspannungssprung:

$$i(t)=C\dot{u}_C=C\frac{\mathrm{d}}{\mathrm{d}t}\left((U_0-U_\mathrm{q})\mathrm{e}^{-\frac{t}{RC}}+U_\mathrm{q}\right)=\frac{U_\mathrm{q}-U_0}{R}\mathrm{e}^{-\frac{t}{RC}}.$$

Wechselspannung:

$$i(t)=C\frac{\hat{u}_\mathrm{q}}{1+(\omega RC)^2}\frac{\mathrm{d}}{\mathrm{d}t}(\cos\omega t+\omega RC\sin\omega t)=\frac{\hat{u}_\mathrm{q}\omega C}{1+(\omega RC)^2}(\omega RC\cos\omega t-\sin\omega t)$$

Wechselspannung alternativ:

$$i(t)=C\frac{\hat{u}_\mathrm{q}}{\sqrt{1+(\omega RC)^2}}\frac{\mathrm{d}}{\mathrm{d}t}\cos(\omega t-\arctan\omega RC)=$$

$$=\frac{-\hat{u}_\mathrm{q}\omega C}{\sqrt{1+(\omega RC)^2}}\sin(\omega t-\arctan\omega RC).$$

Aufgabe 2.11.2-3: Man berechne $i(t)$ für die Wechselanregung aus der DGL aus Aufgabe 1.

$$\frac{\mathrm{d}i}{\mathrm{d}t}+\frac{i}{RC}=-\frac{\hat{u}_\mathrm{q}\omega}{R}\sin\omega t \qquad \Rightarrow \qquad i(t)=-\mathrm{e}^{-\frac{t}{RC}}\frac{\hat{u}_\mathrm{q}\omega}{R}\int\mathrm{e}^{\frac{t}{RC}}\sin\omega t\mathrm{d}t=$$

$$=-\mathrm{e}^{-\frac{t}{RC}}\frac{\hat{u}_\mathrm{q}\omega}{R}\cdot\frac{-\mathrm{e}^{\frac{t}{RC}}RC}{1+(\omega RC)^2}(\omega RC\cos\omega t-\sin\omega t)=$$

$$= \frac{\hat{u}_q \omega C}{1+(\omega RC)^2}(\omega RC\cos\omega t - \sin\omega t) = \frac{-\hat{u}_q \omega C}{\sqrt{1+(\omega RC)^2}}\sin(\omega t - \arctan\omega RC).$$

Aufgabe 2.11.3.1-1: **Man berechne folgende Zeiger in beiden Darstellungsformen:** $1/\mathrm{j}, \mathrm{j}^3, \mathrm{j}^{1/2}, \mathrm{j}^{1/\mathrm{j}}$.

$$\frac{1}{\mathrm{j}} = \frac{1}{\mathrm{e}^{\mathrm{j}\pi/2}} = \mathrm{e}^{-\mathrm{j}\frac{\pi}{2}} = \cos\frac{\pi}{2} - \mathrm{j}\sin\frac{\pi}{2} = -\mathrm{j}; \qquad \mathrm{j}^3 = \mathrm{e}^{\mathrm{j}\frac{3\pi}{2}} = \cos\frac{3\pi}{2} + \mathrm{j}\sin\frac{3\pi}{2} = -\mathrm{j}$$

Bei der Multiplikation einer beliebigen komplexen Zahl mit einer ganzzahligen Potenz n von j wird der Zeiger unter Beibehaltung seiner Länge um $n\frac{\pi}{2}$ gedreht.

$$\mathrm{j}^{\frac{1}{2}} = \begin{cases} \mathrm{e}^{\mathrm{j}\frac{\pi}{4}} = \frac{1}{\sqrt{2}}(1+\mathrm{j}) \\ \mathrm{e}^{-\mathrm{j}\frac{3\pi}{4}} = -\frac{1}{\sqrt{2}}(1+\mathrm{j}) \end{cases} \qquad \mathrm{j}^{\frac{1}{\mathrm{j}}} = \mathrm{e}^{\frac{\mathrm{j}\pi}{\mathrm{j}2}} = \mathrm{e}^{\frac{\pi}{2}} = 4{,}810\ldots$$

Links steht die Formel von MOIVRE. Bei der Quadratur ergibt sich in beiden Fällen j, da eine Phasenverschiebung um 2π keine Bedeutung hat. Die Formel läßt sich auf andere Wurzeln übertragen.

Aufgabe 2.11.3.1-2: **Man berechne den zu $\underline{\hat{u}} = \mathrm{j}\mathrm{V}$ gehörenden Zeitverlauf.**

$$u(t) = \Re(\mathrm{jVe}^{\mathrm{j}\omega t}) = \Re\big(\mathrm{jV}(\cos\omega t + \mathrm{j}\sin\omega t)\big) = -1\mathrm{V}\sin\omega t.$$

Aufgabe 2.11.3.1-3: **Man bestimme $\underline{I}$ für $-5\mathrm{A}\cdot\sin(\omega t - 60°)$ in beiden Darstellungsformen.**

$$-5\mathrm{A}\sin(\omega t - 60°) = -5\mathrm{A}\sin(\omega t - \frac{\pi}{3}) = 5\mathrm{A}\cos(\omega t - \frac{\pi}{3} + \frac{\pi}{2}) = 5\mathrm{A}\cos(\omega t + \frac{\pi}{6})$$

$$\Rightarrow \quad \underline{I} = \frac{5}{\sqrt{2}}\mathrm{A}\,\mathrm{e}^{\mathrm{j}\frac{\pi}{6}} = 3{,}536\mathrm{A}\,\mathrm{e}^{\mathrm{j}\frac{\pi}{6}} = \frac{5}{\sqrt{2}}\mathrm{A}(\frac{\sqrt{3}}{2} + \frac{\mathrm{j}}{2}) = (3{,}062 + \mathrm{j}1{,}768)\mathrm{A}.$$

Aufgabe 2.11.3.2-1: **Man bestimme $\underline{Z}(G,B)$ und $\underline{Y}(R,X)$ in der Polardarstellung.**

$$\underline{Z} = \frac{1}{G+\mathrm{j}B} = \frac{\mathrm{e}^{-\mathrm{j}\arctan\frac{B}{G}}}{\sqrt{G^2+B^2}}; \qquad \underline{Y} = \frac{1}{R+\mathrm{j}X} = \frac{\mathrm{e}^{-\mathrm{j}\arctan\frac{X}{R}}}{\sqrt{R^2+X^2}}.$$

Aufgabe 2.11.3.2-2: **Man bestimme $\underline{Z}$ und $\underline{Y}$ formelmäßig und numerisch für eine Parallelschaltung von R_p und C in beiden Darstellungsformen.**

$$\underline{Z} = \frac{1}{\frac{1}{R_\mathrm{p}} + \mathrm{j}\omega C} = \frac{R_\mathrm{p}}{1+\mathrm{j}\omega R_\mathrm{p}C} = \underbrace{\frac{R_\mathrm{p}}{1+(\omega R_\mathrm{p}C)^2}}_{R} + \mathrm{j}\underbrace{\frac{-\omega R_\mathrm{p}^2 C}{1+(\omega R_\mathrm{p}C)^2}}_{X} =$$

$$= (3{,}75 - \mathrm{j}2{,}165)\,\mathrm{k}\Omega = \frac{R_\mathrm{p}\mathrm{e}^{-\mathrm{j}\arctan\omega R_\mathrm{p}C}}{\sqrt{1+(\omega R_\mathrm{p}C)^2}} = 4{,}33\,\mathrm{e}^{-\mathrm{j}\frac{\pi}{6}}\mathrm{k}\Omega.$$

$$\underline{Y} = \frac{1}{R_\mathrm{p}} + \mathrm{j}\omega C = (200 + \mathrm{j}115{,}5)\,\mu\mathrm{S} = \sqrt{\frac{1}{R_\mathrm{p}^2} + \omega^2 C^2}\,\mathrm{e}^{\mathrm{j}\arctan \omega R_\mathrm{p} C} = 230{,}9\,\mathrm{e}^{\mathrm{j}\frac{\pi}{6}}\,\mu\mathrm{S}.$$

Aufgabe 2.11.3.2-3: Man bestimme $\underline{Z}$ für einen Zweipol mit $u(t) = 3\mathrm{V}\cdot\sin(\omega t + \pi/3)$ und $i(t) = 2\mathrm{A}\cdot\cos(\omega t - 2\pi/3)$. Ist dieses Bauelement durch eine *RC*-Schaltung realisierbar?

$$u(t) = 3\mathrm{V}\cos(\omega t + \frac{\pi}{3} - \frac{\pi}{2}) \quad \Rightarrow \quad \underline{u}(t) = 3\mathrm{V}\mathrm{e}^{-\mathrm{j}\frac{\pi}{6}}\mathrm{e}^{\mathrm{j}\omega t}; \quad \underline{i}(t) = 2\mathrm{A}\mathrm{e}^{-\mathrm{j}\frac{2\pi}{3}}\mathrm{e}^{\mathrm{j}\omega t}$$

$$\Rightarrow \quad \underline{Z} = \frac{\underline{u}(t)}{\underline{i}(t)} = 1{,}5\mathrm{e}^{\mathrm{j}\frac{\pi}{2}}\Omega = \mathrm{j}1{,}5\,\Omega.$$

Das Bauelement ist nicht mit einer passiven *RC*-Schaltung realisierbar, sondern mit einer Spule.

Aufgabe 2.11.3.3-1: Man stelle P und Q in Abhängigkeit von $\Re\{\underline{\hat{u}}\}$, $\Im\{\underline{\hat{u}}\}$, $\Re\{\underline{\hat{i}}\}$ und $\Im\{\underline{\hat{i}}\}$ dar.

$$P = \Re\{\underline{U}\underline{I}^*\} = \tfrac{1}{2}\Re\{\underline{\hat{u}}\,\underline{\hat{i}}^*\} = \tfrac{1}{2}(\Re\{\underline{\hat{u}}\}\,\Re\{\underline{\hat{i}}\} + \Im\{\underline{\hat{u}}\}\,\Im\{\underline{\hat{i}}\})$$

$$Q = \Im\{\underline{U}\underline{I}^*\} = \tfrac{1}{2}\Im\{\underline{\hat{u}}\,\underline{\hat{i}}^*\} = \tfrac{1}{2}(\Im\{\underline{\hat{u}}\}\,\Re\{\underline{\hat{i}}\} - \Re\{\underline{\hat{u}}\}\,\Im\{\underline{\hat{i}}\}).$$

Aufgabe 2.11.3.3-2: Man beschreibe mit Worten, wie ein Zeigerdiagramm für $p(t)$ aussehen würde.

P ist zeitunabhängig und liegt mit dem Wert $UI\cos\varphi$ auf der reellen Achse fest. Zu $UI\cdot\cos(2\omega t+\varphi_u+\varphi_i)$ gehört ein Zeiger $UI\mathrm{e}^{\mathrm{j}(2\omega t+\varphi_u+\varphi_i)}$ der Länge UI, Nullphasenwinkel $\varphi_u+\varphi_i$, der mit doppelter Spannungs/Stromfrequenz (z.B. 100 Hz) auf der Spitze des Zeigers $UI\cos\varphi$ rotiert. Seine Projektion auf die reelle Achse ergibt $p(t)$.

***Aufgabe 2.11.3.3-3**: Man weise die Zerlegung von $p(t)$ in $p_\mathrm{w}(t)$ und $p_\mathrm{b}(t)$ nach, indem man die trigonometrischen Größen durch Exponentialfunktionen darstellt.

$$2\cos(\omega t + \varphi_u)\cdot\cos(\omega t + \varphi_i) = \tfrac{1}{2}(\mathrm{e}^{\mathrm{j}(\omega t+\varphi_u)} + \mathrm{e}^{-\mathrm{j}(\omega t+\varphi_u)})(\mathrm{e}^{\mathrm{j}(\omega t+\varphi_i)} + \mathrm{e}^{-\mathrm{j}(\omega t+\varphi_i)}) =$$

$$= \tfrac{1}{2}(\mathrm{e}^{\mathrm{j}(2\omega t+\varphi_u+\varphi_i)} + \mathrm{e}^{\mathrm{j}(\varphi_u-\varphi_i)} + \mathrm{e}^{-\mathrm{j}(\varphi_u-\varphi_i)} + \mathrm{e}^{-\mathrm{j}(2\omega t+\varphi_u+\varphi_i)}) =$$

$$= \tfrac{1}{2}(\mathrm{e}^{\mathrm{j}(\varphi_u-\varphi_i)} + \mathrm{e}^{-\mathrm{j}(\varphi_u-\varphi_i)} + \mathrm{e}^{\mathrm{j}(2\omega t+\varphi_u+\varphi_i)} + \mathrm{e}^{-\mathrm{j}(2\omega t+\varphi_u+\varphi_i)}).$$

Die ersten beiden Summanden bilden als $\cos\varphi$ die Wirkleistung und wir formen mit $\varphi := \varphi_u - \varphi_i$ die letzten beiden um:

$$\tfrac{1}{2}(\mathrm{e}^{\mathrm{j}(2\omega t+\varphi_u+\varphi_i)} + \mathrm{e}^{-\mathrm{j}(2\omega t+\varphi_u+\varphi_i)}) = \tfrac{1}{2}(\mathrm{e}^{\mathrm{j}(2\omega t+2\varphi_u)}\mathrm{e}^{-\mathrm{j}(\varphi_u-\varphi_i)} + \mathrm{e}^{-\mathrm{j}(2\omega t+2\varphi_u)}\mathrm{e}^{\mathrm{j}(\varphi_u-\varphi_i)}) =$$

$$= \tfrac{1}{2}\big(\cos(2\omega t + 2\varphi_u) + \mathrm{j}\sin(2\omega t + 2\varphi_u)\big)\big(\cos\varphi - \mathrm{j}\sin\varphi\big) +$$

$$+ \tfrac{1}{2}\big(\cos(2\omega t + 2\varphi_u) - \mathrm{j}\sin(2\omega t + 2\varphi_u)\big)\big(\cos\varphi + \mathrm{j}\sin\varphi\big) =$$

$$= \cos(2\omega t + 2\varphi_u)\cdot\cos\varphi + \sin(2\omega t + 2\varphi_u)\cdot\sin\varphi. \qquad \text{q.e.d.}$$

Aufgabe 2.11.4-1: Man berechne $i(t)$ mittels komplexer Rechnung.

$$\underline{I} = \underline{U}_{\mathrm{q}}\underline{Y} = \frac{U_{\mathrm{q}}\omega C \mathrm{e}^{\mathrm{j}(\frac{\pi}{2}-\arctan \omega RC)}}{\sqrt{1+(\omega RC)^2}}$$

$$\Rightarrow \quad i(t) = \frac{\hat{u}_{\mathrm{q}}\omega C}{\sqrt{1+(\omega RC)^2}}\cos(\omega t + \frac{\pi}{2} - \arctan \omega RC) =$$

$$= \frac{-\hat{u}_{\mathrm{q}}\omega C}{\sqrt{1+(\omega RC)^2}}\sin(\omega t - \arctan \omega RC).$$

Aufgabe 2.11.4-2: Man skizziere das BODE-Diagramm $20\log(U_C/U_{\mathrm{q}})$ und φ_{uC} logarithmisch für $0{,}01 \le \omega RC \le 100$.

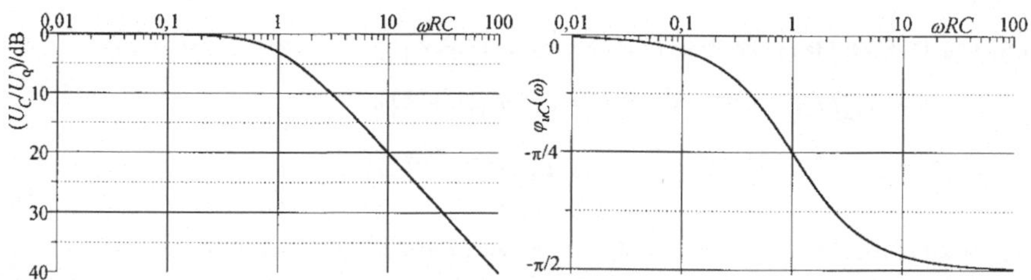

Die Kurven stellen Frequenz- und Phasengang (BODE-Diagramme) dar. Ersterer zeigt das Tiefpaßverhalten der Kondensatorspannung in Dezibel.

***Aufgabe 2.11.4-3:** Man berechne die Ortskurve $\Im(\underline{U}_C)$ als Funktion von $\Re(\underline{U}_C)$ und skizziere sie für $0 \le \omega RC < \infty$. Man interpretiere die Grafik.

$$\underline{U}_C = \Re\{\underline{U}_C\} + \mathrm{j}\Im\{\underline{U}_C\} = U_{\mathrm{q}}\frac{1-\mathrm{j}\omega RC}{1+(\omega RC)^2} \quad \Rightarrow \quad \Im^2\{\underline{U}_C\} = (\omega RC)^2\Re^2\{\underline{U}_C\}.$$

Wir lösen den Realteil nach $(\omega RC)^2$ auf und setzen $(\omega RC)^2$ in obige Gleichung ein. Mit den Abkürzungen $x := \Re(\underline{U}_C/U_{\mathrm{q}})$ und $y := \Im(\underline{U}_C/U_{\mathrm{q}})$ gilt dann:

$$(\omega RC)^2 = \frac{1}{x} - 1 \quad \Rightarrow \quad x^2 - x + y^2 = 0$$

$$\Rightarrow \quad x^2 - x + \frac{1}{4} + y^2 = \frac{1}{4} = (x - \frac{1}{2})^2 + y^2.$$

$\Im\{\underline{U}_C/U_{\mathrm{q}}\}$
$\Re\{\underline{U}_C/U_{\mathrm{q}}\}$
0
$\omega{=}\infty$
½
1
$\omega{=}0$
ω
−½

Dies ist eine Kreisgleichung mit Radius ½ um x = ½. Für positive ω ist der Imaginärteil immer negativ, so daß nur der untere Halbkreis physikalische Relevanz hat. Für $\omega = 0$ (Gleichspannung) ist $\underline{U}_C/U_{\mathrm{q}} = 1$ und reell, was bedeutet, daß die Quellspannung voll am Kondensator abfällt, da er ja den Stromfluß verhindert. Eine Phasendrehung für Gleichgrößen macht keinen Sinn.

Mit wachsender Frequenz wächst der Strom und damit der Spannungsabfall am Widerstand, der dem Kondensator fehlt. Der Zeiger wird kürzer und verschwindet bei $\omega = \infty$, wo der Kondensator einen Kurzschluß bildet.

Aufgabe 2.11.4.1-1: Man bestimme die Formeln für $\underline{\varphi}_{e2}$ und $\varphi_{e2}(t)$.

$$\underline{\varphi}_{e2} = \frac{\begin{vmatrix} G_1 + sC_{23} & -G_1\underline{U}_{q1} - s(C_2\underline{U}_{q2} + C_3\underline{U}_{q3}) \\ -sC_3 & sC_3\underline{U}_{q3} \end{vmatrix}}{|\underline{Y}|} =$$

$$= \frac{(G_1 + sC_{23})sC_3\underline{U}_{q3} - \left(G_1U_{q1} + s(C_2\underline{U}_{q2} + C_3\underline{U}_{q3})\right)sC_3}{|\underline{Y}|} =$$

$$= sC_3 \frac{s(\underline{U}_{q3} - \underline{U}_{q2})C_2 + (\underline{U}_{q3} - \underline{U}_{q1})G_1}{s^2(C_2C_{34} + C_3C_4) + s(G_1C_{34} + G_{56}C_{23}) + G_1G_{56}}.$$

$$\varphi_{e2}(t) = -\omega C_3 \sqrt{\frac{\left(\hat{u}_{q1}G_1 - (\hat{u}_{q3} - \hat{u}_{q2})\omega C_2\right)^2 + \left(\hat{u}_{q3}G_1\right)^2}{\left(G_1G_{56} - \omega^2(C_2C_{34} + C_3C_4)\right)^2 + \left(\omega(G_1C_{34} + G_{56}C_{23})\right)^2}} \bullet$$

$$\bullet \cos\left[\omega t + \arctan\frac{\hat{u}_{q3}G_1}{\hat{u}_{q1}G_1 - (\hat{u}_{q3} - \hat{u}_{q2})\omega C_2} - \arctan\frac{\omega(G_1C_{34} + G_{56}C_{23})}{G_1G_{56} - \omega^2(C_2C_{34} + C_3C_4)}\right].$$

Die numerischen Werte wurden bereits im Text angegeben, woraus

$$\varphi_{e2}(t) = -\sqrt{2(0{,}165^2 + 4{,}909^2)}\text{V} \cdot \cos(100\pi\frac{t}{\text{s}} + \arctan\frac{4{,}909}{0{,}165}) =$$

$$= 6{,}946\text{V} \cdot \cos(100\pi t/\text{s} - 1{,}6042).$$

Aufgabe 2.11.4.1-2: Man zeichne das Stromzeigerdiagramm und zeige, daß die Zeigersumme an jedem Knoten verschwindet.

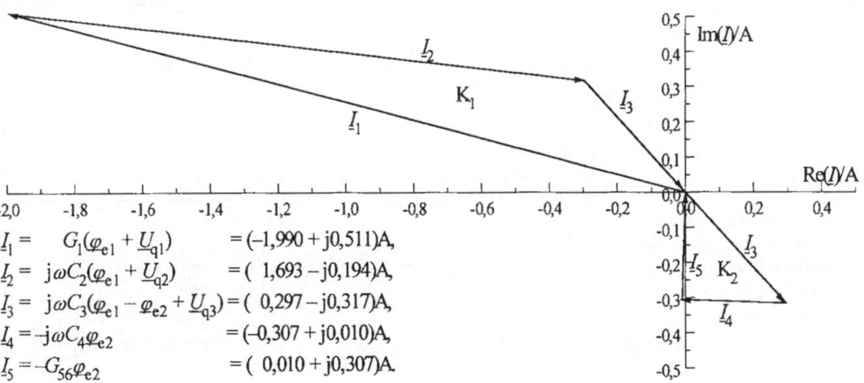

Aufgabe 2.11.4.1-3: Man zeichne das Leistungszeigerdiagramm und zeige, daß die Zeigersumme aller Quelleistungen gleich der Zeigersumme aller Verbraucherleistungen ist.

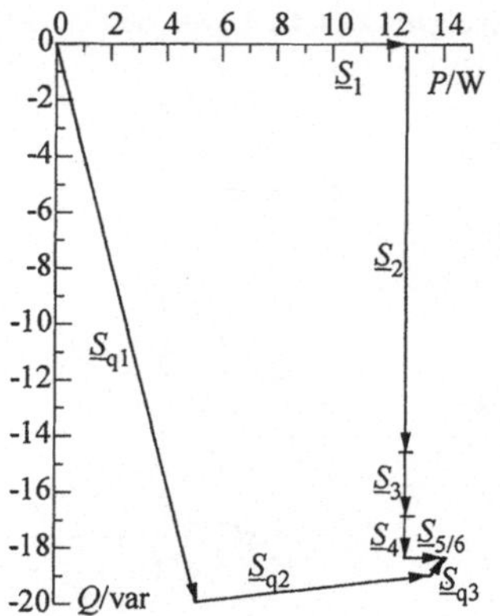

$\underline{S}_{q1} = \underline{U}_{q1}\underline{I}_1^* = 5{,}110\ \text{W} - \text{j}19{,}899\ \text{var},$

$\underline{S}_{q2} = \underline{U}_{q2}\underline{I}_2^* = 8{,}467\ \text{W} + \text{j}\ 0{,}970\ \text{var},$

$\underline{S}_{q3} = \underline{U}_{q3}\underline{I}_3^* = 0{,}593\ \text{W} + \text{j}\ 0{,}634\ \text{var},$

$\underline{S}_1 = I_1^2\underline{Z}_1 = 12{,}662\ \text{W},$

$\underline{S}_2 = I_2^2\underline{Z}_2 = -\text{j}14{,}526\ \text{var},$

$\underline{S}_3 = I_3^2\underline{Z}_3 = -\text{j}\ 2{,}262\ \text{var},$

$\underline{S}_4 = I_4^2\underline{Z}_4 = -\text{j}\ 1{,}508\ \text{var},$

$\underline{S}_5 = I_5^2\underline{Z}_5 = 0{,}942\ \text{W},$

$\underline{S}_6 = I_6^2\underline{Z}_6 = 0{,}565\ \text{W}.$

Aufgabe 2.11.4.2-1: Man stelle alle Stromzeitverläufe in PROBE dar und zeige, daß die Knotensummen zu jedem Zeitpunkt verschwinden.

Die Strom-Marker sind alle so plaziert, daß die Ströme in PROBE als positive Variablen erscheinen.

Da die (komplexen) Effektivwerte bei den verwendeten *VSIN*-Quellen nicht automatisch neben die Quellen geschrieben werden, wurden sie mit dem in SCHEMATICS integrierten Texteditor () hinzugefügt. Diese Werte haben jedoch keine Bedeutung für die Analyse, sondern nur diejenigen in der *VSIN*-Dialogbox.

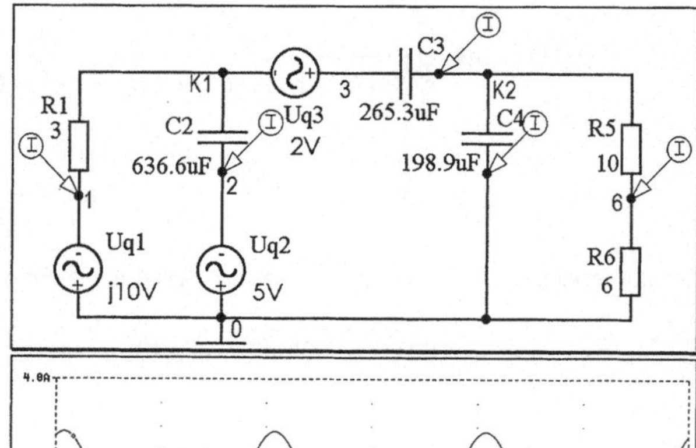

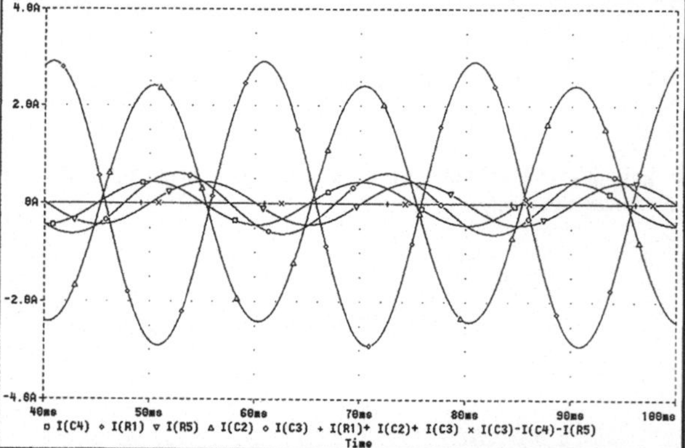

Aufgabe 2.11.4.2-2: Man stelle die Frequenzgänge der Potentiale in PROBE sowie mit MATHCAD logarithmisch im Intervall 10 Hz ≤ f ≤ 10 kHz dar, und verifiziere jeweils mit dem Fadencursor die Knotenpotentiale bei 50 Hz.

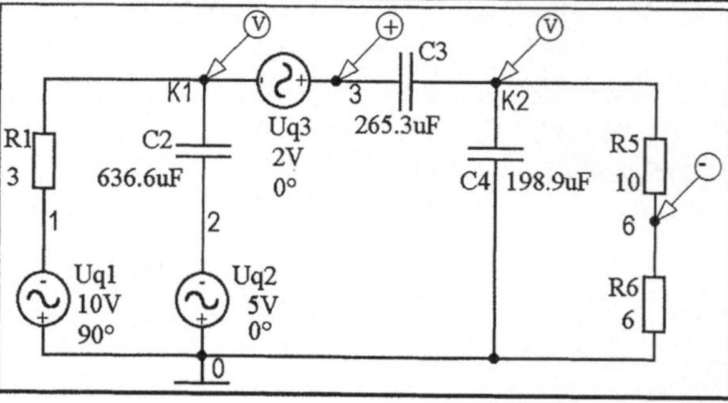

Rechts ist die **PROBE**-Ausgabe dargestellt, unten die **MATHCAD**-Analyse. Hier wurden die Werte mit dem über 🖰 aktivierbaren Fadencursor abgelesen und in die Markierungen eingetragen (**MATHCAD**-Anwendung 1.4-1). Die abgelesenen Werte sind das 0,707fache der im Text bzw. in Aufgabe 2.11.4.1-1 berechneten Amplituden.

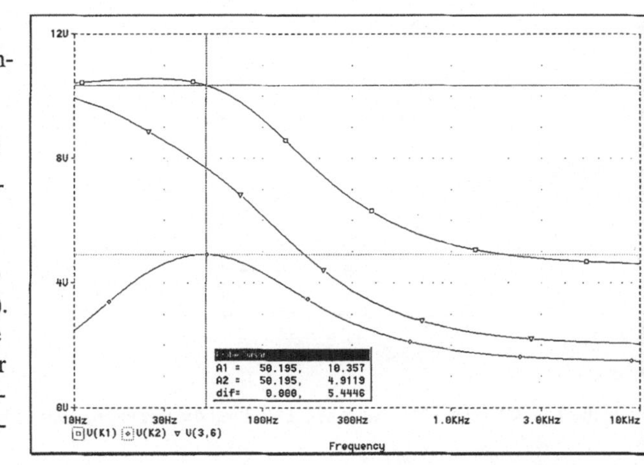

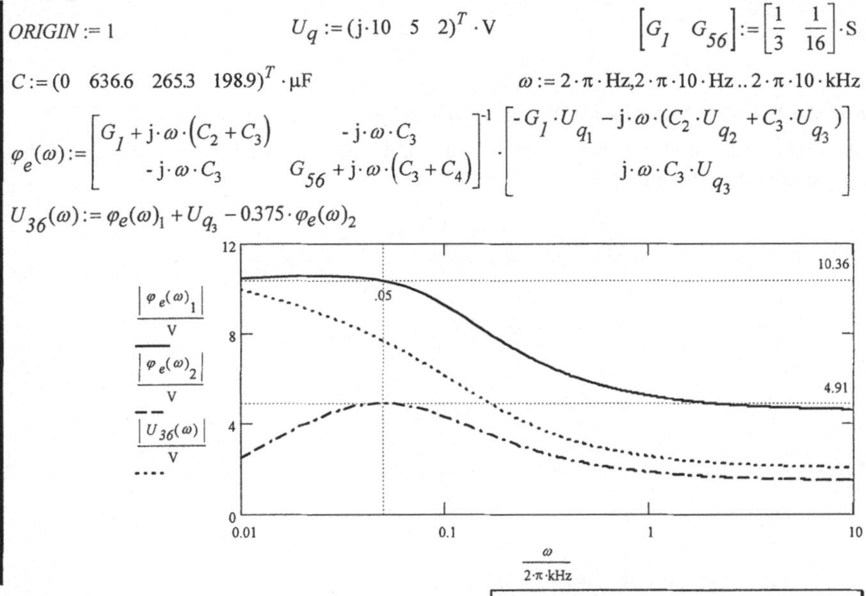

Aufgabe 2.11.4.2-3: Man stelle die Ortskurve von $\underline{\varphi}_{e1}(f)$ in **PROBE** sowie mit **MATHCAD** dar.

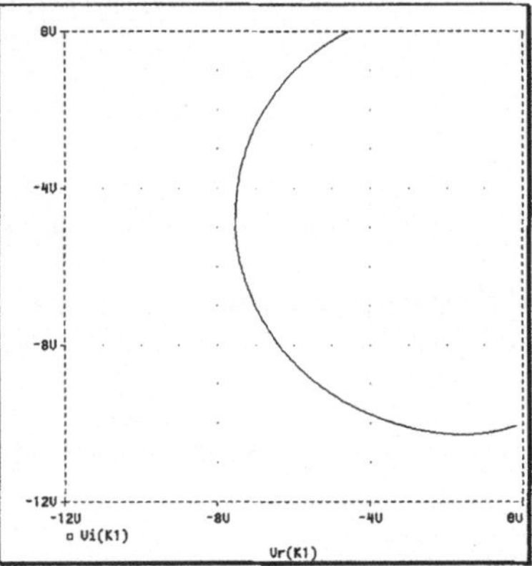

Damit die Ortskurve möglichst vollständig erscheint, wurde der Frequenzbereich gegenüber der vorigen Aufgabe von 1 Hz ... 1 MHz erweitert. Zunächst ist wieder das **PROBE**-, und auf der Folgeseite das **MATHCAD**-Ergebnis dargestellt. Dort zeigt die linke Abbildung das kartesische X-Y-Diagramm, die rechte das Kreisdiagramm.

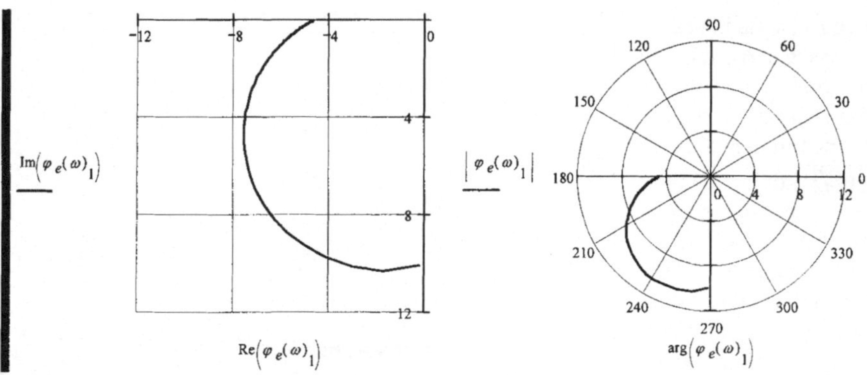

Aufgabe 2.11.4.3-1: Man löse Aufgabe 2.11.2-1 mit der hier angegebenen Methode.

$$\underline{I} = \frac{\underline{U}_q}{R + \frac{1}{sC}} = \frac{s\underline{U}_q / R}{s + \frac{1}{RC}} \quad \Rightarrow \quad (s + \frac{1}{RC})\underline{I} = \frac{s\underline{U}_q}{R} \quad \Rightarrow \quad \frac{\mathrm{d}i}{\mathrm{d}t} + \frac{i}{RC} = \frac{1}{R}\frac{\mathrm{d}u_q}{\mathrm{d}t}.$$

Aufgabe 2.11.4.3-2: Man stelle die DGL für $\varphi_{e2}(t)$ bei allgemeiner Anregung auf.

Die linke Seite ist identisch mit der von $\varphi_{e1}(t)$, die rechte erhalten wir aus dem Zählerpolynom von Aufgabe 2.11.4.1-1:

$$\underline{\varphi}_{e2} = sC_3 \frac{s(\underline{U}_{q3} - \underline{U}_{q2})C_2 + (\underline{U}_{q3} - \underline{U}_{q1})G_1}{s^2(C_2C_{34} + C_3C_4) + s(G_1C_{34} + G_{56}C_{23}) + G_1G_{56}}$$

$$\Rightarrow \quad \ddot{\varphi}_{e2}(C_2C_{34} + C_3C_4) + \dot{\varphi}_{e2}(G_1C_{34} + G_{56}C_{23}) + \varphi_{e2}G_1G_{56} =$$

$$= \Big((\ddot{u}_{q3} - \ddot{u}_{q2})C_2 + (\dot{u}_{q3} - \dot{u}_{q1})G_1\Big)C_3.$$

Aufgabe 2.11.4.3-3: Man stelle die DGL für $\varphi_{e2}(t)$ mit allen gegebenen Zahlenwerten auf.

$$u_{q1}(t) = -\hat{u}_{q1}\sin\omega t, \qquad u_{q2}(t) = \hat{u}_{q2}\cos\omega t, \qquad u_{q3}(t) = \hat{u}_{q3}\cos\omega t$$

$$\Rightarrow \quad \Big((\ddot{u}_{q3} - \ddot{u}_{q2})C_2 + (\dot{u}_{q3} - \dot{u}_{q1})G_1\Big)C_3 =$$

$$= \Big(-(\hat{u}_{q3} - \hat{u}_{q2})C_2\omega^2\cos\omega t + (-\hat{u}_{q3}\sin\omega t + \hat{u}_{q1}\cos\omega t)\omega G_1\Big)C_3 =$$

$$= \omega C_3\Big((\hat{u}_{q1}G_1 + (\hat{u}_{q2} - \hat{u}_{q3})\omega C_2)\cos\omega t - \hat{u}_{q3}G_1\sin\omega t\Big).$$

Wir berechnen die numerischen Werte und dividieren die ganze DGL durch den Faktor $C_2C_{34} + C_3C_4$:

$$\ddot{\varphi}_{e2} + \frac{606{,}1}{\mathrm{s}}\dot{\varphi}_{e2} + \frac{5{,}981\cdot 10^4}{\mathrm{s}^2}\varphi_{e2} = (1331\cos\frac{100\pi t}{\mathrm{s}} - 225{,}6\sin\frac{100\pi t}{\mathrm{s}})\frac{\mathrm{kV}}{\mathrm{s}^2}.$$

Lösungen zu den Aufgaben zum AMPÈREschen Magnetismus

Aufgabe 3.2.1-1: Man berechne die Stromstärke I in einem 10 m langen Stromkabel mit einem Leiterabstand von 5 mm, zwischen denen eine Kraft von 1 mN herrscht.

$$F_\mathrm{m} = \mu_0 \frac{I^2 l}{2\pi r} \quad \Rightarrow \quad I = \sqrt{\frac{F_\mathrm{m} 2\pi r}{\mu_0 l}} = \sqrt{\frac{10^{-3} \cdot 5 \cdot 10^{-3}}{2 \cdot 10^{-7} \cdot 10}}\,\mathrm{A} = \sqrt{2{,}5}\,\mathrm{A} = 1{,}58\,\mathrm{A}.$$

Aufgabe 3.2.1-2: Zwei L = 200 m lange Stromleiter mit Strömen I hängen entsprechend a) an isolierenden Fäden über der Erdoberfläche. Welchen Wert hat I und wie groß ist die Seilkraft F in den Fäden?

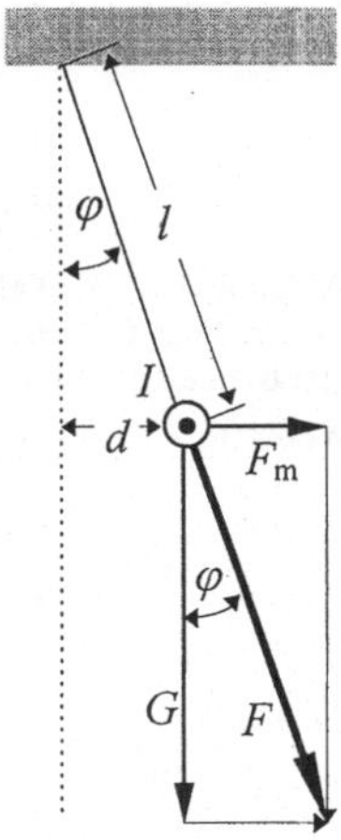

Wir betrachten, ähnlich wie bei Aufgabe 1.3.1-1, die Kräftebilanz am linken Stromleiter I entsprechend der rechten Skizze. Auch hier muß die resultierende Kraft F in Seilrichtung wirken. Daraus ergibt sich:

$$\sin\varphi = \frac{d}{l} = \frac{a-r}{2l} \quad \Rightarrow \quad r = a - 2l\sin\varphi$$

$$F_\mathrm{m} = G\tan\varphi = \frac{\mu_0 I^2 L}{2\pi r} = \frac{\mu_0 I^2 L}{2\pi(a - 2l\sin\varphi)}$$

$$\Rightarrow \quad I = \pm\sqrt{\frac{2\pi}{\mu_0 L}(a - 2l\sin\varphi)G\tan\varphi} = \pm 261{,}3\,\mathrm{A}$$

$$\Rightarrow \quad F = \frac{G}{\cos\varphi} = 20{,}003\,\mathrm{N}.$$

Aufgabe 3.2.1-3: Vier lange linienförmige Leiter sind entsprechend b) im Raum angeordnet. Wie groß muß I_2 sein, damit I_4 kräftefrei ist?

In Analogie zu Aufgabe 1.3.1-2 stellt sich die Kräfteverteilung wie rechts dargestellt ein. Aus dem Vergleich von F_{42} und der aus F_{41} und F_{43} resultierenden Kraft $F_{4,13}$ folgt $I_2 = 2$ A.

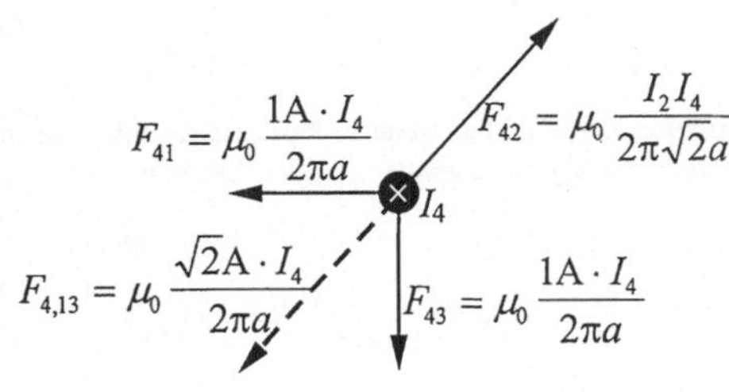

Aufgabe 3.2.2-1: Man überprüfe, ob die magnetische Kraft die COULOMBkraft zweier gleich schnell parallelfliegender Ladungen überschreiten kann.

Dies ist nicht möglich, da v die Lichtgeschwindigkeit c nicht überschreiten kann.

Aufgabe 3.2.2-2: Welcher Zusammenhang besteht zwischen Stromdichte $\boldsymbol{S}$ und $q\boldsymbol{v}$?

$$\boldsymbol{S} = \rho\boldsymbol{v} = \frac{\mathrm{d}q\boldsymbol{v}}{\mathrm{d}V} \qquad \text{(s. Gl. 2.3-6).}$$

Aufgabe 3.2.2-3: Welche magnetische Kraft herrscht nach Betrag und Richtung zwischen zwei Elektronen, die in gleichem Abstand einander gegenüberliegend mit der Frequenz f einen Atomkern umrunden?

$$F_\mathrm{m} = \frac{\mu_0}{4\pi}\left(\frac{ev}{2r}\right)^2 = 10^{-7}\left(\frac{e\omega}{2}\right)^2\frac{\mathrm{N}}{\mathrm{A}^2} = 10^{-7}(\pi ef)^2\frac{\mathrm{N}}{\mathrm{A}^2}.$$

Obwohl sie die Bahnen in gleicher Richtung durchlaufen, repräsentieren die Elektronen zwei gegenläufige Ströme und versuchen sich magnetisch abzustoßen.

Aufgabe 3.3.1-1: Man verifiziere die Einheit der Flußdichte.

$$[B] = \left[\frac{F}{Il}\right] = \frac{\mathrm{kg\,m}}{\mathrm{s^2Am}} = \frac{\mathrm{kg\,m^2}}{\mathrm{s^3A}}\frac{\mathrm{s}}{\mathrm{m^2}} = \frac{\mathrm{Vs}}{\mathrm{m^2}} = \mathrm{T}. \qquad \text{q.e.d.}$$

Aufgabe 3.3.1-2: Welche magnetische Flußdichte B herrscht in Aufgabe 3.2.1-2 am Ort eines Leiters.

$$B = \frac{\mu_0 I}{2\pi r} = \frac{\mu_0 I}{2\pi(a - 2l\sin\varphi)} = 6{,}68\,\mu\mathrm{T}$$

Aufgabe 3.3.1-3: Welche magnetische Flußdichte B herrscht in Aufgabe 3.2.2-3 beim Wasserstoffatom am Ort eines Elektrons mit Bahnradius $r = 53$ pm? Welches Stromelement $I\mathrm{d}l$ und welche Stromstärke I repräsentiert ein Elektron?

Aus Gl. 2.1-3 und mit F_m folgt aus Aufgabe 3.2.2-3

$$v = \frac{e}{2\sqrt{\pi\varepsilon_0 m_\mathrm{e} r}} \quad \Rightarrow \quad B = \frac{F_\mathrm{m}}{ev} = 10^{-7}\frac{e^2}{8r^2\sqrt{\pi\varepsilon_0 m_\mathrm{e} r}}\frac{\mathrm{N}}{\mathrm{A}^2} = 3{,}12\,\mathrm{T}.$$

$$I\mathrm{d}l = -ev = -3{,}5\cdot 10^{-13}\,\mathrm{Am}, \qquad f = \frac{v}{2\pi r} \quad \Rightarrow \quad |I| = ef = \frac{ev}{2\pi r} = 1{,}05\,\mathrm{mA}.$$

Aufgabe 3.3.2-1: Man bestimme in Aufgabe 3.2.1-2 $\boldsymbol{B}(r)$ am Ort des anderen Leiters, wenn der Mittelpunkt des kartesischen Koordinatensystems auf der Mittelachse des linken Leiters liegt.

Mit dem Betrag von Aufgabe 3.3.1-2 und der einfach verifizierbaren y-Richtung ergibt sich:

$$\boldsymbol{B} = \frac{\mu_0 I}{2\pi r}\vec{e}_y = \frac{\mu_0 I}{2\pi(a - 2l\sin\varphi)}\vec{e}_y = 6{,}68\,\mu\mathrm{T}\vec{e}_y.$$

Aufgabe 3.3.2-2: Man stelle in kartesischen als auch in Zylinderkoordinaten die Einheitsvektoren als Vektorprodukt jeweils zweier anderer Einheitsvektoren dar.

$$\vec{e}_x = \vec{e}_y \times \vec{e}_z, \qquad \vec{e}_y = \vec{e}_z \times \vec{e}_x, \qquad \vec{e}_z = \vec{e}_x \times \vec{e}_y,$$

$$\vec{e}_r = \vec{e}_\varphi \times \vec{e}_z, \qquad \vec{e}_\varphi = \vec{e}_z \times \vec{e}_r, \qquad \vec{e}_z = \vec{e}_r \times \vec{e}_\varphi.$$

***Aufgabe 3.3.2-3:** Man stelle im Außenraum des mit I stromdurchflossenen geraden Leiters die magnetische Flußdichte mit Zylinderkomponenten in kartesischen Koordinaten, kartesischen Komponenten in kartesischen Koordinaten, und kartesischen Komponenten in Zylinderkoordinaten dar.

Siehe auch Aufgabe 1.3.3-2. Wir beschränken uns wegen der immer fehlenden z-Komponente und -Koordinaten auf x, y bzw. r, φ:

- **Zylinderkomponenten in kartesischen Koordinaten:**

$$\boldsymbol{B}(\boldsymbol{x})=\begin{pmatrix}B_r(x,y)\\B_\varphi(x,y)\end{pmatrix}=\frac{\mu I}{2\pi\sqrt{x^2+y^2}}\vec{e}_\varphi .$$

- **Kartesische Komponenten in kartesischen Koordinaten:**
Aus der Skizze sind die Verhältnisse

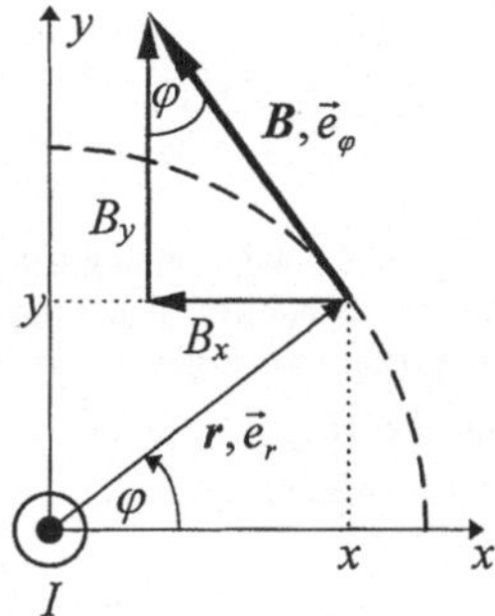

$$\frac{B_x}{B}=\frac{-y}{r}\quad\Rightarrow\quad B_x=\frac{-y}{r^2}\frac{\mu I}{2\pi}=\frac{-y}{x^2+y^2}\frac{\mu I}{2\pi},$$

$$\frac{B_y}{B}=\frac{x}{r}\quad\Rightarrow\quad B_y=\frac{x}{r^2}\frac{\mu I}{2\pi}=\frac{x}{x^2+y^2}\frac{\mu I}{2\pi}$$

angebbar, woraus

$$\boldsymbol{B}(\boldsymbol{x})=\begin{pmatrix}B_x(x,y)\\B_y(x,y)\end{pmatrix}=\frac{\mu I}{2\pi(x^2+y^2)}\begin{pmatrix}-y\\x\end{pmatrix}.$$

- **Kartesische Komponenten in Zylinderkoordinaten:**
Mit $x=r\cos\varphi$ und $y=r\sin\varphi$ folgt:

$$\boldsymbol{B}(\boldsymbol{r})=\begin{pmatrix}B_x(r,\varphi)\\B_y(r,\varphi)\end{pmatrix}=\frac{\mu I}{2\pi r^2}\begin{pmatrix}-r\sin\varphi\\r\cos\varphi\end{pmatrix}=\frac{\mu I}{2\pi r}\begin{pmatrix}-\sin\varphi\\\cos\varphi\end{pmatrix}.$$

Aufgabe 3.3.3-1: Wo befinden sich Nord- und Südpol des Feldes in Abb. 3.3-3a).

Fixieren wir einen Punkt auf einer Feldlinie, finden wir den Nordpol in der Richtung, aus der die Feldlinie herkommt, den Südpol dort, wo sie hinläuft. Feste Orte hierfür lassen sich nicht identifizieren, da nicht bekannt ist, welchen Weg der immer vorhandene Rückleiter nimmt. Ist dieser gegeben, lassen sich Nord- und Südpol wieder eindeutig identifizieren.

Aufgabe 3.3.3-2: Man skizziere aus der Anschauung das Feldlinienbild eines Hufeisenmagneten.

Siehe rechte Darstellung.

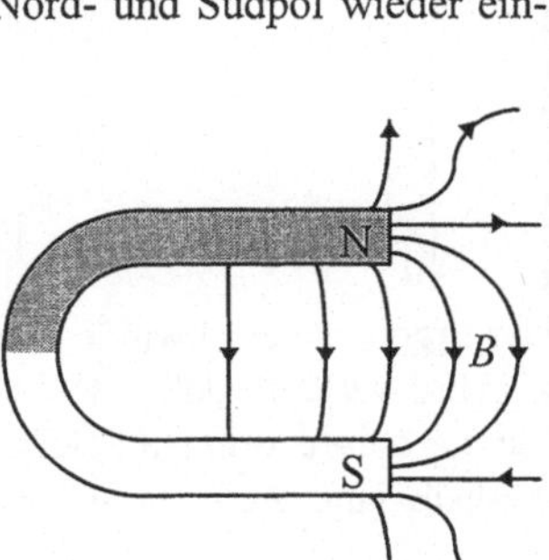

Aufgabe 3.3.3-3: Man stelle die DGL auf, aus der sich die Feldlinien der Abb. 3.5-2 berechnen lassen.

Mittels Aufgabe 3.3.2-3 erhalten wir:

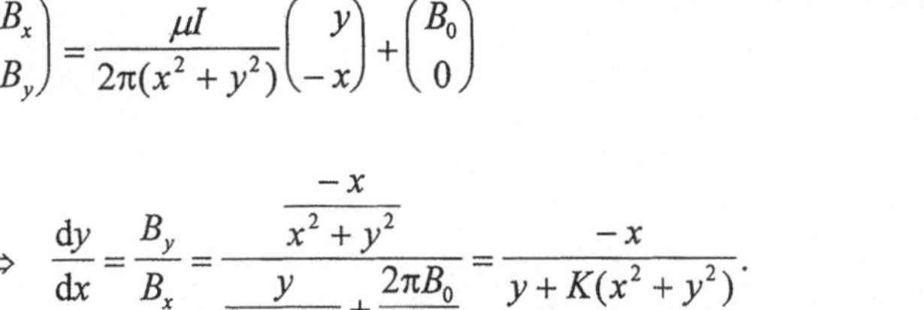

$$\begin{pmatrix}B_x\\B_y\end{pmatrix}=\frac{\mu I}{2\pi(x^2+y^2)}\begin{pmatrix}y\\-x\end{pmatrix}+\begin{pmatrix}B_0\\0\end{pmatrix}$$

$$\Rightarrow\quad\frac{dy}{dx}=\frac{B_y}{B_x}=\frac{\dfrac{-x}{x^2+y^2}}{\dfrac{y}{x^2+y^2}+\underbrace{\dfrac{2\pi B_0}{\mu I}}_{K}}=\frac{-x}{y+K(x^2+y^2)}.$$

Aufgabe 3.3.4-1: Man berechne den Fluß Φ, der in Abb. 1.9-8 die grauschattierte Ebene ($\varphi_c = 0$) durchsetzt, wenn die beiden Hin- und Rückleiter eines Stromkabels darstellen.

$\Phi = 0$, auch wenn nur ein Leiter vorhanden wäre, denn jede Feldlinie, die die Ebene von einer Seite durchtritt, läuft auch wieder durch dieselbe Ebene zurück.

Aufgabe 3.3.4-2: Man berechne den Fluß Φ zwischen Hin- und Rückleiter einer Zweidrahtleitung mit folgenden Daten: Kabellänge $l = 10$ m, Achsenabstand $a = 1$ m, Leiterdurchmesser $d = 2$ cm, $I = 10$ A.

Der linke und rechte Leiter erzeugen jeweils den gleiche Teilfluß, womit

$$\Phi = 2l \int_{d/2}^{a-d/2} \frac{\mu_0 I \mathrm{d}r}{2\pi r} = \frac{\mu_0 Il}{\pi} \ln \frac{a-\frac{1}{2}d}{\frac{1}{2}d} = \frac{\mu_0 Il}{\pi} \ln(\frac{2a}{d} - 1) = 0{,}184\,\mathrm{mWb}.$$

Aufgabe 3.3.4-3: Entlang der y-Achse in Abb. 1.6-7 fließe ein Strom $I = 3$ A. Man berechne mittels MATHCAD symbolisch und numerisch den Fluß Φ, der die grau schattierte Dreiecksfläche durchsetzt, und interpretiere das Ergebnis aus der Anschauung.

Da das Magnetfeld keine y-Abhängigkeit aufweist, führt eine Modifikation der Gl. 1.6-11 in folgender Form zu einem einfacheren Integral:

$$\Phi = \int_{A_y} \boldsymbol{B} \cdot \frac{\mathrm{grad} A}{\mathrm{grad}_y A} \mathrm{d}z\mathrm{d}x = \int_{x_1}^{x_2} (\int_{z_1(x)}^{z_2(x)} \boldsymbol{B} \cdot \frac{\mathrm{grad} A}{\partial A/\partial y} \mathrm{d}z) \mathrm{d}x, \qquad \mathrm{grad}_y A = \frac{\partial A}{\partial y} = \frac{1}{b}.$$

In Analogie zu MATHCAD-Anwendung 1.6-1 und mit dem Ergebnis von Aufgabe 3.3.2-3 ergibt sich dieses zu

$$\Phi = \frac{\mu I}{2\pi} \int_0^a \int_0^{c(1-\frac{x}{a})} \frac{1}{x^2+z^2} \begin{pmatrix} z \\ 0 \\ -x \end{pmatrix} \cdot \begin{pmatrix} b/a \\ 1 \\ b/c \end{pmatrix} \mathrm{d}z\mathrm{d}x = \frac{\mu I b}{2\pi} \ln \frac{c}{a} = 0 \Big|_{a=c}.$$

MATHCAD Rechnung:

$$\frac{\mu \cdot I}{2 \cdot \pi} \cdot \int_0^a \int_0^{c \cdot (1-\frac{x}{a})} \frac{1}{x^2+z^2} \cdot \begin{bmatrix} z \\ 0 \\ -x \end{bmatrix} \cdot \begin{bmatrix} \frac{b}{a} \\ 1 \\ \frac{b}{c} \end{bmatrix} dz\, dx \text{ simplify, assume} = RealRange(0,\infty) \rightarrow \frac{-1}{2} \cdot \mu \cdot I \cdot (ln(a) - ln(c)) \cdot \frac{b}{\pi}$$

Das Ergebnis verschwindet wegen $a = c$, weil hierfür die Ebene derart symmetrisch zur y-Achse verläuft, daß jede Feldlinie, die eintritt, auch aus der Fläche wieder austritt. Für $c > a$ durchdringen Feldlinien, die sich außerhalb schließen, die Ebene nach vorne, weshalb dann $\Phi > 0$, für $c < a$ ist $\Phi < 0$.

Aufgabe 3.3.5-1: Man überprüfe, ob es sich um mögliche Flußdichtefelder handelt: (1, 12, –5) T; $\vec{e}_r \mathrm{Vs}/r^2$; $B_0 \cdot (\cos y/a, \sin x/b, 1)$; $(B_1 \cos x/a, B_2 \sin y/b, 0)$, $B_0(\vec{e}_r \cos\varphi + \vec{e}_\varphi \sin\varphi)$. Das letzte Feld überprüfe man zusätzlich mit MATHCAD.

div(1, 12, –5) T = 0, da konstantes Feld.

Bei $\frac{\mathrm{Vs}}{r^2}\vec{e}_r$ kann es sich um Zylinder- oder Kugelkomponenten handeln, weshalb beide Formen mit Gln. 1.7-35 überprüft werden müssen:

$$\operatorname{div}\boldsymbol{B}_{\text{Zylinder}} = \frac{1}{r}\frac{\partial rB_r}{\partial r} = \frac{1}{r}\frac{\partial 1/r}{\partial r}\text{Vs} = -\frac{\text{Vs}}{r^3} \neq 0,$$

$$\operatorname{div}\boldsymbol{B}_{\text{Kugel}} = \frac{1}{r^2}\frac{\partial r^2 B_r}{\partial r} = \frac{1}{r^2}\frac{\partial 1}{\partial r}\text{Vs} = 0,$$

außer bei $r = 0$, wo der Ausdruck undefiniert ist. Das Feld mit einer Struktur des COULOMBschen Punktfelds ist ohnehin nicht sinnvoll, da es wegen des Pols nur mit unendlich hoher Energie erzeugbar wäre.

$$B_0 \operatorname{div}(\cos\frac{y}{a}, \sin\frac{x}{b}, 1) = B_0(\frac{\text{d}}{\text{d}x}\cos\frac{y}{a} + \frac{\text{d}}{\text{d}y}\sin\frac{x}{b} + \frac{\text{d}1}{\text{d}z}) = 0.$$

$$\operatorname{div}(B_1\cos\frac{x}{a}, B_2\sin\frac{y}{b}, 0) = B_1\frac{\text{d}\cos\frac{x}{a}}{\text{d}x} + B_2\frac{\text{d}\sin\frac{y}{b}}{\text{d}y} = -\frac{B_1}{a}\sin\frac{x}{a} + \frac{B_2}{b}\cos\frac{y}{b} \neq 0.$$

$$B_0 \operatorname{div}(\vec{e}_r\cos\varphi + \vec{e}_\varphi\sin\varphi) = B_0(\frac{1}{r}\frac{\partial r\cos\varphi}{\partial r} + \frac{1}{r}\frac{\partial\sin\varphi}{\partial\varphi}) = \frac{2B_0\cos\varphi}{r} \neq 0.$$

Symbolische Überprüfung des letzten Felds mit **MATHCAD**:

$ORIGIN := 1 \qquad \begin{bmatrix} B_0 & r & \varphi & z \end{bmatrix} := (1\ \ 1\ \ 1\ \ 1)$

$$\operatorname{div}_{Zyl}(G, r, \varphi, z) := \frac{1}{r}\cdot\left[\frac{d}{dr}\left(r\cdot G(r,\varphi,z)_1\right) + \frac{d}{d\varphi}G(r,\varphi,z)_2\right] + \frac{d}{dz}G(r,\varphi,z)_3$$

$B(r,\varphi,z) := B_0\cdot(\cos(\varphi)\ \ \sin(\varphi)\ \ 0)^T \qquad \operatorname{div}_{Zyl}(B, r, \varphi, z) \rightarrow \frac{2}{r}\cdot\cos(\varphi)\cdot B_0$

Aufgabe 3.3.5-2: Ein Magnetfeld ist mit seinen kartesischen Komponenten zu $\boldsymbol{B} = (4xyz\cdot\sin\omega t\cdot\text{T/m}^3, -3z^3\cdot\cos\omega t\cdot\text{T/m}^3, B_z)$ gegeben. Man bestimme B_z.

Mit B_{0z} als beliebigem Gleichanteil gilt:

$$B_z(y,z,t) = B_{0z} - \int\left(\frac{\partial B_x}{\partial x} + \frac{\partial B_y}{\partial y}\right)\partial z = B_{0z} - \int(4yz\sin\omega t + 0)\frac{\text{T}}{\text{m}^3}\partial z =$$

$$= B_{0z} - 2yz^2\sin\omega t\cdot\frac{\text{T}}{\text{m}^3}.$$

***Aufgabe 3.3.5-3**: Man überprüfe die Divergenzfreiheit des Felds $(0,-z,y)\text{T}/\sqrt{y^2+z^2}$, indem man die 4. MAXWELLgleichung in ihrer integralen Form am Beispiel des dargestellten Körpers verifiziert. Dazu beschreibe man das Feld zunächst mit Worten.

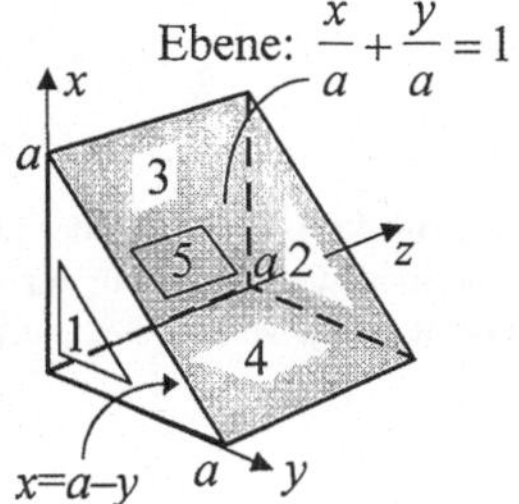

Das Feld rotiert mit überall konstantem Betrag $B_0 = 1$ T linksdrehend um die x-Achse. Für die von 1 - 5 durchnumerierten Flächen gilt, wenn wir den jeweils austretenden Fluß berechnen:

Aufgrund der festgestellten Konstanz des Flußdichtebetrags, des normale Durchsatzes und der Linksdrehung erwarten wir $\Phi_1 = -\frac{1}{2}B_0 a$ als Produkt von Dreiecksfläche und konstanter Flußdichte:

$$\mathrm{d}\vec{A}_1 = -\mathrm{d}x\mathrm{d}y\vec{e}_z = -\begin{pmatrix}0\\0\\1\end{pmatrix}\mathrm{d}x\mathrm{d}y = -\mathrm{d}\vec{A}_2,$$

$$\frac{\Phi_1}{\mathrm{T}} = -\int_0^a\int_0^{a-y}\begin{pmatrix}0\\-z\\y\end{pmatrix}\cdot\begin{pmatrix}0\\0\\1\end{pmatrix}\frac{\mathrm{d}x\mathrm{d}y}{\sqrt{y^2+z^2}}\Bigg|_{z=0} = -\int_0^a\int_0^{a-y}\mathrm{d}x\mathrm{d}y = \int_0^a(y-a)\mathrm{d}y = \frac{-a^2}{2}.$$

$$\frac{\Phi_2}{\mathrm{T}} = \int_0^a\int_0^{a-y}\begin{pmatrix}0\\-a\\y\end{pmatrix}\cdot\begin{pmatrix}0\\0\\1\end{pmatrix}\frac{\mathrm{d}x\mathrm{d}y}{\sqrt{y^2+a^2}} = \frac{a^2}{2}(\sqrt{2}-2+\ln(\sqrt{2}+1)).$$

Φ_3 erwarten wir wegen der Homogenität und des normalen Durchsatzes zu B_0a^2:

$$\mathrm{d}\vec{A}_3 = -\mathrm{d}x\mathrm{d}z\vec{e}_y = -\begin{pmatrix}0\\1\\0\end{pmatrix}\mathrm{d}x\mathrm{d}z, \qquad \mathrm{d}\vec{A}_4 = -\mathrm{d}y\mathrm{d}z\vec{e}_x = -\begin{pmatrix}1\\0\\0\end{pmatrix}\mathrm{d}y\mathrm{d}z,$$

$$\frac{\Phi_3}{\mathrm{T}} = \int_0^a\int_0^a\begin{pmatrix}0\\-z\\y\end{pmatrix}\cdot\begin{pmatrix}0\\-1\\0\end{pmatrix}\frac{\mathrm{d}x\mathrm{d}z}{\sqrt{y^2+z^2}}\Bigg|_{y=0} = \int_0^a\int_0^a\mathrm{d}x\mathrm{d}z = a^2.$$

Φ_4 verschwindet, da Φ_4 mit $B_{4x} = 0$ parallel zu A_4 verläuft, d.h. der Integrand wegen des Skalarprodukts verschwindet.

$$A_5(x,y) = \frac{x+y}{a} \quad \Rightarrow \quad \mathrm{grad}A = \frac{\vec{e}_x+\vec{e}_y}{a}, \qquad \mathrm{grad}A_y = \frac{\partial A}{\partial y} = \frac{1}{a}$$

$$\frac{\Phi_5}{\mathrm{T}} = \int_0^a\int_0^a\begin{pmatrix}0\\-z\\y\end{pmatrix}\cdot\begin{pmatrix}1\\1\\0\end{pmatrix}\frac{\mathrm{d}x\mathrm{d}z}{\sqrt{y^2+z^2}}\Bigg|_{y=a-x} = \int_0^a\int_0^a\frac{-z\mathrm{d}x\mathrm{d}z}{\sqrt{(a-x)^2+z^2}} =$$

$$= \frac{a^2}{2}(1-\sqrt{2}+\ln(\sqrt{2}-1)) \qquad \Rightarrow \quad \Phi = \sum_{i=1}^{5}\Phi_i = 0. \quad \text{q.e.d.}$$

Aufgabe 3.4.1-1: Ein gerader Leiter mit $I = 5$ A verlaufe in der xy-Ebene eines Koordinatensystems mit einer Steigung von $\varphi = 30°$ zur x-Achse. Welche Kraft F_L, zerlegt nach Betrag und Einheitsvektor, wirkt auf eine Länge von $l = 8$ cm, wenn im Raum ein Flußdichtefeld $\boldsymbol{B} = (1, 2, -3)$ T herrscht?

$$\boldsymbol{F}_\mathrm{L} = I\boldsymbol{l}\times\boldsymbol{B} = I\begin{pmatrix} l_x \\ l_y \\ l_z \end{pmatrix}\times\begin{pmatrix} B_x \\ B_y \\ B_z \end{pmatrix} = Il\begin{vmatrix} \cos\varphi & B_x & \vec{e}_x \\ \sin\varphi & B_y & \vec{e}_y \\ 0 & B_z & \vec{e}_z \end{vmatrix} = Il\begin{pmatrix} B_z\sin\varphi \\ -B_z\cos\varphi \\ B_y\cos\varphi - B_x\sin\varphi \end{pmatrix} =$$

$$= \begin{pmatrix} -0{,}600 \\ 1{,}039 \\ 0{,}493 \end{pmatrix}\mathrm{N} = 1{,}297\begin{pmatrix} -0{,}463 \\ 0{,}801 \\ 0{,}380 \end{pmatrix}\mathrm{N}.$$

Analyse mit **MATHCAD**:

$\varphi := 30\cdot\mathrm{deg}$ $\quad (B_x \;\; B_y \;\; B_z) := (1 \;\; 2 \;\; -3)\cdot\mathrm{T}$ $\quad I := 5\cdot\mathrm{A}$ $\quad l := 8\cdot\mathrm{cm}$

$$I\cdot l\cdot\begin{bmatrix} \cos(\varphi) \\ \sin(\varphi) \\ 0 \end{bmatrix}\times\begin{bmatrix} B_x \\ B_y \\ B_z \end{bmatrix} \quad \text{Symbolics} \quad \text{Evaluate} \blacktriangleright \text{Symbolically} \quad \begin{bmatrix} \sin(\varphi)\cdot I\cdot l\cdot B_z \\ -\cos(\varphi)\cdot I\cdot l\cdot B_z \\ \cos(\varphi)\cdot I\cdot l\cdot B_y - \sin(\varphi)\cdot I\cdot l\cdot B_x \end{bmatrix}$$

$$F_L := I\cdot l\cdot\begin{bmatrix} \cos(\varphi) \\ \sin(\varphi) \\ 0 \end{bmatrix}\times\begin{bmatrix} B_x \\ B_y \\ B_z \end{bmatrix} \quad F_L = \begin{bmatrix} -0.600 \\ 1.039 \\ 0.493 \end{bmatrix}\cdot\mathrm{N} \quad |F_L| = 1.297\cdot\mathrm{N} \quad \frac{F_L}{|F_L|} = \begin{bmatrix} -0.463 \\ 0.801 \\ 0.380 \end{bmatrix}$$

Aufgabe 3.4.1-2: Ist die LORENTZkraft konservativ?

Die Bedingung für die Konservativität eines Kraftfelds lautet:

$$\oint \boldsymbol{F}\cdot\mathrm{d}\boldsymbol{s} = 0 = q\oint(\boldsymbol{v}\times\boldsymbol{B})\cdot\mathrm{d}\boldsymbol{s} = q\oint(\boldsymbol{v}\times\boldsymbol{B})\cdot\boldsymbol{v}\mathrm{d}t.$$

$\boldsymbol{v}\times\boldsymbol{B}$ steht senkrecht auf $\boldsymbol{v}$, also ist $(\boldsymbol{v}\times\boldsymbol{B})\cdot\boldsymbol{v} = 0$ und das Ringintegral braucht im Gegensatz zur Elektrostatik erst gar nicht geschlossen zu werden, da der Integrand bereits verschwindet. Das bedeutet, daß eine Ladung q im beliebigen Magnetfeld immer so - senkrecht zur Kraft - abgelenkt wird, daß sie weder Energie aufnimmt noch abgibt.

***Aufgabe 3.4.1-3: Drei parallele gerade Leiter eines Drehstromsystems sind im Abstand a zu einem gleichseitigen Dreieck angeordnet, und werden von drei Wechselströmen mit gleicher Amplitude $\hat{\imath}$, aber jeweils φ = 120° Phasenverschiebung durchflossen. Man berechne den Betrag des Zeitverlaufs der Kraft pro Länge $F_\mathrm{L}(t)/l$ auf einen Leiter.**

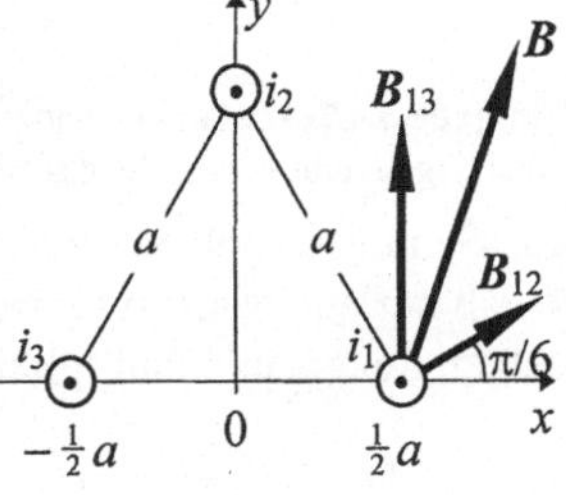

Wir beschreiben die Anordnung in dem rechts dargestellten Koordinatensystem, und berechnen für $i_1(t) = \hat{\imath}\cos\omega t$, $i_2(t) = \hat{\imath}\cos(\omega t - \frac{2\pi}{3})$ und $i_3(t) = \hat{\imath}\cos(\omega t + \frac{2\pi}{3})$ die Flußdichte durch Leiter 1:

$$\boldsymbol{B} = \boldsymbol{B}_{12} + \boldsymbol{B}_{13} = \begin{pmatrix} B_x \\ B_y \end{pmatrix} = \frac{\mu i_2}{2\pi a}\begin{pmatrix} \cos\frac{\pi}{6} \\ \sin\frac{\pi}{6} \end{pmatrix} + \frac{\mu i_3}{2\pi a}\begin{pmatrix} 0 \\ 1 \end{pmatrix} = \frac{\mu}{2\pi a}\begin{pmatrix} \frac{\sqrt{3}}{2}i_2 \\ \frac{1}{2}i_2 + i_3 \end{pmatrix}$$

$$\Rightarrow \quad B = \frac{\mu}{2\pi a}\sqrt{\frac{3i_2^2}{4} + \frac{i_2^2}{4} + i_3^2 + i_2 i_3} = \frac{\mu}{2\pi a}\sqrt{i_2^2 + i_3^2 + i_2 i_3}.$$

$$\frac{i_2^2+i_3^2+i_2i_3}{\hat{i}^2}=\cos^2(\omega t-\frac{2\pi}{3})+\cos^2(\omega t+\frac{2\pi}{3})+\cos(\omega t-\frac{2\pi}{3})\cdot\cos(\omega t+\frac{2\pi}{3}).$$

Mit

$$\cos(\omega t\pm\frac{2\pi}{3})=-\frac{1}{2}\cos\omega t\mp\frac{\sqrt{3}}{2}\sin\omega t \qquad \Rightarrow \quad i_2^2+i_3^2+i_2i_3=\frac{3}{4}\hat{i}^2$$

$$\Rightarrow \quad \frac{F_1}{l}=\mu\frac{\sqrt{3}|i_1|\hat{i}}{4\pi a}=\mu\frac{\sqrt{3}\hat{i}^2}{4\pi a}|\cos\omega t|.$$

Aufgabe 3.4.2-1: Man überprüfe, ob die Umformung $(\boldsymbol{S}\cdot\mathrm{d}\boldsymbol{A})\mathrm{d}\boldsymbol{l}=\boldsymbol{S}\mathrm{d}V$ generell erlaubt ist.

Generell ist die Assoziativität dreier beliebiger Vektoren $\boldsymbol{a}$, $\boldsymbol{b}$, $\boldsymbol{c}$ in der Art $(\boldsymbol{a}\cdot\boldsymbol{b})\boldsymbol{c}=\boldsymbol{a}(\boldsymbol{b}\cdot\boldsymbol{c})$ nicht gegeben. Ist jedoch $\boldsymbol{c}\sim\boldsymbol{a}$, also $\boldsymbol{c}=k\boldsymbol{a}$, gilt $(\boldsymbol{a}\cdot\boldsymbol{b})k\boldsymbol{a}=\boldsymbol{a}(\boldsymbol{b}\cdot k\boldsymbol{a})$. Diese Voraussetzung ist hier mit $\boldsymbol{S}\sim\mathrm{d}\boldsymbol{l}$ erfüllt.

Aufgabe 3.4.2-2: Welche Beziehung gilt zwischen Lorentzkraft $\boldsymbol{F}_\mathrm{L}$, Strombelag $\boldsymbol{K}$ und Flußdichte $\boldsymbol{B}$?

$$\mathrm{d}\boldsymbol{F}_\mathrm{L}=I\mathrm{d}\boldsymbol{l}\times\boldsymbol{B}=\boldsymbol{K}\mathrm{d}A_\mathrm{O}\times\boldsymbol{B}=\boldsymbol{K}\times\boldsymbol{B}\mathrm{d}A_\mathrm{O}.$$

$$\boldsymbol{p}_\mathrm{L}=\frac{\mathrm{d}\boldsymbol{F}_\mathrm{L}}{\mathrm{d}A_\mathrm{O}}=\boldsymbol{K}\times\boldsymbol{B}$$ repräsentiert den Druck (Kraft pro Fläche).

Aufgabe 3.4.2-3: Zwei lange Zylinderleiter mit Strömen I_1, I_2 und Radien a verlaufen parallel im Abstand d der Mittelachsen. Man berechne $f_{\mathrm{L}V}(r)$ und $f_{\mathrm{L}V}(x,y)$ in einem der Leiter.

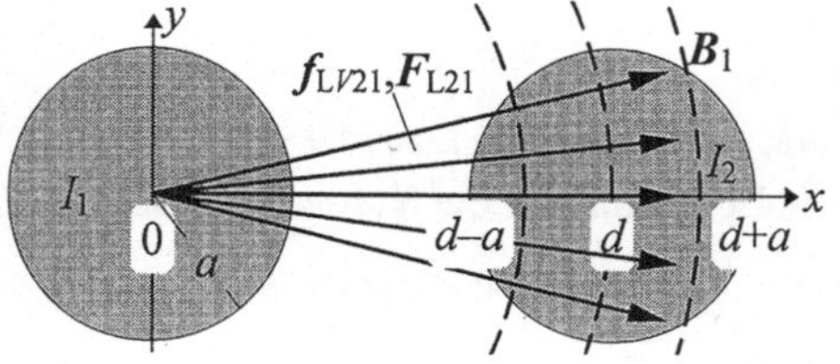

Das Koordinatensystem sei wie in der Abbildung orientiert. In Zylinderkoordinaten und -komponenten gilt:

$$\boldsymbol{f}_{\mathrm{L}V}(r)=\boldsymbol{S}_2\times\boldsymbol{B}_1=\frac{I_2}{\pi a^2}\frac{\mu_0 I_1}{2\pi r}\vec{e}_r=\frac{\mu_0 I_1 I_2}{2\pi^2 a^2 r}\vec{e}_r$$

$$\Rightarrow \quad \boldsymbol{f}_{\mathrm{L}V}(x,y)=\begin{pmatrix} f_{\mathrm{L}Vx}(x,y)\\ f_{\mathrm{L}Vy}(x,y)\end{pmatrix}=\frac{\mu_0 I_1 I_2}{2\pi^2 a^2(x^2+y^2)}\begin{pmatrix} x\\ y\end{pmatrix}.$$

***Aufgabe 3.4.2-4:** Man berechne aus der vorigen Aufgabe mithilfe von MATHCAD F_L für eine gegebene Leiterlänge l, und vergleiche das Ergebnis mit der LORENTZkraft für Linienleiter, also $a\to 0$.

Aus Symmetriegründen wirkt die resultierende Kraft auf einen Leiter in $\pm x$-Richtung, so daß nur $f_{\mathrm{L}Vx}$ weiterzuverwerten ist. Wir berechnen die Kraft auf die obere Hälfte des rechten Leiters und multiplizieren mit 2. Dessen Rand beschreibt die Kreisgleichung:

$$(x-d)^2+y^2=a^2 \qquad \Rightarrow \quad y(x)=\sqrt{a^2-(x-d)^2}$$

$$F_{\mathrm{L}21}=\int f_{\mathrm{L}Vx}\mathrm{d}V=\frac{2\mu_0 I_1 I_2}{2\pi^2 a^2}\int_0^l\left(\int_{d-a}^{d+a}\left(\int_0^{y(x)}\frac{x\mathrm{d}y}{x^2+y^2}\right)\mathrm{d}x\right)\mathrm{d}z=$$

$$=\mu_0\frac{I_1 I_2 l}{\pi^2 a^2}\int_{d-a}^{d+a}x\left(\int_0^{y(x)}\frac{\mathrm{d}y}{x^2+y^2}\right)\mathrm{d}x=\mu_0\frac{I_1 I_2 l}{2\pi d}.$$

MATHCAD-Rechnung mit Version 6.0:

$$\mu_0 \cdot \frac{I_1 \cdot I_2 \cdot l}{(\pi \cdot a)^2} \cdot \int_{d-a}^{d+a} \int_0^{\sqrt{a^2 - (x-d)^2}} \frac{x}{x^2 + y^2}\, dy\, dx$$

Symbolics
Simplify

$$\frac{1}{(2 \cdot \pi)} \cdot l \cdot \mu_0 \cdot I_1 \cdot \frac{I_2}{d}$$

Wir erhalten unabhängig vom Radius a die gleiche Formel wie für den Linienleiter. Dies gilt auch noch bei unterschiedlichen Leiterradien, da das Feld nicht vom Radius des Leiters 1 abhängt. Das Ergebnis ist analog zu Aufgabe 1.7.3-4, wo die COULOMBkraft zwischen zwei homogenen Kugelladungen nicht von deren Radien abhängt. Da im Fall der stromdurchflossenen Leiter die Elektronen jedoch beweglich sind, können sie durch die LORENTZkraft von ihrer Bahn abweichen, so daß die vorausgesetzte Homogenität der Stromdichte nicht mehr exakt gilt. Dies wird bei dem im nächsten Abschnitt betrachteten HALLplättchen ausgenutzt.

Aufgabe 3.4.3-1: Auf welche Weise kann mit einer HALLsonde festgestellt werden, ob ein Halbleiter n- oder p-dotiert ist.

Bei einem p-dotierten Halbleiter wandern positive Löcher in entgegengesetzter Richtung zu Elektronen im n-dotierten Halbleiter, folglich werden sie in die gleiche Richtung abgelenkt. Daher kehrt sich die HALLspannung gegenüber der Darstellung im Text, die für n-dotierte Halbleiter gilt, um.

Aufgabe 3.4.3-2: Ein n-leitendes Germaniumplättchen mit $N_D = 10^{14}/\text{cm}^3$ mit $l = 3$ mm, $b = 1{,}5$ mm und $d = 1$ mm werde senkrecht von $B = 0{,}25$ T durchsetzt. Der homogen verteilte Strom im Plättchen betrage $I = 15$ mA. Man berechne die LORENTZkraft F_L auf ein Elektron, sowie die HALLspannung U_H.

$$F_\text{L} = evB = \frac{eIB}{N_\text{D}ebd} = \frac{IB}{N_\text{D}bd} = 2{,}5 \cdot 10^{-17}\,\text{N}, \qquad U_\text{H} = \frac{IB}{N_\text{D}ed} = F_\text{L}\frac{b}{e} = 0{,}234\,\text{V}.$$

Aufgabe 3.4.3-3: Die o.a. HALLsonde sei mit ihrer Längskante im Abstand von $a = 1$ mm parallel zu einem mit I_0 stromdurchflossenen Leiter plaziert. Welchen Wert hat I_0, wenn B den Mittelwert der Flußdichte durch die Sonde repräsentiert?

$$U_\text{H} = \int_a^{a+b} E_\text{H}\text{d}r = v\int_a^{a+b} B\text{d}r = \frac{I}{N_\text{D}eA}\int_a^{a+b}\frac{\mu_0 I_0 \text{d}r}{2\pi r} = \frac{\mu_0 I_0 I}{2\pi N_\text{D}edb}\ln\frac{a+b}{a}$$

$$\Rightarrow \quad I_0 = \frac{2\pi N_\text{D}edbU_\text{H}}{\mu_0 I \ln(1 + b/a)} \approx 2\,\text{kA}.$$

Aufgabe 3.4.4-1: Auf welche Weise würde sich die Teilchenbahn verändern, wenn ein Proton oder ein Positron (positiv geladenes Elektron) durch das Feld fliegen würde?

Das Positron als positiv geladenes Elektron mit sonst gleichen Eigenschaften würde sich bei sonst gleicher Bahn nach links wendeln, das Proton ebenfalls nach links, aber mit ca. 1836 mal größerem Radius.

Aufgabe 3.4.4-2: Man berechne die Trägheitskraft F_T und vergleiche das Ergebnis mit der LORENTZkraft. Man bestimme F_T als Funktion von m_e, v und r.

$$\boldsymbol{F}_\text{T} = -m_\text{e}\dot{\boldsymbol{v}} = -m_\text{e}\frac{\text{d}}{\text{d}t}\begin{pmatrix} -v_{y0}\sin\omega t \\ v_{y0}\cos\omega t \\ v_{z0} \end{pmatrix} = eB_z v_{y0}\begin{pmatrix} \cos\omega t \\ \sin\omega t \\ 0 \end{pmatrix} = -\boldsymbol{F}_\text{L}.$$

$$F_T = eB_z v_{y0} = \frac{m_e v_{y0}^2}{r}.$$

Dies ist die bekannte Formel für die Trägheitskraft, z.B. für den gravitativen Umlauf der Erde um die Sonne, oder wie in Abschnitt 2.1.2 hergeleitet, für die COULOMBsche Elektronenbahn um den Atomkern.

***Aufgabe 3.4.4-3:** In der schematisch dargestellten Fernsehröhre wird der Elektronenstrahl magnetisch abgelenkt. Man bestimme den Auftreffort y bei gegebener Anfangsgeschwindigkeit v des Elektrons beim Eintritt in das Magnetfeld.

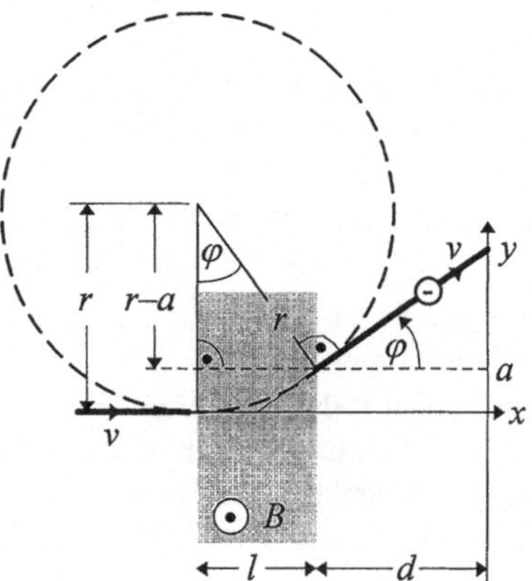

Aus dem Text erhalten wir zunächst den fiktiven Bahnradius zu $r = m_e v/eB$. Wir benötigen die Austrittshöhe a und erhalten sie aus dem Satz des PYTHAGORAS:

$$(r-a)^2 + l^2 = r^2$$

$$\Rightarrow \quad a = r - \sqrt{r^2 - l^2} = r(1 - \sqrt{1 - \frac{l^2}{r^2}}).$$

Für den Winkel φ gelten die Beziehungen:

$$\tan\varphi = \frac{y-a}{d} = \frac{l}{r-a} \qquad \Rightarrow \quad y = a + \frac{ld}{r-a} = r(1 - \sqrt{1 - \frac{l^2}{r^2}}) + \frac{d}{\sqrt{r^2/l^2 - 1}} =$$

$$y = \frac{m_e v}{eB}\left(1 - \sqrt{1 - (\frac{eBl}{m_e v})^2}\right) + d\left((\frac{m_e v}{eBl})^2 - 1\right)^{-1/2}.$$

Aufgabe 3.4.5-1: Ein kreisrunder Drahtring mit Radius a werde entsprechend der Abbildung von einem Strom I durchflossen, und von einem Magnetfeld konstanter Flußdichte B unter dem Winkel α durchsetzt. Man berechne die resultierende Kraft $\boldsymbol{F}_L$ auf den Ring und interpretiere das Ergebnis physikalisch.

Wir stellen Feld und Stromfluß in Zylinderkoordinaten dar:

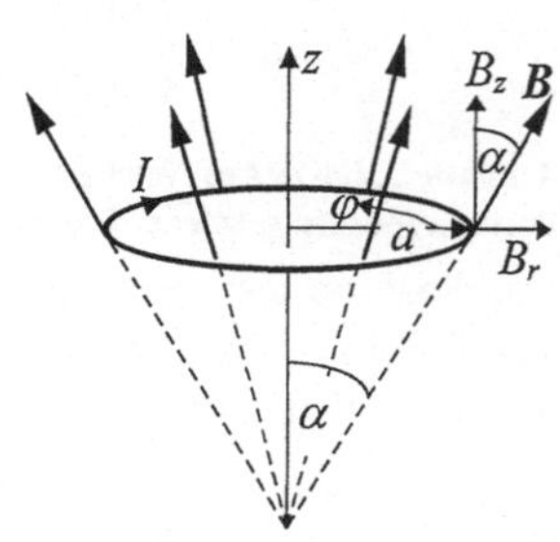

$$\boldsymbol{B} = \begin{pmatrix} B_r \\ B_\varphi \\ B_z \end{pmatrix} = B\begin{pmatrix} \sin\alpha \\ 0 \\ \cos\alpha \end{pmatrix},$$

$$\boldsymbol{l} = -2\pi a\vec{e}_\varphi = -2\pi a\begin{pmatrix} 0 \\ 1 \\ 0 \end{pmatrix}.$$

$$\boldsymbol{F}_L = -2\pi aIB\begin{vmatrix} 0 & \sin\alpha & \vec{e}_r \\ 1 & 0 & \vec{e}_\varphi \\ 0 & \cos\alpha & \vec{e}_z \end{vmatrix} = 2\pi aIB\begin{pmatrix} -\cos\alpha \\ 0 \\ \sin\alpha \end{pmatrix} = \begin{pmatrix} F_{Lr} \\ F_{L\varphi} \\ F_{Lz} \end{pmatrix}.$$

$F_{Lr} = -2\pi a I B\cos\alpha$ besagt, daß das Feld versucht, die Schleife zusammenzudrücken.
$F_{L\varphi} = 0$ besagt, daß das Feld nicht versucht, die Schleife zu drehen.
$F_{Lz} = 2\pi a I B\sin\alpha$ besagt, daß das Feld versucht, die Schleife nach oben zu schieben.

Aufgabe 3.4.5-2: Welche Arbeit verrichtet das Feld, um die Schleife aus dem Unendlichen an den dargestellten Ort zu bringen?

Die Aufgabe kann mit den Angaben nicht gelöst werden, da der Flußverlauf in der Leiterfläche nicht spezifiziert ist.

***Aufgabe 3.4.5-3: Welche Lösung hat Aufgabe 2, wenn das *B*-Feld nicht nur auf dem Ring, sondern in der gesamten Leiterebene bei gleichem Betrag denselben Fluchtpunkt auf der *z*-Achse aufweist?**

Sei z die Koordinate des Fluchtpunkts, so gilt für jeden Winkel $\alpha(r)$:

$$\sin\alpha(r) = \frac{r}{\sqrt{r^2+z^2}}, \qquad \cos\alpha(r) = \frac{z}{\sqrt{r^2+z^2}}, \qquad z = a\cot\alpha,$$

womit

$$\boldsymbol{B} = \begin{pmatrix} B_r \\ B_\varphi \\ B_z \end{pmatrix} = B\begin{pmatrix} \sin\alpha(r) \\ 0 \\ \cos\alpha(r) \end{pmatrix} = \frac{B}{\sqrt{r^2+z^2}}\begin{pmatrix} r \\ 0 \\ z \end{pmatrix}.$$

$$W = I\Phi = I\int B_z \mathrm{d}A = I2\pi Bz\int_0^a \frac{r\mathrm{d}r}{\sqrt{r^2+z^2}} = I2\pi Bz(\sqrt{a^2+z^2}-z) =$$

$$= IB2\pi a^2\cot^2\alpha\cdot(\sqrt{1+\tan^2\alpha}-1) = IB2\pi a^2\cot^2\alpha\cdot(\frac{1}{\cos\alpha}-1).$$

Aufgabe 3.5.1-1: Man bestimme das Dipolmoment *m* einer vom Strom *I* durchflossenen *N*lagigen Zylinderspule mit Radius *a*.

$$m = NIA = NI\pi a^2.$$

Aufgabe 3.5.1-2: Man bestimme das Drehmoment T_L auf eine vom Strom *I* durchflossene Schleife, die homogen vom Fluß Φ unter dem Winkel φ durchsetzt wird.

$$\Phi = BA\cos\varphi \qquad \Rightarrow \qquad T_L = IAB\sin\varphi = I\Phi\tan\varphi.$$

Aufgabe 3.5.1-3: Man weise nach, daß $\boldsymbol{m} = I\boldsymbol{A}$ unabhängig von der Flächenform gilt.

Zerlegen wir eine Fläche $\boldsymbol{A} = A\vec{e}_z$ in lauter unendlich schmale rechteckige Schleifen mit Stromfluß I, so wirken auf deren Kanten $\mathrm{d}\boldsymbol{y}$ mit dem Hebelarm $\boldsymbol{x}(y)$ differentiell kleine Momente $\mathrm{d}\boldsymbol{m} = I\cdot\boldsymbol{x}(y)\times\mathrm{d}\boldsymbol{y}$. Das Gesamtmoment ist das Integral über die Einzelmomente, also $I\boldsymbol{A}$.

***Aufgabe 3.5.1-4: Man bestimme das Dipolmoment *m* einer mit der Winkelgeschwindigkeit ω rotierenden Scheibe mit Radius *a*, die gleichmäßig verteilt die Ladung *Q* trägt.**

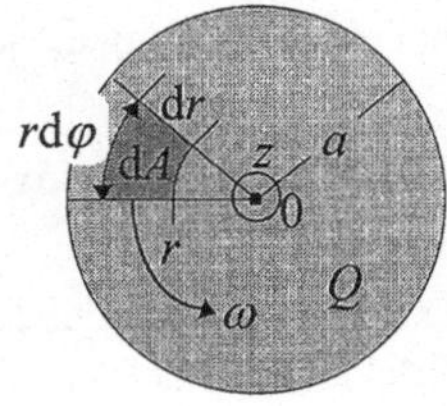

Mit den Ergebnissen der Aufgabe 1.7.2-1 folgt aus dem Gesamtstrom I der Anteil $\mathrm{d}I$ auf einem Stück der Breite $\mathrm{d}r$ zu:

$$\mathrm{d}I = \mathrm{d}\frac{\mathrm{d}Q}{\mathrm{d}t} = Q\frac{r\mathrm{d}r\mathrm{d}\varphi}{\pi a^2\mathrm{d}t} = Q\frac{r\mathrm{d}r\omega}{\pi a^2}.$$

Wir setzen die Fläche aus lauter Kreisringen des Radius r der Breite $\mathrm{d}r$ mit $0 \le r \le a$ zusammen und integrieren darüber:

$$m = \int \mathrm{d}m = \int A(r)\mathrm{d}I(r) = \int_0^a \pi r^2 Q \frac{r\omega}{\pi a^2}\mathrm{d}r = \frac{Q\omega}{a^2}\int_0^a r^3 \mathrm{d}r = \frac{Q\omega a^2}{4}.$$

Aufgabe 3.5.2-1: Das vom Ständerstrom erzeugte *B*-Feld der Gleichstrommaschine in Abb. 3.5-3a) sei in den Polen, dem Luftspalt und im Läufer homogen und konstant. Man bestimme die Läuferdrehrichtung. Welcher vom Ständerstrom herrührende Fluß Φ durchsetzt den Läufer? Welches Drehmoment *T* kann an der Welle abgenommen werden und in welche Richtung zeigt $\boldsymbol{T}$?

Drehrichtung = rechts. $\Phi = Bdl$, $T = IBdl$. Der Drehmomentvektor zeigt entlang der Läuferachse nach hinten.

Aufgabe 3.5.2-2: In Abb. 3.5.2 hänge der Leiter der Länge l = 1,5 m an einem Hebelarm der Länge *a*. Welche Flußdichte B_0 herrscht bei I = 20 A und einem Gegengewicht von G = 5 kp am Hebelarm $b = 2a$?

$$bG = alIB_0 \qquad \Rightarrow \quad B_0 = \frac{bG}{aIl} = \frac{2G}{Il} = \frac{2\cdot 5\cdot 9{,}81}{20\cdot 1{,}5}\,\mathrm{T} = 3{,}269\,\mathrm{T}.$$

Aufgabe 3.5.2-3: Die rechts dargestellte, an A und B starr befestigte Leiterschleife werde in der schattierten Zone von einem homogenen Magnetfeld der Flußdichte *B* durchsetzt. Welche Kraft $\boldsymbol{F}$ und welches Drehmoment $\boldsymbol{T}$ wirkt auf sie? Man gebe die Richtungen sowie das magnetische Moment $\boldsymbol{m}$ an.

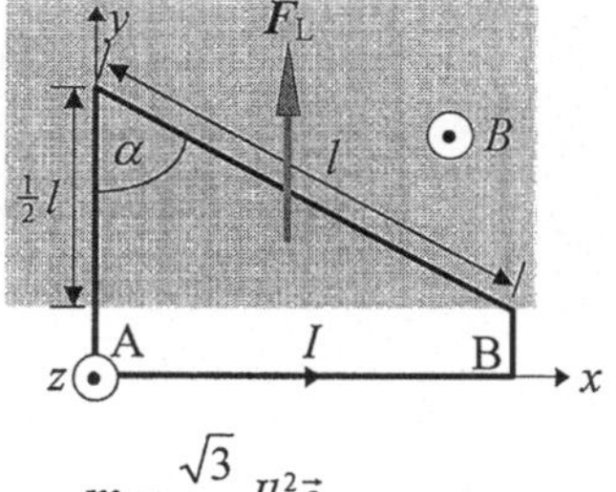

Wir beschreiben die Größen in einem konventionellen *xy*-Koordinatensystem. Mit α = 60°gilt für die Kraft:

$$\boldsymbol{F}_\mathrm{L} = \begin{pmatrix} F_{\mathrm{L}x} \\ F_{\mathrm{L}y} \end{pmatrix} = IBl\begin{pmatrix} \cos\alpha - \frac{1}{2} \\ \sin\alpha \end{pmatrix} = \frac{\sqrt{3}}{2} IBl\vec{e}_y, \qquad \boldsymbol{m} = \frac{\sqrt{3}}{8} Il^2\vec{e}_z.$$

Das Feld versucht, die Schleife in sich hineinzuziehen. Ein Drehmoment tritt nicht auf. $\boldsymbol{m}$ bezieht sich auf den flußdurchsetzten Anteil der Schleife. Hinzu käme der Anteil unterhalb des Felds, der wegen fehlender Geometriewerte nicht angegeben werden kann.

Aufgabe 3.5.3-1: Welche Arbeit *W* wird verrichtet, wenn der Dipol aus beliebiger Winkelstellung φ eine halbe Kreisdrehung, welche, wenn er eine vollständige Kreisdrehung durchgeführt hat?

Halbe Drehung: $W = mB(\cos(\varphi \pm \pi) - \cos\varphi) = -2mB\cos\varphi$, volle Drehung: $W = 0$.

Aufgabe 3.5.3-2: Welche Energiedifferenz ist für einen ebenen Dipol mit m = 1 Am^2 aufzubringen, um die Fläche im Feld $\boldsymbol{B}$ = (–3, –8, 3) T aus der *xy*-Ebene in die *yz*-Ebene zu drehen?

$$W = \pm m(\vec{e}_x - (-\vec{e}_z))\cdot(-3 \quad -8 \quad 3)^T\,\mathrm{T} = 0\,\mathrm{Ws}.$$

Aufgabe 3.5.3-3: Durch ein bei 0 drehbar gelagertes Leitersegment der Länge *l* fließe entsprechend der rechten Abbildung ein Strom *I*. Welches Drehmoment *T* wirkt auf den Leiter und welche Arbeit *W* wird verrichtet, wenn es sich im homogenen Feld B_z in der *xy*-Ebene einmal vollständig um den Nullpunkt dreht? Man interpretiere das Ergebnis.

Mit $\mathrm{d}F = I\mathrm{d}xB_z$ als Kraft auf ein Teilsegment der Länge d*x*, $\mathrm{d}T = x\mathrm{d}F$ als darauf wirksames Drehmoment, und $\mathrm{d}^2W = \mathrm{d}T\mathrm{d}\varphi$ als Arbeit bei einer Drehung dieses Segments um den Winkel $\mathrm{d}\varphi$ ergibt sich:

$$T = \int_0^l IB_z x\mathrm{d}x = \frac{1}{2}IB_z l^2, \qquad W = \int_0^{2\pi} T\mathrm{d}\varphi = IB_z\pi l^2.$$

Das Feld scheint das Leitersegment permanent zu drehen. Der nicht weiter betrachtete Rückleiter bildet jedoch ein gleichgroßes Gegendrehmoment.

Aufgabe 3.5.4-1: Man leite die Leistungsformel $P = \boldsymbol{T}\cdot\boldsymbol{\omega}$ aus $P = \boldsymbol{F}\cdot\boldsymbol{v}$ her.

$$P = \boldsymbol{F}\cdot\boldsymbol{v} = \boldsymbol{F}\cdot(\boldsymbol{\omega}\times\boldsymbol{r}) = \boldsymbol{\omega}\cdot(\boldsymbol{r}\times\boldsymbol{F}) = \boldsymbol{T}\cdot\boldsymbol{\omega}.$$

Aufgabe 3.5.4-2: Welche Leistung P kann an der Welle des Motors von Aufgabe 3.5.2-1 bei einer Drehzahl n, gemessen in Umdrehungen pro Minute, abgenommen werden.

$$P = IBdl\omega = IBdl\frac{2\pi n}{60}\frac{\text{min}}{\text{s}} = \frac{IBdl\pi n}{30}\frac{\text{min}}{\text{s}}.$$

Aufgabe 3.5.4-3: Ein Motor habe eine maximale Volumenleistungsdichte von $p_V = 5\ \text{kW/dm}^3$. Welche Drehzahl n ist bei $K_A = 150\ \text{A/cm}$, $B_E = 1{,}5\ \text{T}$ erlaubt, wenn die Hälfte der Wicklungen im Erregerfeld steht?

$$\omega = \frac{p_V}{2\alpha K_A B_E} = \frac{2\pi n}{60}\frac{\text{min}}{\text{s}} \quad\Rightarrow\quad n = \frac{15 p_V}{\pi\alpha K_A B_E}\frac{\text{s}}{\text{min}} = 2122\frac{\text{Umdrehungen}}{\text{min}}.$$

Aufgabe 3.5.5-1: Das Erdmagnetfeld weist am Äquator eine Flußdichte $B_Ä = 30\ \mu\text{T}$ auf. Welche Flußdichte B_P herrscht an den Polen? Man schätze das magnetische Moment m der Erde ab. Welche magnetische Ersatzladung $Q^{(m)}$ wäre an den Polgebieten zu plazieren? Welcher Kreisstrom entlang des Äquators müßte zum mittleren entmagnetisieren der Erde aufgebracht werden?

Am Äquator mit $\vartheta = 90°$ folgt bei einem Erdradius von $R = 6378\ \text{km}$ $B_\vartheta = B_Ä$:

$$B_P = 2B_\vartheta = 60\ \mu\text{T}, \qquad m = \frac{4\pi R^3 B_\vartheta}{\mu_0} = 7{,}783\cdot 10^{22}\ \text{Am}^2,$$

$$I = \frac{m}{\pi R^2} = 609\ \text{MA}, \qquad Q^{(m)} = \frac{\mu_0 m}{2R} = 2\pi R^2 B_\vartheta = 7{,}668\ \text{GWb}.$$

***Aufgabe 3.5.5-2**: Welches Drehmoment $\boldsymbol{T}$ wirkt in Abb. 3.5-4 auf einen zweiten Dipol mit den gleichen Daten wie derjenige im Ursprung, der sich am Ort (r, ϑ) parallel zu jenem befindet? Man interpretiere das Ergebnis. Für welchen Wert von ϑ_{max} ist das Drehmoment bei gegebenem r maximal?

$$\boldsymbol{T} = I\boldsymbol{A}\times\boldsymbol{B} = \frac{I\pi a^2 j}{4\pi r^3}\begin{vmatrix}\cos\vartheta & 2\cos\vartheta & \vec{e}_r\\ -\sin\vartheta & \sin\vartheta & \vec{e}_\vartheta\\ 0 & 0 & \vec{e}_\varphi\end{vmatrix} = \frac{3\mu\pi a^4 I^2}{4r^3}\cos\vartheta\sin\vartheta\vec{e}_\varphi =$$

$$= \frac{3\mu\pi a^4 I^2}{8r^3}\sin 2\vartheta\vec{e}_\varphi.$$

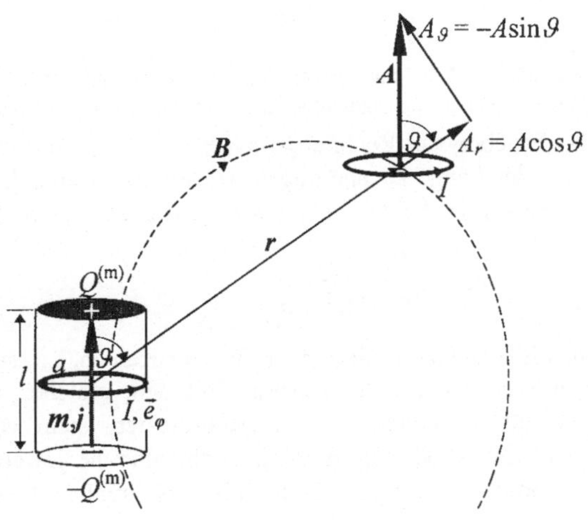

Die Skizze zerlegt den Flächenvektor $\boldsymbol{A}$ des zweiten Dipols in Kugelkomponenten, wie in der Formel eingetragen. $\vec{e}_\varphi$ gibt die Drehachse parallel zur Stromflußrichtung des ersten Dipols an. $\sin 2\vartheta$ ergibt für $\vartheta = 0°$, d.h. zweiter Dipol parallel oberhalb des ersten (stabil), sowie für $\vartheta = 90°$, d.h. zweiter Dipol parallel neben dem ersten (labil), jeweils $\boldsymbol{T} = \boldsymbol{0}$; $\vartheta_{max} = 45°$ oder $135°$.

Aufgabe 3.5.5-3: Welchen Wert $m(\vartheta)$ muß der zweite Dipol der vorigen Aufgabe haben, wenn das Drehmoment in jeder Lage verschwinden soll?

$m(\vartheta)$ muß immer in Richtung von $\boldsymbol{B}$ zeigen:

$$\boldsymbol{m}(\vartheta) = I\pi a^2 \vec{e}_B \approx \frac{I\pi a^2}{\sqrt{4\cos^2\vartheta + \sin^2\vartheta}} \begin{pmatrix} 2\cos\vartheta \\ \sin\vartheta \end{pmatrix} = \frac{I\pi a^2}{\sqrt{3\cos^2\vartheta + 1}} \begin{pmatrix} 2\cos\vartheta \\ \sin\vartheta \end{pmatrix}.$$

Aufgabe 3.6.2-1: Man berechne das Magnetfeld auf der Mittelachse einer Spule mit Radius a und der Länge l mit N Windungen. Hinweis: Setze in Kreisringformel $I \Rightarrow \mathrm{d}I = NI\mathrm{d}z/l$ und integriere über die Spulenlänge. Welchem Wert strebt das Feld im Innern und Äußern für große Verhältnisse l/a zu? Man skizziere $H_z(z)$ für $l/a = 20$ mit MATHCAD.

$$H_z(z) = \frac{NIa^2}{2l} \int_0^l \frac{\mathrm{d}\zeta}{(a^2 + (z-\zeta)^2)^{3/2}} =$$

$$= \frac{NI}{2l}\left(\frac{z}{\sqrt{a^2+z^2}} - \frac{z-l}{\sqrt{a^2+(z-l)^2}} \right).$$

Für $l/a \gg 1$ gilt innen: $H_z(z) \approx NI/l$, und außen: $H_z(z) \approx 0$. Dies verifiziert die folgende MATHCAD-Darstellung, indem das normierte Integral symbolisch gelöst und das Ergebnis direkt zum Platzhalter für die Abszissenvariable des X-Y-Diagramms gezogen wird.

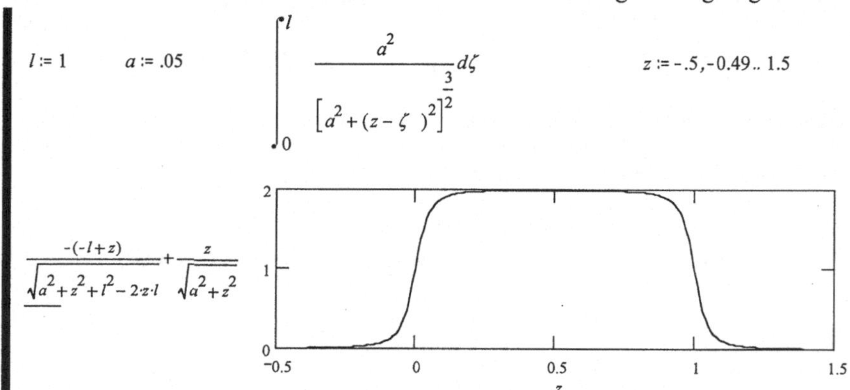

***Aufgabe 3.6.2-2: Man berechne das Magnetfeld auf der Mittelachse eines vom Strom I stromdurchflossenen Quadrats der Kantenlänge a.**

Das Ergebnis der Rechnung im Text für ein gerades Leiterstück der Länge $2a$ übertragen wir auf eine Kantenlänge a, wovon wir das Feld auf der Mittelachse bei $z = 0$ benötigen:

$$H_\varphi = \frac{I}{2\pi r} \frac{a}{\sqrt{4r^2 + a^2}}.$$

Dies ist das Gesamtfeld einer der vier Kanten, die sich gegenseitig in der Felderzeugung mit dem gleichen Betrag unterstützen. Legen wir ein Koordinatensystem entsprechend der Abbildung zugrunde, zählt nur die jeweilige y-Komponente von $\boldsymbol{H}$, für die mithilfe des Strahlensatzes insgesamt gilt:

$$H = H_y = 4\frac{a}{2r}H_\varphi = \frac{Ia^2}{\pi r^2\sqrt{4r^2+a^2}} = \frac{Ia^2}{\pi(y^2+\frac{1}{4}a^2)\sqrt{4(y^2+\frac{1}{4}a^2)+a^2}} =$$

$$H_y(y) = \frac{I}{2\pi a(\frac{y^2}{a^2}+\frac{1}{4})\sqrt{\frac{y^2}{a^2}+\frac{1}{2}}}.$$

***Aufgabe 3.6.2-3: Man berechne das Magnetfeld auf der Mittelachse einer mit Q homogen geladenen Kreisscheibe des Radius a, die mit der Winkelgeschwindigkeit ω in der Scheibenebene rotiert.**

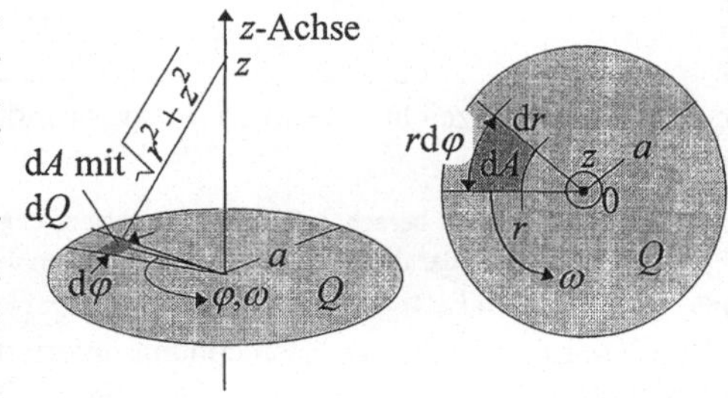

Wir verwerten die Ergebnisse der Aufgabe 1.7.2-1, woraus sich vom Gesamtstrom I der Anteil $\mathrm{d}I$ auf einem Stück der Breite $\mathrm{d}r$ wieder zu

$$\mathrm{d}I = \mathrm{d}\frac{\mathrm{d}Q}{\mathrm{d}t} = Q\frac{r\mathrm{d}r\mathrm{d}\varphi}{\pi a^2\mathrm{d}t} = Q\frac{r\mathrm{d}r\omega}{\pi a^2}$$

ergibt. Wir setzen die Fläche aus lauter Kreisringen des Radius r zusammen und integrieren darüber:

$$H_z(z) = \int_0^a \frac{r^2\mathrm{d}I}{2(r^2+z^2)^{3/2}} = \frac{Q\omega}{2\pi a^2}\int_0^a \frac{r^3\mathrm{d}r}{(r^2+z^2)^{3/2}} = \frac{Q\omega}{2\pi a^2}\left(\frac{a^2+2z^2}{\sqrt{a^2+z^2}} - 2|z|\right).$$

***Aufgabe 3.6.2-4: Man weise mithilfe des Gesetzes von BIOT-SAVART und MATHCAD nach, daß sich das Magnetfeld im Außenbereich eines langen geraden Leiters mit endlichem Radius a ebenfalls zu $H = I/2\pi r$ ergibt.**

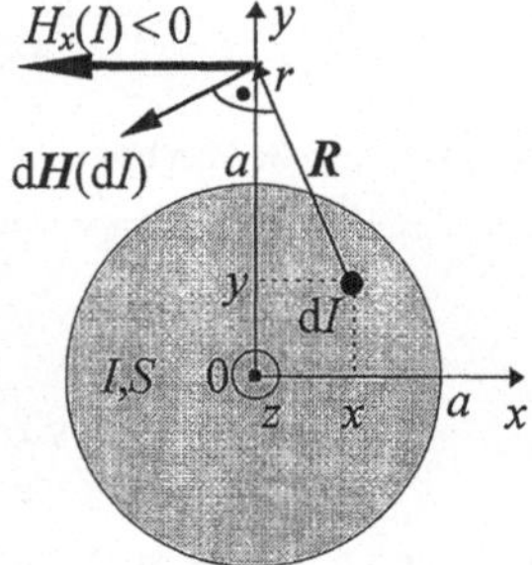

Wir denken uns den Leiter entsprechend der Abbildung in lauter Stromfäden $\mathrm{d}I$ zerlegt, von denen das jeweilige Feld zu $\mathrm{d}H = \mathrm{d}I/2\pi R$ bekannt ist. Dann addieren wir alle Feldanteile über der Leiterfläche πa^2 auf. Durch die Wahl des Koordinatensystems tragen die beiden Hälften mit negativen und positiven x-Werten gleichstark bei, sodaß wir nur die rechte Hälfte auswerten:

$$\mathrm{d}\boldsymbol{H} = \frac{\mathrm{d}I}{2\pi R}\vec{e}_z \times \vec{e}_R = \frac{\mathrm{d}I}{2\pi R}\frac{\vec{e}_z \times \boldsymbol{R}}{R} = \frac{\mathrm{d}I}{2\pi\left(x^2+(r-y)^2\right)}\begin{vmatrix} 0 & -x & \vec{e}_x \\ 0 & r-y & \vec{e}_y \\ 1 & 0 & \vec{e}_z \end{vmatrix}$$

$$= \frac{-\mathrm{d}I}{2\pi\left(x^2+(r-y)^2\right)}\begin{pmatrix} r-y \\ x \\ 0 \end{pmatrix} = \frac{-I\mathrm{d}x\mathrm{d}y}{2\pi^2 a^2\left(x^2+(r-y)^2\right)}\begin{pmatrix} r-y \\ x \\ 0 \end{pmatrix}.$$

Beim letzten Schritt wurde die wegen der Konstanz der Stromdichte gültige Beziehung

$$\frac{dI}{I}=\frac{dxdy}{\pi a^2}$$

ausgewertet. Nun integrieren wir H_x mithilfe von MATHCAD 6.0 über die Fläche:

assume r>a $\quad \frac{-I}{(\pi\cdot a)^2}\cdot\int_{-a}^{a}\int_{0}^{\sqrt{a^2-y^2}}\frac{r-y}{x^2+(r-y)^2}\,dx\,dy$ $\quad$ Symbolics Simplify $\quad \frac{-1}{(2\cdot\pi)}\cdot\frac{I}{r}$

q.e.d. Das Minuszeichen resultiert entsprechend der Skizze aus der Wahl des Koordinatensystems.

Aufgabe 3.6.3-1: Man berechne für einen Leiter auf der z-Achse mit Strom I = 1 A die magnetische Spannung V_m entlang der direkten Verbindung zwischen den Punkten x_1 = (1,2,3) µm und x_2 = (–1,2,–3) µm. Wie ändert sich V_m, wenn der Leiter nach (x_0, y_0) = (2, 2) µm parallelverschoben wird?

Die z-Koordinate kann zur Berechnung ignoriert werden, womit beide Punkte sich so verhalten, als lägen sie auf einer Feldlinie, da ihr Abstand zum Leiter gleich ist. Der Winkel φ läßt sich leicht angeben zu:

$$\varphi=2\arctan 0{,}5=0{,}9273 \qquad \Rightarrow \qquad V_m=\frac{I\varphi}{2\pi}=0{,}1476\,\mathrm{A}.$$

Wenn der Leiter nach (x_0, y_0) = (2, 2) µm verschoben wird, liegen die Punkte wegen y = const. auf einer Niveaulinie, so daß $V_m = 0$.

Aufgabe 3.6.3-2: Man berechne für den Stromkreis in Abb. 3.6-3a) V_m von $z = -\infty$ bis $z = +\infty$.

$$V_m=\frac{Ia^2}{2}\int_{-\infty}^{\infty}\frac{dz}{(a^2+z^2)^{3/2}}=I.$$

Aufgabe 3.6.3-3: Man berechne für die Spule in Aufgabe 3.6.2-1 V_m von $z = -\infty$ bis $z = +\infty$.

Das Ergebnis erhalten wir am einfachsten mithilfe von MATHCAD:

$$V_m=\frac{NI}{2l}\int_{-\infty}^{\infty}\left(\frac{z}{\sqrt{a^2+z^2}}-\frac{z-l}{\sqrt{a^2+(z-l)^2}}\right)dz=NI.$$

Aufgabe 3.6.4.1-1: Man berechne H im Innern eines kreisrunden, vom Strom I in Längsrichtung durchflossenen Rohres.

Aus Symmetriegründen muß eine Feldlinie, sofern sie existiert, ebenfalls kreisrund sein und die Feldstärke darauf konstant. Da bei der Ringintegralbildung des Durchflutungsgesetzes kein Strom eingeschlossen wird, folgt $H = 0$, d.h. das Innere ist feldfrei.

Aufgabe 3.6.4.1-2: Eine sehr lange dünne Metallfolie der Dicke a und Breite $b \gg a$ werde von einem Strom der Stromdichte S in Längsrichtung durchflossen. Man veranschauliche sich das Feldlinienbild und bestimme H in der Nähe der Oberfläche aus dem Durchflutungsgesetz.

Aus der Anschauung muß die Feldlinie mit konstanter Feldstärke H parallel zur Oberfläche und normal zur Stromrichtung, d.h. in Richtung von b, verlaufen. Vernachlässigen wir das Randfeld, folgt aus dem Durchflutungsgesetz mit einem Umlauf entlang der Feldlinie:

$$\oint \boldsymbol{H}\cdot \mathrm{d}\boldsymbol{s} \approx H\cdot 2b = \iint\limits_{\text{Leiterfläche}} \boldsymbol{S}\cdot \mathrm{d}\boldsymbol{A} = S\cdot ab \qquad \Rightarrow \quad H \approx \tfrac{1}{2}Sa.$$

Aufgabe 3.6.4.1-3: Zur Folie der vorigen Aufgabe werde in geringem Abstand eine ebensolche parallel als Rückleiter verwendet. Man bestimme H im Innen- und Außenraum. Welche Werte ergeben sich, wenn beide Ströme gleichgerichtet sind?

Im Außenbereich heben sich die Felder der beiden Leiter praktisch auf, da beim Umlauf um beide Leiter die Stromsumme Null ist. Im Innenbereich unterstützen sie sich. Wählen wir hierbei einen Umlauf um einen Leiter, gilt:

$$\oint \boldsymbol{H}\cdot \mathrm{d}\boldsymbol{s} \approx H\cdot b = \iint\limits_{\text{Leiterfläche}} \boldsymbol{S}\cdot \mathrm{d}\boldsymbol{A} = S\cdot ab \qquad \Rightarrow \quad H \approx Sa.$$

Erwartungsgemäß verdoppelt sich die Feldstärke gegenüber dem vorigen Fall. Bei gleicher Stromrichtung verschwindet das Feld zwischen den Leitern, und außen gilt mit analoger Argumentation $H \approx Sa$.

Aufgabe 3.6.4.2-1: Man weise in Kugel- als auch in kartesischen Koordinaten nach, daß die elektrische Feldstärke der ruhenden Punktladung wirbelfrei ist.

In Kugelkoordinaten gilt $\boldsymbol{E} = E_r(r)\vec{e}_r$, es kommen also nur Radialkoordinaten und -komponenten vor. Da bei der Bildung des Rotors nur nach Koordinaten abgeleitet wird, die nicht in Komponentenrichtung weisen, verschwindet dieser. In kartesischen Koordinaten gilt Gl. 1.4-4:

$$\begin{pmatrix} E_x(x,y,z) \\ E_y(x,y,z) \\ E_z(x,y,z) \end{pmatrix} = \frac{Q}{4\pi\varepsilon(x^2+y^2+z^2)^{3/2}} \begin{pmatrix} x \\ y \\ z \end{pmatrix}$$

$$\Rightarrow \quad \mathrm{rot}_x \boldsymbol{E} = \frac{\partial E_z}{\partial y} - \frac{\partial E_y}{\partial z} = \frac{-\frac{3}{2}Q(z2y - y2z)}{4\pi\varepsilon(x^2+y^2+z^2)^{5/2}} = 0.$$

Die anderen beiden Komponenten verschwinden analog.

Aufgabe 3.6.4.2-2: Man weise in kartesischen Koordinaten komponentenweise nach, daß div rot$\boldsymbol{G}$ = 0 für jedes beliebige Vektorfeld $\boldsymbol{G}$ gilt.

$$\mathrm{rot}\boldsymbol{G} = \begin{vmatrix} \frac{\partial}{\partial x} & G_x & \vec{e}_x \\ \frac{\partial}{\partial y} & G_y & \vec{e}_y \\ \frac{\partial}{\partial z} & G_z & \vec{e}_z \end{vmatrix} = \begin{pmatrix} \frac{\partial G_z}{\partial y} - \frac{\partial G_y}{\partial z} \\ \frac{\partial G_x}{\partial z} - \frac{\partial G_z}{\partial x} \\ \frac{\partial G_y}{\partial x} - \frac{\partial G_x}{\partial y} \end{pmatrix},$$

$$\mathrm{div\,rot}\boldsymbol{G} = \frac{\partial}{\partial x}\left(\frac{\partial G_z}{\partial y} - \frac{\partial G_y}{\partial z}\right) + \frac{\partial}{\partial y}\left(\frac{\partial G_x}{\partial z} - \frac{\partial G_z}{\partial x}\right) + \frac{\partial}{\partial z}\left(\frac{\partial G_y}{\partial x} - \frac{\partial G_x}{\partial y}\right) = 0.$$

Werten wir diese Gleichung aus, heben sich sämtliche Größen weg. q.e.d.

Aufgabe 3.6.4.2-3: Man weise in kartesischen Koordinaten komponentenweise nach, daß rot grad G = **0** für jedes beliebige Skalarfeld G gilt und interpretiere diese Eigenschaft physikalisch.

$$\text{rot grad}G = \begin{vmatrix} \frac{\partial}{\partial x} & \frac{\partial G}{\partial x} & \vec{e}_x \\ \frac{\partial}{\partial y} & \frac{\partial G}{\partial y} & \vec{e}_y \\ \frac{\partial}{\partial z} & \frac{\partial G}{\partial z} & \vec{e}_z \end{vmatrix} = \begin{pmatrix} \frac{\partial^2 G}{\partial y \partial z} - \frac{\partial^2 G}{\partial z \partial y} \\ \frac{\partial^2 G}{\partial z \partial x} - \frac{\partial^2 G}{\partial x \partial z} \\ \frac{\partial^2 G}{\partial x \partial y} - \frac{\partial^2 G}{\partial y \partial x} \end{pmatrix} = \mathbf{0}.$$

Der Gradient einer Skalarfunktion zeigt in Richtung des Anstiegs. Würde er in diese Richtung einen Wirbel bilden, würde die Funktion mit jedem Umlauf immer weiter ansteigen, was unmöglich ist.

Aufgabe 3.6.4.3-1: **Aus der Berechnung des Magnetfelds des geraden Leiters rechne man über rot$\boldsymbol{H}$ = $\boldsymbol{S}$ auf die Stromdichte zurück, indem man den Rotor in Zylinderkoordinaten auswerte.**

$$\text{rot}\boldsymbol{H} = \begin{pmatrix} -\frac{\partial H_\varphi}{\partial z} \\ 0 \\ \frac{\partial r H_\varphi}{r \partial r} \end{pmatrix} = \frac{1}{r}\frac{\partial r H_\varphi(r)}{\partial r}\vec{e}_z.$$

Im Innenbereich ergibt die Auswertung:

$$\text{rot}\boldsymbol{H}_\text{i} = \frac{1}{r}\frac{\partial I r^2/2\pi a^2}{\partial r}\vec{e}_z = \frac{I}{2\pi a^2}\frac{2r}{r}\vec{e}_z = \frac{I}{\pi a^2}\vec{e}_z = S\vec{e}_z.$$

Im Außenbereich ergibt die Auswertung:

$$\text{rot}\boldsymbol{H}_\text{a} = \frac{1}{r}\frac{\partial (I r/2\pi r)}{\partial r}\vec{e}_z = \mathbf{0}.$$

Im Innern ist die Wirbeldichte also, wie erwartet, gleich der dort vorhandenen Stromdichte, im Außenraum verschwindet sie.

Aufgabe 3.6.4.3-2: **Man berechne und skizziere für das dargestellte lange gerade Koaxialkabel den Magnetfeldverlauf im Intervall $0 \le r < \infty$. Dabei wird ein Strom I im Außenleiter in $b \le r \le c$ zum Verbraucher hin- und über den Innenleiter mit Radius a wieder zurückgeführt.**

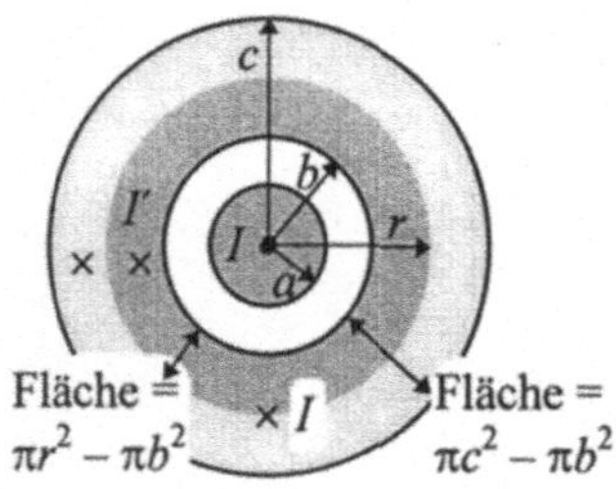

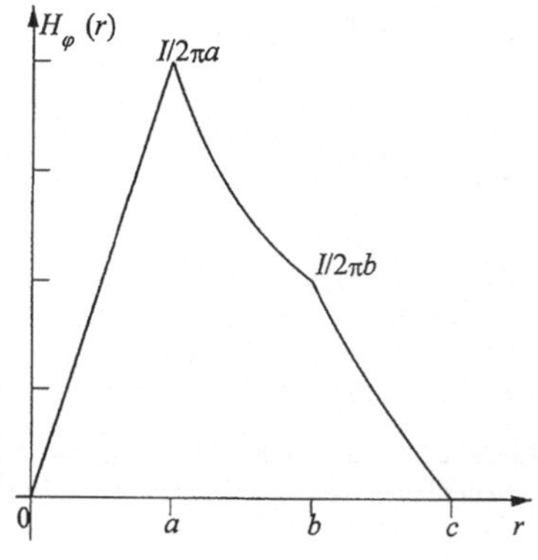

Im Bereich bis $r = b$ unterscheidet sich das Ergebnis nicht von dem des im Text berechneten Zylinderleiters, da der Außenleiter aus Symmetriegründen keinen Einfluß auf den Innenbereich hat.

$$0 \le r \le a: \quad H_\varphi = \frac{Ir}{2\pi a^2}; \qquad a \le r \le b: \quad H_\varphi = \frac{I}{2\pi r}.$$

$$b \le r \le c: \text{(s. obige Skizze)} \qquad H_\varphi = \frac{I}{2\pi r}\left(1 - \frac{\pi(r^2 - b^2)}{\pi(c^2 - b^2)}\right) = \frac{I}{2\pi r}\frac{c^2 - r^2}{c^2 - b^2}.$$

$$r \ge c: \qquad H_\varphi(r) = 0.$$

***Aufgabe 3.6.4.3-3**: Man berechne für eine Ringkernspule mit kreisförmigem Querschnitt nach Abb. 3.6-13a) den Fluß Φ im Kern einmal über die Näherung, daß die Feldstärke überall den Wert auf der Mittelachse hat, zum andern exakt. Man entwickle dieses Ergebnis in eine TAYLORreihe 1. Ordnung und vergleiche es mit der ursprünglichen Näherung.

Näherung:

$$H 2\pi a = NI \quad \Rightarrow \quad \Phi \approx \mu H A = \mu H \frac{\pi d^2}{4} \quad \Rightarrow \quad \Phi \approx \frac{\mu N I d^2}{8a}.$$

Exakt: Legen wir ein Koordinatensystem mit Ursprung der r-Achse im Spulenzentrum, so daß es entsprechend der Skizze den Kern schneidet, wird die Querschnittsfläche vom Feld $H(r)$ normal durchsetzt:

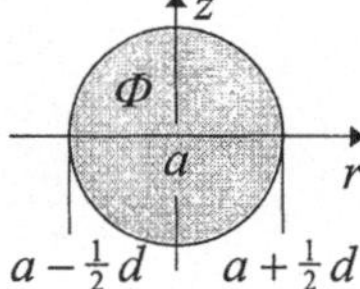

$$H 2\pi r = NI \quad \Rightarrow \quad H = \frac{NI}{2\pi r}.$$

Der exakte Fluß folgt durch Integration über die obere Kreishälfte mit der Gleichung:

$$(r-a)^2 + z^2 = \frac{d^2}{4} \quad \Rightarrow \quad z(r) = \sqrt{\frac{d^2}{4} - (r-a)^2}$$

und Multiplikation mit 2:

$$\Phi = \frac{2\mu N I}{2\pi} \int_{a-d/2}^{a+d/2} \frac{1}{r} \int_0^{z(r)} \mathrm{d}z\mathrm{d}r = \frac{\mu N I}{\pi} \int_{a-d/2}^{a+d/2} \frac{1}{r} \sqrt{\frac{d^2}{4} - (r-a)^2}\,\mathrm{d}r =$$

$$= \mu N I\left(a - \sqrt{a^2 - \frac{d^2}{4}}\right) = \mu N I a\left(1 - \sqrt{1 - \frac{d^2}{4a^2}}\right) \approx$$

$$\approx \mu N I a\left(1 - \left(1 - \frac{d^2}{2 \cdot 4a^2}\right)\right) = \mu \frac{N I d^2}{8a}.$$

Das Integral wurde wieder mit **MATHCAD** gelöst. Durch die TAYLORapproximation ergibt sich also derselbe Wert wie bei der ersten Näherung.

Aufgabe 3.7.1-1: Man gebe die Einheit der Permeabilität im SI an.

$$\mathrm{V} = \frac{\mathrm{kg} \cdot \mathrm{m}^2}{\mathrm{As}^3} \quad \Rightarrow \quad [\mu] = \frac{\mathrm{Vs}}{\mathrm{Am}} = \frac{\mathrm{kg} \cdot \mathrm{m}}{\mathrm{A}^2\mathrm{s}^2}.$$

Aufgabe 3.7.1-2: Ein Zylinderloch der Länge l = 10 mm und des Durchmessers d = 1 mm und parallel dazu ein anderes der Länge l = 1 mm und des Durchmessers d = 10 mm werden in ein Magnetikum der Permeabilität μ_r = 3 eingebracht. Ein magnetisches Feld durchsetzt das Medium in Richtung von l. Das

Feld möge durch die kleinen Löcher nicht deformiert werden. Wie verändern sich in den Löchern gegenüber der Umgebung näherungsweise B und H?

Das erste schmale Loch kann als Modell nur von einer Feldlinie durchsetzt werden. Der magnetische Spannungsabfall entlang l muß im Loch und im Magnetikum gleich sein, weshalb $H_{\text{Loch}} = H_\mu$ und folglich $B_{\text{Loch}} = \frac{1}{3}B_\mu$. Das zweite breite Loch muß vom selben Fluß wie das Magnetikum davor und dahinter durchsetzt werden, womit $B_{\text{Loch}} = B_\mu$ und folglich $H_{\text{Loch}} = 3H_\mu$. Die Verhältnisse entsprechen also denen der Elektrostatik.

Aufgabe 3.7.1-3: **Man berechne den verketteten Fluß Φ_v einer Doppelleitung nach Abb. 1.9-8 der Länge $l = 200$ m mit $I = 800$ A, wenn der Leiterachsenabstand $d = 5$ cm und der Leiterradius jeweils $a = 2$ cm betragen, und sich darum (isoliert) ein Medium mit $\mu_r = 3$ befindet (Feld im Leiterinnern beachten!).**

Der verkettete Fluß ist derjenige zwischen den Mittelachsen. Jeder Leiter trägt mit gleichem Anteil bei. Unter Vernachlässigung von Felddeformationen durch das Magnetikum können, wie im Text berechnet, $H_i = Ir/2\pi a^2$ und $H_a = I/2\pi r$ angenommen werden:

$$\Phi = 2\frac{\mu_0 Il}{2\pi}\left(\frac{1}{a^2}\int_0^a r\mathrm{d}r + \mu_r\int_a^{d-a}\frac{\mathrm{d}r}{r} + \int_{d-a}^{d}\frac{\mathrm{d}r}{r}\right) =$$

$$= \frac{\mu_0 Il}{\pi}\left(\frac{1}{2} + \mu_r \ln\frac{d-a}{a} + \ln\frac{d}{d-a}\right) = 0{,}143\ \text{Wb}.$$

Aufgabe 3.7.2-1: **Inwiefern unterscheiden sich Dielektrika bei extremer Beanspruchung mit einem elektrischen Feld von Magnetika bei extremer Beanspruchung mit einem magnetischen Feld.**

Das Dielektrikum schlägt irgendwann durch, das Magnetikum weist eine Sättigung auf, wenn alle Dipole ausgerichtet sind, ansonsten wächst die Flußdichte dann mit $B \sim \mu_0 H$ unabhängig vom ursprünglichen Wert von μ_r weiter. Ein Durchschlag findet nicht statt (s. auch Abschnitt 1.8.8).

Aufgabe 3.7.2-2: **Ein Magnetikum mit μ_r werde bei fester Stromstärke I in einen Solenoiden eingebracht. Man drücke μ_r und χ_m durch die innere Feldstärke H_0 vor Einbringen des Magnetikums, und die Magnetisierung M aus.**

Bei fester Stromstärke I bleibt aufgrund des Durchflutungsgesetzes bei vernachlässigbarer äußerer Feldstärke die innere Feldstärke $H = H_0$ konstant:

$$\mu_r = \frac{B_\mu}{B_0} = \frac{B_0 + J}{B_0} = \frac{H_0 + M}{H_0} = 1 + \frac{M}{H_0} \qquad \Rightarrow \quad \chi_m = \frac{M}{H_0}.$$

Aufgabe 3.7.2-3: **Ein Magnetikum mit μ_r werde zwischen zwei großflächige ebene parallele Magnetpole eines Permanentmagneten mit festem Fluß Φ_0 eingebracht. Man drücke μ_r und χ_m durch die Feldstärke zwischen den Polen H_0 vor Einbringen des Magnetikums und die Magnetisierung M aus.**

Hier bleibt die Flußdichte $B = B_0$ konstant:

$$\mu_r = \frac{H_0}{H_\mu} = \frac{H_0}{H_0 - M} = \frac{1}{1 - M/H_0} = \chi_m + 1 \qquad \Rightarrow \quad \chi_m = \frac{1}{H_0/M - 1}.$$

Aufgabe 3.7.3-1: **Man berechne das magnetische Moment m des Elektrons aus Aufgabe 3.3.1-3.**

$$m = efA = \frac{ev}{2\pi r}\pi r^2 = \frac{evr}{2} = 9{,}281 \cdot 10^{-24}\ \text{Am}^2.$$

Aufgabe 3.7.3-2: Welche magnetische Feldstärke H herrscht im Kern eines Wasserstoffatoms, herrührend von einem Elektron, das den Kern im Abstand von a = 53 pm umkreist?

Aus Gl. 2.1-3 folgt

$$v = \frac{e}{2\sqrt{\pi\varepsilon_0 m_e r}} \quad \Rightarrow \quad H = \frac{ev}{4\pi r^2} = \frac{e^2}{8\pi r^2\sqrt{\pi\varepsilon_0 m_e r}} = 9{,}92\,\frac{\text{A}}{\mu\text{m}}.$$

Aufgabe 3.7.3-3: Wie ändert sich m in Aufgabe 3.5.1-1 bei Einbringen eines Magnetikums mit μ_r bei konstanten Strom I?

m setzt sich jetzt aus $NI\pi a^2$ und dem von der Magnetisierung des Mediums erbrachten Anteil m_μ zusammen:

$$m_\mu = MV = (\mu_r - 1)HV = (\mu_r - 1)\frac{NI}{l}V = (\mu_r - 1)NI\pi a^2 \quad \Rightarrow \quad m = \mu_r NI\pi a^2.$$

Aufgabe 3.7.4-1: An der Oberfläche einer ebenen Ferritplatte der Dicke d = 2,5 mm mit μ_r = 6 herrscht ein homogenes Magnetfeld mit B = 10 mT unter dem Winkel α = 60° zur Oberfläche. Man bestimme den Winkel β zur Oberfläche im Ferrit, sowie alle Normal- und Tangentialanteile von $\boldsymbol{B}$ und $\boldsymbol{H}$ inner- und außerhalb der Platte.

Es handelt sich um die Gegenwinkel zu θ_1 und θ_2, woraus der Cotangens oder die Inversion einer der Brüche resultiert:

$$\frac{\tan\beta}{\tan\alpha} = \frac{1}{\mu_r} \qquad \Rightarrow \quad \beta = \arctan\frac{\tan\alpha}{\mu_r} = 16{,}1°.$$

$$B_n = B\sin\alpha = 8{,}66\,\text{mT}, \qquad B_{\text{Luft,t}} = B\cos\alpha = 5\,\text{mT},$$

$$H_{\text{Luft,n}} = \frac{B_n}{\mu_0} = 68{,}9\,\frac{\text{A}}{\text{cm}}, \qquad H_t = \frac{B_{\text{Luft,t}}}{\mu_0} = 39{,}8\,\frac{\text{A}}{\text{cm}},$$

$$B_{\mu,t} = \mu_r B_{\text{Luft,t}} = 30\,\text{mT}, \qquad H_{\mu,n} = \frac{B_n}{\mu_0\mu_r} = 11{,}5\,\frac{\text{A}}{\text{cm}}.$$

Aufgabe 3.7.4-2: Man berechne in der Skizze β für α = 80°.

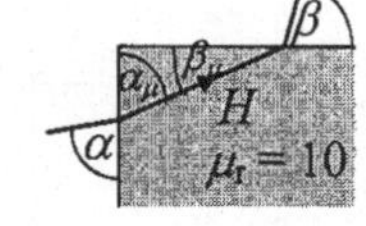

$$\mu_r = \frac{\tan\alpha}{\tan\alpha_\mu} = \frac{\tan\beta}{\tan\beta_\mu} = \frac{\tan\beta}{\tan(90°-\alpha_\mu)} = \tan\beta\tan\alpha_\mu$$

$$\Rightarrow \quad \tan\alpha_\mu = \frac{\tan\alpha}{\mu_r} = \frac{\mu_r}{\tan\beta} \qquad \Rightarrow \quad \beta = \arctan\frac{\mu_r^2}{\tan\alpha} = 86{,}75°.$$

Aufgabe 3.7.4-3: Ein Magnetfeld treffe entsprechend der rechten Skizze aus einem magnetischen Medium auf eine zylindrische Nut mit Radius a = 1 cm. Man berechne μ_r für einen Eintrittspunkt bei x = – 0,5 cm und Austrittspunkt x = 1 cm.

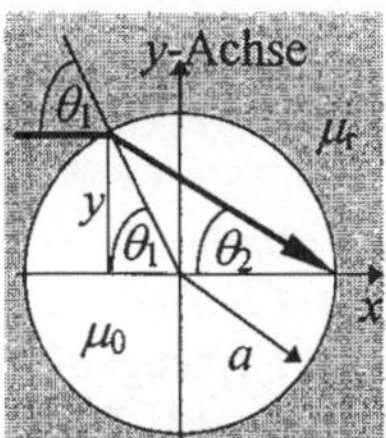

$$\theta_1 = \arccos 0{,}5 = 60°, \qquad y = a\sin\theta_1 = \tfrac{\sqrt{3}}{2}\,\text{cm},$$

$$\tan\theta_2 = \frac{y}{1{,}5\,\text{cm}} = \frac{1}{\sqrt{3}}, \qquad \frac{\tan\theta_1}{\tan\theta_2} = \mu_r = 3.$$

Aufgabe 3.7.5-1: Man berechne div$\boldsymbol{M}$ und div$\boldsymbol{J}$ als Funktion von $\boldsymbol{H}$ und μ und interpretiere das Ergebnis.

$$\mathrm{div}\boldsymbol{M} = \mathrm{div}(\frac{\boldsymbol{B}}{\mu_0} - \boldsymbol{H}) = -\mathrm{div}\boldsymbol{H} = \boldsymbol{H} \cdot \frac{\mathrm{grad}\mu}{\mu}, \qquad \mathrm{div}\boldsymbol{J} = \boldsymbol{H} \cdot \frac{\mathrm{grad}\mu}{\mu_\mathrm{r}} =: -\rho^{(\mathrm{m})}$$

$\boldsymbol{M}$ ändert sich gegenläufig zu $\boldsymbol{H}$. Im Medium ist $\boldsymbol{H}$ klein, aber $\boldsymbol{M}$ groß. Im Luftspalt ist es umgekehrt. Die Felder haben zwar die gleiche Richtung, an den Übergängen gibt die Divergenz jedoch an, daß dort, wo $\boldsymbol{M}$ ansteigt, seine Quelldichte positiv ist, und neue $\boldsymbol{M}$-Feldlinien entstehen. Hier fällt $\boldsymbol{H}$ ab (Senke), seine Quelldichte sinkt und $\boldsymbol{H}$-Feldlinien verschwinden. $\rho^{(\mathrm{m})}$ läßt sich anlog zu ρ_p in Gl. 1.8.28 als magnetische Polarisationsraumladung definieren.

Aufgabe 3.7.5-2: Welche Geometriegröße ist bei einem Magneten richtungsproportional zu gradμ?

gradμ weist auf der Oberfläche eines Permanentmagneten überall nach innen und ist dort folglich proportional dem Flächennormalenvektor d$\boldsymbol{A}$. Im Innern und Äußeren des Magneten verschwindet gradμ.

Aufgabe 3.7.5-3: Man berechne μ_r in Abb. 3.7-5, wenn die Feldstärkedifferenz zwischen Luftspalt und Eisen ΔH = 780 A/mm und die Flußdichte überall B = 1 T beträgt.

$$\mu_\mathrm{r} = \frac{B}{\mu_0 H_\mu} = \frac{B}{\mu_0 (H_\mathrm{L} - \Delta H)} = \frac{B}{B - \mu_0 \Delta H} = \frac{1}{1 - \mu_0 \Delta H / B} = 50{,}45.$$

Aufgabe 3.7.6-1: Man skizziere den Verlauf von μ_r über H für Dynamoblech IV.
Aufgabe 3.7.6-2: Man skizziere den Verlauf von $B{\cdot}H$ über B für Dynamoblech IV.

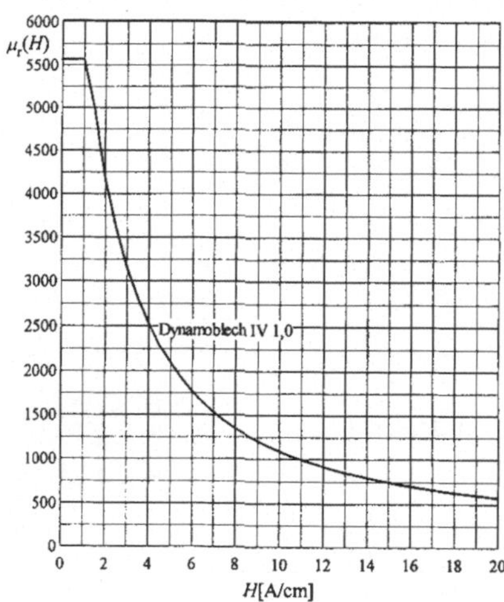

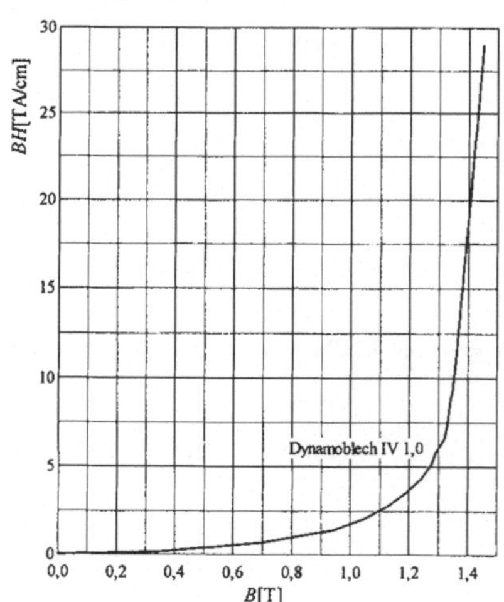

Aufgabe 3.7.6-3: Man speise mit PSPICE den Magnetkern des Übertragers K528T500_3C8 mit einer periodischen Dreieckstromquelle (*IPULSE*) mit sinusförmiger Grundschwingung, und stelle H/max(H) und B/max(B) über der Zeit für Stromamplituden von ±1 A und T = 1 s in einem PROBE-Plot dar.

Iq1 erzeugt die positive Halbschwingung mit *I1 = 0, I2 = 1A, TR = 0.25s, TF = 0.25s, PW = 1ns, PER = 1s*. *Iq1* erzeugt die negative Halbschwingung mit *I1 = 0, I2 = –1A, TD = 0.5s, TR = 0.25s, TF = 0.25s, PW = 1ns, PER = 1s*. PROBE-Plot s. nächste Seite.

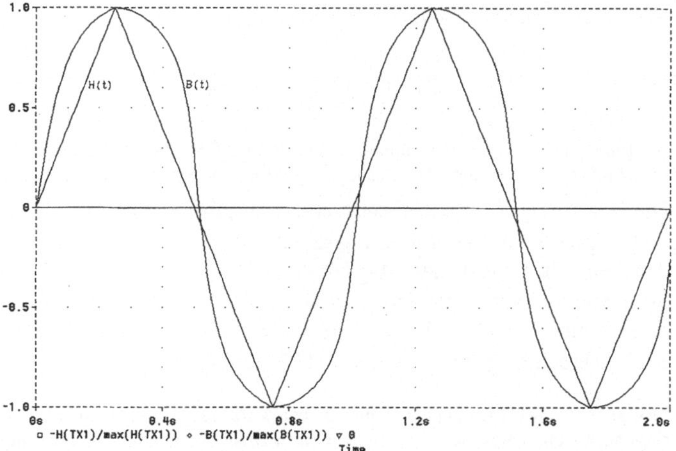

Aufgabe 3.8-1: Eine Kompaßnadel der Länge $l = 6$ cm mit Fluß $\Phi_K = 0{,}8\ \mu$Wb befinde sich im Erdmagnetfeld der Flußdichte $B = 50\ \mu$T. Man gebe das magnetische Moment m der Nadel sowie das maximale Drehmoment T_m an.

Aus der Analogie zu Gl. 1.5-4 der Elektrostatik ($p = Ql$) und mit Gl. 3.5-17 folgt:

$$m = \frac{Q^{(m)} l}{\mu_0} = \frac{\Phi_K l}{\mu_0} = 38\ \text{mA} \cdot \text{m}^2, \qquad T_m = mB = 1{,}91\ \mu\text{Nm}.$$

Aufgabe 3.8-2: Man gebe in Analogie zu Abschnitt 1.5.4 die Formel für den Verlauf des magnetischen Fernfeld-Dipolpotentials $\varphi_{mD}(r, \vartheta)$ sowie von $\boldsymbol{H}(r, \vartheta)$ der Kompaßnadel der vorigen Aufgabe an.

Aus Gl. 1.5-12 folgt unmittelbar mit r als Abstand vom Aufhängepunkt der Nadel und ϑ als Winkel entsprechend Abb. 1.5-3:

$$\varphi_{mD}(r, \vartheta) \approx \frac{\boldsymbol{j} \cdot \boldsymbol{r}}{4\pi\mu_0 r^3} = \frac{\Phi_K \boldsymbol{l} \cdot \boldsymbol{r}}{4\pi\mu_0 r^3} = \frac{\Phi_K l \cos\vartheta}{4\pi\mu_0 r^2}.$$

Aus Gl. 1.5-13 folgt unmittelbar lediglich eine andere Darstellung von Gl. 3.5-16:

$$\boldsymbol{H}(r, \vartheta) = \frac{m}{4\pi r^3}\begin{pmatrix} 2\cos\vartheta \\ \sin\vartheta \end{pmatrix} = \frac{\Phi_K l}{4\pi\mu_0 r^3}\begin{pmatrix} 2\cos\vartheta \\ \sin\vartheta \end{pmatrix}.$$

Aufgabe 3.8-3: Um welchen Winkel α wird eine kleine Kompaßnadel durch einen kurzen zylindrischen Stabmagneten mit $m = 10\ \text{Am}^2$ maximal abgelenkt, wenn dieser in $r = 30$ cm Entfernung in der Kompaßebene senkrecht zum Erdmagnetfeld der Flußdichte $B = 50\ \mu$T gehalten wird?

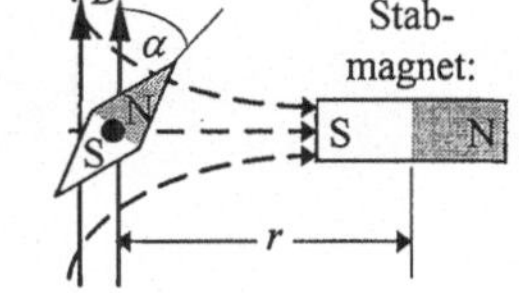

Der Stabmagnet wirkt entsprechend der rechten Skizze am stärksten entlang seiner Dipolachse, also für $\vartheta = 0$.

$$B_r = \frac{\mu_0 m}{2\pi r^3} \quad \Rightarrow \quad \alpha = \arctan\frac{B_r}{B} = \frac{\mu_0 m}{2\pi r^3 B} = 56°.$$

Aufgabe 3.8-4: Man gebe die LAPLACEgleichung der Magnetostatik aus $\boldsymbol{H}$ an.

$$-\operatorname{div}\boldsymbol{H} = \operatorname{div}\operatorname{grad}\varphi_m = \Delta\varphi_m = 0.$$

Aufgabe 3.9.1-1: Man berechne den magnetischen Widerstand des Kreises aus Aufgabe 3.6.4.3-3 exakt und genähert.

Wir übernehmen direkt die Ergebnisse von dort:

Exakt: $R_\mathrm{m} = \dfrac{NI}{\Phi} = \dfrac{1}{\mu a(1-\sqrt{1-(d/2a)^2})}$, Näherung: $R_\mathrm{m} \approx \dfrac{8a}{\mu d^2}$.

Aufgabe 3.9.1-2: Welches Problem besteht bei der Berechnung des magnetischen Widerstands unter Einschluß von Leitern endlicher Ausdehnung, durch die magnetische Feldlinien hindurchgehen?

Die Beziehung $R_\mathrm{m} = V_\mathrm{m}/\Phi$ setzt eine Kausalbeziehung, d.h. Verkettung zwischen V_m und Φ voraus. Im Leiterinnern wird jedoch, wie z.B. in Abschnitt 3.6.4.3 für den geraden Leiter berechnet, das Magnetfeld nur von den von der Feldlinie umschlungenen Stromanteilen hervorgerufen, so daß hier ein Verkettungsfaktor einzuführen ist, der zu einer Erniedrigung des Widerstands führt. Wir werden dies in Abschnitt 4.2.4 bei der Spulenberechnung (innere Induktivität) vertiefen.

***Aufgabe 3.9.1-3: Man berechne mithilfe von MATHCAD den magnetischen Widerstand R_m eines Kreisrings nach Abb. 3.6-3a) für a = 1 cm und einen Drahtdurchmesser von d = 1 mm. Dabei seien die Flußanteile im Drahtinnern vernachlässigbar. Hinweis: Berechne $H(r)$ in der Leiterebene nach BIOT-SAVART und daraus den Fluß Φ.**

Aus Symmetriegründen durchtritt das H-Feld die Leiterebene normal und hängt nur von r ab. Zur Berechnung von $H(r)$ arbeiten wir die folgenden Schritte gemäß den Angaben in Abschnitt 3.6.2 und der Skizze ab:

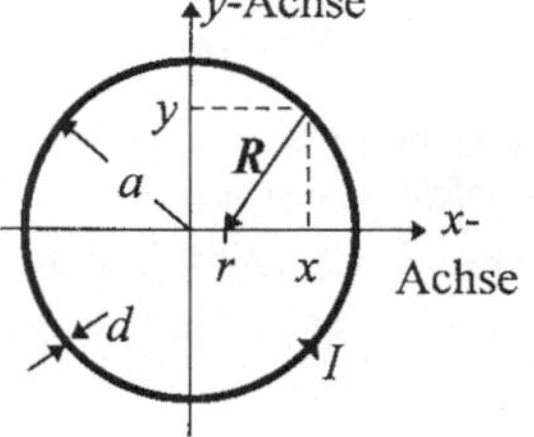

1. Zylinderkoordinatensystem mit Zentrum in der Mitte.
   Für Punkte auf dem Kreis gilt $x = a\cos\varphi,\ y = a\sin\varphi$
   $\Rightarrow$ $\mathrm{d}x = -a\sin\varphi\mathrm{d}\varphi,\ \mathrm{d}y = a\cos\varphi\mathrm{d}\varphi$.
2. $I\mathrm{d}\boldsymbol{l} = I(\mathrm{d}x\vec{e}_x + \mathrm{d}y\vec{e}_y) = Ia(-\sin\varphi\vec{e}_x + \cos\varphi\vec{e}_y)\mathrm{d}\varphi$,
3. $\boldsymbol{R} = (r-x)\vec{e}_x - y\vec{e}_y = (r - a\cos\varphi)\vec{e}_x - a\sin\varphi\vec{e}_y$,
4. $R = \sqrt{(x-r)^2 + y^2} = \sqrt{a^2 - 2ar\cos\varphi + r^2}$.
5. $0 \le \varphi \le 2\pi$ bzw. $2\times\ 0 \le \varphi \le \pi$:
6. $$\overset{\circ}{\boldsymbol{H}}(r) = \frac{I}{4\pi}\oint\limits_{\text{Leiter-umlauf}} \frac{\mathrm{d}\boldsymbol{l}\times\boldsymbol{R}}{R^3} = \frac{2I}{4\pi}\int_0^\pi \frac{\begin{vmatrix} -a\sin\varphi & r-a\cos\varphi & \vec{e}_x \\ a\cos\varphi & -a\sin\varphi & \vec{e}_y \\ 0 & 0 & \vec{e}_z \end{vmatrix}}{(a^2-2ar\cos\varphi+r^2)^{3/2}}\mathrm{d}\varphi =$$

$$= \frac{Ia\vec{e}_z}{2\pi}\int_0^\pi \frac{(a - r\cos\varphi)\mathrm{d}\varphi}{(a^2-2ar\cos\varphi+r^2)^{3/2}},$$

$$\Phi = \mu_0 2\pi \int_0^{a-d/2} \overset{\circ}{H}(r) r\mathrm{d}r = \mu_0 Ia \int_0^{a-d/2} r\int_0^\pi \frac{(a-r\cos\varphi)\mathrm{d}\varphi}{(a^2-2ar\cos\varphi+r^2)^{3/2}}\mathrm{d}r.$$

7. MATHCAD-Analyse s. nächste Seite:

$a := \mathrm{cm}$ $d := \mathrm{mm}$

$$\Lambda := \mu_0 \cdot a \cdot \int_0^{1-\frac{d}{2\cdot a}} x \cdot \int_0^{\pi} \frac{1 - x\cdot\cos(\varphi)}{\left(1 - 2\cdot x\cdot\cos(\varphi) + x^2\right)^{\frac{3}{2}}} d\varphi\, dx \qquad R_m := \frac{1}{\Lambda}$$

$$R_m = 2.675\cdot 10^7 \frac{1}{\mathrm{H}}$$

Aufgabe 3.9.2-1: Man bestimme V_{m3} im Kreis mit $N = 100$, $I = 30$ mA und $A_1 = A_3 = A_2/2 = A_4/2$.

$$V_{m3} = \frac{2R_{m2}}{6R_{m2}}\Theta = \frac{NI}{3} = 1\,\mathrm{A}.$$

Aufgabe 3.9.2-2: Man leite in Analogie zum Text die magnetische Flußteilerregel her.

An zwei parallelen magnetischen Widerständen R_{mi} und R_{mj} fällt aufgrund des Durchflutungsgesetzes die gleiche magnetische Spannung $V_{mi} = V_{mj} = V_m$ ab:

$$\oint_{\text{Eisen}} \boldsymbol{H}\cdot \mathrm{d}\boldsymbol{s} = 0 = \Phi_i R_{mi} - \Phi_j R_{mj}$$

$$\Rightarrow \quad V_m = \Phi_i R_{mi} = \Phi_j R_{mj} \qquad \Rightarrow \quad \frac{\Phi_i}{\Phi_j} = \frac{R_{mj}}{R_{mi}} = \frac{\Lambda_i}{\Lambda_j}.$$

Aufgabe 3.9.2-3: Man leite in Analogie zum Text den magnetischen Gesamtleitwert Λ_{par} parallelgeschalteter magnetischer Einzelleitwerte Λ_i her.

Sei Φ der gesamte Fluß, der die parallelgeschalteten magnetischen Leitwerte Λ_i durchdringt, so teilt er sich in die Einzelflüsse Φ_i auf:

$$\oiint_{\text{immer}} \boldsymbol{B}\cdot \mathrm{d}\boldsymbol{A} = 0 \qquad \Rightarrow \quad \Phi = \sum_i \Phi_i = \sum_i B_i A_i = \sum_i \mu_i H_i A_i = V_m \sum_i \frac{\mu_i A_i}{l_i} =$$

$$= V_m \sum_i \Lambda_i = V_m \Lambda_{par} \quad \Rightarrow \quad \Lambda_{par} = \sum_i \frac{\mu_i A_i}{l_i}.$$

Aufgabe 3.9.3-1: Welche Durchflutung Θ wird benötigt, um im dargestellten Zyklotronmagneten mit zylindrischen Polen eine Luftspaltflußdichte von 10 T zu erreichen?

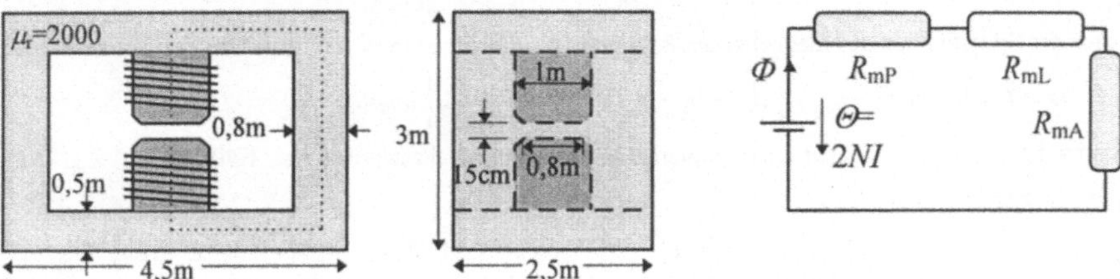

Wir modellieren den Magneten entsprechend der rechten Ersatzschaltung, wobei R_{mA} die Parallelschaltung der beiden Außenschenkel darstellt:

$$R_{mP} \approx \frac{3 - 0{,}5 - 0{,}15}{\mu_0 \mu_r \pi \cdot 0{,}5^2\,\mathrm{m}} = \frac{1{,}191\cdot 10^3}{\mathrm{H}},$$

$$R_{\mathrm{mL}} \approx \frac{0{,}15}{\mu_0 \pi \cdot 0{,}4^2 \mathrm{m}} = \frac{2{,}375 \cdot 10^5}{\mathrm{H}},$$

$$R_{\mathrm{mA}} \approx \frac{1}{2 \cdot 2{,}5\mathrm{m} \cdot \mu_0 \mu_r}\left(\frac{4{,}5-0{,}8}{0{,}5} + \frac{3-0{,}5}{0{,}8}\right) = \frac{837{,}5}{\mathrm{H}},$$

$$\Theta \approx B \cdot \pi \cdot 0{,}4^2 (R_{\mathrm{mP}} + R_{\mathrm{mL}} + R_{\mathrm{mA}})\,\mathrm{m}^2 = 1204\ \mathrm{kA}.$$

Aufgabe 3.9.3-2: Ein Toroid nach Abb. 3.6-13 aus Dynamoblech IV mit Kreisquerschnitt und $N = 500$, $a = 5$ cm, $d = 1$ cm Kreisdurchmesser weise einen Luftspalt von $\delta = 1$ mm auf. Man bestimme die zum Aufbringen eines Luftspaltflusses von $\Phi_L = 100\ \mu$Wb benötigte Stromstärke I.

$$l_{\mathrm{Fe}} = 2\pi a - \delta, \qquad A = \frac{\pi d^2}{4}, \qquad B_L = B_{\mathrm{Fe}} = \frac{\Phi_L}{A} = 1{,}273\,\mathrm{T}$$

$$\Rightarrow \quad H_{\mathrm{Fe}} = 4\frac{\mathrm{A}}{\mathrm{cm}}, \qquad H_L = \frac{B_L}{\mu_0}, \qquad I = \frac{H_{\mathrm{Fe}} l_{\mathrm{Fe}} + H_L \delta}{N} = 2{,}277\,\mathrm{A}.$$

***Aufgabe 3.9.3-3:** Im UI-Profil nach Abb. 3.9-5c) aus Dynamoblech IV mit $a = 10$ cm, $c = 5$ cm, $\delta = 5$ mm und $A = 20\ \mathrm{cm}^2$ herrsche eine Luftspaltflußdichte von $B_L = 1{,}14$ T. Welche Durchflutung Θ wird benötigt, wenn der in Luftspalt und Anker auftretende Fluß wegen der magnetischen Streuung 10 % kleiner ist als der im übrigen Eisen, und sich im Luftspalt über eine Fläche verteilt, die um 5 % größer ist als der Querschnitt eines Schenkels?

$$\Phi_L = 1{,}05 B_L A = \Phi_A, \qquad B_A = \frac{\Phi_A}{A} = 1{,}197\,\mathrm{T} \quad \Rightarrow \quad H_A = 2{,}9\frac{\mathrm{A}}{\mathrm{cm}}.$$

$$\Phi_{SJ} = \frac{\Phi_L}{0{,}9} \qquad B_{SJ} = \frac{\Phi_{SJ}}{A} = 1{,}33\,\mathrm{T} \quad \Rightarrow \quad H_{SJ} = 6\frac{\mathrm{A}}{\mathrm{cm}}.$$

$$\Theta = H_L 2\delta + H_A 3c + H_{SJ}(2a + 3c) = 9325\ \mathrm{A}.$$

Aufgabe 3.9.4-1: Man verifiziere mithilfe von **MATHCAD** die Energiebilanz für das Netzwerk im Text aus dem Knotenpotentialverfahren.

$$ORIGIN := 1 \qquad \varphi_m := \frac{\Theta_1 \cdot \Lambda_1 - \Theta_2 \cdot \Lambda_2}{\Lambda_1 + \Lambda_2 + \Lambda_3} \qquad \Phi := \left[(\Theta_1 - \varphi_m)\cdot \Lambda_1 \quad (\Theta_2 + \varphi_m)\cdot \Lambda_2 \quad \varphi_m \cdot \Lambda_3\right]^T$$

Nach der Spezifikation des magnetischen Potentials φ_m und des Flußvektors Φ gilt für die Energiebilanz:

$$\Theta_1 \cdot \Phi_1 + \Theta_2 \cdot \Phi_2 - \left[(\Theta_1 - \varphi_m)^2 \cdot \Lambda_1 + (\Theta_2 + \varphi_m)^2 \cdot \Lambda_2 + \varphi_m{}^2 \cdot \Lambda_3\right] \, simplify \rightarrow 0$$

Sind wir an der aufgebrachten Energie interessiert, erhalten wir diese jeweils zur Hälfte von:

$$\Theta_1 \cdot \Phi_1 + \Theta_2 \cdot \Phi_2 \ simplify \rightarrow$$

$$\frac{\left[(\Theta_1)^2 \cdot \Lambda_1 \cdot \Lambda_2 + (\Theta_1)^2 \cdot \Lambda_1 \cdot \Lambda_3 + 2 \cdot \Theta_1 \cdot \Lambda_1 \cdot \Theta_2 \cdot \Lambda_2 + (\Theta_2)^2 \cdot \Lambda_2 \cdot \Lambda_1 + (\Theta_2)^2 \cdot \Lambda_2 \cdot \Lambda_3\right]}{(\Lambda_1 + \Lambda_2 + \Lambda_3)}$$

$$(\Theta_1 - \varphi_m)^2 \cdot \Lambda_1 + (\Theta_2 + \varphi_m)^2 \cdot \Lambda_2 + \varphi_m{}^2 \cdot \Lambda_3 \ simplify \rightarrow$$

$$\frac{\left[(\Theta_1)^2 \cdot \Lambda_1 \cdot \Lambda_2 + (\Theta_1)^2 \cdot \Lambda_1 \cdot \Lambda_3 + 2 \cdot \Theta_1 \cdot \Lambda_1 \cdot \Theta_2 \cdot \Lambda_2 + (\Theta_2)^2 \cdot \Lambda_2 \cdot \Lambda_1 + (\Theta_2)^2 \cdot \Lambda_2 \cdot \Lambda_3\right]}{(\Lambda_1 + \Lambda_2 + \Lambda_3)}$$

Aufgabe 3.9.4-2: Auf den mittleren Schenkel eines durchgängigen E150-Profils aus Dynamoblech IV mit $(a\ b\ c\ e\ f\ g) = (150\ 100\ 20\ 80\ 40\ 35)$ mm und der Querschnittsfläche $A = 400\ \text{mm}^2$ werde eine Spule mit N Windungen und $I = 100$ mA aufgebracht. Man bestimme N direkt über das Durchflutungsgesetz, sowie über den magnetischen Kreis, wenn im mittleren Schenkel $B = 1{,}05$ T.

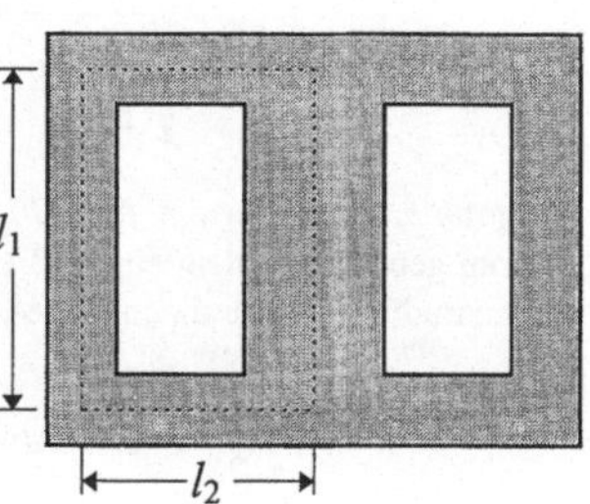

Die beiden Außenschenkel durchdringt aus Symmetriegründen jeweils die Hälfte des Flusses des Mittelschenkels. Da deren Querschnittsfläche nur die Hälfte des Mittelschenkels beträgt, sind B und H im Mittel im ganzen Kreis konstant. Aus der Magnetisierungskennlinie in Abb. 3.7-8 lesen wir $H = 2$ A/cm ab. Aus dem Durchflutungsgesetz folgt für den dargestellten Umlauf:

$$H\,2(l_1 + l_2) = NI$$

$$\Rightarrow \quad N = \frac{H(a + 2b - c)}{I} = \frac{0{,}2(150 + 2 \cdot 100 - 20)}{0{,}1} = 660.$$

Modellieren wir den Kreis wie rechts durch sein magnetisches Ersatzschaltbild, folgt

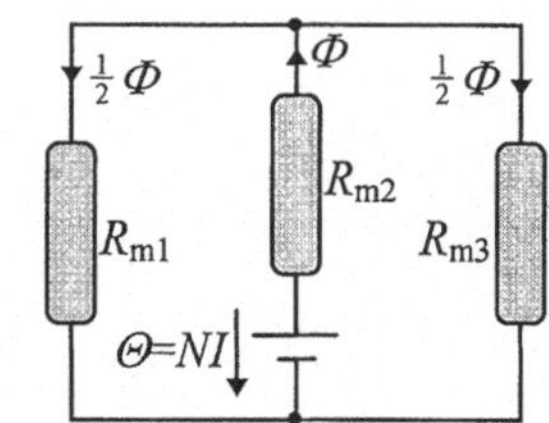

$$\mu = \frac{B}{H} = \frac{1{,}05}{200}\frac{\text{H}}{\text{m}} = 5{,}25\frac{\text{mH}}{\text{m}},$$

$$R_{\text{m2}} = \frac{b}{\mu A} = \frac{0{,}1}{5{,}25 \cdot 10^{-3} \cdot 400 \cdot 10^{-6}}\frac{1}{\text{H}} = \frac{4{,}762 \cdot 10^4}{\text{H}},$$

$$R_{\text{m1}} = R_{\text{m3}} = \frac{a + b - c}{\mu A/2} = \frac{0{,}23}{5{,}25 \cdot 10^{-3} \cdot 200 \cdot 10^{-6}}\frac{1}{\text{H}} = \frac{2{,}19 \cdot 10^5}{\text{H}}$$

$$\Theta = NI = \Phi\left(R_{\text{m2}} + \frac{R_{\text{m1}}}{2}\right) = BA\left(R_{\text{m2}} + \frac{R_{\text{m1}}}{2}\right) \quad \Rightarrow \quad N = \frac{BA}{I}\left(R_{\text{m2}} + \frac{R_{\text{m1}}}{2}\right) = 660.$$

Aufgabe 3.9.4-3: Die Spule der vorigen Aufgabe werde auf den linken Außenschenkel aufgebracht. Man bestimme I für $\mu = \text{const.}$ und $B = 1{,}05$ T in diesem Außenschenkel.

Aus dem Ersatzschaltbild folgt:

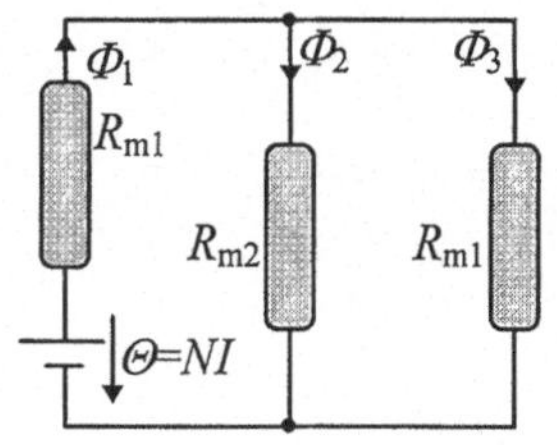

$$\Theta = NI = \frac{BA}{2}\left(R_{\text{m1}} + \frac{R_{\text{m1}}R_{\text{m2}}}{R_{\text{m1}} + R_{\text{m2}}}\right)$$

$$\Rightarrow \quad I = \frac{BA}{2N}\left(R_{\text{m1}} + \frac{R_{\text{m1}}R_{\text{m2}}}{R_{\text{m1}} + R_{\text{m2}}}\right) = 82\,\text{mA}.$$

Aufgabe 3.9.5-1: Man bestimme aus Tab. 3.7-3 näherungsweise den optimalen Arbeitspunkt für AlNiCo 600.

Mit $B_\text{r} = 1{,}26$ T, $H_\text{c} = 53$ kA/m und $(B{\cdot}H)_{\max} = 47\ \text{kJ/m}^3$ liegt der AP auf der Geraden (Beträge):

$$B = \frac{B_r}{H_c} H \qquad \Rightarrow \quad B \cdot H = \frac{B_r}{H_c} H^2 \stackrel{!}{=} (B \cdot H)_{max}$$

$$\Rightarrow \quad H_D = \sqrt{\frac{H_c}{B_r}(B \cdot H)_{max}} = 44{,}46 \frac{\text{kA}}{\text{m}} \qquad \Rightarrow \quad B_D = \frac{B_r}{H_c} H_D = 1{,}057 \text{ T}.$$

Aufgabe 3.9.5-2: Der o.a. AlNiCo 600-Magnet werde zu einem zylindrischen Ringkern mit Luftspalt δ = 5 mm gebogen, in dem ein Fluß von Φ = 0,1 mWb herrschen soll. Man bestimme näherungsweise den Flächenradius a sowie die mittlere Länge l_D.

$$a \approx \sqrt{\frac{\Phi}{\pi B_D}} = 5{,}5 \text{ mm}, \qquad l_D \approx \frac{B_D \delta}{\mu_0 H_D} = 9{,}46 \text{ cm}.$$

Aufgabe 3.9.5-3: Der Ringkern der vorigen Aufgabe werde mit N Windungen mit der Stromstärke I = 5 A so umwickelt, daß der Luftspaltfluß verschwindet. Man bestimme N.

$$N = \frac{H_D l_D}{I} \approx 841.$$

Lösungen zu den Aufgaben zur Magnetodynamik

Aufgabe 4.1.1.1-1: Die in a) dargestellte Leiterschleife nehme z.Zt. $t=0$ die angegebene Position ein und bewege sich mit v durch das homogene B-Feld nach oben. Man berechne und stelle $u_i(t)$ graphisch dar.

Wegen der Unstetigkeit der Fläche ist die Spannung u_i in den Zeitintervallen, da sich der untere Teil $a{\cdot}c$ noch vollständig bzw. nur noch teilweise im Feld befindet, getrennt zu berechnen. Die Elektronen werden nach rechts getrieben, weshalb sich die Spannung u_i vorzeichenrichtig wie eingetragen einstellt. In jedem Intervall ist U_i konstant:

$0 < t < d/v$: $\quad d/v < t < (c+d)/v$:

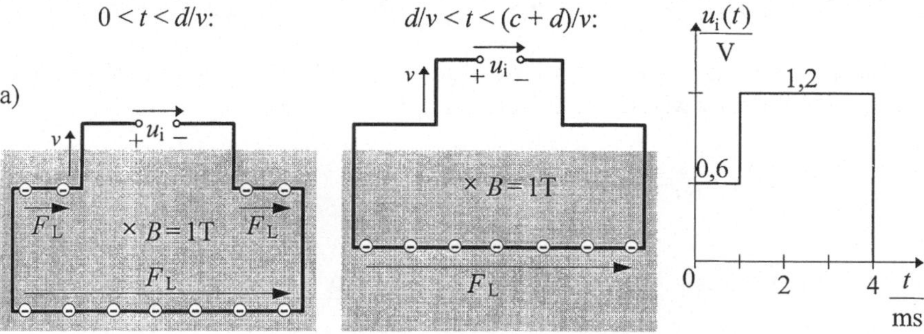

$$0 < t < \frac{d}{v} = 1\,\text{ms}:$$ Effektiv wirksam ist die mittlere Strecke $a - 2b = 50$ mm des unteren Bügels, weshalb $U_i = Bv(a-2b) = 0{,}6$ V.

$$\frac{d}{v} < t < \frac{c+d}{v} = 4\,\text{ms}:$$ Effektiv wirksam ist der untere Bügel, womit $U_i = Bva = 1{,}2$ V.

Aufgabe 4.1.1.1-2: Auf zwei gemäß b) gegen Erde isolierte Leiter im Abstand a fällt ein leitender Schleifdraht unter dem Einfluß der Erdschwere zu Boden. Welcher Spannungsverlauf $u_i(t)$ wird am Äquator gemessen, wo die Flußdichte parallel zur Erdoberfläche 30 µT beträgt?

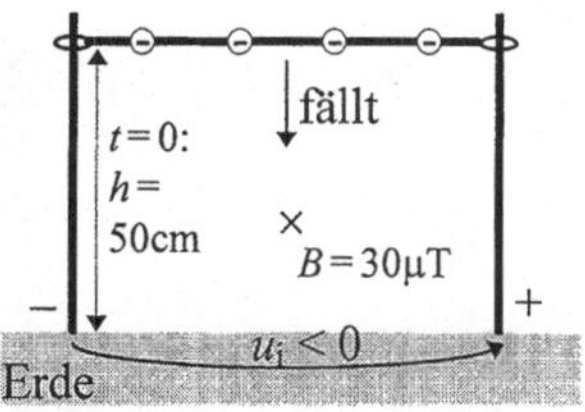

Die Elektronen des fallenden Bügels werden nach links getrieben, weshalb sich der Pluspol rechts ausbildet:

$$\dot{v} = g \qquad \Rightarrow \quad v = gt$$

$$\Rightarrow \quad u_i = -Bav = -Bagt = -29{,}42\mu\,\text{V}\frac{t}{\text{s}}.$$

Die Falldauer T ergibt sich aus:

$$\ddot{x} = g \qquad \Rightarrow \quad h = \tfrac{1}{2} gT^2$$

$$\Rightarrow \quad T = \sqrt{2h/g} = 0{,}32\,\text{s} \qquad \Rightarrow \quad |u_{i,\max}| = BagT = Ba\sqrt{2hg} = 9{,}395\mu\,\text{V}.$$

***Aufgabe 4.1.1.1-3**: In c) bewegt sich ein gleichseitiges Dreieck durch ein homogenes Magnetfeld der Flußdichte B. Man berechne zu jedem Zeitpunkt $u_i(t)$.

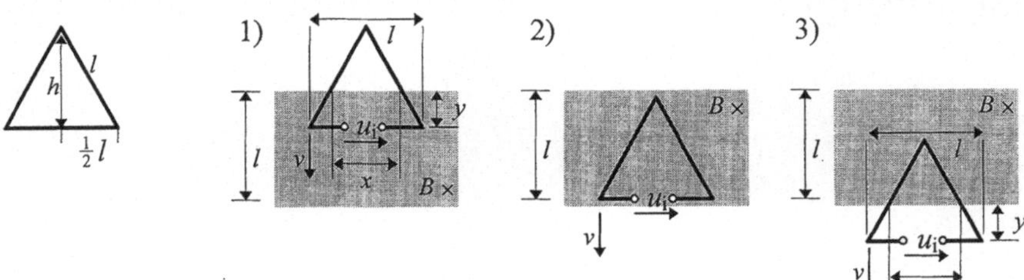

Nach dem Satz des PYTHAGORAS beträgt die Dreieckshöhe gemäß der linken Abbildung $h = \frac{\sqrt{3}}{2} l$. Das Dreieck möge z.Zt. $t = 0$ in das Feld eintreten. Es befindet sich gemäß 1) teilweise oberhalb des Felds im Intervall

1) $$0 < y \le h = \frac{\sqrt{3}l}{2} \qquad \text{bzw.} \qquad 0 < t \le \frac{\sqrt{3}l}{2v} = 0{,}866\frac{l}{v} =: t_1:$$

Die Elektronen werden unten nach links abgelenkt, weshalb sich u_i in Zählpfeilrichtung einstellt. Effektiv wirksam ist nur die Länge x. Mit $y = vt$ gilt:

$$x = l - 2\frac{y}{\tan 60^\circ} = l - \frac{2}{\sqrt{3}}y = l - \frac{2}{\sqrt{3}}vt \quad \Rightarrow \quad u_i(t) = Bvx = Bv(l - \frac{2}{\sqrt{3}}vt).$$

$$u_i(0^+) = Bvl, \qquad u_i(t_1) = Bv(l - \frac{2}{\sqrt{3}}v\frac{\sqrt{3}l}{2v}) = 0.$$

2) $$h = \frac{\sqrt{3}l}{2} \le y < l \qquad \text{bzw.} \qquad t_1 = \frac{\sqrt{3}l}{2v} \le t < \frac{l}{v} =: t_2:$$

Das Dreieck befindet sich vollständig im Feld $\Rightarrow u_i(t) = 0$.

3) $$l < y \le l + h = (1 + \frac{\sqrt{3}}{2})l \qquad \text{bzw.}$$

$$t_2 = \frac{l}{v} < t \le (1 + \frac{\sqrt{3}}{2})\frac{l}{v} = 1{,}866\frac{l}{v} =: t_3$$

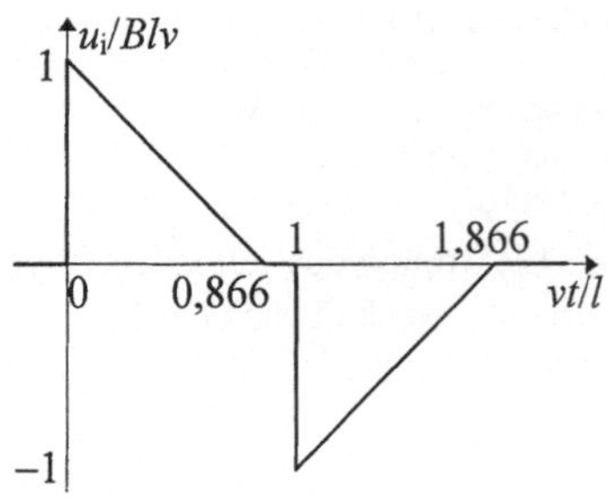

Die Elektronen werden oben nach links abgelenkt, weshalb sich u_i entgegen der Zählpfeilrichtung einstellt. Effektiv wirksam ist nur die Länge x. Mit $y = vt - l$ gilt kann das Ergebnis von 1) negativ übernommen werden:

$$u_i(t) = -Bvx = -Bv\left(l - \frac{2}{\sqrt{3}}(vt - l)\right) = Bv(\frac{2}{\sqrt{3}}vt - (1 + \frac{2}{\sqrt{3}})l).$$

$$u_i(t_2^+) = -Bvl, \qquad u_i(t \ge t_3) = 0.$$

Aufgabe 4.1.1.2-1: Eine rechteckige Leiterschleife rotiere gemäß a) neben einem langen geraden Leiter. Man bestimme die Umlaufspannung $u_i(t,a,b,c,I,f)$, wenn die Schleife z.Zt. $t = 0$ die dargestellte Lage einnimmt.

Der Zeitverlauf wird nicht durch die Inhomogenität des Feldes beeinflußt:

$$\phi_v(t) = \int_b^c \frac{\mu_0 I}{2\pi r} a \mathrm{d}r \cdot \cos 2\pi f t = \frac{\mu_0 I a}{2\pi} \ln \frac{c}{b} \cdot \cos 2\pi f t$$

$$\Rightarrow \quad u_i(t) = \frac{\mathrm{d}\phi_v}{\mathrm{d}t} = -2\pi f \frac{\mu_0 I a}{2\pi} \ln \frac{c}{b} \cdot \sin 2\pi f t = -\mu_0 f I a \ln \frac{c}{b} \cdot \sin 2\pi f t.$$

Da $\mathrm{d}\phi_v/\mathrm{d}t \sim -\sin 2\pi f t$ anfangs < 0, gilt der Ansatz mit positivem Vorzeichen.

Aufgabe 4.1.1.2-2: Eine metallische Kreisscheibe des Radius $a = 5$ cm rotiert mit der Winkelgeschwindigkeit $\omega = 100/\mathrm{s}$ in der Scheibenebene und wird senkrecht von einem Magnetfeld der Flußdichte $B = 5$ T durchsetzt. Man berechne den Betrag der Spannung U_i zwischen Scheibenmittelpunkt und -rand, wenn das Meßgerät ruht, d.h. hier Schleifkontakte hat (BARLOWsches Rad).

Bei der Rechnung wird ausgenutzt, daß sich die Fläche $A = \pi a^2$ im Winkel 2π einmal um sich selbst dreht:

$$U_i = \frac{\mathrm{d}\phi_v}{\mathrm{d}t} = B\frac{\mathrm{d}A}{\mathrm{d}t} = B\frac{\mathrm{d}A}{\mathrm{d}\varphi}\frac{\mathrm{d}\varphi}{\mathrm{d}t} = B\frac{\pi a^2}{2\pi}\omega = \frac{1}{2}\omega B a^2 = 625\,\mathrm{mV}.$$

Alternativ mit r als Radialkoordinate:

$$\mathrm{d}U_i = Bv\mathrm{d}r = B\omega r\mathrm{d}r \qquad \Rightarrow \quad U_i = \int_0^a B\omega r \mathrm{d}r = \tfrac{1}{2}\omega B a^2.$$

***Aufgabe 4.1.1.2-3**: Zwei gemäß b) zueinander im Winkel $\alpha = 30°$ fixierte und in Reihe geschaltete flache Rahmenspulen der Windungszahlen $N_1 = 100$ und $N_2 = 250$ mit Windungsflächen von je $A = 10\ \mathrm{cm}^2$ rotieren im homogenen Magnetfeld mit $B = 0{,}15$ T mit der Drehzahl $n = 600/\mathrm{min}$. Man gebe $u_i(t)$ als eine Sinusfunktion mit Nullphasenwinkel φ an, wobei $u_i(0) > 0$. Welchen Wert hat $u_i(60\,\mathrm{ms})$?

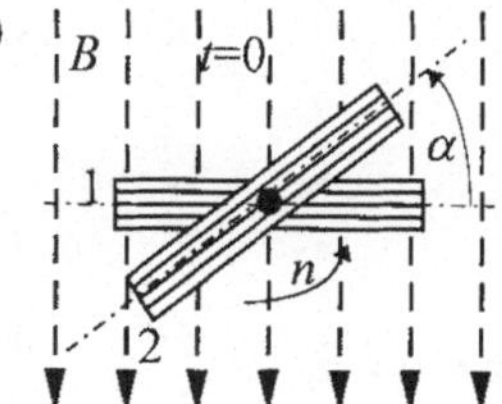

$$\phi_{v1}(t) = BA\cos\omega t, \qquad \phi_{v2}(t) = BA\cos(\omega t + 30°),$$

$$u_i(t) = -N_1\frac{\mathrm{d}\phi_{v1}}{\mathrm{d}t} - N_2\frac{\mathrm{d}\phi_{v2}}{\mathrm{d}t} = BA\omega[N_1 \sin\omega t + N_2 \sin(\omega t + 30°)] =$$

$$= BA\omega[N_1\sin\omega t + N_2(\sin 30°\cdot\cos\omega t + \cos 30°\cdot\sin\omega t)] =$$

$$= BA\omega(N_1 \sin\omega t + \tfrac{1}{2}N_2\cos\omega t + \tfrac{\sqrt{3}}{2}N_2 \sin\omega t) =$$

$$= BA\omega\sqrt{\tfrac{1}{4}N_2^2 + (N_1 + \tfrac{\sqrt{3}}{2}N_2)^2}\,\sin(\omega t + \arctan\frac{\frac{1}{2}N_2}{N_1 + \frac{\sqrt{3}}{2}N_2}) =$$

$$= BA\omega\sqrt{N_1^2 + N_2^2 + \sqrt{3}N_1N_2}\,\sin(\omega t + \arctan\frac{1}{\sqrt{3} + 2N_1/N_2}) =$$

$$= 3{,}21\,\mathrm{V}\sin(20\pi\frac{t}{\mathrm{s}} + 0{,}376); \qquad u_\mathrm{i}(60\,\mathrm{ms}) = -2{,}706\,\mathrm{V}.$$

Einfacher ist auch bereits hier die Anwendung komplexer Rechnung:

$$u_\mathrm{i}(t) = BA\omega\Im\{(N_1 + N_2\,\mathrm{e}^{\mathrm{j}30^\circ})\mathrm{e}^{\mathrm{j}\omega t}\} = BA\omega\Im\{(N_1 + \tfrac{\sqrt{3}}{2}N_2 + \mathrm{j}\tfrac{1}{2}N_2)\mathrm{e}^{\mathrm{j}\omega t}\} =$$

$$= BA\omega\sqrt{\tfrac{1}{4}N_2^2 + (N_1 + \tfrac{\sqrt{3}}{2}N_2)^2}\,\sin(\omega t + \arctan\frac{\tfrac{1}{2}N_2}{N_1 + \tfrac{\sqrt{3}}{2}N_2}) = \ldots$$

Aufgabe 4.1.2-1: Neben dem langen geraden Draht der Abb. a), der von dem skizzierten Strom $i(t)$ durchflossen wird, befinde sich eine rechteckige offene Leiterschleife. Man berechne und skizziere $u_\mathrm{i}(t)$.

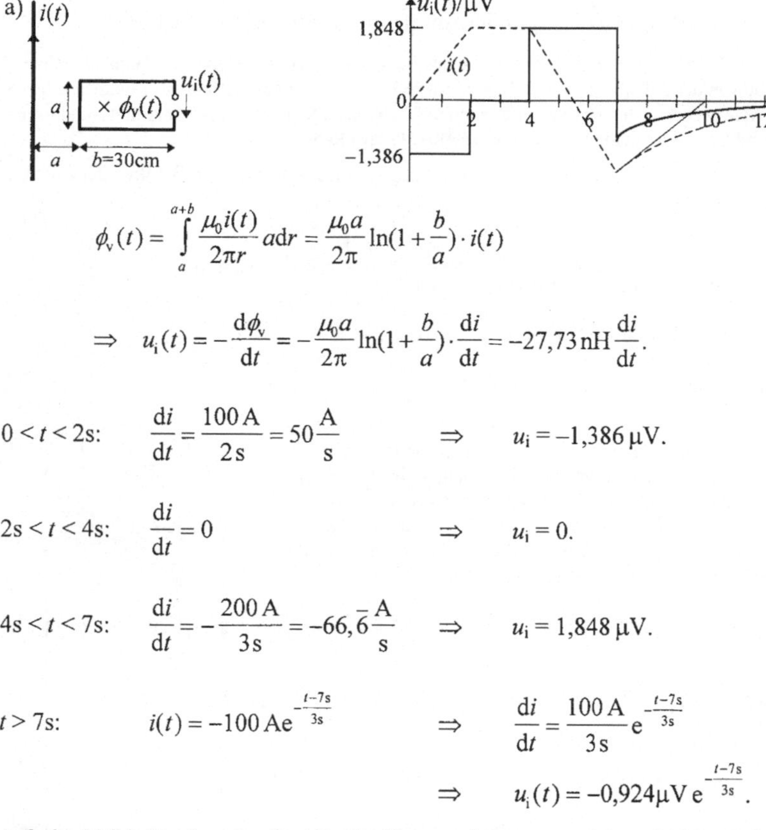

$$\phi_\mathrm{V}(t) = \int_a^{a+b}\frac{\mu_0 i(t)}{2\pi r}a\mathrm{d}r = \frac{\mu_0 a}{2\pi}\ln(1+\frac{b}{a})\cdot i(t)$$

$$\Rightarrow \quad u_\mathrm{i}(t) = -\frac{\mathrm{d}\phi_\mathrm{V}}{\mathrm{d}t} = -\frac{\mu_0 a}{2\pi}\ln(1+\frac{b}{a})\cdot\frac{\mathrm{d}i}{\mathrm{d}t} = -27{,}73\,\mathrm{nH}\frac{\mathrm{d}i}{\mathrm{d}t}.$$

$0 < t < 2\mathrm{s}$: $\quad \frac{\mathrm{d}i}{\mathrm{d}t} = \frac{100\,\mathrm{A}}{2\,\mathrm{s}} = 50\frac{\mathrm{A}}{\mathrm{s}} \quad \Rightarrow \quad u_\mathrm{i} = -1{,}386\,\mu\mathrm{V}.$

$2\mathrm{s} < t < 4\mathrm{s}$: $\quad \frac{\mathrm{d}i}{\mathrm{d}t} = 0 \quad \Rightarrow \quad u_\mathrm{i} = 0.$

$4\mathrm{s} < t < 7\mathrm{s}$: $\quad \frac{\mathrm{d}i}{\mathrm{d}t} = -\frac{200\,\mathrm{A}}{3\,\mathrm{s}} = -66{,}\bar{6}\frac{\mathrm{A}}{\mathrm{s}} \quad \Rightarrow \quad u_\mathrm{i} = 1{,}848\,\mu\mathrm{V}.$

$t > 7\mathrm{s}$: $\quad i(t) = -100\,\mathrm{A}\,\mathrm{e}^{-\frac{t-7\mathrm{s}}{3\mathrm{s}}} \quad \Rightarrow \quad \frac{\mathrm{d}i}{\mathrm{d}t} = \frac{100\,\mathrm{A}}{3\,\mathrm{s}}\mathrm{e}^{-\frac{t-7\mathrm{s}}{3\mathrm{s}}}$

$$\Rightarrow \quad u_\mathrm{i}(t) = -0{,}924\,\mu\mathrm{V}\,\mathrm{e}^{-\frac{t-7\mathrm{s}}{3\mathrm{s}}}.$$

Aufgabe 4.1.2-2: Man berechne für Abb. b) $u_\mathrm{i}(t)$, wenn ein homogenes Magnetfeld der Flußdichte $B(t) = U_0(1+\cos\omega t)/\omega l^2$ mit $U_0 = 15$ mV und $f = 50$ Hz die dargestellte Kupferdrahtstruktur durchsetzt.

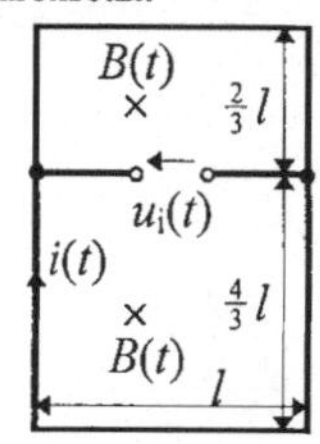

$$u_\mathrm{i}(t) = (\frac{4l^2}{3} - \frac{2l^2}{3})\frac{\mathrm{d}B(t)}{\mathrm{d}t} = -\frac{2l^2}{3}\frac{U_0\sin\omega t}{\omega l^2}\omega =$$

$$= -\frac{2U_0}{3}\sin\omega t = -10\,\mathrm{mV}\sin 100\pi\frac{t}{\mathrm{s}}.$$

Aufgabe 4.1.2-3: Eine Ladung Q befinde sich im Abstand a von einem mit i stromdurchflossenen geraden Leiter. Welchen Verlauf muß $i(t)$ haben, wenn Q die gleiche Kraft erfahren soll, wie wenn der Leiter von einem Gleichstrom I durchflossen wäre und Q sich mit konstanter Geschwindigkeit v entfernt? Welche Kraft $F(t)$ wirkt auf Q?

Legen wir fest, daß sich die bewegte Ladung z.Zt. $t = 0$ bei $r = 0$ befunden haben möge, gilt mit $r = vt$:

$$H = \frac{I}{2\pi r} = \frac{I}{2\pi vt} \overset{!}{=} \frac{i(t) - I_0}{2\pi a} \qquad \Rightarrow \quad i(t) = \frac{Ia}{vt} + I_0 .$$

I_0 ist dabei ein beliebiger Gleichstrom, der keine Kraft auf die ruhende Ladung Q ausübt.

$$F(t) = QvB = \frac{Qv\mu_0 I}{2\pi vt} = \mu_0 \frac{QI}{2\pi t}.$$

Aufgabe 4.1.3-1: In Aufgabe 4.1.2-2 sei die Querschnittsfläche des Kupferdrahts zu $A = 1{,}5\,\text{mm}^2$ und $l = 5$ cm bekannt. Man bestimme den Strom $i(t)$.

$$\overset{\circ}{u}_{\text{i}}(t) = -2l^2 \frac{\mathrm{d}B(t)}{\mathrm{d}t} = 2U_0 \sin \omega t$$

$$\Rightarrow \quad i(t) = \frac{\overset{\circ}{u}_{\text{i}}(t)}{\overset{\circ}{R}} = \frac{2U_0 \kappa A}{6l} \sin \omega t = \frac{U_0 \kappa A}{3l} \sin \omega t = 8{,}7\,\text{A} \sin 100\pi \frac{t}{\text{s}}.$$

Aufgabe 4.1.3-2: Über zwei parallele Schienen der Länge l im Abstand von a mit jeweils einem Widerstand von R schleift mit der Geschwindigkeit v normal ein Draht mit dem Widerstand $R_{\text{D}} = R$. Man berechne den Strom $i(t)$ im Draht, wenn die Schienen a) links mit einem Widerstand von R, b) links und rechts mit je einem Widerstand von R, abgeschlossen sind, und die Anordnung normal von einem Magnetfeld der Stärke H durchsetzt wird.

Wir berechnen zunächst die induzierte Quellspannung zu $U_{\text{i}} = \mu_0 Hav$. Sei $x = vt/l$ die z.Zt. $t = 0$ links beginnende normierte Koordinate des Schleifers, so gilt mit den KIRCHHOFFschen Regeln im Intervall $0 < x < 1$:

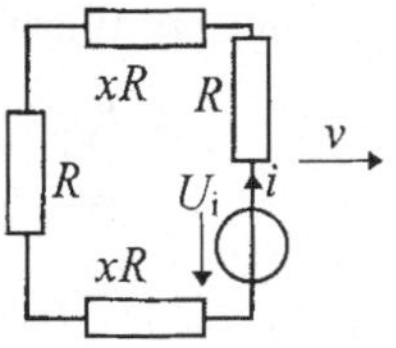

a) $$i(t) = \frac{U_{\text{i}}}{2R(1+x)} = \frac{\mu_0 Hav}{2R(1 + vt/l)}$$

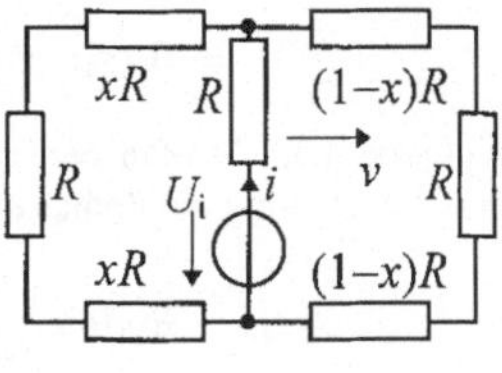

b) $$i(t) = \frac{U_{\text{i}}}{R + \dfrac{(R+2xR)(R+2(1-x)R)}{R+2xR+R+2(1-x)R}} =$$

$$= \frac{U_{\text{i}}}{R(1 + \dfrac{1+2+4x-4x^2}{2+2x+2(1-x)})}$$

$$= \frac{U_{\text{i}}}{R(1 + \dfrac{3+4x-4x^2}{4})} = \frac{U_{\text{i}}}{R(\dfrac{7}{4} + x - x^2)} = \frac{\mu_0 Hav}{R\left(\dfrac{7}{4} + \dfrac{vt}{l} - (\dfrac{vt}{l})^2\right)}.$$

***Aufgabe 4.1.3-3**: Eine quadratische Leiterschleife mit dem Umlaufwiderstand $R = 1\ \Omega$ wird entsprechend der Abbildung mit der Geschwindigkeit v durch ein homogenes Magnetfeld der Flußdichte B geschoben. Welche Arbeit W ist aufzuwenden?

Mit $x = vt$ ergibt sich die bzgl. der Induktion gerade aktive Länge $l(t)$ zu:

$$x^2 + y^2 = a^2$$

$$\Rightarrow \quad l(t) = 2y = 2\sqrt{a^2 - x^2} = 2\sqrt{a^2 - v^2 t^2}$$

$$\Rightarrow \quad u_\mathrm{i}(t) = Bvl(t) = 2Bv\sqrt{a^2 - v^2 t^2}.$$

Für den Durchmarsch der rechten Kante ergibt sich die Hälfte der Energieaufnahme:

$$\frac{W}{2} = \int_{-a/v}^{a/v} \frac{u^2}{R}\mathrm{d}t = 2\frac{(2Bv)^2}{R}\int_0^{a/v}(a^2 - v^2 t^2)\mathrm{d}t = \frac{8(Bv)^2}{R}\left[a^2 t - v^2\frac{t^3}{3}\right]_0^{a/v} =$$

$$= \frac{8(Bv)^2}{R}\frac{2a^3}{3v} \quad \Rightarrow \quad W = \frac{32B^2 va^3}{3R} = 1{,}\bar{3}\,\mathrm{Ws}.$$

Aufgabe 4.1.4-1: In Aufgabe 4.1.3-3 sei bei sonst unveränderten Daten jetzt das Feld quadratisch und die Schleife kreisförmig. Welche Arbeit W ist nun aufzuwenden?

Das Ergebnis ändert sich nicht, da die Flächenüberdeckung gleich ist.

Aufgabe 4.1.4-2: Im überall homogenen Magnetfeld $B(t)$ bewegen sich in ständigem Kontakt mit zwei Schienen zwei Stäbe mit den Geschwindigkeiten v_1 und v_2. Ihr ursprünglicher Abstand betrage b. Gleichzeitig wird die gesamte metallische Anordnung um 10 cm/s angehoben. Man berechne $u_{12}(t)$, solange die Anordnung aussieht, wie in Abb. a).

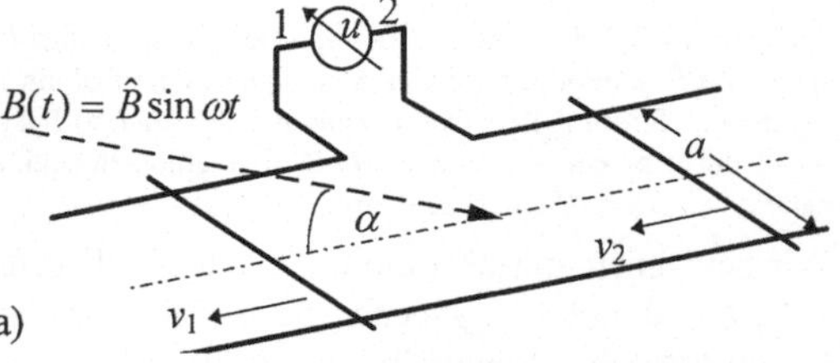

Die Anhebung um 10 cm/s ist bedeutungslos, genauso wie der Tangentialanteil von $\boldsymbol{B}$:

$$-u_{12} = \frac{\mathrm{d}(B_\mathrm{n}A)}{\mathrm{d}t} = A(t)\frac{\mathrm{d}B_\mathrm{n}}{\mathrm{d}t} + B_\mathrm{n}(t)\frac{\mathrm{d}A}{\mathrm{d}t} =$$

$$= a[b + (v_1 - v_2)t]\hat{B}\omega\sin\alpha\cdot\cos\omega t + \hat{B}\sin\alpha\cdot\sin\omega t\cdot a(v_1 - v_2) =$$

$$= \hat{B}a\sin\alpha\cdot[(b + (v_1 - v_2)t)\omega\cos\omega t + (v_1 - v_2)\sin\omega t].$$

Aufgabe 4.1.4-3: Man berechne in Abb. b) $u(t)$, wenn ein metallischer Schleifer wie dargestellt auf einem Metallring mit Radius a rotiert.

$$-\mathrm{d}u = Bv\mathrm{d}r = \frac{\Phi}{\pi a^2}\omega r\mathrm{d}r$$

$$\Rightarrow \quad u(t) = -\frac{\Phi}{\pi a^2}\omega\int_0^a r\mathrm{d}r = -\frac{\Phi\omega a^2}{2\pi a^2} = -\Phi f.$$

Aufgabe 4.1.5-1: Ein rotationssymmetrisches Magnetfeld habe innerhalb eines Radius a folgenden axialen Feldstärkeverlauf über der Radialkoordinaten r: $H_z(r,t) = H_0 \cdot (r/a)^2 \cdot \sin\omega t$, außerhalb a sei es Null. Man berechne an jeder Stelle des Raums die induzierte elektrische Feldstärke $E_\varphi(r,t)$ über beide Formen des Induktionsgesetzes.

Wir setzen zunächst:

$$H_z(r,t) = H(r) \cdot \sin\omega t, \quad \text{d.h.} \quad H(r) = H_0 \frac{r^2}{a^2} \quad \text{innen, 0 sonst.}$$

Berechnung über die integrale Form des Induktionsgesetzes:

Aus Symmetriegründen muß jeder elektrische Feldstärkeverlauf auf jedem konzentrischen Umlauf konstant sein, so daß die linke Seite als Produkt darstellbar ist. Die Ableitung der Sinusfunktion ist unabhängig von der Flächenintegration.

$$\oint \boldsymbol{E} \cdot \mathrm{d}\boldsymbol{s} = E_\varphi \cdot 2\pi r = -\iint \frac{\partial B(r',t)}{\partial t} \mathrm{d}\varphi r' \mathrm{d}r' = -\mu_0 \omega \cos\omega t \cdot \iint H(r') \mathrm{d}\varphi r' \mathrm{d}r' =$$

$$= -\mu_0 \omega \cos\omega t \cdot 2\pi \int H(r') r' \mathrm{d}r' \quad \Rightarrow \quad E_\varphi(r,t) = -\mu_0 \frac{\omega \cos\omega t}{r} \int H(r') r' \mathrm{d}r'.$$

Im Innenbereich ergibt die Auswertung:

$$\int_0^r H(r') r' \mathrm{d}r' = \frac{H_0}{a^2} \int_0^r r'^3 \mathrm{d}r' = \frac{H_0 r^4}{4a^2} \quad \Rightarrow \quad E_{\mathrm{i}\varphi}(r,t) = -\mu_0 H_0 \frac{r^3 \omega \cos\omega t}{4a^2}.$$

Im Außenbereich ergibt die Auswertung:

$$\int_0^a H(r') r' \mathrm{d}r' = \frac{H_0}{a^2} \int_0^a r'^3 \mathrm{d}r' = \frac{H_0 a^2}{4} \quad \Rightarrow \quad E_{\mathrm{a}\varphi}(r,t) = -\mu_0 H_0 \frac{a^2 \omega \cos\omega t}{4r}.$$

Zur Auswertung der differentiellen Form des Induktionsgesetzes nehmen wir das Zwischenergebnis von Aufgabe 3.6.4.3-1 zu Hilfe:

$$\mathrm{rot}\boldsymbol{E} = \frac{1}{r} \frac{\partial r E_\varphi(r,t)}{\partial r} \vec{e}_z = -\mu_0 \frac{\partial H_z(r,t)}{\partial t} \vec{e}_z$$

$$\Rightarrow \quad E_\varphi(r,t) = -\mu_0 \frac{1}{r} \int \frac{\partial H_z(r',t)}{\partial t} r' \partial r' = -\mu_0 \frac{\omega \cos\omega t}{r} \int H(r') r' \partial r',$$

also das gleiche Integral wie bei der integralen Form des Induktionsgesetzes.

Aufgabe 4.1.5-2: Welche Darstellung nimmt die differentielle Form des Induktionsgesetzes an, wenn sich das Magnetfeld sinusförmig ändert und durch $\boldsymbol{H}(\boldsymbol{x},t) = \Re\{\underline{\boldsymbol{H}}(\boldsymbol{x}) \cdot \mathrm{e}^{\mathrm{j}\omega t}\}$ beschrieben wird?

Da sich der Rotor nur auf räumliche Ableitungen bezieht, und die zeitliche Ableitung der Exponentialfunktion diese als solche bestehen läßt, muß sich das elektrische Feld ebenfalls in der Form $\boldsymbol{E}(\boldsymbol{x},t) = \Re\{\underline{\boldsymbol{E}}(\boldsymbol{x}) \cdot \mathrm{e}^{\mathrm{j}\omega t}\}$ darstellen lassen:

$$\mathrm{rot}\boldsymbol{E}(\boldsymbol{x},t) = \mathrm{rot}\Re\{\underline{\boldsymbol{E}}(\boldsymbol{x}) \cdot \mathrm{e}^{\mathrm{j}\omega t}\} = \Re\{\mathrm{rot}[\underline{\boldsymbol{E}}(\boldsymbol{x}) \cdot \mathrm{e}^{\mathrm{j}\omega t}]\} = \Re\{\mathrm{rot}\underline{\boldsymbol{E}}(\boldsymbol{x}) \cdot \mathrm{e}^{\mathrm{j}\omega t})\} =$$

$$= -\mu \frac{\partial \Re\{\underline{\boldsymbol{H}}(\boldsymbol{x}) \cdot \mathrm{e}^{\mathrm{j}\omega t}\}}{\partial t} = \Re\{-\mu \frac{\underline{\boldsymbol{H}}(\boldsymbol{x}) \cdot \partial \mathrm{e}^{\mathrm{j}\omega t}}{\partial t}\} = \Re\{-\mathrm{j}\omega \underline{\boldsymbol{B}}(\boldsymbol{x}) \cdot \mathrm{e}^{\mathrm{j}\omega t}\}.$$

Beide Seiten sind gleich, wenn die Argumente des Realteils gleich sind:

$$\mathrm{rot}\underline{\boldsymbol{E}}(\boldsymbol{x}) = -\mathrm{j}\omega\underline{\boldsymbol{B}}(\boldsymbol{x}).$$

Aufgabe 4.1.5-3: Man gebe die Differentialformen der MAXWELLgleichungen für folgende Spezialfälle an: Elektrostatik, Magnetostatik, Stationäre Felder (Gleichfelder), Quasistationäre Felder (Niederfrequenzfelder), Hochfrequenzfelder.

Elektrostatik - keine Ströme, keine Magnetfelder:

$$\mathrm{rot}\boldsymbol{E} = \boldsymbol{0} \qquad \mathrm{div}\boldsymbol{D} = \rho$$

Magnetostatik - keine elektrischen Felder, keine Ströme, zeitkonstante Magnetfelder:

$$\mathrm{rot}\boldsymbol{H} = \boldsymbol{0} \qquad \mathrm{div}\boldsymbol{B} = 0$$

Stationäre Felder - zeitkonstante elektrische und magnetische Felder:

$$\mathrm{rot}\boldsymbol{H} = \boldsymbol{S} \qquad \mathrm{rot}\boldsymbol{E} = \boldsymbol{0} \qquad \mathrm{div}\boldsymbol{D} = \rho \qquad \mathrm{div}\boldsymbol{B} = 0$$

Quasistationäre Felder - langsam zeitveränderliche elektrische und magnetische Felder:

$$\mathrm{rot}\boldsymbol{H}(t) \approx \boldsymbol{S}(t) \qquad \mathrm{rot}\boldsymbol{E}(t) = -\frac{\partial \boldsymbol{B}}{\partial t} \qquad \mathrm{div}\boldsymbol{D}(t) = \rho(t) \qquad \mathrm{div}\boldsymbol{B}(t) = 0$$

Hochfrequenzfelder - rasch zeitveränderliche elektrische und magnetische Felder:

$$\mathrm{rot}\boldsymbol{H}(t) = \boldsymbol{S}(t) + \frac{\partial \boldsymbol{D}}{\partial t} \qquad \mathrm{rot}\boldsymbol{E}(t) = -\frac{\partial \boldsymbol{B}}{\partial t} \qquad \mathrm{div}\boldsymbol{D}(t) = \rho(t) \qquad \mathrm{div}\boldsymbol{B}(t) = 0.$$

Aufgabe 4.2.1-1: Man berechne die Induktivität des Kreises aus Aufgabe 3.6.4.3-3 exakt und genähert.

In Aufgabe 3.9.1-1 wurde bereits der magnetische Widerstand berechnet. Aus ihm erhalten wir $L = N^2/R_\mathrm{m}$:

$$\text{Exakt:} \quad L = N^2\mu a\left(1 - \sqrt{1 - \frac{d^2}{4a^2}}\right), \qquad \text{Näherung: } L \approx \frac{N^2\mu d^2}{8a}.$$

Aufgabe 4.2.1-2: Man berechne die Induktivität des Toroiden aus Aufgabe 3.9.3-2.

$$L = \frac{N\Phi_\mathrm{L}}{I} = \frac{500 \cdot 100\,\mu\mathrm{Wb}}{2{,}277\,\mathrm{A}} = 21{,}96\,\mathrm{mH}.$$

Aufgabe 4.2.1-3: Die magnetischen Leitwerte Λ_1, Λ_2 und Λ_3 des Kreises aus Abb. 3.9.4 seien bekannt. Man berechne die jeweilige Induktivität, wenn eine Spule mit gegebener Windungszahl N auf den linken, den mittleren bzw. den rechten Schenkel aufgewickelt wird.

$$\text{Links: } L = \frac{N^2\Lambda_1(\Lambda_2 + \Lambda_3)}{\Lambda_1 + \Lambda_2 + \Lambda_3}, \quad \text{Mitte: } L = \frac{N^2\Lambda_3(\Lambda_1 + \Lambda_2)}{\Lambda_1 + \Lambda_2 + \Lambda_3}, \quad \text{rechts: } L = \frac{N^2\Lambda_2(\Lambda_1 + \Lambda_3)}{\Lambda_1 + \Lambda_2 + \Lambda_3}$$

Aufgabe 4.2.2-1: Der dargestellte periodische Zeitverlauf $f(t)/f_0$ sei als ein auf seinen Maximalwert normierter Strom $i(t)/i_0$ durch eine Spule zu interpretieren. Man skizziere die zugehörige normierte Spannung $u(t)/u_0$.

Siehe erste Abbildung nächste Seite.

Aufgabe 4.2.2-2: Der dargestellte periodische Zeitverlauf $f(t)/f_0$ sei als eine auf ihren Maximalwert normierte Spannung $u(t)/u_0$ an einer Spule zu interpretieren. Man skizziere den zugehörigen normierten Strom $i(t)/i_0$.

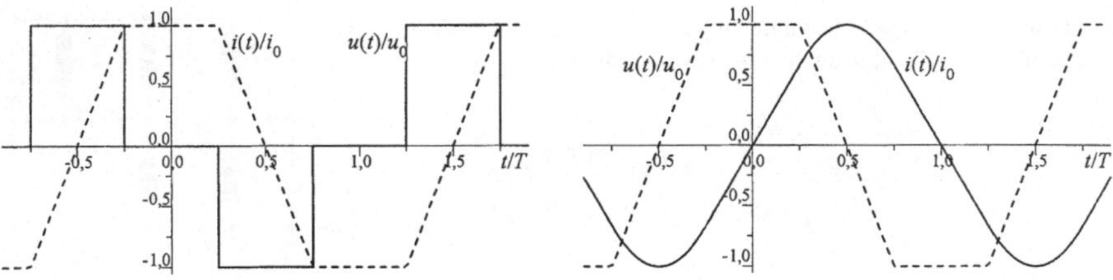

Aufgabe 4.2.2-3: Man bestimme für die vorige Aufgabe $i(t)/i_0$ im Intervall $0 \le t \le T$ formelmäßig.

Definiere $\tau := t/T$, wobei hier T eine halbe Periodendauer darstellt:

$0 \le \tau \le \frac{1}{4}$:
$$\frac{i(\tau)}{i_0} = \int_0^\tau \mathrm{d}\tau' = \tau, \qquad \frac{i(\frac{1}{4})}{i_0} = \frac{1}{4},$$

$\frac{1}{4} \le \tau \le \frac{3}{4}$:
$$\frac{i(\tau)}{i_0} = \frac{1}{4} + \int_{1/4}^{\tau} (2 - 4\tau')\mathrm{d}\tau' = \frac{1}{4} + 2\tau'(1-\tau')\Big|_{1/4}^{\tau} = 2\tau(1-\tau) - \frac{1}{8},$$

$$\text{Maximum:} \quad \frac{i(\frac{1}{2})}{i_0} = \frac{3}{8}; \qquad \frac{i(\frac{3}{4})}{i_0} = \frac{1}{4},$$

$\frac{3}{4} \le \tau \le 1$:
$$\frac{i(\tau)}{i_0} = \frac{1}{4} - \int_{3/4}^{\tau} \mathrm{d}\tau' = \frac{1}{4} - \tau + \frac{3}{4} = 1 - \tau, \qquad \frac{i(1)}{i_0} = 0.$$

Nun muß der Verlauf auf das Maximum von $\frac{3}{8}$ normiert werden:

$0 \le \tau \le \frac{1}{4}$:
$$\frac{i(\tau)}{i_0} = \frac{8\tau}{3}, \qquad \frac{1}{4} \le \tau \le \frac{3}{4}: \quad \frac{i(\tau)}{i_0} = \frac{16\tau(1-\tau) - 1}{3},$$

$\frac{3}{4} \le \tau \le 1$:
$$\frac{i(\tau)}{i_0} = \frac{8(1-\tau)}{3}.$$

Aufgabe 4.2.3-1: Man bestimme für die Schaltung in a) u_a/u_e, die Eingangsinduktivität L_e sowie das Stromverhältnis i_2/i_e.

$$\frac{u_1}{u_e} = \frac{\frac{2}{3}L}{\frac{5}{3}L} = \frac{2}{5} = 0{,}4 \quad \Rightarrow \quad \frac{u_2}{u_e} = \frac{3}{5} = 0{,}6$$

a)

L, L, L, L, L, i_e, u_e, u_1, $\frac{1}{2}u_1$, u_2, i_2, u_a

$$\Rightarrow \quad \frac{u_a}{u_e} = \frac{u_1}{2u_e} + \frac{u_2}{u_e} = \frac{4}{5} = 0{,}8.$$

$$L_e = L \,\|\, \frac{5}{3}L = \frac{5}{8}L = 0{,}625L.$$

$$\frac{u_2}{u_e} = \frac{3}{5} = \frac{i_2 L}{i_e L_e} = \frac{i_2 L}{i_e \frac{5}{8} L} \quad \Rightarrow \quad \frac{i_2}{i_e} = \frac{3}{8} = 0{,}375.$$

Aufgabe 4.2.3-2: Man bestimme für die Schaltung in b) die Eingangsinduktivität L_e, u_a/u_e sowie den Ausgangsstrom $i_a(u_e, L)$.

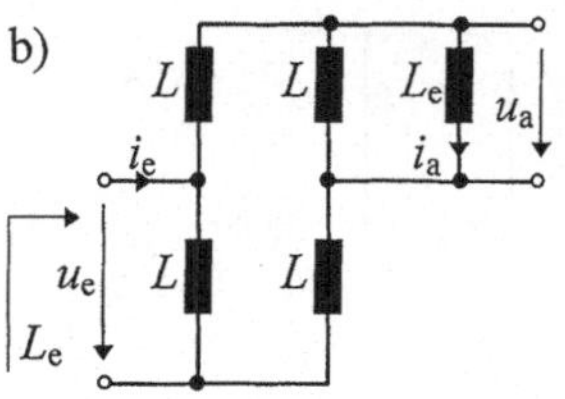

$$L_e = \frac{L(\frac{L_e L}{L_e + L} + 2L)}{\frac{L_e L}{L_e + L} + 3L} = L\frac{L_e + 2(L + L_e)}{L_e + 3(L + L_e)}$$

b) L, L, L_e, u_a, i_e, i_a, u_e, L, L, L_e

$$\Rightarrow \quad 4L_e^2 + 3L_e L = 3L_e L + 2L^2 \qquad \Rightarrow \quad L_e = \frac{L}{\sqrt{2}}.$$

$$\frac{u_a}{u_e} = \frac{\frac{L_e L}{L_e + L}}{\frac{L_e L}{L_e + L} + 2L} = \frac{L_e}{L_e + 2(L_e + L)} = \frac{1}{3 + 2\frac{L}{L_e}} = \frac{1}{3 + 2\sqrt{2}} = 0{,}1716.$$

$$i_a = \frac{1}{L_e}\int u_a \mathrm{d}t = \frac{\sqrt{2}}{(3 + 2\sqrt{2})L}\int u_e \mathrm{d}t = \frac{0{,}2426}{L}\int u_e \mathrm{d}t.$$

Aufgabe 4.2.3-3: Man bestimme für die Schaltung in c) die Gesamtinduktivität L zwischen zwei beliebigen äußeren Klemmen.

Das Netzwerk läßt sich wie rechts umzeichnen. Bei Anlegen einer Eingangsquelle wird der mittlere waagrechte Zeig stromlos und kann durch einen Leerlauf oder einen Kurzschluß ersetzt werden:

c) L, L_a, L_i, L_a, L_i, L_i, L_a

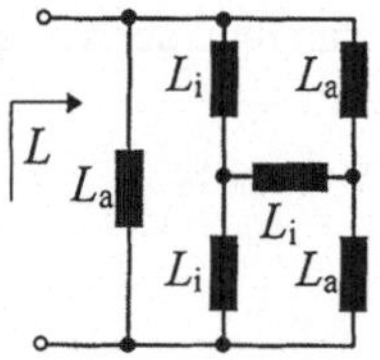

$$L = L_a \,\|\, \frac{2L_i L_a}{L_i + L_a} = \frac{L_a\frac{2L_i L_a}{L_i + L_a}}{L_a + \frac{2L_i L_a}{L_i + L_a}} = \frac{2L_i L_a}{3L_i + L_a}.$$

Aufgabe 4.2.4-1: Von einer l = 2 km langen Doppeldrahtleitung mit a = 1,5 cm und d = 80 cm wird eine Bruchstelle mit Kurzschluß vermutet. Die Eingangsinduktivität wird zu L = 2,5 mH gemessen. Wo liegt die Bruchstelle? Welche Induktivität L' wird von der Gegenseite gemessen?

$$L = \frac{\mu_0 l_B}{4\pi}(1 + 4\ln\frac{d}{a}) \qquad \Rightarrow \quad l_B = \frac{4\pi L}{\mu_0(1 + 4\ln d/a)} = 1{,}479\,\text{km}.$$

$$L' = \frac{\mu_0(l - l_B)}{4\pi}(1 + 4\ln\frac{d}{a}) = 0{,}881\,\text{mH}.$$

Alternativ:

$$\frac{L}{L'} = \frac{l_B}{l - l_B} \qquad \Rightarrow \quad L' = L(\frac{l}{l_B} - 1) = 0{,}881\,\text{mH}.$$

Aufgabe 4.2.4-2: Man berechne die äußere Induktivität eines Leiters der Länge l in der Höhe h über der Erde nach der bei der Kapazität bereits angewandten Spiegelungsmethode.

Die Kapazität verdoppelt sich wegen der Halbierung der Spannung, die im Nenner steht. Die äußere Induktivität halbiert sich wegen der Halbierung des Flusses:

$$L_a = \frac{\mu_0 l}{2\pi} \ln \frac{2h-a}{a} \approx \frac{\mu_0 l}{2\pi} \ln \frac{2h}{a}.$$

Das gleiche Ergebnis erhalten wir über $LC = \mu\varepsilon l^2$.

***Aufgabe 4.2.4-3**: Man berechne die Induktivität des Koaxialkabels der Länge l von Aufgabe 3.6.4.3-2.

Die Gesamtinduktivität L setzt sich additiv aus der inneren Induktivität des Innenleiters L_i, der Induktivität des Zwischenraums L_Z, und der inneren Induktivität des Außenleiters L_a zusammen. Die zu den ersten beiden gehörenden Feldverläufe unterscheiden sich nicht von denen des Zylinderleiters, so daß wir die Ergebnisse der Rechnung im Text mit angepaßten Literalen übernehmen können:

$$L_i = \frac{\mu_0 l}{8\pi}, \qquad L_Z = \frac{\mu_0 l}{2\pi} \ln \frac{b}{a}.$$

L_a berechnen wir aus dem Verlauf:

$$H_\varphi(r) = \frac{I}{2\pi r} \frac{c^2 - r^2}{c^2 - b^2} \qquad \Rightarrow \qquad L_a = \frac{\mu_0 l}{I} \int_b^c \frac{I}{2\pi r} \left(\frac{c^2 - r^2}{c^2 - b^2} \right)^2 \mathrm{d}r.$$

Der quadrierte Klammerausdruck im Integral entsteht wieder aus dem Verkettungsfaktor, der ebenfalls den Wert $(c^2 - r^2)/(c^2 - b^2)$ hat, da das Feld an der Stelle r nur mit diesem Stromanteil verkettet ist. Faule lösen das Integral mit **MATHCAD**:

$$\frac{\mu_0 \cdot l}{2 \cdot \pi} \cdot \int_b^c \frac{1}{r} \cdot \left(\frac{c^2 - r^2}{c^2 - b^2} \right)^2 dr \quad \text{Symbolics Simplify} \quad \frac{1}{8} \cdot \mu_0 \cdot \frac{l}{\pi} \cdot \frac{\left(-3 \cdot c^4 + 4 \cdot c^4 \cdot \ln(c) - b^4 + 4 \cdot c^2 \cdot b^2 - 4 \cdot c^4 \cdot \ln(b)\right)}{\left(c^2 - b^2\right)^2}$$

Nach manueller Umstellung erhalten wir für die Gesamtinduktivität:

$$L = L_i + L_Z + L_a = \frac{\mu_0 l}{2\pi} \left(\frac{1}{4} + \ln \frac{b}{a} + \frac{1}{c^2 - b^2} \left(\frac{c^4}{c^2 - b^2} \ln \frac{c}{b} - \frac{3c^2 - b^2}{4} \right) \right).$$

Bei hohen Frequenzen verbleibt nur der mittlere Anteil L_Z und $L'C'$ ergibt mit Gl. 1.9-14 wieder $\mu_0 \varepsilon$.

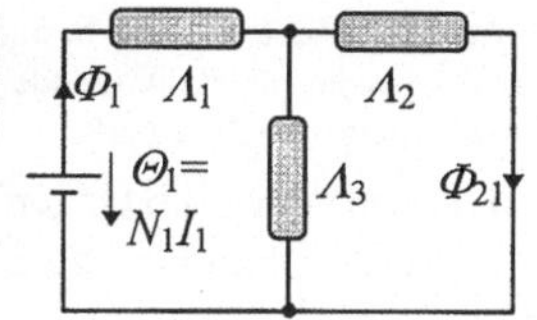

***Aufgabe 4.2.6-1**: Man bestimme die Gegeninduktivitäten L_{12} und L_{21} zwischen den beiden Spulen in Abb. 3.9-4 und zeige, daß beide gleich sind. Dabei sind die magnetischen Leitwerte Λ_1, Λ_2 und Λ_3 sowie die Windungszahlen gegeben. Weiterhin bestimme man k_{12}, k_{21}, k und σ.

Wir verwenden zur Berechnung von L_{21} das rechts dargestellte Ersatzschaltbild:

$$L_{21} = N_2 \frac{\Phi_{21}}{I_1}, \qquad k_{21} = \frac{\Phi_{21}}{\Phi_1} = \frac{\Lambda_2}{\Lambda_2 + \Lambda_3} \qquad \Rightarrow \quad \Phi_{21} = \frac{\Lambda_2}{\Lambda_2 + \Lambda_3} \Phi_1.$$

$$\Phi_1 = N_1 I_1 \frac{\Lambda_1 (\Lambda_2 + \Lambda_3)}{\Lambda_1 + \Lambda_2 + \Lambda_3}$$

$$\Rightarrow \quad L_1 = N_1^2 \frac{\Lambda_1(\Lambda_2+\Lambda_3)}{\Lambda_1+\Lambda_2+\Lambda_3}, \qquad L_{21} = N_1 N_2 \frac{\Lambda_1\Lambda_2}{\Lambda_1+\Lambda_2+\Lambda_3}.$$

Zur Berechnung von L_{12} kann das Ersatzschaltbild gespiegelt und damit Λ_1 und Λ_2 vertauscht werden. Da die Formel für L_{12} bzgl. Λ_1 und Λ_2 symmetrisch ist, erhalten wir das gleiche Ergebnis. k_{12} errechnet sich wie oben nach der Flußteilerregel zu:

$$k_{12} = \frac{\Phi_{12}}{\Phi_1} = \frac{\Lambda_1}{\Lambda_1+\Lambda_3} \qquad \Rightarrow \quad k = \sqrt{k_{12}k_{21}} = \sqrt{\frac{\Lambda_1\Lambda_2}{(\Lambda_1+\Lambda_3)(\Lambda_2+\Lambda_3)}}.$$

Bestimme k alternativ über

$$k = \frac{L_{21}}{\sqrt{L_1L_2}} = \frac{N_1N_2\Lambda_1\Lambda_2}{\sqrt{N_1^2\Lambda_1(\Lambda_2+\Lambda_3)N_2^2\Lambda_2(\Lambda_1+\Lambda_3)}} = \sqrt{\frac{\Lambda_1\Lambda_2}{(\Lambda_2+\Lambda_3)(\Lambda_1+\Lambda_3)}}.$$

$$\sigma = 1-k^2 = 1-\frac{\Lambda_1\Lambda_2}{(\Lambda_1+\Lambda_3)(\Lambda_2+\Lambda_3)} = \frac{\Lambda_3(\Lambda_1+\Lambda_2+\Lambda_3)}{(\Lambda_1+\Lambda_3)(\Lambda_2+\Lambda_3)}.$$

***Aufgabe 4.2.6-2**: Man bestimme die Gegeninduktivität M zwischen dem langen geraden Stromleiter und der Fläche des gleichseitigen Dreiecks in Abbildung a).

Wir beschreiben die rechte Kante des Dreiecks in dem rechts dargestellten Koordinatensystem:

$a(1+\frac{\sqrt{3}}{2})$ r

$$z(r) = -\frac{r}{\sqrt{3}} + a\left(\frac{1}{2}+\frac{1}{\sqrt{3}}\right)$$

a 0 $\frac{1}{2}a$ z

$$\Phi_\mathrm{v} = 2\mu_0 \int_a^{a(1+\frac{\sqrt{3}}{2})} \int_0^{z(r)} \frac{I}{2\pi r}\mathrm{d}z\mathrm{d}r =$$

$$= \frac{2\mu_0 I}{2\pi} \int_a^{a(1+\frac{\sqrt{3}}{2})} \frac{z(r)}{r}\mathrm{d}r \qquad \Rightarrow \quad M = \frac{\Phi_\mathrm{v}}{I} = \frac{\mu_0}{\pi} \int_a^{a(1+\frac{\sqrt{3}}{2})} \left(-\frac{1}{\sqrt{3}} + \frac{a}{r}\left(\frac{1}{2}+\frac{1}{\sqrt{3}}\right)\right)\mathrm{d}r =$$

$$M = \frac{\mu_0 a}{\pi}\left(-\frac{1}{2} + \left(\frac{1}{2}+\frac{1}{\sqrt{3}}\right)\ln\left(1+\frac{\sqrt{3}}{2}\right)\right) = 0{,}172\frac{\mu_0 a}{\pi} = 6{,}883\cdot 10^{-10}\ \mathrm{H}.$$

***Aufgabe 4.2.6-3**: Man bestimme für zwei Zweidraht-Leitungspaare entsprechend Abbildung b) die Bedingungen für die Abstände r_{ij}, unter denen die Gegeninduktivität M verschwindet. Wie sind solche Anordnungen realisierbar?

Wir bestimmen die Gegeninduktivität über die allgemeine Definition als das Verhältnis von verkettetem Fluß zu Strom:

$$\Phi_{\mathrm{II},1} = \int \boldsymbol{B}_1 \cdot \mathrm{d}\boldsymbol{A}_\mathrm{II} = \frac{\mu I}{2\pi} l \int_{r_{13}}^{r_{14}} \frac{\mathrm{d}r}{r} = \frac{\mu I}{2\pi} l \ln\frac{r_{14}}{r_{13}} \qquad \Rightarrow \quad \Phi_{\mathrm{II},2} = -\frac{\mu I}{2\pi} l \ln\frac{r_{24}}{r_{23}}.$$

$$M_{\mathrm{II,I}} = \frac{\Phi_{\mathrm{II},1}+\Phi_{\mathrm{II},2}}{I} = \frac{\mu l}{2\pi}\left(\ln\frac{r_{14}}{r_{13}} - \ln\frac{r_{24}}{r_{23}}\right) = \frac{\mu l}{2\pi}\ln\frac{r_{14}}{r_{13}}\frac{r_{23}}{r_{24}} = M_{\mathrm{I,II}} = M.$$

Diese Bedingung ist erfüllt, wenn $r_{14}r_{23} = r_{13}r_{24}$, speziell für $r_{13} = r_{23} = r_{14} = r_{24}$. Gebräuchliche technische Realisierungen sind der links dargestellte Sternvierer, sowie rechts der DIESELHORST-MARTIN-(DM)-Vierer. Man erkennt bei diesen Anordnungen auch ohne Rechnung durch Anwendung der Rechte-Hand-Regel auf die Strom/Flußzuordnungen, daß der verkettete Netto-Fluß im dem jeweils gegenüberliegenden Leiterpaar verschwindet. Zusätzliche Verminderung der Gegeninduktivität bringt bei allen Zweidrahtleitungen eine Verdrillung der Adernpaare in sich sowie umeinander.

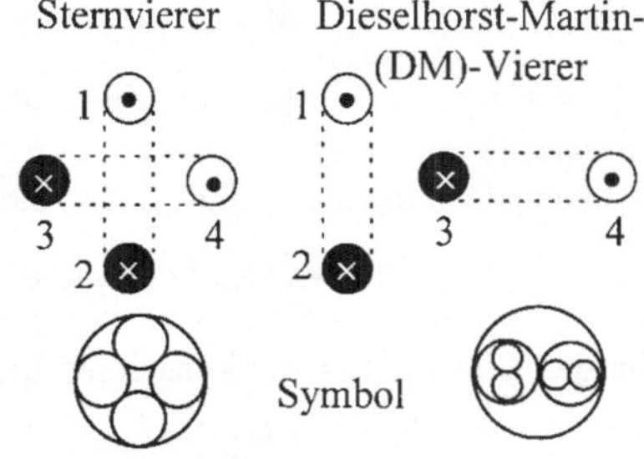

Aufgabe 4.3.1-1: Eine Luftspule sei auf die Energie W_0 aufgeladen. Sie werde nun mit einem homogenen Magnetikum mit μ_r gefüllt. Auf welchen Betrag ändert sich die gespeicherte Energie W_{1I} bei konstantem Strom I bzw. $W_{1\Phi}$ bei konstantem Fluß Φ?

$$W_0 = \frac{L_0 I^2}{2} \quad \Rightarrow \quad W_{1I} = \frac{L_\mu I^2}{2} = \frac{\mu_r L_0 I^2}{2} = \frac{(\mu_r - 1) L_0 I^2}{2} + W_0 = \mu_r W_0 > W_0 .$$

Die Energie nimmt bei konstantem Strom I um das μ_r-fache zu, indem von der Quelle ein (μ_r-1)- = χ_m-facher Fluß zum Polarisieren des Magnetikums aufgebracht wird. Die zusätzliche Energie $\frac{1}{2}\chi_m L_0 I^2$ wird also der Stromquelle durch Spannungsänderung zum Konstanthalten der Stroms entnommen und in der magnetischen Polarisation $\boldsymbol{J}$ gespeichert. Beim Hineinschieben des Magnetikums tritt Gegeninduktion auf, die den aktuell fließenden Strom verändern möchte. Dem muß die Quelle wiederum entgegenwirken, um den ursprünglichen Strom zu erhalten.

$$W_0 = \frac{\psi^2}{2L_0} \quad \Rightarrow \quad W_{1\Phi} = \frac{\psi^2}{2L_\mu} = \frac{\psi^2}{2\mu_r L_0} = \frac{W_0}{\mu_r} < W_0 .$$

Die Energie nimmt bei konstantem Fluß Φ um das μ_r-fache ab. Dazu können wir uns eine kurzgeschlossene Spule vorstellen, durch die anfangs der Strom I fließt. Die Differenzenergie $W_0(1-1/\mu_r) = W_0\chi_m/\mu_r$ wird durch die Lageänderung des Magnetikums bei der Polarisierung des Mediums aufgenommen und steht nach außen nicht zur Verfügung, solange sich das Magnetikum in der Spule befindet. I reduziert sich durch Induktion von $I_0 = \psi/L_0$ auf $I_\mu = I_0/\mu_r$, während L um μ_r wächst. Zieht man das Magnetikum wieder aus der Spule heraus, wird durch die Bewegung der ursprünglichen Strom wieder induziert. Da wegen des Kurzschlusses zu jedem Zeitpunkt:

$$u = \frac{\mathrm{d}\psi}{\mathrm{d}t} = 0 = L\frac{\mathrm{d}i}{\mathrm{d}t} + i\frac{\mathrm{d}L}{\mathrm{d}t}$$

kann hieraus bei gegebenem Verlauf von $L(t)$ $i(t)$ berechnet werden.

Aufgabe 4.3.1-2: Welche elektrische Energie W_e wird in der vorigen Aufgabe bei konstantem Strom I der Quelle entnommen? Wo bleibt die Differenzenergie? Welche elektrische Energie wird in Aufgabe 1.10.1-3 bei konstanter Spannung U der Quelle entnommen? Wo bleibt dort die Differenzenergie?

Für die Spule mit konstantem Strom I gilt:

$$W_e = \int ui\mathrm{d}t = I\int u\mathrm{d}t = I\Delta\psi = I(\psi_{1I} - \psi_0) = \chi_m \psi_0 I .$$

$$\Delta W_L = W_{1I} - W_0 = \tfrac{1}{2}\psi_{1I}I - \tfrac{1}{2}\psi_0 I = \tfrac{1}{2}I(\psi_{1I} - \psi_0) = \tfrac{1}{2}W_e.$$

Offenbar nimmt die Spule nur die Hälfte der von der Quelle abgegebenen elektrischen Energie W_e auf. Die andere Hälfte wird in mechanische Bewegungsenergie W_{mech} transformiert, denn die leere Spule zieht das Magnetikum mit einer Kraft $\boldsymbol{F}$ zu sich hin:

$$W_e = \Delta W_L + \int \boldsymbol{F}\cdot d\boldsymbol{s} = \Delta W_L + W_{mech} = \tfrac{1}{2}W_e + \tfrac{1}{2}W_e.$$

Für den Kondensator mit konstanter Spannung U gilt:

$$W_e = \int ui\,dt = U\int i\,dt = U\Delta Q = U(Q_{1U} - Q_0) = \chi_e Q_0 U.$$

$$\Delta W_C = W_{1U} - W_0 = \tfrac{1}{2}Q_{1U}U - \tfrac{1}{2}Q_0 U = \tfrac{1}{2}U(Q_{1U} - Q_0) = \tfrac{1}{2}W_e.$$

Offenbar nimmt der Kondensator ebenfalls nur die Hälfte der von der Quelle abgegebenen elektrischen Energie W_e auf. Die andere Hälfte wird in mechanische Bewegungsenergie W_{mech} transformiert, denn der leere Kondensator zieht das Dielektrikum mit einer Kraft $\boldsymbol{F}$ zu sich hin:

$$W_e = \Delta W_C + \int \boldsymbol{F}\cdot d\boldsymbol{s} = \Delta W_C + W_{mech} = \tfrac{1}{2}W_e + \tfrac{1}{2}W_e.$$

Aufgabe 4.3.1-3: Man vergleiche den in Aufgabe 3.9.4-1 berechneten Energieinhalt des gesamten magnetischen Kreises mit den einzelnen Energieinhalten der Induktivitäten L_1 und L_2. Welchen Wert hat die Differenzenergie ΔW_m und wie ist sie physikalisch zu erklären?

Die Induktivitäten L_1 und L_2 sind mit Aufgabe 4.2.1-3 und daraus deren Energieinhalte angebbar:

$$L_1 = N_1^2 \frac{\Lambda_1(\Lambda_2 + \Lambda_3)}{\Lambda_1 + \Lambda_2 + \Lambda_3} \quad \Rightarrow \quad W_{L1} = \frac{\Theta_1^2 \Lambda_1(\Lambda_2 + \Lambda_3)}{2(\Lambda_1 + \Lambda_2 + \Lambda_3)},$$

$$L_2 = N_2^2 \frac{\Lambda_2(\Lambda_1 + \Lambda_3)}{\Lambda_1 + \Lambda_2 + \Lambda_3} \quad \Rightarrow \quad W_{L2} = \frac{\Theta_2^2 \Lambda_2(\Lambda_1 + \Lambda_3)}{2(\Lambda_1 + \Lambda_2 + \Lambda_3)}.$$

Als Energiedifferenz zum Ergebnis der Aufgabe 3.9.4-1 ergibt sich

$$\Delta W_m = \frac{\Theta_1 \Lambda_1 \Theta_2 \Lambda_2}{\Lambda_1 + \Lambda_2 + \Lambda_3}.$$

Sie ist in der Gegeninduktivität zu vermuten, was später nachzuweisen ist.

Aufgabe 4.3.2-1: Aus sehr großer Entfernung werden entsprechend der Abbildung zwei Ferritringhälften um einen langen geraden gleichstromdurchflossenen Leiter gebracht. Um welchen Wert ΔW_m nimmt der magnetische Energieinhalt sowie der Fluß $\Delta\Phi$ des Gebiets, in dem sich diese dann befinden, zu?

$$dV = h2\pi r dr,$$

$$dA = h dr,$$

$$H_\varphi(r) = \frac{I}{2\pi r},$$

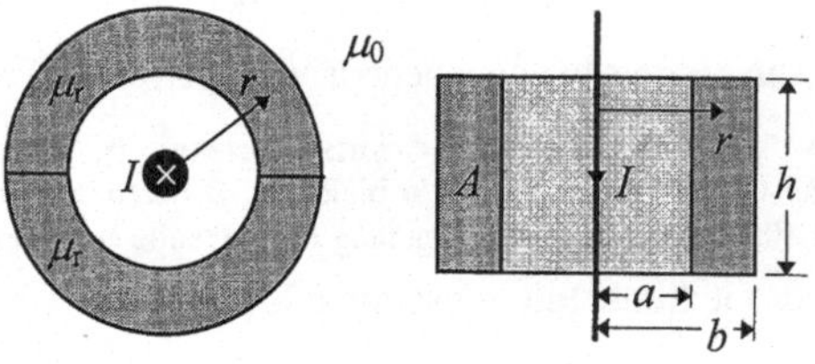

$$\Delta W_{\mathrm{m}} = W_{\mathrm{m1}} - W_{\mathrm{m0}} = \tfrac{1}{2}\mu_0\mu_{\mathrm{r}} \int_V H^2 \mathrm{d}V - \tfrac{1}{2}\mu_0 \int_V H^2 \mathrm{d}V =$$

$$= \frac{\mu_0}{2}(\mu_{\mathrm{r}} - 1)h2\pi \int_a^b \left(\frac{I}{2\pi r}\right)^2 r\mathrm{d}r = \frac{\mu_0}{4\pi}(\mu_{\mathrm{r}} - 1)I^2 h \ln\frac{b}{a}.$$

$$\Delta\Phi = \Phi_1 - \Phi_0 = \mu_0(\mu_{\mathrm{r}} - 1)\int_A H\mathrm{d}A = \mu_0(\mu_{\mathrm{r}} - 1)h\int_a^b \frac{I\mathrm{d}r}{2\pi r} = \frac{\mu_0}{2\pi}(\mu_{\mathrm{r}} - 1)Ih\ln\frac{b}{a}.$$

Aufgabe 4.3.2-2: Welche elektrische Energie wird in der vorigen Aufgabe der Quelle entnommen? Wo bleibt die Differenzenergie?

$$W_{\mathrm{e}} = \int ui\mathrm{d}t = I\int u\mathrm{d}t = I\Delta\Phi = \frac{\mu_0}{2\pi}(\mu_{\mathrm{r}} - 1)I^2 h \ln\frac{b}{a} = 2\Delta W_{\mathrm{m}}.$$

Der Ring nimmt wie in Aufgabe 4.3.1-2 nur die Hälfte der von der Quelle abgegebenen elektrischen Energie W_{e} auf. Die andere Hälfte wird in mechanische Bewegungsenergie W_{mech} transformiert; der Leiter zieht das Magnetikum mit einer Kraft $\boldsymbol{F}$ zu sich hin:

$$W_{\mathrm{e}} = \Delta W_{\mathrm{m}} + \int \boldsymbol{F}\cdot\mathrm{d}\boldsymbol{s} = \Delta W_{\mathrm{m}} + W_{\mathrm{mech}} = \tfrac{1}{2}W_{\mathrm{e}} + \tfrac{1}{2}W_{\mathrm{e}}.$$

Aufgabe 4.3.2-3: In Abb. 1.6-7 fließe parallel zur y-Achse durch $(x, y, z) = (1, 0, 0)$ ein Strom von $I = 3$ A. Man berechne mittels MATHCAD symbolisch und numerisch den Energieinhalt des Volumens unterhalb der schiefen Ebene bis zu den Koordinatenebenen. Welches Problem ergibt sich bei einem Strom auf der y-Achse?

Wir übernehmen die Integrationsgrenzen aus Aufgabe 1.10.2-4:

$$\frac{\mu_0 \cdot I^2}{2} \cdot \int_0^1 \int_0^{2\cdot(1-x)} \int_0^{1-x-\frac{y}{2}} \frac{1}{(x-1)^2 + z^2}\, dz\, dy\, dx$$ Symbolics Evaluate (MATHCAD6) $$\frac{\mu_0 \cdot I^2}{2} \cdot \left(-\ln(2) + \frac{1}{2}\cdot\pi\right)$$

Die numerische Auswertung ergibt:

$$\frac{\mu_0 \cdot I^2}{2} \cdot \int_0^1 \int_0^{2\cdot(1-x)} \int_0^{1-x-\frac{y}{2}} \frac{\mathrm{m}}{(x-1)^2 + z^2}\, dz\, dy\, dx = 4.963\cdot 10^{-6} \cdot \mathrm{W}\cdot\mathrm{s}$$

Bei einem Linienleiter im Integrationsgebiet oder auf dessen Rand divergiert ein Integral, da die Energie dann wg. $H \to \infty$ zum Leiter hin ebenfalls $\to \infty$ geht. Dies ist das gleiche Problem wie in der Elektrostatik bei Punkt- oder Linienladungen. Das Problem hat in der wahren Welt keine Bedeutung, da ein reiner Linienleiter wegen der verschwindenden Querschnittsfläche unendlichen Widerstand hätte und keinen Strom führen könnte.

Aufgabe 4.3.3-1: Man berechne die innere Induktivität des Zylinderleiters der Länge l aus der Feldenergie.

$$\mathrm{d}V = l2\pi r\mathrm{d}r, \qquad H_\varphi(r) = \frac{Ir}{2\pi a^2}$$

$$\Rightarrow \quad L_\mathrm{i} = \mu_0 l 2\pi \int_0^a \left(\frac{r}{2\pi a^2}\right)^2 r\mathrm{d}r = \frac{\mu_0 l}{2\pi a^4}\int_0^a r^3 \mathrm{d}r = \frac{\mu_0 l}{8\pi}.$$

Aufgabe 4.3.3-2: Man berechne die Induktivität des Kreises aus Aufgabe 3.6.4.3-3 exakt und genähert über die Feldenergie.

Exakt:

$$L = 2\mu\left(\frac{N}{2\pi}\right)^2 \int_{a-d/2}^{a+d/2} \frac{2\pi r}{r^2}\int_0^{z(r)} \mathrm{d}z\mathrm{d}r = \frac{\mu N^2}{\pi}\int_{a-d/2}^{a+d/2}\frac{1}{r}\sqrt{\frac{d^2}{4}-(r-a)^2}\,\mathrm{d}r.$$

Genähert:

$$\frac{1}{2}LI^2 \approx \frac{\mu}{2}H^2V \approx \frac{\mu}{2}\left(\frac{NI}{2\pi a}\right)^2 2\pi a\frac{\pi d^2}{4} = \mu\left(\frac{NI}{2a}\right)^2 a\frac{d^2}{4} \qquad \Rightarrow \quad L \approx \frac{N^2\mu d^2}{8a}.$$

Das Integral ist das gleiche wie in Aufgabe 3.6.4.3-3, mittels der Näherung ergibt sich die in Aufgabe 4.2.1-1 angegebene Induktivität.

Aufgabe 4.3.3-3: Der magnetische Kreis der vorigen Aufgabe habe nun unendliche Permeabilität und weise einen schmalen Luftspalt der Breite δ auf. Man berechne L über die Feldenergie.

Da es sich um einen schmalen Luftspalt handelt, genügt es mit der Näherung konstanter Feldstärke im Luftspalt zu arbeiten:

$$\frac{1}{2}LI^2 \approx \frac{\mu_0}{2}\left(\frac{NI}{\delta}\right)^2 \delta\frac{\pi d^2}{4} = \mu_0 (NI)^2\frac{\pi d^2}{8\delta} \qquad \Rightarrow \quad L \approx \frac{N^2\mu_0\pi d^2}{4\delta}.$$

Aufgabe 4.3.4-1: Welchen Leistungsverlust weist ein dm^3 AlNiCo 600 bei 50 Hz und voll durchfahrener Hystereseschleife näherungsweise auf.

Zur Verlustberechnung kann die Hysteresekurve als Rechteck durch $\pm B_\mathrm{r}$ und $\pm H_\mathrm{c}$ angenähert werden. Aus Tabelle 3.7-3 ergibt sich:

$$P_\mathrm{m} \approx f4B_\mathrm{r}H_\mathrm{c}V = 50\cdot 4\cdot 1{,}26\cdot 53\ \mathrm{W} = 13{,}365\ \mathrm{kW}.$$

Aufgabe 4.3.4-2: Man berechne die mittlere Wirbelstromverlustleistung P in der Ringkernspule nach Abb. 3.6-13 unter der Annahme homogener mittlerer Flußverteilung. Gegeben sind κ, μ, N, a, d, l und f.

$$B(t) = \frac{\mu N}{2\pi a}i(t) = \frac{4}{\pi d^2}\phi(t) \qquad \Rightarrow \quad \phi(t) = \frac{\mu N d^2}{8a}i(t) \qquad \Rightarrow \quad \hat{\phi} = \frac{\mu N d^2}{8a}\hat{i}.$$

Dies setzen wir mit $l = 2\pi a$ in die im Text hergeleitete Beziehung für die mittlere Verlustleistung 4.3-14 ein:

$$P = \frac{1}{4}\kappa 2\pi a\pi(\hat{\phi}f)^2 = \frac{\kappa}{a}\left(\frac{\pi f\mu N I d^2}{8}\right)^2.$$

***Aufgabe 4.3.4-3**: Eine Aluminiumscheibe entspr. Abb. 4.3-4 mit $l \to \infty$ werde überall vom Feld $B(t)$ mit einer Amplitude von 1 T normal durchsetzt. Man berechne die Wirbelstromverlustleistung pro Längeneinheit $p(t)/l$. Welche mittlere Wirbelstromverlustleistung pro Volumen p_V folgt für $f = 50$ Hz und $b = 1$ cm? Welcher Wert ergibt sich, wenn die Scheibe in b-Richtung in n gleichgroße isolierte Segmente unterteilt wird?

Entsprechend der Skizze wird sich nach der Rechte-Hand-Regel des elektrische Feld aus Symmetriegründen in der angegebenen Richtung ausbilden. Auf dem eingezeichneten Umlauf liefert das Induktionsgesetz:

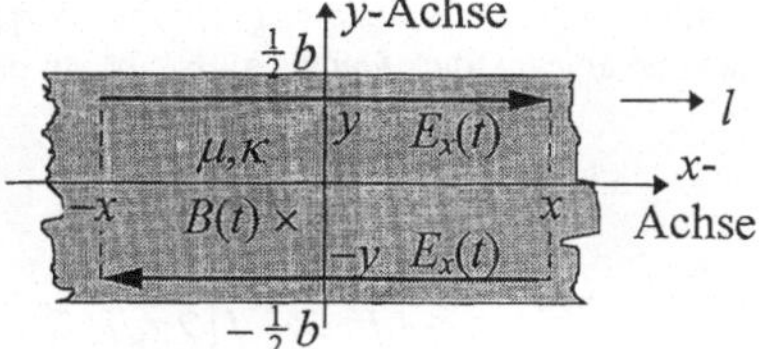

$$\oint_{\text{Umlauf}} \boldsymbol{E}\cdot \mathrm{d}\boldsymbol{s} = E_x 4x = -A_\mathrm{v}\frac{\mathrm{d}B}{\mathrm{d}t} = -4xy\frac{\mathrm{d}B}{\mathrm{d}t} \quad \Rightarrow \quad E_x = -y\frac{\mathrm{d}B}{\mathrm{d}t},$$

$$\frac{p(t)}{l} = \kappa \int_0^d \int_{-b/2}^{+b/2} E_x^2 \mathrm{d}y\mathrm{d}z = 2\kappa d(\frac{\mathrm{d}B}{\mathrm{d}t})^2 \int_0^{b/2} y^2 \mathrm{d}y = \kappa d(\frac{\mathrm{d}B}{\mathrm{d}t})^2 \frac{b^3}{12}.$$

$$p_V = \frac{P}{V} = \frac{P}{ldb} = \kappa_{\mathrm{Al}}\frac{(\hat{B}\omega b)^2}{24} = 14{,}681\frac{\mathrm{W}}{\mathrm{cm}^3}.$$

Bei Unterteilung in n Segmente sind die Grenzen über dy zu $\pm b/2n$ zu wählen und das Ergebnis mit n zu multiplizieren:

$$\frac{p(t)}{l} = n\kappa \int_0^d \int_{-b/2n}^{+b/2n} E_x^2 \mathrm{d}y\mathrm{d}z = 2n\kappa d(\frac{\mathrm{d}B}{\mathrm{d}t})^2 \int_0^{b/2n} y^2 \mathrm{d}y = \kappa d(\frac{\mathrm{d}B}{\mathrm{d}t})^2 \frac{b^3}{12n^2}.$$

Durch das Blechen in n Segmente nimmt die Verlustleistung also um den Faktor n^2 ab.

Aufgabe 4.3.5-1: Um welchen Faktor ändert sich der Druck p_m bei einen Luftspalt auf einen Magnetpol, wenn ein Magnetikum mit μ_r eingebracht wird? Dabei sei einmal der Fluß Φ, ein andermal die Durchflutung Θ konstant.

Bei konstantem Φ bleibt B konstant, und H und p_m nehmen um μ_r ab. Bei konstantem I, Θ ist bei hochpermeablen Polschuhen H konstant, Energie wird über eine Flußzunahme durch Polarisierungen zugeführt und der Druck nimmt um μ_r zu:

$$p_{\mathrm{m}0} = \frac{B^2}{2\mu_0} = \frac{\mu_0 H^2}{2},$$

$$p_{\mathrm{m}\mu\Phi} = \frac{B^2}{2\mu_0\mu_\mathrm{r}} = \frac{p_{\mathrm{m}0}}{\mu_\mathrm{r}} < p_{\mathrm{m}0}, \qquad p_{\mathrm{m}\mu\Theta} = \frac{\mu_\mathrm{r}\mu_0 H^2}{2} = \mu_\mathrm{r} p_{\mathrm{m}0} > p_{\mathrm{m}0}.$$

Aufgabe 4.3.5-2: Mit welcher Kraft pro Länge stoßen sich Hin- und Rückleiter zweier 3 kA-Starkstromleitungen mit 3 cm Durchmesser im Abstand von 1 m ab? Man berechne das Ergebnis direkt sowie über die Energie.

Aus der Grundformel der magnetischen Kraft bzw. der Energie ergibt sich:

$$\frac{F_\mathrm{m}}{l} = \mu_0\frac{I^2}{2\pi d} = 1{,}8\frac{\mathrm{N}}{\mathrm{m}}; \qquad F_\mathrm{m} = \frac{I^2}{2}\frac{\mathrm{d}L}{\mathrm{d}d} = \frac{I^2}{2}\frac{\mu_0 l}{4\pi}\frac{\mathrm{d}}{\mathrm{d}d}(1 + 4\ln\frac{d}{a}) = \frac{I^2}{2}\frac{\mu_0 l}{\pi d}.$$

Verglichen mit dem Ergebnis von Aufgabe 1.10.3-2 ist diese Kraft, die etwa zu dem Maximalstrom bei 400 kV gehört, ca. 14mal größer, aber immer noch deutlich geringer als das Eigengewicht der Leiter.

Aufgabe 4.3.5-3: Welche magnetische Energie hat ein Koaxialleiterstück mit $(a, b, c, l) = (1, 2, 2, 10)$ mm und einem Druck von $p_\mathrm{m} = 1\ \mathrm{N/cm^2}$ auf den Innenleiter gespeichert?

$$p_\mathrm{m} = \tfrac{1}{2}\mu_0 H_\mathrm{i}^2 \qquad \Rightarrow$$

$$W_\mathrm{m} = \frac{1}{2}LI^2 = \frac{1}{2}L(2\pi a H_\mathrm{i})^2 = L\frac{p_\mathrm{m}(2\pi a)^2}{\mu_0} = 2\pi a^2 l p_\mathrm{m}(\frac{1}{4} + \ln\frac{b}{a}) = 593\ \mu\mathrm{Ws}.$$

Aufgabe 4.3.6.1-1: Welche Ankermasse m könnte der streufreie Magnet nach Abb. 3.9.3 anheben?

$$G = mg = 2A\frac{B^2}{2\mu_0} \qquad \Rightarrow \qquad m = \frac{B^2 A}{g\mu_0} = \frac{1{,}32^2 \cdot 0{,}01}{9{,}807 \cdot 4\pi 10^{-7}}\,\mathrm{kg} = 1414\,\mathrm{kg}.$$

Aufgabe 4.3.6.1-2: Wieweit müßte der Magnet nach Abb. 3.9.4 mit $(x_1, x_2, x_3, z) = (1, 4, 2, 5)$ cm und $(\Theta_1, \Theta_2) = (100, 200)$ A dem Anker der Masse $m = 360$ g genähert werden, um diesen anzuheben?

Wir verwenden die in Aufgabe 3.9.4-1 berechnete Energieformel unter Berücksichtigung, daß die magnetischen Leitwerte $\Lambda_i = \mu_0 x_i z/\delta$ im wesentlichen durch die Luftspalte der Breite δ bestimmt werden, deren Wert den gesuchten Abstand darstellt. Wir vereinfachen:

$$W_\mathrm{m} = \frac{(\Theta_1 + \Theta_2)^2 \Lambda_1\Lambda_2 + (\Theta_1^2\Lambda_1 + \Theta_2^2\Lambda_2)\Lambda_3}{2(\Lambda_1 + \Lambda_2 + \Lambda_3)} = mg\delta.$$

Die Auflösung nach δ bewerkstelligt MATHCAD:

$x := (1\ 4\ 2)^T \cdot \mathrm{cm} \qquad z := 5 \cdot \mathrm{cm} \qquad \Theta := (1\ 2)^T \cdot 100 \cdot \mathrm{A} \qquad m := 360 \cdot \mathrm{gm} \qquad g_0 := 9.807 \cdot \frac{\mathrm{m}}{\mathrm{s}^2}$

$$\delta := \sqrt{\frac{\mu_0 \cdot z}{m \cdot g_0} \cdot \frac{(\sum\Theta)^2 \cdot x_1 \cdot x_2 + \left[(\Theta_1)^2 \cdot x_1 + (\Theta_2)^2 \cdot x_2\right] \cdot x_3}{2 \cdot \sum x}} \qquad \delta = 2.983 \cdot \mathrm{mm}$$

Zur Aufsummierung der Vektorelemente verwende man das Vektorsummensymbol / Strg 4.

Aufgabe 4.3.6.1-3: Man ersetze in Abb. 1.9-11b) ε_1 durch μ_1 und ε_2 durch μ_2 und schließe die Koaxialzylinder an den Enden kurz. Welcher Druck $p_\mathrm{m}(r)$ herrscht an der Grenzfläche bei gegebenem Strom I?

$$H_1(r)\pi r + H_2(r)\pi r = I = B(r)\pi r(\frac{1}{\mu_1} + \frac{1}{\mu_2}) \qquad \Rightarrow \qquad p_\mathrm{m}(r) = \frac{I^2(\frac{1}{\mu_1} - \frac{1}{\mu_2})}{2\left(\pi r(\frac{1}{\mu_1} + \frac{1}{\mu_2})\right)^2}.$$

Aufgabe 4.3.6.2-1: Man ersetze in Abb. 1.9-11a) ε_1 durch $\mu_1 = 100\mu_0$, ε_2 durch $\mu_2 = 50\mu_0$ und schließe die Koaxialzylinder an den Enden kurz. Welcher Strom I fließt, wenn der Druck auf die Trennfläche der Permeabilitäten $p_\mathrm{m} = 1\ \mathrm{mN/m^2}$ beträgt?

$$H(r_1) = \frac{I}{2\pi r_1}; \qquad p_\mathrm{m} = \frac{H^2(r_1)}{2}(\mu_1 - \mu_2) \quad \Rightarrow \quad I = 2\pi r_1\sqrt{\frac{2p_\mathrm{m}}{\mu_1 - \mu_2}} = 709\,\mathrm{mA}.$$

Aufgabe 4.3.6.2-2: Ein magnetisches Feld der Stärke $H_0 = 1$ A/m treffe aus dem Freiraum unter dem Winkel $\alpha = 60°$ zur Oberfläche auf ein Medium der relativen Permeabilität $\mu_\mathrm{r} = 2$. Man berechne den Druck p_m auf die Grenzfläche.

Das Feld läßt sich in einen Normal- und Tangentialanteil zerlegen. Beide gehorchen den Brechungsgesetzen und existieren in Luft und im Medium, so daß vier Energiedichteanteile zu berücksichtigen sind, die die Grenzfläche zum Freiraum hinziehen:

$$p_{\mathrm{m}} = p_{\mathrm{mn}} + p_{\mathrm{mt}} = \varpi_{\mathrm{mn0}} - \varpi_{\mathrm{mn}\mu} + \varpi_{\mathrm{mt}\mu} - \varpi_{\mathrm{mt0}} = \frac{B_{\mathrm{n}}^2}{2}(\frac{1}{\mu_0} - \frac{1}{\mu}) + \frac{H_{\mathrm{t}}^2}{2}(\mu - \mu_0).$$

Mit $\alpha = 60°$ und $B_{\mathrm{n}} = B\sin\alpha = \mu_0 H_0 \sin\alpha$ und $H_{\mathrm{t}} = H_0\cos\alpha$ folgt:

$$p_{\mathrm{m}} = \frac{H_0^2}{2}\left(\frac{\mu_0^2(1-1/\mu_{\mathrm{r}})}{\mu_0}\sin^2\alpha + \mu_0(\mu_{\mathrm{r}}-1)\cos^2\alpha\right) =$$

$$= \frac{\mu_0 H_0^2}{2}\left((1-\frac{1}{\mu_{\mathrm{r}}})\sin^2\alpha + (\mu_{\mathrm{r}}-1)\cos^2\alpha\right) = 393\frac{\mathrm{nN}}{\mathrm{m}^2}.$$

Aufgabe 4.3.6.2-3: Das Magnetfeld beiderseits einer Grenzfläche sei vektoriell zu $\boldsymbol{H}_1$ und $\boldsymbol{H}_2$ bekannt. Man bestimme den Druck p_{m} auf die Grenzfläche in Abhängigkeit von $\boldsymbol{H}_1$, $\boldsymbol{H}_2$, μ_1 und μ_2.

$$p_{\mathrm{m}} = \frac{B_{\mathrm{n}}^2}{2}(\frac{1}{\mu_1} - \frac{1}{\mu_2}) + \frac{H_{\mathrm{t}}^2}{2}(\mu_2 - \mu_1) = \frac{\mu_1 H_{\mathrm{n1}}\mu_2 H_{\mathrm{n2}}}{2}(\frac{1}{\mu_1} - \frac{1}{\mu_2}) + \frac{H_{\mathrm{t}}^2}{2}(\mu_2 - \mu_1) =$$

$$= \tfrac{1}{2} H_{\mathrm{n1}} H_{\mathrm{n2}}(\mu_2 - \mu_1) + \tfrac{1}{2} H_{\mathrm{t}}^2(\mu_2 - \mu_1) = \tfrac{1}{2}\boldsymbol{H}_1 \cdot \boldsymbol{H}_2(\mu_2 - \mu_1).$$

***Aufgabe 4.3.6.2-4**: Man leite die Kraftformel bei Parallelschichtung aus der Induktivitätsänderung ab.

Wir denken uns die Induktivität als hochpermeablen magnetischen Kreis mit Luftspalt realisiert, in den wir das parallelgeschichtete Magnetikum einbringen. Die Gesamtinduktivität ergibt sich in diesem Fall gemäß Gl. 4.2-19:

$$L = \frac{N^2 b}{d}(\mu_1(a-x) + \mu_2 x).$$

Bei konstantem Fluß Φ:

$$F_{\mathrm{m}}\Big|_{\Phi} = -\frac{\mathrm{d}W_L}{\mathrm{d}x} = -\frac{\mathrm{d}}{\mathrm{d}x}\frac{\psi^2}{2L} = -\frac{N^2\Phi^2 d}{2N^2 b}\frac{\mathrm{d}}{\mathrm{d}x}\frac{1}{\mu_1(a-x)+\mu_2 x}.$$

Dies ist der gleiche Ausdruck, der bei der Ableitung der Feldstärke in Gl. 4.3-28 entsteht.

Bei konstantem Strom I:

$$F_{\mathrm{m}}\Big|_I = \frac{\mathrm{d}W_L}{\mathrm{d}x} = \frac{1}{2}I^2\frac{\mathrm{d}L}{\mathrm{d}x} = \frac{1}{2}I^2\frac{N^2 b}{d}(\mu_2 - \mu_1) = \frac{H^2 bd}{2}(\mu_2 - \mu_1).$$

Aufgabe 4.4.2-1: Man leite die komplexen Transformatorgleichungen des verlustbehafteten Transformators aus den reellen her.

$$u = \Re\{\sqrt{2}\underline{U}\mathrm{e}^{\mathrm{j}\omega t}\} = \sqrt{2}\Re\{\underline{U}\mathrm{e}^{\mathrm{j}\omega t}\}, \qquad i = \Re\{\sqrt{2}\underline{I}\mathrm{e}^{\mathrm{j}\omega t}\} = \sqrt{2}\Re\{\underline{I}\mathrm{e}^{\mathrm{j}\omega t}\}.$$

$$u_1 = R_{\mathrm{Cu1}}i_1 + L_1\frac{\mathrm{d}i_1}{\mathrm{d}t} + M\frac{\mathrm{d}i_2}{\mathrm{d}t} = R_{\mathrm{Cu1}}i_1 + \frac{\mathrm{d}L_1 i_1}{\mathrm{d}t} + \frac{\mathrm{d}Mi_2}{\mathrm{d}t} =$$

$$= \sqrt{2}\Re\{\underline{U}_1 e^{j\omega t}\} = \sqrt{2}(\Re\{R_{Cu1}\underline{I}_1 e^{j\omega t}\} + \frac{d}{dt}\Re\{L_1\underline{I}_1 e^{j\omega t}\} + \frac{d}{dt}\Re\{M\underline{I}_2 e^{j\omega t}\})$$

$$\Rightarrow \quad \Re\{\underline{U}_1 e^{j\omega t}\} = \Re\{R_{Cu1}\underline{I}_1 e^{j\omega t}\} + \Re\{L_1\underline{I}_1 \frac{d}{dt} e^{j\omega t}\} + \Re\{M\underline{I}_2 \frac{d}{dt} e^{j\omega t}\} =$$

$$= \Re\{R_{Cu1}\underline{I}_1 e^{j\omega t} + L_1\underline{I}_1 j\omega e^{j\omega t} + M\underline{I}_2 j\omega e^{j\omega t}\}$$

$$\Rightarrow \quad \underline{U}_1 e^{j\omega t} = (R_{Cu1}\underline{I}_1 + j\omega L_1\underline{I}_1 + j\omega M\underline{I}_2)e^{j\omega t}$$

$$\Rightarrow \quad \underline{U}_1 = R_{Cu1}\underline{I}_1 + j\omega L_1\underline{I}_1 + j\omega M\underline{I}_2; \qquad \text{analog für } u_2 \Rightarrow \underline{U}_2.$$

Aufgabe 4.4.2-2: Man stelle die reellen Transformatorgleichungen für den verlustlosen Transformator in der Abbildung auf.

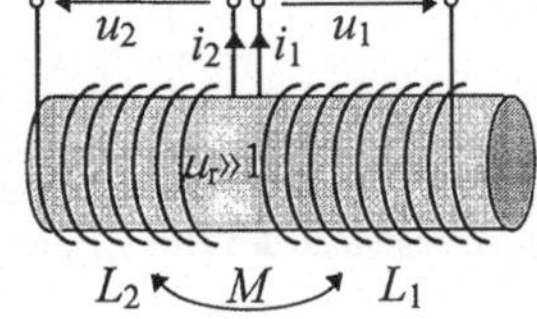

Gegenüber der Standarddarstellung sind u_1, u_2 und Spule 2 umgedreht, so daß mit $M < 0$:

$$-u_1 = L_1\frac{di_1}{dt} + M\frac{di_2}{dt}, \qquad -u_2 = M\frac{di_1}{dt} + L_2\frac{di_2}{dt}.$$

Aufgabe 4.4.2-3: Man forme die Gleichungen für den verlustlosen Transformator so um, daß sich aus ihnen bei gegebenen Spannungen u_1 und u_2 die Ströme i_1 und i_2 berechnen lassen.

$$\begin{pmatrix} i_1 \\ i_2 \end{pmatrix} = \begin{pmatrix} L_1 & M \\ M & L_2 \end{pmatrix}^{-1} \cdot \int \begin{pmatrix} u_1 \\ u_2 \end{pmatrix} dt = \frac{1}{L_1L_2 - M^2}\begin{pmatrix} L_2 & -M \\ -M & L_1 \end{pmatrix} \cdot \int \begin{pmatrix} u_1 \\ u_2 \end{pmatrix} dt.$$

Aufgabe 4.4.3-1: Welche Wirk- und Blindleistung wird für (L_1, L_2, M) = (50, 20, 30) mH bei Netzspeisung in den mit R_2 = 100 Ω abgeschlossenen Transformator eingespeist?

$$\underline{S}_1 = \frac{\underline{S}_1}{\underline{S}_2}\underline{S}_2 = \left(1 + \frac{j}{k^2}(\frac{R_2}{\omega L_2} + \frac{\omega\sigma L_2}{R_2})\right)\left(U_1\frac{M}{L_1}\right)^2 \frac{R_2}{R_2^2 + (\omega\sigma L_2)^2} =$$

$$= \left(U_1\frac{M}{L_1}\right)^2 \frac{R_2}{R_2^2 + (\omega\sigma L_2)^2} + \frac{jU_1^2}{\omega L_1}\frac{R_2^2 + \sigma(\omega L_2)^2}{R_2^2 + (\omega\sigma L_2)^2} = 190{,}4\,\text{W} + \text{j}3369\,\text{var}.$$

***Aufgabe 4.4.3-2**: Man bestimme L_1, L_2 und M als Funktion von ω, σ, $ü$, $\underline{Z}_1$ und $\underline{Z}_2$.

$$ü = \sqrt{\frac{L_1}{L_2}} \qquad \Rightarrow \quad L_1 = ü^2 L_2, \qquad \text{setze: } p = j\omega$$

$$\underline{Z}_1 = pL_1\frac{\underline{Z}_2 + p\sigma L_2}{\underline{Z}_2 + pL_2} \qquad \Rightarrow \quad \sigma ü^2 p^2 L_2^2 + pL_2(ü^2\underline{Z}_2 - \underline{Z}_1) - \underline{Z}_1\underline{Z}_2 = 0$$

$$\Rightarrow \quad p^2 L_2^2 + pL_2\frac{ü^2\underline{Z}_2 - \underline{Z}_1}{\sigma ü^2} - \frac{\underline{Z}_1\underline{Z}_2}{\sigma ü^2} = 0.$$

$$\Rightarrow \quad j\omega L_2 = \frac{\underline{Z}_1 - ü^2\underline{Z}_2}{2\sigma ü^2} + \sqrt{\left(\frac{\underline{Z}_1 - ü^2\underline{Z}_2}{2\sigma ü^2}\right)^2 + \frac{\underline{Z}_1\underline{Z}_2}{\sigma ü^2}},$$

$$\Rightarrow \quad \mathrm{j}\omega L_1 = \ddot{u}^2 \mathrm{j}\omega L_2 = \frac{\underline{Z}_1 - \ddot{u}^2 \underline{Z}_2}{2\sigma} + \sqrt{\left(\frac{\underline{Z}_1 - \ddot{u}^2 \underline{Z}_2}{2\sigma}\right)^2 + \frac{\underline{Z}_1 \underline{Z}_2 \ddot{u}^2}{\sigma}},$$

$$M = k\sqrt{L_1 L_2} = \sqrt{1-\sigma}\,\ddot{u} L_2$$

$$\Rightarrow \quad \mathrm{j}\omega M = \sqrt{1-\sigma}\left[\frac{\underline{Z}_1 - \ddot{u}^2 \underline{Z}_2}{2\sigma\ddot{u}} + \sqrt{\left(\frac{\underline{Z}_1 - \ddot{u}^2 \underline{Z}_2}{2\sigma\ddot{u}}\right)^2 + \frac{\underline{Z}_1 \underline{Z}_2}{\sigma}}\right].$$

Aufgabe 4.4.3-3: Welchen Grenzwerten streben in der vorigen Aufgabe L_1, L_2 und M für $\sigma \to 0$ zu?

Für $\sigma = 0$ entfällt der quadratische Term der quadratischen Gleichung:

$$pL_2(\ddot{u}^2\underline{Z}_2 - \underline{Z}_1) - \underline{Z}_1\underline{Z}_2 = 0 \qquad \Rightarrow \quad \mathrm{j}\omega L_2 = \frac{\underline{Z}_1 \underline{Z}_2}{\ddot{u}^2 \underline{Z}_2 - \underline{Z}_1} = \frac{1}{\frac{\ddot{u}^2}{\underline{Z}_1} - \frac{1}{\underline{Z}_2}}$$

$$\Rightarrow \quad \mathrm{j}\omega L_1 = \ddot{u}^2 \mathrm{j}\omega L_2 = \frac{1}{\frac{1}{\underline{Z}_1} - \frac{1}{\ddot{u}^2 \underline{Z}_2}}, \qquad \mathrm{j}\omega M = \ddot{u}\mathrm{j}\omega L_2 = \frac{1}{\frac{\ddot{u}}{\underline{Z}_1} - \frac{1}{\ddot{u}\underline{Z}_2}}.$$

Aufgabe 4.4.4-1: Ein idealer Transformator mit $N_1 = 100$ und $N_2 = 5$ wird an die Netzwechselspannung angeschlossen. Man bestimme $i_1(t)$, $i_2(t)$ und $\phi(t)$ für $R_2 = 0$, $100\ \Omega$ und ∞.

$$i_1 = \frac{u_1}{R_1} = \frac{u_1}{\ddot{u}^2 R_2} = \frac{230\sqrt{2}\,\mathrm{V}}{\ddot{u}^2 R_2}\cos 100\pi\frac{t}{\mathrm{s}}, \qquad i_2 = -\ddot{u} i_1 = -\frac{230\sqrt{2}\,\mathrm{V}}{\ddot{u} R_2}\cos 100\pi\frac{t}{\mathrm{s}},$$

$$\phi = \frac{1}{N_1}\int u_1 \mathrm{d}t = \frac{230\sqrt{2}\,\mathrm{V}}{100}\sin 100\pi\frac{t}{\mathrm{s}} = 3{,}25\,\mathrm{Wb}\cdot\sin 100\pi\frac{t}{\mathrm{s}}.$$

Fallunterscheidungen:

$R_2 = 0$: wie im Folgeabschnitt im Text diskutiert, sind die Formeln hierfür irrelevant.

$R_2 = 100\ \Omega$: ϕ ändert sich nicht.

$$i_1 = \frac{230\sqrt{2}\,\mathrm{V}}{20^2 \cdot 100\,\Omega}\cos 100\pi\frac{t}{\mathrm{s}} = 8{,}13\,\mathrm{mA}\cdot\cos 100\pi\frac{t}{\mathrm{s}},$$

$$i_2 = -20\, i_1 = -163\,\mathrm{mA}\cdot\cos 100\pi\frac{t}{\mathrm{s}}.$$

$R_2 = \infty$: ϕ ändert sich nicht, $i_1 = i_2 = 0$.

Aufgabe 4.4.4-2: Man gebe die vier Kenngrößen für den quasi idealen Transformator bei endlicher Induktivität L_1 an und bestimme hieraus die Kenngrößen für den idealen Transformator mit $L_1 \to \infty$.

Für endliches L_1 gilt mit $k = 1$, $\sigma = 0$ aus Gln. 11 - 14:

Spannungsübersetzungsverhältnis: $\dfrac{\underline{U}_1}{\underline{U}_2} = \ddot{u} = \dfrac{u_1}{u_2}$: unabhängig von L_1.

Stromübersetzungsverhältnis: $\dfrac{\underline{I}_1}{\underline{I}_2} = -\dfrac{1}{\ddot{u}}(1 + \dfrac{\ddot{u}^2 \underline{Z}_2}{\mathrm{j}\omega L_1})\Big|_{L_1 \to \infty} = -\dfrac{1}{\ddot{u}}$.

Eingangsimpedanz: $\underline{Z}_1 = \dfrac{\mathrm{j}\omega L_1 \underline{Z}_2}{\underline{Z}_2 + \mathrm{j}\omega L_2} = \dfrac{\ddot{u}^2 \underline{Z}_2}{1 + \ddot{u}^2 \underline{Z}_2 / \mathrm{j}\omega L_1} = \mathrm{j}\omega L_1 \parallel \ddot{u}^2 \underline{Z}_2 \Big|_{L_1 \to \infty} = \ddot{u}^2 \underline{Z}_2$.

Leistungsübersetzungsverhältnis $\dfrac{\underline{S}_1}{\underline{S}_2} = -1 - \mathrm{j}\dfrac{\ddot{u}^2 \underline{Z}_2^*}{\omega L_1}\Big|_{L_1 \to \infty} = -1$.

Aufgabe 4.4.4-3: Ein Verstärker mit dem Innenwiderstand R_i = 1,6 kΩ soll mittels eines idealen Übertragers an die R_2 = 4 Ω-Impedanz eines Lautsprechers angepaßt werden. Wie ist $\ddot{u}$ zu wählen und um welchen Faktor erhöht sich die dem Lautsprecher zugeführte Wirkleistung?

$$\ddot{u}^2 R_2 \overset{!}{=} R_i \quad \Rightarrow \quad \ddot{u} = \sqrt{\frac{R_i}{R_2}} = 20.$$

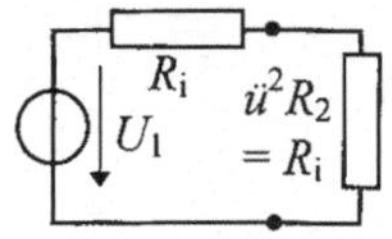

$$\frac{P_{2\ddot{u}}}{P_2} = \frac{U_1^2}{4R_i}\frac{(R_i + R_2)^2}{U_1^2 R_2} = \frac{(R_i + R_2)^2}{4R_i R_2} \approx \frac{R_i}{4R_2} = \frac{\ddot{u}^2}{4} = 100.$$

Aufgabe 4.4.5-1: Welche Wirk- und Blindleistung wird bei gegebener Spannung U_1 in den leerlaufenden bzw. kurzgeschlossenen Transformator eingespeist?

Sekundärseitiger Leerlauf: $\underline{S}_{1L} = \underline{U}_1 \underline{I}_{1L}^* = P_{1L} + \mathrm{j}Q_{1L} = 0 + \mathrm{j}\dfrac{U_1^2}{\omega L_1}$.

Sekundärseitiger Kurzschluß: $\underline{S}_{1K} = \underline{U}_1 \underline{I}_{1K}^* = P_{1K} + \mathrm{j}Q_{1K} = 0 + \mathrm{j}\dfrac{U_1^2}{\omega\sigma L_1}$.

Aufgabe 4.4.5-2: Man bestimme für gegebene $\underline{U}_1$, N_1 und σ die komplexen Effektivwerte aller Flüsse $\underline{\Phi}_1$, $\underline{\Phi}_2$, $\underline{\Phi}_{11}$, $\underline{\Phi}_{12}$, $\underline{\Phi}_{21}$, $\underline{\Phi}_{22}$, $\underline{\Phi}_{\sigma 1}$ und $\underline{\Phi}_{\sigma 2}$ im sekundärseitigen Kurzschlußfall.

$$\underline{U}_1 = \mathrm{j}\omega N_1 \underline{\Phi}_1 = \mathrm{j}\omega N_1(\underline{\Phi}_{11} + \underline{\Phi}_{12}) = \mathrm{j}\omega N_1(\underline{\Phi}_{11} + k\underline{\Phi}_{22}) \quad \Rightarrow \quad \underline{\Phi}_1 = \frac{\underline{U}_1}{\mathrm{j}\omega N_1}.$$

$$\underline{U}_2 = 0 = \mathrm{j}\omega N_2 \underline{\Phi}_2 = \mathrm{j}\omega N_2(\underline{\Phi}_{21} + \underline{\Phi}_{22}) = \mathrm{j}\omega N_2(k\underline{\Phi}_{11} + \underline{\Phi}_{22}) \quad \Rightarrow \quad \underline{\Phi}_2 = 0.$$

$$\Rightarrow \quad \underline{\Phi}_{22} = -k\underline{\Phi}_{11} \qquad \Rightarrow \quad \underline{U}_1 = \mathrm{j}\omega N_1(1 - k^2)\underline{\Phi}_{11},$$

$$\Rightarrow \quad \underline{\Phi}_{11} = \frac{\underline{U}_1}{\mathrm{j}\omega N_1}\frac{1}{\sigma}, \qquad \Rightarrow \quad \underline{\Phi}_{22} = -\frac{\underline{U}_1}{\mathrm{j}\omega N_1}\frac{k}{\sigma} = -\frac{\underline{U}_1}{\mathrm{j}\omega N_1}\frac{\sqrt{1-\sigma}}{\sigma},$$

$$\underline{\Phi}_{12} = \underline{\Phi}_1 - \underline{\Phi}_{11} = \frac{\underline{U}_1}{\mathrm{j}\omega N_1}(1 - \frac{1}{\sigma}), \qquad \underline{\Phi}_{21} = -\underline{\Phi}_{22} = \frac{\underline{U}_1}{\mathrm{j}\omega N_1}\frac{\sqrt{1-\sigma}}{\sigma},$$

$$\underline{\Phi}_{\sigma 1} = \underline{\Phi}_{11} - \underline{\Phi}_{21} = \frac{\underline{U}_1}{\mathrm{j}\omega N_1}\frac{1-\sqrt{1-\sigma}}{\sigma}, \underline{\Phi}_{\sigma 2} = \underline{\Phi}_{22} - \underline{\Phi}_{12} = \frac{\underline{U}_1}{\mathrm{j}\omega N_1}\frac{1-\sigma-\sqrt{1-\sigma}}{\sigma}.$$

Aufgabe 4.4.5-3: Auf die äußeren Schenkel eines M85-Profils nach Abb. 3.9-5 mit μ_r = 1000 werden Spulen von (N_1, N_2) = (100, 500) Windungen aufgebracht. Welche Spannung U_{2L} stellt sich bei Netzspeisung der Primärseite ein?

$$\frac{U_1}{U_{2L}} = \frac{1}{k}\sqrt{\frac{L_1}{L_2}} \quad \Rightarrow \quad U_{2L} = U_1 k \frac{N_2}{N_1}.$$

Der Kopplungsfaktor k ergibt sich aus dem Fluß ϕ_{31} durch den mittleren Schenkel:

$$\frac{1}{k} = \frac{\phi_{11}}{\phi_{21}} = \frac{\phi_{21}+\phi_{31}}{\phi_{21}} = 1 + \frac{\phi_{31}}{\phi_{21}} = 1 + \frac{\Lambda_3 V_{m21}}{\Lambda_2 V_{m21}} = 1 + \frac{R_{m2}}{R_{m3}} =$$

$$= 1 + \frac{\dfrac{2c+e+f+2g}{\mu c}}{\dfrac{c+e-d}{\mu f} + \dfrac{d}{\mu_0 f}} = 1 + \frac{f(2c+e+f+2g)}{c(c+e-d+\mu_r d)}$$

$$\Rightarrow \quad k = 0{,}88 \qquad \Rightarrow \qquad U_{2L} = 1012\ \mathrm{V}.$$

Aufgabe 4.4.6-1: Man schalte in Abb. 4.4-6 die Kupferverlustwiderstände R_{Cu} in Reihe zu den Längsinduktivitäten und stelle die zugehörigen Transformatorgleichungen auf.

Aus dem rechten Ersatzschaltbild lesen wir ab:

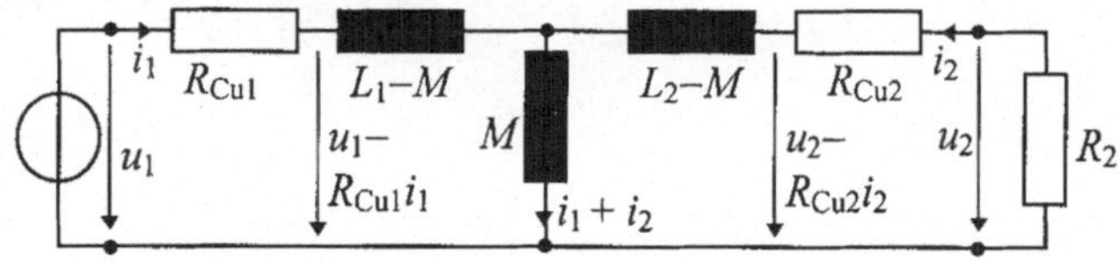

$$u_1 - R_{\mathrm{Cu1}} i_1 = (L_1 - M)\frac{\mathrm{d}i_1}{\mathrm{d}t} + M(\frac{\mathrm{d}i_1}{\mathrm{d}t} + \frac{\mathrm{d}i_2}{\mathrm{d}t}) \quad \Rightarrow \quad u_1 = R_{\mathrm{Cu1}} i_1 + L_1\frac{\mathrm{d}i_1}{\mathrm{d}t} + M\frac{\mathrm{d}i_2}{\mathrm{d}t},$$

$$u_2 - R_{\mathrm{Cu2}} i_2 = (L_2 - M)\frac{\mathrm{d}i_2}{\mathrm{d}t} + M(\frac{\mathrm{d}i_1}{\mathrm{d}t} + \frac{\mathrm{d}i_2}{\mathrm{d}t}) \quad \Rightarrow u_2 = M\frac{\mathrm{d}i_1}{\mathrm{d}t} + R_{\mathrm{Cu2}} i_2 + L_2\frac{\mathrm{d}i_2}{\mathrm{d}t}.$$

Aufgabe 4.4.6-2: Ein in der Nachrichtentechnik verbreitetes Ersatzschaltbild des Übertragers ist in der Abbildung dargestellt. Man bestimme den Zusammenhang von L_A und L_B mit L_1 und σ und diskutiere die Wirksamkeit von L_A und L_B bei niederohmiger Last und tiefen, mittleren und hohen Frequenzen.

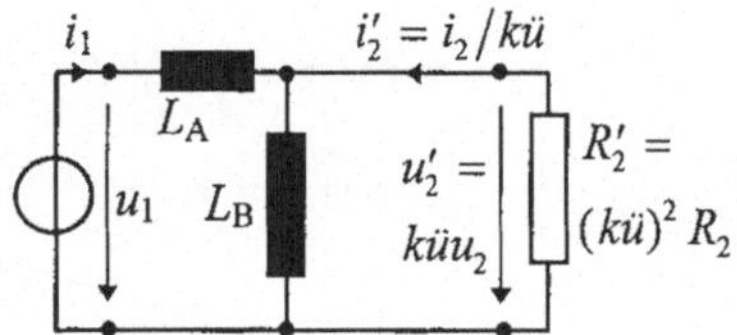

Gemäß dem rechten Ersatzschaltbild transformieren wir die sekundärseitigen Größen zur Primärseite:

$$u_1 = L_A\frac{\mathrm{d}i_1}{\mathrm{d}t} + L_B\frac{\mathrm{d}(i_1 + i_2/k\ddot{u})}{\mathrm{d}t} = \underbrace{(L_A + L_B)}_{L_1}\frac{\mathrm{d}i_1}{\mathrm{d}t} + \underbrace{\frac{L_B}{k\ddot{u}}}_{M}\frac{\mathrm{d}i_2}{\mathrm{d}t}$$

$$\Rightarrow \quad L_B = k\ddot{u}M = \sqrt{\frac{L_1}{L_2}}k^2\sqrt{L_1L_2} = k^2L_1 = (1-\sigma)L_1, \qquad L_A = L_1 - L_B = \sigma L_1.$$

Da bereits beide Größen bekannt sind, dient die Auswertung der zweiten Transformatorgleichung nur nach als Überprüfung der Konsistenz der Aufgabenstellung:

$$k\ddot{u}u_2 = L_B\frac{\mathrm{d}(i_1 + i_2/k\ddot{u})}{\mathrm{d}t} \qquad \Rightarrow \quad u_2 = \underbrace{\frac{L_B}{k\ddot{u}}}_{M}\frac{\mathrm{d}i_1}{\mathrm{d}t} + \underbrace{\frac{L_B}{(k\ddot{u})^2}}_{L_2}\frac{\mathrm{d}i_2}{\mathrm{d}t}.$$

In der praktischen Anwendung ist bei niederohmiger Beschaltung bei tiefen und mittleren Frequenzen nur $L_A = \sigma L_1$ bedeutungslos, bei mittleren und hohen Frequenzen $L_B = (1-\sigma)L_1$.

***Aufgabe 4.4.6-3**: Man stelle die Zeigerdiagramme aller Strom- und Spannungseffektivwerte bei $\underline{U}_1$ = j230 V/50 Hz in Abb. 4.4.8c) mittels MATHCAD dar. Dabei seien $(L_1, L_2, M) = (100, 20, 30)$ mH, $(R_{Cu1}, R_{Cu2}, R_{Fe}, \underline{Z}_2) = (1, 1, 100, 10+\mathrm{j}5)\ \Omega$.

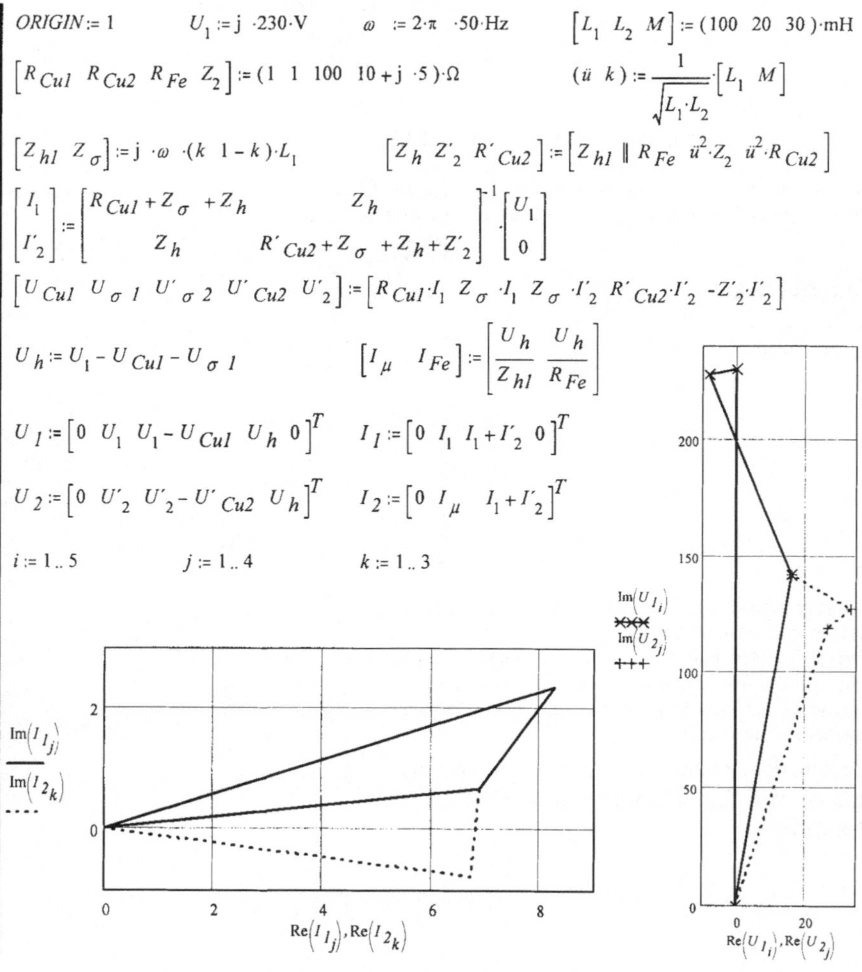

Aufgabe 4.4.7-1: Man berechne u_1/u_2 für zwei elektrisch in Reihe geschaltete Spulen in Abhängigkeit von k und $ü$. Wie vereinfacht sich das Ergebnis für $k = -1$, 0 und 1?

$$\frac{u_1}{u_2} = \frac{L_1 + M}{M + L_2} = \frac{L_1 + kL_1/ü}{kL_1/ü + L_1/ü^2} = ü\frac{ü + k}{kü + 1}.$$

$$\left.\frac{u_1}{u_2}\right|_{k=-1} = -ü, \qquad \left.\frac{u_1}{u_2}\right|_{k=0} = ü^2, \qquad \left.\frac{u_1}{u_2}\right|_{k=1} = ü.$$

Aufgabe 4.4.7-2: Man berechne die Gesamtinduktivität L sowie i_1/i_2 zweier elektrisch parallelgeschalteter Spulen in Abhängigkeit von L_1, k und $ü$. Wie vereinfachen sich die Ergebnisse für $k = -1$, 0 und 1? Welche Probleme treten bei den Extremwerten auf?

Bei Parallelschaltung gilt $u = u_1 = u_2$ und $i = i_1 + i_2$. Aus der Auflösung der Transformatorgleichungen von Aufgabe 4.4.2-3 nach den Strömen ergibt sich:

$$\frac{\mathrm{d}i_1}{\mathrm{d}t} + \frac{\mathrm{d}i_2}{\mathrm{d}t} = \frac{u}{L} = u\frac{L_2 - M - M + L_1}{L_1 L_2 - M^2}.$$

Mit $L_2 = L_1/ü^2$ und $M = k\sqrt{L_1 L_2} = kL_1/ü$ folgt:

$$L = \frac{L_1 L_2 - M^2}{L_1 + L_2 - 2M} = L_1\frac{1/ü^2 - k^2/ü^2}{1 + 1/ü^2 - 2k/ü} = L_1\frac{1 - k^2}{ü^2 + 1 - 2kü}, \qquad L|_{k=0} = \frac{L_1}{ü^2 + 1}.$$

$$\frac{i_1}{i_2} = \frac{L_2 - M}{L_1 - M} = \frac{L_1/ü^2 - kL_1/ü}{L_1 - kL_1/ü} = \frac{1 - kü}{ü(ü - k)}, \qquad \left.\frac{i_1}{i_2}\right|_{k=0} = \frac{1}{ü^2}.$$

Eine Betrachtung für $k = \pm 1$ ist für parallelgeschaltete Spulen nicht sinnvoll, da bei gleicher Spannung und unterschiedlicher Windungszahl verschiedene Flüsse die Spulen durchsetzen müßten, was aber entgegen $|k| = 1$ steht. Dies entspricht dem Kurzschluß der Spannungsquelle, was auch durch die Ersatzschaltbilder verifizierbar ist.

Aufgabe 4.4.7-3: Man dimensioniere den Differentialübertrager im Text für $(Z_L, R_M, R_S) = (600, 150, 8)$ Ω. Welche Werte weisen L_1/L_3 und L_2/L_3 auf?

$$R_2 = Z_L\frac{N_2}{N_1} = R_M(1 + \frac{N_2}{N_1}) \qquad \Rightarrow \qquad \frac{N_2}{N_1} = \frac{R_M}{Z_L - R_M} = \frac{150}{450} = \frac{1}{3}.$$

$$R_2 = Z_L\frac{N_2}{N_1} = \frac{600}{3}\,\Omega = 200\,\Omega.$$

$$\frac{N_1 N_2}{N_3^2} = \frac{R_M}{R_S} = \left(\frac{N_1}{N_3}\right)^2\frac{N_2}{N_1} \qquad \Rightarrow \qquad \frac{N_1}{N_3} = \sqrt{\frac{N_1}{N_2}\frac{R_M}{R_S}} = \sqrt{\frac{3\cdot 150}{8}} = 7{,}5.$$

$$\frac{L_1}{L_3} = \left(\frac{N_1}{N_3}\right)^2 = 56{,}25, \qquad \frac{L_2}{L_3} = \frac{L_2}{L_1}\frac{L_1}{L_3} = \left(\frac{N_2}{N_1}\right)^2\left(\frac{N_1}{N_3}\right)^2 = 6{,}25.$$

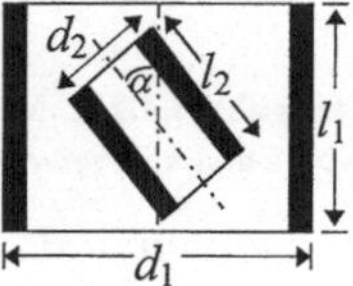

***Aufgabe 4.4.7-4**: Die beiden ineinandergesteckten Zylinderspulen der Abbildung mit den Windungszahlen N_1 und N_2 können um den Winkel α gegeneinander geneigt sein. Für beide Spulen sei das Feld innen homogen und außen vernachlässigbar. Man bestimme L_{11}, L_{22}, L_{12} und L_{21} sowie die Gesamtinduktivität $L(\alpha)$ ihrer Reihenschaltung, wenn ihre Flüsse für $\alpha = 0$ gleichgerichtet sind.

$$L_{ii} = \mu_0 N_i^2 \frac{\pi d_i^2}{4 l_i}, \qquad L_{12} = \frac{\Psi_{12}}{I_2} = \frac{N_1 \Phi_{12\mathrm{v}}}{I_2} = \frac{N_1 B_2 A_2}{I_2} \frac{l_2}{l_1} \cos\alpha .$$

$l_2/l_1 = N_2/N_1$ ist hier wieder der Verkettungsfaktor, mit dem der Fluß Φ_{12} mit den N_1 Windungen von L_{11} verkettet ist.

$$B_2 = \mu_0 H_2 = \mu_0 \frac{N_2 I_2}{l_2} \qquad \Rightarrow \quad L_{12} = \mu_0 \frac{N_1 N_2 I_2 A_2}{I_2 l_2} \frac{l_2}{l_1} \cos\alpha =$$

$$L_{12} = \mu_0 \frac{N_1 N_2 \pi d_2^2}{4 l_1} \cos\alpha = \mu_0 \frac{N_1 N_2 \pi d_2^2}{4 l_2 N_1/N_2} \cos\alpha = \mu_0 \frac{N_2^2 \pi d_2^2}{4 l_2} \cos\alpha = L_{22} \cos\alpha .$$

$$B_1 = \mu_0 H_1 = \mu_0 \frac{N_1 I_1}{l_1} \qquad \Rightarrow \quad L_{21} = \frac{\Psi_{21}}{I_1} = \frac{N_2 \Phi_{21}}{I_1} = \frac{N_2 B_1 A_2}{I_1} \cos\alpha =$$

$$L_{21} = \mu_0 \frac{N_2 N_1 I_1 A_2}{I_1 l_1} \cos\alpha = \mu_0 \frac{N_1 N_2 \pi d_2^2}{4 l_1} \cos\alpha = L_{12} = L_{22} \cos\alpha .$$

$$L = L_{11} + L_{22} + 2 L_{12} = L_{11} + L_{22}(1 + 2\cos\alpha).$$

Aufgabe 4.4.8-1: Man verifiziere mit **PSPICE** die maximale Leistungsaufnahme von R_S und stelle alle von den Widerständen im Empfangsbetrieb aufgenommenen Leistungen im Bereich von $0 < R_S/\Omega \leq 20$ dar.

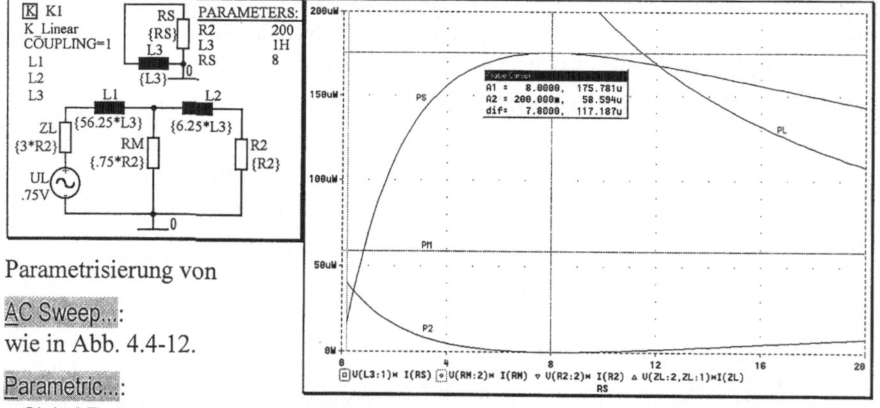

Parametrisierung von

AC Sweep...:
wie in Abb. 4.4-12.

Parametric...:

- Global Parameter, Name: *RS*, Start Value: *.2*, End Value: *20*, Increment: *.2*.

Aufgabe 4.4.8-2: Man untersuche mit **PSPICE** die Empfindlichkeit des Arbeitspunkts der vorigen Aufgabe bzgl. endlicher Übertragerinduktivitäten für $L_3 =$ (0.1, 1, 10, 1000) mH im Frequenzbereich von $100 \leq f/\mathrm{Hz} \leq 4000$.

Es wird die gleiche Schaltung wie zuvor verwendet. Parametrisierung von ...

AC Sweep...
AC Sweep Type:
•Linear
Sweep Parameters:
Total Pts: *100*
Start Freq.: *100*
End Freq.: *4k.*

Parametric...
•Global Parameter
Name: *L3*
•Value List
Values:
.1m 1m 10m 1.

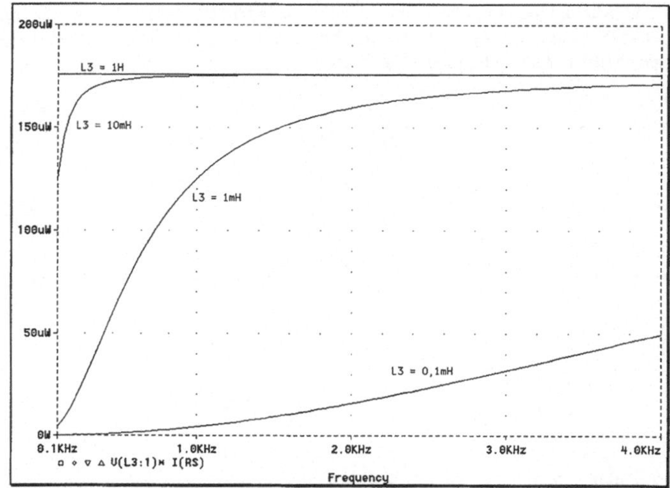

Aufgabe 4.4.8-3: Man modelliere ein Netzwerk mit $(L_1, L_2, M) = (100, 50, 70)$ mH, $(R_{Cu1}, R_{Cu2}, R_{Fe}, R_2) = (1, 1, 1000, 100)\ \Omega$ wie in Abb. 4.4.8c) in **PSPICE** und stelle die von der Quelle abgegebene sowie die von der Last R_2 aufgenommene Wirk-, Blind- und Scheinleistung im Bereich $1 \leq f/\text{kHz} \leq 10$ dar.

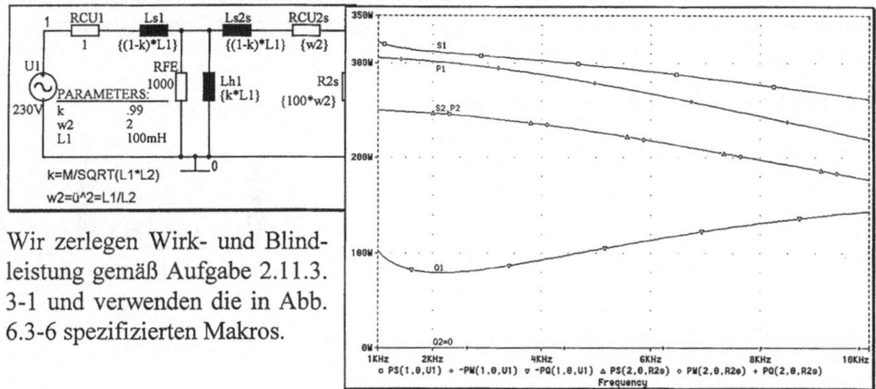

Wir zerlegen Wirk- und Blindleistung gemäß Aufgabe 2.11.3.3-1 und verwenden die in Abb. 6.3-6 spezifizierten Makros.

Aufgabe 4.4.9-1: Welche Energie ist für $I = 1$ A und $(L_1, L_2, M) = (100, 50, 70)$ mH in einer elektrischen Reihenschaltung von L_1 und L_2, welche bei einer Parallelschaltung gespeichert?

Reihenschaltung:

$$W_\text{m} = \tfrac{1}{2}(L_1 + L_2 + 2M)I^2 = 145\,\text{mWs}.$$

Parallelschaltung:
(s. auch Aufgabe 4.4.7-2)

$$W_\text{m} = \frac{1}{2}LI^2 = \frac{1}{2}\frac{L_1L_2 - M^2}{L_1 + L_2 - 2M}I^2 = 5\,\text{mWs}.$$

Aufgabe 4.4.9-2: Man überprüfe, ob die Energiedifferenz ΔW_m in Aufgabe 4.3.1-3 den Energieinhalt der Gegeninduktivität M repräsentiert.

Die Gegeninduktivität M wurde bereits in Aufgabe 4.2.6-1 zu $N_1N_2\Lambda_1\Lambda_2/(\Lambda_1+\Lambda_2+\Lambda_3)$ berechnet. Durch Multiplikation mit I_1I_2 ergibt sich ΔW_m.

***Aufgabe 4.4.9-3**: Man berechne mithilfe von **MATHCAD**, welche Energie im zeitlichen Mittel im Differentialübertrager mit $L_3 = 10$ mH nach Aufgabe 4.4.7-3 bei einer Wechselanregung mit $U_L = 0{,}75$ V gespeichert ist? Man interpretiere das Ergebnis.

$$U_L := .75 \qquad \begin{bmatrix} Z_L & R_M & R_S \end{bmatrix} := (600 \;\; 150 \;\; 8) \qquad N := \begin{bmatrix} 1 & \dfrac{R_M}{Z_L - R_M} & \sqrt{\dfrac{R_S}{Z_L - R_M}} \end{bmatrix}^T$$

$$I := \begin{bmatrix} R_M\left(2+\dfrac{N_1}{N_2}\right) & -R_M & -\dfrac{N_1}{N_3}\cdot R_S \\ -R_M & R_M\left(2+\dfrac{N_2}{N_1}\right) & -\dfrac{N_2}{N_3}\cdot R_S \\ N_1 & N_2 & N_3 \end{bmatrix}^{-1} \cdot \begin{bmatrix} U_L \\ 0 \\ 0 \end{bmatrix} \cdot \mathrm{A} \qquad L_{3,3} := 10\cdot\mathrm{mH} \qquad i := 1..3 \qquad j := 1..3$$

$$L_{i,j} := \frac{N_i \cdot N_j}{\left(N_3\right)^2}\cdot L_{3,3} \qquad W_m := \frac{1}{2}\cdot\sum_i\sum_j L_{i,j}\cdot I_i\cdot I_j \qquad W_m = 0.000 \cdot \mathrm{W}\cdot\mathrm{s}$$

Die dritte Zeile der Matrixgleichung erzwingt den idealen Übertrager mit $\Lambda = \infty$, der keine Energie speichern kann, da an ihm keine magnetische Spannung abfällt und der folglich, wie berechnet, alle Leistung zum Verbraucher transportiert. Die Vorgabe $L_3 = 10$ mH widerspricht letztendlich dieser Forderung, kann aber am Endergebnis nichts ändern, da das Gleichungssystem für den idealen Übertrager gelöst wurde und $L_3 = L_{3,3}$ genauso wie U_L hier als multiplikativer Faktor auftritt.

Aufgabe 4.5.1-1: Man stelle für das rechts dargestellte Netzwerk die DGL für $u(t)$ auf.

$$u = Ri_R = -\frac{L}{2}\frac{\mathrm{d}i_R}{\mathrm{d}t} \quad\Rightarrow\quad \frac{\mathrm{d}i_R}{\mathrm{d}t} + \frac{2Ri_R}{L} = 0$$

$$\Rightarrow\quad \dot{u} + \frac{2R}{L}u = 0.$$

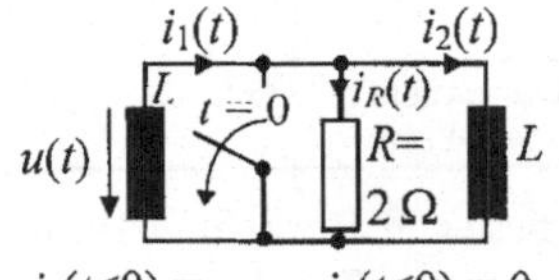

$i_1(t)$, $i_2(t)$, I_0, $t=0$, $i_R(t)$, $u(t)$, $R = 2\,\Omega$, L

$i_1(t<0) = I_0 = 10$ mA $\qquad i_2(t<0) = 0 \qquad L = 3{,}6755$ mH

Aufgabe 4.5.1-2: Man berechne und skizziere für $t > 0$ alle Zeitfunktionen der vorigen Aufgabe.

$$u(t) = u(0^+)\mathrm{e}^{-\frac{2R}{L}t} = I_0 R\mathrm{e}^{-\frac{2R}{L}t}$$

$$\Rightarrow\quad i_R(t) = \frac{u(t)}{R} = I_0\mathrm{e}^{-\frac{2R}{L}t}.$$

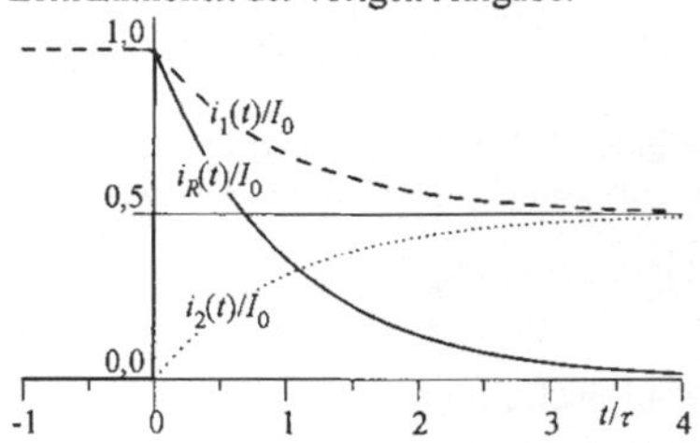

1,0; 0,5; 0,0; $i_1(t)/I_0$; $i_R(t)/I_0$; $i_2(t)/I_0$; -1; 0; 1; 2; 3; 4; t/τ

$$i_1(t) = I_0 - \frac{1}{L}\int_0^t u\,\mathrm{d}t' = I_0 - \frac{I_0 R}{L}\int_0^t \mathrm{e}^{-\frac{2R}{L}t'}\mathrm{d}t' = I_0\left(1+\frac{1}{2}(\mathrm{e}^{-\frac{2R}{L}t}-1)\right) =$$

$$= \tfrac{1}{2}I_0(1+\mathrm{e}^{-\frac{2R}{L}t}) \quad\Rightarrow\quad i_2(t) = i_1(t) - i_R(t) = \tfrac{1}{2}I_0(1-\mathrm{e}^{-\frac{2R}{L}t}).$$

Aufgabe 4.5.1-3: Man bestimme die Energieinhalte der Spulen für $t = 0$ und $t = \infty$, sowie die in diesem Zeitraum im Widerstand umgesetzte Wärmeenergie einmal aus den Spulenenergien sowie aus der elektrischen Verlustleistung.

$$W_1(0) = \tfrac{1}{2} L I_0^2 = 0{,}184\,\mu\text{Ws}, \qquad W_2(0) = 0.$$

$$W_1(\infty) = \tfrac{1}{2} L i_1^2(\infty) = \tfrac{1}{8} L I_0^2 = \tfrac{1}{4} W_1(0) = 0{,}046\,\mu\text{Ws} = W_2(\infty).$$

$$W_R = W_1(0) + W_2(0) - W_1(\infty) - W_2(\infty) = \tfrac{1}{4} L I_0^2 = \tfrac{1}{2} W_1(0) = 0{,}092\,\mu\text{Ws}$$

$$= R\int_0^\infty i_R^2 \mathrm{d}t = R I_0^2 \int_0^\infty \mathrm{e}^{-\frac{4R}{L}t} \mathrm{d}t = \tfrac{1}{4} L I_0^2.$$

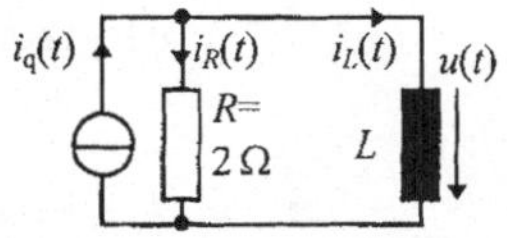

$i_q(t)$, $i_R(t)$, $i_L(t)$, $u(t)$, $R = 2\,\Omega$, L

$i_L(t<0) = I_0$, $L = 3{,}6755\,\text{mH}$

Aufgabe 4.5.2-1: Man stelle die DGL für $u(t)$ auf.

$$\frac{u}{R} + \frac{1}{L}\int u\mathrm{d}t = i_q \qquad \Rightarrow \qquad \frac{\mathrm{d}u}{\mathrm{d}t} + \frac{R}{L}u = R\frac{\mathrm{d}i_q}{\mathrm{d}t}.$$

Aufgabe 4.5.2-2: Man berechne $u(t)$ für $t > 0$ für beide Anregungen aus $i_L(t)$.

Gleichsstromsprung:

$$u(t) = L\frac{\mathrm{d}i_L}{\mathrm{d}t} = L\frac{\mathrm{d}}{\mathrm{d}t}\left((I_0 - I_q)\mathrm{e}^{-\frac{R}{L}t} + I_q\right) = R(I_q - I_0)\mathrm{e}^{-\frac{R}{L}t}.$$

Wechselstrom (vgl. Gl. 2.11-13):

$$u(t) = L\frac{\hat{i}_q}{1 + (\omega L/R)^2}\frac{\mathrm{d}}{\mathrm{d}t}(\cos\omega t + \frac{\omega L}{R}\sin\omega t) = \frac{\hat{i}_q\omega L}{1 + (\omega L/R)^2}(\frac{\omega L}{R}\cos\omega t - \sin\omega t).$$

Wechselstrom alternativ:

$$u(t) = L\frac{\hat{i}_q}{\sqrt{1 + (\omega L/R)^2}}\frac{\mathrm{d}}{\mathrm{d}t}\cos(\omega t - \arctan\frac{\omega L}{R}) =$$

$$= \frac{-\hat{i}_q\omega L}{\sqrt{1 + (\omega L/R)^2}}\sin(\omega t - \arctan\frac{\omega L}{R}).$$

Aufgabe 4.5.2-3: Man berechne $u(t)$ für die Wechselanregung aus der DGL aus Aufgabe 1.

$$\dot{u} + \frac{R}{L}u = -R\hat{i}_q\omega\sin\omega t \qquad \Rightarrow \qquad u(t) = -\mathrm{e}^{-\frac{R}{L}t} R\hat{i}_q\omega\int \mathrm{e}^{\frac{R}{L}t}\sin\omega t\mathrm{d}t =$$

$$u(t) = -\mathrm{e}^{-\frac{R}{L}t} R\hat{i}_q\omega\frac{\mathrm{e}^{\frac{R}{L}t}}{\omega^2 + R^2/L^2}(\frac{R}{L}\sin\omega t - \omega\cos\omega t) =$$

$$= \frac{\hat{i}_q\omega L}{1 + (\omega L/R)^2}(\frac{\omega L}{R}\cos\omega t - \sin\omega t) = \frac{-\hat{i}_q\omega L}{\sqrt{1 + (\omega L/R)^2}}\sin(\omega t - \arctan\frac{\omega L}{R}).$$

Aufgabe 4.5.3-1: Welche Topologie hat das duale Netzwerk zu einem Dreieck mit eingeschriebenem Stern?

Entsprechend der rechten Abbildung transformiert sich diese Topologie auf sich selbst.

Aufgabe 4.5.3-2: Man skizziere das duale Netzwerk zu Abb. 4.5-2 und bestimme aus $i_L(t)$ die zum dualen Netzwerk gehörende Spannung $u_C(t)$ für Wechselerregung.

Der Widerstand im Ursprungsnetzwerk werde durch den Leitwert G beschrieben; R sei der zugehörige Widerstand im dualen Netzwerk:

$$\frac{u_C(t)}{Z} = \frac{\hat{u}_q / Z}{\sqrt{1+(\omega Z^2 C Y^2 R)^2}} \cos(\omega t - \arctan \omega Z^2 C Y^2 R)$$

$$\Rightarrow \quad u_C(t) = \frac{\hat{u}_q}{\sqrt{1+(\omega RC)^2}} \cos(\omega t - \arctan \omega RC).$$

Aufgabe 4.5.3-3: Man skizziere für $(L_1, L_2, M) = (2, 2, 1)$ mH, $U_1 = 230$ V und $R_2 = 600\ \Omega$ für $Z = 50\ \Omega$ das duale Netzwerk zu Abb. 4.4-6.

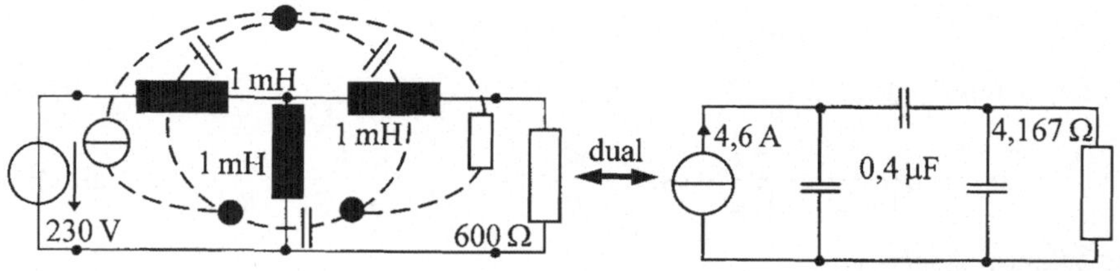

Aufgabe 4.5.4-1: Man verifiziere für die dargestellte Hülle des rechten Netzwerks den Übergang von der Feldbeschreibung zur Netzwerkgleichung.

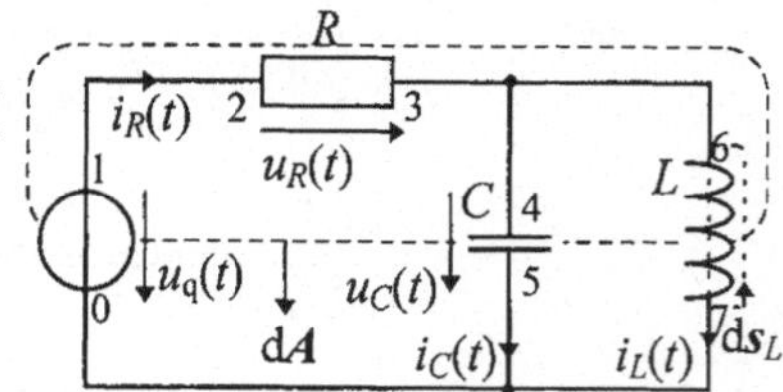

$$\int_{A_q} \boldsymbol{S} \cdot \mathrm{d}\boldsymbol{A} + \int_{A_C} \frac{\partial \boldsymbol{D}}{\partial t} \cdot \mathrm{d}\boldsymbol{A} + \frac{1}{N} \oint \boldsymbol{H} \cdot \mathrm{d}\boldsymbol{s}_L = 0 = -i_R + \int_C \mathrm{d}i_C + \int_L \mathrm{d}i_L,$$

$$\mathrm{d}i_C = \varepsilon \frac{\partial \boldsymbol{E}}{\partial t} \cdot \mathrm{d}\boldsymbol{A}_C = \frac{\varepsilon}{s_{45}} \frac{\partial u_C}{\partial t} \mathrm{d}A_C = \frac{\partial u_C}{\partial t} \frac{\varepsilon \mathrm{d}A_C}{s_{45}} = \frac{\partial u_C}{\partial t} \mathrm{d}C,$$

$$\mathrm{d}i_L = \frac{\boldsymbol{H}}{N} \cdot \mathrm{d}\boldsymbol{s}_{67} = \frac{B}{\mu N} \mathrm{d}s_{67} = \psi \frac{\mathrm{d}s_{67}}{\mu N^2 A_L} = \int u_C \mathrm{d}t \cdot \mathrm{d}\frac{1}{L},$$

$$-i_R + C\frac{\mathrm{d}u_C}{\mathrm{d}t} + \frac{1}{L}\int u_C \mathrm{d}t = 0.$$

Aufgabe 4.5.4-2: Man verifiziere für die äußere Masche des rechten Netzwerks den Übergang von der Feldbeschreibung zur Netzwerkgleichung.

$$\int_0^1 \boldsymbol{E}\cdot\mathrm{d}\boldsymbol{s} + \int_2^3 \boldsymbol{E}\cdot\mathrm{d}\boldsymbol{s} + N\mu\int\frac{\partial\boldsymbol{H}}{\partial t}\cdot\mathrm{d}\boldsymbol{A}_L = 0 = -u_\mathrm{q} + \int_2^3 \mathrm{d}u_R + \int_{A_L}\mathrm{d}u_C,$$

$$\mathrm{d}u_R = \boldsymbol{E}\cdot\mathrm{d}\boldsymbol{s}_{23} = \rho S\mathrm{d}s_{23} = i_R\frac{\rho\mathrm{d}s_{23}}{A_R} = i_R\mathrm{d}R,$$

$$\mathrm{d}u_C = N\mu\frac{\partial\boldsymbol{H}}{\partial t}\cdot\mathrm{d}\boldsymbol{A}_L = \frac{\mu N}{s_{67}}\frac{\partial V_\mathrm{m}}{\partial t}\mathrm{d}A_L = \frac{\partial i_L}{\partial t}\frac{\mu N^2\mathrm{d}A_L}{s_{67}} = \frac{\partial i_L}{\partial t}\mathrm{d}L,$$

$$-u_\mathrm{q} + Ri_R + L\frac{\mathrm{d}i_L}{\mathrm{d}t} = 0.$$

Aufgabe 4.5.4-3: Man verknüpfe die Ergebnisse der Aufgaben 1 und 2 und stelle die DGLn aller Größen auf.

Wir lösen die letzte Gleichung der Aufgabe 2 nach $-i_R$ auf, setzen sie in die letzte Gleichung der Aufgabe 1 ein und leiten diese dann einmal ab:

$$-i_R = \frac{-u_\mathrm{q} + u_C}{R} \quad\Rightarrow\quad \frac{-u_\mathrm{q} + u_C}{R} + C\frac{\mathrm{d}u_C}{\mathrm{d}t} + \frac{1}{L}\int u_C\mathrm{d}t = 0.$$

$$\Rightarrow\quad \frac{\mathrm{d}^2u_C}{\mathrm{d}t^2} + \frac{1}{RC}\frac{\mathrm{d}u_C}{\mathrm{d}t} + \frac{u_C}{LC} = \frac{1}{RC}\frac{\mathrm{d}u_\mathrm{q}}{\mathrm{d}t}.$$

$$u_C = \frac{1}{C}\int i_C\mathrm{d}t \quad\Rightarrow\quad \frac{\mathrm{d}^2i_C}{\mathrm{d}t^2} + \frac{1}{RC}\frac{\mathrm{d}i_C}{\mathrm{d}t} + \frac{i_C}{LC} = \frac{1}{R}\frac{\mathrm{d}^2u_\mathrm{q}}{\mathrm{d}t^2}.$$

$$u_C = L\frac{\mathrm{d}i_L}{\mathrm{d}t} \quad\Rightarrow\quad \frac{\mathrm{d}^2i_L}{\mathrm{d}t^2} + \frac{1}{RC}\frac{\mathrm{d}i_L}{\mathrm{d}t} + \frac{i_L}{LC} = \frac{u_\mathrm{q}}{RLC}.$$

$$u_C = u_\mathrm{q} - u_R \quad\Rightarrow\quad \frac{\mathrm{d}^2u_R}{\mathrm{d}t^2} + \frac{1}{RC}\frac{\mathrm{d}u_R}{\mathrm{d}t} + \frac{u_R}{LC} = \frac{\mathrm{d}^2u_\mathrm{q}}{\mathrm{d}t^2} + \frac{u_\mathrm{q}}{LC}.$$

$$u_R = Ri_R \quad\Rightarrow\quad \frac{\mathrm{d}^2i_R}{\mathrm{d}t^2} + \frac{1}{RC}\frac{\mathrm{d}i_R}{\mathrm{d}t} + \frac{i_R}{LC} = \frac{1}{R}\frac{\mathrm{d}^2u_\mathrm{q}}{\mathrm{d}t^2} + \frac{u_\mathrm{q}}{RLC}.$$

Es bestätigt sich, daß die linken Seiten aller DGLn des Netzwerks gleich sind.

Aufgabe 4.5.5.1-1: In Abb. 4.5-5a) liege bei anfangs ungeladenem Kondensator statt des Schließers ein Öffner parallel zur Spule, die für $t < 0$ von einem Strom I_0 durchflossen werde. Man bestimme für $t > 0$ die DGL für $i(t)$, das charakteristische Polynom, sowie $i(t)$.

DGL und charakteristisches Polynom werden von geänderten Anfangsbedingungen nicht beeinflußt. Öffnen wir den Schalter, muß im ersten Moment der Strom $i(0^+) = I_0$ weiterfließen, da andernfalls die Spannung an der Spule unendlich werden würde, die jedoch sonst nirgendwo im Kreis erbracht wird; die Maschenregel wäre verletzt:

$$i(0^+) = I_0 = I_1 + I_2 \quad \Rightarrow \quad I_2 = I_0 - I_1 \quad \Rightarrow \quad i(t) = I_1 e^{s_1 t} + (I_0 - I_1) e^{s_2 t}.$$

Da der Kondensator nicht sprunghaft Ladungen aufnimmt, da sonst der Strom unendlich wäre, muß sich die Spannung am Widerstand zu $u_R(0^+) = I_0 R$ einstellen. Zur Erfüllung der Maschenregel ist dies auch die Spulenspannung:

$$u_L(0^+) = -I_0 R = L \frac{\mathrm{d}i}{\mathrm{d}t}(0^+)$$

$$\Rightarrow \quad \frac{\mathrm{d}i}{\mathrm{d}t}(0^+) = -\frac{I_0 R}{L} = I_1 s_1 + (I_0 - I_1) s_2$$

$$\Rightarrow \quad I_1(s_1 - s_2) = -I_0\left(\frac{R}{L} + s_2\right) = I_0 s_1 \quad \Rightarrow \quad I_1 = \frac{I_0 s_1}{s_1 - s_2}$$

$$i(t) = \frac{I_0}{s_1 - s_2}\left(s_1 e^{s_1 t} - s_2 e^{s_2 t}\right).$$

Aufgabe 4.5.5.1-2: Man bestimme in Abb. 4.5-5b) für $t > 0$ die DGL für $u(t)$, das charakteristische Polynom, sowie $u(t)$.

$$C \frac{\mathrm{d}u}{\mathrm{d}t} + \frac{u}{R} + \frac{1}{L}\int u \,\mathrm{d}t = 0 \quad \Rightarrow \quad \frac{\mathrm{d}^2 u}{\mathrm{d}t^2} + \frac{1}{RC}\frac{\mathrm{d}u}{\mathrm{d}t} + \frac{u}{LC} = 0.$$

$$u(t) = U_0 e^{st} \quad \Rightarrow \quad \frac{\mathrm{d}u}{\mathrm{d}t} = sU_0 e^{st} = su(t) \quad \Rightarrow \quad \frac{\mathrm{d}^2 u}{\mathrm{d}t^2} = s^2 U_0 e^{st} = s^2 u(t).$$

$$s^2 + \frac{1}{RC}s + \frac{1}{LC} = 0 \quad \Rightarrow \quad s_{1,2} = -\frac{1}{2RC} \pm \sqrt{\frac{1}{(2RC)^2} - \frac{1}{LC}}.$$

$$u(t) = U_1 e^{s_1 t} + U_2 e^{s_2 t}.$$

Öffnen wir den Schalter, kann im ersten Moment noch keine Spannung entstehen: $u(0^+) = 0$, da andernfalls die Spannung am Kondensator gesprungen sein müßte, was dort zu unendlichem Strom führt, der jedoch sonst nirgendwo im Kreis erbracht wird; die Knotenregel wäre verletzt:

$$u(0^+) = 0 = U_1 + U_2 \quad \Rightarrow \quad U_2 = -U_1 \quad \Rightarrow \quad u(t) = U_1\left(e^{s_1 t} - e^{s_2 t}\right).$$

Da im ersten Moment keine Spannung vorhanden ist, hält die Spule den Fluß $\phi(0^+) = \phi_0$, und folglich auch den Strom $i_L(0^+) = -I_0$. Wegen der fehlenden Spannung kann im ersten Moment durch den Widerstand kein Strom fließen $i_R(0^+) = u(0^+)/R = 0$. Folglich muß der Kondensator den Spulenstrom vom Schalter übernehmen:

$$i_C(0^+) = -i_L(0^+) = C\frac{\mathrm{d}u}{\mathrm{d}t}(0^+) = I_0 \qquad \Rightarrow \qquad \frac{\mathrm{d}u}{\mathrm{d}t}(0^+) = \frac{I_0}{C} = U_1(s_1 - s_2)$$

$$\Rightarrow \quad u(t) = \frac{I_0}{C(s_1 - s_2)}(\mathrm{e}^{s_1 t} - \mathrm{e}^{s_2 t}).$$

Aufgabe 4.5.5.1-3: In der vorigen Aufgabe werde vor dem Öffnen des Schalters der Widerstand R durch eine weitere Spule L ausgetauscht. Man bestimme wieder die dort gefragten Größen.

$$C\frac{\mathrm{d}u}{\mathrm{d}t} + \frac{2}{L}\int u\mathrm{d}t = 0 \qquad \Rightarrow \qquad \frac{\mathrm{d}^2u}{\mathrm{d}t^2} + \frac{2u}{LC} = 0.$$

$$s^2 + \frac{2}{LC} = 0 \qquad \Rightarrow \qquad s_{1,2} = \pm\mathrm{j}\sqrt{\frac{2}{LC}}.$$

Mit analoger Argumentation wie oben wird nun:

$$u(t) = \frac{I_0}{C(s_1 - s_2)}(\mathrm{e}^{s_1 t} - \mathrm{e}^{s_2 t}) = I_0\sqrt{\frac{L}{2C}}\,\frac{\mathrm{e}^{\mathrm{j}\sqrt{\frac{2}{LC}}t} - \mathrm{e}^{-\mathrm{j}\sqrt{\frac{2}{LC}}t}}{\mathrm{j}2} = I_0\sqrt{\frac{L}{2C}}\sin\sqrt{\frac{2}{LC}}t.$$

Aufgabe 4.5.5.2-1: Man stelle in Aufgabe 4.5.5.1-1 $i(t)$ für den Schwingfall dar.

$$i(t) = \frac{I_0}{s_1 - s_2}(s_1\mathrm{e}^{s_1 t} - s_2\mathrm{e}^{s_2 t}) = \frac{I_0\mathrm{e}^{-\delta t}}{\mathrm{j}2\omega}\left((-\delta + \mathrm{j}\omega)\mathrm{e}^{\mathrm{j}\omega t} + (\delta + \mathrm{j}\omega)\mathrm{e}^{-\mathrm{j}\omega t}\right) =$$

$$= I_0\mathrm{e}^{-\delta t}\left(\frac{\mathrm{e}^{\mathrm{j}\omega t} + \mathrm{e}^{-\mathrm{j}\omega t}}{2} - \frac{\delta}{\omega}\frac{\mathrm{e}^{\mathrm{j}\omega t} - \mathrm{e}^{-\mathrm{j}\omega t}}{\mathrm{j}2}\right) = I_0\mathrm{e}^{-\delta t}(\cos\omega t - \frac{\delta}{\omega}\sin\omega t).$$

Aufgabe 4.5.5.2-2: Man berechne in der vorigen Aufgabe mithilfe von MATHCAD $u_C(t)$ einmal unmittelbar aus dem Kondensatorstrom und ein andermal aus der Maschenregel.

Berechnung aus dem Kondensatorstrom:

$$i(t) := I_0 \cdot \mathrm{e}^{-\delta \cdot t} \cdot \left(\cos(\omega \cdot t) - \frac{\delta}{\omega} \cdot \sin(\omega \cdot t)\right)$$

$$u_C(t) := \frac{1}{C} \cdot \int_0^t i(\tau)\, d\tau \qquad u_C(t) \rightarrow \frac{1}{C} \cdot sin(\omega \cdot t) \cdot exp(-\delta \cdot t) \cdot \frac{I_0}{\omega}$$

Berechnung aus der Maschenregel mit

$$u_C(t) = -(Ri + L\frac{\mathrm{d}i}{\mathrm{d}t}) = -L(2\delta i + \frac{\mathrm{d}i}{\mathrm{d}t}) = -\frac{1}{\omega_0^2 C}(2\delta i + \frac{\mathrm{d}i}{\mathrm{d}t}).$$

$$u_C(t) := -\frac{1}{\left(\omega^2 + \delta^2\right) \cdot C} \cdot \left(2 \cdot \delta \cdot i(t) + \frac{d}{dt} i(t)\right) \qquad u_C(t)\ simplify \rightarrow \frac{1}{C} \cdot I_0 \cdot exp(-\delta \cdot t) \cdot \frac{sin(\omega \cdot t)}{\omega}$$

Aufgabe 4.5.5.2-3: Man berechne in Aufgabe 4.5.5.1-2 aus $u(t)$ die im Widerstand R im Intervall $0 \le t < \infty$ umgesetzte Energie W.

$$p(t)=\frac{u^2(t)}{R}=\frac{LI_0^2\mathrm{e}^{-\frac{t}{RC}}}{RC-L/4R}\sin^2\sqrt{\frac{1}{LC}-\frac{1}{(2RC)^2}}t.$$

Dies werten wir mithilfe der passiven symbolischen Auswertung von **MATHCAD** aus:

$$\int \frac{L\cdot(I_0)^2}{R\cdot C-\frac{L}{4\cdot R}}\cdot \mathrm{e}^{-\frac{t}{R\cdot C}}\cdot \sin\left[\sqrt{\frac{1}{L\cdot C}-\frac{1}{(2\cdot R\cdot C)^2}}\cdot t\right]^2 dt \qquad \text{Symbolics Evaluate (Alt SS)} \qquad \frac{1}{2}\cdot L\cdot (I_0)^2$$

Das Bestimmte Integral kann zwar in **MATHCAD** eingegeben werden, das einfache Ergebnis wird jedoch nicht automatisch erkannt. Daher wird das Unbestimmte Integral gelöst und die Grenzen manuell eingesetzt, worauf als Endergebnis erwartungsgemäß die anfangs in der Spule gespeicherte Energie erscheint.

Aufgabe 4.5.5.3-1: Zu welchem Zeitpunkt t_{max} fließt der maximale Strom i_{max} im Dämpfungsfall und welchen Wert hat er? Man stelle die Formeln möglichst einfach dar.

$$i_{\max} \Rightarrow \quad \frac{\mathrm{d}i}{\mathrm{d}t}=0 \quad \Rightarrow \quad u_L=0 \quad \Rightarrow \quad t_{\max}=\frac{1}{\omega}\operatorname{artanh}\frac{\omega}{\delta}=$$

$$=\frac{1}{\omega}\ln\sqrt{\frac{\delta+\omega}{\delta-\omega}}=\frac{1}{\omega}\ln\sqrt{\frac{(\delta+\omega)(\delta-\omega)}{(\delta-\omega)(\delta-\omega)}}=\frac{1}{\omega}\ln\frac{\omega_0}{\delta-\omega}=0{,}861\,\mu\,\mathrm{s}.$$

$$i_{\max}=\frac{U_0}{2\omega L}\mathrm{e}^{-\delta t_{\max}}(\mathrm{e}^{\omega t_{\max}}-\mathrm{e}^{-\omega t_{\max}})=\frac{U_0}{2\omega L}(\frac{\delta-\omega}{\omega_0})^{\frac{\delta}{\omega}}(\sqrt{\frac{\delta+\omega}{\delta-\omega}}-\sqrt{\frac{\delta-\omega}{\delta+\omega}})=$$

$$=\frac{U_0}{2\omega L}(\frac{\delta-\omega}{\omega_0})^{\frac{\delta}{\omega}}(\frac{\delta+\omega}{\sqrt{\delta^2-\omega^2}}-\frac{\delta-\omega}{\sqrt{\delta^2-\omega^2}})=\frac{U_0}{\omega_0 L}(\frac{\delta-\omega}{\omega_0})^{\frac{\delta}{\omega}}=0{,}275\,\mathrm{mA}.$$

Aufgabe 4.5.5.3-2: Man überprüfe die Anwendbarkeit des Ansatzes für $R^2 = 4L/C$.

Der Ansatz ist wegen der Division durch Null nicht anwendbar.

Aufgabe 4.5.5.3-3: Man erstelle für den Reihenschwingkreis im Text eine **MATHCAD**-Animation für die Leistungsverläufe $p(t)$ an den einzelnen Bauelementen für $U_0 = 1$ V und variables R.

Die Animation möge sich im selben Dokument wie **MATHCAD**-Anwendung 4.5-1 befinden; es sind wieder die Leistungsverhältnisse für $R = 600\ \Omega$ dargestellt:

$$i(t) := \frac{U_0}{L\cdot(s_1-s_2)}\cdot\left(\mathrm{e}^{s_1\cdot t}-\mathrm{e}^{s_2\cdot t}\right)$$

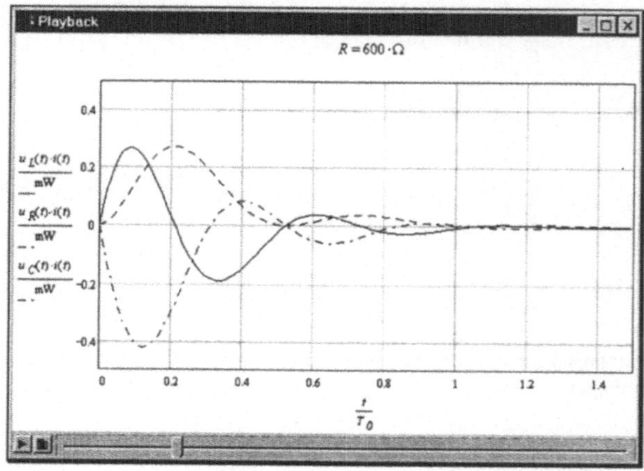

Aufgabe 4.5.6-1: Man bestimme analog zum Text für den Parallelschwingkreis nach Abb. 4.5-4a) $\underline{Y}$, f_0, X_0, U/U_{max}, Q, P/P_{max}. Dabei sei der komplexe Effektivwert der Stromquelle $\underline{I}_q$ frequenzunabhängig.

Mit $G = 1/R$ ergibt sich:

$$\underline{Y} = G + jB = G + j\omega C + \frac{1}{j\omega L} = G + j(\omega C - \frac{1}{\omega L})$$

bzw.

$$\underline{Y} = Ye^{j\varphi_Y} = \sqrt{G^2 + (\omega C - \frac{1}{\omega L})^2}\, e^{j\arctan\frac{\omega C - \frac{1}{\omega L}}{G}}.$$

$$B = 0 = \omega_0 C - \frac{1}{\omega_0 L} \qquad \Rightarrow \quad \omega_0 = \frac{1}{\sqrt{LC}};\quad f_0 = \frac{1}{2\pi\sqrt{LC}}$$

wie beim Reihenschwingkreis; dito v und X_0 bzw. $B_0 = 1/X_0 = \sqrt{C/L}$ als ***Resonanzblindleitwert***. Die Spannung am Schwingkreis erhalten wir über:

$$\underline{U} = \frac{\underline{I}_q}{\underline{Y}} = \frac{\underline{I}_q}{G + jvB_0} \qquad \Rightarrow \quad U = \frac{I_q}{Y} = \frac{I_q}{\sqrt{G^2 + v^2 B_0^2}}.$$

Die Maximalspannung $\underline{U} = \underline{U}_{max} = \underline{I}_q/G$ liegt bei Resonanz mit $v = 0$ an:

$$\frac{\underline{U}}{\underline{U}_{max}} = \left(1 + jv\frac{B_0}{G}\right)^{-1} \qquad \Rightarrow \quad \frac{U}{U_{max}} = \left[1 + \left(v\frac{B_0}{G}\right)^2\right]^{-1/2}.$$

$$Q = \frac{B_0}{G} = \frac{1}{G}\sqrt{\frac{C}{L}} \qquad \Rightarrow \quad \frac{U}{U_{max}} = \frac{1}{\sqrt{1 + v^2 Q^2}}.$$

Die auf die maximale Wirkleistung $P_{max} = U_{max}^2 G$ normierte Wirkleistung $P = U^2 G$ ergibt sich zu:

$$\frac{P}{P_{max}} = \frac{1}{1 + v^2 Q^2}.$$

Aufgabe 4.5.6-2: Man berechne in der vorigen Aufgabe $\underline{I}_C/\underline{I}_q$ und $\underline{I}_L/\underline{I}_q$ im Resonanzfall und skizziere die Stromverhältnisse im Netzwerk.

$$\frac{\underline{I}_C}{\underline{I}_q} = \frac{j\omega_0 C}{\underline{Y}(\omega_0)} = j\frac{B_0}{G} = jQ,$$

$$\frac{\underline{I}_L}{\underline{I}_q} = \frac{1}{j\omega_0 L\underline{Y}(\omega_0)} = -j\frac{B_0}{G} = -jQ = -\frac{\underline{I}_C}{\underline{I}_q}.$$

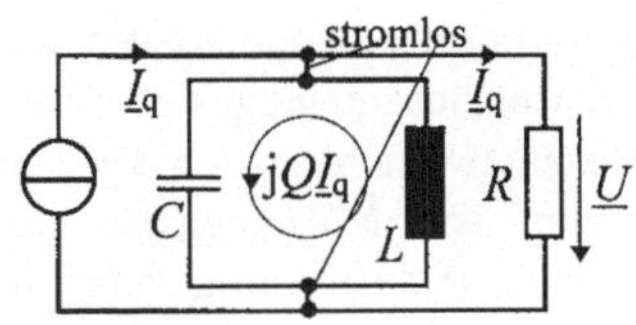

Aufgabe 4.5.6-3: Man stelle die Frequenzortskurve der Ausgangsspannung in Abb. 4.5-10 in PROBE sowie mit MATHCAD dar.

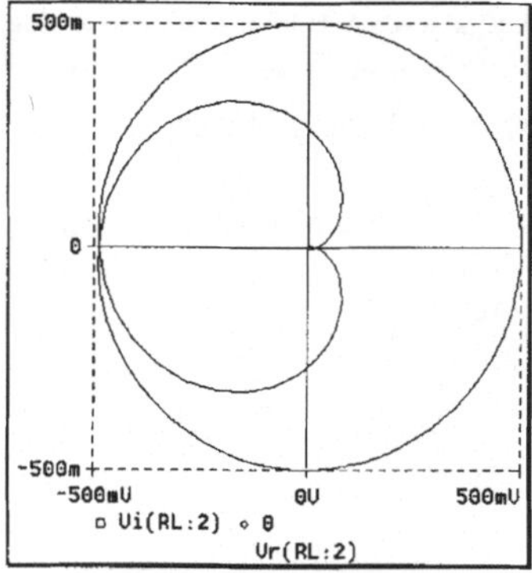

Die rechts mit **PSPICE** dargestellte Ortskurve wurde in der **AC-Sweep**-Dialogbox mit Pts/Decade: *101*, Start Freq: *1* und End Freq: *1Meg* parametrisiert. Für die unten dargestellte **MATHCAD**-Analyse wurde im Gegensatz zu Aufgaben 2.11.4.2-2/3 auf Einheiten verzichtet. Die Vektorisieren-Funktion für $Y(s)$ führt zu einer kompakten $\underline{Y}$-Matrix. j wurde L und C zugeschlagen, so daß mit dem dann reellen s die Kreisfrequenz ω durchfahren werden kann.

$ORIGIN := 1 \qquad s := 1, 100 .. 10^6 \qquad R := (1\ \ 0\ \ 0\ \ 0\ \ 1)^T \cdot 600$

$L := (7.75\ \ 34.12\ \ 19.5\ \ 34.12\ \ 7.75)^T \cdot j \cdot 10^{-3} \qquad C := (204.3\ \ 46.4\ \ 81.17\ \ 46.4\ \ 204.3)^T \cdot j \cdot 10^{-9}$

$$Y(s) := \overrightarrow{\frac{1}{R + s\cdot L + \frac{1}{s\cdot C}}} \qquad U(s) := \begin{bmatrix} Y(s)_1 + \frac{1}{s\cdot L_2} + s\cdot C_2 + Y(s)_3 & -Y(s)_3 \\ -Y(s)_3 & Y(s)_5 + \frac{1}{s\cdot L_4} + s\cdot C_4 + Y(s)_3 \end{bmatrix}^{-1} \cdot \begin{bmatrix} Y(s)_1 \\ 0 \end{bmatrix}$$

$$U_a(s) := R_5 \cdot Y(s)_5 \cdot U(s)_2$$

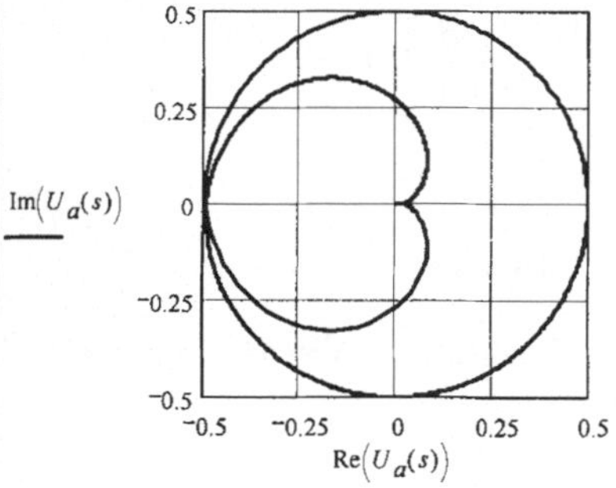

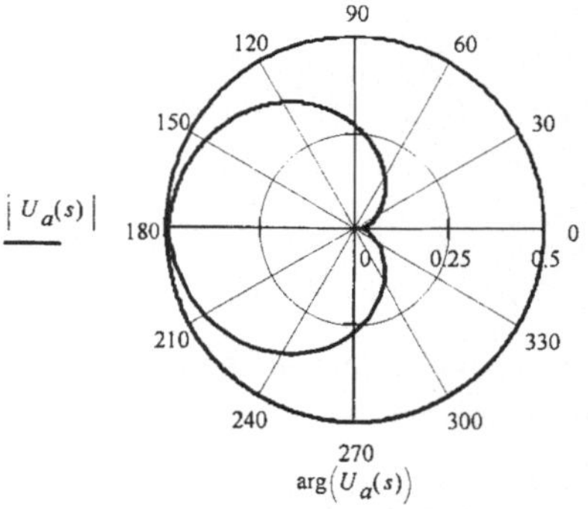

Aufgabe 4.5.7-1: Man stelle die Spannungszeitverläufe für reine Cosinusanregung in PROBE dar und erkläre die Unterschiede zur MATHCAD-Darstellung in Abb. 4.5-14. Man ändere die SCHEMATICS-Parametrisierung so ab, daß sie sich im Sinne der Aufgabenstellung verhält.

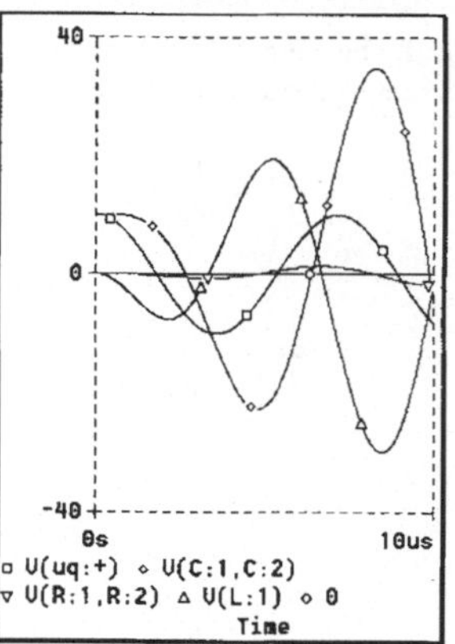

Rechts ist der **PROBE**-Plot des Anfangs der Spannungszeitverläufe dargestellt, wenn der *RLC*-Reihenschwingkreis normal parametrisiert wird. Aufgrunddessen, daß bei Cosinusanregung der Zeitverlauf z.Zt. $t = 0$ seinen Maximalwert hat und **PSPICE** diesen Wert für $t < 0$ annimmt, ist der Kondensator auch bei zunächst offenem Schalter auf 10 V aufgeladen, da der Schalter einen endlichen Widerstand aufweist. Abhilfe schafft die Aktivierung von ☑ Skip initial Transient Solution der **SCHEMATICS Transient**-Dialogbox, die die im **PROBE**-Plot der nächsten Seite dargestellten Zeitverläufe im Sinne der Aufgabenstellung erzeugt.

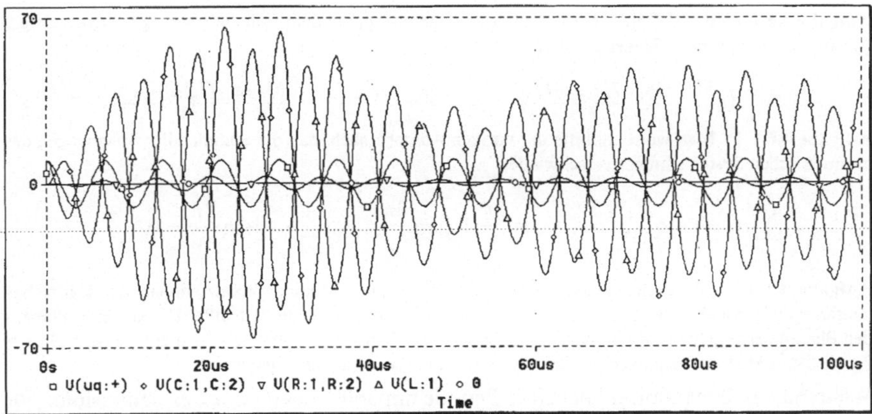

Aufgabe 4.5.7-2: Man löse die DGL für eine z.Zt. $t = 0$ eingeschaltete Gleichspannungsquelle U_q.

$$\frac{\mathrm{d}^2 u_C}{\mathrm{d}t^2} + 2\delta\frac{\mathrm{d}u_C}{\mathrm{d}t} + \omega_0^2 u_C = \omega_0^2 U_\mathrm{q}, \qquad u_{C\mathrm{h}}(t) = \mathrm{e}^{-\delta t}(A\cos\omega t + B\sin\omega t).$$

Für $t \to \infty$ müssen sämtliche Umladevorgänge d/dt abgeschlossen sein, womit $u_{C\mathrm{p}}(t) = U_\mathrm{q}$. Wegen der Induktivität kann sich $i(0)$ nicht sprunghaft ändern und folglich keine Ladungen zum Kondensator transportieren:

$$u_C(0) = 0 = u_{C\mathrm{h}}(0) + u_{C\mathrm{p}}(0) = A + U_\mathrm{q} \qquad \Rightarrow \qquad A = -U_\mathrm{q}.$$

Wir bestimmen B aus:

$$\frac{\mathrm{d}u_C}{\mathrm{d}t}(0) = \frac{\mathrm{d}u_{C\mathrm{h}}}{\mathrm{d}t}(0) + \frac{\mathrm{d}u_{C\mathrm{p}}}{\mathrm{d}t}(0) = \frac{i(0)}{C} = 0 = -\delta A + \omega B$$

$$\Rightarrow \quad B = -U_\mathrm{q}\frac{\delta}{\omega} \qquad \Rightarrow \quad u_C(t) = U_\mathrm{q}\left(1 - \mathrm{e}^{-\delta t}(\cos\omega t + \frac{\delta}{\omega}\sin\omega t)\right).$$

Aufgabe 4.5.7-3: Man löse die vorige Aufgabe mit MATHCAD und stelle das analytische und das mit *rkfixed* berechnete Ergebnis in einem gemeinsamen Diagramm dar.

Wir ersetzen in MATHCAD-Anwendung 4.5-3 $u_\mathrm{q}(t)$ durch $u_q(t) := \upsilon_q$ und geben dann ein:

$$\delta := \frac{R}{2\cdot L} \qquad \omega := \sqrt{\frac{1}{L\cdot C} - \delta^2} \qquad u_C := \overrightarrow{\upsilon_q \cdot \left[1 - \mathrm{e}^{-\delta\cdot t}\cdot\left(\cos(\omega\cdot t) + \frac{\delta}{\omega}\cdot\sin(\omega\cdot t)\right)\right]}$$

20 20

$u_q(t)$

$\left(u_C^{<1>}\right)_i$ 10

u_{C_i}

0 0

0 20 40 60 80 100

0 $t_i \cdot 10^6$ $10^6 \cdot T$

Aufgabe 4.6.1-1: Man definiere einen komplexen Operator $\underline{a}$, mit dem man aus einem gegebenen Zeiger $\underline{U}_{i+1}$ den vorhergehenden Zeiger $\underline{U}_i$ erhält.

$$\underline{a} = \mathrm{e}^{\mathrm{j}2\pi/3} \quad \Rightarrow \quad \underline{U}_1 = \underline{a}\underline{U}_2, \quad \underline{U}_2 = \underline{a}\underline{U}_3 = \underline{a}^2\underline{U}_1, \quad \underline{U}_3 = \underline{a}\underline{U}_1 = \underline{a}^2\underline{U}_2 = \underline{a}^3\underline{U}_3.$$

Aufgabe 4.6.1-2: Man weise mithilfe der vorigen Aufgabe nach, daß die Summe aller Spannungen des symmetrischen Systems immer verschwindet.

$$\sum_{i=0}^{2}\underline{a}^i = 1 + \underline{a} + \underline{a}^2 = 1 + \cos\frac{2\pi}{3} + \mathrm{j}\sin\frac{2\pi}{3} + \cos\frac{4\pi}{3} + \mathrm{j}\sin\frac{4\pi}{3} = 0.$$

Aufgabe 4.6.1-3: Die vorhandenen Ständerwicklungen eines Motors werden entlang der Hälfte des Umfangs aufgewickelt und ein zweiter Wicklungssatz entlang der anderen Hälfte. Die korrespondierenden Phasen seien gleichsinnig reihengeschaltet. Welche Beziehung ergibt sich für diese Polpaarzahl p = 2 zwischen Läuferumdrehungen pro Sekunde u und Frequenz f an den Klemmen?

Während das Generatorfeld bei einer Periode um 360° rotiert ist, ist es beim Motor nur um 180° rotiert. Folglich hat der Läufer auch nur eine halbe Umdrehung durchgeführt. Damit gilt allgemein: sei p die Polpaarzahl (bisher: $p = 1$), so gilt für die Anzahl der Umdrehungen pro Sekunde $u = f/p$. Soll also die Drehzahl um einen durch zwei teilbaren Faktor verringert werden, muß man die Polpaarzahl um diesen Faktor erhöhen.

Aufgabe 4.6.2-1: Man stelle für das Dreileitersystem $\underline{U}_{\mathrm{N,N'}}$ in Abhängigkeit der Strangspannungen und der unsymmetrischen Lastimpedanzen dar.

Legen wir in Abb. 4.6-3b) N′ auf Nullpotential, erhalten wir für $\underline{Y}_i = 1/\underline{Z}_i$ $\underline{U}_{\mathrm{N,N'}}$ unmittelbar aus dem Knotenpotentialverfahren:

$$\underline{U}_{\mathrm{N,N'}} = -\frac{\underline{U}_1\underline{Y}_1 + \underline{U}_2\underline{Y}_2 + \underline{U}_3\underline{Y}_3}{\underline{Y}_1 + \underline{Y}_2 + \underline{Y}_3}.$$

Aufgabe 4.6.2-2: Man stelle für das Dreileitersystem die Leiterströme in Abhängigkeit der Strangspannungen und der unsymmetrischen Lastimpedanzen dar.

Aus Abb. 4.6-3b) erhalten wir $\underline{I}_1$ nach dem Maschenstromverfahren:

$$\underline{I}_1 = \frac{\begin{vmatrix}\underline{U}_1 - \underline{U}_2 & -\underline{Z}_2 \\ \underline{U}_2 - \underline{U}_3 & \underline{Z}_2 + \underline{Z}_3\end{vmatrix}}{\begin{vmatrix}\underline{Z}_1 + \underline{Z}_2 & -\underline{Z}_2 \\ -\underline{Z}_2 & \underline{Z}_2 + \underline{Z}_3\end{vmatrix}} = \frac{\underline{U}_1(\underline{Z}_2 + \underline{Z}_3) - \underline{U}_2\underline{Z}_3 - \underline{U}_3\underline{Z}_2}{\underline{Z}_1\underline{Z}_2 + \underline{Z}_2\underline{Z}_3 + \underline{Z}_3\underline{Z}_1}.$$

Wegen der Symmetrie der Struktur müssen sich $\underline{I}_2$ und $\underline{I}_3$ durch zyklisches Weiterschieben der Indizes ergeben:

$$\underline{I}_2 = \frac{\underline{U}_2(\underline{Z}_3 + \underline{Z}_1) - \underline{U}_3\underline{Z}_1 - \underline{U}_1\underline{Z}_3}{\underline{Z}_1\underline{Z}_2 + \underline{Z}_2\underline{Z}_3 + \underline{Z}_3\underline{Z}_1}, \qquad \underline{I}_3 = \frac{\underline{U}_3(\underline{Z}_1 + \underline{Z}_2) - \underline{U}_1\underline{Z}_2 - \underline{U}_2\underline{Z}_1}{\underline{Z}_1\underline{Z}_2 + \underline{Z}_2\underline{Z}_3 + \underline{Z}_3\underline{Z}_1}.$$

Aufgabe 4.6.2-3: Man stelle für das symmetrische System den Momentanwert der gesamten vom Verbraucher aufgenommenen Leistung $p(t)$ in Abhängigkeit der Strangspannungen und Lastadmittanzen dar.

Nach Gln. 2.11-29 ergibt sich:

$$p_{\mathrm{w}}(t) = U_{\mathrm{Y}}I_{\mathrm{Y}}\cos\varphi\,[3 + \cos 2\omega t + \cos(2\omega t - \tfrac{4\pi}{3}) + \cos(2\omega t + \tfrac{4\pi}{3})] = 3U_{\mathrm{Y}}I_{\mathrm{Y}}\cos\varphi.$$

$$p_{\mathrm{b}}(t) = U_{\mathrm{Y}}I_{\mathrm{Y}}\sin\varphi\,[\sin 2\omega t + \sin(2\omega t - \tfrac{4\pi}{3}) + \sin(2\omega t + \tfrac{4\pi}{3})] = 0.$$

Zu jedem Zeitpunkt gilt also $p(t) = P = 3U_Y I_Y \cos\varphi = 3U_Y^2 Y \cos\varphi = \text{const}$. Dies ist wichtig für Drehfeldmaschinen, die hierdurch ein konstantes Drehmoment P/ω aufbauen.

Aufgabe 4.6.3-1: Man berechne unmittelbar das Verhältnis der Leiterströme bei Dreieckschaltung $I_{L\nabla}$ zu den Leiterströmen bei Sternschaltung I_{LY} derselben symmetrischen Last.

Ist nur eine Phase angeschlossen, ist aus den Abbildungen ersichtlich:

$$\underline{I}_{LY} = \frac{\underline{U}}{2\underline{Z}}, \quad \underline{I}_{L\nabla} = \frac{\underline{U}}{\frac{2}{3}\underline{Z}}$$

$$\Rightarrow \quad \frac{\underline{I}_{L\nabla}}{\underline{I}_{LY}} = 3.$$

Aufgabe 4.6.3-2: Ein im Stern geschalteter Generator 230/400 V, 50 Hz speise im Dreieck geschaltete Impedanzen $\underline{Z}_1 = (1 + j2)\ \text{k}\Omega$, $\underline{Z}_2 = 3\ \text{k}\Omega$ und $\underline{Z}_3 = (2 - j)\ \text{k}\Omega$. Man berechne die Leiterstrombeträge mithilfe von **MATHCAD**.

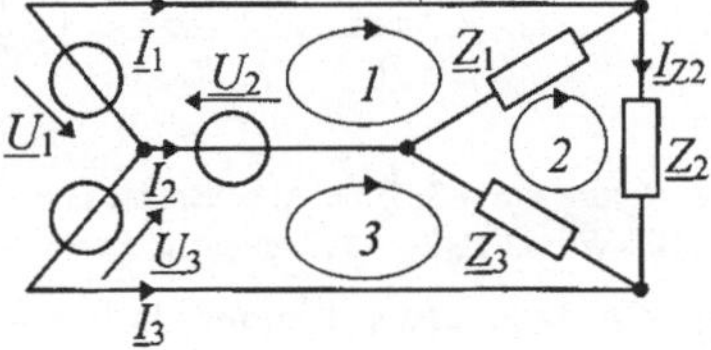

$$ORIGIN := 1 \qquad \underline{Z} := (1 + j\cdot 2 \;\; 3 \;\; 2 - j)^T \cdot \text{k}\Omega \qquad a := \exp\left(j\cdot\frac{2\cdot\pi}{3}\right) \qquad \underline{U} := \begin{bmatrix} 1 & a^2 & a \end{bmatrix}^T \cdot 230\cdot\text{V}$$

$$\begin{bmatrix} I_1 \\ I_{Z2} \\ I_3 \end{bmatrix} := \begin{bmatrix} \underline{Z}_1 & -\underline{Z}_1 & 0 \\ -\underline{Z}_1 & \Sigma\underline{Z} & -\underline{Z}_3 \\ 0 & -\underline{Z}_3 & \underline{Z}_3 \end{bmatrix}^{-1} \cdot \begin{bmatrix} \underline{U}_1 - \underline{U}_2 \\ 0 \\ \underline{U}_2 - \underline{U}_3 \end{bmatrix} \qquad I := \begin{bmatrix} |I_1| \\ |-I_1 + I_3| \\ |-I_3| \end{bmatrix} \qquad I = \begin{bmatrix} 0.311 \\ 0.092 \\ 0.298 \end{bmatrix} \cdot\text{A}$$

Aufgabe 4.6.3-3: Man modelliere die Schaltung der vorigen Aufgabe in **PSPICE** und stelle die Leiterstromzeitverläufe in **PROBE** dar.

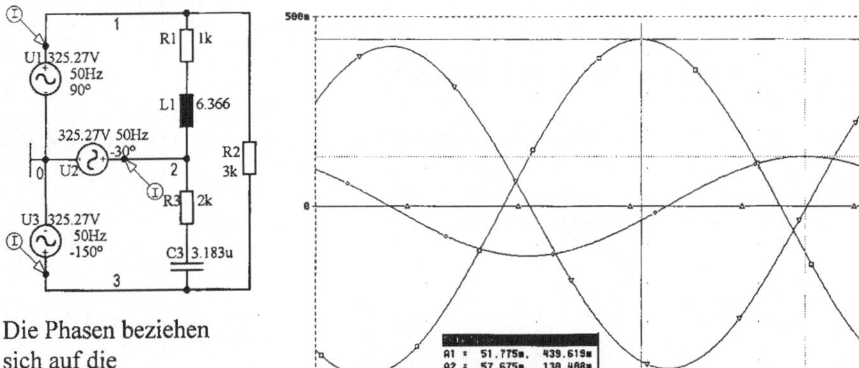

Die Phasen beziehen sich auf die Sinusfunktion, Spannungsamplituden $230\sqrt{2}\ \text{V} = 325{,}27\ \text{V}$.

In **PROBE** wird durch Positionieren beider Cursor auf die Maxima von $i_1(t)$ und $i_2(t)$ $I_1 = 439{,}619/\sqrt{2}\ \text{mA} = 311\ \text{mA}$ und $I_2 = 130{,}408/\sqrt{2}\ \text{mA} = 92\ \text{mA}$ in Übereinstimmung mit **MATHCAD** angezeigt.

Aufgabe 4.6.4-1: Man bestimme die Eingangsadmittanz $\underline{Y}_1$ des Asynchronmotors in Abhängigkeit von L_1, L_2, s, ω_1, R_2 und σ.

$$\underline{U}_1 = \mathrm{j}\omega_1(L_1\underline{I}_1 + M\underline{I}_2), \qquad \underline{U}_2 = -R_2\underline{I}_2 = \mathrm{j}\omega_2(M\underline{I}_1 + L_2\underline{I}_2) = s\mathrm{j}\omega_1(M\underline{I}_1 + L_2\underline{I}_2)$$

$$\Rightarrow \quad -\frac{R_2}{s}\underline{I}_2 = \mathrm{j}\omega_1(M\underline{I}_1 + L_2\underline{I}_2).$$

Aus Gl. 4.4-13 folgt unmittelbar:

$$\underline{Y}_1 = \frac{\underline{I}_1}{\underline{U}_1} = \frac{1}{\mathrm{j}\omega_1 L_1}\frac{R_2/s + \mathrm{j}\omega_1 L_2}{R_2/s + \mathrm{j}\omega_1\sigma L_2} = \frac{1}{\mathrm{j}\omega_1 L_1}\frac{R_2 + \mathrm{j}s\omega_1 L_2}{R_2 + \mathrm{j}s\omega_1\sigma L_2}.$$

Aufgabe 4.6.4-2: Man bestimme den Wirkungsgrad η des Asynchronmotors.

$$\eta = \frac{P_{\mathrm{mech}}}{P_2} = \frac{I_2^2 R_{\mathrm{mech}}}{I_2^2 R_2/s} = 1 - s.$$

Aufgabe 4.6.4-3: Eine Arbeitsmaschine soll bei n_N = 1487/min von einem Asynchronmotor mit P_N = 110 kW und $T_\mathrm{K}/T_\mathrm{N}$ = 2,7 angetrieben werden. Man bestimme p, s_N, s_K, T_N und T_K.

$p = 2$, da n_N etwas kleiner als $\frac{1}{2}n_1$ = 1500/min.

$$s_\mathrm{N} = 1 - \frac{n_\mathrm{N}}{n_0} = 1 - \frac{1487}{1500} = 8{,}\bar{6}\cdot 10^{-3},$$

Mit $x := s_\mathrm{K}/s_\mathrm{N}$ ergibt sich s_K aus:

$$\frac{T_\mathrm{N}}{T_\mathrm{K}} = \frac{2}{s_\mathrm{K}/s_\mathrm{N} + s_\mathrm{N}/s_\mathrm{K}} \quad \Rightarrow \quad x + \frac{1}{x} = 5{,}4 \quad \Rightarrow \quad x^2 - 5{,}4x + 1 = 0$$

$$\Rightarrow \quad x = 2{,}7 \pm \sqrt{2{,}7^2 - 1} = \frac{5{,}208}{0{,}192} = \frac{1000 s_\mathrm{K}}{8{,}\bar{6}} \quad \Rightarrow \quad s_\mathrm{K} = \begin{matrix} 0{,}0451 > s_\mathrm{N} \\ 1{,}664\cdot 10^{-3} < s_\mathrm{N} \end{matrix}$$

Nur der obere Wert resultiert in einen stabilen AP.

$$T_\mathrm{N} = \frac{P_\mathrm{N}}{2\pi n_\mathrm{N}} = \frac{30\cdot 110\cdot 10^3}{\pi\cdot 1487}\,\mathrm{Nm} = 706{,}4\,\mathrm{Nm} \quad \Rightarrow \quad T_\mathrm{K} = 2{,}7\,T_\mathrm{N} = 1907\,\mathrm{Nm}.$$

Aufgabe 4.6.5-1: Man stelle C allgemein als Funktion von P, λ, λ_K, U und f dar.

$$C = \frac{P}{U^2 2\pi f}\left(\sqrt{\frac{1}{\lambda^2} - 1} - \sqrt{\frac{1}{\lambda_\mathrm{K}^2} - 1}\right).$$

Aufgabe 4.6.5-2: Ein Einphasen-Wechselstrommotor mit P = 6,6 kW Nennleistung betreibe eine Arbeitsmaschine mit 40 % Nennleistung bei einem Wirkungsgrad von η = 85 % und λ = 0,65, das durch Parallelschaltung eines Kondensators C auf λ_K = 0,9 kompensiert werden soll. Man bestimme die Stromstärken I und I_K vor und nach Kompensation, sowie C und Q_C.

$$P_{\mathrm{mech}} = 0{,}4P = 2{,}64\,\mathrm{kW} \quad \Rightarrow \quad P_{\mathrm{zu}} = \frac{P_{\mathrm{mech}}}{\eta} = 3{,}106\,\mathrm{kW}.$$

$$\Rightarrow \quad I = \frac{P_{zu}}{U\lambda} = \frac{3{,}106}{230 \cdot 0{,}65}\,\text{kA} = 20{,}77\,\text{A}.$$

Nach der Kompensation soll die gleiche Wirkleistung abgegeben werden:

$$P_{zu} = UI\lambda = UI_K\lambda_K \qquad \Rightarrow \quad I_K = I\frac{\lambda}{\lambda_K} = 15\,\text{A}.$$

$$-Q_C = U(I\sin\varphi - I_K\sin\varphi_K) = UI\lambda\left(\sqrt{\frac{1}{\lambda^2}-1} - \sqrt{\frac{1}{\lambda_K^2}-1}\right) = 2{,}127\,\text{kvar} = U^2\omega C$$

$$\Rightarrow \quad C = \frac{-Q_C}{U^2\omega} = 127{,}98\,\mu\text{F}.$$

Aufgabe 4.6.5-3: Der Motor der vorigen Aufgabe sei nun als Asynchronmotor bei sonst gleichen Daten ausgeführt. Welche Kapazitätswerte C_Y ergeben sich bei Stern-, welche C_∇ bei Dreieckschaltung?

Bei Sternschaltung fließt in einem Strang ein Drittel des Stroms der vorigen Aufgabe und dieser nimmt auch nur ein Drittel der Leistung auf, weshalb $C_Y = \frac{1}{3}C = \frac{1}{3}\cdot 127{,}98$ µF = 42,66 µF. Bei der Dreieckschaltung folgt wegen $U^2 = U_\nabla^2 = 3U_Y^2$ für die gleiche zu kompensierende Blindleistung Q_C: $C_\nabla = \frac{1}{3}C_Y = \frac{1}{9}C = 14{,}22\,\mu\text{F}$.

Lösungen zu den Aufgaben zur FOURIER- und LAPLACEanalyse

Aufgabe 5.1-1: Man berechne die FOURIERreihen der beiden rechts dargestellten periodischen Zeitfunktionen, wobei $s_1(t)$ eine aus gleichartigen Parabelbögen zusammengesetzte Schwingung darstellt. Wie schnell fallen die Betragsspektren im Vergleich zur Rechteckschwingung ab?

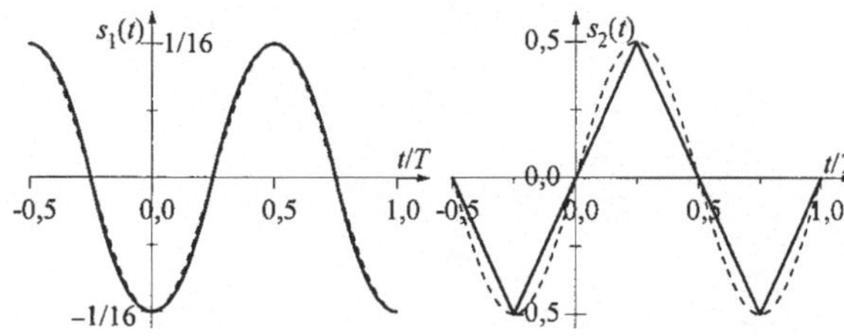

Wir beginnen mit der rechts skizzierten Ableitung von $s_2(t)$. Bezeichne $s(t)$ die Rechteckfunktion in Abb. 5.1-2 und $\underline{d}_k$ deren FOURIERkoeffizienten, so hängt $\dot{s}_2(t)$ = $\mathrm{d}s_2/\mathrm{d}t$ mit dieser wie folgt zusammen:

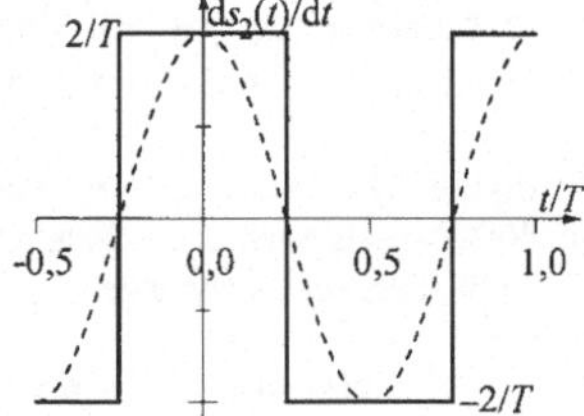

$$\dot{s}_2(t) = \frac{4s(t)-2}{T}.$$

Seien die FOURIERkoeffizienten von $\dot{s}_2(t)$ für $k = 0$: $d_{2,0}^{(1)} = (4d_0 - 2)/T = 0$ sowie für $k = \pm 1, \pm 2, \ldots$: $\underline{d}_{2,k}^{(1)} = 4\underline{d}_k/T$, so gilt nach dem Differentiationssatz:

$$\underline{d}_{2,k} = \frac{\underline{d}_{2,k}^{(1)}}{\mathrm{j}k\omega_0} = \frac{4\underline{d}_k}{\mathrm{j}k\omega_0 T} = \frac{-\mathrm{j}2}{(k\pi)^2}\sin\frac{k\pi}{2} = \begin{cases} -2\mathrm{j}^k/(k\pi)^2 & \forall k \text{ ungerade} \\ 0 & \text{sonst} \end{cases}$$

Das Spektrum von $s_2(t)$ fällt offenbar mit einer quadratischen Hyperbel ab, d.h. ein Dreieck ist einem Sinus ähnlicher als ein Rechteck. Zur Berechnung von $\underline{d}_{1,k}$:

$$s_1(t) = \begin{cases} (\frac{t}{T})^2 - \frac{1}{16} \\ \frac{1}{16} - (\frac{t}{T} - \frac{1}{2})^2 \end{cases} \Rightarrow \frac{\mathrm{d}s_1}{\mathrm{d}t} = \begin{cases} \frac{2t}{T^2} & \forall -\frac{1}{4} \le \frac{t}{T} \le \frac{1}{4} \\ -\frac{2}{T}(\frac{t}{T} - \frac{1}{2}) & \forall \ \frac{1}{4} \le \frac{t}{T} \le \frac{3}{4} \end{cases} = \frac{s_2(t)}{T}$$

$$\Rightarrow \quad \underline{d}_{1,k} = \frac{\underline{d}_{1,k}^{(1)}}{\mathrm{j}k\omega_0} = \frac{\underline{d}_{2,k}}{\mathrm{j}k\omega_0 T} = \frac{-1}{(k\pi)^3}\sin\frac{k\pi}{2} = \begin{cases} \mathrm{j}^{k+1}/(k\pi)^3 & \forall k \text{ ungerade} \\ 0 & \text{sonst} \end{cases}$$

Das Spektrum von $s_1(t)$ fällt offenbar mit einer Hyperbel dritter Ordnung ab, d.h. eine Parabel ist einem Sinus ähnlicher als ein Dreieck, was bereits optisch erkennbar ist.

***Aufgabe 5.1-2**: **Man berechne die FOURIERreihe von $s(t) = g(t)\cos 4\omega_0 t$, wobei sich $g(t) = 4t/T$ für $-T/4 \le t \le T/4$ und $g(t) = -4(t/T-1/2)$ für $T/4 \le t \le 3T/4$ periodisch fortsetzt.**

Mit Bezug auf Aufgabe 1 gilt $g(t) = 2s_2(t)$, womit sofort die zugehörigen FOURIERkoeffizienten $\underline{d}_{g,k}$ bekannt sind. Wir stellen $s(t)$ als Produkt der Cosinusfunktion mit der FOURIERdarstellung von $g(t)$ dar:

$$s(t) = \cos 4\omega_0 t \cdot \sum_{k=-\infty}^{\infty} \underline{d}_{g,k} e^{jk\omega_0 t} = \tfrac{1}{2}(e^{j4\omega_0 t} + e^{-j4\omega_0 t}) \sum_{k=-\infty}^{\infty} \underline{d}_{g,k} e^{jk\omega_0 t} =$$

$$= \tfrac{1}{2} \sum_{k=-\infty}^{\infty} \underline{d}_{g,k} (e^{j(k+4)\omega_0 t} + e^{j(k-4)\omega_0 t}) = \tfrac{1}{2} \sum_{k=-\infty}^{\infty} \underline{d}_{g,k-4} e^{jk\omega_0 t} + \tfrac{1}{2} \sum_{k=-\infty}^{\infty} \underline{d}_{g,k+4} e^{jk\omega_0 t} =$$

$$= \sum_{k=-\infty}^{\infty} \underbrace{\tfrac{1}{2}(\underline{d}_{g,k-4} + \underline{d}_{g,k+4})}_{\underline{d}_k} e^{jk\omega_0 t}; \qquad \underline{d}_{g,k} = \begin{cases} -4j^k/(k\pi)^2 & \forall\, k \text{ ungerade} \\ 0 & \text{sonst} \end{cases}$$

Das Ergebnis interpretieren wir wie folgt: das Spektrum der $\underline{d}_k$ von $s(t)$ entsteht aus den $\underline{d}_{g,k}$, indem diese halbiert und durch Modulation mit der hochfrequenten Trägerschwingung $\cos 4\omega_0 t$ um ± 4 auf der Frequenzachse nach links und rechts versetzt werden. Dies spiegelt auch die unten dargestellte MATHCAD-Grafik des Betragsspektrums wider:

***Aufgabe 5.1-3**: **Man stelle zur vorigen Aufgabe sowohl $s(t)$ als auch das zugehörige Linienspektrum mit MATHCAD als auch mit PSPICE (PROBE + Output-Tabelle) dar. Hier erlaubt das Bauelement *Mult* die Multiplikation von Spannungen.**

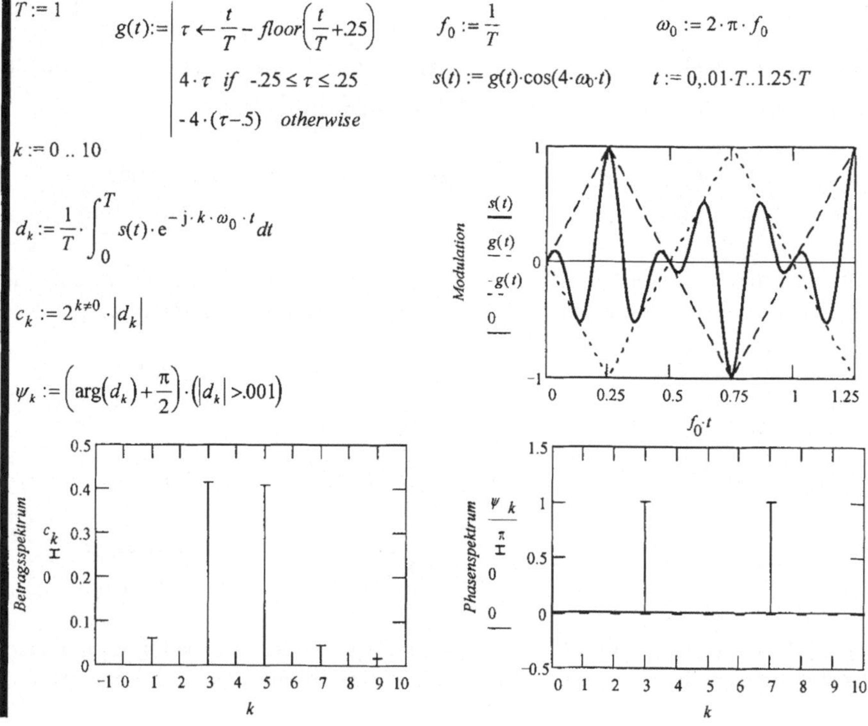

PSPICE-Analyse:

Zur Erzeugung von $g(t)$ werden *VPWL_RE_FOREVER* mit *First_nPairs=0 0 .25 1 .75 –1 1 0* und für die Trägerschwingung $\cos 4\omega_0 t$ *VSIN* mit *VOFF=0, VAMPL=1V, FREQ=4Hz, PHASE=90* parametrisiert und über *Mult*, wie rechts dargestellt mit *R1* verschaltet.

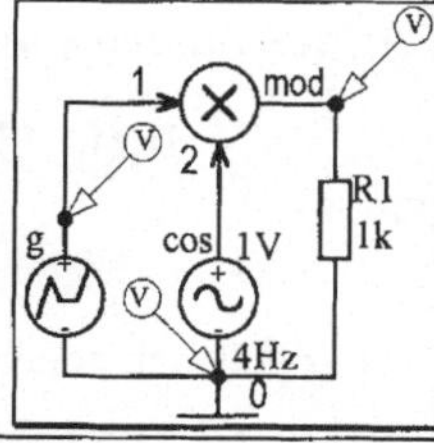

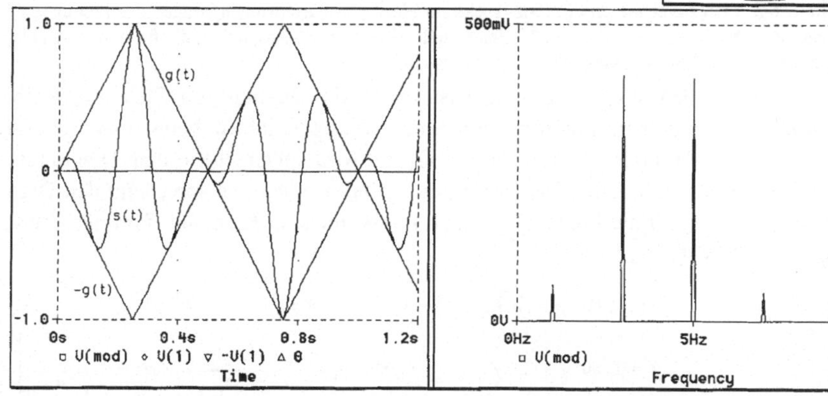


```
FOURIER COMPONENTS OF TRANSIENT RESPONSE V(mod)

 DC COMPONENT =   2.169250E-07

 HARMONIC  FREQUENCY     FOURIER      NORMALIZED   PHASE         NORMALIZED
    NO       (HZ)       COMPONENT     COMPONENT    (DEG)         PHASE (DEG)

    1     1.000E+00    6.146E-02    1.000E+00   -2.865E-05     0.000E+00
    2     2.000E+00    4.339E-07    7.060E-06    8.640E+01     8.640E+01
    3     3.000E+00    4.133E-01    6.725E+00    1.800E+02     1.800E+02
    4     4.000E+00    4.339E-07    7.060E-06    8.280E+01     8.280E+01
    5     5.000E+00    4.092E-01    6.659E+00   -2.640E-04    -2.353E-04
    6     6.000E+00    4.339E-07    7.060E-06    7.920E+01     7.920E+01
    7     7.000E+00    4.831E-02    7.861E-01    1.800E+02     1.800E+02
    8     8.000E+00    4.339E-07    7.060E-06    7.560E+01     7.560E+01
    9     9.000E+00    1.864E-02    3.034E-01   -1.141E-02    -1.138E-02
   10     1.000E+01    4.339E-07    7.060E-06    7.200E+01     7.200E+01

TOTAL HARMONIC DISTORTION =    9.501865E+02 PERCENT
```

Aufgabe 5.2-1: **Man leite den Zeitverschiebungssatz, Modulationssatz und Differentiationssatz aus der Hintransformation statt aus der Rücktransformation her.**

- **Zeitverschiebungssatz**: die Zeitfunktion sei um τ zu $s(t-\tau)$ verschoben:

$$\mathscr{F}\{s(t-\tau)\} = \int_{-\infty}^{\infty} s(\underbrace{t-\tau}_{t'})\mathrm{e}^{-\mathrm{j}\omega t}\mathrm{d}t = \int_{-\infty}^{\infty} s(t')\mathrm{e}^{-\mathrm{j}\omega(\tau+t')}\mathrm{d}t' = \mathrm{e}^{-\mathrm{j}\omega\tau}\int_{-\infty}^{\infty} s(t')\mathrm{e}^{-\mathrm{j}\omega t'}\mathrm{d}t' =$$

$$= \mathrm{e}^{-\mathrm{j}\omega\tau}\underline{S}(f). \qquad \text{q.e.d.}$$

- **Modulationssatz**: die Zeitfunktion sei mit $\mathrm{e}^{\mathrm{j}\omega_0 t}$ zu $s(t)\,\mathrm{e}^{\mathrm{j}\omega_0 t}$ multipliziert:

$$\mathscr{F}\{s(t)\mathrm{e}^{\mathrm{j}\omega_0 t}\} = \int_{-\infty}^{\infty} s(t)\mathrm{e}^{\mathrm{j}\omega_0 t}\mathrm{e}^{-\mathrm{j}\omega t}\mathrm{d}t = \int_{-\infty}^{\infty} s(t)\mathrm{e}^{-\mathrm{j}(\omega-\omega_0)t}\mathrm{d}t = \underline{S}(f-f_0). \qquad \text{q.e.d.}$$

- **Differentiationssatz**: die Zeitfunktion sei zu $d^n s/dt^n$ ($n$mal) abgeleitet:

$$\mathscr{F}\{\frac{ds(t)}{dt}\} = \int_{-\infty}^{\infty} \frac{ds(t)}{dt} e^{-j\omega t} dt = -\int_{-\infty}^{\infty} s(t) \frac{de^{-j\omega t}}{dt} dt = j\omega \int_{-\infty}^{\infty} s(t) e^{-j\omega t} dt = j\omega \underline{S}(f).$$

q.e.d.

Dies läßt sich beliebig oft fortsetzen.

Aufgabe 5.2-2: Man berechne das FOURIERspektrum eines Cosinuschwingungszuges der Frequenz f_0 von n Perioden Dauer von $-n/2 < f_0 t < n/2$. Man erstelle eine MATHCAD-Animation, die für n als Variable die Veränderung von Zeit- und Frequenzfunktion darstellt.

An den folgenden MATHCAD-Diagrammen ist wieder die Dualität von Gleichgröße im Zeitbereich ↔ δ-Impuls im Frequenzbereich bzw. δ-Impuls im Zeitbereich ↔ Gleichgröße im Frequenzbereich zu erkennen. Für $f_0 \to 0$ wird entsprechend dem Diagramm für $n = 2$ die Frequenzfunktion immer flacher, für $f_0 \to \infty$ geht entsprechend den Diagrammen für $n = 8$, 20 die Frequenzfunktion immer mehr in Richtung δ-Impuls. Herleitung nächste Seite.

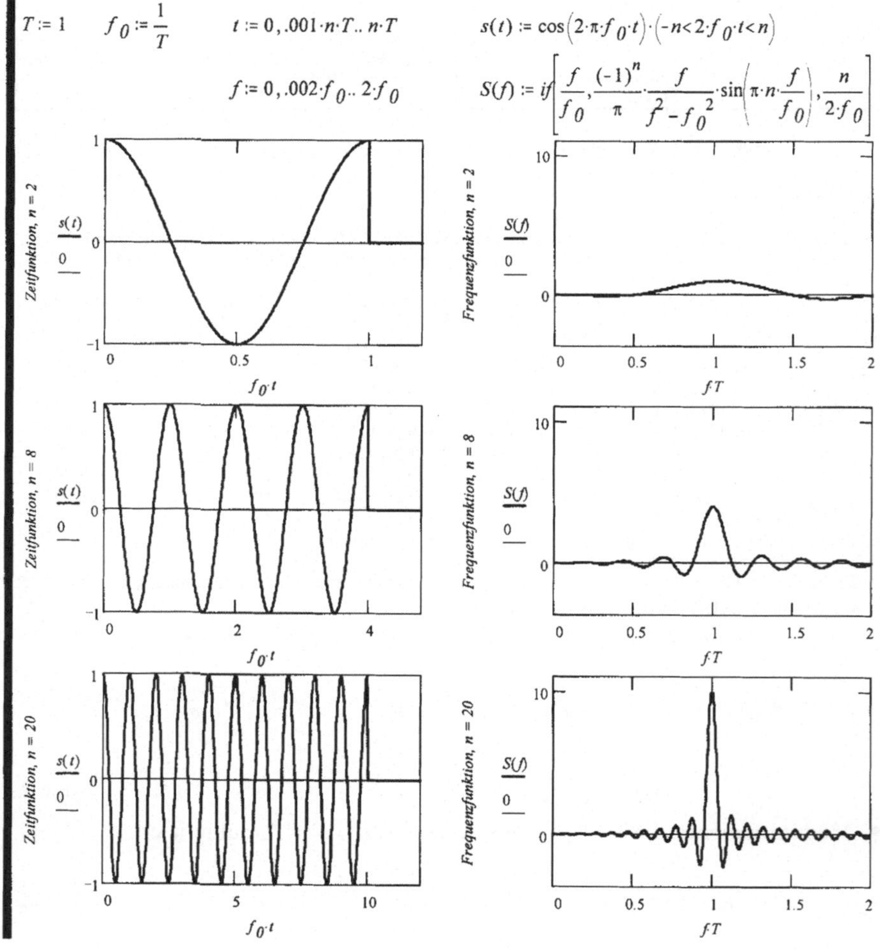

$$\underline{S}(f) = 2\int_0^{n/2f_0} \cos\omega_0 t \cdot \cos\omega t \cdot \mathrm{d}t = \int_0^{n/2f_0} [\cos(\omega - \omega_0)t + \cos(\omega + \omega_0)t]\mathrm{d}t =$$

$$= \frac{\sin(\omega - \omega_0)t}{\omega - \omega_0} + \frac{\sin(\omega + \omega_0)t}{\omega + \omega_0}\Bigg|_0^{\frac{n}{2f_0}} = \left(\frac{1}{\omega - \omega_0} + \frac{1}{\omega + \omega_0}\right)\sin\pi n\left(\frac{f}{f_0} \mp 1\right) =$$

$$= \frac{(-1)^n 2\omega}{\omega^2 - \omega_0^2}\sin\pi n\frac{f}{f_0} = \frac{(-1)^n}{\pi f_0}\frac{f/f_0}{(f/f_0)^2 - 1}\sin\pi n\frac{f}{f_0}.$$

$$\underline{S}(f_0) = 2\int_0^{n/2f_0} \cos^2\omega_0 t\mathrm{d}t = \int_0^{n/2f_0}(1 + \cos 2\omega_0 t)\mathrm{d}t = \frac{n}{2f_0}.$$

***Aufgabe 5.2-3**: **Welche Dauer *T* muß ein Rechteckpuls minimal haben, damit das zugehörige Spektrum *R(f)* bei f_g = 1 MHz um mindestens Δ abgefallen ist? Man löse die Aufgabe mit der MATHCAD-*root*-Funktion, stelle das Ergebnis für 0 < Δ < 1 graphisch dar und lese aus dem Diagramm die minimale Dauer T_{3dB} für Δ = 3 dB ab.**

Ein solcher Rechteckpuls der Höhe $1/T$ hat nach Gl. 5.2-13 das Spektrum $R(f) = (\sin\pi fT)/\pi fT$. Gefordert ist:

$$R(f_g = 1\,\mathrm{MHz}) = \frac{\sin\pi f_g T}{\pi f_g T} \overset{!}{\leq} (1 - \Delta)\cdot R(0) = 1 - \Delta.$$

Es ist also für gegebenes f_g = 1 MHz und Abfallparameter Δ die Lösung der transzendenten Gleichung in T

$$\sin\pi f_g T \leq (1 - \Delta)\pi f_g T$$

zu finden. Die gesuchte Lösung liegt oberhalb der Kurve des unten dargestellten MATHCAD-Diagramms. Der dB-Wert für Δ rechnet sich wie folgt auf den Absolutwert um:

$$-20\log R(f_g) = \Delta_{\mathrm{dB}} \quad\Rightarrow\quad 1 - R(f_g) = \Delta = 1 - 10^{-\frac{\Delta_{\mathrm{dB}}}{20}}.$$

Nach der folgenden MATHCAD-Lösung ist bei Pulsen mit kürzerer Dauer als 0,441 µs bei 1 MHz das Spektrum um weniger als 3 dB abgefallen, d.h., die elektromagnetische Abstrahlung hoher Frequenzen in die Umgebung stärker.

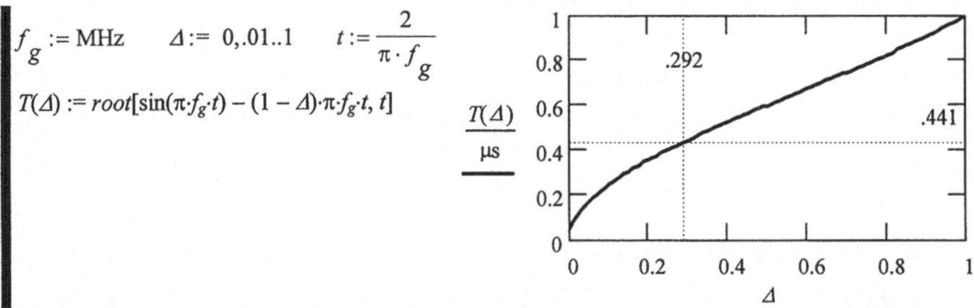

Für Δ_{dB} = 3 errechnen wir Δ = 0,292 und lesen hiermit aus dem MATHCAD-Diagramm mit (**X-Y-Trace**) $T \geq 0{,}441$ µs ab.

Aufgabe 5.3-1: Man realisiere in **PSPICE** mit *ELAPLACE* eine exponentiell mit τ = 1 ms abklingende Sinusquelle der Frequenz f = 1 kHz, die von einem δ-Impuls getriggert wird.

$$\mathscr{L}\{e^{-\alpha t}\sin\omega t\} = \int_{0^-}^{\infty}\frac{e^{(-\alpha+j\omega)t} - e^{-(\alpha+j\omega)t}}{2j}e^{-st}dt = \frac{1}{2j}\left(\frac{-e^{(-s-\alpha+j\omega)t}}{s+\alpha-j\omega} + \frac{e^{-(s+\alpha+j\omega)t}}{s+\alpha+j\omega}\right)_{0^-}^{\infty}$$

$$= \frac{1}{2j}\left(\frac{1}{s+\alpha-j\omega} - \frac{1}{s+\alpha+j\omega}\right) = \frac{\omega}{(s+\alpha)^2+\omega^2}.$$

In normierter Darstellung gilt also mit $\alpha = 1/\tau = 1000$, $\omega = 2\pi f = 6283$:

$$\mathscr{L}\{e^{-1000t}\sin 6283t\} = \frac{6283}{(s+1000)^2+6283^2}.$$

Wir modellieren eine *VPULSE*-Quelle mit *V1=0, V2=1Meg, TD=0, TR=1n, TF=1n, PW=1u, PER=1*, die praktisch eine LAPLACEtransformierte von 1 hat. Diese binden wir gemäß Abb. 5.3-3 in *ELAPLACE* mit *XFORM= 6283/((s+1000)**2+6283**2)* ein und erhalten durch Parametrisierung der **Transient**-Dialogbox z.B. mit Final Time *5ms* das gewünschte Ergebnis in **PROBE**.

Aufgabe 5.3-2: Welche Partialbrüche hat $\underline{U}_C(s)$ des Beispielnetzwerks für R = 3 kΩ und wie sieht die zugehörige Zeitfunktion aus?

$$\underline{U}_C(s) = \frac{U_q/LC}{s(s^2+sR/L+1/LC)} = \frac{10^{13}}{s(s^2+3\cdot10^6s+10^{12})} =$$

$$= \frac{10^{13}}{(s-0)\cdot(s+2{,}618\cdot10^6)\cdot(s+3{,}82\cdot10^5)}.$$

$r_1 = \underline{U}_C(0)\cdot(s-0) = 10,$

$r_2 = \underline{U}_C(-2{,}618\cdot10^6)\cdot(s+2{,}618\cdot10^6) = 1{,}708$

$r_3 = \underline{U}_C(-3{,}82\cdot10^5)\cdot(s+3{,}82\cdot10^5) = -11{,}708$

$$\Rightarrow\quad u_C(t) = 10 + 1{,}708e^{-2{,}618\cdot10^6t} - 11{,}708e^{-3{,}82\cdot10^5t}\qquad\text{(Dämpfungsfall).}$$

MATHCAD unterstützt die Suche der Pole und Residuen z.B. mit

$ORIGIN := 1 \qquad p := polyroots\left(\begin{bmatrix}10^{12} & 3\cdot10^6 & 1\end{bmatrix}^T\right) \qquad p = \begin{bmatrix}-2.618\cdot10^6\\ -3.82\cdot10^5\end{bmatrix}$

$r := 10^{13}\cdot\begin{bmatrix}\frac{1}{(-p_1)\cdot(-p_2)} & \frac{1}{p_1\cdot(p_1-p_2)} & \frac{1}{p_2\cdot(p_2-p_1)}\end{bmatrix} \qquad r = \begin{bmatrix}10 & 1.708 & -11.708\end{bmatrix}$

***Aufgabe 5.3-3**: Man berechne die LAPLACEtransformierte der Rechteckpulsfolge aus Abb. 5.1-7.

Die Rechteckpulsfolge $r(t)$ läßt sich mit t als normierter Zeit als Überlagerung zeitverschobener Sprungfunktionen $\Phi(t)$ darstellen:

$$r(t) = \Phi(t) + \sum_{k=0}^{\infty} [\Phi(t-k-\tfrac{3}{4}) - \Phi(t-k-\tfrac{1}{4})]$$

$$\circ\!\!-\!\!\bullet \quad \frac{1}{s}[1 + \sum_{k=0}^{\infty} (\mathrm{e}^{-s(k+\frac{3}{4})} - \mathrm{e}^{-s(k+\frac{1}{4})})] = \frac{1}{s}[1 + (\mathrm{e}^{-\frac{3s}{4}} - \mathrm{e}^{-\frac{s}{4}}) \sum_{k=0}^{\infty} (\mathrm{e}^{-s})^k].$$

Mit der geometrischen Reihe:

$$\sum_{k=0}^{\infty} x^k = \frac{1}{1-x} \quad \forall \ |x|<1 \quad \text{und} \quad x := \mathrm{e}^{-s} \quad (|\mathrm{e}^{-s}| < 1, \text{ da lt. Vor. } \Re\{s\} > 0\})$$

$$\Rightarrow \quad \mathscr{L}\{r(t)\} = \frac{1}{s}(1 - \frac{\mathrm{e}^{-\frac{s}{4}} - \mathrm{e}^{-\frac{3s}{4}}}{1-\mathrm{e}^{-s}}) = \frac{1}{s}[1 - \frac{\mathrm{e}^{-\frac{s}{4}}(1-\mathrm{e}^{-\frac{s}{2}})}{(1+\mathrm{e}^{-\frac{s}{2}})(1-\mathrm{e}^{-\frac{s}{2}})}] = \frac{1}{s}(1 - \frac{\mathrm{e}^{-\frac{s}{4}}}{1+\mathrm{e}^{-\frac{s}{2}}}).$$

Mathematische Formelsammlung

a, b, c, d seien allgemeine Skalarfelder; $\boldsymbol{a}, \boldsymbol{b}, \boldsymbol{c}, \boldsymbol{d}$ seien allgemeine Vektorfelder

Vektoralgebra:

Vektordarstellung:

	in kartesischen Koordinaten:	in Zylinder-koordinaten:	in Kugel-koordinaten:	koordinaten-frei:
$\boldsymbol{a} =$	$\begin{pmatrix} a_x \\ a_y \\ a_z \end{pmatrix}$	$\begin{pmatrix} a_r \\ a_\varphi \\ a_z \end{pmatrix}$	$\begin{pmatrix} a_r \\ a_\vartheta \\ a_\varphi \end{pmatrix}$	$\begin{pmatrix} a_1 \\ a_2 \\ a_3 \end{pmatrix}.$

Skalarprodukt:

$$\boldsymbol{a}\cdot\boldsymbol{b} = a_1b_1 + a_2b_2 + a_3b_3 = ab\cos\angle\boldsymbol{a},\boldsymbol{b} = \boldsymbol{b}\cdot\boldsymbol{a} \qquad \boldsymbol{a}\cdot\boldsymbol{a} = a_1^2 + a_2^2 + a_3^2 = a^2$$

Einheitsvektor $\vec{e}_a$ in Richtung von $\boldsymbol{a}$:

$$\vec{e}_a = \frac{\boldsymbol{a}}{\sqrt{\boldsymbol{a}\cdot\boldsymbol{a}}} = \frac{\boldsymbol{a}}{a} = \frac{1}{\sqrt{a_1^2 + a_2^2 + a_3^2}} \begin{pmatrix} a_1 \\ a_2 \\ a_3 \end{pmatrix}.$$

Vektorprodukt:

$$\boldsymbol{a} \times \boldsymbol{b} = \begin{vmatrix} a_1 & b_1 & \vec{e}_1 \\ a_2 & b_2 & \vec{e}_2 \\ a_3 & b_3 & \vec{e}_3 \end{vmatrix} = \begin{pmatrix} a_2b_3 - a_3b_2 \\ a_3b_1 - a_1b_3 \\ a_1b_2 - a_2b_1 \end{pmatrix} = -\,\boldsymbol{b} \times \boldsymbol{a}, \qquad |\boldsymbol{a} \times \boldsymbol{b}| = ab\sin\angle\boldsymbol{a},\boldsymbol{b}, \qquad \boldsymbol{a} \times \boldsymbol{a} = 0.$$

Mehrfachvektorprodukte:

Spatprodukt: $(\boldsymbol{a} \times \boldsymbol{b})\cdot\boldsymbol{c} = (\boldsymbol{b} \times \boldsymbol{c})\cdot\boldsymbol{a} = (\boldsymbol{c} \times \boldsymbol{a})\cdot\boldsymbol{b} =$

$$= \begin{vmatrix} a_1 & b_1 & c_1 \\ a_2 & b_2 & c_2 \\ a_3 & b_3 & c_3 \end{vmatrix} = (a_2b_3 - a_3b_2)c_1 + (a_3b_1 - a_1b_3)c_2 + (a_1b_2 - a_2b_1)c_3$$

Doppelvektorprodukt:

$$\boldsymbol{a} \times (\boldsymbol{b} \times \boldsymbol{c}) = (\boldsymbol{a}\cdot\boldsymbol{c})\boldsymbol{b} - (\boldsymbol{a}\cdot\boldsymbol{b})\boldsymbol{c}$$

$$(\boldsymbol{a} \times \boldsymbol{b}) \times \boldsymbol{c} = (\boldsymbol{a}\cdot\boldsymbol{c})\boldsymbol{b} - (\boldsymbol{b}\cdot\boldsymbol{c})\boldsymbol{a}$$

Skalarprodukt zweier Vektorprodukte: $(\boldsymbol{a} \times \boldsymbol{b})\cdot(\boldsymbol{c} \times \boldsymbol{d}) = (\boldsymbol{a}\cdot\boldsymbol{c})(\boldsymbol{b}\cdot\boldsymbol{d}) - (\boldsymbol{a}\cdot\boldsymbol{d})(\boldsymbol{b}\cdot\boldsymbol{c})$

Vektorprodukt zweier Vektorprodukte: $(\boldsymbol{a} \times \boldsymbol{b}) \times (\boldsymbol{c} \times \boldsymbol{d}) = [(\boldsymbol{a} \times \boldsymbol{b})\cdot\boldsymbol{d}]\boldsymbol{c} - [(\boldsymbol{a} \times \boldsymbol{b})\cdot\boldsymbol{c}]\boldsymbol{d} =$

$$= [(\boldsymbol{a} \times \boldsymbol{c})\cdot\boldsymbol{d}]\boldsymbol{b} - [(\boldsymbol{b} \times \boldsymbol{c})\cdot\boldsymbol{d}]\boldsymbol{a}.$$

Vektoranalysis:

Weg, Strecke: s, $\boldsymbol{s}$; Fläche: A, $\boldsymbol{A}$ Volumen: V

Koordinatenumrechnungen:

kartesische Koordinaten:	Zylinderkoordinaten:	Kugelkoordinaten:
x, y, z	r, φ, z	r, ϑ, φ

Zylinder $\Rightarrow$ kartesisch: $x = r\cos\varphi$ $y = r\sin\varphi$ $z = z$

kartesisch $\Rightarrow$ Zylinder: $r = \sqrt{x^2 + y^2}$ $\varphi = \begin{cases} \arctan\dfrac{y}{x} & \text{für } x \geq 0 \\ \arctan\dfrac{y}{x} + \pi & \text{für } x < 0 \end{cases}$

Kugel $\Rightarrow$ kartesisch: $x = r\sin\vartheta\cdot\cos\varphi$ $y = r\sin\vartheta\cdot\sin\varphi$ $z = r\cos\vartheta$

kartesisch $\Rightarrow$ Kugel: $r = \sqrt{x^2 + y^2 + z^2}$

$$\vartheta = \arccos\frac{z}{\sqrt{x^2 + y^2 + z^2}} \qquad (0 \leq \vartheta \leq \pi)$$

$$\varphi = \begin{cases} \arctan\dfrac{y}{x} & \text{für } x \geq 0 \\ \arctan\dfrac{y}{x} + \pi & \text{für } x < 0 \end{cases} \qquad (0 \leq \varphi \leq 2\pi)$$

Volumenelement: $\mathrm{d}V =$

in kartesischen Koordinaten:	in Zylinderkoordinaten:	in Kugelkoordinaten:
$\mathrm{d}x\mathrm{d}y\mathrm{d}z$	$r\mathrm{d}r\mathrm{d}\varphi\mathrm{d}z$	$r^2\mathrm{d}r\mathrm{d}\vartheta\sin\vartheta\cdot\mathrm{d}\varphi$

Gradient: $\nabla\cdot a = \mathrm{grad}\,a = \boldsymbol{b}$

allgemeine Definition: $\mathrm{grad}\,\therefore := \lim\limits_{V\to 0}\dfrac{1}{V}\oiint\limits_{A \text{ um } V} \therefore\, \mathrm{d}\boldsymbol{A}.$

in kartesischen Koordinaten: in Zylinderkoordinaten: in Kugelkoordinaten:

$$\begin{pmatrix} b_x \\ b_y \\ b_z \end{pmatrix} = \begin{pmatrix} \dfrac{\partial a}{\partial x} \\ \dfrac{\partial a}{\partial y} \\ \dfrac{\partial a}{\partial x} \end{pmatrix}; \quad \begin{pmatrix} b_r \\ b_\varphi \\ b_z \end{pmatrix} = \begin{pmatrix} \dfrac{\partial a}{\partial r} \\ \dfrac{1}{r}\dfrac{\partial a}{\partial \varphi} \\ \dfrac{\partial a}{\partial z} \end{pmatrix}; \quad \begin{pmatrix} b_r \\ b_\vartheta \\ b_\varphi \end{pmatrix} = \begin{pmatrix} \dfrac{\partial a}{\partial r} \\ \dfrac{1}{r}\dfrac{\partial a}{\partial \vartheta} \\ \dfrac{1}{r\sin\vartheta}\dfrac{\partial a}{\partial \varphi} \end{pmatrix}.$$

Gradientenintegralsatz: $\int \mathrm{grad}\,a\cdot \mathrm{d}\boldsymbol{s} = \int \mathrm{d}a$

$\mathrm{grad}(ab) = a\,\mathrm{grad}\,b + b\,\mathrm{grad}\,a$ $\mathrm{grad}\,\mathrm{div}\,\boldsymbol{a} = \mathrm{rot}\,\mathrm{rot}\,\boldsymbol{a} + \Delta\boldsymbol{a}$ $\mathrm{grad}f(a) = \dfrac{\partial f}{\partial a}\mathrm{grad}\,a.$

Divergenz: $\nabla \cdot \boldsymbol{a} = \operatorname{div} \boldsymbol{a}$

allgemeine Definition: $\operatorname{div} \because := \lim_{V \to 0} \frac{1}{V} \oiint_{A \text{ um } V} \because \cdot \mathrm{d}\boldsymbol{A}.$

in kartesischen Koordinaten:

$$\frac{\partial a_x}{\partial x} + \frac{\partial a_y}{\partial y} + \frac{\partial a_z}{\partial z}$$

in Zylinderkoordinaten:

$$\frac{1}{r}\frac{\partial r a_r}{\partial r} + \frac{1}{r}\frac{\partial a_\varphi}{\partial \varphi} + \frac{\partial a_z}{\partial z}$$

in Kugelkoordinaten:

$$\frac{1}{r^2}\frac{\partial r^2 a_r}{\partial r} + \frac{1}{r \sin \vartheta}\frac{\partial (\sin \vartheta \cdot a_\vartheta)}{\partial \vartheta} + \frac{1}{r \sin \vartheta}\frac{\partial a_\varphi}{\partial \varphi}.$$

$\operatorname{div}(a\boldsymbol{b}) = a \operatorname{div} \boldsymbol{b} + \boldsymbol{b} \cdot \operatorname{grad} a$; $\operatorname{div}(\boldsymbol{a} \times \boldsymbol{b}) = \boldsymbol{b} \cdot \operatorname{rot} \boldsymbol{a} - \boldsymbol{a} \cdot \operatorname{rot} \boldsymbol{b}$; $\operatorname{div} \operatorname{grad} a = \Delta a$; $\operatorname{div} \operatorname{rot} \boldsymbol{a} = 0$.

Rotor: $\nabla \times \boldsymbol{a} = \operatorname{rot} \boldsymbol{a} = \boldsymbol{b}$

allgemeine Definition: $\operatorname{rot} \because = \lim_{V \to 0} \frac{1}{V} \oiint_{A \text{ um } V} \mathrm{d}\boldsymbol{A} \times \because$ oder $\vec{e}_A \cdot \operatorname{rot} \because = \lim_{A \to 0} \frac{1}{A} \oint_{s \text{ um } A} \because \cdot \mathrm{d}\boldsymbol{s}.$

in kartesischen Koordinaten:

$$\begin{pmatrix} b_x \\ b_y \\ b_z \end{pmatrix} = \begin{vmatrix} \frac{\partial}{\partial x} & a_x & \vec{e}_x \\ \frac{\partial}{\partial y} & a_y & \vec{e}_y \\ \frac{\partial}{\partial z} & a_z & \vec{e}_z \end{vmatrix} = \begin{pmatrix} \frac{\partial a_z}{\partial y} - \frac{\partial a_y}{\partial z} \\ \frac{\partial a_x}{\partial z} - \frac{\partial a_z}{\partial x} \\ \frac{\partial a_y}{\partial x} - \frac{\partial a_x}{\partial y} \end{pmatrix}$$

in Zylinderkoordinaten:

$$\begin{pmatrix} b_r \\ b_\varphi \\ b_z \end{pmatrix} = \frac{1}{r}\begin{vmatrix} \frac{\partial}{\partial r} & a_r & \vec{e}_r \\ \frac{\partial}{\partial \varphi} & r a_\varphi & r\vec{e}_\varphi \\ \frac{\partial}{\partial z} & a_z & \vec{e}_z \end{vmatrix} = \begin{pmatrix} \frac{1}{r}\frac{\partial a_z}{\partial \varphi} - \frac{\partial a_\varphi}{\partial z} \\ \frac{\partial a_r}{\partial z} - \frac{\partial a_z}{\partial r} \\ \frac{1}{r}(\frac{\partial r a_\varphi}{\partial r} - \frac{\partial a_r}{\partial \varphi}) \end{pmatrix}$$

in Kugelkoordinaten:

$$\begin{pmatrix} b_r \\ b_\vartheta \\ b_\varphi \end{pmatrix} = \frac{1}{r^2 \sin \vartheta}\begin{vmatrix} \frac{\partial}{\partial r} & a_r & \vec{e}_r \\ \frac{\partial}{\partial \vartheta} & r a_\vartheta & r\vec{e}_\vartheta \\ \frac{\partial}{\partial \varphi} & r \sin \vartheta \cdot a_\varphi & r \sin \vartheta \cdot \vec{e}_\varphi \end{vmatrix} = \frac{1}{r}\begin{pmatrix} \frac{1}{\sin \vartheta}(\frac{\partial (\sin \vartheta \cdot a_\varphi)}{\partial \vartheta} - \frac{\partial a_\vartheta}{\partial \varphi}) \\ \frac{1}{\sin \vartheta}\frac{\partial a_r}{\partial \varphi} - \frac{\partial r a_\varphi}{\partial r} \\ \frac{\partial r a_\vartheta}{\partial r} - \frac{\partial a_r}{\partial \vartheta} \end{pmatrix}.$$

$\operatorname{rot}(a\boldsymbol{b}) = a \operatorname{rot} \boldsymbol{b} + \operatorname{grad} a \times \boldsymbol{b}$ $\qquad$ $\operatorname{rot}(\boldsymbol{a} \times \boldsymbol{b}) = (\boldsymbol{b} \cdot \operatorname{grad})\boldsymbol{a} - (\boldsymbol{a} \cdot \operatorname{grad})\boldsymbol{b} + \boldsymbol{a} \operatorname{div} \boldsymbol{b} - \boldsymbol{b} \operatorname{div} \boldsymbol{a}$

$\operatorname{rot} \operatorname{grad} a = 0$ $\qquad$ $\operatorname{rot} \operatorname{rot} \boldsymbol{a} = \operatorname{grad} \operatorname{div} \boldsymbol{a} - \Delta \boldsymbol{a}$.

LAPLACEoperator: $\Delta a = \nabla(\nabla a) = \nabla^2 a$

in kartesischen Koordinaten:

$$\frac{\partial^2 a}{\partial x^2} + \frac{\partial^2 a}{\partial y^2} + \frac{\partial^2 a}{\partial z^2}$$

in Zylinderkoordinaten:

$$\frac{1}{r}\frac{\partial}{\partial r}(r\frac{\partial a}{\partial r}) + \frac{1}{r^2}\frac{\partial^2 a}{\partial \varphi^2} + \frac{\partial^2 a}{\partial z^2}$$

in Kugelkoordinaten:

$$\frac{1}{r^2}\frac{\partial}{\partial r}(r^2\frac{\partial a}{\partial r})+\frac{1}{r^2\sin\vartheta}\frac{\partial}{\partial\vartheta}(\sin\vartheta\frac{\partial a}{\partial\vartheta})+\frac{1}{r^2\sin^2\vartheta}\frac{\partial^2 a}{\partial\varphi^2}.$$

$\Delta a = \text{div grad}a$ $\qquad$ $\Delta \boldsymbol{a} = \text{grad div}\boldsymbol{a} - \text{rot rot}\boldsymbol{a}$.

Trigonometrische und hyperbolische Umformungen:

$\cos(a \pm b) = \cos a\cdot\cos b \mp \sin a\cdot\sin b$ $\qquad$ $\sin(a \pm b) = \sin a\cdot\cos b \pm \cos a\cdot\sin b$

$\cos a\cdot\cos b = ½[\cos(a-b) + \cos(a+b)]$ $\qquad$ $\sin a\cdot\sin b = ½[\cos(a-b) - \cos(a+b)]$

$\cos a\cdot\sin b = ½[-\sin(a-b) + \sin(a+b)]$ $\qquad$ $\sin a\cdot\cos b = ½[\sin(a-b) + \sin(a+b)]$

$\cos a + \cos b = 2\cos\frac{a+b}{2}\cdot\cos\frac{a-b}{2}$ $\qquad$ $\sin a + \sin b = 2\sin\frac{a+b}{2}\cdot\cos\frac{a-b}{2}$

$\cos a - \cos b = -2\sin\frac{a+b}{2}\cdot\sin\frac{a-b}{2}$ $\qquad$ $\sin a - \sin b = 2\cos\frac{a+b}{2}\cdot\sin\frac{a-b}{2}$

$\cos^2 a = ½(1 + \cos 2a)$ $\qquad$ $\sin^2 a = ½(1 - \cos 2a)$

$\cos^2 a + \sin^2 a = 1$ $\qquad$ $\cos^2 a - \sin^2 a = \cos 2a$

$\cos a \pm \mathrm{j}\sin a = \mathrm{e}^{\pm \mathrm{j}a}$ $\qquad$ $\cos a = \frac{1}{2}(\mathrm{e}^{\mathrm{j}a} + \mathrm{e}^{-\mathrm{j}a})$; $\sin a = \frac{1}{2\mathrm{j}}(\mathrm{e}^{\mathrm{j}a} - \mathrm{e}^{-\mathrm{j}a})$

$\cos \mathrm{j}a = \cosh a$ $\qquad$ $\sin \mathrm{j}a = \mathrm{j}\sinh a$ $\qquad$ $\tan \mathrm{j}a = \mathrm{j}\tanh a$ $\qquad$ $\cot \mathrm{j}a = -\mathrm{j}\coth a$

$\cosh \mathrm{j}a = \cos a$ $\qquad$ $\sinh \mathrm{j}a = \mathrm{j}\sin a$ $\qquad$ $\tanh \mathrm{j}a = \mathrm{j}\tan a$ $\qquad$ $\coth \mathrm{j}a = -\mathrm{j}\cot a$

$\cosh^2 a + \sinh^2 a = \cosh 2a$ $\qquad$ $\cosh^2 a - \sinh^2 a = 1$

$\cosh a \pm \sinh a = \mathrm{e}^{\pm a}$ $\qquad$ $\cosh a = \frac{1}{2}(\mathrm{e}^{a} + \mathrm{e}^{-a})$; $\sinh a = \frac{1}{2}(\mathrm{e}^{a} - \mathrm{e}^{-a})$

$\cosh(a \pm \mathrm{j}b) = \cosh a\cdot\cos b \pm \mathrm{j}\sinh a\cdot\sin b$ $\qquad$ $\sinh(a \pm \mathrm{j}b) = \sinh a\cdot\cos b \pm \mathrm{j}\cosh a\cdot\sin b$

$\cosh^2 a = ½(\cosh 2a + 1)$ $\qquad$ $\sinh^2 a = ½(\cosh 2a - 1)$

kleine Argumente: $\cosh a \approx (1+\frac{a^2}{4})^2$; $|a| < 0{,}70$ $\qquad$ $\sinh a \approx a + \frac{a^3}{6}$; $|a| < 0{,}84$

Reihenentwicklungen:

$\sqrt{1 \pm a} = 1 \pm \frac{a}{2} - \frac{a^2}{8} \pm \ldots$; $|a| \le 1$ $\qquad$ $\frac{1}{\sqrt{1 \pm a}} = 1 \mp \frac{a}{2} + \frac{3a^2}{8} \pm \ldots$; $|a| < 1$

$(1 \pm a)^{3/2} = 1 \pm \frac{3a}{2} - \frac{3a^2}{8} \mp \ldots$; $|a| \le 1$ $\qquad$ $(1 \pm a)^{-3/2} = 1 \mp \frac{3a}{2} + \frac{15a^2}{8} \mp \ldots$; $|a| < 1$

$\sin a = a - \frac{a^3}{3!} + \frac{a^5}{5!} \mp \ldots$ $\qquad$ $\cos a = 1 - \frac{a^2}{2!} + \frac{a^4}{4!} \mp \ldots$

Geometrische Reihe: $\sum_{i=1}^{n} a^{i-1} = \frac{1-a^n}{1-a}$; $a \ne 1$ $\qquad$ $\sum_{i=1}^{\infty} a^{i-1} = \frac{1}{1-a}$; $|a| < 1$.

Rechenregeln für Determinanten:

- Eine Matrix hat die gleiche Determinante wie ihre Transponierte, daher gelten folgende Aussagen sowohl für Zeilen als auch Spalten:
- Eine Determinante ändert ihr Vorzeichen, wenn man eine Zeile mit einer anderen Zeile vertauscht.
- Der Wert einer Determinanten ist Null, wenn eine Zeile eine Linearkombination von anderen ist.
- Ein Faktor, der allen Elementen irgendeiner Zeile gemeinsam ist, kann vor die Determinante gezogen werden.
- Addiert man zu einer Zeile die Linearkombination anderer Zeilen, so bleibt der Wert der Determinanten unverändert.
- Eine Determinante berechnet sich bis zur Ordnung 3 aus der Regel von SARRUS:
$$\begin{vmatrix} a_{11} & a_{12} & a_{13} \\ a_{21} & a_{22} & a_{23} \\ a_{31} & a_{32} & a_{33} \end{vmatrix} = a_{11}a_{22}a_{33} + a_{12}a_{23}a_{31} + a_{13}a_{21}a_{32} - a_{13}a_{22}a_{31} - a_{23}a_{32}a_{11} - a_{12}a_{21}a_{33}.$$
- Eine Determinante D der Ordnung $n > 3$ berechnet sich nach dem LAPLACEschen Entwicklungssatz zu $D = \sum_{j=1}^{n} (-1)^{i+j} a_{ij} A_{ij}$, wobei gilt:
  - i: Zeile nach der entwickelt wird,
  - a_{ij}: Element der i. Zeile und j. Spalte,
  - A_{ij}: Unterdeterminante, die entsteht, wenn bei der Determinante die i. Zeile und j. Spalte gestrichen sind,
  - $(-1)^{i+j} A_{ij}$ heißt Adjunkte des Elements a_{ij}.

  Hierbei empfiehlt sich die Entwicklung nach der Zeile mit den meisten Nullen.
- Eine Determinante, bei der alle Elemente links unterhalb der Hauptdiagonalen verschwinden, hat den Wert des Produkts der Hauptdiagonalelemente $D = \prod_{i=1}^{n} a_{ii}$. Dazu kann man mit den zuvor genannten Regeln eine große Determinante so lange umformen, bis diese Bedingung erfüllt ist.
- Ein lineares Gleichungssystem vom Grade n der Form $\sum_{j=1}^{n} a_{ij} x_j = b_i, \quad i = 1 \ldots n$ mit gegebenen a_{ij} und b_i kann nach der CRAMERschen Regel nach den Unbekannten zu $x_j = \frac{D_j}{D}$ aufgelöst werden. Dabei ist D die Koeffizientendeterminante der a_{ij} und D_j entsteht aus D durch Ersetzen der j. Spalte durch den $\boldsymbol{b}$-Vektor, beispielsweise für $n = 3$ und $j = 2$: $D_2 = \begin{vmatrix} a_{11} & b_1 & a_{13} \\ a_{21} & b_2 & a_{23} \\ a_{31} & b_3 & a_{33} \end{vmatrix}$. D braucht für alle D_j nur einmal berechnet zu werden.

Physikalische Formelsammlung

Physikalische Konstanten und **Materialgrößen**:

Bezeichnung:	Literal	Zahlenwert	Einheit
Freiraumlichtgeschwindigkeit	c_0	$299\,792\,458$	m/s
magnetische Feldkonstante	μ_0	$4\pi\cdot 10^{-7}$	Vs/Am
elektrische Feldkonstante	$\varepsilon_0 = 1/\mu_0 c_0^2$	$8{,}854\,187\,817\ldots\cdot 10^{-12}$	As/Vm
PLANCKsches Wirkungsquantum	h	$6{,}626\,075\,5\underline{40}\cdot 10^{-34}$	Ws/Hz
	$h/2\pi$	$1{,}054\,572\,66\underline{6\,3}\cdot 10^{-34}$	Ws^2
Elementarladung	e	$1{,}602\,177\,33\underline{4\,9}\cdot 10^{-19}$	As = C
	e/h	$2{,}417\,988\,36\underline{7\,2}\cdot 10^{14}$	A/Ws
Magnetisches Flußquant	$h/2e$	$2{,}067\,83\underline{4\,61}\cdot 10^{-15}$	Vs = Wb
BOHRradius	a_0	$5{,}291\,772\,49\underline{2\,4}\cdot 10^{-11}$	m
Ruhemasse des Elektrons	m_e	$9{,}109\,389\,7\underline{54}\cdot 10^{-31}$	kg
spezifische Elektronenladung	$-e/m_e$	$-1{,}758\,819\,62\underline{5\,3}\cdot 10^{11}$	C/kg
(klassischer) Elektronenradius	r_e	$2{,}817\,940\,92\underline{3\,8}\cdot 10^{-15}$	m
Ruhemasse des Protons	m_p	$1{,}672\,62\underline{3\,1}\cdot 10^{-27}$	kg
Ruhemasse des Neutrons	m_n	$1{,}674\,92\underline{8\,6}\cdot 10^{-27}$	kg
BOHR-Magneton	μ_B	$9{,}274\,015\,4\underline{31}\cdot 10^{-24}$	Am^2
spez. elektrischer Leitwert von Kupfer	κ_{Cu}	58	Sm/mm^2
Gravitationskonstante	γ	$6{,}672\,59\underline{8\,5}\cdot 10^{-11}$	m^3/s^2kg
Fallbeschleunigung	g	$9{,}806\,1\underline{6}$	m/s^2

Unterstreichungen stellen die aktuellen physikalischen Unsicherheiten dar.

Mechanische Grundgrößen und ihre internen Querbezüge sowie Einheiten:

Größenart:	Kraft F	Drehmoment T	Energie W	Leistung P
Kraft (Force)	$\frac{\mathrm{kg\cdot m}}{\mathrm{s}^2} =: \mathrm{N}$	$\boldsymbol{T} = \boldsymbol{l} \times \boldsymbol{F}$	$W = \int \boldsymbol{F}\cdot \mathrm{d}\boldsymbol{s}$	$P = \boldsymbol{F}\cdot\boldsymbol{v}$
Drehmoment (Torque)	$\boldsymbol{T} = \boldsymbol{l} \times \boldsymbol{F}$	$\frac{\mathrm{kg\cdot m^2}}{\mathrm{s}^2} = \mathrm{Nm}$	$W = \int \boldsymbol{T}\cdot \mathrm{d}\boldsymbol{\varphi}$	$P = \boldsymbol{T}\cdot\boldsymbol{\omega}$
Energie (Work)	$\boldsymbol{F} = -\mathrm{grad}\, W_p$	$T = -\frac{\mathrm{d}W_p}{\mathrm{d}\varphi}$	$\frac{\mathrm{kg\cdot m^2}}{\mathrm{s}^2} =: \mathrm{J} = \mathrm{Nm}$	$P = \frac{\mathrm{d}W}{\mathrm{d}t}$
Leistung (Power)	$P = \boldsymbol{F}\cdot\boldsymbol{v}$	$P = \boldsymbol{T}\cdot\boldsymbol{\omega}$	$W = \int P\mathrm{d}t$	$\frac{\mathrm{kg\cdot m^2}}{\mathrm{s}^3} \doteq \frac{\mathrm{J}}{\mathrm{s}} =: \mathrm{W}$

Mechanische Grundgrößen und ihre Querbezüge zum **Elektromagnetismus**:

Größenart:	Elektrostatik	Elektrodynamik	Magnetismus
Kraft	$\boldsymbol{F}_C = Q\boldsymbol{E}$	$\boldsymbol{F}_C = q\boldsymbol{E}$	$\boldsymbol{F}_{Cm} = \Phi\boldsymbol{H}$ $\boldsymbol{F}_L = q\boldsymbol{v} \times \boldsymbol{B} = I\Delta\boldsymbol{l} \times \boldsymbol{B}$
Drehmoment	$\boldsymbol{T}_C = Q\boldsymbol{l} \times \boldsymbol{E} = \boldsymbol{p} \times \boldsymbol{E}$		$\boldsymbol{T}_L = I\boldsymbol{A} \times \boldsymbol{B} = \boldsymbol{m} \times \boldsymbol{B} = \boldsymbol{j} \times \boldsymbol{H}$
Energie	$W_C = QU$	$W_S = \int ui\mathrm{d}t$	$W_L = \Theta\Phi = I\psi$
Leistung		$p = ui$	$p = ui$

Einheiten der Größen des Elektromagnetismus:

Elektrostatik		Elektrodynamik		Magnetismus	
e, Q, q, Ψ	As = C (oulomb)	I, i	A	Φ, ϕ, ψ	Vs = Wb (Weber)
λ	C/m				
σ	C/m^2	$\boldsymbol{K}$	A/m		
ρ	C/m^3				
ε	C/Vm = F/m	κ	A/Vm = S/m	μ	Wb/Am = H/m
		ρ	Vm/A = Ωm		
		χ	m^2/Vs		
ε_r, χ_e	1			μ_r, χ_m	1
$\boldsymbol{D}, \boldsymbol{P}$	C/m^2	$\boldsymbol{S}, \partial\boldsymbol{D}/\partial t$	A/m^2	$\boldsymbol{B}, \boldsymbol{J}$	Wb/m^2 = T (esla)
$\boldsymbol{E}, \boldsymbol{P}/\varepsilon_0$	V/m	$\boldsymbol{E}$	V/m	$\boldsymbol{H}, \boldsymbol{M}$	A/m
$\boldsymbol{p}$	Cm			$\boldsymbol{j}$	Wb·m
				$\boldsymbol{m}$	Am^2
U, φ_e	V	U, u, φ_e	V	Θ, V_m, φ_m	A
				A_m	Wb/m
C	C/V = F (arad)	$G, B, \underline{Y}, Y$	A/V = S (iemens)	Λ, L, M	Wb/A = H (enry)
		$R, X, \underline{Z}, Z$	V/A = Ω (Ohm)	R_m	A/Wb
C'	C/Vm = F/m	G'	A/Vm = S/m	L'	Wb/Am = H/m
		R'	V/Am = Ω/m		
		$p, P, \underline{S}, S$	VA = W (att)	$p, Q, \underline{S}, S$	VA = var
W_e	CV = Ws	W_S	VAs = Ws	W_m	Wb·A = Ws
ϖ_e, p_e	Ws/m^3 = N/m^2	p_V	VA/m^3 = W/m^3	ϖ_m, p_m	Ws/m^3 = N/m^2
f_{Cl}	N/m	f_{Cl}	N/m	f_{Ll}	N/m
f_{CV}	N/m^3	f_{CV}	N/m^3	f_{LV}	N/m^3

Elektromagnetische Größenarten und **Größen** und ihre internen Querbezüge:

Elektrostatik	Elektrodynamik	Magnetismus
	Feldgrößen	
Elektrische Feldstärke $\boldsymbol{E}$	Elektrische Feldstärke $\boldsymbol{E}$	Magnetische Feldstärke $\boldsymbol{H}$
Elektrische Flußdichte $\boldsymbol{D}$	Elektrische Verschiebungsstromdichte $\frac{\partial \boldsymbol{D}}{\partial t}$	Magnetische Flußdichte $\boldsymbol{B}$
	Quellgrößen	
Raumladung(sdichte) ρ	Elektrische Stromdichte $\boldsymbol{S}$	
	Feldgleichungen (MAXWELLgleichungen und Derivate)	
	Durchflutungsgesetz	
Irrelevant, da keine bewegten Ladungen	$\boldsymbol{S}+\frac{\partial \boldsymbol{D}}{\partial t}=\nabla\times\boldsymbol{H}=\mathrm{rot}\boldsymbol{H}$ $\iint_A(\boldsymbol{S}+\frac{\partial \boldsymbol{D}}{\partial t})\cdot \mathrm{d}\boldsymbol{A}=\oint_{s\text{ um }A}\boldsymbol{H}\cdot\mathrm{d}\boldsymbol{s}$	
	Induktionsgesetz	
$\nabla\times\boldsymbol{E}=\mathrm{rot}\boldsymbol{E}=\boldsymbol{0}$ $\oint_s \boldsymbol{E}\cdot\mathrm{d}\boldsymbol{s}=0$	$\nabla\times\boldsymbol{E}=\mathrm{rot}\boldsymbol{E}=-\frac{\partial \boldsymbol{B}}{\partial t}$ $\oint_{s\text{ um }A}\boldsymbol{E}\cdot\mathrm{d}\boldsymbol{s}=-\frac{\mathrm{d}}{\mathrm{d}t}\iint_A\boldsymbol{B}\cdot\mathrm{d}\boldsymbol{A}=\oint_s(\boldsymbol{v}\times\boldsymbol{B})\cdot\mathrm{d}\boldsymbol{s}-\iint_A\frac{\partial \boldsymbol{B}}{\partial t}\cdot\mathrm{d}\boldsymbol{A}$	
GAUßscher Satz d. Elektrostatik: $\nabla\cdot\boldsymbol{D}=\mathrm{div}\boldsymbol{D}=\rho$ $\oiint_{A\text{ um }V}\boldsymbol{D}\cdot\mathrm{d}\boldsymbol{A}=\iiint_V\rho\,\mathrm{d}V$	Kontinuitätsgleichung: $\nabla\cdot\boldsymbol{S}=\mathrm{div}\boldsymbol{S}=-\frac{\partial\rho}{\partial t}$ $\oiint_A(\boldsymbol{S}+\frac{\partial \boldsymbol{D}}{\partial t})\cdot\mathrm{d}\boldsymbol{A}=0$	Quellenfreiheit der Flußdichte: $\nabla\cdot\boldsymbol{B}=\mathrm{div}\boldsymbol{B}=0$ $\oiint_A\boldsymbol{B}\cdot\mathrm{d}\boldsymbol{A}=0$

Elektrostatik	Elektrodynamik	Magnetismus
	Feldkonstanten und Materialgleichungen	
Elektrische Feldkonstante $\varepsilon_0 = \frac{1}{\mu_0 c_0^2} = 8{,}854\ldots\frac{\text{pF}}{\text{m}}$ Permittivität ε: $\boldsymbol{D} = \varepsilon\boldsymbol{E} = \varepsilon_0\varepsilon_r\boldsymbol{E}$	Relaxationszeitkonstante: $\tau = \frac{\varepsilon}{\kappa} = \rho\varepsilon$ $\boldsymbol{D} = \tau\boldsymbol{S}$ Beweglichkeit: $\chi = \frac{v}{E}$ Konduktivität κ und Resistivität ρ: $\boldsymbol{S} = \kappa\boldsymbol{E}, \quad \boldsymbol{E} = \rho\boldsymbol{S}$	Magnetische Feldkonstante $\mu_0 = 4\pi\cdot 10^{-7}\frac{\text{Vs}}{\text{Am}} = 1{,}256\ldots\frac{\mu\text{H}}{\text{m}}$ Permeabilität μ: $\boldsymbol{B} = \mu\boldsymbol{H} = \mu_0\mu_r\boldsymbol{H}$
	Polarisation	
Elektrische Suszeptibilität: $\chi_e = \varepsilon_r - 1$ Elektrische Polarisation: $\boldsymbol{P} = \boldsymbol{D} - \varepsilon_0\boldsymbol{E} = \varepsilon_0\chi_e\boldsymbol{E}$ Elektrisierung: $\frac{\boldsymbol{P}}{\varepsilon_0} = \frac{\boldsymbol{D}}{\varepsilon_0} - \boldsymbol{E} = \chi_e\boldsymbol{E}$	Der Polarisationsbegriff macht für freie Ladungsträger keinen Sinn. $\partial\boldsymbol{P}/\partial t$ kann als Polarisationsstromdichte definiert werden.	Magnetische Suszeptibilität $\chi_m = \mu_r - 1$ Magnetische Polarisation: $\boldsymbol{J} = \boldsymbol{B} - \mu_0\boldsymbol{H} = \mu_0\boldsymbol{M} = \mu_0\chi_m\boldsymbol{H}$ Magnetisierung: $\boldsymbol{M} = \frac{\boldsymbol{B}}{\mu_0} - \boldsymbol{H} = \chi_m\boldsymbol{H}$
	Elementargrößen	
Elementarladung: $e = 1{,}602\,177\,33\cdot 10^{-19}$ C	Kreisstrom um Atomkern $I_0 = ef$	Magnetisches Flußquant: $\Phi_0 = \frac{h}{2e} = 2{,}067\,834\cdot 10^{-15}$ Wb
	Ladung, Strom, Fluß	
Elektrische Ladung: $Q = \pm Ne$	Stromstärke: $i = \frac{\mathrm{d}q}{\mathrm{d}t}, \quad q = \int i\mathrm{d}t$	Magnetischer Fluß: $\Phi = N\Phi_0$
Elektrischer Hüllenfluß: $\mathring{\Psi} = \sum_i Q_i = Q$	Elektrische Hüllenstromstärke: $\mathring{i}_{\text{tot}} = \sum_i i_i = 0$	Magnetischer Hüllenfluß: $\mathring{\Phi} = \sum_i \Phi_i = 0$
Elektr. Fluß und Flußdichte: $\Psi = \iint_A \boldsymbol{D}\cdot\mathrm{d}\boldsymbol{A}$	Elektr. Strom und Stromdichte: $i_{\text{tot}} = \iint_A (\boldsymbol{S} + \frac{\partial\boldsymbol{D}}{\partial t})\cdot\mathrm{d}\boldsymbol{A}$	Magnet. Fluß und Flußdichte: $\Phi = \iint_A \boldsymbol{B}\cdot\mathrm{d}\boldsymbol{A}$
	Ladung pro Länge, Fläche, Volumen	
Linienladung (Ladungsbelag): $\lambda = \frac{\mathrm{d}Q}{\mathrm{d}s}, \quad Q = \int_l \lambda\mathrm{d}s$	Stromstärke: $I = \lambda v$	
Flächenladung(sdichte): $\sigma = \frac{\mathrm{d}Q}{\mathrm{d}A} = D_n, \quad Q = \iint_A \sigma\mathrm{d}A$	Strombelag: $\boldsymbol{K} = \sigma\boldsymbol{v} = \frac{\mathrm{d}}{\mathrm{d}A_0}\sum_i Q_i\boldsymbol{v}_i$	Nicht sinnvoll zu definieren, da keine magnetischen Ladungen real existieren.
Raumladung(sdichte): $\rho = \frac{\mathrm{d}Q}{\mathrm{d}V}, \quad Q = \iiint_V \rho\mathrm{d}V$	Stromdichte: $\boldsymbol{S} = \rho\boldsymbol{v} = \frac{\mathrm{d}}{\mathrm{d}V}\sum_i Q_i\boldsymbol{v}_i$	
	Feld-, Quellgrößen und Kräfte	
COULOMBkraft: $\boldsymbol{F}_C = Q\boldsymbol{E}$	COULOMBkraft: $\boldsymbol{F}_C = q\boldsymbol{E}$	LORENTZkraft: $\boldsymbol{F}_{Cm} = \Phi\boldsymbol{H}$ (zw. Punktpolen) $\boldsymbol{F}_L = q\boldsymbol{v}\times\boldsymbol{B} = I\Delta\boldsymbol{l}\times\boldsymbol{B}$
	Linienkraftdichte:	
$f_{Cl} = \frac{\mathrm{d}F_C}{\mathrm{d}s} = \lambda E$	$f_{Cl} = \frac{\mathrm{d}F_C}{\mathrm{d}s} = \lambda E$	$f_{Ll} = \frac{\mathrm{d}F_L}{\mathrm{d}l} = IB_n$
	Druck = Flächenkraftdichte:	
$p_C = \frac{\mathrm{d}F_C}{\mathrm{d}A} = \sigma E$	$p_C = \frac{\mathrm{d}F_C}{\mathrm{d}A} = \sigma E$	$p_L = \frac{\mathrm{d}F_L}{\mathrm{d}A} = \lvert\boldsymbol{K}\times\boldsymbol{B}\rvert$
	Volumenkraftdichte:	
$\boldsymbol{f}_{CV} = \frac{\mathrm{d}\boldsymbol{F}_C}{\mathrm{d}V} = \rho\boldsymbol{E}$	$\boldsymbol{f}_{CV} = \frac{\mathrm{d}\boldsymbol{F}_C}{\mathrm{d}V} = \rho\boldsymbol{E}$	$\boldsymbol{f}_{LV} = \frac{\mathrm{d}\boldsymbol{F}_L}{\mathrm{d}V} = \boldsymbol{S}\times\boldsymbol{B}$

Elektrostatik	Elektrodynamik	Magnetismus
COULOMBkraft zwischen ...		LORENTZkraft zwischen...
... Punktladungen: $\mathbf{F}_\mathrm{C} = \frac{Q_1 Q_2}{4\pi\varepsilon r^2}\vec{e}_\mathrm{uw}$ ... parallelen Linienladungen: $F_\mathrm{C} = \frac{\lambda_1\lambda_2 l}{2\pi\varepsilon r} = \frac{Q_1 Q_2}{2\pi\varepsilon r l}$ $f_{\mathrm{C}l} = \frac{\lambda_1\lambda_2}{2\pi\varepsilon r}$ ... parallelen Flächenladungen: $F_\mathrm{C} = \frac{\sigma_1\sigma_2 A}{2\varepsilon} = \frac{Q_1 Q_2}{2\varepsilon A}$ $p_\mathrm{C} = \frac{\sigma_1\sigma_2}{2\varepsilon}$	Das elektrische Strömungsfeld entsteht aus den links und rechts dargestellten elektrostatischen und magnetischen Kräften.	... Punktpolen: $\mathbf{F}_\mathrm{Cm} = \frac{\Phi_1\Phi_2}{4\pi\mu_0 r^2}\vec{e}_\mathrm{uw}$ ... parallelen Punktladungen/strömen: $F_\mathrm{L} = \mu\frac{q_1 q_2 v^2}{4\pi r^2} = \mu\frac{I_1 I_2 \Delta l^2}{4\pi r^2}$ ... parallelen Linienströmen: $F_\mathrm{L} = \mu\frac{I_1}{2\pi r}q_2 v_2 = \mu\frac{I_1 I_2 l}{2\pi r}$ $f_{\mathrm{L}l} = \mu\frac{I_1 I_2}{2\pi r}$ ... parallelen Strombelägen: $F_\mathrm{L} = \mu\frac{K_1 K_2 A}{2} = \mu\frac{I_1 I_2}{2A}$ $p_\mathrm{L} = \mu\frac{K_1 K_2}{2}$
Momente von Dipolen		
Elektrisches Dipolmoment: $\mathbf{p} = Q\mathbf{l}$ Dipolmoment und Polarisation: $\mathbf{p} = \iiint \mathbf{P}\,\mathrm{d}V, \quad \mathbf{P} = \frac{\mathrm{d}\mathbf{p}}{\mathrm{d}V}$ COULOMBsches Drehmoment: $\mathbf{T}_\mathrm{C} = \mathbf{l}\times\mathbf{F}_\mathrm{C} = \mathbf{p}\times\mathbf{E}$	Der Dipolbegriff macht für freie Ladungsträger keinen Sinn	Magnetisches (Dipol)moment: $\mathbf{m} = I\mathbf{A}, \qquad \mathbf{j} = \mu_0\mathbf{m} = \mu_0 I\mathbf{A}$ Dipolmoment und Polarisation: $\mathbf{j} = \iiint \mathbf{J}\,\mathrm{d}V, \quad \mathbf{J} = \frac{\mathrm{d}\mathbf{j}}{\mathrm{d}V}$ $\mathbf{m} = \iiint \mathbf{M}\,\mathrm{d}V, \quad \mathbf{M} = \frac{\mathrm{d}\mathbf{m}}{\mathrm{d}V}$ LORENTZsches Drehmoment: $\mathbf{T}_\mathrm{L} = \mathbf{l}\times\mathbf{F}_\mathrm{L} = \mathbf{m}\times\mathbf{B} = \mathbf{j}\times\mathbf{H}$
(Skalare) Potentiale und Spannungen		
Elektrisches Potential: $\mathbf{E} = -\mathrm{grad}\,\varphi_\mathrm{e}$ POISSON-, LAPLACEgleichung: $\Delta\varphi_\mathrm{e} = -\frac{\rho}{\varepsilon}, \quad \Delta\varphi_\mathrm{e} = 0$ Elektrische Spannung: $U_{12} = \Delta\varphi_\mathrm{e} = \int_1^2 \mathbf{E}\cdot\mathrm{d}\mathbf{s} = \frac{W_\mathrm{p}}{Q}$	Elektrisches Potential: $\mathbf{E} = -\mathrm{grad}\,\varphi_\mathrm{e}$ POISSON-, LAPLACEgleichung: $\Delta\varphi_\mathrm{e} = \frac{1}{\kappa}\frac{\mathrm{d}\rho}{\mathrm{d}t}, \quad \Delta\varphi_\mathrm{e} = 0$ Elektrische Spannung: $U_{12} = \Delta\varphi_\mathrm{e} = \int_1^2 \mathbf{E}\cdot\mathrm{d}\mathbf{s} = \frac{W_\mathrm{p}}{q}$	Magnetostatisches Potential: $\mathbf{H} = -\mathrm{grad}\,\varphi_\mathrm{m}$ LAPLACEgleichung der Magnetostatik: $\Delta\varphi_\mathrm{m} = 0$ Magnetische Spannung: $V_{\mathrm{m}12} = \int_1^2 \mathbf{H}\cdot\mathrm{d}\mathbf{s}$
Magnetische Umlaufspannung aus Durchflutungsgesetz:		
Irrelevant, da keine bewegten Ladungen	$\iint_A (\mathbf{S} + \frac{\partial\mathbf{D}}{\partial t})\cdot\mathrm{d}\mathbf{A} = NI = \Theta = \mathring{V}_\mathrm{m} = \sum_i V_{\mathrm{m}i} = \oint_{s\,\mathrm{um}\,A} \mathbf{H}\cdot\mathrm{d}\mathbf{s}$	
Elektrische Umlaufspannung aus Induktionsgesetz:		
$\mathring{U} = \sum_i U_i = \oint_s \mathbf{E}\cdot\mathrm{d}\mathbf{s} = 0$	$\oint_{s\,\mathrm{um}\,A} \mathbf{E}\cdot\mathrm{d}\mathbf{s} = \mathring{u} = \sum_i u_i = -\frac{\mathrm{d}\psi_\mathrm{v}}{\mathrm{d}t} = -N\frac{\mathrm{d}\phi_\mathrm{v}}{\mathrm{d}t} = -\frac{\mathrm{d}}{\mathrm{d}t}\iint_A \mathbf{B}\cdot\mathrm{d}\mathbf{A}$	
Feldstärken und Potentiale allgemeiner Verteilungen		
Elektrische Feldstärke: $\mathbf{E} = \frac{1}{4\pi\varepsilon}\int\frac{\mathrm{d}Q}{R^3}\mathbf{R} = \frac{1}{4\pi\varepsilon}\sum_i\frac{Q_i}{R_i^3}\mathbf{R}_i$ Elektrisches Potential: $\varphi_\mathrm{e} = \frac{1}{4\pi\varepsilon}\int\frac{\mathrm{d}Q}{R} = \frac{1}{4\pi\varepsilon}\sum_i\frac{Q_i}{R_i}$	Elektrische Feldstärke: $\mathbf{E} = \frac{1}{4\pi\kappa}\int\frac{\mathrm{d}I}{R^3}\mathbf{R}$ Elektrisches Potential: $\varphi_\mathrm{e} = \frac{1}{4\pi\kappa}\int\frac{\mathrm{d}I}{R}$	Gesetz von BIOT-SAVART: $\mathbf{H} = \frac{I}{4\pi}\oint_\mathrm{Leiter}\frac{\mathrm{d}\mathbf{l}\times\mathbf{R}}{R^3}$ Vektorpotential: $\mathbf{A}_\mathrm{m} = \frac{\mu I}{4\pi}\int\frac{\mathrm{d}\mathbf{l}}{R}$

Elektrostatik	Elektrodynamik	Magnetismus
Feldstärken und Potentiale/Spannung von Punktgrößen		
Elektrische Feldstärke: $\boldsymbol{E} = \frac{Q}{4\pi\varepsilon r^2}\vec{e}_r$	Elektrische Feldstärke: $\boldsymbol{E} = \frac{I}{4\pi\kappa r^2}\vec{e}_r$	Magnet. Feldstärke d. Punktpols: $\boldsymbol{H} = \frac{\Phi}{4\pi\mu_0 r^2}\vec{e}_r$ des Punktstroms: $\boldsymbol{H} = \frac{qv}{4\pi r^2}\vec{e}_\varphi = \frac{I\Delta l}{4\pi r^2}\vec{e}_\varphi$
Elektrisches Potential: $\varphi_e = \frac{Q}{4\pi\varepsilon r}$	Elektrisches Potential: $\varphi_e = \frac{I}{4\pi\kappa r}$	Magnetische Spannung: $\varphi_m = \frac{I\Delta l\varphi}{4\pi r}$
Feldstärken und Potentiale/Spannung von Liniengrößen		
Elektrische Feldstärke: $\boldsymbol{E} = \frac{Q}{2\pi\varepsilon rl}\vec{e}_r = \frac{\lambda}{2\pi\varepsilon r}\vec{e}_r$ Elektrisches Potential: $\varphi_e = \frac{\lambda}{2\pi\varepsilon}\ln r + \text{const.}$	Elektrische Feldstärke: $\boldsymbol{E} = \frac{I}{2\pi\kappa rl}\vec{e}_r$ Elektrisches Potential: $\varphi_e = \frac{I}{2\pi\kappa l}\ln r + \text{const.}$	Magnetische Feldstärke: $H = \frac{I}{2\pi r}\vec{e}_\varphi$ Magnetische Spannung: $\varphi_m = \frac{I\varphi}{2\pi}$
Feldstärken und Potentiale von Dipolen im Fernfeld		
Elektrische Feldstärke: $\boldsymbol{E} = \begin{pmatrix} E_r \\ E_\vartheta \end{pmatrix} = \frac{p}{4\pi\varepsilon r^3}\begin{pmatrix} 2\cos\vartheta \\ \sin\vartheta \end{pmatrix}$ Elektrisches Potential: $\varphi_e = \frac{\boldsymbol{p}\cdot\boldsymbol{r}}{4\pi\varepsilon r^3}$	Der Dipolbegriff macht für freie Ladungsträger keinen Sinn	Magnetische Feldstärke: $\boldsymbol{H} = \begin{pmatrix} H_r \\ H_\vartheta \end{pmatrix} = \frac{m}{4\pi r^3}\begin{pmatrix} 2\cos\vartheta \\ \sin\vartheta \end{pmatrix}$ Magnetisches Potential: $\varphi_m = \frac{\boldsymbol{m}\cdot\boldsymbol{r}}{4\pi r^3}$
Brechungsgesetze		
Elektrische Feldstärke: $E_{t1} = E_{t2}, \quad (\boldsymbol{E}_2 - \boldsymbol{E}_1)\times\vec{e}_n = \boldsymbol{0}$	Elektrische Feldstärke: $E_{t1} = E_{t2}, \quad (\boldsymbol{E}_2 - \boldsymbol{E}_1)\times\vec{e}_n = \boldsymbol{0}$	Magnetische Feldstärke ($\mu_1 > \mu_2$): $H_{t2} - H_{t1} = K, \ \vec{e}_n \times (\boldsymbol{H}_2 - \boldsymbol{H}_1) = \boldsymbol{K}$
Elektrische Flußdichte ($\varepsilon_1 > \varepsilon_2$): $D_{n2} - D_{n1} = \sigma, \ (\boldsymbol{D}_2 - \boldsymbol{D}_1)\cdot\vec{e}_n = \sigma$	Elektrische Stromdichte: $S_{n1} = S_{n2}, \quad (\boldsymbol{S}_2 - \boldsymbol{S}_1)\cdot\vec{e}_n = 0$	Magnetische Flußdichte: $B_{n1} = B_{n2}, \quad (\boldsymbol{B}_2 - \boldsymbol{B}_1)\cdot\vec{e}_n = 0$
Winkel und Permittivität: $\frac{\tan\theta_1}{\tan\theta_2} = \frac{\varepsilon_1}{\varepsilon_2}$	Winkel und Konduktivität: $\frac{\tan\theta_1}{\tan\theta_2} = \frac{\kappa_1}{\kappa_2}$	Winkel und Permeabilität: $\frac{\tan\theta_1}{\tan\theta_2} = \frac{\mu_1}{\mu_2}$
Quelldichte d. elektr. Feldstärke: $\text{div}\boldsymbol{E} = -\boldsymbol{E}\cdot\frac{\text{grad}\varepsilon}{\varepsilon}$	Quelldichte d. elektr. Feldstärke: $\text{div}\boldsymbol{E} = -\boldsymbol{E}\cdot\frac{\text{grad}\kappa}{\kappa}$	Quelldichte d. magn. Feldstärke: $\text{div}\boldsymbol{H} = -\boldsymbol{H}\cdot\frac{\text{grad}\mu}{\mu}$
Drücke auf Grenzflächen ($\varepsilon_1 < \varepsilon_2, \mu_1 < \mu_2$)		
Reihengeschicht. Dielektrikum: $p_e = \frac{D^2}{2}(\frac{1}{\varepsilon_1} - \frac{1}{\varepsilon_2})$ Parallelgeschicht. Dielektrikum: $p_e = \frac{1}{2}E^2(\varepsilon_2 - \varepsilon_1)$	Drücke sind Volumenenergiedichten, die vom Strömungsfeld nicht gespeichert werden	Reihengeschicht. Magnetikum: $p_m = \frac{B^2}{2}(\frac{1}{\mu_1} - \frac{1}{\mu_2})$ Parallelgeschicht. Magnetikum: $p_m = \frac{1}{2}H^2(\mu_2 - \mu_1)$
Bauelemente allgemein		
Kondensator (Kapazität): $C = \frac{Q}{U}$	OHMscher Leitwert/Widerstand: $G = \frac{I}{U}, \quad R = \frac{1}{G} = \frac{U}{I}$	Magnet. Leitwert/Widerstand: $\Lambda = \frac{\Phi}{V_m}, \quad R_m = \frac{1}{\Lambda} = \frac{V_m}{\Phi}$ Spule (Selbstinduktivität $i = j$, Gegeninduktivität $i \neq j$): $L_{ij} = N_i\frac{\Phi_{ij}}{I_j} = \frac{\Psi_{ij}}{I_j} = kN_1N_2\Lambda$

Elektrostatik	Elektrodynamik	Magnetismus
Homogene Bauelemente		
Plattenkondensator: $C=\frac{\varepsilon A}{d}$	OHMscher Leitwert/Widerstand: $G=\frac{\kappa A}{l}, \quad R=\rho\frac{l}{A}$	Magnet. Leitwert/Widerstand: $\Lambda=\frac{\mu A}{l}, \quad R_{\mathrm{m}}=\frac{\mu A}{l}$ Selbstinduktivität: $L=N^2\Lambda=N^2\frac{\mu A}{l}$
$CR=\tau=\varepsilon\rho$		
Bauelementbeläge		
Kapazitätsbelag: $C'=\frac{C}{l}=\frac{\lambda}{U}$ Querbezug z. Induktivitätsbelag: $C'L'=\varepsilon\mu=\frac{1}{c^2}$	Ableitungsbelag: $G'=\frac{G}{l}=\frac{K}{U}$ Widerstandsbelag: $R'=\frac{R}{l}=\frac{E}{I}$	Induktivitätsbelag: $L'=\frac{L}{l}=\frac{\psi}{Il}$ Querbezug zum Kapazitätsbelag: $L'C'=\mu\varepsilon=\frac{1}{c^2}$
Strom/Spannungsbeziehungen		
$i=C\frac{\mathrm{d}u}{\mathrm{d}t}, \quad u=\frac{1}{C}\int i\mathrm{d}t$	OHMsches Gesetz: $U=RI, \quad I=GU$	$u=L\frac{\mathrm{d}i}{\mathrm{d}t}, \quad i=\frac{1}{L}\int u\mathrm{d}t$
Elektrische Parallelschaltung von Bauelementen		
Gesamtkapazität: $C=\sum_i C_i$ Ladungs/Stromteilerregel: $\frac{Q_i}{Q_j}=\frac{C_i}{C_j}=\frac{i_i}{i_j}$	Gesamtleitwert: $G=\sum_i G_i=\frac{1}{\sum_i 1/R_i}$ Stromteilerregel: $\frac{I_i}{I_j}=\frac{G_i}{G_j}=\frac{R_j}{R_i}$	Gesamtinduktivität: $L=\frac{1}{\sum_i 1/L_i}$ Stromteilerregel: $\frac{i_i}{i_j}=\frac{L_j}{L_i}$
Elektrische Reihenschaltung von Bauelementen		
Gesamtkapazität: $C=\frac{1}{\sum_i 1/C_i}$ Spannungsteilerregel: $\frac{U_i}{U_j}=\frac{C_j}{C_i}$	Gesamtwiderstand: $R=\sum_i R_i=\frac{1}{\sum_i 1/G_i}$ Spannungsteilerregel: $\frac{U_i}{U_j}=\frac{G_j}{G_i}=\frac{R_i}{R_j}$	Gesamtinduktivität: $L=\sum_i L_i$ Spulenfluß/Spannungsteiler: $\frac{\psi_i}{\psi_j}=\frac{U_i}{U_j}=\frac{L_i}{L_j}$
Energie und Leistung		
Energieinhalt des Kondensators: $W_C=\frac{QU}{2}=\frac{CU^2}{2}=\frac{Q^2}{2C}$	Leistung und Energie: $p=\frac{\mathrm{d}W_{\mathrm{s}}}{\mathrm{d}t}, \quad W_{\mathrm{s}}=\int p\mathrm{d}t$ Leistung im Widerstand: $p=ui=u^2G=\frac{u^2}{R}=i^2R=\frac{i^2}{G}$	Energieinhalt der Spule: $W_L=\frac{\psi I}{2}=\frac{\Phi\Theta}{2}=\frac{LI^2}{2}=\frac{\psi^2}{2L}$
elektrostatische Volumenenergiedichte: $\varpi_{\mathrm{e}}=\frac{\mathrm{d}W_{\mathrm{e}}}{\mathrm{d}V}=\frac{DE}{2}=\frac{\varepsilon E^2}{2}=\frac{D^2}{2\varepsilon}$ ... bei Hysterese: $\varpi_{\mathrm{e}}=\int \boldsymbol{E}\cdot\mathrm{d}\boldsymbol{D}$	elektrische Volumenleistungsdichte: $p_V=\frac{\mathrm{d}P}{\mathrm{d}V}=ES=\kappa E^2=\frac{S^2}{\kappa}$	magnetische Volumenenergiedichte: $\varpi_{\mathrm{m}}=\frac{\mathrm{d}W_{\mathrm{m}}}{\mathrm{d}V}=\frac{BH}{2}=\frac{\mu H^2}{2}=\frac{B^2}{2\mu}$ ... bei Hysterese: $\varpi_{\mathrm{m}}=\int \boldsymbol{H}\cdot\mathrm{d}\boldsymbol{B}$
elektrostatische Feldenergie: $W_{\mathrm{e}}=\iiint \varpi_{\mathrm{e}}\mathrm{d}V=\frac{1}{2}\iiint DE\mathrm{d}V$	elektrische Feldleistung: $P=\iiint p_V\mathrm{d}V=\iiint ES\mathrm{d}V$	magnetische Feldenergie: $W_{\mathrm{m}}=\iiint \varpi_{\mathrm{m}}\mathrm{d}V=\frac{1}{2}\iiint BH\mathrm{d}V$

Komplexe Größen:	Allgemeine Definition:	Kapazität C	Leitwert G, Widerstand R	Induktivität L
Impedanz:	$\underline{Z} = R + \mathrm{j}X = \frac{1}{\underline{Y}}$	$\frac{1}{\mathrm{j}\omega C} = -\mathrm{j}\frac{1}{\omega C}$	R	$\mathrm{j}\omega L$
Resistanz:	$R = \Re\{\underline{Z}\} = Z\cos\varphi_Z$	0	R	0
Reaktanz:	$X = \Im\{\underline{Z}\} = Z\sin\varphi_Z$	$-\frac{1}{\omega C}$	0	ωL
Scheinwiderstand:	$Z = \sqrt{R^2 + X^2} = \frac{1}{Y}$	$\frac{1}{\omega C}$	R	ωL
Impedanzphase:	$\varphi_Z = \varphi_U - \varphi_I = -\varphi_Y$	−90°	0	90°
Admittanz:	$\underline{Y} = G + \mathrm{j}B = \frac{1}{\underline{Z}}$	$\mathrm{j}\omega C$	G	$\frac{1}{\mathrm{j}\omega L} = -\mathrm{j}\frac{1}{\omega L}$
Konduktanz:	$G = \Re\{\underline{Y}\} = Y\cos\varphi_Y$	0	G	0
Suszeptanz:	$B = \Im\{\underline{Y}\} = Y\sin\varphi_Y$	ωC	0	$-\frac{1}{\omega L}$
Scheinleitwert:	$Y = \sqrt{G^2 + B^2} = \frac{1}{Z}$	ωC	R	$\frac{1}{\omega L}$
Admittanzphase:	$\varphi_Y = \varphi_I - \varphi_U = -\varphi_Z$	90°	0	−90°
Komplexe Leistung:	$\underline{S} = P + \mathrm{j}Q = \underline{U}\underline{I}^* = U^2\underline{Y}^* = I^2\underline{Z}$	$-\mathrm{j}U^2\omega C = -\mathrm{j}\frac{I^2}{\omega C}$	$U^2G = I^2R$	$\mathrm{j}I^2\omega L = \mathrm{j}\frac{U^2}{\omega L}$
Wirkleistung:	$P = \Re\{\underline{S}\} = U^2G = I^2R = S\cos\varphi_Z$	0	$U^2G = I^2R$	0
Blindleistung:	$Q = \Im\{\underline{S}\} = -U^2B = I^2X = S\sin\varphi_Z$	$-U^2\omega C = -\frac{I^2}{\omega C}$	0	$I^2\omega L = \frac{U^2}{\omega L}$
Scheinleistung:	$S = \sqrt{P^2 + Q^2} = UI = U^2Y = I^2Z$	$U^2\omega C = \frac{I^2}{\omega C}$	$U^2G = I^2R$	$I^2\omega L = \frac{U^2}{\omega L}$

Mathcad-Schlüsselwörter englisch/deutsch

englisch	deutsch	englisch	deutsch
3D Plot Format	3D Diagrammformat	Number Format	Zahlenformat
3D Scatter Plot	Streuungsdiagramm	Open	Öffnen
Animate	Animieren	Options	Optionen
APPEND	ANFÜGEN	parfrac	teilbruch
APPENDPRN	PRNANFÜGEN	Playback	Wiedergabe
assume	annehmen	Polar Plot	Kreisdiagramm
Calculate Worksheet	Arbeitsblatt berechnen	polyroots	nullstellen
Collect	Zusammenfassen, sammeln	Range Variables	Bereichsvariablen
Columns	Spalten	Regions	Bereiche
Complex	Komplex	READ	LESEN
Contour Plot	Umrißdiagramm	READPRN	PRNLESEN
Convert to Partial Fraction	Partialbruchzerlegung	rkfixed	rkfest
Constants	Konstanten	root	wurzel
deg	Grad	Rows	Spalten
Differentiate	Differenzieren	Save as	Speichern unter
Equation	Gleichung	Separate Regions	Bereiche trennen
Evaluate	Auswerten	series	reihe
Evaluate in Place	An Stelle Auswerten	Show Comments	Kommentare anzeigen
Evaluation Style	Auswertungsformat	Show Markers	Markierungen anzeigen
Expand	Entwickeln	Simplify	Vereinfachen
Expand to Series	Reihenentwicklung	solve	auflösen
Factor	Faktorisieren	Substitute	Ersetzen
FFT	SFT	Surface Plot	Flächendiagramm
find	suchen	Symbolics	Symbolik
float	gleit	Symbolically	Symbolisch
Floating Point	Gleitkomma	Transform	Transformation
Formatting Currently Selected X-Y Plot	Momentan ausgewähltes X-Y-Diagramm formatieren	Unit	Einheit
given	Vorgabe	User	Benutzer
Graph	Diagramm	Untitled	Unbenannt
if	wenn	View	Ansicht
IFFT	ISFT	Window	Fenster
Integrate	Integrieren	WRITE	SCHREIBEN
Insert	Einfügen	WRITEPRN	PRNSCHREIBEN
Math	Rechnen	X-Y Trace	X-Y Koordinaten ablesen
Number	Zahl	X-Y Plot	X-Y Diagramm

Englische Schlüsselwörter können in der deutschen MATHCAD-Version im MATHCAD-Dokument eingegeben werden, beim erneuten Öffnen des Dokuments werden sie jedoch in deutsche Schlüsselwörter umgesetzt.

Literaturverzeichnis

Die Literaturliste ist nach Sachgebieten unterteilt. Da das im Buch dargestellte Wissen Allgemeingut der heutigen Technik ist, werden keine expliziten Literaturverweise im Text angegeben.

Mathematik, numerische Methoden:

Abramowitz M, Stegun I A (1970) Handbook of mathematical functions. Dover Publ Inc, New York

Bronstejn et al (1995) Taschenbuch der Mathematik. Harri Deutsch, Frankfurt

Hafner C (1987) Numerische Berechnung elektromagnetischer Felder. Springer, Berlin

Jänich K (1995) Analysis für Physiker und Ingenieure. Springer, Berlin

Kost A (1994) Numerische Methoden in der Berechnung elektromagnetischer Felder. Springer, Berlin

Meyberg K, Vachenauer P (1998) Höhere Mathematik, Bd 1: Differential- und Integralrechnung Vektor- und Matrizenrechnung. Springer, Berlin

Meyberg K, Vachenauer P (1997) Höhere Mathematik, Bd 2: Differentialgleichungen, Funktionentheorie, Fourier-Analysis, Variationsrechnung. Springer, Berlin

Papula L (1997) Mathematik für Ingenieure und Naturwissenschaftler, Bände. 1-3. Vieweg, Braunschweig

Rießinger T (1996) Mathematik für Ingenieure. Springer, Berlin

Stöcker (Hrsg.) (1993) Taschenbuch mathematischer Formeln und moderner Verfahren. Harri Deutsch, Frankfurt

Physik und Materiallehre:

Bergmann L, Schäfer C (1992) Lehrbuch der Experimentalphysik, Band II: Elektrizität und Magnetismus. Walter de Gruyter, Berlin

Boll R (1977) Weichmagnetische Werkstoffe. Vacuumschmelze, Hanau

Bröcker B (1985) dtv-Atlas zur Atomphysik. Deutscher Taschenbuch Verlag, München

Dransfeld K, Kienle P (1994) Physik II - Elektrodynamik. Oldenbourg, München

Fasching G (1994) Werkstoffe für die Elektrotechnik. Springer, Berlin

Feynman, Leighton, Sands (1991) Feynman Vorlesungen über Physik, Bd II: Elektromagnetismus und Struktur der Materie. Oldenbourg, München

Gerthsen C, Vogel H (1997) Physik. Springer, Berlin

Hering/Martin/Stohrer (1997) Physik für Ingenieure. Springer, Berlin

Morse P M, Feshbach H (1953) Methods of theoretical physics. Mc Graw Hill Book Company

Orear J (1991) Physik. Carl Hanser, München

Schulz et al (1996) Experimentalphysik für Ingenieure. Vieweg, Braunschweig

Stöcker (Hrsg.): Taschenbuch der Physik. Harri Deutsch, Frankfurt

Elektrische und magnetische Felder, Netzwerke:

Bosse/Mecklenbräuker (1996) Grundlagen der Elektrotechnik I. Das elektrostatische Feld und der Gleichstrom. VDI-Verlag, Mannheim

Bosse/Wiesemann (1996) Grundlagen der Elektrotechnik II. Das magnetische Feld und elektromagnetische Induktion. VDI-Verlag, Mannheim

Busch R (1994) Elektrotechnik und Elektronik - Grundlagen und Anwendungen für Ingenieure. B. G. Teubner, Stuttgart

Clausert, Wiesemann (1993) Grundlagen/Allgemeine Elektrotechnik, Bd. 1. Oldenbourg, München

Edminister J.A (1984) Elektromagnetismus - Theorie und Anwendung. McGraw-Hill, Hamburg

Fricke/Vaske (1982) Grundlagen der Elektrotechnik. Teil 1: Elektrische Netzwerke. B.G.Teubner, Stuttgart

Frohne H (1994) Elektrische und magnetische Felder. B.G. Teubner, Stuttgart

Führer/Heidemann/Nerreter (1994) Grundgebiete der Elektrotechnik. Band 1: Stationäre Vorgänge. Band 2: Zeitabhängige Vorgänge. Carl Hanser, München

Grafe/Loose/Kühn (1984) Grundlagen der Elektrotechnik. Band 1: Gleichspannungstechnik. Dr. Alfred Hüthig, Heidelberg

Haase/Garbe (1997) Elektrotechnik - Theorie und Grundlagen. Springer, Berlin

Lautz G (1985) Elektromagnetische Felder. B.G. Teubner, Stuttgart

Lindner/Brauer/Lehmann (1993) Taschenbuch der Elektrotechnik. Fachbuchverlag Leipzig, Köln

Marinescu M (1996) Elektrische und magnetische Felder - Eine praxisorientierte Einführung. Springer, Berlin

Marinescu M (1997) Gleichstromtechnik - Grundlagen und Beispiele. Vieweg, Braunschweig

Mattes H (1992/94) Übungskurs Elektrotechnik, Band I: Felder und Gleichstromnetze, Band II Wechselstromrechnung. Band I & II. Springer, Berlin

Ose R (1996) Elektrotechnik für Ingenieure. Band 1: Grundlagen. Fachbuchverlag Leipzig, Köln

Paul R (1993/94) Elektrotechnik Grundlagenlehrbuch, Band I: Felder und einfache Stromkreise, Band II Netzwerke. Springer, Berlin

Paul R (1996) Arbeitsbuch zur Elektrotechnik, Band I & II. Springer, Berlin

Paul/Paul (1996) Repetitorium zur Elektrotechnik. Springer, Berlin

Pfestorf G K M, Siebert J (1969) Kleines Lehrbuch der Elektrotechnik - Elektrische und magnetische Felder als Grundlage der Elektrotechnik. Vieweg, Braunschweig

Philippow E (1993) Grundlagen der Elektrotechnik. Verlag Technik, Berlin

Prechtl A (1994/95) Vorlesungen über die Grundlagen der Elektrotechnik. Band I & II. Springer, Berlin

Pregla R (1998) Grundlagen der Elektrotechnik. Dr. Alfred Hüthig, Heidelberg

Schwab A (1993) Begriffswelt der Feldtheorie. Springer, Berlin

Seidel H U, Wagner E (1992) Allgemeine Elektrotechnik Bände 1 & 2. Carl Hanser, München

Strassacker (1992) Rotation, Divergenz und das Drumherum - eine Einführung in die elektromagnetische Feldtheorie. B.G. Teubner, Stuttgart

Unbehauen R (1994) Grundlagen der Elektrotechnik. Band 1: Allgemeine Grundlagen, Lineare Netzwerke, Stationäres Verhalten. Band 2: Einschwingvorgänge, Nichtlineare Netzwerke, Theoretische Erweiterungen. Springer, Berlin

Weiss, A von (1981) Allgemeine Elektrotechnik. Vieweg, Braunschweig

Weiss, A von (1983) Die elektromagnetischen Felder. Vieweg, Braunschweig

Wiesemann, (1976) Übungen Grundlagen der Elektrotechnik II. BI-Wissenschaftsverlag, Mannheim

Für Fortgeschrittene:

Blume S (1994) Theorie elektromagnetischer Felder. Dr. Alfred Hüthig, Heidelberg

Georg O (1997) Elektromagnetische Wellen - Grundlagen und durchgerechnete Beispiele. Springer, Berlin

Jelitto R (1987) Theoretische Physik 3 - Elektrodynamik. Aula Verlag, Wiesbaden

Kröger R, Unbehauen R (1987) Technische Elektrodynamik. B.G.Teubner, Stuttgart

Küpfmüller K, Kohn G (1993) Theoretische Elektrotechnik und Elektronik - Eine Einführung. Springer, Berlin

Lehner G (1996) Elektromagnetische Feldtheorie für Ingenieure und Physiker. Springer, Berlin

Simonyi K (1993) Theoretische Elektrotechnik. Barth Verlagsgesellschaft, Berlin

Weiss A. von (1964) Die elektromagnetischen Feldgrößen. R. Oldenbourg, München

Wolff I (1997) Maxwellsche Theorie. Springer, Berlin

Wunsch G (1974) Feldtheorie. Bände 1 & 2. Dr. Alfred Hüthig, Heidelberg

Englischsprachige Literatur:

Baldomir D, Hammond P (1996) Geometry of electromagnetic systems. Oxford University Press

Dudley D G (1995) Mathematical foundations for electromagnetic theory. Oxford University Press

Elliott R S (1995) Electromagnetics - history, theory and applications. Oxford University Press

Hammond, P (1971) Applied electromagnetism. Pergamon Press, Oxford

Harrington R F (1995) Field Computation by Moment Methods. Oxford University Press

Hayt W H (1989) Engineering electromagnetics. McGraw-Hill, New York

Hoole S R, Hoole P R (1995) A modern short course in engineering electromagnetics. Oxford University Press

Jackson J D (1975) Classical electrodynamics. John Wiley & Sons, New York

Lindell I (1995) Methods for electromagnetic field analysis. Oxford University Press

Moon P, Spencer D E (1988) Field theory handbook. Springer, Berlin

Stratton J A (1941) Electromagnetic theory. McGraw-Hill, New York

Literatur zu MATHCAD:

Benker H (1996) Mathematik mit Mathcad - 7
Arbeitsbuch für Studenten und Ingenieure. Springer, Berlin

Birkeland B (1996) Illustrated Mathematics. Chartwell-Bratt

Born, Lorentz (1995) Mathcad - Probleme, Beispiele, Lösungen. International Thomson Publishing, Bonn

Hörhager, Partoll (1995) Problemlösungen mit Mathcad für Windows. Addison Wesley, Reading (MA)

Hörhager, Partoll (1996) Mathcad 6.0/Plus 6.0. Addison Wesley, Reading (MA)

Internet-Web-Seite der Fa. Mathsoft, UK: *www.mathsoft.com*

Mathcad EHB Schaum´s, Electric Circuits; Electromagnetics

Mathcad 7 Library Electrical Engineering WIN (CD-ROM)

Mathsoft (Fa) (1997) Mathcad 7.0 Benutzerhandbuch. Mathsoft, Cambridge

Literatur zu PSPICE:

Baumann, Möller (1994) Schaltungssimulation mit Design-Center. Fachbuchverlag Leipzig

Duyan, Hahnloser, Traeger (1992) PSpice Eine Einführung. B.G.Teubner, Stuttgart

Duyan, Hahnloser, Traeger (1996) PSpice for Windows. B.G.Teubner, Stuttgart

Ehrhardt D, Schulte J (1992) Simulation mit PSPICE. Vieweg, Braunschweig

Handbuchset MicroSim Schematics (2 Bd.) und MicroSim PSpice A/D (4 Bd). Hoschar, Karlsruhe

Heinemann R (1998) PSpice Elektronik-Simulation (mit CD-ROM). Fachbuchverlag Leipzig

Justus (1994) Berechnung linearer und nichtlinearer Netzwerke - mit PSpice-Beispielen. Fachbuchverlag Leipzig

Justus (1998) Elektrische Netzwerke mit PSpice (CD-ROM). Fachbuchverlag Leipzig

Kühnel C (1995) Schaltungsdesign mit PSpice unter Windows (mit CD-ROM). Franzis, Feldkirchen

Lehmann (1994) Elektronik-Aufgaben. Band II: Analoge und digitale Schaltungen. Fachbuchverlag Leipzig

Lüdtke R, Stratmann S (1996) Design Center - PSPICE unter Windows. Vieweg, Braunschweig

Santen M (1998) PSpice Arbeitsbuch V8 (mit CD-ROM). Fächer, Karlsruhe

Normen:

DIN VDE 1324, Teile 1,2,3 Elektromagnetisches Feld

DIN Taschenbuch, Bd. 22: Einheiten und Begriffe für physikalische Größen. Beuth, Berlin

DIN Taschenbuch, Bd. 202: Formelzeichen, Formelsatz, Mathematische Zeichen und Begriffe. Beuth, Berlin

Fa. Siemens (1991) Technische Tabellen - Größen, Formeln, Begriffe

Sachverzeichnis

Springer und Umwelt

Als internationaler wissenschaftlicher Verlag sind wir uns unserer besonderen Verpflichtung der Umwelt gegenüber bewußt und beziehen umweltorientierte Grundsätze in Unternehmensentscheidungen mit ein. Von unseren Geschäftspartnern (Druckereien, Papierfabriken, Verpackungsherstellern usw.) verlangen wir, daß sie sowohl beim Herstellungsprozess selbst als auch beim Einsatz der zur Verwendung kommenden Materialien ökologische Gesichtspunkte berücksichtigen.
Das für dieses Buch verwendete Papier ist aus chlorfrei bzw. chlorarm hergestelltem Zellstoff gefertigt und im pH-Wert neutral.